Praxishandbuch der Kreislauf- und Rohstoffwirtschaft

Peter Kurth · Anno Oexle · Martin Faulstich
(Hrsg.)

Praxishandbuch der Kreislauf- und Rohstoffwirtschaft

Springer Vieweg

Herausgeber
Peter Kurth
BDE Bundesverband der Deutschen Entsorgungs-,Wasser- und Rohstoffwirtschaft e.V.
Berlin, Deutschland

Martin Faulstich
Technische Universität Clausthal
Clausthal-Zellerfeld, Deutschland

Anno Oexle
Köhler & Klett Rechtsanwälte
Köln, Deutschland

ISBN 978-3-658-17044-8
ISBN 978-3-658-17045-5 (eBook)
https://doi.org/10.1007/978-3-658-17045-5

Die Deutsche Nationalbibliothek verzeichnet diese Publikation in der Deutschen Nationalbibliografie; detaillierte bibliografische Daten sind im Internet über http://dnb.d-nb.de abrufbar.

Springer Vieweg

Gedruckt auf säurefreiem und chlorfrei gebleichtem Papier

Springer Vieweg ist Teil von Springer Nature
Die eingetragene Gesellschaft ist Springer Fachmedien Wiesbaden GmbH
Die Anschrift der Gesellschaft ist: Abraham-Lincoln-Str. 46, 65189 Wiesbaden, Germany

Vorwort

Die Kreislauf- und Rohstoffwirtschaft ist eine tragende Säule einer nachhaltigen Industriegesellschaft. Dabei nehmen einerseits die Erwartungen von Wirtschaft, Gesellschaft und Politik zu, dass die Branche als Lieferant von Sekundärrohstoffen einen größeren Beitrag zur Rohstoffversorgung und damit zum Umwelt- und Ressourcenschutz leistet. Andererseits sind vielfach die rechtlichen Rahmenbedingungen sowie die technischen Möglichkeiten noch unzureichend, um das dazu erforderliche Wachstum der Sekundärrohstoffwirtschaft mit hohen ökologischen Standards zu befördern. In diesem Zusammenhang versteht sich das vorliegende Handbuch als Plädoyer für eine Weiterentwicklung der Ressourcenwirtschaft unter Beachtung marktwirtschaftlicher Prinzipien.

Das Handbuch befasst sich mit dem rechtlichen Rahmen der Kreislauf- und Rohstoffwirtschaft, den Stoffströmen der Ressourcenwirtschaft sowie dem Themenkomplex Technik, Logistik und Anlagen. Dabei wird ein fachgebietsübergreifender Ansatz verfolgt, der berücksichtigt, dass die Praxis der Kreislauf- und Rohstoffwirtschaft sowohl von rechtlichen als auch stofflichen und technischen Rahmenbedingungen geprägt wird.

Das Handbuch richtet sich an alle, die in Wirtschaft, Wissenschaft und Politik mit Themen der Kreislauf- und Rohstoffwirtschaft befasst sind. Dem breiten Adressatenkreis entsprechend gehörte es bei der Zusammensetzung des Autorenteams zu den Grundsätzen, dass unterschiedliche berufliche Erfahrungen und Perspektiven vertreten sind. So enthält das Werk Arbeiten von Praktikern aus Unternehmen und Verbänden der Recyclingwirtschaft, Vertretern von Fachbehörden sowie von Wissenschaftlern und Rechtsanwälten mit ausgewiesener Sachkunde und Branchenkenntnis. Es soll sowohl Fragen aus der Unternehmenspraxis beantworten als auch einen Beitrag zur notwendigen fachlichen, wissenschaftlichen und politischen Diskussion leisten.

Die Herausgeber danken den Autorinnen und Autoren für ihre engagierte Mitwirkung. Ebenso danken sie Frau Dr. Annette Ochs und Frau Loretta Janitzky, die beim BDE und bei Köhler & Klett die redaktionelle und editorische Begleitung verantwortet haben, sowie dem Springer Verlag für die gute verlegerische Betreuung der zweiten Auflage.

Berlin, Köln, Goslar im Februar 2017

Peter Kurth
Anno Oexle
Martin Faulstich

Autorenverzeichnis

Tobias Becker ALBA Recycling GmbH, Berlin, Deutschland

Christoph Bildstein Rhenus Recycling GmbH, Essen, Deutschland

Andreas Bruckschen BDE Bundesverband der Deutschen Entsorgungs-, Wasser- und Rohstoffwirtschaft e.V., Berlin, Deutschland

Alexander de Diego Köhler & Klett Rechtsanwälte, Köln, Deutschland

Martin Faulstich Technische Universität Clausthal, Clausthal-Zellerfeld, Deutschland

Thorsten Feldt REMONDIS Trade and Sales GmbH, Lünen, Deutschland

Markus Figgen avocado rechtsanwälte, Köln, Deutschland

Sabine Flamme FH Münster – Univ. of Applied Sciences, Münster, Deutschland

Klaus Fricke TU Braunschweig, Braunschweig, Deutschland

Rainer Geesmann Köhler & Klett Rechtsanwälte, Köln, Deutschland

Sandra Giern BDE Bundesverband der Deutschen Entsorgungs-, Wasser- und Rohstoffwirtschaft e.V., Berlin, Deutschland

Markus Gleis Umweltbundesamt, Dessau-Roßlau, Deutschland

Jens Gruber Baumeister Rechtsanwälte Partnerschaft mbB, Münster, Deutschland

Ralf Gruner TIM Consult GmbH, Mannheim/Hof, Deutschland

Joachim Hagmann Baumeister Rechtsanwälte Partnerschaft mbB, Münster, Deutschland

Sigrid Hams FH Münster – Univ. of Applied Sciences, Münster, Deutschland

Ewa Harlacz TBF+Partner AG, Böblingen, Deutschland

Maren Heidmann Freie und Hansestadt Hamburg Bezirksamt Altona, Hamburg, Deutschland

Matthias Heinen BDE Bundesverband der Deutschen Entsorgungs-, Wasser- und Rohstoffwirtschaft e.V., Berlin, Deutschland

Laurent Hequet Veolia Deutschland GmbH, Leipzig, Deutschland

Berthold Heuser REMEX Mineralstoff GmbH, Düsseldorf, Deutschland

Hans-Dieter Huber TBF+Partner AG, Böblingen, Deutschland

Christian Kabbe Isle Utilities B.V., Berlin, Deutschland

Jörg Karenfort Dentons Europe LLP, Berlin, Deutschland

Jan Hendrik Kempkes Interseroh Dienstleistungs GmbH, Köln, Deutschland

Johannes F. Kirchhoff KIRCHHOFF GmbH & Co. KG, Iserlohn, Deutschland

Jasmin Klöckner Bundesvereinigung Recycling-Baustoffe e.V., Duisburg, Deutschland

Fabian Kraus Kompetenzzentrum Wasser Berlin gGmbH, Berlin, Deutschland

Michael Krüger Karl Tönsmeier Entsorgungswirtschaft GmbH & Co. KG, Porta Westfalica, Deutschland

Thomas Lammers Köhler & Klett Rechtsanwälte, Köln, Deutschland

Christoph Lepper tdwe Rechtsanwälte, Düsseldorf, Deutschland

Jens Loschwitz BDE Bundesverband der Deutschen Entsorgungs-, Wasser- und Rohstoffwirtschaft e.V., Berlin, Deutschland

Dominik Lück Köhler & Klett Rechtsanwälte, Köln, Deutschland

Dirk Mellen ALBA Recycling GmbH, Berlin, Deutschland

Kai Münnich TU Braunschweig, Braunschweig, Deutschland

Anne Nikodem Veolia Deutschland GmbH, Leipzig, Deutschland

Simon Obert BAV Bundesverband der Altholzaufbereiter und -verwerter e.V., Berlin, Deutschland

Annette Ochs BDE Bundesverband der Deutschen Entsorgungs-, Wasser- und Rohstoffwirtschaft e.V., Berlin, Deutschland

Aloys Oechtering RETERRA Service GmbH, Erftstadt, Deutschland

Anno Oexle Köhler & Klett Rechtsanwälte, Köln, Deutschland

Wolfgang Pfaff-Simoneit Freie Hansestadt Hamburg Bezirksamt Altona, Frankfurt, Deutschland

Peter Quicker RWTH Aachen, Aachen, Deutschland

Christine Radeloff Köhler & Klett Rechtsanwälte, Köln, Deutschland

Hendrik Reffken ALBA Group plc & Co. KG, Berlin, Deutschland

Gerhard Rettenberger Ingenieurgruppe RUK GmbH, Stuttgart, Deutschland

Ralf Reuter PricewaterhouseCoopers AG Wirtschaftsprüfungsgesellschaft, Düsseldorf, Deutschland

Hans-Bernhard Rhein Umweltkanzlei Dr. Rhein Beratungs- und Prüfgesellschaft mbH, Sarstedt, Deutschland

Rebecca Schäffer avocado rechtsanwälte, Köln, Deutschland

Ralf Schmitz Verband Deutscher Metallhändler e.V., Berlin, Deutschland

Jan Henning Seelig CUTEC Forschungszentrum für Rohstoffsicherung und Ressourceneffizienz der Technischen Universität Clausthal, Clausthal-Zellerfeld, Deutschland

Matthias Staub TVF Waste Solutions GmbH, Leipzig, Deutschland

Sabine Tirrel EEW Energy from Waste GmbH, Helmstedt, Deutschland

Sebastian Wanka TU Braunschweig, Braunschweig, Deutschland

Antje Wittmann Baumeister Rechtsanwälte Partnerschaft mbB, Münster, Deutschland

Joachim Wuttke Umweltbundesamt, Dessau-Roßlau, Deutschland

Isabelle Yoon PricewaterhouseCoopers Legal AG Rechtsanwaltsgesellschaft, Frankfurt am Main, Deutschland

Andreas Zühlsdorff Evonik Industries AG, Essen, Deutschland

Inhaltsverzeichnis

Teil I
Rechtlicher Rahmen der Kreislauf- und Rohstoffwirtschaft

1 Abfallbegriff – Beginn und Ende der Abfalleigenschaft

Thomas Lammers

1.1 Einführung

1.1.1 Abfallbegriff und Anwendungsbereich des Abfallrechts

Der Begriff „Abfall" ist der zentrale Rechtsbegriff des Abfallrechts. Diese häufig anzutreffende, scheinbar offensichtliche Aussage verweist auf die rechtliche Funktion des Abfallbegriffs, den Anwendungsbereich des Abfallrechts zu bestimmen. Der enge Zusammenhang zwischen Abfallbegriff und Anwendbarkeit des Abfallrechts ergibt sich dabei nicht nur aus § 2 Abs. 1 KrWG, wonach die Vorschriften des KrWG für die Vermeidung, die Verwertung und die Beseitigung von *Abfällen* sowie die sonstigen Maßnahmen der *Abfallbewirtschaftung* gelten, sondern auch aus den Einzelregelungen des KrWG (und der abfallrechtlichen Spezialgesetze und -verordnungen, wie z. B. ElektroG, AltfahrzeugV), die eben – soweit nicht der gesetzlich nur spärlich geregelte Bereich der Abfallvermeidung betroffen ist – tatbestandlich an das Vorhandensein von Abfällen anknüpfen. Kurz gesagt: Wo kein Abfall vorliegt, gilt – mit der genannten Einschränkung – auch kein Abfallrecht.

Allerdings unterliegt nicht alles, was die rechtlichen Voraussetzungen eines Abfalls erfüllt und damit unter den Abfallbegriff fällt, auch dem Abfallrecht. Denn der Anwendungsbereich des KrWG wird nicht nur durch den Abfallbegriff begrenzt, sondern darüber hinaus durch die in § 2 Abs. 2 KrWG aufgezählten Bereichsausnahmen. Diese betreffen in vielen Fällen Materialien, deren Entsorgung durch Spezialregelungen außerhalb des Abfallrechts geregelt ist. So ist z. B. die Abwasserbeseitigung Regelungsgegenstand des Wasserrechts mit der Folge, dass Stoffe nach § 2 Abs. 2 Nr. 9 KrWG nicht mehr dem Abfallrecht unterliegen, sobald sie in Gewässer oder Abwasseranlagen eingeleitet

T. Lammers (✉)
Köhler & Klett Rechtsanwälte
Köln, Deutschland

P. Kurth et al. (Hrsg.), *Praxishandbuch der Kreislauf- und Rohstoffwirtschaft*,
https://doi.org/10.1007/978-3-658-17045-5_1

oder eingebracht werden. Vom Abfallrecht ausgenommen sind zudem grundsätzlich sog. tierische Nebenprodukte, deren Entsorgung durch das Hygienerecht, insbesondere die Verordnung (EG) Nr. 1069/2009 geregelt wird (vgl. § 2 Abs. 2 Nr. 2 KrWG). Eine interessante Rückausnahme gilt jedoch für tierische Nebenprodukte, die zur Verbrennung, Lagerung auf einer Deponie oder Verwendung in einer Biogas- oder Kompostieranlage bestimmt sind.

▶ **Praxishinweis** Für die Anwendung des Abfallrechts auf Gülle gilt Folgendes: Gülle unterliegt als tierisches Nebenprodukt dem Hygienerecht und damit grundsätzlich nicht dem Abfallrecht. Dies gilt jedoch nicht für Gülle, die in Biogasanlagen verwendet werden soll. Solche Gülle lässt sich allerdings möglicherweise als Nebenprodukt (dazu Abschn. 1.2.3) einstufen; ist das der Fall, liegt kein Abfall vor, sodass im Ergebnis wiederum kein Abfallrecht zur Anwendung kommt. Gärreste aus der Verwendung von Gülle, die in der Landwirtschaft verwendet werden, sind demgegenüber nach § 2 Abs. 2 Nr. 4 KrWG unabhängig von der Einstufung der Gülle als Nebenprodukt oder Abfall wieder aus dem Anwendungsbereich des KrWG ausgenommen, sofern bei der Vergärung neben Gülle nur andere natürliche, nicht gefährliche land- oder forstwirtschaftliche Materialien eingesetzt werden.[1]

Da sowohl der Abfallbegriff als auch die im KrWG geregelten Bereichsausnahmen den Anwendungsbereich des Abfallrechts umgrenzen, macht es aus abfallrechtlicher Perspektive keinen nennenswerten Unterschied, ob die Voraussetzungen des Abfallbegriffs nicht erfüllt sind oder eine Bereichsausnahme eingreift. Außerhalb des Abfallrechts kann diese Unterscheidung allerdings sehr wohl von praktischer Bedeutung sein: So wird etwa der Abfallbegriff des Bundes-Immissionsschutzgesetzes mit dem des KrWG gleichgesetzt – was abfallrechtlich kein Abfall ist, ist es also auch immissionsschutzrechtlich nicht. Die Bereichsausnahmen des KrWG werden demgegenüber vom Immissionsschutzrecht nicht rezipiert.[2] Sind die Voraussetzungen eines Abfalls erfüllt, können die abfallbezogenen Regelungen des Bundes-Immissionsschutzgesetzes also auch dann zur Anwendung kommen, wenn die Anwendbarkeit des KrWG ausgeschlossen ist. Dies ist der Grund dafür, dass § 2 Abs. 3 BImSchG eigene immissionsschutzrechtliche Bereichsausnahmen für bestimmte Abfälle statuiert.

Inhaltlich ist der Abfallbegriff – ebenso wie die Regelungen über die Bereichsausnahmen – stark durch das Unionsrecht determiniert. Die Abfallrahmenrichtlinie und ihre Auslegung durch den EuGH haben daher eine große Bedeutung für die Rechtsanwendung. Allerdings handelt es sich nicht bei allen in diesem Zusammenhang stehenden Regelungen des KrWG um 1:1-Umsetzungen europäischer Vorgaben. Kein Pendant im Unionsrecht haben etwa die Abs. 2 bis 4 des § 3 KrWG, welche die Entledigungstatbestände der Abfalldefinition konkretisieren sollen. In Bereichen, in denen die Einstufung als Abfall un-

[1] Vgl. hierzu Bundesministerium für Umwelt, Naturschutz und Reaktorsicherheit, Bundesministerium für Landwirtschaft, Ernährung und Verbraucherschutz 2013.
[2] Jarass 2015, § 5 Rn. 77.

mittelbar anhand des Unionsrechts vorzunehmen ist, namentlich im Anwendungsbereich der VO (EG) Nr. 1013/2006 (sog. Abfallverbringungsverordnung), können diese Regelungen allenfalls sinngemäß herangezogen werden. Unterschiede zwischen deutschem und europäischem Recht bestehen zudem im Bereich des Abfallendes (dazu Abschn. 1.2.4).

1.1.2 Zum abfallrechtlichen Sprachgebrauch

Als Oberbegriff, der Abfälle und Nicht-Abfälle umfasst, dient im KrWG das Begriffspaar „Stoff oder Gegenstand". Die Frage, wie diese Begriffe präzise zu definieren sind und wie sie sich voneinander abgrenzen lassen, ist eher theoretischer Natur und ohne praktischen Nutzen: Alles, von dem sich sinnvollerweise fragen lässt, ob es ein Abfall ist und deshalb dem Abfallrecht unterliegt, ist auch ein Stoff oder Gegenstand. Von größerer Bedeutung ist, was der „neue" Oberbegriff im Vergleich zur Rechtslage nach dem früheren KrW-/AbfG nicht mehr fordert: Beweglichkeit. Anders als vor Inkrafttreten des KrWG können daher auch unbewegliche Sachen, also Grundstücke und deren wesentliche Bestandteile wie Bauwerke, unter den Abfallbegriff fallen. Allerdings sieht § 2 Abs. 2 Nr. 10 KrWG eine weitreichende Bereichsausnahme für Böden am Ursprungsort („in situ") vor, einschließlich nicht ausgehobener kontaminierter Böden und Bauwerke, die dauerhaft mit dem Grund und Boden verbunden sind. Im Ergebnis bleibt es damit dabei, dass nur bewegliche Stoffe und Gegenstände dem Abfallrecht unterliegen.

Als Gegenbegriff zum Abfallbegriff hat sich im abfallrechtlichen Sprachgebrauch „Produkt" etabliert. Wenn in abfallrechtlichen Zusammenhängen von einem Produkt die Rede ist, impliziert dies also, dass es sich bei dem fraglichen Stoff oder Gegenstand nicht um einen Abfall handelt. Treffend wird daher z. B. ein in einem Herstellungsverfahren unbeabsichtigt erzeugter Stoff oder Gegenstand, der kein Abfall im Rechtssinne ist, als „Nebenprodukt" bezeichnet. Im (rechtlichen) Sprachgebrauch außerhalb des Abfallrechts können dagegen unter den Produktbegriff mitunter auch Abfälle fallen.

▶ **Praxishinweis** Die VO (EG) Nr. 305/2011 (sog. EU-Bauproduktenverordnung) regelt die Verkehrs- und Verwendungsfähigkeit von Bauprodukten innerhalb der EU. Bauprodukt im Sinne dieser Verordnung ist jedes Produkt oder jeder Bausatz, das bzw. der hergestellt wird, um dauerhaft in Bauwerke oder Teile davon eingebaut zu werden, und dessen Leistung sich auf die Leistung des Bauwerks im Hinblick auf die Grundanforderungen an Bauwerke auswirkt (Art. 2 Nr. 1 VO 305/2001). Der Zweck der Regelung, die Leistungsfähigkeit von Bauprodukten im Hinblick auf Anforderungen wie Standsicherheit und Brandschutz zu gewährleisten, schließt es aus, Baumaterialien, die rechtlich noch als Abfall anzusehen sind, vom Anwendungsbereich der EU-Bauproduktenverordnung auszunehmen. Der Begriff „Produkt" ist hier also nicht im Sinne der abfallrechtlichen Terminologie zu verstehen. Daher fallen etwa Recycling-Baustoffe unabhängig von der Frage, ob diese bereits das Ende der Abfalleigenschaft erreicht haben (dazu Abschn. 1.2.4), unter das EU-Bauproduktenrecht.

Viele weitere wichtige abfallrechtliche Grundbegriffe bauen auf dem Abfallbegriff auf. Im KrWG gilt dies etwa für die Begriffe „Verwertung“ und „Beseitigung“; bei beiden handelt es sich um Verfahren, die sich definitionsgemäß auf Abfälle beziehen.[3] An den Abfallbegriff knüpfen zudem regelmäßig die Rechtsbegriffe an, mit denen die Regelungsgegenstände abfallrechtlicher Spezialgesetze und -verordnungen bezeichnet werden. So sind „Altgeräte“ im Sinne des Elektro- und Elektronikgerätegesetzes und „Altfahrzeuge“ im Sinne der Altfahrzeugverordnung Elektro- und Elektronikgeräte bzw. Fahrzeuge, die Abfall im Sinne des KrWG sind.[4] Die Rechtsfragen, die mit der Abgrenzung von Abfällen und Produkten verbunden sind, und die hier anhand der Regelungen des KrWG behandelt werden, stellen sich damit auch für die Gegenstände, die von diesen abfallrechtlichen Spezialmaterien erfasst sind.

1.2 Die Abgrenzung von Abfall und Produkt

1.2.1 Beginn und Ende der Abfalleigenschaft

Für die Beantwortung der Frage, ob ein Stoff oder Gegenstand ein Abfall oder ein Produkt ist, ist zunächst die gesetzliche Definition des Abfallbegriffs maßgeblich. Diese findet sich in § 3 Abs. 1 Satz 1 KrWG: Abfälle sind danach alle Stoffe oder Gegenstände, derer sich ihr Besitzer entledigt, entledigen will oder entledigen muss. Konkretisierungen dieser drei sog. Entledigungstatbestände finden sich in den Abs. 2 bis 4 des § 3 KrWG. Zudem ist noch die Regelung des § 4 KrWG mit in den Blick zu nehmen, der regelt, wann bestimmte Stoffe oder Gegenstände als Nebenprodukte kein Abfall sind.

Betrachtet man die Abfalldefinition näher, stellt man fest, dass dort nicht – wie man es von einer Begriffsbestimmung erwarten könnte – charakteristische Eigenschaften von Abfällen beschrieben werden; vielmehr wird geregelt, wodurch ein Stoff oder Gegenstand zu Abfall im Rechtssinne wird. Überhaupt legt das KrWG keine Eigenschaften fest, die Stoffe und Gegenstände aufweisen müssen, um Abfall zu sein. Auf diese Weise unterscheidet sich der rechtliche Abfallbegriff vom Abfallbegriff des alltäglichen Sprachgebrauchs, demzufolge in der Regel nur wertlose, gebrauchsuntaugliche Stoffe und Gegenstände als Abfall angesehen werden. Der rechtliche Abfallbegriff und somit auch der Anwendungsbereich des Abfallrechts gehen also über das alltägliche Begriffsverständnis hinaus.

Gegenläufig zur Abfalldefinition, die sich als Regelung des Beginns der Abfalleigenschaft auffassen lässt, regeln § 5 KrWG und einige stoffstromspezifische EU-Verordnungen, welche Voraussetzungen erfüllt sein müssen, damit zu Abfall gewordene Stoffe oder Gegenstände nicht mehr als Abfall anzusehen sind. Die Abfalleigenschaft lässt sich damit als rechtliche Eigenschaft eines Stoffes oder Gegenstandes beschreiben, die mit der Erfüllung der Voraussetzung der Abfalldefinition beginnt und dem Stoff oder Gegenstand

[3] Vgl. § 3 Abs. 23 und 26 KrWG.
[4] Vgl. § 3 Nr. 3 ElektroG, § 2 Nr. 2 AltfahrzeugV.

anschließend solange anhaftet, bis die Voraussetzungen der Regelungen über das Ende der Abfalleigenschaft erfüllt sind. Wie sich der Definition des Begriffs „Zweiterzeuger" in § 3 Abs. 8 Nr. 2 KrWG entnehmen lässt, überdauert sie dabei sogar Veränderungen der Beschaffenheit oder Zusammensetzung des ursprünglichen Stoffes oder Gegenstandes. Mit dessen vollständigem Untergang (z. B. infolge Verbrennung) wird allerdings auch die Abfalleigenschaft – im wahrsten Sinne des Wortes – gegenstandslos und erlischt.

▶ **Praxisbeispiel** Wird bei der Entrümpelung einer Wohnung ein altes, nicht mehr genutztes Bettgestell aus Metall vorgefunden, ist nach § 3 Abs. 3 Satz 1 Nr. 2 KrWG ein Entledigungswille des Besitzers zu vermuten; es ist daher grundsätzlich anzunehmen, dass das Bettgestell zu Abfall geworden ist. Wenn das Bettgestell bei einem Schrottplatz abgegeben wird, ändert dies allein an der Abfalleigenschaft nichts, obwohl der Schrottplatzbetreiber als neuer Besitzer keinen Entledigungswillen hat. Auch das anschließende Schreddern des Gestells und die Vermischung mit anderen Metallabfällen führt lediglich zu einer Zweiterzeugung, welche die Abfalleigenschaft unberührt lässt. Sie endet allerdings, wenn eine Aufbereitung des Altmetalls nach den Anforderungen einer einschlägigen EU-Abfallendeverordnung erfolgt oder durch die Herstellung eines neuen Produkts aus dem Metall die Voraussetzungen des § 5 KrWG erfüllt werden.

Zusammenfassend kann also festgehalten werden: Abfall im Rechtssinne ist ein Stoff oder Gegenstand, wenn im Hinblick auf ihn einer der drei Entledigungstatbestände des § 3 Abs. 1 KrWG erfüllt worden ist, ohne dass ein Nebenprodukt (§ 4 KrWG) vorliegt, und das Ende der Abfalleigenschaft (§ 5 KrWG und EU-Abfallendeverordnungen) noch nicht erreicht wurde.

Die mitunter schwierige Abgrenzung von Abfällen und Produkten ist von den abfallrechtlich Verantwortlichen (Abfallerzeuger und -besitzer) grundsätzlich in eigener Verantwortung vorzunehmen. Dies gilt nicht nur für die Frage, ob ein Stoff oder Gegenstand zu Abfall geworden ist, sondern auch hinsichtlich der Einstufung als Nebenprodukt oder als Produkt, das das Ende der Abfalleigenschaft erreicht hat. Dies bedeutet einerseits, dass ein Stoff oder Gegenstand, der die rechtlichen Voraussetzungen nach den §§ 4 und 5 KrWG erfüllt, kein „Produktanerkennungsverfahren" durchlaufen muss, um als Produkt in Verkehr gebracht oder verwendet werden zu können. Andererseits trägt der Erzeuger bzw. Besitzer das (Haftungs-) Risiko für Fehlbeurteilungen, denn die von ihm vorgenommene Einstufung unterliegt uneingeschränkt der behördlichen Überwachung (vgl. § 47 Abs. 6 KrWG).

1.2.2 Die Entledigungstatbestände im Einzelnen

Wie bereits mehrfach erwähnt, sieht § 3 Abs. 1 Satz 1 KrWG drei verschiedene Entledigungstatbestände vor: Die Entledigung durch den Besitzer (sog. faktische Entledigung), den Entledigungswillen des Besitzers sowie das „Entledigenmüssen". Da die ersten beiden

Alternativen an ein bestimmtes Verhalten bzw. an einen bestimmten Willen des Abfallbesitzers anknüpfen und ihm damit eine Einflussmöglichkeit auf die Entstehung von Abfall einräumen, wird insoweit auch vom subjektiven Abfallbegriff gesprochen. Die dritte Alternative ist dagegen vom Abfallbesitzer unabhängig, sodass in Bezug auf diese vom objektiven Abfallbegriff gesprochen wird. Für die Entstehung von Abfall im Rechtssinne genügt es, wenn ein einzelner Entledigungstatbestand vorliegt; es ist jedoch durchaus denkbar, dass in Bezug auf denselben Stoff oder Gegenstand mehrere Entledigungstatbestände gleichzeitig erfüllt werden.

1.2.2.1 Faktische Entledigung

Sich eines Stoffes oder Gegenstandes zu entledigen, bedeutet nach allgemeinem Sprachgebrauch, ihn loszuwerden, sich von ihm zu entlasten. Dem Begriff liegt somit die Vorstellung zugrunde, dass der betroffene Stoff oder Gegenstand für seinen Besitzer zu einer Last geworden ist. Deshalb ist etwa die Veräußerung einer gebrauchsfähigen Sache im Allgemeinen keine Entledigung, weil in diesem Fall zwar der Besitz aufgegeben wird, dies jedoch nicht zum Zweck einer Entlastung erfolgt; Gleiches gilt für Schenkungen, die in der Erwartung vorgenommen werden, dass das Geschenk seinem Zweck entsprechend verwendet wird.

▶ **Praxisbeispiel** In der Rechtssache *Shell* musste sich der EuGH mit der Frage befassen, ob die Rückgabe verunreinigten und damit für den Käufer unbrauchbaren Diesels an den Verkäufer eine Entledigung darstellt. Der EuGH hat diese Frage im Wesentlichen mit dem Argument verneint, dass der Käufer durch die Rückgabe den Kaufpreis zurückerlangen wollte.[5]

Ein willentliches Verhalten des Besitzers ist nach der Rechtsprechung des EuGH für eine Entledigung nicht erforderlich. Dies hat Bedeutung insbesondere für versehentlich in die Umwelt freigesetzte Stoffe, die danach als Abfall anzusehen sein können.

▶ **Praxishinweis** Bejaht hat der EuGH die Abfalleigenschaft daher z. B. für Abwasser, das aus einer Kanalisation ausgetreten ist, und für Schweröl, das infolge eines Schiffsunglücks ins Meer gelaufen ist.[6] Die in der Rechtssache *Van de Walle* vorgenommene Einstufung von in das Erdreich gelangten Kraftstoffen als Abfall[7] ist durch die neue Bereichsausnahme für Böden in situ (dazu Abschn. 1.1.2) im praktischen Ergebnis überholt.

In zwei Fällen besteht eine gesetzliche Vermutung für das Vorliegen einer Entledigung: erstens, wenn der Besitzer die fraglichen Stoffe oder Gegenstände einem in den Anlagen

[5] EuGH, Urt. v. 12.12.2013, Rs. C-241/12 u. a. (*Shell*), Rn. 46.

[6] EuGH Urt. v. 10.05.2007, Rs. C-252/05 (*Thames Water*), Rn. 28 und EuGH, Urt. v. 24.06.2008, Rs. C-188/07 (*Commune de Mesquer*), Rn. 59.

[7] EuGH, Urt. v. 07.09.2004, Rs. C-1/03 (*Van de Walle*), Rn. 50 und 52.

zum KrWG genannten Verwertungs- oder Beseitigungsverfahren zuführt (§ 3 Abs. 2 Variante 1 KrWG), und zweitens, wenn er die tatsächliche Sachherrschaft über sie unter Wegfall jeder weiteren Zweckbestimmung aufgibt (§ 3 Abs. 2 Variante 2 KrWG). In beiden Fällen ist die Vermutung weder unwiderleglich noch abschließend. Auch wenn die Voraussetzungen einer der beiden Varianten erfüllt sind, kann es also an einer Entledigung fehlen; ebenso kann eine Entledigung vorliegen, ohne dass die Voraussetzungen von § 3 Abs. 2 KrWG erfüllt sind.

▶ **Praxishinweis** § 3 Abs. 2 Variante 2 KrWG wird in der Rechtsprechung herangezogen, um die Abfalleigenschaft von Alttextilien zu begründen, die in einen Sammelcontainer eingeworfen werden. Der Besitzer gebe durch den Einwurf seine tatsächliche Sachherrschaft an den Textilien auf. Die „Hoffnung" der Einwerfenden, die Textilien könnten weitergetragen werden, sei keine Zweckbestimmung im Sinne einer realistischen und verbindlichen Festlegung einer entsprechenden Funktion.[8]

1.2.2.2 Entledigungswille

Ein Stoff oder Gegenstand ist nach § 3 Abs. 1 Satz 1 KrWG zudem ein Abfall, wenn sich der Besitzer seiner entledigen will. Als Alternative neben der faktischen Entledigung hat der Entledigungswille vor allem dadurch Bedeutung, dass er zu einer zeitlichen Vorverlagerung der Abfallentstehung führt, denn in der Regel wird der Entschluss zur Entledigung schon gefasst sein, wenn der eigentliche Entledigungsvorgang beginnt.

▶ **Praxishinweis** Der Zeitpunkt der Abfallentstehung ist etwa für die Frage von Bedeutung, ob ein Abfallgemisch bereits als Gemisch anfällt oder durch nachträgliche Vermischung verschiedener Abfälle entsteht. Eine nachträgliche Vermischung liegt etwa bei Abfällen vor, die auf den Stationen eines Krankenhauses in Sammelbehältern erfasst werden. Denn die eingeworfenen Gegenstände werden bereits durch den Entledigungswillen der jeweiligen Besitzer (Krankenhauspersonal, Patienten, Besucher etc.) zu Abfall und nicht erst durch die in dem Einwurf liegende Entledigung. Dies hat zur Folge, dass bei der Erfassung die Getrennthaltungsgebote nach der GewAbfV einzuhalten sind.[9]

Auch der Entledigungswille wird in zwei Fällen gesetzlich vermutet (§ 3 Abs. 3 Satz 1 KrWG): erstens, wenn ein Stoff oder Gegenstand bei der Energieumwandlung, Herstellung, Behandlung oder Nutzung von Stoffen oder Erzeugnissen oder bei Dienstleistungen anfällt, ohne dass der Zweck der jeweiligen Handlung hierauf gerichtet ist, und zweitens, wenn die ursprüngliche Zweckbestimmung entfällt oder aufgegeben wird, ohne dass ein neuer Verwendungszweck unmittelbar an dessen Stelle tritt. Für die Beurteilung der Zweckbestimmung ist nach § 3 Abs. 3 Satz 2 KrWG die Auffassung des Erzeugers oder Besitzers unter Berücksichtigung der Verkehrsauffassung zugrunde zu legen. Das

[8] VG Düsseldorf, Urt. v. 08.07.2014, 7K 4917/13.
[9] Vgl. OVG Rheinland-Pfalz, Urt. v. 11.03.2015, 8A 11003/14. OVG, Rn. 36.

Korrektiv der Verkehrsauffassung soll dabei insbesondere die Berufung auf unrealistische oder vorgeschobene Verwendungsabsichten ausschließen.

- **Praxisbeispiel** Werden auf einem Grundstück Gegenstände auf unbestimmte Zeit gelagert, ist nach § 3 Abs. 3 Satz 1 Nr. 2 KrWG der Entledigungswille zu vermuten, wenn überhaupt keine Verwendungsabsicht (mehr) besteht. Aber auch wenn der Besitzer geltend macht, die Gegenstände zu einem späteren Zeitpunkt ggf. wiederverwenden zu wollen, kann die Vermutung des Entledigungswillens eingreifen. Denn das Merkmal der Verkehrsauffassung ermöglicht es, in einem solchen Fall auch die äußeren Umstände zu berücksichtigen. Schließt etwa der gegenwärtige Zustand des Gegenstands eine weitere Verwendung aus oder lässt die Art und Weise der Lagerung erwarten, dass (z. B. durch Verwitterung) ein solcher Zustand eintritt, erscheint die Verwendungsabsicht nur vorgeschoben und ist unbeachtlich.

1.2.2.3 Entledigenmüssen

Der in der dritten Variante des § 3 Abs. 1 Satz 1 KrWG („Entledigenmüssen") geregelte objektive Abfallbegriff hat in erster Linie eine Auffangfunktion, indem die Regelung gewährleisten soll, dass alle Stoffe und Gegenstände, deren Gefahrenpotenzial nur mit abfallrechtlichen Mitteln begegnet werden kann, als Abfälle vom KrWG erfasst werden. Dementsprechend bestimmt § 3 Abs. 4 KrWG, dass sich der Besitzer im Sinne der Abfalldefinition der Stoffe oder Gegenstände entledigen muss, wenn diese nicht mehr entsprechend ihrer ursprünglichen Zweckbestimmung verwendet werden und aufgrund ihres konkreten Zustandes geeignet sind, gegenwärtig oder künftig das Wohl der Allgemeinheit, insbesondere die Umwelt, zu gefährden, und deren Gefährdungspotenzial nur durch eine ordnungsgemäße und schadlose Verwertung oder gemeinwohlverträgliche Beseitigung nach dem Abfallrecht ausgeschlossen werden kann. Bei der Feststellung der maßgeblichen Zweckbestimmung ist in analoger Anwendung des § 3 Abs. 3 Satz 2 KrWG (dazu Abschn. 1.2.2.2) die Verkehrsauffassung zu berücksichtigen.[10]

Das im Rahmen des objektiven Abfallbegriffs zu berücksichtigende Gefährdungspotenzial ist umfassend: Zu berücksichtigen sind zunächst alle der Sache anhaftenden, potenziell gefahrbegründenden Eigenschaften. Darüber hinaus kann sich ein Gefährdungspotenzial auch aus der Nutzung des Stoffes oder Gegenstands sowie der Art und Weise seiner Aufbewahrung ergeben.[11] Das Vorliegen einer konkreten Gefahr wird in § 3 Abs. 4 KrWG nicht vorausgesetzt. Da die Regelung ausdrücklich auch das künftige Gefährdungspotenzial erfasst, sind zu erwartende Änderungen ebenfalls zu berücksichtigen.

Das gegenwärtige oder künftige Gefährdungspotenzial führt jedoch nur dann zum Vorliegen eines „Zwangsabfalls", wenn es nur durch eine Verwertung oder Beseitigung als Abfall ausgeschlossen werden kann. Diese Voraussetzung beinhaltet, dass die Anwendung des Abfallrechts dem Grundsatz der Verhältnismäßigkeit (Eignung, Erforderlichkeit,

[10] Petersen in Jarass und Petersen 2014, § 3 Rn. 101.
[11] Petersen in Jarass und Petersen 2014, § 3 Rn. 109.

Angemessenheit) entsprechen muss.[12] Genügen rechtliche Regelungen außerhalb des Abfallrechts (z. B. des Stoff- oder Immissionsschutzrechts), um dem Gefährdungspotenzial zu begegnen, bedarf es der Anwendung des Abfallrechts nicht.

1.2.3 Nebenprodukte

Der Idee nach lassen sich Nebenprodukte beschreiben als Stoffe oder Gegenstände, die unbeabsichtigt in einem Produktionsprozess anderer Güter anfallen („Produktionsrückstände"), gleichwohl aber keine Abfälle sind. Das KrWG enthält in § 4 eine Regelung über solche Nebenprodukte; § 4 KrWG ist also in dem Sinne komplementär zur Abfalldefinition, dass er Voraussetzungen normiert, unter denen bestimmte „abfallverdächtige" Stoffe oder Gegenstände keine Abfälle sind.

▶ **Praxisbeispiel** Als typische Beispiele für Nebenprodukte werden bei der Stahlproduktion anfallende Hochofenschlacke und Gips aus Rauchgasentschwefelungsanlagen von Kraftwerken (REA-Gips) angesehen. Gülle kann ein Nebenprodukt der Tierhaltung sein.

§ 4 KrWG ist die erste gesetzliche Regelung über Nebenprodukte. Die rechtliche Kategorie der Nebenprodukte war jedoch bereits zuvor bekannt und insbesondere Gegenstand einiger grundlegender Entscheidungen des EuGH, auf die sich die in § 4 KrWG enthaltenen Kriterien zumindest teilweise zurückführen lassen. Im Übrigen fehlt es – wie auch bei der gesetzlichen Regelung über das Ende der Abfalleigenschaft (§ 5 KrWG, dazu Abschn. 1.2.4.2) – bislang an konkretisierender Rechtsprechung, sodass eine Vielzahl von Auslegungsfragen noch ungeklärt ist und im juristischen Schrifttum kontrovers diskutiert wird.

§ 4 Abs. 2 KrWG sieht vor, dass die Kriterien, nach denen bestimmte Stoffe oder Gegenstände als Nebenprodukt anzusehen sind, und Anforderungen zum Schutz von Mensch und Umwelt nach Maßgabe der in § 4 Abs. 1 KrWG genannten Anforderungen durch Rechtsverordnung der Bundesregierung geregelt werden können. Bisher wurde von dieser Ermächtigung noch kein Gebrauch gemacht.

1.2.3.1 Die Abgrenzung zu Hauptprodukten

Nebenprodukte sind in zwei Richtungen abzugrenzen: zum einen gegenüber Abfällen – der rechtliche Maßstab hierfür findet sich in § 4 Abs. 1 Nr. 1 bis 4 KrWG – und zum anderen gegenüber Hauptprodukten. Der letztgenannten Abgrenzung dient die Voraussetzung, dass ein Nebenprodukt bei einem Herstellungsverfahren anfallen muss, dessen hauptsächlicher Zweck nicht auf die Hersteller dieses Stoffes oder Gegenstands gerichtet ist. Hieraus lässt sich ableiten, dass Erzeugnisse, deren Herstellung der hauptsächliche

[12] Petersen in Jarass und Petersen 2014, § 3 Rn. 113.

Zweck ist, Hauptprodukte sind, deren Produktstatus nicht von den weiteren Voraussetzungen des § 4 KrWG abhängt. Für eine Herstellungsabsicht spricht es etwa, wenn eine bewusste technische Entscheidung getroffen wird, um die Qualität eines miterzeugten Produkts – das dann als zweites Hauptprodukt einzustufen ist – zu beeinflussen.

► **Praxishinweis** In der Rechtsprechung des EuGH ist das Vorliegen eines Hauptprodukts als Ergebnis einer technischen Entscheidung für Petrolkoks, der bei der Raffination von Erdölprodukten erzeugt wird, bejaht worden.[13]

Den maßgeblichen Zweck des Herstellungsverfahrens zu bestimmen, kann – auch wenn zusätzlich zum subjektiven Herstellerwillen die Verkehrsanschauung als Korrektiv herangezogen wird – schwierig sein; für die Einstufung als Abfall oder Produkt handelt es sich jedoch um die zentrale Weichenstellung.

► **Praxisbeispiel** Bei der Herstellung von Markensüßwaren werden Erzeugnisse, die zwar für den menschlichen Verzehr geeignet sind, den herstellereigenen Qualitätsanforderungen an Größe und Form aber nicht entsprechen, aussortiert und zur Futtermittelproduktion eingesetzt. Hier kommt es auf die Frage an, welche Erzeugnisse als diejenigen anzusehen sind, die in dem Produktionsverfahren absichtlich hergestellt werden. Werden dabei die Qualitätsanforderungen des Herstellers einbezogen, geht man also davon aus, es sei lediglich die Herstellung von Süßwaren bestimmter Art, Größe und Form beabsichtigt, können die aussortierten Erzeugnisse Produktstatus nur unter den Voraussetzungen des § 4 KrWG erlangen. Wird die Herstellungsabsicht demgegenüber allein auf die Art der produzierten Ware bezogen, gehören auch die aussortierten Süßwaren zum Hauptprodukt. Dann spielen die Voraussetzungen des § 4 KrWG für ihre Einstufung als Abfall oder Produkt keine Rolle, und die Abgrenzung ist allein nach den Kriterien des § 3 Abs. 1 Satz 1 KrWG vorzunehmen. Einen Entledigungswillen wird man dabei verneinen können, weil die von vornherein geplante Alternativverwendung als Futtermittel entweder bereits Teil der ursprünglichen Zweckbestimmung ist oder jedenfalls unmittelbar an deren Stelle tritt (vgl. § 3 Abs. 3 Nr. 2 KrWG, dazu Abschn. 1.2.2.2).

1.2.3.2 Voraussetzungen der Nebenprodukteigenschaft

Handelt es sich bei dem im Herstellungsverfahren erzeugten Stoff oder Gegenstand nicht um ein Hauptprodukt, bestimmt sich seine Nebenprodukteigenschaft nach den in § 4 Abs. 1 Nr. 1 bis 4 KrWG aufgezählten Kriterien. Es muss also sichergestellt sein, dass der Stoff oder Gegenstand weiterverwendet wird (Nr. 1), eine weitere, über ein normales industrielles Verfahren hinausgehende Vorbehandlung hierfür nicht erforderlich ist (Nr. 2), der Stoff oder Gegenstand als integraler Bestandteil eines Herstellungsprozesses erzeugt wird (Nr. 3) und die weitere Verwendung rechtmäßig ist (Nr. 4). Letzteres ist der Fall, wenn der Stoff oder Gegenstand alle für seine jeweilige Verwendung anzuwendenden

[13] EuGH, Urt. v. 15.01.2005, C-235/02 (*Saetti und Frediani*), Rn. 45.

Produkt-, Umwelt- und Gesundheitsschutzanforderungen erfüllt und insgesamt nicht zu schädlichen Auswirkungen auf Mensch und Umwelt führt.

Als Indiz für die Sicherstellung der Verwendung (§ 4 Abs. 1 Nr. 1 KrWG) kann ein positiver Marktwert dienen. Ein solcher ist allerdings keine zwingende Voraussetzung für das Vorliegen eines Nebenprodukts; die weitere Verwendung kann auch bei negativem Marktwert sichergestellt sein, insbesondere durch langfristige Abnahmeverträge.[14] Nicht sichergestellt ist eine weitere Verwendung indes dann, wenn vor einer möglichen Verwendung zunächst eine Lagerung von unbestimmter Dauer erfolgen soll.

Die zweite Voraussetzung, wonach die Verwendung ohne eine Vorbehandlung möglich sein muss, die über ein normales industrielles Verfahren hinausgeht, stellt eine Erleichterung gegenüber der früheren Rechtsprechung des EuGH dar, die jegliche Vorbehandlung ausschloss.[15] Sie beruht auf der Erwägung, dass auch gezielt gewonnene Primärstoffe vor einer weiteren Verwendung häufig einer gewissen Vorbehandlung bedürfen. Nicht einfach zu beantworten ist allerdings die Frage, wo genau die Grenze der normalen industriellen Verfahren verläuft. Überwiegend wird hier darauf abgestellt, ob das Vorbehandlungsverfahren auch bei vergleichbaren Primärstoffen erforderlich ist; keine normalen industriellen Verfahren sollen danach solche sein, die abfalltypisch sind.[16] Ob sich der Begriff des abfalltypischen Verfahrens tatsächlich als Gegenbegriff zum normalen industriellen Verfahren eignet, erscheint wegen der großen Schnittmenge abfall- und industrietypischer Verfahren jedoch zweifelhaft.[17]

► **Praxishinweis** Unter die normalen industriellen Verfahren fallen etwa solche Verfahren, die lediglich der Veränderung der Form eines Materials (z. B. durch Zerkleinerung) dienen. Demgegenüber werden Sortier- und Reinigungsverfahren in der Regel als abfalltypisch angesehen und nicht den normalen industriellen Verfahren zugeordnet.

Besonders unklar ist die dritte Voraussetzung, wonach der Stoff oder Gegenstand als integraler Bestandteil eines Herstellungsverfahrens erzeugt werden muss. Die Gesetzesbegründung zum KrWG führt dazu aus, diese Voraussetzung solle gewährleisten, dass der Stoff für eine spätere Verwendung aufbereitet und tatsächlich einer Verwendung zugeführt werden kann.[18] Dieser Zweck ist indes bereits durch § 4 Abs. 1 Nr. 1 und 2 KrWG abgedeckt. Auch die frühere Nebenproduktrechtsprechung des EuGH, nach der die Wiederverwendung eines Gegenstands ohne vorherige Bearbeitung „in Fortsetzung des Gewinnungsverfahrens" gewiss sein musste,[19] erweist sich für die Auslegung von § 4 Abs. 1

[14] Petersen in Jarass und Petersen 2014, § 4 Rn. 30; Oexle in Schmehl 2013, § 4 Rn. 14.
[15] Vgl. EuGH, Urt. v. 18.04.2002, Rs. C-9/00 (*Palin Granit*), Rn. 36; Urt. v. 11.09.2003, Rs. C-114/01 (*AvestaPolarit*), Rn. 36.
[16] Petersen in Jarass und Petersen 2014, § 4 Rn. 33.
[17] Oexle in Schmehl 2013, § 4 Rn. 19.
[18] BT-Drs. 17/6052, S. 76.
[19] EuGH, Urt. v. 11.09.2003, Rs. C-114/01 (*AvestaPolarit*), Rn. 36.

Nr. 3 KrWG nicht als hilfreich, weil diese Regelung im Gegensatz zur früheren Rechtsprechung nicht an die Verwendung, sondern an die Erzeugung anknüpft.

Am sinnvollsten erscheint ein Verständnis des § 4 Abs. 1 Nr. 3 KrWG, wonach dieser die Grenze zwischen dem Ende des Produktionsverfahrens und dem Beginn der Vorbehandlung festlegt. Nur der Stoff oder Gegenstand, der unmittelbar bei der Herstellung des Hauptproduktes anfällt und insofern als „integraler Bestandteil" dieses Verfahrens erzeugt wird, kommt danach für die Einstufung als Nebenprodukt in Betracht. Sämtliche Verfahrensschritte, die nicht (mehr) zur Herstellung des Hauptproduktes gehören, weil sie auf dieses keinen Einfluss haben, sind – selbst dann, wenn sie noch innerhalb der Produktionsanlage vorgenommen werden – dem Herstellungsverfahren im Sinne des § 4 KrWG nachgelagert und somit als Vorbehandlung in die Prüfung nach § 4 Abs. 1 Nr. 2 KrWG einzubeziehen.[20]

Die vierte Voraussetzung, die Rechtmäßigkeit der Verwendung im Sinne von § 4 Abs. 1 Nr. 4 Halbsatz 2 KrWG, soll als zentraler materieller Maßstab für die Abgrenzung von Abfällen und Nebenprodukten dienen. Ein Vorbild in der bisherigen Rechtsprechung des EuGH, in der für die Abgrenzung nicht auf umweltbezogene Aspekte abgestellt wurde, hat dieses Kriterium nicht. Nicht erfüllt ist es zunächst dann, wenn die vorgesehene Verwendung gegen Rechtsvorschriften, insbesondere des einschlägigen Produktrechts, verstößt. Die Formulierung „anzuwendende Produkt-, Umwelt- und Gesundheitsschutzanforderungen" bezieht sich allerdings nicht nur auf Rechtsvorschriften, sondern erfasst darüber hinaus auch technische Normen. Wenngleich die Einhaltung technischer Normen grundsätzlich rechtlich nicht geboten ist, ist die Verwendung eines nicht normkonformen Stoffes oder Gegenstands also nicht rechtmäßig im Sinne von § 4 Abs. 1 Nr. 4 KrWG und steht der Nebenprodukteigenschaft entgegen.[21]

Neben der Einhaltung solcher „geschriebener Anforderungen" setzt § 4 Abs. 1 Nr. 4 Halbsatz 2 KrWG in Form einer Generalklausel voraus, dass die Verwendung des Stoffes oder Gegenstands insgesamt nicht zu schädlichen Auswirkungen auf Mensch oder Umwelt führt. Das Merkmal „insgesamt" bezieht sich dabei auf den gesamten Lebenszyklus des Produkts und erfasst daher etwa auch den Transport und die Lagerung. Bisher ungeklärt ist, nach welchem Maßstab zu beurteilen ist, ob ein Stoff oder Gegenstand insgesamt zu schädlichen Auswirkungen auf Mensch oder Umwelt führt. Eine teilweise vertretene Ansicht, der sich die Vollzugsbehörden verstärkt anschließen, fordert insofern eine vergleichende Sicherheitsbetrachtung, bei der das Schutzniveau der im Falle einer Einstufung als Nebenprodukt anwendbaren Rechtsvorschriften mit demjenigen des Abfallrechts verglichen werden soll; sind beide Niveaus nicht gleichwertig, soll danach die Nebenprodukteigenschaft zu verneinen sein.[22] Abgesehen davon, dass es im Wortlaut der Regelung keine Grundlage für ein solches Vorgehen gibt, die vergleichende Sicherheitsbetrachtung

[20] Oexle in Schmehl 2013, § 4 Rn. 21.

[21] So wohl auch EU-Kommission 2012, S. 20. Enger Petersen in Jarass und Petersen 2014, § 4 Rn. 45, wonach nur die Nichtbeachtung rechtsverbindlicher Normen zur Rechtswidrigkeit der Verwendung führen soll.

[22] Petersen in Jarass und Petersen 2014, § 4 Rn. 50 f.

unweigerlich zu Fragestellungen führt, die nicht rechtlicher, sondern rechtspolitischer Natur sind, und allein das Auffinden aller maßgeblichen Normen einen kaum zu bewältigenden Aufwand verursacht, ist dies nicht zuletzt deshalb abzulehnen, weil § 4 KrWG – ebenso wie § 5 KrWG – die Anwendung des Abfallrechts insbesondere da ausschließen soll, wo ein vergleichbares Schutzniveau nicht erforderlich ist.

Richtigerweise kann im Rahmen von § 4 Abs. 1 Nr. 4 KrWG daher nur ein Vergleich mit dem Gefahrenpotenzial entsprechender Primärstoffe oder -produkte maßgeblich sein: Weist der fragliche Stoff oder Gegenstand nur Gefahren auf, die auch Primärstoffen bzw. -produkten innewohnen, liegt – bei Erfüllung der übrigen Voraussetzungen – ein Nebenprodukt vor; anderenfalls handelt es sich – insbesondere beim Vorhandensein abfalltypischer Gefahren – um einen Abfall.

1.2.4 Das Ende der Abfalleigenschaft

Der Idee der Kreislaufwirtschaft ist immanent, dass die Abfalleigenschaft nicht zwangsläufig das Ende des Lebenszyklus eines Stoffes oder Gegenstands bedeuten muss. Der Abfall soll zum Zweck der Ressourcenschonung vielmehr möglichst nach Durchführung einer entsprechenden Verwertung wieder dem Wirtschaftskreislauf zugeführt werden. Rechtlich entspricht dem die Möglichkeit, dass ein zu Abfall gewordener Stoff oder Gegenstand seine Abfalleigenschaft wieder verliert.

Maßgebliche Regelungen über das Abfallende finden sich sowohl unmittelbar im EU-Recht als auch im nationalen Recht. Bei einem Vergleich dieser Regelungen zeigen sich konzeptionelle Unterschiede: Während das nationale Recht in § 5 KrWG Voraussetzungen normiert, unter denen beliebige Abfälle das Ende der Abfalleigenschaft erreichen, stellt das EU-Recht in Art. 6 Abs. 1 AbfRRL in erster Linie ein Rechtsetzungsverfahren zur Verfügung, in dem auf der EU-Ebene stoffstromspezifische Regelungen über das Abfallende erlassen werden können.

1.2.4.1 Die Abfallendeverordnungen der EU

Die „EU-Abfallendeverordnungen“ gelten unmittelbar in allen Mitgliedsstaaten und verdrängen in ihrem Anwendungsbereich die nationalen Regelungen über das Abfallende. Die stoffstromspezifischen Abfallendeverordnungen bieten den Vorteil, dass sie die stofflichen Anforderungen, die für das Erreichen des Abfallendes maßgeblich sind, in Ansehung des jeweiligen Stoffes oder Gegenstands und damit konkreter festlegen können als eine für beliebige Abfälle geltende Generalklausel. Der Nachteil besteht darin, dass es wohl immer Abfallfraktionen geben wird, für die keine stoffstromspezifische Regelung existiert.

Bis Ende 2016 sind nur drei EU-Abfallendeverordnungen geschaffen worden, und zwar die VO (EU) Nr. 333/2011 für Eisen-, Stahl- und Aluminiumschrott, die VO (EU) Nr. 1179/2012 für Bruchglas und die VO (EU) Nr. 715/2013 für Kupferschrott. Alle drei Verordnungen weisen eine gemeinsame Regelungsstruktur auf: Um das Abfallende zu erreichen, sind bestimmte Anforderungen an die Qualität der eingesetzten Abfälle und das recycelte Produkt zu erfüllen, außerdem muss das Verwertungsverfahren bestimmten Anforderungen genügen. Um die Einhaltung dieser Anforderungen sicherzustellen, muss zudem ein zertifiziertes „Managementsystem“ bestehen. Schließlich muss der Verwerter an den Empfänger eine Konformitätserklärung abgeben; dann endet die Abfalleigenschaft mit der Übergabe vom Verwerter an den Empfänger.

1.2.4.2 Die Regelung des § 5 KrWG

Für alle Abfälle, für die es keine EU-Abfallendeverordnung gibt, bestimmt sich das Ende der Abfalleigenschaft nach § 5 Abs. 1 KrWG. Danach endet die Abfalleigenschaft eines Stoffes oder Gegenstands, wenn dieser ein Verwertungsverfahren durchlaufen hat und so beschaffen ist, dass er üblicherweise für bestimmte Zwecke verwendet wird (Nr. 1), ein Markt oder eine Nachfrage für ihn besteht (Nr. 2), er alle für seine jeweilige Zweckbestimmung geltenden technischen Anforderungen sowie alle Rechtsvorschriften und anwendbaren Normen für Erzeugnisse erfüllt (Nr. 3) und seine Verwertung insgesamt nicht zu schädlichen Auswirkungen auf Mensch oder Umwelt führt (Nr. 4). § 5 Abs. 2 KrWG enthält eine Ermächtigungsgrundlage, die Bedingungen für das Abfallende durch Rechtsverordnung der Bundesregierung näher zu bestimmen und Anforderungen zum Schutz von Mensch und Umwelt, insbesondere durch Grenzwerte für Schadstoffe, festzulegen. Derartige Rechtsverordnungen sind bisher noch nicht erlassen worden.

Erste Voraussetzung dafür, dass ein Abfall nach § 5 Abs. 1 KrWG das Ende der Abfalleigenschaft erreichen kann, ist somit, dass dieser ein Verwertungsverfahren durchlaufen hat. Das Vorliegen einer Verwertung bestimmt sich nach der gesetzlichen Definition in § 3 Abs. 23 KrWG. Es kommt also darauf an, ob als Hauptergebnis des fraglichen Verfahrens Abfälle innerhalb der Anlage oder in der weiteren Wirtschaft einem sinnvollen Zweck zugeführt werden, indem sie entweder andere Materialien ersetzen, die sonst zur Erfüllung einer bestimmten Funktion verwendet worden wären, oder indem Abfälle so vorbereitet werden, dass sie diese Funktion erfüllen. Wie sich aus der 22. Begründungserwägung zur Abfallrahmenrichtlinie ergibt, kann die Verwertung auch in einer bloßen Sichtung des Abfalls mit dem Ziel, die materiellen Anforderungen des Abfallendes zu prüfen, bestehen.

Vielfach wird dem Begriff „Durchlaufen“ das Erfordernis entnommen, dass die Verwertung bereits „abgeschlossen“ sein muss. Diese Auffassung, die auf eine vor Inkrafttreten des KrWG ergangene Rechtsprechung des Bundesverwaltungsgerichts zurückgeht,[23] ermöglicht es, das Ende der Abfalleigenschaft insbesondere in Fällen zu verneinen, in denen bis zur Herstellung eines Endprodukts noch weitere Behandlungsschritte erforderlich sind. Dagegen spricht allerdings, dass insbesondere bei der Schaffung der heute geltenden Abfallrahmenrichtlinie eine Erweiterung der Möglichkeiten von Sekundärrohstoffen, die als Vorprodukt in der Industrie eingesetzt werden, das Abfallende zur erreichen, angestrebt wurde. Zudem zeigt die Entstehungsgeschichte der Richtlinie, dass es auf die Beendigung der Verwertung gerade nicht ankommen sollte.[24]

[23] BVerwG, Urt. v. 14.12.2006, 7C 4.06.

[24] Petersen in Jarass und Petersen 2014, § 5 Rn. 30.

Die Voraussetzung des § 5 Abs. 1 Nr. 1 KrWG, dass der Stoff oder Gegenstand üblicherweise für bestimmte Zwecke verwendet werden muss, soll in erster Linie Stoffe und Gegenstände mit undefinierbarem Nutzen ausschließen, weil solche dem Risiko unterliegen, kurzfristig wieder zu Abfall zu werden. Eine ähnliche Zielrichtung hat § 5 Abs. 1 Nr. 2 KrWG, wonach für den Stoff oder Gegenstand ein Markt oder eine Nachfrage bestehen muss. Auch dieses Kriterium dient letztlich dazu, eine weitere Verwendung sicherzustellen. Der Markt bzw. die Nachfrage müssen bereits gegenwärtig vorhanden sein; die Möglichkeit, sie zu schaffen, genügt nach einhelliger Auffassung nicht. Andererseits sind insoweit keine hohen Anforderungen zu stellen, sodass es für das Vorhandensein eines Marktes genügen dürfte, wenn ein Anbieter auf eine Nachfrage trifft.

Fraglich ist, ob sich aus § 5 Abs. 1 Nr. 2 KrWG ergibt, dass der fragliche Stoff oder Gegenstand über einen positiven Marktwert verfügen muss. Aus dem Wortlaut folgt dies nicht, denn bereits die begriffliche Unterscheidung zwischen positiven und negativen Marktwerten zeigt, dass das Vorhandensein eines Marktes nicht von einem positiven Wert abhängig ist. Für das Erfordernis eines positiven Marktes spricht allerdings der Zweck des Merkmals, denn bei einem negativen Marktwert ist die weitere Verwendung keineswegs von allein sichergestellt. Stoffe und Gegenstände mit negativem Marktwert können die Voraussetzung des § 5 Abs. 1 Nr. 2 KrWG deshalb allenfalls dann erfüllen, wenn ihre weitere Verwendung auf andere Weise sichergestellt ist.

§ 5 Abs. 1 Nr. 3 KrWG verlangt, dass der Stoff oder Gegenstand alle für seine jeweilige Zweckbestimmung geltenden technischen Anforderungen sowie alle Rechtsvorschriften und anwendbaren Normen für Erzeugnisse erfüllt. Unter Normen sind dabei, wie sich aus der englischen Sprachfassung des Art. 6 AbfRRL (*standards*) ergibt, technische Normen zu verstehen. Alle einschlägigen Rechtsvorschriften und Normen sind auch dann erfüllt, wenn es solche überhaupt nicht gibt. Die teilweise vertretene Gegenauffassung, wonach eine Entlassung aus dem Abfallrecht nur bei einer „positiven Akzeptanz" durch das Produktrecht möglich sein soll,[25] ist abzulehnen. Denn es gibt durchaus Recyclingprodukte, die weder in technischer noch in rechtlicher Hinsicht ein Bedürfnis nach Regulierung aufwerfen.

Die Verwendung des Stoffes oder Gegenstands darf schließlich insgesamt nicht zu schädlichen Auswirkungen auf Mensch oder Umwelt führen, § 5 Abs. 1 Nr. 4 KrWG. Diese Anforderung stimmt inhaltlich mit dem Schadlosigkeitserfordernis nach § 4 Abs. 1 Nr. 4 KrWG überein, sodass für das Ende der Abfalleigenschaft der gleiche umweltbezogene Maßstab gilt wie für die Anerkennung von Nebenprodukten. Auch die sich stellenden Auslegungsfragen sind die Gleichen, sodass insoweit uneingeschränkt auf die obigen Ausführungen verwiesen werden kann.

▶ **Praxishinweis** Wird aus Alttextilien, die über eine Containersammlung erfasst wurden (zur Abfalleigenschaft vgl. Abschn. 1.2.2.1), gebrauchsfähige Ware aussortiert, endet damit deren Abfalleigenschaft: Die Textilien durchlaufen mit

[25] Petersen in Jarass und Petersen 2014, § 5 Rn. 43.

dem Sortierprozess ein Verwertungsverfahren, sie werden üblicherweise für bestimmte Zwecke (Bekleidung) verwendet, für sie besteht ein Markt und sie erfüllen – ebenso wie die ursprüngliche Kleidung – die umweltbezogenen Anforderungen nach § 5 Abs. 1 Nr. 3 und 4 KrWG.
Putzlappen, die häufig aus nicht mehr tragfähigen Alttextilien hergestellt werden, können nach hier vertretener Auffassung ebenfalls das Abfallende erreichen, sofern für sie ein Markt oder eine Nachfrage besteht und von ihnen keine Umweltgefahren ausgehen.

1.2.5 Die Vermutung der Abfalleigenschaft bei exportierten Elektrogeräten

Die Abgrenzung zwischen Abfällen und Produkten nach der Abfalldefinition und den sie flankierenden Regelungen über Nebenprodukte und das Ende der Abfalleigenschaft ist stark einzelfallabhängig. Das Abstellen auf das Verhalten bzw. den Willen des Besitzers durch den subjektiven Abfallbegriff ermöglicht in gewissem Umfang missbräuchliche Umgehungsstrategien und erschwert dadurch auch den Gesetzesvollzug. Missstände hat der europäische Richtliniengeber insbesondere im Bereich des Exports von gebrauchten Elektro- und Elektronikgeräten gesehen. In Umsetzung der unionsrechtlichen Vorgaben enthält nun § 23 ElektroG i. V. m. Anlage 6 zu diesem Gesetz eine Vermutung für die Abfalleigenschaft gebrauchter Elektro- und Elektronikgeräte, bei denen es sich möglicherweise um Altgeräte handelt.

Diese Vermutungsregelung betrifft die Frage des Nachweises der Abfall- bzw. Produkteigenschaft und liegt damit auf einer anderen Ebene als die bisher erörterten materiellen Regelungen der §§ 3 Abs. 1, 4 und 5 KrWG. Wenngleich § 23 ElektroG somit den Abfallbegriff nicht ändert, wird in seinem Anwendungsbereich doch der Schwerpunkt bei der Abgrenzung zwischen Abfall und Produkt verschoben: Im Vordergrund stehen nicht mehr die Abfalldefinition und ihre flankierenden Regelungen, sondern die Merkmale, an welche die Abfallvermutung des § 23 ElektroG anknüpft. Vereinfacht gesagt, müssen dafür Belege für die Funktionsfähigkeit des Geräts, welche vom Veranlasser der Beförderung zu prüfen ist, und weitere Dokumente vorgelegt werden können und ein angemessener Beschädigungsschutz bei der Beförderung gewährleistet sein. Unter bestimmten Voraussetzungen gelten allerdings Ausnahmen vom Erfordernis der vollen Funktionsfähigkeit und dessen Nachweis, z. B. wenn Elektrogeräte im Rahmen der Gewährleistung mit der Absicht einer Wiederverwendung an einen ausländischen Hersteller zurückgesendet werden.

Literatur

Bundesministerium für Umwelt, Naturschutz und Reaktorsicherheit, Bundesministerium für Landwirtschaft, Ernährung und Verbraucherschutz (2013) Rechtsfolgen der Einstufung von Gülle zur Verwendung in Biogasanlagen als Abfall. http://www.bmub.bund.de/fileadmin/Daten_BMU/Download_PDF/Abfallwirtschaft/guelle_biogasanlagen_anlage1_bf.pdf. Abgerufen am 03.02.2017

EU-Kommission (2012) Guidance on the Interpretation of Key Provisions of Directive 2008/98/EC on Waste. http://ec.europa.eu/environment/waste/framework/pdf/guidance_doc.pdf. Abgerufen am 12.09.2017

Jarass H (2015) Bundes-Immissionsschutzgesetz. C. H. Beck, München

Jarass H, Petersen F (2014) Kreislaufwirtschaftsgesetz. C. H. Beck, München

Schmehl A (2013) GK-KrWG. Carl Heymanns Verlag, Köln

2 Stoffrecht

Andreas Zühlsdorff

2.1 Einführung

Mit der Verkündung der REACH-Verordnung[1] am 30.12.2006 wurde eines der umfangreichsten und komplexesten Gesetzgebungsvorhaben in der Europäischen Union (EU) nach mehr als fünf Jahren der Beratungen implementiert. Die REACH-Verordnung trat sodann am 01.06.2007 in Kraft und gilt als unmittelbares Recht in allen EU-Mitgliedstaaten. Der Name „REACH" ist ein Akronym, das aus der Zielvorgabe der Verordnung gebildet ist: So bezweckt die REACH-Verordnung die europäische Harmonisierung in Hinblick auf die

Registration, **E**valuation, **A**uthorisation of **Ch**emicals,

also die Erfassung, Bewertung und Zulassung von Chemikalien. Zusammen mit der sog. CLP-Verordnung vom 16.12.2008[2] bilden die komplexen Regelwerke ein einheitliches

[1] Verordnung (EG) Nr. 1907/2006 des Europäischen Parlaments und des Rates v. 18.12.2006 zur Registrierung, Bewertung, Zulassung und Beschränkung chemischer Stoffe (REACH), zur Schaffung einer Europäischen Agentur für chemische Stoffe, zur Änderung der Richtlinie 1999/45/EG und zur Aufhebung der Verordnung (EWG) Nr. 793/93 des Rates, der Verordnung (EG) Nr. 1488/94 der Kommission, der Richtlinie 76/769/EWG des Rates sowie der Richtlinien 91/155/EWG, 93/67/EWG, 93/105/EG und 2000/21/EG der Kommission. Änderungsverordnungen und eine konsolidierte Fassung der REACH-Verordnung finden sich auf der Internetseite des Umweltbundesamts: http://www.reach-info.de/verordnungstext.htm. Zugegriffen: 2. Hj. 2016.

[2] CLP-Verordnung (*Regulation on Classification, Labelling and Packaging of Substances and Mixtures*) – Verordnung (EG) Nr. 1272/2008 über die Einstufung, Kennzeichnung und Verpackung von Stoffen und Gemischen, auch GHS-Verordnung (abgeleitet durch die Implementierung des *Globally Harmonised System of Classification and Labelling of Chemicals* der Vereinten Nationen in die EU) genannt, ist am 20.01.2009 in Kraft getreten.

A. Zühlsdorff (✉)
Evonik Industries AG
Essen, Deutschland

P. Kurth et al. (Hrsg.), *Praxishandbuch der Kreislauf- und Rohstoffwirtschaft*,
https://doi.org/10.1007/978-3-658-17045-5_2

europaweites Chemikalienrecht und damit die wichtigsten Vorschriften für die chemische Industrie.

► **Hintergrund** Zugleich wurde mit der REACH-Verordnung die Grundlage für eine neue europäische Chemikalienagentur geschaffen. Die Europäische Chemikalienagentur (ECHA) hat ihren Sitz in Helsinki und ist für große Teile des Vollzugs der REACH-Verordnung zuständig.[3]

Die chemikalienrechtlichen Regelungen vor der REACH-Verordnung sahen unterschiedliche Anforderungen an sog. „Altstoffe" und „Neustoffe" vor. Maßgeblich für die Abgrenzung zwischen einem Altstoff und einem Neustoff war, ob die Chemikalie bereits vor dem 18.09.1981 auf dem europäischen Markt war. Vor diesem Zeitpunkt auf dem Markt vorhandene Chemikalien waren Altstoffe; waren diese hingegen zu diesem Zeitpunkt noch nicht auf dem Markt, handelte es sich um Neustoffe. Eine systematische Prüfung der Eigenschaften der rund 100.000 Altstoffe war nicht vorgesehen, und die Altstoffe waren unbegrenzt verwendbar.[4] Für Neustoffe war hingegen eine Überprüfung vor der Markteinführung erforderlich. Die damit verbundene Privilegierung der Verwendung der Altstoffe und das daraus resultierende Innovationshemmnis waren wesentliche Gründe für den europäischen Gesetzgeber, das europäische Chemikalienrecht auf eine neue Grundlage zu stellen.[5]

Ziel der REACH-Verordnung ist es u. a., ein hohes Schutzniveau für die menschliche Gesundheit und für die Umwelt sicherzustellen, Transparenz zu schaffen sowie den freien Verkehr von Stoffen als solchen, in Zubereitungen oder in Erzeugnissen zu gewährleisten (vgl. Art. 1 Abs. 1 REACH-Verordnung). Das europäische Chemikalienrecht hat mittlerweile Vorbildcharakter; zahlreiche Staaten weltweit orientieren sich bei der Neufassung ihrer nationalen chemikalienrechtlichen Bestimmungen am europäischen Regelwerk.

► **Hintergrund** Die REACH-Verordnung verteilt zudem die Aufgaben neu: So sind die Hauptakteure nicht mehr die Behörden; die Verantwortung für die Beurteilung der Risiken und der Gefährlichkeit von Stoffen sollen im Sinne des Verursacherprinzips vielmehr in erster Linie die Personen tragen, die den Stoff herstellen oder einführen[6]; Hersteller und Importeure sollen die Verantwortung tragen (sog. kontrollierte Eigenverantwortung, Art. 1 Abs. 3 Satz 1 REACH-Verordnung). Aber auch die nachgeschalteten Anwender werden erstmals in das System einbezogen. Ein weiteres Ziel der REACH-Verordnung ist nämlich auch die Verbesserung der Kommunikation entlang der Lieferkette, also der wechselseitigen Informationen zwischen Lieferanten und Kunden.

---

[3] Zu Grundfragen des Vollzugs siehe Weidemann 2007, S. 232 ff.

[4] Die sog. Altstoffverordnung sah lediglich ein hoheitliches Prüfprogramm mit Empfehlungen für 140 Stoffe vor. Vgl. Verordnung (EWG) Nr. 793/93 des Rates vom 23.03.1993 zur Bewertung und Kontrolle der Umweltrisiken chemischer Altstoffe, Amtsblatt Nr. L 084 vom 05.04.1993, S. 0001–0075.

[5] Vgl. hierzu das Weißbuch der Kommission der Europäischen Gemeinschaft „Strategie für eine zukünftige Chemikalienpolitik" v. 27.02.2001 Kom 2001 (88).

[6] Siehe etwa Erwägungsgrund (25) und (29) REACH-Verordnung.

Das Stoffrecht und das Kreislaufwirtschaftsrecht bilden grundsätzlich zwei getrennte Systeme: So ist das Chemikalienrecht ein „Stoffrecht" und das Kreislaufwirtschaftsrecht ein „Abfallrecht". Gleichwohl gibt es Berührungspunkte. Eine wesentliche Schnittstelle zwischen den beiden Systemen, die es im Folgenden zu betrachten gilt, ist die – häufig kontroverse – Abgrenzung zwischen Abfall und Produkt, die insbesondere im Rahmen von stofflichen Verwertungsverfahren (Recyclingverfahren) und der Entstehung von sog. Sekundärrohstoffen Relevanz hat. Die REACH-Verordnung spricht in diesem Zusammenhang von einer Rückgewinnung. Im Falle der Rückgewinnung kann das Unternehmen unter bestimmten Voraussetzungen das sog. „Recyclingprivileg" in Anspruch nehmen, welches ihn teilweise von Pflichten nach der REACH-Verordnung befreit.[7]

Zunächst werden im Weiteren die Grundzüge der Pflichten nach der REACH-Verordnung (unter Abschn. 2.2) dargestellt. Im Anschluss wird auf die Interdependenzen der REACH-Verordnung auf Recyclingverfahren eingegangen (unter Abschn. 2.3).

2.2 Grundzüge der Pflichten nach der REACH-Verordnung

Gemäß REACH-Verordnung gilt der Grundsatz nach Art. 5, dessen Überschrift lautet: „Ohne Daten – kein Markt."[8] Diese Vorschrift bestimmt, dass vorbehaltlich einzelner Registrierungsvorschriften Stoffe als solche oder in Gemischen oder in Erzeugnissen (Fertigware) nur noch dann in der Gemeinschaft hergestellt oder in Verkehr[9] gebracht werden dürfen, wenn sie nach den einschlägigen Vorschriften des Titels II der REACH-Verordnung, soweit vorgeschrieben, registriert wurden. Nach Art. 13 Nr. 12 REACH-Verordnung ist darauf hinzuweisen, dass die Einfuhr eines Stoffes im vorgenannten Sinne als ein Inverkehrbringen gilt. Dies bedeutet, dass Stoffe ab dem 01.06.2008 in einer Menge von mindestens einer Tonne pro Jahr nicht mehr hergestellt oder importiert werden dürfen, die nicht gemäß den Regelungen der REACH-Verordnung registriert wurden; diese Stoffe dürfen auch nicht mehr in Verkehr gebracht werden.[10]

Die Pflicht zur Registrierung[11] von Stoffen ist eine der Hauptpflichten nach der REACH-Verordnung.[12] Sie ist wesentlich für einen Pflichtigen, da ohne erforderliche Registrierung für den Stoff eine Marktzutrittsschranke besteht; der Stoff ist nicht mehr verkehrsfähig.

---

[7] Fluck 2007a, S. 14 ff. („Führt REACH zu mehr Abfall?").

[8] Genauer müsste es „ohne Registrierung – kein Markt" heißen.

[9] Inverkehrbringen, Art. 3 Nr. 12 REACH-Verordnung: Entgeltliche oder unentgeltliche Abgabe an Dritte oder Bereitstellung für Dritte.

[10] Zu Übergangsproblemen – etwa Stoffe im Lager – vgl. Fluck 2008, S. 253 ff.

[11] Zudem muss für bestimmte Verwendungen für Stoffe, die für den Menschen oder die Umwelt besonders besorgniserregend sind und in Anhang XIV der REACH-Verordnung aufgenommen wurden, eine Zulassung beantragt werden. Des Weiteren können für Stoffe, die ein unannehmbares Risiko darstellen, Beschränkungen festgelegt werden.

[12] Siehe hierzu ECHA *Guidance on registration*: http://echa.europa.eu/documents/10162/17224/registration_en.pdf.

Der vorsätzliche Verstoß gegen die Pflicht gemäß Art. 5 REACH-Verordnung ist eine Straftat nach § 27 b) Abs. 1 Nr. 1 des deutschen Chemikaliengesetzes (ChemG). Ein fahrlässiger Verstoß nach § 27 b) Abs. 5 ChemG kann von der Behörde als Ordnungswidrigkeit verfolgt werden.[13] Zuständig für die Überwachung sind in Deutschland die Landesbehörden.

Die REACH-Verordnung enthält allerdings über die Registrierung hinaus noch weitere Regelungselemente. Der Vollständigkeit halber zu nennen ist das Bewertungsverfahren (Evaluierung). Dabei ist zwischen „Dossierbewertung" und „Stoffbewertung" zu unterscheiden. Stoffe, die in besonderer Weise Anlass zu Besorgnis geben, unterliegen einer Zulassungspflicht (Autorisierung). Schließlich sieht die REACH-Verordnung auch vor, Beschränkungen für die Verwendung von Stoffen einzuführen – siehe Anhang XVII der REACH-Verordnung.

► **Praxishinweis** Die REACH-Verordnung ist ein sehr umfangreiches und komplexes Regelungswerk. Hilfestellung zu den eigenen Pflichten, zum Verständnis und zur Interpretation der REACH-Verordnung bieten die zahlreichen Leitfäden (*Guidance Documents*) der ECHA, die auf der Internetseite der Behörde eingesehen und heruntergeladen werden können: http://echa.europa.eu/web/guest/support/guidance-on-reach-and-clp-implementation.
Die Interpretationen in den *Guidance Documents* sind jedoch nicht rechtlich bindend. Abweichungen sind daher grundsätzlich möglich, sollten aber klar begründet und dokumentiert werden, um etwa gegenüber Vollzugsbehörden auskunftsfähig zu sein.
Informationen zur REACH-Verordnung finden sich u. a. auch auf der Internetseite der Bundesanstalt für Arbeitsschutz und Arbeitsmedizin (BAuA), des Bundesverbands der Deutschen Industrie e. V. (BDI) sowie des Verbands der Chemischen Industrie e. V. (VCI).

2.2.1 Was ist zu registrieren (sachlicher Anwendungsbereich)?

Die REACH-Verordnung regelt im sachlichen Anwendungsbereich chemische „**Stoffe**" sowie Stoffe in Gemischen und in Erzeugnissen. Ein Stoff ist nach der Definition unter Art. 3 Nr. 1 REACH-Verordnung ein chemisches Element und seine Verbindungen in natürlicher Form oder gewonnen durch ein Herstellungsverfahren, einschließlich der zur Wahrung seiner Stabilität notwendigen Zusatzstoffe und der durch das angewandte Verfahren bedingten Verunreinigungen, aber mit Ausnahme von Lösungsmitteln, die von

[13] Seit dem 01.05.2013 ist die neue Chemikalien-Sanktionsverordnung (ChemSanktionsV) in Kraft. Sie fasst bestehende Regelungen zusammen und ergänzt diese um Sanktionen bei Verstößen gegen bestimmte REACH-Pflichten.

dem Stoff ohne Beeinträchtigung seiner Stabilität und ohne Änderung seiner Zusammensetzung abgetrennt werden können.

Ein Gemisch (vormals Zubereitung) und ein Erzeugnis (Fertigware) unterliegen selbst nicht der Registrierungspflicht nach der REACH-Verordnung, sondern es sind die Stoffe in dem Gemisch oder dem Erzeugnis. Daher ist die REACH-Verordnung in erster Linie als Stoffrecht und nicht als „Produkt"-Recht zu qualifizieren.

Von einem Gemisch wird nach Art. 3 Nr. 2 REACH-Verordnung gesprochen, wenn ein Gemenge oder eine Lösung aus zwei oder mehr Stoffen gegeben ist. So sind etwa Metalllegierungen, Lacke oder Reinigungsmittel Beispiele für Gemische.

Gemäß Art. 3 Nr. 3 REACH-Verordnung liegt demgegenüber ein Erzeugnis vor, wenn für die Funktion des Gegenstands (der aus Stoffen und/oder Zubereitungen besteht) dessen Form, Oberfläche oder Gestalt (also die physikalische Erscheinung) in größerem Maße bestimmend ist als seine chemische Zusammensetzung.[14] Die Funktion eines Gegenstands wird dadurch bestimmt, wozu er gemäß Hersteller verwendet werden soll und was die Person, die ihn erwirbt, als Funktion erwartet. Beispielhaft sind zu nennen: Textilien, Papier oder Batterien.

Für Erzeugnisse gelten Erleichterungen im Hinblick auf eine Registrierung: Während Stoffe in Gemischen immer zu registrieren sind, muss ein Stoff in einem Erzeugnis nur dann registriert werden[15], wenn die zwei folgenden Voraussetzungen erfüllt sind: Zum einen, dass der Stoff in dem Erzeugnis in einer Menge von insgesamt mehr als einer Tonne pro Jahr und pro Produzent oder Importeur enthalten ist, und zweitens, dass der Stoff unter normalen oder vernünftigerweise vorhersehbaren Verwendungsbedingungen freigesetzt werden soll. Die Abgrenzung zwischen einem Gemisch und einem Erzeugnis ist komplex und nicht immer eindeutig.[16]

Die REACH-Verordnung bestimmt in Art. 2 zudem für einige Stoffe, dass diese ganz oder teilweise aus ihrem sachlichen Anwendungsbereich entfallen, um Doppelregulierungen zu vermeiden. Art. 2 REACH-Verordnung enthält u. a. auch eine Regelung zu Abfällen: Gemäß Art. 2 Abs. 2 REACH-Verordnung gilt demnach, dass Abfälle nicht als Stoff im Sinne von Art. 3 REACH-Verordnung zu betrachten sind. Hierdurch sollen nach dem Willen des europäischen Verordnungsgebers Anreize für die Rückgewinnung und die Verwertung von Abfällen geschaffen werden (vgl. 11. Erwägungsgrund der REACH-Verordnung). Damit gilt, dass Abfälle von sämtlichen Verpflichtungen, die die REACH-Verordnung statuiert, ausgenommen sind. Das Unternehmen muss demnach sorgsam prüfen, unter welchen Pflichtenkreis es mit seiner Substanz fällt.

---

[14] Siehe hierzu die ECHA *Guidance on requirements for substances in articles*: http://echa.europa.eu/documents/10162/17224/articles_en.pdf sowie die Broschüre der BAuA: http://www.baua.de/cae/servlet/contentblob/764668/publicationFile/47174/REACH-Info-06.pdf. Zugegriffen: 2. Hj. 2016.

[15] Ein weiterer Fall ist in Art. 7 Abs. 5 REACH-Verordnung geregelt.

[16] Vgl. etwa Kitzinger 2008, S. 143 (147) für Stahl.

2.2.2 Wer muss registrieren (persönlicher Anwendungsbereich)?

Die REACH-Verordnung knüpft die Verpflichtung zur Registrierung an das Herstellen oder an den Import von Stoffen in einer Jahresmenge von mindestens einer Tonne pro Jahr (persönlicher Anwendungsbereich, vgl. Art. 6 REACH-Verordnung). Dementsprechend sind Adressaten der Registrierpflicht nur der Hersteller eines Stoffes und der Importeur eines Stoffes (Art. 3 Nr. 7 REACH-Verordnung). Diese müssen ihren Sitz in der Gemeinschaft haben.[17] Hersteller oder Importeur können eine natürliche oder aber eine juristische Person sein. Andere Teilnehmer in der Lieferkette – wie etwa Händler – können einen Stoff unter der REACH-Verordnung nicht registrieren.

Hersteller im Sinne von Art. 3 Nr. 9 REACH-Verordnung ist die Person, die den bestimmenden Einfluss auf den Herstellungsvorgang hat. Dies wird regelmäßig der Betreiber einer Produktionsanlage sein, da dieser die Verantwortung für die Anlage trägt.

► **Praxishinweis** Wird ein Herstellungsvorgang durch einen Lohnhersteller erledigt, so ist nicht der Auftraggeber, sondern regelmäßig der Lohnhersteller Pflichtiger nach der REACH-Verordnung.

Unter Import ist nach der REACH-Verordnung die physische Einfuhr eines Stoffes, einer Zubereitung oder eines Erzeugnisses von einem Nicht-EU-Land in die EU zu verstehen (vgl. Art. 3 Nr. 10 und Nr. 11 REACH-Verordnung). Es kommt auf die eigenverantwortliche Veranlassung der körperlichen Überführung der Ware (des Stoffes) über die Grenze an. Der Bezug eines Stoffes aus einem EU-Land ist folglich kein Import im Sinne der REACH-Verordnung. Es ist nicht erforderlich, dass die betreffende Person die Ware selbst in das Zollgebiet der Gemeinschaft verbringt. Vielmehr genügt die Veranlassung der Verbringung. Ein Eigentumswechsel ist nicht erforderlich. Ein Indiz für die eigenverantwortliche Veranlassung der körperlichen Überführung der Ware (des Stoffes) über die Grenze ist der Abschluss eines Vertrags mit dem Hersteller mit Sitz außerhalb der EG.

2.2.3 Bis wann ist ein Stoff zu registrieren?

Grundsätzlich müssen Stoffe ab dem 01.08.2008 vor der Herstellung und dem Import in einer Jahresmenge von mindestens einer Tonne registriert werden. Die Menge des hergestellten bzw. eingeführten Stoffs muss in Tonnen pro Kalenderjahr bestimmt werden.

[17] Eine Sonderregelung enthält Art. 8 REACH-Verordnung, wonach ein nicht in der Gemeinschaft ansässiger Hersteller über einen Alleinvertreter mit Sitz in der Gemeinschaft „als verlängerter Arm" registrieren kann.

Nach dem 01.08.2008 kann ein Stoff nur neu hergestellt oder importiert werden, nachdem er vom Registrierpflichtigen registriert worden ist. Für die sog. Phase-in-Stoffe[18] gelten jedoch gestaffelte mengenabhängige[19] Übergangsvorschriften, wenn diese bis zum 01.12.2008 vom potenziellen Registrierungspflichtigen vorregistriert wurden (vgl. Art. 23 und Art. 28 REACH-Verordnung).

Vorregistrierung bedeutet, dass der potenzielle Registrant den Namen des zu registrierenden Stoffes nebst einem Identifizierungsmerkmal, Anschrift und vorgesehenen Fristen für die Registrierung an die ECHA meldet (Art. 28 REACH-Verordnung).

Bei den Phase-in-Stoffen[20] nach Art. 3 Nr. 20 REACH-Verordnung handelt es sich im Wesentlichen um die Altstoffe, die der ehemaligen europäischen Altstoffverordnung[21] unterlagen und im europäischen Altstoffinventar[22] (EINECS Verzeichnis) gelistet sind. Phase-in-Stoffe, die in einer Menge von ≥ 1000 Tonnen[23] pro Jahr hergestellt oder importiert werden, waren bis zum 01.12.2010 zu registrieren. Im Mengenband ≥ 100 Tonnen musste die Registrierung bis zum 01.06.2013 erfolgen. Die letzte Übergangsfrist im Mengenband ≥ 1 t läuft am 01.06.2018 aus. Nach Ablauf der letzten Übergangsfrist ist nicht mehr zwischen Phase-in- und Non-Phase-in-Stoffen zu unterscheiden. Diese gestaffelten Übergangsfristen gelten auch für Stoffe in Zubereitungen sowie für Stoffe in Erzeugnissen, die unter die Registrierungspflicht fallen.

---

[18] Phase-in-Stoff, Art. 3 Nr. 20 REACH-Verordnung: Stoff, der mindestens einem der folgenden Kriterien entspricht:
a) der Stoff ist im Europäischen Verzeichnis der auf dem Markt vorhandenen chemischen Stoffe (EINECS) aufgeführt.
b) der Stoff wurde in der Gemeinschaft oder in den am 01.01.1995 oder am 01.05.2004 der Europäischen Union beigetretenen Ländern hergestellt, vom Hersteller oder Importeur jedoch in den 15 Jahren vor Inkrafttreten dieser Verordnung nicht mindestens einmal in Verkehr gebracht, vorausgesetzt, der Hersteller oder Importeur kann dies durch Unterlagen nachweisen.
c) der Stoff wurde in der Gemeinschaft oder in den am 01.01.1995 oder am 01.05.2004 der Europäischen Union beigetretenen Ländern vor dem Inkrafttreten dieser Verordnung vom Hersteller oder Importeur in Verkehr gebracht und galt als angemeldet im Sinne des Art. 8 Abs. 1 erster Gedankenstrich der Richtlinie 67/548/EWG, entspricht jedoch nicht der Definition eines Polymers nach der vorliegenden Verordnung, vorausgesetzt, der Hersteller oder Importeur kann dies durch Unterlagen nachweisen.

[19] Auch bestimmte gefährliche Eigenschaften bestimmen die Fristen.

[20] Zudem wird von den Non-Phase-in-Stoffen gesprochen. Non-Phase-in-Stoffe entsprechen der Definition eines Neustoffs nach der 67/548 EG und gelten als unter der REACH-Verordnung registriert.

[21] Verordnung (EWG) Nr. 793/93 des Rates vom 23.03.1993 zur Bewertung und Kontrolle der Umweltrisiken chemischer Altstoffe, Amtsblatt Nr. L 084 vom 05.04.1993, S. 0001–0075.

[22] Sogenanntes EINECS-Verzeichnis (= *European* ***In****ventory* *of* ***E****xisting* ***C****ommercial* ***C****hemical* ***S****ubstances*). Neustoffe sind hingegen im I-ELINCS-Verzeichnis gelistet (= ***E****uropean* ***Li****st* *of* ***N****otified* ***C****hemical* ***S****ubstances*).

[23] Dies galt auch für CMR-Stoffe in Mengen von mindestens einer Tonne Jahresmenge und Stoffe, die gegenüber aquatischen Organismen sehr giftig sind und eine Menge von mindestens 100 Tonnen Jahresmenge überschreiten.

2.2.4 Welche Anforderungen sind an eine Registrierung zu stellen?

2.2.4.1 Erstellung eines Registrierungsdossiers

Um seiner Registrierpflicht nachzukommen, hat der potenzielle Registrierungspflichtige ein Registrierdossier[24] für den Stoff bei der ECHA einzureichen, in dem die sich aus der Verwendung[25] des Stoffes ggf. ergebenden Risiken bewertet werden, um sie beherrschbar zu machen (risikobasierter Ansatz). Das einzureichende Registrierungsdossier muss die in Art. 10 REACH-Verordnung genannten Vorgaben enthalten.[26] Die abzuarbeitenden Informationsanforderungen für das Registrierungsdossier sind im Wesentlichen aufgrund der generalisierenden Betrachtung abhängig vom Mengenband, in dem der Stoff hergestellt oder importiert wird.

Das Registrierungsdossier besteht aus einem technischen Dossier und bei einer Mengenschwelle von $\geq 10\,t/a$ zusätzlich aus einem Stoffsicherheitsbericht (Art. 14 REACH-Verordnung). Auch Abfallmengen und Zusammensetzungen aus der Herstellung sollen im Registrierungsdossier angegeben werden.

Das technische Dossier enthält u. a. folgende Angaben (Daten zu physikalisch-chemischen Eigenschaften, zum toxikologischen Potenzial sowie zum Umweltverhalten):

- die Identität des Herstellers/der Hersteller oder des Importeurs/der Importeure gemäß Anhang VI Abschn. 1 REACH-Verordnung;
- die Identität des Stoffes gemäß Anhang VI Abschn. 2 REACH-Verordnung;
- die Informationen zu Herstellung und Verwendung(en) des Stoffes gemäß Anhang VI Abschn. 3 REACH-Verordnung; diese Informationen müssen alle identifizierten Verwendungen des Registranten umfassen. Wenn der Registrant es für zweckmäßig erachtet, können die Informationen die relevanten Verwendungs- und Expositionskategorien umfassen;
- die Einstufung und Kennzeichnung des Stoffes gemäß Anhang VI Abschn. 4 REACH-Verordnung;
- die Leitlinien für die sichere Verwendung des Stoffes gemäß Anhang VI Abschn. 5 REACH-Verordnung;
- die einfachen Studienzusammenfassungen der aus der Anwendung der Anhänge VII bis XI REACH-Verordnung gewonnenen Informationen;
- die qualifizierten Studienzusammenfassungen der aus der Anwendung der Anhänge VII bis XI REACH-Verordnung gewonnenen Informationen, falls nach Anhang I erforderlich;

---

[24] Siehe hierzu die ECHA *Guidance on registration*: http://echa.europa.eu/documents/10162/17224/registration_en.pdf. Zugegriffen: 2. Hj. 2016.

[25] Verwendung Art. 3 Nr. 24 REACH-Verordnung: Verarbeiten, Formulieren, Verbrauchen, Lagern, Bereithalten, Behandeln, Abfüllen in Behältnisse, Umfüllen von einem Behältnis in ein anderes, Mischen, Herstellen eines Erzeugnisses oder jeder andere Gebrauch.

[26] Für Zwischenprodukte – unterteilt in standortinterne oder transportierte Zwischenprodukte – ist eine Registrierung mit reduzierten Informationsanforderungen möglich (Art. 17 und 18 REACH-Verordnung).

- die Versuchsvorschläge, falls in den Anhängen IX und X REACH-Verordnung aufgeführt;
- für Stoffe in Mengen von 1–10 Tonnen Informationen über die Exposition gemäß Anhang VI Abschn. 6.

Der Stoffsicherheitsbericht enthält die Stoffsicherheitsbeurteilung, die auch eine Betrachtung der Abfallphase erforderlich macht. Denn der gesamte Lebenszyklus des Stoffes – Herstellung/Verwendung/Abfall – wird betrachtet.

Zur Stoffsicherheitsbeurteilung ist in einem ersten Schritt eine Gefährdungsermittlung durchzuführen. Zu prüfen ist, ob von dem Stoff aufgrund seiner inhärenten Eigenschaften schädliche Wirkungen für Menschen oder die Umwelt (siehe Art. 58 Abs. 1 CLP-Verordnung) ausgehen. Dabei werden Sicherheitsgrenzwerte für den Stoff für Menschen[27] und Umwelt abgeleitet.[28]

Im zweiten Schritt gilt es dann, die jeweiligen Expositionsszenarien[29] inklusive einer Gefährdungsabschätzung und einer Risikobeschreibung während des Lebenszyklus zu ermitteln. Dabei bedarf es auch einer Betrachtung der Abfallphase des Stoffes (vgl. Anhang I REACH-Verordnung Abschn. 5: Ermittlung der Exposition) wie der Dauer und der Häufigkeit der Emission des Stoffes in die verschiedenen Umweltkompartimente und in Kläranlagen sowie Maßnahmen zur Abfallbehandlung, zur Verringerung oder Vermeidung der Exposition von Menschen und Umwelt gegenüber dem Stoff während der Abfallbeseitigung und/oder -verwertung.

Schließlich sind im letzten Schritt Gefährdungsermittlung und Exposition gegenüberzustellen und ggf. Risikominderungsmaßnahmen vorzunehmen. Die im Rahmen der Stoffsicherheitsbeurteilung ermittelten Risiken und die Ableitung von Grenzwerten und geeigneten Risikomanagementmaßnahmen sind im Stoffsicherheitsbericht zu dokumentieren. Die zentralen Aussagen aus dem Stoffsicherheitsbericht sind in einem Expositionsszenario dem Sicherheitsdatenblatt beizufügen.

► **Hintergrund** Die geforderten Daten werden als Bestandteil eines Registrierungsdossiers nur in elektronischer Form in der IUCLID-Software[30] über REACH-IT[31] bei der ECHA eingereicht; eine Einreichung über andere Medien – etwa in Papierform – ist unstatthaft.

---

[27] Sogenannter DNEL = ***D**erived **N**o-**E**ffect **L**evel*. Damit wird ein aus Versuchs- und Beobachtungsdaten abgeleiteter Schwellenwert für die Expositionshöhe bezeichnet. Bei Werten unterhalb des DNEL sind für die menschliche Gesundheit keine Beeinträchtigungen zu erwarten.

[28] Sogenannter PNEC = ***P**redicted **N**o-**E**ffect **C**oncentration* für Wasser, Boden, Luft. Als PNEC wird die vorausgesagte Konzentration eines in der Regel umweltgefährlichen Stoffes, bis zu der sich keine Auswirkungen auf die Umwelt zeigen, bezeichnet.

[29] Exposition: Der zu erwartende (beabsichtigte oder unbeabsichtigte) Kontakt eines Stoffes mit Mensch und/oder Umwelt, inklusive dessen Dauer, Häufigkeit und Intensität.

[30] Ein von der EU-Kommission kostenfrei zur Verfügung gestelltes IT-Tool, z. B. zur Erstellung von Registrierungsdossiers.

[31] Das von der ECHA eingerichtete einheitliche IT-System zur Kommunikation. Hierüber werden Vorregistrierung, Registrierung etc. abgewickelt.

2.2.4.2 Datenaustausch und gemeinsame Einreichung von Daten

Die REACH-Verordnung begründet für ihre Adressaten die Pflicht, bestimmte Informationen über einen Stoff zu beschaffen und diese an die ECHA im Rahmen des Registrierungsvorgangs weiterzugeben (siehe Abschn. 2.2.4.1). Um insbesondere Wirbeltierstudien möglichst zu vermeiden und die Kosten gering zu halten, soll die Anzahl neuer Studien auf das Unvermeidbare beschränkt werden. Zur Erreichung dieses Ziels sollen Zusammenwirkungs- und Datenteilungspflichten[32] der Akteure dienen; bestehende Studien sollen daher zwischen den potenziellen Registranten ausgetauscht werden.

Als Plattform zum Datenaustausch zwischen den Pflichtigen dient das Forum zum Austausch von Stoffinformationen (= ***S****ubstance* ***I****nformation* ***E****xchange* ***F****orum* = **SIEF**)[33] in REACH-IT. Hier sind alle potenziellen Registranten desselben Stoffes vertreten, die den Stoff vorregistriert haben. Aus Art. 29 Abs. 3 REACH-Verordnung ergibt sich, dass jedes SIEF bis zum 01.06.2018 arbeitsfähig sein muss. Die maßgeblichen Regelungen zu den Datenaustauschpflichten im SIEF finden sich in Art. 29 und Art. 30 REACH-Verordnung.[34] Diese Vorschriften werfen allerdings verschiedene Fragen insbesondere über Rechte und Pflichten der SIEF-Teilnehmer auf. Das Verfahren zum Vorgehen im SIEF ist in der REACH-Verordnung nämlich nur rudimentär geregelt. Dabei geht der Verordnungsgeber von einer „regulierten Selbstregulierung" der Teilnehmer aus[35].

► **Praxishinweis** Die Zusammenarbeit zwischen den potenziellen Registranten sollte auf eine rechtliche – nämlich vertragliche – Grundlage gestellt werden. Neben der Gründung eines sog. Konsortiums bietet sich auch die Gründung von kleineren Arbeitsgruppen in Form von Kooperationen an. Mustervertragstexte – auch zum Austausch von Nutzungsrechten an Studien – hat der Europäische Chemikalienverband Cefic erarbeitet; sie können auf dessen Internetseite abgerufen werden unter http://www.cefic.org/Industry-support/Implementing-reach/.

Ein SIEF bezieht sich nach Art. 29 Abs. 1 REACH-Verordnung immer nur auf denselben Phase-in-Stoff und dient der Vorbereitung seiner Registrierung. Demnach gibt es so viele SIEFs wie Phase-in-Stoffe, die entweder vorregistriert oder bereits registriert sind. Rechte und Pflichten im SIEF bestehen daher nur bei einer Stoffidentität (*sameness-check*). Feste Regeln, wie die Stoffidentität festgestellt werden soll, gibt es nicht. Folglich

---

[32] Siehe hierzu ECHA *Guidance on data sharing*: http://echa.europa.eu/documents/10162/17224/articles_en.pdf. Zugegriffen: 2. Hj. 2016.

[33] Siehe hierzu ECHA *fact sheet SIEG key principles*: http://echa.europa.eu/documents/10162/17096/sief_key_principles_en.pdf. Zugegriffen: 2. Hj. 2016.

[34] Nicht registrierte Phase-in-Stoffe oder nicht Phase-in-Stoffe richten sich nach Art. 26, 27 REACH-Verordnung.

[35] Fluck 2007b, 104 (114).

ist die Ermittlung der Stoffidentität[36] eines Stoffes ein wesentlicher, aber auch technisch anspruchsvoller Schritt in der SIEF-Zusammenarbeit.[37]

Erste Anhaltspunkte bei der Ermittlung der Stoffidentität können der Stoffname sowie die EINEC-Nummern geben. In diesem Rahmen sind Angaben über die Identität des Stoffes entsprechend Anhang VI Abschn. 2, nach Art. 26 Abs. 1 b) und Art. 10 a) Ziffer i) REACH-Verordnung gefordert.

Grundsätzlich werden Stoffe in diesem Zusammenhang in zwei Gruppen eingeteilt: Stoffe mit definierter Zusammensetzung (Stoffe bestehend aus definierten Hauptkomponenten und Verunreinigungen sowie Hilfsstoffe) sowie sog. UVCB-Stoffe[38] (Realstoffe mit – teilweise – ungeklärter Zusammensetzung).

In der Gruppe der definierten Stoffe wird zusätzlich unterschieden: Zum einen Stoffe mit einer Hauptkomponente. Hierunter fallen Stoffe, die eine definierte und charakterisierte Hauptkomponente mit einem Gehalt von mindestens 80 % enthalten (sog. *mono-constituent substance*), und zweitens Stoffe mit mehreren Hauptkomponenten. Hierbei handelt es sich um Reaktionsgemische, die mehrere definierte und charakterisierte Hauptkomponenten jeweils mit einem Gehalt zwischen 10 und 80 % enthalten (sog. *multi-constituent substance*). Stoffe, die absichtlich zugesetzt werden, fallen nicht unter die 80 %-Regelung – sie sind keine Verunreinigungen, sondern eine Komponente.

UVCB-Stoffe sind Stoffe, deren qualitative und/oder quantitative Zusammensetzung mehr oder weniger unbekannt ist. UVCB-Stoffe wie komplexe Reaktionsgemische oder Extrakte werden daher in aller Regel nicht nur durch die genaue Zusammensetzung, sondern auch durch zusätzliche Parameter definiert. Grundsätzlich müssen aber UVCB-Stoffe eindeutig zu identifizieren sein, das heißt, alle für den Stoff relevanten Informationen sind anzugeben.

Zu beachten ist, dass jeder potenzielle Registrant dadurch nicht entbunden ist, ein eigenes Registrierungsdossier mit (sensiblen) unternehmensbezogenen Daten (wie etwa die Produktionsmengen) bei der ECHA einzureichen, um seine eigene Registriernummer zu erhalten. Hierbei wird dann auf das gemeinsame Registrierungsdossier, das der federführende Registrant bei der ECHA eingereicht hat, Bezug genommen. Um sicherzustellen, dass der Mitregistrant zulässigerweise Bezug nimmt, braucht der Mitregistrant vom Lead-Registranten einen Sicherheitstoken.

Ist das Registrierungsdossier von der ECHA nach Prüfung als vollständig erachtet und die Registriergebühr gezahlt worden, erhält der Registrierpflichtige eine Registriernummer (vgl. Art. 20 Abs. 3 REACH-Verordnung). Mit dem Erhalt der Registriernummer ist

[36] Dazu Hansschmidt und Lulei 2008, 2 ff.

[37] Siehe hierzu ECHA *Guidance for identification and naming of substances under REACH and CLP*: http://echa.europa.eu/documents/10162/17235/substance_id_en.pdf. Zugegriffen: 2. Hj. 2016.

[38] UVCB-Stoffe = *Substances of* ***U****nknown or* ***V****ariable composition,* ***C****omplex reaction products or* ***B****iological materials.*

die Marktzutrittsschranke für den Pflichtigen aufgehoben (siehe zu den Besonderheiten beim Recycling von Abfällen unten Abschn. 2.3.).

► **Hintergrund** Jeder Registrierungspflichtige muss ein eigenes Registrierungsdossier einreichen und braucht eine eigene Registriernummer. Dies bedeutet etwa in einem Konzern, dass die Muttergesellschaft keine Registrierung einreichen kann, die dann für alle verbundenen Unternehmen mit gilt, die denselben Stoff herstellen/importieren; vielmehr muss jedes verbundene Unternehmen ein eigenes Registrierungsdossier einreichen.

2.2.5 Was ist entlang der Lieferkette zu kommunizieren? Wann bedarf es eines Sicherheitsdatenblattes?

Eine wichtige Neuerung unter der REACH-Verordnung ist, dass ein Austausch von Informationen entlang der Lieferkette der Stoffe nach unten und nach oben zu erfolgen hat: Auf der einen Seite ist der Hersteller oder Importeur verpflichtet, seine Kunden über mögliche Gefahren und die ggf. zu ergreifenden Risikomanagementmaßnahmen zu informieren.[39] Auf der anderen Seite fällt den nachgeschalteten Anwendern[40] und Händlern die Aufgabe zu, Informationen aus der Lieferkette über die Verwendungen der Stoffe und die Eignung der empfohlenen Maßnahmen zum Registranten zu kommunizieren, damit dieser diese berücksichtigen kann (vgl. Titel V REACH-Verordnung), sowie ihrerseits erforderliche Informationen an ihre Kunden weiterzugegeben.

Die Pflicht zur Erstellung eines Sicherheitsdatenblatts ist nicht neu und bestand bereits unter dem alten Chemikalienrecht,[41] jedoch erweitert die REACH-Verordnung die erforderlichen Angaben in Form und Inhalt. Verantwortlich für die Erstellung des Sicherheitsdatenblatts ist der Inverkehrbringer.

Das Sicherheitsdatenblatt ist dazu bestimmt, den beruflichen und gewerblichen Verwendern von Stoffen oder Zubereitungen die notwendigen physikalisch-chemischen, sicherheitstechnischen, toxikologischen und ökotoxikologischen Daten klar und prägnant zu vermitteln. Es ist dem Abnehmer mit der ersten Lieferung[42] des Stoffes zu übermitteln und muss in der Sprache des Mitgliedstaates verfasst sein, in dem der Stoff in Verkehr gebracht wird. Zudem besteht eine Aktualisierungspflicht: Abnehmer, die einen Stoff in den vergangenen zwölf Monaten bezogen haben, erhalten unter den Voraussetzungen des

[39] Fluck 2007c, S. 62 ff. Siehe hierzu auch ECHA *Guidance on downstream user*: http://echa.europa.eu/documents/10162/17226/du_en.pdf. Zugegriffen: 2. Hj. 2016.

[40] Nachgeschalteter Anwender, Art. 3 Nr. 13 REACH-Verordnung: Eine natürliche oder juristische Person mit Sitz in der Gemeinschaft, die im Rahmen ihrer industriellen oder gewerblichen Tätigkeit einen Stoff als solchen oder in einer Zubereitung verwendet, mit Ausnahme des Herstellers oder Importeurs. Händler oder Verbraucher sind keine nachgeschalteten Anwender.

[41] Sicherheitsdatenblattrichtlinie 91/155/EWG.

[42] Art. 3 Nr. 32 REACH-Verordnung: Hersteller, Importeur, nachgeschalteter Anwender oder Händler, der einen Stoff als solchen oder in einer Zubereitung oder eine Zubereitung in Verkehr bringt.

Art. 31 Abs. 9 REACH-Verordnung automatisch eine aktualisierte Fassung des Sicherheitsdatenblattes. Ist im Zuge der Registrierung des Stoffes eine Stoffsicherheitsbeurteilung notwendig, müssen die Angaben in den einzelnen Abschnitten des Sicherheitsdatenblatts mit dieser Beurteilung übereinstimmen. Zusätzlich werden vom Registranten die Ergebnisse der Stoffsicherheitsbeurteilung als Expositionsszenarien dem Sicherheitsdatenblatt als Anhang angefügt. In diesem Fall wird vom „erweiterten Sicherheitsdatenblatt" gesprochen. Die Anforderungen an ein Sicherheitsdatenblatt sind Art. 31 in Verbindung mit Anhang II der REACH-Verordnung zu entnehmen.[43]

► **Praxishinweis** Stellt die Entsorgung eines Stoffes oder einer Zubereitung eine Gefährdung dar, so müssen im Sicherheitsdatenblatt die Rückstände genannt und Hinweise für die sichere Handhabung gegeben werden (Anhang II Abschn. 13 REACH-Verordnung). Ist der Lebenszyklus des Stoffes beendet und wird er als Abfall zur Entsorgung abgegeben, so handelt es sich bei dem Entsorger nicht um einen nachgeschalteten Anwender, dem ein (erweitertes) Sicherheitsdatenblatt gemäß REACH-Verordnung auszuhändigen ist. Denn der Lebenszyklus des Stoffes ist dann beendet.
Die Erstellung von Sicherheitsdatenblättern auf der Grundlage der REACH-Verordnung ist in den „Leitlinien zur Erstellung von Sicherheitsdatenblättern" der ECHA (siehe Fn. 43) festgehalten. Die Bekanntmachung 220 des Ausschusses für Gefahrstoffe ist hingegen aufgehoben worden.

Die erforderlichen Informationen für den sicheren Umgang mit dem Stoff sind dem Sicherheitsdatenblatt zu entnehmen, das der Lieferant zur Verfügung zu stellen hat, wenn der Stoff oder das Gemisch die Kriterien für die Einstufung als gefährlich gemäß den Richtlinien 67/548/EWG oder 1999/45/EG erfüllt, wenn der Stoff persistent, bioakkumulierbar und toxisch oder sehr persistent und sehr bioakkumulierbar gemäß den Kriterien des Anhangs XIII der REACH-Verordnung ist, oder wenn der Stoff aus anderen als den beiden vorgenannten Gründen in die gemäß Art. 59 Abs. 1 REACH-Verordnung erstellte Liste aufgenommen wurde.

Das Sicherheitsdatenblatt ist in 16 Abschnitte gegliedert. Neben einem Datum muss das Sicherheitsdatenblatt die folgenden Angaben enthalten:

- Bezeichnung des Stoffes bzw. der Zubereitung und Firmenbezeichnung;
- mögliche Gefahren;
- Zusammensetzung/Angaben zu Bestandteilen;
- Erste-Hilfe-Maßnahmen;
- Maßnahmen zur Brandbekämpfung;
- Maßnahmen bei unbeabsichtigter Freisetzung;
- Handhabung und Lagerung;

[43] Siehe hierzu ECHA *Guidance on the compilation of a safety data sheet*: http://echa.europa.eu/documents/10162/17235/sds_en.pdf. Zugegriffen: 2. Hj. 2016.

- Begrenzung und Überwachung der Exposition/persönliche Schutzausrüstung;
- physikalische und chemische Eigenschaften;
- Stabilität und Reaktivität;
- toxikologische Angaben;
- umweltbezogene Angaben;
- Hinweise zur Entsorgung;
- Angaben zum Transport;
- Rechtsvorschriften;
- sonstige Angaben.

► **Hintergrund** Die Übergabe des Sicherheitsdatenblatts hat auch eine zivilrechtliche Komponente. So kann die Angabe im Sicherheitsdatenblatt als konkludente Beschaffenheitsvereinbarung verstanden werden, sodass Mängel zu Nachbesserungs- und ggf. Schadensersatzforderungen führen können.

Neben dem Sicherheitsdatenblatt sieht die REACH-Verordnung auch eine Informationsverpflichtung vor, wenn nach Art. 31 REACH-Verordnung kein Sicherheitsdatenblatt erstellt werden muss. Dies folgt aus Art. 32 REACH-Verordnung und betrifft verfügbare und sachdienliche Informationen über den Stoff, die notwendig sind, damit geeignete Risikomanagementmaßnahmen ermittelt und angewendet werden können. In diesem Fall ist auch die Registrierungsnummer bekannt zu geben. Die Art der Informationsweitergabe ist nicht näher festgelegt, kann aber auch in Anlehnung an die Vorschriften für das Sicherheitsdatenblatt erfolgen. In der chemischen Industrie wird regelmäßig für jeden Stoff ein Sicherheitsdatenblatt erstellt.

2.3 REACH-Verordnung und Rückgewinnungsvorgang

Gemäß Art. 2 Abs. 2 REACH-Verordnung gilt, dass Abfälle nicht als Stoff im Sinne von Art. 3 REACH-Verordnung zu betrachten sind und die Pflichten aus der REACH-Verordnung damit keine Anwendung finden. Mit dieser Feststellung alleine ist der Betrachtung der beiden Regelungssysteme (Stoffrecht auf der einen und Abfallrecht auf der anderen Seite) allerdings noch nicht Genüge getan. Denn die Kreislaufwirtschaft zielt u. a. darauf ab, Abfälle wieder der Nutzung als Produkt nach der Durchführung eines ordnungsgemäßen Verwertungsverfahrens zuzuführen, um den Verbrauch von Rohstoffen zu verringern und Ressourcen zu schonen. Insbesondere bei mehrstufigen stofflichen Verwertungsprozessen ist daher vom Unternehmer zu prüfen, ob bzw. wann der Abfall seine Abfalleigenschaft verloren hat und zum Sekundärrohstoff geworden ist.

► **Praxishinweis** Ein Nebenprodukt (das nicht mit einem Zwischenprodukt nach Art. 3 Nr. 14 REACH-Verordnung zu verwechseln ist) ist per definitionem bereits kein Abfall[44] – hierbei handelt es sich um ein Produkt, das als Nebenstrom bei der Herstellung anfällt. Ob dieses gegeben ist, ist im Einzelfall anhand der Kriterien aus der EU-Abfallrahmenrichtlinie und dem Kreislaufwirtschaftsgesetz zu prüfen. Nebenprodukte unterliegen mithin originär den Bestimmungen der REACH-Verordnung.

Bei der Qualifizierung eines Stoffes als Abfall ist u. a. zu fragen, ob sich der Abfallbesitzer dessen entledigt, entledigen will oder entledigen muss. Will oder muss der Besitzer sich des Stoffes entledigen, verliert der Stoff seine Abfalleigenschaft nicht. Für die Beurteilung der Entledigungspflicht ist nach Ansicht des EuGH[45] auch die REACH-Verordnung von Bedeutung. Da die REACH-Verordnung und die Abfallrahmenrichtlinie vergleichbare Ziele (Schutz der menschlichen Gesundheit und der Umwelt) verfolgen, sind die Wertungen der REACH-Verordnung bei der Beurteilung der Abfalleigenschaft des Stoffes heranzuziehen. Wenn die Verwertung des Stoffes im Rahmen einer nach der REACH-Verordnung erlaubten Verwendung erfolgt, spricht dies gegen eine Entledigungspflicht nach der Abfallrahmenrichtlinie und gegen die Einstufung des Stoffes als Abfall.

2.3.1 Die Ausnahmemöglichkeit nach Art. 2 Abs. 7 d) REACH-Verordnung

Zur Förderung der Kreislaufwirtschaft sieht die REACH-Verordnung ein sog. Recyclingprivileg vor: Gemäß Art. 2 Abs. 7 d)[46] REACH-Verordnung werden Stoffe, die in der EU zurückgewonnen werden, von Titel II – nämlich von der Registrierverpflichtung – sowie Titel V (nachgeschaltete Anwender) und Titel VI (Bewertung) freigestellt.

Um von der Ausnahmemöglichkeit des Art. 2 Abs. 7 d) REACH-Verordnung Gebrauch machen zu können, müssen zwei Voraussetzungen erfüllt werden: Erstens muss das Recyclingunternehmen nachweisen, dass der gewonnene Stoff tatsächlich mit einem bereits registrierten Stoff identisch ist. Zudem müssen zweitens dem Unternehmen, das die Rückgewinnung durchführt, die in den Art. 31 und Art. 32 REACH-Verordnung vorgeschriebenen Informationen über den nach REACH registrierten Stoff zur Verfügung stehen. Mithin muss ein Recyclingunternehmen nicht nur die Regelungen der Kreislaufwirtschaft, sondern auch die Anforderungen des Stoffrechts berücksichtigen und ggf. umsetzen.

Art. 2 Abs. 7 d) REACH-Verordnung stellt eine Ausnahme von der Regel – nämlich der Registrierpflicht – dar. Daher muss der Recycler der Überwachungsbehörde bei einer Überprüfung substanziiert darlegen und belegen können, dass die Voraussetzungen des Art. 2 Abs. 7 d) REACH-Verordnung vorliegen und der Stoff damit nicht (mehr) registriert werden muss. Die Nachweispflicht obliegt nämlich demjenigen, der sich auf die Ausnah-

[44] Vgl. Art. 5 EU-Abfallrahmenrichtlinie und § 4 Kreislaufwirtschaftsgesetz.
[45] EuGH, Urt. v. 07.03.2013, C-358/11 (Lapin). Dazu Fischer 2015, S. 2 ff.
[46] Vgl. hierzu auch Fluck in Fluck et al. 2015, Loseblattsammlung Art. 2 Abs. 7 REACH-Verordnung, Rn. 60 ff.

me beruft. Sind diese Voraussetzungen nicht gegeben, so ist der Stoff vom Recycler (vor-) zu registrieren oder darf nicht mehr zurückgewonnen werden.

> **Praxishinweis** Die Ausnahmemöglichkeit des Art. 2 Abs. 7 d) REACH-Verordnung gilt nur für die Wiedergewinnung eines Stoffes in der EU. Wird ein Stoff außerhalb der EU aus Abfall wiedergewonnen und in die EU importiert, so muss der Importeur eine entsprechende Registrierung für den Stoff vorweisen können. Für den Import von Abfällen hingegen greift die Ausnahme des Art. 2 Abs. 2 REACH-Verordnung.

Auch wenn eine erneute Registrierung des Sekundärrohstoffes in diesem Fall nicht erforderlich ist, unterliegt dieser den weiteren REACH-Anforderungen, die nicht in den Titeln II, V und VI enthalten sind, wie zum Beispiel dem Zulassungsverfahren etc. Dies bedeutet auch, dass im Falle der Rückgewinnung eines Phase-in-Stoffes aufgrund des Wortlauts zwar eine Registrierung nicht erforderlich sein kann, dies aber nicht von einer etwaigen Vorregistrierungspflicht entbindet bzw. entbunden hat.[47] Die Ausnahme entbindet nach dem Wortlaut des Art. 2 Abs. 7 d) REACH-Verordnung von der Registrierung des Stoffes, nicht hingegen von der Vorregistrierung, wenn ein Phase-in-Stoff betroffen ist. Von einer Vorregistrierung des Stoffes durch den Hersteller oder Importeur kann das Recyclingunternehmen nicht profitieren. Dies bedeutet, dass das Recyclingunternehmen bis zum 01.12.2008 den Phase-in-Stoff vorregistriert haben musste, um von den Übergangsfristen für Phase-in-Stoffe profitieren zu können. Damit wird das Recyclingunternehmen auch Teilnehmer im SIEF.

Die Frist zur Vorregistrierung ist mittlerweile abgelaufen. Wird ein Stoff erstmals nach dem 01.12.2008 zurückgewonnen und ist die Registrierfrist für das entsprechende Mengenband noch nicht abgelaufen, so ist zu prüfen, ob ggf. noch eine sog. späte Vorregistrierung nach Art. 28 Abs. 6 REACH-Verordnung durchgeführt werden kann. Voraussetzung ist, dass ein Stoff spätestens sechs Monate nach der ersten Rückgewinnung und mindestens zwölf Monate vor Ablauf der in Art. 23 REACH-Verordnung genannten Übergangsfristen vorregistriert wird.

2.3.2 Die Voraussetzungen zur Inanspruchnahme der Ausnahmemöglichkeit des Art. 2 Abs. 7 d) REACH-Verordnung im Einzelnen

2.3.2.1 Rückgewinnungsprozess

Voraussetzung zur Inanspruchnahme der Ausnahmemöglichkeit nach Art. 2 Abs. 7 d) REACH-Verordnung ist, dass ein Rückgewinnungsprozess vorliegt. Dies setzt denknotwendig voraus, dass das Ausgangsmaterial Abfall ist. Denn mit der Abfalleigenschaft endet der Lebenszyklus des Stoffes, und er verlässt das Regelungsregime der REACH-

[47] Vgl. zur vorsorglichen Vorregistrierung von Sekundärrohstoffen Kitzinger 2008, S. 143 ff.

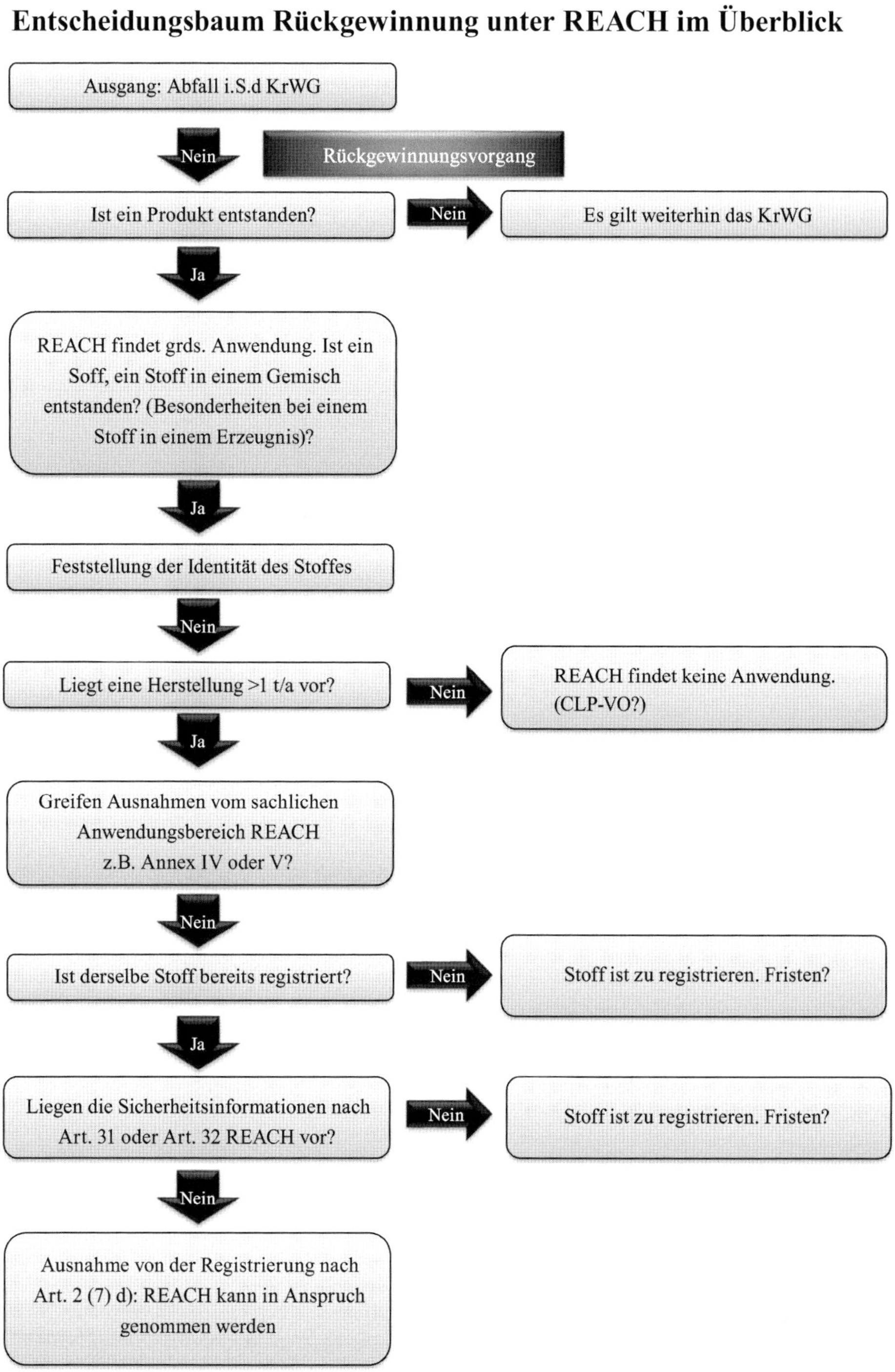

Abb. 2.1 Entscheidungsbaum Rückgewinnung unter REACH im Überblick

Verordnung. Mit der Rückgewinnung entsteht ein Stoff erneut; damit beginnt ein neuer Lebenszyklus. Der Begriff der „Rückgewinnung" ist im Abfallrecht nicht definiert. Im Englischen wird von *recovery* gesprochen. Nach dem deutschen Duktus ist von „Verwertung" zu sprechen. Hierzu gehört auch das Recycling nach Art. 3 Nr. 17 EU-Abfallrahmenrichtlinie bzw. § 6 Nr. 3 Kreislaufwirtschaftsgesetz. Eine Anpassung der REACH-Verordnung an das abfallrechtliche Vokabular ist insoweit wünschenswert.

Zu beachten ist in diesem Zusammenhang, dass eine Registrierpflicht an das Herstellen eines Stoffes anknüpft. Ein Herstellen von Chemikalien setzt im Allgemeinen eine chemische Umsetzung voraus, die bei einem Recylingvorgang nicht zwingend ist – auch aufgrund mechanischer Bearbeitung wie etwa einem Sortieren kann ein Abfall seine Abfalleigenschaft verlieren. Gleichwohl ist anerkannt, dass auch solch ein mechanischer Rückgewinnungsvorgang ein Herstellungs- bzw. Zurückgewinnungsvorgang ist, der Registrierpflichten auslösen kann, zumal „Herstellen" in der REACH-Verordnung lediglich als „Produktion oder Extraktion" definiert wird. Darunter können aber auch mechanische Vorgänge gefasst werden. Mithin ist festzuhalten, dass alle Formen des Recyclingvorgangs ein Rückgewinnen und damit ein Herstellen im Sinne der REACH-Verordnung sein können,[48] wenn an dessen Ende ein Stoff steht. Das rückgewinnende Unternehmen ist folglich Hersteller im Sinne der REACH-Verordnung.

2.3.3 Ein bereits nach Titel II REACH-Verordnung registrierter Stoff

Der Stoff muss als erste Voraussetzung für die Inanspruchnahme des Recyclingprivilegs in seiner Zusammensetzung, das heißt unter Berücksichtigung der Verunreinigungen, Additive etc., der gleiche Stoff wie ein bereits nach Titel II REACH-Verordnung registrierter Stoff[49] sein (vgl. Art. 2 Abs. 7 d), i) REACH-Verordnung). Dies bedeutet zunächst, dass das Unternehmen prüfen muss, welcher Stoff zurückgewonnen wurde. Der Sekundärrohstoff muss identisch mit dem Primärrohstoff sein. Dies ist anhand von entsprechenden Analysen aus repräsentativen Proben festzustellen und mit Sicherheitsdatenblättern der Hersteller des Primärrohstoffes abzugleichen und entsprechend zu dokumentieren. In diesem Zusammenhang finden dieselben Kriterien Anwendung, die auch der Ermittlung der Stoffidentität innerhalb eines SIEFs dienen. Ist demnach ein zurückgewonnener Stoff zu 80 % mit dem registrierten Stoff (Hauptkomponente) identisch, so ist von einer Stoffidentität auszugehen. Zudem können wiedergewonnene Stoffe Verunreinigungen enthalten, also Bestandteile, die nicht absichtlich zugesetzt wurden, sondern aufgrund des Rückgewinnungsprozesses nicht ausgeschlossen werden können. Von einer Verunreinigung kann

[48] Siehe auch Jepsen et al. 2011, Kap. 13 „Pflichten für Recycling-Unternehmen", Rn. 6.

[49] Die REACH-Verordnung kennt als Sonderform die Registrierung eines Stoffes als Zwischenprodukt nach Art. 17, 18 unter Reduzierung der Anforderungen an ein Registrierungsdossier; es ist überwiegend nach Sinn und Zweck davon auszugehen, dass eine Registrierung als Zwischenprodukt nicht als Registrierung im Sinne des Art. 2 Abs. 7 d) REACH-Verordnung zu werten ist.

aber nur so lange gesprochen werden, als sie im Stoff zu maximal 20 % enthalten ist. Dabei können auch unterschiedliche Verunreinigungen gegeben sein, ohne dass die Stoffidentität entfällt. Verunreinigungen sind daher für die Stoffidentität nicht relevant, müssen aber im Hinblick auf die Einstufung und Kennzeichnung berücksichtigt werden.

Die Verantwortung für die Ermittlung der Stoffidentität liegt beim Unternehmer. Hierbei handelt es sich um einen anspruchsvollen Vorgang, da der Abfall-Input im Rahmen der Rückgewinnung im Regelfall nicht von gleichbleibender Qualität ist.

Zudem kommt der Beantwortung der Frage im Zusammenhang mit dem Rückgewinnungsprozess Bedeutung zu, ob tatsächlich ein Stoff, ein Gemisch oder aber ein Erzeugnis (etwa Textilkurzfasern) am Ende des Rückgewinnungsvorgangs steht. Dies kann nicht allgemein beantwortet werden, sondern ist am konkreten Einzelfall zu entscheiden.

► **Hintergrund** Eine umfangreiche Einschätzung zu verschiedenen Materialströmen hat das Umweltbundesamt im Jahr 2008 veröffentlicht[50] und zwar für Altöl, Lösemittelabfälle, Glas- und Mineralfaserabfälle, Papier, Kompost, heizwertreiche Fraktionen aus der MBA, Behandlungsrückstände aus der Abfallverbrennung, Kraftwerknebenprodukte, Schlacke aus der Nichteisenmetallindustrie, Gießereirückstände, Rückstände und Nebenerzeugnisse aus der Eisen- und Stahlherstellung, Eisen- und Stahlschrotte, Oberflächenbehandlung von Metallen, Elektroschrott sowie Altbatterien.

Nicht auszuschließen ist, dass in einem Rückgewinnungsverfahren ein Stoff als reiner Stoff, sondern ggf. entweder als UVCB-Stoff oder aber als Gemisch anfällt. Sollte ein UVCB-Stoff vorliegen, ist wahrscheinlich, dass noch keine Registrierung eines entsprechenden registrierten Primärstoffes gegeben sein wird.

Steht die Stoffidentität fest, gilt es darüber hinaus zu prüfen, ob der zurückgewonnene Stoff seinerseits aus dem sachlichen Anwendungsbereich aus einem anderen Grund als dem der Abfalleigenschaft herausgenommen worden ist. Zu denken ist etwa an Naturstoffe (Art. 3 Nr. 39 REACH-Verordnung) und an Polymere (Art. 2 Abs. 9 REACH-Verordnung).

Gesondert hinzuweisen ist auf Art. 2 Abs. 7 a) und b) in Verbindung mit den Anhängen IV und V REACH-Verordnung, wenn der zurückgewonnene Stoff in den vorgenannten Anhängen aufgeführt ist. Für die genannten Stoffe geht der Verordnungsgeber davon aus, dass entweder bereits ausreichende Informationen vorliegen (Anhang IV) oder aber eine Registrierung als unnötig betrachtet wird. Daher kommen Titel II, V und VI REACH-Verordnung in diesen Fällen nicht zur Anwendung. Mithin ist in diesen Fällen eine Prüfung, ob der Stoff bereits registriert wurde, nicht erforderlich, wenn die Identität mit einem

[50] Bericht des Umweltbundesamts zu den Auswirkungen von REACH auf Recycling/Verwertung vom 21.02.2008: http://www.reach-info.de/dokumente/Bericht_REACH_und_Recycling.pdf. Zugegriffen: 2. Hj. 2016.

im Anhang IV oder Anhang V gelisteten Stoff vorliegt. So wird beispielsweise Zellstoff in Anhang IV REACH-Verordnung genannt, was für Papier-Recycler von Interesse ist.

Greift keine weitere Ausnahme von der Registrierpflicht nach der REACH-Verordnung ein, muss vom rückgewinnenden Unternehmen durch Analysenvergleich geprüft werden, ob der Stoff bereits durch (irgend-) einen Hersteller oder Importeur registriert worden ist.[51] Da der Recyclingunternehmer von der Registrierpflicht freigestellt ist, ist für ihn von Rechts wegen nicht zu prüfen, ob die Verwendungen in seiner Lieferkette von der bestehenden Registrierung abgedeckt sind.

Um den Registrierstatus des Stoffes zu ermitteln, bieten sich im Wesentlichen drei Informationsquellen an: Zu denken ist zum einen an das SIEF zu der fraglichen Substanz. Denn der Recycler wird in der Regel den Stoff selbst vorregistriert haben und kann über die SIEF-Kommunikation in Erfahrung bringen, ob bzw. dass der Stoff registriert worden ist. Zweitens hat die ECHA nach Art. 77 Abs. 2 e) REACH-Verordnung den Auftrag, über das Internet zu informieren,[52] für welche Stoffe ein Registrierungsdossier eingereicht wurde.[53] Auf der entsprechenden Internetseite der ECHA lassen sich alle registrierten Stoffe nach der REACH-Verordnung nebst chemischen Eigenschaften finden. Schließlich ist daran zu denken, dass der Recycler einen bekannten Hersteller des Stoffes kontaktiert und die erforderlichen Informationen dort erfragt. Wurde der Stoff noch nicht im entsprechenden Mengenband registriert, ist dies vor einem weiteren Rückgewinn abzuwarten, oder es muss eine Registrierung vom Recyclingunternehmen selbst durchgeführt werden.

2.3.4 Informationen nach Art. 31 und 32 REACH-Verordnung

Ziel der REACH-Verordnung nebst ihrer Verpflichtung zur Information entlang der Lieferkette ist es, den sicheren Umgang mit dem Stoff sowie dessen sichere Verwendung zu gewährleisten. Das recycelnde Unternehmen muss daher als zweite Voraussetzung für die Inanspruchnahme der Ausnahme nach Art. 2 Abs. 7 d) REACH-Verordnung Zugriff auf das Sicherheitsdatenblatt haben[54] bzw. bei Stoffen, für die kein Sicherheitsdatenblatt erforderlich ist, auf Informationen wie die stoffbezogene Registriernummer, Angaben über eine etwaige Zulassungspflicht, Beschränkungen, Risikomanagementmaßnahmen zugrei-

[51] Der Recyclingvorgang stellt keine Verwendung des Stoffes dar. Daher ist ein Recyclingunternehmen kein nachgeschalteter Anwender und muss keine „Verwendungen" in der Lieferkette melden. Mit dem Abfallstatus ist die Lieferkette nach der REACH-Verordnung unterbrochen.

[52] Zum öffentlichen Zugang zu Registrierdaten nach REACH vgl. Holleben und Scheidmann 2008, S. 159 ff.

[53] *Dissemination website* ECHA: http://echa.europa.eu/web/guest/information-on-chemicals/registered-substances. Zugegriffen: 2. Hj. 2016.

[54] Art. 31 REACH-Verordnung – Anforderungen an Sicherheitsdatenblätter – siehe dazu bereits Ziffer 2.5.

fen können.[55] Diese Informationen müssen ihm zur Verfügung stehen – es muss also eine berechtigte Nutzung der vorhandenen Informationen gegeben sein.[56]

Die Pflicht zur Erstellung eines Sicherheitsdatenblatts ist für das Recyclingunternehmen eine diffizile Aufgabe. Da das Recyclingunternehmen nicht ein Glied der Lieferkette ist, werden diese Informationen in der Regel nicht originär vorliegen, da es kein Sicherheitsdatenblatt erhält. Im Gegenzug muss es allerdings auch keine Informationspflichten nach Art. 34 REACH-Verordnung für vorgeschaltete Akteure der Lieferkette erfüllen. Allerdings beschränkt sich der Inhalt des Sicherheitsdatenblatts bei zurückgewonnenen Stoffen auf die Angaben nach Art. 31 Abs. 6 REACH-Verordnung.

► **Praxishinweis** Ein erweitertes Sicherheitsdatenblatt ist nicht erforderlich. Ein Stoffsicherheitsbericht nebst Risikobewertung und Expositionsbewertung muss mithin nicht erstellt werden. Nicht zu den erforderlichen Informationen gehört die Registriernummer und der Stoffsicherheitsbericht nach Art. 14 Abs. 1 REACH-Verordnung. Denn gemäß dem Recyclingprivileg ist das recycelnde Unternehmen von den Anforderungen nach Titel II REACH-Verordnung befreit. Allerdings sollte der Recycler prüfen, ob er nicht gleichwohl eine Expositionsbeurteilung durchführt, um die sichere Verwendung des Stoffes zu unterstützen.

Als Informationsquelle bieten sich etwa die von der ECHA veröffentlichten Daten im Internet an. Auch die Verbände können Unterstützung bieten. Zudem ist daran zu denken, von einem Hersteller/Importeur die erforderlichen Informationen zu besorgen. Der Kontakt kann über das SIEF hergestellt werden. Die Informationen können von einem beliebigen Hersteller und nicht zwangsläufig aus der Lieferkette des zurückgewonnenen Stoffes stammen. Die Informationen dürfen jedoch nur genutzt werden, wenn es sich tatsächlich um einen identischen Stoff handelt. In jedem Fall ist zu prüfen, ob etwaige Nutzungsrechte erforderlich sind, um die Informationen nutzen zu können.

Das Recyclingunternehmen hat zu berücksichtigen, dass der zurückgewonnene Stoff ggf. aufgrund von Verunreinigungen aus dem Recyclingvorgang Verunreinigungen aufweist, die eine abweichende Beurteilung erforderlich machen.

► **Praxishinweis** Die Weitergabe eines fehlerhaften Sicherheitsdatenblatts kann zivilrechtliche Haftungsfragen auslösen (Winterle 2007, S. 118 ff.).

---

[55] Art. 32 REACH-Verordnung – Informationspflicht gegenüber den nachgeschalteten Akteuren der Lieferkette bei Stoffen als solchen und in Gemischen, für die kein Sicherheitsdatenblatt erforderlich ist.

[56] Zu der Frage, ob der Recyclingunternehmer ein Sicherheitsdatenblatt vorhalten muss, ist in den Fachverbänden bereits ausführlich diskutiert worden. Ein Entscheidungsbaum dazu findet sich etwa beim Bundesverband der Deutschen Entsorgungswirtschaft, erarbeitet vom Ad-hoc-AK REACH. Siehe auch die Leitlinien der ECHA zu Abfall und zurückgewonnenen Stoffen, S. 20: http://echa.europa.eu/documents/10162/13632/waste_recovered_de.pdf. Zugegriffen: 2. Hj. 2016.

Wird ein Erzeugnis zurückgewonnen, gilt Art. 33 REACH-Verordnung. Danach hat der Lieferant eines Erzeugnisses, das einen die Kriterien des Art. 57 REACH-Verordnung erfüllenden und gemäß Art. 59 Abs. 1 REACH-Verordnung ermittelten Stoff in einer Konzentration von mehr als 0,1 Massenprozent (w/w) enthält, dem Abnehmer des Erzeugnisses die ihm vorliegenden, für eine sichere Verwendung des Erzeugnisses ausreichenden Informationen zur Verfügung zu stellen und mindestens den Namen des betreffenden Stoffes anzugeben. Hierbei handelt es sich um die Stoffe, die in die Kandidatenliste nach Anhang XIV REACH-Verordnung aufgenommen wurden. Eine bestimmte Form zur Information ist nicht vorgeschrieben. Sind die vorgenannten Voraussetzungen erfüllt, ist zu prüfen, ob eine Mitteilungspflicht an die ECHA nach Art. 7 Abs. 2 REACH-Verordnung besteht.

► **Praxishinweis** Die Kandidatenliste wurde erstmals im Oktober 2008 von der ECHA im Internet veröffentlicht und wird laufend erweitert.

Als weitere Pflichten aus Titel IV REACH-Verordnung sind zu beachten:

- Art. 35 REACH-Verordnung: Zugang der Arbeitnehmer zu Informationen sowie
- Art. 36 REACH-Verordnung: Pflicht zur Aufbewahrung von Informationen. Danach gilt u. a., dass Informationen, die erforderlich sind, um den REACH-Pflichten nachzukommen, für einen Zeitraum von zehn Jahren nach der letzten Herstellung zur Verfügung stehen müssen.

Nicht durch das Recyclingprivileg ausgenommen sind die Titel VII „Zulassung" REACH-Verordnung für besonders besorgniserregende Stoffe sowie Titel VIII „Beschränkung" REACH-Verordnung, wonach Stoffe, von denen unangemessene Risiken für die menschliche Gesundheit oder die Umwelt ausgehen, in Anhang XVII REACH-Verordnung „Beschränkungen für Stoffe" aufgenommen werden können. So gibt es etwa Grenzwerte für PVC-Recycling im Hinblick auf Cadmium sowie etwaige Kennzeichnungspflichten („Enthält Recycling-PVC").[57]

Schließlich ist darauf hinzuweisen, dass das Recyclingprivileg nicht von weiteren stoffrechtlichen Verpflichtungen befreit, die nicht in Titel II REACH-Verordnung enthalten sind. Dies betrifft insbesondere die Pflicht zur Meldung in das Einstufungs- und Kennzeichnungsinventar nach Art. 39 CLP-Verordnung, die neben einer Registrierungspflicht gemäß REACH-Verordnung für den Inverkehrbringer besteht. Diese Meldepflicht gilt auch für Fälle, in denen die in Art. 2 Abs. 7 d) REACH-Verordnung vorgesehene Ausnahme von der REACH-Registrierungspflicht für zurückgewonnene Stoffe in Anspruch

[57] Verordnung (EU) Nr. 494/2011 der Kommission vom 20.05.2011 zur Änderung der Verordnung (EG) Nr. 1907/2006 des Europäischen Parlaments und des Rates zur Registrierung, Bewertung, Zulassung und Beschränkung chemischer Stoffe (REACH) hinsichtlich Anhang XVII (Cadmium) – ABl. L 134/2 vom 21.05.2011.

genommen wird. Für Abfälle gilt die CLP-Verordnung nicht; sie gelten nicht als Stoff, Gemisch oder Erzeugnis.

Die CLP-Verordnung legt fest, dass bestimmte Angaben zur Einstufung und Kennzeichnung von Stoffen an die ECHA vom jeweiligen Hersteller/Importeur zu übermitteln sind. Die Meldung erfolgt elektronisch über REACH-IT unter Nutzung der IUCLID-Software. Diese Meldung hat für registrierungspflichtige Stoffe nach der REACH-Verordnung zu erfolgen und darüber hinaus für alle in Verkehr gebrachten Stoffe, die der CLP-Verordnung unterliegen und die die Kriterien für die Einstufung als gefährlich erfüllen. Eine Mengenschwelle sieht die CLP-Verordnung im Gegensatz zur REACH-Verordnung nicht vor. Das Recyclingunternehmen kann die Einstufung und Kennzeichnung übernehmen, die bereits von den Herstellern des Primärstoffes gemeldet wurde.

▶ **Praxistipp** Diese Informationen können vom Einstufungs- und Kennzeichnungsverzeichnis der ECHA im Internet abgerufen und ihnen kann zugestimmt werden. Damit akzeptiert der Pflichtige die dort hinterlegten Ergebnisse. Daher sollte geprüft werden, ob nicht Verunreinigungen das Gefahrenprofil des Stoffes verändert haben.

Die für Gemische geltende Übergangsfrist zur Meldung in das Inventar ist am 01.06.2015 abgelaufen.

2.4 Schlussbetrachtung

Die REACH-Verordnung hat das Chemikalienrecht in Europa umfassend neu geregelt. Die Umsetzung der Pflichten – insbesondere die Pflicht zur Registrierung eines Stoffes, der in einer Menge von mindestens einer Tonne pro Jahr hergestellt oder importiert wird – stellt die betroffenen Unternehmen vor große Herausforderungen. Ein Produkt nach abfallrechtlichem Sprachgebrauch kann ein solcher Stoff sein.

Ist ein Stoff nicht registriert, darf er in der EU weder hergestellt noch importiert werden; für sog. Phase-in-Stoffe sind Übergangsfristen in der REACH-Verordnung vorgesehen.

Für bestimmte Stoffgruppen sieht die REACH-Verordnung vom sachlichen Anwendungsbereich Ausnahmen vor. So bestimmt Art. 2 Abs. 2 REACH-Verordnung u. a., dass Abfall per se kein Stoff, Gemisch oder Erzeugnis ist und somit von allen REACH-Pflichten ausgenommen ist. Abfälle sind demnach unter der REACH-Verordnung nicht zu registrieren. Was als Abfall zu qualifizieren ist, folgt nicht aus der REACH-Verordnung, sondern ausschließlich aus der Abfallrahmenrichtlinie und deren nationaler Umsetzung in deutsches Recht, also aus dem Kreislaufwirtschaftsgesetz.

Interdependenzen zwischen dem Regelungssystem „Abfallrecht" und „Chemikalienrecht" ergeben sich beim Recyceln von Abfällen. Denn verliert ein Abfall durch ein stoffliches Verwertungsverfahren seine Abfalleigenschaft, unterliegt dieses Produkt im Anschluss grundsätzlich den Anforderungen der REACH-Verordnung. Auch hier gilt, dass die Frage, wann ein Abfall seine Abfalleigenschaft verliert, nach den Regelungen des Abfallrechts und nicht nach der REACH-Verordnung zu beantworten ist. Mit dem Ende der Abfalleigenschaft geht der rückgewonnene Stoff jedoch wiederum in ein komplexes Regelungssystem über, das erhebliche Anforderungen an den Betroffenen stellt: Das Chemikalienrecht und hier im Wesentlichen die REACH-Verordnung.

Für solche Stoffe, die das Ergebnis eines Recyclingvorgangs sind, sieht die REACH-Verordnung allerdings unter bestimmten Voraussetzungen Erleichterungen vor. Maßgebliche Regelung ist Art. 2 Abs. 7 d) REACH-Verordnung. Voraussetzung für die Inanspruchnahme der Ausnahme ist, dass ein zurückgewonnener Stoff identisch ist mit einem bereits registrierten Stoff und dass Informationen zu Gefährlichkeitsmerkmalen vorliegen. Das Vorliegen dieser Voraussetzungen ist im Einzelfall zu prüfen und entsprechend substanziiert zu dokumentieren, um dies gegenüber den zuständigen Überwachungsbehörden belegen zu können.

Gleichwohl befreit das Recyclingprivileg nach Art. 2 Abs. 7 d) REACH-Verordnung nicht umfassend von den Pflichten, welche die REACH-Verordnung statuiert. Daher sind etwa Informationspflichten entlang der Lieferkette zu berücksichtigen; für Stoffe mit besonderen Gefährlichkeitsmerkmalen sieht die REACH-Verordnung zudem besondere Verfahren und Beschränkungen vor, die auch für recycelte Stoffe gelten können.

Das Fließschema in Abb. 2.1 fasst die Anforderungen des zurückgewonnenen Stoffes bezüglich REACH und CLP übersichtlich zusammen.

Literatur

Bauer M C, Schmitz A (2010) StoffR 2010, 19 ff

Bimboes D (2007) REACH und Abfall – eine schwierige Geschichte. Müll und Abfall, 274–277

Fink D, Hansschmidt A, Lulei M (2007) REACH: Eine sorgfältige Vorbereitung ist überlebenswichtig. StoffR, 192–197

Fischer K (2015) Recycling activities at the interface of waste legislation and REACH. StoffR, 2–12

Fluck J (2007a) REACH und Abfall. AbfallR, 14–18

Fluck J (2007b) REACH: Die Foren zum Austausch von Stoffinformationen (SIEF) und die Zusammenarbeit mehrerer Verpflichteter bei (Vor-) Registrierung und Bewertung. StoffR, 104–117

Fluck J (2007c) REACH: Stoffinformationen in der Lieferkette. StoffR, 62–69

Fluck J (2008) REACH-Übergangsprobleme? Keine Verkehrsfähigkeit nicht (vor-) registrierter Stoffe? StoffR, 253–258

Fluck J, Fischer K, von Hahn A (Hrsg) (2015) REACH + Stoffrecht – Kommentar: Deutsches, Europäisches und Internationales Chemikalien-, Pflanzenschutz-, Biozid- und sonstiges Stoffrecht, Loseblattsammlung. Lexxion Verlag, Berlin

Hansschmidt A, Lulei M (2008) REACH: Zur Benennung und Identifizierung von Stoffen. StoffR, 2–10

Holleben H, Scheidmann H (2008) Öffentliche Zugangsdaten zu Registrierdaten nach REACH. StoffR, 159–167

Jepsen D et al. (2011) in: Führ M (Hrsg) Praxishandbuch REACH, Pflichten für Recycling-Unternehmen. Carl Heymanns Verlag, Köln, 213 ff

Kitzinger G (2008) Zur Vornahme vorsorglicher Vorregistrierungen nach Art. 28 REACH-VO für Stoffe in Sekundärrohstoffen und Recyclingprodukten. StoffR, 143–148

Weidemann C (2007) in: Hendler R (Hrsg) Neues europäisches Chemikalienrecht (REACH): 23. Trierer Kolloquium zum Umwelt- und Technikrecht von 2. bis 4. September 2007, Erich Schmidt Verlag, Berlin, 203 ff

Winterle M (2007) REACH: Deliktsrechtliche Haftung wegen Informationspflichtverletzung. StoffR, 118–122

Einstufung von Abfällen 3

Joachim Wuttke

3.1 Einleitung

Abfalleinstufungssysteme können nach unterschiedlichen Prinzipien entwickelt und ausgestaltet werden. Dabei kann die Abfalleinstufung grundsätzlich stoff- oder herkunftsbezogen unter Berücksichtigung von stoffinhärenten Gefahreneigenschaften und/oder Risikobetrachtungen erfolgen.

Systematisch reine Ausprägungen sind in der Praxis aber kaum anzutreffen, sondern eher mehr oder weniger gemischte Systeme. So wurde das erste Abfalleinstufungssystem in Deutschland von den im Vollzug der Abfallwirtschaft tätigen Mitarbeitern in den Bundesländern aus praktischen Erwägungen heraus entwickelt. Die in der Praxis anfallenden Abfallströme wurden nach den gemeinsamen Merkmalen von Zusammensetzung und Herkunft für die jeweilige Abfallart nach einem numerischen Sortiersystem in Obergruppe, Gruppe, Untergruppe und Abfallart gegliedert, wobei von der Obergruppe zur Abfallart hin eine immer präzisierendere Beschreibung erfolgte. Zusammenfassend galt für diese Auflistung, dass eine *Abfallart* durch *Abfallschlüssel*, Bezeichnung der Abfallart und Angabe der Herkunft charakterisiert war. Das als LAGA-Abfallartenkatalog bezeichnete Abfalleinstufungssystem war weder strikt nach Gefährlichkeitskriterien noch strikt nach Herkunft, sondern in einem gemischten System nach den Merkmalen Zusammensetzung und Herkunft aufgebaut (LAGA 1992).

Dieses System kam in Deutschland bis Ende 1998 im abfallrechtlichen bzw. abfalltechnischen Vollzug zur Anwendung und wurde dann vom überwiegend herkunftsbezogen

J. Wuttke (✉)
Umweltbundesamt
Dessau-Roßlau, Deutschland

P. Kurth et al. (Hrsg.), *Praxishandbuch der Kreislauf- und Rohstoffwirtschaft*,
https://doi.org/10.1007/978-3-658-17045-5_3

aufgebauten *Europäischen Abfallverzeichnis* (EAV) abgelöst, das mit der *Abfallverzeichnisverordnung* (AVV) ins nationale Recht[1] umgesetzt wurde.

Im Bereich der grenzüberschreitenden Abfallverbringung wird seit Inkrafttreten der EG-Abfallverbringungsverordnung im Jahre 1994 parallel dazu ein überwiegend stoffbezogen aufgebautes Abfalleinstufungssystem angewendet. Das zunächst nach Risiko dreigestufte System der Organisation für wirtschaftliche Zusammenarbeit und Entwicklung (OECD) mit einer Einstufung von Abfällen in die sogenannte Grüne, Gelbe und Rote Abfallliste[2] wurde mit der 2007 in Kraft getretenen Novelle des europäischen Abfallverbringungsrechts, der europäischen Verordnung über die Verbringung von Abfällen[3] (VVA), auf ein Zwei-Listen-System (*Grüne und Gelbe Liste*) umgestellt.

Damit kommen in der abfallwirtschaftlichen Praxis zwei auf unterschiedlichen Grundlagen beruhende Abfalllistensysteme zur Anwendung, die noch von einem weiteren System ergänzt werden, das auf dem Besorgnisgrundsatz des Wasserhaushaltsrechts[4] aufbaut.

3.2 Europäisches Abfallverzeichnis

Das EAV ist maßgebend für die Abfallbezeichnungen in der EU. Stoffe oder Gegenstände werden allerdings nicht automatisch zu Abfall, wenn sie einer der Bezeichnungen im EAV oder aber der Grünen oder Gelben Liste zugeordnet werden können. Für die Einstufung als Abfall allein maßgebend ist die Erfüllung der Abfalldefinition gemäß EG-Abfallrahmenrichtlinie (EG-AbfRRL)[5] und/oder Kreislaufwirtschaftsgesetz (KrWG).[6] Es ist somit entscheidend, ob der Besitzer einer beweglichen Sache oder eines Stoffes sich dieser/s entledigt, entledigen will oder entledigen muss. Das EAV oder die AVV gilt für alle Abfälle, ungeachtet dessen, ob sie zur Beseitigung oder zur Verwertung bestimmt sind.

Das Abfallverzeichnis muss regelmäßig überprüft und geändert werden, um sowohl der Dynamik des Standes der Technik in der Abfallwirtschaft als auch dem wissenschaftlichen und technischen Fortschritt Rechnung zu tragen. Ende 2014 wurde das EAV letztmalig

[1] Verordnung über das europäische Abfallverzeichnis (Abfallverzeichnis-Verordnung – AVV) v. 10. 12. 2001, BGBl. I, S. 3379; zuletzt geändert durch Art. 1 der Verordnung vom 24. 03. 2016, BGBl. I, S. 382.

[2] Sogenannte Ampellisten der OECD entsprechend den Farben der Ampellichter.

[3] Verordnung (EG) Nr. 1013/2006 v. 14. 06. 2006 über die Verbringung von Abfällen, ABl. L 190 v. 12. 07. 2006, S. 1, korrigiert mit Berichtigung v. 28. 11. 2008, ABl. L 318, S. 15, in der jeweils geltenden Fassung.

[4] Gesetz zur Ordnung des Wasserhaushalts (Wasserhaushaltsgesetz – WHG) vom 31.07.2009, BGBl. I, S. 2585, zuletzt geändert durch Artikel 1 des Gesetzes vom 11.04.2016, BGBl. I, S. 745.

[5] Richtlinie 2008/98/EG v. 19. 11. 2008 über Abfälle und zur Aufhebung bestimmter Richtlinien (Abfallrahmenrichtlinie), ABl der EU, L 312, S. 3 v. 22. 11. 2008, in der jeweils geltenden Fassung.

[6] Gesetz zur Förderung der Kreislaufwirtschaft und Sicherung der umweltverträglichen Bewirtschaftung von Abfällen (Kreislaufwirtschaftsgesetz – KrWG) v. 24. 02. 2012, BGBl. I, S. 212, v. 29. 02. 2012, in der jeweils geltenden Fassung.

novelliert[7]. Diese Novelle des EAV war aufgrund von Veränderungen des als Grundlage genutzten Chemikalienrechts,[8] insbesondere dem Erlass der *EU CLP-Verordnung*, sowie abfallwirtschaftlicher und abfallrechtlicher Entwicklungen erforderlich.

3.2.1 Entstehung des Europäischen Abfallverzeichnisses

Gemäß den Vorgaben der Abfallrahmenrichtlinie hatte die Kommission der EU den Auftrag, bis April 1993 ein Verzeichnis von Abfallarten zu erstellen, um die Abfallarten europaeinheitlich zu konkretisieren. Das mit Entscheidung 94/3/EG eingeführte erste Europäische Abfallverzeichnis[9] klassifizierte insgesamt 645 Abfälle. Ferner war gemäß der inzwischen in der Abfallrahmenrichtlinie aufgegangenen Richtlinie über gefährliche Abfälle (EG-GefAbfRL) und auf der Grundlage der in dieser Richtlinie enthaltenen Anhänge I, II und III von der Kommission unter Beteiligung des Technischen Anpassungsausschusses eine Liste gefährlicher Abfälle aufzustellen. Beide Verzeichnisse wurden mit der 2001 erfolgten Novelle in einem Verzeichnis zusammengeführt und die gefährlichen Abfälle zusätzlich zum eindeutigen sechsstelligen Code besonders hervorgehoben mit einem Sternchen (*) gekennzeichnet. Im Zuge der chemikalienrechtlichen und abfallrechtlichen Entwicklungen wurde 2014 mit Änderung des Anhangs III eine neue Einstufungsgrundlage für die gefährlichen Abfälle[10] geschaffen.

Bei der Entwicklung des EAVs wurde versucht, eine Regelung unter Berücksichtigung der national bestehenden Listen sowie in Abgleich mit der harmonisierten Nomenklatur des Zolltarifs und mit den bereits damals laufenden Arbeiten zur Abfallstatistik herbeizuführen. Zum damaligen Zeitpunkt kamen in den Mitgliedstaaten der EU eher herkunftsspezifische (beispielsweise in Frankreich) oder eher stoffspezifische (beispielsweise in Deutschland) Klassifikationssysteme zur Anwendung. Die systematischen Unterschiede der verschiedenen Staaten zur Klassifizierung von Abfällen und gefährlichen Abfällen waren deshalb erheblich. Die beiden extremen Pole bildeten entweder „Schadstofflisten" wie im Anhang der Richtlinie über gefährliche Abfälle oder Abfallartenkataloge wie in Deutschland. Dazwischen bewegten sich Listen mit Einfügung zusätzlicher Kriterien,

[7] Beschluss der Kommission vom 18.12.2014 zur Änderung der Entscheidung 2000/532/EG über ein Abfallverzeichnis gemäß der Richtlinie 2008/98/EG des Europäischen Parlaments und Rates, Abl. L370. S. 44 vom 30.12.2014.

[8] Die Ablösung des bisherigen Einstufungs- und Kennzeichnungssystems der EU wird durch die CLP-Verordnung (CLP = *Classification*, *Labelling* und *Packaging* im englischsprachigen Titel der Verordnung) geregelt: Verordnung (EG) Nr. 1272/2008 v. 16. 12. 2008 über die Einstufung, Kennzeichnung und Verpackung von Stoffen und Gemischen, zur Änderung und Aufhebung der Richtlinien 67/548/EWG und 1999/45/EG und zur Änderung der Verordnung (EG) Nr. 1907/2006, EU ABl. L 353, S. 1, in der jeweils geltenden Fassung.

[9] Entscheidung der Kommission 94/3/EG v. 20. 12. 1993 über ein Abfallverzeichnis gem. Art. 1 Buchstabe a der Richtlinie des Rates 75/442 EWG über Abfälle, ABl. Nr. L 5 v. 07. 01. 1994.

[10] Verordnung (EU Nr. 1357/2014) der Kommission zur Ersetzung von Anhang III der Richtlinie über Abfälle und zur Aufhebung bestimmter Richtlinien, Abl. L 365, S. 89 vom 19.12.2014.

vorwiegend technologischer oder physikalisch-chemischer Art, sowie von Konzentrationsgrenzwerten oder der Verwertbarkeit des Abfalls.

3.2.2 Aufbau des Abfallverzeichnisses

In den Beratungen zu einem einheitlichen europäischen Abfallverzeichnis fiel dann letztendlich die Entscheidung zugunsten eines überwiegend herkunftsspezifischen Systems. Dieses baut auf 20 Kapiteln auf, die ihrerseits wieder in überwiegend herkunftsspezifische Gruppen unterteilt sind. Jede Gruppe kann bis zu 99 spezifische Abfallschlüsselnummern oder Abfallcodes enthalten. Das Prinzip der herkunftsbezogenen Beschreibung im Europäischen Abfallverzeichnis wird allerdings nicht konsequent durchgehalten, wie die mehr stoffbezogenen Kapitel 13, 14, 15 und vor allem 16 zeigen.

Von den Kapiteln bis hin zu den Abfallcodes erfolgt im AVV/EAV eine grundsätzlich immer präziser werdende Abfallbeschreibung. Die Abfallcodes werden durch eine sechsstellige Zahlenfolge repräsentiert, wobei die ersten zwei Stellen die Kapitelzugehörigkeit und die zweiten zwei Stellen die Zuordnung zu der Gruppe darstellen. Mit den beiden letzten Stellen wird dann die Abfallart endgültig bestimmt. Mit der Endzahl 99 werden Auffangcodes bezeichnet, unter denen Abfälle eingeordnet werden können, für die keine herkunftsspezifischen Codes vorhanden sind. Die Bezeichnungen dieser Codes werden im AVV/EAV um die Abkürzung „a. n. g." ergänzt, was „anderswo nicht genannt" bedeutet, jedoch bezieht sich das „a. n. g." nur auf die in einer Gruppe enthaltenen Abfallarten.

Den im AVV/EAV enthaltenen Abfallarten, in denen ähnliche Abfälle zusammengefasst sind, werden die zu entsorgenden Abfälle zugeordnet. Obwohl die Bezeichnung der Abfallarten weitgehend nach stofflichen Kriterien erfolgt, sind die Abfallarten im AVV/EAV überwiegend herkunftsbezogen eingruppiert worden und können nur im Zusammenhang mit den herkunftsbezogenen Kapitel- und Gruppenbezeichnungen betrachtet werden.

3.2.2.1 Auf- und Abstufungsklausel

Die AVV enthält in § 3 Abs. 3 (EAV Art. 3) eine Klausel, mit der – in Ausnahmefällen – nicht gefährliche Abfälle zu gefährlichen Abfällen heraufgestuft oder aber gefährliche Abfälle zu nicht gefährlichen Abfällen herabgestuft werden können.

- Für eine evtl. Herabstufung von gefährlichen Abfällen hat der Abfallerzeuger oder -besitzer der zuständigen Behörde im Mitgliedstaat geeignete Unterlagen vorzulegen, auf deren Basis eine Abstufung durch die Behörde erfolgen kann.
- Darüber hinaus können die Mitgliedstaaten nicht gefährliche Abfälle zum gefährlichen Abfall heraufstufen, wenn eines oder mehrere der Gefährlichkeitskriterien aus Anhang III der EG-AbfRRL erfüllt sind.

Entsprechende Entscheidungen der Mitgliedstaaten sind der Kommission zu notifizieren, die prüft, ob es erforderlich ist, das Abfallverzeichnis erneut zu novellieren.

3.2.2.2 Generelle Definitionen

Die Anlage der AVV, die als Kernelement das Abfallverzeichnis enthält, trifft in Nr. 1 der Einleitung (Definitionen des EAVs) u. a. folgende grundsätzliche Begriffsbestimmungen im Sinne und für die Zwecke des Abfallverzeichnisses, die bedeutsam für die Anwendung sind:

- **Gefährlicher Stoff**
  jeder Stoff, der gemäß CLP als gefährlich eingestuft wurde oder künftig so eingestuft wird;
- **Schwermetall**
  jede Verbindung von Antimon, Arsen, Cadmium, Chrom (VI), Kupfer, Blei, Quecksilber, Nickel, Selen, Tellur, Thallium oder Zinn sowie diese Stoffe in metallischer Form, sofern die Verbindung oder der Stoff als gefährlich eingestuft ist.

3.2.3 Klassifizierungsgrundlagen und Anwendung des Abfallverzeichnisses

Wie bereits dargestellt, sind im AVV/EAV die Abfallarten überwiegend nach der Herkunft (z. B. Abfälle aus der Lederindustrie) eingestuft. Aus pragmatischen Gründen sind einige andere Abfälle nach der früheren Funktion des Produkts (beispielsweise Abfälle von als Lösemittel verwendeten organischen Stoffen oder Verpackungsabfälle) eingestuft, um die Zahl der Einträge im Katalog in einem überschaubaren Rahmen zu halten.

3.2.3.1 Klassifizierungsgrundlagen

Die Einstufung von gefährlichen Abfällen im AVV/EAV lehnt sich stark an die Einstufung von Stoffen und Gemischen nach Chemikalienrecht an, obwohl dieses System nur begrenzt direkt auf Abfälle anwendbar ist. Es wurde grundsätzlich so vorgegangen, dass jeder Stoff, der gemäß europäischem Chemikalienrecht als gefährlich eingestuft wurde, auch als gefährlicher *Abfall* eingestuft werden sollte, sobald er zu Abfall wird. Das gleiche Prinzip gilt für Gemische. Diese Regelungen wurden in Deutschland mit der Gefahrstoffverordnung[11] umgesetzt.

Das EAV enthält deshalb einen dynamischen Verweis auf die Einstufung gefährlicher Stoffe gemäß der CLP. Der Verweis auf gefährliche Stoffe wurde so formuliert, dass künftige Änderungen bei der Einstufung gefährlicher Stoffe in das Abfallverzeichnis übernommen werden können, ohne die Verabschiedung einer neuen Entscheidung erforderlich zu machen.

[11] Verordnung zum Schutz vor Gefahrstoffen (Gefahrstoffverordnung – GefStoffV) v. 26.11.2016, BGBl. I, S. 1643, in der jeweils geltenden Fassung.

Hinsichtlich der Konzentrationsgrenzen aus Anhang III der EG-AbfRRL wurde ein anderer Ansatz verfolgt. Änderungen der einschlägigen Bestimmungen der CLP-Verordnung müssen in Form einer Änderung von Art. 2 des EAVs aufgenommen werden.

Der Grund hierfür ist, dass Änderungen der *Konzentrationsgrenzen* und Änderungen der Eigenschaften, die einen Abfall zu einem gefährlichen Abfall machen, die Grundlage für die Einstufung sind und deshalb diese Änderungen explizit in einem formellen Verfahren getroffen werden müssen. Bei der Festlegung der *Grenzwerte* in Anhang III der EG-AbfRRL wurden die einschlägigen Bestimmungen des europäischen Chemikalienrechts berücksichtigt.

Die 2016 novellierte AVV verweist hinsichtlich der Gefährlichkeitsmerkmale (HP) in § 3 Abs. 2 auf Anhang III der EG-AbfRRL. Die Gefährlichkeitsmerkmale sind in der Tab. 3.1 aufgeführt. Für das Kriterium HP 9 infektiös, welches nicht gemeinschaftlich festgelegt wurde, verweist die AVV in Nr. 2.2.1 ihrer Einleitung auf die Belastung von Abfällen mit den in entsprechenden Gesetzen[12] aufgeführten gefährlichen Erregern.

Zum Gefahrenkriterium HP14 gibt es bisher noch keine Festlegung auf Gemeinschaftsebene, sondern in Anhang III der EG-AbfRRL wird auf die Kriterien aus Anhang VI der Richtlinie 67/548/EWG verwiesen. Zum in Tab. 3.2 aufgeführten Vorschlag der Kommission zur Festlegungen von Grenzwerten auf Basis der CLP konnte im Ausschussverfahren keine Mehrheit der Mitgliedstaaten herbeigeführt werden. Der abgeänderte Vorschlag der Kommission zu HP 14 wurde nach Beratung im Rat von diesem angenommen und im Amtsblatt veröffentlicht.[13]

Es liegt auf der Hand, dass diese Grenzwerte vor allem für solche Abfälle wichtig sind, die in Form von „*Spiegeleinträgen*" gelistet sind. Diese Abfälle können je nach den Umständen ihres Anfalls gefährlich oder ungefährlich sein und sind im Verzeichnis durch mindestens zwei Einträge gekennzeichnet, und zwar durch einen für den gefährlichen und einen für den nicht gefährlichen Abfall.

[12] Das Vorliegen der gefahrenrelevanten Eigenschaft HP 9 wird angenommen bei mit gefährlichen Erregern behafteten Abfällen gemäß § 17 des Infektionsschutzgesetzes vom 20.07.2000 (BGBl. I, S. 1045), das zuletzt durch Artikel 6a des Gesetzes vom 10.12.2015 (BGBl. I S. 2229) geändert worden ist, sowie bei Abfällen mit Erregern (Ansteckungsstoffen) der Tierkrankheiten, die in der Verordnung über anzeigepflichtige Tierseuchen in der Fassung der Bekanntmachung vom 19.07.2011 (BGBl. I S. 1404), die zuletzt durch Artikel 6 der Verordnung vom 29.12.2014 (BGBl. I, S. 2481) geändert worden ist, oder der Anlage zu § 1 der Verordnung über meldepflichtige Tierkrankheiten in der Fassung der Bekanntmachung vom 11.02.2011 (BGBl. I S. 252), die zuletzt durch Artikel 381 der Verordnung vom 31.08.2015 (BGBl. I S. 1474) geändert worden ist, genannt werden.

[13] Verordnung (EU) 2017/977 des Rates vom 8. Juni 2017 zur Änderung von Anhang III der Richtlinie 2008/98/EG des Europäischen Parlaments und des Rates in Bezug auf die gefahrenrelevante Eigenschaft HP 14 „ökotoxisch", ABl. L150 vom 14.6.2017, S1.

Tab. 3.1 Gefährlichkeitsmerkmale (*HP*) und Gefahrenhinweise gemäß Anhang III der EG-AbfRRL mit Grenzkonzentrationen bzw. Flammpunkt

HP	Gefahrenhinweise		Ggf. Konzentrationswert
HP 1	H200	Instabil, explosiv	
	H201	Explosiv, Gefahr der Massenexplosion	
	H202	Explosiv; große Gefahr durch Splitter, Spreng- und Wurfstücke	
	H203	Explosiv; Gefahr durch Feuer, Luftdruck oder Splitter, Spreng- und Wurfstücke	
	H204	Gefahr durch Feuer oder Splitter, Spreng- und Wurfstücke	
	H240	Erwärmung kann Explosion verursachen	
	H241	Erwärmung kann Brand oder Explosion verursachen	
HP 2	H270	Kann Brand verursachen oder verstärken; Oxidationsmittel	
	H271	Kann Brand oder Explosion verursachen; starkes Oxidationsmittel	
	H272	Kann Brand verstärken; Oxidationsmittel	
HP 3	H220	Extrem entzündbares Gas	
	H221	Entzündbares Gas	
	H222	Extrem entzündbares Aerosol	
	H223	Entzündbares Aerosol	
	H224	Flüssigkeit und Dampf extrem entzündbar	Flammpunkt $< 60° > 55°$ und $\leq 75°$ für Gasöl, Diesel, leichtes Heizöl
	H225	Flüssigkeit und Dampf leicht entzündbar	
	H226	Flüssigkeit und Dampf entzündbar	
	H228	Entzündbarer Feststoff	
	H242	Erwärmung kann Brand verursachen	
	H250	Entzündet sich in Berührung mit Luft von selbst	
	H251	Selbsterhitzungsfähig; kann in Brand geraten	
	H252	In großen Mengen selbsterhitzungsfähig; kann in Brand geraten	
	H260	In Berührung mit Wasser entstehen entzündbare Gase, die sich spontan entzünden können	
	H261	In Berührung mit Wasser entstehen entzündbare Gase	
HP 4	H314	Verursacht schwere Verätzungen der Haut und schwere Augenschäden	$\Sigma_{\text{Stoffe}} \geq 1\,\%$; BG[a] = 1 %
	H318	Verursacht schwere Augenschäden	$\Sigma_{\text{Stoffe}} \geq 10\,\%$; BG[a] = 1 %
	H315	Verursacht Hautreizungen	$\Sigma_{\text{Stoffe}} \geq 20\,\%$; BG[a] = 1 %
	H319	Verursacht schwere Augenreizung	$\Sigma_{\text{Stoffe}} \geq 20\,\%$; BG[a] = 1 %
HP 5	H304	Kann bei Verschlucken und Eindringen in die Atemwege tödlich sein	10 %
	H335	Kann die Atemwege reizen	20 %
	H370	Schädigt die Organe	1 %
	H371	Kann die Organe schädigen	10 %
	H372	Schädigt die Organe	1 %
	H373	Kann die Organe schädigen	10 %

Tab. 3.1 (Fortsetzung)

HP	Gefahrenhinweise		Ggf. Konzentrationswert
HP 6	H300	Lebensgefahr bei Verschlucken	0,1 % (akut 1) 0,25 % (akut 2); BG[a] = 0,1 %
	H301	Giftig bei Verschlucken	5 %; BG[a] = 0,1 %
	H302	Gesundheitsschädlich bei Verschlucken	25 %; BG[a] = 1 %
	H310	Lebensgefahr bei Hautkontakt	0,25 % (akut 1) 2,5 % (akut 2); BG[a] = 0,1 %
	H311	Giftig bei Hautkontakt	15 %; BG[a] = 0,1 %
	H312	Gesundheitsschädlich bei Hautkontakt	55 %; BG[a] = 1 %
	H330	Lebensgefahr bei Einatmen	0,1 %; BG[a] = 0,1 %
	H331	Giftig bei Einatmen	3,5 %; BG[a] = 0,1 %
	H332	Gesundheitsschädlich bei Einatmen	22,5 %; BG[a] = 1 %
HP 7	H351	Kann vermutlich Krebs erzeugen	1 %
	H350	Kann Krebs erzeugen	0,1 %
HP 8	H314	Verursacht schwere Verätzungen der Haut und schwere Augenschäden	Σ_{Stoffe} H314 (1A, 1b, 1C) $\geq$ 5 %; BG[a] = 1 %
HP 10	H360	Kann die Fruchtbarkeit beeinträchtigen oder das Kind im Mutterleib schädigen	0,3 %
	H361	Kann vermutlich die Fruchtbarkeit beeinträchtigen oder das Kind im Mutterleib schädigen	3 %
HP 11	H340	Kann genetische Defekte verursachen	0,1 %
	H341	Kann vermutlich genetische Defekte verursachen	1 %
HP 12	EUH029	Entwickelt bei Berührung mit Wasser giftige Gase	
	EUH031	Entwickelt bei Berührung mit Säure giftige Gase	
	EUH032	Entwickelt bei Berührung mit Säure sehr giftige Gase	
HP13	H317	Kann allergische Hautreaktionen verursachen	$\geq$ 10 %
	H334	Kann bei Einatmen Allergie, asthmaartige Symptome oder Atembeschwerden verursachen	$\geq$ 10 %
HP 15	H205	Gefahr der Massenexplosion bei Feuer	
	EUH001	In trockenem Zustand explosiv	
	EUH019	Kann explosionsfähige Peroxide bilden	
	EUH044	Explosionsgefahr bei Erhitzen unter Einschluss	

[a] BG = Berücksichtigungsgrenzwert
Σ = Summe

Tab. 3.2 Grenzkonzentrationen für das Gefährlichkeitsmerkmal HP14 ökotoxisch

HP	Gefahrenhinweise		Konzentrationswert
HP 14	H400	Sehr giftig für Wasserorganismen	$\geq 25\,\%$
	H410	Sehr giftig für Wasserorganismen mit langfristiger Wirkung	$100 \times \Sigma\, c$ (H410) + $10 \times \Sigma\, c$ (H411) + $\Sigma\, c$ (H412) $\geq 25\,\%$ für eine oder mehrere aquatische chronische 1, 2 und 3 Stoffe[a]: $\Sigma\, c$ H410 + $\Sigma\, c$ H411 + $\Sigma\, c$ H412 + $\Sigma\, c$ H413 $\geq 25\,\%$ für eine oder mehrere aquatische chronische 1, 2, 3 und 4 Stoffe[b]
	H411	Giftig für Wasserorganismen, mit langfristiger Wirkung	
	H412	Schädlich für Wasserorganismen, mit langfristiger Wirkung	
	H413	Kann für Wasserorganismen schädlich sein, mit langfristiger Wirkung	
	H420	Schädigt die öffentliche Gesundheit und die Umwelt durch Ozonabbau in der äußeren Atmosphäre	$\geq 0{,}1\,\%$

[a] Der Berücksichtigungsgrenzwert für als H410 eingestufte Substanzen ist 0,1 % und für als H411 oder H412 eingestufte Substanzen 1 %
[b] Der Berücksichtigungsgrenzwert für als H410 eingestufte Substanzen ist 0,1 % und für als H411, H412 oder H413 eingestufte Substanzen 1 %
c = Konzentration
Σ = Summe

Beispiel

Alternative Einträge, bei denen die Zuordnung des Abfalls zu den korrespondierenden Abfallarten davon abhängig ist, ob der Abfall „gefährliche Stoffe" enthält oder nicht:

17 04 10* Kabel, die Öl, Kohlenteer oder andere gefährliche Stoffe enthalten

17 04 11 Kabel mit Ausnahme derjenigen, die unter 17 04 10 fallen

Beispiel

Alternative Einträge, bei denen die Zuordnung des Abfalls zu den korrespondierenden Abfallarten davon abhängig ist, ob der Abfall bestimmte, in der Abfallbezeichnung genannte, gefährliche Inhaltsstoffe enthält oder nicht:

06 03 15* Metalloxide, die Schwermetalle enthalten

06 03 16 Metalloxide mit Ausnahme derjenigen, die unter 06 03 15 fallen

Die Beispiele zeigen, dass die oben genannten generellen Definitionen dabei eine wesentliche Rolle spielen. Es werden aber auch konkret bestimmte Inhaltsstoffe wie Cyanide genannt.

Beispiel

Einträge, die einen multiplen Bezug auf mehrere korrespondierende Abfallarten aufweisen; die Zuordnung ist abhängig von der spezifischen Abfallherkunft oder von bestimmten Abfalleigenschaften sowie den enthaltenen gefährlichen Stoffen:

06 03 11* feste Salze und Lösungen, die Cyanid enthalten

06 03 13* feste Salze und Lösungen, die Schwermetalle enthalten

06 03 14 feste Salze und Lösungen mit Ausnahme derjenigen, die unter 06 03 11 und 06 03 13 fallen

3.2.3.2 Zuordnung eines Abfalls zur Abfallart

Die richtige Zuordnung eines konkreten Abfalls zu einem Abfallschlüssel oder Abfallcode des EAV/AVV, d. h. zu einer der 842 Abfallarten, von denen 408 als gefährlich gelten, ist aus zwei Gründen von großer Bedeutung, weil:

- mit der im Genehmigungsbescheid von Abfallentsorgungsanlagen enthaltenen Positivliste zugelassener Abfallarten die möglichen Entsorgungswege vorgegeben sind und
- für als gefährlich eingestufte Abfälle das Verfahren der Vorab- und Verbleibskontrolle der Nachweisverordnung[14] zum Tragen kommt.

Bei der Zuordnung eines Abfalls zu einer Abfallart ist die Branche oder der Herstellungsprozess, in dem der Abfall angefallen ist, entscheidend. Das abgestufte Verfahren der Zuordnung ist in der Einleitung des Abfallverzeichnisses beschrieben und in Abb. 3.1 dargestellt.

Das Abfallverzeichnis kennt jedoch auch Abweichungen von dieser strikten Vorgabe. Bei 19 Gruppen des Abfallverzeichnisses in den Kapiteln 06, 07 und 08, welche das Kürzel HZVA (Herstellung, Zubereitung, Verwendung, Anwendung) in der Gruppenüberschrift aufweisen, können den ASN der entsprechenden Gruppen auch Abfälle aus der Zubereitung, der Verwendung und Anwendung zugeordnet werden. Ferner können den ASN der beiden Gruppen 1908 und 1912, die ein „a. n. g" in der Gruppenüberschrift aufweisen, Abfälle unabhängig von der Herkunft zugeordnet werden.

Anhand der folgenden konkreten Beispiele wird diese Vorgehensweise noch einmal verdeutlicht.

[14] Verordnung über die Nachweisführung bei der Entsorgung von Abfällen (Nachweisverordnung – NachweisV) v. 20.10.2006, BGBl. I, S. 2298, in der jeweils geltenden Fassung.

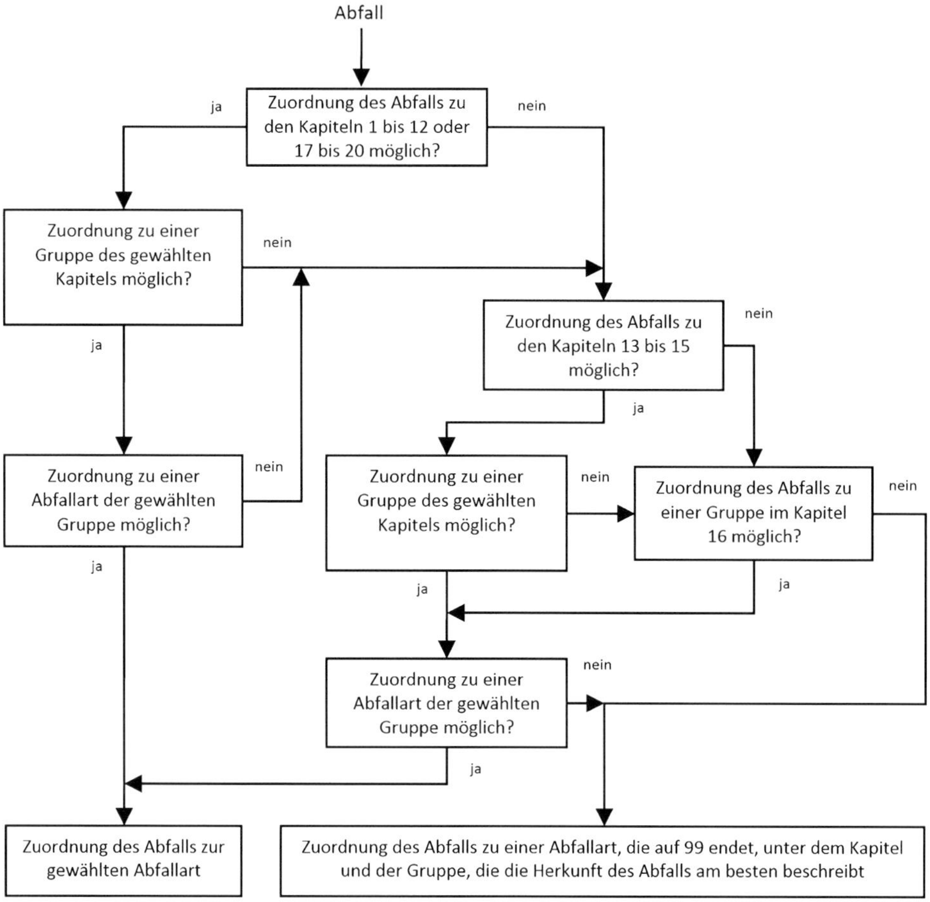

Abb. 3.1 Generelles Abfallzuordnungsschema

Beispiel 1
Aluminiumsalzschlacken

1. Zuordnung zur Kapitelüberschrift „10 Abfälle aus thermischen Prozessen“
2. Zuordnung zur Gruppenüberschrift „10 03 Abfälle aus der thermischen Aluminium-Metallurgie“
3. Zuordnung zur Abfallart „10 03 08* Salzschlacken aus der Zweitschmelze“

Beispiel 2
Einwegpaletten

1. Zuordnung zu den Kapiteln 1 bis 12 und 17 bis 20 ist nicht zielführend
2. Zuordnung zur Kapitelüberschrift „15 Verpackungsabfall, Aufsaugmassen, Wischtücher, Filtermaterialien und Schutzkleidung (a. n. g.)"
3. Zuordnung zur Gruppenüberschrift „15 01 Verpackungen (einschließlich getrennt gesammelter kommunaler Verpackungsabfälle)"
4. Zuordnung zur Abfallart „15 01 03 Verpackungen aus Holz"

Beispiel 3
Ölfilter aus Kraftfahrzeugen

1. Zuordnung zu den Kapiteln 1 bis 12 und 17 bis 20 ist nicht zielführend
2. Zuordnung zu den Kapiteln 13 bis 15 ist nicht zielführend
3. Zuordnung zur Kapitelüberschrift „16 Abfälle, die nicht anderswo im Verzeichnis aufgeführt sind"
4. Zuordnung zur Gruppenüberschrift „16 01 Altfahrzeuge verschiedener Verkehrsträger (einschließlich mobiler Maschinen) und Abfälle aus der Demontage von Altfahrzeugen sowie der Fahrzeugwartung (außer 13, 14, 16 06 und 16 08)"
5. Zuordnung zur Abfallart „16 01 07 Ölfilter"

Beispiel 4
Fettabscheiderabfälle aus Kantinenbetrieben

1. Zuordnung zu den Kapiteln 1 bis 18 und 20 ist nicht zielführend
2. Zuordnung zur Kapitelüberschrift „19 Abfälle aus Abfallbehandlungsanlagen, öffentlichen Abwasserbehandlungsanlagen sowie der Aufbereitung von Wasser für den menschlichen Gebrauch und Wasser für industrielle Zwecke"
3. Zuordnung zur Gruppenüberschrift „19 08 Abfälle aus Abwasserbehandlungsanlagen a. n. g."
4. Zuordnung zur ungefährlichen Abfallart „19 08 09 Fett- und Ölmischungen aus Ölabscheidern, die ausschließlich Speiseöle und -fette enthalten"

► **Praxishinweis** Sofern sich die Zuordnung eines Abfalls zur Abfallart als schwierig erweist, empfiehlt es sich, Kontakt zur Erzeugerbehörde aufzunehmen, um die Einstufung mit dieser abzustimmen oder ggf. gemeinsam zu treffen. Bitten Sie ferner die Behörde, Ihnen die getroffene Zuordnung schriftlich zu bestätigen.

3.2.3.3 Zuordnung von Abfällen zu Spiegeleinträgen

AVV und EAV enthalten fast 200 Spiegeleinträge, die zu Problemen durch unterschiedliche Interpretationen hinsichtlich der Einstufung führen können, denn es gibt keine bundeseinheitliche Vollzugspraxis. Grundsätzlich ist hinsichtlich der Zuordnung eines Abfalls zur gefährlichen oder nicht gefährlichen Abfallart eines Spiegeleintrags die Definition für gefährliche Abfälle zugrunde zu legen. Nach § 3 Nr. 5 KrWG werden Abfälle durch Rechtsverordnung gem. § 48 Satz 2 KrWG bestimmt. Dies ist mit Erlass der AVV erfolgt, die durch Verweis auf die Definition für gefährliche Abfälle gemäß der EG-AbfRRL und die dort in Anhang III genannten Gefährlichkeitskriterien zurückgreift. Dies bedeutet:

- Ein Abfall ist der gefährlichen Abfallart zuzuordnen, sobald ein Gefährlichkeitskriterium erfüllt ist.
- Ein Abfall kann nur der nicht als gefährlich gekennzeichneten Abfallart zugeordnet werden, wenn plausibel nachgewiesen wird, dass alle Gefährlichkeitskriterien nicht erfüllt sind.

Abfälle sind gemäß § 2 AVV vom Erzeuger, Besitzer, Händler, Makler, Transporteur sowie Entsorger den in der Anlage zur AVV genannten Abfallarten zuzuordnen. Sollte eine der o. g. Personen eine Einstufung zu dem nicht als gefährlich gekennzeichneten Schlüssel des Spiegeleintrags vornehmen wollen, hat sie dies durch Vorlage geeigneter Nachweise zu untermauern, es sei denn, aus der Vollzugserfahrung liegen entsprechende Informationen bereits vor. Diese Regelvermutung basiert auf dem allgemeinen umweltpolitischen Vorsorgeprinzip und findet seine Entsprechung in vielen umweltrechtlichen Regelungen. Das gilt beispielsweise auch für das inzwischen ebenfalls sehr stark auf europäischem Gefahrstoffrecht aufbauende Wasserrecht. Hier werden Stoffgemische von weitgehend unbekannter Zusammensetzung vorsorglich als wassergefährdend eingestuft.

Ein abstraktes Potenzial zur Gefährdung der im Abfallrecht genannten Schutzgüter dürfte in der Regel insbesondere bei Abfällen aus dem industriellen und gewerblichen Bereich gegeben sein. Dabei ist es notwendig, einen Maßstab festzulegen, bei welchen Abfällen dieses Gefährdungspotenzial besteht und demzufolge besondere Anforderungen an ihre Entsorgung und Überwachung zu stellen sind. Nach übereinstimmender Meinung in der Literatur[15] ist hierfür weniger auf die ordnungsgemäße Entsorgung verbunden mit den hierfür getroffenen Vorkehrungen abzustellen als vielmehr auf die nachlässige, unsachgemäße oder illegale Handhabung des Abfalls.

Basierend auf diesen Grundaussagen erfolgt die Zuordnung eines konkreten Abfalls zu einer der beiden Abfallarten eines Spiegeleintrags nach einem abgestuften Verfahren.

---

[15] Wendenburg in Lersner et al. 2016, Rn. 9 zu § 41; Paetow in Kunig et al. 2002, Rn. 12 zu § 41; Jung und Winter in Birn und Kunz 2010, Anm. 1 zu § 41 KrW-/AbfG; Donner und Röckeisen in Jarass et al. 2010, B100 § 41 Rn. 230.

Zunächst wird der Abfall einem Spiegeleintrag zugeordnet und danach wird schrittweise geprüft, inwieweit vorliegende Erkenntnisse über die gefahrstoffrechtliche Einstufung und Kennzeichnung des Abfalls, nach abfallspezifischen *Regelvermutungen*, aus der Durchführung einer Deklarationsanalyse – ohne Durchführung zusätzlicher, aufwendiger chemischer Analysen – eine abschließende Zuordnung des Abfalls zulassen. Es kann wie folgt in einem abgestuften Verfahren vorgegangen werden:

1. Zuordnung des Abfalls aufgrund von Erfahrungswerten
2. Zuordnung des Abfalls aufgrund von vorliegenden Erfahrungen (Regelvermutung)
3. Zuordnung des Abfalls aufgrund von Kenntnissen des Produktionsprozesses und der Abfallentstehung
4. Zuordnung des Abfalls aufgrund von Plausibilitätsbetrachtungen hinsichtlich des Gehalts an gefährlichen Inhaltsstoffen (Konzentrationswerte)
5. Zuordnung des Abfalls aufgrund chemisch-analytischer Untersuchung

Der chemisch-analytische Nachweis für das Vorhandensein oder Nichtvorhandensein von gefährlichen Stoffen im Abfall erfordert grundsätzlich umfangreiche und komplizierte Untersuchungen, die bei der Untersuchung des fast überwiegend heterogenen Gemischs Abfall Probleme bereiten. Ein Problem stellt die repräsentative Probennahme dar, die in der Kette Probennahme – Probenaufbereitung – Analytik mit dem größten, zudem noch schlecht zu beziffernden Fehler behaftet ist und gemäß Fehlerfortpflanzungsgesetz den Gesamtfehler dominiert. Um eine Probe zu ziehen, deren Eigenschaften weitestgehend den Durchschnittseigenschaften des Abfalls entsprechen, sind deshalb entsprechende Probennahmevorschriften (LAGA 2002) zu beachten.

Von den Methoden zur Bestimmung von Gefahreneigenschaften sind nur wenige, wie die Bestimmung von Flammpunkt, der Gasbildungsrate oder dem pH-Wert, unmittelbar heranziehbar; so ist es nahezu ausgeschlossen, im täglichen abfalltechnischen Vollzug beispielsweise die CMR-Kriterien (kanzerogen, mutagen und reproduktionstoxisch) chemisch-analytisch zu bestimmen.

Diese Nachweise sind aber häufig aufgrund des fachlichen Erkenntnisstandes entbehrlich. Meist liegen ausreichend fachliche Informationen vor, die es gestatten, in Kenntnis der Herkunft oder des ehemaligen Verwendungszwecks einer beweglichen Sache, die zu Abfall geworden ist, das Vorliegen von gefährlichen Stoffen zu bestimmen und damit den Abfall einer Abfallart eines Spiegeleintrags zuzuordnen.

Dennoch kann es vorkommen, dass entsprechende Erkenntnisse nicht vorliegen oder gewonnen werden können, insbesondere bei Gemischen aus chemischen Abfallstoffen unbekannter Herkunft. Dann kann unter Anwendung von einfachen Tests wie sie in Abb. 3.2 dargestellt sind versucht werden eine Zuordnung zu einer Abfallart zu treffen.

► **Praxishinweis** Bei Zweifeln hinsichtlich der Einstufung zu einem Spiegeleintrag sollte der Abfallerzeuger die zuständige Behörde konsultieren.

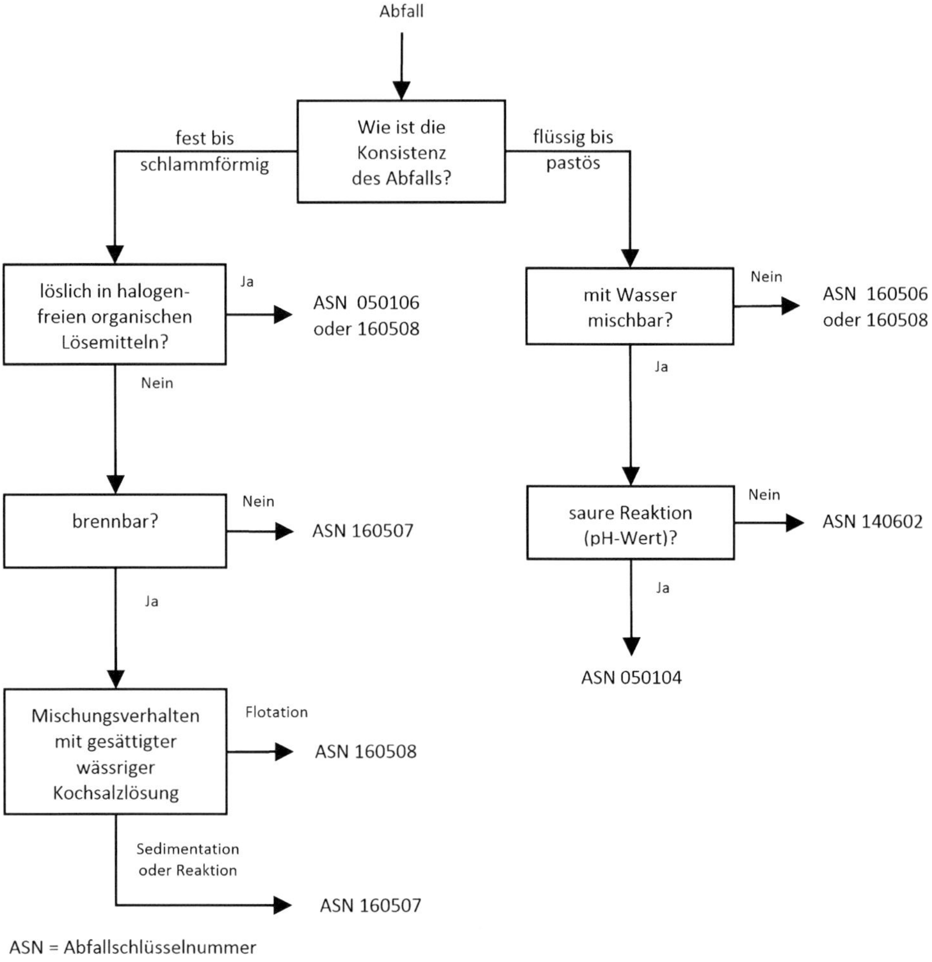

Abb. 3.2 Abfallzuordnung bei unbekannter Abfallzusammensetzung

3.3 Abfalllistensystem gemäß Verbringungsrecht

Die Abfalleinstufung in das Listensystem der VVA, die *Grünen und Gelben Abfalllisten* der OECD, die wiederum auf den Abfalllisten des Basler Übereinkommens[16] beruhen, erfolgt stoffbezogen. Die Abfälle werden entsprechend ihrer stofflichen Zusammensetzung gruppiert in

[16] Basler Übereinkommen v. 22.03.1989 über die Kontrolle der grenzüberschreitenden Verbringung gefährlicher Abfälle und ihrer Entsorgung; amtliche deutsche Übersetzung veröffentlicht im Zustimmungsgesetz zum Basler Übereinkommen v. 30.09.1994, BGBl. II, S. 2703, geändert durch Beschlüsse v. 22.09.1995 und v. 27.02.1998 (BGBl. II 2002, S. 89), v. 09. bis 13.12.2003 (BGBl. II 2003, S. 1626) und v. 25. bis 29.10.2004 (BGBl. II 2005, S. 1122), in der jeweils geltenden Fassung.

- Metallabfälle und metallhaltige Abfälle,
- vorwiegend anorganische Abfälle, die Metalle und organische Stoffe enthalten können,
- vorwiegend organische Abfälle, die Metalle und anorganische Stoffe enthalten können, sowie
- Abfälle, die sowohl anorganische als auch organische Stoffe enthalten können.

Die VVA bietet die Möglichkeit, Abfälle oder Abfallgemische, die bisher nicht gelistet sind, ergänzend zu der Grünen Liste (Anhang III der VVA) und der Gelben Liste (Anhang IV der VVA) in drei weiteren Anhängen aufzuführen:

- Anhang III A für Mischungen grüner Abfälle
- Anhang III B für zusätzliche grüne Abfälle
- Anhang IV A für zusätzliche gelbe Abfälle

Diese Option wurde bisher genutzt, um Mischungen in Anhang III A sowie einige Abfallströme in Anhang III B zu listen.

▶ **Praxishinweis** Eine regelmäßig aktualisierte und konsolidierte Version der Abfalllisten der VVA ist auf der Website des Umweltbundesamtes www.uba.de unter „Abfallwirtschaft" „grenzüberschreitende Abfallverbringung" abrufbar.

Da die Einstufung von Abfällen in die Abfalllisten der VVA stoffbezogen erfolgt, haben vereinzelte Herkunftsnennungen nur hinweisenden Charakter.

Praxisbeispiel
Kunststoff-Aluminium-Verbundfolien aus Verpackungen: Kunststoff-Aluminium-Verbundfolien aus Verpackungen, die nicht aus der Vorbehandlung von Flüssigkeitsverpackungen stammen, können dem Unteranstrich „Nichttrennbare Kunststoff-Aluminium-Fraktion des Abfallschlüssels B3026 [...] Abfälle aus der Vorbehandlung gebrauchter Flüssigkeitsverpackungen [...]" des Anhangs III zugeordnet werden. Hierfür sprechen der Stoffbezug, der den Abfalllisten zugrunde liegende Risikoansatz der VVA sowie das Gleichbehandlungsprinzip.

Hintergrund für die Übernahme der auf den Anlagen VIII und IX des Basler Übereinkommens basierenden OECD-Abfalllisten in die entsprechenden Anhänge der VVA war der allgemeine Wunsch zur möglichst weitgehenden weltweiten Harmonisierung der in der grenzüberschreitenden Abfallverbringung zur Anwendung kommenden Abfalllistensysteme. Die OECD hat deshalb auf das Einstufungssystem des Basler Übereinkommens zurückgegriffen und dieses mit wenigen Ergänzungen oder Veränderungen übernommen. Die EU hat dann das OECD-System in die VVA übernommen und weiter ergänzt.

Damit unterscheidet sich dieses Klassifizierungssystem grundlegend von demjenigen des Europäischen Abfallverzeichnisses. Auch bei der Einreihung in die Grüne oder Gelbe Abfallliste kommt eine andere Systematik als im EAV zum Tragen, denn bei den Listen der VVA erfolgt diese Einstufung unter Anwendung einer *Risikobetrachtung*, während beim Europäischen Abfallverzeichnis die Einstufung als gefährlich fast ausschließlich durch Anwendung der *stoffinhärenten Gefahreneigenschaft* ohne Durchführung einer Risikobetrachtung erfolgt.

Vor der Einreihung in das Listensystem der VVA wird zunächst in einem ersten Schritt geprüft, ob Abfälle ein Gefährlichkeitskriterium aufweisen – vergleichbar mit der Vorgehensweise im EAV oder der AVV. In einem zweiten Schritt wird abweichend von EAV/AVV zusätzlich noch eine Risikoabschätzung durchgeführt. Wesentliche Grundlage hierfür ist Anlage 6 des OECD-Ratsbeschlusses C(2001)107/endgültig,[17] die sogenannten „Kriterien für den OECD-Risikoansatz", der unverändert aus der Vorläuferregelung C(92)39/endgültig übernommen wurde.

Auf dieser Grundlage wird geprüft, ob der in Rede stehende Abfall im vorhandenen physikalischen Zustand eine Gefährdung aufweist. Mit anderen Worten: Es muss geschätzt werden, ob die mit dem Material verbundene gefährliche Eigenschaft ein Risiko darstellt. Beispielsweise ist für Metall in massiver Form das Gefährlichkeitskriterium „toxisch beim Einatmen oder Verschlucken" nicht anwendbar.

Andererseits können aber auch Abfälle, die kein Gefährlichkeitskriterium aufweisen, aufgrund abfallwirtschaftlicher Kriterien auf die Gelbe Liste gesetzt werden. Das Chapeau der Grünen Liste (einleitender Satz über der Grünen Liste) und die erläuternde Fußnote zum „Dispersionsrisiko" geben weitere Hinweise hinsichtlich der Anwendung der Abfalleinstufung im Abfalllistensystem der VVA. Danach dürfen Abfälle nicht als „Grün" eingestuft werden, wenn aufgrund der Kontaminierung durch andere Materialien die Risiken im Zusammenhang mit den Abfällen soweit erhöht sind, dass unter *Berücksichtigung* der Gefährlichkeitskriterien gemäß Anhang III der AbfRRL die Anwendung des Verfahrens der schriftlichen Notifizierung und Zustimmung angemessen erscheint oder die umweltgerechte Verwertung der Abfälle verhindert wird.

► **Praxishinweis** Hilfestellungen zur Einstufung in das Listensystem anhand von Beispielen bieten die Hessische Abfalldatenbank[18] sowie die Anwendungshinweise zu den Anhängen III bis V der VVA aus dem Handbuch zu Abschn. 8.2 des Bundesabfallwirtschaftsplans 2001 des österreichischen Bundesumweltministeriums.[19]

Als Konsequenz aus den unterschiedlichen Klassifizierungsgrundlagen führt dies sowohl dazu, dass die Grüne Liste Abfälle auflistet, die stoffinhärente gefährliche Eigenschaften aufweisen, als auch dazu, dass nicht gefährliche Abfälle auf der Gelben Liste aufgeführt werden und somit bei der grenzüberschreitenden Verbringung (zur Verwertung)

[17] Beschl. des OECD-Rates C(2001)107/endgültig zur Änderung des Beschl. C(92)39 endgültig über die Überwachung der grenzüberschreitenden Verbringung von Abfällen zur Verwertung, zuletzt geändert mit Beschl. C(2005)141 im März 2006; von der OECD nur in den Amtssprachen Englisch und Französisch publiziert, deutsche Übersetzung siehe Wuttke und Baehr 2008.

[18] http://www.hlug.de/static/medien/abfall/abfall_client/test/index.html. Abgerufen am 09.12.2016.

[19] http://www.bundesabfallwirtschaftsplan.at/. Abgerufen am 09.12.2016.

Tab. 3.3 Abfälle der Gelben Liste ohne Gefährlichkeitskriterien (Beispiele)

Abfallbezeichnung	Abfallschlüsselnummer
Klärschlamm (Abwasserschlamm)	AC270
Hausmüll	Y46
Schweinemist, Fäkalien	AC260
Abfälle von behandeltem Kork und behandeltem Holz	AC170

der Vorab-Kontrolle unterliegen. Beispiele für die Einstufung nicht gefährlicher Abfälle in die Gelbe Liste können der folgenden Tab. 3.3 entnommen werden.

Im Folgenden werden Beispiele für die Zuordnung von Abfällen anhand der dargestellten Grundlagen und der Zuordnungssystematik zur Grünen Liste genannt.

▶ **Praxisbeispiel** Autokatalysatoren und Industriekatalysatoren
Platinhaltige gebrauchte Autokatalysatoren können dem Eintrag B1130 der VVA bei gleichzeitiger Einstufung in den EAV-Schlüssel 16 08 07* zugeordnet werden, da bei diesen kein Dispersionsrisiko vorliegt.
Eine Einstufung in die Gelbe Liste A 2030 kommt für verbrauchte metallhaltige Katalysatoren nur dann in Betracht, wenn diese beispielweise mit halogenierten oder entzündlichen Lösemitteln beladen sind oder das Metall pyrophore (selbstentzündliche) Eigenschaften aufweist und damit das Chapeau der Grünen Liste erfüllt ist, d. h. das Risiko erhöht wird.
Industriekatalysatoren wie beispielweise Nickelkatalysatoren aus der Speiseölhydrierung, dem Reforming oder der Ammoniaksynthese, Samariumoxidkatalysatoren aus der Hydrierung und Dehydrierung von Alkohol oder Lanthankatalysatoren aus dem Cracken von Petroleum sind, sofern sie nicht anderweitig kontaminiert sind, dem Eintrag B1120 der VVA zuzuordnen bei gleichzeitiger Einstufung in den EAV/AVV-Schlüssel 16 08 02* oder 16 08 03.

3.4 Einstufung nach Wasserrecht

Wassergefährdende Stoffe werden über ihre physikalischen, chemischen, human- und ökotoxikologischen Eigenschaften definiert. Sie werden nach dem seit 1997 vorliegenden Bewertungsschema in drei Wassergefährdungsklassen (WGK) eingestuft:

- WGK 1: schwach wassergefährdend (z. B. Essigsäure, Natronlauge oder Alkohol)
- WGK 2: wassergefährdend (z. B. Heizöl, Formaldehyd, Natriumhypochlorit)
- WGK 3: stark wassergefährdend (z. B. Altöl, chlorierte Kohlenwasserstoffe, Benzol)

1999 wurde das Bewertungsschema mit dem europäischen Gefahrstoffrecht vereinheitlicht. Mit der neuen Bundesverordnung über Anlagen zum Umgang mit wassergefährdenden Stoffen (AwSV) soll dieses System an die CLP angepasst werden.

Die AwSV wurde am 26.02.2014 vom Bundeskabinett verabschiedet und an den Bundesrat weitergeleitet. Die Verordnung soll die bisher geltenden Länderverordnungen ablösen und regelt die Einstufung von Stoffen und Gemischen nach ihrer Gefährlichkeit, die technischen Anforderungen, die Anlagen erfüllen müssen, die mit diesen Stoffen und Gemischen umgehen, sowie die Pflichten der Betreiber dieser Anlagen. Die Verordnung wurde im Herbst 2013 nach der Richtlinie 98/34/EG als technische Vorschrift bei der EU-Kommission und den Mitgliedstaaten erfolgreich notifiziert.[20] Dadurch soll in erster Linie die Errichtung neuer Handelshemmnisse im Binnenmarkt verhindert werden. Der Bundesrat hat am 23.05.2014 der AwSV unter Berücksichtigung bestimmter Maßgaben zugestimmt. Die Abstimmung zwischen den Ressorts der Bundesregierung zu diesen Beschlüssen ist jedoch noch nicht abgeschlossen.[21]

Die Einstufung muss vom Betreiber der Anlage vorgenommen werden, sofern ein wassergefährdender Stoff noch nicht eingestuft ist. Eine Recherche, welcher Stoff schon eingestuft wurde, kann über die Verwaltungsvorschrift[22] oder im Internet online aus einer beim Umweltbundesamt abrufbaren Datenbank[23] erfolgen.

3.4.1 Einstufungsregelungen im AwSV-Entwurf

Vergleichbar zu den bisherigen Vorgaben hat der Betreiber einer Anlage grundsätzlich alle Stoffe und Gemische, mit denen in seinen Anlagen umgegangen wird, auf der Grundlage von auch im Rahmen des europäischen Stoff- und Chemikalienrechts zu ermittelnden Daten zu bewerten und in eine der drei *Wassergefährdungsklassen* oder als nicht wassergefährdend einzustufen.

Die derzeit bestehende Praxis, Stoffe und Gemische in eine der drei Wassergefährdungsklassen oder als nicht wassergefährdend einzustufen, soll erhalten bleiben. Für Stoffe der WGK 2 soll der Ausdruck „deutlich wassergefährdend" zur besseren Abgrenzung zum Begriff „wassergefährdender Stoff" eingeführt werden, der für alle wassergefährdenden Stoffe unabhängig von der Wassergefährdungsklasse Verwendung finden soll. Die bisherigen Bezeichnungen der Wassergefährdungsklasse 1 und 3 dagegen sollen unverändert bleiben. Ergänzend wird der Begriff der „allgemein wassergefährdenden Stoffe" eingeführt. Das sind diejenigen, bei denen die Eigenschaft der Wassergefährdung unstrittig ist, bei denen jedoch keine Einstufung in eine Wassergefährdungsklasse vorgenommen werden soll, und zwar deshalb, um bei Gemischen hoher Komplexität und sich ändernder Zusammensetzung keine Einstufung vornehmen zu müssen.

Folglich werden feste Gemische, zu denen anfallende feste Abfälle zählen, als allgemein wassergefährdend eingestuft. Diese vorgesehene Regelung ist ausgesprochen ein-

[20] Nummer 2013/0423/D.

[21] Stand November 2016.

[22] Vgl. die Liste nicht wassergefährdender Stoffe gemäß Anhang 1 der Allgemeinen Verwaltungsvorschrift zur Änderung der Verwaltungsvorschrift wassergefährdender Stoffe v. 27.07.2005.

[23] http://webrigoletto.uba.de/rigoletto/public/welcome.do. Abgerufen am 09.12.2016.

fach und vermeidet den hohen bürokratischen Aufwand, der bei konsequenter Umsetzung der bestehenden Einstufungsregelungen gegeben wäre. Da bisher noch keine Abfallart als nicht wassergefährdend eingestuft ist, bleibt es den Anlagenbetreibern vorbehalten, nachzuweisen, dass feste Gemische (Abfälle) entsprechend eingestuft werden können. Abfälle können als nicht wassergefährdend eingestuft werden, wenn

- sie oder ihre Komponenten als nicht wassergefährdend im Bundesanzeiger veröffentlicht wurden,
- sie gemäß den Einstufungsregeln des Wasserrechts als nicht wassergefährdend eingestuft werden können,
- sie nach anderen Rechtsvorschriften offen selbst an hydrogeologisch ungünstigen Standorten und ohne technische Sicherungsmaßnahmen eingebaut werden dürfen, oder
- sie als Z 0- oder Z 1.1-Material der Mitteilung 20 der Länderarbeitsgemeinschaft Abfall (LAGA) eingestuft werden können.[24]

Der feste Verweis auf das Regelwerk der LAGA soll in der Zeit bis zum Erlass der geplanten Ersatzbaustoffverordnung zur Abgrenzung der nicht wassergefährdenden Recyclingmaterialien dienen. Die Verpflichtung zur Selbsteinstufung besteht somit nicht, wenn ein Stoff bereits mit seiner Einstufung im Bundesanzeiger veröffentlicht wurde oder wenn ein Stoff bereits durch eine veröffentlichte Stoffgruppeneinstufung oder im Regelwerk der LAGA als Z 0- oder Z 1.1-Material erfasst wird. Diese Regelungen erlauben es, auf bestehende Einstufungen zurückzugreifen und dienen damit der Vermeidung von unnötiger Doppelarbeit.

Sofern eine Selbsteinstufung erforderlich ist, hat diese auf Grundlage von wissenschaftlichen Prüfungen an dem jeweiligen Stoff gemäß den Vorgaben der REACH-Verordnung[25] zu erfolgen. Wurden aus diesen wissenschaftlichen Prüfungen für den jeweiligen Stoff Gefahrenhinweise nach den Anhängen I, II und VI der CLP in der jeweils geltenden Fassung abgeleitet, werden den Gefahrenhinweisen Bewertungspunkte zugeordnet, wie sie in Tab. 3.4 für die Gefahrenhinweise wiedergegeben sind.

Wurden wissenschaftliche Prüfungen zur akuten oralen oder dermalen Toxizität oder zu Auswirkungen auf die Umwelt für den jeweiligen Stoff nicht durchgeführt, werden dem Stoff Vorsorgepunkte nach den folgenden Maßgaben zugeordnet.

[24] LAGA 2004.

[25] Verordnung (EG) Nr. 440/2008 der Kommission vom 30.05.2008 zur Festlegung von Prüfmethoden gemäß der Verordnung (EG) Nr. 1907/2006 des Europäischen Parlaments und des Rates zur Registrierung, Bewertung, Zulassung und Beschränkung chemischer Stoffe (REACH) (ABl. L 142 vom 31.05.2008, S. 1), die zuletzt durch die Verordnung (EU) Nr. 1152/2010 (ABl. L 324 vom 09.12.2010, S. 13) geändert worden ist, in der jeweils geltenden Fassung.

Tab. 3.4 Bewertungspunkte zur Feststellung der WGK

Gefahrenhinweis	Bezeichnung der Gefahrenhinweise	Vorrangigkeit anderer Gefahrenhinweise	Bewertungspunkte
EUH029	Entwickelt bei Berührung mit Wasser giftige Gase		2
H300	Lebensgefahr bei Verschlucken		4
H301	Giftig bei Verschlucken	Wird nicht zusätzlich zu H310 berücksichtigt	3
H302	Gesundheitsschädlich bei Verschlucken	Wird nicht zusätzlich zu H311 oder H310 berücksichtigt	1
H304	Kann bei Verschlucken und Eindringen in die Atemwege tödlich sein	Wird nicht zusätzlich zu H312 und H302 berücksichtigt	1
H310	Lebensgefahr bei Hautkontakt	Wird nicht zusätzlich zu H300 berücksichtigt	4
H311	Giftig bei Hautkontakt	Wird nicht zusätzlich zu H301 oder H300 berücksichtigt	3
H312	Gesundheitsschädlich bei Hautkontakt	Wird nicht zusätzlich zu H302, H301 oder H300 berücksichtigt	1
H340[a]	Kann genetische Defekte verursachen (Expositionsweg angeben, sofern schlüssig belegt ist, dass diese Gefahr bei keinem anderen Expositionsweg besteht)	Wird nicht zusätzlich zu H350 berücksichtigt	9
H341[a]	Kann vermutlich genetische Defekte verursachen (Expositionsweg angeben, sofern schlüssig belegt ist, dass diese Gefahr bei keinem anderen Expositionsweg besteht)	Wird nicht zusätzlich zu H351 berücksichtigt	2
H350[a]	Kann Krebs verursachen (Expositionsweg angeben, sofern schlüssig belegt ist, dass diese Gefahr bei keinem anderen Expositionsweg besteht)		9
H351[a]	Kann vermutlich Krebs verursachen (Expositionsweg angeben, sofern schlüssig belegt ist, dass diese Gefahr bei keinem anderen Expositionsweg besteht)	Wird nicht zusätzlich zu H341 berücksichtigt	2
H360D	Kann das Kind im Mutterleib schädigen	Wird nicht zusätzlich zu H360F berücksichtigt	4
H360F	Kann die Fruchtbarkeit beeinträchtigen		4
H361d	Kann vermutlich das Kind im Mutterleib schädigen	Wird nicht zusätzlich zu H360F und H361f berücksichtigt	2

Tab. 3.4 (Fortsetzung)

Gefahrenhinweis	Bezeichnung der Gefahrenhinweise	Vorrangigkeit anderer Gefahrenhinweise	Bewertungspunkte
H361f	Kann vermutlich die Fruchtbarkeit beeinträchtigen	Wird nicht zusätzlich zu H360D berücksichtigt	2
H370[a]	Schädigt die Organe (oder alle betroffenen Organe nennen, sofern bekannt), (Expositionsweg angeben, sofern schlüssig belegt ist, dass diese Gefahr bei keinem anderen Expositionsweg besteht)		4
H371[a]	Kann die Organe schädigen (oder alle betroffenen Organe nennen, sofern bekannt), (Expositionsweg angeben, sofern schlüssig belegt ist, dass diese Gefahr bei keinem anderen Expositionsweg besteht)		2
H372[a]	Schädigt die Organe (alle betroffenen Organe nennen) bei längerer oder wiederholter Exposition, (Expositionsweg angeben, wenn schlüssig belegt ist, dass diese Gefahr bei keinem anderen Expositionsweg besteht)		4
H373[a]	Kann die Organe schädigen (alle betroffenen Organe nennen) bei längerer oder wiederholter Exposition, (Expositionsweg angeben, wenn schlüssig belegt ist, dass diese Gefahr bei keinem anderen Expositionsweg besteht)		2
H400	Sehr giftig für Wasserorganismen	Wird nicht zusätzlich zu H410 berücksichtigt	6
H410	Sehr giftig für Wasserorganismen mit langfristiger Wirkung		8
H411	Giftig für Wasserorganismen mit langfristiger Wirkung		6
H412	Schädlich für Wasserorganismen mit langfristiger Wirkung		4
H413	Kann für Wasserorganismen schädlich sein, mit langfristiger Wirkung		3

[a] Stoffen, die nur auf inhalativem Expositionsweg wirken, werden keine Bewertungspunkte zugeordnet

3.4.2 Zuordnung von Vorsorgepunkten

1. Sind zu einem Stoff keine Informationen zur akuten oralen und dermalen Toxizität vorhanden, werden dem Stoff *vier* Vorsorgepunkte zugewiesen.
2. Sind zu einem Stoff keine Informationen zu Auswirkungen auf die Umwelt vorhanden, werden dem Stoff *acht* Vorsorgepunkte zugewiesen. Die Anzahl der Vorsorgepunkte wird um *zwei* vermindert, wenn die leichte biologische Abbaubarkeit nachgewiesen und ein Bioakkumulationspotenzial ausgeschlossen wurde.
3. Wurden einem Stoff keine R-Sätze oder Gefahrenhinweise zu Auswirkungen auf die Umwelt zugeordnet und sind Prüfungen zu Auswirkungen auf die Umwelt für den Stoff bekannt, werden die folgenden Vorsorgepunkte zugewiesen:
   a) *acht* Vorsorgepunkte, wenn eine Prüfung bekannt ist, nach der die akute Toxizität an einer Fischart (96 h LC_{50}) oder einer Wasserflohart (48 h EC_{50}) oder die Hemmung des Algenwachstums (72 h IC_{50}) nicht mehr als 1 mg/l beträgt und
      aa) kein Nachweis der leichten biologischen Abbaubarkeit vorhanden ist oder
      bb) kein Nachweis zum Ausschluss eines Bioakkumulationspotenzials vorhanden ist,
   b) *sechs* Vorsorgepunkte, wenn eine Prüfung bekannt ist, nach der die akute Toxizität an einer Fischart (96 h LC_{50}) oder einer Wasserflohart (48 h EC_{50}) oder die Hemmung des Algenwachstums (72 h IC_{50}) mehr als 1 mg/l und nicht mehr als 10 mg/l beträgt und
      aa) kein Nachweis der leichten biologischen Abbaubarkeit vorhanden ist oder
      bb) kein Nachweis zum Ausschluss eines Bioakkumulationspotenzials vorhanden ist,
   c) *vier* Vorsorgepunkte, wenn eine Prüfung bekannt ist, nach der die akute Toxizität an einer Fischart (96 h LC50) oder einer Wasserflohart (48 h EC50) oder die Hemmung des Algenwachstums (72 h IC50) mehr als 10 mg/l und nicht mehr als 100 mg/l beträgt und kein Nachweis der biologischen Abbaubarkeit in Gewässern vorhanden ist,
   d) *zwei* Vorsorgepunkte, wenn nur Prüfungen bekannt sind, nach denen die akute Toxizität an einer Fischart (96 h LC_{50}) oder einer Wasserflohart (48 h EC_{50}) oder die Hemmung des Algenwachstums (72 h IC_{50}) mehr als 100 mg/l beträgt und
      aa) kein Nachweis der biologischen Abbaubarkeit in Gewässern vorhanden ist sowie
      bb) kein Nachweis zum Ausschluss eines Bioakkumulationspotenzials vorhanden ist.

Aus den ermittelten Bewertungs- und Vorsorgepunkten für den jeweiligen Stoff wird die Summe gebildet. Entsprechend dieser Summe wird eine der folgenden Wassergefährdungsklassen zugeordnet:

Die Summe beträgt 0 bis 4: WGK 1
Die Summe beträgt 5 bis 8: WGK 2
Die Summe beträgt mehr als 8: WGK 3

3.4.3 Pflichten der Anlagenbetreiber

Anlagenbetreiber werden mit der AwsV verpflichtet, die Stoffe und Gemische, mit denen sie in einer Anlage umgehen, als nicht wassergefährdend oder in eine von drei Wassergefährdungsklassen einzustufen, es sei denn, es gibt bereits ein Einstufungsergebnis, das vom Umweltbundesamt veröffentlicht wurde. Die Daten, die für die Einstufung benötigt werden, entsprechen denjenigen nach dem europäischen Gefahrstoffrecht. Auf dieser Grundlage kann dann eine risikoorientierte sicherheitstechnische Ausrüstung der Anlage erfolgen.

Literatur

Birn H, Kunz P (Hrsg) (2010) Kreislaufwirtschafts- und Abfallgesetz in der betrieblichen Praxis. C. H. Beck, München

Jarass H, Petersen F (2014) Kreislaufwirtschaftsgesetz. C. H. Beck, München

Jarass H, Petersen F, Weidemann F (2010) Kreislaufwirtschafts- und Abfallgesetz: KrW-/AbfG. C. H. Beck, München

Kunig P, Paetow S, Versteyl L-A (2002) Kreislaufwirtschafts- und Abfallgesetz. Kommentar. C. H. Beck, München

LAGA (1992) LAGA-Informationsschrift Abfallarten. Erich Schmidt Verlag, Berlin

LAGA (2002) LAGA PN 98 „Richtlinie für das Vorgehen bei physikalischen, chemischen und biologischen Untersuchungen im Zusammenhang mit der Verwertung/Beseitigung von Abfällen". Erich Schmidt Verlag, Berlin

LAGA (2004) Anforderungen an die stoffliche Verwertung von mineralischen Abfällen – Technische Regeln, Stand 06.11.2003, Erich Schmidt Verlag, Berlin

Lersner H von, Wendenburg H, Kropp O, Rüdiger J (2016) Recht der Abfall- und Kreislaufwirtschaft. Erich Schmidt Verlag, Berlin

Wuttke J, Baehr T (2008) Praxishandbuch zur grenzüberschreitenden Abfallverbringung, 2. völlig neu bearbeitete und wesentlich erweiterte Aufl., Umweltbundesamt. Erich Schmidt Verlag, Berlin, S. 187 ff

4 Nachweise und Register

Sandra Giern und Maren Heidmann

4.1 Einführung

Das Brutto-Abfallaufkommen in Deutschland beträgt pro Jahr in etwa 402,2 Mio. Tonnen. Der Anteil an gefährlichen Abfällen umfasst dabei ca. 23,7 Mio. Tonnen.[1] Da nur ein geringer Anteil an Abfällen direkt an der Anfallstelle entsorgt wird, ist es erforderlich, die Mehrzahl der Abfälle zwischen den an der Entsorgung Beteiligten zu befördern. Diese Abfallströme zu überwachen, ist Ziel des Abfallnachweisrechts. Dabei erfolgt die Überwachung nicht lückenlos für sämtliche Abfälle, sondern, orientiert an deren Gefährdungspotenzial, insbesondere für gefährliche Abfälle.

Das Abfallnachweisrecht dient dazu, den Verbleib von gefährlichen Abfällen einer betrieblichen Dokumentation und behördlichen Überwachung zu unterwerfen. Dabei prüft die Behörde grundsätzlich präventiv, also bevor die Entsorgung vorgenommen wird, anhand der von den Beteiligten einzureichenden Nachweisdokumente, welchen Weg die Abfälle nehmen werden (Vorabkontrolle). Anschließend erfolgt durch Begleit- und Übernahmescheine die Dokumentation, wo die Abfälle verblieben sind (Verbleibkontrolle).

[1] Umweltbundesamt, Daten zur Umwelt, Abfallaufkommen 2015. https://www.umweltbundesamt.de/daten/abfall-kreislaufwirtschaft/abfallaufkommen. Abgerufen 2. Hj. 2017.

[2] Gesetz zur Förderung der Kreislaufwirtschaft und Sicherung der umweltverträglichen Bewirtschaftung von Abfällen (Kreislaufwirtschaftsgesetz – KrWG), vom 24.02.2012 (BGBl. I S. 212), zuletzt geändert durch Art. 2 Abs. 9 des Gesetzes vom 20.07.2017 (BGBl. I S. 2808).

S. Giern (✉)
BDE Bundesverband der Deutschen Entsorgungs-,Wasser- und Rohstoffwirtschaft e.V.
Berlin, Deutschland

M. Heidmann
Freie Hansestadt Hamburg Bezirksamt Altona
Hamburg, Deutschland

P. Kurth et al. (Hrsg.), *Praxishandbuch der Kreislauf- und Rohstoffwirtschaft*,
https://doi.org/10.1007/978-3-658-17045-5_4

Die grundsätzlichen Regelungen zum Abfallnachweisrecht sind in den §§ 49, 50 Kreislaufwirtschaftsgesetz (KrWG[2]) enthalten. Sie regeln, in welchen Fällen Register- und Nachweispflichten bestehen. Konkretisiert werden diese Vorgaben durch die Nachweisverordnung (NachwV).[3] Für die Praxis und den Vollzug relevant, aber nicht rechtsverbindlich, ist daneben die Vollzugshilfe zum abfallrechtlichen Nachweisverfahren der Bund/Länder-Arbeitsgemeinschaft vom 30.09.2009.[4]

In Deutschland werden durchschnittlich pro Jahr etwa 120.000 Entsorgungsnachweise und etwa 3 Mio. Begleitscheine sowie eine nicht bezifferbare Anzahl von Übernahmescheinen zwischen den Beteiligten ausgetauscht.[5] Um einen effektiveren Austausch von Dokumenten zwischen den Beteiligten sicherstellen zu können, ist durch die im Jahr 2006 novellierte NachwV die Nachweisführung von der Papierform auf ein elektronisches Verfahren umgestellt worden.

4.2 Die Nachweisverordnung im Überblick

Das Nachweisrecht ist in den letzten Jahren mehrfach novelliert worden.[6] Ziel dieser Änderungen war es insbesondere, das deutsche Abfallrecht den europarechtlichen Vorgaben anzupassen, Vereinfachungen zum Bürokratieabbau umzusetzen und die Nutzung moderner Kommunikationstechnik für die abfallrechtliche Überwachung einzuführen. Dabei ist insbesondere die ursprüngliche Einteilung der Abfälle in die drei Gefährlichkeitskategorien „besonders überwachungsbedürftig – überwachungsbedürftig – nicht überwachungsbedürftig" aufgegeben und durch die zweistufige Einordnung in „gefährliche und nicht gefährliche Abfälle" ersetzt worden. Die größten Veränderungen für die Abfallwirtschaft wurden durch die Einführung der elektronischen Nachweisführung und die hiermit verbundene Pflicht, die Nachweisdokumente zukünftig grundsätzlich nur noch in elektronischer Form zu erstellen, bewirkt.

[3] Verordnung über die Nachweisführung bei der Entsorgung von Abfällen v. 20.10.2006 (BGBl. I S. 2298), zuletzt geändert durch Art. 11 Abs. 11 des Gesetzes vom 18.07.2017 (BGBl. I S. 2745).
[4] Mitteilung der LAGA 27. http://www.laga-online.de/servlet/is/23874/. Abgerufen 2. Hj. 2017.
[5] Gesetzentwurf der Bundesregierung zur Vereinfachung der abfallrechtlichen Überwachung, BT-Drs. 16/400.
[6] Gesetz zur Vereinfachung der abfallrechtlichen Überwachung vom 15.07.2006, BGBl. I. S. 1619; Verordnung zur Vereinfachung der abfallrechtlichen Überwachung vom 20.10.2006, BGBl. I. S. 2298; Verordnung zur Fortentwicklung der abfallrechtlichen Überwachung vom 05.12.2013, BGBl. I S. 4043.

4.2.1 Der Anwendungsbereich des Nachweisrechts

4.2.1.1 Gefährliche Abfälle

In sachlicher Hinsicht besteht die Pflicht zur Nachweis- und Registerführung für Abfallerzeuger und Abfallbeförderer grundsätzlich nur bei der Entsorgung gefährlicher Abfälle. Nur Abfallentsorger haben darüber hinaus auch bei nicht gefährlichen Abfällen ein Register zu führen (siehe hierzu Abschn. 4.2.3.).

Für die Anwendung der Vorschriften zum Abfallnachweisrecht ist damit zunächst die Einstufung des Abfalls als gefährlich oder nicht gefährlich maßgeblich. Unerheblich ist dabei, ob es sich um Abfälle zur Verwertung oder Beseitigung handelt.

Die Einstufung, ob gefährliche oder nicht gefährliche Abfälle vorliegen, richtet sich nach den Vorgaben der Abfallverzeichnisverordnung (AVV)[7] sowie den Vorgaben des Gefahrstoffrechts. Die AVV enthält ein gemeinschaftsrechtlich harmonisiertes Abfallverzeichnis. Die mit einem Sternchen (*) versehenen Abfallarten im Abfallverzeichnis sind als gefährlich einzustufen.

Die richtige Einstufung der Abfälle ist in der Praxis nicht immer einfach, wegen der hiermit verbundenen Folgen – auch für das Abfallnachweisrecht – jedoch von erheblicher Bedeutung.

4.2.1.2 Adressaten

In persönlicher Hinsicht sind sowohl die Erzeuger als auch die Besitzer, Einsammler, Beförderer und Entsorger von Abfällen zur Nachweis- und Registerführung verpflichtet. Mit der Novelle des KrWG wurde der Kreis der Registerpflichtigen auch auf Händler und Makler von gefährlichen Abfällen erweitert, § 49 Abs. 3 KrWG. Die NachwV enthält in § 1 Abs. 1 NachwV eine Definition der Adressaten. Diese weicht jedoch zum Teil von den aus dem KrWG bekannten Definitionen ab. So werden etwa Erzeuger und Besitzer von Abfällen in der NachwV gemeinsam als Abfallerzeuger definiert. Dies kann insoweit von Bedeutung sein, als bei einem Entsorgungsvorgang sowohl der Abfallbesitzer als auch der Abfallerzeuger als Pflichtiger im Sinne des Nachweisrechts infrage kommt. In diesen Fällen ist es denkbar, vertraglich zu regeln, wer die Nachweispflichten erfüllt.

Als Abfallbeförderer angesprochen werden sowohl der Einsammler als auch der Beförderer von Abfällen. Abfallentsorger im Sinne der NachwV ist, wer Anlagen oder Unternehmen betreibt, die Abfälle in einem Verfahren nach Anlage 1 oder Anlage 2 des KrWG entsorgen.

Als Problem mit besonderer Praxisrelevanz hat sich ergeben, ob bezüglich der Nachweisführung auf Baustellen, bei Gebäudeabbrüchen und Altlastensanierungen der Bauherr oder das beauftragte Abbruchunternehmen als Abfallerzeuger anzusehen ist. Dabei handelt es sich weder um ein spezifisch nachweisrechtliches noch um ein neues Problem.[8]

---

[7] Abfallverzeichnis-Verordnung vom 10.12.2001 (BGBl. I S. 3379), zuletzt geändert durch Art. 2 der Verordnung vom 17.07.2017 (BGBl. I S. 2644).

[8] Siehe hierzu die Betrachtung von Kropp 2010, S. 461 ff. Zum Streitstand: Bauherr = Abfallerzeuger: VG Arnsberg, Urt. v. 07.12.2009 – 14K 868/09, NRWE Rn. 30 ff.; bestätigt durch OVG

Die Frage wird im Rahmen des Abfallnachweisrechts jedoch besonders virulent, weil die Nachweisformulare, etwa im Formblatt der „Verantwortlichen Erklärung" und in den „Begleitscheinen", eine Zuordnung der Rolle und Unterschrift des jeweils Beteiligten verlangen. Insbesondere vor dem Hintergrund, dass mit der Einführung des elektronischen Nachweisverfahrens zum 01.04.2010 nunmehr technische Vorrichtungen beschafft bzw. unterhalten werden müssen, um die elektronische Form einhalten zu können, hat die Frage eine neue Brisanz erhalten. In der Praxis ist dabei die Tendenz festzustellen, dass die Bauherren versuchen, die Rolle des Abfallerzeugers vertraglich auf das beauftragte Abbruchunternehmen zu übertragen.

Unter dem 15.10.2014[9] und dem 24.10.2014[10] hat sich nunmehr das Bundesverwaltungsgericht zum Begriff des Abfallerzeugers geäußert. Im sogenannten Löschwasserfall, in dem die Anlagenbetreiberin im Zeitpunkt der Abfallentstehung keine Sachherrschaft über das Löschwasser hatte, das zu Abfall wurde, hat das Bundesverwaltungsgericht festgestellt, dass grundsätzlich daran festgehalten werden muss, dass derjenige Abfallerzeuger ist, der als Inhaber der tatsächlichen Sachherrschaft die letzte Ursache für die Umwandlung einer Sache in Abfall gesetzt hat. Eine Ausnahme ist nach dem Bundesverwaltungsgericht aber mit Blick auf das Verursacherprinzip dann geboten, wenn aufgrund besonderer Umstände bei wertender Betrachtung ein vorgelagertes Verhalten sich als wesentliche Ursache für die Abfallentstehung darstellt. Damit kann auch Abfallerzeuger sein, wer im Zeitpunkt der Entstehung des Abfalls nicht die tatsächliche Sachherrschaft über diesen hatte, die besonderen Umstände aber die Zurechnung dieser Rolle rechtfertigen. In dem kurz danach ergangenen Beschluss des Bundesverwaltungsgerichts zur Beauftragung von Abbruch- und Räumungsarbeiten hat das Bundesverwaltungsgericht diese Grundsätze angewendet und eine Versicherung, die einen Auftrag für den Abbruch einer abgebrannten Druckerei erteilt hatte, als Abfallerzeugerin eingestuft.

Die beiden Entscheidungen deuten auf eine Ausweitung der Abfallerzeugerstellung auf Nichtbesitzer von Abfällen, wenn bereits die Auftragserteilung für diese Einstufung als Abfallerzeuger ausreichen soll. Wo die Grenze jedoch genau verläuft, dürfte weiterhin Gegenstand der Diskussion bleiben (Frenz 2015, S. 135; Kropp 2015, S. 226).

Klarer verläuft die Abgrenzung bei der Bestimmung des Abfallbesitzes, wenn der Bauunternehmer mit dem zugrunde liegenden Werkvertrag zugleich mit der Entsorgung beauftragt wird. In diesem Fall geht der Abfallbesitz regelmäßig mit dem Abtransport der Abfälle vom Grundstück des Bauherrn auf den Bauunternehmer über (Klett und Enders 1996, S. 2003, 2005).

Münster, Urt. v. 10.08.2012 – 20 A 222/10; Kropp 2010, S. 461 (465); Kropp 2003, S. 284 (285); Klett und Enders 1996, S. 2003 (2005); Bauunternehmen = Abfallerzeuger: v. Lersner in v. Lersner und Wendenburg 2015, § 3 KrW-/AbfG, Rn. 38, siehe auch Reese und Schütte 1999, S. 136 (138), die die Erzeugerstellung vom Organisationsbereich und der Verfügungsgewalt abhängig machen.

[9] BVerwG, Urt. v. 15.10.2014, 7 C 1.13 (Löschwasserurteil).

[10] BVerwG, Beschl. v. 24.10.2014, 7 C 2.13 (Beauftragung von Abbruch- und Räumungsarbeiten). Vorinstanzen VG Arnsberg, Urt. v. 07.12.2009 – 14 K 868/09, OVG Münster, Urt. v. 10.08.2012, 20 A 222/10.

Festzuhalten ist damit, dass bei Baumaßnahmen regelmäßig sowohl der Auftraggeber als Abfallerzeuger im Sinne von § 3 Abs. 8 KrWG als auch der Bauunternehmer als Abfallbesitzer im Sinne von § 3 Abs. 9 KrWG für gefährliche Abfälle nachweispflichtig sind.

▶ **Praxishinweis** Eine diesbezügliche Klarstellung in der Begriffsdefinition des Abfallerzeugers ist auch in § 3 Abs. 8 KrWG bislang nicht erfolgt, sodass die Problematik der Abfallerzeugerstellung auf Baustellen auch zukünftig aktuell bleibt. Für das Nachweisrecht ist jedoch insoweit auf die angesprochene Möglichkeit der vertraglichen Regelung zur Erfüllung von Nachweispflichten zu verweisen.

4.2.1.3 Ausnahmen von der Nachweispflicht

Während die Nachweispflichten grundsätzlich nur greifen, wenn eine Entsorgung gefährlicher Abfälle vorliegt, kann die Nachweispflicht im Einzelfall für nicht gefährliche Abfälle durch die zuständige Behörde angeordnet werden, § 51 Abs. 1 Satz 1 Nr. 1 KrWG. Anders als bei den gesetzlich verankerten Pflichten handelt es sich hierbei um keinen Automatismus, denn die Behörde wird hier auf besondere Veranlassung tätig.

Sowohl das KrWG wie auch die NachwV enthalten neben den grundsätzlichen Regelungen zur Nachweispflicht eine Reihe von Ausnahmen. So bestehen keine Nachweispflichten für Hersteller/Vertreiber bis zum Abschluss der durch die Verordnung nach § 25 KrWG vorgeschriebenen Rücknahme oder freiwilligen Rückgabe, § 50 Abs. 3 KrWG, z. B. von Altbatterien, Verpackungen, Altfahrzeugen. Auch bei der Entsorgung in eigenen Anlagen des Abfallerzeugers oder -besitzers entfällt die Nachweispflicht, wenn die Anlage in einem engen räumlichen Zusammenhang mit der Anfallstelle steht, § 50 Abs. 2 KrWG. Generell ausgenommen von den Nachweispflichten sind ferner private Haushaltungen, § 50 Abs. 4 KrWG, § 1 Abs. 3 NachwV, sowie die grenzüberschreitende Verbringung von Abfällen, § 1 Abs. 4 NachwV. Eine weitere Ausnahme von der Nachweispflicht gilt für sog. Kleinmengenerzeuger, § 2 Abs. 2 NachwV, also Abfallerzeuger mit jährlich nicht mehr als insgesamt zwei Tonnen gefährlicher Abfälle. Die Pflicht zur Führung von Übernahmescheinen (ÜS) bleibt jedoch auch für die Kleinmengenerzeuger bestehen.

4.2.2 Das Verfahren der Nachweisführung

Die Überwachung der Entsorgung von gefährlichen Abfällen erfolgt gemäß NachwV durch das zweistufige Verfahren der Vorab- und Verbleibkontrolle. Vor Beginn der Entsorgung erfolgt im Rahmen der sogenannten Vorabkontrolle eine Prüfung der Zulässigkeit der geplanten Entsorgung durch die Einreichung und Prüfung von Einzel- und Sammelentsorgungsnachweisen (EN und SN). Die schließlich durchgeführte Entsorgung wird im Rahmen der Verbleibkontrolle durch die Führung von Begleit- und Übernahmescheinen (BGS und ÜS) nachvollzogen.

4.2.2.1 Vorabkontrolle

Gefährliche Abfälle, die zur Entsorgung in eine Entsorgungsanlage verbracht werden sollen, bedürfen vor Beginn der Entsorgung grundsätzlich eines Entsorgungsnachweises. Dabei lassen sich zwei Arten von Entsorgungsnachweisen unterscheiden: Der Einzel- und der Sammelentsorgungsnachweis. Das von der NachwV vorgesehene „Grundmodell" ist der Einzelentsorgungsnachweis. Dieser ist in § 3 NachwV näher geregelt und sieht vor, dass die am Entsorgungsvorgang beteiligten Abfallerzeuger und Abfallentsorger die jeweils für sie bestimmten Nachweiserklärungen abgeben und der zuständigen Behörde zur Bestätigung vorlegen. Für die Abgabe der erforderlichen Nachweiserklärungen sind die in der Anlage zur NachwV veröffentlichten Formblätter (Deckblatt Entsorgungsnachweise, Verantwortliche Erklärung einschließlich Deklarationsanalyse des Abfallerzeugers, Annahmeerklärung des Abfallentsorgers und Behördenbestätigung) zu verwenden.

Ausnahmsweise kann der Entsorgungsnachweis im Rahmen der sogenannten Sammelentsorgung vom Einsammler statt vom Erzeuger geführt werden. Voraussetzungen für die Sammelentsorgung sind, dass die einzusammelnden Abfälle den gleichen Abfallschlüssel (AVV-ASN), den gleichen Entsorgungsweg sowie die gleiche Beschaffenheit im Sinne der Sammelcharge haben und die bei dem einzelnen Abfallerzeuger am jeweiligen Standort anfallende Abfallmenge 20 Tonnen pro Jahr nicht überschreitet. Ausnahmen von der Mengenbegrenzung finden sich für die AVV-ASN, die in der Anlage 2 Buchstabe a zur NachwV aufgeführt sind. Danach sind für die dort genannten Ölabfälle auch Sammelmengen größer 20 Tonnen möglich. Eine weitere Ausnahme regelt § 9 Abs. 2 NachwV für Altöle und Altholz, bei denen sich die Mengenbegrenzung nicht auf den Abfallschlüssel sondern auf die jeweilige Sammelkategorie bezieht. Wichtig ist, dass der Sammelentsorgungsnachweis personengebunden und nicht auf andere Einsammler übertragbar ist, § 9 Abs. 6 NachwV.

Im Grundverfahren erfolgt nach Ausfüllung des Einzel- oder Sammelentsorgungsnachweises durch den Abfallerzeuger bzw. Einsammler und Abfallentsorger die behördliche Bestätigung, sofern

- die Abfälle in der vorgesehenen Entsorgungsanlage behandelt, stofflich oder energetisch verwertet, gelagert oder abgelagert werden,
- die Ordnungsgemäßheit und Schadlosigkeit der Verwertung oder die Gemeinwohlverträglichkeit der Beseitigung der Abfälle gewährleistet ist und
- im Falle einer Lagerung der Abfälle die weitere Entsorgung durch entsprechende Entsorgungsnachweise bereits festgelegt ist.

Dabei sind auch Zwischenlager bestätigungsfähig, wenn die weitere Entsorgung durch entsprechende Entsorgungsnachweise bereits festgelegt ist, § 5 Abs. 1 Satz 1 Nr. 3 NachwV.

Auf die behördliche Bestätigung kann verzichtet werden, wenn der Abfallentsorger gemäß § 7 NachwV entweder privilegiert oder von der Einholung einer behördlichen Bestätigung freigestellt ist. Voraussetzung für die Privilegierung ist, dass der Abfallentsorger als Entsorgungsfachbetrieb zertifiziert oder als EMAS-Betrieb anerkannt ist, wobei die Abfallentsorgungsanlage zu einem in das EMAS-Register eingetragenen Standort oder Teilstandort des Unternehmens gehören muss.

Seit dem 01.02.2007 gilt die Privilegierung für die in den Anlagen 2a und 2b der NachwV aufgeführten Abfälle (z. B. Bilgenöle, sonstige Altöle) auch für Sammelentsorgungsnachweise, § 9 Abs. 3 Satz 2 NachwV.

Im Rahmen der Vorabkontrolle können sich Abfallerzeuger durch die Erteilung einer Verfahrensbevollmächtigung und Beauftragung im Entsorgungsnachweisverfahren vertreten lassen, § 3 Abs. 4 NachwV. Dabei bezieht sich die Vorschrift in § 3 Abs. 4 NachwV ausdrücklich lediglich auf die Abgabe der verantwortlichen Erklärung. Wegen dieser ausdrücklichen Bezugnahme stellt sich die Frage, ob und inwiefern eine solche Bevollmächtigung auch bei anderen Erklärungen im Nachweisverfahren möglich ist. Die Frage ist bislang noch nicht gerichtlich geklärt worden,[11] dürfte jedoch durch die Einführung der qualifizierten elektronischen Signatur (siehe dazu unter Abschn. 4.3.2.2.) und der elektronischen Nachweisführung mit ihren Möglichkeiten, externe Dienstleister einzuschalten, weiterhin Aktualität behalten.

4.2.2.2 Verbleibkontrolle

Die Verbleibkontrolle wird bei der Verwendung eines Einzelentsorgungsnachweises durch Begleitscheine und bei der Sammelentsorgung durch Sammelbegleit- und Übernahmeschein geführt. Jeder an der Entsorgung Beteiligte erhält dabei eine Kopie, die er anschließend sachlich und zeitlich geordnet in sein Register einzustellen hat (siehe hierzu Abschn. 4.2.3.).

Die Nachweispapiere sind beim Verfahren in Papierform während des Transports mitzuführen und bei Kontrollen vorzulegen. Eine Besonderheit gilt nunmehr im elektronischen Abfallnachweisverfahren (eANV). Gemäß § 18 Abs. 2 NachwV reicht es nämlich aus, während des Transports lediglich die Angaben aus Begleit- und Übernahmeschein mitzuführen. Weiterer Begleitpapiere nach dem Nachweisrecht bedarf es nicht.

4.2.2.3 Gebührenerhebung

Die Erhebung von Gebühren bei der Überwachung der Nachweisführung ist in vielen Ländern (wie etwa Hamburg, Rheinland-Pfalz, dem Saarland, Bayern, Sachsen-Anhalt, Nordrhein-Westfalen) gängige Praxis. Damit sind auch die Gerichte bereits befasst worden und haben Gebühren für die Kontrolle von Begleitscheinen grundsätzlich für rechtmäßig befunden.[12] Dabei sei eine Gebühr pro Begleitschein in Höhe von fünf bis zehn Euro nicht zu beanstanden.

Aktualität erhielt das Thema der Bearbeitungsgebühren für die Prüfung von Begleitscheinen zuletzt dadurch, dass einige Behörden nunmehr auch Gebühren für fehlerhaf-

[11] Zum Streitstand: LAGA-Vollzughilfe zum abfallrechtlichen Nachweisverfahren, Stand 30.09.2009, Rn. 126 f.; Wittmann 2009, S. 2, 4.

[12] BVerwG, Beschl. v. 15.10.2014 – 9 B 1.14; OVG Koblenz, Urt. v. 10.12.2014 – 6A 10051/14.

te Begleitscheine erheben.[13] So werden Bearbeitungsgebühren pro Begleitschein festgesetzt, wenn bei der automatisierten Prüfung von Begleitscheinen im behördlichen Überwachungssystem ASYS etwa vermeintliche Fehler beim Zeitpunkt der Signatur auftreten. Damit könnte die Gebührenhöhe in Zukunft wiederum Gegenstand der Rechtsprechung werden. Denn insoweit dürfte von Bedeutung sein, ob bei einer automatisiert durchgeführten Prüfung mit einer ebenso automatisierten Fehlermeldung die Höhe einer „Bearbeitungsgebühr" in einem groben Missverhältnis zu den Kosten der Amtshandlung steht.

4.2.2.4 Abschaffung des vereinfachten Nachweisverfahrens

Mit der Umsetzung der novellierten NachwV wurde das vereinfachte Nachweisverfahren für nicht gefährliche Abfälle abgeschafft. Es bleibt daher nunmehr dem Abfallerzeuger überlassen, wie er die Einhaltung seiner Sorgfaltspflicht gemäß § 22 KrWG bei Überlassung von nicht gefährlichen Abfällen an Dritte nachweist. Zusätzlich benötigen die Abfallentsorger trotz des Wegfalls des vereinfachten Nachweises weiterhin Informationen über diese Abfälle: Zum einen zur Durchführung der Entsorgung und zum anderen zur Führung des Registers, das die Entsorger auch für nicht gefährliche Abfälle anzulegen haben. Zudem werden Informationen über die Abfälle auch aus Arbeitsschutzgründen für den konkreten Umgang mit den jeweils nicht gefährlichen Abfällen benötigt. Dies gilt gleichermaßen für den Abfallerzeuger. Die Entsorgungsanlagen werden daher weiterhin die in den vereinfachten Nachweisen bislang enthaltenen Daten oder zumindest einen Teil dieser Daten benötigen.

► **Praxishinweis** Um diesen Anforderungen gerecht zu werden, bietet sich die Erstellung eines „Abfallpasses" an, der in Absprache zwischen dem jeweiligen Erzeuger und Entsorger *freiwillig* geführt werden kann. Er sollte vom Abfallerzeuger und -entsorger unterschrieben werden und Informationen zu den Beteiligten, der Herkunft und Art des Abfalls sowie zum Entsorgungsweg enthalten.

4.2.2.5 Sonderfall Schadstoffsammlung aus Haushaltungen

Besondere Fragen für die Abwicklung des Abfallnachweisrechts wirft die Sammlung von gefährlichen Abfällen aus Haushaltungen auf, weil die Schadstoffsammlung als Hol- oder Bringsystem unterschiedlich ausgestaltet sein kann.

Zu berücksichtigen ist bei allen Modellen, dass die privaten Haushaltungen selbst keine Nachweis- und Registerpflicht treffen, §§ 49 Abs. 6, 50 Abs. 4 KrWG, § 1 Abs. 3 NachwV. Derjenige, der die Abfälle übernimmt, ist jedoch gemäß § 27 Abs. 1 Satz 1 NachwV verpflichtet, Name und Anschrift des privaten Haushalts auf den für ihn bestimmten und auf den von ihm zu übermittelnden oder weiterzugebenden Ausfertigungen und Dokumenten anzugeben.

[13] Siehe z. B. Titel 1830508 der Anlage 1 Verwaltungskostenordnung für den Geschäftsbereich des Ministeriums für Umwelt, Klimaschutz, Landwirtschaft und Verbraucherschutz Hessen vom 08.12.2009 (GVBl. I S. 522).

Da die Sammlung von Schadstoffen aus privaten Haushaltungen im Rahmen der Überlassungspflichten regelmäßig nur Kleinstmengen betrifft und unterschiedliche Abfallarten betroffen sein können, wird die Anwendung der Nachweis- und Registerpflichten in diesen Fällen als unverhältnismäßig angesehen. Daher werden in der behördlichen Praxis regelmäßig Befreiungen und vom Grundfall abweichende Dokumentationspflichten zugelassen, um eine gemessen am Zeit- und Kostenaufwand angemessene Abwicklung zu ermöglichen. Zu beachten ist hierbei, dass die Erlasslage in den Bundesländern unterschiedlich ausgestaltet ist.[14]

4.2.3 Die Registerführung

Die Pflicht, ein Register über die Entsorgung von Abfällen zu führen, greift für Erzeuger, Besitzer, Einsammler und Beförderer sowie auch für Händler und Makler gemäß § 49 Abs. 3 KrWG nur bei der Entsorgung gefährlicher Abfälle. Hingegen haben Entsorger gemäß § 49 Abs. 1 KrWG zusätzlich die Pflicht, ein Register auch für die Entsorgung nicht gefährlicher Abfälle zu führen. Die Behörde kann jedoch auch für Beförderer und Erzeuger die Registerpflicht für nicht gefährliche Abfälle im Einzelfall anordnen. Hierzu bedarf es allerdings einer besonderen Rechtfertigung, da der Gesetzgeber ein besonderes behördliches Informationsbedürfnis grundsätzlich nur in den bereits vorgenannten gesetzlichen Fällen erkannt hat (Beckmann 2015, S. 157, 158). Die Registerpflichten gelten nicht für private Haushaltungen.

► **Praxishinweis** Register- und Nachweispflicht laufen nicht parallel; besteht für Abfälle keine Nachweispflicht, heißt dies nicht automatisch, dass auch die Registerpflicht für diese Abfälle entfällt.

Folgende Tab. 4.1 gibt eine Übersicht zur Registerführung.

---

[14] Siehe z. B.: Allgemeinverfügung der Sonderabfall-Management-Gesellschaft Rheinland-Pfalz mbH (SAM) zur Nachweisführung bei der Sammlung und Entsorgung von Problemabfällen aus privaten Haushaltungen vom 29.09.2011, Staatsanzeiger für Rheinland-Pfalz vom 17.10.2011, Nr. 38 S. 1860. http://www.sam-rlp.de/fileadmin/downloads/02_aufgaben/01_nachweisverfahren/Allgemeinverfuegung_der_SAM_zur_Nachweisfuehrung_bei_der_Entsorgung_von_Problemfaellen_aus_privaten_Haushaltungen.pdf. Abgerufen 2. Hj. 2017. Merkblatt des staatlichen Gewerbeaufsichtsamtes Hildesheim für die (elektronische) Nachweisführung bei der Schadstoffsammlung aus Haushaltungen, sogenannten Sonderabfallkleinmengen (<2 t/a), gefährlichen Abfällen gewerblicher Abfallerzeuger (>2 <20 t/a) im Bringsystem, Stand 03/2010. http://www.ngsmbh.de/bin/pdfs/Merkblatt_eANV_Haushalte_Kleinmengen_Bringsystem.pdf. Abgerufen 2. Hj. 2017.

Tab. 4.1 Übersicht zur Registerführung

		Adressat Registerpflichten	**Registerinhalt**
nicht gefährliche Abfälle		Entsorger	Input-/Output-Register
gefährliche Abfälle	Einzelentsorgung	Erzeuger	EN, BGS (weiß und altgold), §24 Abs.2 S.1 Nr.1 NachwV
		Beförderer	BGS (gelb), §24 Abs.2 S.1 Nr.3 NachwV
		Entsorger	EN, BGS (grün), §24 Abs.2 S.1 Nr.1 NachwV
	Sammelentsorgung	Erzeuger	ÜS (weiß), §24 Abs.3 NachwV
		Einsammler	SN, BGS (weiß, gelb, altgold), ÜS (gelb), §24 Abs.2 S.1 Nr.2 NachwV
		Entsorger	SN, BGS (grün), §24 Abs.2 S.1 Nr.1 NachwV
	besondere Fälle	Händler	Eigenes Verzeichnis je erworbener und veräußerter Abfälle, § 25a Abs. 1 NachWV
		Makler	Registrierung und Angaben zu jeweiligem Vertragsabschluss, § 25a Abs. 2 NachwV
		Kleinmengenerzeuger/ -entsorger	ÜS, §§16, 24 Abs.3 NachwV
		nicht nachweispflichtige Erzeuger	eigenes Verzeichnis je Abfallart und Anfallstelle, §24 Abs.6 NachwV
		nicht nachweispflichtige Beförderer	eigenes Verzeichnis je Abfallart, §24 Abs.7 NachwV
		nicht nachweispflichtige Entsorger	eigenes Verzeichnis je Abfallart und Entsorgungsanlage (Input-/Output-Register), §24 Abs.4 und 5 NachwV

4.2.3.1 Registerführung für gefährliche Abfälle

4.2.3.1.1 Inhalt des Registers

Den Inhalt des Registers legt in allgemeiner Form bereits § 49 Abs. 1 KrWG fest. Danach hat das Register Angaben zu der Menge, der Art, dem Ursprung und, soweit diese Angaben zur Gewährleistung einer ordnungsgemäßen Entsorgung von Bedeutung sind, die Bestimmung, die Häufigkeit des Einsammelns, das Beförderungsmittel sowie die Art der Behandlung der Abfälle zu enthalten.

Konkretisiert werden diese Vorgaben des KrWG durch die Vorschriften der NachwV. Danach erfordert das Register eine sachlich und zeitlich geordnete Darstellung, § 24 Abs. 1 NachwV. Das Register ist wie folgt aufgebaut:

Oberste Ordnungshierarchie: Gesamt-Register pro Erzeugernummer/ Anfallstelle. Sachliche Untergliederung nach AVV-ASN und EN.	Mittlere Ordnungshierarchie: AVV-ASN. Innerhalb des jeweiligen AVV-ASN chronologische Sortierung der EN.	Unterste Ordnungshierarchie: EN. Innerhalb des EN müssen die zugehörigen Belege zeitlich geordnet werden.

Die Registerinhalte sind für die Dauer von drei Jahren ab Einstellung in das Register aufzubewahren, § 25 Abs. 1 Satz 1 NachwV. Ausnahmen von dieser Frist können sich für die Entsorgungsanlagen aus den entsprechenden Genehmigungsbescheiden ergeben.

► **Praxishinweis** Sollen die Unterlagen (auch) dazu dienen, eine ordnungsgemäße Entsorgung zu belegen, um eine öffentlich-rechtliche, zivilrechtliche oder strafrechtliche Haftung abzuwehren, kann eine längere Aufbewahrungsdauer empfehlenswert sein.

Für den Fristbeginn stellt § 25 Abs. 1 Satz 1 NachwV auf den Zeitpunkt der Einstellung in das Register ab. Für die Dokumente der Verbleibkontrolle ist dies unproblematisch. Im Hinblick auf den Entsorgungsnachweis beträgt dessen Gültigkeitsdauer jedoch regelmäßig fünf Jahre, § 5 Abs. 4 Satz 1 NachwV. Es wäre jedoch nicht sinnvoll, wenn der Entsorgungsnachweis vor Ablauf seiner Gültigkeit aus dem Register wieder entfernt würde, weil dann eine sachliche Zuordnung der jeweiligen Begleitscheine nicht mehr möglich wäre, vgl. § 24 Abs. 2 Satz 1 Nr. 1 NachwV. Nach dem Sinn und Zweck des Registers ist daher der Fristbeginn für die insoweit mittelbar registrierungspflichtigen Entsorgungsnachweise auf den Ablauf ihrer Gültigkeit bzw. dann anzusetzen, wenn der letzte hierauf bezogene Begleitschein in das Register eingestellt wurde. Bei einer derartigen Berechnung ist es möglich, dass der Entsorgungsnachweis bis zu maximal acht Jahren im Register aufzubewahren ist.

4.2.3.1.2 Sonderfall Händler und Makler

Infolge der Änderung der NachwV im Jahr 2013 ist zur Konkretisierung der Registerpflicht für Händler und Makler die Vorschrift des § 25a NachwV eingefügt worden.

Die Vorschrift des § 25a Abs. 1 NachwV betrifft das Händlerregister, das von der Struktur her an die Register der nicht nachweispflichtigen Erzeuger und Entsorger angelehnt ist.[15]

Die Vorschrift des § 25a Abs. 2 NachwV betrifft das Maklerregister. Die oberste Ordnungshierarchie bezieht sich beim Maklerregister auf die jeweiligen Vertragsabschlüsse. Zu jedem registrierten Vertrag sind innerhalb von zehn Kalendertagen nach Veräußerung der jeweiligen Abfallcharge die Vertragsparteien mit Namen und Anschrift, Art, Umfang und voraussichtliche Dauer der vermittelten Bewirtschaftungstätigkeit sowie die Art und Beschaffenheit der Abfälle zu vermerken und diese Angaben zu unterschreiben.

4.2.3.1.3 Sonderfall Kleinmengenerzeuger

Für Kleinmengenerzeuger gilt gemäß § 24 Abs. 3 NachwV eine vereinfachte Registerpflicht. Danach ist das Register nur für die Übernahmescheine zu führen und zwar getrennt nach Abfallarten und in zeitlicher Reihenfolge sortiert. Den Einsammler, der zur Nachweisführung verpflichtet ist (§§ 12, 13 NachwV), trifft dabei zusätzlich die Pflicht, die Übernahmescheine dem jeweiligen Sammelentsorgungsnachweis und Begleitschein zuzuordnen (Rüdiger 2007, S. 2, 7).

4.2.3.2 Registerführung für nicht nachweisbedürftige Abfälle

In § 24 Abs. 4, 5, 6 und 7 NachwV ist näher ausgeführt, wie die Register derjenigen auszusehen haben, die ausnahmsweise nicht zur Führung von Nachweisen verpflichtet sind. Gemeint sind etwa Fälle, in denen Erzeuger, Besitzer, Beförderer oder Entsorger Abfälle im Rahmen der verordneten oder freiwilligen Rücknahme entsorgen.

Die Vorschriften in § 24 Abs. 4 bis 7 NachwV sehen im Detail unterschiedliche Angaben vor. Als grundlegende Angaben sind jedoch erforderlich (Rüdiger 2007, S. 2, 7 ff.):

- Überschrift des Abfallschlüssels der Abfallart nach AVV,
- Firmenname und Anschrift des Entsorgers bzw. Erzeugers bzw. Beförderers,
- Bezeichnung und Anschrift der Entsorgungsanlage bzw. des Erzeugers bzw. des Beförderers,
- (soweit vorhanden) Entsorger- bzw. Erzeuger- bzw. Beförderernummer.

Unterhalb dieser Angaben sind fortlaufend für jede angenommene bzw. abgegebene bzw. übergebene Abfallcharge spätestens zehn Kalendertage nach ihrer Annahme bzw. Abgabe bzw. Übergabe die Menge und das Datum der Annahme bzw. Abgabe bzw. Übergabe anzugeben. Abfallerzeuger und Abfallentsorger haben im Falle der Abgabe der Abfälle zusätzlich die Person anzugeben, die die jeweilige Abfallcharge übernimmt. Der

[15] BR-Drs. 665/13, S. 81.

Abfallentsorger hat in den Fällen der Annahme nunmehr zusätzlich zu vermerken, von wem er die Abfälle angenommen hat (Name und Anschrift). Die Richtigkeit und Vollständigkeit der Angaben ist durch Unterschrift zu versichern.

Für die Form eröffnen die Vorschriften unterschiedliche Möglichkeiten. So können für die Registerführung Praxisbelege (z. B. Liefer- und Wiegescheine) verwendet werden, wenn diese den Abfall, i. d. R. durch Abfallschlüssel, erkennen lassen und sie die vorgegebene sachliche und zeitliche Zuordnung, also abfallschlüsselscharfe Sortierung, ermöglichen. Möglich ist auch, die in der NachwV vorgesehenen Formblätter zu verwenden. Daneben kann (freiwillig) ein elektronisches Register nach den Vorgaben des § 25 Abs. 2 NachwV geführt werden.

4.3 Elektronische Nachweisführung

Am 01.04.2010 traten die Regelungen zum elektronischen Abfallnachweisverfahren (eANV) und der Registerführung in Kraft. Die wesentlichen Änderungen des eANV umfassen die verbindliche Nutzung der elektronischen Kommunikation bei der Vorab- und Verbleibkontrolle, § 17 ff. NachwV, die Anwendung der qualifizierten elektronischen Signatur, § 19 NachwV, und die elektronische Registerführung, § 25 Abs. 2 NachwV.

4.3.1 Anwendungsbereich des eANV

Die Pflicht zur elektronischen Nachweisführung trifft gemäß § 17 NachwV grundsätzlich alle, die an der Entsorgung von gefährlichen Abfällen beteiligt sind und bislang nachweispflichtig waren. Hat ein Unternehmen eine nur geringe Anzahl von Begleitscheinen zu verwalten, kann es von der Pflicht zur elektronischen Nachweisführung gemäß § 26 NachwV befreit werden, wenn sich die Einführung der technischen Vorrichtungen als unverhältnismäßig erweisen sollte.

Eine für die Praxis bedeutsame Ausnahme besteht gemäß § 21 NachwV ferner für Erzeuger gefährlicher Abfälle, die an einer Sammelentsorgung teilnehmen. Sie dürfen zukünftig die Übernahmescheine weiterhin in Papierform führen. Entsprechend anwendbar ist die Ausnahmeregelung in § 21 NachwV auch auf Kleinmengenerzeuger im Sinne von § 16 NachwV.

Korrespondierend zu der Pflicht der elektronischen Nachweisführung bestimmt § 25 Abs. 2 Satz 1 NachwV, dass auch die Register über nachweispflichtige Abfälle elektronisch zu führen sind, soweit für die in die Register einzustellenden Nachweise die elektronische Nachweisführung zwingend bestimmt ist. Im Übrigen können die Register elektronisch geführt werden. Für Händler und Makler ist hingegen die Möglichkeit zur Führung eines elektronischen Registers ausgeschlossen worden, § 25a Abs. 4 NachwV. Folgende Tab. 4.2 gibt eine Übersicht zum Anwendungsbereich des eANV.

Tab. 4.2 Anwendungsbereich des eANV

<table>
<tr><td>nicht gefährliche Abfälle</td><td colspan="3">kein eANV</td></tr>
<tr><td rowspan="6">gefährliche Abfälle</td><td rowspan="4">kein eANV</td><td colspan="2">Entsorgung in engem räumlichen Zusammenhang, § 50 Abs. 2 KrWG</td></tr>
<tr><td colspan="2">verordnete Rücknahme oder Rückgabe, § 50 Abs. 3 KrWG</td></tr>
<tr><td colspan="2">Abfälle aus privaten Haushaltungen, § 50 Abs. 4 KrWG</td></tr>
<tr><td colspan="2">Kleinmenge < 2 Tonnen, nur Führung von Übernahmescheinen, § 2 Abs. 2 NachwV</td></tr>
<tr><td rowspan="2">eANV</td><td rowspan="2">elektronische Nachweisführung für Erzeuger, Besitzer, Einsammler, Beförderer und Entsorger sowie auf Anordnung</td><td>(Einzel-) Entsorgungsnachweis, §§ 3 ff. NachwV und Begleitscheinverfahren, §§ 10 ff. NachwV</td></tr>
<tr><td>Sammelentsorgungsnachweis, § 8 NachwV und Begleitschein, Übernahmeschein, §§ 12, 13 NachwV möglich, wenn Abfallmenge < 20 Tonnen pro Jahr, kein eANV für den Abfallerzeuger</td></tr>
</table>

4.3.2 Eckpfeiler der elektronischen Nachweisführung

Um an der elektronischen Nachweisführung teilnehmen zu können, müssen Betroffene eine kommunikationsfähige EDV-Technik vorhalten oder sich eines Dritten (Providers) bedienen, der die entsprechende Technik zur Verfügung stellt.

► **Praxishinweis** Wer sich eines IT-Dienstleisters bedient, sollte darauf achten, dass auch das Zusammenspiel der neuen eANV-Software mit der vorhandenen Abfallwirtschaftssoftware sichergestellt ist. Zeigen sich Mängel bei der Abwicklung, greifen je nach vertraglicher Gestaltung ggf. Mängelhaftungspflichten (Kremer 2010, S. 22). Auch bei Beauftragung eines IT-Dienstleisters bleibt der Nachweispflichtige selbst dafür verantwortlich, dass er seinen gesetzlichen Verpflichtungen im Nachweisverfahren nachkommt.

Die Eckpfeiler des eANV bestehen darin, dass die Betroffenen einen für den Empfang elektronischer Nachweisdokumente geeigneten Empfangszugang eröffnen, die elektronischen Nachweisdokumente unter Benutzung bestimmter Dateiformate und -schnittstellen erstellen, qualifiziert elektronisch signieren und die Dokumente unter Nutzung der hierfür von den Ländern eingerichteten Zentralen Koordinierungsstelle (ZKS-Abfall) an die jeweiligen Adressaten versenden.

4.3.2.1 Teilnahme an der elektronischen Kommunikation

Die Nachweispflichtigen wie auch die jeweils zuständigen Behörden haben die zur Nachweisführung erforderlichen Erklärungen als strukturierte Nachrichten unter Verwendung standardisierter Schnittstellen nach den Vorgaben der Anlage 3 zur NachwV, jeweils unter Angabe des von ihnen eröffneten Empfangszugangs, zu übermitteln, § 18 Abs. 1 Satz 1 NachwV. Die entsprechend zu verwendenden Datenschnittstellen werden vom Bundesministerium für Umwelt, Naturschutz und Reaktorsicherheit (BMU) im Internet bekannt gemacht. Die BMU-Datenschnittstelle basiert auf einem XML-Format, das die verbindlich festgelegte gemeinsame Sprache der verschiedenen Anwendungssysteme im eANV darstellt.

Der elektronische Entsorgungsnachweis wie auch die elektronischen Begleitscheine bestehen nach der bekanntgemachten Schnittstelle aus mehreren elektronischen Schichten (Layern), die jeweils von dem Erzeuger, Beförderer, Entsorger und der Behörde auszufüllen sind. Die Layer beinhalten die jeweils für die Nachweisführung vorgesehenen Formblätter und sind so miteinander verschachtelt, dass das jüngste Layer alle davor erstellten Layer mit umfasst (Kropp 2010, S. 326 f.).

Praxishinweis Die aktuelle Version der BMU-Datenschnittstelle ist die im Juni 2008 veröffentlichte Version 1.04. Eine Änderung der Schnittstelle erfolgte zuletzt zum 17.03.2017. Die bisherige Vielzahl an begleitenden Dokumentationstexten zur Beschreibung der Schnittstelle wurde zur besseren Übersichtlichkeit in einer konsolidierten Dokumentation zusammengefasst.[16]

Zur Sicherstellung der elektronischen Kommunikation werden in § 20 NachwV die Bundesländer verpflichtet. Sie haben hierfür die Zentrale Koordinierungsstelle (ZKS-Abfall) eingerichtet. Hierbei handelt es sich nicht um eine Behörde, sondern um eine technische Infrastruktur, über die der Datenaustausch zwischen den Nachweispflichtigen und den Behörden erfolgen soll (Kropp 2007, S. 199 f.). Sie beinhaltet eine Virtuelle Poststelle (VPS), die den Empfang, die Verteilung und die Versendung der Nachrichten ermöglicht.

Ebenfalls entwickelt und in die ZKS-Abfall integriert ist das sog. Länder-eANV. Hierbei handelt es sich um ein Internetportal, das die grundlegenden Funktionen für die Teilnahme am eANV zur Verfügung stellt und sich damit für Nachweispflichtige eignet, die nur ein geringes Aufkommen an nachweispflichtigen Vorgängen im Jahr zu bearbeiten haben.

Praxishinweis Bei Nutzung des Länder-eANV ist zu beachten, dass mit diesem Modul die Erstellung eines elektronischen Abfallregisters nicht möglich ist. Die Speicherung der elektronischen Dokumente im eigenen System muss der Nachweispflichtige daher zusätzlich selbst sicherstellen.

[16] Dokumentation der BMU-Schnittstelle V 1.04 i. d. F. v. 17.03.2017. http://www.bmub.bund.de/themen/wasser-abfall-boden/abfallwirtschaft/wasser-abfallwirtschaft-download/artikel/datenschnittstelle-zurnachweisverordnung/?tx_ttnews[backPid]=1580. Abgerufen 2. Hj. 2017.

4.3.2.2 Qualifizierte elektronische Signatur

Grundsätzlich beinhaltet die Anwendung der elektronischen Form auch die Pflicht, Nachweisdokumente qualifiziert elektronisch zu signieren.

Grundlage der qualifizierten elektronischen Signatur ist nunmehr die VO (EU) Nr. 910/2014 (eIDAS-Verordnung)[17], die durch das Vertrauensdienstegesetz[18] in Deutschland vollzogen wird. Das Signaturgesetz[19] und die Signaturverordnung[20] sind mit Wirkung zum 29.07.2017 außer Kraft getreten. Die qualifizierte elektronische Signatur ist von der elektronischen und fortgeschrittenen elektronischen Signatur zu unterscheiden, die für das elektronische Nachweisverfahren nicht ausreichend sind. Nur die qualifizierte elektronische Signatur ist der handschriftlichen Unterschrift rechtlich gleichgestellt. Um ein elektronisches Dokument signieren zu können, bedarf es einer personenbezogenen Signaturkarte des Signierenden, eines Computers mit Internetverbindung sowie eines Signaturkarten-Lesegerätes. Qualifizierte elektronische Signaturen sind nunmehr auch mit dem neuen Personalausweis möglich.

Die zeitliche Reihenfolge bei der Abgabe der qualifizierten elektronischen Signatur richtet sich gemäß § 19 Abs. 1 Satz 1 NachwV auch im eANV grundsätzlich nach § 11 Abs. 1 Satz 1 NachwV.

Das bedeutet bei der Vorabkontrolle gemäß § 19 Abs. 1 Satz 2 Nr. 1 NachwV:

- Der Abfallerzeuger bzw. sein Bevollmächtigter signiert das Erzeuger-Layer vor Zuleitung an den Entsorger.[21]
- Der Abfallentsorger signiert vor Zuleitung des Entsorger-Layers an die Behörde.

Im Rahmen der Verbleibkontrolle gilt gemäß § 19 Abs. 1 Satz 2 Nr. 2 NachwV:

- Der Erzeuger signiert als Erster vor oder spätestens bei Übergabe an den Beförderer.
- Der Beförderer oder Einsammler sowie jeder weitere Beförderer signiert bei Übernahme der Abfälle.
- Neu: Der Betreiber eines Geländes zur kurzfristigen Lagerung oder zum Umschlag signiert bei Übernahme der Abfälle.
- Der Entsorger signiert unverzüglich bei Annahme der Abfälle zur ordnungsgemäßen Entsorgung.

---

[17] Verordnung (EU) Nr. 910/2014 des europäischen Parlaments und des Rates vom 23. Juli 2014 über elektronische Identifizierung und Vertrauensdienste für elektronische Transaktionen im Binnenmarkt und zur Aufhebung der Richtlinie 1999/93/EG, ABl. L 257 vom 28.08.2014.

[18] vom 18. Juli 2017 (BGBl. I S. 2745).

[19] Gesetz über Rahmenbedingungen für elektronische Signaturen v. 16.05.2001 (BGBl. I S. 876), zuletzt geändert durch Art. 4 Abs. 106 des Gesetzes v. 18.07.2016 (BGBl. S. 1666).

[20] Verordnung zur elektronischen Signatur v. 16.11.2001 (BGBl. I S. 3074), zuletzt geändert durch Art. 4 Abs. 107 des Gesetzes vom 18.07.2016 (BGBl. I S. 1666).

[21] Im Falle der Sammelentsorger signiert der Einsammler das Erzeuger-Layer anstelle des Abfallerzeugers.

Die Vorschrift des § 11 Abs. 1 Satz 1 NachwV, auf die sich § 19 Abs. 1 Satz 2 Nr. 2 NachwV bezieht, ist im Rahmen der Änderung der NachwV im Jahr 2013 ergänzt worden. Zur Klarstellung wurde mit aufgenommen, dass auch im Falle einer kurzfristigen Zwischenlagerung oder eines Umschlags die Übergabe der Abfälle zu bescheinigen ist. Die Begriffe der kurzfristigen Lagerung und des Umschlags, die bisher nur im Begleitscheinformular erschienen, haben damit nun auch Eingang in den Text der NachwV gefunden. Hinsichtlich des Zeitpunkts der Signatur durch den Entsorger wurde klargestellt, dass es für das Ausfüllen und Unterschreiben des Begleitscheins durch den Entsorger auf den Zeitpunkt der Annahme der Abfälle zur ordnungsgemäßen Entsorgung ankommt.[22] Damit wird dem Umstand Rechnung getragen, dass der Abfallentsorger die mit seiner Unterschrift auf dem Begleitschein erfolgende „Versicherung der Annahme zur ordnungsgemäßen Entsorgung" nur abgeben kann, wenn er zuvor seinen Kontrollpflichten nachgekommen ist und überprüfen konnte, ob der angelieferte Abfall der Deklaration und dem Entsorgungsnachweis entspricht (Kropp 2014, S. 89, 92).

Im Rahmen des eANV sieht § 19 Abs. 2 NachwV allerdings die Möglichkeit für den Abfallbeförderer, und nunmehr auch den Einsammler, den weiteren Beförderer oder den Betreiber eines Geländes zur kurzfristigen Lagerung oder zum Umschlag, vor, abweichend von § 11 Abs. 1 Satz 1 NachwV, die Signatur nach der Übernahme im eigenen Büro zu leisten oder aber spätestens bei Übergabe an den Entsorger. Voraussetzung hierfür ist allerdings, dass hierüber eine schriftliche Vereinbarung zwischen den Beteiligten geschlossen wurde, § 19 Abs. 2 Satz 1 NachwV.

► **Praxishinweis** Zur Formulierung einer Vereinbarung gemäß § 19 Abs. 2 NachwV hat die LAGA eine vorläufige Empfehlung zu den Anforderungen an die schriftliche Vereinbarung im Sinne des § 19 Abs. 2 NachwV zwischen Abfallerzeuger und Abfallbeförderer veröffentlicht.[23]

Der Abfallerzeuger, der eine solche Vereinbarung abschließt, muss die Vorteile, die hiermit im Hinblick auf die Abwicklung der qualifizierten elektronischen Signatur verbunden sind, mit den möglichen strafrechtlichen, zivilrechtlichen und öffentlich-rechtlichen Haftungsrisiken abwägen. Diese Haftungsrisiken liegen darin, dass der Abfallerzeuger über keinen Nachweis verfügt, aus dem sich die Übergabe bzw. Übernahme der Abfälle ergibt, und er im Falle einer illegalen Entsorgung daher nicht widerlegen kann, dass er selbst Abfälle illegal entsorgt hat.[24] Es empfiehlt sich daher, dass sich der Abfallerzeuger

[22] BR-Drs. 665/13, S. 77.

[23] Vorläufige Empfehlung der LAGA zu der Frage: Welche Anforderungen sind an die schriftliche Vereinbarung im Sinne des § 19 Abs. 2 NachwV zwischen Abfallerzeuger und Abfallbeförderer zur nachträglichen qualifizierten elektronischen Signatur des Abfallbeförderers zu stellen? http://www.lagaonline.de/servlet/is/23875/zu_M27_Anforderungen_19_II_NachwV.pdf?command=downloadContent&filename=zu_M27_Anforderungen_19_II_NachwV.pdf. Abgerufen 2. Hj. 2016.

[24] Rüdiger 2007, § 19 Rn. 3; Kropp in Fluck 2014, § 19 NachwV Rn. 64.

die Abholung der Abfälle quittieren lässt und eine sorgfältige Auswahl und Überwachung des Beförderers erfolgt.

4.3.2.3 Störung der Kommunikation

Treten Probleme bei der Abwicklung des eANV auf, regelt § 22 NachwV, wie sich der Pflichtige zu verhalten hat. Die Vorschrift wirft in der Umsetzung eine Reihe praktischer Fragen auf (Heidmann und Zimack 2011, S. 114 ff.). Grundsätzlich gilt jedoch, dass der Nachweispflichtige, der die Störung feststellt, die übrigen Beteiligten hierüber unverzüglich zu informieren hat, § 22 Abs. 1 Satz 5 NachwV.

Damit die Abfälle während einer Störung weiter entsorgt werden können, haben die Beteiligten das Quittungsbelegverfahren anzuwenden, § 22 Abs. 1 Satz 1–4 NachwV. Das bedeutet, dass der Begleitschein dann in Papierform zu führen ist.

Nach Behebung der Störung sind die Daten innerhalb von zehn Kalendertagen nachträglich elektronisch zu übermitteln, § 22 Abs. 4 NachwV. Nunmehr ist dabei klargestellt, dass bereits begonnene elektronische Verfahren nach Behebung der Störung oder Wegfall des Hinderungsgrundes fortgeführt werden können und nicht von Anfang an neu begonnen werden müssen.

4.3.3 Elektronische Registerführung

Für die elektronische Registerführung gilt der Grundsatz, dass das Register elektronisch zu führen ist, wenn auch die Nachweisführung elektronisch zu führen ist, § 25 Abs. 2 NachwV. Eine Pflicht zur elektronischen Registerführung entfällt damit für gefährliche, aber nicht nachweisbedürftige Abfälle.[25]

Neben der elektronischen Registerführung sind weiterhin auch Papierregister zu führen. So besteht bei der Sammelentsorgung das Register des Abfallerzeugers aus Übernahmescheinen, die weiterhin in Papierform vorliegen können, § 17 Satz 1 NachwV. Dasselbe gilt für Kleinmengenerzeuger im Sinne von § 2 Abs. 2 NachwV. Auch dort besteht das Register lediglich aus Übernahmescheinen in Papierform, die auch weiterhin nicht elektronisch geführt werden müssen. Allerdings besteht die Möglichkeit, freiwillig ein elektronisches Register zu führen, § 25 Abs. 2 Satz 2 NachwV. Für Händler und Makler ist hingegen die Möglichkeit zur Führung eines elektronischen Registers ausgeschlossen worden, § 25a Abs. 4 NachwV.

Eine Besonderheit besteht gemäß § 25 Abs. 3 NachwV insoweit für Einsammler. Sie trifft nämlich durch den Verweis in § 25 Abs. 3 NachwV auf § 25 Abs. 2 Satz 1 NachwV die Pflicht, die in ihr Register einzustellenden Übernahmescheine, die in Papierform vorliegen, in die elektronische Form zu überführen. Dabei stellt sich in der Praxis die Frage,

[25] Der Behörde kann gemäß § 44 Abs. 1 Satz 2 KrW-/AbfG anordnen, dass das Register in elektronischer Form oder elektronisch zu führen ist. Ferner kann sie von der Pflicht zur elektronischen Registerführung befreien, wenn sich diese im Verhältnis zum technischen Aufwand als unverhältnismäßig erweist, § 26 Abs. 1 NachwV.

ob der Einsammler die in Papierform geführten Übernahmescheine bei deren Einstellung in das elektronische Register qualifiziert elektronisch zu signieren hat. Während in der Vollzugshilfe der LAGA zum abfallrechtlichen Nachweisverfahren hiervon ohne Weiteres ausgegangen wird,[26] spricht dagegen, dass sich dafür im Gesetz kein rechtlicher Anknüpfungspunkt findet. Weder sieht § 24 Abs. 2 NachwV eine Unterschrift bei der Einstellung von Dokumenten in das Register vor noch verlangen dies die Regelungen in § 19 NachwV zur elektronischen Signatur. Sämtliche nach der NachwV erforderlichen Unterschriften sind bereits getätigt und liegen in Papierform vor, wenn der Einsammler die Übernahmescheine in Papierform gemäß § 25 Abs. 3 NachwV digitalisiert.

Die elektronische Registerführung erfolgt in der Form, dass die vorliegenden elektronischen Nachweisdokumente in der XML-Struktur sowie mit den qualifizierten elektronischen Signaturen zu archivieren sind, § 25 Abs. 2 Satz 3 NachwV. Die Speicherung der Dokumente in der XML-Struktur einschließlich der qualifizierten elektronischen Signaturen hat für mindestens drei Jahre zu erfolgen. Soweit allerdings die Entsorgungsnachweise eine längere Gültigkeitsdauer als drei Jahre aufweisen und daher nicht auf das Datum der Einstellung in das Register, sondern auf den Ablauf der Gültigkeit abzustellen ist (siehe dazu unter B. III. 1.a), kann eine Archivierung von bis zu acht Jahren erforderlich sein. Im Hinblick auf die Archivierung der qualifizierten elektronischen Signaturen kann bei einer derart langen Aufbewahrung eine „Übersignierung" notwendig werden, weil die Fälschungssicherheit der Signaturen nicht über einen so langen Zeitraum sichergestellt werden kann.

Ein Register kann dabei auch in Form von Teilregistern bei verschiedenen Dritten (Providern) auf verschiedenen Servern geführt werden.[27] Voraussetzung ist dann allerdings, dass die Anforderungen an eine sachlich und zeitlich geordnete Darstellung eingehalten werden, §§ 25 Abs. 2 Satz 3, 24 Abs. 1 NachwV, und die Teilregister zusammengeführt werden können.

Die Behörde kann die Vorlage des Registers oder einzelner Angaben aus dem Register verlangen, §§ 49 Abs. 4, 51 Abs. 1 Satz 1 Nr. 1 KrWG. Die Erfüllung dieser Anordnung muss gemäß § 25 Abs. 2 Satz 4 NachwV ebenfalls elektronisch erfolgen. Praktisch geschieht dies dadurch, dass der Pflichtige auf die Registeranforderung der Behörde einen elektronischen Registerauszug erstellt, der qualifiziert elektronisch zu signieren ist, § 25 Abs. 2 Satz 4 NachwV.

Literatur

Beckmann M (2015) Registerpflichten nach § 49 KrWG. AbfallR 2015, 157 f

Frenz W (2015) Verantwortlichkeit für Abfälle im Baubereich in neuem Licht? AbfallR 2015: 135

[26] LAGA-Vollzughilfe zum abfallrechtlichen Nachweisverfahren, Stand 30.09.2009, Rn. 409.

[27] LAGA, vorläufige Empfehlung zur Registerführung. http://www.laga-online.de/servlet/is/23875/elektronische_Fuehrung_Registern.pdf?command=downloadContent&filename=elektronische_Fuehrung_Registern.pdf. Abgerufen 2. Hj. 2016.

Heidmann M, Zimack S (2011) Der Umgang mit Störungen der elektronischen Abfallnachweisführung. AbfallR 2011: 114 ff

Klett W, Enders R (1996) Der Bauherr als Abfallbesitzer und Abfallerzeuger nach geltendem und künftigem Abfallrecht. BB 1996, 2003-2005

Kremer (2010) Probleme unterschätzt. Recycling magazin 2010: 22

Kropp O (2003) Abfallrechtliche Verantwortung im Bauwesen. UPR 2003: 284 f

Kropp O (2007) Freiwillige elektronische Nachweis- und Registerführung vor dem 1. April 2010. AbfallR 2007: 199 f

Kropp O (2010) Qualifizierte elektronische Signaturen im elektronischen Abfallnachweisverfahren. UPR 2010: 326 f

Kropp O (2014) Fortentwicklung der abfallrechtlichen Überwachung – „Kleine" Novelle der Nachweisverordnung. AbfallR 2014: 89 ff

Kropp O, in: Fluck J (2014) Kreislaufwirtschafts-, Abfall- und Bodenschutzrecht. § 19 NachwV Rn. 64

Kropp O (2015) Wer ist Erzeuger von Bau- und Abbruchabfällen? AbfallR 2015: 226

Von Lersner H in: Von Lersner H, Wendenburg H (2015) Recht der Abfallbeseitigung. § 3 KrW-/AbfG, Rn. 38

Mitteilung der Bund/Länder-Arbeitsgemeinschaft Abfall (LAGA) 27, Vollzugshilfe zu den Vorschriften des Kreislaufwirtschafts- und Abfallgesetzes und der Nachweisverordnung zur Führung von Nachweisen und Registern bei der Entsorgung von Abfällen – Vollzugshilfe zum abfallrechtlichen Nachweisverfahren. http://www.laga-online.de/servlet/is/23874/. Abgerufen 2. Hj. 2016

Reese M, Schütte P (1999) Die abfallrechtliche Verantwortung des Abfallerzeugers. ZUR 1999: 136 ff

Rüdiger J (2007) Die neuen abfallrechtlichen Registerpflichten ab 1. Februar 2007 – mehr als „alter Wein in neuen Schläuchen". AbfallR 2007: 2 ff

Umweltbundesamt (2015) Daten zur Umwelt, Abfallaufkommen 2015. https://www.umweltbundesamt.de/daten/abfall-kreislaufwirtschaft/abfallaufkommen. Abgerufen 2. Hj. 2017

Wittmann A (2009) Bevollmächtigungsverbot im Nachweisverfahren? AbfallR 2009: 2 ff

Überlassungspflichten – Grenze zwischen Daseinsvorsorge und Marktwirtschaft

5

Anno Oexle

5.1 Einführung

Die Verteilung der Entsorgungsverantwortung zwischen öffentlichem und privatem Sektor gehört zu den klassischen Problemstellungen des Abfallrechts. Daran hat das Kreislaufwirtschaftsgesetz nichts geändert, wie der nach wie vor um Wertstoffe aus privaten Haushalten geführte „Kampf um den Abfall“ zwischen privater und kommunaler Entsorgungswirtschaft zeigt.[1]

Das Kreislaufwirtschaftsgesetz bestimmt – dem allgemeinen umweltrechtlichen Verursacherprinzip folgend[2] – zunächst, dass die Erzeuger und Besitzer von Abfällen für die Entsorgung ihrer Abfälle selbst verantwortlich sind.[3] Mit der Erfüllung dieser Pflichten können sie Dritte, insbesondere private Entsorgungsunternehmen, beauftragen.[4] Die Verantwortung für die Erfüllung ihrer Entsorgungspflichten bleibt von einer solchen Beauftragung „unberührt und so lange bestehen, bis die Entsorgung endgültig und ordnungsgemäß abgeschlossen ist“.[5]

Eine Ausnahme von diesem Grundprinzip begründet § 17 Abs. 1 KrWG, der unter bestimmten Voraussetzungen die Rechte und Pflichten der Abfallerzeuger und -besitzer zur Entsorgung ihrer Abfälle auf Rechte und Pflichten zur Überlassung an den öffentlich-

[1] Der hinter den entsprechenden gesetzlichen Regelungen stehende Grundkonflikt zwischen einem stärker etatistisch-kommunal und einem stärker wettbewerblich-privatwirtschaftlich geprägten Verständnis der Abfallentsorgung hat das Gesetzgebungsverfahren zum Kreislaufwirtschaftsgesetz maßgeblich geprägt.

[2] BT-Drucksache 17/6052, S. 79.

[3] § 7 Abs. 2 Satz 1 KrWG, § 15 Abs. 1 Satz 1 KrWG.

[4] § 22 Abs. 1 Satz 1 KrWG.

[5] § 22 Abs. 1 Satz 2 KrWG.

A. Oexle (✉)
Köhler & Klett Rechtsanwälte
Köln, Deutschland

P. Kurth et al. (Hrsg.), *Praxishandbuch der Kreislauf- und Rohstoffwirtschaft*,
https://doi.org/10.1007/978-3-658-17045-5_5

rechtlichen Entsorgungsträger verkürzt. So sind für die Entsorgung aller Abfälle aus privaten Haushaltungen sowie der Abfälle zur Beseitigung aus anderen Herkunftsbereichen nach § 17 Abs. 1 i. V. m § 20 KrWG grundsätzlich die öffentlich-rechtlichen Entsorgungsträger verantwortlich.

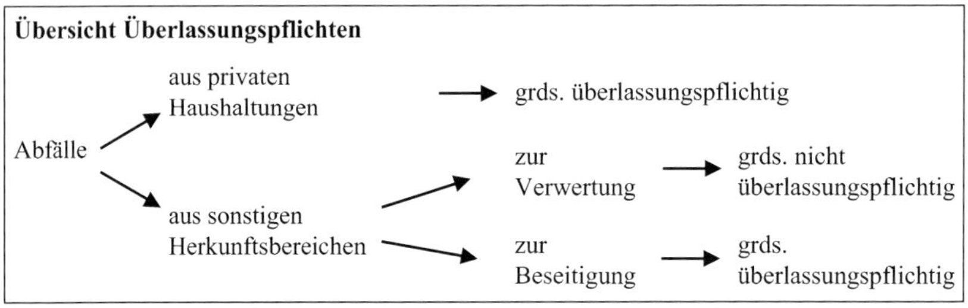

Ausnahmen von den Überlassungspflichten gelten nach § 17 Abs. 2 KrWG unter bestimmten Voraussetzungen für folgende Fallgruppen:

- Rücknahme- oder Rückgabepflicht (§ 17 Abs. 2 Satz 1 Nr. 1)
- Freiwillige Rücknahme (§ 17 Abs. 2 Satz 1 Nr. 2)
- Gemeinnützige Sammlung (§ 17 Abs. 2 Satz 1 Nr. 3)
- Gewerbliche Sammlung (§ 17 Abs. 2 Satz 1 Nr. 4)

5.2 Überlassungspflichten für Abfälle aus privaten Haushaltungen

Gemäß § 17 Abs. 1 Satz 1 KrWG sind Erzeuger und Besitzer von Abfällen aus privaten Haushaltungen verpflichtet, diese Abfälle den öffentlich-rechtlichen Entsorgungsträgern zu überlassen, soweit sie zu einer Verwertung auf den von ihnen im Rahmen ihrer privaten Lebensführung genutzten Grundstücken nicht in der Lage sind oder diese nicht beabsichtigen.

5.2.1 Begriff der privaten Haushaltung

Die Überlassungspflicht nach § 17 Abs. 1 Satz 1 KrWG greift nur, wenn es sich um einen Abfall aus einer privaten Haushaltung handelt. Der im Kreislaufwirtschaftsgesetz nicht definierte Begriff der privaten Haushaltung setzt nach der Rechtsprechung des Bundesverwaltungsgerichts (BVerwG) die Möglichkeit einer eigenständigen Haushaltsführung voraus, die eine selbstbestimmte Lebensgestaltung ermöglicht und auf Dauer angelegt ist.[6]

[6] BVerwG, Urt. v. 27.04.2006, 7 C 10/05, Rn. 14. Vgl. insoweit auch die Definition in § 2 Nr. 2 GewAbfV: „Abfälle, die in privaten Haushalten im Rahmen der privaten Lebensführung anfallen,

► **Praxisbeispiel** Diese Voraussetzung erfüllen nicht nur klassische Ein- oder Mehrpersonenhaushalte, sondern auch Apartmentwohnungen in Seniorenheimen, wenn sie mit den für eine eigenständige Haushaltsführung erforderlichen Einrichtungen ausgestattet sind und den Bewohnern nicht nur vorübergehend eine selbstbestimmte Lebensführung ermöglichen.[7] Auch bei Wochenend- oder Ferienwohnungen sollen diese Voraussetzungen (noch) erfüllt sein.[8] Nicht erforderlich ist nach der Rechtsprechung, dass der private Haushalt stets von ein und demselben Personenkreis genutzt wird; insbesondere soll der Umstand, dass die Nutzer in zeitlichen Abständen von ein oder zwei Wochen wechseln, eine an vorhandenen Hausrat anknüpfende Haushaltsführung nicht infrage stellen. Für die geforderte Dauerhaftigkeit der Nutzung komme es vielmehr darauf an, dass die Ferienwohnung aufgrund ihrer Ausstattung für den jeweiligen Nutzer ein funktionales Äquivalent der Hauptwohnung darstelle und in diesem Sinne auf eine dauerhafte Nutzung angelegt sei. Keine privaten Haushaltungen in diesem Sinne sind demgegenüber z. B. klassische Hotels (bloße Übernachtungsmöglichkeit; für eine darüber hinausgehende private Haushaltsführung schon mangels Hausrat ungeeignet) oder Krankenhäuser, Seniorenpflegeheime und Mannschaftsunterkünfte in Kasernen (jeweils wegen fremdbestimmter Lebensführung).

Entscheidend für die Abgrenzung ist damit die Herkunft des Abfalls und nicht seine Menge oder Beschaffenheit. Nicht überlassungspflichtig gemäß § 17 Abs. 1 Satz 1 KrWG sind folglich insbesondere Abfälle aus Industrie, Gewerbe oder Einrichtungen der öffentlichen Verwaltung, die von ihrer Art, Beschaffenheit und Zusammensetzung mit den in privaten Haushaltungen typischerweise anfallenden Abfällen vergleichbar sind.

Zu beachten ist weiterhin, dass die Herkunft des Abfalls nicht grundstücksbezogen, sondern tätigkeitsbezogen definiert wird. Auf ein und demselben Grundstück können deshalb sowohl Abfälle aus privaten Haushaltungen als auch Abfälle aus anderen Herkunftsbereichen anfallen.

► **Praxisbeispiel** Der Grünschnitt, der bei der Arbeit eines Gartenbetriebs auf einem Wohngrundstück anfällt, unterliegt ebenso wenig der Überlassungspflicht[9] wie die von einem Handwerksbetrieb ausgebaute Heizungsanlage oder die beim Bau oder Abbruch eines Wohnhauses anfallenden Bau- und Abbruchsabfälle;[10] das gilt jedenfalls dann, wenn ein gewerbliches Unternehmen die Arbeit ausführt.

insbesondere in Wohnungen und zugehörigen Grundstücks- oder Gebäudeteilen sowie in anderen vergleichbaren Anfallorten, wie Wohnheimen oder Einrichtungen des betreuten Wohnens."

[7] BVerwG, Urt. v. 27.04.2006, 7 C 10/05.

[8] BVerwG, Urt. v. 07.08.2008, 7 C 51/07, Rn. 10 ff.

[9] BT-Drucksache 17/6052, S. 86.

[10] Klement in Schmehl 2013, § 17 Rn. 77 m. w. N.

5.2.2 Keine Verwertung auf privat genutzten Grundstücken

Eine Überlassungspflicht für Abfälle aus privaten Haushaltungen besteht – unabhängig von der Frage des Vorliegens einer Ausnahme nach § 17 Abs. 2 KrWG (dazu unten Abschn. 5.4 und 5.5) – nicht uneingeschränkt, sondern nur, soweit die Erzeuger oder Besitzer „zu einer Verwertung auf den von ihnen im Rahmen ihrer privaten Lebensführung genutzten Grundstücken nicht in der Lage sind oder diese nicht beabsichtigen".[11]

Nicht überlassen werden müssen danach Abfälle, die einer Eigenverwertung zugeführt werden. Allerdings beschränkt das Kreislaufwirtschaftsgesetz die Option der Eigenverwertung räumlich ausdrücklich auf die Grundstückssphäre. Die Beauftragung Dritter ist damit nur in engen Grenzen zulässig.

► **Praxisbeispiel** Kompostierung auf dem eigenen Privatgrundstück durch einen angestellten Gärtner.

Wegen der geforderten Zweckbindung des Grundstücks („Nutzung im Rahmen der privaten Lebenssphäre") entfällt auch die Option, eigens zur Entsorgung von Abfällen ein Grundstück zu erwerben oder anzumieten.[12]

5.3 Überlassungspflichten für Abfälle aus anderen Herkunftsbereichen

Gemäß § 17 Abs. 1 Satz 2 KrWG sind zur Überlassung ihrer Abfälle auch die Erzeuger und Besitzer von Abfällen zur Beseitigung aus anderen Herkunftsbereichen verpflichtet, soweit sie diese nicht in eigenen Anlagen beseitigen.

5.3.1 Begriff der anderen Herkunftsbereiche

Der Begriff der „anderen Herkunftsbereiche" ist im Kreislaufwirtschaftsgesetz nicht definiert. In Abgrenzung zu § 17 Abs. 1 Satz 1 KrWG handelt es sich dabei um alle Abfälle, die nicht aus privaten Haushaltungen stammen, also insbesondere um solche aus Industrie, Gewerbe, Landwirtschaft, Bergbau, öffentlichen Einrichtungen, medizinischen Einrichtungen, Einrichtungen des Bildungswesens und Büros.

[11] § 17 Abs. 1 Satz 1 Halbsatz 2 KrWG.
[12] BT-Drucksache 17/6052, S. 86.

5.3.2 Abgrenzung zwischen Abfällen zur Verwertung und Abfällen zur Beseitigung

Abfälle aus anderen Herkunftsbereichen sind gemäß § 17 Abs. 1 Satz 2 KrWG nur dann überlassungspflichtig, wenn sie nicht zur Verwertung bestimmt sind. Damit markiert die Abgrenzung zwischen Verwertung und Beseitigung für Abfälle aus anderen Herkunftsbereichen als privaten Haushaltungen die Grenze zwischen privater und kommunaler Entsorgungsverantwortung. Die Möglichkeit einer Verwertung allein genügt allerdings nicht, um einen Abfall als nicht überlassungspflichtigen Abfall zur Verwertung einzustufen. Dafür muss vielmehr ein konkreter Verwertungsweg für den Abfall vorgesehen sein; dem Abfallerzeuger/-besitzer ist insoweit eine gewisse Entscheidungsfrist einzuräumen.[13]

Verwertung ist gemäß § 3 Abs. 23 KrWG jedes Verfahren, als dessen Hauptergebnis die Abfälle innerhalb der Anlage oder in der weiteren Wirtschaft einem sinnvollen Zweck zugeführt werden, indem sie entweder andere Materialien ersetzen, die sonst zur Erfüllung einer bestimmten Funktion verwendet worden wären, oder indem die Abfälle so vorbereitet werden, dass sie diese Funktion erfüllen. Beseitigung ist demgegenüber gemäß § 3 Abs. 26 KrWG jedes Verfahren, das keine Verwertung ist, auch wenn das Verfahren zur Nebenfolge hat, dass Stoffe oder Energie zurückgewonnen werden. Danach ist ein Verfahren ein Beseitigungsverfahren, wenn es kein Verwertungsverfahren ist.

Nach der Verwertungsdefinition ist entscheidend, dass beim Entsorgungsverfahren als Hauptergebnis Abfälle innerhalb der Anlage oder in der weiteren Wirtschaft einem sinnvollen Zweck zugeführt werden, indem sie andere Materialien ersetzen, die ansonsten zur Erfüllung der Funktion verwendet worden wären. Entscheidend ist somit die Substitutionswirkung des Entsorgungsverfahrens, welche sich auf einen Rohstoff- oder Brennstoffersatz richten kann. Umweltbezogene Aspekte, wie etwa die Schädlichkeit des Abfalls oder seine Vermischung, spielen für die Abgrenzung keine Rolle.[14] Der Substitutionseffekt kann auch außerhalb der entsorgenden Anlage eintreten, z. B. durch die Auskoppelung von Fernwärme einer Müllverbrennungsanlage in ein Fernwärmenetz.[15]

► **Praxishinweis** Der Verwertungsbegriff des Kreislaufwirtschaftsgesetzes ist damit weiter als der des Kreislaufwirtschafts- und Abfallgesetzes, der zumindest vom Grundsatz her noch einen Substitutionseffekt innerhalb der Anlage verlangte.

5.3.3 Keine Beseitigung in eigenen Anlagen

Die Überlassungspflicht für zur Beseitigung bestimmte Abfälle aus anderen Herkunftsbereichen greift ausweislich der negativen Tatbestandsvoraussetzung des § 17 Abs. 1 Satz 2

[13] BVerwG, Urt. v. 01.12.2005, 10 C 4.04, Rn. 39.
[14] BT-Drucksache 17/6052, S. 74.
[15] BT-Drucksache 17/6052, S. 74.

Halbsatz 2 KrWG nur, soweit solche Abfälle nicht „in eigenen Anlagen" der Erzeuger oder Besitzer beseitigt werden. Gemäß § 17 Abs. 1 Satz 3 KrWG besteht das Recht zur Beseitigung in eigenen Anlagen nicht, soweit die Überlassung dieser Abfälle an den öffentlich-rechtlichen Entsorgungsträger aufgrund überwiegender öffentlicher Interessen erforderlich ist.

§ 17 Abs. 1 Satz 2 Halbsatz 2 KrWG setzt nicht voraus, dass die Anlage im Eigentum des Erzeugers oder Besitzers steht. Insoweit ist daran zu erinnern, dass auch der Betreiber einer Anlage nicht zwingend ihr Eigentümer sein muss. Ausreichend ist, dass dem Abfallerzeuger oder -besitzer eine eigentümerähnliche Verfügungsbefugnis über die Anlage zusteht. Eine solche Position erlangt der Erzeuger oder Besitzer nicht bereits dann, wenn er aufgrund eines Entsorgungsvertrags mit einem Dritten das obligatorische Recht erhält, seine Abfälle in einer bestimmten Anlage des Dritten zu beseitigen.

5.4 Ausnahmen von den Überlassungspflichten

Das Kreislaufwirtschaftsgesetz begründet in § 17 Abs. 2 Satz 1 Nr. 1 bis 4 Ausnahmen von den Überlassungspflichten, die nachfolgend kurz dargestellt werden.

5.4.1 Rücknahme- oder Rückgabepflicht (Nr. 1)

Gemäß § 17 Abs. 2 Satz 1 Nr. 1 KrWG entfällt die Überlassungspflicht für Abfälle, die einer Rücknahme- oder Rückgabepflicht aufgrund einer Rechtsverordnung im Rahmen der Produktverantwortung unterliegen.

► **Praxisbeispiel** Solche Pflichten begründen z. B. die Altölverordnung oder die Altfahrzeugverordnung.

Wird die Rücknahme- oder Rückgabepflicht nicht in einer Rechtsverordnung, sondern in einem formellen Parlamentsgesetz angeordnet, führt dies ebenfalls zu einer Durchbrechung der Überlassungspflichten – in einem solchen Fall allerdings nicht über § 17 Abs. 2 Satz 1 Nr. 1 KrWG, sondern über den *lex-specialis*-Grundsatz.

► **Praxisbeispiel** Gemäß § 12 Abs. 1 Satz 1 ElektroG darf die Erfassung von Altgeräten aus privaten Haushalten neben den öffentlich-rechtlichen Entsorgungsträgern auch von den Vertreibern und Herstellern vorgenommen werden.

Bei einer Rückgabepflicht muss der Abfallbesitzer die Abfälle dem Produktverantwortlichen als Rücknahmepflichtigem überlassen. Ordnet die entsprechende Rechtsverordnung lediglich eine Rücknahmepflicht, nicht aber zugleich eine Rückgabepflicht an, ist der Abfallbesitzer von der Überlassungspflicht zwar ebenfalls befreit, d. h. ihn trifft keine Pflicht zur Übergabe der Abfälle an den öffentlich-rechtlichen Entsorgungsträger. Allerdings hat er neben dem Recht zur Rückgabe an den Produktverantwortlichen das Recht zur Überlassung an den öffentlich-rechtlichen Entsorgungsträger.

Eine Rückausnahme besteht für den Fall, dass die öffentlich-rechtlichen Entsorgungsträger gemäß der Rechtsverordnung, die die Rücknahme- oder Rückgabepflichten anordnet, an der Rücknahme mitwirken. Greift diese Rückausnahme, bleiben die Überlassungspflichten des § 17 Abs. 1 KrWG bestehen, wobei die öffentlich-rechtlichen Entsorgungsträger die Abfälle nach der Konzeption der jeweiligen (Rücknahme-)Verordnung in der Regel lediglich erfassen, um sie anschließend ihrerseits dem Produktverantwortlichen zu überlassen. Gemäß § 17 Abs. 2 Satz 1 Nr. 1 Halbsatz 2 KrWG kann hierfür insbesondere eine einheitliche Wertstofftonne oder eine einheitliche Wertstofferfassung in vergleichbarer Qualität vorgesehen werden, durch die werthaltige Abfälle aus privaten Haushaltungen in effizienter Weise erfasst und einer hochwertigen Verwertung zugeführt werden.

5.4.2 Freiwillige Rücknahme (Nr. 2)

Nach § 17 Abs. 2 Satz 1 Nr. 2 KrWG besteht die Überlassungspflicht nicht für Abfälle, die in Wahrnehmung der Produktverantwortung nach § 26 KrWG freiwillig zurückgenommen werden, soweit dem zurücknehmenden Hersteller oder Vertreiber ein Freistellungs- oder Feststellungsbescheid nach § 26 Abs. 3 oder Abs. 6 KrWG erteilt worden ist. Entscheidend für das Entfallen der Überlassungspflicht ist die Wirksamkeit des Bescheids; auf seine Rechtmäßigkeit oder Bestandskraft kommt es nicht an.[16] Die in dem Freistellungs- bzw. Feststellungsbescheid getroffenen Regelungen beanspruchen grundsätzlich bundesweite Geltung.[17]

► **Problem „Annahme fremder Produkte"** Die in den letzten Jahren von Textilhandelsunternehmen eingeführten filialbasierten Rücknahmesysteme für Altkleider haben zu der Frage geführt, ob das Kreislaufwirtschaftsgesetz im Rahmen der freiwilligen Produktverantwortung auch die Annahme gattungsgleicher Produkte anderer Hersteller und Vertreiber zulässt.[18] Für die betroffenen Rücknahmesysteme ist diese Frage von existenzieller Bedeutung: Gerade bei Textilien handelt es sich um Massenwaren, die die Kunden üblicherweise nicht nur von einem Vertreiber beziehen und die sich am Ende ihres Gebrauchs kaum noch dem Vertreiber zuordnen lassen, bei dem sie einst erworben wurden. Durch das in bestimmten Kundenkreisen verbreitete *Delabeling* wird die Rückverfolgbarkeit weiter erschwert. Praktisch unmöglich ist sie, will man vom Kunden nicht die Aufbewahrung des Kassenbons verlangen, wenn es sich bei den zurückgegebenen Textilien nicht um die Eigenmarke des Betreibers des Rücknahmesystems handelt; denn dann kommen – auch wenn die Marke noch

[16] VG Düsseldorf, Urt. v. 07.05.2013, 17 K 8650/1; Klement in Schmehl 2013, § 17 Rn. 118.
[17] § 26 Abs. 6 Satz 2 KrWG ggf. i. V. m. § 26 Abs. 4 KrWG.
[18] Ausführlich dazu Oexle und Lammers 2015, 1490 ff.

erkennbar ist – verschiedene Unternehmen als Vertreiber in Betracht. Eine abschließende gerichtliche Klärung dieser Thematik steht noch aus.[19]

§ 17 Abs. 2 Satz 1 Nr. 2 KrWG dient der Förderung der Produktverantwortung. Er verfolgt damit andere Ziele als die Ausnahmetatbestände für gemeinnützige und gewerbliche Sammlungen in § 17 Abs. 2 Satz 1 Nr. 3 und 4 KrWG (dazu noch 5.4.3 sowie 5.4.4 und 5.5). Es handelt sich mithin um eine eigenständige Sonderregelung auf die insbesondere die strengen Anforderungen, die § 17 Abs. 2 Satz 1 Nr. 4 KrWG an die Zulässigkeit einer gewerblichen Sammlung stellt, auch dann keine Anwendung finden, wenn die freiwillige Rücknahme haushaltsnah, also beispielsweise in einer „Blauen Tonne", erfolgt.[20]

► **Praxishinweis** Es handelt sich um eine freiwillige Rücknahme der Hersteller oder Vertreiber und nicht der Entsorgungsunternehmen. Entsorgungsunternehmen, die nicht zugleich Hersteller oder Vertreiber sind, können im Rahmen dieses Ausnahmetatbestands aber als Drittbeauftragte der Hersteller oder Vertreiber tätig werden.

5.4.3 Gemeinnützige Sammlung (Nr. 3)

Gemäß § 17 Abs. 2 Satz 1 Nr. 3 KrWG besteht eine Überlassungspflicht weiterhin nicht für solche Abfälle, die durch gemeinnützige Sammlung einer ordnungsgemäßen und schadlosen Verwertung zugeführt werden. Eine Definition der gemeinnützigen Sammlung enthält § 3 Abs. 17 Satz 1 KrWG. Danach ist eine Sammlung gemeinnützig, soweit sie von einer steuerbefreiten Körperschaft, Personenvereinigung oder Vermögensmasse im Sinne des Körperschaftssteuergesetzes getragen wird und der Verfolgung gemeinnütziger, mildtätiger oder kirchlicher Zwecke im Sinne der §§ 52 bis 54 der Abgabenordnung dient.

Gemäß § 3 Abs. 17 Satz 2 KrWG steht es der Annahme einer gemeinnützigen Sammlung nicht entgegen, wenn die Körperschaft, Personenvereinigung oder Vermögensmasse einen gewerblichen Sammler mit der Sammeltätigkeit beauftragt und dieser den Veräußerungserlös nach Abzug seiner Kosten und eines angemessenen Gewinns vollständig an die Körperschaft, Personenvereinigung oder Vermögensmasse auskehrt.

Der Ausnahmetatbestand des § 17 Abs. 2 Satz 1 Nr. 3 KrWG gilt nicht für gemischte Abfälle aus privaten Haushaltungen und gefährliche Abfälle, § 17 Abs. 2 Satz 2 KrWG.

[19] Für die Zulässigkeit der Annahme gattungsgleicher fremder Produkte im Rahmen der freiwilligen Produktverantwortung – jedenfalls unter bestimmten Voraussetzungen – Oexle und Lammers 2015, 1490 ff.; VG Würzburg, Urt. v. 10.02.2015, W 4 K13.1015, BeckRS 2015, 54286; dagegen Wenzel 2015, 187 (190).

[20] Vgl. BT-Drucksache 17/6052, S. 91; VG Düsseldorf, Urt. v. 07.05.2013, 17 K 8650/13, BeckRS 2015, 46444; Karpenstein und Dingemann in Jarass und Petersen 2014, § 17 Rn. 130; Oexle und Lammers 2015, 1490 (1491).

5.4.4 Gewerbliche Sammlung (Nr. 4)

Die Überlassungspflicht entfällt schließlich gemäß § 17 Abs. 2 Satz 1 Nr. 4 KrWG für gewerblich gesammelte Abfälle (zu den materiell-rechtlichen Anforderungen siehe im Einzelnen unten Abschn. 5.5.1). Auch dieser Ausnahmetatbestand gilt nicht für gemischte Abfälle aus privaten Haushaltungen und gefährliche Abfälle, § 17 Abs. 2 Satz 2 KrWG; hier gilt die gleiche Einschränkung wie für gemeinnützige Sammlungen.

► **Praxishinweis** In der Rechtsprechung wird teilweise vertreten, dass Sperrmüll (AVV-AS 20 03 07) unter die Rückausnahme des § 17 Abs. 2 Satz 2 KrWG falle und einer gewerblichen (oder gemeinnützigen) Sammlung daher nicht zugänglich sei.[21] Als Argument wird im Wesentlichen angeführt, dass sich Sperrmüll nur durch die fehlende „Tonnengängigkeit" vom gemischten Siedlungsabfall (AVV-AS 20 03 01) unterscheide. Dies ist indes lebensfremd, denn Sperrmüll ist keinesfalls eine vergrößerte Version des Inhalts der Restmülltonne. Die Größe der Bestandteile hat dabei nicht nur Einfluss auf die Zusammensetzung des Gemischs, sondern auch auf die Qualität des „Gemischtseins". Zu folgen ist daher der Gegenauffassung, wonach gemischte Abfälle im Sinne von § 17 Abs. 2 Satz 2 KrWG nur Abfälle mit dem AVV-AS 20 03 01 sind.[22]

Der Begriff der gewerblichen Sammlung ist in § 3 Abs. 18 KrWG definiert als Sammlung, die zum Zweck der Einnahmeerzielung erfolgt. Danach steht es – in Abkehr von der sog. „Altpapier"-Entscheidung des BVerwG[23] – der Annahme einer gewerblichen Sammlung nicht entgegen, wenn die Sammlung auf der Grundlage vertraglicher Bindungen zwischen dem Sammler und der privaten Haushaltung in dauerhaften Strukturen durchgeführt wird.

Gewerbliche Sammlungen können auch von Personengesellschaften (GbR, OHG, KG) durchgeführt werden; aus der Definition des Sammlerbegriffs in § 3 Abs. 10 KrWG ergibt sich insoweit keine Einschränkung.[24]

5.5 Vertiefender Exkurs: Gewerbliche Sammlung

5.5.1 Zulässigkeitsvoraussetzungen für gewerbliche Sammlungen

Gewerbliche Sammlungen von Abfällen aus privaten Haushaltungen sind nach § 17 Abs. 2 Satz 1 Nr. 4 KrWG zulässig, wenn die gesammelten Abfälle einer ordnungsgemäßen und

[21] Vgl. OVG Münster, Urt. v. 26.01.2016, 20 A 318/14, ZUR 2016, 427 (428 ff.).

[22] OVG Bautzen, Beschl. v. 18.02.2015, 4 B 53/14; VG Schleswig, Urt. v. 05.03.2015, 6 A 127/13; VG Berlin, Urt. v. 02.02.2016, 10 K 98.15.

[23] BVerwG, Urt. v. 18.06.2009, 7 C 16/08, BVerwGE 134, 154 ff. = NVwZ 2009, 1292 ff.

[24] BVerwG, Urt. 01.10.2015, 7 C 8.14, Rn. 22 ff; in diesem Sinne bereits Oexle et al. 2014, 242 ff.

schadlosen Verwertung zugeführt werden und überwiegende öffentliche Interessen nicht entgegenstehen.

5.5.1.1 Zuführung zu einer ordnungsgemäßen und schadlosen Verwertung

Für die Anforderungen an die Verwertung der gesammelten Abfälle gilt der allgemeine in § 7 Abs. 3 KrWG normierte Maßstab. Rechtliche Probleme wirft dieses Merkmal in materieller Hinsicht daher nicht auf; von erheblicher praktischer Bedeutung ist allerdings die damit in engem Zusammenhang stehende formelle Frage, welche Anforderungen an die Darlegung einer ordnungsgemäßen und schadlosen Verwertung durch den gewerblichen Sammler im Anzeigeverfahren zu stellen sind (dazu unten Abschn. 5.5.2).

5.5.1.2 Kein Entgegenstehen überwiegender öffentlicher Interessen

§ 17 Abs. 3 KrWG legt in einer dreistufigen Kaskade fest, wann einer gewerblichen Sammlung überwiegende öffentliche Interessen entgegenstehen. Insoweit bestimmt § 17 Abs. 3 Satz 1 KrWG zunächst, dass dies – dann und nur dann – der Fall ist, wenn die Sammlung die Funktionsfähigkeit des öffentlich-rechtlichen Entsorgungsträgers, seines Drittbeauftragten oder eines verordneten Rücknahmesystems nach § 25 KrWG gefährdet. Die Gefährdung der Funktionsfähigkeit des öffentlich-rechtlichen Entsorgungsträgers oder seines Drittbeauftragten ist auf der zweiten Stufe nach § 17 Abs. 3 Satz 2 KrWG anzunehmen, wenn die Erfüllung der Entsorgungspflichten zu wirtschaftlich ausgewogenen Bedingungen verhindert oder die Planungssicherheit und Organisationsverantwortung wesentlich beeinträchtigt wird. Schließlich benennt § 17 Abs. 3 Satz 3 KrWG auf der dritten Stufe (beispielhaft) drei Fallgruppen, in denen eine wesentliche Beeinträchtigung der Planungssicherheit und Organisationsverantwortung anzunehmen ist.

Von den Regelungen des § 17 Abs. 3 KrWG hat bislang § 17 Abs. 3 Satz 3 Nr. 1 KrWG die größte praktische Bedeutung erlangt. Danach ist eine wesentliche Beeinträchtigung der Planungssicherheit und Organisationsverantwortung des öffentlich-rechtlichen Entsorgungsträgers anzunehmen, wenn durch die gewerbliche Sammlung Abfälle erfasst werden, für die der öffentlich-rechtliche Entsorgungsträger oder dessen Drittbeauftragter eine haushaltsnahe oder sonstige hochwertige getrennte Erfassung und Verwertung der Abfälle durchführt. Viele Behörden vertraten zunächst die denkbar weiteste Interpretation dieser Regelung, nach der jegliche Konkurrenz zwischen einer Getrennterfassung durch den öffentlich-rechtlichen Entsorgungsträger – an deren Hochwertigkeit keine hohen Voraussetzungen gestellt werden – und gewerblichen Sammlungen ausgeschlossen sein sollte. Vor den Gerichten hatte diese – unionsrechtswidrige – Auslegung zwar keinen Bestand, lange Zeit war jedoch unklar, wie § 17 Abs. 3 Satz 3 Nr. 1 KrWG zu handhaben ist.

In einer Grundsatzentscheidung vom 30.06.2016 hat das BVerwG eine (erste) Klärung vorgenommen: Danach ist § 17 Abs. 3 Satz 3 Nr. 1 KrWG unionsrechtskonform als widerlegliche Vermutung auszulegen, wobei für die Widerlegung der Vermutung eine sog. „Irrelevanzschwelle" als generalisierender Maßstab heranzuziehen ist. Für den Bereich der Alttextilien hat das BVerwG diese Irrelevanzschwelle, deren Überschreitung zur Unzulässigkeit von gewerblichen Sammlungen führt und die daher besser als „Wesentlichkeitsschwelle“ oder „Gefährdungsschwelle“ bezeichnet werden sollte, auf 10–15 % der im betroffenen Sammelgebiet anfallenden Alttextilien festgelegt.[25] Die Ausführungen des Urteils lassen darauf schließen, dass das BVerwG hierin einen eher großzügigen Maßstab sieht; in der Praxis dürfte er jedoch zum Aus vieler gewerblicher Alttextilsammlungen führen, zumal bei der Feststellung des maßgeblichen Sammelanteils nicht nur alle gewerblichen Sammlungen zu berücksichtigen sind, sondern auch die von gemeinnützigen Sammlungen erfassten Mengen hinzugerechnet werden sollen.

In rechtlicher Hinsicht vermag die Entscheidung – mit Ausnahme der umfangreichen Ausführungen zum Unionsrecht, mit denen das BVerwG wohl auf die verbreitete und selbst vom Gesetzgeber des Kreislaufwirtschaftsgesetzes aufgegriffene Kritik an seiner früheren Altpapierentscheidung aus dem Jahr 2009 reagiert hat – nicht zu überzeugen: Der im Zentrum der Entscheidung stehenden Irrelevanzschwelle fehlt es an einer gesetzlichen Grundlage und auch sonst an jeglichem Versuch einer Herleitung. Zudem ist keine Rückkopplung dieser Irrelevanzschwelle an die unionsrechtlichen Erwägungen in dem Urteil erkennbar; im Ergebnis dürfte das BVerwG die von ihm selbst angenommenen unionsrechtlichen Anforderungen verfehlt haben.[26]

Gleichwohl ist davon auszugehen, dass die Entscheidung die künftige Praxis maßgeblich prägen wird. Allerdings sind noch einige wichtige Fragen zu § 17 Abs. 3 Satz 3 Nr. 1 KrWG verblieben: So hat sich das BVerwG nicht zur Höhe der Irrelevanzschwelle bei anderen relevanten Abfallfraktionen als Alttextilien (z. B. Altpapier, Altmetall) geäußert, wenngleich seine Ausführungen in der Tendenz für diese kaum höhere Irrelevanzschwellen erwarten lassen. Im Gegenteil ist zu befürchten, dass im Bereich des Altpapiers aufgrund der größeren Verbreitung von Holsystemen („Blaue Tonne“) die Irrelevanzschwelle sogar noch niedriger angesetzt wird. Darüber hinaus weist das BVerwG zwar auf mögliche Ausnahmefälle hin, in denen Überschreitungen der Irrelevanzschwelle zulässig sind, nennt hierfür aber keine Kriterien. Die Praxis wird sich künftig zudem mit den Einzelheiten der Berechnung der maßgeblichen Sammelmengen zu beschäftigen haben. Schließlich lässt sich der Entscheidung nicht eindeutig entnehmen, ob die Irrelevanzschwellen auch dann uneingeschränkt gelten sollen, wenn das hochwertige Erfassungssystem des öffentlich-rechtlichen Entsorgungsträgers erst neu geschaffen wird und auf bereits bestehende gewerbliche Sammlungen trifft. Dagegen spricht, dass das BVerwG im unionsrechtlichen Teil der Entscheidung nur den umgekehrten (Regel-)Fall in den Blick genommen hat, dass ein bestehendes Erfassungssystem des öffentlich-rechtlichen Entsorgungsträgers sich mit neu hinzutretenden gewerblichen Sammlungen konfrontiert sieht.

Geringere Bedeutung als § 17 Abs. 3 Satz 3 Nr. 1 KrWG haben bisher die beiden anderen Fallgruppen des § 17 Abs. 3 Satz 3 KrWG erlangt. Die in § 17 Abs. 3 Satz 3 Nr. 2 KrWG genannte Gebührenstabilität, die nicht mit dem Interesse an möglichst niedrigen Gebühren verwechselt werden darf, ist nicht bereits dann gefährdet, wenn das Vorhandensein konkurrierender gewerblicher Sammlungen zu Mindereinnahmen beim öffentlich-

[25] BVerwG, Urt. v. 30.06.2016, 7 C 4.15, Rn. 59.

[26] Zu den unionsrechtlichen Anforderungen BVerwG, Urt. v. 30.06.2016, 7 C 4.15, Rn. 21 ff.

rechtlichen Entsorgungsträger führt; anderenfalls wären gewerbliche Sammlungen stets unzulässig, was ihrer grundsätzlichen Zulassung durch das KrWG widerspräche. § 17 Abs. 3 Satz 3 Nr. 2 KrWG greift deshalb erst ein, wenn sich die Gebühren für die Entsorgung des gesamten Hausmülls nicht mehr in einem vertretbaren und akzeptablen Rahmen halten.[27]

§ 17 Abs. 3 Satz 3 Nr. 3 KrWG soll verhindern, dass die diskriminierungsfreie und transparente Vergabe von Entsorgungsdienstleistungen erschwert oder unterlaufen wird. Bei der Anwendung dieser Regelung ist zu beachten, dass es sinnwidrig wäre, dem Gewinner eines Vergabeverfahrens einen größeren Schutz einzuräumen als dem öffentlich-rechtlichen Entsorgungsträger selbst. Auch das Entsorgungsunternehmen, das den Zuschlag erhalten hat, ist daher nicht vor jeglicher Konkurrenz durch gewerbliche Sammlungen geschützt. Nur wenn die Erfüllung der Entsorgungspflichten im Wege der Drittbeauftragung infrage gestellt wird, liegt daher ein „Unterlaufen" vor.[28] Zudem wird die Durchführung eines Vergabeverfahrens nicht bereits dadurch im Sinne des § 17 Abs. 3 Satz 3 Nr. 3 KrWG erschwert, dass das Vorhandensein anderer Sammlungen naturgemäß zu höheren Unsicherheiten bei den zu erwartenden Sammelmengen führt, denn dieser Unsicherheit lässt sich im Vergabeverfahren Rechnung tragen.

Nach § 17 Abs. 3 Satz 4 KrWG kommen Nr. 1 und 2 des § 17 Abs. 3 Satz 3 KrWG nicht zur Anwendung – wohl aber Nr. 3 –, wenn die vom gewerblichen Sammler angebotene Sammlung und Verwertung wesentlich leistungsfähiger ist als diejenige des öffentlich-rechtlichen Entsorgungsträgers oder seines Drittbeauftragten. In der Theorie bietet diese Regelung gewerblichen Sammlern einen Weg, einer Untersagung ihrer Sammlung aus bestimmten Gründen im Wege eines Leistungsvergleichs zu entgehen. Die Voraussetzungen dafür sind allerdings sehr hochgesteckt („wesentlich leistungsfähiger"), zumal die Aspekte, die bei dem Vergleich berücksichtigt werden dürfen, durch § 17 Abs. 3 Satz 5 und 6 KrWG stark eingegrenzt werden.

5.5.2 Das Anzeigeverfahren nach § 18 KrWG

Die Durchführung einer gewerblichen Sammlung bedarf keiner behördlichen Gestattung; es genügt eine Anzeige nach § 18 Abs. 1 und 2 KrWG gegenüber der zuständigen Behörde, die drei Monate vor dem geplanten Beginn der Sammlung zu erfolgen hat.

► **Praxishinweis** Die Kehrseite des Verzichts auf ein Genehmigungsverfahren ist, dass der Sammler bei einem für ihn positiven Ausgang des Anzeigeverfahrens keine verbindliche Entscheidung über die Zulässigkeit seiner Sammlung erhält. Nach hier vertretener Ansicht kann der gewerbliche Sammler allerdings unter

[27] OVG Münster, Urt. v. 15.08.2013, 20 A 2798/11.
[28] OVG Münster, Urt. v. 26.01.2016, 20 A 319/14, Rn. 236.

den Aspekten der Rechtssicherheit und des schützenswerten Interesses an einer verlässlichen Planungs- und Kalkulationsgrundlage einen aus seinen Grundrechten (Art. 12 Abs. 1, Art. 2 Abs. 1 GG) abgeleiteten Anspruch auf behördliche Feststellung der Rechtmäßigkeit seiner Sammlung haben.

Wer „zuständige Behörde" im Sinne des § 18 Abs. 1 KrWG ist, bestimmt sich nach dem jeweiligen Landesrecht. In einigen Bundesländern ist diese Zuständigkeit bei den kommunalen Körperschaften angesiedelt, die auch die Aufgaben des öffentlich-rechtlichen Entsorgungsträgers wahrnehmen. Dies begegnet im Hinblick auf die rechtsstaatliche Neutralitätspflicht von Behörden Bedenken, wird in der Rechtsprechung jedoch als zulässig angesehen, sofern eine hinreichende personelle und organisatorische Trennung der beiden Aufgabenbereiche gewährleistet ist.[29] Eine strikte Trennung kann es in diesem Zusammenhang jedoch schon deshalb nicht geben, weil jedenfalls auf der höchsten Ebene der kommunalen Verwaltungshierarchie beim Landrat bzw. Bürgermeister die Aufgabenbereiche zwangsläufig zusammenlaufen. Vorzugswürdig ist daher das von anderen Bundesländern verwirklichte Modell, die Behördenzuständigkeit nach § 18 KrWG bei einer oder mehreren Landesbehörden zu konzentrieren.[30]

Die Anzeige bedarf der Schriftform. Welche Informationen der Anzeige beizufügen sind, ist abstrakt in § 18 Abs. 2 KrWG geregelt. Was die im Einzelnen vorzulegenden Unterlagen und den erforderlichen Detaillierungsgrad der Angaben anbelangt, lässt die Vorschrift dem Rechtsanwender allerdings erhebliche Auslegungsspielräume. Umstritten ist etwa, um nur ein Beispiel zu nennen, ob die Behörde bei Containersammlungen eine Auflistung der Containerstandorte verlangen kann.[31]

► **Praxishinweis** Die Unklarheit des § 18 Abs. 2 KrWG beeinträchtigt die Rechtssicherheit gewerblicher Sammler in zweierlei Hinsicht:
Einerseits ist zu berücksichtigen, dass erst der Zugang einer vollständigen Anzeige bei der jeweils zuständigen Behörde die sich aus § 18 Abs. 1 KrWG ergebende dreimonatige Wartefrist für die Aufnahme der Sammlung in Lauf setzt, und eine Anzeige nur dann vollständig ist, wenn (auch) alle erforderlichen Angaben nach § 18 Abs. 2 KrWG vorliegen.[32]
Andererseits empfiehlt es sich nicht, in die Anzeige deswegen jede nur erdenkliche Information über die geplante Sammlung aufzunehmen: Je mehr Angaben die Anzeige enthält, desto größer ist die Wahrscheinlichkeit, dass es bei

[29] VGH Mannheim, Beschl. v. 04.03.2014, 10 S 1127/13; OVG Münster, Urt. v. 07.05.2015, 20 A 2670/13, Rn. 32.
[30] Gegen Doppelzuständigkeit auch Dippel in Schink und Versteyl 2016, § 18 Rn. 9 f.; Schomerus in Versteyl et al. 2012, § 17 Rn. 11.
[31] Gegen das Erfordernis solcher Standortlisten OVG Lüneburg, Beschl. v. 15.08.2013, 7 ME 62/13; VGH Mannheim, Beschl. v. 26.09.2013, 10 S 1345/13; a. A. VGH München, Beschl. v. 08.04.2013, 20 CS 13.377, Rn. 10.
[32] Die nach der ursprünglichen Fassung des Kreislaufwirtschaftsgesetzes bestehende Unsicherheit (siehe dazu Klement in Schmehl 2013, § 18 Rn. 18), ob diese nur „beizufügenden" Angaben Teil der Anzeige sind, wurde zwischenzeitlich durch eine Gesetzesänderung behoben.

der Durchführung der Sammlung später zu Abweichungen oder Änderungen kommt (z. B. zusätzlicher Containerstandort im Vergleich zur vorgelegten Standortliste, Kooperation mit einer anderen als der in der Anzeige angegebenen Verwertungsanlage) und infolgedessen von der Behörde der Vorwurf einer anzeigewidrigen Sammlung erhoben oder eine erneute Durchführung des Anzeigeverfahrens gefordert wird.
In jedem Fall sollte der Anzeigende die Behörde auffordern, schriftlich die Vollständigkeit der Anzeige zu bestätigen oder – falls nach Auffassung der Behörde noch weitere Informationen erforderlich sind – die vorzulegenden Unterlagen konkret zu benennen.

Besondere Bedeutung hat in der Praxis die Frage erlangt, welche Anforderungen an die Darlegung der Verwertungswege zu stellen sind. Hierzu wurde von Behörden und Gerichten teilweise die Auffassung vertreten, dass eine lückenlose Darstellung der gesamten Verwertungskette erforderlich sei. Damit werden die Anforderungen indes jedenfalls bei Abfallfraktionen überspannt, für die etablierte Verwertungswege bestehen und die über einen positiven Marktwert verfügen (z. B. Alttextilien, Altpapier, Altmetall). Bei solchen Abfällen muss es genügen, wenn der Sammler in der Anzeige den Verwertungsweg pauschal beschreibt, seine jeweiligen Abnehmer angibt und deren Willen und Fähigkeit zur Verwertung darlegt.[33]

Die zuständige Behörde hat dem von der Sammlung betroffenen öffentlich-rechtlichen Entsorgungsträger nach § 18 Abs. 4 KrWG die Möglichkeit zur Stellungnahme zu geben. Erfolgt innerhalb von zwei Monaten keine Stellungnahme, ist davon auszugehen, dass sich der öffentlich-rechtliche Entsorgungsträger nicht äußern will. Gibt der öffentlich-rechtliche Entsorgungsträger eine Stellungnahme ab, ist die zuständige Behörde an dessen Beurteilung des Entgegenstehens öffentlicher Interessen nicht gebunden; sie muss in jedem Fall eine eigenständige Entscheidung treffen. Nach zutreffender Ansicht hat der öffentlich-rechtliche Entsorgungsträger auch keinen gerichtlich durchsetzbaren Anspruch auf Einschreiten gegen gewerbliche Sammlungen durch die Behörde.[34]

Ergeht innerhalb von drei Monaten nach vollständiger Anzeige keine vollziehbare Verfügung, durch welche die geplante Sammlung untersagt oder von einer aufschiebenden Bedingung abhängig gemacht wird, darf die Sammlung nach Ablauf dieser Frist aufgenommen werden. Dies gilt auch dann, wenn die Behörde mitgeteilt hat, dass die Prüfung – etwa wegen Überlastung – eine längere Zeit in Anspruch nimmt. Behördliche Maßnahmen gegen die Sammlung zu einem späteren Zeitpunkt bleiben jedoch möglich.

[33] So auch BVerwG, Urt. v. 30.06.2016, 7 C 5.15, Rn. 28 zu einer Altmetallsammlung durch Kleinsammler.
[34] OVG Magdeburg, Beschl. v. 01.06.2016, 2 L 63/14.

5.5.3 Behördliche Maßnahmen und Rechtsschutz

Nach § 18 Abs. 5 Satz 1 KrWG kann eine gewerbliche Sammlung von Bedingungen abhängig gemacht, zeitlich befristet oder nur unter Auflagen zugelassen werden, soweit dies erforderlich ist, um die Erfüllung der Anforderungen nach § 17 Abs. 2 Satz 1 Nr. 4 KrWG sicherzustellen. Die Bezeichnung der Maßnahmen lässt erkennen, dass sie nach dem Willen des Gesetzgebers eine ähnliche Funktion erfüllen sollen wie Nebenbestimmungen zu einer Genehmigung. Da eine Genehmigung für gewerbliche Sammlungen jedoch nicht erforderlich ist, handelt es sich bei allen Maßnahmen nach § 18 Abs. 5 Satz 1 KrWG um selbstständige Verwaltungsakte.[35] Ihre Rechtmäßigkeit erfordert eine ordnungsgemäße Ermessensbetätigung durch die Behörde und insbesondere die Beachtung des Verhältnismäßigkeitsgrundsatzes.

► **Praxishinweis** Durch Auflagen werden während der Durchführung der Sammlung zu beachtende Pflichten festgelegt, z. B. Sammelcontainer in bestimmter Weise zu kennzeichnen, Standorte zu reinigen oder Sammelmengen periodisch der Behörde mitzuteilen.
Bedingungen können aufschiebend oder auflösend sein: Bei einer aufschiebenden Bedingung müssen bestimmte Voraussetzungen eintreten, bevor die Sammlung aufgenommen werden darf; eine auflösende Bedingung führt demgegenüber dazu, dass die Sammlung nach Bedingungseintritt unzulässig wird.
Unklar ist die Wirkung der – praktisch bedeutsamen – Befristung: Handelt es sich um eine aufgeschobene Untersagungsverfügung mit der Folge, dass eine Neuanzeige der Sammlung nur bei geänderter Sach- oder Rechtslage möglich ist? Oder kann die Sammlung jederzeit neu angezeigt werden, weil der Fristablauf nur die Wirkung der ersten Anzeige beseitigt? Letzteres entspricht im Ergebnis der Wirkung einer Befristung, die einer Genehmigung als Nebenbestimmung beigefügt wird. Allerdings macht eine solche Befristung im Kontext der gewerblichen Sammlung wenig Sinn, weil die Behörde ohnehin jederzeit zu einer erneuten Überprüfung der Rechtmäßigkeit der Sammlung und ggf. zu Eingriffen nach § 18 Abs. 5 KrWG befugt ist.
§ 18 Abs. 5 Satz 1 KrWG lässt wohl beide Varianten von Befristungen zu, sodass es für die Auslegung einer konkreten Maßnahme darauf ankommt, was die Behörde mit der Befristung (für den Sammler ersichtlich) bezweckt. Hier ist insbesondere die Begründung von Bedeutung: Macht die Behörde z. B. geltend, dass der Sammlung nach Fristende überwiegende öffentliche Interessen entgegenstehen werden – etwa weil bis dahin ein neues Sammelsystem des öffentlich-rechtlichen Entsorgungsträgers eingeführt wird – spricht dies für eine Untersagung der Sammlung nach Fristablauf. Will die Behörde demgegenüber die Zulässigkeit der Sammlung nach einer bestimmten Zeit lediglich nochmals prüfen, wird die Sammlung durch die Befristung nicht untersagt, sondern muss nur erneut angezeigt werden.

[35] BT-Drucksache 17/6052, S. 89; Klement in Schmehl 2013, § 18 Rn. 34.

Während der Erlass von Bedingungen, Befristungen und Auflagen im Ermessen der zuständigen Behörde steht, ist die zuständige Behörde nach § 18 Abs. 5 Satz 2 KrWG zu einer Untersagung verpflichtet, wenn (1.) Tatsachen bekannt sind, aus denen sich Bedenken gegen die Zuverlässigkeit des Anzeigenden oder der für die Sammlung verantwortlichen Person ergeben oder (2.) die Einhaltung der in § 17 Abs. 2 Satz 1 Nr. 4 KrWG genannten Voraussetzungen anders als durch ein Verbot nicht zu gewährleisten ist. In dem zweiten Fall ist eine Untersagung damit nur zulässig, wenn sich die gesetzlichen Voraussetzungen einer gewerblichen Sammlung nicht durch mildere Maßnahmen nach § 18 Abs. 5 Satz 1 KrWG sicherstellen lassen.

► **Praxishinweis** Entgegen der Auffassung der Rechtsprechung[36] gebietet es der Vorrang von Maßnahmen nach § 18 Abs. 5 Satz 1 KrWG auch, die Einhaltung der für § 17 Abs. 3 Satz 3 Nr. 1 KrWG bedeutsamen „Irrelevanzschwelle" in erster Linie mithilfe einer Verteilung der zulässigen (Gesamt-)Sammelmenge unter den konkurrierenden Sammlungen sicherzustellen. Denn soweit dies möglich ist, ist eine Untersagung aller betroffenen gewerblichen Sammlungen zur Erreichung der Zwecke des § 17 Abs. 3 KrWG nicht erforderlich und würde die grundrechtlich geschützte Berufsfreiheit der Sammler verletzen. Der dadurch verursachte zusätzliche Verwaltungsaufwand kann nicht zu einer anderen verfassungsrechtlichen Bewertung führen; er ist letztlich der rechtsstaatliche Preis, der für die in § 17 Abs. 3 KrWG normierte Marktregulierung zu zahlen ist.

Für die Feststellung der Unzuverlässigkeit im Rahmen von § 18 Abs. 5 Satz 2 Variante 1 KrWG gelten letztlich die aus anderen Bereichen des öffentlichen Wirtschaftsrechts bekannten Kriterien.[37] Dies erscheint vor dem grundrechtlichen Hintergrund der Regelung zwar eigentlich selbstverständlich, wurde im „Kampf um den Abfall" von Behörden und Gerichten bisweilen jedoch nicht hinreichend beachtet, wenn zur Begründung der Unzuverlässigkeit etwa das Fehlen einzelner Unterlagen im Rahmen der Anzeige nach § 18 Abs. 1 KrWG herangezogen werden sollten.[38] Unzuverlässigkeit liegt allerdings vor, wenn infolge gewichtiger oder wiederholter Rechtsverstöße anzunehmen ist, dass die Sammlung (auch) in Zukunft nicht rechtskonform durchgeführt wird. Darüber hinaus können sich Bedenken gegen die Zuverlässigkeit auch aus anderen Tatsachen als vergangenen Rechtsverletzungen ergeben, etwa aus einer fehlenden wirtschaftlichen Leistungsfähigkeit.

Über die Befugnisse des § 18 Abs. 5 KrWG hinaus sieht § 18 Abs. 6 KrWG die Möglichkeit vor, durch Bestimmung einer Mindestdauer für die gewerbliche Sammlung

[36] Vgl. OVG Münster, Urt. v. 21.09.2015, 20 A 2120/14, Rn. 146.

[37] VGH Mannheim, Beschl. v. 26.09.2013, 10 S 1345/13; OVG Münster, Urt. v. 07.05.2015, 20 A 2670/13, Rn. 59.

[38] Abzulehnen daher VG Bremen, Beschl. v. 25.06.2013, 5 V 2112/12; zutreffend weist VGH Mannheim, Beschl. v. 26.09.2013, 10 S 1345/1, darauf hin, dass die Durchsetzung der Anzeigepflicht aus Gründen der Verhältnismäßigkeit Vorrang vor einer sofortigen Untersagung wegen Unzuverlässigkeit hat.

Planungssicherheit für den betroffenen öffentlich-rechtlichen Entsorgungsträger zu schaffen. Praktische Bedeutung hat diese Regelung bislang nicht erlangt.

Praxishinweis Behördliche Maßnahmen nach § 18 Abs. 5 und 6 KrWG unterliegen dem allgemeinen Rechtsschutzsystem gegen Verwaltungsakte. Grundsätzlich ist also zunächst Widerspruch zu erheben, bevor eine Anfechtungsklage beim Verwaltungsgericht zulässig ist. Teilweise ist das Widerspruchsverfahren allerdings landesrechtlich ausgeschlossen; in diesen Fällen muss unmittelbar geklagt werden. Widerspruch und Anfechtungsklage haben aufschiebende Wirkung, wenn die Behörde nicht die sofortige Vollziehung anordnet; im letztgenannten Fall kann die aufschiebende Wirkung mittels Antrag beim Verwaltungsgericht wiederhergestellt werden. Solange die aufschiebende Wirkung besteht und soweit sie reicht, ist die behördliche Maßnahme nicht vollziehbar und muss von dem gewerblichen Sammler nicht beachtet werden.

Literatur

Jarass H, Petersen F (2014) Kreislaufwirtschaftsgesetz: KrWG. Kommentar. Verlag C. H. Beck, München

Oexle A, Lammers T (2015) Freiwillige Produktverantwortung: Zur Rücknahme von Altkleidung durch den Einzelhandel. NVwZ 2014: 1490–1497

Oexle A, de Diego A, Lammers T (2014) Personengesellschaften als gewerbliche Sammler nach § 3 Abs. 10 KrWG. ZUR 2014: 242–245

Schink A, Versteyl A (2016) Kreislaufwirtschaftsgesetz. Lexxion, Berlin

Schmehl A (Hrsg) (2013) Gemeinschaftskommentar zum Kreislaufwirtschaftsgesetz. Carl Heymanns Verlag, Köln

Versteyl L-A, Mann T, Schomerus T (2012) Kreislaufwirtschaftsgesetz. C. H. Beck, München

Wenzel F (2015) Zur freiwilligen Rücknahme im Rahmen der abfallrechtlichen Produktverantwortung. AbfallR 2015: 187–192

Abfallrechtliche Haftung und Verantwortung

6

Joachim Hagmann

6.1 Einführung

Wie bereits das Kreislaufwirtschafts- und Abfallgesetz knüpft auch das Kreislaufwirtschaftsgesetz die persönliche Verantwortlichkeit zur Erfüllung vieler abfallrechtlicher Verpflichtungen an die Abfallerzeugereigenschaft und die Abfallbesitzereigenschaft. Dies trifft beispielsweise auf die Verwertungspflicht (§ 7 Abs. 2 S. 1 KrWG), die Beseitigungspflicht (§ 15 Abs. 1 S. 1 KrWG) oder die Überlassungspflicht (§ 17 Abs. 1 S. 1 KrWG) zu.

Gesetzliche Definitionen der Abfallerzeuger- und Abfallbesitzereigenschaft enthält § 3 Abs. 8, Abs. 9 KrWG. Nach § 3 Abs. 8 KrWG ist Erzeuger von Abfällen im Sinne des Gesetzes jede natürliche oder juristische Person, durch deren Tätigkeit Abfälle anfallen (Ersterzeuger), oder die Vorbehandlungen, Mischungen oder sonstige Behandlungen vornimmt, die eine Veränderung der Beschaffenheit oder der Zusammensetzung der Abfälle bewirken (Zweiterzeuger). Die im Gesetzestext kenntlich gemachten Begriffe „Ersterzeuger" und „Zweiterzeuger" waren im Kreislaufwirtschafts- und Abfallgesetz noch nicht vorhanden. Sie tangieren den Regelungsinhalt aber nicht. Abfallbesitzer im Sinne des Gesetzes ist nach § 3 Abs. 9 KrWG jede natürliche oder juristische Person, die die tatsächliche Sachherrschaft über Abfälle hat.

Der Kreis der zur Abfallentsorgung verpflichteten Personen wird durch diese Regelungen abschließend festgelegt und kann nicht durch landesrechtliche oder andere bundesrechtliche Regelungen erweitert werden. Dies hatte die Rechtsprechung bereits zum Abfallgesetz vom 27.08.1986[1] und zum Kreislaufwirtschafts- und Abfallgesetz vom

[1] BVerwG, Urt. v. 18.10.1991 – 7 C 2.91, BVerwGE 89, 138; Urt. v. 11.02.1983 – 7 C 168.81, Buchholz 451.22 AbfG Nr. 12, S. 27, 28; BVerwG, Beschl. v. 30.10.1987 – 7 C 87/86, NVwZ 1988, S. 1126; BVerwG, Urt. v. 11.02.1983 – 7 C 45.80, BVerwGE 67, S. 8.

J. Hagmann (✉)
Baumeister Rechtsanwälte Partnerschaft mbB
Münster, Deutschland

P. Kurth et al. (Hrsg.), *Praxishandbuch der Kreislauf- und Rohstoffwirtschaft*,
https://doi.org/10.1007/978-3-658-17045-5_6

27.09.1994 entschieden.[2] Da die Begriffsbestimmungen des Kreislaufwirtschaftsgesetzes und des Kreislaufwirtschafts- und Abfallgesetzes – in Übereinstimmung mit den Vorgaben der Europäischen Abfallrahmenrichtlinie[3] – deckungsgleich sind, ist weiterhin von einem abschließenden Charakter auszugehen.

Landesrechtliche Regelungen zur abfallrechtlichen Verantwortlichkeit werden von der Rechtsprechung allerdings dann akzeptiert, wenn die bundesgesetzlichen Regelungen über die abfallrechtliche Verantwortlichkeit nicht modifiziert werden, sondern Vorgaben dazu geschaffen werden, unter welchen Voraussetzungen sich Personen in die durch Bundesgesetz definierte abfallrechtliche Verantwortlichkeit zu begeben haben.[4] Für solche Regelungen sieht das Bundesverwaltungsgericht in zwei Fallgruppen ein besonderes Bedürfnis, nämlich erstens für diejenigen Fälle, in denen Abfall dem abfallrechtlichen Regime entzogen wird (z. B. Ausgießen von flüssigen Abfällen auf das Erdreich), und zweitens in den Fällen, in denen ein früherer Abfallbesitzer im Zusammenhang mit unzulässigen Maßnahmen der Abfallentsorgung den Besitz an Abfällen aufgegeben hat, ohne dass neuer Besitz begründet worden ist.[5]

Jenseits der abfallrechtlichen Verantwortlichkeit ist eine Inanspruchnahme schließlich auch dann denkbar, wenn die behördliche Handlung an eine Gefahr für ein anderweitig geschütztes Rechtsgut anknüpft, z. B. also im Falle einer Inanspruchnahme auf der Grundlage des Wasserrechts oder Bodenschutzrechts. Dann gelten die dort festgelegten Verantwortlichkeiten auch, wenn die Inanspruchnahme (zugleich) Abfälle betrifft.

Ein Vorrangverhältnis zwischen der Inanspruchnahme des Abfallerzeugers und der Inanspruchnahme des Abfallbesitzers besteht nicht.[6] Weder ist der Abfallerzeuger grundsätzlich vor dem Abfallbesitzer heranzuziehen noch gilt dies umgekehrt. Stattdessen hat die Behörde die Freiheit, eine der verantwortlichen Personen in pflichtgemäßer Ermessensausübung auszuwählen. Dabei erkennt die Rechtsprechung insbesondere die Effektivität der Gefahrenabwehr als ein sachgerechtes Ermessenskriterium an.[7]

---

[2] OVG Greifswald, Beschl. v. 17.12.2005 – 3 M 71/04, NVwZ-RR 2006, S. 668 f.; VG Hannover, Urt. v. 09.11.2000 – 12 A 3251/98, NdsVBl. 2001, S. 293 ff.

[3] Vgl. Art. 3 Nr. 5 und 6 der Richtlinie 2008/98/EG.

[4] BVerwG, Beschl. v. 05.11.2012 – 7 B 25/12, AbfallR 2013, 44; BVerwG, Beschl. v. 30.10.1987 – 7 C 87/86, NVwZ 1988, S. 1126 zu § 11 HessAbfG a. F.; OVG Greifswald, Beschl. v. 17.12.2005 – 3 M 71/04, NVwZ-RR 2006, S. 668 f. zu § 27 AbfAlG MV; OVG Koblenz, Urt. v. 26.01.2012 – 8 A 11081/11, DVBl 2012, 513 zu § 17 LAbfG RP.

[5] BVerwG, Beschl. v. 30.10.1987 – 7 C 87/86, NVwZ 1988, S. 1126.

[6] OVG Lüneburg, Beschl. v. 09.03.2011 – 7 LA 50/10; Fluck et al. 2016, § 3 Abs. 9 KrWG, Rn. 35; Frenz 2014, 1300; a. A. offenbar Versteyl 2007, S. 1150, 1151.

[7] Vgl. z. B. VG Frankfurt/Oder, Urt. v. 28.09.2016 – 5 K 519/15, Rn. 31 nach juris; VG Ansbach, Urt. v. 28.01.2015 – AN 11 K 14.00032, Rn. 43 nach juris; VG Koblenz, Urt. v. 05.04.2011 – 7 K 574/10.KO, AbfallR 2011, 189; VG Aachen, Beschl. v. 10.05.2011 – 9 L 165/11, AbfallR 2011, 189.

Praxishinweis

1. Im Falle einer möglichen Inanspruchnahme sollte auch geprüft werden, ob der Kreis der verantwortlichen Personen vollständig durch die Behörde erfasst worden ist. Kann der Kreis erweitert werden, indem weitere verantwortliche Personen aufgezeigt werden, sinkt naturgemäß die Wahrscheinlichkeit der eigenen Inanspruchnahme.
2. Kann die Inanspruchnahme nicht abgewehrt werden, enthält das Kreislaufwirtschaftsgesetz – anders als z. B. das Bundes-Bodenschutzgesetz – keinen finanziellen Rückgriffsanspruch gegen andere verantwortliche Personen (insbesondere den Abfallerzeuger). Schadensersatz- bzw. Entschädigungsansprüche können sich aber aus zivilrechtlichen Anspruchsgrundlagen, z. B. den bestehenden zivilrechtlichen Verträgen (z. B. Entsorgungsverträge oder Transportverträge), ergeben.

6.2 Reichweite der Erzeuger-/Besitzerhaftung

Die Reichweite der Erzeuger- und Besitzerhaftung ist zum einen in sachlicher Hinsicht (dazu Abschn. 6.2.1) und zum anderen in zeitlicher Hinsicht (dazu Abschn. 6.2.2) abzugrenzen.

6.2.1 Sachliche Reichweite

Anknüpfungspunkt für die sachliche Reichweite der Verantwortungstatbestände sind die bereits oben wiedergegebenen gesetzlichen Definitionen des Abfallerzeugers (dazu Abschn. 6.2.1.1) und des Abfallbesitzers (dazu Abschn. 6.2.1.2).

6.2.1.1 Abfallerzeuger

Erzeuger von Abfällen im Sinne des Gesetzes ist jede natürliche oder juristische Person,

- durch deren Tätigkeit Abfälle anfallen (Ersterzeuger), oder
- die Vorbehandlungen, Mischungen oder sonstige Behandlungen vornimmt, die eine Veränderung der Beschaffenheit oder der Zusammensetzung der Abfälle bewirken (Zweiterzeuger).

Der Begriff „natürliche Personen" knüpft an die Rechtsfähigkeit des Menschen an. Sie beginnt mit der Vollendung der Geburt (§ 1 BGB) und endet mit dem Tod. Juristische Personen sind rechtlich geregelte Organisationen, denen die Rechtsordnung Rechtsfähigkeit verliehen hat und die dadurch als Träger eigener Rechte und Pflichten verselbstständigt worden sind. Häufig in der Praxis anzutreffen sind die Gesellschaft mit beschränkter Haftung (GmbH) und die Aktiengesellschaft (AG). Ihnen gleichgestellt sind die teilrechtsfähigen Personengesellschaften, nämlich die Kommanditgesellschaft (KG) und offene Handelsgesellschaft (oHG).

6.2.1.1.1 Ersterzeuger

Maßgeblich für die Verantwortlichkeit des Abfallersterzeugers ist das Anfallen der Abfälle. Als „Anfallen" ist das Entstehen des Abfalls im Rechtssinn zu verstehen.[8] Maßgeblich ist demnach der Zeitpunkt, zu dem erstmalig alle Merkmale des gesetzlichen Abfallbegriffs nach § 3 Abs. 1 KrWG eingreifen.[9]

Schwierig abzugrenzen ist, welche Anforderungen an die Kausalität bzw. Ursächlichkeit des Verhaltens zu stellen sind, das zum Anfallen der Abfälle geführt hat. Die Formulierung „durch deren Tätigkeit" könnte ein weites Verständnis nahelegen, und zwar in dem Sinne, dass jedes Verhalten erfasst wird, das als Handeln oder sonstiges Tätigwerden zur Entstehung des Abfalls beigetragen hat. Dies würde allerdings zu einer zu starken Ausdehnung der Abfallerzeugereigenschaft führen. Daher wendet die Rechtsprechung – wie in anderen ordnungsrechtlichen Materien auch – im Ausgangspunkt die sogenannte Unmittelbarkeitstheorie an. Verursacher ist danach derjenige, dessen Verhalten die Gefahr „unmittelbar" herbeigeführt, also bei einer wertenden Zurechnung die letzte Ursache gesetzt hat, die zu einem Überschreiten der polizeirechtlichen Gefahrenschwelle führt. Personen, die entferntere, nur mittelbare Ursachen für den eingetretenen Erfolg gesetzt haben, sind im Ausgangspunkt keine Verursacher in diesem Sinn.[10]

Die Rechtsprechung durchbricht den Unmittelbarkeitsansatz allerdings nicht selten unter Heranziehung einer von ihr vorgenommenen „wertenden Zurechnung". So soll unter Umständen auch ein als „Veranlasser" auftretender Hintermann (mit-)verantwortlich sein, wenn dessen Handlung zwar nicht zu einem Überschreiten der polizeirechtlichen Gefahrenschwelle führt, aber mit der durch den Verursacher unmittelbar herbeigeführten Gefahr oder Störung eine natürliche Einheit bildet, die in einer „wertenden Betrachtung" die Einbeziehung des Hintermanns in die Polizeipflicht rechtfertigt.[11] Abfallerzeuger sei demnach auch, wer einen Ursachenbeitrag für das Anfallen der Abfälle gesetzt habe und wem das Anfallen der Abfälle wertend zuzurechnen sei. Dementsprechend müsse der Ursachenzusammenhang zwischen der Tätigkeit und dem Entstehen des Abfalls bei wertender

[8] BVerwG, Urt. v. 13.12.2007 – 7 C 42/07, BVerwGE 130, S. 127 ff.; Schink und Versteyl 2017, § 3, Rn. 73 m. w. N.; Fluck et al. 2016, § 3 Abs. 8 KrWG, Rn. 7; Lersner et al. 2015, § 3 KrWG, Rn. 92.
[9] Frenz 2014, 1295–1296.
[10] BVerwG, Urt. v. 15.10.2014 – 7 C 1/13, NVwZ 2015, 153; BVerwG, Beschl. v. 12.04.2006 – 7 B 30/06, AbfallR 2006, 143.
[11] BVerwG, Urt. v. 15.10.2014 – 7 C 1/13, NVwZ 2015, 153; BVerwG, Beschl. v. 12.04.2006 – 7 B 30/06, AbfallR 2006, 143; vgl. auch EuGH, Urt. v. 07.09.2004 – Rs. C-1/03 („van der Walle"; Erzeugereigenschaft eines Tankstellenbetreibers hinsichtlich des von Kraftstoffen kontaminierten Erdreichs); EuGH, Urt. v. 24.08.2008 – Rs. C-188/07 („Commune de Mesquer", Erzeugereigenschaft eines Schiffscharterers für Abfälle aus einem Ölunfall auf See).

Betrachtung unter Berücksichtigung der jeweiligen Risikosphäre die Verantwortlichkeit für die Entsorgung des Abfalls rechtfertigen.[12] Begründet wird dies mit der Erwägung, dass das Abfallrecht Teil des Ordnungsrechts sei und es deshalb allgemeinen Grundsätzen entspreche, auch vorgelagerte Ursachen für die Begründung der Verantwortlichkeit heranzuziehen, wenn sich diese bei wertender Betrachtung als „wesentlich" darstelle.[13]

Dies kann zu einer deutlichen Ausweitung der Abfallerzeugereigenschaft führen und die rechtssichere Bestimmung der Ersterzeugereigenschaft stark erschweren.[14] Ob ein Verursachungsbeitrag in einer wertenden Betrachtung von der Rechtsprechung für ausreichend gehalten wird, um die Abfallerzeugereigenschaft anzunehmen, ist individuelle Tatfrage[15] und daher schwer zu prognostizieren. Klare Abgrenzungsmaßstäbe fehlen, wenn die Rechtsprechung mehr und mehr dazu übergeht, auf die Prüfung der Unmittelbarkeit des Verursachungsbeitrags zu verzichten und in einem weiten Umfang auch mittelbare Beiträge zur Annahme der Abfallerzeugereigenschaft ausreichen lässt.

► **Praxisbeispiel** Das Bundesverwaltungsgericht hat in der zuvor zitierten Entscheidung verunreinigtes Löschwasser, das zum Löschen eines Brandes in einer Abfallbehandlungsanlage eingesetzt worden war, dem Anlagenbetreiber im Sinne der Abfallerzeugereigenschaft zugerechnet. Zwar habe die Feuerwehr das Wasser zum Löschen des Brandes eingesetzt, ohne dass der Anlagenbetreiber hierauf und auf die sonstigen Maßnahmen zur Brandbekämpfung und zur Abwehr der von dem Löschwasser ausgehenden Umweltgefahren Einfluss gehabt habe. Jedoch sei der Brand, der zum Einsatz der Feuerwehr geführt habe, durch die gefahrgeneigte betriebliche Tätigkeit des Anlagenbetreibers ausgelöst worden. Dies genüge für die Annahme der Abfallerzeugereigenschaft.[16]

Häufig kommt es in der Praxis vor, dass die tatsächlichen Handlungen, die zum Anfallen des Abfalls führen, durch einen weisungsabhängigen Arbeitnehmer vorgenommen werden. In diesem Fall liegt die Abfallerzeugereigenschaft nach allgemeiner Auffassung nicht beim Arbeitnehmer, sondern beim Arbeitgeber, für den der Arbeitnehmer gehan-

[12] BVerwG, Urt. v. 15.10.2014 – 7 C 1/13, NVwZ 2015, 154, 154; das OVG Münster als Vorinstanz war im Ergebnis gleicher Auffassung, stellte im Urt. v. 07.10.2011 – 20 A 1181/10, NWVBl 2010, 141 jedoch maßgeblich auf das Erfordernis der Berücksichtigung „des Grundsatzes der Verhältnismäßigkeit" ab. Vgl. ferner Fluck et al. 2016, § 3 Abs. 8 KrWG, Rn. 7; Lersner et al. 2015, § 3 KrWG, Rn. 92.

[13] BVerwG, Urt. v. 15.10.2014 – 7 C 1/13, NVwZ 2015, 153, 155.

[14] Auch das Bundesverwaltungsgericht betont, eine Entgrenzung des Begriffs, die die Handhabbarkeit und Berechenbarkeit der Regelungen zur Bestimmung des Beseitigungspflichtigen infrage stellen würde, müsse vermieden werden (BVerwG, Urt. v. 15.10.2014 – 7 C 1/13, NVwZ 2015, 153, 155).

[15] Auf den Ausnahmecharakter und das Erfordernis der Berücksichtigung der besonderen Umstände des jeweiligen Einzelfalles weist auch das BVerwG hin (BVerwG, Urt. v. 15.10.2014 – 7 C 1/13, NVwZ 2015, 153, 154).

[16] Vgl. Fn. 13.

delt hat.[17] Dies gilt in gleicher Weise dann, wenn nicht ein Arbeitnehmer, sondern ein organschaftlicher Vertreter einer Gesellschaft gehandelt hat (beispielsweise der Geschäftsführer einer GmbH oder der Vorstand einer AG). Auch diese Personen handeln nicht für sich selbst, sondern für die Gesellschaft, die sie vertreten. Dementsprechend ist nicht die Person des Vertreters (Geschäftsführer oder Vorstand), sondern die vertretene juristische Person Abfallerzeuger.

Schwierig abzugrenzen und letztlich auch umstritten ist, wie die Abfallerzeugereigenschaft im Sinne des § 3 Abs. 8 KrWG zu beurteilen ist, wenn Abfälle in Erfüllung eines dienstvertraglichen oder werkvertraglichen Auftragsverhältnisses anfallen. Typischer Anwendungsfall sind Baustellenabfälle, bei denen sich die Frage stellt, ob der Abfall dem Auftraggeber (z. B. dem Bauherrn) oder dem Auftragnehmer (z. B. dem beauftragten Bauunternehmen) zuzurechnen ist. Oftmals enthalten die abgeschlossenen Verträge hierzu Regelungen, und zwar nicht selten des Inhalts, dass der Auftragnehmer eigenverantwortlich für die Entsorgung einstehen oder sogar kraft Vertrags als Abfallerzeuger nach § 3 Abs. 8 KrWG gelten soll.[18]

Im Ergebnis ist zu differenzieren. Relativ unproblematisch einzuordnen ist die Abfallerzeugereigenschaft hinsichtlich der Abfälle, die aus dem Organisationsbereich des Auftragnehmers stammen (z. B. Verpackungen der eingesetzten Baustoffe). Diese sind dem Auftragnehmer zuzurechnen, sodass er insoweit als Abfallerzeuger im Sinne des § 3 Abs. 8 KrWG gilt.[19]

Schwieriger ist die Einordnung hinsichtlich der Abfälle, die aus dem Organisationsbereich des Auftraggebers stammen (z. B. Bauschutt). Hier ist umstritten, ob der Auftraggeber oder der Auftragnehmer Abfallerzeuger nach § 3 Abs. 8 KrWG ist. Teilweise wird vertreten, grundsätzlich sei der Auftragnehmer Abfallerzeuger.[20] Zur Begründung wird angegeben, die Erzeugereigenschaft knüpfe an die Tätigkeit im Sinne eines tatsächlichen Umgangs mit der Sache an. Auch der systematische und inhaltliche Zusammenhang des Erzeugerbegriffs mit dem Abfallbegriff, der auf die Entstehung durch den Besitzer abstelle, spreche dafür, den Auftragnehmer als Erzeuger anzusehen.[21] Die herrschende Meinung sieht demgegenüber regelmäßig den Auftraggeber als Abfallerzeuger an.[22] Zur Begrün-

---

[17] Kopp-Assenmacher 2015, § 3, Rn. 46; Kropp 2010, S. 461, 463; Enders 2008, S. 56, 58; Reese und Schütte 1999, S. 136, 137; Klett und Enders 1996, S. 2004, 2005.

[18] Vgl. die Beispiele bei Kropp 2010, S. 461, insbesondere aus dem Bereich öffentlicher Ausschreibungen.

[19] So auch Kropp 2010, S. 461; Kropp in Lersner et al. 2015, § 3 KrWG, Rn. 98.

[20] Frenz 2014, 1295, 1297; Frenz 2015, 135, 138; Frenz in Fluck et al. 2016, § 3 Abs. 8 KrWG, Rn. 18; in diesem Sinne wohl auch der Abfallrechtsausschuss (ARA) der Länderarbeitsgemeinschaft Abfall (LAGA), Sondersitzung am 09./10.06.1998, TOP 1 und 98. Sitzung am 22./23.06.2010, TOP 5.2 (zitiert nach Kropp 2010, S. 461, Fn. 38).

[21] Abfallrechtsausschuss (ARA) der Länderarbeitsgemeinschaft Abfall (LAGA), vgl. Fn. 20.

[22] OVG Münster, Urt. v. 10.08.2012 – 20 A 222/10, AbfallR 2012, 294 (bestätigt durch BVerwG, Beschl. v. 28.10.2014 – 7 C 2.13); vgl. ferner Kropp 2015, 226, 228; Kropp in Lersner et al. 2015, § 3 KrWG, Rn. 99; Kopp-Assenmacher und Schwartz in Kopp-Assenmacher 2015, § 3, Rn. 46; Enders 2005, S. 381, 383; Enders 2008, S. 56, 57; Versteyl 2007, S. 1150, 1151; vgl. ferner VG

dung wird ausgeführt, dass der Auftraggeber/Besteller eines Werks „wertungsmäßig“ die wesentliche Ursache für die Entstehung der Abfälle setze und diese somit „beherrsche“.[23] Der Auftragnehmer handele demgegenüber lediglich als beauftragter Dritter. Zudem entstehe der Abfall in der Regel bereits vor Durchführung der Werkleistung, weil der Auftraggeber mit der Auftragsvergabe einen bestehenden Entlegungswillen manifestiere.[24]

Ausgangspunkt für die Lösung der streitigen Rechtsfrage muss die von der Rechtsprechung entwickelte Unmittelbarkeitstheorie sein, die – wie oben gezeigt – auch wertende Elemente enthält, die dazu führen können, dass ein mittelbarer Verursacher als Abfallerzeuger angesehen wird. Im Ausgangspunkt ist der herrschenden Meinung zuzustimmen. Im Regelfall wird der Auftraggeber als Abfallerzeuger anzusehen sein, wenn und soweit die Tätigkeit des Auftragnehmers auftrags- und weisungsgebunden ist. In diesen Fällen liegt kein relevanter Unterschied zum Einsatz eines Arbeitnehmers vor, der ebenfalls nicht als Abfallerzeuger angesehen wird. Allerdings sind auch Fallgestaltungen denkbar, in denen die Verträge zwischen dem Auftraggeber und dem Auftragnehmer so ausgestaltet sind, dass keine Weisungsabhängigkeit des Auftragnehmers vorliegt.[25] Ein Beispiel könnte ein Bauträgervertrag sein, der dem Bauträger eine sehr weitgehende Unabhängigkeit bei der Ausführung seiner Leistungen belässt. Die von der Rechtsprechung geforderte wertende Betrachtung wird in solchen Fällen zu dem Ergebnis führen, dass doch der Auftragnehmer und nicht der Auftraggeber als Abfallerzeuger anzusehen ist.

► **Praxishinweis** Auch wenn nach der herrschenden Meinung und der hier vertretenen Auffassung grundsätzlich der Auftraggeber als Abfallerzeuger anzusehen ist, sollte in der Praxis nicht darauf verzichtet werden, Regelungen zur Verteilung der Entsorgungsverantwortlichkeit in die Werk- und Dienstleistungsverträge aufzunehmen. Zum einen sind durchaus Fallgestaltungen denkbar, in denen die durch den Vertrag vorgenommene Aufteilung der Auftrags-/Weisungsabhängigkeit zu einem Übergang der Abfallerzeugereigenschaft auf den Auftragnehmer führt. Zum anderen haben solche Regelungen unabhängig von der Frage der öffentlich-rechtlichen Verantwortlichkeit auch eine zivilrechtliche Funktion. Sie können eine Grundlage für spätere Schadensersatzansprüche sein.

6.2.1.1.2 Zweiterzeuger

Als Abfallerzeuger gilt nach § 3 Abs. 8 Nr. 2 KrWG auch jede Person, die Vorbehandlungen, Mischungen oder sonstige Behandlungen vornimmt, die eine Veränderung der Beschaffenheit oder der Zusammensetzung der Abfälle bewirken. Unter „Natur“ des Abfalls ist dessen chemische bzw. physikalische Struktur zu verstehen. Mit „Zusammen-

Ansbach, Urt. v. 22.06.2006 – AN 11 K 05.01428; VG Arnsberg, Urt. v. 07.12.2009 – 14 K 868/09 als Vorinstanz zur o. g. Entscheidung des OVG Münster; ausdrücklich offen gelassen dagegen durch OVG Berlin-Brandenburg, Urt. v. 23.11.2006 – OVG 11 B 5.05.

[23] OVG Münster, Urt. v. 10.08.2012 – 20 A 222/10, AbfallR 2012, 294.

[24] Kropp in Lersner et al. 2015, § 3 KrWG, Rn. 99.

[25] Hagmann 2013, 150, 155; ähnlich Frenz in Fluck et al. 2016, § 3 Abs. 8 KrWG, Rn. 18.

setzung" wird auf die Stoffanteile bei Gemischen Bezug genommen.[26] Bewirkt wird die Abfallveränderung von der Person, die während des Veränderungsvorgangs die tatsächliche Sachherrschaft über die Abfälle besitzt.[27] Typische Zweiterzeuger sind Betreiber von Vorbehandlungsanlagen.

Keine Abfallveränderung in diesem Sinne liegt nach der Rechtsprechung jedoch dann vor, wenn Abfälle ununterscheidbar mit Abfällen gleicher Art vermischt werden, da die Mischung in diesem Fall keine Veränderung der Natur oder der Zusammensetzung der Abfälle bewirken soll.[28] Dies hat letztlich zur Konsequenz, dass ein Vermischen von Abfällen eines Ersterzeugers mit gleichartigen Abfällen eines anderen Ersterzeugers nicht zu einem Erlöschen der Ersterzeugereigenschaft führt. Vielmehr sind den Ersterzeugern aufgrund des Verursacherprinzips die Anteile der Abfälle zuzurechnen, die der von ihnen jeweils angelieferten Menge entsprechen.[29]

6.2.1.2 Abfallbesitzer

Abfallbesitzer ist nach § 3 Abs. 9 KrWG jede natürliche oder juristische Person, die die tatsächliche Sachherrschaft über Abfälle hat. Hinsichtlich des Begriffs der „natürlichen oder juristischen Person" ist auf die Ausführungen zur deckungsgleichen Voraussetzung in § 3 Abs. 8 KrWG zu verweisen.[30]

Tatsächliche Sachherrschaft liegt vor, wenn die Möglichkeit besteht, auf die Abfälle einzuwirken.[31] Im Unterschied zum zivilrechtlichen Besitzbegriff setzt das Abfallrecht keinen Besitzbegründungswillen voraus.[32] Daher kann im abfallrechtlichen Sinne auch derjenige Abfallbesitzer sein, der ohne sein Wissen oder gegen seinen Willen Besitz an den Abfällen erlangt. Abfallbesitz wird beispielsweise dann begründet, wenn Abfälle ohne Wissen oder gegen den Willen eines Grundstückeigentümers auf ein Grundstück gelangen, weil sie dann der tatsächlichen Sachherrschaft des Grundstückseigentümers unterliegen.[33] Dies gilt jedenfalls dann, wenn der Eigentümer sein Grundstück rechtlich und tatsächlich dem Zugriff oder Zutritt der Allgemeinheit entziehen kann. Legt die Rechtsordnung einem Grundstückseigentümer hingegen im Allgemeininteresse die Last der freien Zugänglichkeit auf, z. B. durch naturschutz- oder waldrechtliche Betretungsrechte, so trifft nicht ihn,

[26] Versteyl in Versteyl et al. 2012, § 3, Rn. 44; Dieckmann in Jarass und Petersen 2014, § 3, Rn. 170.
[27] Versteyl in Versteyl et al. 2012, § 3, Rn. 44; Dieckmann in Jarass und Petersen 2014, § 3, Rn. 171.
[28] BVerwG, Urt. v. 28.06.2007 – 7 C 5/07, BVerwGE 129, S. 93 ff. für den Fall der Vermischung von Baumischabfällen; vgl. auch BVerwG, Beschl. v. 14.04.2014 – 7 B 26/13, BayVBl 2014, 669 zu den Konsequenzen für das Abfallverbringungsrecht; OVG Berlin-Brandenburg, Urt. v. 23.11.2006 – 11 B 5.05; ähnlich: VG Freiburg, Urt. v. 14.03.2001 – 2 K 2191/99.
[29] BVerwG, Urt. v. 28.06.2007 – 7 C 5/07, BVerwGE 129, S. 93 ff.
[30] Siehe oben Abschn. 6.2.1.1.
[31] VG Schleswig, Beschl. v. 19.12.1995 – 12 A 123/94, UPR 1006, 199; Schink und Krappel in Schink und Versteyl 2017, § 3, Rn. 82; Dieckmann in Jarass und Petersen 2014, § 3, Rn. 182.
[32] Statt aller: Dieckmann in Jarass und Petersen 2014, § 3, Rn. 182.
[33] BVerwG, Urt. v. 19.01.1989 – 7 C 82/87, NJW 1989, S. 1295 ff.; BGH, Urt. v. 14.03.1985 – III ZR 12/84, NVwZ 1985, S. 447 f.; zustimmend: OVG Bautzen, Urt. v. 27.02.2012 – 5 A 48/10, AbfallR 2012, 137 f.; Kropp in Lersner et al. 2015, § 3 KrWG, Rn. 105.

sondern die Allgemeinheit in Gestalt der beseitigungspflichtigen Körperschaft die Verpflichtung zur Entsorgung der dort unerlaubt fortgeworfenen Abfälle.[34]

Besitzen Arbeitnehmer Abfälle für ihren Arbeitgeber, so ist allein der Arbeitgeber Abfallbesitzer.[35] Auch wenn sich der abfallrechtliche vom zivilrechtlichen Besitzbegriff unterscheidet, führt die Übertragung von Überlegungen zu den zivilrechtlichen Besitzvorschriften insoweit auch im Abfallrecht zu angemessenen Ergebnissen. So sind Arbeitnehmer zivilrechtlich als sog. Besitzdiener nach § 855 BGB einzuordnen, sodass allein der Arbeitgeber Besitzer im rechtlichen Sinne ist. Setzt ein Transportunternehmen also einen angestellten Fahrer ein, so ist nicht der Fahrer, sondern das Transportunternehmen Besitzer der Abfälle, die sich auf dem Fahrzeug befinden.[36] Dasselbe gilt für Organe juristischer Personen (z. B. Geschäftsführer einer GmbH oder Vorstände einer Aktiengesellschaft). Diese sind zwar nicht Besitzdiener im Sinne des § 855 BGB. Die zivilrechtliche Rechtsprechung hat allerdings die Rechtsfigur des Organbesitzes geprägt, nach der die von den Organen ausgeübte Sachherrschaft der juristischen Person zugerechnet wird.[37] Dieser Rechtsgedanke wird auf das Abfallrecht übertragen. Dementsprechend ist nicht das Organ einer juristischen Person Abfallbesitzer, sondern die juristische Person, für die das Organ handelt.[38]

Nicht einheitlich wird die Frage beantwortet, wer Abfallbesitzer ist, wenn ein beauftragtes Unternehmen auf einem fremden Grundstück tätig wird. Nach zutreffender Ansicht wird dies im Regelfall der Grundstücksbesitzer sein, da er die tatsächliche Sachherrschaft über das Grundstück ausübt. Dem beauftragten Unternehmen wird zwar das Recht zum Betreten des Grundstücks eingeräumt, damit wird jedoch regelmäßig nicht die Übertragung der Sachherrschaft über die auf dem Grundstück liegenden Gegenstände verbunden sein.[39] Etwas anderes gilt dann, wenn die Umstände des Einzelfalls so liegen, dass sich die durch das beauftragte Unternehmen erzeugten Abfälle außerhalb der Sachherrschaft des Grundstücksbesitzers befinden und das beauftragte Unternehmen die Sachherrschaft über die Abfälle allein ausübt (z. B., weil sich die Abfälle in einem verschließbaren Raum befinden, zu dem nur das beauftragte Unternehmen Zugang hat). In diesen Fällen muss das

[34] BVerwG, Urt. v. 19.01.1989 – 7 C 82/87, NJW 1989, S. 1295 ff.; Kropp in Lersner et al. 2015, § 3 KrWG, Rn. 105.

[35] Dieckmann in Jarass und Petersen 2014, § 3, Rn. 184; Kropp in Lersner et al. 2015, § 3 KrWG, Rn. 107.

[36] Anders ist dies zu beurteilen, wenn ein selbstständiger Frachtführer die Abfälle in seinem Besitz hat. Dann gilt der selbstständige Frachtführer als Abfallbesitzer; vgl. OLG Naumburg, Urt. v. 22.06.2000 – 7 U (Hs) 64/99, NVwZ 2002, S. 251 f.

[37] OLG Düsseldorf, Urt. v. 08.12.1999 – 11 U 23/99, GmbHR 2000, S. 283 ff.; Bassenge in Palandt 2017, § 854, Rn. 10.

[38] OVG Berlin-Brandenburg, Beschl. v. 14.09.2005 – 11 S 4.05; OVG Schleswig, Urt. v. 09.03.1995 – 4 L 90/94; Kopp-Assenmacher und Schwartz in Kopp-Assenmacher 2015, § 3, Rn. 51; Dieckmann in Jarass und Petersen 2014, § 3, Rn. 185; Enders 2008, S. 56, 58.

[39] Kopp-Assenmacher und Schwartz in Kopp-Assenmacher 2015 § 3, Rn. 51; Kropp in Lersner et al. 2015, § 3 KrWG, Rn. 110; Kropp 2010, S. 461, 462; im Ergebnis anders, aber mit nicht überzeugender Begründung: VG Arnsberg, Urt. v. 07.12.2009 – 14 K 868/09, AbfallR 2010, S. 110.

beauftragte Unternehmen als Abfallbesitzer gelten. Hierfür genügt aber noch nicht, dass das beauftragte Unternehmen ein Abfallbehältnis (z. B. einen Container) auf dem Grundstück aufstellt.[40] Im Regelfall übt der Grundstücksbesitzer die tatsächliche Sachherrschaft über das Abfallbehältnis aus, solange es sich auf dem Grundstück befindet. Erst mit der Übernahme durch das beauftragte Unternehmen erlangt dieses die Sachherrschaft über das Abfallbehältnis und die in ihm lagernden Abfälle. Ab diesem Zeitpunkt ist das beauftragte Unternehmen Abfallbesitzer im Sinne des § 3 Abs. 9 KrWG.[41]

► **Praxishinweis** Ein Entsorgungsunternehmen, das seinem Kunden ein Abfallbehältnis (z. B. einen Container) zur Verfügung stellt, sollte sich darüber bewusst sein, dass es im Zeitpunkt der Übernahme des gefüllten Containers Abfallbesitzer nach § 3 Abs. 9 KrWG wird und damit in die öffentlich-rechtliche Verantwortung für den Abfall eintritt. Dies gilt auch dann, wenn der Container durch den Kunden mit anderen Abfällen befüllt worden ist, als zuvor vertraglich vereinbart wurde. Bis zur Übernahme ist hingegen regelmäßig der Grundstücksbesitzer Abfallbesitzer und als solcher öffentlich-rechtlich für den Abfall verantwortlich. Schwieriger ist die Rechtslage, wenn das Abfallbehältnis nicht auf einem privaten Grundstück, sondern im öffentlichen Verkehrsraum aufgestellt worden ist. In diesem Fall ist eine Inanspruchnahme des Entsorgungsunternehmens durch die Straßenbehörde denkbar, da das im Verkehrsraum liegende Abfallbehältnis die Sicherheit und Leichtigkeit des Straßenverkehrs beeinträchtigen kann. Kommt das Entsorgungsunternehmen einer Aufforderung der Straßenbehörde nach und übernimmt das gefüllte Abfallbehältnis, so wird es ab diesem Zeitpunkt Abfallbesitzer nach § 3 Abs. 9 KrWG und damit öffentlich-rechtlich für den Abfall verantwortlich.

Wird über das Vermögen eines Abfallbesitzers das Insolvenzverfahren eröffnet, so wird der Insolvenzverwalter Abfallbesitzer.[42] Durch die Eröffnung des Insolvenzverfahrens geht nach § 80 Abs. 1 InsO das Recht des Schuldners, das zur Insolvenzmasse gehörende Vermögen zu verwalten und über es zu verfügen, auf den Insolvenzverwalter über. Dieser hat gemäß § 148 Abs. 1 InsO nach der Eröffnung des Insolvenzverfahrens das gesamte zur Insolvenzmasse gehörende Vermögen sofort in Besitz und Verwahrung zu nehmen. Für die Massebefangenheit eines Pachtgrundstücks, auf dem Abfälle lagern, genügt dessen tatsächliche Inanspruchnahme in der Weise, als darauf auch andere Gegenstände des

[40] So auch Kropp in Lersner et al. 2015, § 3 KrWG, Rn. 110; Kropp 2010, S. 461, 462; a. A.: Reese und Schütte 1999, S. 136, 138.

[41] Kropp in Lersner et al. 2015 § 3 KrWG, Rn. 110; Kropp 2010, S. 461, 462; VG Ansbach, Urt. v. 22.06.2006 – AN 11 K 05.01428, AbfallR 2006, S. 240.

[42] OVG Lüneburg, Beschl. v. 25.01.2010 – 7 LA 130/09, NJW 2010, S. 2453 f.; OVG Lüneburg, Beschl. v. 03.12.2009 – 7 ME 55/09, NJW 2010, S. 1546 f.; VGH München, Beschl. v. 18.10.2010 – 22 CS 10.439, BayVBl. 2011, S. 762 ff.; OVG Greifswald, Beschl. v. 17.11.2005 – 3 M 71/04, NVwZ-RR 2006, S. 668 f.

Gemeinschuldners gelagert werden, die der Verwaltungsbefugnis des Antragstellers unterliegen (z. B. Maschinen oder Rohstoffe).[43]

Nach neuerer Rechtsprechung kann der Insolvenzverwalter seine Entsorgungspflicht jedoch dadurch zum Erlöschen bringen, dass er die als Abfall zu qualifizierenden Gegenstände durch eine entsprechende Erklärung aus der Insolvenzmasse freigibt.[44] Die ältere Rechtsprechung hatte dies noch abgelehnt.[45] Seit einer richtungsweisenden Entscheidung des Bundesverwaltungsgerichts vom 23.09.2004[46] haben sich jedoch nunmehr alle Gerichte der neuen Auffassung angeschlossen.[47]

6.2.2 Zeitliche Reichweite

Zur Abgrenzung der zeitlichen Reichweite der abfallrechtlichen Verantwortlichkeit ist wiederum zwischen dem Abfallerzeuger (dazu Abschn. 6.2.2.1) und dem Abfallbesitzer (dazu Abschn. 6.2.2.2) zu differenzieren.

6.2.2.1 Abfallerzeuger

Die Verantwortung der Abfallerzeuger erlischt erst mit der vollständigen Erfüllung der ihnen obliegenden Verpflichtungen. Im Hinblick auf die Grundpflichten der Kreislaufwirtschaft (§ 7 ff. KrWG) bedeutet dies konkret, dass die Pflichten zur ordnungsgemäßen und schadlosen Verwertung bzw. allgemeinwohlverträglichen Beseitigung des Abfalls erst mit der vollständigen Durchführung der Entsorgungsmaßnahme enden.[48] Werden die Abfälle in Erfüllung einer nach § 17 KrWG bestehenden Überlassungspflicht den nach Landesrecht zur Entsorgung verpflichteten juristischen Personen (öffentlich-rechtliche Entsorgungsträger) überlassen, erlischt die Verantwortung der Abfallerzeuger mit der Überlassung. Dasselbe gilt, wenn Länder nach § 17 Abs. 4 KrWG Andienungs- oder Überlassungspflichten für gefährliche Abfälle bestimmt haben. Auch in diesem Fall en-

---

[43] VGH München, Beschl. v. 18.10.2010 – 22 CS 10.439, BayVBl. 2011, S. 762 ff. unter Verweis auf BGH, Urt. v. 05.10.1994 – XII ZR 53/93, BGHZ 127, S. 156 ff.

[44] BVerwG, Urt. v. 23.09.2004 – 7 C 22/03, BVerwGE 122, S. 75 ff.; VGH München, Beschl. v. 18.10.2010 – 22 CS 10.439, BayVBl. 2011, S. 762 ff.; OVG Lüneburg, Beschl. v. 25.01.2010 – 7 LA 130/09, NJW 2010, S. 2453 f.; OVG Lüneburg, Beschl. v. 03.12.2009 – 7 ME 55/09, NJW 2010, S. 1546 f.; OVG Greifswald, Beschl. v. 17.11.2005 – 3 M 71/04, NVwZ-RR 2006, S. 668 f.

[45] VG Potsdam, Beschl. v. 19.12.2001 – 5 L 359/01; VG Leipzig, Urt. v. 31.05.2002 – 3 K 1872/97; OVG Greifswald, Urt. v. 16.01.1997 – 3 L 94/96; OVG Lüneburg, Urt. v. 20.03.1996 – 7 L 2062/95; VG Kassel, Beschl. v. 14.05.2003 – 7 G 545/03.

[46] BVerwG, Urt. v. 23.09.2004 – 7 C 22/03, BVerwGE 122, S. 75 ff.

[47] Vgl. Fn. 44.

[48] BVerwG, Urt. v. 28.06.2007 – 7 C 5/07, BVerwGE 129, S. 93 ff., Kopp-Assenmacher und Schwartz in Kopp-Assenmacher 2015, § 3, Rn. 48; Dieckmann in Jarass und Petersen 2014, § 3, Rn. 173; Frenz 2014, 1295, 1301; Enders 2008, S. 56, 59; Versteyl 2007, S. 1150, 1151.

det die Verantwortlichkeit mit der ordnungsgemäßen Erfüllung der Anforderungen und Vorgaben der Andienungs- bzw. Überlassungsstelle.[49]

Das Bundesverwaltungsgericht hat in seinem insoweit grundlegenden Urteil vom 28.06.2007 ausdrücklich betont, dass die Verantwortlichkeit des Abfallerzeugers vor der vollständigen Verwertung/Beseitigung bzw. der Andienung/Überlassung insbesondere nicht dadurch endet, dass der Abfallerzeuger die Abfälle einer anderen Person (z. B. einem beauftragten Entsorgungsunternehmen) übergibt und dadurch den Besitz an den Abfällen verliert.[50]

6.2.2.2 Abfallbesitzer

Die Bestimmung der zeitlichen Reichweite der Verantwortung des Abfallbesitzers war lange umstritten. Insbesondere war unklar, ob die Verantwortlichkeit endet, wenn der Abfallbesitzer seinen Besitz an den Abfällen durch Übergabe an eine andere Person (z. B. ein Entsorgungsunternehmen) verliert, ob also auch der frühere Abfallbesitzer verantwortlich bleibt und hoheitlich zur Erfüllung seiner Pflichten herangezogen werden kann (z. B. durch den Erlass einer auf § 62 KrWG gestützten Verfügung). Auch in der verwaltungsgerichtlichen Rechtsprechung wurde diese Frage nicht einheitlich beantwortet. Teilweise wurde angenommen, die Verantwortung des früheren Abfallbesitzers bleibe trotz der Übergabe des Abfalls bestehen,[51] teilweise wurde angenommen, mit dem Besitzverlust entfalle auch die aus dem Abfallrecht folgende Entsorgungspflicht.[52]

Eine höchstrichterliche Klärung erfuhr diese Frage durch das Urteil des Bundesverwaltungsgerichts vom 28.06.2007.[53] Maßgeblich ist danach, ob der Abfallbesitzer einen Dritten nach § 22 KrWG mit der Erfüllung seiner Entsorgungspflichten beauftragt und ihm aufgrund des Auftrags den Abfallbesitz überträgt. In diesem Fall bleibt die Verantwortlichkeit des bisherigen Abfallbesitzers für die Erfüllung seiner Entsorgungspflicht gemäß § 22 S. 2 KrWG bestehen, weil er sich das Verhalten der beauftragten Person zurechnen lassen muss. Geht der Abfallbesitz dagegen über, ohne dass ein Entsorgungsauftrag nach § 22 KrWG zugrunde liegt, endet die abfallrechtliche Verantwortlichkeit des Vorbesitzers mit dem Übergang des Besitzes.

---

[49] Kopp-Assenmacher und Schwartz in Kopp-Assenmacher 2015 § 3, Rn. 48; Dieckmann in Jarass und Petersen 2014, § 3, Rn. 173; Enders 2008, S. 56, 59; Versteyl 2007, S. 1150, 1151.

[50] BVerwG, Urt. v. 28.06.2007 – 7 C 5/07, BVerwGE 129, S. 93 ff.; vgl. dazu Gaßner und Thärichen 2007, S. 164 ff.; Kopp-Assenmacher und Schwartz in Kopp-Assenmacher 2015, § 3, Rn. 48; Dieckmann in Jarass und Petersen 2014, § 3, Rn. 173; Enders 2008, S. 56 ff.; Versteyl 2007, S. 1150 ff.; Shirvani 2008, S. 41 ff.; Kropp 2008, S. 401 ff.

[51] VG Freiburg, Urt. v. 14.03.2001 – 2 K 2191/99.

[52] OVG Berlin-Brandenburg, Urt. v. 23.11.2006 – OVG 11 B 5.05.

[53] Vgl. Fn. 50.

Somit sind folgende Varianten zu unterscheiden:

Fallvariante 1:

Der Abfallbesitzer übergibt die Abfälle einem Dritten, ohne Auftraggeber eines Entsorgungsvertrags nach § 22 KrWG zu sein.

Beispiele:

- Der Abfallbesitzer erbringt ausschließlich Transportleistungen. Die Person des Dritten, dem er die Abfälle übergibt, hat er nicht selbst ausgewählt und beauftragt; sie ist ihm stattdessen durch seinen Auftraggeber vorgegeben worden; oder
- Abfälle lagern auf einem Grundstück und stehen im Besitz des Grundstücksbesitzers. Der Grundstücksbesitzer überträgt den Besitz am Grundstück auf eine dritte Person, die auf diese Weise auch den Besitz an den Abfällen übernimmt.

Folge:

Mit der Übergabe der Abfälle an die dritte Person endet die abfallrechtliche Verantwortlichkeit des früheren Abfallbesitzers für die ordnungsgemäße und schadlose bzw. allgemeinwohlverträgliche Entsorgung des Abfalls. Die dritte Person wird mit der Übernahme der Abfälle Abfallbesitzer nach § 3 Abs. 9 KrWG und damit für die Abfälle öffentlich-rechtlich verantwortlich.

Fallvariante 2:

Der Abfallbesitzer übergibt die Abfälle einem Dritten als Auftraggeber eines Entsorgungsvertrags nach § 22 KrWG.

Beispiel:

- Ein Entsorgungsunternehmen übernimmt Abfälle von einem Abfallerzeuger. Es schließt einen Entsorgungsvertrag mit einer dritten Person (einem weiteren Entsorgungsunternehmen). In Erfüllung dieses Vertrags werden die Abfälle an die dritte Person (das weitere Entsorgungsunternehmen) übergeben; oder
- eine Servicegesellschaft in einem Industriepark koordiniert zentral die Abfallentsorgung aller Industrieparknutzer. Zu diesem Zweck schließt es Entsorgungsverträge mit dritten Entsorgungsunternehmen ab. Die von den Industrieparknutzern übernommenen Abfälle werden in Erfüllung der abgeschlossenen Verträge an die beauftragten Entsorgungsunternehmen übergeben.

Folge:

Mit der Übergabe der Abfälle an die dritte Peron (das weitere Entsorgungsunternehmen) endet die Verantwortlichkeit des früheren Abfallbesitzers für die ordnungsgemäße und schadlose bzw. allgemeinwohlverträgliche Entsorgung des Abfalls nicht. Er bleibt weiterhin für den Abfall öffentlich-rechtlich verantwortlich. Die Verantwortlichkeit des neuen Abfallbesitzers tritt hinzu.

Die vom Bundesverwaltungsgericht geprägten Grundsätze der Verantwortlichkeit des früheren Abfallbesitzers gelten nicht, wenn der frühere Abfallbesitzer zugleich Abfallerzeuger (Ersterzeuger oder Zweiterzeuger) ist. In diesem Fall überlagert die Erzeugereigenschaft die Abfallbesitzereigenschaft. Abfallerzeuger sind grundsätzlich bis zur vollständigen Erfüllung der abfallrechtlichen Verpflichtungen verantwortlich. Dies gilt auch dann, wenn der Besitz auf eine andere Person übergeht.

Schließlich kommen frühere Abfallbesitzer auch dann nicht aus ihrer Verantwortung frei, wenn sie die Abfälle – ohne einen Entsorgungsvertrag abzuschließen – illegal entsorgen, z. B. im Falle des sogenannten „wilden Wegwerfens" von Abfall. In der Praxis kommt es beispielsweise gelegentlich vor, dass Entsorgungsunternehmen die dem Kunden zur Verfügung gestellten Abfallbehältnisse (z. B. Container) ohne Wissen oder gegen den Willen des Kunden vor Ort entleeren, beispielsweise deshalb, weil der Kunde weder zahlt noch das Abfallbehältnis freigibt. In solchen Fallgestaltungen wird das Entsorgungsunternehmen für einen kurzen Zeitraum Abfallbesitzer, nämlich in dem Zeitraum, in dem es das gefüllte Abfallbehältnis ausleert. Zwar verliert das Entsorgungsunternehmen mit dem Auskippen recht schnell den Abfallbesitz. Da es sich aber um eine illegale Entsorgungshandlung handelt, bleibt die abfallrechtliche Verantwortlichkeit trotz des Verlustes des Abfallbesitzes bestehen.

Literatur

Enders R (2005) Die öffentlich-rechtliche und zivilrechtliche Verantwortlichkeit des Abfallerzeugers. NVwZ 2005, 381–388

Enders R (2008) Die Verantwortlichkeit von Abfallerzeugern und Abfallbesitzern. AbfallR 2008, 56–64

Fluck J, Frenz W, Fischer K, Franßen G (2016) Kreislaufwirtschafts-, Abfall- und Bodenschutzrecht. Hüthig Jehle Rehm, Heidelberg

Frenz W (2014) Entsorgungsverantwortung für Bauabfälle. DVBl 2014, 1295–1302

Frenz W (2015) Verantwortlichkeit für Abfälle im Baubereich in neuem Licht? AbfallR 2015, 135–144

Gaßner H, Thärichen H (2007) Zur fortdauernden Entsorgungsverantwortung des Abfallbesitzers. AbfallR 2007, 164–174

Hagmann J (2013) Abfallerzeuger- und -besitzerhaftung nach dem KrWG. AbfallR 2013, 150–156

Jarass H, Petersen F (2014) Kreislaufwirtschaftsgesetz. C. H. Beck, München

Klett W, Enders R (1996) Der Bauherr als Abfallbesitzer und Abfallerzeuger nach geltendem und künftigem Abfallrecht. BB 1996, 2003–2005

Kopp-Assenmacher S (2015) Kreislaufwirtschaftsgesetz. Erich Schmidt Verlag, Berlin

Kropp O (2008) Umfang und Dauer der abfallrechtlichen Verantwortung des Abfallerzeugers und -besitzers. ZUR 2008, 401–406

Kropp O (2010) Erzeuger und Besitzer von Bauabfällen. ZUR 2010, 461–466

Kropp O (2015) Wer ist Erzeuger von Bau- und Abbruchabfällen? AbfallR 2015, 226–233

Lersner H von, Wendenburg H, Kropp O, Rüdiger J (2015) Recht der Abfallbeseitigung des Bundes, der Länder und der Europäischen Union. Erich Schmidt Verlag, Berlin

Palandt O (2017) Bürgerliches Gesetzbuch. C. H. Beck, München

Reese M, Schütte P (1999) Die abfallrechtliche Verantwortung des Abfallerzeugers. ZUR 1999, 136–141

Schink A, Versteyl A (2017) Kreislaufwirtschaftsgesetz. Lexxion, Berlin

Shirvani F (2008) Die Verantwortlichkeit des ehemaligen Abfallbesitzers. UPR 2008, 41–46

Versteyl L-A (2007) Zur Verantwortlichkeit des Abfallerzeugers/-besitzers – Vorläufiges und Endgültiges? NVwZ 2007, 1150–1152

Versteyl L-A, Mann T, Schomerus T (2012) Kreislaufwirtschaftsgesetz. C. H. Beck, München

7 Grenzüberschreitende Abfallverbringung

Anno Oexle

7.1 Einführung

Abfälle werden grenzüberschreitend verbracht, weil die Märkte für ihre Entsorgung nicht an den nationalen Grenzen enden. Das gilt insbesondere für (noch) als Abfall einzustufende Sekundärrohstoffe, wie z. B. Altpapier oder Stahlschrott, also Materialien, die weltweit nachgefragt und gehandelt werden. Aus rechtlicher Sicht ist dabei zu beachten, dass für grenzüberschreitende Abfallverbringungen andere Voraussetzungen gelten als für rein innerstaatliche Transport- und Entsorgungsvorgänge.

Das Recht der grenzüberschreitenden Abfallverbringungen besteht aus einer Vielzahl völkerrechtlicher, unionsrechtlicher und nationaler Regelungen, in deren Zentrum die Verordnung 1013/2006[1] steht. Die Verordnung 1013/2006 begründet, insbesondere in Abhängigkeit von dem Gefahrenpotenzial, der Herkunft und der Bestimmung der zu verbringenden Materialien, ein unübersichtliches und kompliziertes Kontrollsystem. Dieses System wird durch die Verordnung 1418/2007[2] ergänzt, die besondere Anforderungen an den Export bestimmter Abfälle in Nicht-OECD-Staaten enthält. Beide Verordnungen werden stetig fortgeschrieben. Das gilt insbesondere für ihre Anhänge.

[1] Verordnung (EG) Nr. 1013/2006 v. 14.06.2006 über die Verbringung von Abfällen (ABl. L 190 v. 12.07.2006, S. 1).

[2] Verordnung (EG) Nr. 1418/2007 v. 29.11.2007 über die Ausfuhr von bestimmten in Anhang III oder IIIA der Verordnung 1013/2006 aufgeführten Abfälle, die zur Verwertung bestimmt sind, in bestimmte Staaten, für die der OECD-Beschluss über die Kontrolle der grenzüberschreitenden Verbringung von Abfällen nicht gilt (ABl. L 316 v. 04.12.2007, S. 6).

A. Oexle (✉)
Köhler & Klett Rechtsanwälte
Köln, Deutschland

P. Kurth et al. (Hrsg.), *Praxishandbuch der Kreislauf- und Rohstoffwirtschaft*,
https://doi.org/10.1007/978-3-658-17045-5_7

► **Praxistipp** Eine fortlaufend aktualisierte Zusammenstellung der aus der Verordnung 1418/2007 resultierenden Anforderungen enthält – abrufbar unter www.uba.de – die sog. „Staatenliste" des Umweltbundesamtes. Im Falle einer Divergenz zwischen Verordnung und Liste gilt die Verordnung.

Bei den Verordnungen 1013/2006 und 1418/2007 handelt es sich um Unionsrecht, das in allen EU-Mitgliedstaaten gleichermaßen und unmittelbar gilt. Anders als bei EU-Richtlinien ist dazu keine gesonderte Umsetzung in nationales Recht erforderlich.

Auf deutscher Ebene werden diese Regelungen flankiert durch das Abfallverbringungsgesetz,[3] die Abfallverbringungsbußgeldverordnung[4] und das Strafgesetzbuch. Diese nationalen Regelwerke enthalten überwiegend Straf- und Bußgeldtatbestände, die es den zuständigen nationalen Behörden ermöglichen sollen, Verstöße gegen das Verbringungsrecht zu ahnden. Das Abfallverbringungsgesetz enthält zudem Bestimmungen, die die Verordnung 1013/2006 ergänzen, z. B. Regelungen über die behördlichen Zuständigkeiten oder die (Rück-)Abwicklung illegaler Verbringungen.

Neben den vorstehenden (Außen-)Rechtsnormen wird die Praxis des Verbringungsrechts maßgeblich durch diverse Vollzugshinweise geprägt; sie enthalten Empfehlungen zur Auslegung und Anwendung des Verbringungsrechts. Hervorzuheben sind auf europäischer Ebene die „Anlaufstellen-Leitlinien"[5] und die „EU-FAQ"[6] sowie auf nationaler Ebene die „LAGA M 25"[7] und die „UBA-Fragen & Antworten".[8] Diese Vollzugshinweise sind rechtlich nicht verbindlich; es handelt sich lediglich um die subjektive Ansicht der jeweiligen Verfasser.

---

[3] Gesetz zur Ausführung der Verordnung 1013/2006 v. 14.06.2006 über die Verbringung von Abfällen und des Basler Übereinkommens v. 22.03.1989 über die Kontrolle der grenzüberschreitenden Verbringung gefährlicher Abfälle und ihrer Entsorgung v. 19.07.2007 (BGBl. I S. 1462).

[4] Verordnung zur Durchsetzung von Vorschriften in Rechtsakten der Europäischen Gemeinschaft über die Verbringung von Abfällen v. 29.07.2007 (BGBl. I S. 1761).

[5] Anlaufstellen-**Leitlinie 1** zur Verbringung von Elektro- und Elektronik-Altgeräten. Anlaufstellen-**Leitlinie 2** zur Einfuhr von Abfällen in die Gemeinschaft, die beim Einsatz von Streitkräften oder Hilfsorganisationen anfallen. Anlaufstellen-**Leitlinie 3** zur Bescheinigung für die nachfolgende nicht vorläufige Verwertung oder Beseitigung nach Art. 15 e) der Verordnung 1013/2006. Anlaufstellen-**Leitlinie 4** zur Einstufung von Elektro- und Elektronik-Altgeräten sowie Flugasche aus Kohlekraftwerken nach Anhang IV Teil I c) der Verordnung 1013/2006. Anlaufstellen-**Leitlinie 5** zur Einstufung von Holzabfällen in den Einträgen B 3050 oder AC 170. Anlaufstellen-**Leitlinie 6** zur Einstufung von Schlacken aus der Behandlung von Kupferlegierungen in den Einträgen GB 040 und B 1100. Anlaufstellen-**Leitlinie 7** zur Einstufung von Glasabfällen, die von Kathodenstrahlröhren stammen, in den Einträgen B 2020 oder A 2010. Anlaufstellen-**Leitlinie 8** über die Einstufung von toner- und druckfarbenhaltigen Kartuschen. Anlaufstellen-**Leitlinie 9** über die Verbringung von Altfahrzeugen. Anlaufstellen-Leitlinie 10 zur Verbringung gemäß Art. 18 der Verordnung 1013/2006.

[6] „Frequently Asked Questions on Regulation (EC) 1013/2006 on shipments of waste" der EU-Kommission (Stand: Juli 2012).

[7] Mitteilung 25 „Vollzugshilfe zur Abfallverbringung" der Bund/Länder-Arbeitsgemeinschaft Abfall (Stand: Mai 2017).

[8] „Fragen & Antworten zum Anhang VII-Dokument (Versandinformationen) sowie zu Artikel 18 der VVA" des Umweltbundesamtes (Stand: 15.07.2017).

7.2 Anwendungsbereich des Verbringungsrechts

Das Verbringungsrecht gilt nur für grenzüberschreitende Transport- und Entsorgungsvorgänge.

Neben dem grenzüberschreitenden Bezug setzt die Anwendung des Verbringungsrechts voraus, dass es sich bei dem zu transportierenden Material um Abfall handelt. Der Abfallbegriff ist in der EU-Abfallrahmenrichtlinie 2008/98[9] gemeinschaftsweit geregelt und findet durch den Verweis in Art. 2 Nr. 1 der Verordnung 1013/2006 im Verbringungsrecht unmittelbare Anwendung.

▶ **Praxishinweis** Keine Anwendung findet dagegen der jeweils maßgebliche nationale Abfallbegriff, was von praktischer Bedeutung ist, wenn sich dieser von dem der Richtlinie 2008/98 unterscheidet.

Problematisch ist, dass der Abfallbegriff äußerst unbestimmt ist. Die daraus resultierenden Rechtsunsicherheiten sind nicht zuletzt wegen der weitreichenden Haftungsfolgen in dem Fall einer fehlerhaften Einstufung[10] problematisch.

▶ **Kollisionsregel** Können die zuständigen Behörden am Versand- und am Bestimmungsort keine Einigkeit über die Einstufung der zu verbringenden Materialien als Abfall oder als Nicht-Abfall erzielen, greift die Kollisionsregelung des Art. 28 der Verordnung 1013/2006.

7.3 Kontrollregime des Verbringungsrechts

7.3.1 Bestimmung des richtigen Verfahrens

Wenn eine grenzüberschreitende Abfallverbringung nicht bereits ausnahmsweise abstrakt-generell, also unmittelbar durch Gesetz, verboten ist, unterliegt sie grundsätzlich entweder dem Kontrollverfahren der schriftlichen Notifizierung und Zustimmung[11] oder den allgemeinen Informationspflichten.[12] Im ersten Fall darf die Verbringung erst nach ihrer Genehmigung durch die zuständigen Behörden beginnen. Im zweiten Fall ist dazu keine Genehmigung erforderlich; die beabsichtigte Verbringung ist den zuständigen Behörden noch nicht einmal anzuzeigen. Voraussetzung für eine Verbringung in diesem Fall ist lediglich, dass ein bestimmtes Versanddokument ausgefüllt und mitgeführt sowie ein bestimmter Vertrag zwischen dem Veranlasser der Verbringung und dem Empfänger der Abfälle geschlossen wird.

[9] Richtlinie 2008/98/EG v. 19.11.2008 über Abfälle und zur Aufhebung bestimmter Richtlinien (ABl. L 312 v. 22.11.2008, S. 3).

[10] Dazu nachfolgend 7.3.1.

[11] Art. 4 ff. Verordnung 1013/2006.

[12] Art. 18 Verordnung 1013/2006.

Der Genehmigungsvorbehalt gilt zunächst für die Verbringung von zur Beseitigung bestimmten Abfällen. Die Verbringung von Abfällen zur Verwertung ist dagegen grundsätzlich nur dann genehmigungspflichtig, wenn es sich um Abfälle der Gelben Liste (Anhang IV zur Verordnung 1013/2006) handelt oder um Abfälle, die keiner Liste zugeordnet werden können. Die allgemeinen Informationspflichten sind dagegen zu beachten, wenn zur Verwertung bestimmte Abfälle der Grünen Liste (Anhänge III, IIIA und IIIB der Verordnung 1013/2006) verbracht werden. Bei zur Verwertung bestimmten Abfällen entscheidet damit die Einstufung in das Listensystem der Verordnung 1013/2006 über die Voraussetzungen einer Verbringung. Die Listen begründen ein eigenständiges, primär stoffbezogenes Klassifizierungssystem, das sich aus den völkerrechtlichen Vorgaben der Verordnung ableitet.[13] Es ist strikt von dem Listensystem der Abfallverzeichnisverordnung[14] zu unterscheiden, das überwiegend einem herkunftsbezogenen Ansatz folgt.

► **Haftung für eine fehlerhafte Einstufung** Die Einstufung eines Abfalls in das Listensystem der Verordnung 1013/2006 ist von entscheidender Bedeutung für die Frage, unter welchen Voraussetzungen die beabsichtigte Verbringung erfolgen darf. Verantwortlich für die Einstufung ist die Person, die die Verbringung durchführen (lassen) will. In dem Fall einer zustimmungsbedürftigen Verbringung ist dies der Notifizierende; im Falle einer Verbringung, die lediglich den allgemeinen Informationspflichten unterliegt, die Person, die die Verbringung veranlasst. Die zuständigen Behörden können die so vorgenommene Einstufung überprüfen. In Abhängigkeit von dem jeweiligen rechtlichen Rahmen kann die Überprüfung im Notifizierungsverfahren erfolgen und/oder im Rahmen behördlicher (Transport-)Kontrollen. Besonders haftungsrelevant ist die Einstufung eines Abfalls in die Grüne Liste. Denn eine behördliche Vorabkontrolle, die zu einer Korrektur der Einstufung oder zumindest zu einer entsprechenden Diskussion mit den zuständigen Behörden führt, findet in diesem Fall nicht statt. Es wird damit auf eigenes Risiko verbracht. Die Verbringung notifizierungspflichtiger Abfälle ohne die erforderlichen behördlichen Zustimmungen hat gravierende verwaltungsrechtliche Konsequenzen; zudem können solche Fälle als Ordnungswidrigkeit[15] und ggf. sogar als Straftat[16] verfolgt werden.

► **Problem Fremdstoffanteil** Schwierigkeiten bei der Einstufung von Abfällen in das Listensystem der Verordnung 1013/2006 bereitet in der Praxis immer wieder die Frage, wann ein Fremdstoffanteil die Zuordnung eines Abfalls zu einem bestimmten Code der Grünen Liste verhindert. Entgegen einer zunehmend anzutreffenden behördlichen Praxis verbietet sich hier eine pauschale Betrachtung unter Rückgriff auf fixe prozentuale Obergrenzen. Vielmehr ist einerseits

[13] Siehe dazu in diesem Handbuch den Beitrag von Wuttke, Einstufung von Abfällen (Kap. 3).
[14] Verordnung über das Europäische Abfallverzeichnis v. 10.12.2001 (BGBl. I S. 3379).
[15] § 18 AbfVerbrG sowie §§ 1, 2 AbfVerbrBußV.
[16] § 326 Abs. 2 StGB; §§ 18 a, 18 b AbfVerG.

zu berücksichtigen, dass Fremdstoffe grundsätzlich abfalltypisch sind, andererseits aber bereits ein geringer Verunreinigungsanteil das Gefährdungspotenzial des Abfalls signifikant und damit einstufungsrelevant erhöhen kann. Die Frage nach dem (noch) zulässigen Fremdstoffanteil kann daher nur einzelfallbezogen anhand der verbindlichen Vorgaben des jeweils maßgeblichen Abfallcodes und unter Berücksichtigung der Vorbemerkungen zu den „grünen" Anhängen III, IIIA und IIIB beantwortet werden.

Tab. 7.1 Übersicht zur Bestimmung des Verfahrens nach der Verordnung 1013/2006

	Verbringung innerhalb der EU	Import in die EU	Export aus der EU	
Abfälle zur Beseitigung	zulässig nach Zustimmung (Art. 4 – 17)	in bestimmten Fällen verboten; sonst zulässig nach Zustimmung (Art. 41 – 42)	grundsätzlich verboten (Art. 34); in Ausnahmefällen zulässig nach Zustimmung (Art. 35)	
Abfälle zur Verwertung der Grünen Listen			Export in Staaten, für die der OECD-Beschluss gilt	Export in Staaten, für die der OECD-Beschluss nicht gilt
	zulässig bei Beachtung der Informationspflichten (Art. 18)	in bestimmten Fällen verboten; sonst zulässig bei Beachtung die Informationspflichten[17] (Art. 43 – 46)	zulässig bei Beachtung der Informationspflichten (Art. 38)	zulässig bei Beachtung der staatenspezifischen Einzelfallregelungen (Art. 37 i.V.m. der Verordnung 1418/2007)
Abfälle zur Verwertung der Gelben Listen	zulässig nach Zustimmung (Art. 4 – 17)	in bestimmten Fällen verboten; sonst zulässig nach Zustimmung (Art. 43 - 46)	zulässig nach Zustimmung (Art. 38)	grundsätzlich verboten - für gefährliche Abfälle i.S.v. Art. 36 Abs. 1 a) bis e) - bei Verbot im Empfängerstaat - falls keine umweltgerechte Behandlung im Empfängerstaat

Abweichungen von den vorstehend dargestellten Grundsätzen können für die Ausfuhr von Abfällen in Nicht-EU-Staaten[17] sowie für die Einfuhr aus solchen Staaten in die EU[18] gelten.

Daraus ergibt sich das folgende Prüfprogramm zur Bestimmung der verfahrensrechtlichen Anforderungen einer grenzüberschreitenden Verbringung:

- Zunächst ist zu ermitteln, ob der Geltungsbereich der Verordnung 1013/2006 eröffnet ist. Besondere Sorgfalt kann dabei die Klärung der Frage erfordern, ob die zu verbringenden Materialien (noch) als Abfall einzustufen sind.
- Ist der Geltungsbereich eröffnet, muss in einem zweiten Schritt geprüft werden, ob die betroffenen Abfälle zur Verwertung oder zur Beseitigung bestimmt sind. Sollen sie beseitigt werden, greift der behördliche Zustimmungsvorbehalt.
- Sind die Abfälle zur Verwertung bestimmt, ist ihre Zuordnung zu den Abfalllisten erforderlich. Passt ein Code der Grünen Liste, sind die allgemeinen Informationspflichten zu beachten; andernfalls ist die Verbringung regelmäßig notifizierungs- und zustimmungspflichtig.
- Schließlich ist zu prüfen, ob das so gefundene Ergebnis wegen des Vorliegens einer Sonderregelung korrigiert werden muss. Das gilt insbesondere bei der Ausfuhr von Abfällen in Nicht-EU-Staaten.

7.3.2 Allgemeine Informationspflichten

Die in Art. 18 der Verordnung 1013/2006 geregelten allgemeinen Informationspflichten verlangen, dass ein Versanddokument („Annex VII") ausgefüllt und während des Transports mitgeführt sowie ein Vertrag („Grüner Vertrag") zwischen dem Veranlasser der Verbringung und dem Empfänger der Abfälle geschlossen wird. Daneben sind besondere Aufbewahrungspflichten zu beachten.

7.3.2.1 Versanddokument

Das Versanddokument besteht aus dem Formblatt, das sich in Anhang VII der Verordnung 1013/2006 findet. Es ist beim Transport der Abfälle mitzuführen und von den am Verbringungsvorgang beteiligten Personen sukzessive auszufüllen und zu unterzeichnen.[19]

Das Versanddokument verlangt in insgesamt 14 Feldern Angaben über die Person, die die Verbringung veranlasst, den Importeur/Empfänger, die tatsächlich verbrachte Abfallmenge, das tatsächliche Datum der Verbringung, die beteiligten Transportunternehmen, den Abfallerzeuger, die Verwertungsanlage im Empfängerstaat, das angestrebte Verwertungsverfahren, die übliche Bezeichnung der Abfälle, den Abfallidentifizierungscode, die

[17] Titel IV (Art. 34 ff.) Verordnung 1013/2006.
[18] Titel V (Art. 41 ff.) Verordnung 1013/2006.
[19] Art. 18 Abs. 1 Verordnung 1013/2006 i. V. m. § 5 Abs. 1 Nr. 1 bis 3 AbfVerbrG.

betroffenen Staaten sowie eine Erklärung des Veranlassers über die Richtigkeit der Angaben und den Abschluss des Grünen Vertrags. Anzugeben ist zudem der Tag der tatsächlichen Entgegennahme der Abfälle durch den Empfänger und den Betreiber der Verwertungsanlage.

Eine nähere Betrachtung verdient der in *Feld 1* anzugebende Veranlasser. Im Verbringungsrecht findet sich keine abschließende Definition des Veranlassers. In der Praxis ist allgemein anerkannt, dass es sich dabei um die Person handelt, die die Verbringung initiiert und steuert.[20] Wer dies im Einzelfall ist, muss im Wege einer wertenden Betrachtung des Gesamtvorgangs ermittelt werden. Veranlasser kann danach z. B. der Ersterzeuger, der Neuerzeuger, der Besitzer, der Einsammler, ein Händler, der Empfänger oder sogar der Beförderer sein. Bei den gerade im Sekundärrohstoffbereich üblichen Streckengeschäften ist der Veranlasser häufig ein Händler, der keinen physischen Kontakt mit den zu verbringenden Abfällen hat.

Art. 18 der Verordnung 1013/2006 verlangt, dass der Veranlasser „der Gerichtsbarkeit des Versandstaats" unterliegt. Teile des Vollzugs – auch in Deutschland – leiten daraus die Forderung ab, der Veranlasser müsse einen *Sitz im Versandstaat* haben (sog. „Sitztheorie").[21] Dem Wortlaut des Art. 18 lässt sich ein solches Sitzerfordernis nicht entnehmen. Davon abgesehen ist ein solches Erfordernis jedenfalls nach hier vertretener Ansicht nicht mit den Grundfreiheiten des Primärrechts vereinbar. Gerichtlich geklärt ist diese Problematik allerdings noch nicht.[22] Folglich besteht diesbezüglich nach wie vor Rechtsunsicherheit.

Nähere Betrachtung verdient zudem *Feld 6* des Versanddokuments. Die dort geforderte Nennung des Abfallerzeugers oder Einsammlers (einschließlich Anschrift, E-Mail, Telefon- und Faxnummer) ist rechtlich problematisch, wenn es sich bei dem Veranlasser der Verbringung weder um den Erzeuger noch um den Einsammler, sondern – wie in der Praxis vielfach üblich – um einen bloßen (Strecken-)Händler handelt. Da das Versanddokument am Ende des Transports dem Empfänger der Abfälle zu übergeben ist, erlangt dieser so alle relevanten Informationen über die Bezugsquellen seines die Verbringung veranlassenden Geschäftspartners. Dadurch wird der Empfänger der Abfälle in die Lage versetzt, die Bezugsquellen des Händlers direkt zu kontaktieren und das nächste Geschäft ohne ihn abzuwickeln. Das ist rechtlich bedenklich, weil die Bezugsquellen des Händlers als *Geschäftsgeheimnisse* einzustufen sind und als solche besonderen rechtlichen Schutz genießen.[23] Eine abschließende Klärung dieser Frage durch die Rechtsprechung steht

[20] Wuttke und Baehr 2008, S. 49; Oexle in Oexle et al. 2010, Art. 18 Rn. 14; Kropp 2016, 262 (265).

[21] So z. B. Kropp 2012, 11 ff.; Kropp 2016, 262 (266 f.); a. A. Oexle in Oexle et al. 2010, Art. 18 Rn. 14; Rogusch-Sießmayr 2012, 56 (56 ff.).

[22] In seinem Urt. v. 09.06.2016, Rs. C-69/15 (Nutrivet), Rn. 57–61, hat der EuGH die diesbezügliche Frage des vorlegenden ungarischen Gerichts als – jedenfalls für das konkrete Vorlageverfahren – hypothetisch eingestuft und daher für unzulässig erklärt.

[23] Zum Schutz von Geschäftsgeheimnissen als allgemeinen Grundsatz des Unionsrechts EuGH, Urt. v. 29.03.2012, C-1/11 (INTERSEROH Srap & Metals Trading), Rn. 43; EuGH, Urt. v. 14.12.2008, C-450/06 (Varec), Rn. 49.

noch aus. Entgegen teilweise anders lautender Bekundungen des Vollzugs ist eine solche Klärung nicht durch die Entscheidung des Europäischen Gerichtshofs vom 29.03.2012 in der Rechtssache INTERSEROH herbeigeführt worden.[24] Nach hier vertretener Ansicht stellt die Verpflichtung des Streckenhändlers zur Preisgabe seiner Geschäftsgeheimnisse gegenüber dem Empfänger der Abfälle einen unverhältnismäßigen Eingriff in den primärrechtlich verankerten Schutz seiner Geschäftsgeheimnisse dar.[25] Bei der diesbezüglichen Prüfung ist neben dem geringen Gefahrenpotenzial der betroffenen „grünen" Abfälle insbesondere zu berücksichtigen, dass es dem Streckenhändler nicht darum geht, seine Geschäftsgeheimnisse gegenüber den zuständigen Behörden zu schützen. Ihm geht es ausschließlich um Schutz gegenüber dem Empfänger der Abfälle, dessen Kenntnis von Name und Adresse des Abfallerzeugers einschließlich Telefonnummer, Faxnummer, E-Mail-Adresse und Kontaktperson, ist aber zum Schutz der Umwelt nicht erforderlich.

7.3.2.2 Vertrag

Die allgemeinen Informationspflichten erfordern zudem den Abschluss eines Vertrags zwischen dem Veranlasser der Verbringung und dem Empfänger der Ware.[26]

► **Praxishinweis** Sind Veranlasser und Empfänger derselben juristischen Person zuzurechnen, kann der Vertrag in entsprechender Anwendung des Art. 5 Abs. 5 der Verordnung 1013/2006 durch eine Erklärung der juristischen Person ersetzt werden, in der sich diese zur Verwertung der zu verbringenden Abfälle verpflichtet.

Der Vertrag bedarf der Schriftform; er muss bei Beginn der Verbringung wirksam sein und über den in Art. 18 Abs. 2 der Verordnung 1013/2006 beschriebenen Mindestinhalt verfügen.

Vertragsmuster

Vertrag über die Verwertung von Abfällen der Grünen Liste

zwischen [Firma A]

– nachfolgend **Veranlasser** –

und [Firma B]

– nachfolgend **Empfänger** –

[24] EuGH, Urt. v. 29.03.2012, C-1/11 (INTERSEROH Srap & Metals Trading). In dieser Entscheidung hat der EuGH die Frage nach der Gültigkeit der betroffenen Regelungen der Verordnung 1013/2006 zwar gestellt, aber – worauf er ausdrücklich hinweist – nicht beantwortet (Rn. 46 der Entscheidungsgründe); in diesem Sinne auch Kropp 2016, 262, (270, Fn. 113).

[25] Ebenso bereits Oexle in Oexle et al. 2010, Art. 18 Rn. 26; Hurst in Fluck et al. 2012, Art. 18 Rn. 37 ff. (Stand: März 2012).

[26] Art. 18 Abs. 2 Verordnung 1013/2006.

§ 1 Vertragsgegenstand
Der Veranlasser ist berechtigt, zu dem Empfänger Abfälle zu verbringen, die dem Code [Basel-Code/OECD-Code eintragen] der Grünen Liste zuzuordnen sind. Der Empfänger verpflichtet sich, diese Abfälle rechtskonform zu verwerten.

§ 2 Pflichten des Veranlassers
Der Veranlasser verpflichtet sich, die vertragsgegenständlichen Abfälle zurückzunehmen oder ihre Verwertung auf andere Weise sicherzustellen und erforderlichenfalls in der Zwischenzeit für deren Lagerung zu sorgen, wenn die Verbringung der Abfälle nicht in der vorgesehenen Weise abgeschlossen werden kann oder als illegale Verbringung durchgeführt wurde.

§ 3 Pflichten des Empfängers
Soweit der Veranlasser zur Erfüllung seiner Pflichten aus § 2 dieses Vertrags bei der Durchführung der Verbringung oder der Verwertung nicht in der Lage ist (z. B. bei Insolvenz), verpflichtet sich der Empfänger, die Abfälle zurückzuführen oder deren Verwertung auf andere Weise sicherzustellen und erforderlichenfalls in der Zwischenzeit für deren Lagerung zu sorgen.

§ 4 Wirksamkeit
Der Vertrag wird am Tag der Unterzeichnung wirksam.

Das vorstehende Vertragsmuster beschränkt sich auf den gesetzlich vorgeschriebenen Mindestinhalt. Grund dafür ist das Recht der Behörde, jederzeit eine Kopie des Vertrags anzufordern. Das ist problematisch, weil insbesondere das umfassende Umweltinformationsrecht weitreichende Einsichtsrechte Dritter in umweltrelevante behördliche Vorgänge begründet und daher nicht ausgeschlossen werden kann, dass auf diesem Weg Wettbewerber Kenntnis von dem Vertragsinhalt erlangen. Daher sollten alle wirtschaftlich sensiblen Daten, also insbesondere Preise und Mengen, einer gesonderten Vereinbarung vorbehalten bleiben. Bei einem solchen Vorgehen ist das betroffene Unternehmen nicht darauf angewiesen, dass solche Daten von der jeweils auskunftspflichtigen Stelle, also der zuständigen Behörde, als Geschäftsgeheimnisse eingestuft werden, zu deren Preisgabe auch das Umweltinformationsrecht nicht verpflichtet.

Entgegen zum Teil anderslautender Forderungen des Vollzugs muss nicht für jeden einzelnen Transport ein gesonderter Vertrag geschlossen werden. Sollen beispielsweise bei einer zwischen Veranlasser und Empfänger vereinbarten Gesamtmenge von 100 t die einzelnen Lieferungen an fünf verschiedenen Tagen oder in fünf verschiedenen Fahrzeugen erfolgen, ist zwar für jeden einzelnen Transportvorgang ein gesondertes Versanddokument zu erstellen und mitzuführen, nicht aber jeweils auch ein gesonderter Vertrag zu schließen. Dementsprechend besteht für den Vertrag, anders als für das Versanddokument, auch keine Mitführungspflicht. Behördlicherseits nicht verlangt werden kann mangels gesetzlicher Grundlage zudem der Abschluss zeitlich befristeter Verträge.

7.3.2.3 Vorlage- und Nachweispflichten

Die zuständigen Behörden können jederzeit die Vorlage des Versanddokuments und des Grünen Vertrags verlangen, auch wenn beim Transport selbst nur das Versanddokument mitzuführen ist.[27]

Seit dem 01.01.2016 kann der Veranlasser behördlicherseits zudem aufgefordert werden, „schriftliche Nachweise" vorzulegen, die „von der vorläufigen und nicht vorläufigen Verwertungsanlage stammen und, falls nötig, von der zuständigen Behörde am Bestimmungsort bestätigt wurden".[28] Nachzuweisen ist die umweltgerechte Behandlung der verbringungsgegenständlichen Abfälle.

► **Praxishinweis** Die Regelung über die Erbringung „schriftlicher Nachweise" wirft zahlreiche Fragen auf, z. B.: Welche Behörden dürfen solche Nachweise verlangen? Was ist konkret nachzuweisen? Dürfen die Nachweise auch verlangt werden, wenn eine Kontrolle zu keinerlei Beanstandungen geführt hat? Darf ein Transport in der Zeit zwischen Nachweisverlangen und Vorlage der geforderten Nachweise gestoppt werden? Dürfen bei einer Verbringung, die zur vorläufigen Verwertung bestimmt ist, auch Nachweise verlangt werden, die von der nicht vorläufigen („nachgeschalteten") Anlage stammen? Wie viel Zeit muss die Behörde dem Betroffenen zur Übermittlung der Nachweise einräumen? Welche Konsequenzen hat die nicht fristgerechte oder nicht ausreichende Nachweiserbringung? Was kann der Veranlasser tun, wenn er ein Nachweisverlangen für rechtswidrig hält? Diese und andere Fragen beantwortet ein Rechtsgutachten, das im Dezember 2015 im Auftrag maßgeblicher Verbände der Entsorgungswirtschaft (BDE, BVSE, BDSV, VDM) erstellt worden ist.[29] Die auf der Grundlage dieses Gutachtens verfassten FAQ[30] können – ebenso wie das Gutachten – bei den genannten Verbänden angefordert werden.

7.3.2.4 Aufbewahrungspflichten

Die Versandinformationen und der Grüne Vertrag sind mindestens drei Jahre ab dem Zeitpunkt des Beginns der Verbringung aufzubewahren.[31] Adressaten dieser Aufbewahrungspflichten sind in Bezug auf die Versandinformationen der Veranlasser, der Empfänger und

---

[27] Art. 18 Abs. 3 Verordnung 1013/2006, § 12 Abs. 5 AbfVerbrG sowie Art. 18 Abs. 2 Verordnung 1013/2006.

[28] Art. 50 Abs. 4 c) Unterabsatz 2 i. V. m. Art. 49 Verordnung 1013/2006.

[29] Oexle und Lammers, Rechtsfragen der grenzüberschreitenden Verbringung von Abfällen nach der Novelle der Verordnung 1013/2006, Köln, Dezember 2015.

[30] Oexle und Lammers, „Fragen und Antworten zu den Nachweisen nach Art. 50 Absatz 4 c)" (Stand: Dezember 2015).

[31] Das bestimmt Art. 20 Abs. 2 Verordnung 1013/2006 für die Versandinformationen und § 5 Abs. 1 Nr. 4 AbfVerbrG für den Vertrag.

der Betreiber der Anlage, in der die Abfälle verwertet werden; in Bezug auf den Vertrag sind es der Veranlasser der Verbringung und der Empfänger der Abfälle.

7.3.3 Notifizierung und Zustimmung

Die von den Regelungen über die allgemeinen Informationspflichten streng zu unterscheidenden Vorschriften über die Notifizierung und Zustimmung[32] begründen zwei Kontrollverfahren: Ein Verfahren der Vorabkontrolle und ein Verfahren der Verbleibkontrolle. Die Vorabkontrolle besteht aus dem einheitlichen, transnationalen Verfahren der Notifizierung und Zustimmung, das vor der Verbringung der Abfälle durchzuführen ist. Endet dieses Verfahren mit einem rechtlichen Unbedenklichkeitstestat in Form der Zustimmungen der zuständigen Behörden, beginnt das Verfahren der Verbleibkontrolle, das gemeinhin als Begleitscheinverfahren bezeichnet wird. Rechtlich verknüpft werden die beiden Kontrollverfahren durch Art. 9 Abs. 6 der Verordnung 1013/2006. Danach darf die Verbringung auch im Falle des Vorliegens aller erforderlichen Zustimmungen erst beginnen, wenn der Notifizierende das Begleitformular – soweit möglich – ausgefüllt und den zuständigen Behörden sowie dem Empfänger mindestens drei Werktage vor Beginn der Verbringung unterzeichnete Kopien des ausgefüllten Formulars übermittelt hat.

7.3.3.1 Vorabkontrolle

Das Verfahren der schriftlichen Notifizierung und Zustimmung wird durch einen – als Notifizierung bezeichneten – Antrag eingeleitet, der bei der zuständigen Behörde am Versandort einzureichen ist. Dabei muss grundsätzlich jeder Transport- und Entsorgungsvorgang gesondert notifiziert werden.

► **Praxishinweis** Unter bestimmten Voraussetzungen eröffnet Art. 13 der Verordnung 1013/2006 die Option, eine Sammelnotifizierung einzureichen. Gegenstand einer solchen Notifizierung können mehrere Transporte sein. Zulässig ist auch die Zusammenfassung verschiedener Abfälle, z. B. wenn die Sammlung kleinerer Mengen bei unterschiedlichen Erzeugern und deren Transport zur Entsorgung in derselben Anlage beabsichtigt ist.[33]

Antragsberechtigt sind ausschließlich die in Art. 2 Nr. 15 der Verordnung 1013/2006 genannten Personen, also der Erzeuger, Einsammler, Händler, Makler und Besitzer der Abfälle. Dabei stehen Erzeuger, Einsammler, Händler und Makler gleichrangig nebeneinander; im Rang dahinter folgt der Abfallbesitzer, der nur dann notifizieren darf, wenn die vorgenannten Personen „unbekannt oder insolvent" sind.

Die Notifizierung erfolgt mittels eines bestimmten Formularsatzes, den der Antragsteller von der zuständigen Behörde am Versandort erhält; er besteht aus einem Notifizie-

[32] Art. 4 bis 17 Verordnung 1013/2006.
[33] Baumann in Oexle et al. 2010, Art. 13 Rn. 4.

rungs- und einem Begleitformular. Die bei der Einreichung der Notifizierung zwingend anzugebenden Informationen ergeben sich aus Anhang II Teil 1 und Teil 2 der Verordnung 1013/2006. Dazu gehört insbesondere auch der Nachweis einer Haftpflichtversicherung, eines Vertrags zwischen Notifizierendem und Empfänger und einer Sicherheitsleistung oder entsprechenden Versicherung.

► **Praxishinweis** Spezifische Anweisungen für das Ausfüllen der Formulare enthält Anhang IC der Verordnung 1013/2006.

Nur auf besonderes Anfordern der zuständigen Behörden sind darüber hinaus die in Anhang II Teil 3 der Verordnung 1013/2006 genannten Informationen einzureichen. Der Katalog der zusätzlichen Informationen ist weit und offen gefasst. Danach können die zuständigen Behörden alle Informationen verlangen, die für die Beurteilung der Notifizierung sachdienlich sind.[34] Damit wird den zuständigen Behörden ein weites Ermittlungsermessen eingeräumt. Gleichwohl ist diese Befugnis nicht uferlos. Die zuständigen Behörden dürfen insbesondere nicht nach Belieben und schon gar nicht in sachwidriger oder grundloser Weise Unterlagen verlangen. Eine normative Schranke besteht in der geforderten Sachdienlichkeit. Diese muss aus dem behördlichen Ersuchen zumindest plausibel hervorgehen, also in nachvollziehbarer Weise begründet sein.[35]

► **Praxishinweis** Von einer solchen Plausibilität ist in der Praxis regelmäßig dann nicht mehr auszugehen, wenn die geforderten Informationen ersichtlich keinerlei Bedeutung für die behördliche Prüfung der Untersagungstatbestände der Art. 11 oder 12 der Verordnung 1013/2006 haben können.[36]

Ist die zuständige Behörde am Versandort der Auffassung, dass die Muss-Angaben vorliegen, also insbesondere die Formulare zutreffend ausgefüllt worden sind, gilt die Notifizierung als ordnungsgemäß ausgeführt.[37] Damit ist der einleitende Verfahrensabschnitt der Notifizierung als erste Phase des Kontrollverfahrens beendet.[38] Der Antrag ist in diesem Fall an die zuständige Behörde am Bestimmungsort weiterzuleiten und der Notifizierende darüber zu informieren.

Als ordnungsgemäß abgeschlossen gilt die Notifizierung erst, wenn die zuständige Behörde am Bestimmungsort der Auffassung ist, dass die Muss-Angaben sowie darüber hinaus auch etwaige zusätzlich verlangte Informationen gemäß Anhang II Teil 3 vom Notifizierenden vorgelegt worden sind.[39] In diesem Fall muss die zuständige Behörde am Bestimmungsort dem Notifizierenden eine Empfangsbestätigung und den anderen betrof-

[34] Siehe Anhang II Teil 3 Nr. 14 Verordnung 1013/2006.
[35] Breuer in Oexle et al. 2010, Art. 4 Rn. 27.
[36] Vgl. OVG NW, NVwZ 2004, 1261 ff.; Oexle 2004, 239 (241).
[37] Art. 4 Nr. 2 Verordnung 1013/2006.
[38] Breuer in Oexle et al. 2010, Art. 4 Rn. 25.
[39] Art. 4 Nr. 3 Verordnung 1013/2006.

fenen Behörden Kopien davon übermitteln. Dies muss innerhalb von drei Werktagen nach Eingang der ordnungsgemäß abgeschlossenen Notifizierung erfolgen.[40]

Danach haben die zuständigen Behörden 30 Tage Zeit, um über die Notifizierung zu entscheiden. In Betracht kommen eine Zustimmung ohne Auflagen, eine Zustimmung mit Auflagen oder die Erhebung von Einwänden.[41]

Haben die Behörden – mit oder ohne Auflagen – zugestimmt, ist die Gültigkeitsdauer der jeweiligen Zustimmungen zu beachten. Denn in zeitlicher Hinsicht darf die geplante Verbringung nur solange erfolgen, wie die Zustimmungen aller Behörden gültig sind.[42] Eine Zustimmung ist grundsätzlich ein Jahr wirksam, es sei denn, dass behördlicherseits ein kürzerer Zeitraum bestimmt wurde.

► **Praxishinweis** Zu achten ist auf möglicherweise voneinander abweichende Geltungsdauern der einzelnen Zustimmungen. Da die Zustimmungen der zuständigen Behörden gesondert und kumulativ vorliegen müssen und eine Verbringung nur legal ist, solange sie von allen erforderlichen Zustimmungen gedeckt ist, kommt es auf die behördliche Zustimmung mit der kürzesten Geltungsdauer an.[43]

Die kurze Regel-Geltungsdauer einer Zustimmung von einem Jahr kann im Falle einer Sammelnotifizierung auf bis zu drei Jahre verlängert werden, wenn die Verwertungsanlage, zu der die Abfälle verbracht werden sollen, über eine Vorabzustimmung gemäß Art. 14 der Verordnung 1013/2006 verfügt.

Will eine zuständige Behörde der notifizierten Verbringung nicht zustimmen, muss sie einen Einwand erheben. Die formellen und materiellen Voraussetzungen der Einwanderhebung sind in der Verordnung 1013/2006 abschließend in Art. 11 (für zur Beseitigung bestimmte Abfälle) und Art. 12 (für zur Verwertung bestimmte Abfälle) geregelt. Dabei enthält Art. 11 die weitreichenderen Interventionsbefugnisse. Das entspricht der privilegierten Stellung, die die Kategorie der Verwertung im Verhältnis zur Beseitigung in der Umweltpolitik der Union einnimmt.[44] Das System der Untersagungstatbestände ist kompliziert; bei der Auslegung der einzelnen Tatbestände ist die Kohärenz des Gesamtsystems ebenso in den Blick zu nehmen wie das hinter der Verordnung 1013/2006 stehende Pri-

[40] Art. 8 Abs. 2 Verordnung 1013/2006.
[41] Art. 9 Abs. 1 Verordnung 1013/2006.
[42] Art. 9 Abs. 6 Verordnung 1013/2006.
[43] Breuer in Oexle et al. 2010, Art. 9 Rn. 16.
[44] Durchbrochen wird dieses System durch Art. 3 Abs. 5 Verordnung 1013/2006, der dem Schutz kommunaler Entsorgungsbetriebe vor privater Konkurrenz dient. Danach ist die Verbringung gemischter Siedlungsabfälle, die in privaten Haushalten eingesammelt worden sind – einschließlich der Abfälle anderer Erzeuger, die in diesem Kontext mit eingesammelt werden – zur Verwertung so zu behandeln wie eine Verbringung zur Beseitigung bestimmter Abfälle; siehe dazu z. B. Dieckmann 2008, 505 (506 f.); Oexle in Oexle et al. 2010, Art. 3 Rn. 47–58 sowie Art. 11 Rn. 101–106; Franßen in Fluck et al. 2012, Einführung Rn. 59 (Stand: April 2011).

märrecht.[45] Im Fall der Verbringung zu einer vorläufigen Beseitigung – Verfahren D13 bis D15 nach Anhang I der Richtlinie 2008/98 – oder Verwertung – Verfahren R12 und R13 nach Anhang II der Richtlinie 2008/98 – können sich die Einwände auch auf die Verbringung zu den nachgeschalteten (vorläufigen und endgültigen) Entsorgungsanlagen beziehen, die im Notifizierungsformular ebenfalls anzugeben sind.

► **Rechtsschutz** Einwände sind als selbständige Rechtsakte in den Mitgliedstaaten anzugreifen, in denen sie erhoben wurden. Da das Verbringungsrecht diesbezüglich keine Regelung trifft, gilt das Prozessrecht des jeweils betroffenen Mitgliedstaats, soweit es den unionsrechtlichen Grundsätzen der Effektivität und Äquivalenz entspricht. In Deutschland gilt: Da in der Erhebung eines Einwands zugleich die Ablehnung der beantragten Zustimmung liegt, muss auf entsprechende Verpflichtung der Behörde geklagt werden, die den Einwand erhoben hat. Statthafte Klageart ist damit die Verpflichtungsklage gemäß § 42 Abs. 1 Fall 2 der Verwaltungsgerichtsordnung (VwGO).[46]

Werden innerhalb der Frist von 30 Tagen keine Einwände erhoben,[47] gilt die Zustimmung der für die Durchfuhr zuständigen Behörde als (stillschweigend) erteilt.[48] Für die erforderlichen Zustimmungen der anderen Behörden gilt dies nicht. Lässt eine dieser Behörden die Frist verstreichen, liegt von ihrer Seite weder eine stillschweigend erteilte noch eine fingierte, sondern überhaupt keine Genehmigung vor. Solange es hierbei bleibt, darf die notifizierte Verbringung nicht ausgeführt werden.[49]

Zwar gelten die erforderlichen Zustimmungen der Versandort- und Bestimmungsortbehörde nach Ablauf der 30-tägigen Frist weder als stillschweigend erteilt noch werden sie fingiert. Allerdings führt der Fristablauf zur Präklusion. Nach Fristablauf erhobene Einwände sind daher unbeachtlich. Die Präklusion tritt zulasten der zuständigen Behörde auch dann ein, wenn Einwände gegen die Notifizierung berechtigt gewesen wären. Das gilt auch in einem späteren Gerichtsverfahren. Wird die Behörde in einem solchen Fall auf Zustimmung verklagt, kann sie sich (auch) in dem Klageverfahren nicht auf das Vorliegen von Untersagungsgründen bzw. die Art. 11 oder 12 der Verordnung 1013/2006 berufen.[50]

[45] Zum Verhältnis der Verbringungsverordnung zum Primärrecht siehe Oexle in Oexle et al. 2010, Art. 11 Rn. 27 ff.; Oexle 2003, 284 ff. jeweils mit Nachweisen aus der Rechtsprechung.

[46] So BVerwG, NVwZ 2004, 344 (345) auf Grundlage der Vorgängerregelung, also der Verordnung 259/93. Für die Verordnung 1013/2006 Schröder in Jarass et al. 2011, Art. 9 Rn. 8; Oexle in Oexle et al. 2010, Art. 11 Rn. 24.

[47] Zur Fristberechnung Oexle in Oexle et al. 2010, Art. 11 Rn. 11.

[48] Art. 9 Abs. 1 a. E. der Verordnung 1013/2006.

[49] Schröder in Jarass et al. 2011, Art. 4 Rn. 6, Art. 9 Rn. 4 f.; Breuer in Oexle et al. 2010, Art. 9 Rn. 12.

[50] Ausführlich Oexle in Oexle et al. 2010, Art. 11 Rn. 10.

7.3.3.2 Verbleibkontrolle

Der als Begleitscheinverfahren bezeichnete Prozess der Verbleibkontrolle ist in Art. 16 der Verordnung 1013/2006 geregelt. Er beginnt nach Abschluss des Verfahrens der Vorabkontrolle durch Erteilung der erforderlichen behördlichen Zustimmungen.

Im Begleitscheinverfahren trägt der Notifizierende das tatsächliche Datum der Verbringung in das Begleitformular ein und füllt dieses auch ansonsten soweit wie möglich aus (erster Schritt).

Daraufhin übermittelt der Notifizierende den betroffenen zuständigen Behörden und dem Empfänger der Abfälle mindestens drei Werktage vor Beginn der geplanten Verbringung Kopien des so ausgefüllten und unterschriebenen Begleitformulars (zweiter Schritt).

Der Notifizierende hat sodann das Original des Begleitformulars sowie Kopien des Notifizierungsformulars, die die erteilten schriftlichen Zustimmungen enthalten, dem Beförderer auszuhändigen, der diese während des Transports mitführen muss (dritter Schritt).

Nach Beendigung des Transports zur Entsorgungsanlage verbleibt das Begleitformular beim Betreiber dieser Anlage, der den Erhalt der Abfälle innerhalb von drei Tagen schriftlich zu bestätigen hat. Der Anlagenbetreiber übermittelt dem Notifizierenden und den betroffenen zuständigen Behörden sodann unterzeichnete Kopien des um diese Bestätigung ergänzten Begleitformulars (vierter Schritt).

Schließlich hat der Anlagenbetreiber die endgültige Entsorgung der Abfälle im Begleitformular zu bestätigen. Dies hat unverzüglich, spätestens jedoch innerhalb einer Frist von 30 Tagen nach Abschluss der endgültigen Entsorgung und – sofern von den zuständigen Behörden kein kürzerer Zeitraum bestimmt worden ist – nicht später als ein Kalenderjahr nach Erhalt der Abfälle zu geschehen. Der Anlagenbetreiber hat dem Notifizierenden und den betroffenen zuständigen Behörden Kopien des um diese Bescheinigung ergänzten und entsprechend unterschriebenen Begleitformulars zu übermitteln (fünfter Schritt). Erfolgt die Verbringung zu einer vorläufigen Verwertungs- oder Beseitigungsanlage, hat der Anlagenbetreiber in der genannten Form und Frist zunächst den Abschluss der vorläufigen Verwertung oder Beseitigung zu bescheinigen. Darüber hinaus muss der Betreiber der vorläufigen Entsorgungsanlage sobald wie möglich, spätestens jedoch ein Kalenderjahr nach Lieferung der Abfälle an eine andere Entsorgungsanlage – sofern die zuständigen Behörden keine kürzere Frist festgelegt haben – von der anderen Anlage eine Bescheinigung über die Durchführung der endgültigen Entsorgung erhalten und diese unverzüglich dem Notifizierenden und den betroffenen zuständigen Behörden übermitteln.

7.4 Verbringungsrechtliche Kennzeichnungspflichten

Beförderer und den Transport unmittelbar durchführende Personen müssen ihre Fahrzeuge vor der Abfahrt mit dem A-Schild kennzeichnen.[51] Eine Ausnahme gilt für Fahrzeuge, mit denen Abfälle „im Rahmen wirtschaftlicher Unternehmen" befördert werden.[52] Hierunter fallen z. B. Handwerker, die im Rahmen ihrer Haupttätigkeit anfallende Abfälle befördern.

Literatur

Dieckmann M (2008) Entsorgungsautarkie der Mitgliedstaaten nach der Novelle der EG-Abfallrahmenrichtlinie. ZUR 2008, 505–510

Fluck J, Frenz W, Fischer K, Franßen G (2012) Kreislaufwirtschaftsrecht, Abfallrecht und Bodenschutzrecht mit EU-Abfallrecht. Rehm, Heidelberg

Jarass H D, Petersen F, Weidemann C (2011) Kreislaufwirtschafts- und Abfallgesetz. C. H. Beck, München

Kropp O (2012) Grenzüberschreitende Abfallverbringung durch Einsammler, Händler und Makler. AbfallR 2012, 11–17

Kropp O (2016) Das Formular nach Anhang VII der Verordnung (EG) Nr. 1013/2006. AbfallR 2016, 262–272

Kropp O, Oexle A (2011) Offenlegung des Erzeugers beim grenzüberschreitenden Streckenhandel mit Abfällen der „Grünen" Liste. AbfallR 2011, 36–42

Oexle A (2003) Das Verhältnis von EG-Abfallverbringungsverordnung und EG-Vertrag nach der Entscheidung DaimlerChrysler. AbfallR 2003, 284–289

Oexle A (2004) Verfahrensrechtliche Fragen der grenzüberschreitenden Verbringung von Abfällen. AbfallR 2004, 239–242

Oexle A, Breuer R, Epiney A (2010) EG-Abfallverbringungsverordnung. Carl Heymanns Verlag, Köln

Rogusch-Sißmayr T (2012) Geschäftssitz bei grenzüberschreitender Abfallverbringung. AbfallR 2012, 56–59

Wuttke J, Baehr T (2008) Praxishandbuch zur grenzüberschreitenden Abfallverbringung. Erich Schmidt Verlag, Berlin

[51] § 10 Abs. 1 AbfVerbrG.

[52] § 10 Abs. 2 AbfVerbrG.

Handeln und Makeln

8

Markus Figgen und Rebecca Schäffer

8.1 Begriff des Händlers und Maklers

8.1.1 Rechtslage vor Inkrafttreten des Kreislaufwirtschaftsgesetzes

Vor Inkrafttreten des Kreislaufwirtschaftsgesetzes (KrWG) existierte im deutschen Abfallrecht weder eine Definition des Abfallhändlers noch des Abfallmaklers. Entsprechend wurden hierunter in der Praxis zahlreiche Tätigkeiten subsumiert, die in irgendeiner Weise die Zusammenführung von Abfallerzeugern mit Transport- bzw. Entsorgungsunternehmen oder mit Besitzern von Entsorgungskontingenten bzw. Betreibern von Entsorgungsanlagen zum Gegenstand hatten. Viele Unternehmen traten daher im Rechtsverkehr selbst dann als „Abfallmakler" oder „Abfallhändler" auf, wenn ihre Tätigkeiten eigentlich die ordnungsgemäße Entsorgung von Abfällen in Entsorgungsanlagen Dritter zum Gegenstand hatten, sie also rechtlich sogenannter Generalunternehmer oder aber zumindest Generalübernehmer waren.

Tatsächlich war der Begriff des Abfallhändlers oder Abfallmaklers im Rechtssinne jedoch auch schon bisher wesentlich enger. Beide Rechtsbegriffe entstammen ursprünglich Art. 12 der *Abfallrahmenrichtlinie 75/442/EWG*[1] in ihrer durch die Änderungsrichtlinie 91/156/EWG[2] erlangten Fassung, welche hierunter – ohne freilich zwischen „Händler" einerseits und „Makler" andererseits zu differenzieren – „alle Anlagen und Unternehmen, die für die Beseitigung oder Verwertung von Abfällen für andere sorgen", fasste und für

[1] Richtlinie 75/442/EWG v. 15.07.1975 über Abfälle (ABl. EG 1975 L 194 v. 25.07.1975, S. 39), aufgehoben durch Richtlinie 2006/12/EG v. 05.04.2006 über Abfälle (ABl. EU 2006 L 114, S. 9).
[2] Richtlinie 91/156/EWG v. 18.03.1991 zur Änderung der Richtlinie 75/442/EWG über Abfälle (ABl. EG 1991 L 78, S. 32).

M. Figgen (✉) · R. Schäffer
avocado rechtsanwälte
Köln, Deutschland

P. Kurth et al. (Hrsg.), *Praxishandbuch der Kreislauf- und Rohstoffwirtschaft*,
https://doi.org/10.1007/978-3-658-17045-5_8

diese Anlagen und Unternehmen eine Anzeigepflicht vorsah, soweit die entsprechende Tätigkeit nicht nach dem nationalen Recht einer Genehmigung bedurfte. Diese europarechtliche Vorgabe wurde durch den deutschen Gesetzgeber im Rahmen des am 07.10.1996 in Kraft getretenen Kreislaufwirtschafts- und Abfallgesetzes (KrW-/AbfG) durch § 50 umgesetzt,[3] welcher die *Person des „Vermittlers"* in das deutsche Abfallrecht einführte. Einer Genehmigung als „Vermittler" im Sinne des § 50 KrW-/AbfG bedurfte danach grundsätzlich, „wer ohne im Besitz der Abfälle zu sein, für Dritte Verbringungen gewerbsmäßig vermitteln will". Unter *„vermitteln"* im Sinne des § 50 Abs. 1 Satz 1 KrW-/AbfG wurden dabei sämtliche Handlungen gefasst, die darauf gerichtet waren, eine Geschäftsbeziehung zwischen einem Erzeuger oder Besitzer von Abfällen und einem Anbieter von Verbringungsleistungen herzustellen.[4] Unter einer *„Verbringung"* wiederum wurde in Übereinstimmung mit der Definition der *EG-Abfallverbringungsverordnung* (Verordnung 1013/2006)[5] jede Tätigkeit gefasst, die als Einsammeln und Befördern von Abfällen im Rahmen der Abfallentsorgung anzusehen ist bzw. damit in einem unmittelbaren Zusammenhang steht; dazu wurden etwa auch Vorgänge des Be- und Entladens zum Zwecke der Beförderung zu einer Verwertungs- oder Beseitigungsanlage gezählt.[6] Unerheblich sollte demgegenüber sein, ob es sich bei der vermittelten Verbringung um einen innerdeutschen Transport oder eine grenzüberschreitende Abfallverbringung im Sinne der Verordnung 1013/2006 handelt.[7]

Der Begriff des „Vermittlers" in § 50 KrW-/AbfG konnte somit letztlich als Oberbegriff für Abfallhändler und Abfallmakler aufgefasst werden. Erfasst wurde sowohl der klassische Abfallmakler, der einem Abfallerzeuger oder -besitzer eine Entsorgungsmöglichkeit in Anlagen Dritter vermittelt und (gleichfalls für den Erzeuger oder Besitzer) für den Transport der Abfälle zu dieser Anlage sorgt, als auch der Abfallhändler, der Abfälle übernimmt und sodann im eigenen Namen einen Transporteur und Abfallentsorger einschaltet. Unklar blieb jedoch, ob die Definition des „Vermittlers" erforderte, dass die Tätigkeit in jedem Fall nicht mit der *Erlangung von Besitz* an den betreffenden Abfällen einhergehen durfte oder ob nicht der fehlende Besitz lediglich für die Genehmigungspflichtigkeit der Vermittlungstätigkeit eine Rolle spielte (dazu B.). Jedenfalls aber war die Annahme von Abfällen zur eigenverantwortlichen Entsorgung – gleich, ob sie mit einem Übergang des Besitzes verbunden war oder nicht – ebenso wenig der Tätigkeit eines Abfallhändlers oder -maklers zuzurechnen wie die bloße Vermittlung eines Entsorgers bei fortbestehender Transportpflicht des Abfallerzeugers oder -besitzers.

[3] Vgl. Franßen in Fluck 2011, § 50 KrW-/AbfG Rn. 31; Locher 1997, S. 145 (150).

[4] Vgl. Kersting in Landmann und Rohmer 2011, § 50 KrW-/AbfG Rn. 5; VG Düsseldorf Urt. v. 04.02.2003, 17 K 316/03.

[5] Verordnung (EG) Nr. 1013/2006 v. 14.06.2006 über die Verbringung von Abfällen (ABl. EU 2006 L 190 v. 12.07.2006, S. 1), zuletzt geändert durch Verordnung (EU) Nr. 135/2012 v. 16.02.2012 (ABl. EU 2012 L 46 v. 17.02.2012, S. 30).

[6] Franßen in Fluck 2011, § 50 KrW-/AbfG Rn. 26.

[7] Von Lersner und Wendenburg 2011, § 50 Rn. 7; Frenz 2002, § 50 Rn. 1.

8.1.2 Rechtslage nach Inkrafttreten des KrWG

Anders als noch in der Abfallrahmenrichtlinie 75/442/EWG und der Abfallrahmenrichtlinie 2006/12/EG[8] wurde mit der novellierten *Abfallrahmenrichtlinie 2008/98/EG* (AbfRRL)[9] erstmals eine Unterscheidung zwischen einem Händler von Abfällen einerseits und einem Makler von Abfällen andererseits eingeführt. Art. 3 Nr. 7 der AbfRRL bestimmt insoweit, dass „Händler" jedes Unternehmen ist, „das in eigener Verantwortung handelt, wenn es Abfälle kauft und anschließend verkauft, einschließlich solcher Händler, die die Abfälle nicht physisch in Besitz nehmen". Art. 3 Nr. 8 der AbfRRL bestimmt demgegenüber, dass ein „Makler" jedes Unternehmen ist, „das für die Verwertung oder die Beseitigung von Abfällen für andere sorgt, einschließlich solcher Makler, die die Abfälle nicht physisch in Besitz nehmen".

Die Definitionen der AbfRRL hat der deutsche Gesetzgeber in § 3 Abs. 12 und 13 KrWG in leicht veränderter Fassung übernommen. Ein *„Händler von Abfällen"* ist nach *§ 3 Abs. 12 KrWG* nunmehr jede natürliche oder juristische Person, die gewerbsmäßig oder im Rahmen wirtschaftlicher Unternehmen oder öffentlicher Einrichtungen in eigener Verantwortung Abfälle erwirbt und weiter veräußert, ohne dass die Erlangung der tatsächlichen Sachherrschaft über die Abfälle erforderlich wäre. Nach Auffassung der Vollzugsbehörden soll auch unerheblich sein, ob der Abfall einen positiven Marktwert hat; die Händlereigenschaft soll also auch vorliegen, wenn die Person bei der Übernahme der Abfälle von ihrem Vorbesitzer ein Entgelt erhält und bei ihrer Weitergabe ihrem Empfänger ein Entgelt für die Entsorgung bzw. Veranlassung der Entsorgung zahlt.[10] Ein *„Makler von Abfällen"* ist nach *§ 3 Abs. 13 KrWG* jede natürliche oder juristische Person, die gewerbsmäßig oder im Rahmen wirtschaftlicher Unternehmen oder öffentlicher Einrichtungen für die Bewirtschaftung von Abfällen für Dritte sorgt; auch hierfür soll die Erlangung der tatsächlichen Sachherrschaft über die Abfälle ausdrücklich nicht erforderlich, aber auch nicht hinderlich sein. Sowohl im europäischen als auch im deutschen Recht werden Händler und Makler von Abfällen mithin nunmehr maßgeblich danach abgegrenzt, dass der Händler Abfälle in eigener Verantwortung, d. h. in eigenem Namen, kauft und verkauft, während Makler lediglich dazu beitragen, dass Abfälle in Verantwortung eines Dritten entsorgt werden. Auf die Vermittlung einer Verbringung, also einer Tätigkeit des Einsammelns oder des Transports von Abfällen zum Zwecke der späteren Entsorgung, kommt es demgegenüber nicht (mehr) an. Während allerdings für die EU-rechtlichen Definitionen des Abfallhändlers wie auch des Abfallmaklers vorausgesetzt wird, dass es sich um ein Unternehmen handelt, fordert das KrWG allein, dass es sich

[8] Richtlinie 2006/12/EG v. 05.04.2006 über Abfälle, zuletzt geändert durch Richtlinie 2009/31/EG v. 23.04.2009 (ABl. EG 2009 L 140, S. 114).

[9] Richtlinie 2008/98/EG v. 19.11.2008 über Abfälle und zur Aufhebung bestimmter Richtlinien (ABl. EG 2008 L 312, S. 3).

[10] Zu den Einzelheiten des Händlerbegriffs aus Sicht des Verwaltungsvollzugs vgl. auch Vollzugshinweise des Bayerischen Staatsministeriums für Umwelt und Gesundheit v. 22.05.2012, dort unter Ziffer 1.1.3.

beim Handeln oder Makeln um *„gewerbsmäßige Tätigkeiten“* oder um *„Tätigkeiten im Rahmen wirtschaftlicher Unternehmen oder öffentlicher Einrichtungen“* handeln muss.[11] Mit wirtschaftlichen Unternehmen sind dabei solche Unternehmen gemeint, die aus Anlass einer anderweitigen gewerblichen oder wirtschaftlichen Tätigkeit, die nicht auf die Sammlung, die Beförderung, den Handel oder das Makeln von Abfällen gerichtet ist, vorgenommen werden.[12]

8.2 Pflichten des Händlers und Maklers

8.2.1 Genehmigungs- und Anzeigepflichten nach dem KrW-/AbfG

Nach § 50 KrW-/AbfG bedurfte eine Tätigkeit als Abfallhändler oder -makler immer dann einer *Genehmigung*, wenn der Händler oder Makler, ohne Besitzer der Abfälle zu sein, gewerbsmäßig Verbringungsleistungen vermitteln wollte. Eine Genehmigungspflicht bestand damit nur, wenn der Betroffene nicht zugleich auch Besitzer im Sinne des § 3 Abs. 6 KrW-/AbfG war. Hatte der Betreffende zu irgendeinem Zeitpunkt die *tatsächliche Sachherrschaft* über die Abfälle inne (z. B. als Einsammler oder als Beförderer), so unterfiel seine Tätigkeit demgegenüber nicht der Genehmigungspflicht des § 50 KrW/-AbfG, sondern ggf. derjenigen des § 49 KrW-/AbfG. Einer Makler- oder Händlergenehmigung (und ebenso einer Transportgenehmigung nach § 49 KrW-/AbfG) bedurfte darüber hinaus gemäß § 51 Abs. 1 KrW-/AbfG nicht, wer *Entsorgungsfachbetrieb* im Sinne des § 52 Abs. 1 KrW-/AbfG war und die beabsichtigte Aufnahme der Vermittlungstätigkeit unter Beifügung des Nachweises der Fachbetriebseigenschaft der zuständigen Behörde angezeigt hatte.

Gemäß § 50 Abs. 1 Satz 2 KrW-/AbfG durfte eine beantragte Händler- bzw. Maklergenehmigung nur versagt werden, wenn Tatsachen vorlagen, die die Annahme der *Unzuverlässigkeit* des Antragstellers oder einer mit der Leitung oder Beaufsichtigung des Betriebs oder einer Zweigniederlassung beauftragten Person rechtfertigten. Voraussetzung für die Erteilung der Genehmigung war also letztlich allein die fehlende Unzuverlässigkeit des Antragstellers.[13]

8.2.2 Erlaubnis- und Anzeigepflichten nach dem KrWG

Die Genehmigungs- und Anzeigepflichten für Händler und Makler von Abfällen sind in den *§§ 53, 54 KrWG* neu geregelt worden. Händler und Makler von Abfällen haben nunmehr gemäß § 53 Abs. 1 KrWG, ebenso wie Sammler und Beförderer von Abfällen,

[11] Vgl. BT-Drucks. 17/6052, S. 73.
[12] Vgl. BT-Drucks. 17/6052, S. 73.
[13] Franßen in Fluck 2011, § 50 KrW-/AbfG Rn. 43.

die Tätigkeit ihres Betriebes vor Aufnahme der Tätigkeit der zuständigen Behörde anzuzeigen, es sei denn, der Betrieb verfügt über eine Erlaubnis nach § 54 Abs. 1 KrWG. Die identischen Anzeige- bzw. Erlaubnispflichten von Sammlern und Beförderern einerseits sowie Händlern und Maklern von Abfällen andererseits sollen dabei dem Umstand Rechnung tragen, dass ihre Tätigkeit jeweils auch eine ähnliche Umweltrelevanz aufweisen, sodass sie gleichermaßen eine besondere Verantwortung für die Entsorgung von Abfällen tragen.[14] Dem Wegfall der unterschiedlichen Genehmigungserfordernissen entsprechend wird nunmehr auch weder die Anzeigepflicht aus § 53 noch die Erlaubnispflicht nach § 54 KrWG an eine Besitzerstellung des Händlers oder Maklers geknüpft. Entscheidend für die Frage, ob eine Händler- oder Maklertätigkeit erlaubnis- oder anzeigepflichtig ist, ist nach neuer Rechtslage vielmehr allein die *Gefährlichkeit der gehandelten oder gemakelten Abfälle* und das damit verbundene Risikopotenzial der jeweiligen Abfallbewirtschaftungsmaßnahme.[15]

8.2.2.1 Erlaubnispflicht nach § 54 KrWG bei gefährlichen Abfällen

Die Tätigkeit eines (besitzenden oder besitzlosen) Maklers oder Händlers bedarf nach § 54 Abs. 1 Satz 1 KrWG immer dann einer Erlaubnis, wenn diese *gefährliche Abfälle* betrifft. Ausgenommen von der Erlaubnispflicht sind nach § 54 Abs. 3 Nr. 1 KrWG allein öffentlich-rechtliche Entsorgungsträger sowie nach § 54 Abs. 3 Nr. 2 KrWG *Entsorgungsfachbetriebe* im Sinne von § 56 KrWG, soweit sie für jede der von ihnen wahrgenommenen erlaubnispflichtigen Tätigkeiten (Handeln und/oder Makeln) zertifiziert sind. Eine Genehmigung von Vermittlungsgeschäften nach § 50 Abs. 1 KrW-/AbfG gilt gemäß § 72 Abs. 6 KrWG noch bis zum Ende ihrer Befristung als Erlaubnis nach § 54 Abs. 1 KrWG fort.[16] Besteht bereits eine Erlaubnis für das Sammeln und/oder Befördern von gefährlichen Abfällen, soll dies zwangsläufig auch ein Handeln dieser Abfälle miteinschließen. Nur wenn noch Handel mit anderen als den von der Erlaubnis erfassten gesammelten oder beförderten gefährlichen Abfällen betrieben wird, wäre demnach (zusätzlich) eine Erlaubnis für das Handeln zu beantragen.[17]

Gemäß § 54 Abs. 1 Satz 2 KrWG werden neben der *Zuverlässigkeit* des Antragstellers erstmals auch die *Fach- und Sachkunde* der für die Leitung und Beaufsichtigung des Betriebes verantwortlichen Personen sowie des gesamten Personals des Betriebes zur Voraussetzung der Erlaubniserteilung gemacht. Die mit der zusätzlichen präventiven Sach-

[14] BT-Drucks. 17/6052, S. 98.

[15] BT-Drucks. 17/6052, S. 97.

[16] Jedenfalls nach Auffassung des Verwaltungsvollzugs in Bayern soll eine Händlertätigkeit allerdings stets einer gesonderten Erlaubnis bedürfen, da es hierfür bislang keine Anzeige- oder Genehmigungspflichten gab, vgl. Vollzugshilfe des Bayerischen Staatsministeriums für Umwelt und Gesundheit v. 22.05.2012, dort unter Ziffer 1.3.1.

[17] Bundesministerium für Umwelt, Naturschutz, Bau und Reaktorsicherheit (BMUB): Vollzugshilfe Anzeige- und Erlaubnisverfahren nach §§ 53 und 54 KrWG und AbfAEV, Stand: 29.01.2014 („Vollzugshilfe AbfAEV"), Rn. 11.

und Fachkundeüberprüfung verbundene verstärkte Kontrolldichte wird dabei durch den Gesetzgeber mit dem erhöhten Risikopotenzial der gefährlichen Abfälle gerechtfertigt.[18]

§ 54 Abs. 1 Satz 2 KrWG ist als *gebundene Entscheidung* ausgestaltet; die zuständige Behörde muss also eine Erlaubnis erteilen, wenn die Voraussetzungen der Zuverlässigkeit, Sach- und Fachkunde erfüllt sind. Nach § 54 Abs. 2 KrWG kann die zuständige Behörde jedoch die Erlaubnis mit *Nebenbestimmungen* im Sinne des § 36 Verwaltungsverfahrensgesetz (VwVfG) versehen, soweit dies zur Wahrung des Wohls der Allgemeinheit erforderlich ist; insoweit ist ihr ein Ermessen eingeräumt.[19] Zudem überprüft die zuständige Behörde nach *§ 47 Abs. 2 KrWG* in regelmäßigen Abständen und in angemessenem Umfang den Fortbestand der Erlaubnisvoraussetzungen für Händler und Makler.

► **Praxishinweis** § 47 Abs. 2 KrWG greift eine bislang im Vollzug nur vereinzelt anzutreffende Praxis auf und überführt diese erstmalig in eine Verpflichtung der Behörde zur regelmäßigen Überprüfung.[20] Durch die Wandlung des Rechts zur Überprüfung in eine Pflicht zur Überprüfung werden die Behörden nunmehr zudem in die Lage versetzt, bei den betroffenen Händlern und Maklern Gebühren für ihre Prüftätigkeiten zu fordern. Auch deshalb ist in Zukunft mit einer erheblich höheren Kontrolldichte für Händler und Makler zu rechnen.

8.2.2.2 Anzeigepflicht nach § 53 KrWG bei nicht gefährlichen Abfällen

Im Falle des Handelns oder Makelns mit *nicht gefährlichen Abfällen* ist eine Erlaubnis oder Genehmigung der Tätigkeit nicht mehr erforderlich; vielmehr genügt insoweit eine Anzeige nach § 53 Abs. 1 Satz 1 KrWG. § 53 KrWG führt damit einerseits die bisherige Genehmigungspflicht für das Handeln oder Makeln mit nicht gefährlichen Abfällen dem Gefahrenpotenzial der Abfälle entsprechend auf das Niveau einer Anzeigepflicht zurück, sodass der Kontrollaufwand für die Vollzugsbehörden sowie der bürokratische Aufwand für die Antragsteller bzw. Anzeigeerstatter gesenkt wird.[21] Andererseits werden durch die Ausweitung des persönlichen Anwendungsbereichs des § 53 KrWG gegenüber § 50 KrW-/AbfG Anzeigepflichten auch für solche Händler und Makler etabliert, die bislang keinerlei Anzeige- oder Genehmigungspflichten unterlagen.

► **Praxishinweis** Nach dem insoweit eindeutigen Wortlaut der Vorschrift werden insbesondere auch *Entsorgungsfachbetriebe*, die bereits für eine Händler- und Maklertätigkeit zertifiziert sind, von der Anzeigepflicht des § 53 KrWG erfasst, da sie – gleich, ob sich ihre Tätigkeit auf gefährliche oder nicht gefährliche Abfälle bezieht – gerade nicht über eine Erlaubnis nach § 54 KrWG verfügen. Diese (wohl der umfassenden Registrierungspflicht für Händler und Makler aus Art. 26 b AbfRRL geschuldete) Doppelregelung erscheint insgesamt wenig praxistauglich.

[18] BT-Drucks. 17/6052, S. 99.
[19] BT-Drucks. 17/6052, S. 99.
[20] BT-Drucks. 17/6052, S. 228.
[21] BT Drucks. 17/6052, S. 97.

Grundsätzlich gilt eine Erlaubnis nur für den Umgang mit gefährlichen Abfällen. Werden darüber hinaus nicht gefährliche Abfälle gehandelt oder gemakelt, so wird vertreten, dass dies zusätzlich angezeigt werden muss, und zwar ungeachtet der bestehenden Erlaubnis für den Bereich der gefährlichen Abfälle.[22] Einer zusätzlichen Anzeige für das Handeln von Abfällen soll es jedoch nicht bedürfen, wenn bereits eine Anzeige für das Sammeln oder Befördern von Abfällen erstattet wurde und sich die Handelstätigkeit lediglich auf die gesammelten/beförderten Abfälle bezieht.[23]

Nach § 53 Abs. 2 KrWG müssen die Inhaber eines Betriebs zum Handeln bzw. Makeln mit nicht gefährlichen Abfällen sowie die für die Leitung und Beaufsichtigung des Betriebes verantwortlichen Personen *zuverlässig* sein und über die für ihre Tätigkeit notwendige *Sach- und Fachkunde* verfügen. Es liegt jedoch, anders als bei der Erlaubnis nach § 54 KrWG, im Ermessen der Vollzugsbehörde, ob und in welchem Umfang sie diese Anforderungen bei der Anzeige einer Händler- oder Maklertätigkeit, die nicht gefährliche Abfälle betrifft, kontrolliert bzw. inwieweit sie entsprechende Nachweise anfordert.[24] Die konkreten Anforderungen sollen dabei an den Erfordernissen des jeweiligen Tätigkeits- und Verantwortungsbereichs auszurichten sein.[25]

Wenn Tatsachen bekannt sind, aus denen sich Bedenken gegen die Zuverlässigkeit des Inhabers oder der für die Leitung und Beaufsichtigung des Betriebes verantwortlichen Personen ergeben, oder wenn die erforderliche Fach- oder Sachkunde nicht nachgewiesen wurde, hat die zuständige Behörde die Tätigkeit gemäß § 53 Abs. 3 KrWG zu untersagen. Eine *Untersagungsverfügung* nach dieser Vorschrift kann auch ergehen, wenn die genannten Voraussetzungen nicht in einem unmittelbaren zeitlichen Zusammenhang mit der Anzeige, sondern erst zu einem späteren Zeitpunkt eintreten oder der Behörde, etwa im Rahmen einer Überprüfung nach § 47 KrWG, bekannt werden.[26] Zudem kann die zuständige Behörde gemäß § 53 Abs. 3 KrWG die angezeigte Tätigkeit jederzeit von Bedingungen abhängig machen, sie zeitlich befristen oder Auflagen für sie vorsehen, soweit dies zur Wahrung des Wohls der Allgemeinheit erforderlich ist. Werden solche *Bedingungen, Befristungen oder Auflagen* erlassen, handelt es sich hierbei um eigenständige Verwaltungsakte, die isoliert mit einer Anfechtungsklage angegriffen werden können.[27]

8.2.2.3 Anzeige- und Erlaubnisverordnung

Die Vorgaben aus §§ 53 und 54 KrWG werden durch die am 01.06.2014 in Kraft getretene Anzeige- und Erlaubnisverordnung (AbfAEV) konkretisiert. Die AbfAEV enthält insbesondere nähere Regelungen zur erforderlichen Zuverlässigkeit sowie Fach- und

[22] Brinktrine in Schmehl 2013, § 53 Rn. 20; Schomerus in Versteyl et al. 2012, § 53 Rn. 21. A. A. Dippel in Schink und Versteyl 2016, § 53 Rn. 11; Beckmann in Landmann und Rohmer 2016, § 53 KrWG Rn. 7.

[23] Vollzugshilfe AbfAEV (s. o. Fn. 17), Rn. 11.

[24] BT Drucks. 17/6052, S. 98.

[25] BT-Drucks. 17/6052, S. 98.

[26] BT-Drucks. 17/6052, S. 98.

[27] BT-Drucks. 17/6052, S. 98.

Sachkunde und legt den Ablauf des Verfahrens zur Erstattung der Anzeige und der Erlaubniserteilung im Einzelnen fest. Eine Erläuterung der Vorschriften der AbfAEV findet sich in der Vollzugshilfe AbfAEV des BMUB.[28]

Bezüglich der Zuverlässigkeit sowie Fachkunde enthält § 2 AbfAEV Definitionen der Adressaten dieser personenbezogenen Anforderungen, also des Betriebsinhabers und der für die Leitung und Aufsicht des Betriebs verantwortlichen Personen. Sofern es sich beim Inhaber des Betriebes um eine juristische Person (z. B. GmbH oder AG) oder eine Personenvereinigung (z. B. KG, OHG) handelt, ist gemäß § 2 Abs. 1 Satz 2 AbfAEV Adressat die nach Gesetz, Satzung oder Gesellschaftsvertrag zur Vertretung oder Geschäftsführung des Betriebs berechtigte Person. Die für die Leitung und Aufsicht des Betriebs verantwortlichen Personen sind gemäß § 2 Abs. 2 AbfAEV diejenigen, die vom Inhaber mit der fachlichen Leitung, Überwachung und Kontrolle der vom Betrieb durchgeführten Tätigkeiten beauftragt wurden und die über entsprechende Entscheidungs- und Mitwirkungsbefugnisse verfügen.

Die in § 3 AbfAEV geregelte Zuverlässigkeit bezieht sich auf die Eignung der Person für die abfallwirtschaftlichen Tätigkeiten des jeweiligen Betriebes.[29] Dabei ist das Zuverlässigkeitserfordernis jedoch nicht allein umweltbezogen ausgerichtet, auch Verstöße gegen andere Rechtsvorschriften können bei der von der zuständigen Behörde vorzunehmenden Prognoseentscheidung von Bedeutung sein.[30] § 3 Abs. 2 AbfAEV enthält zudem Regelbeispiele, bei deren Verwirklichung die Unzuverlässigkeit (widerleglich) vermutet wird.[31] Dies ist zum einen der Fall, wenn die betroffene Person wegen der Verletzung der in § 3 Abs. 2 Nr. 1 AbfAEV genannten Vorschriften (insbesondere Umweltrecht, aber z. B. auch Arbeitsschutz- oder Betäubungsmittelrecht) mit einer Geldbuße in Höhe von mehr als 2500 € belegt oder zu einer Strafe (Geld- oder Freiheitsstrafe) verurteilt worden ist. In zeitlicher Hinsicht sind dabei aber nur die letzten fünf Jahre vor Anzeige bzw. Antragstellung zu betrachten. Zum anderen wird gemäß § 3 Abs. 2 Nr. 2 AbfAEV eine Unzuverlässigkeit vermutet, wenn wiederholt oder grob pflichtwidrig gegen die in Nummer 1 genannten Vorschriften verstoßen wurde.

► **Praxishinweis** Nach dem Willen des Verordnungsgebers sollen für die Annahme einer wiederholten Begehung grundsätzlich bereits zwei Verstöße ausreichend sein.[32] Ob überhaupt oder in welcher Höhe eine Ahndung durch Bußgeld oder Strafe stattgefunden hat, ist nach § 3 Abs. 2 Nr. 2 AbfAEV unbeachtlich. Der wiederholte oder grob pflichtwidrige Verstoß muss jedoch bestands- bzw. rechtskräftig festgestellt worden sein.[33]

[28] Siehe Vollzugshilfe AbfAEV (s. o. Fn. 17).

[29] So zu § 8 Abs. 1 EfBV Kaminski und Konzak 1997, § 8 EfBV Rn. 7.

[30] Zur Verurteilung wegen Diebstahls werthaltiger Abfälle als relevante Anknüpfungstatsache vgl. OVG NRW, Urteil vom 06.03.2015, 20 A 1488/13, juris Rn. 21, 22.

[31] Kropp 2014b, S. 15.

[32] BR-Drucks. 665/13, S. 52.

[33] Vgl. Kropp 2014b, S. 15.

Die §§ 4 und 5 AbfAEV regeln die Fachkundeanforderungen differenziert nach Erlaubnis- (§ 5 AbfAEV) und Anzeigepflicht (§ 4 AbfAEV). Adressaten der Normen sind der Inhaber des Betriebes, sofern er selbst für die Leitung des Betriebes verantwortlich ist, und das Leitungspersonal. Für erlaubnispflichtige Tätigkeiten wird gefordert, dass während einer zweijährigen praktischen Tätigkeit Kenntnisse über die vom Betrieb angezeigte Tätigkeit erworben wurden. Bei Abfallhändlern genügt es gemäß § 5 Abs. 2 Nr. 2 AbfAEV jedoch auch, wenn die erworbenen Kenntnisse sich auf das Sammeln oder Befördern von Abfällen beziehen. Nicht nachvollziehbar ist, warum insoweit nicht auch die Maklertätigkeit aufgelistet wird, obwohl diese dem Handeln von Abfällen am nächsten kommt.[34] Umgekehrt werden gemäß § 5 Abs. 2 Nr. 3 AbfAEV für Abfallmakler neben dem Sammeln und Befördern auch Vorkenntnisse aus dem Handel mit Abfällen anerkannt. Der fehlende Verweis auf die Maklertätigkeit in § 5 Abs. 2 Nr. 2 AbfAEV ist daher systemwidrig. Bereits eine einjährige praktische Tätigkeit ist ausreichend, wenn eine bestimmte berufliche Qualifikation (Studium, kaufmännische oder technische Ausbildung, Qualifikation als Meister) auf einem dem Betrieb zuzuordnenden Fachgebiet vorgewiesen werden kann. Beispiele werden in der Vollzugshilfe AbfAEV genannt, u. a. sollen neben einem technischen Studium auch betriebswirtschaftliche oder juristische Studiengänge in Betracht kommen.[35] Neben der praktischen Erfahrung muss für das Erlaubnisverfahren die Teilnahme an einem behördlich anerkannten Fachkundelehrgang nachgewiesen werden, zudem sind regelmäßige Fortbildungen, mindestens alle drei Jahre, erforderlich. Die Fachkundeanforderungen bei anzeigepflichtigen Betrieben sind in entsprechender Weise ausgestaltet, allerdings bedarf es der Teilnahme an einem Fachkundelehrgang nur für Berufsanfänger. Geringere Anforderungen werden für anzeigepflichtige abfallwirtschaftliche Tätigkeiten im Rahmen wirtschaftlicher Unternehmen gestellt. Insoweit genügt es gemäß § 4 Abs. 4 S. 2 AbfAEV, wenn die jeweilige Person über die für das Unternehmen im Hauptzweck ausgeübte Tätigkeit erforderliche berufliche Qualifikation verfügt.[36] Das weitere Personal ist gemäß § 6 AbfAEV auf Grundlage eines Einarbeitungsplans betrieblich einzuarbeiten, insoweit müssen die für die jeweilige Tätigkeit erforderlichen Kenntnisse, einschließlich relevanter abfallrechtlicher Vorschriften, vermittelt werden.

Erlaubnis und Anzeige sind dann erforderlich, wenn ein Handeln oder Makeln von Abfällen mit Bezug zum Gebiet der Bundesrepublik Deutschland erfolgt. Eine Erlaubnis- oder Anzeigepflicht kann demnach auch für Händler und Makler mit Sitz im Ausland bestehen. Ein ausreichender Bezug zum Inland soll aber beispielsweise bei einem Makler, der im Ausland ansässig ist und von dort aus per Telefon, Fax oder E-Mail den Abschluss von Verträgen vermittelt, also alle Maklerhandlungen außerhalb Deutschlands vornimmt, nicht gegeben sein.[37] Sofern eine Erlaubnis oder Anzeigepflicht besteht, richtet sich die Behördenzuständigkeit nach dem jeweiligen Landesrecht. Bei Händlern und Maklern, die

[34] So auch Kropp 2014a, § 4 Rn. 28.
[35] Vollzugshilfe AbfAEV (s. o. Fn. 17), Rn. 53.
[36] Hierzu ausführlich Vollzugshilfe AbfAEV (s. o. Fn. 17), Rn. 57 ff.
[37] Vollzugshilfe AbfAEV (s. o. Fn. 17), Rn. 38.

keinen Sitz im Inland haben, ist diejenige Landesbehörde zuständig, in deren Bezirk die Händler- bzw. Maklertätigkeit erstmals vorgenommen wird (vgl. §§ 7 Abs. 2 und 9 Abs. 2 AbfAEV). Bei mehreren Betriebsstätten im Inland ist der Antrag oder die Anzeige lediglich bei der am Hauptsitz des Unternehmens zuständigen Behörde zu stellen.[38] Dies gilt jedoch nicht für eigenständige Tochtergesellschaften, die insoweit gesondert einen Antrag bzw. eine Anzeige bei der für sie zuständigen Behörde einreichen müssen.[39]

▶ **Praxistipp** Erlaubnisantrag und Anzeige können über die Online-Plattform der Zentralen Koordinierungsstelle der Länder („ZKS-Abfall") erstellt werden: http://www.zks-abfall.de.

Das Verfahren zum Erhalt der Erlaubnis nach § 54 KrWG ist in §§ 9 bis 12 AbfAEV geregelt. Neben den in § 54 Abs. 3 KrWG genannten Fällen (öffentlich-rechtliche Entsorgungsträger und Entsorgungsfachbetriebe) enthält § 12 AbfAEV weitere Ausnahmen von der Erlaubnispflicht, u. a. für Handeln und Makeln im Rahmen wirtschaftlicher Unternehmen oder bei freiwilliger Rücknahme von Abfällen.[40] Sofern eine Erlaubnispflicht besteht, ist für die Antragstellung der Vordruck in Anlage 3 der AbfAEV zu benutzen. Welche Unterlagen mit dem Antrag einzureichen sind, wird in § 9 Abs. 3 AbfAEV aufgeführt. Eine Übersicht über die einzureichenden Unterlagen und die Beifügungsmodalitäten findet sich in der Vollzugshilfe AbfAEV.[41] Fehlen Unterlagen, weist die zuständige Behörde den Antragsteller hierauf hin. Anderenfalls erhält der Antragsteller eine Empfangsbestätigung über den Eingang der vollständigen Antragsunterlagen. Für die Aufnahme der Tätigkeit genügt das Vorliegen der Empfangsbestätigung nicht, vielmehr muss die Erlaubniserteilung abgewartet werden. Sollte jedoch nach Ablauf von drei Monaten keine Erlaubnis erteilt worden sein, gilt insoweit eine Genehmigungsfiktion.

Das Anzeigeverfahren ist in §§ 7, 8 AbfAEV geregelt. Neben den bereits dargestellten Ausnahmen zur Anzeigepflicht im Rahmen des § 53 KrWG sind weitere Ausnahmen in § 7 Abs. 8 und 9 AbfAEV enthalten. Gemäß § 7 Abs. 8 AbfAEV werden Hersteller und Vertreiber, die Abfälle im Rahmen einer durch Rechtsverordnung angeordneten Rücknahme von Abfällen zurücknehmen (z. B. Verpackungsverordnung) und insoweit mit diesen Abfällen handeln oder makeln, von der Anzeigepflicht freigestellt. Hierzu wird teilweise eine einschränkende Auslegung vertreten, wonach das Handeln grundsätzlich nicht von dieser Ausnahme umfasst sein soll. Begründet wird dies damit, dass Hersteller und Vertreiber, die Abfälle aufgrund einer normativen Verpflichtung zurücknehmen, per se keine Händler von Abfällen sein können.[42] Dieser einschränkenden Auslegung steht jedoch der

[38] Vollzugshilfe AbfAEV (s. o. Fn. 17), Rn. 83, 109.
[39] Kropp 2014a, § 9 Rn. 13.
[40] Ausführlich hierzu Vollzugshilfe AbfAEV (s. o. Fn. 17), Rn. 136 ff.
[41] Vollzugshilfe AbfAEV (s. o. Fn. 17), Rn. 112.
[42] Vollzugshilfe AbfAEV (s. o. Fn. 17), Rn. 100.

eindeutige Wortlaut der Vorschrift entgegen, der eine Bezugnahme auf Abfallhändler enthält. Ohnehin dürfte der Anwendungsbereich der Ausnahme aber gering sein, da sie nur für die Hersteller und Vertreiber der betroffenen Produkte selbst gilt und nicht für insoweit beauftragte Dritte. Die in § 7 Abs. 9 AbfAEV geregelte Ausnahme für Bagatellfälle ist nur auf Sammler und Beförderer und nicht auf Händler und Makler anwendbar.

Für die Vornahme der Anzeige ist der Vordruck in Anlage 2 AbfAEV zu benutzen. Der Anzeige sind, soweit durch die Behörde nicht anderweitig angeordnet, keine Nachweise über die Zuverlässigkeit oder die Fachkunde und auch sonst keine Unterlagen beizufügen. Nur Entsorgungsfach- und EMAS-Betriebe[43] haben bei der erstmaligen Anzeige das aktuell gültige Entsorgungsfachbetriebszertifikat bzw. die EMAS-Registrierungsurkunde beizufügen sowie Folgezertifikate/Folgeurkunden unaufgefordert vorzulegen. Die zuständige Behörde hat den Eingang der vollständigen Anzeige durch Übersendung des ausgefüllten und unterschriebenen Anzeigevordrucks zu bestätigen. Dies soll in der Regel innerhalb von zwei Wochen nach Eingang der vollständigen Anzeige erfolgen.[44]

► **Praxishinweis** Bereits mit Einreichung der Anzeige kann grundsätzlich die Tätigkeit aufgenommen werden. Die Eingangsbestätigung der Behörde muss nicht abgewartet werden. Allerdings ist zu beachten, dass nicht nur eine nicht rechtzeitige, sondern auch eine unvollständige oder eine nicht richtige Anzeige mit einem Bußgeld von bis zu 10.000 € geahndet werden kann. Der Beginn der Tätigkeit vor Erhalt der Eingangsbestätigung ist daher risikobehaftet.

Nachdem die Erlaubnis erteilt wurde oder die Anzeige erstattet worden ist, bedarf es der erneuten Beantragung einer Erlaubnis bzw. der erneuten Anzeige nur dann, wenn wesentliche Änderungen eintreten (vgl. § 10 Abs. 6 S. 1 AbfAEV und § 8 Abs. 7 AbfAEV). Als wesentlich werden Änderungen des Antragstellers, des Betriebssitzes, des Betriebsinhabers sowie der durchgeführten abfallwirtschaftlichen Tätigkeiten angesehen.[45] Keine wesentliche Änderung ist ein Wechsel des Leitungspersonals, dies ist gemäß § 10 Abs. 6 Satz 2 AbfAEV lediglich anzeigepflichtig. Wesentliche Änderungen im Rahmen der Anzeige sollen die Angaben zur Person des Anzeigenden und zu seinem Hauptsitz, die durchgeführten abfallwirtschaftlichen Tätigkeiten, die Art der Tätigkeit (gewerbsmäßig oder im Rahmen wirtschaftlicher Unternehmen), das Vorliegen und der Grund für die Befreiung von der Erlaubnispflicht und ein Wechsel des Betriebsinhabers oder des Leitungspersonals sein.[46]

---

[43] Gemeinschaftssystem für Umweltmanagement und Umweltbetriebsprüfung (Englisch: Eco-Management and Audit Scheme).

[44] Vollzugshilfe AbfAEV (s. o. Fn. 17), Rn. 90.

[45] Anlage 3 Felder 1.1 bis 1.4, 2, 4.1, 4.2 und 4.6, 4.7 ABfAEV, vgl. Vollzugshilfe AbfAEV (s. o. Fn. 17), Rn. 135.

[46] Anlage 2 Felder 1.1 bis 1.4 und 2 bis 6 AbfAEV, vgl. Vollzugshilfe AbfAEV (s. o. Fn. 17), Rn. 96.

8.2.3 Registerführungspflicht nach § 49 KrWG

§ 49 KrWG führt für Händler und Makler von gefährlichen Abfällen erstmals eine *Pflicht zur Führung eines Registers* ein, welches Angaben zur Menge, Art und Ursprung sowie zur Bestimmung der Abfälle, zur Häufigkeit der Händler- bzw. Maklertätigkeit sowie zur Art der Verwertung oder Beseitigung einschließlich der Vorbereitung vor der Verwertung oder Beseitigung beinhalten muss. Die bereits vor Inkrafttreten des KrWG bestehenden Registerführungspflichten für Erzeuger, Besitzer, Einsammler und Beförderer gefährlicher Abfälle sowie für Abfallentsorger aus § 42 KrW-/AbfG werden damit auch auf Händler und Makler von gefährlichen Abfällen erstreckt.

8.3 Die Rolle des Händlers und Maklers bei einer grenzüberschreitenden Abfallverbringung

Da *grenzüberschreitende Abfallverbringungen* oftmals nicht vom Erzeuger der Abfälle selbst, sondern von einem zwischengeschalteten Händler oder Makler organisiert werden, stellt sich in der Praxis häufig die Frage, ob diese Personen auch das in Art. 3 Abs. 1 der Verordnung 1013/2006 für Beseitigungsabfälle und bestimmte Abfälle zur Verwertung mit einem erhöhten Gefährdungspotenzial vorgesehene Verfahren der vorherigen schriftlichen *Notifizierung und Zustimmung* durchführen dürfen bzw. ob sie im Hinblick auf die allgemeinen Informationspflichten nach Art. 3 Abs. 2 der Verordnung 1013/2006 bei nicht notifizierungspflichtigen Abfällen in der Rolle des Veranlassers der Verbringung auftreten dürfen.

Für notifizierungspflichtige Abfallverbringungen regelt Art. 2 Nr. 15 a) Satz 2 Ziff. i bis vi der Verordnung 1013/2006 die Anforderungen an die *Person des Notifizierenden*. Danach kommen als Notifizierender zunächst gleichrangig der Ersterzeuger (i), der Neuerzeuger (ii), der Einsammler (iii), der Händler (iv) und der Makler (v) in Betracht. Der in der früheren Verordnung (EWG) Nr. 259/93[47] vorgesehene Vorrang des Abfallerzeugers vor dem Einsammler, Händler und Makler ist insoweit in der Verordnung 1013/2006 aufgegeben worden.[48] Nachrangig zu den vorgenannten Personen kommt außerdem der Besitzer (vi) als Notifizierender infrage, wenn die in den Ziffern i bis v genannten Personen unbekannt oder insolvent sind. Händler und Makler müssen jedoch, um als Notifizierender aufzutreten, zunächst als solcher eingetragen sein. Dabei gilt als eingetragen, wer über eine Erlaubnis nach § 54 KrWG verfügt oder gemäß §§ 53, 54 KrWG keiner

[47] Verordnung (EWG) Nr. 259/93 v. 01.02.1993 zur Überwachung und Kontrolle der Verbringung von Abfällen in der, in die und aus der Europäischen Gemeinschaft (ABl. EG 1993 L 30, S. 1), aufgehoben durch Verordnung (EG) 1013/2006 v. 14.06.2006 (ABl. EU 2006 L 190 v. 12.07.2006, S. 1).

[48] Vgl. Schröder in Jarass et al. 2011, KrW-/AbfG, Art. 2 AbfVerbrVO (Stand: 05/2011) Rn. 3; Kropp 2012b, 11 (14); „Vollzugshilfe zur Abfallverbringung" der Bund/Länder-Arbeitsgemeinschaft Abfall (Stand: 30.09.2009), S. 10.

solchen Erlaubnis bedarf und der zuständigen Behörde die Aufnahme der Händler- bzw. Maklertätigkeit angezeigt hat.[49] Zudem müssen Händler und Makler vom Ersterzeuger, Neuerzeuger oder Einsammler schriftlich ermächtigt worden sein, in dessen Namen als Notifizierender aufzutreten. Führt ein Händler oder Makler die Notifizierung dagegen für den Ersterzeuger, Neuerzeuger oder Einsammler in dessen Namen durch, bleibt der Vollmachtgeber selbst Notifizierender.

Praxishinweis Im Falle der Notifizierung durch den Händler oder Makler ist im Notifizierungs- wie auch im Begleitformular in Spalte 9 stets der Erzeuger der Abfälle einzutragen. Näheres hierzu regelt Anhang II Teil 1 Nr. 3 und 16 der Verordnung 1013/2006. Diese Verpflichtung gilt auch für einen Streckenhändler, selbst wenn er hierdurch verpflichtet wird, gegenüber dem Empfänger der Abfälle seine Bezugsquellen und damit Geschäftsgeheimnisse zu offenbaren.[50]

Bei der Verbringung von nicht notifizierungspflichtigen Abfällen kann *Veranlasser* einer solchen Verbringung jede Person sein, die auch als Notifizierender in Betracht kommt, insbesondere also auch der Händler oder Makler von Abfällen, ohne dass insoweit eine Rangfolge zu beachten wäre. Bei der Verbringung von nicht notifizierungspflichtigen Abfällen ist gemäß Art. 18 Abs. 1 der Verordnung 1013/2006 ein Begleitformular auszufüllen und durch den Veranlasser zu unterzeichnen.

Dem korrekten Ausfüllen der jeweiligen Formulare ist besondere Aufmerksamkeit zu schenken. Fehlerhafte oder inkohärente Angaben, insbesondere zum Empfänger und der annehmenden Entsorgungsanlage, können bereits eine illegale Verbringung begründen, ohne dass es darauf ankommt, ob die Angaben vorsätzlich falsch erfolgten.[51]

8.4 Haftung des Händlers und Maklers

8.4.1 Haftung für eine ordnungsgemäße Entsorgung der betroffenen Abfälle

Eine Haftung des Abfallhändlers bzw. -maklers für die ordnungsgemäße Entsorgung der von ihm gehandelten bzw. gemakelten Abfälle kommt nach den §§ 7 und 15 KrWG nur in Betracht, wenn der Händler bzw. Makler selbst zu irgendeinem Zeitpunkt *Besitzer* der Abfälle geworden ist und er daher zum *Adressatenkreis der Grundpflichten* der Kreislaufwirtschaft bzw. der Abfallbeseitigung gehört. Jedoch hindern die §§ 7 und 15 KrWG den Landesgesetzgeber nicht, durch gefahrenabwehrrechtliche Bestimmungen[52] festzu-

[49] Vgl. „Vollzugshilfe zur Abfallverbringung" der Bund/Länder-Arbeitsgemeinschaft Abfall (Stand: Juni 2016), S. 11.

[50] Vgl. EuGH, Urt. v. 29.03.2012, Rs. C-1/11.

[51] Vgl. EuGH, Urt. v. 09.06.2016, Rs. C-69/15, Rn. 39, 40.

[52] Entsprechende Vorschriften beinhalten § 17 LAbfWG RP, § 4 LAbfG BW, Art. 31 BayAbfG, § 19 KrW-/AbfG Bln, § 23 BbgAbfBodG, § 10 HhbAbfG, § 27 AbfWG M-V, § 36 SAWG und § 6

legen, unter welchen Voraussetzungen auch ein Dritter, der nicht zum Adressatenkreis der abfallrechtlichen Grundpflichten gehört, aufgrund vorangegangenen Tuns in die Position eines Abfallbesitzers und die damit verbundene Pflichtenstellung gewissermaßen „hineingezwungen" werden kann, indem ihm aufgegeben wird, an den als Abfall zu entsorgenden beweglichen Sachen Besitz zu begründen.[53] Auch ein besitzloser Abfallhändler oder -makler kann somit über den Umweg einer *landesordnungsrechtlichen Gefahrbeseitigungsverfügung* potenzieller Adressat einer Verfügung zur Sicherstellung einer ordnungsgemäßen Entsorgung nach § 62 KrWG sein, wenn er, sei es auch nur als Zweckveranlasser, für eine rechtswidrige Abfallentsorgung (mit-)verantwortlich ist.[54]

In Fällen rechtswidriger Abfallentsorgungen unter Beteiligung eines Abfallhändlers oder -maklers kommt neben einem Vorgehen gegen den Abfallhändler bzw. -makler aber weiterhin auch ein Vorgehen nach § 62 KrWG oder nach dem Landesrecht gegen den Abfallerzeuger bzw. einen früheren Abfallbesitzer in Betracht. Denn nach *§ 22 KrWG* behalten die Abfallerzeuger und -besitzer ihre Verantwortlichkeit für die Erfüllung ihrer Entsorgungspflichten auch dann, wenn sie Dritte mit der Erfüllung ihrer Pflichten beauftragen. Zwar hat das BVerwG zur Vorgängervorschrift des § 22 KrWG, § 16 Abs. 1 KrW-/AbfG, in einer Grundsatzentscheidung ausgeführt, dass jeder Entsorgungspflichtige bei Einschaltung eines Dritten in den Entsorgungsvorgang stets nur für die Abfälle, die er besessen hatte, oder für eine gleichgroße Menge Abfälle gleicher Art verantwortlich sein könne.[55] Soweit Abfälle in einer *Entsorgungskette* behandelt, sortiert und/oder vermischt wurden, konnte daher der ursprüngliche Abfallerzeuger und/oder -besitzer ggf. nicht mehr oder jedenfalls nicht mehr für die gesamte Menge rechtswidrig entsorgter Abfälle zur Verantwortung gezogen werden, sodass zumindest in solchen Fällen eine Heranziehung des Abfallhändlers oder -maklers als Gesamtverantwortlichem nahelag.[56] Ob die Rechtsprechung des BVerwG zum Ende der Verantwortlichkeit eines Entsorgungspflichtigen auch nach Inkrafttreten des KrWG weiter Bestand haben kann, ist jedoch zumindest unklar. Denn nach § 22 KrWG soll die Verantwortlichkeit des Erzeugers oder Besitzers von Abfällen nunmehr ausdrücklich solange bestehen bleiben, bis die Entsorgung „endgültig und ordnungsgemäß abgeschlossen ist". Da aber ausweislich der amtlichen Anmerkung 4 zur Anlage 2 zum KrWG auch die Sortierung, Behandlung, Trennung, Vermischung und Vermengung von Abfällen lediglich als das die spätere endgültige Entsorgung vorbereitende Verfahren anzusehen sein soll, dürfte die ursprüngliche Entsorgungsverantwortlichkeit des Abfallerzeugers und -besitzers nunmehr auch dann noch fortbestehen, wenn Abfälle in einer Entsorgungskette unter Verwendung derartiger Verfahren im Ergebnis zu andersarti-

---

SächsABG; für Fälle wild abgelagerter Abfälle auch § 5 HAKA, § 10 NAbfG, § 11 AbfG LSA und § 6 LAbfWG S-H.

[53] Vgl. zum AbfG 1986 bereits BVerwG Beschl. v. 30.10.1987, 7 C 87/86, NVwZ 1988, S. 1126 ff.; bestätigt für das KrW-/AbfG durch VG Koblenz Urt. v. 05.04.2011, 7 K 574/10.KO Rn 49 und nachfolgend OVG Koblenz Urt. v. 26.01.2012, 8 A 11081/11.OVG.

[54] Vgl. VG Koblenz Urt. v. 05.04.2011, 7 K 574/10.KO Rn. 58.

[55] BVerwG Urt. v. 28.06.2007, 7 C 5/05, BVerwGE 129, 93 ff.

[56] In diesem Sinne auch OVG Koblenz, Urt. v. 26.01.2012, 8 A 11081/11.OVG.

gen Abfällen geworden sind. Auch wenn die praktische Umsetzbarkeit dieser Neuregelung (insbesondere bei langen vielstufigen Entsorgungsketten) bezweifelt werden darf, ist davon auszugehen, dass Erzeuger und (frühere) Besitzer rechtswidrig entsorgter Abfälle in Zukunft grundsätzlich immer neben dem Abfallhändler und -makler als Empfänger einer Ordnungsverfügung in Betracht kommen. In diesem Fall hat die zuständige Behörde nach pflichtgemäßem Ermessen über die *Auswahl des Verantwortlichen* zu entscheiden, wobei neben dem Grundsatz der effektiven Gefahrenabwehr der jeweilige Verursachungsbeitrag und das maßgebliche In-den-Händen-halten des rechtswidrigen Entsorgungsgeschehens ausschlaggebend sein dürften.[57]

8.4.2 Haftung für eine illegale Verbringung

Soweit ein Abfallhändler oder Abfallmakler als Notifizierender einer Abfallverbringung im Sinne der Verordnung 1013/2006 auftritt, trifft ihn im Falle einer nicht abgeschlossenen oder illegalen Verbringung eine *Rücknahmeverpflichtung* nach den Art. 22 und 24 der Verordnung 1013/2006.[58] Versäumt es der Händler oder Makler, seine Rücknahmeverpflichtungen zu erfüllen, trifft die Pflicht stattdessen den Ersterzeuger, Neuerzeuger bzw. zugelassenen Einsammler, der diesen Händler oder Makler ermächtigt hat, in seinem Namen aufzutreten. Bei einer *illegalen Verbringung* nach Durchführung einer Notifizierung durch einen Händler oder Makler gilt jedoch auch der Ersterzeuger, Neuerzeuger bzw. zugelassene Einsammler selbst als Notifizierender im Sinne der Verordnung; der an der illegalen Verbringung beteiligte Händler oder Makler wird daneben als Notifizierender de facto im Sinne des Art. 24 Abs. 2 a) der Verordnung 1013/2006 eingestuft, wenn er tatsächlich schriftlich ermächtigt worden war, als Notifizierender aufzutreten.

► **Hintergrund** Durch diese Regelung soll der zuständigen Behörde die Möglichkeit eröffnet werden, trotz der in der Praxis oftmals bestehenden Schwierigkeiten bei der Ermittlung der tatsächlichen Beteiligung des Händlers oder Mak-

---

[57] Vgl. VG Koblenz Urt. v. 05.04.2011 – 7 K 574/10.KO.

[58] Fraglich ist, was gilt, wenn ein Abfallhändler oder Abfallmakler lediglich als Veranlasser einer grenzüberschreitenden Abfallverbringung von zur Verwertung bestimmten Abfällen des Anhangs III zur Verordnung 1013/2006 auftritt. Nach Oexle in Oexle et al. 2010, Art. 18 Rn. 49 und Hurst 2008, Art. 22 Rn. 1 soll den Veranlasser eine Rücknahmepflicht nur im Falle einer illegalen Verbringung (Art. 24 der Verordnung 1013/2006), nicht aber im Falle einer nicht abgeschlossenen Verbringung (Art. 22 der Verordnung 1013/2006) treffen. Diese Auffassung vertritt auch die Bund/Länder-Arbeitsgemeinschaft Abfall (Stand: 30.09.2009) in ihrer „Vollzugshilfe zur Abfallverbringung“ unter Ziffer 3.2.1.2. Diese Vollzugshilfe weist unter Ziffer 3.2.1.2 allerdings auch darauf hin, dass den Veranlasser im Falle einer nicht abgeschlossenen Verbringung dem Wortlaut des Art. 18 Abs. 2 der Verordnung 1013/2006 entsprechend jedenfalls eine zivilrechtliche Rücknahmeverpflichtung aus dem nach Art. 18 Abs. 2 der Verordnung 1013/2006 mit dem Empfänger der Abfälle zu schließenden Vertrag treffe. Oexle in Oexle et al. 2010, Art. 18 Rn. 44, vertritt in diesem Zusammenhang die Auffassung, dass die zuständigen Behörden die Durchsetzung dieser Rücknahmepflichten in einem solchen Fall jedoch nicht erzwingen könnten, da diese rein zivilrechtlicher Natur seien.

lers an der illegalen Abfallverbringung und des Vorliegens einer schriftlichen Ermächtigung des Händlers oder Maklers unverzüglich gegen eine illegale Verbringung einschreiten zu können.[59]

8.4.3 Straf- und ordnungswidrigkeitenrechtliche Risiken für Händler und Makler

Mit Datum zum 14.12.2011 ist das *45. Strafrechtsänderungsgesetz*[60] in Kraft getreten, welches u. a. in § 326 Strafgesetzbuch (StGB) zusätzliche für Abfallhändler und -makler relevante Straftatbestände einführt. So wird nunmehr erstmals mit Freiheitsstrafe bis zu fünf Jahren oder mit Geldstrafe bestraft, wer unbefugt bestimmte in § 326 Abs. 1 Nr. 1 bis 4 StGB genannte gefährliche Abfälle handelt oder makelt. Bislang wurde demgegenüber als Tathandlung lediglich das rechtswidrige Behandeln, Lagern, Ablagern, Ablassen oder sonstige Beseitigen von Abfällen erfasst. Zudem haben Händler und Makler zu beachten, dass sie sich als Notifizierender oder Verursacher einer illegalen grenzüberschreitenden Verbringung von Abfällen ggf. auch nach § 18 a, b Abfallverbringungsgesetz[61] und § 326 Abs. 2 StGB strafbar machen können. Eine Beschränkung der Strafbarkeit auf die Verbringung nicht unerheblicher Mengen von Abfällen[62] oder gefährlicher Abfälle im Sinne des § 326 Abs. 1 StGB wurde mit Gesetzesänderung vom 01.11.2016 aufgehoben.[63] Überdies sehen *§ 18 Abfallverbringungsgesetz*[64] und *§§ 1, 2 Abfallverbringungsbußgeldverordnung*[65] bestimmte Ordnungswidrigkeitstatbestände im Zusammenhang mit der grenzüberschreitenden Verbringung von Abfällen vor, bei deren Verwirklichung *Bußgelder* von bis zu 50.000,00 € verhängt werden können. Bußgeldtatbestände bestehen auch im Hinblick auf die Erlaubnis- und Anzeigepflichten nach §§ 53, 54 KrWG. Wer entgegen § 53 Abs. 1 Satz 1 KrWG vorsätzlich oder fahrlässig eine Anzeige nicht, nicht richtig, nicht vollständig oder nicht rechtzeitig erstattet, erfüllt den Bußgeldtatbestand des § 69 Abs. 2 Nr. 1 KrWG. Die Ordnungswidrigkeit kann gemäß § 69 Abs. 3 KrWG mit einer Geldbuße von

[59] „Vollzugshilfe zur Abfallverbringung" der Bund/Länder-Arbeitsgemeinschaft Abfall (Stand: Juni 2016), S. 11.

[60] Fünfundvierzigstes Strafrechtsänderungsgesetz zur Umsetzung der Richtlinie des Europäischen Parlaments und des Rates über den strafrechtlichen Schutz der Umwelt v. 06.12.2011 (BGBl. 2011 I 64, S. 2557).

[61] Gesetz zur Ausführung der Verordnung 1013/2006 v. 14.06.2006 über die Verbringung von Abfällen und des Basler Übereinkommens v. 22.03.1989 über die Kontrolle der grenzüberschreitenden Verbringung gefährlicher Abfälle und ihrer Entsorgung v. 19.07.2007 (BGBl. I S. 1462).

[62] Vgl. zum Begriff der „nicht unerheblichen Menge" Kropp 2012a, S. 60 ff.

[63] Gesetz zur Änderung abfallverbringungsrechtlicher Vorschriften v. 01.11.2016 (BGBl. I S. 2452).

[64] Gesetz zur Ausführung der Verordnung 1013/2006 v. 14.06.2006 über die Verbringung von Abfällen und des Basler Übereinkommens v. 22.03.1989 über die Kontrolle der grenzüberschreitenden Verbringung gefährlicher Abfälle und ihrer Entsorgung v. 19.07.2007 (BGBl. I S. 1462).

[65] Verordnung zur Durchsetzung von Vorschriften in Rechtsakten der Europäischen Gemeinschaft über die Verbringung von Abfällen v. 29.07.2007 (BGBl. I S. 1761).

bis zu 10.000 € geahndet werden. Für das Handeln und Makeln von gefährlichen Abfällen ohne Erlaubnis ist gemäß § 69 Abs. 1 Nr. 7, Abs. 2 KrWG die Verhängung einer Geldbuße von bis zu 100.000 € möglich.

Literatur

Fluck J (Hrsg) (2011) Kreislaufwirtschafts-, Abfall- und Bodenschutzrecht 102. Ergänzungslieferung Stand 2011. C. F. Müller Verlag, Heidelberg

Frenz W (2002) Kommentar zum Kreislaufwirtschafts- und Abfallgesetz. Carl Heymanns Verlag, Köln

Hurst M (2008) Kommentar zur Abfallverbringungsverordnung (VVA). Bundesverband Sekundärrohstoffe und Entsorgung (bvse), Bonn

Jarass H, Petersen F, Weidemann C (Hrsg) (2011) Kommentar zum Kreislaufwirtschafts- und Abfallgesetz. C. H. Beck Verlag, München

Kaminski R, Konzak O (1997) Das untergesetzliche Regelwerk zum Kreislaufwirtschafts- und Abfallgesetz. Erich Schmidt, Berlin

Kropp O (2012a) Der Begriff der „nicht unerheblichen Menge“ in § 326 Abs. 2 Nr. 1 StGB. AbfallR 2012: 60–65

Kropp O (2012b) Grenzüberschreitende Abfallverbringungen durch Einsammler, Händler und Makler. AbfallR 2012: 11–17

Kropp O (2014a) Anzeige- und Erlaubnisverordnung. Praxiskommentar. Erich Schmidt Verlag, Berlin

Kropp O (2014b) Fortentwicklung der abfallrechtlichen Überwachung – Anzeige- und Erlaubnisverordnung. AbfallR 2014: 12–22

Landmann R, Rohmer G (Hrsg) (2011) Umweltrecht, 62. Ergänzungslieferung. C. H. Beck Verlag, München

Landmann R, Rohmer G (Hrsg) (2016) Umweltrecht, 81. Ergänzungslieferung. C. H. Beck Verlag, München

Lersner H von, Wendenburg H (Hrsg) (2011) Recht der Abfallbeseitigung. Erich Schmidt Verlag, Berlin

Locher M (1997) Transportgenehmigung und Genehmigung für Vermittlungsgeschäfte nach dem Kreislaufwirtschafts- und Abfallgesetz. DVBl 1997: 145–151

Oexle A, Epiney A, Breuer R (Hrsg) (2010) EG-Abfallverbringungsverordnung – Kommentar. Carl Heymanns Verlag, Köln

Schink A, Versteyl A (Hrsg) (2016) Kommentar zum Kreislaufwirtschaftsgesetz. Lexxion Verlagsgesellschaft, Berlin

Schmehl A (Hrsg) (2013) Gemeinschaftskommentar zum Kreislaufwirtschaftsgesetz. Carl Heymanns Verlag, Köln

Versteyl L-A, Mann T, Schomerus T (Hrsg) (2012) Kreislaufwirtschaftsgesetz – Kommentar. Beck Verlag, München

Anlagengenehmigungsrecht

9

Rainer Geesmann

9.1 Einführung

Unter den Begriff der Entsorgungsanlagen werden Anlagentypen gefasst, die hinsichtlich ihrer technischen Beschaffenheit und betrieblichen Abläufe unterschiedlicher Natur sind. Gemeinsam ist Entsorgungsanlagen, dass sie der – im Rechtssinne – Abfallentsorgung[1] dienen, wobei die Entsorgung den dominierenden Zweck des Anlagenbetriebs ausmacht.[2] Der Betrieb von Entsorgungsanlagen ruft dabei die verschiedensten Umweltauswirkungen in unterschiedlicher Intensität hervor. Diese sind abhängig von den Abfallarten und -mengen, die in der jeweiligen Entsorgungsanlage angenommen, (zwischen-)gelagert und im weit verstandenen Sinne behandelt werden, von der dabei zum Einsatz kommenden Anlagentechnik und schließlich von dem Anlagenstandort und seiner näheren Umgebung. Entsprechend vielschichtig, komplex und teilweise unübersichtlich sind die rechtlichen Vorgaben, welche die Umweltauswirkungen des Betriebs von Entsorgungsanlagen regeln.

Genehmigungsrechtliche Fragen des Betriebs von Entsorgungsanlagen stellen sich anlässlich ihrer Neuerrichtung und Inbetriebnahme „auf der grünen Wiese", in der Praxis vor allem aber anlässlich beabsichtigter baulicher oder betrieblich-technischer *Änderungen* bestehender Entsorgungsanlagen, und schließlich anlässlich ihrer behördlichen Überwachung.

[1] Vgl. § 3 Abs. 22 KrWG.

[2] Letzteres ist etwa nicht der Fall bei Anlagen zur Herstellung von Holzspanplatten, in denen aber auch Entsorgungsvorgänge im Rechtssinne stattfinden, etwa indem Energie zur Trocknung der Spanplatte durch Verbrennung von Althölzern im Sinne der AltholzV (Verordnung über Anforderungen an die Verwertung und Beseitigung von Altholz – AltholzV – v. 15.08.2002, BGBl. I S. 3302) erzeugt wird.

R. Geesmann (✉)
Köhler & Klett Rechtsanwälte
Köln, Deutschland

P. Kurth et al. (Hrsg.), *Praxishandbuch der Kreislauf- und Rohstoffwirtschaft*,
https://doi.org/10.1007/978-3-658-17045-5_9

Genehmigungsrechtliche Fragen werden regelmäßig zwischen dem Betreiber der Entsorgungsanlage, den zuständigen Behörden und ggf. Nachbarn der Entsorgungsanlage, die sich durch ihren Betrieb gestört fühlen, diskutiert. Kommt es zu keiner einvernehmlichen Klärung der aufgeworfenen Fragen, haben die Gerichte über deren verbindliche Beantwortung zu entscheiden. Darauf wird an gegebener Stelle jeweils unter dem Stichpunkt „Rechtsschutz" eingegangen.

Die Verschiedenartigkeit von Entsorgungsanlagen und der von ihnen ausgehenden Umwelteinwirkungen sowie die Komplexität der insoweit maßgeblichen rechtlichen Vorgaben machen eine Auswahl der genehmigungsrechtlichen Fragestellungen für die Zwecke dieses Beitrags unabdingbar. Sie wurde so vorgenommen, dass – gewissermaßen „vor die Klammer gezogen" – einzelne, ausgewählte genehmigungsrechtliche Fragen behandelt werden, die entweder für alle oder aber jedenfalls für einen Großteil solcher Entsorgungsanlagen von Relevanz sein können, deren Errichtung und Betrieb einer *Genehmigung nach dem BImSchG* bedürfen. Der Beitrag beabsichtigt dabei vornehmlich eine Sensibilisierung für bestimmte genehmigungsrechtliche Fragen, die in der Praxis häufiger auftreten, und weniger deren abschließende Aufbereitung und Beantwortung.

9.2 Genehmigungsbedürftigkeit von Entsorgungsanlagen

Die Genehmigungsbedürftigkeit der Errichtung und des Betriebs von Entsorgungsanlagen kann sich aus dem BImSchG, dem Bauordnungsrecht der Länder, sowie dem WHG ergeben.[3]

9.2.1 Genehmigungsbedürftigkeit nach dem BImSchG

9.2.1.1 Nr. 8 des Anhangs 1 zur 4. BImSchV

§ 4 Abs. 1 Satz 3 BImSchG i. V. m. § 1 Abs. 1 Satz 1 4. BImSchV i. V. m. *Nr. 8 des Anhangs 1 zur 4. BImSchV*[4] regelt, unter welchen Voraussetzungen die Errichtung und der Betrieb einer Entsorgungsanlage einer Genehmigung nach dem BImSchG bedürfen.

9.2.1.1.1 Regelungsstruktur der Nr. 8

Unter Nr. 8 des Anhangs 1 zur 4. BImSchV („Verwertung und Beseitigung von Abfällen und sonstigen Stoffen") werden 15 verschiedene Grundtypen von Entsorgungsanlagen aufgeführt. Nr. 8 spiegelt die Bandbreite der verschiedenen technischen Verfahren und

[3] Zudem sind Errichtung und Betrieb von Deponien (§ 3 Abs. 27 KrWG) gemäß § 35 Abs. 2 KrWG planfeststellungsbedürftig.

[4] Vierte Verordnung zur Durchführung des Bundes-Immissionsschutzgesetzes (Verordnung über genehmigungsbedürftige Anlagen – 4. BImSchV) v. 02.05.2013 (BGBl. I S. 937), zuletzt geändert am 09.01.2017 (BGBl. I S. 42).

Zwecke der Entsorgung von Abfällen und damit die Vielfalt von Entsorgungsanlagen wider. Die Genehmigungsbedürftigkeit bestimmt sich dabei nach verschiedenen, kumulativ zu erfüllenden Kriterien.

Zunächst wird die immissionsschutzrechtliche Genehmigungsbedürftigkeit durch bestimmte *Abfallarten*[5] sowie *Verfahrenstechniken*, etwa unterschiedliche thermische Verfahren[6] oder spezielle Behandlungstechniken[7], ausgelöst. Sind spezielle Behandlungstechniken nicht einschlägig, ist zu prüfen, ob der Auffangtatbestand der „sonstigen Behandlung" in Nr. 8.11.2, verstanden als jede physikalische Einwirkung auf den Abfall z. B. durch Brechen, Schneiden, Sortieren etc., erfüllt ist.

Nahezu durchgängig hängt die Genehmigungsbedürftigkeit vom Erreichen oder Überschreiten bestimmter *Mengenschwellen* ab (etwa Durchsatzkapazität in t/Tag oder in t/Stunde, Aufnahmekapazität in t/Tag, Gesamtlagerkapazität in t), oder ergibt sich erst ab einer bestimmten Feuerungswärmeleistung in Megawatt (MW); dabei wird in der Regel zwischen gefährlichen und nicht gefährlichen Abfällen unterschieden.[8]

9.2.1.1.2 Änderungen durch die Umsetzung der IED[9]

Das BImSchG und die zu seiner Konkretisierung erlassenen Rechtsverordnungen – namentlich die 4. BImSchV – sind durch die Umsetzung der IED in deutsches Recht im Wesentlichen mit Wirkung zum 02.05.2013 geändert worden. Neu eingeführt wurde u. a. der Anlagentyp der sogenannten *IED-Anlage*,[10] für dessen Errichtung und Betrieb im Vergleich zu den übrigen nach BImSchG genehmigungsbedürftigen Anlagen besondere materiell-rechtliche Anforderungen gelten.[11] Entsorgungsanlagen kommt der Status einer IED-Anlage ab Überschreitung bestimmter Mengenschwellen zu.[12]

Im Zuge der Umsetzung der IED wurden vereinzelt Anlagenbeschreibungen in Nr. 8 des Anhangs 1 zur 4. BImSchV geändert: So ist beispielsweise bei Kompostierungsanlagen (Nr. 8.5) nunmehr die Tages- und nicht mehr – wie in Nr. 8.5 des Anhangs zur 4. BImSchV in der Vorgängerfassung – die Jahresdurchsatzleitung maßgeblich. Dies kann

---

[5] So etwa Nr. 8.2 (Anlagen zur Erzeugung von Strom etc. durch den Einsatz von bestimmten Holzabfällen), Nr. 8.5 (Anlagen zur Erzeugung von Kompost aus organischen Abfällen), oder Nr. 8.9.1 (Anlagen zur Behandlung von nicht gefährlichen metallischen Abfällen in Schredderanlagen).

[6] Etwa Nr. 8.1.1 (Entgasung, Plasmaverfahren, Pyrolyse etc.).

[7] Etwa Nr. 8.6 (biologische Behandlung), Nr. 8.10 (chemisch-physikalische Behandlung), oder Nr. 8.11.1 (Vermengung oder Vermischung sowie Konditionierung, Rückgewinnung oder Regenerierung von organischen Lösungsmitteln etc.).

[8] Etwa in Nr. 8.12.1 und 8.12.2 (zeitweilige Lagerung von Abfällen).

[9] Richtlinie 2010/75/EU v. 24.11.2010 über Industrieemissionen (ABl. L 334/17 v. 17.12.2010, S. 17 ff.); in Anlehnung an ihren englischsprachigen Titel „Directive on industrial emissions" im Folgenden „IED" genannt.

[10] Im Anhang 1 zur 4. BImSchV mit „E" gekennzeichnet, siehe § 3 Abs. 8 BImSchG i. V. m. § 3 4. BImSchV.

[11] Verdeutlicht am Beispiel der BVT-Schlussfolgerungen in Abschn. 9.5.

[12] Beispielsweise chemisch-physikalischen Behandlungsanlagen mit einer Durchsatzkapazität an gefährlichen Abfällen ≧ 10 t/Tag (Nr. 8.10.1.1) bzw. an nicht gefährlichen Abfällen ≧ 50 t/Tag (Nr. 8.10.2.1).

für im Zeitpunkt des Inkrafttretens der Änderungen der 4. BImSchV zum 02.05.2013 genehmigte Bestandsanlagen die Frage aufwerfen, wie die erforderliche Umrechnung von der genehmigten Jahres- auf die nunmehr maßgebliche Tagesdurchsatzleistung zu erfolgen hat.[13]

Zudem wurden neue Anlagentypen eingeführt: So haben nach der seit dem 01.05.2015 verbindlichen Anlagenbeschreibung der Nr. 8.11.2.3 Anlagen zur sonstigen Behandlung von nicht gefährlichen Abfällen, „soweit diese für die Verbrennung oder Mitverbrennung vorbehandelt werden", bei einer Durchsatzkapazität von 50 t oder mehr je Tag den Status einer IED-Anlage. Überwiegend spricht das dafür, dass – entgegen gelegentlich von Behördenvertretern geäußerter Auffassung – Nr. 8.11.2.3 nur dann einschlägig ist, wenn der Hauptzweck der Anlage in der Vorbehandlung der Abfälle „für" die Verbrennung/Mitverbrennung liegt, wie dies beispielsweise bei Anlagen zur Herstellung von Ersatzbrennstoffen der Fall ist. Dass Abfälle nach anlageninterner Behandlung mangels alternativer Entsorgungsmöglichkeiten extern verbrannt/mitverbrannt werden (müssen), führt daher nicht zwangsläufig zur Einstufung als Anlage im Sinne der Nr. 8.11.2.3.

► **Praxishinweis** Die kleinteiligen Kriterien, welche die einzelnen Anlagentypen der Nr. 8 des Anhangs 1 zur 4. BImSchV definieren und voneinander abgrenzen, erfordern eine sorgfältige Subsumtion bei der Erstellung von Genehmigungsanträgen. Denn von der korrekten, aus den Antragsunterlagen nachvollziehbaren Zuordnung des beantragten Anlagenbetriebs zu den Unter-Nummern der Nr. 8 hängt ab, ob eine BImSchG-Genehmigung erforderlich ist, welches Genehmigungsverfahren durchzuführen ist,[14] ob es sich um eine IED-Anlage handelt und – je nach Bundesland – welche Behörde für die Anlage zuständig ist.

9.2.1.2 Erstmalige Errichtung und Änderung einer Entsorgungsanlage

Die erstmalige Errichtung einer nach dem BImSchG genehmigungsbedürftigen Entsorgungsanlage löst das Genehmigungserfordernis gemäß § 4 Abs. 1 BImSchG aus. In der Praxis überwiegen allerdings Änderungen der baulichen Substanz (z. B. durch die Erweiterung von Hallen) und/oder der betrieblich-technischen Funktionsweise (z. B. durch die Erhöhung der Durchsatzkapazität) bereits bestehender Entsorgungsanlagen. Dann ist zu prüfen, ob es insoweit einer Änderungsgenehmigung nach § 16 BImSchG bedarf oder aber eine Anzeige nach § 15 BImSchG ausreichend ist. Dies beantwortet sich im Wesentlichen in zwei Schritten:

9.2.1.2.1 Änderung im Rechtssinne

Zunächst ist zu klären, ob eine Änderung im Rechtssinne vorliegt. Dies ist der Fall, wenn der beabsichtigte Betrieb der Entsorgungsanlage von dem genehmigten Betrieb abweicht. Ausgangspunkt und Maßstab für die Beantwortung der Frage ist also der genehmigte

[13] Siehe hierzu etwa die „Auslegungsfragen und Antworten zur 4., 13. und 17. BImSchV" der LAI-AISV, Stand 09.07.2015, S. 49 f.

[14] Dazu 9.4.1.

Anlagenbestand. Was im Einzelnen wie genehmigt ist, ergibt sich durch Auslegung der Genehmigung(en) unter, sofern erforderlich, Einbeziehung der maßgeblichen Antragsunterlagen.

► **Praxishinweis** Daher empfiehlt sich eine sorgfältige Aufbewahrung sämtlicher Genehmigungen einschließlich dazugehöriger Antragsunterlagen durch den Anlagenbetreiber. Oftmals lässt sich der Genehmigungsumfang einer Anlage rechtlich belastbar erst unter Berücksichtigung auch der Antragsunterlagen bestimmen.

Nicht als Änderung zu verstehen sind nach überwiegender Meinung Reparaturen von Anlagenbestandteilen oder aber deren Ersetzung, weil insoweit – jedenfalls in der Regel – nicht von der Genehmigung abgewichen wird.[15]

► **Praxishinweis** Besteht Unsicherheit, ob eine Änderung im Rechtssinne vorliegt, sollte rein vorsorglich immer eine Anzeige gemäß § 15 BImSchG erfolgen. Andernfalls besteht die Gefahr, dass der Anlagenbetreiber ordnungswidrig handelt und gegen ihn ein Bußgeld verhängt wird.[16]

9.2.1.2.2 Anzeige oder Änderungsgenehmigung

Liegt eine Änderung im Rechtssinne vor, ist zu prüfen, ob sie lediglich angezeigt (§ 15 BImSchG) oder genehmigt (§ 16 BImSchG) werden muss. Eine genehmigungsbedürftige wesentliche Änderung liegt gemäß § 16 Abs. 1 Satz 1 BImSchG vor,

> wenn durch die Änderung nachteilige Auswirkungen hervorgerufen werden können und diese für die Prüfung nach § 6 Abs. 1 Nr. 1 erheblich sein können (wesentliche Änderung); [...].

§ 6 Abs. 1 Nr. 1 BImSchG benennt die Voraussetzungen und damit Prüfungsmaßstäbe für eine Genehmigung nach dem BImSchG. In Abgrenzung zur lediglich anzeigebedürftigen Änderung im Sinne von § 15 BImSchG gilt folgende – für die Zwecke der Praxis hier vereinfachte – Faustformel: Einer Änderungsgenehmigung gemäß § 16 BImSchG bedarf es immer dann, wenn die durch die Änderung hervorgerufenen Umwelteinwirkungen berechtigterweise einen vertieften emissions- und/oder immissionsseitigen Prüfungsbedarf der Behörde auslösen. Dies ist z. B. dann der Fall, wenn es durch die Änderung zu relevant mehr Emissionen kommt, bspw. zu mehr Lärm, Staub oder Geruch. Denn in diesem Fall stellt sich die Frage nach der Einhaltung der maßgeblichen immissionsschutzrechtlichen Vorschriften durch den Betrieb der Entsorgungsanlage in ihrem geänderten Umfang.

Im Einzelfall kann die Abgrenzung zwischen anzeigebedürftiger Änderung nach § 15 BImSchG und genehmigungsbedürftiger wesentlicher Änderung im Sinne des § 16 BImSchG schwierig sein; rechtliche Einzelfragen sind zudem umstritten.[17]

---

[15] Jarass 2015, § 15 Rn. 11 f. (m. w. N.).
[16] § 62 Abs. 2 Nr. 1 BImSchG.
[17] Nachweise etwa bei Jarass 2015, § 16 Rn. 9.

Wird die Änderung lediglich nach § 15 BImSchG angezeigt, ist es Sache der Behörde, zu prüfen, ob eine Änderungsgenehmigung nach § 16 BImSchG erforderlich ist. Bestätigt die Behörde die Anzeige oder äußert sie sich nicht innerhalb eines Monats nach Eingang der Anzeige, bedarf es keiner Änderungsgenehmigung.[18] Dies gilt auch dann, wenn es von Rechts wegen einer Änderungsgenehmigung nach § 16 BImSchG bedurft hätte. Insoweit schafft die Anzeige Rechtssicherheit: Liegt die Anzeigenbestätigung vor oder ist die Monatsfrist verstrichen, kann dem Anlagenbetreiber daher beispielsweise nicht der Vorwurf eines illegalen Anlagenbetriebs gemacht werden, welcher gemäß § 327 Abs. 2 Satz 1 Nr. 1 StGB ggf. strafrechtliche Sanktionen nach sich zieht.

► **Praxishinweis** Bestehen Unsicherheiten darüber, ob ein Änderungsvorhaben einer Änderungsgenehmigung im Sinne des § 16 BImSchG bedarf oder aber eine Anzeige nach § 15 BImSchG ausreichend ist, sollte vorsorglich jedenfalls eine Anzeige erfolgen. Es ist allerdings zu empfehlen, mit der Behörde das Gespräch zu suchen, um zu verhindern, dass zunächst ein Anzeigeverfahren mit entsprechendem Zeitaufwand durchgeführt wird, es letztlich aber dann doch der Durchführung eines – aufwendigeren – Änderungsgenehmigungsverfahrens bedarf.

9.2.2 Genehmigungsbedürftigkeit nach sonstigem Recht

Bedarf es keiner Änderungsgenehmigung nach § 16 BImSchG, können aber *andere Genehmigungserfordernisse* greifen, z. B. nach Bauordnungs- oder Wasserrecht.

9.2.2.1 Bauordnungsrecht

Dient eine Anlage beispielsweise der „sonstigen Behandlung von nicht gefährlichen Abfällen“ im Sinne der Nr. 8.11.2.4 des Anhangs 1 zur 4. BImSchV, unterschreitet sie aber die maßgebliche Mengenschwelle (Durchsatzleistung $\geqq$ 10 t/Tag), ist sie zwar nicht nach dem BImSchG genehmigungsbedürftig. Gleichwohl wird für den Betrieb einer derartigen Anlage regelmäßig eine *Baugenehmigung* nach dem Bauordnungsrecht des jeweiligen Bundeslandes benötigt. So bedarf beispielsweise gemäß § 63 Abs. 1 Satz 1 der Bauordnung NRW

> [...] die Errichtung, die Änderung, die Nutzungsänderung und der Abbruch baulicher Anlagen [...]

einer Baugenehmigung, soweit das Vorhaben nicht ausnahmsweise genehmigungsfrei gestellt ist.

Zu beachten ist, dass der Begriff der baulichen Anlage *weit* verstanden wird, und nicht etwa auf aufstehende Bauten im engeren Sinne wie Lagerhallen, Büro- oder Sozialräume

[18] § 15 Abs. 2 Satz 2 BImSchG.

begrenzt ist. Unter bestimmten Voraussetzungen können daher beispielsweise auch Aufschüttungen sowie Lager- und Abstellplätze bauliche Anlagen sein, deren Errichtung oder Änderung baugenehmigungspflichtig ist.[19]

► **Praxishinweis** Ein besonderes Augenmerk ist bei bestehenden Anlagen auf die *Nutzungsänderung* zu richten. Sollen beispielsweise Flächen, die bisher für das Abstellen von LKW genehmigt sind, künftig für die Lagerung von Abfällen unterhalb der Mengenschwellen der Nr. 8.12 des Anhangs 1 zur 4. BImSchV genutzt werden, kann dies eine baugenehmigungspflichtige Nutzungsänderung darstellen.

9.2.2.2 Wasserrecht

Die BImSchG-Genehmigung schließt gemäß § 13 BImSchG „andere die Anlage betreffende behördliche Entscheidungen" ein (sogenannte *Konzentrationswirkung*). Durch § 13 BImSchG wird vor allem die Baugenehmigung, sofern sie für die Errichtung und den Betrieb einer nach dem BImSchG genehmigungspflichtigen Entsorgungsanlage erforderlich ist, in der BImSchG-Genehmigung konzentriert, und ergeht nicht gesondert neben dieser.

Ausgenommen von der Konzentrationswirkung sind u. a. Erlaubnisse und Bewilligungen nach §§ 8, 10 WHG. Stellt der Betrieb der Entsorgungsanlage bzw. ein Teil des Anlagenbetriebs eine erlaubnis- oder bewilligungspflichtige Gewässerbenutzung im Sinne des WHG dar – etwa die Direkteinleitung von bestimmtem Oberflächenwasser des Anlagenstandorts in ein Fließgewässer –, bedarf es hierfür – zusätzlich zur Genehmigung nach dem BImSchG – einer gesonderten wasserrechtlichen Erlaubnis oder Bewilligung.

► **Praxishinweis** Eine etwaige Genehmigungsbedürftigkeit des Änderungsvorhabens nach sonstigem Recht ist daher vor allem in Fällen des § 15 BImSchG zu prüfen, um nicht den Vorwurf eines ungenehmigten Anlagenbetriebs zu provozieren. Denn nicht alle Behörden weisen in ihren Anzeigebestätigungen darauf hin, dass die Anzeigebestätigung nicht von der Einholung der im Übrigen erforderlichen Genehmigungen entbindet.

9.3 Materiell-rechtliche Voraussetzungen der Errichtung und des Betriebs von Entsorgungsanlagen

Bedürfen die Errichtung und der Betrieb einer Entsorgungsanlage einer Genehmigung nach dem BImSchG, wirft dies die Frage nach der Genehmigungsfähigkeit auf, d. h. die Frage, welche Voraussetzungen erfüllt sein müssen, damit die begehrte Genehmigung erteilt wird und die Entsorgungsanlage wie gewünscht errichtet und betrieben werden kann. Insoweit ist auch von den materiell-rechtlichen Anforderungen an die Errichtung und den Betrieb einer Entsorgungsanlage die Rede.

[19] Siehe beispielsweise § 63 Abs. 1 Satz 1 i. V. m. § 2 Abs. 1 BauO NRW. Vergleichbare Regelungen finden sich – mit Abweichungen – auch in anderen Bundesländern.

9.3.1 Vorgaben des BImSchG (Überblick)

9.3.1.1 Immissionsschutzrechtliche Pflichten

Die immissionsschutzrechtlichen Pflichten der Betreiber von nach dem BImSchG genehmigungsbedürftigen Entsorgungsanlagen sind in § 5 BImSchG geregelt. In der Praxis spielen dabei vor allem die *Schutz-* und die *Vorsorgepflicht* eine zentrale Rolle.[20]

9.3.1.1.1 Schutzpflicht, § 5 Abs. 1 Satz 1 Nr. 1 BImSchG

Gemäß § 5 Abs. 1 Satz 1 Nr. 1 sind genehmigungsbedürftige Anlagen so zu errichten und zu betreiben, dass zur Gewährleistung eines hohen Schutzniveaus für die Umwelt insgesamt

> schädliche Umwelteinwirkungen und sonstige Gefahren, erhebliche Nachteile und erhebliche Belästigungen für die Allgemeinheit und die Nachbarschaft nicht hervorgerufen werden können; [...].

Die Schutzpflicht betrachtet die im weitesten Sinne verstandenen Auswirkungen des Betriebs der Entsorgungsanlage in der Umgebung und ist damit immissionsbezogen. Immissionen sind gemäß § 3 Abs. 2 BImSchG „auf Menschen, Tiere und Pflanzen, den Boden, das Wasser, die Atmosphäre sowie Kultur- und sonstige Sachgüter einwirkende Luftverunreinigungen, Geräusche, Erschütterungen, Licht, Wärme, Strahlen und ähnliche Umwelteinwirkungen." Die immissionsseitig wirkende Schutzpflicht legt dem Betreiber der Entsorgungsanlage Begrenzungen dahingehend auf, wie viel – vereinfacht gesprochen – Immissionen im Einwirkungsbereich der Entsorgungsanlage erlaubt sind. Den Emissionen des Betriebs der Entsorgungsanlage, d. h. den von der Anlage ausgehenden Luftverunreinigungen, Geräuschen, Erschütterungen, dem Licht, der Wärme, den Strahlen und ähnlichen Erscheinungen[21] wird durch *Grenz- oder Richtwerte* immissionsseitig eine Grenze gezogen, die durch den Betrieb der Anlage nicht überschritten werden darf.

9.3.1.1.2 Vorsorgepflicht, § 5 Abs. 1 Satz 1 Nr. 2 BImSchG

Gemäß § 5 Abs. 1 Satz 1 Nr. 2 BImSchG sind genehmigungsbedürftige Anlagen so zu errichten und zu betreiben, dass zur Gewährleistung eines hohen Schutzniveaus für die Umwelt insgesamt

> Vorsorge gegen schädliche Umwelteinwirkungen und sonstige Gefahren, erhebliche Nachteile und erhebliche Belästigungen getroffen wird, insbesondere durch die dem Stand der Technik entsprechenden Maßnahmen; [...].

[20] Nicht Gegenstand des Beitrags sind die übrigen Pflichten des § 5 BImSchG: Die Entsorgungspflicht (§ 5 Abs. 1 Satz 1 Nr. 3 BImSchG), die Pflicht zur effizienten Energienutzung (§ 5 Abs. 1 Satz 1 Nr. 4 BImSchG) sowie die Nachsorgepflichten (§ 5 Abs. 3 BImSchG).
[21] § 3 Abs. 3 BImSchG.

Die Vorsorgepflicht greift emissionsseitig, d. h. sie setzt unmittelbar bei der Entsorgungsanlage an. In den maßgeblichen untergesetzlichen Regelwerken finden sich insoweit *Emissionswerte*, welche an bestimmten gefassten Emissionsquellen einzuhalten sind; ferner baulich-technische Anforderungen an die innerbetriebliche Handhabung von Abfällen einschließlich ihrer Lagerung, Vorgaben zur geschlossenen baulichen Ausführung bestimmter Anlagenbereiche sowie einem durch die Anlage einzuhaltenden Mindestabstand zur nächstgelegenen Wohnbebauung.

9.3.1.1.3 Untergesetzliche Regelwerke

Die Begrifflichkeiten in § 5 Abs. 1 Satz 1 Nr. 1 und Nr. 2 BImSchG sind weitgehend unbestimmt und damit vergleichsweise interpretationsoffen („schädliche Umwelteinwirkungen", „sonstige Gefahren", „erhebliche Nachteile und erhebliche Belästigungen"). Um in der Praxis vollzugsfähig zu werden, bedürfen die Vorsorge- und die Schutzpflicht daher der Konkretisierung bzw. Präzisierung. Diese erfolgt, indem bezogen auf den jeweiligen Parameter – etwa Lärm, Staub oder Geruch – mehr oder weniger präzise Vorgaben in den jeweils maßgeblichen untergesetzlichen Regelwerken gemacht werden:

Teilweise werden die Vorsorge- und die Schutzpflichten auf *Verordnungsebene* konkretisiert, etwa in der 17. BImSchV,[22] welche Anforderungen an die Verbrennung und Mitverbrennung von Abfällen enthält.

Auf der Ebene der *Verwaltungsvorschriften* können die Vorgaben der TA Lärm[23] und der TA Luft[24] für Entsorgungsanlagen von Relevanz sein. Die derzeit noch per Erlass in einigen Bundesländern eingeführte GIRL[25] soll im Zuge der beabsichtigten *Novellierung der TA Luft*[26] in diese übernommen werden.

In den untergesetzlichen Regelwerken findet sich die Unterscheidung zwischen emissions- und immissionsseitigen Anforderungen und damit zwischen emissionsseitiger Vorsorge- und immissionsseitiger Schutzpflicht durchgängig wieder:

9.3.1.1.3.1 Emissionsseitige Anforderungen

So enthält etwa die ebenfalls durch die Umsetzung der IED geänderte 17. BImSchV u. a. baulich-technische Anforderungen an die Beschaffenheit und den Betrieb von Verbren-

[22] Siebzehnte Verordnung zur Durchführung des Bundes-Immissionsschutzgesetzes (Verordnung über die Verbrennung und die Mitverbrennung von Abfällen – 17. BImSchV) v. 02.05.2013 (BGBl. I S. 1021).

[23] Technische Anleitung zum Schutz gegen Lärm – TA Lärm – v. 26.08.1998 (GMBl S. 503).

[24] Technische Anleitung Luft – TA Luft – v. 29.07.2002 (GMBl. S. 511).

[25] Geruchsimmissionsrichtlinie (GIRL) der Bund/Länder-Arbeitsgemeinschaft für Immissionsschutz v. 29.02./10.09.2008. Bspw. in NRW eingeführt mit Runderlass v. 05.11.2009 (MBl. NRW Nr. 31 v. 27.11.2009, S. 533).

[26] Entwurf der TA Luft-Novelle, Stand September 2016, veröffentlicht vom BMUB unter http://www.bmub.bund.de/fileadmin/Daten_BMU/Download_PDF/Luft/taluft_entwurf_bf.pdf. Abgerufen am 30.12.2016.

nungs- oder Mitverbrennungsanlagen[27] sowie Emissionsgrenzwerte für eine Vielzahl von Parametern[28] einschließlich Vorgaben für ihre Messung und Überwachung.[29]

Differenzierte emissionsseitige Vorgaben zur Begrenzung von Luftschadstoffen, die von Entsorgungsanlagen ausgehen, enthält vor allem die TA Luft. Insoweit gelten nach der Kollisionsregel in Nr. 5.4. i. V. m. Nr. 5.1.1 Abs. 2 TA Luft für bestimmte Typen von Entsorgungsanlagen vorrangig die speziellen Vorgaben der Nr. 5.4.8 TA Luft („Verwertung und Beseitigung von Abfällen und sonstigen Stoffen"). Sind diese Vorgaben nicht einschlägig, ist zu prüfen, ob die allgemeinen emissionsseitigen Vorgaben der Nr. 5.2 TA Luft greifen.

Im Rahmen der anstehenden *Novellierung der TA Luft* sind in der Nr. 5.4.8 je nach Entsorgungsanlagentyp neue und/oder verschärfte Emissionswerte sowie sonstige emissionsseitige Vorgaben, z. B. zur geschlossenen baulichen Ausführung, vorgesehen. Zudem sollen bestimmte Anlagentypen der Entsorgungswirtschaft erstmalig als eigenständiger Anlagentyp mit ausdifferenzierten emissionsseitigen Vorgaben in die TA Luft aufgenommen werden.[30] Die Anforderungen der novellierten TA Luft sollen dabei in aller Regel für nach BImSchG genehmigungsbedürftige Anlagen gelten, ohne dass zwischen IED- und Nicht-IED-Anlagen unterschieden wird.[31]

Die TA Lärm und die GIRL enthalten dagegen vergleichsweise wenige, zudem recht unscharfe emissionsseitige Vorgaben.[32]

9.3.1.1.3.2 Immissionsseitige Anforderungen

Die immissionsschutzrechtliche Schutzpflicht, die in den untergesetzlichen Regelwerken wie der TA Lärm, TA Luft oder der GIRL konkretisiert ist, gibt durchgängig die Einhaltung eines bestimmten *Immissionswertes* an einem Immissionsort in der (schutzwürdigen) Nachbarschaft der Anlage auf.

Die Frage, ob der jeweils maßgebliche Immissionswert bezogen auf den zu betrachtenden Parameter eingehalten wird, beantwortet sich in Genehmigungsverfahren nach dem folgenden – hier vereinfachten – Grundschema: Zunächst ist die sogenannte *Vorbelastung* zu ermitteln. Vorbelastung ist die Belastung mit einem bestimmten Parameter, etwa Lärm, die an dem betrachteten Immissionsort vorhanden ist, bevor die durch die zu genehmigende Anlage (bzw. im Fall der Anlagenänderung durch das zu genehmigende Anlagenteil) verursachten Immissionen, die sogenannte *Zusatzbelastung*, auf den Immissionsort einwirken. Vorbelastung und Zusatzbelastung bilden die *Gesamtbelastung*. Die Gesamtbelastung wird daraufhin überprüft, ob sie den maßgeblichen Immissionswert einhält.

[27] §§ 3–7 17. BImSchV.
[28] §§ 8–10 17. BImSchV.
[29] §§ 14 ff. 17. BImSchV.
[30] Etwa Schredderanlagen (Nr. 5.4.8.9.1 des Entwurfs der TA Luft-Novelle).
[31] Eine Ausnahme findet sich etwa in Nr. 5.3.2.1 des Entwurfs der TA Luft-Novelle. Danach sind bei IED-Anlagen jährliche Emissionsmessungen (außer Geruch) vorgesehen. Für Nicht-IED-Anlagen soll es bei dem 3-Jahres-Rhythmus der TA Luft in der Fassung vom 29.07.2002 bleiben.
[32] Nrn. 3.1 b) und 3.3 TA Lärm, Nr. 2 GIRL.

Wenn die Zusatzbelastung so gering ist, dass sie aus Sicht der Verfasser des untergesetzlichen Regelwerks als *irrelevant* für die Beantwortung der Frage anzusehen ist, ob durch die Zusatzbelastung überhaupt schädliche Umwelteinwirkungen und damit ein Verstoß gegen die immissionsschutzrechtliche Schutzpflicht hervorgerufen werden können, bedarf es nicht des – unter Umständen äußerst aufwendigen – gutachterlichen Nachweises, dass die Gesamtbelastung die Immissionsrichtwerte einhält.[33]

Der *Entwurf der TA Luft-Novelle* sieht neue bzw. verschärfte Immissionswerte für bestimmte Schadstoffdepositionen,[34] Regelungen zu Stickstoff-/Säureeinträgen in FFH-Gebiete, zu Stickstoffdepositionen sowie zu Bioaerosolen[35] vor, die je nach Typ und Belegenheit der betroffenen Entsorgungsanlage von Bedeutung sein können. Zudem soll die GIRL in die TA Luft aufgenommen werden.[36] Speziell für die gutachterliche Ermittlung der Irrelevanz wird die künftige Definition von Zusatz- und Gesamtzusatzbelastung[37] von Bedeutung sein; die Berufung auf Irrelevanz dürfte im Einzelfall erschwert werden.

► **Rechtsschutz** Die Unterscheidung von Vorsorge- und Schutzpflichten spielt eine zentrale Rolle für die Frage, ob und unter welchen Voraussetzungen Dritte, die außerhalb des auf den Anlagenbetreiber und die Behörde bezogenen Genehmigungsverfahrens stehen – z. B. Personen aus der Wohnnachbarschaft eines Anlagenstandorts oder Betreiber anderer Anlagen – gegen Errichtung und Betrieb einer Entsorgungsanlage vor dem Verwaltungsgericht klagen können. Dies beurteilt sich danach, ob die (Umwelt-)Norm, deren Verletzung gerügt wird, auch dem Schutz des klagenden Dritten, und nicht lediglich dem Schutz der Öffentlichkeit zu dienen bestimmt ist. Insoweit ist auch von dritt- oder nachbarschützenden Vorschriften die Rede, die der „Dritte" vor dem Verwaltungsgericht durchsetzen kann.

Normen, die die Schutzpflicht konkretisieren, sind regelmäßig drittschützend, denn sie bezwecken den Schutz des Dritten oder Nachbarn vor der durch die jeweilige Norm geregelten Umwelteinwirkung (z. B. Lärm, Staub, Geruch).

Normen zur Konkretisierung der Vorsorgepflicht sind dagegen – von bestimmten Ausnahmen abgesehen – nicht drittschützend; ihre Einhaltung kann daher von Dritten nicht vor dem Verwaltungsgericht durchgesetzt werden.[38]

Nach jüngst erfolgten Änderungen gibt allerdings das Umweltrechtsbehelfsgesetz[39] anerkannten Vereinigungen („Umweltverbänden") nunmehr die Möglichkeit, die Einhaltung *sämtlicher Vorschriften, die dem Umweltschutz dienen*, vor dem Verwaltungsgericht durchzusetzen.

[33] Vgl. die Irrelevanzregelungen etwa in Nrn. 4.2.2 a) TA Luft, 3.2.1 TA Lärm und 3.3 GIRL.

[34] Etwa für Chrom, PAK, Nickel, Cadmium, Dioxine, Furane (Nr. 4.5.1 des Entwurfs der TA Luft-Novelle).

[35] Nr. 4.8 i. V. m. Anhängen 8, 9 bzw. 10 des Entwurfs der TA Luft-Novelle.

[36] Dazu unter 9.3.3.2.

[37] Nr. 2.2 des Entwurfs der TA Luft-Novelle.

[38] BVerwG, Urt. v. 11.12.2003, 7 C 19/02, in: NVwZ 2004, 610 (611).

[39] Umweltrechtsbehelfsgesetz v. 08.04.2013 (BGBl. I S. 753), zuletzt geändert durch Gesetz v. 30.11.2016 (BGBl. I S. 2749).

► **Praxishinweis** Genehmigungsverfahren ist daher vor allem die Einhaltung der immissionsseitigen Schutzpflichten mit besonderer Sorgfalt zu betreiben, um möglichst weitreichende Rechts- und damit Investitionssicherheit zu gewährleisten.

9.3.1.2 Voraussetzungen der BImSchG-Genehmigung

Gemäß § 6 Abs. 1 BImSchG ist die Genehmigung zu erteilen, wenn

1. sichergestellt ist, dass die sich aus § 5 [...] ergebenden Pflichten erfüllt werden, und
2. andere öffentlich-rechtliche Vorschriften [...] der Errichtung und dem Betrieb der Anlage nicht entgegenstehen.

Insoweit stellt sich die Frage nach den sogenannten materiell-rechtlichen Anforderungen an den Betrieb von Entsorgungsanlagen. Über § 6 Abs. 1 Nr. 1 BImSchG werden die immissionsschutzrechtlichen Pflichten und damit auch die vorstehend genannte Vorsorge- und die Schutzpflicht sowie ihre untergesetzlichen Konkretisierungen[40] Gegenstand der Prüfung durch die Genehmigungsbehörde. Gleiches gilt für die gemäß § 6 Abs. 1 Nr. 2 BImSchG beachtlichen sonstigen öffentlich-rechtlichen Vorschriften, namentlich solche des Bauordnungs- und Bauplanungsrechts.

Im Folgenden werden in den Abschn. 9.3.2–9.3.4 einige ausgewählte materiell-rechtliche Fragestellungen des Betriebs von Entsorgungsanlagen näher beleuchtet.

9.3.2 Rechtliche Vorgaben zur Begrenzung von Lärm

Die Anwendung der TA Lärm kann – je nach Lärmintensität und Standort der Entsorgungsanlage – eine Vielzahl genehmigungsrechtlicher Fragen aufwerfen; auf einige sei hier näher eingegangen.

9.3.2.1 Die zutreffende Einstufung des Gebiets

Nr. 6.1 TA Lärm gibt unterschiedlich hohe Richtwerte für den maximal zulässigen Beurteilungspegel für Immissionsorte außerhalb von Gebäuden vor. Diese Beurteilungspegel orientieren sich an der vom Normgeber angenommenen Schutzwürdigkeit des Immissionsorts. Liegt dieser in einem Industriegebiet, sind bis zu 70 dB(A) tags/nachts zumutbar. In anderen Gebieten gelten – nach ihrer Schutzwürdigkeit abgestufte – Immissionsrichtwerte; der niedrigste Wert beträgt 35 dB(A) nachts in Reinen Wohngebieten sowie in Kurgebieten, und gilt zudem für Krankenhäuser und Pflegeanstalten.[41]

Die Art der in Nr. 6.1 bezeichneten Gebiete und Einrichtungen ergibt sich gemäß Nr. 6.6. Satz 1 TA Lärm aus den Festlegungen in Bebauungsplänen. Sofern – (noch) wirksame – Bebauungspläne vorliegen, stellt sich die Zuordnung des maßgeblichen Immissionsrichtwerts als vergleichsweise unproblematisch dar.

[40] Dazu 9.3.1.1.
[41] Vgl. Nr. 6.1 e), f) TA Lärm.

Schwieriger zu beurteilen können Fälle sein, in denen das Gebiet nicht bauplanungsrechtlich ausgewiesen und auch nicht als *faktisches Baugebiet* im Sinne des § 34 Abs. 2 BauGB zu beurteilen ist. Dies ist etwa der Fall beim sogenannten unbeplanten Innenbereich im Sinne des § 34 Abs. 1 BauGB. In diesen Fällen greift Nr. 6.6 Satz 2 TA Lärm, wonach Gebiete und Einrichtungen, für die keine bauplanungsrechtlichen Festsetzungen bestehen, „entsprechend ihrer Schutzbedürftigkeit nach Nr. 6.1 TA Lärm" zu beurteilen sind. Dies erfordert eine wertungsmäßige Zuordnung des Gebiets entsprechend seiner Schutzbedürftigkeit zu einem der Baugebietstypen, wie sie – spiegelbildlich zu den Baugebietstypen der BauNVO[42] – in Nr. 6.1 a) bis f) TA Lärm enthalten sind.

Insgesamt kommt der rechtlich zutreffenden Einordnung des Gebiets, in dem der Immissionsort liegt, eine erhebliche Bedeutung zu. Denn erfolgt die Einordnung fehlerhaft, kann, weil es sich bei den Immissionsrichtwerten der TA Lärm um drittschützende Vorschriften handelt, ein Nachbar des Standorts auf die Einhaltung des zutreffenden Richtwerts klagen.[43] Ist die Genehmigung unter Zugrundelegung des falschen Richtwerts erteilt, droht ihre Aufhebung.

▶ **Praxishinweis** Eine zutreffende Einstufung der Schutzwürdigkeit des Gebiets, in welchem der maßgebliche Immissionsort gelegen ist, kann gemäß den Vorgaben der Nr. 6.6 Satz 2 TA Lärm oftmals nur erfolgen, indem die im Gebiet genehmigten und praktizierten einzelnen Nutzungsformen (beispielsweise Wohnnutzung, gewerbliche Nutzung etc.) ermittelt und hierauf aufbauend die Schutzwürdigkeit bestimmt wird.

9.3.2.2 Richtwerte für Gemengelagen

Nr. 6.7 TA Lärm regelt:

> Wenn gewerblich, industriell oder hinsichtlich ihrer Geräuschauswirkungen vergleichbar genutzte und zum Wohnen dienende Gebiete aneinandergrenzen (Gemengelage), können die für die zum Wohnen dienenden Gebiete geltenden Immissionsrichtwerte auf einen geeigneten Zwischenwert der für die aneinandergrenzenden Gebietskategorien geltenden Werte erhöht werden, soweit dies nach der gegenseitigen Pflicht zur Rücksichtnahme erforderlich ist. Die Immissionsrichtwerte für Kern-, Dorf- und Mischgebiete von 45/60 dB(A) nachts/tags sollen dabei nicht überschritten werden.

Mit dieser Regelung trägt die TA Lärm Situationen Rechnung, in denen Gebiete unterschiedlicher Schutzbedürftigkeit nebeneinander historisch gewachsen sind.

Beispiel Der Standort einer Entsorgungsanlage wird seit Jahrzehnten in einem ausgewiesenen Industriegebiet betrieben. Innerhalb dieses Gebiets gilt der Immissionsrichtwert von 70 dB(A) nachts/tags. In der Nachbarschaft zu diesem Gebiet liegt ein ausgewiesenes allgemeines Wohngebiet. Dort gilt ein Immissionsrichtwert von 40/55 dB(A) nachts/tags.

---

[42] Verordnung über die bauliche Nutzung der Grundstücke (Baunutzungsverordnung – BauNVO) i. d. F. der Bekanntm. v. 23.01.1990 (BGBl. I S. 132).

[43] Siehe dazu den Praxishinweis unter 9.3.1.1.3.2.

Gemäß Nr. 6.6 Satz 1 TA Lärm ist die Entsorgungsanlage bei erster rechtlicher Einschätzung so zu betreiben, dass der Immissionsrichtwert von 40/55 dB(A) nachts/tags an dem maßgeblichen Immissionsort im Wohngebiet eingehalten wird. Dies kann, wenn die Gebiete unmittelbar aneinandergrenzen, aber auch dann, wenn unbebaute, die Schallausbreitung nicht beschränkende Flächen (z. B. Grünflächen) zwischen den Gebieten liegen, dazu führen, dass insbesondere der Immissionsrichtwert von 40 dB(A) nachts erst nach Durchführung kostenintensiver Lärmminderungsmaßnahmen, äußerstenfalls nach (deutlicher) Reduzierung der betrieblichen Aktivitäten der Entsorgungsanlage, eingehalten werden kann. Dagegen wird ein Zwischenwert von 45 dB(A) nachts möglicherweise mit weniger Aufwand eingehalten werden können.

9.3.2.2.1 Anwendbarkeit der Gemengelageregelung

Die Nr. 6.7 TA Lärm lässt eine Zwischenwertbildung unter bestimmten Voraussetzungen zu. Auf die Wesentlichen sei hier näher eingegangen:

Zunächst muss sichergestellt sein, dass die Anlage den Stand der Lärmminderungstechnik einhält.

Da die Anwendbarkeit der Gemengelageregelung der Nr. 6.7 TA Lärm maßgeblich durch die Pflicht zur gegenseitigen Rücksichtnahme ausgelöst wird, wird man ferner verlangen müssen, dass sich die gegenseitige Rücksichtnahmepflicht über einen gewissen Zeitraum verfestigt hat, in welchem die konfligierenden Nutzungen – Wohnen auf der einen, gewerbliche/industrielle Nutzung auf der anderen Seite – nebeneinander existiert haben („gewachsene" Gemengelage).

9.3.2.2.2 Die Zwischenwertbildung

Nr. 6.7 Abs. 2 TA Lärm schreibt vor, dass bei der Zwischenwertbildung die Immissionsrichtwerte für Kern-, Dorf- und Mischgebiete von 45/60 dB(A) nachts/tags nicht überschritten werden „sollen".

Für die Höhe des zu bildenden Zwischenwerts – bei einem allgemeinen Wohngebiet liegt dieser zwischen 40 und 45 dB(A) nachts sowie 55 und 60 dB(A) tags – „ist die konkrete Schutzbedürftigkeit des betroffenen Gebietes maßgeblich".[44] Wesentliche Kriterien für deren Bestimmung sind die Prägung des Einwirkungsgebiets der industriellen/gewerblichen Lärmimmissionen durch den Umfang der Wohnbebauung einerseits und durch Gewerbe- und Industriebetriebe andererseits, die Ortsüblichkeit eines Geräuschs und die Frage, welche der unverträglichen Nutzungen zuerst verwirklicht wurde.[45]

Von der regelmäßig verbindlichen Obergrenze von 45/60 dB(A) nachts/tags kann nach der Rechtsprechung durch einen darüber hinausgehenden Zwischenwert in Sonderfällen abgewichen werden.[46]

[44] Nr. 6.7 Abs. 4 TA Lärm.
[45] Nr. 6.7 Abs. 5 TA Lärm.
[46] BVerwG, Beschl. v. 12.09.2007, 7 B 24.07, Rn. 4 f. – Juris.

9.3.3 Rechtliche Vorgaben zur Begrenzung von Gerüchen

Der Betrieb bestimmter Typen von Entsorgungsanlagen kann, je nach Art und Menge der durchgesetzten Abfälle und der dabei zum Einsatz kommenden Verfahren, geruchsintensiv sein. Dann stellen sich Fragen zu den rechtlichen Vorgaben zur Begrenzung von Gerüchen.

9.3.3.1 Emissionsseitige Vorgaben der TA Luft

Emissionsseitige Vorgaben zur Begrenzung von Gerüchen finden sich in der TA Luft. Für Entsorgungsanlagen ist auch insoweit zunächst zu prüfen, ob spezielle Vorschriften in Nr. 5.4.8 TA Luft einschlägig sind.[47] Dies ist etwa der Fall für Hausmüllsortier- oder Kompostierungsanlagen, die ggf. spezifische baulich-technische Maßnahmen zur Geruchsminderung umsetzen müssen.[48] Sind spezielle Vorgaben der Nr. 5.4.8 TA Luft nicht einschlägig, ist zu prüfen, ob allgemeine Anforderungen der TA Luft zur Geruchsbegrenzung greifen.[49] Diese Grundstruktur behält auch der Entwurf der novellierten TA Luft bei.[50]

9.3.3.2 Immissionsseitige Vorgaben der GIRL

In der Genehmigungs- und Überwachungspraxis findet die GIRL[51] auch zur Beurteilung geruchsintensiver Entsorgungsanlagen Anwendung. Der GIRL liegt das sogenannte Geruchsstundenkonzept zugrunde, wonach die Erheblichkeit von Geruchsimmissionen nach der relativen Häufigkeit des Auftretens eines bestimmten Geruchs beurteilt wird. Dafür enthält die GIRL Immissionswerte. Maßgeblich ist insoweit die relative Häufigkeit der (Jahres-)Geruchsstunden in Gebietstypen unterschiedlicher Schutzbedürftigkeit.[52] Überschreitet die (rechnerisch, durch Begehung oder durch eine Kombination von beidem) ermittelte Gesamtbelastung den nach der GIRL maßgeblichen Immissionswert, wird die Immission zunächst als erhebliche Belästigung im Rechtssinne gewertet.

Die GIRL kann nach ständiger Rechtsprechung bei der Bewertung von Gerüchen als *Orientierungshilfe* herangezogen werden (und zwar unabhängig davon, ob sie im jeweiligen Bundesland – etwa durch Erlass – umgesetzt ist),[53] um zu klären, ob Geruchsimmissionen im Sinne des BImSchG erheblich sind.[54] Sollte die TA Luft-Novelle in Kraft treten, wird die dort inkorporierte GIRL[55] an der Bindungswirkung der TA Luft teilhaben. In aller Regel werden dann Geruchsimmissionen im Anwendungsbereich der GIRL an den in ihr enthaltenen Maßstäben beurteilt werden müssen.

[47] Vgl. dazu 9.3.1.1.3.1.
[48] Siehe dazu Nrn. 5.4.8.4 Abs. 2 und 5.4.8.5 Abs. 2c) TA Luft.
[49] Vgl. Nr. 5.2.8 TA Luft („geruchsintensive Stoffe").
[50] Wie Fn. 26.
[51] Wie Fn. 25.
[52] Nr. 3.1 GIRL: Wohn-/Mischgebiete: 0,10; Gewerbe-/Industriegebiete sowie Dorfgebiete: 0,15 relative Häufigkeit der Geruchsstunden.
[53] BVerwG, Beschl. v. 28.07.2012, 4 B 29.10, Rn. 3 (m. w. N.) – Juris.
[54] OVG NRW, Beschl. v. 29.10.2010, A 147/09, Rn. 14 bis 19 (m. w. N.) – Juris.
[55] Nr. 4.3.2 i. V. m. Anhang 7 des Entwurfs der TA Luft-Novelle.

Nach der Rechtsprechung darf sich die immissionsschutzrechtliche Bewertung von Gerüchen nicht allein an den in der GIRL festgelegten Immissionswerten orientieren. Vielmehr hat mit Blick auf die Regelungen der Nr. 5 GIRL eine *„umfassende Würdigung aller Umstände des Einzelfalls“* zu erfolgen.[56] Danach ist ein Vergleich mit den Immissionswerten der GIRL nicht ausreichend, wenn Anhaltspunkte dafür bestehen, dass wegen

- der außergewöhnlichen Verhältnisse hinsichtlich Hedonik und Intensität der Geruchseinwirkung,
- der ungewöhnlichen Nutzungen in dem betroffenen Gebiet
- oder sonstiger atypischer Verhältnisse

trotz Überschreitung der Immissionswerte der GIRL eine erhebliche Belästigung der Nachbarschaft oder der Allgemeinheit durch Geruchsimmissionen nicht zu erwarten ist.

Ein *Beispiel* für eine ungewöhnliche Nutzung in einem von Geruchseinwirkungen betroffenen Gebiet kann die räumliche Konzentration mehrerer Entsorgungsanlagen darstellen, mit deren Betrieb erhöhte Geruchseinwirkungen durch gelagerte und durchgesetzte Abfälle verbunden sind.

Zudem ist gemäß Nr. 5 GIRL „zu berücksichtigen, dass die Grundstücksnutzung mit einer gegenseitigen Pflicht zur Rücksichtnahme belastet sein kann, die u. a. dazu führen kann, dass die Belästigte oder der Belästigte in höherem Maße Geruchseinwirkungen hinnehmen muss.“ Diese Regelung zielt – vergleichbar der Gemengelageregelung in Nr. 6.7 TA Lärm[57] – auf gewachsene Gemengelagen, die auch bei Geruchseinwirkungen gegeben sein können.

► **Praxishinweis** Es ist daher immer zu prüfen, ob es trotz gutachtlich nachgewiesener Überschreitung der Immissionswerte der GIRL im Wege der Einzelfallprüfung angezeigt ist, die Annahme schädlicher Umwelteinwirkungen durch Gerüche zu verneinen.

9.3.4 Vorgaben des Bauplanungsrechts

Gemäß § 6 Abs. 1 Nr. 2 BImSchG ist die BImSchG-Genehmigung nur zu erteilen, wenn gewährleistet ist, dass Errichtung und Betrieb der Entsorgungsanlage „mit anderen öffentlich-rechtlichen Vorschriften“ vereinbar sind.[58] Zu diesen Vorschriften zählen auch solche des Bauplanungsrechts, wie es maßgeblich im Baugesetzbuch (BauGB) und der BauNVO[59] niedergelegt ist. Je nachdem, wo die Entsorgungsanlage – etwa im unbe-

[56] BVerwG, Beschl. v. 21.12.2010, 7 B 4.10, Rn. 32 – Juris. Vgl. auch Nr. 5 Abs. 4 GIRL: „Die Erheblichkeit [von Gerüchen] ist keine absolut festliegende Größe, sie kann in Einzelfällen nur durch Abwägung der dann bedeutsamen Zustände festgestellt werden.“ [Einfügung durch den Bearbeiter].

[57] Dazu 9.3.2.2.

[58] Dazu 9.3.1.2.

[59] Wie Fn. 42.

planten Innenbereich[60] oder aber im Geltungsbereich eines Bebauungsplans[61] – erstmalig errichtet oder geändert werden soll, können sich verschiedene bauplanungsrechtliche Fragestellungen ergeben.

Mit der Einhaltung der bauplanungsrechtlichen Anforderungen steht und fällt die Genehmigungsfähigkeit der Entsorgungsanlage. Stehen etwa Festsetzungen eines Bebauungsplans der erstmaligen Errichtung oder Änderung der Entsorgungsanlage entgegen, kann die BImSchG-Genehmigung nicht erteilt werden, wenn und soweit die Gemeinde als Trägerin der Planungshoheit von Rechts wegen gehindert ist, eine Ausnahme (§ 31 Abs. 1 BauGB) oder eine Befreiung (§ 31 Abs. 2 BauGB) zu erteilen und auch keine politische Bereitschaft (im Gemeinderat) besteht, den Bebauungsplan im Sinne des Vorhabenträgers zu ändern.

► **Rechtsschutz** Unter den Voraussetzungen etwa des Gebietsgewährleistungsanspruchs können bestimmte Kläger die Einhaltung bestimmter Regelungen des Bauplanungsrechts vor dem Verwaltungsgericht durchsetzen.[62] Daher ist eine sorgfältige Abarbeitung der maßgeblichen bauplanungsrechtlichen Vorschriften im BImSchG-Genehmigungsverfahren empfehlenswert.

Aus der Fülle der bauplanungsrechtlichen Fragestellungen, die die Änderung und Neuerrichtung von Entsorgungsanlagen aufwerfen können, seien hier einige herausgegriffen.

9.3.4.1 Entsorgungsanlagen in Gewerbegebieten

Gemäß § 8 Abs. 1 BauNVO dienen Gewerbegebiete „vorwiegend der Unterbringung von nicht erheblich belästigenden Gewerbebetrieben". Weil aber nach dem BImSchG genehmigungsbedürftige Anlagen – und damit grundsätzlich auch Entsorgungsanlagen – nach der in § 4 Abs. 1 Satz 1 BImSchG enthaltenen Wertung ein erhebliches Belästigungspotenzial haben können, sind sie nach der Rechtsprechung im Gewerbegebiet unter Umständen nur zulässig, wenn sie durch eine *atypische* Betriebsweise gekennzeichnet sind und daher von vornherein keine Störungen im Gewerbegebiet befürchten lassen.[63] Dies ist durch den Anlagenbetreiber im Genehmigungsverfahren nachzuweisen.

► **Praxishinweis** Vom Betreiber ggf. umzusetzende und im BImSchG-Genehmigungsverfahren darzulegende Maßnahmen zur Begründung der Atypik können

- die vollständige oder überwiegende Einhausung emissionsträchtiger Bereiche des Standorts,
- sonstige technische Vorkehrungen zur Emissionsreduzierung,

[60] § 34 BauGB.

[61] § 30 BauGB.

[62] Dazu etwa OVG NRW, Urt. v. 09.03.2012, 2 A 1626/10, Rn. 45 ff. – Juris.

[63] Dazu BVerwG, Urt. v. 24.09.1992, 7 C 7/92, Rn. 11 ff. – Juris. Ferner etwa OVG NRW, Beschl. v. 17.06.2009 – 8 B 1864/08, Rn. 40 – Juris.

- Einschränkungen der Betriebszeiten der Anlage,
- Beschränkungen der Menge und Art der gelagerten sowie behandelten Abfälle,
- die Unterschreitung der maßgeblichen Grenz- bzw. Richtwerte

sein.

Die Einordnung einer Anlage als atypisch erfordert letztlich eine wertende Gesamtschau bezogen auf die einzelnen Betriebseinheiten der Anlage. Die einschlägige Rechtsprechung[64] eröffnet insoweit Argumentationsspielräume.

9.3.4.2 Abstandserlasse

Die Gemeinden als Träger der Bauleitplanung machen häufig von der durch § 1 Abs. 4 Satz 1 Nr. 1 und Nr. 2 BauNVO eröffneten Möglichkeit Gebrauch, das Baugebiet – etwa ein Gewerbe-[65] oder ein Industriegebiet[66] – nach der Art der zulassungsfähigen Betriebe und Anlagen zu gliedern. Zu diesem Zweck wird – nicht nur in NRW – der sogenannte Abstandserlass[67] in den Bebauungsplan verbindlich aufgenommen (inkorporiert). Bei älteren Bebauungsplänen können die Vorgängerfassungen des Abstandserlasses inkorporiert sein.

Nach dem Abstandserlass werden ganz überwiegend Anlagentypen des Anhangs zur 4. BImSchV und damit auch Entsorgungsanlagen der Nr. 8 des Anhangs zur 4. BImSchV in sogenannte Abstandsklassen gegliedert. Die planenden Gemeinden inkorporieren den Abstandserlass in der jeweiligen Fassung auf unterschiedliche Weise: Entweder werden alle in ihm erwähnten Anlagen, alle Anlagen einer bestimmten Abstandsklasse oder einzelne Anlagen einer bestimmten Abstandsklasse im Baugebiet für generell unzulässig erklärt.

Dabei ist die Verweisung auf den inkorporierten Abstandserlass in der Regel *statisch*. Das bedeutet, dass der Abstandserlass in der Fassung gilt, wie er im maßgeblichen Bebauungsplan für verbindlich erklärt worden ist und nicht – im Sinne einer dynamischen Verweisung – der Abstandserlass in der jeweils aktuellen Fassung. Notwendigerweise ist dann auch die Frage, ob eine Entsorgungsanlage vom inkorporierten Abstandserlass erfasst wird, an den Maßstäben des Anhangs zur 4. BImSchV in der Fassung zu beurteilen, auf welche der Abstandserlass Bezug nimmt.

Sind Errichtung oder Änderung der Entsorgungsanlage nach dem maßgeblichen Abstandserlass unzulässig, ist zu prüfen, ob der Bebauungsplan bestimmte Anlagenarten ausnahmsweise[68] zulässt. Oftmals ist die ausnahmsweise Zulässigkeit an die Erfüllung

[64] Wie Fn. 63.
[65] § 8 BauNVO.
[66] § 9 BauNVO.
[67] Abstandserlass NRW v. 06.06.2007, MBl. NW. Nr. 29 v. 12.10.2007.
[68] § 31 Abs. 1 BauGB.

von Bedingungen geknüpft, wie etwa die, dass die Anlage als „atypische" Anlage in einer *höheren Abstandsklasse* zulässig ist.[69]

▶ **Praxishinweis** Den inkorporierten, differenzierten Regelungen des Abstandserlasses ist bei der Vorbereitung von Genehmigungsanträgen – gleichgültig ob Neuerrichtung oder Änderung – besondere Aufmerksamkeit zu widmen.

9.4 Fragen das Genehmigungsverfahren betreffend

9.4.1 Verfahrensarten

Unterfällt eine Entsorgungsanlage dem BImSchG-Genehmigungserfordernis[70], beantwortet § 2 4. BImSchV die Frage, in welchem Genehmigungsverfahren die BImSchG-Genehmigung zu erteilen ist. Vereinfacht gilt: Entsorgungsanlagen, die in Nr. 8 des Anhangs 1 zur 4. BImSchV mit einem „G" gekennzeichnet sind, werden im förmlichen, mit einem „V" gekennzeichnete Entsorgungsanlagen im vereinfachten Genehmigungsverfahren genehmigt.

Anders als im vereinfachten ist im förmlichen Genehmigungsverfahren die Öffentlichkeit zu beteiligen. Dies geschieht durch Bekanntmachung und Auslegung der Antragsunterlagen, Gelegenheit zur Erhebung von Einwendungen und deren Erörterung ggf. im Rahmen eines Erörterungstermins sowie durch öffentliche Bekanntmachung der Genehmigung.[71] Wegen der durch die öffentliche Bekanntmachung bewirkten *Zustellungsfiktion*[72] müssen Dritte in aller Regel ihren Widerspruch/ihre Klage gegen die BImSchG-Genehmigung innerhalb von einem Monat nach deren öffentlicher Bekanntmachung erheben.

Gemäß § 10 Abs. 3 Satz 5 BImSchG werden Einwender – etwa Nachbarn des Standorts –, die ihre Einwendungen gegen das beantragte Vorhaben im Rahmen der Öffentlichkeitsbeteiligung nicht rechtzeitig oder gar nicht vorgebracht haben, im Fall ihrer Klage gegen die erteilte BImSchG-Genehmigung mit ihren – dann verspäteten – Einwendungen nicht vor Gericht gehört (sogenannte *Präklusionswirkung*). Angesichts einer Entscheidung des Europäischen Gerichtshofs bestehen allerdings erhebliche Zweifel, ob § 10 Abs. 3 Satz 5 BImSchG mit den unionsrechtlichen Vorgaben vereinbar ist und jedenfalls bei IED-Anlagen überhaupt noch greift.[73] Unter welchen Voraussetzungen künftig noch

[69] Hierzu etwa OVG NRW, Urt. v. 22.05.2014, 8 A 3002/11, Rn. 129 ff. – Juris.

[70] Dazu 9.2.1.

[71] § 10 Abs. 3–6, 7 i. V. m. § 19 Abs. 2 BImSchG.

[72] § 10 Abs. 8 Satz 5 BImSchG.

[73] OVG NRW, Beschl. v. 31.03.2016, 8 B 1341/15, Rn. 42 ff. – Juris, unter Bezugnahme auf das Urteil des EuGH v. 15.10.2015, C-137/14.

eine Präklusion im förmlichen Genehmigungsverfahren in Betracht kommt, hängt davon ab, wie der Gesetzgeber § 10 Abs. 3 Satz 5 BImSchG unionsrechtskonform ändern wird.[74]

► **Praxishinweis** Möchte sich der Antragsteller die Zustellungsfiktion für ein vereinfachtes Genehmigungsverfahren zunutze machen, kann er gemäß § 19 Abs. 3 BImSchG die Durchführung eines förmlichen Genehmigungsverfahrens beantragen. So erlangt er zeitnah Klarheit darüber, ob geklagt wird oder nicht.
Möchte der Antragsteller im förmlichen Verfahren die Öffentlichkeitsbeteiligung meiden, ist zu prüfen, ob die zuständige Behörde auf seinen Antrag unter den Voraussetzungen des § 16 Abs. 2 BImSchG gehalten ist, von der Öffentlichkeitsbeteiligung abzusehen.

9.4.2 Verfahrensdauer

Im förmlichen Genehmigungsverfahren ist über den Genehmigungsantrag innerhalb einer Frist von sieben, im vereinfachten Genehmigungsverfahren innerhalb von drei Monaten ab Eingang vollständiger Antragsunterlagen bei der Genehmigungsbehörde zu entscheiden.[75] Sofern die Behördenvertreter, welche mit der Prüfung der Antragsunterlagen befasst sind, berechtigterweise deren Ergänzung verlangen, etwa weil ein erforderliches Gutachten nicht vorliegt, beginnt die Frist also nicht zu laufen. Zudem können die Behörden die Entscheidungsfrist jeweils um bis zu drei Monate verlängern, wenn dies wegen der Schwierigkeiten der Prüfung erforderlich ist.[76]

► **Praxishinweis** Die Frage, ob die Antragsunterlagen vollständig sind oder wegen der Schwierigkeit der Prüfung eine Verlängerung der Bearbeitungsfrist erforderlich ist, eröffnet Bewertungsspielräume. Daher erweisen sich die gesetzlichen Bearbeitungsfristen in der Praxis oftmals als „stumpfes Schwert". Für die Beschleunigung des Verfahrens effektiver ist eine optimale Abstimmung der Verfahrensbeteiligten untereinander, d. h. zwischen Antragsteller, Behördenvertretern, Fachgutachtern und Rechtsanwälten.
Ab einem bestimmten Stadium des Genehmigungsverfahrens kann durch die Zulassung des vorzeitigen Beginns gemäß § 8 a) BImSchG ein vorzeitiger Baubeginn und Probebetrieb erreicht werden. Ist parallel zum Genehmigungsverfahren die – in aller Regel ebenfalls zeitaufwendige – erstmalige Aufstellung oder Änderung eines Bebauungsplans erforderlich, kann dem Abschluss des Bebauungsplanverfahrens unter den Voraussetzungen des § 33 BauGB (Zulässigkeit von Vorhaben während der Planaufstellung) vorgegriffen werden.

[74] Siehe dazu den Entwurf in BT-Drs. 18/9526 (dort S. 15), sowie 18/9909.
[75] § 10 Abs. 6 a Satz 1 BImSchG i. V. m. § 7 9. BImSchV.
[76] § 10 Abs. 6 a Satz 2 BImSchG.

9.5 Ausblick – BVT-Schlussfolgerungen

BVT[77]-Merkblätter beschreiben branchenbezogen die in den Mitgliedsstaaten vorhandenen BVT zur Begrenzung anlagenbezogener Emissionen aller Art.[78] Für den Betrieb von Entsorgungsanlagen maßgeblich ist vor allem das BVT-Merkblatt „Abfallbehandlungsanlagen" aus August 2006.

Wegen der schwach ausgeprägten Bindungswirkung der Inhalte dieses und anderer BVT-Merkblätter – sie sind bei der Bestimmung des „Standes der Technik" im Sinne von § 5 Abs. 1 Satz 1 Nr. 2 BImSchG lediglich als eines von vielen Kriterien „zu berücksichtigen"[79] – wurde durch die IED die Kategorie der BVT-Schlussfolgerungen eingeführt. BVT-Schlussfolgerungen fassen die wesentlichen Erkenntnisse aus den BVT-Merkblättern zusammen, indem sie u. a. die mit den BVT *assoziierten Emissionswerte* benennen.[80]

Werden BVT-Schlussfolgerungen im Amtsblatt der EU veröffentlicht, muss der Normgeber bzw. die zuständige Behörde überprüfen, ob untergesetzliche Regelungen – Rechtsverordnung, Verwaltungsvorschriften wie etwa die TA Luft oder aber Nebenbestimmungen einer BImSchG-Genehmigung – die mit den BVT assoziierten Emissionswerte einhalten. Ist dies nicht der Fall, ist eine Anpassung erforderlich, soweit nicht ausnahmsweise Abweichungen gestattet sind.[81]

Die Anpassungspflichten, die durch BVT-Schlussfolgerungen ggf. ausgelöst werden, betreffen dabei ausschließlich IED-Anlagen. In der Regel muss innerhalb von vier Jahren nach Veröffentlichung von BVT-Schlussfolgerungen gewährleistet sein, dass IED-Anlagen die durch die BVT-Schlussfolgerungen vorgegebenen Anforderungen einhalten.[82]

Ein erster Entwurf des überarbeiteten Merkblatts „Abfallbehandlung" einschließlich der vorgesehenen BVT-Schlussfolgerungen mit Stand Dezember 2015 liegt vor.[83] Die Schlussfolgerungen sehen, insbesondere auch im Abwasserbereich, mehr Emissionsmessungen vor als derzeit im deutschen Recht gefordert sind. Sollten diese BVT-Schlussfolgerungen nach Inkrafttreten der novellierten TA Luft[84] veröffentlicht werden, werden ihre Inhalte, sofern ein Anpassungsbedarf besteht, als sogenannte sektorale Verwaltungsvorschrift umgesetzt werden.

Die sich abzeichnenden Inhalte der BVT-Schlussfolgerungen „Abfallbehandlung" dürften – namentlich neben denjenigen der novellierten TA Luft – je nach Typ der betroffenen Entsorgungsanlage künftig eine Vielzahl genehmigungsrechtlicher Fragen aufwerfen, welche in Genehmigungs- und Überwachungsverfahren abzuarbeiten sind.

---

[77] BVT = Beste Verfügbare Techniken.

[78] § 3 Abs. 6a BImSchG.

[79] § 3 Abs. 6 BImSchG i. V. m. der Anlage zum BImSchG.

[80] § 3 Abs. 6b BImSchG.

[81] § 7 Abs. 1a, 1b; § 48 Abs. 1a, 1b; § 12 Abs. 1a, 1b BImSchG.

[82] § 52 Abs. 1 Sätze 5–7, § 17 Abs. 2a, 2b BImSchG.

[83] Veröffentlicht vom EIPPCB unter http://eippcb.jrc.ec.europa.eu/reference/BREF/WTbref_1812.pdf. Abgerufen am 30.12.2016.

[84] Dazu 9.3.1.1.3. sowie 9.3.3.2.

Literatur

Bundesministerium für Umwelt, Naturschutz, Bau und Reaktorsicherheit (2016) Entwurf zur ersten Anpassung der Ersten Allgemeinen Verwaltungsvorschrift zum Bundes-Immissionsschutzgesetz, Stand September 2016. http://www.bmub.bund.de/fileadmin/Daten_BMU/Download_PDF/Luft/taluft_entwurf_bf.pdf. Abgerufen am 30.12.2016

Entwurf BVT-Merkblatt „Abfallbehandlung", Stand Dezember 2015. http://eippcb.jrc.ec.europa.eu/reference/BREF/WTbref_1812.pdf. Abgerufen am 30.12.2016

Jarass H (2015) Bundes-Immissionsschutzgesetz: BImSchG – Kommentar. Gelbe Reihe. 11. Aufl., C. H. Beck Verlag, München

Entsorgungsvertragsrecht 10

Alexander de Diego und Anno Oexle

10.1 Einführung

Unternehmen, bei deren industrieller oder gewerblicher Tätigkeit Abfälle anfallen, sind zu deren Entsorgung verpflichtet, soweit gesetzlich nichts anderes, insbesondere die Überlassung an den öffentlich-rechtlichen Entsorgungsträger, bestimmt ist (§§ 7 Abs. 2 S. 1, 15 Abs. 1 S. 1 KrWG). In der Regel entsorgen diese Unternehmen ihre Abfälle jedoch nicht selbst, sondern beauftragen damit spezialisierte Fachunternehmen, die in der Praxis oftmals ihrerseits weitere Unternehmen zwecks Erbringung von Teilleistungen einschalten. Die einzelnen Glieder solcher Entsorgungsketten sind durch Entsorgungsverträge miteinander verbunden, die die wesentlichen Inhalte der jeweils zu erbringenden Entsorgungsleistungen und der dafür zu erbringenden Gegenleistungen regeln.

Spätestens wenn es zwischen den jeweiligen Vertragsparteien zu Differenzen über Art und Umfang der geschuldeten Leistungen kommt, also z. B. über Qualitäten, Mengen, Preise oder das durchzuführende Entsorgungsverfahren, stellt sich die Frage, ob und mit welchem Inhalt ein Entsorgungsvertrag geschlossen wurde.

A. de Diego (✉) · A. Oexle
Köhler & Klett Rechtsanwälte
Köln, Deutschland

P. Kurth et al. (Hrsg.), *Praxishandbuch der Kreislauf- und Rohstoffwirtschaft*,
https://doi.org/10.1007/978-3-658-17045-5_10

10.2 Inhalt, Abschluss und Form von Entsorgungsverträgen

10.2.1 Vertragsinhalt

Im Vertragsrecht gilt der Grundsatz der Vertragsfreiheit. Das bedeutet, dass die Parteien über den Inhalt der von ihnen abzuschließenden Verträge frei bestimmen können, sofern sie nicht gegen zwingende Vorschriften des geltenden Rechts, gesetzliche Verbote oder die guten Sitten verstoßen. Das gilt auch für Entsorgungsverträge. Der Mindestinhalt eines Entsorgungsvertrags besteht darin, dass sich die eine Partei zur Entsorgung bestimmter Abfälle und die andere Partei im Gegenzug zur Zahlung einer bestimmten Vergütung verpflichtet. Art und Umfang dieser Leistungspflichten werden in der Praxis des Entsorgungsvertragsrechts ganz unterschiedlich detailliert beschrieben und ausgestaltet.

Haben die Parteien in dem Vertrag bestimmte Punkte nicht geregelt, können ergänzend die gesetzlichen Vorschriften des Bürgerlichen Gesetzbuchs (BGB) und (unter Kaufleuten) ggf. auch die des Handelsgesetzbuchs (HGB) Anwendung finden und so den Inhalt des Vertrags gestalten. Welche gesetzlichen Vorschriften in solchen Fällen (subsidiär) zur Anwendung gelangen, hängt davon ab, wie Entsorgungsverträge rechtlich einzustufen sind.

Die Rechtsnatur solcher Verträge richtet sich nach dem Inhalt der sie prägenden Leistungspflichten. Bei Entsorgungsverträgen besteht die wesentliche Leistungspflicht in der rechts-, insbesondere abfallrechtskonformen Entsorgung der vertragsgegenständlichen Materialien. Dieser Befund führt zu der Frage, ob diese Entsorgungspflicht tätigkeits- oder erfolgsbezogen ist. Wäre sie tätigkeitsbezogen, würde es sich bei dem Vertrag insoweit um einen Dienstvertrag im Sinne der §§ 611 ff. BGB handeln. Im Falle einer Erfolgsbezogenheit dieser Pflicht wäre der Entsorgungsvertrag als Werkvertrag im Sinne der §§ 631 ff. BGB einzustufen. Die Beantwortung dieser Frage hängt somit von der Bestimmung des Leistungsgegenstandes ab. Die wesentliche Leistungspflicht, die den Werkvertrag von den anderen im Bürgerlichen Gesetzbuch geregelten Vertragstypen unterscheidet, ist die Pflicht des Unternehmers zur Herstellung eines Werks im Sinne des § 631 Abs. 1 BGB. Im Gegensatz zum Dienstvertrag im Sinne des § 611 BGB, der den Dienstverpflichteten (lediglich) zur ordnungsgemäßen Erbringung bestimmter Dienste (im Sinne von Tätigkeiten) verpflichtet, ist für den Werkvertrag kennzeichnend, dass der Unternehmer dafür einzustehen hat, dass ein bestimmter (Leistungs-)Erfolg eintritt.[1] Die Abgrenzung von Dienst- und Werkvertrag ist damit in erster Linie eine Frage der Vertragsauslegung.[2] Die Vertragsauslegung hat gemäß §§ 133, 157 BGB insbesondere anhand des Vertragswortlauts und der Vertragssystematik, der Begleitumstände des Vertragsschlusses, der Interessenlage der Vertragsparteien nach Treu und Glauben sowie mit Rücksicht auf die Verkehrssitte zu erfolgen.[3] Dem Vertragswortlaut kommt bei der Abgrenzung von Dienst- und Werkverträgen lediglich eine untergeordnete Bedeutung zu,

[1] Sprau in Palandt 2017, Einf. v. § 631 Rn. 8.
[2] Busche in Münchener Kommentar 2016, § 631 Rn. 15.
[3] Ellenberger in Palandt 2017, § 133 Rn. 14 ff.

da sich fast jede Tätigkeit angesichts des dem Werkvertrag zugrunde liegenden Erfolgsverständnisses erfolgsbezogen formuliert lässt.[4] Von entscheidender Bedeutung für die Bestimmung der Rechtsnatur von Entsorgungsverträgen ist dagegen die öffentlich-rechtliche Pflichtenbindung des Auftraggebers als Abfallerzeuger oder Abfallbesitzer. Gemäß § 7 Abs. 2 Satz 1 KrWG sind die Erzeuger und Besitzer von Abfällen zur Verwertung ihrer Abfälle verpflichtet. Die Erzeuger und Besitzer von Abfällen, die nicht verwertet werden, sind gemäß § 15 Abs. 1 Satz 1 KrWG grundsätzlich verpflichtet, diese zu beseitigen. Die zur Verwertung und Beseitigung Verpflichteten können – durch einen Entsorgungsvertrag – Dritte mit der Erfüllung ihrer Pflichten beauftragen (§ 22 Satz 1 KrWG). Allerdings ordnet § 22 Satz 2 KrWG an, dass ihre Verantwortlichkeit für die Erfüllung der Pflichten von der Drittbeauftragung unberührt und solange bestehen bleibt, bis die Entsorgung endgültig und ordnungsgemäß abgeschlossen ist. Der Sache nach handelt es sich bei dem Drittbeauftragten daher um einen Erfüllungsgehilfen, dessen sich der Auftraggeber zur Erfüllung seiner öffentlich-rechtlichen Entsorgungspflichten bedient. Dieser Erfolg besteht in der Entsorgung der vertragsgegenständlichen Abfälle, wobei der geschuldete Entsorgungserfolg, sofern die Parteien nichts anderes vereinbart haben, grundsätzlich erst eintritt, wenn der Auftraggeber dauerhaft von jeder öffentlich-rechtlichen Einstandspflicht für die Entsorgung seiner Abfälle befreit wird.[5] Dies ist gemäß § 22 Satz 2 KrWG erst dann der Fall, wenn die Entsorgung endgültig und ordnungsgemäß abgeschlossen ist. Da somit nicht nur eine Leistungshandlung, sondern auch ein Leistungserfolg geschuldet wird, sind Entsorgungsverträge grundsätzlich als Werkverträge im Sinne der §§ 631 ff. BGB zu qualifizieren.[6] Die im Gegenseitigkeitsverhältnis zur Entsorgungspflicht stehende Hauptleistungspflicht des Auftraggebers besteht in der Zahlung der Entsorgungsvergütung. Bei der Lieferung der vertragsgegenständlichen Abfälle handelt es sich – jedenfalls nach der gesetzlichen Konzeption des Werkvertragsrechts – nicht um eine (Haupt- oder Nebenleistungs-)Pflicht des Auftraggebers, sondern lediglich um eine Mitwirkungshandlung, die notwendig ist, damit die andere Vertragspartei ihre Entsorgungspflicht überhaupt erfüllen kann. Rechtlich handelt es sich dabei um eine bloße Obliegenheit,[7] die keinen Erfüllungsanspruch des Auftragnehmers zur Lieferung der Abfälle begründet.[8] Von dieser disponiblen gesetzlichen Konzeption können die Vertragsparteien abweichen, indem sie die diesbezügliche Mitwirkungshandlung des Auftraggebers im Entsorgungsvertrag –

[4] Busche in Münchener Kommentar 2016, § 631 Rn. 15.

[5] OLG Brandenburg, OLG-Report Brandenburg, 1995, 3 (4).

[6] OLG Brandenburg, OLG-Report Brandenburg, 1995, 3 (4); OLG Schleswig, NJW-RR 2000, 896 (897); OLG Oldenburg, NJW-RR 1999, 1575 (1576); Sprau in Palandt 2017, Einf. v. § 631 Rn. 18; Jahn in Jahn et al. 2014, § 22 Rn. 11; zur Qualifizierung eines Vertrags über Abwasserentsorgung als Werkvertrag BGH, NJW 2009, 913.

[7] Sprau in Palandt 2017, § 642 Rn. 2.

[8] Grüneberg in Palandt 2017, Einl. v. § 241 Rn. 13; die Rechte des Entsorgers im Falle einer Verletzung dieser Obliegenheit regeln die §§ 642 f. BGB.

ausdrücklich oder stillschweigend – als Haupt- oder Nebenleistungspflicht ausgestalten.[9] In diesem Fall hat der Entsorger einen einklagbaren Leistungsanspruch auf Lieferung.

► **Praxishinweis** Bei Abfällen mit einem deutlich positiven Marktwert, wie z. B. Altpapier oder Stahlschrott, geht es für die Vertragsparteien aus wirtschaftlicher Sicht nicht um die Entsorgung, sondern um die mit der (Weiter-)Veräußerung der Abfälle erzielbaren Erlöse. Das Thema Entsorgung stellt in solchen Fällen aus Sicht der Vertragsparteien lediglich einen – wenn auch wichtigen – Nebenaspekt dar, was auch insoweit gerechtfertigt erscheint, als sich das Risiko einer illegalen Entsorgung erheblich reduziert, wenn der Entsorger für die von ihm zu verwertenden Abfälle ein Entgelt bezahlt. Dementsprechend geht es in der Praxis bei solchen Verträgen im Streitfall häufig auch weniger um die Frage der Einhaltung der abfallrechtlichen Vorgaben, sondern um die Einhaltung der vertraglich geschuldeten Qualitäten. Vertragsrechtlich kann dieser Interessenlage dadurch Rechnung getragen werden, dass der Erwerb der Abfälle auf kaufrechtlicher Grundlage erfolgt. Die Erfüllung der auch in diesen Fällen bestehenden abfallrechtlichen Pflichten lässt sich dadurch sicherstellen, dass diese Pflichten im Kaufvertrag als Nebenleistungspflichten ausgestaltet werden. Da auf solche Nebenleistungspflichten nicht ohne Weiteres das gesetzliche Werkvertragsrecht Anwendung findet, müssen diese Pflichten sowie die im Falle der Nicht- oder Schlechterfüllung dieser Pflichten geltenden Rechtsfolgen im Kaufvertrag ausdrücklich vereinbart werden. Dies gilt insbesondere vor dem Hintergrund, dass es zur Entsorgungspflicht als kaufrechtlicher Nebenleistungspflicht so gut wie keine Rechtsprechung gibt. Die erforderliche Rechtssicherheit kann daher nur durch eine maßgeschneiderte Vertragsgestaltung gewährleistet werden.

In der Praxis werden in Entsorgungsverträgen darüber hinaus häufig weitere Vereinbarungen getroffen, die nicht unmittelbar die Entsorgung der vertragsgegenständlichen Abfälle betreffen, mit ihr aber im Zusammenhang stehen, wie z. B. die Gestellung von Abfallgefäßen oder Containern. Bei solchen Verträgen handelt es sich nicht um reine Werkverträge, sondern um sog. typengemischte Verträge. Gleichwohl findet in Bezug auf ihren „Entsorgungsteil" in Ergänzung zu den vertraglichen Vereinbarungen das Werkvertragsrecht Anwendung. Die vertraglichen Regelungen, die die anderen Vertragsteile betreffen, werden durch diejenigen gesetzlichen Vorschriften ergänzt, denen der jeweilige Vertragsteil unterliegt,[10] also beispielsweise bei Vereinbarungen über die Erbringung von Dienstleistungen das Dienstvertragsrecht der §§ 611 ff. BGB oder bei der Vereinbarung einer Miete die mietrechtlichen Vorschriften der §§ 535 ff. BGB.

[9] Sprau in Palandt 2017, § 642 Rn. 2.
[10] Vgl. Grüneberg in Palandt 2017, Überbl. v. § 311 Rn. 24 ff.

10.2.2 Vertragsschluss

Der Abschluss eines Entsorgungsvertrags setzt grundsätzlich voraus, dass sich die Parteien „aktiv" über den Vertragsinhalt einigen, also die eine Vertragspartei das Angebot der anderen Vertragspartei ausdrücklich oder konkludent durch schlüssiges Verhalten annimmt.

Bloßes Schweigen auf das Angebot einer Partei führt nicht zum Vertragsschluss. Eine Ausnahme von diesem Grundsatz gilt in dem Sonderfall des Schweigens auf ein kaufmännisches Bestätigungsschreiben.[11] Haben Kaufleute oder Personen, die wie Kaufleute in größerem Umfang selbstständig beruflich tätig sind, miteinander Vertragsverhandlungen geführt, ohne dass es zu einem Vertragsschluss gekommen ist, führt dies nach den Grundsätzen des kaufmännischen Bestätigungsschreibens gleichwohl zu einem Vertragsschluss, wenn

- eine Partei der anderen Partei ein Schreiben übermittelt hat, in dem sie sich auf eine getroffene Absprache beruft und aus dem ersichtlich wird, dass sie davon ausgeht, dass es bereits zu einem Vertragsschluss gekommen ist,

> **Praxishinweis** Wie dieses Schreiben übermittelt wird, z. B. per Fax, E-Mail oder SMS, ist nicht entscheidend, solange der Zugang bei der anderen Partei nachgewiesen werden kann.

- das Bestätigungsschreiben erkennbar darauf abzielt, die Tatsache des Vertragsschlusses sowie den Inhalt eines bereits geschlossenen Vertrags festzulegen,
- der Inhalt des Bestätigungsschreibens nicht so stark von dem tatsächlich Besprochenen abweicht, dass der Verfasser des Bestätigungsschreibens bei vernünftiger Betrachtungsweise nicht (mehr) von dem Einverständnis des Empfängers ausgehen darf,
- das Bestätigungsschreiben zeitlich in unmittelbarem Zusammenhang mit den Vertragsverhandlungen versendet worden und der anderen Partei zugegangen ist

und

- die andere Partei dem Bestätigungsschreiben nicht unverzüglich nach Zugang widersprochen hat.[12]

Unter denselben Voraussetzungen kann der Inhalt eines bereits geschlossenen Vertrags durch das Schweigen auf ein kaufmännisches Bestätigungsschreiben geändert werden.[13]

---

[11] Vgl. Ellenberger in Palandt 2017, § 147 Rn. 8 ff.
[12] Ellenberger in Palandt 2017, § 147 Rn. 8 ff.
[13] Ellenberger in Palandt 2017, § 147 Rn. 18.

▶ **Praxishinweis** Im Falle eines mündlichen Vertragsschlusses empfiehlt es sich, den wesentlichen Inhalt der Einigung in einem Bestätigungsschreiben zusammenzufassen und dieses dem Vertragspartner unmittelbar nach Vertragsschluss per Fax zu übersenden, damit sich im Streitfall der Abschluss des Vertrags und sein Inhalt leichter beweisen lassen.

10.2.3 Form

In seiner regelmäßigen Erscheinungsform als reiner Werkvertrag oder typengemischter Vertrag mit werk-, dienst- und/oder mietvertraglichen Elementen ist der Entsorgungsvertrag grundsätzlich nicht formbedürftig.[14] Er kann folglich auch dadurch wirksam geschlossen werden, dass sich die Vertragsparteien (fern-)mündlich, schriftlich, per Fax oder E-Mail ein Angebot unterbreiten, welches diese mündlich oder durch schlüssiges Verhalten annehmen.

Etwas anderes gilt für Beauftragungen privater Entsorgungsunternehmen durch öffentliche Auftraggeber im Anwendungsbereich des Vergaberechts. Denn im Rahmen von Vergabeverfahren muss die Annahme des Angebots (Zuschlag) gemäß § 21 Abs. 2 VOL/A-EG (§ 18 Abs. 2 VOL/A) in Schriftform, elektronischer Form oder mittels Telekopie erfolgen.

10.3 Besondere Hinweise zur Gestaltung von Entsorgungsverträgen

10.3.1 Lieferrecht oder Lieferpflicht

In der Praxis werden Entsorgungsverträge im Regelfall so ausgestaltet, dass der Entsorgungspflicht der einen Partei eine Lieferpflicht der anderen Partei gegenübersteht. Weil es sich bei der Lieferung von Abfällen nach der gesetzlichen Konzeption des Werkvertragsrechts lediglich um eine Obliegenheit und nicht um eine Pflicht des Auftraggebers handelt (siehe bereits Rn. 5), bedarf es dazu einer eigenen vertraglichen Regelung.

Ein Urteil des BGH vom 08.12.2011[15] zeigt, wie wichtig diesbezüglich hinreichend klare Formulierungen im Vertragstext sind. In dem zugrunde liegenden Fall hatten die Parteien vereinbart, dass der Auftraggeber „*bis zu 15.000 t pro Jahr*" liefert und der Entsorger „*jährlich bis zu 15.000 Jahrestonnen an Abfällen*" abnimmt und entsorgt. Nach Ansicht des mit dem Streitfall in der Vorinstanz befassten OLG war der Auftraggeber danach lediglich berechtigt, nicht aber auch verpflichtet, pro Jahr bis zu 15.000 t Abfälle zu liefern.[16] Demgegenüber sei der Entsorger verpflichtet, pro Jahr bis zu 15.000 t Abfälle zu entsorgen. Danach war der Auftraggeber befugt, pro Jahr zwischen 0 und 15.000 t/a an den Entsorger zu liefern, während dieser verpflichtet war, die von dem Auftraggeber

[14] Vgl. Weidenkaff in Palandt 2017, § 611 Rn. 2; Sprau in Palandt 2017, § 631 Rn. 1.
[15] BGH, Urt. v. 08.12.2011, VII ZR 12/09.
[16] OLG Frankfurt a. M., Urt. v. 28.11.2008, 10 U 119/08.

angelieferten Mengen bis zu einer Höhe von 15.000 t zu entsorgen. Diese Sichtweise teilte der BGH nicht. In seinem Urteil, mit dem er die Sache zur erneuten Verhandlung und Entscheidung an das OLG zurückverwiesen hat, führte er aus, dieses habe sich im Rahmen des weiteren Verfahrens erneut mit der Frage zu befassen, ob und ggf. in welchem Umfang der Auftraggeber durch den Entsorgungsvertrag nicht doch dazu verpflichtet gewesen sei, Abfälle anzuliefern.[17] Offen gelassen hat der BGH in seinem Urteil allerdings, ob er die vom OLG vorgenommene Auslegung aus Rechtsgründen für unzutreffend hielt oder ob er der Ansicht war, dieses hätte die für die Vertragsauslegung maßgeblichen Tatsachen nicht richtig gewürdigt. Unabhängig davon ist zu konstatieren, dass es zu dem Rechtsstreit und den divergierenden gerichtlichen Entscheidungen nicht gekommen wäre, wenn die Parteien im Entsorgungsvertrag eindeutig geregelt hätten, ob den Auftraggeber auch eine Lieferpflicht treffen soll.

10.3.2 Besonderheiten der Vertragsgestaltung bei Handelsgeschäften

In der Praxis sind Abfälle häufig Gegenstand von Handelsgeschäften. In diesen Fällen werden über die Entsorgung desselben Abfalls mehrere Entsorgungsverträge von verschiedenen Vertragsparteien (zwischen Erzeuger/Besitzer und Händler einerseits sowie zwischen Händler und Entsorger andererseits) geschlossen. Die Abfalllieferung erfolgt dann in der Regel im Wege des **Streckengeschäfts** vom Abfallbesitzer direkt zum Entsorger.

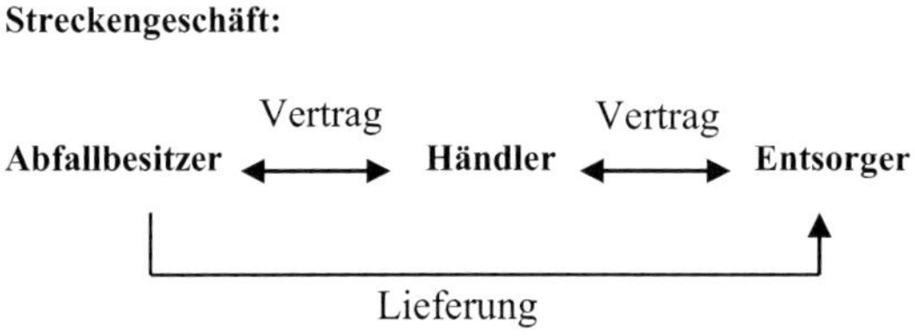

Wirtschaftlich betrachtet werden die Abfälle vom Händler in solchen Konstellationen lediglich „gekauft" und wieder „verkauft", da er selbst keine Entsorgungsleistung erbringt. Zivilrechtlich trifft den Händler in diesen Fällen indes eine eigenständige Entsorgungspflicht. Zur Erfüllung dieser Pflichten schließt er mit einem Entsorger einen weiteren Vertrag über die Entsorgung der Abfälle. Bei der Gestaltung der Verträge mit dem Abfallbesitzer einerseits und dem Entsorger andererseits muss der Händler darauf achten, dass die Vertragspflichten, die er gegenüber seinen verschiedenen Vertragspartnern übernimmt, hinreichend aufeinander abgestimmt sind. Anderenfalls setzt er sich erheblichen Haftungs- und Schadensersatzrisiken aus.

[17] BGH, Urt. v. 08.12.2011, VII ZR 12/09.

Beispiel

Händler H hat sich gegenüber Abfallbesitzer A zur Entsorgung von 10.000 Jahrestonnen Abfällen der AVV-AS 20 03 01 verpflichtet; eine weitergehende vertragliche Konkretisierung der Qualität dieser Abfälle erfolgt nicht. Um die aus diesem Vertrag resultierende Entsorgungspflicht erfüllen zu können, schließt H mit C, dem Betreiber einer Müllverbrennungsanlage, einen weiteren Entsorgungsvertrag über die Lieferung und Entsorgung von Abfällen der AVV-AS 20 03 01. Dieser Entsorgungsvertrag enthält einen Anhang, in dem die Qualitäten der von H zu liefernden Abfälle näher beschrieben und u. a. Grenzwerte für Chlor und Chrom sowie ein Heizwertfenster definiert werden. Die Abfälle sollen direkt von A zu C geliefert werden.

Liefert A nun Abfälle der AVV-AS 20 03 01, die den zwischen H und C vereinbarten Qualitäten nicht entsprechen, z. B. wegen eines zu hohen Chlorgehalts, wird C diese Lieferung als nicht vertragskonform zurückweisen. Dennoch hat A mit dieser Lieferung seine vertraglichen Pflichten gegenüber H erfüllt, da er diesem nur eine Lieferung von Abfällen der AVV-AS 20 03 01 schuldet. H hingegen kann mit diesen Abfällen nicht seine gegenüber C bestehende Lieferpflicht erfüllen.

10.4 Allgemeine Geschäftsbedingungen

Bei den Regelungen eines Entsorgungsvertrags handelt es sich in der Praxis oftmals um Allgemeine Geschäftsbedingungen (AGB) im Sinne des Bürgerlichen Gesetzbuchs. In diesem Fall stellen die Vorschriften der §§ 305 ff. BGB besondere Anforderungen an die Einbeziehung dieser Klauseln in den Vertrag sowie an deren Wirksamkeit. Von erheblicher praktischer Bedeutung ist daher die Frage, ob eine bestimmte vertragliche Regelung als AGB zu qualifizieren ist.

10.4.1 Sachlicher Anwendungsbereich der §§ 305 ff. BGB

Gemäß der in § 305 Abs. 1 BGB enthaltenen Legaldefinition sind AGB alle für eine Vielzahl von Verträgen vorformulierten Vertragsbedingungen, die eine Vertragspartei (Verwender) der anderen Vertragspartei bei Abschluss eines Vertrags stellt.

10.4.1.1 Vorformulierte Vertragsbedingungen

Vertragsbedingungen im Sinne des § 305 Abs. 1 Satz 1 BGB sind Regelungen, die den Vertragsinhalt gestalten sollen.[18] Vorformuliert sind Vertragsbedingungen, wenn sie **bereits vor dem Abschluss des Vertrags fertig formuliert** vorliegen, um künftig in Verträge einbezogen zu werden.

[18] Grüneberg in Palandt 2017, § 305 Rn. 4.

► **Praxishinweis** Keine Voraussetzung für die Einstufung einer Vertragsbestimmung als AGB ist daher, dass es sich bei dieser um „Kleingedrucktes" handelt.

Das Erfordernis der Vorformulierung einer Klausel für eine Vielzahl von Verträgen bedeutet zudem nicht, dass der Verwender mehrfach eine **wortgleiche Klausel** stellen muss. Entscheidend ist vielmehr der sachliche Inhalt im Hinblick auf die eintretenden Rechtswirkungen. Ausreichend ist, dass die Rechtswirkungen im Wesentlichen gleich sind.[19]

10.4.1.2 Für eine Vielzahl von Verträgen vorformulierte Vertragsbedingungen

Die Qualifizierung einer Vertragsbedingung als AGB setzt gemäß § 305 Abs. 1 BGB zudem voraus, dass die Vertragsbedingung für eine Vielzahl von Verträgen vorformuliert ist. Nach der Rechtsprechung ist diese Voraussetzung erfüllt, wenn seitens des Verwenders **mindestens drei Vertragsschlüsse** ins Auge gefasst werden, bei denen die betreffende Vertragsbedingung Vertragsbestandteil werden soll.[20]

10.4.1.3 „Stellen" der Vertragsbedingungen durch den Verwender

Gemäß § 305 Abs. 1 Satz 1 BGB setzt die Qualifikation einer Vertragsbedingung als AGB weiterhin voraus, dass die eine Vertragspartei (Verwender) der anderen Vertragspartei die Vertragsbedingung bei Abschluss des Vertrags stellt. Ein Stellen in diesem Sinne ist immer dann gegeben, wenn es an den Voraussetzungen des § 305 Abs. 1 Satz 3 BGB fehlt. Danach liegen AGB nicht vor, soweit die Vertragsbedingungen zwischen den Vertragsparteien „im Einzelnen ausgehandelt" sind. Nach der Rechtsprechung des BGH bedeutet aushandeln mehr als verhandeln.[21] So genügt es nicht, dass der Vertragspartner das vom Verwender gestellte Formular kennt und der Vertragspartner keine Bedenken in Bezug auf die Verwendung äußert. Auch reicht es für ein Aushandeln nicht aus, dass dem Vertragspartner der Inhalt der gestellten Vertragsbedingungen erläutert wird.[22] Von einem Aushandeln im Sinne des § 305 Abs. 1 Satz 1 BGB kann nach der Rechtsprechung des BGH vielmehr erst dann gesprochen werden, wenn der Verwender den in den AGB enthaltenen gesetzesfremden Kerngehalt, also die den wesentlichen Inhalt der gesetzlichen Regelung ändernde oder ergänzende Bestimmung ernsthaft zur Disposition stellt und dem Verhandlungspartner Gestaltungsfreiheit zur Wahrung eigener Interessen einräumt, sodass dieser zumindest die reale Möglichkeit hat, die inhaltliche Gestaltung der Vertragsbedin-

[19] BGH, NJW 1998, 2600 (2601); BGH, NJW 1979, 2387 (2388); Pfeiffer in Wolf et al. 2013, § 305 Rn. 17; Schlosser in Staudinger 2013, § 305 Rn. 20; vgl. auch Ulmer in Ulmer et al. 2016, § 305 Rn. 24a.

[20] BGH, NJW 2002, 138 (139); BGH, NJW 1998, 2286 (2287).

[21] BGH, WM 2000, 629 (632).

[22] BGH, WM 2000, 629 (632).

gung zu beeinflussen.[23] Dabei schlägt sich eine solche Bereitschaft des Verwenders in der Regel in der erkennbaren Änderung des vorformulierten Textes nieder.[24]

Aus der negativen Fassung des § 305 Abs. 1 Satz 3 BGB folgt, dass die Darlegungs- und **Beweislast** dafür, dass eine Vertragsbedingung im Einzelnen ausgehandelt ist, beim Verwender liegt.[25]

10.4.2 Inhaltskontrolle

AGB unterliegen einer Inhaltskontrolle nach den §§ 307 ff. BGB. Dabei ist der Maßstab der Inhaltskontrolle danach abgestuft, ob die Verwendung gegenüber einem Verbraucher im Sinne des § 13 BGB (sog. „B2C"-AGB) oder gegenüber einem Unternehmer im Sinne des § 14 BGB (sog. „B2B"-AGB) erfolgt. Bei den in der Entsorgungswirtschaft tätigen Unternehmen handelt es sich um Unternehmer im Sinne des § 14 BGB, da sie im Entsorgungsmarkt in Ausübung ihrer gewerblichen Tätigkeit handeln. Bei in der Entsorgungswirtschaft verwendeten AGB handelt es sich daher um „B2B"-AGB.

Kontrollfest sind nach § 307 Abs. 3 Satz 1 BGB solche Vertragsbedingungen, die der unmittelbaren Beschreibung der Hauptleistungspflichten dienen.[26] Nach der ständigen Rechtsprechung wird von § 307 Abs. 3 Satz 1 BGB aber nur ein eng begrenzter Bereich von Regelungen, die Art, Umfang und Güte der geschuldeten Leistung festlegen, erfasst; nicht erfasst werden hingegen solche Regelungen, die das Hauptleistungsversprechen einschränken, verändern, ausgestalten oder modifizieren.[27] Hieraus folgt nicht, dass jede Klausel, die ein Entgelt für eine Leistung festlegt, schon allein deswegen kontrollfest ist. Nach der Rechtsprechung sind nur solche Klauseln kontrollfest, die „Art, Umfang und Güte der geschuldeten Leistung [regeln,] [...] ohne deren Vorliegen mangels Bestimmtheit oder Bestimmbarkeit des wesentlichen Vertragsinhalts ein wirksamer Vertrag nicht mehr angenommen werden kann".[28] Umgekehrt sind Bestimmungen, die durch dispositives Gesetzesrecht ersetzt werden können, wenn die Parteien sie nicht getroffen hätten, nicht kontrollfrei.[29] Ebenfalls nicht kontrollfrei sind Bestimmungen, die die Leistung des Verwenders wieder einschränken. Maßgeblich ist insoweit, ob der Verwender der Sa-

[23] BGH, NJW 2013, 856; BGH, WM 2000, 629 (632); Basedow in Münchener Kommentar 2016, § 305 Rn. 35.
[24] BGH, WM 2000, 629 (632).
[25] BGH, NJW 1998, 2600 (2601).
[26] OLG Hamm, Urt. v. 09.01.2012, I-2 U 104/11, Rn. 132.
[27] OLG Hamm, Urt. v. 09.01.2012, I-2 U 104/11, Rn. 132; vgl. auch BGH, NJW 2001, 1934 ff.; OLG München, NJW 2006, 2416; OLG Köln, NJW-RR 2002, 598.
[28] BGH, NJW 2001, 2635 f.; BGH, NJW 2001, 1934 f.; BGH, NJW 2001, 1132 f.; BGH, NJW 1999, 2279 f.; OLG Hamm, Urt. v. 09.01.2012, I-2 U 104/11, Rn. 132.
[29] OLG Hamm, Urt. v. 09.01.2012, I-2 U 104/11, Rn. 132; vgl. auch BGH, NJW 2001, 2399 ff.; BGH, NJW 2000, 3348; BGH, NJW 2000, 577 ff.; BGH, NJW 1999, 2276 (2277).

che nach die Leistung, die er versprochen hat, wieder aushöhlt.[30] Nach § 307 Abs. 3 Satz 1 BGB kontrollfeste Bestimmungen können gemäß § 307 Abs. 3 Satz 2 BGB nur unwirksam sein, wenn sie gegen das Transparenzgebot verstoßen, also nicht hinreichend klar und verständlich sind.

Werden der Inhaltskontrolle unterliegende AGB gegenüber einem Verbraucher verwendet, gilt ein strengerer Prüfungsmaßstab als bei der Verwendung gegenüber Unternehmern. So enthält § 309 BGB einen Katalog von Klauseln, die in AGB stets unwirksam sind. § 308 BGB regelt Klauselverbote, die unbestimmte Rechtsbegriffe enthalten, sodass die Feststellung der Unwirksamkeit eine richterliche Wertung erfordert. § 307 Abs. 1 Satz 1 BGB enthält sodann eine Generalklausel, nach der AGB – auch wenn sie einer Inhaltskontrolle nach §§ 308, 309 BGB standhalten – unwirksam sind, wenn sie den Vertragspartner des Verwenders entgegen den Geboten von Treu und Glauben unangemessen benachteiligen. Dabei ist eine unangemessene Benachteiligung gemäß § 307 Abs. 2 BGB im Zweifel anzunehmen, wenn eine Bestimmung mit wesentlichen Grundgedanken der gesetzlichen Regelung, von der abgewichen wird, nicht zu vereinbaren ist oder wesentliche Rechte oder Pflichten, die sich aus der Natur des Vertrags ergeben, so eingeschränkt werden, dass die Erreichung des Vertragszwecks gefährdet ist.

Im Falle einer Verwendung von AGB gegenüber einem Unternehmer ordnet § 310 Abs. 1 Satz 1 BGB an, dass die §§ 308, 309 BGB keine Anwendung finden. Allerdings ist allgemein anerkannt, dass die Klauselverbote der §§ 308, 309 BGB den Beurteilungsmaßstab des § 307 BGB beeinflussen und Indizwirkung für eine unangemessene Benachteiligung haben können.[31]

Sind AGB ganz oder teilweise nicht Vertragsbestandteil geworden oder unwirksam, so bleibt der Vertrag gemäß § 306 Abs. 1 BGB im Übrigen wirksam. Soweit AGB nicht Vertragsbestandteil geworden oder unwirksam sind, richtet sich der Inhalt des Vertrags nach den gesetzlichen Vorschriften. Unwirksam ist der Vertrag nur, wenn das Festhalten an ihm auch unter Berücksichtigung der nach § 306 Abs. 2 BGB vorgesehenen Änderung eine unzumutbare Härte für die andere Vertragspartei darstellen würde (§ 306 Abs. 3 BGB).

10.4.3 Inhaltskontrolle sog. „Bring-or-Pay"-Klauseln

Die Anforderungen, die das AGB-Recht an eine Inhaltskontrolle stellt, werden nachfolgend am Beispiel einer sog. „Bring-or-Pay"-Klausel erläutert. Ein Entsorgungsvertrag mit einer Mindestlieferpflicht enthält regelmäßig die Verpflichtung des Auftraggebers, dem Entsorger eine bestimmte (Mindest-)Abfallmenge innerhalb eines bestimmten Zeitraums zur Entsorgung zur Verfügung zu stellen. Auf eine solche Regelung wird ein Entsorger regelmäßig drängen, wenn er die Abfalllieferungen des Auftraggebers aus wirtschaft-

[30] OLG Hamm, Urt. v. 09.01.2012 – I-2 U 104/11, Rn. 132; vgl. auch Wurmnest in Münchener Kommentar 2016, § 307 Rn. 12 ff.

[31] OLG Hamm, Urt. v. 09.01.2012, I-2 U 104/11, Rn. 138.

lichen Gründen, nämlich zur Auslastung seiner Anlage, benötigt. In der Vertragspraxis werden Mindestlieferpflichten häufig durch Regelungen verschärft, wonach der Auftraggeber für die vertraglich vereinbarte Mindestmenge auch dann etwas zahlen muss, wenn er sie dem Entsorger innerhalb eines bestimmten Zeitraums nicht oder nur teilweise zur Verfügung stellt. Teilweise verpflichten solche Regelungen, die in Entsorgungsverträgen in ganz unterschiedlicher Gestalt anzutreffen sind, den Auftraggeber bei Unterschreitung der vereinbarten Mindestmenge sogar zur Zahlung des vollständigen Entsorgungsentgelts für die nicht gelieferte Differenzmenge. Dabei sind diese in der Abfallwirtschaft unter dem Schlagwort „Bring-or-Pay" verhandelten Regelungen klar von der Mindestmengenvereinbarung zu trennen. „Bring-or-Pay"-Klauseln stellen selbst keine Mindestmengenvereinbarung dar, sondern knüpfen an diese an und ordnen für den Fall ihrer Verletzung eine besondere Rechtsfolge an, nämlich die Pflicht zur Zahlung eines bestimmten Geldbetrags.

Da solche Vertragsklauseln den Auftraggeber wirtschaftlich stark belasten, liegt es nahe, dass der Auftraggeber im Falle der Verletzung einer mit einer „Bring-or-Pay"-Zahlungspflicht unterlegten Mindestmengenvereinbarung versuchen wird, dieser Zahlungspflicht zu entgehen. Aus juristischer Sicht ist dies in aller Regel nur im Falle der Unwirksamkeit der betreffenden „Bring-or-Pay"-Klausel möglich.

Mit der Frage der Wirksamkeit von „Bring-or-Pay"-Klauseln hat sich der BGH bereits in zwei Urteilen auseinandergesetzt. In beiden Fällen hatte der BGH zu prüfen, ob die „Bring-or-Pay"-Klauseln in zwischen Unternehmern geschlossenen Entsorgungsverträgen der strengen Inhaltskontrolle des AGB-Rechts standhalten. Eine der verfahrensgegenständlichen Klauseln verpflichtete den Auftraggeber zur Zahlung des vollen Entsorgungsentgelts auch für solche Abfallmengen, die er innerhalb einer bestimmten Lieferfrist hätte liefern müssen, aber nicht geliefert hat. Die in der weiteren Entscheidung verfahrensgegenständliche Klausel verpflichtete den Auftraggeber zur Zahlung von ca. 25 % des Entsorgungsentgelts für nicht gelieferte Abfallmengen.

Die „Bring-or-Pay"-Klausel, die den Auftraggeber zur Zahlung von 100 % des Entsorgungsentgelts für nicht gelieferte Abfallmengen verpflichtete, befand der BGH für unwirksam. Zur Begründung stellte er darauf ab, dass die Klausel den Auftraggeber wegen Nichtbeachtung wesentlicher Grundgedanken des Schadensrechts im Sinne der Generalklausel des § 307 BGB unangemessen benachteilige. Gründe, die diese Benachteiligung rechtfertigen könnten, bestanden nach Ansicht des BGH nicht. Die in dieser „Bring-or-Pay"-Klausel liegende Benachteiligung werde nicht durch im Vertrag vorgesehene Nachlieferungsmöglichkeiten kompensiert, weil die laufenden Lieferverpflichtungen hiervon unberührt blieben und zudem unklar sei, ob der Auftraggeber überhaupt einen Anspruch darauf habe, dass der Entsorger die Mehrmengen abnimmt.[32] Auch ein Investitionsschutzinteresse des Entsorgers rechtfertige die Benachteiligung des Auftraggebers nicht. Während der gesamten zehnjährigen Vertragslaufzeit seien die Vergütungsansprüche wegen der „Bring-or-Pay"-Klausel abgesichert, ohne dass der Entsorger im Extremfall auch nur ein einziges Mal Abfälle des Auftraggebers entsorgen müsse. Gerade dieser hypothetisch

[32] BGH, NJW 2013, 856 (858).

denkbare und von der „Bring-or-Pay“-Klausel erfasste Extremfall mache die unangemessene Benachteiligung des Auftraggebers besonders deutlich.[33].

Die Frage, ob die betreffende Klausel außerdem auch noch eine unzulässige Schadenspauschale im Sinne des § 309 Nr. 5 BGB beinhaltet und auch deshalb wegen unangemessener Benachteiligung unwirksam ist, hat der BGH stehen lassen, weil diese Frage nicht mehr entscheidungserheblich war. Die Linie, auf der das Urteil liegt, spricht allerdings dafür, dass der BGH diese Frage im Falle ihrer Entscheidungserheblichkeit bejaht hätte.

Gemäß § 309 Nr. 5 BGB ist die Vereinbarung eines pauschalierten Anspruchs des Verwenders auf Schadensersatz oder Ersatz einer Wertminderung in AGB unwirksam, wenn die Pauschale den in den geregelten Fällen nach dem gewöhnlichen Lauf der Dinge zu erwartenden Schaden oder die gewöhnlich eintretende Wertminderung übersteigt (§ 309 Nr. 5 a BGB) oder dem anderen Vertragsteil nicht ausdrücklich der Nachweis gestattet wird, dass ein Schaden oder eine Wertminderung überhaupt nicht entstanden oder wesentlich niedriger als die Pauschale sei (§ 309 Nr. 5 b BGB). Zwar findet § 309 BGB gemäß § 310 Abs. 1 Satz 1 BGB keine Anwendung auf AGB, die gegenüber Unternehmern verwendet werden. Allerdings stellt § 310 Abs. 1 Satz 2, 1. HS BGB klar, dass § 307 Abs. 1, 2 BGB in diesen Fällen auch dann anwendbar ist, wenn dies zur Unwirksamkeit von den in §§ 308, 309 BGB genannten Vertragsbestimmungen führt. Damit können die in §§ 308, 309 BGB genannten Vertragsbedingungen auch im Rechtsverkehr zwischen Unternehmern für unwirksam erklärt werden, wenn sie den Vertragspartner des Verwenders auch unter angemessener Berücksichtigung der im Handelsverkehr geltenden Gewohnheiten und Gebräuche unangemessen benachteiligen.[34] Dass im unternehmerischen Rechtsverkehr verwendete Klauseln wegen Verstoßes gegen § 309 Nr. 5 a BGB oder § 309 Nr. 5 b BGB für unwirksam erklärt werden können, entspricht daher der Rechtsprechung des BGH.[35]

Der BGH qualifiziert „Bring-or-Pay“-Klauseln als nicht im vertraglichen Synallagma stehende Ansprüche mit Entschädigungscharakter. Auch wenn der BGH die Frage offenlassen konnte und ausdrücklich offengelassen hat, ob es sich bei einer „Bring-or-Pay“-Regelung um pauschalierten Schadensersatz handelt, dürfte er diese Frage durch seine Qualifizierung des „Bring-or-Pay“-Zahlungsanspruchs als Anspruch mit Entschädigungscharakter der Sache nach doch dahin beantwortet haben, dass es sich um die Vereinbarung eines pauschalierten Schadensersatzes handelt. Auch bei einem pauschalierten Schadensersatzanspruch handelt es sich um einen Anspruch mit Entschädigungscharakter. Geht man davon aus, dass es sich bei einer „Bring-or-Pay“-Klausel um die Vereinbarung eines pauschalierten Schadensersatzes handelt, wäre sie – so das OLG Hamm als Vorinstanz – unwirksam, weil sie mit wesentlichen Grundgedanken des Schadensrechts nicht in Einklang steht. Sowohl das schadensrechtliche Bereicherungsverbot als auch der Grund-

[33] BGH, NJW 2013, 856 (858).

[34] Wolf in Wolf et al. 2013, § 310 Abs. 1 Rn. 22 m. w. N.; Basedow in Münchener Kommentar 2016, § 310 Rn. 7.

[35] BGH, NZBau 2016, 213 (216).

satz der Vorteilsausgleichung seien nicht ansatzweise berücksichtigt. Dieser Ansicht hat sich im Ergebnis auch der BGH angeschlossen, wenn er ausführt, dass das OLG Hamm richtig erkannt habe, dass schadensrechtliche Grundsätze durch die „Bring-or-Pay"-Klausel weitgehend außer Kraft gesetzt werden und dem Verwender dieser Klausel dadurch eine Rechtsposition verschafft wird, deren vertragliche Durchsetzung nach der Rechtsordnung keinen Schutz verdient.[36]

Die Frage, ob die „Bring-or-Pay"-Klausel, die den Auftraggeber zur Zahlung von ca. 25 % des Entsorgungsentgelts für nicht gelieferte Abfallmengen verpflichtete, unwirksam ist, konnte der BGH nicht entscheiden, da das Berufungsgericht die hierfür erforderlichen Tatsachenfeststellungen nicht getroffen hatte. Der BGH stellte allerdings Leitlinien auf, anhand derer die Unwirksamkeit vom Berufungsgericht nach der Zurückverweisung der Sache zu beurteilen war. Dabei stellte er maßgeblich darauf ab, dass die „Bring-or-Pay"-Klausel eine verschuldensunabhängige vertragliche Haftung anordnet. Nach ständiger Rechtsprechung des BGH ist ein wesentlicher Grundgedanke, den AGB einhalten müssen, der, dass eine Verpflichtung zum Schadensersatz regelmäßig nur bei schuldhaftem Verhalten besteht.[37] Eine verschuldensunabhängige Haftung kann in AGB nur ausnahmsweise wirksam vereinbart werden. Das ist der Fall, wenn sie durch höhere Interessen des AGB-Verwenders gerechtfertigt oder durch Gewährung rechtlicher Vorteile ausgeglichen wird.[38] Ist dies nicht der Fall, ist die Klausel wegen unangemessener Benachteiligung des Vertragspartners des Verwenders unwirksam, und zwar auch dann, wenn die Klausel als „Bring-or-Pay"-Betrag nicht 100 % des Entsorgungsentgelts, sondern einen geringeren Betrag vorsieht. Entscheidend ist nicht die Höhe des „Bring-or-Pay"-Betrags, sondern die Tatsache, dass die Pflicht zur Zahlung des Betrags verschuldensunabhängig ausgestaltet ist.[39]

10.5 Leistungsstörungen und Störungen der Vertragsgrundlage

10.5.1 Leistungsstörungen

Im Falle von Leistungsstörungen, also Nicht- und Schlechtleistungen, gelten vorrangig die hierzu getroffenen vertraglichen Vereinbarungen und ergänzend sowie in dem Fall, dass keine vertraglichen Vereinbarungen über Leistungsstörungen getroffen worden sind, die gesetzlichen Vorschriften.

Soweit es um Schlechtleistungen in Bezug auf die Pflicht zur Abfallentsorgung geht, handelt es sich dabei um das werkvertragliche Gewährleistungsrecht der §§ 633 ff. BGB.

[36] BGH, NJW 2013, 856 (857 f.).
[37] BGH, NZBau 2016, 213 (216).
[38] BGH, NZBau 2016, 213 (216).
[39] Vgl. BGH, NZBau 2016, 213 (216).

Die rechtliche Behandlung von nicht rechtzeitig erfolgten Abfalllieferungen kann im Einzelfall erhebliche Schwierigkeiten bereiten, sofern im Vertrag nicht geregelt worden ist, welche Rechtsfolgen sich hieran knüpfen sollen.

▶ **Praxishinweis** Es empfiehlt sich, im Entsorgungsvertrag ausdrücklich zu regeln, wann bzw. in welchen Intervallen der Auftraggeber welche Abfallmengen zu liefern hat und wie lange er nicht rechtzeitig erfolgte Abfalllieferungen nachholen darf. Anderenfalls kann erhebliche Rechtsunsicherheit darüber entstehen, wie lange der Entsorger zur Annahme von Abfalllieferungen verpflichtet und der Auftraggeber zu solchen Lieferungen (noch) berechtigt ist.

10.5.2 Störungen der Geschäftsgrundlage

Die Entsorgungsmärkte verändern sich fortlaufend; dementsprechend volatil sind die Entsorgungspreise. Im Falle solcher Marktveränderungen stellt sich die Frage, ob bzw. wie sich diese auf bereits bestehende Entsorgungsverträge auswirken. So wird z. B. der Auftraggeber bei einem Verfall der Entsorgungspreise unter Umständen nach einer rechtlichen Möglichkeit suchen, den Vertrag an die veränderte Marktlage anzupassen oder sich sogar ganz von ihm zu lösen. Trifft der Vertrag diesbezüglich keine Regelung, kann eine Änderung oder Lösung vom Entsorgungsvertrag nur bei einer Störung der Geschäftsgrundlage im Sinne von § 313 BGB erfolgen. Gemäß § 313 Abs. 1 BGB steht in dem Fall, dass sich die Umstände, die zur Grundlage des Vertrags geworden sind, nach Vertragsschluss schwerwiegend verändert haben und die Parteien den Vertrag nicht oder mit anderem Inhalt geschlossen hätten, wenn sie diese Veränderung vorausgesehen hätten, und soweit einem Vertragsteil unter Berücksichtigung aller Umstände des Einzelfalls, insbesondere der vertraglichen oder gesetzlichen Risikoverteilung, das Festhalten am unveränderten Vertrag nicht zugemutet werden kann, der betreffenden Partei ein Anspruch auf Anpassung des Vertrags zu. Nach § 313 Abs. 2 BGB kommt es einer Veränderung der Umstände gleich, wenn wesentliche Vorstellungen, die zur Grundlage des Vertrags geworden sind, sich als falsch herausstellen. Ist eine Anpassung des Vertrags nicht möglich oder einem Teil nicht zumutbar, so kann der benachteiligte Teil sich gemäß § 313 Abs. 3 BGB einseitig durch Rücktritt oder Kündigung vom Vertrag lösen.

Nach der Rechtsprechung besteht die Möglichkeit, eine Vertragspflicht unter dem Gesichtspunkt der Störung der Geschäftsgrundlage an die geänderten Verhältnisse anzupassen oder sich von dem Vertrag insgesamt zu lösen, nur in eng begrenzten Ausnahmefällen.[40] Der Grundsatz der Vertragstreue muss nur dann zurücktreten, wenn anderenfalls ein untragbares, mit Recht und Gerechtigkeit schlechthin unvereinbares Ergebnis nicht zu vermeiden wäre. § 313 BGB ist daher nicht anwendbar, wenn sich durch die Veränderung ein Risiko verwirklicht hat, das nach der in dem Vertrag vorgenommenen Risikovertei-

[40] OLG Hamm, Urt. v. 10.03.2011, I-21 U 123/10, Rn. 119.

lung von einer Partei zu tragen ist.[41] Nach der Rechtsprechung liegt in der Vereinbarung eines Festpreises eine stillschweigende Übernahme des Risikos von Leistungserschwerungen durch Kostenveränderungen im Sinne einer Preisgarantie, die einen Anspruch aus § 313 BGB auf Vertragsanpassung desjenigen, zu dessen Lasten der Festpreis vereinbart worden ist, regelmäßig ausschließt.[42] Der vereinbarte Festpreis bleibt grundsätzlich auch bei unerwarteten Kostenerhöhungen bindend. Diese Grundsätze gelten auch dann, wenn der Vertragspreis für einen Vertragspartner infolge von Preisänderungen nicht mehr kostendeckend ist, d. h. er im Falle der Durchführung des unveränderten Vertrags durch die Preisänderungen statt eines Gewinns nunmehr einen Verlust erleidet.[43]

► **Praxishinweis** Wegen der hohen Anforderungen, die die Rechtsprechung an einen Anspruch auf Anpassung eines Vertrags oder an ein Recht zur Kündigung eines Vertrags aus § 313 BGB stellt, kann eine Anpassung oder eine Kündigung auf der Grundlage des § 313 BGB in der Regel nicht erreicht werden. Eine Absicherung des Vertragspartners, der von einer solchen nachteiligen Änderung betroffen ist, kann dennoch sichergestellt werden. Erforderlich hierfür ist aber, dass im Entsorgungsvertrag auf den konkreten Fall möglichst „passgenaue" Regelungen vereinbart werden. Dies kann beispielsweise dadurch geschehen, dass in dem Entsorgungsvertrag ein Preisanpassungsmechanismus vereinbart wird. Dieser kann z. B. vorsehen, dass ab dem Erreichen bestimmter Schwellen eine automatische Preisanpassung auf der Grundlage von zuvor genau festgelegten Parametern erfolgt oder ein Schiedsgutachter die Preise mit Bindungswirkung für die Parteien anpasst.

10.6 Vertragslaufzeit und -beendigung

Die Parteien sind in der Gestaltung der Laufzeit von Entsorgungsverträgen und der Ausgestaltung der Beendigungsgründe grundsätzlich frei. Handelt es sich bei den betreffenden Regelungen um AGB, ist Folgendes zu beachten:

Gemäß § 309 Nr. 9 BGB sind in einem Vertragsverhältnis, das die regelmäßige Erbringung von Werkleistungen durch den Verwender zum Gegenstand hat, bestimmte Regelungen zur Vertragslaufzeit unzulässig, wie beispielsweise eine länger als zwei Jahre bindende Laufzeit. Bei Entsorgungsverträgen handelt es sich zwar grundsätzlich um Verträge im Sinne des § 309 Nr. 9 BGB. Allerdings findet diese Vorschrift im unternehmerischen Rechtsverkehr weder direkt noch über die Generalklausel des § 307 BGB auf Entsorgungsverträge Anwendung, weil sie auf die Verwendung gegenüber Verbrauchern zugeschnitten ist.[44] Eine einheitliche Höchstfrist für eine zulässige Laufzeit gibt es nicht, allerdings stellen länger als zehn Jahre bindende Laufzeiten grundsätzlich eine unange-

[41] OLG Hamm, Urt. v. 10.03.2011, I-21 U 123/10, Rn. 119.
[42] OLG Hamm, Urt. v. 10.03.2011, I-21 U 123/10, Rn. 119, 121; vgl. auch BGHZ 129, 236 (253).
[43] OLG Hamm, Urt. v. 10.03.2011, I-21 U 123/10, Rn. 119.
[44] Vgl. Grüneberg in Palandt 2017, § 309 Rn. 96.

messene Benachteiligung dar und verstoßen damit gegen § 307 BGB.[45] Etwas anderes gilt nur dann, wenn aufseiten des Verwenders besondere Umstände gegeben sind, die die über zehn Jahre hinausgehende vertragliche Bindungsfrist ausnahmsweise als nicht unangemessen erscheinen lassen. Solche besonderen Umstände sind in der Rechtsprechung darin gesehen worden, dass ein Entsorger nach der Wiedervereinigung nicht unerhebliche Investitionen in den Aufbau eines Standorts in den neuen Bundesländern getätigt hatte; unter Hinweis auf diese Besonderheit wurde eine fünfzehnjährige Festlaufzeit eines Entsorgungsvertrags diesen Standort betreffend als AGB-rechtlich zulässig angesehen.[46]

▶ **Hinweis** Das Recht zur Kündigung eines Entsorgungsvertrags aus wichtigem Grund kann vertraglich nicht ausgeschlossen werden – weder durch Individualvereinbarung noch durch AGB.

Literatur

Jahn C, Deifuß-Kruse D, Brandt A (2014) Kreislaufwirtschaftsgesetz. Kohlhammer, Stuttgart

Münchener Kommentar zum BGB 2016, Band 2. C. H. Beck, München

Palandt O (2017) BGB. C. H. Beck, München

Staudinger J (2013) BGB. Buch IX. De Gruyter, Köln

Ulmer P, Brandner E, Hensen H (2016) AGB-Recht. Dr. Otto Schmidt, Köln

Wolf M, Lindacher W, Pfeiffer T (2013) AGB-Recht. C. H. Beck, München

[45] Grüneberg in Palandt 2017, § 309 Rn. 96.
[46] OLG Dresden, Urt. v. 21.02.2000, 7 U 2052/99, Rn. 61.

11 Vergaberecht

Dominik Lück und Christine Radeloff

11.1 Einführung

In der Entsorgungswirtschaft spielt das Vergaberecht eine bedeutende Rolle, weil die öffentliche Hand sich in ihrer Funktion als öffentlich-rechtlicher Entsorgungsträger zur Bewältigung der daraus erwachsenden Aufgaben regelmäßig privater Unternehmen bedient. Die Beauftragung von privaten Entsorgungsunternehmen durch öffentliche Auftraggeber unterliegt dabei den vergaberechtlichen Bestimmungen.

11.1.1 Grundsätze

Das Vergaberecht ist in die europäische und die nationale Ebene unterteilt (siehe Abb. 11.1). Wesentliches Abgrenzungsmerkmal ist dabei gemäß § 106 Abs. 1 Satz 1 des Gesetzes gegen Wettbewerbsbeschränkungen (GWB), ob der geschätzte Wert des zu vergebenden Auftrags die europaweit festgelegten Schwellenwerte erreicht. Eine Überprüfung und ggf. Anpassung der maßgeblichen Schwellenwerte erfolgt durch die EU-Kommission alle zwei Jahre (Art. 6 Abs. 1 der Richtlinie 2014/24/EU über die öffentliche Auftragsvergabe, Art. 17 Abs. 1 der Richtlinie 2014/25/EU über die Vergabe von Aufträgen im Sektorenbereich und Art. 9 Abs. 1 der Richtlinie 204/23/EU über die Konzessionsvergabe).[1]

[1] Gemäß Verordnung (EU) Nr. 2015/2170 v. 25.11.2015 (EU ABl. L 307/5) wurden die Schwellenwerte ab dem 01.01.2016 für Bauleistungen auf 5.225.000 € und für Liefer- und Dienstleitungen auf 209.000 € festgelegt. Für den Sektorenbereich (Trinkwasser- und Energieversorgung sowie Personenverkehr) ist gemäß Verordnung (EU) Nr. 2015/2171 v. 25.11.2015 (EU ABl. L 307/5) der Schwellenwert für Liefer- und Dienstleistungen abweichend auf 418.000 € festgelegt worden.

D. Lück (✉) · C. Radeloff
Köhler & Klett Rechtsanwälte
Köln, Deutschland

P. Kurth et al. (Hrsg.), *Praxishandbuch der Kreislauf- und Rohstoffwirtschaft*,
https://doi.org/10.1007/978-3-658-17045-5_11

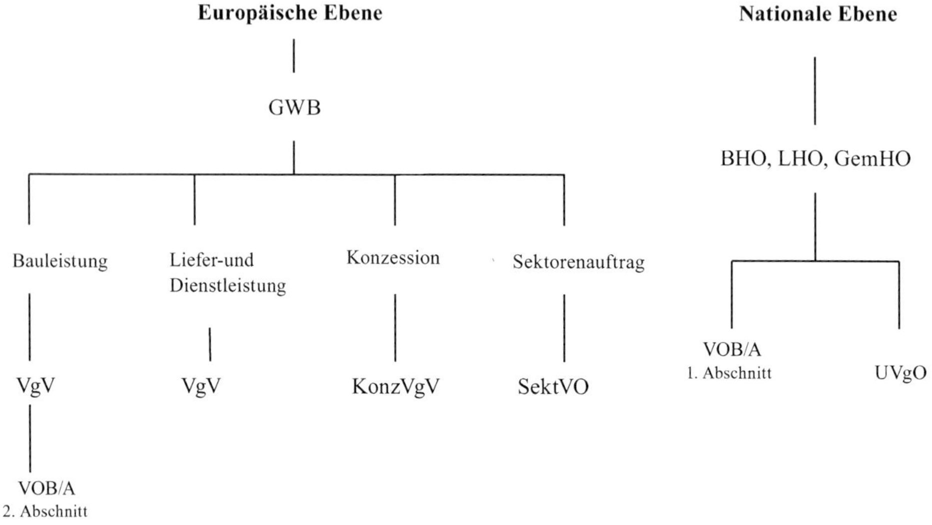

Abb. 11.1 Übersicht: Struktur des Vergaberechts

Für Aufträge oberhalb der Schwellenwerte gilt das Kartellvergaberecht der §§ 97 ff. GWB. Dieses wird weiter durch die Regelungen der Vergabeverordnung (VgV) sowie durch die VOB/A, 2. Abschnitt für den Bereich der Bauleistungen konkretisiert. Die Vergabe von Aufträgen aus dem sogenannten Sektorenbereich wird ebenfalls durch das GWB geregelt und nachrangig durch die Sektorenverordnung (SektVO) konkretisiert. Soweit die als Auftraggeber auftretende öffentliche Stelle aufgrund von verwaltungsrechtlichen Vorgaben an das Haushalts- oder Vergaberecht gebunden ist, regelt unterhalb der Schwellenwerte der 1. Abschnitt der VOB/A die Vergabe von Bauaufträgen. Bezüglich der Vergabe von Liefer- und Dienstleistungen im Unterschwellenbereich ist am 07.02.2017 eine Verfahrensordnung für die Vergabe öffentlicher Liefer- und Dienstleistungsaufträge unterhalb der EU-Schwellenwerte (UVgO) veröffentlicht worden. Diese dient der Anpassung der vergaberechtlichen Vorschriften bei Unterschwellenvergaben an die Novellierungen des Vergaberechts im Oberschwellenbereich.[2] Die UVgO wurde zwischenzeitlich durch eine Änderung des Gesetz über die Grundsätze des Haushaltsrechts des Bundes und der Länder (HGrG) und der Neufassung der Verwaltungsvorschriften zu § 55 Bundeshaushaltsordnung (BHO) mit dem Rundschreiben des Ministeriums für Bundesfinanzen vom 01.09.2017 (II A 3 – H 1012-6/16/10003:003) in Kraft gesetzt. Sie ist somit seit dem 02.09.2017 für alle Vergaben des Bundes und seiner Behörden über Liefer- und Dienstleistungen im Unterschwellenbereich anzuwenden. Eine entsprechende Umsetzung in den landeshaushaltsrechtlichen Vorschriften steht noch aus.

[2] Auf der Grundlage einer umfassenden Reformierung des europäischen Vergaberechts waren die novellierten Vergaberichtlinien RL 2014/23/EU, RL 2014/24/EU und RL 2014/25/EU bis zum 18.04.2016 in deutsches Recht umzusetzen.

> **Praxishinweis** In der Entsorgungswirtschaft werden überwiegend öffentliche Aufträge vergeben, die Dienstleistungen zum Gegenstand haben. Daher sind vornehmlich der Schwellenwerte von aktuell 209.000 € und die Regelungen der VgV von Bedeutung.
> Daneben werden bezogen auf werthaltige Abfälle, insbesondere im Bereich der Alttextilsammlung sowie im Abwassersektor, Dienstleistungskonzessionen vergeben. Allerdings wird durch diese der Schwellenwert für Konzessionen in Höhe von aktuell 5.225.000 € in der Regel nicht erreicht.

Die ordnungsgemäße Schätzung des Auftragswertes hat durch die öffentlichen Auftraggeber nach den in § 3 VgV geregelten Bestimmungen zu erfolgen. Maßgebender Auftragswert ist der Gesamtauftragswert einschließlich etwaiger Optionen oder Vertragsverlängerungen sowie Prämien oder sonstiger Zahlungen an den Bieter, § 3 Abs. 1 VgV. Die Schätzung des Auftragswertes darf insbesondere nicht mit der Absicht einer bewussten Umgehung des GWB-Vergaberechts und somit einer künstlichen Aufteilung vorgenommen werden. Der Gesamtauftragswert ist als Nettobetrag ohne Umsatzsteuer zu berechnen.

> **Praxishinweis** Die Beauftragung von Abfallentsorgungsleistungen nimmt wegen der regelmäßig vorgesehenen mehrjährigen Vertragslaufzeiten überwiegend einen Auftragswert ein, der oberhalb des Schwellenwertes für Dienstleistungen liegt.

Öffentliche Auftraggeber sind zur Anwendung des GWB-Vergaberechts gemäß § 97 Abs. 1 GWB verpflichtet. Öffentlicher Auftraggeber sind neben den Gebietskörperschaften (Bund, Kreise, Städte und Kommunen) auch juristische Personen des öffentlichen und privaten Rechts (§ 99 Nr. 2 GWB). Letztere sind nur dann öffentliche Auftraggeber, wenn sie zunächst zu dem besonderen Zweck gegründet worden sind, im Allgemeininteresse liegende Aufgaben nicht gewerblicher Art zu erfüllen. Ferner müssen sie insbesondere durch die zu Beginn genannten originären öffentlichen Auftraggeber finanziert werden, deren Aufsicht unterliegen oder in anderer Form staatlich beherrscht werden. Daher können auch privatrechtliche Entsorgungsunternehmen, namentlich kommunal gehaltene Entsorgungsgesellschaften, die Funktion eines öffentlichen Auftraggebers einnehmen, soweit auf diese die vorstehenden Voraussetzungen zutreffen. Zudem sind nach § 99 Nr. 3 GWB auch Verbände, insbesondere kommunale Zweckverbände, wie bspw. Abfallwirtschaftszweckverbände öffentliche Auftraggeber.

Öffentliche Aufträge, welche durch solche öffentlichen Auftraggeber an Dritte vergeben werden sollen, unterliegen der Pflicht zur Beachtung des Vergaberechts. Der betreffende Auftrag muss gemäß § 103 GWB als ein öffentlicher zu qualifizieren sein. Das sind entgeltliche Verträge zwischen öffentlichen Auftraggebern und Unternehmen über die Beschaffung von Leistungen, die u. a. die Erbringung von Dienstleistungen zum Gegenstand haben. Damit ist klargestellt, dass auch die Verträge zwischen zwei öffentlichen Auftraggebern als vergabepflichtiger öffentlicher Auftrag eingestuft werden können.

Ausnahmen von der Vergabepflicht sind für bestimmte öffentliche Aufträge in § 107 GWB sowie für besondere Auftragsarten in § 116 GWB abschließend geregelt. Auf diese findet das Vergaberecht keine Anwendung. Die Zuweisung von Entsorgungsdienstleistungen an bestimmte Anlagen im Gebiet eines Entsorgungsträgers nach einer Landesverordnung über den Abfallwirtschaftsplan stellt dabei keinen besonderen Ausnahmetatbestand gemäß § 116 Abs. 1 Nr. 6 GWB zugunsten des betreffenden Anlagenbetreibers dar, der selbst öffentlicher Auftraggeber ist.[3] Nach § 116 Abs. 1 Nr. 6 GWB (§ 100 a Abs. 3 GWB alte Fassung) findet das GWB-Vergaberecht keine Anwendung auf Aufträge, welche Dienstleistungen zum Gegenstand haben, die an andere öffentliche Auftraggeber vergeben werden, die ein auf Gesetz oder Verordnung beruhendes, ausschließliches Recht haben, die Leistung zu erbringen. Adressat der Zuweisung ist regelmäßig der Entsorgungsträger selbst, nicht der Anlagenbetreiber.

▶ **Praxishinweis** Selbst soweit ein zu vergebender Auftrag unter einen Ausnahmetatbestand gemäß den §§ 107, 116 GWB fällt, kann nach teilweise noch geltender VOL/A 1. Abschnitt weiterhin eine Ausschreibungspflicht nach dem nationalen Vergaberecht bestehen. Allerdings verweist die UVgO für den Unterschwellenbereich u. a. auf die entsprechende Geltung der Ausnahmetatbestände der §§ 107, 116 GWB, § 1 Abs. 2 UVgO.

Grundsätze des Vergaberechts sind das Wettbewerbs-, Transparenz- und Gleichbehandlungsgebot sowie die Beachtung von mittelständischen Interessen und der Verhältnismäßigkeitsgrundsatz.[4] Letzteres verpflichtet die Vergabestelle, Aufträge in der Regel in Fach- und Teillose aufzuteilen. Dies kann dazu führen, dass die Vergabestelle verpflichtet ist, bei der Sammlung, dem Transport und der Entsorgung von Abfällen die einzelnen Abfallfraktionen getrennt in Losen auszuschreiben. Hierauf sollen sich auch Großunternehmen berufen können, da es sich bei dem Gebot zur Losaufteilung um eine Spezifikation des Wettbewerbsgrundsatzes handelt, welcher für alle Bieter Geltung entfaltet.[5] Der Verhältnismäßigkeitsgrundsatz greift ebenfalls zugunsten eines wettbewerblichen Verfahrens zur Auftragsvergabe ein, sodass etwa keine übermäßig hohen, nicht am Auftrag orientierten Anforderungen an den Nachweis der Eignung gestellt werden dürfen, womit eine Beschränkung des Wettbewerbs einherginge.[6]

[3] VK Schleswig-Holstein, Beschl. v. 26.05.2010, VK-SH 1/10.
[4] 1. Erwägungsgrund zur Richtlinie 2014/24/EU über die öffentliche Auftragsvergabe, Amtsblatt der EU L 94/66.
[5] VK Baden-Württemberg, Beschl. v. 18.02.2011, 1 VK 2/11; Kus in Kulartz et al. 2016, § 97 Rn. 152.
[6] EuGH, Urt. v. 07.07.2016, C-46/15, Rn. 41 f.

11.1.2 Verfahrensablauf

Bei der Wahl der Verfahrensart steht dem Auftraggeber grundsätzlich das offene Verfahren (öffentliche Ausschreibung)[7] oder wahlweise das nicht offene Verfahren (beschränkte Ausschreibung) mit vorgeschaltetem Teilnahmewettbewerb[8] zur Verfügung, § 119 Abs. 2 Satz 1 GWB.[9] Nur in abschließend geregelten Ausnahmetatbeständen kann als Verfahrensart das nicht offene Verfahren ohne Teilnahmewettbewerb oder das Verhandlungsverfahren (Verhandlungsvergabe) gewählt werden.[10] Im Entsorgungsbereich führen die Kommunen in der Regel ein offenes Verfahren durch. Die Wahl eines nicht offenen Verfahrens mit vorgeschaltetem Teilnahmewettbewerb erscheint schon mit Blick auf die längere Verfahrensdauer eher weniger sachdienlich. Anderes kann z. B. nur dann gelten, wenn der Entsorgungsauftrag mit dem Erwerb von Gesellschaftsanteilen verknüpft wird.[11] In diesem Zusammenhang bietet sich ein Verhandlungsverfahren schon aufgrund der regelmäßig nicht abschließend beschreibbaren Auftragsinhalte und der damit verbundenen Notwendigkeit der Verhandlung von Detailfragen an.

Die Vergabestelle kann grundsätzlich frei den Gegenstand und Inhalt einer jeden Beschaffung bestimmen. Abfallrechtlich ist die Vergabestelle beispielsweise nicht verpflichtet, Recyclingbaustoffe zuzulassen. Aus § 45 des Kreislaufwirtschaftsgesetzes (KrWG) ergibt sich diesbezüglich lediglich eine Prüfpflicht von Bundesbehörden. In den Landesabfallgesetzen besteht regelmäßig nur eine Sollvorgabe, wonach es im Ermessen der Vergabestelle steht, Recyclingbaustoffe zuzulassen. Etwaige hierzu ergangene Verwaltungserlasse stellen lediglich Innenrecht dar, auf das sich ein Bieter nicht berufen kann. Die Vergabestelle hat jedoch unter Berücksichtigung des Grundsatzes der produktneutralen Ausschreibung sachlich zu rechtfertigen, warum Recyclingbaustoffe ausgeschlossen werden.[12]

Die Vergabestelle ist nach §§ 29, 31 Abs. 1 VgV verpflichtet, allen Bietern vorab und im Laufe des Vergabeverfahrens die gleichen Informationen hinsichtlich des zu vergeben-

---

[7] Ein unbeschränkter Kreis an Bietern wird in einem streng formalisierten Verfahren aufgefordert, ein nicht verhandelbares Angebot abzugeben.

[8] Im Teilnahmewettbewerb wird ein unbeschränkter Kreis an Bietern zur Abgabe eines Teilnahmeantrags einschließlich der Eignungsnachweise aufgefordert. Von den geeigneten Bietern wird eine beschränkte Anzahl zur Abgabe eines Angebots aufgefordert, welche einzelnen Verhandlungsrunden zugänglich sind.

[9] Bei nationalen Vergaben ist nach § 8 Abs. 2 Satz 1 UVgO eine Harmonisierung mit dem GWB vorgesehen, sodass im Grundsatz zwischen öffentlicher Ausschreibung und beschränkter Ausschreibung mit Teilnahmewettbewerb gewählt werden kann.

[10] Vgl. § 14 Abs. 3–4 VgV; Nach § 13 Abs. 1 SektVO steht dem Sektorenauftraggeber die freie Wahl der Verfahrensart zu.

[11] VK Lüneburg, Beschl. v. 10.08.1999, 203 VgK – 6/1999. Abgelehnt worden ist ein Verhandlungsverfahren von der VK Saarland, Beschl. v. 24.10.2008, 3 VK 02/2008 aufgrund Dringlichkeit bei der Beschaffung von Altpapierbehältern, um gewerblichen Sammlern zuvorzukommen, weil vor allem wirtschaftliche Gründe nicht ausreichend sind.

[12] VK Düsseldorf, Beschl. v. 27.05.2011, VK 13/2011.

den Auftrags, der einzureichenden Angebots- bzw. Teilnahmeunterlagen, der Angebotswertung sowie etwaiger Änderungen hierzu zur Verfügung zu stellen. Die Vergabestelle hat schon aus der gebotenen Gleichbehandlung heraus insbesondere darauf zu achten, dass der bisherige Leistungserbringer die erlangten Mehrinformationen aus der Auftragsdurchführung zur Verfügung stellt, um die Leistung für alle Bieter gleich beschreiben zu können. Dies betrifft vor allem eine Beschreibung der Abfälle sowohl nach deren Art als auch Umfang.

Für die Kommunikation zwischen Auftraggeber und Bieter während des gesamten Vergabeverfahrens sind nach § 9 Abs. 1 VgV grundsätzlich elektronische Mittel und nur in geregelten Ausnahmefällen analoge Kommunikationsmittel zu verwenden. Zu diesem Zweck kann der Auftraggeber die Angabe einer eindeutigen Unternehmensbezeichnung sowie einer E-Mail-Adresse, namentlich eine Registrierung, verlangen, § 9 Abs. 3 Satz 1 VgV. Der Bieter ist in einem mit elektronischen Mitteln durchgeführten Vergabeverfahren sodann gehalten, sich über wesentliche zusätzliche Auskünfte und Informationen über das betreffende Onlineportal, über welches die Vergabe durchgeführt wird, eigenständig zu informieren.

► **Praxishinweis** Eine Registrierung ist für die verfahrensgebundene Kommunikation insofern sachdienlich, da der Bieter per E-Mail über neue, in das Onlineportal eingestellte Informationen zum Verfahren benachrichtigt werden kann.

Der Ablauf eines Vergabeverfahrens ist abhängig von der gewählten Vergabeart. Im offenen Verfahren beginnt das Verfahren mit der Auftragsbekanntmachung. Der Auftraggeber hat oberhalb der Schwellenwerte den zu vergebenden Auftrag im Supplement zum Amtsblatt der europäischen Gemeinschaft bekanntzugeben, § 37 VgV. Zu verwenden sind dabei die in Anhang II aufgeführten Bekanntmachungsformulare der Durchführungsverordnung (EU) 2015/1986 zur Einführung von Standardformularen für die Veröffentlichung von Vergabebekanntmachungen auf dem Gebiet der öffentlichen Aufträge.

► **Praxishinweis** Muster und Einzelheiten zur Erstellung und Übermittlung einer Bekanntmachung an das Supplement zum Amtsblatt der europäischen Gemeinschaft sind unter www.simap.europa.eu abrufbar. Unter www.ted.europa.eu[13] finden sich die veröffentlichten Auftragsbekanntmachungen.

Der öffentliche Auftraggeber hat gemäß § 41 Abs. 1 VgV in der Bekanntmachung eine elektronische Adresse anzugeben, unter der die Vergabeunterlagen unentgeltlich, uneingeschränkt, vollständig und direkt von den interessierten Unternehmen abgerufen werden können. Eine Registrierung für den Zugang zu den Vergabeunterlagen darf der öffentliche Auftraggeber im Gegensatz zur sonstigen verfahrensgebundenen Kommunikation nicht verlangen, § 9 Abs. 3 Satz 2 VgV. In begründeten Ausnahmen können die Vergabeunterlagen auf anderem Wege übermittelt werden, § 41 Abs. 2 VgV.

[13] Beide abgerufen 2. Hj. 2016.

Das Angebot ist auf der Grundlage der heruntergeladenen Vergabeunterlagen zu erstellen und fristgerecht bis zum angegebenen Abgabetermin einzureichen. Verspätete Angebote werden ausgeschlossen, auch wenn dies durch den Übermittler, beispielsweise die Deutsche Post, begründet ist. Angebote können, müssen aber bei Vorliegen der in § 41 Abs. 2 VgV geregelten Gründe nicht zwingend elektronisch eingereicht werden. Maßgebend ist, ob die elektronischen Voraussetzungen für die Einreichung signierter Angebote gegeben sind. Nach derzeitiger Praxis sind Angebote überwiegend noch in ausgefertigter Form schriftlich, in einem verschlossenen Umschlag (§ 53 Abs. 5 VgV) einzureichen.

Die eingereichten Angebote werden vom Auftraggeber zunächst auf ihre formale Vollständigkeit geprüft. Anschließend erfolgt die inhaltliche Auswertung, deren Gegenstand die Prüfung der Eignung anhand der vorgegebenen Eignungsnachweise, die Angemessenheit der Preise und die Wertung der Angebote anhand der vorgegebenen Zuschlagskriterien ist.

Soweit ein Angebot nicht alle geforderten oder nachgeforderten Erklärungen und Nachweise enthält oder den Anforderungen aus den Vergabeunterlagen nicht entspricht, ist der Auftraggeber im Sinne des Gleichbehandlungsgrundsatzes gezwungen, dieses Angebot vom weiteren Verfahren auszuschließen.

► **Praxishinweis** Nach § 56 Abs. 2 Satz 1 VgV liegt es im Ermessen des Auftraggebers, unter Beachtung des Transparenz- und Gleichbehandlungsgrundsatzes, fehlende, unvollständige oder fehlerhafte unternehmensbezogene Erklärungen und Nachweise nachzufordern, vervollständigen oder korrigieren zu lassen. Darüber hinaus können durch den Auftraggeber auch fehlende oder unvollständige leistungsbezogene Unterlagen nachgefordert werden. Leistungsbezogene Unterlagen, welche die Wertung der Angebote betreffen, dürften indes mit Ausnahme von unwesentlichen Preispositionen nicht nachgefordert werden, § 56 Abs. 3 VgV. Insofern ist zwischen unternehmens- und leistungsbezogenen Unterlagen als auch bezüglich des jeweiligen formalen Mangels (fehlend, unvollständig, fehlerhaft) im Rahmen der Nachforderung zu differenzieren. Der Auftraggeber kann nach § 56 Abs. 2 Satz 2 VgV bereits in der Bekanntmachung oder den Vergabeunterlagen vorab festlegen, vom Nachforderungsrecht keinen Gebrauch machen zu wollen.
Anders ist dies für die Vergabe von Bauleistungen geregelt. Nach § 16 a EU Satz 1 VOB/A hat der Auftraggeber zu verlangen, dass lediglich fehlende Erklärungen oder Nachweise nachzureichen sind. Damit wird dem Auftraggeber nach mittlerweile gefestigter Rechtsprechung[14] kein Ermessen über die Entscheidung einer Nachforderung eigeräumt. Vielmehr ist er zu dieser verpflichtet. Überdies sind von der Nachforderung nur fehlende Unterlagen erfasst.

Die formal ordnungsgemäßen Angebote werden auf der Grundlage der bekannt gegebenen Zuschlagskriterien bewertet. Dabei ist der Zuschlag regelmäßig auf das wirt-

[14] OLG Düsseldorf, Beschl. v. 10.08.2011, Verg 66/11; OLG Brandenburg, Beschl. v. 20.09.2011, Verg W 11/11; VK Sachsen, Beschl. v. 20.09.2011, 1/SVK/0035-11.

schaftlichste Angebot zu erteilen, § 127 Abs. 1 Satz 1 GWB. Bei Ermittlung des wirtschaftlichsten Angebots ist das beste Preis-Leistungs-Verhältnis zu ermitteln, § 127 Abs. 1 Satz 2 GWB. Dabei muss der niedrigste Angebotspreis nicht allein entscheidend sein. Es ist jedoch zulässig, als Zuschlagskriterium auch allein auf den Angebotspreis abzustellen.[15] Dementsprechend sieht auch das Standardformular für eine europaweite Auftragsbekanntmachung unter Ziffer IV. 2.1) neben dem wirtschaftlich günstigsten Angebot den niedrigsten Preis als Zuschlagskriterium vor. Sofern jedoch die Vergabestelle als alleiniges Zuschlagskriterium den Preis gewählt hat, wurde die Zulassung von Nebenangeboten teilweise als unzulässig angesehen.[16] Nunmehr ist in § 35 Abs. 2 Satz 3 VgV allerdings ausdrücklich geregelt, dass Nebenangebote auch zugelassen oder vorgeschrieben werden können, wenn der Preis das alleinige Zuschlagskriterium ist.

Zur Bewertung des wirtschaftlich günstigsten Angebots hat der Auftraggeber spätestens in den Vergabeunterlagen entsprechende Kriterien und deren Gewichtung – betreffend die Berücksichtigung der Kriterien im Rahmen der Wertung – anzugeben, § 127 Abs. 5 GWB i. V. m. § 58 Abs. 3 Satz 1 VgV. Der Auftraggeber darf eine Wertung der Angebote ausschließlich auf der Grundlage der von ihm vorab bekannt gegebenen Zuschlagskriterien durchführen, § 127 Abs. 1 Satz 1 GWB.

11.1.3 Rechtsschutz

Soweit der Auftraggeber die rechtlichen Bestimmungen zur Durchführung eines Vergabeverfahrens nicht befolgt, eröffnet das Vergaberecht dem Bieter die Möglichkeit zur Wahrnehmung von Rechtsschutzmöglichkeiten. Dabei besteht ein primärer Rechtsschutz vor den Nachprüfungsinstanzen nach den §§ 155 ff. GWB allerdings nur für solche Aufträge, deren Auftragswerte den maßgeblichen Schwellenwert erreicht haben und somit nach den Grundsätzen der § 97 ff. GWB zu vergeben sind. Die Nachprüfung eines Vergabeverfahrens erfolgt in erster Instanz vor den zuständigen Vergabekammern und in zweiter Instanz vor dem jeweils zuständigen Oberlandesgericht der Bundesländer.

► **Praxishinweis** Wesentliche Zulassungsvoraussetzungen für die Einleitung eines Nachprüfungsverfahrens sind gemäß § 160 Abs. 3 Satz 1 Nr. 1 GWB, dass erkannte Vergaberechtsverstöße innerhalb einer konkret bestimmten Frist von zehn Kalendertagen nach Kenntnis gegenüber dem Auftraggeber gerügt wurden. Auf die Unverzüglichkeit der Rüge, wie bisher gemäß dem § 107 Abs. 3 Satz 1 Nr. 1 GWB a. F., kommt es somit nicht mehr an.
Darüber hinaus sehen § 160 Abs. 3 Satz 1 Nr. 2 und 3 GWB konkrete Maximalfristen für Vergaberechtsverstöße vor, die in der Bekanntmachung oder den Vergabeunterlagen erkennbar sind. Erkennbare Vergaberechtsverstöße aus der Be-

[15] Wiedemann in Kulartz et al. 2017, § 58 Rn. 9.

[16] OLG Düsseldorf, zuletzt Vorlagebeschl. zum BGH v. 02.11.2011, Verg 22/11; anderer Ansicht OLG Schleswig, Beschl. v. 15.04.2011, 1 Verg 10/10.

kanntmachung sind spätestens bis zum Ablauf der in der Bekanntmachung angegebenen Angebotsfrist zu rügen. Vergaberechtsverstöße, die aus den Vergabeunterlagen erkennbar sind, müssen bis zum Ablauf des tatsächlichen Termins zur Angebotsabgabe gerügt werden, wodurch etwaige nachträgliche Verlängerungen dieser Frist berücksichtigt werden. Sowohl Bekanntmachung als auch Vergabeunterlagen sind deshalb aufmerksam auf vergaberechtliche Fehler zu prüfen.
Bei den Rügefristen handelt es sich um Präklusionsfristen; nach Fristablauf ist die Geltendmachung eines zwar erkennbaren oder erkannten, aber bislang nicht gerügten Vergaberechtsverstoßes im Rahmen eines Nachprüfungsverfahrens nicht mehr zulässig.

Im Hinblick auf nationale Auftragsvergaben, die nicht dem GWB-Vergaberecht unterfallen, ist ein entsprechender primärer Rechtsschutz auch nach der UVgO nicht vorgesehen. Allerdings ist es anerkannt, dass bei Vergaben im Unterschwellenbereich Rechtsschutz vor den ordentlichen Gerichten[17] in Form einer Klage auf Unterlassung der Zuschlagserteilung im Wege des Verfahrens auf Erlass einer einstweiligen Verfügung durchgesetzt werden kann. Hierbei ist allerdings umstritten, welche konkreten Anforderungen an einen derartigen Unterlassungsanspruch zu stellen sind. Ein Anspruch auf Akteneinsicht kann dem Antragsteller im Unterschwellenbereich zwar nicht (in entsprechender Anwendung) aus § 111 GWB, jedoch unter Berücksichtigung der allgemeinen Grundsätze nach § 242 des Bürgerlichen Gesetzbuches (BGB) zustehen. Zudem trifft den Kläger vor den Zivilgerichten die volle Beweislast für den Vergaberechtsverstoß; vor den Vergabekammern gilt ein eingeschränkter Untersuchungsgrundsatz.

Sowohl oberhalb als auch unterhalb der Schwellenwerte ist neben dem vorgenannten primären Rechtsschutz jedenfalls die Möglichkeit des sekundären Rechtsschutzes gegeben. Insofern steht es den Bietern zu, bei Verletzung vergaberechtlicher Vorschriften den ihnen daraus entstandenen Schaden geltend zu machen. Ein entgangener Gewinn wird jedoch nur zugesprochen werden können, wenn der Kläger darlegen kann, dass er ohne den Vergaberechtsverstoß den Zuschlag erhalten hätte.

11.2 Ausgewählte Einzelprobleme aus dem Bereich des Abfallrechts

11.2.1 Inhouse-Geschäfte

Bei sogenannten Inhouse-Geschäften handelt es sich dem Grunde nach um solche, bei denen der Auftraggeber den Auftrag an ihm zugehörige Einrichtungen vergibt. Erstmals gesetzlich geregelt wurden die Voraussetzungen einer vergabefreien Inhouse-Beauftra-

[17] BVerwG, Beschluss vom 02.05.2007 – 6 B 10/07, das Bundesverwaltungsgericht bestätigte, dass für Streitigkeiten über die Vergabe von öffentlichen Aufträgen unterhalb der Schwellenwerte der Rechtsweg zu den ordentlichen Gerichten eröffnet ist.

gung in § 108 Abs. 1 GWB. Hintergrund der Vergabefreiheit ist, dass der öffentliche Auftraggeber sich im Rahmen eines Inhouse-Geschäfts in seinem eigenen Verantwortungsbereich aufhält, vergleichbar mit der Beauftragung anderer Verwaltungsabteilungen oder eines Eigenbetriebs, sodass in materieller Hinsicht kein anderer mit der Leistungserbringung beauftragt wird und der Auftraggeber somit die betreffende Dienstleistung nicht am Markt nachfragt.[18]

Die insofern auf der Grundlage der Spruchpraxis des EuGH[19] entwickelte und etablierte Rechtsprechung wurde nunmehr gesetzlich manifestiert, wobei die Voraussetzungen der vergabefreien Inhouse-Vergabe im Detail Anpassungen erfahren haben. Nach § 108 Abs. 1 GWB ist eine Vergabefreiheit der Beauftragung einer juristischen Person des öffentlichen oder privaten Rechts durch einen öffentlichen Auftraggeber anzunehmen, soweit

- der öffentliche Auftraggeber über diese juristische Person eine ähnliche Kontrolle ausübt wie über eine eigene Dienststelle (Kontroll- und Beherrschungskriterium),
- mehr als 80 % der Tätigkeiten der juristischen Person der Ausführung von Aufgaben dienen, mit denen sie von dem öffentlichen Auftraggeber oder von einer anderen juristischen Person, die von diesem kontrolliert wird, betraut wurde (Wesentlichkeitskriterium), und
- an der juristischen Person keine direkte private Kapitalbeteiligung besteht, mit Ausnahme nicht beherrschender Formen der privaten Kapitalbeteiligung und Formen der privaten Kapitalbeteiligung ohne Sperrminorität, die gesetzlich vorgeschrieben sind und keinen entscheidenden Einfluss auf die kontrollierte Person vermitteln.

11.2.1.1 Kontrollkriterium

Das sogenannte Kontroll- und Beherrschungskriterium wurde bisher als erfüllt angesehen, wenn der Auftraggeber neben der entsprechend mehrheitlichen Beteiligung das Recht hat, auf die strategischen Ziele und die wichtigen Entscheidungen des Auftragnehmers im ausschlaggebenden Maße Einfluss zu nehmen.[20] Der maßgebende Einfluss auf den Auftragnehmer wird auch nach § 108 Abs. 2 GWB als wesentliche Voraussetzung zur Annahme der hinreichenden Kontrolle angesehen. Danach ist die Ausübung einer Kontrolle durch den Auftraggeber definiert als ein ausschlaggebender Einfluss auf die strategischen Ziele und die wesentlichen Entscheidungen der juristischen Person, welche beauftragt werden soll.

► **Praxishinweis** Bezüglich der Anwendung der definierten Kontrollausübung ist in der praktischen Umsetzung möglichst an den Organzuständigkeiten anzuknüpfen; wobei der Einfluss auf wesentliche Entscheidungen des operativen Geschäfts die Steuerung des Vorstands der Gesellschaft und die Einflussnahme

[18] Pietzcker 2010, 735, 742; BGH, Urt. v. 12.06.2001, X ZB 10/01; OLG Koblenz, Beschl. v. 20.12.2001, 1 Verg 4/01.
[19] EuGH, Urt. v. 18.11.1999, C-107/98.
[20] EuGH, Urt. v. 13.10.2005, C-458/03.

auf die strategischen Ziele die Steuerung des Aufsichtsrats der Gesellschaft betrifft.[21]

Die ausgeübte Kontrolle muss wirksam, strukturell und funktionell sein.[22] Damit scheidet die privatrechtliche Gesellschaftsform der Aktiengesellschaft für ein vergaberechtsfreies Inhouse-Geschäft dem Grunde nach aus, da diese gemäß § 76 Abs. 1 des Aktiengesetzes (AktG) regelmäßig eigenverantwortlich vom Vorstand geleitet wird.[23]

Unschädlich ist es für die Annahme des Kontrollkriteriums, wenn verschiedene öffentliche Auftraggeber an dem zu beauftragenden Unternehmen Anteile halten und gemeinsam, aber nicht zwingend im Einzelnen auf dieses den erforderlichen Einfluss ausüben.[24] Insofern bestimmt § 108 Abs. 4 GWB ausdrücklich, dass in diesen Fällen zwar keine Ausübung einer Kontrolle entsprechend den vorstehenden Ausführungen vorliegt. Allerdings kann auch bei gemeinsamer Kontrolle durch verschiedene öffentliche Auftraggeber eine vergabefreie Inhouse-Vergabe vorliegen, wenn der beauftragende öffentliche Auftraggeber gemeinsam mit anderen öffentlichen Auftraggebern über die juristische Person eine ähnliche Kontrolle ausübt wie jeder der öffentlichen Auftraggeber über seine eigene Dienststelle (Kontrollkriterium). Unter welchen kumulativ geforderten Voraussetzungen eine solche Kontrolle gemeinsam ausgeübt wird, ist abschließend in § 108 Abs. 5 GWB festgelegt. Danach muss das beschlussfassende Organ der zu beauftragenden juristischen Person aus Vertretern sämtlicher teilnehmender Auftraggeber bestehen, wobei Vertretung von Auftraggebern zulässig ist. Auf den Auftragnehmer muss gemeinsam der erforderliche Einfluss auf strategische Ziele sowie wesentliche Entscheidungen ausgeübt werden. Zudem darf die juristische Person keine Interessen verfolgen, die denen des Auftraggebers zuwiderlaufen. Im Übrigen müssen das Wesentlichkeitskriterium und das Verbot einer privaten Kapitalbeteiligung erfüllt sein, um auch bei gemeinsamer Kontrolle ein Inhouse-Geschäft anzunehmen.

Ausreichend für eine Inhouse-Vergabe kann überdies sein, dass eine mittelbare Kontrolle über eine Tochtergesellschaft auf eine Enkelgesellschaft ausgeübt wird. Insofern regelt § 108 Abs. 2 Satz 2 GWB, dass eine Kontrolle auch im mehrstufigen Verhältnis auf eine andere juristische Person ausgeübt werden kann, die auf gleiche Weise vom Auftraggeber kontrolliert wird. Erforderlich ist allerdings, dass der entsprechende Einfluss auf die Enkelgesellschaft über die zwischengeschaltete Tochtergesellschaft gegeben ist.[25]

11.2.1.2 Wesentlichkeitskriterium

Neben dem Kontrollkriterium erfordert ein Inhouse-Geschäft auch immer, dass der Auftragnehmer hauptsächlich für den ihn kontrollierenden Auftraggeber tätig wird. Das setzt voraus, dass andere Tätigkeiten nur von rein nebensächlichem Charakter sein dürfen.

[21] Gaus 2016, 418, 421.
[22] Müller-Wrede 2016, 292, 293.
[23] OLG Düsseldorf, Beschl. v. 28.07.2011, VII-Verg 20/11.
[24] OLG Hamm, Urt. v. 13.11.2008, C-324/07.
[25] OLG Düsseldorf, Beschl. v. 28.07.2011, Verg 20/11.

Wann eine Erfüllung des Wesentlichkeitskriteriums angenommen werden kann, ist dabei gemäß der Spruchpraxis des Europäischen Gerichtshofs nach qualitativen und quantitativen Umständen zu beurteilen.[26]

Als quantitativer Faktor wird regelmäßig der Umfang des erwirtschafteten Umsatzes durch Aufträge für den beherrschenden öffentlichen Auftraggeber zugrunde gelegt. Auf die quantitativen Faktoren wird nunmehr als objektiv bestimmbare Größe im Rahmen der gesetzlichen Regelung in § 108 Abs. 1 Nr. 2, 7 GWB abgestellt. Die Beurteilung hat für das gegenwärtige Geschäftsjahr stattzufinden, in dem der öffentliche Auftrag vergeben werden soll.

In der Rechtsprechung war bisher nicht eindeutig geklärt, in welchem prozentualen Umfang das zu beauftragende Unternehmen für den beherrschenden öffentlichen Auftraggeber tatsächlich tätig sein muss, wobei die herrschende Auffassung auf einen Fremdumsatz in Höhe von bis zu 10 % als zulässig abstellte.[27] Nach § 108 Abs. 1 Nr. 2 GWB wurde der Maßstab zur Erfüllung des Wesentlichkeitskriteriums demgegenüber deutlich erweitert. Danach genügt es für die Annahme desselben, wenn 80 % der Tätigkeit der juristischen Person der Ausführung von Aufgaben dienen, mit denen sie von dem öffentlichen Auftraggeber oder von einer anderen juristischen Person, die von diesem kontrolliert wird, betraut wurde. Bei einer Kontrolle durch mehrere Auftraggeber müssen 80 % der Tätigkeiten aufgrund von Aufgaben erbracht worden sein, mit denen der Auftragnehmer durch die sie beherrschenden Auftraggeber betraut wurde. Als Umsätze und damit Tätigkeiten des Auftraggebers sind solche anzusehen, die für diesen selbst und die ihm zuzurechnenden Stellen erbracht werden.[28] Danach werden Tätigkeiten nicht im Wesentlichen für den Auftraggeber und damit zugunsten Dritter ausgeführt, wenn sie dem Unternehmen von einer an ihm nicht beteiligten Behörde zugunsten von Gebietskörperschaften, die auch nicht an ihm beteiligt sind und keine Kontrolle über das Unternehmen ausüben, auferlegt werden.[29] Als „Inhouse-schädliches" Fremdgeschäft sind demnach sämtliche Tätigkeiten anzusehen, welche nicht für den Auftraggeber, sondern für Dritte erbracht werden.[30]

Gem. § 108 Abs. 7 Satz 1 GWB wird zur Bestimmung des prozentualen Anteils der durchschnittliche Gesamtumsatz der letzten drei Jahre vor Vergabe herangezogen. Dabei ist in der Rechtsprechung nicht abschließend geklärt, ob und in welchem Umfang im Rahmen des Wesentlichkeitskriteriums Fremdumsätze von Tochterunternehmen des zu beauftragenden Auftragnehmers zu berücksichtigen sind. Das Oberlandesgericht Celle hat in einer besonderen Konstellation angenommen, dass die Umsätze von 100 %-igen Tochtergesellschaften bei der Berechnung der Fremdumsätze zu berücksichtigen sind, wenn für Mutter- und Tochtergesellschaft ein gemeinsamer konsolidierter Abschluss vorliegt, der

[26] EuGH, Urt. v. 11.05.2006, C-340/04.

[27] EuGH, Urt. v. 19.04.2007, C-295/05, Rn. 63; OLG Celle, Beschl. v. 17.12.2014, 13 Verg 3/13.

[28] OLG Düsseldorf, Beschl. v. 02.11.2016 – Verg 23/16; VK Lüneburg, Beschl. v. 11.11.2013 – VgK-33/2013.

[29] EuGH, Urteil vom 08.12.2016, Rs. C-553/15, Rn. 38.

[30] OLG Düsseldorf, Beschl. v. 02.11.2016 – Verg 23/16; VK Bund, Beschl. v. 18.05.2016 – VK 1-18/16.

Geschäftsbericht die Ertragslage beider Gesellschaften zusammenfasst sowie gruppeninterne Vorgänge eliminiert und die Tochter nur mit personeller und sachlicher Ausstattung der Muttergesellschaft arbeitsfähig ist.[31] Das Oberlandesgericht Düsseldorf hat zu dieser Thematik lediglich die Frage aufgeworfen, ob nicht auch im Hinblick auf die Berücksichtigung von Fremdumsätzen der Tochtergesellschaft eine wirtschaftlich ausgerichtete Betrachtung anzustellen ist. Eine solche Gesamtsicht wäre insbesondere geboten, wenn das Tochterunternehmen über kein eigenes Personal verfüge und insoweit auf fremde Ressourcen der Muttergesellschaft zurückgreifen müsse. In diesem Zusammenhang dürfte die betreffende Tochtergesellschaft funktional als Dienststelle der Muttergesellschaft angesehen werden können.[32] In nachfolgenden Entscheidungen dieser Oberlandesgerichte werden dementsprechend jeweils die Umsätze von Tochtergesellschaften in die Betrachtung des Wesentlichkeitskriteriums miteinbezogen.[33]

► **Praxishinweis** Im Entsorgungsbereich wurde die Annahme und Verwertung von Abfällen, für die keine Annahmepflicht nach § 20 KrWG besteht, als eine Fremdtätigkeit eingestuft.[34] Betroffen sind davon beispielsweise nicht annahmepflichtige Gewerbeabfälle zur Verwertung sowie Abfälle, die nicht auf dem Gebiet des Entsorgungsträgers angefallen sind.

11.2.1.3 Keine private Kapitalbeteiligung

Des Weiteren wurde ausdrücklich als Voraussetzung einer vergabefreien Inhouse-Vergabe geregelt, dass – wie bisher auch durch die einschlägige Rechtsprechung[35] vorgegeben – keine direkte Beteiligung privaten Kapitals an dem zu beauftragenden Unternehmen bestehen darf. Unbeachtlich ist hierbei die Höhe der Beteiligung des Privaten. Durch die Rechtsprechung zu klären sein wird insofern jedoch, wie sich eine direkte von einer indirekten Kapitalbeteiligung unterscheiden soll, da nur erstere nach dem Regelungsgehalt der Inhouse-Fähigkeit entgegensteht. Die Grenze könnte etwa zu ziehen sein, wenn durch die Beteiligung ein Vorteil im Wettbewerb begründet würde, sofern der Auftragnehmer wirtschaftlich tätig sein dürfte.[36] Dementgegen könnte nach einer weniger engen Betrachtung der gesellschaftsrechtlichen Struktur etwa die Beteiligung an der Muttergesellschaft als unschädlich eingestuft werden.[37]

► **Praxishinweis** In diesem Zusammenhang sollte mangels hinreichend konkreter Rechtsprechung zur Abgrenzung von direkter zu indirekter Kapitalbeteiligung (zunächst) auf jegliche Form der Beteiligung privaten Kapitals verzichtet werden, soweit sie nicht unter die ausdrücklich geregelten Ausnahmen fällt.

[31] OLG Celle, Beschl. v. 29.10.2009, 13 Verg 8/09.
[32] OLG Düsseldorf, Beschl. v. 28.07.2011, Verg 20/11.
[33] OLG Celle, Beschl. v. 17.12.2014 – 13 Verg 3/13; OLG Düsseldorf, Beschl. v. 02.11.2016, VII-Verg 23/16.
[34] OLG Celle, Beschl. v. 17.12.2014 – 13 Verg 3/13.
[35] EuGH, Urt. v. 11.01.2005, C-26/03.
[36] Ziekow 2015, 258, 261.
[37] Müller-Wrede 2016, 292, 299.

Unschädlich für eine Inhouse-Vergabe ist ohnedies eine private Kapitalbeteiligung am kontrollierenden öffentlichen Auftraggeber, da solche Beteiligungen in der Regel nicht zu einer nachteiligen Beeinflussung des Wettbewerbs zwischen privaten Unternehmen führen.[38]

11.2.1.4 Sonderformen der Inhouse-Beauftragung

Des Weiteren wurden neben der klassischen vertikalen Inhouse-Beauftragung zwei weitere Formen von Direktbeauftragungen als vergabefrei festgelegt. Zum einen unterliegt die inverse, d. h. umgekehrte Inhouse-Beauftragung der Muttergesellschaft durch die kontrollierte Tochtergesellschaft keiner Vergabepflicht, § 108 Abs. 3 Satz 1, 1. Alternative GWB. Zum anderen kann als Inhouse-fähig auch ein Auftrag zwischen Schwestergesellschaften, die von einem öffentlichen Auftraggeber gleichermaßen kontrolliert werden, angesehen werden, § 108 Abs. 3 Satz 1, 2. Alternative GWB.

11.2.1.5 Wegfall der Inhouse-Fähigkeit

Vergaberechtlich relevant ist es indes, wenn die Inhouse-Fähigkeit nach Beauftragung wegfällt, beispielsweise durch Beteiligung eines Privaten an dem zuvor Inhouse-fähigen Unternehmen. Diese Veräußerung von Gesellschaftsanteilen stellt sich allein betrachtet zwar als nicht ausschreibungspflichtig dar, aber der damit verbundene spätere Wegfall der Inhouse-Fähigkeit kann eine ausschreibungspflichtige, wesentliche Änderung des bestehenden Vertrags darstellen, deren Unwirksamkeit innerhalb bestimmter Fristen festgestellt werden kann.[39] Unbeachtlich wäre hingegen, wenn bereits die damalige Inhouse-Beauftragung ausschreibungspflichtig gewesen wäre und hiergegen zum damaligen Zeitpunkt keine Rechtsmittel eingelegt wurden; in diesem Fall ist es einem Konkurrenten auch aktuell verwehrt, gegen diesen Entsorgungsvertrag vergaberechtlich vorzugehen. Grund hierfür ist, dass der Entsorgungsvertrag durch Zeitablauf bestandskräftig geworden ist.[40]

11.2.2 Interkommunale Zusammenarbeit

Die interkommunale Zusammenarbeit zwischen zwei oder mehreren öffentlichen Auftraggebern stellt sich unter den Voraussetzungen nach § 108 Abs. 6 GWB als nicht ausschreibungspflichtig dar. Grund dafür ist, dass es in der freien Entscheidung einer öffentlichen Stelle liegt, ob sie ihre im Allgemeininteresse liegenden Aufgaben mit eigenen Mitteln und auch in Zusammenarbeit mit anderen öffentlichen Stellen erfüllen will, ohne gezwungen zu sein, sich an externe Einrichtungen zu wenden.[41] Da diese Konstellation aber

[38] Begründung zum Entwurf eines Gesetzes zur Modernisierung des Vergaberechts vom 15.20.2015 – Drucksache 18/6281, S. 81.
[39] EuGH, Urt. v. 10.09.2009, C-573/07; OLG Naumburg, Beschl. v. 29.04.2010, 1 Verg 3/10.
[40] OLG Naumburg, Beschl. v. 29.04.2010, 1 Verg 3/10; KG Berlin, Beschl. v. 19.04.2012 Verg 7/11; OLG Rostock, Beschl. v. 23.03.2016, 17 Verg 4/15.
[41] EuGH, Urt. v. 09.06.2009, C-480/06.

eine Ausnahme von der grundsätzlich auch zwischen verschiedenen öffentlichen Stellen geltenden Pflicht zur Anwendung des Vergaberechts ist, werden an die Annahme einer vergaberechtsfreien Zusammenarbeit folgende Bedingungen gestellt:

- Die betreffende Vereinbarung muss eine Zusammenarbeit zwischen den beteiligten öffentlichen Auftraggebern begründen oder erfüllen, um sicherzustellen, dass die von ihnen zu erbringenden öffentlichen Dienstleistungen im Hinblick auf die Erreichung gemeinsamer Ziele ausgeführt werden.
- Die vorgenannte Zusammenarbeit muss ausschließlich durch Überlegungen im Zusammenhang mit dem öffentlichen Interesse bestimmt werden.
- Der öffentliche Auftraggeber darf auf dem Markt weniger als 20 % der Tätigkeiten erbringen, die durch die Zusammenarbeit erfasst sind.

Die vorstehenden Voraussetzungen müssen kumulativ vorliegen. Dabei ist in der Neuregelung – gemäß der bisherigen Rechtsprechung[42] – zwar nicht ausdrücklich festgelegt worden, dass die interkommunale Zusammenarbeit die Wahrnehmung einer öffentlichen Aufgabe betrifft, die allen zusammenarbeitenden öffentlichen Stellen obliegen muss. Die von der Kooperation betroffene Zusammenarbeit muss aber ausschließlich durch Überlegungen in Verbindung mit dem öffentlichen Interesse geprägt sein. Erforderlich ist zudem eine echte Zusammenarbeit zwischen den öffentlichen Auftraggebern, welche auf einem kooperativen Konzept beruht.[43] Aus diesen Voraussetzungen und der Pflicht einer identen öffentlichen Zielsetzung lässt sich zumindest mittelbar weiterhin ableiten, dass die Zusammenarbeit auf öffentliche Aufgaben ausgerichtet ist, welche den teilnehmenden öffentlichen Auftraggebern gemeinsam obliegt.[44]

Dabei muss nicht jeder Kooperationspartner dieselbe Tätigkeit ausüben; vielmehr können sich die zu erbringenden Dienstleistungen auch ergänzen.[45] Insofern kann eine interkommunale Zusammenarbeit im Bereich von öffentlichen Aufgaben der Abfallentsorgung auch zwischen verschiedenen Entsorgungsträgern vereinbart werden. Fraglich ist, ob die von der interkommunalen Zusammenarbeit umfasste Abfallentsorgung nur überlassungspflichtige Abfälle oder aber auch beispielsweise Abfälle zur Verwertung aus dem gewerblichen Bereich umfassen darf. Diesbezüglich wurde im Zusammenhang mit der Prüfung einer Inhouse-Beauftragung durch das Oberlandesgericht Celle bereits vertreten, nur Tätigkeiten als solche für den öffentlichen Auftraggeber anzusehen, die der Annahmepflicht nach § 20 KrWG unterliegen; offengelassen wurde, ob gar eine Angrenzung nach der Überlassungspflicht zu erfolgen hätte.[46] Gemäß § 108 Abs. 6 Ziff. 3 GWB muss

[42] VK Münster, Beschl. v. 22.07.2011, VK 7/11.
[43] 32. Erwägungsgrund zur Richtlinie 2014/24/EU über die öffentliche Auftragsvergabe, Amtsblatt der EU L 94/66; OLG Koblenz, Beschl. v. 03.12.2014, Verg 8/14.
[44] Ziekow 2015, 258, 263.
[45] 33. Erwägungsgrund zur Richtlinie 2014/24/EU über die öffentliche Auftragsvergabe, Amtsblatt der EU L 94/66.
[46] OLG Celle Beschl. v. 17.12.2014, 13 Verg 3/13.

sich der Teil der wirtschaftlichen Tätigkeit der Kooperationspartner auf weniger als 20 % des von den Zusammenarbeiten erfassten Tätigkeitsbereichs reduzieren. Der Umfang der wirtschaftlichen Tätigkeit berechnet sich dabei nach denselben Bestimmungen wie das Wesentlichkeitskriterium im Rahmen der Inhouse-Vergabe. Damit sind die diesbezüglich bereits dargelegten rechtlichen Ausführungen insbesondere des Oberlandesgerichtes Celle zur Berechnung des wesentlichen Teils der Tätigkeiten im Rahmen einer mutmaßlichen Inhouse-Beauftragung auch hinsichtlich der Prüfung einer vergabefreien interkommunalen Kooperation von Bedeutung.

Unerheblich ist es für die Annahme einer interkommunalen Zusammenarbeit indes, ob Dritte bzw. auch Private mit der Leistungsdurchführung unterbeauftragt werden. Denn bei Beurteilung einer vergabefreien interkommunalen Zusammenarbeit ist auf den konkret abzuschließenden Kooperationsvertrag abzustellen. Etwaige weitere Verträge, die sich auf die Aufgabenerfüllung für eine der beteiligten öffentlichen Stellen durch einen Dritten beziehen und die letztlich als Folge der abgeschlossenen Kooperationsvereinbarung getroffen werden, bleiben dabei unberücksichtigt.[47] Es bleibt Konkurrenzunternehmen natürlich unbenommen, auch diese nachfolgenden Verträge vergaberechtlich überprüfen zu lassen; sofern an dem Dritten ein Privater beteiligt ist, liegt kein vergaberechtsfreies Inhouse-Geschäft vor.

Weiterhin kann die interkommunale Zusammenarbeit mit einer Inhouse-Vergabe in der Art und Weise kombiniert werden, dass das kommunale Unternehmen als verlängerter Arm der Kommune mit anderen Kommunen zusammenarbeitet.[48] Fraglich ist hierbei lediglich, ob der im Wege dieser interkommunalen Zusammenarbeit erzielte Umsatz als Fremdumsatz im Rahmen des Wesentlichkeitskriteriums zu berücksichtigen ist. Das Oberlandesgericht Düsseldorf lässt dies als eine entscheidungserhebliche Frage offen, die dem Europäischen Gerichtshof im Wege eines Vorabentscheidungsersuchens vorzulegen wäre.[49] Das Oberlandesgericht Düsseldorf scheint aber zu der Auffassung zu tendieren, dass die Grundsätze der Inhouse-Vergabe auch dann anwendbar sind, wenn der Auftragnehmer nicht im Wesentlichen für den beherrschenden öffentlichen Auftraggeber tätig wird, sondern stattdessen für einen kommunalen Partner des Auftraggebers.[50]

Unschädlich ist nach der Neuregelung zudem eine Beteiligung privaten Kapitals an der interkommunalen Zusammenarbeit, da auch öffentliche Auftraggeber in Form einer juristischen Person des Privatrechts mit privatrechtlichen Gesellschaftern nach § 108 Abs. 6 GWB an der Kooperationsvereinbarung beteiligt sein können.

Abzugrenzen von der interkommunalen Zusammenarbeit nach § 108 Abs. 6 GWB und den danach erforderlichen Voraussetzungen ist die Übertragung von Befugnissen und Zuständigkeiten für die Ausführung öffentlicher Aufgaben zwischen öffentlichen Auftraggebern oder Gruppenzusammenschlüssen von öffentlichen Auftraggebern gemäß Art. 1

[47] Vgl. EuGH, Urt. v. 09.06.2009, C-480/06.
[48] EuGH, Urt. v. 09.06.2009, C-480/06.
[49] OLG Düsseldorf, Beschl. v. 28.07.2011, Verg 20/11.
[50] Roth 2012, 1003.

Abs. 6 der RL 2014/24/EU. Derartige Angelegenheiten werden als interne Organisation der Verwaltung betrachtet, die schon nicht die Merkmale eines öffentlichen Auftrags erfüllen.[51] Maßgeblich ist daher, dass die Vereinbarung zur Übertragung von Zuständigkeiten ohne Vergütung für die Leistung erfolgt. Hinsichtlich der Übertragung von Aufgaben auf einen Zweckverband im Sinne des Art. 1 Abs. 6 der Rl 2014/24/EU wurde es durch den Europäischen Gerichtshof[52] als wesentliches Merkmal einer solchen Kompetenzübertragung vorgegeben, dass nicht nur ein Übergang der Zuständigkeiten für die mit der Kompetenz verbundenen Aufgaben erfolgen muss, sondern auch die damit einhergehenden Befugnisse erfasst sein müssen. Letzteres bedeutet, dass die Organisation der sich aus der Kompetenzübertragung zu erfüllenden Aufgaben einschließlich der rechtlichen Rahmenbedingungen und einer finanziellen Unabhängigkeit beim Aufgabenübernehmer gegeben sein muss. Eine solche Handlungsfreiheit für den Übernehmer schließt indes nicht aus, dass bei der übertragenden öffentlichen Stelle ein Überwachungsrecht bestehen bleibt, welches jedoch keine konkrete Einflussnahme auf die Modalitäten der Aufgabendurchführung einräumt.

11.2.3 Dienstleistungskonzession

Dienstleistungskonzessionen unterfielen bisher nicht dem Vergaberecht. Im Zuge der Reformierung des Vergaberechts sind künftig nach § 97 Abs. 1 Satz 1 GWB sämtliche Arten von Konzessionen von der Anwendung des Vergaberechts grundsätzlich erfasst. Allerdings ist eine Pflicht zur Beachtung des vierten Teils des GWB in Verbindung mit der Verordnung über die Vergabe von Konzessionen (KonzVgV) und somit ein Primärrechtsschutz vor den Vergabekammern lediglich für solche Bau- oder Dienstleistungskonzessionen gegeben, die den Schwellenwert für Konzessionen nach Art. 8 Abs. 1 RL 2014/23/EU i. V. m. EU-Verordnung 2015/2172 vom 24.11.2015 in Höhe von 5.225.000 € erreichen. Dienstleistungskonzessionen werden ihrem Wert nach insofern jedoch selten den vorgenannten Schwellenwert erreichen. Die UVgO sieht für den Bereich der Dienstleistungsaufträge unterhalb des Schwellenwertes für Konzessionen keine vergleichbare Regelung zu deren Vergabe vor.[53] Für diese Unterschwellenkonzessionen bleibt es demnach bei dem Fehlen einer Vergabepflicht, sodass auch die vergaberechtlichen Nachprüfungsinstanzen unzuständig sind und ein eingeschränkter Primärrechtsschutz vor den Zivil- oder Verwaltungsgerichten gewährt wird.

Die Vergabestellen haben bei der Vergabe einer Dienstleistungskonzession unterhalb der Schwellenwerte für Konzessionen wie bisher allenfalls die Grundsätze des Vergaberechts zu beachten, sofern der Dienstleistungskonzession eine sogenannte Binnenmarktre-

[51] EuGH, Urt. v. 09.06.2009, C-480/06, Rn. 45; EuGH, Urt. v. 13.11.2008 – Rs. C-324/07, Rn. 48 f.; EuGH, Urt. v. 19.04.2007 – Rs. C-295/05, Rn. 65; EuGH, Urt. v. 12.06.2014, C-156/13 Rn. 34.
[52] EuGH, Urt. v. 21.12.2016, C-51/15.
[53] Für die Vergabe von Baukonzessionen unterhalb des Schwellenwertes für Konzessionen sind nach § 23 VOB/A die §§ 1 bis 22 VOB/A sinngemäß anzuwenden.

levanz zukommt.[54] Eine Binnenmarktrelevanz wird vor allem dann angenommen, wenn an dem betreffenden Vertrag ein eindeutiges grenzüberschreitendes Interesse besteht.[55] Dieses Interesse muss eindeutig bejaht werden, d. h. dass bei Zweifeln an einem grenzüberschreitenden Interesse keine Binnenmarktrelevanz anzunehmen ist. Bei Prüfung des Vorliegens eines grenzüberschreitenden Interesses sind der Auftragsgegenstand, der geschätzte Auftragswert, die Besonderheiten des betreffenden Sektors (Größe und Struktur des Marktes, wirtschaftliche Gepflogenheiten usw.) sowie die geografische Lage des Orts der Leistungserbringung zu berücksichtigen.[56] Dabei ist mit der sicheren Bejahung des grenzüberschreitenden Interesses bisher regelmäßig eine Rechtsunsicherheit verbunden gewesen, welche für den Bereich unterhalb des Konzessionsschwellenwertes bestehen bleibt.[57]

Folge der Feststellung der Binnenmarktrelevanz und somit der Beachtung der Grundsätze des Vergaberechts ist vor allem, dass vor der Auftragsvergabe eine hinreichend zugängliche Bekanntmachung zu veröffentlichen ist. Bisher wurde unter dem Aspekt der wirtschaftlichen Betrachtung vor allem bei Dienstleistungskonzessionen, welche den maßgebenden Schwellenwert für Dienstleistungen überschreiten, ein Indiz für ein grenzüberschreitendes Interesse erkannt und damit im Allgemeinen eine Veröffentlichung im Supplement zum Amtsblatt der EU[58] erforderlich. Allerdings ist auch bereits für Dienstleistungskonzessionen, vergleichbar einem Dienstleistungsauftrag unterhalb des Schwellenwertes für Dienstleistungen,[59] ein grenzüberschreitendes Interesse bejaht worden, sodass jedenfalls ein Unterschreiten des Konzessionsschwellenwertes ein grenzüberschreitendes Interesse nicht per se entfallen lässt.[60] Neben der Pflicht zur Bekanntmachung als Ausdruck des Transparenzgrundsatzes sind das Wettbewerbsgebot sowie der Gleichbehandlungsgrundsatz zu beachten. Insofern bietet es sich an, die Vergabe der Dienstleistungskonzession an einem Verhandlungsverfahren mit Teilnahmewettbewerb auszurichten, sodass einer Prüfung im engeren Sinne eine Prüfung der Bieter auf deren Eignung vorangestellt wird.

► **Praxishinweis** Auch bei Vergabe einer Dienstleistungskonzession unterhalb des Schwellenwertes für Konzessionen sind bei bestehender Binnenmarktrelevanz in der Regel die Grundsätze des Vergaberechts zu beachten.

[54] Goldbrunner 2016, 365, 371.
[55] EuGH, Urt. v. 10.03.2011, C-274/09; EuGH Urt. v. 14.11.2013, C-221/12, Rn. 28; EuGH Urt. v. 14.07.2016, C-458/14, C-67/15, Rn. 65 ff.
[56] Europäische Kommission, Auslegungsfragen in Bezug auf das Gemeinschaftsrecht, das für die Vergabe öffentlicher Aufträge gilt, die nicht oder nur teilweise unter die Vergaberichtlinien fallen – 2006/C 179/02.
[57] Opitz 2014, 753, 760.
[58] Das Supplement zum Amtsblatt der EU dient der Auftragsbekanntmachung und der Bekanntmachung sonstiger Informationen im Kontext öffentlicher Beschaffungsvorgänge. Es ist als Online-Version unter dem Namen *tenders electronic daily*, abgekürzt TED, verfügbar.
[59] Vgl. EuGH, Urt. v. 16.04.2015, C-278/14; vgl. EuGH, Urt. v. 06.10.2016 – Rs. C-318/15.
[60] OLG Celle, Beschl. v. 23.02.2016, 13 U 148/15.

Eine Dienstleistungskonzession liegt nach den bisher in der Rechtsprechung entwickelten Grundsätzen vor, wenn

- die öffentliche Stelle den Konzessionär mit der Durchführung einer Dienstleistung betraut,
- der Konzessionär als Vergütung das Recht zur Verwertung der eigenen Leistung, ggf. zuzüglich eines Preises, erhält und
- der Konzessionär das wirtschaftliche Risiko trägt.[61]

Demgemäß definiert auch § 105 Abs. 1 Nr. 2 GWB eine Dienstleistungskonzession. Streitentscheidend ist in der Regel, ob der Konzessionär das wirtschaftliche Betriebsrisiko trägt. Nach § 105 Abs. 2 Satz 2 GWB geht das Betriebsrisiko für die Verwertung der Dienstleistung auf den Konzessionär über, wenn

- unter normalen Bedingungen nicht gewährleistet ist, dass die Investitionskosten oder die Kosten für die Erbringung der Dienstleistung wieder erwirtschaftet werden können, *und*
- der Konzessionsnehmer den Unwägbarkeiten des Marktes tatsächlich ausgesetzt ist, sodass potenzielle geschätzte Verluste des Konzessionsnehmers nicht vernachlässigbar sind.

Allein die vertragliche Regelung, dass das wirtschaftliche Risiko beim Auftragnehmer liegt, ist somit nicht ausreichend, wenn dies tatsächlich nicht der Fall ist. Dementgegen spricht der Umstand, dass ein Anschluss- und Benutzungszwang besteht, beispielsweise nicht grundsätzlich gegen eine Dienstleistungskonzession. Eine Dienstleistungskonzession kann auch dann vorliegen, wenn das vom öffentlichen Auftragnehmer eingegangene Betriebsrisiko aufgrund der öffentlich-rechtlichen Ausgestaltung der Dienstleistung von vornherein zwar eingeschränkt ist, der Auftragnehmer aber gleichwohl einen wesentlichen Teil des Risikos und diesen in vollem Umfang übernimmt.[62] In Fällen einer nicht klaren Abgrenzbarkeit zwischen Dienstleistungsauftrag und -konzession ist von einem Dienstleistungsauftrag auszugehen.[63]

11.2.3.1 Altpapier

Der Bundesgerichtshof hat bereits im Jahr 2005 festgestellt, dass die Vermarktung von Altpapier keine Dienstleistungskonzession darstellt. Grund hierfür ist, dass die Beauftragung mit der Vermarktung von Altpapier als ein entgeltlicher Dienstleistungsauftrag zu qualifizieren ist. Eine Entgeltlichkeit wird demnach auch für den Fall angenommen, dass die Vergabestelle sich zur Überlassung des in den Altpapierbehältern gesammelten

[61] EuGH, Urt. v. 10.09.2009, C-206/08.
[62] OLG Düsseldorf, Beschl. v. 23.12.2015, Verg 34/15.
[63] OLG Düsseldorf, Beschl. v. 23.12.2015, Verg 34/15.

Altpapiers verpflichtet und daher ihrerseits eine Verpflichtung zu einer geldwerten Leistung eingegangen ist.[64] Die Entgeltlichkeit kann hierbei nicht nur in einer Geldleistung, sondern auch in der Übereignung werthaltiger Sachen, nämlich dem Altpapier, bestehen.[65] Außerdem erbringt im Rahmen der Altpapierentsorgung das Unternehmen seine Leistungen für die entsorgungspflichtige Körperschaft, die ihrerseits gegenüber den überlassungspflichtigen Abfallbesitzern und -erzeugern kraft Gesetzes leistungsverpflichtet ist. Von den Abfallbesitzern und -erzeugern erhält das Entsorgungsunternehmen keine Vergütung, sondern von der ankaufenden Papierfabrik, welche jedoch nicht Nutznießer der Dienstleistung ist.[66]

11.2.3.2 Alttextilverwertung

Bei der Ausschreibung zur Alttextilverwertung wird im Rahmen einer gefestigten Rechtsprechung in der Regel das Vorliegen einer Dienstleistungskonzession angenommen.[67] Voraussetzung hierfür ist, dass die Vergabestelle an den Auftragnehmer keine Zahlungen für die Dienstleistung leistet, sondern der Auftragnehmer von der Vergabestelle eine monatliche Zahlung für die Nutzung der Containeraufstellplätze erhält. Bei dieser Zahlung muss es sich um einen Miet-/Pachtzins für den jeweiligen Containerstandplatz einschließlich der zu zahlenden Sondernutzungsgebühr handeln. Eine versteckte Verwertungserlösbeteiligung darf in dieser Zahlung nicht enthalten sein.[68] Ein geldwerter Vorteil ist in der beschriebenen Vertragskonstellation zudem nicht in der Überlassung der werthaltigen Alttextilien zu sehen, da es in der genannten Konstellation regelmäßig an einer Übereignung durch den Entsorgungsträger fehlt; der erforderliche Besitz an Alttextilien wird dem Auftragnehmer unmittelbar durch die Nutzer der Container verschafft.[69]

Zudem muss es sich bei der vertraglichen Vereinbarung um eine gewerbliche Sammlung von Abfällen im Sinne des § 17 Abs. 2 Satz 1 Nr. 4 i. V. m. § 3 Abs. 18 KrWG handeln. In Abgrenzung zu § 22 KrWG dürfen demnach dem Entsorgungsunternehmen keine Entsorgungspflichten auferlegt werden. Im Rahmen der gewerblichen Sammlung erlangt der Auftragnehmer keinen geldwerten Vorteil von der Vergabestelle, indem diese ihm die Alttextilien überlässt. Die Alttextilien werden dem Auftragnehmer nämlich nicht von der Vergabestelle, sondern von den Nutzern der Container überlassen. Nicht der öffentlich-rechtliche Entsorgungsträger erlangt Besitz und Eigentum an den Alttextilien,

---

[64] BGH, Beschl. v. 01.02.2005, X ZB 27/04.

[65] OLG Celle, Beschl. v. 05.02.2004, 13 Verg 26/03.

[66] OLG Düsseldorf, Beschl. v. 27.10.2004, Verg 41/04.

[67] OLG Düsseldorf, Beschl. v. 07.03.2012, Verg 78/11; OLG Celle, Beschl. v. 08.09.2014, 13 Verg 7/14; OLG Celle, Beschl. v. 23.02.2016, 13 U 148/15.

[68] OLG Düsseldorf, Beschl. v. 07.03.2012, Verg 78/1; OLG Celle, Beschl. v. 08.09.2014, 13 Verg 7/14.

[69] OLG Celle, Beschl. v. 08.09.2014, 13 Verg 7/14; im Gegensatz hierzu: OLG Düsseldorf, Beschl. v. 10.12.2014, Verg 24/14 (der Auftraggeber hat hier die Alttextilien eigenständig gesammelt und unmittelbar an den Auftragnehmer übereignet).

sondern vielmehr unmittelbar derjenige, der die gewerbliche Alttextilsammlung durchführt.

Unerheblich für die Annahme ist in Abkehr zur früheren Rechtsprechung, dass nicht die Nutzer der Container die Dienstleistung des Auftragnehmers vergüten, sondern dass er seine Vergütung von einem Dritten, nämlich dem Alttextilverwerter, erhält.[70]

11.2.3.3 Restabfallsammlung

Bei Beauftragung Dritter mit Dienstleistungen im Zusammenhang mit der Sammlung von kommunalen Abfällen kann es zwar grundsätzlich zulässig sein, dass dem äußeren Anschein nach eine Dienstleistungskonzession vergeben wurde. Aufgrund abfallrechtlicher Erwägungen stellt sich aber die Vergabe der Dienstleistungskonzession bezogen auf Abfälle, die keiner gewerblichen Sammlung unterliegen können, als unzulässig dar, weil die Vergabe einer derartigen Konzession zur Umgehung des Vergaberechts eingesetzt würde.[71] Diesbezüglich berechtigt eine Drittbeauftragung gemäß § 22 KrWG die Kommune nicht, dem Dritten das Recht einzuräumen, privatrechtliche Entgelte zu erheben. Nach § 22 KrWG können Dritte mit der Erfüllung der Aufgaben der entsorgungspflichtigen Stelle beauftragt werden, wobei die Verantwortlichkeit dieser Stelle für die Erfüllung davon unberührt bleibt. Der beauftragte Dritte wird somit als Erfüllungsgehilfe der weiterhin entsorgungspflichtigen Stelle tätig. Rechtsbeziehungen bestehen allein zwischen der entsorgungspflichtigen Stelle und dem Dritten einerseits und dem Nutzer andererseits. Dies bedeutet, dass im Verhältnis zum Nutzer allein die entsorgungspflichtige Stelle tätig wird und auch Entgeltansprüche erheben kann; Dienstleistungskonzessionen mit der Folge, dass dem Dritten Entgeltansprüche gegen den Nutzer zustehen sollen, sind daher bereits abfallrechtlich unzulässig.

11.2.3.4 Zusammenfassung

Unzulässig sind Dienstleistungskonzessionen aus abfallrechtlicher Sicht, wenn dem Entsorger das Recht übertragen werden soll, privatrechtliche Entgelte zu erheben. Das Recht zur Übertragung von Entsorgungspflichten ist in das KrWG nicht übernommen worden. Zulässig sind Dienstleistungskonzessionen hingegen, wenn der Entsorger seine Dienstleistung durch die haushaltsgebundene Übereignung wertstoffhaltiger Abfälle zur Entsorgung finanziert. In diesem Fall will der Bürger dem Entsorger unmittelbar Abfälle bzw. Wertstoffe übereignen, sofern es sich um eine gewerbliche Sammlung von Abfällen handelt. Einer gewerblichen Sammlung von Abfällen steht nicht eine vertragliche Vereinbarung mit dem öffentlich-rechtlichen Entsorgungsträger entgegen; Inhalt dieser Vereinbarung dürfen jedoch keine Entsorgungspflichten sein, die unmittelbar die zu verwertenden Abfälle betreffen.

[70] OLG Düsseldorf, Beschl. v. 07.03.2012, Verg 78/11.

[71] OLG Düsseldorf, Beschl. v. 19.10.2011 – Verg 51/11.

11.2.4 Anforderungen an die Leistungserbringung

Grundsätzlich steht dem öffentlichen Auftraggeber ein freies Leistungsbestimmungsrecht zu.[72] Er ist jedoch verpflichtet, die zu beschaffende Leistung hinreichend genau, d. h. so eindeutig und erschöpfend wie möglich, zu beschreiben, damit sie den Unternehmen im gleichen Sinne verständlich ist und eine ordnungsgemäße Angebotskalkulation ermöglicht wird, § 121 Abs. 1 GWB i. V. m. § 31 Abs. 1 VgV. In diesem Zusammenhang war es bisher ausdrücklich nach § 8 Nr. 1 Abs. 3 VOL/A a. F. verboten, dem Bieter ein ungewöhnliches Wagnis für Umstände und Ereignisse aufzubürden, auf die er keinen Einfluss hat und deren Einwirkung auf die Preise und Fristen er nicht im Voraus schätzen kann. Diese Regelung wurde bereits in der in § 8 Abs. 1 VOL/A-EG geltenden Fassung nicht übernommen. Auch die novellierten Vorgaben des § 31 VgV greifen das Verbot eines ungewöhnlichen Wagnisses für den Bereich der Dienstleistungsaufträge nicht mehr auf. Dies entspricht der mittlerweile gefestigten Spruchpraxis der Nachprüfungseinrichtungen.[73]

Insofern kommen nach der geltenden Rechtslage in Einzelfällen allenfalls entsprechende Wagnisse unter dem Gesichtspunkt der Unzumutbarkeit in einer für Bieter oder Auftragnehmer kaufmännisch vernünftigen Kalkulation zum Tragen.[74] Für den Mangel an Zumutbarkeit genügt es in jedem Fall nicht, wenn dem Bieter gewisse Preis- und Kalkulationsrisiken aufgebürdet werden, die vertragstypischer Weise ohnehin ihm obliegen.[75] Dem Auftragnehmer dürfen aber jedenfalls solche Risiken nicht auferlegt werden, die auf Umständen oder Ereignissen beruhen, auf die dieser keinen Einfluss hat und die eine entsprechende Angebotskalkulation schlicht nicht ermöglichen.[76] In diesem Sinne ist ein ungewöhnliches Risiko anzunehmen, wenn mit der Forderung schwerwiegende wirtschaftliche Folgen für den Auftragnehmer verbunden sind.[77]

Bereits nach alter Gesetzeslage ist bei Altpapiervergaben die fehlende Angabe des Störstoffanteils nicht als ungewöhnliches Wagnis angesehen worden, wenn auf von Verbänden veröffentlichte Richtwerte verwiesen wird.[78] Damit ist eine solche fehlende Angabe erst recht keine unzumutbare Bedingung in der Leistungsbeschreibung. Allerdings ist der Auftraggeber im Sinne einer eindeutigen und umfassenden Leistungsbeschreibung gleichwohl gehalten, ihm bekannte Angaben zum Auftragsgegenstand zu machen, einer Pflicht zur Durchführung einer Markterkundung unterliegt er indes ausdrücklich nicht.[79] Andererseits stellt es bei Altpapiervergaben einen Vergaberechtsverstoß dar, wenn

[72] OLG Düsseldorf, Beschl. v. 13.04.2016, Verg 47/15; OLG Koblenz Beschl. v. 05.09.2002, 1 Verg 2/02.

[73] OLG Koblenz, Beschl. v. 29.11.2012, 1 Verg 6/12; OLG Düsseldorf, Beschl. v. 19.10.2011, Verg 54/11; OLG Karlsruhe, Beschl. v. 25.07.2014, 15 Verg 5/14.

[74] OLG Düsseldorf, Beschl. v. 07.12.2011, Verg 96/11; OLG Düsseldorf, Beschl. v. 07.11.2011, Verg 90/11; OLG Karlsruhe, Beschl. v. 25.07.2014, 15 Verg 5/14.

[75] OLG Düsseldorf, Beschl. v. 07.12.2011, Verg 96/11.

[76] VK Münster, Beschl. v. 17.06.2011, VK 5/11.

[77] OLG Düsseldorf, Beschl. v. 18.11.2009, Verg 19/09.

[78] OLG Karlsruhe, Beschl. v. 21.12.2006, 17 Verg 8/06.

[79] OLG Düsseldorf, Beschl. v. 13.04.2016, Verg 47/15.

vom Auftraggeber nicht die Grundsätze des tauschähnlichen Umsatzes beachtet werden. Denn bei der Verwertung bzw. Vermarktung von kommunalem Altpapier handelt es sich einerseits um die Erbringung einer Dienstleistung (Entsorgungsleistung) durch den Auftragnehmer, andererseits um den Verkauf von wertstoffhaltigem Material aufseiten des Auftraggebers. In der Leistungsbeschreibung sind daher sämtliche Preisbestandteile getrennt abzufragen, wobei eine ggf. enthaltene Umsatzsteuer stets herauszurechnen ist.[80] Weiterhin stellt im Rahmen von Altpapiervergaben nur die gemeinsame Ausschreibung des kommunalen Anteils und des Anteils der Dualen Systeme keinen Vergaberechtsverstoß dar. Jedoch darf dem Auftragnehmer nicht abverlangt werden, sich zu verpflichten, Altpapier im Entsorgungsgebiet nicht gewerblich zu sammeln.[81] Fraglich ist, ob eine fehlende Preisgleitklausel und somit die Ausschreibung von Festpreisen bei Altpapiervergaben ein ungewöhnliches Risiko darstellt. Dies wird zumindest dann der Fall sein, wenn die Vertragslaufzeit äußerst lang ist, eine über dem EUWID[82] liegende Preisuntergrenze für den Erlös vorgegeben wurde oder das Risiko von Herausgabeansprüchen der Dualen Systeme für deren Altpapieranteil einseitig und nicht beschrieben bei dem Auftragnehmer liegt.

Als unzumutbares Risiko ist es auch anzusehen, wenn keine Mindestliefermengen ausgeschrieben werden. Zumindest sind Mengenkorridore abzufragen mit Mengenschwankungen von etwa 20 bis 25 %, um kein unzumutbares Risiko darzustellen.[83] Einseitig dem Auftraggeber zustehende Verlängerungsoptionen werden nur zulässig sein, wenn sie im angemessenen Verhältnis zur Grundlaufzeit stehen.

Die Bestimmungen der Leistungsanforderungen finden ihre Grenzen auch regelmäßig in dem Gebot der Transparenz und Gleichbehandlung. Demgemäß ist es nicht ohne Weiteres zulässig, wettbewerbsbeschränkende Vorgaben zur örtlichen Beschränkung der Erbringung von Entsorgungsleistungen vorzunehmen. So müssen etwa Entfernungsvorgaben bezüglich der Übernahme oder der Verwertungsanlage, die per se den Wettbewerb beschränken, sachlich gerechtfertigt sein. Anerkannt wurden derartige einschränkende Vorgaben unter Angabe konkreter Radien, in denen die Übernahme- oder die Behandlungsanlage gelegen sein musste, sofern diese durch die Minimierung des Zeitaufwands für den Transport zur Gewährleistung der Einhaltung von Tourenplänen oder die Begrenzung von Transport- sowie Fahrtkosten gerechtfertigt wurde.[84] Ohne vergleichbare

[80] VK Südbayern, Beschl. v. 24.06.2010, Z3-3-3194-1-23-/04/10.

[81] OLG Rostock, Beschl. v. 16.03.2009, 17 Verg 1/09.

[82] In der Zeitschrift EUWID Recycling und Entsorgung, abgekürzt EUWID, werden regelmäßig die aktuellen Übersichten mit den durchschnittlich erzielten Preisen für werthaltige Abfälle – wie beispielsweise Altpapier oder Altmetall – veröffentlicht. Die Angaben im EUWID sind in rechtlicher und wirtschaftlicher Hinsicht als belastbare Grundlage für die Feststellung der Marktpreise anerkannt. Die Marktpreise sind auch im Internet unter www.euwid-recycling.de abrufbar. Abgerufen 2. Hj. 2016.

[83] OLG München, Beschl. v. 06.08.2012 – Verg 14/12.

[84] OLG Düsseldorf, Beschl. v. 03.04.2008, Verg 54/07; OLG Koblenz, Beschl. v. 22.07.2014, Verg 3/14.

Sachgründe wurde indes die Auftragsanforderung, dass bezüglich der Übernahme und Verwertung von Grünabfällen die Übernahmestelle im Stadtgebiet oder die Verwertungsanlage in einem 5-km-Radius von diesem gelegen sein muss, als diskriminierend und unzulässig angesehen.[85] Der Wettbewerb würde dadurch über das notwendige Maß hinaus eingeschränkt.

Abweichend von der bisherigen Rechtsprechung des Europäischen Gerichtshofes,[86] steht es dem öffentlichen Auftraggeber auch frei, einen Eigenleistungsanteil des Bieters vorzuschreiben, § 47 Abs. 5 VgV. Allerdings ist diese Möglichkeit ausschließlich auf die Ausführung besonders kritischer Aufgaben bei Dienstleistungsaufträgen oder kritische Verlege- oder Installationsarbeiten in Verbindung mit Lieferaufträgen beschränkt. Es wird sich in der Rechtsprechung erweisen müssen, welche Voraussetzungen an eine solche kritische Aufgabe gestellt werden.

11.2.5 Eignungsnachweise

11.2.5.1 Allgemein

Aus § 122 Abs. 1 GWB ergibt sich, dass öffentliche Aufträge an fachkundige und leistungsfähige Unternehmen zu vergeben sind. Verzichtet wird nach den novellierten Vergaberechtsbestimmungen zur Eignung auf das Kriterium der Zuverlässigkeit. An deren Stelle tritt nunmehr konkret die Prüfung, ob auf den jeweiligen Bieter ein Ausschlussgrund gemäß der §§ 123, 124 GWB zutrifft. Welche Anforderungen an diese Kriterien der Eignung für den zu vergebenden Auftrag gestellt werden, ist von dem Auftraggeber im Rahmen einer Ermessensentscheidung festzulegen. Maßgeblich ist aber, dass von ihm geforderte Nachweise der Fachkunde und Leistungsfähigkeit mit dem Auftragsgegenstand in Verbindung und zu diesem in einem angemessenen Verhältnis stehen, § 122 Abs. 4 Satz 1 GWB. Sie dürfen nach § 122 Abs. 2 GWB ausschließlich die Befähigung und Erlaubnis zur Berufsausübung, die wirtschaftliche als auch die technische Leistungsfähigkeit betreffen. Die geforderten Unterlagen zum Eignungsnachweis sind vom Auftraggeber gemäß § 122 Abs. 4 Satz 2 GWB i. V. m. § 48 Abs. 1 VgV neben der Benennung der Eignungskriterien in der Bekanntmachung oder sofern zutreffend in der Vorinformation, spätestens aber in der Aufforderung zur Interessensbestätigung, aufzuführen. Einer abschließenden Auflistung der geforderten Nachweise im Sinne des § 9 Abs. 4 VOL/A-EG a. F. bedarf es nicht mehr. Gleichwohl müssen die geforderten Eignungsnachweise weiterhin hinreichend konkret angegeben werden. Die Forderung eines Zertifikats als Entsorgungsfachbetrieb hat detailliert etwa unter Angabe der betroffenen Abfälle (Abfallschlüsselnummern) sowie ggf. des angebotenen Standorts einer Umschlag-

[85] OLG Koblenz, Beschl. v. 20.04.2016, Verg 1/16.
[86] EuGH, Urt. v. 18.03.2004, C-314/01.

stelle oder Entsorgungsanlage zu erfolgen; anderenfalls würde die Vorlage irgendeines Zertifikats zugunsten des Bieters genügen.[87]

► **Praxishinweis** Bezogen auf die Übersichtlichkeit und Klarheit der Vergabeunterlagen als auch der Prüfbarkeit der Angebote erscheint es jedoch hilfreich, eine entsprechende Checkliste über die einzureichenden Unterlagen nach wie vor in die Bewerbungsbedingungen zum Verfahren zu integrieren.

Die im Rahmen der Eignung zu prüfenden zwingenden und auch fakultativen Ausschlusstatbestände sind in §§ 123 und 124 GWB enumerativ geregelt. Die Ausschlusstatbestände betreffen strafrechtlich oder in sonstiger Weise rechtlich relevante Tatbestände, die Zweifel an der ordnungsgemäßen Vertragserfüllung begründen. Bezüglich der fakultativen Ausschlusstatbestände stellt der Auftraggeber vorab eine Prognoseentscheidung an, ob der jeweilige Bieter gleichwohl eine ordnungsgemäße Auftragserfüllung erwarten lässt.[88] Dabei bezieht er auch eine etwaig erfolgte Selbstreinigung des Unternehmens mit ein, sofern auf dieses einer der fakultativen Ausschlusstatbestände in der Vergangenheit zugetroffen sein sollte. Die erforderlichen Maßnahmen zur Selbstreinigung sind in § 125 GWB geregelt. Danach muss das jeweils tangierte Unternehmen aktiv zur Aufklärung der in Rede stehenden Vorgänge unter Zusammenarbeit mit den Behörden beigetragen, eine Schadensregulierung zumindest verbindlich erklärt sowie entsprechende technische, personelle und organisatorische Maßnahmen zur Vermeidung eines künftigen Fehlverhaltens im eigenen Unternehmen durchgeführt haben.[89] Der Auftragnehmer hat dann im Rahmen einer pflichtgemäßen Ermessensentscheidung zu bewerten, ob diese Selbstreinigungshandlungen glaubwürdig und erfolgversprechend waren, um Vergleichbares für die Zukunft auszuschließen[90], § 125 Abs. 2 GWB.

Zum Nachweis der Befähigung und Erlaubnis zur Berufsausübung, zur finanziellen und wirtschaftlichen Leistungsfähigkeit sowie zur Fachkunde enthalten §§ 44 bis 46 VgV jeweils Angaben zu möglichen Eignungsnachweisen. Das sind nach § 45 Abs. 1 Satz 2 VgV für die finanzielle Leistungsfähigkeit beispielsweise Erklärungen des Bieters über dessen Umsatz. Zum Nachweis der Fachkunde werden in erster Linie Referenzen über bereits erbrachte vergleichbare Leistungen verlangt, welche nunmehr ausschließlich in Form einer Liste gefordert werden dürfen § 46 Abs. 3 VgV. Insofern ist nach vorstehender Regelung die gesetzliche Auflistung möglicher Eignungsnachweise zur Fachkunde abschließend („numerus clausus").[91]

[87] OLG München, Beschl. v. 30.04.2014, Verg 2/14.
[88] OLG Karlsruhe, Beschl. v. 10.07.2015 – 15 Verg 3/15.
[89] So auch bereits OLG Rostock, Beschl. v. 06.03.2009, 17 Verg 1/09; OLG Celle, Beschl. v. 13.12.2007, 13 Verg 10/07; VK Bund, Beschl. v. 28.09.2005, VK 1-123/05.
[90] So auch bereits VK Lüneburg, Beschl. v. 24.03.2011, VgK – 04/2011; OLG Düsseldorf, Beschl. v. 09.06.2010, Verg 14/10.
[91] OLG Düsseldorf, Beschl. v. 17.02.2016, Verg 37/14; VK Bund, Beschl. v. 23.05.2002, VK 2-16/02; Hausmann und von Hoff in Kulartz et al. 2017, § 46 Rn. 9.

Typische Nachweise zur fachlichen Eignung, die bei Auftragsvergaben im Bereich der Abfallentsorgung – neben Referenzen – gefordert werden, sind die Zertifizierung als Entsorgungsfachbetrieb und behördliche Genehmigungen den Betrieb von Entsorgungs- oder Umschlaganlagen betreffend. Diese sind dem geregelten Kriterium „technische Ausrüstung und Qualitätssicherung", § 46 Abs. 3 Ziff. 3 VgV, zuzuordnen.[92]

Zum Nachweis der Eignung hat der öffentliche Auftraggeber nach § 48 Abs. 2 VgV in erster Linie Eigenerklärungen zu fordern. Dabei hat er zum vorläufigen Beleg der Eignung einschließlich des Nichtvorliegens von Ausschlussgründen eine Einheitliche Europäische Eigenerklärung (EEE)[93] zu akzeptieren, § 48 Abs. 3 VgV. Im Falle des Einreichens einer solchen EEE muss der Auftraggeber nach § 50 Abs. 2 Satz 2 VgV von dem Bieter, welcher als Auftragnehmer vorgesehen ist, noch vor Zuschlagserteilung die Beibringung der tatsächlich geforderten Eignungsnachweise und -unterlagen fordern.

11.2.5.2 Eignungsleihe

Sofern ein Bieter nicht selbst über die Eignung in wirtschaftlicher oder fachlicher Hinsicht verfügt, kann er sich gemäß § 47 Abs. 1 Satz 1 VgV auf die Kapazitäten eines anderen Unternehmens berufen bzw. diese in Anspruch nehmen. Der Nachweis über die Verfügbarkeit dieser Kapazitäten ist in Form einer Verpflichtungserklärung zu führen. Allerdings erfordert eine solche Eignungsleihe bezogen auf die berufliche Eignung gemäß § 47 Abs. 1 Satz 3 VgV gleichzeitig, dass das beliehene Unternehmen den betreffenden Leistungsteil selbst erbringen muss.

11.2.5.3 Zeitpunkt der Vorlage

Die geforderten Eignungsnachweise sind in der Regel bis zum Ablauf der Angebotsfrist vorzulegen oder können auf Vorbehalt nachgefordert werden. Sofern ein Unternehmen zum Zeitpunkt der Angebotsabgabe noch nicht als Entsorgungsfachbetrieb zertifiziert ist, muss diesem zugestanden werden, gleichwertige Eignungsnachweise vorzulegen. Zudem wird die Vorlage von Genehmigungen bzw. der Nachweis einer betriebenen Umschlaganlage innerhalb eines bestimmten Umkreises bereits mit Angebotsabgabe nur dann zulässig sein, sofern dies zur fristgerechten Auftragsdurchführung zwingend erforderlich ist. Ansonsten müsste der Bieter im Rahmen der Angebotsabgabe bereits Verpflichtungen eingehen, ohne dass dieser weiß, ob er den Auftrag erhält und sich somit seine Aufwendungen amortisieren lassen.[94]

11.2.5.4 Nachforderung fehlender Eignungsnachweise

Mit § 56 Abs. 2 Satz 1 VgV wurde für den öffentlichen Auftraggeber die gesetzliche Grundlage geschaffen, fehlende, unvollständige oder fehlerhafte unternehmensbezogene

[92] Vgl. VK Sachsen, Beschl. v. 15.03.2016, 1/SVK/045-15.

[93] Durchführungsverordnung (EU) 2016/7 der Kommission vom 05.01.2016 zur Einführung des Standardformulars für die Einheitliche Europäische Eigenerklärung (EU Abl. L 3/16).

[94] OLG Düsseldorf, Beschl. v. 17.02.2016, Verg 37/14; so auch VK Bund, Beschl. v. 25.08.2016 – VK 2-71/16.

Unterlagen nachreichen, vervollständigen oder korrigieren zu lassen. Abgegrenzt werden die unternehmensbezogenen Unterlagen, welche die Eignungsnachweise erfassen, von leistungsbezogenen Unterlagen. Letztere dürfen nach vorstehender Norm lediglich nachgereicht oder vervollständigt werden, sofern sie fehlen oder unvollständig sind. Es steht im freien Ermessen des Auftraggebers, ob er von diesem Nachforderungsrecht Gebrauch machen möchte. Der Auftraggeber kann das ihm zustehende Ermessen auch bereits vor Abgabe der Angebote dahingehend ausüben, auf eine Nachforderung ausdrücklich zu verzichten und dies in den Vergabeunterlagen angeben, § 56 Abs. 2 Satz 2 VgV. Ein Anspruch auf Nachforderung besteht allerdings dann, wenn der Auftraggeber in den Vergabeunterlagen ausdrücklich vorgegeben hat, fehlende Unterlagen in jedem Fall nachzufordern. Zudem kann ein Bieter aus dem geltenden Gleichbehandlungsgrundsatz auch eine Nachforderung unter Festsetzung einer Frist beanspruchen, soweit der Auftraggeber Mitkonkurrenten dieses Recht eingeräumt hat.

► **Praxishinweis** Da das Recht zur Nachforderung im freien Ermessen des Auftraggebers steht, sollte vorsorglich immer auf die Vollständigkeit des Angebots besonderen Wert gelegt werden. Ein bloßer Hinweis auf die gesetzliche Möglichkeit der Nachforderung oder ein Vorbehalt des Auftraggebers in den Vergabeunterlagen genügen insoweit nicht, um einen Anspruch des Bieters zu begründen.

Weiterhin ist nach § 48 Abs. 7 VgV eine bloße Erläuterung der vorgelegten Eignungsnachweise zulässig.

Das Recht zur Nachforderung ist unter Differenzierung von unternehmens- und leistungsbezogenen Unterlagen erheblich ausgeweitet worden. Insbesondere unternehmensbezogene Nachweise und Erklärungen – wie die Eignungsnachweise – unterliegen nunmehr gemäß der gesetzlichen Regelung nicht nur einem Nachforderungsrecht im Falle des Fehlens, sondern auch der Möglichkeit zur Korrektur und Vervollständigung. Unter Bezugnahme auf das Nachverhandlungsverbot war bisher jedenfalls eine Verbesserung oder Aufbesserung von bereits vorgelegten Nachweisen, die aber die an sie gestellten Anforderungen nicht erfüllen, unzulässig.[95] So wurde etwa noch in Kenntnis der novellierten Richtlinie RL 2014/24/EU sowie der Neuerungen des vierten Teils des GWB ein Nachreichen von Detailangaben, wie den Ansprechpartner eines Referenzauftrags, als unzulässige Nachbesserung angesehen, da die grundsätzliche Referenzangabe zwar nicht fehlte, aber inhaltlich unzulänglich war.[96] In Anbetracht der umfassenden Neuregelung des Nachforderungsrechts wird sich zeigen müssen, mittels welcher Parameter die Rechtsprechung eine Grenze zwischen der Korrektur „formaler Fehler“ und der inhaltlichen Anpassung bzw. Verbesserung der Angebote ziehen wird. Jedenfalls scheint das Recht auf Nachforderung von Unterlagen, insbesondere Eignungsnachweisen, ganz erheblich erweitert

[95] VK Bund, Beschl. v. 14.12.2011, VK 1-153/11; VK Nordbayern, Beschl. v. 29.06.2016, 21. VK-3194-07/16.
[96] VK Südbayern, Beschl. v. 09.05.2016, Z3-3-3194-1-10-03/16.

worden zu sein, wobei unter Umständen sogar ein Austausch inhaltlich nicht ausreichender, unternehmensbezogener Unterlagen unter den Tatbestand des § 56 Abs. 2 Satz 1 VgV subsumierbar wäre.[97] Als nicht einschlägig wurde das Recht auf Nachforderung jedenfalls für solche Nachweise angesehen, die ohnehin erst auf Vorbehalt des öffentlichen Auftraggebers nachzureichen waren.[98]

11.2.5.5 Festlegung von Mindestkriterien

An die Eignungsnachweise können durch den Auftraggeber sogenannte Mindestanforderungen gestellt werden. Gefordert werden kann demnach beispielsweise die Abfuhr eines Entsorgungsgebiets mit einer bestimmten Einwohneranzahl, die Entsorgung einer bestimmten Menge von Abfällen, die Abfuhr oder Entsorgung bestimmter Abfallfraktionen (Restmüll, Bioabfall, Sperrmüll etc.) oder die Entsorgung von kommunalen Abfällen, sodass etwaige Entsorgungsdienstleistungen für die Dualen Systeme keine Referenz darstellen.[99] Grund hierfür ist auch, dass die geforderten Mindestkriterien im Rahmen der Eignungsleihe durch Drittunternehmen erbracht werden können.[100] Erforderlich ist jedoch stets, dass die Mindestanforderungen in angemessenem Verhältnis zu der ausgeschriebenen Leistung stehen, § 46 Abs. 1 Satz 1 VgV.

Soweit vergleichbare Referenzen gefordert werden zum Nachweis der Fachkunde, müssen diese nicht identisch mit der ausgeschriebenen Leistung sein; sie müssen der ausgeschriebenen Leistung lediglich nahekommen und dieser entsprechend ähneln. Eine Behältersammlung wird demnach nicht vergleichbar mit der Sammlung von Altpapier in Bündelsammlung und am Straßenrand sein, weil die Behältersammlung ein deutlich umfassenderes Spektrum beinhaltet und einen deutlich höheren Planungs- und Organisationsaufwand voraussetzt.[101] Soweit Rest- und Bioabfall sowie Altpapier jeweils mittels Behältern haushaltsnah erfasst werden, werden diese Leistungen zumindest von der Art her vergleichbar sein.

Die geforderten Mindestkriterien sind bereits in der Bekanntmachung anzugeben. In den Vergabeunterlagen können zudem geringe Konkretisierungen der an die Eignungsnachweise gestellten Mindestkriterien vorgenommen werden. Unternehmen, die Nachweise einreichen, welche diesen Mindestanforderungen nicht genügen, sind zwingend vom Verfahren auszuschließen.

Als vergaberechtlich bedenklich erweist sich die Forderung von Eignungsnachweisen und erst recht von Mindestanforderungen mit Blick auf neue Unternehmen, die ggf. gar nicht über Umsätze oder Referenzen aus den letzten Jahren verfügen (sog. „Newcomer"). Diesen ist durch die Festlegung der Eignungskriterien bereits der Zugang zu dem Wettbewerb versagt. Gleichwohl ist die Festlegung von Eignungskriterien und an sie

[97] Kirch und Jentzsch 2016, S. 114, 117.
[98] OLG Düsseldorf, Beschl. v. 17.02.2016 – Verg 37/14.
[99] OLG Koblenz, Beschl. v. 07.11.2007, 1 Verg 6/07.
[100] Nach OLG Düsseldorf, Beschl. v. 30.06.2010, 13/10, ist es nicht erforderlich, dass das Drittunternehmen auch Nachunternehmer und somit operativ tätig ist.
[101] VK Baden-Württemberg, Beschl. v. 28.10.2011, 1 VK 54/11.

gestellte Mindestanforderungen als zulässig anerkannt, sofern einzelne ausgeschriebene Leistungen, insbesondere wegen ihrer Komplexität und Spezialität, bereits Erfahrungen des Auftragnehmers in einem gewissen Umfang erfordern.[102] Zulässig ist demnach beispielsweise die Forderung von Mindestumsätzen, § 45 Abs. 2 Satz 1 VgV.

11.2.6 Vertragsänderung und -verlängerung

Neben dem Abschluss neuer Entsorgungsverträge kann auch die Änderung bereits bestehender Entsorgungsverträge einen vergaberechtlich relevanten Vorgang darstellen. In einer wesentlichen Abänderung bestehender Verträge kann der Abschluss eines neuen öffentlichen Auftrags gem. § 103 Abs. 1 GWB zu den abgeänderten Bedingungen gesehen werden, § 132 Abs. 1 Satz 1 GWB. Wesentlich sind Vertragsanpassungen, wenn

- mit der Änderung Bedingungen eingeführt werden, welche die Zulassung anderer als die ursprünglich zugelassenen Bieter oder die Annahme eines anderen als das ursprünglich angenommene Angebot erlaubt hätten oder das Interesse weiterer Teilnehmer am Verfahren geweckt hätten, soweit sie Gegenstand des ursprünglichen Vergabeverfahrens gewesen wären,
- aufgrund der nachträglichen Anpassung das wirtschaftliche Gleichgewicht des Vertrags in einer Weise verschoben wird, die ursprünglich nicht vorgesehen war,
- durch die vorgesehenen Änderungen der Umfang des Auftrags erheblich ausgeweitet wird *oder*
- ein neuer Auftragnehmer den ursprünglichen Auftragnehmer außer in den geregelten Ausnahmefällen ersetzt.

Keine wesentliche Vertragsänderung stellt es danach schon dar, wenn lediglich abwicklungsorientierte Vertragsbestimmungen oder Ausführungsmodalitäten geändert werden, die den eigentlichen Leistungsinhalt unberührt lassen. Ein Indiz im Hinblick auf die Beurteilung einer relevanten Erweiterung des Leistungsumfangs und einer damit verbundenen Verschiebung des Gleichgewichts des Vertrags zugunsten des Auftragnehmers ist u. a., inwieweit die Hauptleistungspflichten des bestehenden Vertrags geändert werden und diese zusätzlichen Leistungen von der Hauptleistung abtrennbar sind sowie bei Vertragsschluss bereits vorhersehbar waren.[103] Eine bloße Verschiebung des Gleichgewichts zugunsten des Auftragnehmers wurde bei der Einführung der blauen Tonne zur haushaltsnahen Erfassung von Altpapier angenommen, wenn die zusätzliche Leistung zu einer Mehrvergütung von über 10 % geführt hat und diese Änderung für sich genommen den Schwellenwert für Dienstleistungen übersteigt.[104] Der Umfang einer Änderung von mehr als 10 % ist nunmehr als sogenannte Bagatellgrenze festgehalten worden, unterhalb

[102] OLG Düsseldorf, Beschl. v. 16.11.2011, Verg 60/11.
[103] Kulartz und Duikers 2008, 728, 734.
[104] OLG Celle, Beschl. v. 29.10.2009, 13 Verg 8/09.

derer eine Auftragsänderung zulässig sein kann ohne Durchführung eines neuen Vergabeverfahrens, § 132 Abs. 3 Satz 1 Nr. 2 GWB.

Darüber hinaus wird aber auch die bloße Änderung des Vertragspartners im Allgemeinen als Änderung einer wesentlichen Vertragsbestimmung angesehen, selbst wenn der tatsächliche Leistungsinhalt des Vertrags sich nicht ändert.[105] Davon ausgenommen sind wiederum Fallgestaltungen, in denen der zu übernehmende Vertrag bereits eine nachträgliche Vertragsübernahme durch einen neuen Vertragspartner ausdrücklich vorsieht. Zudem wird das Erfordernis einer Vergabepflicht verneint, wenn der Austausch des Vertragspartners sich als bloße Neuorganisation des Auftragnehmers darstellt und der neue Auftragnehmer weiterhin geeignet ist, § 132 Abs. 2 Satz 1 Nr. 4 b) GWB. Eine solche Auftragsübernahme im Zuge einer Umstrukturierung wurde als zulässig erachtet, wenn bei funktionaler Betrachtung nur eine Verschiebung des Auftrags innerhalb des Konzerns stattgefunden hat.[106] In diesem Zusammenhang ist ein Austausch des Vertragspartners bereits zuvor in der Rechtsprechung angenommen, wenn der Vertrag an eine weisungsgebundene Tochtergesellschaft übertragen wird, deren Anteile zu 100 % vom ursprünglichen Auftragnehmer gehalten werden und ein Ergebnisabführungsvertrag zwischen diesen besteht.[107]

Ausschreibungspflichtig ist gemessen an den Kriterien der Wesentlichkeit vor allem die Änderung der zu erbringenden Entsorgungsleistung durch eine Erweiterung um eine weitere Abfallfraktion.[108] Allerdings regelt § 132 Abs. 2 Satz Nr. 1 und 2 GWB auch für den Fall zusätzlicher Leistungen oder sonstiger unvorhergesehener Änderungen einzelne Ausnahmetatbestände von einer Vergabepflicht.

Des Weiteren wird in der Entsorgungswirtschaft auch häufig die Verlängerung von bestehenden Verträgen[109] neben dem Austausch des Auftragnehmers während der Vertragslaufzeit (§ 132 Abs. 1 Satz 3 Ziffer 4 GWB) thematisiert. Von vergaberechtlicher Relevanz sind nach § 132 Abs. 2 Satz 1 Nr. 1 GWB jedoch nur solche Änderungen, die nicht bereits in dem ursprünglichen Auftrag konkret angelegt waren. Nach in Entsorgungsverträgen enthaltenen automatischen Verlängerungsoptionen verlängern sich diese automatisch um einen bestimmten Zeitraum, wenn sie nicht von einer Partei vor Ablauf der Vertragslaufzeit gekündigt werden. Bei solchen Verträgen handelt es sich um unbefristete Verträge, die mittlerweile auch im Vergaberecht als zulässig angesehen werden.[110] Zulässig wird es wohl auch sein, wenn die Vertragsparteien im Vorfeld auf ihr Kündigungsrecht verzichten und somit eine Vertragsverlängerung bewirken. Auch eine solche Verzichtserklärung fußt im Grunde auf der vertraglich vorgesehenen Anpassungsregelung. Der Unterschied zur positiven Ausübung einer Verlängerungsoption besteht allein dar-

[105] EuGH, Urt. v. 19.06.2008, C-454/06.
[106] VK Bund, Beschl. v. 26.02.2016, VK 27/16.
[107] EuGH, Urt. v. 19.06.2008, C-454/06.
[108] OLG Düsseldorf, Beschl. v. 28.07.2011, Verg 20/11.
[109] Vgl. OLG Rostock, Beschl. v. 23.03.2016, 17 Verg 4/15.
[110] BGH, Beschl. v. 01.02.2005, X ZB 27/04; EuGH, Urt. v. 19.06.2008, C-454/06, Rn. 73 f.; KG Berlin, Beschl. v. 19.04.2012 Verg 7/11; OLG Rostock, Beschl. v. 23.03.2016, 17 Verg 4/15.

in, dass die Vertragsparteien hier ausdrücklich auf den Gebrauch des ihnen vertraglich eingeräumten Kündigungsrechts verzichten. Der ursprünglich auf der Grundlage zweier Willenserklärungen zustande gekommene Vertrag erfährt hierdurch keine Änderung, denn er wird, wie ursprünglich vorgesehen, lediglich automatisch weitergeführt.[111]

Überdies kann in dem Vertrag aber auch bereits vorgesehen werden, dass der Auftragnehmer zu einem späteren Zeitpunkt eine Aufgabe übernimmt, die zu Vertragsbeginn noch nicht realisiert wurde.[112] Dementsprechend kann in einem abzuschließenden Entsorgungsvertrag über die Erfassung von Restmüll bereits eine Anpassungsregelung für den Fall vorgesehen werden, dass eine gesetzliche Pflicht zur Getrenntsammlung von Bioabfällen begründet wird.

Im Hinblick auf die Vereinbarung von vertraglichen Änderungsvorbehalten ist nach § 132 Abs. 2 Satz 1 Nr. 1 GWB jedoch zu beachten, dass diese in den ursprünglichen Vergabeunterlagen klar, genau und eindeutig formuliert waren, dabei Angaben zu Art, Umfang und Voraussetzung möglicher Auftragsänderung enthalten. Zudem darf mit der Anpassung keine Änderung des vertraglichen Gesamtcharakters einhergehen. Keine hinreichende Grundlage bieten ganz allgemeine und pauschale Änderungsvorbehalte, von denen quasi jegliche nachträgliche Änderung und sogar Erweiterung des Vertragsumfangs erfasst wird. Dies gilt erst recht, wenn bei derart allgemein gehaltenen Änderungsklauseln die Änderung auf einer freien Entscheidung des Auftraggebers beruht.[113] Etwas anderes ist nur dann anzunehmen, wenn die Anpassung des Vertrags von äußeren Umständen abhängen soll, die von den Vertragspartnern nicht beeinflusst werden können.[114]

Literatur

Gaus M (2016) Der neue § 108 GWB. VergabeR 2016: 418, 421

Goldbrunner L (2016) Das neue Recht der Konzessionsvergabe. VergabeR 2016: 365, 371

Kirch T, Jentzsch L (2016) Der Austausch von Referenzen nach der Vergabeverordnung. Vergabe-News, August 2016: 114, 117

Kulartz H-P, Duikers J (2008) Ausschreibungspflicht bei Vertragsänderungen. VergabeR 2008: 728, 734

Kulartz H-P, Kus A, Portz N, Prieß H-J (2016) Kommentar zum GWB-Vergaberecht. Werner Verlag, Köln

Kulartz H-P, Kus A, Portz N, Prieß H-J (2017) Kommentar zur VgV. Werner Verlag, Köln

Müller-Wrede M (2016) Die Neuregelung zur In-House-Vergabe. VergabeR 2016: 292, 299

Opitz M (2014) Die Zukunft der Dienstleistungskonzession. NVwZ 2014: 753, 760

Pietzcker J (2010) Auf der Suche nach den Grenzen des Vergaberechts. VergabeR 2010: 735, 742

[111] VK Schleswig-Holstein, Beschl. v. 26.05.2010, VK-SH 1/10.
[112] Ziekow in Ziekow und Völlink 2011, § 99 Rn. 71.
[113] OLG Düsseldorf, Beschl. v. 28.07.2011, Verg 20/11; OLG Brandenburg, Beschl. v. 08.07.2011, Verg W 4/09.
[114] OLG Brandenburg, Beschl. v. 08.07.2011, Verg W 4/09.

Roth H-P (2012) OLG Düsseldorf: Strengere Anforderungen an In-House-Vergaben! IBR 2012: 1003

Ziekow J (2015) Auftragsänderungen nach der Auftragsvergabe. NZBau 2015: 258, 263

Ziekow J, Völlink U-C (2011) Vergaberecht. C. H. Beck Verlag, München

Kartellrecht

12

Jörg Karenfort und Hendrik Reffken

12.1 Einleitung

12.1.1 Bedeutung des Kartellrechts für die Entsorgungswirtschaft

Einer der Grundpfeiler der sozialen Marktwirtschaft ist der freie Wettbewerb. Dieser sorgt dafür, dass die Anbieter von Waren und Dienstleistungen ihre Waren weiterentwickeln und die Qualität ihrer Produkte stetig verbessern. Der freie Wettbewerb verhindert zudem Monopolrenditen und die hierdurch bedingte Verteuerung von Waren und Dienstleistungen. Schließlich sorgt ein freier Wettbewerb für Konsumentensouveränität, indem er die Konsumenten in die Lage versetzt, frei zwischen den Angeboten verschiedener Leistungserbringer zu wählen.[1] Ludwig Erhard beschrieb die Bedeutung des Wettbewerbs wie folgt: „‚Wohlstand für alle' und ‚Wohlstand durch Wettbewerb' gehören untrennbar zusammen; das erste Postulat kennzeichnet das Ziel, das zweite den Weg, der zu diesem Ziel führt."[2]

Aufgabe des Kartellrechts ist es, den freien Wettbewerb mit seinen wichtigen Funktionen zu schützen. Dies gilt auch und nicht zuletzt für die Entsorgungswirtschaft. Das Bundeskartellamt hat in zahlreichen Entscheidungen und Stellungnahmen stets die Bedeutung des freien Wettbewerbs für die Entsorgungsbranche betont und sich für den Erhalt und die Stärkung des Wettbewerbsgrundsatzes eingesetzt. Gleichzeitig wurde darauf hin-

[1] Zu den ökonomischen Grundlagen des Wettbewerbsrechts siehe etwa Kling und Thomas 2016, S. 4 ff.
[2] Erhard 1957, S. 9.

J. Karenfort (✉)
Dentons Europe LLP
Berlin, Deutschland

H. Reffken
ALBA Group plc & Co. KG
Berlin, Deutschland

P. Kurth et al. (Hrsg.), *Praxishandbuch der Kreislauf- und Rohstoffwirtschaft*,
https://doi.org/10.1007/978-3-658-17045-5_12

gewiesen, dass gerade im Entsorgungsbereich die Wettbewerbspolitik regelmäßig Gefahr laufe, hinter Partikularinteressen von Kommunen zurückgedrängt zu werden.[3]

Ein eindrucksvolles Beispiel für die Schaffung von Wettbewerb im Entsorgungsbereich ist der Markt für die Entsorgung von Verkaufsverpackungen (gelber Sack). Auf diesem Markt gab es nach der Einführung der Verpackungsverordnung zunächst nur einen Anbieter (Der Grüne Punkt – Duales System Deutschland GmbH – „DSD"). Nachdem dieser Markt durch kartellbehördliche und gesetzliche Maßnahmen seit 2003 für weitere Duale Systeme geöffnet werden konnte, sanken die Kosten für die Erfassung und Verwertung des gelben Sackes von ehemals 2 Mrd. EUR pro Jahr auf ca. 1 Mrd. EUR im Jahr 2008. Neue innovative Techniken zur Sortierung und Verwertung von Verpackungen wurden etabliert.[4]

Für den Wettbewerb im Entsorgungsbereich ist allerdings nicht nur das Kartellrecht, sondern auch das Abfallrecht von Bedeutung. Ohne das Abfallrecht würden viele Entsorgungsmärkte heute schlichtweg nicht existieren. So entsteht z. B. erst durch das Verpackungsrecht mit seinen regulatorischen Vorgaben für Sortier- und Recyclingquoten eine Nachfrage nach den entsprechenden Erfassungs- und Sortierdienstleistungen. Die starke Prägung durch regulatorische Vorgaben unterscheidet den Entsorgungsbereich daher auch von anderen Märkten.

Das Kartellrecht wird durch das Abfallrecht zwar nicht überlagert; beide Rechtsgebiete stehen jedoch in einem engen Spannungsverhältnis. Dieses Spannungsverhältnis wird durch das Bundeskartellamt wiederum mithilfe der folgenden leicht handhabbaren Formel aufgelöst: Die Ziele des Umwelt- und Abfallrechts sind so zu verfolgen, dass der Wettbewerb möglichst wenig beschränkt wird.[5]

12.1.2 Kartellrechtliche Instrumente, Gesetze und Behörden

Das Kartellrecht bedient sich im Wesentlichen der folgenden drei gesetzlichen Instrumente, um den Wettbewerb zu schützen:

1. Verbot und Sanktionierung von wettbewerbsbeschränkenden Vereinbarungen und Verhaltensweisen (insb. das Verbot von Preisabsprachen sowie Kunden- und Gebietsaufteilungen);
2. das Verbot des Missbrauchs einer marktbeherrschenden Stellung;
3. die Kontrolle von Unternehmenszusammenschlüssen (Fusionskontrolle).

[3] BT-Drucksache 17/13675, BKartA, Tätigkeitsbericht 2011/2012, S. 15.
[4] BT-Drucksache 17/13675, BKartA, Tätigkeitsbericht 2011/2012, S. 86.
[5] Mundt 2010. http://www.bundeskartellamt.de/SharedDocs/Publikation/DE/Reden/L1/Andreas%20Mundt%20-%20Wettbewerb%20in%20der%20Entsorgungswirtschaft%20aus%20Sicht%20des%20Bundeskartellamtes.html?nn=3591102. Abgerufen 2. Hj. 2016.

Alle drei kartellrechtlichen Instrumente werden nachfolgend noch näher dargestellt. Für ihre Anwendung, d. h. den Gesetzesvollzug in Deutschland, sind auf behördlicher Seite primär das Bundeskartellamt in Bonn und die Europäische Kommission in Brüssel zuständig. Die Landeskartellbehörden nehmen die Aufgaben des Gesetzesvollzugs wahr, wenn sich das Verhalten, das Gegenstand des Verfahrens ist, im Gebiet nur eines Bundeslands auswirkt. Während sich die Europäische Kommission in erster Linie um Märkte und Verhaltensweisen kümmert, die europaweite Bedeutung haben und grenzüberschreitende Märkte und Sachverhalte betreffen, konzentriert sich das Bundeskartellamt auf Fälle mit einer nationalen oder regionalen Bedeutung. Da es sich bei den Märkten im Bereich der Entsorgungswirtschaft aus kartellrechtlicher Sicht primär um nationale bzw. regionale Märkte handelt, liegt die Zuständigkeit im Entsorgungsbereich heute in der Regel beim Bundeskartellamt. Allerdings gab es in der Vergangenheit auch einige Verfahren, die von der Europäischen Kommission in Brüssel geführt wurden. Diese betrafen vor allem die Öffnung des Marktes für Verpackungsentsorgung für Wettbewerber. Die Europäische Kommission ist zudem für die Fusionskontrolle von Zusammenschlüssen von Unternehmen mit sehr hohen Umsätzen (zusammen mind. 2,5 Mrd. EUR Jahresumsatz) zuständig. Das Bundeskartellamt prüft Zusammenschlüsse, die unterhalb der Schwellenwerte der EU-Fusionskontrolle, aber oberhalb der Schwellenwerte der deutschen Fusionskontrolle liegen.

Das Kartellrecht kann und soll daneben auch mit den Mitteln des Zivilrechts durchgesetzt werden. Unternehmen können Wettbewerber auf Unterlassung und Schadensersatz verklagen, wenn kartellrechtliche Vorschriften verletzt werden. Für entsprechende Klagen gibt es bei den Landgerichten spezielle Kammern, die die sog. Kartellsachen verhandeln. Stark an Bedeutung gewonnen haben in den letzten Jahren kartellrechtliche Schadensersatzklagen, mithilfe derer Kartellgeschädigte von den Kartellanten Schadensersatz verlangen.

Das nationale Kartellrecht findet sich im Gesetz gegen Wettbewerbsbeschränkungen (GWB). Die wichtigsten Vorschriften des europäischen Kartellrechts finden sich in den Artikeln 101 und 102 des Vertrags über die Arbeitsweise der Europäischen Union (AEUV) sowie in der EU Fusionskontrollverordnung (VO (EG) Nr. 139/2004 des Rates vom 20.01.2004). Die wichtigsten Vorschriften des deutschen und europäischen Kartellrechts wurden in den letzten Jahren weitgehend harmonisiert.[6] Im Folgenden wird aufgrund der größeren praktischen Bedeutung für den Entsorgungsbereich in erster Linie ein Überblick über die kartellrechtlichen Vorschriften im GWB und die Fallpraxis des Bundeskartellamtes gegeben. Der Bewertungsmaßstab nach dem europäischen Kartellrecht wäre im Prinzip aber derselbe.[7] In der Praxis stützt das Bundeskartellamt seine

[6] Etwas strenger als das europäische Kartellrecht ist das deutsche Kartellrecht derzeit noch im Bereich der Missbrauchskontrolle, wo missbräuchliche Verhaltensweisen auch schon unterhalb der Marktbeherrschungsschwelle untersagt werden können.

[7] Zusätzlich geprüft werden müsste lediglich, ob der konkrete Sachverhalt auch noch eine grenzüberschreitende Dimension hat. Die Anforderungen hierfür sind jedoch nicht sehr hoch.

Entscheidungen daher in der Regel sowohl auf das europäische als auch das deutsche Kartellrecht.

12.2 Das Verbot wettbewerbsbeschränkender Vereinbarungen/Verhaltensweisen (Kartellverbot)

12.2.1 Verbotene Vereinbarungen/Verhaltensweisen

Die Kernvorschrift des deutschen wie des europäischen Kartellrechts ist das Verbot von wettbewerbsbeschränkenden Vereinbarungen bzw. abgestimmten Verhaltensweisen (§ 1 GWB, Artikel 101 AEUV).

Unternehmen ist es insbesondere untersagt, mit ihren Wettbewerbern Preise und Konditionen abzusprechen oder Vertriebsgebiete bzw. Kunden aufzuteilen. Ausnahmen bestehen nur in engen Grenzen. Unter den Begriff „Vereinbarungen" fallen dabei nicht nur förmliche Verträge, sondern auch rechtlich nicht bindende Vereinbarungen, *Gentlemen's Agreements* oder sonstige Formen abgestimmter Verhaltensweisen.[8] Selbst der bloße Austausch von wettbewerblich sensiblen Informationen zwischen Wettbewerbern, wie etwa von aktuellen Preisen oder geplanten Preiserhöhungen, ist von den Kartellbehörden in der Vergangenheit als Verstoß gegen § 1 GWB verfolgt und sanktioniert worden.[9] Nicht unter das Kartellverbot fallen hingegen bloße parallele Verhaltensweisen von Wettbewerbern, die nicht auf eine Abstimmungshandlung, wie z. B. einen vorausgegangenen Informationsaustausch, zurückgeführt werden können.

Preis- und Gebietskartelle werden vom Bundeskartellamt und der Europäischen Kommission streng verfolgt und mit hohen Bußgeldern, häufig im mehrstelligen Millionenbereich, sanktioniert. Unzulässige Kartellabsprachen bei Ausschreibungen werden nicht nur als Ordnungswidrigkeit vom Bundeskartellamt verfolgt, sondern können nach § 298 StGB eine Straftat darstellen, für deren Verfolgung neben dem Bundeskartellamt zusätzlich die Staatsanwaltschaften zuständig sind. Das Bundeskartellamt wies zuletzt darauf hin, dass es die eigene Tätigkeit und die Zusammenarbeit mit den Staatsanwaltschaften in diesem Bereich intensiviert hat.[10]

---

[8] Kling und Thomas 2016, S. 65 f.

[9] Nähere Einzelheiten hierzu finden sich z. B. bei BDI 2015, S. 13 ff.; EU Kommission, Leitlinien zur Anwendbarkeit von Artikel 101 des Vertrags über die Arbeitsweise der Europäischen Union auf Vereinbarungen über horizontale Zusammenarbeit, 2011, ABl. C11/1, Rn. 73.

[10] BKartA, Pressemitteilung vom 10.02.2012, verstärkte Verfolgung von Submissionsabsprachen – Erfahrungsaustausch von Kartellverfolgern und Staatsanwälten in Bonn. http://www.bundeskartellamt.de/SharedDocs/Meldung/DE/Pressemitteilungen/2012/10_02_2012_Submissionsabsprachen.html. Abgerufen 2. Hj. 2016.

Kartellrechtlich verboten sind grundsätzlich Absprachen zu den folgenden Wettbewerbsparametern:[11]

1. **Preise und Preisbestandteile:** Absprachen über Endkundenpreise, Mindestpreise, Preisbandbreiten, Einkaufspreise, Zeitpunkte von Preiserhöhungen, aber auch über einzelne Preisbestandteile, Kalkulationsgrundlagen, die Weitergabe gestiegener Vorkosten oder die Gewährung von Rabatten (zur Zulässigkeit von Einkaufsgemeinschaften siehe unten).
2. **Konditionen:** Absprachen über den Umfang von Gewährleistungen und Garantien, über Liefer- und Zahlungsbedingungen oder über die Durchführung von begleitenden Services.
3. **Kunden:** Absprachen darüber, welche Kunden oder Kundengruppen von welchem Wettbewerber beliefert werden.
4. **Liefergebiete:** Absprachen über die Aufteilung von Liefergebieten, etwa dergestalt, dass sich jeder Wettbewerber ein Liefergebiet „reserviert", in dem ein anderer Wettbewerber nicht tätig werden darf.
5. **Quoten und Kapazitäten:** Absprachen über eine Drosselung oder Beschränkung der Produktion, über Produktionsquoten oder Kapazitätsverknappungen bzw. über den gebremsten Ausbau der Kapazitäten.
6. **Submissionsabsprachen:** Absprachen über die Teilnahme an Ausschreibungen dergestalt, dass Wettbewerber mit abgesprochenen Preisen oder Konditionen an Ausschreibungen teilnehmen (zur Zulässigkeit von Bietergemeinschaften siehe unten).[12]

Adressaten des Kartellverbots sind nicht nur Unternehmen, auch Unternehmensverbände müssen im Rahmen ihrer Verbandsarbeit § 1 GWB beachten. Unzulässig ist es, das Kartellverbot zu umgehen, indem Unternehmen die Verhaltenskoordinierung an einen Verband delegieren. Verboten sind daher auch Beschlüsse von Unternehmensvereinigungen, die eine Verhinderung, Einschränkung oder Verfälschung des Wettbewerbs bezwecken oder bewirken. Im Rahmen der Verbandssitzungen muss zudem darauf geachtet werden, dass Verbandsmitglieder ihr Verhalten hinsichtlich der oben genannten „Tabu-Themen" nicht koordinieren.[13]

► **Praxistipp** Große Unternehmensverbände verfügen in der Regel über einen Leitfaden, der die wichtigsten Hinweise für eine kartellrechtskonforme Ver-

[11] BDI 2015, S. 12 ff.; s. Gehring in Mäger 2011, S. 143 f.

[12] Das Bundeskartellamt hat eine Checkliste für die Vergabestellen veröffentlicht, anhand derer unzulässige Kartellabsprachen ggf. identifiziert werden können: BKartA – Wie erkennt man unzulässige Submissionsabsprachen? Eine Checkliste für Vergabestellen, Dezember 2014. http://www.bundeskartellamt.de/SharedDocs/Publikation/DE/Broschueren/Submissionsabsprachen.pdf?__blob=publicationFile&v=6. Abgerufen 2. Hj. 2016.

[13] Einzelheiten hierzu finden sich bei BDI 2015, S. 39.

bandsarbeit enthält. Auch der BDE hat z. B. einen entsprechenden Leitfaden erstellt. Dieser ist im Internet veröffentlicht.[14]

Absprachen innerhalb einer Unternehmensgruppe bzw. eines Konzerns fallen nicht unter das Verbot des § 1 GWB und sind daher kartellrechtlich zulässig (sog. Konzernprivileg).[15] Gesellschaften desselben Konzerns können daher Kunden oder Vertriebsgebiete untereinander aufteilen, Preise gemeinsam festlegen oder etwa untereinander abstimmen, welche Gesellschaft an welcher öffentlichen Ausschreibung teilnimmt. Bei öffentlichen Ausschreibungen ist allerdings zu beachten, dass das Vergaberecht eine Teilnahme von zwei Gesellschaften desselben Konzerns nur gestattet, wenn diese nachweisen können, dass es vor Abgabe der Angebote keine Abstimmung zwischen den Konzerngesellschaften bei der Erstellung der Angebote gegeben hat. Andernfalls liegt eine aus vergaberechtlicher Sicht unzulässige Doppelbeteiligung eines Bieters vor.[16] Zwischen den Konzerngesellschaften sind daher *Chinese Walls* zu errichten, und diese sollten gut dokumentiert werden. Andernfalls droht der Ausschluss vom Vergabeverfahren für beide Konzerngesellschaften.

§ 1 GWB verbietet nicht nur wettbewerbsbeschränkende Abreden zwischen Wettbewerbern im Horizontalverhältnis, sondern findet auch im Vertikalverhältnis zwischen Lieferanten und Abnehmern Anwendung. Vertikale Wettbewerbsbeschränkungen sind jedoch nicht per se verboten, da sie häufig ein immanenter Bestandteil einer Lieferbeziehung sind. Entscheidend ist bei diesen vertikalen Wettbewerbsbeschränkungen daher immer eine Einzelfallbetrachtung. Hierfür gelten wiederum die folgenden Grundregeln: Generell verboten ist es in Deutschland, einem Händler vorzugeben, für welchen Mindest- oder Festpreis er ein Produkt weiterverkaufen darf. Diese „sogenannte Preisbindung der zweiten Hand" spielt in der Entsorgungsbranche aber kaum eine Rolle. Andere vertikale Wettbewerbsbeschränkungen sind zunächst darauf zu überprüfen, ob sie in den Anwendungsbereich einer Gruppenfreistellungsverordnung der EU-Kommission fallen. Diese stellen eine Vielzahl von vertikalen Wettbewerbsbeschränkungen von vornherein vom Kartellverbot frei. Nach § 2 Abs. 2 GWB gelten die EU-Gruppenfreistellungsverordnungen auch unmittelbar für das deutsche Kartellrecht. Die größte praktische Relevanz im Entsorgungsbereich dürfte dabei die Gruppenfreistellungsverordnung für Vertikalvereinbarungen (VO (EU) Nr. 330/2010 der Kommission vom 20.04.2010) haben. Sofern eine vertikale Wettbewerbsbeschränkung nicht in den Anwendungsbereich einer Gruppenfreistellungsverordnung fällt, bedarf es einer Einzelfallprüfung am Maßstab des allgemeinen Ausnahmetatbestands (§ 2 Abs. 1 GWB, Artikel 101 Abs. 3 AEUV). Kartellrechtlicher Rat sollte insbesondere bei der Vereinbarung von Exklusivitäts- und Alleinbelieferungsverpflichtungen eingeholt werden.

[14] Abrufbar unter https://bde.de/verband/justitiariat-2/compliance-2/. Abgerufen 2. Hj. 2016.

[15] Kling und Thomas 2016, S. 118 f.

[16] OLG Düsseldorf, Beschluss vom 13.04.2011 Verg 8/11 sowie Beschlüsse vom 11.05.2011 Verg 1/11 und 8/11.

12.2.2 Ausnahmen vom Kartellverbot

Nicht jede Wettbewerbsbeschränkung, die unter den Tatbestand des § 1 GWB (Art. 101 Abs. 1 AEUV) fällt, ist zwangsläufig verboten. Der § 2 GWB (Art. 101 Abs. 3 AEUV) sieht vor, dass bestimmte wettbewerbsbeschränkende Vereinbarungen/Verhaltensweisen, die gleichzeitig mit Effizienzvorteilen verbunden sind, vom Kartellverbot freigestellt sind. Während früher für eine entsprechende Freistellung ein Antrag bei der Europäischen Kommission bzw. beim Bundeskartellamt gestellt werden musste, sehen sowohl das GWB als auch das EU-Kartellrecht seit 2004 vor, dass die Unternehmen selbst prüfen müssen, ob ein Vorhaben die gesetzlichen Voraussetzungen für eine Freistellung erfüllt (*Self-Assessment*). Dies ist der Fall, wenn die positiven Auswirkungen der Zusammenarbeit die wettbewerbsbeschränkenden Folgen ausgleichen. Notwendig ist jedoch, dass die positiven Auswirkungen auch an die Verbraucher weitergegeben werden und es nicht zu einer Ausschaltung des Wettbewerbs kommt. Effizienzgewinne um den Preis des Wettbewerbsausschlusses sind also nicht möglich.

In Deutschland bestand bis 2005 noch eine explizite Freistellungsmöglichkeit mit Blick auf erwünschte „Umweltkooperationen". Diese Regelung wurde im Zusammenhang mit der europarechtlichen Harmonisierung des Kartellrechts aufgehoben. Dennoch verbleibt nach Maßgabe von Art. 101 Abs. 3 AEUV und § 2 GWB auch heute noch die Möglichkeit, dass eine Kooperation mit Blick auf umweltrechtliche Zielstellungen und Effekte vom Kartellverbot freigestellt ist. Entscheidend ist jedoch die Unerlässlichkeit der Wettbewerbsbeschränkung, um die angestrebten Umweltziele zu erreichen. Hierbei ist darauf abzustellen, ob mehr Effizienzgewinne mit der Beschränkung erzielt werden als ohne sie. Im Bereich der Abfallentsorgung wird dies beispielsweise für die Zusammenarbeit der Dualen Systeme im Rahmen der Erfassung der Verkaufsverpackungen so gesehen.[17] Für die anschließende Sortierung wird dies nicht mehr angenommen, sodass hier keine Zusammenarbeit mehr erfolgt.

12.2.3 Einzelfälle aus dem Bereich der Entsorgungswirtschaft

12.2.3.1 Kooperation zwischen den Dualen Systemen im Bereich der Sammlung von Leichtverpackungen und Glas

Die Verpackungsverordnung sieht vor (§ 6 Abs. 3 VerpackV), dass Hersteller und Vertreiber, die mit Ware befüllte Verkaufsverpackungen erstmals in den Verkehr bringen (sog. Erstinverkehrbringer), diese auf eigene Kosten flächendeckend wieder zurücknehmen müssen. Hierfür beauftragen die Erstinverkehrbringer eines oder mehrere der derzeit in Deutschland tätigen Dualen Systeme. Diese wiederum beauftragen flächendeckend in ganz Deutschland Entsorgungsunternehmen mit der Erfassung des Verpackungsmülls (Sammlung des gelben Sackes bzw. Leerung der Glassammelcontainer). Die Dualen Sys-

[17] Vgl. BKartA 2012, S. 67 ff.

teme wirken bei dem Betrieb und der Errichtung des entsprechenden Rücknahmesystems zusammen. Dies geschieht im Wege der sog. Mitnutzung, d. h. die Systembetreiber beauftragen für ein bestimmtes Entsorgungsgebiet (jeweils getrennt für Leichtverpackungen und Glas) dasselbe Entsorgungsunternehmen. Für jedes Vertragsgebiet ist ein Duales System (sog. Ausschreibungsführer) dafür verantwortlich, im Wege einer Ausschreibung den Auftrag an ein Entsorgungsunternehmen zu vergeben. Mit diesem schließen dann auch die übrigen Systeme einen Vertrag über die Erfassung der entsprechenden Verkaufsverpackungen (sog. Mitnutzungsvertrag).

Nach Ansicht des Bundeskartellamtes fällt diese Kooperation zwischen den Dualen Systemen unter den Tatbestand des Kartellverbots nach § 1 GWB (= Art. 101 Abs. 1 AEUV). Die Kooperation ist allerdings nach § 2 GWB (= Art. 101 Abs. 3 AEUV) vom Kartellverbot freigestellt, weil sie zu Effizienzen und Vorteilen für den Verbraucher führt. Voraussetzung für diese Freistellung ist allerdings, dass die wettbewerbsbeschränkenden Effekte einer solchen Kooperation auf das notwendige und erforderliche Maß minimiert bleiben.[18] Daraus leitet das Bundeskartellamt zwei zentrale Forderungen ab: Zum einen muss sich die Zusammenarbeit auf den Erfassungsbereich beschränken und die Sortierung ausklammern. Zum anderen muss die Kooperation im Bereich der Erfassungsleistung unter Minimierung der Vergemeinschaftung von Erfassungskosten erfolgen.[19]

Die sogenannten Mengenübertragungsverträge zwischen den Dualen Systemen stufte das Bundeskartellamt 2008 als unvereinbar mit § 1 GWB bzw. Art. 101 Abs. 1 AEUV ein.[20] In den sogenannten Mengenübertragungsverträgen regelten verschiedene Duale Systeme die Verschiebung der gemeldeten Planmengen von einem Dualen System zu einem anderen. Hierdurch konnte auch die tatsächliche Verantwortung für die operative Tätigkeit eines Dualen Systems (Erfassung und Sortierung) von einem System auf ein anderes verschoben werden. Dies hatte aber auch zur Folge, dass die Mengenanteile der einzelnen Systeme im Rahmen des Clearings der operativen Leistungen nicht mehr den tatsächlichen Lizenzmengenanteilen entsprachen. Das Bundeskartellamt sah darin eine kartellrechtlich unzulässige Kooperation, weil die beteiligten Systeme im Ergebnis nicht mehr eigenständig als Anbieter auftraten, sondern aufgrund einer Vergemeinschaftung der Erfassungs- und Sortierkosten letztendlich ein gemeinsames Angebot abgaben. Zudem bewirkten diese Verträge eine Bündelung der Nachfrage nach Erfassungs- und Sortierleistungen hinsichtlich der von den Verträgen betroffenen Mengen.[21]

12.2.3.2 Zusammenarbeit im Rahmen der Gemeinsamen Stelle

Der § 6 Abs. 7 VerpackV sieht vor, dass sich die Dualen Systeme an einer sog. Gemeinsamen Stelle zu beteiligen haben. Diese ist u. a. dafür zuständig, den auf das einzelne System entfallenden Anteil an der Gesamtmenge der zu entsorgenden Verkaufsverpackungen zu ermitteln. Dieser Anteil ist wiederum notwendig, um zu bestimmen, welche

[18] BKartA 2012, S. 68.
[19] Ebd.
[20] BKartA 2012, S. 25 f.
[21] Ebd.

Erfassungskosten auf welches System entfallen. Die Beteiligung der Dualen Systeme an der Gemeinsamen Stelle sowie die Zusammenarbeit im Rahmen der Gemeinsamen Stelle im oben genannten Umfang sind kartellrechtlich neutral und damit zulässig.[22]

12.2.3.3 Zentrale Stelle im Rahmen des künftigen Verpackungsgesetzes

Am 21.12.2016 hat das Bundeskabinett den Entwurf des Verpackungsgesetzes beschlossen, wonach eine „Zentrale Stelle" vorgesehen ist, die die Registrierungs- und Standardisierungsaufgaben im Zusammenhang mit der Verpackungsentsorgung wahrnehmen soll. Finanziert wird die Zentrale Stelle von Industrie und Handel. Nach Presseberichten sieht das Bundeskartellamt die überproportionale Vertretung der Handelsunternehmen (durch den Handelsverband Deutschland, HDE) in der Trägerschaft der Zentralen Stelle kritisch.[23] Es müsse aus Sicht des Amtes sichergestellt werden, dass keine einzelnen Unternehmen oder Unternehmensgruppen Wettbewerbsvorteile erlangen und dadurch den Wettbewerb verzerren. Da die Zentrale Stelle Daten aller registrierungspflichtigen Unternehmen sammeln soll, müsse zudem sichergestellt werden, dass es zu keinem unzulässigen Informationsaustausch komme.[24]

12.2.3.4 Wertstofftonne

Derzeit sind für die Sammlung von Leichtverpackungen (LVP) beim privaten Endverbraucher die Dualen Systeme zuständig, während stoffgleiche Nichtverpackungen (sNVP) durch den öffentlich-rechtlichen Entsorgungsträger über die Restmülltonne erfasst werden. In einigen Regionen werden LVP und sNVP gemeinsam in einer Wertstofftonne erfasst. Hierfür bedarf es einer Kooperation zwischen dem öffentlich-rechtlichen Entsorgungsträger und den Dualen Systemen, die durch das Verpackungsrecht auch gestattet ist.[25] Auch kartellrechtlich ist eine solche Kooperation zulässig. Allerdings sind bestimmte kartellrechtliche Anforderungen einzuhalten.[26]

Demnach fallen entsprechende Kooperationsmodelle zwischen den Dualen Systemen und dem öffentlich-rechtlichen Entsorgungsträger zwar grundsätzlich unter das Verbot des § 1 GWB. Sie werden auf der Grundlage des § 2 GWB aber vom Kartellverbot freigestellt,

---

[22] Karenfort und Jürgens 2013, S. 482.

[23] EUWID Recycling und Entsorgung, Verzögerung beim Verpackungsgesetz vom 06.12.2016. http://www.euwid-recycling.de/news/politik/einzelansicht/Artikel/verzoegerungen-beim-verpackungsgesetz.html; Interview mit Gunda Rachut in der Lebensmittel-Zeitung vom 18.03.2016, „Der Datenbereich wird ein Hochsicherheitstrakt". https://zentrales-wertstoffregister.de/wp-content/uploads/2016/03/Lebensmittelzeitung.pdf. Abgerufen 2. Hj. 2016.

[24] EUWID Recycling und Entsorgung, Verzögerung beim Verpackungsgesetz vom 06.12.2016, abrufbar unter: http://www.euwid-recycling.de/news/politik/einzelansicht/Artikel/verzoegerungen-beim-verpackungsgesetz.html. Abgerufen 2. Hj. 2016.

[25] Details zu den einzelnen Kooperationsformen (Modell der Mitbenutzung nach § 6 Abs. 4 S. 1 VerpackV; Berliner Modell; Modell der wettbewerblichen Miterfassung unter Trägerschaft der Systembetreiber) finden sich bei Karenfort und Jürgens 2013, S. 484 f.

[26] Vgl. Schreiben des Bundeskartellamtes an die Senatsverwaltung Berlin, B4-157/08-2 vom 19.03.2012 – abgedruckt im Anhang zur Sektoruntersuchung duale Systeme.

wenn die gemeinsam organisierte Erfassung in ihrer konkreten Ausgestaltung zugunsten der Verbraucher Effizienzvorteile erzeugt, ohne dass der Wettbewerb ausgeschaltet oder mehr als zwingend notwendig beeinträchtigt wird. Hierbei sind insbesondere die folgenden zwei Grundsätze einzuhalten:[27]

- Die Dualen Systeme und der öffentlich-rechtliche Entsorgungsträger dürfen nicht gemeinsam ein Unternehmen mit der Erfassung der Mengen aus der Wertstofftonne beauftragen. Dies würde nach Ansicht des Bundeskartellamtes zu einer kartellrechtlich unzulässigen Bündelung von Nachfragemacht führen. Zulässig ist es hingegen, wenn die Dualen Systeme die Erfassungsleistung für den LVP-Teil in der Tonne ausschreiben und der öffentlich-rechtliche Entsorgungsträger mit dem Gewinner der Ausschreibung einen Mitnutzungsvertrag hinsichtlich des sNVP-Anteils abschließt. Zulässig ist es auch, dass die Dualen Systeme und der öffentlich-rechtliche Entsorgungsträger das Vertragsgebiet entsprechend der Mengenanteile aufteilen und die Systeme für die Erfassung in dem einen Teil des Gebiets zuständig sind, während der öffentlich-rechtliche Entsorgungsträger im anderen Teil die Erfassung organisiert.
- Wie bei der herkömmlichen LVP-Sammlung verlangt das Bundeskartellamt, dass auch die Erfassungsleistungen für den sNVP-Anteil regelmäßig ausgeschrieben werden, soweit der öffentlich-rechtliche Entsorgungsträger im Wege der Mitnutzung das von den Dualen Systemen beauftragte Unternehmen ebenfalls für den sNVP-Anteil beauftragt.

12.2.3.5 Arbeitsgemeinschaften bei kommunalen Ausschreibungen

Das Vergaberecht gestattet Unternehmen, sich an Ausschreibungen im Wege einer Bietergemeinschaft (BIEGE) zu beteiligen. Nach Zuschlagserteilung wird diese dann zu einer Arbeitsgemeinschaft (ARGE). Bei der Bildung einer BIEGE sind die kartellrechtlichen Grenzen zu beachten. Allein das Erzielen von Synergien ist nicht ausreichend, um eine Bietergemeinschaft zu rechtfertigen.[28] Insbesondere wenn eine BIEGE zwischen großen Wettbewerbern gebildet werden soll, besteht die Gefahr eines Verstoßes gegen das Kartellverbot aus § 1 GWB. Die Erteilung des Zuschlags an eine kartellrechtlich unzulässige BIEGE stellt zugleich einen Vergaberechtsverstoß dar, der im Wege eines Nachprüfungsverfahrens von unterlegenen Bietern beanstandet werden kann. In jüngster Zeit hat es in diesem Zusammenhang zahlreiche Entscheidungen durch Vergabekammern und die Vergabesenate der Oberlandesgerichte gegeben. Nachdem die kartellrechtlichen Grenzen für eine zulässige Zusammenarbeit lange Zeit eher unscharf waren, hat die jüngste Entscheidungspraxis der Vergabesenate einiger Oberlandesgerichte nun ein höheres Maß an Rechtssicherheit gebracht.[29] Demnach soll die Bildung

[27] Vgl. Karenfort und Jürgens 2013, S. 484.
[28] OLG Düsseldorf, Beschluss vom. 08.06.2016, Verg 3/16.
[29] OLG Düsseldorf, Beschluss vom 08.06.2016, Verg 3/16; OLG Celle, Beschluss vom 08.07.2016 13 Verg 2/16; VK Bund, Beschluss vom 05.01.2016, VK 1-112/15; ähnlich bereits BGH, Urteil vom 13.12.1983 (KRB 3/83).

einer BIEGE/ARGE zulässig sein, wenn diese in eine der drei folgenden Fallgruppen fällt:

Fallgruppe 1 Jedes beteiligte Unternehmen ist für sich aufgrund seiner betrieblichen oder geschäftlichen Verhältnisse (z. B. mit Blick auf Kapazitäten, technische Einrichtungen und/oder fachliche Kenntnisse) zu einer Teilnahme an der Ausschreibung mit einem eigenständigen Angebot objektiv nicht leistungsfähig, und erst der Zusammenschluss zu einer BIEGE versetzt die BIEGE-Mitglieder in die Lage, sich mit Erfolgsaussicht an der Ausschreibung zu beteiligen.

Fallgruppe 2 Die Unternehmen sind für sich genommen zwar leistungsfähig, insbesondere verfügen sie über die erforderlichen Kapazitäten, jedoch sind die Kapazitäten aufgrund anderweitiger Bindungen aktuell nicht einsetzbar. Eine unternehmerische Pflicht zu einer Kapazitätsausweitung, die den Zusammenschluss zu einer BIEGE überflüssig machen würde, besteht nicht.

Fallgruppe 3 Die beteiligten Unternehmen sind für sich genommen zwar leistungsfähig, aber im Rahmen einer wirtschaftlich zweckmäßigen und kaufmännisch vernünftigen Entscheidung ermöglicht bei objektiver Betrachtung erst die Zusammenarbeit ein Erfolg versprechendes Angebot.

Unabhängig von den eben genannten Kriterien ist die Bildung einer BIEGE aus konzernangehörigen Gesellschaften grundsätzlich kartellrechtlich zulässig. Hier greift wieder das sog. Konzernprivileg.[30]

► **Praxishinweis** Häufig fragen öffentliche Auftraggeber bereits im Rahmen der einzureichenden Angebote die Gründe ab, aus denen sich die kartellrechtliche Zulässigkeit einer BIEGE ergibt. Dann sind die Mitglieder einer BIEGE von vornherein verpflichtet, zur kartellrechtlichen Zulässigkeit der BIEGE Stellung zu nehmen. Eine entsprechende Abfragepflicht sieht das Vergaberecht jedoch nicht vor.[31] Dies liegt im Ermessen des jeweiligen Auftraggebers. Sofern der Auftraggeber hierauf verzichtet, müssen die Mitglieder einer BIEGE daher erst auf eine entsprechende Anforderung des Auftraggebers die Gründe für die Bildung der BIEGE darlegen.[32] Aus kartell- und vergaberechtlichen Gründen empfiehlt es sich jedoch auch in diesem Fall, die kartellrechtliche Zulässigkeit einer BIEGE schon vor ihrer Gründung zu prüfen und zu dokumentieren.

[30] OLG Düsseldorf, Beschluss vom 29.07.2015, Verg 6/15.

[31] OLG Saarbrücken, Beschluss vom 27.06.2016, 1 Verg 2/16; OLG Düsseldorf, Beschluss vom 01.07.2015, Verg 17/15; VK Bund, Beschluss vom 18.08.2015, VK 2-43/15.

[32] Es besteht keine vergaberechtliche Pflicht für ein proaktives Tätigwerden – VK Bund, 18.08.2015 – VK 2-43/15.

12.2.3.6 Einkaufsgemeinschaft für Altglas

Eine Einkaufsgemeinschaft von in Deutschland ansässigen Herstellern von Behälterglas wurde vom Bundeskartellamt 2007 untersagt.[33] Zur Herstellung von neuem Behälterglas wird zu einem großen Teil Altglas eingesetzt, das wiederum aus der Sammlung der Dualen Systeme stammt. Die deutschen Hersteller von Behälterglas hatten ein Gemeinschaftsunternehmen gegründet, um gemeinsam Altglas zu beschaffen. Einkaufsgemeinschaften sind nicht per se kartellrechtswidrig, sondern können insbesondere dann die Freistellungsvoraussetzungen erfüllen, wenn der gemeinsame Marktanteil der beteiligten Unternehmen moderat ist und/oder die Einkaufsgemeinschaft zu keiner signifikanten Angleichung der Kosten der Marktteilnehmer führt. Diese Freistellungsvoraussetzungen sah das Bundeskartellamt im Fall der Altglas-Einkaufsgemeinschaft jedoch nicht als erfüllt an. Das Bundeskartellamt prüfte auch die Frage, ob die Einkaufsgemeinschaft zu ökologischen Vorteilen führe, verneinte dies jedoch.

12.3 Verbot des Missbrauchs einer marktbeherrschenden/marktstarken Stellung

Das Kartellrecht verbietet den Missbrauch von Marktmacht durch marktbeherrschende und marktstarke Unternehmen (Art. 102 AEUV; §§ 19, 20 GWB). Marktbeherrschend ist ein Unternehmen, wenn es auf dem sachlich und örtlich relevanten Markt ohne Wettbewerber ist oder keinem wesentlichen Wettbewerb ausgesetzt ist. Das GWB enthält eine widerlegbare Vermutung, wonach ab einem Marktanteil von 40 % ein Unternehmen auf dem relevanten Markt marktbeherrschend ist (§ 18 Abs. 4 GWB). Um beurteilen zu können, ob dieser Schwellenwert überschritten ist, ist es notwendig, die sog. relevanten Märkte im Bereich der Entsorgungswirtschaft voneinander abzugrenzen. Einzelheiten hierzu finden sich im Abschnitt zur Fusionskontrolle weiter unten.

Nach § 19 GWB sind marktbeherrschenden und marktstarken Unternehmen insbesondere die folgenden Verhaltensweisen untersagt:

1. **Preis- und Konditionenmissbrauch:** Verboten ist das Fordern von Entgelten und sonstigen Geschäftsbedingungen, die von denjenigen abweichen, die sich bei einem wirksamen Wettbewerb mit hoher Wahrscheinlichkeit ergeben würden; hierbei sind insbesondere die Verhaltensweisen von Unternehmen auf vergleichbaren Märkten mit einem wirksamen Wettbewerb zu berücksichtigen.
2. **Diskriminierung:** Ein marktbeherrschendes Unternehmen darf auf vergleichbaren Märkten von gleichartigen Abnehmern keine unterschiedlichen Entgelte fordern, es sei denn, dass der Unterschied sachlich gerechtfertigt ist. Ein marktbeherrschendes Unternehmen darf ein anderes Unternehmen auch nicht unmittelbar oder mittelbar un-

[33] BKartA, Entscheidung vom 31.05.2007, B4-1006/06. Die sofortige Vollziehbarkeit der Untersagung wurde vom OLG Düsseldorf im Eilverfahren bestätigt (Beschluss vom 14.06.2007, VI Kart 9/07 (V)). Hierzu auch BT-Drucksache 16/13500, BKartA, Tätigkeitsbericht 2007/2008, S. 152 f.

billig behindern oder ohne sachlich gerechtfertigten Grund unmittelbar oder mittelbar anders behandeln als gleichartige Unternehmen.[34]

3. **Ausbeutungsmissbrauch:** Ein marktbeherrschendes Unternehmen darf seine Marktstellung nicht dazu ausnutzen, andere Unternehmen dazu aufzufordern oder zu veranlassen, ihm ohne sachlich gerechtfertigten Grund Vorteile zu gewähren.
4. **Marktverschließung:** Ein marktbeherrschendes Unternehmen darf ohne sachlichen Grund anderen Unternehmen nicht den Zugang zu wesentlichen Einrichtungen, ohne die ein anderes Unternehmen auf einem vor- oder nachgelagerten Markt nicht tätig werden kann, verweigern.

Im Bereich der Entsorgungswirtschaft spielte das Verbot des Missbrauchs einer marktbeherrschenden Stellung insbesondere bei der Öffnung des Marktes für die Verpackungsentsorgung eine wichtige Rolle.[35] Im Jahr 2001 entschied die Europäische Kommission, dass DSD in den Leistungsverträgen mit den Entsorgern keine Exklusivitätsklauseln verwenden dürfe, da diese eine parallele Beauftragung des Entsorgungsunternehmens durch andere Duale Systeme und damit den Marktzutritt dieser Systeme verhindern würden.[36] Gestützt wurde diese Entscheidung auf die marktbeherrschende Stellung von DSD und das Missbrauchsverbot aus Art. 102 AEUV. Den Entsorgungsunternehmen gegenüber vertrat das Bundeskartellamt wiederum die Auffassung, dass diese die Mitbenutzung ihres DSD-Sammelsystems durch andere Duale Systeme gestatten müssten. Auch dies wurde mit dem Missbrauchsverbot (§ 19 GWB, Art. 102 AEUV) begründet, weil zum damaligen Zeitpunkt jeder lokale Erfasser im Verhältnis zu den neuen Wettbewerbern von DSD als marktbeherrschend angesehen wurde.[37]

Immer wieder diskutiert wird auch die Frage, ob die Abfallgebühren der öffentlich-rechtlichen Entsorgungsträger anhand des Missbrauchstatbestands überprüft werden können. Im Bereich der Wasserwirtschaft überprüfte das Bundeskartellamt in mehreren Verfahren die Wasserentgelte mehrerer Stadtwerke.[38] Das Bundeskartellamt stellte fest, dass diese überhöht und kartellrechtlich unzulässig waren. Daraufhin kam es zu Rückzahlungen an die Wasserkunden. Das Besondere an diesen Entgelten war allerdings, dass sie auf

[34] So verbietet das Missbrauchsverbot marktbeherrschenden Unternehmen z. B. bestimmte Rabattstrategien und Kampfpreise. Hierzu und zu anderen durch das Missbrauchsverbot verbotenen Praktiken siehe: Mitteilung der Kommission – Erläuterungen zu den Prioritäten der Kommission bei der Anwendung von Artikel 82 des EG-Vertrags auf Fälle von Behinderungsmissbrauch durch marktbeherrschende Unternehmen (2009/C 45/02).

[35] Hierzu Sektoruntersuchung duale Systeme, S. 23 f.

[36] EU Kommission, Entscheidung 2001/837/EG vom 17.09.2001. Eine weitere Entscheidung betraf die Entgelte für die Nutzung der Marke „Der Grüne Punkt", EU-Kommission, Entscheidung 2001/463/EG vom 20.04.2001.

[37] BKartA 2012, S. 23.

[38] BKartA, Entscheidung vom 04.06.2012 – B8 40/10 (Berliner Wasserbetriebe); BKartA, B8 104/12 (Wuppertaler Stadtwerke) – das Verfahren wurde durch Vergleich abgeschlossen. Siehe auch: Bundeskartellamt, Bericht über die großstädtische Trinkwasserversorgung in Deutschland, Juni 2016.

zivilrechtlicher/vertraglicher Grundlage erhoben worden waren und nicht in Form öffentlich-rechtlicher Gebühren. Letztere sind einer Missbrauchs- bzw. Preiskontrolle durch das Bundeskartellamt entzogen. Dies wurde im Rahmen der 8. GWB-Novelle vom Gesetzgeber ausdrücklich klargestellt.[39] Dieser Grundsatz gilt auch in der Entsorgungswirtschaft. Während also die privatwirtschaftlich organisierte Entsorgung von Verkaufsverpackungen der Missbrauchsaufsicht durch das Bundeskartellamt und die Europäische Kommission unterfällt, sind die Gebühren öffentlich-rechtlicher Entsorgungsträger einer Missbrauchsaufsicht entzogen (§ 130 Abs. 1 S. 2 GWB). Aus wettbewerbsrechtlicher Sicht wird dieser Zustand vor dem Hintergrund eines stark divergierenden Gebührenniveaus in Deutschland zunehmend als unbefriedigend angesehen.[40]

12.4 Boykottverbot

Das deutsche Kartellrecht enthält in § 21 Abs. 1 GWB das sogenannte Boykottverbot. Unternehmen ist es verboten, zu einem Boykott anderer Unternehmen aufzurufen. In der behördlichen und gerichtlichen Praxis hat das kartellrechtliche Boykottverbot im Allgemeinen zwar eher eine untergeordnete Bedeutung; im Entsorgungsbereich hat es dennoch bereits mehrfach eine Rolle gespielt. So hat das Bundeskartellamt etwa in der sogenannten „Neu-Ulm-Entscheidung" einem öffentlich-rechtlichen Entsorgungsträger auf der Grundlage des § 21 Abs. 1 GWB untersagt, den von ihm beauftragten lokalen Altpapierentsorger dazu aufzufordern, keine PPK-Abfälle (Papier, Pappe und Kartonagen) für die Dualen Systeme zu entsorgen.[41]

12.5 Fusionskontrolle

12.5.1 Überblick über die wesentlichen Regelungen

Um das Entstehen von Marktbeherrschung durch Zukäufe und Unternehmenszusammenschlüsse zu verhindern, enthalten das deutsche wie das europäische Kartellrecht Regeln für die Fusionskontrolle. Unternehmenszusammenschlüsse, die der Fusionskontrolle

[39] § 130 Abs. 1 S. 2 GWB.

[40] Position von BDE und bvse, vgl. EUWID Meldung vom 12.12.2016 (Private Entsorgungswirtschaft präsentiert Forderungskatalog zur Bundestagswahl).

[41] BKartA, Beschluss vom 06.05.2004, B10 97/02 (Neu-Ulm). Bestätigt durch OLG Düsseldorf, Beschluss vom 29.12.2004 – Az. VI-Kart 17/04. Ein weiteres Verfahren des Bundeskartellamtes betraf den Vorwurf eines Boykottaufrufs gegen die dualen Systeme Bellandvision und Landbell im Jahr 2001. Die entsprechenden Entscheidungen des Bundeskartellamtes wurden jedoch später vom OLG Düsseldorf aufgehoben (Urteil vom 04.10.2004 – VI 24-27/03 OWi und Urteil vom 16.11.2004, VI Kart 28 – 31/03 OWi). Mit Beschluss vom 18.10.2005 wurde vom BGH (KRB 24/05) die Rechtsbeschwerde gegen diese Entscheidungen verworfen.

unterfallen, dürfen erst vollzogen werden, nachdem die zuständige Fusionskontrollbehörde die wettbewerblichen Auswirkungen geprüft und freigegeben hat. Soweit eine Transaktion in Deutschland anmeldepflichtig ist, hat etwa das Bundeskartellamt hierfür zunächst einen Monat ab Anmeldung Zeit (sog. Phase I).[42] Stellt das Bundeskartellamt am Ende der Phase I fest, dass der Zusammenschluss aus wettbewerbsrechtlicher Sicht problematisch ist, kann das Amt eine vertiefte Prüfung (sog. Phase II) einleiten. Dem Amt stehen dann drei weitere Monate für die Prüfung zur Verfügung. Mit Einverständnis der Parteien kann die Frist auch noch verlängert werden.[43]

Nach dem deutschen Fusionskontrollrecht wird bereits der Erwerb von mindestens 25 % der Anteile an einem Unternehmen als Unternehmenszusammenschluss angesehen. Unter bestimmten Umständen (Erwerb eines wettbewerblich erheblichen Einflusses) können sogar Erwerbsgeschäfte unterhalb der 25 %-Schwelle einen fusionskontrollrechtlich relevanten Zusammenschluss darstellen.[44] Beim Bundeskartellamt müssen Unternehmenszusammenschlüsse angemeldet werden, wenn im letzten Geschäftsjahr vor dem Zusammenschluss

- die an dem Zusammenschluss beteiligten Unternehmen (Erwerber und Zielunternehmen) einen weltweiten Umsatz vor mehr als 500 Mio. EUR erzielt haben und
- eines der beteiligten Unternehmen in Deutschland einen Umsatz von mehr als 25 Mio. EUR erzielt hat (sog. erste Inlandsumsatzschwelle) und
- ein zweites Unternehmen in Deutschland einen Umsatz von mehr als 5 Mio. EUR in Deutschland erzielt hat (sog. zweite Inlandsumsatzschwelle).[45]

Im Zuge der 9. GWB-Novelle wurde ferner geregelt, dass auch im Falle des Unterschreitens der zweiten Inlandsumsatzschwelle der Zusammenschluss beim Bundeskartellamt angemeldet werden muss, wenn der Wert der Gegenleistung für den Zusammenschluss (Kaufpreis) mehr als 400 Mio. EUR beträgt und das Zielunternehmen in einem erheblichen Umfang in Deutschland tätig ist.

Im Falle einer Anmeldepflicht prüft das Bundeskartellamt, ob durch den Zusammenschluss wirksamer Wettbewerb erheblich behindert wird, insbesondere durch das Begründen oder Verstärken einer marktbeherrschenden Stellung (§ 36 GWB). Wie im Falle der Missbrauchsaufsicht besteht auch hier eine widerlegbare gesetzliche Vermutung, dass eine marktbeherrschende Stellung ab einem Marktanteil von 40 % begründet wird. Für die Prüfung eines Zusammenschlusses ist daher von besonderer Relevanz, wie der Umfang des Marktes zu definieren ist, für den der Marktanteil berechnet wird.

[42] § 40 Abs. 1 GWB.
[43] § 40 Abs. 2 GWB. Zuletzt hat das Bundeskartellamt eine Phase-II-Prüfung im Entsorgungsbereich etwa beim Erwerb des Limburger Abfallentsorgers Bördner-Gruppe durch die REMONDIS Gruppe durchgeführt. Der Zusammenschluss wurde anschließend freigegeben, BKartA, PM vom 06.07.2016.
[44] § 37 GWB.
[45] § 35 GWB.

12.5.2 Marktabgrenzung

Im Rahmen der Marktabgrenzung ist zwischen dem sachlich und örtlich relevanten Markt zu unterscheiden. Nach dem sog. Bedarfsmarktkonzept zählen zu dem sachlich relevanten Markt alle Waren und Dienstleistungen, die aus Sicht des Nachfragers gegeneinander austauschbar sind.[46] Im Bereich der Entsorgungswirtschaft haben das Bundeskartellamt und die Kommission die Märkte bislang eher eng abgegrenzt. Mit Blick auf die Dualen Systeme hat die Europäische Kommission einen eigenen Markt für die Organisation der Rücknahme und Rückgewinnung von gebrauchten Verkaufsverpackungen, die von privaten Endkunden gesammelt werden, angenommen.[47] Das Bundeskartellamt hat in der Vergangenheit im Bereich der Entsorgungswirtschaft eine Vielzahl unterschiedlicher Märkte voneinander abgegrenzt.[48] So wurden jeweils eigenständige Märkte für die Sammlung von Leichtverpackungen einerseits und Haushaltsabfällen (Restmüll, Sperrmüll, Bioabfälle) andererseits definiert. Ob ein einheitlicher Markt für die Sammlung von Restmüll, Sperrmüll und Bioabfall bestehe oder dieser in unterschiedliche Märkte für die drei Fraktionen zerfalle, ließ das Bundeskartellamt zuletzt offen. Des Weiteren wurden u. a. sachlich getrennte Märkte für die Sammlung von Altpapier, Pappe und Kartonagen (PPK), Metallen und Schrotten sowie für die Erfassung von sonstigen Gewerbeabfällen zur Verwertung (AzV) definiert. Ob von einem einheitlichen AzV-Markt auszugehen sei oder innerhalb der Gewerbeabfälle weitere voneinander eigenständige sachliche Märkte abzugrenzen seien, konnte das Bundeskartellamt bislang offenlassen. Separate Märkte bestehen jedenfalls für die Sammlung von Metallen und Schrotten sowie von gefährlichen Abfällen. Von den Erfassungsmärkten zu unterscheiden sind wiederum die Verwertungsmärkte.[49]

Der räumlich relevante Markt wird ebenfalls anhand des Bedarfsmarktkonzeptes abgegrenzt.[50] Zu prüfen ist, von welchen Standorten aus Entsorgungsdienstleistungen für Kunden erbracht werden. In der früheren Entscheidungspraxis des Bundeskartellamtes haben sich für viele Erfassungsleistungen regionale Märkte mit einem Radius von ca. 100–150 km herauskristallisiert.[51] In der jüngeren Entscheidungspraxis hat das Bundeskartellamt im Bereich Gewerbeabfälle zunächst mehrere regionale geografische Teilmärkte mit

[46] BGH, Urteil vom 24.10.1995 – KVR 17/94, WuW/E BGH 3026, 3028; BKartA, Beschluss vom 24.07.2014 – B4-37/14, Rn. 37. Zur Marktabgrenzung in der Abfallwirtschaft siehe auch Beckmann 2002, S. 16 ff.

[47] EU-Kommission, Entscheidung 2001/837/EG vom 17.09.2001, Rn. 85; Entscheidung 2001/463/EG vom 20.04.2001, Rn. 65 ff.

[48] Zuletzt etwa in: BKartA, Beschluss vom 24.07.2014 – B4-37/14, Rn. 39 ff. Aus der etwas älteren Entscheidungspraxis: BKartA, Beschluss vom 06.04.2006 – B 10-151/05, Rn. 16 ff.; BKartA, Beschluss vom 17.03.2006 – B 10-141/05, Rn. 13 ff.; BKartA, Beschluss vom 23.02.2005 – B 10-122/04, Rn. 147 ff., 192 ff.

[49] BKartA, Beschluss vom 24.07.2014 – B4-37/14, Rn. 39 ff.

[50] Vgl. BKartA, Beschluss vom 06.04.2006 – B 10-151/05 Rn. 27.

[51] OLG Düsseldorf, Beschluss vom 02.11.2005 – VI-Kart 30/04 (V), WuW DE-R 1625, 1626; BKartA, Beschluss vom 16.11.2004 – B 10-74/04, Rn. 52 ff.; BKartA, Beschluss vom 06.04.2006 – B 10-151/05, Rn. 39 ff.; BKartA, Beschluss vom 17.03.2006 – B 10-141/05, Rn. 28 ff.

einem Radius von 50 km um einen Standort herum identifiziert. Da sich diese jedoch überschnitten, wurden die geografischen Teilmärkte in einem zweiten Schritt für die wettbewerbliche Beurteilung zu einem Gesamtmarkt verbunden.[52]

Zusätzlich zu den Marktanteilen untersucht das Bundeskartellamt bei Fusionskontrollverfahren im Bereich der Entsorgungswirtschaft im Rahmen einer Phase-II-Prüfung regelmäßig auch die Ausschreibungsergebnisse öffentlich-rechtlicher Entsorgungsträger und Dualer Systeme in den von dem beabsichtigten Zusammenschluss betroffenen Regionen.[53]

12.6 Sanktionen

Verstöße gegen das Kartellverbot, das Verbot gegen den Missbrauch einer marktbeherrschenden Stellung und der Vollzug einer anmeldepflichtigen Transaktion ohne die Durchführung eines Fusionskontrollverfahrens stellen Ordnungswidrigkeiten dar. Diese können vom Bundeskartellamt mit ganz erheblichen Bußgeldern sanktioniert werden. Es können Bußgelder von bis zu 10 % des Umsatzes des Unternehmens (bezogen auf die gesamte Unternehmensgruppe) im Jahr vor der Bußgeldentscheidung verhängt werden.[54] Unternehmen, die durch eine Kartellabsprache geschädigt wurden, können vor den Zivilgerichten von den Kartellanten im Rahmen eines Zivilrechtsstreites Schadensersatz verlangen.[55] Im Rahmen eines Verwaltungsverfahrens nach § 54 Abs. 1 GWB haben die Kartellbehörden die Möglichkeit, von Unternehmen die Beendigung kartellrechtswidriger Verhaltensweisen zu verlangen. In der Praxis reicht unter Umständen bereits die Androhung der Einleitung eines entsprechenden Verfahrens aus, um eine Verhaltensänderung herbeizuführen.

12.7 Sektoruntersuchungen

Mit den sogenannten Sektoruntersuchungen nach § 32e GWB untersucht das Bundeskartellamt die Strukturen und Wettbewerbsbedingungen in bestimmten Wirtschaftszweigen. Ziel dieser Studien ist es, umfassende Kenntnisse über die untersuchten Märkte zu gewinnen. Diese Kenntnisse können dann für zukünftige Verfahren und Stellungnahmen des Bundeskartellamtes verwendet werden. Die Erkenntnisse der Sektoruntersuchung werden am Ende der Untersuchung in einem Abschlussbericht veröffentlicht.

---

[52] BKartA, Beschluss vom 24.07.2014 – B4-37/14, Rn. 111 ff.

[53] BKartA, PM vom 06.07.2016, Freigabe der Übernahme des Limburger Abfallentsorgers Bördner-Gruppe durch REMONDIS.

[54] BKartA, Leitlinien für die Bußgeldzumessung in Kartellordnungswidrigkeitenverfahren, 25.06.2013; BDI 2015, S. 12 ff.; zur Bußgeldberechnung im konkreten Einzelfall siehe Mäger und Reffken 2013, S. 491 ff.

[55] § 33 GWB.

Im Dezember 2012 hat das Bundeskartellamt den Abschlussbericht für die „Sektoruntersuchung duale Systeme – eine Zwischenbilanz der Wettbewerbsöffnung" veröffentlicht. Im Rahmen dieser Untersuchung wurden die Auswirkungen der Wettbewerbsöffnung auf dem Markt für die Rücknahme und Verwertung von Verpackungen, die beim privaten Endverbraucher anfallen, analysiert. Das Bundeskartellamt zog eine positive Bilanz. Die Befürchtungen, eine stärker wettbewerblich ausgerichtete Entsorgung könnte mit erheblichen negativen Folgen verbunden sein, waren nach Auffassung des Bundeskartellamtes unbegründet. Im Gegenteil, die Marktöffnung habe zu enormen Kostensenkungen (1 Mrd. EUR pro Jahr) und Qualitätsverbesserungen beim Recycling geführt.[56]

Im Dezember 2016 hat das Bundeskartellamt eine weitere Sektoruntersuchung eingeleitet, die sich mit der Entsorgungswirtschaft beschäftigt.[57] Untersucht werden die Bedingungen und die Ergebnisse von Ausschreibungen der Dualen Systeme und der öffentlich rechtlichen Entsorgungsträger. Das Bundeskartellamt erhofft sich von der Sektoruntersuchung einen umfassenden Überblick über die Abfallwirtschaft, um diese Erkenntnisse zukünftig z. B. im Rahmen von Fusionskontrollverfahren zu verwenden.

Literatur

Beckmann M (2002) Anmerkungen zur kartellrechtlichen Abgrenzung von Märkten auf dem Gebiet der Abfallentsorgung, WuW 2002: S. 16 ff

Bundeskartellamt (2012) Sektoruntersuchung duale Systeme. Zwischenbilanz der Wettbewerbsöffnung, Bericht gemäß § 32e GWB

Bundesverband der Deutschen Industrie e.V. (Hrsg) (2015) BDI Leitfaden Kartellrecht. Industrie-Förderung GmbH, Berlin

Erhard L (1957) Wohlstand für Alle. Econ-Verlag, Düsseldorf

Karenfort J, Jürgens R (2013) Kartellrechtliche Aspekte bei Unternehmenskooperationen und dualen Systemen unter dem KrWG, in: Kurth P, Oexle A (Hrsg) Handbuch der Kreislauf- und Rohstoffwirtschaft. Carl Heymanns Verlag, Köln, 473–486

Kling M, Thomas S (2016) Kartellrecht. Vahlen, München

Mäger T (2011) Europäisches Kartellrecht. Nomos, Baden-Baden

Mäger T, Reffken H (2013) Cartel Prosecution in Germany, Journal of European Competition Law & Practice, Vol. 4, No. 6, S. 491 ff

Mundt A (2010) Wettbewerb in der Entsorgungswirtschaft aus Sicht des Bundeskartellamtes. Rede auf Jahrestagung des Bundesverbandes Sekundärrohstoffe und Entsorgung e. V. in Hamburg. http://www.bundeskartellamt.de/SharedDocs/Publikation/DE/Reden/L1/Andreas%20Mundt%20-%20Wettbewerb%20in%20der%20Entsorgungswirtschaft%20aus%20Sicht%20des%20Bundeskartellamtes.html?nn=3591102. Abgerufen 2. Hj. 2016

[56] Vgl. BT-Drucksache 17/13675, Bundeskartellamt, Tätigkeitsbericht 2011/2012, S. 86 f. Der Abschlussbericht dieser Sektoruntersuchung bietet auf dem Stand von 2012 darüber hinaus einen kompakten und guten Überblick über die verpackungsrechtlichen Rahmenbedingungen in Deutschland und die kartellrechtlichen Anforderungen, die vom Bundeskartellamt gestellt werden.

[57] BKartA, Pressemitteilung vom 20.12.2016, Bundeskartellamt startet Sektoruntersuchung Haushaltsabfälle.

Straf- und Ordnungswidrigkeitenrecht 13

Christoph Lepper

13.1 Einführung

> Daß sie wissen, wie sie einen Taschendieb oder einen Autoknacker anzupacken haben, wird den Staatsanwälten in Hessen zugetraut, aber für den richtigen Umgang mit Umweltverschmutzern scheinen sie noch einiges hinzuzulernen zu müssen. Im hessischen Justizministerium in Wiesbaden ist in dieser Woche sogar ein Lehrgang arrangiert worden, der dazu beitragen soll, „Umweltschutz-Staatsanwälte" heranzubilden. Mit dem herkömmlichen Instrumentarium der Strafverfolgung, meinen die Juristen, sei die Umweltkriminalität gar nicht mehr einzudämmen.[1]

Vorstehendes Zitat entstammt einem Bericht der Frankfurter Allgemeinen Zeitung vom 28.04.1972. Die Begrifflichkeiten „Umweltstrafrecht" und „Umweltkriminalität" hatten sich zu Beginn der 1970er-Jahre gerade herausgebildet – in ihrer Ausgabe vom 11.12.1971 war in der Frankfurter Allgemeinen Zeitung bereits von der Einrichtung eines Referats für „Umweltstrafrecht" im Bundesinnenministerium berichtet worden.[2] Obwohl inzwischen mehr als vierzig „Erfahrungsjahre" vergangen sind, dürfte die Materie des Umweltstraf- und Ordnungswidrigkeitenrechts noch immer eine besondere Herausforderung für Behörden, Strafjustiz und Rechtsanwaltschaft darstellen. Die Gründe hierfür liegen auf der Hand – es handelt sich um eine klassische Querschnitts- bzw. Schnittstellenmaterie:

Die Tatbestände des Umweltstraf- und Ordnungswidrigkeitenrechts sind streng *verwaltungsrechtsakzessorisch* ausgestaltet, d. h. der Gesetz- oder Verordnungsgeber belegt ausgewählte – als besonders schwerwiegend empfundene – *Verstöße gegen das Umweltrecht* mit Sanktionen. Verhaltensweisen, die umweltverwaltungsrechtlich nicht zu bean-

[1] F.A.Z. 28.04.1972, S. 10.
[2] F.A.Z. 11.12.1971, S. 6.

C. Lepper (✉)
tdwe Rechtsanwälte
Düsseldorf, Deutschland

P. Kurth et al. (Hrsg.), *Praxishandbuch der Kreislauf- und Rohstoffwirtschaft*,
https://doi.org/10.1007/978-3-658-17045-5_13

standen sind, werden nicht als Straftaten oder Ordnungswidrigkeiten geahndet. Die Frage der Tatbestandsmäßigkeit lässt sich im Bereich des Umweltstraf- und Ordnungswidrigkeitenrechts mithin nur unter Rückgriff auf die Rechtslage, wie sie sich als Folge verwaltungsrechtlicher Regelungen (durch Gesetz, Verordnung oder Verwaltungsakt) darstellt, beantworten. Neben umweltrechtlichen Fragestellungen muss der auf dem Gebiet des Umweltstraf- und Ordnungswidrigkeitenrechts tätige Praktiker jedoch selbstverständlich auch Fragen originärer Straf- und Ordnungswidrigkeitenrechtsdogmatik ventilieren und einer Lösung zuführen – entgegen der Einschätzung der Frankfurter Allgemeinen Zeitung aus 1972 kommt also auch dem „*herkömmlichen Instrumentarium der Strafverfolgung*" eine große Bedeutung zu.

Die nachfolgenden Ausführungen werden nach einer Kurzdarstellung des wesentlichen Normappells ausgewählter Straftatbestände mit Abfallrechtsrelevanz (13.2) diejenigen Rechtsfiguren und Bewertungskriterien des allgemeinen Straf- und Ordnungswidrigkeitenrechts benennen, die auch für den Bereich des Umweltstraf- und Ordnungswidrigkeitenrechts von großer Relevanz sind (z. B. Zurechnungsfragen im Falle des Befasstseins mehrerer Personen mit einem Sachverhalt – 13.3). Sodann werden die Rechtsfolgen skizziert, die für betroffene natürliche Personen[3] und für betroffene Unternehmen mit der Ahndung einer Straftat oder Ordnungswidrigkeit einhergehen können (13.4). Nach Darstellung des üblichen Ablaufs eines (Ermittlungs-)Verfahrens auf dem Gebiet des Umweltstraf- bzw. Ordnungswidrigkeitenrechts (13.5) erfolgen abschließend Hinweise und Verhaltensempfehlungen für den Fall von Durchsuchungsmaßnahmen im Unternehmen (13.6). Da angesichts der enormen Fülle von Straftat- und Ordnungswidrigkeitentatbeständen im Umweltrecht aus Platzgründen nicht einmal annähernd ein repräsentativer Überblick über einzelne Tatbestandsinhalte in diesem Beitrag vermittelt werden kann, wird der Schwerpunkt der Darstellung auf den allgemeinen Ausführungen (13.3 bis 13.6) liegen.

13.2 Normappelle ausgewählter Tatbestände

13.2.1 § 326 StGB

Zentrale Strafnorm für die Entsorgungswirtschaft ist § 326 StGB, welcher den *unerlaubten Umgang mit Abfällen* unter Strafe stellt.

Absatz 1 der Vorschrift sanktioniert den von einschlägigen Gestattungen wesentlich abweichenden Umgang (Sammlung, Beförderung, Behandlung, Verwertung, Lagerung,

[3] Im Interesse einer sprachlichen Vereinfachung wird im Folgenden für die von einem Tatvorwurf betroffenen natürlichen Personen die maskuline Bezeichnung *Beschuldigter* verwendet. Dies trägt nicht zuletzt dem Umstand Rechnung, dass sich die überwiegende Mehrzahl der Ermittlungsverfahren in Deutschland gegen Männer richtet – ein bemerkenswerter Umstand, der in diesem Beitrag nicht weiter vertieft werden kann und soll.

Handel etc.) mit näher definierten besonders gefährlichen Abfällen (z. B. krebserzeugende Stoffe).

Nach § 326 Abs. 2 StGB in der seit dem 10.11.2016 (wieder) geltenden Fassung[4] macht sich strafbar, wer gefährliche Abfälle i. S. d. Absatzes 1 entgegen einem Verbot oder ohne (erforderliche) Genehmigung nach Deutschland, aus Deutschland oder durch Deutschland verbringt.

Absatz 4 stellt einen Versuch der Tatbestandsverwirklichung unter Strafe. Insbesondere bezüglich § 326 Abs. 2 StGB stellt sich die Frage, wann der strafbare Versuch beginnt. Tatbestandliches „Verbringen" erfordert einen grenzüberschreitenden Transport.[5] Fraglich (und umstritten) ist, wann zu einer *Grenzüberschreitung* i. S. v. § 22 StGB mit strafbarkeitsauslösender Wirkung unmittelbar angesetzt wird. Nach einer Auffassung soll bereits mit Beladung des zum Grenzübertritt vorgesehenen Transportmittels unmittelbar angesetzt werden, wenn das Transportmittel nach der Vorstellung des Täters alsbald zur Grenze in Bewegung gesetzt werden soll.[6] Diese Auslegung geht viel zu weit: Versuchsbeginn setzt Handlungen des Täters voraus, die entweder *unmittelbar zur Tatbestandserfüllung* führen oder mit ihr jedenfalls in *unmittelbaren räumlichen und zeitlichen Zusammenhang* stehen.[7] Der Versuch kann dementsprechend erst beginnen, wenn ein Transport in die Nähe der Grenze gelangt ist und zum Grenzübertritt angesetzt wird.[8] Für den Straßentransport bedeutet dies, dass Versuchsbeginn erst angenommen werden kann, wenn das Fahrzeug die letzte Ausfahrt vor der Grenze (Autobahn) oder die letzte Wendemöglichkeit (sonstige Straßen) passiert hat. Werden beabsichtigte Verstöße gegen Verbringungsvorschriften durch Inlandskontrollen vor dieser unmittelbar grenznahen Zone aufgedeckt, liegt mithin noch keine Versuchsstrafbarkeit vor.[9]

Ein ansonsten tatbestandsmäßiges Verhalten ist gemäß § 326 Abs. 6 StGB nach keiner Tatbestandsalternative strafbar, wenn schädliche Einwirkungen auf die Umwelt, insbesondere auf Menschen, Gewässer, die Luft, den Boden, Nutztiere oder Nutzpflanzen, wegen der geringen Menge der Abfälle offensichtlich ausgeschlossen sind.

[4] Absatz 2 wurde durch Gesetz vom 01.11.2016 (BGBl. I S. 2452) in seine vor Änderung durch das 45. Strafrechtsänderungsgesetz zur Umsetzung der Richtlinie des Europäischen Parlaments und des Rates über den strafrechtlichen Schutz der Umwelt (G v. 06.12.2011 – BGBl. I S. 2557) geltende Fassung zurückversetzt.

[5] Vgl. nur Fischer 2017, § 326, Rn. 48a.

[6] So etwa Alt 2014, Rn. 131 m. w. N.; Kropp 2011, 674 (677 f.).

[7] Vgl. nur BGH, NStZ 1989, 473.

[8] So zutr. Ransiek in Kindhäuser et al. 2013, § 326, Rn. 62 m. w. N.; in diese Richtung auch OLG Hamburg, NZWiSt 2016, 146 (m. krit. Anm. Junck und Ogiermann) u. Fischer 2017, § 326, Rn. 48a.

[9] Ransiek in Kindhäuser et al. 2013, § 326, Rn. 63.

13.2.2 §§ 18a, 18b AbfVerbrG

Neben § 326 StGB treten seit dem 10.11.2016 die §§ 18a und 18b des Abfallverbringungsgesetzes (AbfVerbrG), die eine *illegale Verbringung von Abfällen* – als eine spezielle Form des Umgangs mit Abfällen – unter Strafe stellen.[10]

Die vom 14.12.2011 bis zum 10.11.2016 geltende (erheblich verschärfte) Tatbestandsvariante des § 326 Abs. 2, Nr. 1 StGB (a. F.) wurde in die neu geschaffenen §§ 18a, 18b AbfVerbrG ausgelagert. Hiernach macht sich (bereits) strafbar, wer vorsätzlich oder fahrlässig die (unter Verweis auf einzelne Vorschriften der EG-Verordnung Nr. 1013/2006 des Europäischen Parlaments und des Rates vom 14.06.2006[11] näher definierte) illegale Verbringung einer nicht unerheblichen Menge gefährlichen (i. S. v. Art. 3 Nr. 2 RiLi 2008/98/EG – § 18a AbfVerbrG) oder nicht gefährlichen (i. S. v. Art. 3 Nr. 1 RiLi 2008/98/EG – § 18b AbfVerbrG) Abfalls „durchführt". Nicht gefährlicher Abfall ist beispielsweise auch Altpapier.[12] Ein strafbares „illegales Verbringen" (i. S. v. § 18b Abs. 1, Nr. 1 AbfVerbrG i. V. m. Art. 2, Nr. 35, lit. a VO (EG) 1013/2006) kann u. a. bereits vorliegen, wenn in Bezug auf nicht gefährliche Abfälle (i. S. v. Art. 3, Nr. 2 RiLi 2008/98/EG) Notifizierungspflichten verletzt werden. Die Erweiterung der Strafbarkeit auf derartige Ordnungsverstöße im Umgang mit nicht gefährlichen und daher (vergleichsweise) harmlosen Abfällen ist weiterhin[13] nicht recht nachvollziehbar und fügt sich schwerlich ein in die im deutschen Recht gebräuchliche Abstufung zwischen Straftaten und Ordnungswidrigkeiten je nach sozialethischem Gewicht der in Rede stehenden Verhaltensweisen.[14] Hieran vermag auch der Umstand nichts zu ändern, dass § 18b AbfVerbrG für die illegale Verbringung nicht gefährlicher Abfälle eine vergleichsweise milde (und im Vergleich zu § 326 Abs. 2, Nr. 1 StGB a. F. verringerte) Strafandrohung bereithält.[15]

Qualifikationstatbestände mit erhöhter Strafandrohung finden sich in den Absätzen 3 (beharrliche Wiederholung oder Handeln aus Gewinnsucht), 4 (Verursachung bestimmter konkreter Gefahren durch die Verbringung) und 6 (Verbringung mit Todesfolge) der §§ 18a, 18b AbfVerbrG.

[10] Die Strafvorschriften wurden mit Gesetz vom 01.11.2016 (BGBl. I S. 2452) neu in das AbfVerbrG eingefügt.

[11] Abl. L 190 vom 12.07.2006, S. 1, L 318 vom 28.11.2008, S. 15.

[12] Art. 3 Nr. 1 RiLi 2008/98/EG definiert als „Abfall" – jedenfalls für die Zwecke des Strafrechts viel zu weitgehend – jeden Stoff oder Gegenstand, dessen sich sein Besitzer entledigt, entledigen will oder entledigen muss.

[13] Vgl. bereits die diesbezügliche Kritik in der Vorauflage (zu § 326 Abs. 2, Nr. 1 StGB a. F.).

[14] Immerhin wurde im Zuge der „Auslagerung" des Tatbestands der illegalen Verbringung von Abfällen in das AbfVerbrG die bis dato geltende Strafbarkeit der (auch fahrlässigen) unrichtigen Ausfüllung von Notifizierungs- oder Begleitformularen sowie von Versanddokumenten nach Anhang VII (illegale Verbringung i. S. v. Art. 2, Nr. 35, lit. d und lit. g Ziff. iii VO (EG) 1013/2006) aufgehoben. Sie erfüllt lediglich noch einen Ordnungswidrigkeitentatbestand (§ 18 Abs. 2 AbfVerbrG n. F.).

[15] Geldstrafe oder Freiheitsstrafe von bis zu zwei Jahren bei Vorsatz und Geldstrafe oder Freiheitsstrafe von bis zu einem Jahr bei Fahrlässigkeit.

Die neuen Straftatbestände sind als sogenannte unechte Unternehmensdelikte ausgestaltet („*wer eine illegale Verbringung [. . .] durchführt*"), bei denen es für die Tatbestandsmäßigkeit nicht auf die Herbeiführung eines tatbestandlichen Erfolgs ankommt.[16] Tatbestandlich ist bereits die „Durchführung" einer (durch Verweisung auf EU-Recht näher definierten – s. o.) „illegalen Verbringung". Ausweislich der Gesetzgebungsmaterialien bedurfte es nach Auffassung des Gesetzgebers daher nicht der Regelung einer Versuchsstrafbarkeit – der Meinungsstreit zum Versuchsbeginn bei § 326 Abs. 2 StGB[17] sollte für die im AbfVerbrG neu geregelten Straftatbestände obsolet werden.[18] Die Begriffsbestimmungen des Abfallrechts – darunter die Verbringungsdefinition in Art. 2 Nr. 34 VO (EG) 1013/2006 – seien auf die neuen Tatbestände anwendbar. Danach sei „*Verbringung*" jeder *Transport* von zur Verwertung oder Beseitigung bestimmten Abfällen, der (auf eine Grenzüberschreitung gerichtet) „*erfolgt oder erfolgen soll*" – tatbestandlich seien mithin neben dem begonnenen Transport (auch jenseits einer irgendwie gearteten Grenznähe) Vorbereitungshandlungen (z. B. Beladung).[19] Dem kann nicht gefolgt werden: Vor dem Hintergrund der im Strafrecht zugunsten des Beschuldigten bei der Tatbestandsauslegung zwingend zu beachtenden Wortlautgrenze (folgend aus dem Bestimmtheitsgebot – Art. 103 Abs. 2 GG/§ 1 StGB) kommt der Entstehungsgeschichte einer Norm (einschließlich Gesetzgebungsmaterialien) Auslegungsbedeutung nur zu, wenn sie Zweifel an der Richtigkeit einer auf Grundlage anderer Methoden gewonnenen Auslegung bestätigt oder behebt.[20] Ohne Rückgriff auf die Gesetzgebungsmaterialien kommt vorliegend ein Auslegungsergebnis dahingehend, dass Transporte jenseits einer Grenznähe und sogar Vorbereitungshandlungen umfasst sind, indes nicht in Betracht:[21] Der Gesetzgeber hat es unterlassen, in den neuen §§ 18a, 18b AbfVerbrG auf die Verbringungsdefinition des Art. 2 Nr. 34 VO (EG) 1013/2006 zu verweisen. Stattdessen hat er sich auf einen Verweis auf die „Illegalitäts"-Definition des Art. 2 Nr. 35 beschränkt. Der Normanwender muss im Wege der Auslegung (Wortlaut, Systematik) von einer bewussten Differenzierung des Gesetzgebers ausgehen (Begriffsinhalt „Verbringung" nach bisheriger/herkömmlicher Lesart – Begriffsinhalt „illegal" nach VO (EG) 1013/2006).

Es bleibt für die Praxis abzuwarten, wie die Staatsanwaltschaften und Gerichte mit diesem handwerklichen Fehler des Gesetzgebers umgehen. Die Entsorgungswirtschaft muss sich vorsorglich auf eine (vom Gesetzgeber intendierte, aber unzureichend umgesetzte) ausufernde Auslegung einstellen.

---

[16] Vgl. nur die Definition bei Radtke in MüKo-StGB 2017, § 11, Rn. 142 m. w. N.

[17] Vgl. die vorstehenden Ausführungen unter 13.2.1.

[18] Vgl. BT-Drucks. 18/8961 v. 28.06.16, S. 11 und S. 19.

[19] So ausdrücklich BT-Drucks. 18/8961 v. 28.06.16, S. 19.

[20] Vgl. nur BVerfGE 11, 129; 20, 253; 59, 128; 64, 275; Fischer 2017, § 1, Rn. 25.

[21] Vgl. auch die vorstehenden Ausführungen unter 13.2.1. m. Fn. 8 f.

13.2.3 § 327 StGB

Wegen *unerlaubten Betreibens von Anlagen* gemäß § 327 Abs. 2 StGB macht sich (u. a.) strafbar, wer eine nach § 4 BImSchG genehmigungsbedürftige Anlage oder eine Abfallentsorgungsanlage im Sinne des KrWG oder eine Abwasserbehandlungsanlage im Sinne des WHG ohne die erforderliche Genehmigung oder Planfeststellung oder entgegen der vollziehbaren Untersagung einer Behörde betreibt. Es ist für die Strafbarkeit unerheblich, ob durch den ungenehmigten Anlagenbetrieb Gefahren entstehen oder nicht. Die Vorschrift sanktioniert somit bereits bloßen Verwaltungsungehorsam als Straftat.[22]

Durch das 45. Strafrechtsänderungsgesetz vom 06.12.2011[23] hat die Vorschrift eine Erweiterung dahingehend erfahren (Einfügung von Absatz 2, S. 2), dass nunmehr *auch der Betrieb einer ungenehmigten Anlage im EU-Ausland* nach deutschem Recht zu bestrafen ist, wenn die im Ausland gelegene Anlage in einer Weise betrieben wird, die geeignet ist, außerhalb der Anlage Leib oder Leben eines anderen Menschen zu schädigen oder erhebliche Schäden an Tieren oder Pflanzen, Gewässern, der Luft oder dem Boden herbeizuführen.

13.2.4 Ordnungswidrigkeitentatbestände

Eine Darstellung einzelner Ordnungswidrigkeitentatbestände hat in Ansehung der schier unendlichen Anzahl von Tatbeständen in den verschiedensten Gesetzen und Verordnungen in diesem Beitrag sinnvollerweise zu unterbleiben. Für die Entsorgungswirtschaft relevante Ordnungswidrigkeitentatbestände finden sich gegen Ende eines jeden Gesetzes/einer jeden Rechtsverordnung, welches/welche Pflichten der Entsorgungswirtschaft begründet und regelt (z. B. im KrWG, im AbfVerbrG, in der Anzeige- und Erlaubnisverordnung, in der Klärschlammverordnung, in der Altölverordnung, in der Altfahrzeugverordnung, in der Verpackungsverordnung, in der Bioabfallverordnung, in der Gewerbeabfallverordnung, in der Altholzverordnung etc.).

Ordnungswidrigkeitentatbestände entsprechen in ihrem Aufbau Straftatbeständen. Eine überzeugende sanktionsdogmatische Unterscheidung zwischen Straftaten und Ordnungswidrigkeiten steht bislang aus. In der Praxis kann die Unterscheidung hingegen denkbar leicht anhand der jeweiligen Rechtsfolgen unternommen werden: Ordnet der Tatbestand als Sanktion eine Geldbuße an, handelt es sich um eine Ordnungswidrigkeit; im Falle der Androhung von Geld- oder Freiheitsstrafe handelt es sich um einen Straftatbestand. Verfahrensrechtlich besteht ein Unterschied dahingehend, dass der Gesetzgeber die Ahndung von Ordnungswidrigkeiten zunächst der Verwaltung überlässt, wohingegen Straftaten von der Justiz geahndet werden. Was die durch die Tatbestände regulierten Lebenssachverhalte betrifft, so sanktionieren Ordnungswidrigkeitentatbestände

[22] Fischer 2017, § 327, Rn. 2 m. w. N.
[23] Siehe Fn. 4.

grundsätzlich missbilligtes Verhalten von geringerem sozialethischem Gewicht als Straftatbestände.[24]

13.3 Besonders relevante „allgemeine" Rechtsfiguren und Bewertungskriterien

Die überwiegende Mehrzahl der Tatbestände des Umweltstraf- und Ordnungswidrigkeitenrechts – darunter auch die §§ 326, 327 StGB – sanktioniert sowohl vorsätzliches als auch fahrlässiges Handeln. Vorsätzlich handelt bereits, wer die Tatbestandsverwirklichung für möglich hält und billigend in Kauf nimmt[25] – vorsätzliches Handeln verlangt nicht etwa Absicht. Fahrlässig handelt, wer gegen eine Sorgfaltspflicht verstößt und hierdurch ein Rechtsgut beeinträchtigt, wenn der Täter die Rechtsgutsbeeinträchtigung hätte vorhersehen und vermeiden können.[26]

Auch bloße Untätigkeit kann eine Tatbestandsverwirklichung bewirken, wenn der Täter Adressat einer Handlungspflicht (etwa aus Gesetz) ist und diese verletzt (Tatbegehung durch Unterlassen – § 13 StGB bzw. § 8 OWiG).

Im Falle der Nichtvollendung eines Umweltdelikts kann unter bestimmten Voraussetzungen eine Ahndung wegen Versuchs erfolgen (§ 22 f. StGB bzw. § 13 OWiG).

Nicht nur der unmittelbar Handelnde (Bsp.: LKW-Fahrer A kippt Abfälle widerrechtlich ab) kann straf- bzw. ordnungswidrigkeitenrechtlich sanktioniert werden:

Im Bereich des Strafrechts kann ein gemeinsamer Tatplan und ein arbeitsteiliges Vorgehen mehrerer Personen bei der Tatbestandsverwirklichung (Bsp.: absprachegemäß hat A den Abfall aufgeladen und B hat ihn später absprachegemäß widerrechtlich abgekippt) eine strafrechtliche Haftung als Mittäter (§ 25 Abs. 2 StGB), das Hervorrufen des Tatentschlusses beim Haupttäter (Bsp.: Vorarbeiter A weist B an, den Abfall widerrechtlich abzukippen) eine strafrechtliche Haftung als Anstifter (§ 26 StGB) und die Unterstützung des Haupttäters (Bsp.: A weiß, dass B Abfall widerrechtlich in X abkippen will und gibt ihm eine Wegbeschreibung) eine strafrechtliche Haftung als Gehilfe (§ 27 StGB) auslösen. Als mittelbarer Täter (§ 25 Abs. 1, Var. 2 StGB) wird bestraft, wer den unmittelbar Handelnden manipuliert und hierdurch wie eine Marionette lenkt (Bsp.: Vorarbeiter A belässt B in dem [falschen] Glauben, die von ihm transportierte und später abgekippte Ladung dürfe auf Grundlage der Betriebsgenehmigung in die Deponie eingebracht werden).

Im Ordnungswidrigkeitenrecht (vgl. § 14 OWiG) gilt der sog. Einheitstäterbegriff.[27] Sämtliche vorstehend für den Bereich des Strafrechts dargestellten Täterschafts-/Beteiligungsformen führen zu einer (einheitstäterschaftlichen) Tatverantwortlichkeit auch im Ordnungswidrigkeitenrecht.

[24] Bohnert et al. 2016, § 1 OWiG, Rn. 3 f.
[25] Vgl. nur Fischer 2017, § 15, Rn. 9 ff. m. w. N.
[26] Vgl. nur Fischer 2017, § 15, Rn. 12 ff. m. w. N.
[27] Vgl. hierzu Rengier in Senge 2014, § 14, Rn. 4 ff.

13.4 Rechtsfolgen einer Ahndung

Zahlreiche Rechtsfolgen können für die Beschuldigten sowie für das betroffene Unternehmen mit der Ahndung einer Straftat oder Ordnungswidrigkeit einhergehen.

13.4.1 Rechtsfolgen für den Beschuldigten/Betroffenen

13.4.1.1 Rechtsfolgen der Ahndung einer Straftat

Die Begehung einer Umweltstraftat kann – je nach Strafrahmen des jeweiligen Tatbestands – mit Geldstrafe oder Freiheitsstrafe geahndet werden. Geldstrafen werden in Deutschland nicht als Gesamtsumme, sondern in Tagessätzen verhängt (§ 40 Abs. 1 StGB), wobei sich die Höhe eines Tagessatzes an demjenigen Nettoeinkommen ausrichtet, welches der Beschuldigte (rechnerisch) an einem Tag erwirtschaftet (§ 40 Abs. 2 StGB). Geldstrafen erscheinen in einem (einfachen) Führungszeugnis nach dem Bundeszentralregistergesetz nur, wenn sie über neunzig Tagessätze hinausgehen (d. h. ab einer Verhängung von einundneunzig Tagessätzen – vgl. § 32 Abs. 2, Nr. 5a BZRG) oder wenn mehr als eine Verurteilung im Register eingetragen ist. Konsequenterweise darf sich der Verurteilte als unbestraft bezeichnen und braucht den der Verurteilung zugrunde liegenden Sachverhalt – etwa einem Arbeitgeber gegenüber – nicht zu offenbaren, wenn gegen ihn eine Geldstrafe von weniger als einundneunzig Tagessätzen verhängt wurde (§ 53 Abs. 1, Nr. 1 BZRG – sofern nicht im Register mehr als eine Verurteilung eingetragen ist [s. o.]). Freiheitsstrafen werden in ein (einfaches) Führungszeugnis eingetragen und müssen ggü. einem Auskunftsberechtigten offenbart werden, wenn sie über drei Monate hinausgehen oder wenn mehr als eine Verurteilung im Register vermerkt ist (§§ 32 Abs. 2, Nr. 5b; 53 Abs. 1, Nr. 1 BZRG). Freiheitsstrafen, die zwei Jahre nicht übersteigen, können zur Bewährung ausgesetzt werden (§ 56 Abs. 2 StGB).

Innerhalb des Strafrahmens des jeweiligen Tatbestands setzt das Gericht die Strafe unter Abwägung aller für und gegen den Beschuldigten sprechenden Umstände des Einzelfalls auf Grundlage des Maßes der Schuld des Beschuldigten fest (§ 46 StGB).[28]

Hat der Beschuldigte unter grober Verletzung der mit seinem Beruf verbundenen Pflichten gehandelt – entsprechende Konstellationen sind im Bereich des Umweltstrafrechts häufig anzutreffen –, so kann das Gericht ein mehrjähriges Berufsverbot anordnen (§ 70 StGB).

Eine Verurteilung wegen Umweltstraftaten führt weder zur Unfähigkeit, Geschäftsführer einer GmbH zu sein (vgl. § 6 GmbHG), noch zu einer Eintragung der Verurteilung im Gewerbezentralregister (vgl. § 149 GewO). Beschuldigte Amtsträger werden sich im Nachgang des Strafverfahrens in aller Regel in einem Disziplinarverfahren zu verantwor-

[28] Ein kompakter Überblick über die Kriterien der Strafzumessung findet sich in der Kommentierung von Fischer 2017, § 46.

ten haben. Die dort drohenden massiven Rechtsfolgen (z. B. Entfernung aus dem Dienst, Verlust von Pensionsansprüchen) können hier nicht vertieft werden.

Sofern der Beschuldigte für oder aus der Straftat einen Vermögensvorteil erlangt hat, kann das Gericht einen entsprechenden Geldbetrag einziehen (§§ 73 ff. StGB). Dieser Betrag kann in der Folge bei dem Verurteilten vollstreckt werden.

Praxishinweis Die Nebenfolgen einer strafgerichtlichen Verurteilung (drohendes Berufsverbot; disziplinarrechtliche Folgen bei Amtsträgern; wirtschaftliche Konsequenzen einer Verfallsanordnung etc.) werden in der Praxis bei der Einschätzung und Bewertung des dem Ermittlungsverfahren innewohnenden Risikos häufig außer Acht gelassen oder unterschätzt. Die Nebenfolgen können für den Betroffenen indes deutlich schwerwiegender und existenzbedrohender sein als die ausgeurteilte Strafe an sich. Insbesondere für den Fall einer konsensualen Erledigung des Strafverfahrens („Deal") müssen die Nebenfolgen bedacht und verhandelt werden.

Sofern das Ermittlungsverfahren wegen Geringfügigkeit gemäß § 153 StPO oder gegen Auflagen (in der Regel gegen Geldzahlung an die Staatskasse oder gemeinnützige Einrichtungen) gemäß § 153a StPO eingestellt wird, liegt bereits keine Ahndung einer Straftat vor. In den genannten Fällen einer Verfahrenseinstellung gilt vielmehr die Unschuldsvermutung fort.[29] Auch bei aussichtsreicher Freispruchverteidigung kann es vor diesem Hintergrund empfehlenswert sein, einem langwierigen und kostspieligen Verfahren einen schnellen Verfahrensabschluss aus Opportunitätsgründen (§§ 153, 153a StPO) vorzuziehen.

13.4.1.2 Rechtsfolgen der Ahndung einer Ordnungswidrigkeit

Die Begehung von Umweltordnungswidrigkeiten wird mit der Verhängung einer Geldbuße geahndet. Sofern das Gesetz, welches den in Rede stehenden Ordnungswidrigkeitentatbestand enthält, keine spezielle Regelung enthält, können Geldbußen nur bis zu einem Höchstbetrag von 1000,– EUR verhängt werden (§ 17 Abs. 1 OWiG). Ordnungswidrigkeiten etwa nach § 69 Abs. 1 KrWG können mit einer Geldbuße von bis zu 100.000,– EUR geahndet werden (§ 69 Abs. 3 KrWG). Grundlage für die Zumessung der Geldbuße sind die Bedeutung der Ordnungswidrigkeit und der Vorwurf, der den Täter trifft, sowie die wirtschaftlichen Verhältnisse des Täters (§ 17 Abs. 3 OWiG).

Die rechtskräftige Ahndung einer Ordnungswidrigkeit, die – wie regelmäßig im Bereich des Umweltordnungswidrigkeitenrechts – bei oder in Zusammenhang mit der Ausübung eines Gewerbes oder dem Betrieb einer wirtschaftlichen Unternehmung begangen wurde, wird in das Gewerbezentralregister eingetragen, sofern eine Geldbuße von mehr als 200,– EUR verhängt wird (§ 149 Abs. 2, Nr. 3a GewO). Beschuldigte Amtsträger müssen sich ggf. auch im Nachgang eines Ordnungswidrigkeitenverfahrens disziplinarrechtlich verantworten.

[29] BVerfG, MDR 1991, 892 sowie BVerfGE 74, 358 (373); 82, 106 (116).

Auch in Bezug auf Vermögensvorteile, die der Betroffene für oder aus einer Ordnungswidrigkeit erlangt hat, erfolgt eine Abschöpfung. Wenn wegen der Ordnungswidrigkeit eine Geldbuße verhängt wird, erfolgt die Abschöpfung über die Regelung des § 17 Abs. 4 OWiG („Einpreisung" der inkriminierten Vermögensvorteile in die Geldbuße) – wenn eine Geldbuße nicht festgesetzt wird (im Falle etwa einer Einstellung des Verfahrens aus Opportunitätsgründen), erfolgt die Abschöpfung durch Einziehung gemäß § 29a OWiG.

13.4.2 Rechtsfolgen für das betroffene Unternehmen

Zwar ist dem deutschen Recht ein Unternehmensstrafrecht fremd – als Folge des Schuldprinzips kommen ausschließlich natürliche Personen als Beschuldigte/Betroffene eines Ermittlungsverfahrens in Betracht. Gleichwohl können mit der Ahndung von Straftaten und Ordnungswidrigkeiten, die von Mitarbeitern begangen wurden, empfindliche Rechtsfolgen auch gegen das Unternehmen festgesetzt werden:

Gegen ein Unternehmen kann gemäß § 30 Abs. 1 OWiG eine Geldbuße verhängt werden, wenn eine dort in leitender Funktion tätige Person eine Straftat oder Ordnungswidrigkeit begangen hat, durch die Pflichten, welche das Unternehmen treffen, verletzt worden sind oder durch die das Unternehmen bereichert worden ist oder werden sollte. Pflichten, welche das Unternehmen treffen, sind solche betriebsbezogenen Pflichten, die im Besorgungsbereich des Unternehmens stehen.[30] Hierzu zählen insbesondere umweltrechtliche Pflichten.[31] Die Unternehmensgeldbuße kann im Falle einer vorsätzlichen „Anlassstraftat" eines leitenden Funktionsträgers bis zu 10 Mio. EUR und im Falle einer fahrlässigen „Anlassstraftat" bis zu 5 Mio. EUR betragen. Im Falle einer „Anlassordnungswidrigkeit" bestimmt sich das Höchstmaß der Unternehmensgeldbuße nach dem für die „Anlassordnungswidrigkeit" angedrohten Höchstmaß der Geldbuße (§ 30 Abs. 2 OWiG), welches sich für die Unternehmensgeldbuße aber verzehnfacht, wenn in dem jeweiligen Ordnungswidrigkeitentatbestand auf § 30 Abs. 2, S. 3 OWiG verwiesen wird. Die Unternehmensgeldbuße kann selbst dann festgesetzt werden, wenn ein Verfahren gegen die natürliche Person wegen der „Anlasstat" nicht eingeleitet worden ist oder wenn es eingestellt oder wenn dort von Strafe abgesehen wird (sog. selbstständige Unternehmensgeldbuße – § 30 Abs. 4 OWiG).

Sofern das Unternehmen für oder aus einer Straftat oder Ordnungswidrigkeit eines Mitarbeiters Vermögensvorteile erlangt hat – etwa die Ersparnis der bei regelkonformer Entsorgung von Abfällen anfallenden Kosten –, erfolgt zudem eine Abschöpfung des entsprechenden Vermögenswerts beim Unternehmen. In aller Regel dürften Vermögensvorteile aus einer Umweltstraftat oder -ordnungswidrigkeit bei einem Unternehmen und nicht im persönlichen Vermögen des Beschuldigten entstehen; der Vermögensabschöp-

[30] Bohnert et al. 2016, § 30 OWiG, Rn. 32.
[31] Bohnert et al. 2016, § 30 OWiG, Rn. 34.

fung gegen Unternehmen kommt im Bereich des Umweltstraf- und Ordnungswidrigkeitenrechts mithin sehr große Relevanz zu. Die „inkriminierten" Vermögensvorteile des Unternehmens werden entweder über die Regelung der §§ 17 Abs. 4, 30 Abs. 3 OWiG („Einpreisung" der inkriminierten Vermögensvorteile in die Unternehmensgeldbuße) oder über selbstständige Einziehung abgeschöpft.

► **Praxishinweis** Nahezu jedem Ermittlungsverfahren wegen des Verdachts einer Umweltstraftat oder Umweltordnungswidrigkeit gegen leitende Funktionsträger des Unternehmens wohnt die Gefahr einer empfindlichen Vermögensabschöpfung beim Unternehmen inne. Vor diesem Hintergrund muss das Unternehmen ein Interesse daran haben, dass der beschuldigte Funktionsträger in dem ihn persönlich betreffenden Ermittlungsverfahren von Beginn an adäquat verteidigt wird.

13.5 Ablauf eines (Ermittlungs-)Verfahrens

Sobald den zuständigen Behörden zureichende tatsächliche Anhaltspunkte dafür vorliegen, dass eine Straftat begangen wurde (= Anfangsverdacht – vgl. § 152 Abs. 2 StPO), sind sie verpflichtet, ein Ermittlungsverfahren einzuleiten, um den Sachverhalt zu ermitteln. Die Einleitung eines Ahndungsverfahrens wegen des Verdachts der Begehung einer Ordnungswidrigkeit steht dagegen im Ermessen der jeweiligen Behörde (§ 47 Abs. 1, S. 1 OWiG) – in der Praxis werden jedoch auch auf dem Gebiet des Ordnungswidrigkeitenrechts, von Bagatellfällen abgesehen, in aller Regel Verfahren eingeleitet, sobald ein Anfangsverdacht offenbar wird.

Als Quellen für Anfangsverdachte kommen Anzeigen, Mitteilungen anderer Behörden, eigene Wahrnehmungen der Ermittlungsbehörde, Zeitungsberichte o. ä. in Betracht. Was den Bereich der (Straf-)Anzeigen anbetrifft, so ist ein Missverständnis dahingehend verbreitet, dass anonyme Anzeigen nicht bearbeitet oder wenigstens nicht ernst genommen würden. Das Gegenteil ist der Fall: Zahlreiche Großverfahren – auch und gerade auf dem Gebiet des Umweltrechts – gehen auf anonyme Anzeigen zurück. Häufig stellt sich im Laufe der Verfahren heraus, dass ein im Streit aus dem Unternehmen geschiedener Mitarbeiter sein Belastungswissen über den (vormaligen) Arbeitgeber anonym an die Behörden gereicht hat.

Nach Einleitung eines Verfahrens unternehmen es die Behörden, den Sachverhalt zu ermitteln. Als Beweismittel kommen im Straf- und Ordnungswidrigkeitenrecht Zeugenaussagen, Urkunden, Gegenstände des Augenscheins, Sachverständigengutachten sowie Erklärungen des Beschuldigten in Betracht. An diesem Kanon der Beweismittel richten sich die Ermittlungsmaßnahmen der Behörden aus: Urkunden und Gegenstände des Augenscheins können – etwa im Zuge einer Durchsuchung – sichergestellt oder beschlagnahmt werden; Zeugen können vernommen werden; Sachverständigengutachten können eingeholt werden. Sobald der Zweck des Ermittlungsverfahrens hierdurch nicht mehr gefährdet wird, ist dem Beschuldigten mitzuteilen, dass und weswegen gegen ihn ermittelt wird. Der Beschuldigte hat das Recht – nicht die Pflicht – sich mündlich oder schriftlich zum Vorwurfssachverhalt zu äußern. Er kann sich eines Verteidigers bedienen und hat das Recht, über diesen die Ermittlungsakten einzusehen. Dem Akteneinsichtsrecht kommt überragende Bedeutung zu: Nur derjenige, der weiß, welche konkreten Vorwürfe ihm gegenüber im Raume stehen und der weiß, wie sich für die Ermittlungsbehörden die Beweislage darstellt, kann sich sachgerecht verteidigen.

► **Praxishinweis** Es ist grundsätzlich davon abzuraten, sich als Beschuldigter ohne vorherige Konsultation eines Verteidigers und ohne Einsicht in die Ermittlungsakten zu einem Tatvorwurf zu äußern. Dies gilt gleichermaßen für den „unschuldigen" wie für den „schuldigen" Beschuldigten.

Neben der Möglichkeit des Beschuldigten, eine Erklärung zum Tatvorwurf abzugeben, kann er gegenüber den Ermittlungsbehörden anregen, bestimmte Beweise zu erheben (z. B. Anregung der Vernehmung eines Entlastungszeugen). Die Mitwirkungsrechte des Beschuldigten im frühen Stadium des Ermittlungsverfahrens sind wichtig und hilfreich und werden in der Praxis häufig unterschätzt. Es ist in aller Regel leichter, Ermittlungsbehörden von der straf- oder ordnungswidrigkeitenrechtlichen Unbedenklichkeit eines Sachverhalts zu überzeugen, wenn die entsprechenden Entlastungsargumente frühzeitig – jedoch erst nach Konsultation eines Verteidigers und nach Akteneinsicht (s. o.) – vorgebracht werden. Sobald sich eine Behörde mit Abschluss der Ermittlungen einmal festgelegt hat, wird sie ungleich schwerer umzustimmen sein.

► **Praxishinweis** Es ist grundsätzlich davon abzuraten, nach Bekanntwerden eines Tatvorwurfs „den Kopf in den Sand zu stecken" und eine Anklage oder den Erlass eines Bußgeldbescheids abzuwarten. Eine engagierte Verteidigung bereits im Stadium des Ermittlungsverfahrens erspart häufig eine zeitaufwendige, nervenaufreibende und kostspielige Auseinandersetzung in einer gerichtlichen Hauptverhandlung.

Mit Abschluss der Ermittlungen – in komplexen Verfahren können seit Verfahrenseinleitung mehrere Jahre vergangen sein – entscheidet die Staatsanwaltschaft als Ermittlungsbehörde in Strafsachen, ob sie das Verfahren mangels Tatverdacht einstellt (§ 170 Abs. 2 StPO), ob sie das Verfahren wegen Geringfügigkeit (§ 153 StPO) oder gegen Auflagen (in der Regel gegen Geldzahlung an die Staatskasse oder gemeinnützige Einrichtungen) einstellt (§ 153a StPO) oder ob sie Anklage erhebt (§ 170 Abs. 1 StPO) bzw. den Erlass eines Strafbefehls (§ 407 Abs. 1 StPO) beantragt. In Ordnungswidrigkeitenverfahren entscheidet die Verfolgungsbehörde, ob sie das Verfahren mangels Tatverdacht oder aus Opportunitätsgründen einstellt[32] (§ 47 Abs. 1 OWiG) oder ob sie einen Bußgeldbescheid erlässt (§ 65 OWiG).

[32] Eine Einstellung gegen Auflagen ist im Ordnungswidrigkeitenrecht im Unterschied zum Strafverfahren nicht vorgesehen.

Auf eine Anklageerhebung folgt im Strafverfahren – wenn das Gericht die Anklageschrift zulässt (in der Praxis der mit Abstand häufigste Fall) – die Hauptverhandlung. Diese endet mit einer Verurteilung oder einem Freispruch, sofern das Verfahren nicht zuvor in der Hauptverhandlung nach § 153 oder § 153a StPO eingestellt wird. Nach Einspruch gegen einen Bußgeldbescheid in Ordnungswidrigkeitensachen wird die Sache über die Staatsanwaltschaft ebenfalls einem gerichtlichen Hauptverfahren zugeführt – das Amtsgericht entscheidet über den Bußgeldbescheid.

Zwar stehen gegen erstinstanzliche gerichtliche Entscheidungen im Straf- und Ordnungswidrigkeitenrecht Rechtsmittel zur Verfügung. Lediglich im Falle wenig gravierender Strafvorwürfe, die erstinstanzlich vor dem Amtsgericht verhandelt werden, sieht das Gesetz jedoch eine zweite Tatsacheninstanz (Berufung zum Landgericht) vor. Gegen erstinstanzliche Strafurteile der Landgerichte steht demgegenüber einzig das Rechtsmittel der Revision zum Bundesgerichtshof zur Verfügung, welches auf eine reine Rechtskontrolle beschränkt ist und dessen Erfolgsquote als gering bezeichnet werden kann.[33] Gegen erstinstanzliche gerichtliche Entscheidungen in Bußgeldsachen kann Rechtsbeschwerde zum Oberlandesgericht eingelegt werden – vorstehende Ausführungen zur Revision gelten für die Rechtsbeschwerde entsprechend.

▶ **Praxishinweis** Wer im gerichtlichen Straf-/Ordnungswidrigkeitenverfahren auf die zweite Instanz hofft, geht ein sehr hohes Risiko ein. Beschuldigter und Verteidigung haben alles daran zu setzen, ein tragbares Ergebnis bereits in der ersten Instanz zu erzielen.

13.6 Durchsuchungsmaßnahmen

Sofern ein Ermittlungsverfahren Tatvorwürfe zum Gegenstand hat, die von einigem Gewicht sind, werden der Beschuldigte und das Unternehmen, für welches er tätig ist, von der Existenz des Ermittlungsverfahrens häufig (erst) im Zuge einer Durchsuchungsmaßnahme Kenntnis erhalten. Durchsuchungsmaßnahmen sind für die Betroffenen überaus unangenehm – unerwartet und ungebeten verschaffen sich staatliche Organe Zutritt in und Zugriff auf einen Bereich, der normalerweise nur einem begrenzten Personenkreis offensteht. Die ungewöhnliche und unangenehme Durchsuchungssituation lädt die Betroffenen dazu ein, strategische Fehler zu begehen – ein Umstand, der Ermittlungsbehörden durchaus bekannt ist und der bisweilen auch ganz bewusst nutzbar gemacht wird.

▶ **Praxishinweis** Bestandteil eines adäquaten Risikomanagements im Unternehmen sollte auch die Vorbereitung auf ein Durchsuchungsszenario sein. Entspre-

[33] Ausweislich des Tätigkeitsberichts des Bundesgerichtshofs (http://www.bundesgerichtshof.de/DE/Service/Statistik/Taetigkeitsberichte/Taetigkeit2015/taetigkeit2015_node.html#Strafsenate. Abgerufen 2. Hj. 2016) wurden von den in 2015 erledigten Revisionen (insgesamt 2919 Fälle) allein 72,8 % (2125 Fälle) im Beschlusswege als „offensichtlich unbegründet" verworfen.

chende Schulungen/Workshops können helfen, folgenschwere Fehler in der Situation einer Durchsuchung zu vermeiden.

13.6.1 Materielle Durchsuchungsvoraussetzungen

Zwar stellt Art. 13 Abs. 1 GG auch Geschäftsräume unter den besonderen Schutz des Grundgesetzes gegen staatliche Eingriffe. In Ausfüllung der Grundrechtsschranken in Art. 13 Abs. 2 GG hat die Strafprozessordnung jedoch Regelungen geschaffen (die über § 46 Abs. 1 u. 2 OWiG auch für das Verfahren in Ordnungswidrigkeitensachen gelten), welche den Ermittlungsbehörden *weitreichende Durchsuchungsbefugnisse* einräumen und diese Befugnisse an *wenige materiell-einschränkende Voraussetzungen* knüpfen.

Beim Beschuldigten (etwa in dessen Privatwohnung, KFZ oder dem ausschließlich von ihm genutzten Büroraum) kann gemäß § 102 StPO durchsucht werden, wenn der (bloße) Anfangsverdacht einer Straftat oder Ordnungswidrigkeit besteht, wenn zudem die begründete Aussicht besteht, dass die Durchsuchung zur Auffindung relevanter Beweismittel führen wird und wenn die Durchsuchung verhältnismäßig ist.

Bei jedem unverdächtigen (!) Dritten – etwa bei einem Zeugen, beim Geschädigten oder in den Räumen des Unternehmens[34], für welches der Beschuldigte tätig war – kann gemäß § 103 StPO unter strenger Beachtung des Verhältnismäßigkeitsgrundsatzes ebenfalls durchsucht werden, wenn der Anfangsverdacht einer Straftat oder Ordnungswidrigkeit besteht und wenn Tatsachen die Wahrscheinlichkeit begründen, dass die Durchsuchung zur Auffindung relevanter Beweismittel führen wird.

Die Voraussetzungen der Durchsuchungen beim Beschuldigten unterscheiden sich mithin nur hinsichtlich des erforderlichen Überzeugungsgrads in Bezug auf die Eignung der Durchsuchung, relevante Beweismittel zu generieren, sowie hinsichtlich der Strenge der Auslegung des Verhältnismäßigkeitsgrundsatzes von den Voraussetzungen für eine Durchsuchung beim unverdächtigen Dritten.

13.6.2 Formelle Durchsuchungsvoraussetzungen

In formeller Hinsicht dürfen Durchsuchungen – in Abwesenheit eines Vorliegens von Gefahr im Verzug – nur auf Grundlage richterlicher Anordnung erfolgen (§ 105 Abs. 1 StPO/Art. 13 Abs. 2 GG). Durchgeführt werden Durchsuchungsmaßnahmen in aller Regel von Ermittlungspersonen der Staatsanwaltschaften (= Polizeibeamte) bzw. Ermittlungspersonen der Ermittlungsbehörden in Ordnungswidrigkeitensachen. Richter oder Staats-

[34] Unternehmen kommen nach dem deutschen Straf- und Ordnungswidrigkeitenrecht als juristische Personen von vornherein nicht als Beschuldigte in Betracht (vgl. die vorstehenden Ausführungen unter 13.4.2). Durchsuchungen im Unternehmen (außerhalb der Räumlichkeiten, die klar und ausschließlich einem Beschuldigten zuordbar sind) erfolgen daher stets auf Grundlage von § 103 StPO, auch wenn etwa der Geschäftsführer des Unternehmens Beschuldigter ist.

anwälte müssen bei Durchsuchungsmaßnahmen nicht anwesend sein (arg. § 105 Abs. 2, S. 1 StPO) – inzwischen dürfen „einfache" Ermittlungspersonen im Zuge einer Durchsuchung auch Papiere durchsehen (§ 110 Abs. 1 StPO).

Die Durchsuchungsanordnung, die im Durchsuchungszeitpunkt nicht „älter" als sechs Monate sein darf,[35] muss das Vorliegen sämtlicher Durchsuchungsvoraussetzungen sowie den Durchsuchungszweck darlegen und begründen.[36] In der Praxis bleiben Durchsuchungsbeschlüsse nicht selten hinter diesen Voraussetzungen zurück (z. B. ungenaue Umschreibung der gesuchten Gegenstände; fehlende Darlegungen zur Auffindungswahrscheinlichkeit) und sind mithin rechtswidrig.

Durchsuchungsbeamte können jedoch zeitnah – u. U. binnen weniger Minuten – einen (telefonischen) Korrekturbeschluss des Ermittlungsrichters erwirken. Zudem stellt die prozessuale Unverwertbarkeit von Beweismitteln, welche im Wege einer rechtswidrigen Durchsuchung gewonnen wurden, nach deutschem Prozessrecht die absolute Ausnahme dar.[37] Hieraus folgt, dass es kaum gelingen wird, eine einmal begonnene Durchsuchungsmaßnahme abzuwenden. Etwaige Einwände gegen die Rechtmäßigkeit der Durchsuchung können jedoch als Verhandlungsmasse im Dialog mit den Ermittlern hinsichtlich der Art und Weise (Umfang etc.) der Durchführung der Durchsuchung nutzbar gemacht werden.

13.6.3 Durchführung der Durchsuchung

Unter Beachtung des Verhältnismäßigkeitsgrundsatzes können anlässlich einer Durchsuchung (Original-)Unterlagen, Mobiltelefone, Computer, Server, Datenträger etc. sichergestellt oder beschlagnahmt werden. Innerhalb eines den Ermittlungspersonen zumutbaren Zeitrahmens hat jedoch bereits vor Ort eine Separierung von relevantem und irrelevantem Material zu erfolgen – die Beamten dürfen nicht „alles" auf Verdacht mitnehmen.[38] Soweit der Durchsuchungsablauf hierdurch nicht unangemessen gestört wird, ist dem Durchsuchungsbetroffenen zudem Gelegenheit zu geben, vor Ort Fotokopien der sichergestellten Unterlagen anzufertigen, damit im laufenden Geschäftsbetrieb wenigstens auf die Fotokopien der Geschäftsunterlagen zurückgegriffen werden kann.[39] Als „milderes Mittel" im Vergleich zu einer Mitnahme der gesamten EDV (Server) dürfte regelmäßig eine Spiegelung des Datenbestands vor Ort einzufordern sein – die Ermittlungsbehörden sind diesbezüglich inzwischen technisch hervorragend ausgestattet.

Sofern eine Durchsuchung Beweismittel zutage fördert, die Hinweis geben auf eine bislang unentdeckte Straftat/Ordnungswidrigkeit, dürfen diese „Zufallsfunde" einstweilen in Beschlag genommen und können zum Beweismittel in einem neuen Ermittlungsverfahren

[35] BVerfG, NJW 1997, 2165 ff.
[36] BVerfG, NStZ-RR 2005, 203 ff.
[37] Vgl. etwa BGH, NStZ-RR 2007, 242 f.
[38] Es handelt sich hierbei um eine rechtsstaatliche Selbstverständlichkeit – vgl. ausdrücklich etwa OLG Jena, NJW 2001, 1290 (1292).
[39] Park 2015, Rn. 646 m. w. N.

gemacht werden (vgl. § 108 Abs. 1 StPO). Eine gezielte Suche nach Zufallsfunden ist hingegen unzulässig.[40]

Ein emotionaler Ausnahmezustand bei den Durchsuchungsbetroffenen führt nicht selten zu unbedachten Äußerungen ggü. den Durchsuchungsbeamten. Beschuldigte haben ein umfassendes Schweigerecht und sollten hiervon in einer Durchsuchungssituation Gebrauch machen. Auch Zeugen sind ggü. der Polizei nach derzeit geltendem Recht nicht zur Aussage verpflichtet. Im Falle einer (ggf. mündlichen) Zeugenladung durch einen Staatsanwalt vor Ort besteht indes eine Aussagepflicht des Zeugen. Einem mündlich vorgeladenen Zeugen darf jedoch das Recht nicht abgeschnitten werden, einen anwaltlichen Zeugenbeistand hinzuzuziehen (vgl. § 68b Abs. 1, S. 1 StPO). Eine anwaltliche Zeugenbeistandschaft dürfte kaum kurzfristig zu organisieren sein und wird in aller Regel zu einer Verschiebung der Zeugenvernehmung führen.[41] Zu beachten ist, dass Äußerungen außerhalb einer förmlichen Vernehmungssituation (sog. Spontanäußerungen – solche werden seitens der Betroffenen fälschlicherweise häufig als folgenlose und informelle Unterhaltung wahrgenommen) von den Beamten in Vermerken aufgezeichnet werden und Eingang in die Ermittlungsakte finden.

Jedwede Vernichtung von Beweismitteln hat ebenso wie das Beiseiteschaffen von Beweismitteln zwingend zu unterbleiben – andernfalls droht den Beschuldigten Untersuchungshaft (Verdunkelung) und den sonstigen Beteiligten Strafverfolgung wegen Strafvereitelung.

► **Verhaltensempfehlungen für Durchsuchungssituationen** Bemühen um Eingrenzung/Begrenzung der Maßnahme im Dialog mit den Ermittlungsbeamten (ggf. unter Verwendung etwaiger Einwände gegen die Rechtmäßigkeit der Maßnahme als Verhandlungsmasse).
Sicherstellung der Arbeitsfähigkeit des Unternehmens (Bemühen um Anfertigung von Fotokopien etc.).
Inanspruchnahme prozessualer Schweigerechte/des Rechts auf Zuziehung eines Zeugenbeistands.
Keine Vernichtung von Beweismaterial/kein Beiseiteschaffen von Beweismaterial.

Literatur

Alt R (2014) § 326. In: Joecks W, Miebach K (Hrsg) Münchener Kommentar zum StGB. C. H. Beck, München

Bohnert J, Krenberger B, Krumm C (2016) Ordnungswidrigkeitengesetz. C. H. Beck, München

[40] Vgl. Krekeler 1993, 263 (267) m. w. N.

[41] Jedenfalls bei umfangreichen und schwierigen Vernehmungen haben die Strafverfolgungsbehörden darauf zu achten, dass der Zeuge tatsächlich Gelegenheit hat, einen anwaltlichen Zeugenbeistand hinzuzuziehen und erst in dessen Begleitung zur Vernehmung erscheinen muss (Meyer-Goßner und Schmitt 2016, § 68b, Rn. 3).

F. A. Z. (1971) Nr. 287 (11.12.1971) S. 6

F. A. Z. (1972) Nr. 99 (28.04.1972), S. 10

Fischer T (2017) Strafgesetzbuch. C. H. Beck, München

Kindhäuser U, Neumann U, Paeffgen H (2013) Strafgesetzbuch (StGB). Nomos Verlagsgesellschaft, Baden-Baden

Krekeler W (1993) Beweisverwertungsverbote bei fehlerhaften Durchsuchungen. NStZ 6: 263–268

Kropp O (2011) Der Begriff der Abfallverbringung in § 326 II StGB im Lichte des EU-Rechts – Änderungen nach Umsetzung der Umweltstrafrechtsrichtlinie 2008/99/EG. NStZ 12: 674–678

Meyer-Goßner L, Schmitt B (2016) Strafprozessordnung. C. H. Beck, München

Münchner Kommentar (2017) Strafgesetzbuch. C. H. Beck, München

Park T (2015) Durchsuchung und Beschlagnahme. C. H. Beck, München

Ransiek (2013) in: Kindhäuser, Neumann, Paeffgen, StGB, 4. Aufl.

Senge L (2014) Karlsruher Kommentar zum Gesetz über Ordnungswidrigkeiten: OWiG. C. H. Beck, München

14 Umweltmanagementsysteme

Jens Tobias Gruber und Antje Wittmann

14.1 Einführung

Umweltmanagementsysteme sollen mit ihren detaillierten Verfahrensvorgaben zur Gewährleistung der materiellen umweltrechtlichen Anforderungen beitragen. Ihnen werden zudem zahlreiche Vorteile für die entsprechend zertifizierten Unternehmen zugeschrieben, die teils tatsächlicher, teils aber auch rechtlicher Natur sind. Neben einer systematischen Erfassung und Reduzierung des Haftungsrisikos erhoffen sich Unternehmen von der Zertifizierung insbesondere eine positive(re) Wahrnehmung in der Öffentlichkeit und am Markt sowie eine Verbesserung ihrer Wettbewerbsposition und -chancen gegenüber Mitbewerbern. Zumindest auf dem Papier gelten Umweltmanagementsysteme heute als zwingender Bestandteil der gebotenen *environmental due diligence* in und von Unternehmen; tatsächlich verfügt aber nur ein sehr geringer Teil aller deutschen Unternehmen über ein Umweltmanagementsystem.[1]

Im Bereich der Abfallwirtschaft ist in Deutschland das „bewährte Instrument der Zertifizierung von Betrieben zu Entsorgungsfachbetrieben“[2] das für die Praxis bedeutsamste Umweltmanagementsystem. Entsorgungsfachbetriebe stehen deshalb auch im Zentrum der nachfolgenden Ausführungen. Daneben sind für die Abfallwirtschaft insbesondere noch die zertifizierungsfähigen Umweltmanagementsysteme EMAS und DIN EN ISO 14001 (sowie die Qualitätsmanagementsysteme DIN EN ISO 9001 und 9004) praxisrelevant.

[1] Hoffmann 2014, 81, 83, bezogen auf Daten aus dem Jahr 2011.
[2] BR-Drs. 477/16 v. 24.08.2016, S. 1.

J. T. Gruber (✉) · A. Wittmann
Baumeister Rechtsanwälte Partnerschaft mbB
Münster, Deutschland

P. Kurth et al. (Hrsg.), *Praxishandbuch der Kreislauf- und Rohstoffwirtschaft*,
https://doi.org/10.1007/978-3-658-17045-5_14

14.2 Entsorgungsfachbetriebe

14.2.1 Einführung

Das Kreislaufwirtschaftsgesetz (KrWG) sieht in Teil 7 – den §§ 56, 57 – die Möglichkeit vor, ein Entsorgungsunternehmen als Entsorgungsfachbetrieb zertifizieren zu lassen. Die Vorschriften verfolgen Zwecke der Deregulierung und Selbstüberwachung, aber auch der Qualitätsverbesserung im Bereich der Abfallentsorgung. Zwar hängt die Befugnis zur Erbringung von Entsorgungsleistungen nicht von der Zertifizierung ab.[3] Durch die (freiwillige) Zertifizierung können Unternehmen jedoch von verfahrensrechtlichen Privilegierungen profitieren. Außerdem verlangen vielfach Einkäufer von Entsorgungsleistungen, dass ihre (potenziellen) Auftragnehmer als Entsorgungsfachbetrieb für die nachgefragten Leistungen zertifiziert sind.

14.2.2 Normative Grundlagen

KrWG und EfbV Regelungen zu Entsorgungsfachbetrieben finden sich im KrWG sowie in der novellierten Verordnung über Entsorgungsfachbetriebe, technische Überwachungsorganisationen und Entsorgergemeinschaften (Entsorgungsfachbetriebeverordnung, EfbV). Zentrale Regelungen sind seit Geltung des KrWG gesetzlich normiert. Auf diese Weise sollte das Leitbild des Entsorgungsfachbetriebs stärker hervorgehoben und präziser konturiert werden. Eine Verordnungsermächtigung findet sich in § 57 KrWG.

Novelle der EfbV Auch nach Inkrafttreten des KrWG fand zunächst noch die EfbV in ihrer Fassung vom 10.09.1996 Anwendung.[4] Mittlerweile wurde die EfbV allerdings novelliert.[5] Mit der EfbV-Novelle sollte das Instrument des Entsorgungsfachbetriebs auf Grundlage der „neuen" gesetzlichen Grundlage der §§ 56, 57 KrWG weiterentwickelt werden, unter Berücksichtigung der Erfahrungen von Wirtschaft und Vollzug.[6]

Vollzugshilfe Als Auslegungshilfe, die allerdings keinen verbindlichen Regelungscharakter besitzt, kann die „Vollzugshilfe ‚Entsorgungsfachbetriebe'"[7] der Bund-Länder-Ar-

[3] OVG Schleswig, Urt. v. 26.05.2009, 1 LB 38/08, juris Rn. 53.

[4] Entsorgungsfachbetriebeverordnung v. 10.09.1996, BGBl. I S. 1421, zuletzt geändert durch Art. 2 der Verordnung v. 05.12.2013, BGBl. I S. 4043, und aufgehoben durch Art. 10 Abs. 1 Satz 2 der Verordnung v. 02.12.2016, BGBl. I S. 2770, m. W. v. 01.06.2017.

[5] Art. 1 der zweiten Verordnung zur Fortentwicklung der abfallrechtlichen Überwachung v. 02.12.2016, BGBl. I S. 2770, gemäß Art. 10 Abs. 1 Satz 1 überwiegend am 01.06.2017 in Kraft getreten; lediglich § 28 EfbV tritt gemäß Art. 10 Abs. 2 erst am 01.06.2018 in Kraft.

[6] BR-Drs. 477/16 v. 24.08.2016, S. 52.

[7] Mitteilung der LAGA Nr. 36 v. 19.05.2005; vgl. ergänzend die Vollzugshilfe „Zertifizierung von Händlern und Vermittlern als Entsorgungsfachbetrieb gemäß § 52 KrW-/AbfG" (Stand: 17.10.2001).

beitsgemeinschaft Abfall aus dem Jahre 2005 dienen. LAGA-Mitteilungen werden auch von der Rechtsprechung als Auslegungs- und Begründungshilfe herangezogen.[8] Zu berücksichtigen ist aber, dass sich die LAGA-Vollzugshilfe noch auf die EfbV in der Fassung vom 10.09.1996 bezieht und sie daher nur herangezogen werden kann, soweit sich ihr Inhalt auf das KrWG in Verbindung mit der novellierten EfbV übertragen lässt.

14.2.3 Definition des Entsorgungsfachbetriebs

§ 56 KrWG enthält eine Umschreibung der Aufgaben und Anforderungen an einen Entsorgungsfachbetrieb. Nach § 56 Abs. 2 KrWG handelt es sich um einen Betrieb, der gewerbsmäßig, im Rahmen wirtschaftlicher Unternehmen oder öffentlicher Einrichtungen Abfälle sammelt, befördert, lagert, behandelt, verwertet, beseitigt, mit diesen handelt oder makelt, und der außerdem in Bezug auf eine oder mehrere der genannten Tätigkeiten durch eine technische Überwachungsorganisation oder eine Entsorgergemeinschaft als Entsorgungsfachbetrieb zertifiziert ist. Gemäß § 56 Abs. 1 KrWG wirken die Entsorgungsfachbetriebe an der Förderung der Kreislaufwirtschaft und der Sicherstellung des Schutzes von Mensch und Umwelt bei der Erzeugung und Bewirtschaftung von Abfällen nach Maßgabe der hierfür geltenden Rechtsvorschriften mit. Demzufolge sind Entsorgungsfachbetriebe Entsorgungsunternehmen, die eine oder mehrere in § 56 Abs. 2 Nr. 1 KrWG genannte Abfallbewirtschaftungsmaßnahme(n) vornehmen und sich diesbezüglich der Überwachung durch eine Überwachungsorganisation oder Entsorgergemeinschaft unterwerfen. § 56 Abs. 2 Nr. 1 KrWG unterscheidet gewerbsmäßige, im Rahmen wirtschaftlicher Unternehmen und von öffentlichen Einrichtungen vorgenommene Abfallbewirtschaftungsmaßnahmen.[9]

14.2.4 Zertifizierbare Entsorgungshandlungen

§ 56 Abs. 2 Nr. 1 KrWG listet als zertifizierbare Abfallbewirtschaftungsmaßnahmen ausdrücklich das Sammeln, Befördern, Lagern, Behandeln, Verwerten, Beseitigen, Handeln und Makeln auf. Diese Maßnahmen sind teilweise in § 3 KrWG gesetzlich näher definiert.

[8] Vgl. nur BVerwG, Beschl. v. 22.04.2010, 7 B 43.09, NVwZ 2010, 1034.

[9] Gewerbsmäßigkeit erfordert eine Tätigkeit zum Zwecke der Gewinnerzielung. Im Rahmen wirtschaftlicher Unternehmen handelt hingegen in Anlehnung an § 3 Abs. 10 bis Abs. 13 KrWG, wer Abfallbewirtschaftungsmaßnahmen aus Anlass einer anderweitigen gewerblichen oder wirtschaftlichen Tätigkeit durchführt, die nicht auf die Bewirtschaftung von Abfällen gerichtet ist. Auch Unternehmen, die mit ihrer abfallwirtschaftlichen Betätigung keine Gewinnerzielungsabsicht verfolgen, können mithin Entsorgungsfachbetrieb werden. Ferner kann die Entsorgungstätigkeit im Rahmen öffentlicher Einrichtungen zertifiziert werden, die in der Regel ebenfalls nicht mit Gewinnerzielungsabsicht erfolgt und daher nicht als gewerbsmäßig zu bezeichnen ist.

Die Gesetzesbegründung geht davon aus, dass im Ergebnis für jede abfallwirtschaftliche Tätigkeit die EfB-Zertifizierung offensteht.

Für die novellierte EfbV wird – abweichend von der Rechtsprechung des Bundesverwaltungsgerichts zur früheren Rechtslage[10] – angenommen,[11] angesichts der neuen gesetzlichen Definition der Verwertung in § 3 Abs. 23 KrWG sei die früher vielfach geübte Praxis nicht mehr haltbar, wonach nur die endgültige Verwertung als solche zu zertifizieren sei. Die unionsrechtlich geprägte Definition umfasse explizit auch vorbereitende Maßnahmen. Um Transparenz über das Verwertungsverfahren zu erhalten, sei dieses im EfB-Zertifikat zu qualifizieren. Es sei anzukreuzen, ob es sich um ein vorbereitendes oder abschließendes Verfahren handele, und welche Stufe der Hierarchie betroffen sei. Zudem sei das angewendete technische Verfahren näher zu beschreiben. Entsprechend diesem Verständnis ist in dem Vordruck für das Efb-Zertifikat gemäß Anlage 3 EfbV u. a. die Möglichkeit vorgesehen, bei den Tätigkeiten „Verwerten" und „Beseitigen" jeweils auch anzukreuzen, dass diese lediglich „vorbereitend" sind.

Teilzertifizierung und Beschränkung des Zertifizierungsumfangs Obwohl § 56 KrWG dies nicht ausdrücklich regelt, besteht unter den Voraussetzungen des § 24 Abs. 1 EfbV auch die Möglichkeit der sog. Teilzertifizierung, indem sich lediglich ein Teil eines Unternehmens als Entsorgungsfachbetrieb zertifizieren lässt. Ferner ermöglicht § 24 Abs. 2 EfbV auf Antrag eine Beschränkung des Efb-Zertifikats auf bestimmte Abfallarten, bestimmte Tätigkeiten oder bestimmte Standorte. Bei einer tätigkeitsbeschränkten Zertifizierung muss diese allerdings alle Standorte einschließen, an denen die zu zertifizierende Tätigkeit durchgeführt wird (Satz 2). Bei einer standortbeschränkten Zertifizierung müssen hingegen alle Tätigkeiten zertifiziert werden, die an den Standorten vorgenommen werden (Satz 3).

14.2.5 Voraussetzung für die Zertifizierung

Zertifizierungsverfahren Die Anforderungen an die Erteilung eines Zertifikats regelt § 56 Abs. 3 KrWG. Danach darf das Zertifikat nur erteilt werden, wenn der Betrieb die für die ordnungsgemäße Wahrnehmung seiner Aufgaben erforderlichen Anforderungen an seine Organisation, seine personelle, gerätetechnische und sonstige Ausstattung, seine Tätigkeit sowie die Zuverlässigkeit und Fach- und Sachkunde seines Personals erfüllt. Um welche Anforderungen es sich im Einzelnen handelt, regelt § 56 KrWG nicht. Vielmehr enthält § 57 Nr. 1 und 2 KrWG die Ermächtigung an die Bundesregierung, diese Anforderungen durch Rechtsverordnung mit Zustimmung des Bundesrates zu definieren. Dies ist mit der novellierten EfbV erfolgt.

[10] BVerwG, Beschl. v. 22.04.2010, 7 B 43.09, NVwZ 2010, 1034.
[11] BR-Drs. 477/16 v. 24.08.2016, S. 89.

Zertifizierungsstellen Entsprechend dem Zweck der Vorschriften, i. S. einer Deregulierung die Selbstüberwachung der Entsorgungswirtschaft zu ermöglichen, sind gesetzlich als Zertifizierungsstellen technische Überwachungsorganisationen oder Entsorgergemeinschaften vorgesehen, also private Stellen, die ihrerseits aber staatlicher Überwachung unterliegen.

Sachverständige Die Zertifizierungsstellen haben sich nach § 56 Abs. 7 KrWG für die Überprüfung der Betriebe Sachverständiger zu bedienen, die die für die Überwachung erforderliche Zuverlässigkeit, Unabhängigkeit sowie Fach- und Sachkunde besitzen. § 57 Nr. 3 bis 5 KrWG sieht Verordnungsermächtigungen hinsichtlich der Anforderungen an die Tätigkeit der Zertifizierungsstellen sowie an die Bestellung, Tätigkeit und Kontrolle der für diese tätigen Sachverständigen vor. Die Anforderungen an die Zuverlässigkeit und Unabhängigkeit sowie an die Fach- und Sachkunde der Sachverständigen sind gemäß §§ 17 bis 20 EfbV konkretisiert. Den Sachverständigen kommt eine zentrale Bedeutung für das Funktionieren des gesamten Systems der Efb-Zertifizierung zu, weshalb für sie mit der Novelle der EfbV ein verbindliches einheitliches Anforderungsprofil geschaffen werden sollte.[12]

Gemäß § 21 Abs. 1 EfbV müssen Zertifizierungsstellen die von ihnen beauftragten Sachverständigen auf die Einhaltung der Anforderungen der §§ 17 bis 20 EfbV kontrollieren. Sie haben den zuständigen Zustimmungs- bzw. Anerkennungsbehörden außerdem auf Verlangen entsprechende Nachweise vorzulegen (§ 21 Abs. 2 Satz 3 EfbV). Ferner besteht die Pflicht der Zertifizierungsstellen, ihren Zustimmungs- bzw. Anerkennungsbehörden die Beauftragung eines neuen Sachverständigen ebenso mitzuteilen wie die Beendigung der Beauftragung des bisherigen; im erstgenannten Fall müssen den Behörden ergänzend Nachweise über die Erfüllung der §§ 17 bis 20 EfbV durch den neuen Sachverständigen vorgelegt werden (§ 21 Abs. 2 Satz 2 EfbV).

14.2.5.1 Anforderungen an die Betriebsorganisation

Funktionsbeschreibungen und Organisationspläne Die Anforderungen an die Betriebsorganisation ergeben sich aus § 3 EfbV. Danach muss die erforderliche Überwachung und Kontrolle der durchgeführten abfallwirtschaftlichen Tätigkeiten sichergestellt sein. Für die vorgenommenen abfallwirtschaftlichen Tätigkeiten müssen Verantwortung und Entscheidungs- und Mitwirkungsbefugnisse festgelegt sowie in Form von Funktionsbeschreibungen und Organisationsplänen dargestellt werden, und zwar bezogen auf den Betriebsinhaber, die für die Leitung und Beaufsichtigung verantwortliche Person und die Betriebsbeauftragten, die nach Umwelt- oder Gefahrgutvorschriften zu bestellen sind, sowie für das sonstige Personal. Funktionsbeschreibungen und Organisationspläne sind den betroffenen Mitarbeitern bekanntzugeben.

[12] BR-Drs. 477/16 v. 24.08.2016, S. 114.

Arbeitsanweisungen Zusätzlich müssen durch Arbeitsanweisungen – seit der EfbV-Novelle obligatorisch – die Arbeitsabläufe für die im Betrieb durchgeführten abfallwirtschaftlichen Tätigkeiten festgelegt werden (§ 3 Abs. 3 EfbV).

14.2.5.2 Mindestanforderungen an die Ausstattung des Betriebs (in personeller und gerätetechnischer Hinsicht)

Personelle Ausstattung Nach § 4 EfbV muss der Betrieb eine bestimmte Ausstattung aufweisen. Dies betrifft zunächst das Personal. Für jeden zu zertifizierenden Standort ist nach § 4 Abs. 1 EfbV mindestens eine für die Leitung und Beaufsichtigung des Betriebs verantwortliche Person (vgl. § 2 Abs. 2 EfbV; insbesondere Anlagen- oder Betriebsleiter) zu bestellen, es sei denn, für Leitung und Beaufsichtigung ist der Betriebsinhaber (vgl. § 2 Abs. 1 EfbV; bei juristischen Personen/Personenvereinigungen kommt es für die personenbezogenen Anforderungen z. B. auf den Vorstandsvorsitzenden oder Geschäftsführer an) selbst verantwortlich. Jeder Entsorgungsfachbetrieb muss zur Sicherstellung eines fach- und sachgerechten Betriebsablaufs auch ausreichend sonstiges Personal (vgl. § 2 Abs. 3 EfbV) vorhalten.

Verfügt ein Entsorgungsfachbetrieb über mehrere Standorte, oder sind mehrere Entsorgungsfachbetriebe Teile des gleichen Betriebs, ist im Regelfall für jeden Standort bzw. für jeden Entsorgungsfachbetrieb eine verantwortliche Person zu bestellen. Unter der Voraussetzung, dass dadurch die sachgemäße Erfüllung der ihr obliegenden Aufgaben nicht beeinträchtigt wird, darf abweichend davon auch eine gemeinsame verantwortliche Person bestellt werden.

Einsatzplan Der Nachweis einer ausreichenden Personalstärke hinsichtlich der verantwortlichen Person und des ausreichenden sonstigen Personals erfolgt über einen sog. Einsatzplan (§ 4 Abs. 3 EfbV), wobei übliche Ausfälle durch Urlaub, Krankheit und Fortbildungsmaßnahmen zu berücksichtigen sind. Einsatzpläne dürfen sich nicht nur auf das sonstige Personal erstrecken, sondern müssen sich auch auf das Leitungspersonal beziehen, wie § 4 Abs. 3 EfbV klarstellt. Sie müssen eine konkrete Planung der für die jeweilige Tätigkeit notwendigen Personenstärke und die zeitliche Abfolge und Organisation der Arbeiten enthalten.[13] Einsatzpläne dürfen „schriftlich, elektronisch oder in gleich geeigneter Weise“ erstellt werden, weil es in der Praxis neben der Schriftform auch andere Formen der Informationsweitergabe gibt, die gleich geeignet sind, wie z. B. E-Mails, Intranet, EDV-gestützte Einsatzpläne oder Magnettafeln.[14]

Gerätetechnische Ausstattung An jedem zu zertifizierenden Standort und für jede zu zertifizierende Tätigkeit müssen außerdem die gerätetechnische Ausstattung und die sons-

[13] BR-Drs. 477/16 v. 24.08.2016, S. 92.
[14] BR-Drs. 477/16 v. 24.08.2016, S. 92.

tigen Betriebsmittel vorhanden sein, die zur fach- und sachgerechten Ausführung der abfallwirtschaftlichen Tätigkeit notwendig sind (§ 4 Abs. 4 EfbV).

14.2.5.3 Anforderungen an Betriebsinhaber, verantwortliche Personen und sonstiges Personal

Der dritte Abschnitt der EfbV normiert Anforderungen an den Betriebsinhaber, die für die Leitung und Beaufsichtigung des Betriebs verantwortlichen Personen und das sonstige Personal. Alle Genannten unterliegen Zuverlässigkeitsanforderungen. Daneben gelten für verantwortliche Personen auch bestimmte Fachkundeanforderungen; das Gleiche gilt für Betriebsinhaber, soweit diese für die Leitung und Beaufsichtigung des Betriebs verantwortlich sind. An das sonstige Personal werden neben Zuverlässigkeits- lediglich Sachkundeanforderungen gestellt. Im Zentrum der Regelungen des dritten Abschnitts stehen die Vorschriften über die Zuverlässigkeit und deren Nachweis sowie die Regelungen über die Fachkunde der verantwortlichen Personen (und ggf. der Betriebsinhaber).

Zuverlässigkeit Die Zuverlässigkeit ist gemäß §§ 8, 10 Abs. 1 EfbV geregelt. Mit diesem Erfordernis wird an den aus dem Gewerberecht stammenden unbestimmten Rechtsbegriff angeknüpft (vgl. § 35 GewO), der gerichtlich voll überprüfbar ist.[15] Die Zuverlässigkeit bestimmt sich generell gemäß § 8 Abs. 1 Satz 2 EfbV (der auf sonstiges Personal entsprechend anzuwenden ist, § 10 Abs. 1 Satz 2 EfbV) anhand der persönlichen Eigenschaften, des Verhaltens und der Fähigkeiten der Person zur ordnungsgemäßen Erfüllung der ihr obliegenden Aufgaben.

Zur näheren Bestimmung der Zuverlässigkeit speziell der Betriebsinhaber und der verantwortlichen Personen (aber nicht: des sonstigen Personals) enthält § 8 Abs. 2 EfbV einen Negativkatalog von Regelbeispielen, bei deren Vorliegen die Zuverlässigkeit in der Regel zu verneinen ist. Hierzu gehören insbesondere Verstöße gegen die in § 8 Abs. 2 Nr. 1 EfbV genannten strafrechtlichen und fachgesetzlichen Regelungen, die innerhalb der letzten fünf Jahre in einer Geldbuße von mehr als 2500,00 € oder in einer Strafe resultierten.

> **Praxishinweis** Bei der Zuverlässigkeitsprognose ist nicht nur u. a. das Gefahrgutrecht zu berücksichtigen, sondern das gesamte Transportrecht, § 8 Abs. 2 Nr. 1 Buchst. d) EfbV. Damit sind insbesondere auch Verstöße gegen das Güterkraftverkehrsgesetz relevant.

Ein weiteres Regelbeispiel für die Unzuverlässigkeit bildet der wiederholte oder grob pflichtwidrige Verstoß gegen die bezeichneten strafrechtlichen und fachgesetzlichen Regelungen (§ 8 Abs. 2 Nr. 2 EfbV). Es müssen durch Tatsachen belegte Anhaltspunkte für entsprechende wiederholte oder grob pflichtwidrige Verstöße vorliegen; eine rechtskräftige Verurteilung ist nicht erforderlich. Wiederholte Verstöße können bereits bei zweimaliger Begehung gleichartiger Verfehlungen vorliegen. Grob pflichtwidrig handelt, wer

[15] VG Berlin, Urt. v. 14.09.2005, 10 A 111.05, juris Rn. 25.

Pflichten in besonders schwerem Maße verletzt oder gegen besonders gewichtige Pflichten verstößt.

Ein bloß „schlechter Gesamteindruck" erfüllt die Voraussetzung jedenfalls nicht. Die Einleitung mehrerer Ermittlungsverfahren, die jedoch die erhobenen Vorwürfe (noch) nicht aufklären konnten, spricht für sich betrachtet noch nicht für das Vorliegen wiederholter oder grob pflichtwidriger Verstöße; auch die Feststellung der Unzuverlässigkeit in anderem Regelungszusammenhang belegt noch nicht automatisch die Unzuverlässigkeit, da hier ggf. andere Maßstäbe anzulegen sind.[16]

Die Unzuverlässigkeitsfeststellung setzt nicht nur die Prüfung vergangener Pflichtverletzungen voraus, sondern ist stets Prognoseentscheidung. Dabei muss beurteilt werden, ob die Person in Zukunft voraussichtlich geeignet ist, die ihr obliegenden Aufgaben im Unternehmen ordnungsgemäß zu erfüllen.[17] Auch bei Verwirklichung eines Regelbeispiels kann daher die Zuverlässigkeitsprognose positiv ausfallen, wenn es sich um einen atypischen Fall handelt. Insoweit kommt es auf eine Würdigung der Gesamtumstände des Einzelfalls an. Liegen keine hinreichenden Informationen vor, die zugunsten des Betroffenen streiten, wird es in dessen Interesse liegen, solche Informationen – soweit vorhanden – beizubringen.

Zuverlässigkeitsnachweise Zum Beleg der Zuverlässigkeit der betreffenden Personen muss der Entsorgungsfachbetrieb gegenüber der Zertifizierungsstelle Nachweise erbringen. Die novellierte EfbV unterscheidet – erstmals – zwischen (1.) erstmaligem Nachweis, (2.) bei jeder dritten jährlichen Überprüfung zu erbringenden Nachweisen, (3.) Nachweisen bei den übrigen jährlichen Überprüfungen, (4.) dem Nachweis beim Wechsel des Betriebsinhabers und/oder verantwortlicher Personen und (5.) sonstigen anlassbezogenen Nachweisen. Ein lediglich einmaliger und/oder anlassbezogener Zuverlässigkeitsnachweis, wie nach altem Recht vorgesehen, genügt damit nicht mehr. Vielmehr sind nach der novellierten EfbV Zuverlässigkeitsnachweise insbesondere auch fortlaufend – bei den jährlichen Überprüfungen – zu erbringen.

► **Praxishinweis** Die turnusmäßige Vorlage von Führungszeugnissen und Gewerbezentralregisterauszügen, die teilweise bereits in der Vergangenheit gefordert wurde, wurde mit der EfB-Novelle zur Pflicht erklärt.

Die erstmaligen Nachweise und die fortlaufend zu erbringenden Nachweise dürfen zum Zeitpunkt der Überprüfung durch die Zertifizierungsstelle nicht älter sein als sechs Monate. Den Nachweisen gemäß den Vorgaben der EfbV stehen Nachweise aus anderen EU-Mitgliedstaaten und anderen Vertragsstaaten des Abkommens über den Europäischen Wirtschaftsraum unter den Voraussetzungen des § 8 Abs. 4 EfbV gleich.

[16] Zu alledem ausführlich VG Berlin, Urt. v. 14.09.2005, 10 A 111.05, juris Rn. 28 ff. (seinerzeit entschieden für das Recht der Transportgenehmigung gemäß KrW-/AbfG).

[17] Vgl. VG Berlin, Urt. v. 14.09.2005, 10 A 111.05, juris Rn. 35.

Erstmaliger Nachweis Zum erstmaligen Zuverlässigkeitsnachweis sind ein Führungszeugnis, Belegart N (vgl. §§ 30 ff. Bundeszentralregistergesetz, BZRG), sowie eine personenbezogene Auskunft aus dem Gewerbezentralregister, Belegart 1, und eine firmenbezogene Auskunft aus dem Gewerbezentralregister, Belegart 1 (vgl. §§ 149 ff. Gewerbeordnung (GewO)) vorzulegen. In das Gewerbezentralregister werden gemäß § 149 Abs. 2 Nr. 3 GewO u. a. rechtskräftige Bußgeldentscheidungen eingetragen, die bei oder im Zusammenhang mit der Ausübung des Gewerbes oder dem Betrieb einer wirtschaftlichen Unternehmung vom Betriebsinhaber selbst oder einem Vertreter oder einer verantwortlichen Person begangen werden, wenn die Geldbuße mehr als 200 € beträgt. Rechtskräftige strafgerichtliche Verurteilungen werden nach § 149 Abs. 2 Nr. 4 GewO eingetragen, wenn die Verurteilungen wegen einer Straftat nach §§ 10, 11 des Schwarzarbeitsbekämpfungsgesetzes, nach §§ 15, 15a des Arbeitnehmerüberlassungsgesetzes oder nach § 266a Abs. 1, 2 und 4 des Strafgesetzbuches ergangen ist, wenn die Straftat bei oder im Zusammenhang mit der Ausübung eines Gewerbes oder dem Betrieb einer sonstigen wirtschaftlichen Unternehmung begangen wurde und zudem auf Freiheitsstrafe von mehr als drei Monaten oder auf Geldstrafe von mehr als 90 Tagessätzen erkannt wurde. Aufgrund gesetzlicher Vorschriften (§ 153 GewO, §§ 45 ff. BZRG) bereits getilgte Eintragungen dürfen bei der Zuverlässigkeitsprüfung nicht berücksichtigt werden.[18]

> **Praxishinweis** Kein Fall der Unzuverlässigkeit liegt vor, wenn die Eintragung in einer firmenbezogenen Auskunft eine Person betrifft, die bereits aus dem Betrieb ausgeschieden ist, und der Betrieb mit dem Ausscheiden entsprechende Konsequenzen aus dem Fehlverhalten eines Mitarbeiters gezogen hat.[19]

Fortlaufende Nachweise Für die Zuverlässigkeitsnachweise, die bei jeder dritten jährlichen Überprüfung erbracht werden müssen, gelten Anforderungen wie für den erstmaligen Nachweis. Demgegenüber genügt bei den übrigen jährlichen Überprüfungen eine schriftliche Zuverlässigkeitserklärung mit der Bestätigung des Betroffenen, dass gegen ihn seit der letzten Überprüfung keine relevanten Strafurteile ergangen oder Bußgelder verhängt worden sind.[20]

> **Praxishinweis** Die Zertifizierungsstelle soll für die Zuverlässigkeitsprognose auch Tatsachen zu berücksichtigen haben, von denen sie in anderer zulässiger Weise Kenntnis erlangt hat.

Anlassbezogene Nachweise Kommt es zum Wechsel des Betriebsinhabers und/oder der verantwortlichen Personen, gelten ebenfalls die Anforderungen entsprechend dem erstmaligen Nachweis der Zuverlässigkeit. Ist eine Überprüfung der Zuverlässigkeit aus anderen Gründen erforderlich, enthält die EfbV keine verbindlichen Vorgaben über Art und

[18] VG Berlin, Urt. v. 14.09.2005, 10 A 111.05, juris Rn. 27.
[19] Vgl. auch BR-Drs. 477/16 v. 24.08.2016, S. 97.
[20] BR-Drs. 477/16 v. 24.08.2016, S. 97.

Umfang der Nachweise; vielmehr entscheidet die Zertifizierungsstelle im Einzelfall (§ 8 Abs. 3 Satz 2 EfbV).

Fachkunde Neben der Zuverlässigkeit müssen die verantwortlichen Personen zusätzlich die erforderliche Fachkunde aufweisen. Das Gleiche gilt für Betriebsinhaber, soweit diese für die Leitung und Beaufsichtigung des Betriebs verantwortlich sind. Diese Fachkundeanforderungen sind gemäß § 9 EfbV geregelt. Sie betreffen nach § 9 Abs. 1 Satz 2 EfbV kumulativ (1.) die berufliche Qualifikation (Hochschul- oder Fachhochschulstudium, kaufmännische oder technische Fachschul- oder Berufsausbildung oder Qualifikation als Meister), (2.) den Kenntniserwerb während mindestens zweijähriger praktischer Tätigkeit über die abfallwirtschaftliche Tätigkeit, für die die Übertragung einer Leitungs- oder Beaufsichtigungsfunktion beabsichtigt ist, und (3.) die Teilnahme an mindestens einem behördlich anerkannten Lehrgang, in dem Kenntnisse gemäß Anlage 1 EfbV vermittelt werden. Ausnahmen sind nurmehr für „Altfälle“ vorgesehen. Die Fachkunde sei nach der novellierten EfbV nicht mehr an ein Studium nur bestimmter Fachrichtungen gebunden, sondern zielgenauer an eine Ausbildung auf dem Fachgebiet, dem der konkrete Betrieb hinsichtlich seiner Betriebsvorgänge zuzuordnen sei; „Berufsausbildung“ sei weit zu verstehen und umfasse jede Ausbildung, die zur Ausübung des betreffenden Berufs befähige.[21]

„Altfallregelung“ § 9 Abs. 2 EfbV enthält eine Fachkunde-„Altfallregelung“. Abweichend von den Vorgaben der EfbV über berufliche Qualifikation und praktische Kenntnisse ist danach auch fachkundig, wer vor dem 01.06.2017 als verantwortliche Person tätig war und außerdem die Voraussetzungen an die Fachkunde erfüllt, die gemäß § 9 Abs. 2 bis 5 EfbV in der Fassung vom 10.09.1996 galten. Hinzukommen muss allerdings auch für diese Personen die Teilnahme an einem oder mehreren behördlich anerkannten Lehrgängen, in denen Kenntnisse nach Anlage 1 EfbV vermittelt werden, gemäß § 9 Abs. 1 Satz 2 Nr. 3 EfbV.

► **Praxishinweis** Weil § 9 Abs. 2 EfbV auch § 9 Abs. 5 EfbV in der bis zum 01.06.2017 geltenden Fassung einbezieht, der seinerseits bereits bestimmte Altfälle regelte, gilt nach der novellierten EfbV auch eine „Alt-Altfall"-Regelung.

Aufrechterhaltung der Fachkunde Die EfbV verlangt zudem eine regelmäßige Fortbildung zur Aufrechterhaltung der Fachkunde. Die Fortbildung muss durch Teilnahme an behördlich anerkannten Lehrgängen erfolgen, in denen Kenntnisse entsprechend Anlage 1 EfbV vermittelt werden. Die Lehrgänge müssen regelmäßig, mindestens alle zwei Jahre, besucht werden.

Fachkundenachweise Auch zum Beleg der Fachkunde müssen Nachweise erbracht werden. Ähnlich wie bei den Zuverlässigkeitsnachweisen wird unterschieden zwischen (1.)

[21] BR-Drs. 477/16 v. 24.08.2016, S. 98 f.

erstmaligem Nachweis, (2.) bei den jährlichen Überprüfungen zu erbringenden Nachweisen, (3.) dem Nachweis beim Wechsel der verantwortlichen Personen (und ggf. des Betriebsinhabers) und (4.) den übrigen anlassbezogenen Nachweisen. Den Fachkundenachweisen gemäß EfbV stehen Nachweise aus anderen EU-Mitgliedstaaten und anderen Vertragsstaaten des Abkommens über den Europäischen Wirtschaftsraum unter den Voraussetzungen des § 9 Abs. 5 EfbV gleich.

Erstmaliger Nachweis Der erstmalige Fachkundenachweis ist zu erbringen mittels Bescheinigung über die Teilnahme an mindestens einem Lehrgang nach § 9 Abs. 1 Satz 2 Nr. 3 EfbV sowie entweder durch Nachweise der beruflichen Qualifikation und der zweijährigen praktischen Tätigkeit nach § 9 Abs. 1 Satz 2 Nr. 1, Nr. 2 EfbV oder durch Nachweise über die Erfüllung der Anforderungen der „Altfallregelung" nach § 9 Abs. 2 EfbV.

Fortlaufende Nachweise Für den fortlaufenden Fachkundenachweis bei den jährlichen Überprüfungen bedarf es der Vorlage einer Bescheinigung über die Teilnahme an dem zuletzt besuchten Lehrgang zur Aufrechterhaltung der Fachkunde.

Anlassbezogene Nachweise Wird ein Wechsel bei den verantwortlichen Personen vorgenommen (bzw. ggf. in der Person des Betriebsinhabers), gelten identische Anforderungen wie für den erstmaligen Fachkundenachweis. Wird eine Überprüfung der Fachkunde aus anderen Gründen erforderlich, entscheidet über Art und Umfang der zu erbringenden Nachweise die Zertifizierungsstelle im Einzelfall (§ 8 Abs. 4 Satz 2 EfbV).

Sachkunde Das sonstige Personal muss nach § 10 Abs. 2 Satz 1 EfbV sachkundig sein. Sachkunde ist gemäß § 10 Abs. 2 Satz 2 EfbV gegeben, wenn die betroffene Person betrieblich eingearbeitet worden ist – auf der Grundlage eines schriftlich oder elektronisch erstellten Einarbeitungsplans –, und wenn sie außerdem über den aktuellen Wissensstand verfügt, der für die jeweilige Tätigkeit notwendig ist. Welchen „Fortbildungsbedarf" das sonstige Personal hat, ermitteln die verantwortlichen Personen bzw. ermittelt der Betriebsinhaber, soweit er für die Leitung und Beaufsichtigung des Betriebs verantwortlich ist (§ 10 Abs. 3 EfbV).

14.2.5.4 Versicherungsschutz

Die Zertifizierung setzt weiter einen für die abfallwirtschaftlichen Tätigkeiten des Betriebs ausreichenden Versicherungsschutz voraus. Art und Umfang sind auf Grundlage einer betrieblichen Risikoabschätzung zu bestimmen (§ 6 Satz 2 EfbV). Zudem regelt die EfbV in Abhängigkeit von den jeweiligen Tätigkeiten unterschiedliche Mindestanforderungen. Der Versicherungsschutz von Betrieben, die Abfälle sammeln oder befördern, muss mindestens Folgendes beinhalten: Eine Kraftfahrzeug-Haftpflichtversicherung einschließlich einer auf den Sammlungs- und Beförderungsvorgang bezogenen Umwelthaftpflichtversicherung sowie eine Umweltschadenversicherung. Der Versicherungsschutz von Betrieben, die Abfälle lagern, behandeln, verwerten oder beseitigen, und von Betrieben, die mit Abfällen handeln oder diese makeln, muss sich mindestens auf Folgendes erstrecken: Eine Betriebshaftpflichtversicherung und, sofern mit der Tätigkeit auch Abfallbesitz verbunden ist, eine Umwelthaftpflichtversicherung sowie eine Umweltschadenversicherung.

Die damit (zumindest teilweise) verbindliche Umweltschadensversicherung wurde erstmalig im Rahmen der EfbV-Novelle vorgesehen. In Umsetzung der EU-Umwelthaftungsrichtlinie ist mit Inkrafttreten des neuen Umweltschadensgesetzes (USchadG) im November 2007 eine neue öffentlich-rechtliche Verpflichtung für die Unternehmen entstanden. Das USchadG dient der Vermeidung und Sanierung von Schäden an der Umwelt.[22] Anders als Schadenersatzansprüche geschädigter Personen, mit denen ein Sachschaden oder eine gesundheitliche Beeinträchtigung ausgeglichen werden soll, sind diese neuen Risiken in aller Regel nicht durch die Umwelthaftpflichtversicherung gedeckt. Dem Verordnungsgeber der EfB-Novelle erschien deshalb eine Anpassung an die neuen rechtlichen Grundlagen geboten.[23]

Eine Mindestversicherungssumme ist nicht geregelt, womit § 114 Abs. 1 des Versicherungsvertragsgesetzes einschlägig ist. Die Mindestversicherungssumme bei einer Pflichtversicherung beträgt danach, soweit durch Rechtsvorschrift nichts anderes bestimmt ist, 250.000 € je Versicherungsfall und 1 Mio. EUR für alle Versicherungsfälle eines Versicherungsjahres.[24]

14.2.5.5 Anforderungen an die abfallwirtschaftliche Tätigkeit

Der Betrieb unterliegt auch besonderen Anforderungen an die unternehmerische Tätigkeit (§ 7 EfbV). Zunächst muss er – was selbstverständlich ist[25] – die für ihn geltenden öffentlich-rechtlichen Vorschriften beachten. Darüber hinaus muss er der Zertifizierungsstelle nachweisen, dass die für die Tätigkeiten erforderlichen behördlichen Entscheidungen (Genehmigungen, Planfeststellungen, Erlaubnisse etc.) vorliegen und er damit verbundene Regelungen einhält.

Einschränkungen bei der Subunternehmerbeauftragung Entscheidende Restriktionen im täglichen Betriebsablauf kann § 7 Abs. 2, 3 EfbV mit sich bringen. Danach darf der Entsorgungsfachbetrieb im Rahmen seiner zertifizierten Tätigkeiten grundsätzlich einen Dritten nur (unter-)beauftragen, wenn dieser insoweit ebenfalls als Entsorgungsfachbetrieb zertifiziert ist. Mit dieser Vorgabe soll sichergestellt werden, dass die strengen Qualitätsanforderungen der EfbV nicht durch Drittbeauftragungen umgangen werden. Ausnahmsweise kommt eine Unterbeauftragung eines nicht-zertifizierten Subunternehmers in Betracht, wenn dieser nur in einem „insgesamt unerheblichen Umfang" eingesetzt wird. Wann ein insgesamt unerheblicher Umfang überschritten ist, definiert die EfbV nicht. Es

[22] Zum USchadG siehe auch die Kommentierung von Beckmann und Wittmann 2016.
[23] BR-Drs. 477/16 v. 24.08.2016, S. 94.
[24] Vgl. auch BR-Drs. 477/16 v. 24.08.2016, S. 94.
[25] Anders offenbar der Verordnungsgeber, BR-Drs. 477/16 v. 24.08.2016, S. 94 f.

muss jeweils im Einzelfall ermittelt werden, ob der wesentliche und steuernde Einfluss des Hauptunternehmers auf den konkreten Abfallentsorgungsvorgang noch gegeben ist.[26]

Ist die Drittbeauftragung ausnahmsweise zulässig, ist der Betrieb in jedem Fall verpflichtet, den Subunternehmer sorgfältig auszuwählen und durch hinreichende Kontrolle eine sach- und fachgerechte Ausführung der Tätigkeit sicherzustellen (§ 7 Abs. 3 Satz 2 EfbV). Insoweit muss er insbesondere dessen Genehmigungen und Zulassungen sowie die ordnungsgemäßen Organisations- und Arbeitsabläufe sowie Zuverlässigkeit und Fachkunde des Personals kontrollieren.

14.2.5.6 Betriebstagebuch

Zum Nachweis der sach- und fachgerechten Durchführung der abfallwirtschaftlichen Tätigkeiten ist nach § 5 EfbV für jeden zu zertifizierenden Standort ein Betriebstagebuch zu führen. Dieses dient dazu, alle für den Nachweis einer ordnungsgemäßen Bewirtschaftung der Abfälle wesentlichen Daten zusammenzuführen und insoweit eine detaillierte Überwachung der Entsorgungsvorgänge zu ermöglichen. Die Pflicht zur Führung des Betriebstagebuchs stellt eine Obliegenheit im Zusammenhang mit der Zertifizierung dar und dient ausschließlich der Selbstkontrolle des Betriebs sowie dem Nachweis gegenüber der Zertifizierungsstelle, nicht hingegen dem Nachweis der Erfüllung abfallrechtlicher Pflichten gegenüber der Abfallbehörde. Demnach kann auch die Abfallbehörde die Führung eines Betriebstagebuchs nicht auf der Grundlage des § 5 EfbV anordnen.[27]

Die einzelnen Mindestanforderungen an die im Tagebuch aufzuführenden Daten sind in § 5 Abs. 1 Satz 2 Nr. 1 bis Nr. 5 EfbV aufgelistet. Die Liste ist nicht abschließend. Dadurch soll es nach dem Verständnis des Verordnungsgebers[28] den Betrieben ermöglicht werden, ggf. weitere Inhalte hinzuzunehmen. Denn auch in vielen anderen Bereichen (z. B. Gewerbeabfallverordnung, Altholzverordnung oder Altfahrzeug-Verordnung) würden Dokumentationspflichten bestehen. Um unnötigen bürokratischen Aufwand durch Mehrfachdokumentationen zu vermeiden und um dem Grundsatz der Datensparsamkeit zu entsprechen, sollen verschiedene Dokumentationspflichten gemeinsam erfüllt werden können. Dabei soll jedoch zu beachten sein, dass die Erfüllung der jeweiligen Anforderungen gewahrt bleibe; dies gelte vor allem für die Mengenstromnachweisführung des Elektro- und Elektronikgerätegesetzes. Bei der Hinzunahme weiterer Inhalte müsse auch stets gewährleistet sein, dass die Darstellung übersichtlich bleibe.

► **Praxishinweis** Wenn auch aufgrund anderer Vorschriften ein Betriebstagebuch zu führen ist und vermieden werden soll, mehrere Betriebstagebücher nebeneinander zu führen, sollten die Anforderungen an ein einheitliches Betriebstagebuch zur Vermeidung von Missverständnissen möglichst frühzeitig mit der Zertifizierungsstelle und der zuständigen Behörde abgestimmt werden.

[26] Ähnlich Martens 2016, EfbV § 7 Rn. 12, noch zur alten Fassung der EfbV.
[27] OVG Schleswig, Urt. v. 26.05.2009, 1 LB 38/08, juris Rn. 53.
[28] BR-Drs. 477/16 v. 24.08.2016, S. 92 f.

Das Betriebstagebuch muss regelmäßig auf Richtigkeit und Vollständigkeit überprüft werden. Zuständig für die Überprüfung ist die für die Leitung und Beaufsichtigung des Betriebs verantwortliche Person bzw. der Betriebsinhaber, soweit er für die Leitung und Beaufsichtigung des Betriebs verantwortlich ist. Die Überprüfung muss dokumentiert werden.

Das Betriebstagebuch kann auch in elektronischer Form geführt werden. Werden für verschiedene Tätigkeitsbereiche oder Betriebsteile Einzelblätter geführt, so müssen diese wöchentlich zusammengefasst werden. Das Betriebstagebuch muss dokumentensicher angelegt und vor unbefugtem Zugriff geschützt werden, und es muss jederzeit an dem betroffenen Standort einsehbar sein. Die darin enthaltenen Informationen müssen nach ihrem Eintrag fünf Jahre lang aufbewahrt werden. Personenbezogene Daten müssen nach Ablauf dieser Frist gelöscht werden.

14.2.6 Zertifizierung durch eine technische Überwachungsorganisation

Eine mögliche Zertifizierungsstelle ist die technische Überwachungsorganisation. Nach § 56 Abs. 5 KrWG ist darunter ein rechtsfähiger Zusammenschluss mehrerer Sachverständiger zu verstehen, deren Sachverständigentätigkeit auf dauernde Zusammenarbeit angelegt ist. Einzelne Umweltgutachter können nicht als technische Überwachungsorganisation auftreten.[29]

14.2.6.1 Form und Inhalt des Überwachungsvertrags

Die Überwachungsorganisation stellt das EfB-Zertifikat auf der Grundlage eines Überwachungsvertrags aus (§ 56 Abs. 5 Satz 2 KrWG), aus dem auch die Berechtigung zum Führen des Überwachungszeichens folgt. Ein Überwachungsvertrag muss danach insbesondere die Anforderungen an den Betrieb und seine Überwachung festlegen, ferner die Anforderungen an die Erteilung und den Entzug des Zertifikats sowie die Anforderungen der Berechtigung zum Führen des Überwachungszeichens. Nach § 56 Abs. 5 Satz 3 KrWG bedarf ein Überwachungsvertrag der Zustimmung der zuständigen Behörde. Die Einzelheiten des Überwachungsvertrags sind gemäß §§ 11, 12 der EfbV geregelt.

Form Der Überwachungsvertrag bedarf der Schriftform (§ 11 Abs. 1 Satz 1 EfbV). Damit muss die Urkunde vom Aussteller eigenhändig durch Namensunterschrift oder mittels notariell beglaubigten Handzeichens unterzeichnet werden (§ 126 Abs. 1 BGB). Außerdem muss die Unterzeichnung der Parteien auf derselben Urkunde erfolgen; werden über den Vertrag mehrere gleichlautende Urkunden aufgenommen, so genügt es, wenn jede Partei die für die andere Partei bestimmte Urkunde unterzeichnet (§ 126 Abs. 2 BGB). Nach § 126 Abs. 4 BGB wird die schriftliche Form durch die notarielle Beurkundung er-

[29] So für die alte Rechtslage bereits VG Düsseldorf, Urt. v. 11.02.2002, 17 K 2839/01, juris Rn. 28 ff.

setzt. Außerdem kann die schriftliche Form durch die elektronische Form i. S. des § 126a BGB ersetzt werden (§ 126 Abs. 3 BGB).

Mindestinhalt Der Mindestinhalt des Überwachungsvertrags ergibt sich aus § 56 Abs. 5 Satz 2 KrWG und der EfbV. Die EfbV konkretisiert den Mindestinhalt des Überwachungsvertrags im Hinblick auf die Pflichten des Entsorgungsfachbetriebs und der Überwachungsorganisation. Die Vertragsparteien eines Überwachungsvertrags dürfen auch weitergehende oder ergänzende Vereinbarungen treffen, soweit diese Vereinbarungen nicht den Anforderungen des § 56 KrWG und der EfbV widersprechen (§ 11 Abs. 4 EfbV).

Soweit der Überwachungsvertrag Pflichten des Entsorgungsfachbetriebs regelt, muss er mindestens die entsprechenden Anforderungen gemäß §§ 3 bis 10 EfbV beinhalten (§ 11 Abs. 1 Satz 2 EfbV). Weitere Vorgaben enthält der Katalog gemäß § 11 Abs. 3 Nr. 1 bis Nr. 3 EfbV. Danach muss sich der Betrieb verpflichten, den von der Überwachungsorganisation beauftragten Sachverständigen alle benötigten Informationen, Unterlagen und Nachweise zur Verfügung zu stellen (Nr. 1). Er muss sich zudem verpflichten, den Sachverständigen, soweit es zur Überprüfung der Anforderungen gemäß Überwachungsvertrag erforderlich ist, auch das Betreten des Grundstücks, der Geschäfts- und Betriebsräume, die Einsicht in Unterlagen und die Vornahme von technischen Ermittlungen und Überprüfungen zu gestatten sowie Arbeitskräfte und Werkzeuge zur Verfügung zu stellen (Nr. 2). Außerdem muss sich der Betrieb zur Anzeige aller Änderungen im Betrieb verpflichten, die nach der EfbV für die Erfüllung der Anforderungen an Entsorgungsfachbetriebe erheblich sind (Nr. 3).

Der Katalog der Pflichten der Überwachungsorganisation, die im Überwachungsvertrag mindestens geregelt sein müssen, ergibt sich aus § 11 Abs. 2 Nr. 1 bis Nr. 6 EfbV. Hierzu gehören insbesondere die Pflichten zur regelmäßigen – mindestens jährlichen – Überprüfung der Efb-Anforderungen, zur Dokumentation von Verlauf und Ergebnis der Überprüfungen in Überwachungsberichten, zur konkreten Bezeichnung etwaiger festgestellter Mängel gegenüber dem Entsorgungsfachbetrieb und zur vertraulichen Behandlung aller Unterlagen und Informationen. Ebenfalls zu den Pflichten zählt die Einstufung des Betriebs hinsichtlich seiner zu zertifizierenden Tätigkeit nach § 56 Abs. 2 Nr. 1 KrWG. Hierbei wurde gemäß der novellierten EfbV ausdrücklich klargestellt, dass zur Einstufung eine Beschreibung der abfallwirtschaftlichen Tätigkeit gehört, insbesondere die Bezeichnung der verwendeten Anlagentechnik, und bei der Tätigkeit des Verwertens außerdem noch die Festlegung, welche Verwertungsmaßnahme nach § 6 Abs. 1 Nr. 2 bis 4 KrWG vorliegt sowie ob es sich um ein vorbereitendes oder abschließendes Verfahren handelt.[30]

[30] Soweit es die Tätigkeiten Behandeln, Verwerten, Beseitigen oder Lagern in einer immissionsschutzrechtlich genehmigungsbedürftigen Anlage betrifft, soll zur Bezeichnung der Anlagentechnik i. S. der EfbV nach Ansicht des Verordnungsgebers (BR-Drs. 477/16 v. 24.08.2016, S. 100 ff.) die Terminologie des Anhangs 1 zur 4. BImSchV verwendet werden. Bei Anlagen nach Baurecht seien zwar häufig keine (einheitlichen) Bezeichnungen vorhanden, insoweit sollen aber „allgemeine Begriffe" wie etwa „Altreifenlagerplatz" oder „Grünschnittannahme" genutzt werden können.

14.2.6.2 Vorprüfung vor Abschluss eines Überwachungsvertrags

Obligatorische Vorprüfung Neu sind die Vorgaben gemäß § 11 Abs. 5 EfbV bezüglich einer obligatorischen Vorprüfung. Danach hat die technische Überwachungsorganisation nun zwingend vor dem Abschluss eines Überwachungsvertrags mit einem noch nicht zertifizierten Betrieb eine Vorprüfung durchzuführen. Sie darf den Überwachungsvertrag nur dann abschließen, wenn ihre Vorprüfung ergibt, dass der Betrieb die Gewähr für die Erfüllung der Anforderungen nach der EfbV bietet.

Sinn und Zweck Die Vorprüfung soll dazu dienen, im Wege einer Prognoseentscheidung bereits im Vorfeld des Vertragsschlusses grundlegende Zertifizierungsvoraussetzungen zu prüfen; daher soll keine Vorprüfungspflicht für bereits zertifizierte Betriebe gelten, die lediglich den Zertifizierer wechseln. Die Zertifizierungsorganisation soll sich vorab insbesondere einen Überblick über den grundsätzlichen Aufbau und die Struktur des Unternehmens verschaffen und vorab – kursorisch – prüfen, ob die Genehmigungslage den tatsächlichen Gegebenheiten im Betrieb entspricht, insbesondere im Hinblick auf immissionsschutz- oder abfallrechtliche Anlagenzulassungen, Anzeigen und Erlaubnisse nach den §§ 53 und 54 KrWG und wasserrechtliche Erlaubnisse. Auch soll die Vorprüfung dazu dienen, zu beleuchten, ob eine Zertifizierung bereits aus formalen Gründen wegen fehlender Fachkundeanforderungen oder wegen Unzuverlässigkeit einer maßgeblichen Person zum gegenwärtigen Zeitpunkt ausscheidet (wobei der Lehrgangsbesuch nach § 9 Abs. 1 Satz 2 Nr. 3 EfbV noch nicht stattgefunden haben muss).[31]

Gegenstände Nach § 11 Abs. 5 Satz 2 EfbV muss sich die Vorprüfung auf folgende Gegenstände erstrecken: (1.) Anforderungen an die Betriebsorganisation nach § 3 Abs. 1 EfbV, (2.) Anforderungen an die Durchführung der abfallwirtschaftlichen Tätigkeit nach § 7 Abs. 1 Satz 2 EfbV bezüglich der erforderlichen Behördenentscheidungen, (3.) Anforderungen an die Zuverlässigkeit des Inhabers und der verantwortlichen Personen nach § 8 Abs. 1 und 2 EfbV sowie (4.) Anforderungen an die Fachkunde des Inhabers und der verantwortlichen Personen nach § 9 Abs. 1 Satz 1 und 2 Nr. 1 und 2 sowie Abs. 2 EfbV. Zwar ist das Prüfprogramm der Vorprüfung damit geringer als das der eigentlichen Zertifizierung. Gleichwohl werden nicht unerhebliche Teilaspekte in die Vorprüfung „vorgezogen" bzw. müssen letztlich womöglich mehrfach überprüft werden.

Da bei den Tätigkeiten Sammeln, Befördern, Handeln oder Makeln in der Regel kein Anlagenbezug bestehe, komme es insoweit auf eine treffende Beschreibung der Vorgehensweise an, etwa mit Bezeichnungen wie „Containerdienst" oder „Vermittlung von (näher bestimmten) Entsorgungsdienstleistungen".

[31] BR-Drs. 477/16 v. 24.08.2016, S. 104 f.

Durchführung Die Art und Weise der Durchführung der Vorprüfung wird der Zertifizierungsorganisation überlassen; sie kann eigenständig entscheiden, welche Nachweise sie fordert und ob es im Einzelfall eines Vor-Ort-Termins bedarf.[32]

Dokumentation und Vorlage bei der Zustimmungsbehörde Die Überwachungsorganisation muss die Ergebnisse der Vorprüfung ebenso dokumentieren wie ihre abschließende Einschätzung darüber, ob der Betrieb die Gewähr dafür bietet, die Anforderungen gemäß EfbV zu erfüllen. Die Dokumentation muss der Zustimmungsbehörde mit dem Antrag auf Zustimmung zum Überwachungsvertrag vorgelegt werden (§ 11 Abs. 5 Satz 4 EfbV).

► **Praxishinweis** Bereits die Dokumentation über die Vorprüfung sollte der Betrieb vor der Vorlage bei der Behörde genau auf inhaltliche Richtigkeit prüfen, um etwaige spätere Missverständnisse zu vermeiden.

14.2.6.3 Zustimmung zum Überwachungsvertrag

Während das KrWG lediglich das behördliche Zustimmungserfordernis vorgibt, sind nähere Anforderungen an die Zustimmung zum Überwachungsvertrag gemäß § 12 EfbV geregelt. Zuständig ist die Behörde am Hauptsitz der Überwachungsorganisation, die sog. Zustimmungsbehörde (§ 12 Abs. 1 Satz 1 EfbV). Die Länder regeln insoweit selbstständig, um welche Behörde es sich hierbei handelt. Anders als im früheren Recht besteht seit der EfbV-Novelle keine bundesrechtliche Zuweisung zur obersten Landesbehörde mehr.

Benehmensverfahren Gemäß § 12 Abs. 1 Satz 2 bis 4 EfbV ist die Einbeziehung der Behörde geregelt, die für die Überwachung des Betriebs zuständig ist, der sog. Überwachungsbehörde. Nach § 12 Abs. 1 Satz 2 EfbV muss die Zustimmungsbehörde ihre Entscheidung darüber, ob die Anforderungen an die Durchführung der abfallwirtschaftlichen Tätigkeit nach § 7 Abs. 1 Satz 2 EfbV im Hinblick auf die erforderlichen behördlichen Entscheidungen erfüllt sind, d. h. ob sich die Genehmigungslage des Betriebs als rechtmäßig darstellt, im Benehmen mit der Überwachungsbehörde treffen (sog. Benehmensverfahren). Dazu hat die Zustimmungsbehörde der Überwachungsbehörde die Dokumentation der Überwachungsorganisation über die Ergebnisse der Vorprüfung zu übersenden; anschließend hat sich die Überwachungsbehörde innerhalb einer Frist von vier Wochen nach der Aufforderung zur Erteilung des Benehmens gegenüber der Zustimmungsbehörde zu äußern (§ 12 Abs. 1 Satz 3 und 4 EfbV). Obwohl die Prüfung der Überwachungsbehörde auf die Genehmigungslage beschränkt ist, darf nicht verkannt werden, dass ihr aufgrund des Benehmensverfahrens gleichwohl sämtliche Informationen aus der Dokumentation der Vorprüfung vorgelegt werden und diese deshalb ebenfalls von der Überwachungsbehörde überprüft werden könnten.

[32] BR-Drs. 477/16 v. 24.08.2016, S. 105.

Recht auf Zustimmung Die behördliche Zustimmung muss nach § 12 Abs. 2 EfbV erteilt werden, wenn der Überwachungsvertrag den in § 11 Abs. 1 bis 4 EfbV genannten Anforderungen entspricht, wenn die Vorprüfung der Überwachungsorganisation nach § 11 Abs. 5 Satz 1 und 2 EfbV ergeben hat, dass der Betrieb die Gewähr für die Erfüllung der nach der EfbV festgelegten Anforderungen bietet, und wenn zudem nachgewiesen ist, dass die von der Überwachungsorganisation beauftragten Sachverständigen die erforderliche Zuverlässigkeit, Unabhängigkeit sowie Fach- und Sachkunde besitzen. Es handelt sich um eine gebundene Entscheidung der Zustimmungsbehörde. Nach § 12 Abs. 3 EfbV kann sie die Zustimmung allerdings unter Bedingungen erteilen sowie mit Auflagen und Auflagenvorbehalten verbinden, soweit dies erforderlich ist, um die Erfüllung der Anforderungen des § 12 Abs. 2 EfbV sicherzustellen.

Besonderes Augenmerk ist darauf zu richten, dass der Überwachungsvertrag die zu zertifizierende Tätigkeit genau beschreibt. Die bezeichnete Tätigkeit muss von dem betroffenen Betrieb aktuell oder zumindest in absehbarer Zeit tatsächlich vorgenommen werden; zertifiziert und überwacht werden können nur reale Tätigkeiten, eine vorsorgliche Zertifizierung „auf Vorrat" kommt nicht in Betracht.[33] Die zuständige Behörde darf die Zustimmung zum Überwachungsvertrag nach Auffassung des Bundesverwaltungsgerichts[34] verweigern, wenn die zu zertifizierende Tätigkeit nach ihrer Erkenntnis in dem fraglichen Betrieb nicht ausgeführt wird. Diese Auffassung widerspricht zwar zunächst der gesetzlichen Konzeption, wonach die Behörde nur prüft, ob der Überwachungsvertrag die gesetzlichen Voraussetzungen erfüllt und die konkrete Überwachung des Betriebs der Überwachungsorganisation obliegt. Da die Behörde jedoch unter bestimmten Voraussetzungen zum Widerruf der Zustimmung berechtigt ist, muss es ihr nach Auffassung des Bundesverwaltungsgerichts auch erlaubt sein, die Zustimmung direkt zu versagen, wenn die zu zertifizierende Tätigkeit im Betrieb gar nicht ausgeübt wird.[35]

Die Zustimmung zum Überwachungsvertrag wird durch Verwaltungsakt erteilt, auf den bei Vorliegen der gesetzlichen Voraussetzungen ein Anspruch besteht (gebundener Verwaltungsakt). Bei Versagung der Zustimmung kann Verpflichtungsklage zum Verwaltungsgericht erhoben werden. Klagebefugt ist sowohl der Betrieb als auch die Überwachungsorganisation.[36]

14.2.6.4 Zertifikat und Berechtigung

Das Efb-Zertifikat wird erteilt, wenn die organisatorischen, personellen und sonstigen Anforderungen, die die EfbV im Einzelnen definiert, erfüllt sind. Sobald die Überwachungsorganisation festgestellt hat, dass die Anforderungen erfüllt werden, und die zuständige Behörde dem Überwachungsvertrag zugestimmt hat, stellt die Überwachungsorganisation ein schriftliches Überwachungszertifikat aus.

---

[33] OVG Münster, Urt. v. 03.09.2009, 20 A 1380/07, juris Rn. 28 ff. und Rn. 36.

[34] BVerwG, Beschl. v. 22.04.2010, 7 B 43.09.

[35] BVerwG, Beschl. v. 22.04.2010, 7 B 43.09, juris Rn. 7 ff.

[36] VG Münster, Urt. v. 09.03.2007, 7 K 111/05, juris Rn. 18.

Die erforderlichen Angaben im Zertifikat regelt § 56 Abs. 3 KrWG i. V. m. § 25 EfbV, der auf den Vordruck gemäß Anlage 3 EfbV verweist, wodurch auch im Übrigen die Zertifikatsgestaltung vorgegeben wird. Insbesondere sind das zertifizierte Unternehmen und die zertifizierten Tätigkeiten bezogen auf Standorte und Anlagen zu bezeichnen, bei nur teilweiser Zertifizierung des Unternehmens auch die jeweiligen Abfallarten, Herkunftsbereiche, Verwertungs- oder Beseitigungsverfahren. Das Zertifikat ist auf maximal 18 Monate zu befristen. Das Vorliegen der Voraussetzungen für die Erteilung des Zertifikats ist von der Zertifizierungsstelle mindestens jährlich zu überprüfen.

Mit dem Überwachungszertifikat wird dem Betrieb die Berechtigung erteilt, für die Dauer der Zertifizierung ein Überwachungszeichen zu führen, das die Eigenschaft als Entsorgungsfachbetrieb nach außen dokumentiert (§ 56 Abs. 4 KrWG).

► **Praxishinweis** Ein erteiltes Efb-Zertifikat sollte nicht nur abgeheftet, sondern durch den Betrieb stets insbesondere auf inhaltliche Richtigkeit geprüft werden, um etwaige spätere Missverständnisse zu vermeiden.

14.2.6.5 Verlust der Berechtigung

Entzug der Berechtigung Nach § 56 Abs. 8 Satz 1 KrWG ist die Überwachungsorganisation verpflichtet, das erteilte Zertifikat und die Berechtigungen zur Führung eines Überwachungszeichens zu entziehen sowie den Betrieb aufzufordern, das Zertifikat zurückzugeben und das Überwachungszeichen nicht weiterzuführen, wenn die Voraussetzungen für die Erteilung des Zertifikats nach § 56 Abs. 3 Satz 1 KrWG entfallen. Kommt der Betrieb dieser Aufforderung innerhalb einer von der Überwachungsorganisation gesetzten Frist nicht nach, kann die Behörde dem Betrieb das erteilte Zertifikat und die Berechtigung zum Führen des Überwachungszeichens selbst entziehen sowie ihm die sonstige weitere Verwendung der Bezeichnung „Entsorgungsfachbetrieb" untersagen (§ 56 Abs. 8 Satz 2 KrWG). Diese Regelungen werden durch § 26 EfbV konkretisiert.

Nach § 26 Abs. 1 Satz 1 EfbV hat der Entzug des Zertifikats durch die Überwachungsorganisation unverzüglich zu erfolgen, und die Frist zur Rückgabe des Zertifikats und zum Nichtweiterführen des Überwachungszeichens beträgt höchstens zwei Wochen. Befolgt der Betrieb die Aufforderung der Überwachungsorganisation nicht, hat diese unverzüglich der Zustimmungsbehörde Mitteilung zu machen (§ 26 Abs. 1 Satz 2 EfbV).

Die Zustimmungsbehörde trifft gemäß § 26 Abs. 1 Satz 3 EfbV ihre Entscheidung über den Entzug im Benehmen mit der Überwachungsbehörde. Sie hat ihre Entscheidung zudem der Überwachungsbehörde und der Überwachungsorganisation mitzuteilen (§ 26 Abs. 1 Satz 4 EfbV). Wurde das Zertifikat in den Fällen des § 56 Abs. 8 KrWG entzogen, hat die Zustimmungsbehörde dieses nach § 26 Abs. 1 Satz 5 EfbV unverzüglich aus dem Entsorgungsfachbetrieberegister zu löschen.

Beim Berechtigungsentzug gemäß § 56 Abs. 8 Satz 2 KrWG handelt es sich um einen Verwaltungsakt. Hiergegen kann ggf. Anfechtungsklage vor dem Verwaltungsgericht erhoben werden.

Widerruf der Zustimmung Der Verlust der Berechtigung kann nicht nur aus deren Entzug nach § 56 Abs. 8 KrWG resultieren, sondern auch aus einem Widerruf der Zustimmung zum Überwachungsvertrag durch die Zustimmungsbehörde (vgl. § 26 Abs. 2 Satz 1 Alt. 2 EfbV). Die Widerrufsvoraussetzungen sind abschließend gemäß § 12 Abs. 4 EfbV geregelt. Danach gibt es fünf verschiedene Widerrufsgründe: (1.) mit der Zustimmung ist eine Auflage zulasten einer Vertragspartei verbunden, die nicht oder nicht innerhalb einer gesetzten Frist erfüllt wird; (2.) die Zustimmungsbehörde wäre aufgrund nachträglich eingetretener Tatsachen berechtigt, die Zustimmung nicht zu erteilen; (3.) die Überwachungsorganisation nimmt ihre Pflichten aus dem Überwachungsvertrag nicht ordnungsgemäß wahr; (4.) die Überwachungsorganisation erfüllt ihre Pflichten nach § 56 Abs. 8 Satz 1 KrWG i. V. m. § 26 Abs. 1 Satz 1 EfbV nicht; (5.) zur Verhinderung oder Beseitigung schwerer Nachteile für das Wohl der Allgemeinheit. Beim Widerruf handelt es sich um eine behördliche Entscheidung in Ausübung pflichtgemäßen Ermessens („kann“), die deshalb zwar nur einer eingeschränkten gerichtlichen Kontrolle unterliegt, gleichwohl Gegenstand einer Anfechtungsklage vor dem Verwaltungsgericht sein kann.

Die weiteren Folgen des Widerrufs normiert § 26 Abs. 1 Satz 1 Alt. 2 EfbV. Danach verliert der Entsorgungsfachbetrieb mit dem Widerruf der Zustimmung zum Überwachungsvertrag ohne Weiteres seine Berechtigung, das Zertifikat und das Überwachungszeichen zu führen. Die Zustimmungsbehörde muss das Zertifikat dann außerdem grundsätzlich unverzüglich aus dem Entsorgungsfachbetrieberegister löschen (§ 26 Abs. 2 Satz 3 EfbV).

Allerdings besteht für die Behörde nach § 26 Abs. 2 Satz 4 EfbV die Möglichkeit, einem Betrieb trotz erfolgten Widerrufs der Zustimmung zum Überwachungsvertrag das weitere Führen des Zertifikats und des Überwachungszeichens für einen angemessenen Übergangszeitraum zu gestatten, wobei dieser nicht die Gültigkeitsdauer des Zertifikats überschreiten darf. Die Gestattung setzt voraus, dass der Betrieb die Umstände nicht zu vertreten hat, die zum Widerruf geführt haben. Bei der Gestattung handelt es sich ebenfalls um eine behördliche Ermessensentscheidung („kann“). Ein (ggf. einklagbarer) Anspruch des Betroffenen auf Gestattung besteht daher nur, wenn das Ermessen im Einzelfall auf Null reduziert ist.

Unwirksamwerden Dieselben Folgen wie im vorgenannten Fall des Widerrufs treten ein, falls der Überwachungsvertrag unwirksam wird (§ 26 Abs. 2 Satz 1 Alt. 1 EfbV). Der Entsorgungsfachbetrieb verliert dann ebenfalls ohne Weiteres seine Berechtigung, das Zertifikat und das Überwachungszeichen zu führen.

Die EfbV enthält keinen abschließenden Katalog an Unwirksamkeitsgründen. In Betracht kommt insbesondere ein Unwirksamwerden wegen Ablaufs der Geltungsdauer. Einen weiteren möglichen Unwirksamkeitsgrund stellt die Kündigung des Überwachungsvertrags dar. § 27 EfbV regelt vier verpflichtende Kündigungsgründe, die eine Kündigung des Überwachungsvertrags durch die Überwachungsorganisation jeweils nicht nur rechtfertigen, sondern sogar zwingend erfordern: (1.) innerhalb von zwei Jahren nach der behördlichen Zustimmung zum Überwachungsvertrag wurde kein Zertifikat erteilt; (2.) ein Zertifikat wurde nicht innerhalb von drei Monaten nach Ablauf seiner Gültigkeit neu erteilt; (3.) ein Zertifikat wurde vor Ablauf seiner Gültigkeit entzogen; (4.) der Betrieb hat die zertifizierte Tätigkeit auf Dauer eingestellt.

Die Zustimmungsbehörde muss das Zertifikat auch im Fall des Unwirksamwerdens des Überwachungsvertrags grundsätzlich unverzüglich aus dem Entsorgungsfachbetrieberegister löschen. Die Möglichkeit der vorübergehenden Gestattung nach § 12 Abs. 4 Satz 4 EfbV besteht allerdings unter den oben genannten Voraussetzungen ebenfalls.

Dauerhafte Tätigkeitseinstellung Schließlich führt gemäß § 26 Abs. 3 EfbV auch die Einstellung der zertifizierten Tätigkeit auf Dauer ohne Weiteres dazu, dass der betreffende Betrieb seine Berechtigung verliert, das Zertifikat und das Überwachungszeichen zu führen. Eine § 26 Abs. 2 Satz 3 EfbV entsprechende Pflicht der Zustimmungsbehörde, das Zertifikat auch in diesem Fall unverzüglich aus dem Entsorgungsfachbetrieberegister zu löschen, fehlt. Weil insoweit eine planwidrige Regelungslücke anzunehmen sein dürfte, erscheint eine analoge Anwendung des § 26 Abs. 1 Satz 5, Abs. 2 Satz 3 EfbV angezeigt.

14.2.7 Zertifizierung durch eine Entsorgergemeinschaft

Ein erklärtes Ziel der EfbV-Novelle bestand darin, ein einheitliches Regelwerk für Entsorgungsfachbetriebe zu schaffen und hierbei die zuvor bestehende Rechtsteilung zwischen EfbV a. F. und Entsorgergemeinschaftenrichtlinie (EgRL)[37] zu überwinden.[38] Daher wurde mit der EfbV-Novelle auch die EgRL aufgehoben sowie das Recht der Entsorgergemeinschaften in Konkretisierung des § 56 Abs. 6 KrWG in die EfbV aufgenommen und dort neu geregelt.

Unter einer Entsorgergemeinschaft ist ein rechtsfähiger Zusammenschluss von Entsorgungsfachbetrieben zu verstehen, der der Anerkennung der zuständigen Behörde – der sog. „Anerkennungsbehörde", vgl. § 14 Abs. 6 Satz 1 EfbV – bedarf (§ 56 Abs. 6 Satz 1, 2 KrWG). Nähere Anforderungen regeln §§ 13 bis 16 EfbV. Insbesondere besteht unter den Voraussetzungen des § 16 Abs. 1 EfbV ein Rechtsanspruch auf Anerkennung.

Bei der Zertifizierung durch eine Entsorgergemeinschaft handelt es sich um eine Alternative zur Zertifizierung durch eine technische Überwachungsorganisation. An die Stelle des Überwachungsvertrags tritt entweder die Aufnahme des Betriebs als Mitglied einer bestehenden Entsorgergemeinschaft, bei der es sich um einen rechtsfähigen Zusammenschluss von Entsorgungsfachbetrieben handelt (vgl. § 56 Abs. 6 Satz 1 KrWG), oder der Zusammenschluss mit anderen Betrieben zu einer neuen Entsorgergemeinschaft.

Die Entsorgergemeinschaft handelt auf Grundlage einer Satzung oder sonstigen Regelung (§ 56 Abs. 6 Satz 3 KrWG), für die Schriftform vorgeschrieben ist (§ 13 Abs. 1 Satz 1 EfbV). Der Mindestinhalt der Regelung folgt aus § 56 Abs. 6 Satz 3 KrWG und

[37] Richtlinie für die Tätigkeit und Anerkennung von Entsorgergemeinschaften (Entsorgergemeinschaftenrichtlinie) v. 09.09.1996, BAnz. 1996 Nr. 178 S. 10909.
[38] BR-Drs. 477/16 v. 24.08.2016, S. 49.

wird gemäß § 13 Abs. 1 EfbV konkretisiert. Sie darf weitergehende oder ergänzende Regelungen enthalten, soweit diese den Anforderungen des § 56 KrWG und der EfbV nicht widersprechen (§ 13 Abs. 2 EfbV). Gemäß § 15 Abs. 2 EfbV darf die Mitgliedschaft nicht von der Zugehörigkeit zu einem bestimmten Verband oder einer sonstigen Organisation abhängig gemacht werden. Damit verbieten sich auch entsprechende Vorgaben in der Regelung über die Entsorgergemeinschaft.

Zur Sicherung der Überwachung der Mitgliedsbetriebe muss ein Überwachungsausschuss gebildet werden (§ 14 Abs. 1 Satz 1 und 2 EfbV). Dieser entscheidet insbesondere auch über die Erteilung und den Entzug von Zertifikaten und die Berechtigung zum Führen von Überwachungszeichen, auf Grundlage von Gutachten der mit der Überwachung beauftragten Sachverständigen. Er hat insoweit die alleinige Entscheidungskompetenz. Seine Entscheidungen sind für die Entsorgergemeinschaft bindend und können nicht durch andere Organe abgeändert werden. Des Weiteren hat der Überwachungsausschuss Verstöße gegen die Bestimmungen über das Überwachungsverfahren und über das Führen von Überwachungszeichen zu ahnden.

Der Überwachungsausschuss ist kein Sachverständigenorgan, sondern ein mit Praktikern besetztes Gremium. Näheres ist in § 14 Abs. 2 bis 4 EfbV geregelt. Kein Mitglied ist die für die Anerkennung der Entsorgergemeinschaft zuständige Behörde. Dennoch darf diese gemäß § 14 Abs. 6 EfbV an den Ausschusssitzungen teilnehmen, weshalb ihr die Sitzungstermine und -orte auf Verlangen mitgeteilt werden müssen. Dies geht auf eine entsprechende Forderung der Länder zurück und soll die Transparenz der Arbeit der Entsorgergemeinschaft erhöhen.[39]

Das Recht der Zertifizierung durch eine Entsorgergemeinschaft ist im Wesentlichen mit dem der Zertifizierung durch eine technische Überwachungsorganisation vergleichbar. So setzt etwa die Aufnahme eines Betriebs als Mitglied eine Vorprüfung durch die Entsorgergemeinschaft voraus (§ 15 Abs. 1 Satz 1 EfbV), deren Übermittlung an die Anerkennungsbehörde sowie die behördliche Überprüfung im Benehmensverfahren.[40] Ein Efb-Zertifikat wird ausgestellt, wenn die Anforderungen der Regelung über die Entsorgergemeinschaft erfüllt sind; auch insoweit entsprechen die Maßgaben im Wesentlichen den Maßgaben der Zertifizierung aufgrund eines Überwachungsvertrags. Das Gleiche gilt

---

[39] BR-Drs. 477/16 v. 24.08.2016, S. 111.

[40] § 15 Abs. 1 Satz 1 EfbV gilt nach seinem Wortlaut nur für die Aufnahme eines neuen Mitglieds in eine bereits bestehende Entsorgergemeinschaft und blendet damit den Fall aus, dass sich mehrere Betriebe zu einer neuen Entsorgergemeinschaft zusammenschließen wollen. Vor dem erstmaligen Zusammenschluss besteht noch keine anerkannte Entsorgergemeinschaft, die etwaige Vorprüfungen durchführen könnte. Mit Blick auf die Systematik der EfbV und unter Gleichbehandlungsgesichtspunkten wird man jedoch nicht annehmen können, es bestehe dann überhaupt keine Vorprüfungspflicht. Vielmehr wird hier vor der Vorprüfung zunächst der Zusammenschluss der Betriebe zur Entsorgergemeinschaft erfolgen müssen. Sobald dann die (zu diesem Zeitpunkt noch nicht behördlich anerkannte) Entsorgergemeinschaft gebildet ist, muss diese in Bezug auf alle in ihr vereinigten Betriebe Vorprüfungen durchführen. Ob dieses Ergebnis trotz des Wortlauts (noch) durch Auslegung des § 15 Abs. 1 Satz 1 EfbV erzielt werden kann, erscheint zweifelhaft; vorzugswürdig erscheint eine Analogie.

für den Verlust der Berechtigung, mit strukturell bedingten Abweichungen (Widerruf der Anerkennung der Entsorgergemeinschaft anstelle des Widerrufs der Zustimmung zum Überwachungsvertrag; Verlust durch Ende der Mitgliedschaft oder durch Erlöschen der Entsorgergemeinschaft).

14.2.8 Anforderungen an die Überwachung

Überwachungsanforderungen sind gemäß § 56 Abs. 3 Satz 5 KrWG geregelt, der eine mindestens jährliche Überprüfung durch die Zertifizierungsstelle vorschreibt, und werden durch die §§ 22, 23 EfbV konkretisiert. Nach § 22 Abs. 1 Satz 1 EfbV wird sowohl bei der erstmaligen als auch der jährlichen Überprüfung jeweils auf der Grundlage des Überwachungsplans durch einen Sachverständigen geprüft, ob der Betrieb die Anforderungen gemäß Überwachungsvertrag bzw. Regelung über die Entsorgergemeinschaft erfüllt. Der Sachverständige muss nach § 23 EfbV Verlauf und Ergebnis der Überprüfung schriftlich in einem Überwachungsbericht mit dem Mindestinhalt nach Anlage 2 EfbV dokumentieren. Diese Dokumentation schuldet er gegenüber dem Betrieb, nicht gegenüber einer Behörde.

Angekündigte Vor-Ort-Termine Zur Überprüfung des Betriebs durch den Sachverständigen gehören nach § 22 Abs. 2 Satz 1 EfbV jeweils mindestens ein angekündigter Vor-Ort-Termin an jedem zu zertifizierenden Standort mit einem Zeitrahmen, der eine sachgerechte Überprüfung sicherstellt. Hinzu kommen ggf. erforderliche weitere angekündigte Vor-Ort-Termine (§ 22 Abs. 2 Satz 2 EfbV; etwa bei großen Betriebsstätten, komplizierten Behandlungsverfahren, fehlenden Unterlagen, Beanstandungen oder sonstigen Unzulänglichkeiten innerhalb des Betriebs).[41]

Unangekündigte Vor-Ort-Termine Hinzu kommen nach § 22 Abs. 1 Satz 3 EfbV aber auch unangekündigte Vor-Ort-Termine des Sachverständigen, für die die Zertifizierungsstellen ein entsprechendes System zu entwickeln haben. Ausweislich der Verordnungsbegründung[42] sollen die unangekündigten Vor-Ort-Termine dazu dienen, die Erfüllung der Efb-Anforderungen im betrieblichen Alltag zu kontrollieren und eventuell bestehende Probleme oder Missstände frühzeitig aufzudecken, damit der Betrieb ausreichend Gelegenheit hat, diese abzustellen. Dass bei unangekündigten Vor-Ort-Terminen eventuell nicht alle Ansprechpartner anwesend oder alle Unterlagen greifbar sind, soll ohne Belang sein, weil die unangekündigten Vor-Ort-Termine die angekündigten Vor-Ort-Termine ergänzen, aber nicht ersetzen sollen.

[41] BR-Drs. 477/16 v. 24.08.2016, S. 120.
[42] BR-Drs. 477/16 v. 24.08.2016, S. 120.

Behördenteilnahme an Vor-Ort-Terminen § 22 Abs. 3 Satz 1 EfbV soll die Zustimmungsbehörde dazu legitimieren, die Sachverständigen bei ihren Vor-Ort-Terminen in den Betrieben zu begleiten. Nach § 22 Abs. 3 Satz 2 EfbV soll überdies die Überwachungsbehörde im Rahmen der Allgemeinen Überwachung nach § 47 KrWG zur Teilnahme an den Vor-Ort-Terminen berechtigt sein, weshalb ihr diese Termine von der Zertifizierungsstelle auf Verlangen mitgeteilt werden müssen (§ 22 Abs. 3 Satz 3 EfbV). Eine Beschränkung der Behördenteilnahme auf angekündigte Vor-Ort-Termine enthält die EfbV insoweit jeweils nicht.

Hinsichtlich der Anwesenheit der Zustimmungsbehörde vor Ort erscheint mindestens zweifelhaft, ob § 22 Abs. 3 Satz 1 EfbV noch von der Ermächtigungsgrundlage des § 57 KrWG gedeckt ist. Obwohl die EfbV von einem „Begleiten" des Sachverständigen spricht, handelt es sich faktisch um eine Überwachung durch die Zustimmungsbehörde, die sich nicht nur auf den Sachverständigen, sondern auch auf den Betrieb erstreckt. Jedenfalls soweit Überwachungsvorschriften – wie hier – (auch) den Betrieb betreffen, dürften sich diese kaum auf § 57 KrWG stützen lassen, weil die Überwachung von Betrieben anderweitig im KrWG geregelt ist. Hinzu kommt, dass es für das behördliche „Begleiten" an einer ausdrücklichen gesetzlichen Einräumung von Betretungsrechten usw. der Zustimmungsbehörde entsprechend § 47 Abs. 3 Sätze 2 bis 4 KrWG fehlt. Ungeachtet dessen erscheint die Anwesenheit der Zustimmungsbehörde bei den Vor-Ort-Terminen des Sachverständigen auch mit dem Prinzip der Selbstüberwachung[43] unvereinbar, das dem Recht der Entsorgungsfachbetriebe zugrunde liegt.

Ebenfalls bzw. erst recht um einen Fall der Überwachung handelt es sich, wenn die Überwachungsbehörde an Vor-Ort-Terminen des Sachverständigen teilnimmt. Jedenfalls mit der Begründung einer Informationspflicht im Vorfeld eines Vor-Ort-Termins zugunsten der Überwachungsbehörde (§ 22 Abs. 3 Satz 3 EfbV) geht die EfbV über die in Bezug genommenen Vorgaben des § 47 KrWG hinaus, was ebenfalls nicht von der Ermächtigungsgrundlage des § 57 KrWG gedeckt sein dürfte. Zwar darf eine Überwachungsbehörde grundsätzlich unter den Voraussetzungen des § 47 KrWG in einem Betrieb anwesend sein. § 47 KrWG räumt ihr aber keine Befugnis ein, speziell dann anwesend zu sein, wenn sich ein im Rahmen der Selbstüberwachung des Betriebs tätiger Sachverständiger auf dem Betriebsgelände befindet.

EMAS und DIN EN ISO 9001 bzw. 14001 Haben im Rahmen einer EMAS-Validierung ein Umweltgutachter oder eine Umweltgutachterorganisation nach dem Umweltauditgesetz oder im Rahmen der Zertifizierung eines Qualitätsmanagementsystems nach DIN EN ISO 9001 bzw. eines Umweltmanagementsystems nach DIN EN ISO 14001 eine nach DIN EN ISO 17021 akkreditierte Stelle bereits Prüfungen vorgenommen, muss der Sachverständige die Ergebnisse dieser Prüfungen berücksichtigen (§ 22 Abs. 4 EfbV).

[43] Vgl. dazu etwa auch BR-Drs. 477/16 v. 24.08.2016, S. 2.

Sachverständigenwechsel Spätestens nach fünf Jahren der durchgängigen Überprüfung durch denselben Sachverständigen muss gemäß § 22 Abs. 5 EfbV ein Sachverständigenwechsel vorgenommen werden. Dass regelmäßig andere Sachverständige die Überprüfung eines Betriebs durchführen, hat die Zertifizierungsstelle sicherzustellen.

14.2.9 Elektronisches Entsorgungsfachbetrieberegister

Ab 01.06.2018 bestehen gemäß § 28 Abs. 1 EfbV für die Zertifizierungsstellen elektronische Mitteilungspflichten, wofür die Länder ein bundesweit einheitliches elektronisches System einrichten müssen, dessen Einzelheiten sie durch Vereinbarung regeln (§ 28 Abs. 2 EfbV). Die elektronische Übermittlung dient dem bundesweit einheitlichen elektronischen Register über zertifizierte Entsorgungsfachbetriebe, das die Länder nach § 28 Abs. 3 EfbV ebenfalls ab 01.06.2018 zu führen, ständig zu aktualisieren und in geeigneter Weise der Öffentlichkeit zugänglich zu machen haben. Auch die Einzelheiten über die Einrichtung und Führung des Registers regeln die Länder durch Vereinbarung (§ 28 Abs. 3 Satz 4 EfbV).

► Als problematisch ist insbesondere die Pflicht der Überwachungsorganisation bzw. Entsorgergemeinschaft anzusehen, der Zustimmungs- bzw. Anerkennungsbehörde u.a. auch den jeweiligen Überwachungsbericht zu übermitteln, zumal diese den Bericht auch der Überwachungsbehörde zur Kenntnis zu geben hat (§ 28 Abs. 1 Satz 2 EfbV). Dies erscheint als unvereinbar jedenfalls mit dem von der EfbV verfolgten Prinzip der Selbstüberwachung. Denn der Sachverständige, der eigentlich nur Instrument der Selbstüberwachung des Betriebes sein soll, wird dadurch (auch) zum Instrument behördlicher Überwachung.

14.2.10 Privilegierungen

Durch die Zertifizierung können Entsorgungsfachbetriebe von verfahrensrechtlichen (und ggf. auch wettbewerblichen) Privilegierungen profitieren, was Anreiz genug für viele Unternehmen ist, sich dem aufwendigen und kostenverursachenden Zertifizierungsverfahren zu unterziehen. Auf bedeutende Privilegierungen sei nachfolgend beispielhaft hingewiesen.

Nachweisverfahren Bei der Entsorgung gefährlicher Abfälle bestehen insoweit Erleichterungen, als die Betriebe gemäß § 7 Abs. 1 Satz 1 Nr. 1 der Nachweisverordnung am privilegierten Nachweisverfahren teilnehmen und damit die Pflicht zur Einholung einer Eingangsbestätigung sowie einer behördlichen Bestätigung des Entsorgungsnachweises entfällt. Dies gilt nur für die als Entsorgungsfachbetrieb zertifizierte Anlage und die zertifizierten Entsorgungstätigkeiten und Abfälle. Bei der Anordnung von Nachweis- und

Registerpflichten im Einzelfall ist die Zertifizierung ebenfalls positiv zu berücksichtigen (§ 51 Abs. 2 KrWG).

Sammler/Beförderer/Händler/Makler gefährlicher Abfälle Eine weitere Privilegierung besteht darin, dass die Betriebe keiner Sammler-, Beförderer-, Händler- und Maklererlaubnis nach § 54 Abs. 1 KrWG bedürfen (§ 54 Abs. 3 Nr. 2 KrWG), soweit sie für die entsprechenden Tätigkeiten und Abfälle zertifiziert sind, was sie jedoch nicht von der Anzeigepflicht des § 53 Abs. 1 KrWG befreit.

Erstbehandlungsanlagen gemäß ElektroG Zudem gilt gemäß § 21 Abs. 4 des Elektro- und Elektronikgerätegesetzes (ElektroG) eine Behandlungsanlage dann als Erstbehandlungsanlage i. S. des ElektroG zertifiziert, wenn der Betrieb Entsorgungsfachbetrieb ist und die Einhaltung der Anforderungen des ElektroG geprüft sowie im Efb-Zertifikat ausgewiesen ist.

Altfahrzeug-Verordnung Nach § 2 Abs. 2 Nr. 2 der Altfahrzeug-Verordnung sind Annahmestellen, Rücknahmestellen, Demontagebetriebe, Schredderanlagen und sonstige Anlagen zur weiteren Behandlung i. S. der Verordnung anerkannt, wenn der Betrieb Entsorgungsfachbetrieb ist und die Einhaltung der Anforderungen der Verordnung geprüft hat sowie dies im EfB-Zertifikat ausgewiesen ist.

Abfallbeauftragte Nach § 3 Abs. 1 Satz 1 der EMAS-Privilegierungs-Verordnung „soll" (= intendiertes Ermessen) die Behörde bei einem Entsorgungsfachbetrieb, der nicht schon unmittelbar aus § 59 Abs. 1 Satz 2 und 3 KrWG i. V. m. der Abfallbeauftragtenverordnung (AbfBeauftrV) zur Bestellung mindestens eines Abfallbeauftragten verpflichtet ist, auf die Anordnung eines Abfallbeauftragten verzichten. § 3 Abs. 1 Satz 1 der EMAS-Privilegierungs-Verordnung ist insoweit auf die Ermächtigungsgrundlage des § 61 Abs. 4 KrWG zurückzuführen, wonach Entsorgungsfachbetrieben durch Rechtsverordnung Erleichterungen im Genehmigungsverfahren sowie überwachungsrechtliche Erleichterungen gewährt werden können.

14.3 EMAS

Neben der Zertifizierung als Entsorgungsfachbetrieb können sich Abfallentsorgungsunternehmen nach der EMAS-III-Verordnung[44] (auch „Öko-Audit-Verordnung" genannt) zertifizieren lassen. Flankierende Regelungen enthält das Umweltauditgesetz.[45] In diesem Fall profitieren die Unternehmen vollumfänglich von der EMAS-Privilegierungs-

[44] VO EG Nr. 1221/2009 v. 11.01.2010.
[45] Umweltauditgesetz v. 04.09.2002, BGBl. I S. 3490, zuletzt geändert durch Art. 3 des Gesetzes v. 25.11.2015, BGBl. I S. 2092.

Verordnung.[46] Diese sieht verfahrensrechtliche Erleichterungen für zertifizierte Unternehmen vor, die sich teilweise mit denen für Entsorgungsfachbetriebe decken, teilweise aber auch darüber hinausgehen.

Wird z. B. bezüglich einer EMAS-Anlage, deren Betreiber zur Bestellung eines Abfallbeauftragten unmittelbar aus § 59 Abs. 1 Satz 2 und 3 KrWG i. V. m. der AbfBeauftrV verpflichtet ist, eine Befreiung gemäß § 7 AbfBeauftrV beantragt, muss die zuständige Behörde bei ihrer Entscheidung berücksichtigen, dass es sich um eine EMAS-Anlage handelt (§ 3 Abs. 1 Satz 3 EMAS-Privilegierungs-Verordnung). Außerdem muss der Abfallbeauftragte ggf. keine gesonderten Jahresberichte verfassen (§ 3 Abs. 2 EMAS-Privilegierungs-Verordnung). Ferner kann die Pflicht des Unternehmens, die Bestellung eines Abfallbeauftragten bei der Behörde gesondert anzuzeigen, nach § 3 Abs. 3 EMAS-Privilegierungs-Verordnung suspendiert sein.

Unternehmen mit EMAS-Zertifizierung profitieren damit insgesamt von einer weitergehenden Privilegierung als Entsorgungsfachbetriebe. Da die EMAS-Zertifizierung aber mit einem ganz erheblichen Bürokratie- und Kostenaufwand verbunden ist, kann sie bei weitem keine vergleichbare Akzeptanz und Verbreitung aufweisen und stellt gerade für kleine Entsorgungsunternehmen keine Alternative zur Zertifizierung als Entsorgungsfachbetrieb dar.[47] Ungeachtet der wenigen unmittelbaren rechtlichen Privilegierungen können allerdings durch gutes, funktionierendes Umweltmanagement die Risiken für die Reputation des betreffenden Unternehmens und insbesondere die hohen Haftungsrisiken[48] möglichst vermieden, zumindest aber verringert bzw. begrenzt werden, die auch mit möglichen Verstößen gegen (teilweise zudem bußgeld- oder gar strafbewehrte[49]) abfallrechtliche Pflichten einhergehen.

Eine EMAS-III-Zertifizierung setzt Folgendes voraus:[50] (1.) eine Umweltprüfung i. S. einer erstmaligen Ermittlung u. a. der Umweltauswirkungen der Tätigkeiten, Produkte und Dienstleistungen des Unternehmens unter Berücksichtigung der maßgeblichen Rechts- und Verwaltungsvorschriften, (2.) die Etablierung des Umweltmanagementsystems nach Anhang III der EMAS-III-Verordnung, (3.) eine Überprüfung des Managementsystems im Rahmen einer internen Umweltbetriebsprüfung und einer Managementbewertung durch einen internen oder externen Prüfer, (4.) die Abgabe einer Umwelterklärung, die u. a. das Umweltmanagementsystem enthält, und (5.) eine Überprüfung der vorgenannten Schritte auf Einhaltung der EMAS-III-Anforderungen durch einen unabhängigen, förmlich zugelassenen Umweltgutachter.

Ergibt die Überprüfung durch den Umweltgutachter, dass die EMAS-III-Anforderungen eingehalten werden, wird die Umwelterklärung für gültig erklärt (validiert). Anschließend erfolgt die Registrierung im EMAS-Verzeichnis, womit das EMAS-Logo nach An-

---

[46] Verordnung v. 24.06.2002, BGBl. I, S. 2247, zuletzt geändert durch die zweite Verordnung zur Fortentwicklung der abfallrechtlichen Überwachung v. 02.12.2016, BGBl. I S. 2770.

[47] Vgl. dazu Kropp 2010, Nr. 3.9.2.3.1, S. 2 ff.

[48] Vgl. hierzu auch Schlemminger und Oexle 2016, 25, 26 ff.

[49] Vgl. etwa § 326 StGB, §§ 18a, 18 b des Abfallverbringungsgesetzes.

[50] Vgl. hierzu im Einzelnen Oexle und Lammers 2016, § 52 Rn. 66.

hang V der EMAS-III-Verordnung verwendet werden darf. Allerdings müssen regelmäßig weitere Begutachtungen erfolgen.

14.4 DIN EN ISO 14001 (sowie DIN EN ISO 9001 und 9004)

Lediglich vereinzelte Regelungen im Abfallrecht finden sich zu dem Umweltmanagementsystem DIN EN ISO 14001, das geringere Anforderungen als EMAS stellt und insbesondere keine Pflicht zur Abgabe einer Umwelterklärung beinhaltet,[51] sowie zu den Qualitätsmanagementsystemen DIN EN ISO 9001 und 9004. Für die Unternehmen gehen die entsprechenden Zertifizierungen daher grundsätzlich nicht mit unmittelbaren abfallrechtlichen Privilegien einher. Teilweise reduziert sich jedoch in speziellen abfallrechtlichen Materien der Prüfungsaufwand für Sachverständige, worauf nachfolgend anhand von Beispielen hingewiesen wird.

ElektroG Nach § 21 ElektroG hat ein Sachverständiger im Rahmen der Zertifizierung einer Erstbehandlungsanlage die Ergebnisse von Prüfungen zu berücksichtigen, die von einer nach DIN EN ISO/IEC 17021 akkreditierten Stelle im Rahmen der Zertifizierung eines Qualitätsmanagements nach DIN EN ISO 9001 oder 9004 durchgeführt wurde.

Altfahrzeugverordnung Auch nach § 5 Abs. 3 Satz 9 Nr. 2 der Altfahrzeugverordnung hat ein Sachverständiger die Ergebnisse von Prüfungen durch eine nach DIN EN 45012 akkreditierte Stelle im Rahmen der Zertifizierung eines Qualitätsmanagements nach DIN EN ISO 9001 oder 9004 zu berücksichtigen, wenn er die Einhaltung der Anforderungen überprüft, die für die Betreiber von Annahmestellen, Rücknahmestellen, Demontagebetrieben, Schredderanlagen und sonstigen Anlagen zur weiteren Behandlung nach dem Anhang der Altfahrzeug-Verordnung gelten.

EfbV Ferner muss ein Sachverständiger bei der Überprüfung eines Entsorgungsfachbetriebs die Ergebnisse von Prüfungen einer nach DIN EN ISO 17021 akkreditierten Stelle berücksichtigen, wenn diese im Rahmen der Zertifizierung eines Qualitätsmanagementsystems nach DIN EN ISO 9001 bzw. eines Umweltmanagementsystems nach DIN EN ISO 14001 bereits Prüfungen vorgenommen hat (§ 22 Abs. 4 Nr. 2 EfbV).

Auch für das Umweltmanagementsystem DIN EN ISO 14001 lässt sich ungeachtet dessen festhalten, dass durch gutes, funktionierendes Umweltmanagement Risiken für die Reputation und insbesondere die hohen Haftungsrisiken bei Verstößen gegen abfallrechtliche Pflichten möglichst vermieden oder jedenfalls verringert bzw. begrenzt werden können.

[51] Vgl. Oexle und Lammers 2016, § 52 Rn. 69.

Literatur

Beckmann M, Wittmann A (2016) in: Landmann R, Rohmer G (Hrsg) Umweltrecht. Kommentar, Stand: 01.05.2016 (80. Ergänzungslieferung), Band I, USchadG §§ 1 bis 14

Bundesrat (2001) Vollzugshilfe „Zertifizierung von Händlern und Vermittlern als Entsorgungsfachbetrieb gemäß § 52 KrW-/AbfG" (Stand: 17.10.2001), http://www.laga-online.de/servlet/is/23874/VollzugshilfeZertifizierung_Haendler_Vermittler.pdf?command=downloadContent&filename=VollzugshilfeZertifizierung_Haendler_Vermittler.pdf. Abgerufen am 22.12.2016

BR (Bundesrat) (2016) Drucksache 477/16 v. 24.08.2016, 1 ff., https://www.bundesrat.de/SharedDocs/drucksachen/2016/0401-0500/477-16.pdf?__blob=publicationFile&v=1. Abgerufen am 22.12.2016

Hoffmann J (2014) Umweltmanagementsysteme waren gestern? – Zur Verbreitung von EMAS und der ISO-Norm 14001 in Deutschland. ZUR 2014: 81–85

Kropp O (2010) in: Birn H, Kunz P-M (Hrsg) Kreislaufwirtschafts- und Abfallgesetz in der betrieblichen Praxis. Stand: 06/2010 (47. Ergänzungslieferung), Nr. 3.9.2.3.1

LAGA (Bund/Länder-Arbeitsgemeinschaft Abfall), Mitteilung der Bund/Länder-Arbeitsgemeinschaft Abfall (LAGA) 36, Vollzugshilfe „Entsorgungsfachbetriebe", Endfassung vom 19.05.2005, http://www.laga-online.de/servlet/is/23874/M36_VH_Entsorgungsfachbetriebe.pdf?command=downloadContent&filename=M36_VH_Entsorgungsfachbetriebe.pdf. Abgerufen am 22.12.2016

Martens C-P (2016) in: Fluck J et al. (Hrsg) Kreislaufwirtschaftsrecht, Abfallrecht und Bodenschutzrecht. Kommentar, Stand: 130. Aktualisierung 2016, EfbV § 7

Oexle A, Lammers T (2016) in: Hauschka C E, Moosmeyer K, Lösler T (Hrsg) Corporate Compliance. Handbuch der Haftungsvermeidung im Unternehmen. § 52 Rn. 69

Schlemminger H, Oexle A (2016) Umweltmanagement als integraler Bestandteil des Compliance Managements in Industrieunternehmen. Compliance-Berater 2016: 25–28

Teil II
Stoffströme und Ressourcenwirtschaft

Glasrecycling 15

Matthias Heinen und Christoph Bildstein

15.1 Einführung

Unter den Wertstoffen, die einem Recycling zugeführt werden, gehört das Altglas zu den am besten werkstofflich verwertbaren Materialien. Aufgrund der entwickelten Erfassungsstrukturen und effizienter technischer Verfahren können in der Praxis der Erfassung und Behandlung Recyclingquoten im Bereich von 90 % erreicht werden. Im Hinblick auf den großen ökologischen sowie ökonomischen Nutzen des Glasrecyclings ist dieses heute ein selbstverständlicher Bestandteil und eine feste Säule der modernen Kreislaufwirtschaft.

Der nachfolgende Artikel gibt einen Überblick über die Geschichte und Technik der Glasherstellung sowie über die Entwicklung und die Verfahrensschritte des Glasrecyclings. Dabei wird auf die jeweils einschlägigen Rahmenbedingungen und auftretenden Herausforderungen eingegangen. Dies betrifft neben anderen Punkten die festzustellenden Veränderungen in der Zusammensetzung des Inputs und die Weiterentwicklung der rechtlichen Anforderungen über das Verpackungsgesetz. Zudem gibt der Beitrag an mehreren Stellen praktische Hinweise zu den Möglichkeiten einer Optimierung der praktizierten Abläufe und Verfahren.

Im Stoffstrom Altglas muss grundsätzlich zwischen zwei Glastypen differenziert werden: Hohl- und Flachglas. Diese werden über verschiedenartige Systeme erfasst und in der Regel nach der Aufbereitung der Glas- und Baustoffindustrie als Rohstoff zugeführt. Die Anforderungen der verarbeitenden Industrie haben sich in den vergangenen Jahren verändert, und damit einhergehend wurde die Qualität des Rohstoffes kontinuierlich weiter-

M. Heinen (✉)
BDE Bundesverband der Deutschen Entsorgungs-,Wasser- und Rohstoffwirtschaft e.V.
Berlin, Deutschland

C. Bildstein
Rhenus Recycling GmbH
Essen, Deutschland

P. Kurth et al. (Hrsg.), *Praxishandbuch der Kreislauf- und Rohstoffwirtschaft*,
https://doi.org/10.1007/978-3-658-17045-5_15

entwickelt. Die Möglichkeiten zum Einsatz von Scherben in der Produktion von Glasprodukten konnte somit weiter verbessert werden. Im Folgenden sollen am Beispiel Hohlglas bzw. Behälterglas die Glasherstellung sowie die Entwicklung, Systematik und Technik des Glasrecyclings beschrieben werden. Dabei wird versucht, die Bedeutung eines durchgängig qualitätsorientierten Glasrecyclings zu vermitteln.

15.2 Glasherstellung

15.2.1 Geschichte der Glasherstellung

Bevor man sich mit dem Glasrecycling befasst, ist es wichtig, Geschichte und Technik der Glasherstellung zumindest in Ansätzen zu kennen. In der Steinzeit – also vor ca. 9000 Jahren – wurde schon natürliches Glas als Material für Werkzeug verwendet. Dieses vulkanische Glas namens Obsidian (Mineralienatlas 2016) wurde wegen seines scharfkantigen Bruches geschätzt. Vor rund 3500 Jahren wurden Ziergegenstände, Schmuck und Gefäße aus Obsidian hergestellt (Faist 2001).

Künstlich erschmolzenes Glas lässt sich schon in den alten Kulturen der Ägypter vor über 6000 Jahren nachweisen. Die Kunst des Glasschmelzens ist höchstwahrscheinlich dem Zufall zu verdanken, bei dem ein Gemisch aus Sand und Soda unter Hitzeeinwirkung reagierte.

Als Meilensteine der Glasherstellung in der Antike sind die organisierte Fertigung von Schmuckstücken und kleinen Gefäßen in Ägypten um 3000 v. Chr. sowie die Erfindung der Glasmacherpfeife um 100 v. Chr. zu nennen. Diese erlaubte die Herstellung von dünnwandigen Gläsern mit beliebigen Formen.

Erste Glashütten auf deutschem Boden entstanden im zehnten Jahrhundert n. Chr. im Bayerischen Wald, Thüringer Wald, Böhmer Wald und im Spessart. Im Jahr 1903 entwickelte der Amerikaner Michael J. Owens die Automatisierung des Flaschenblasens. 1908 wurde die Owens-Maschine erstmals in Deutschland eingesetzt; dadurch konnte die Flaschenproduktion um ein Vielfaches gesteigert werden (Bundesverband Glasindustrie e. V. 2016).

15.2.2 Technik der Glasherstellung

Die grundsätzlich notwendigen Rohstoffe zur Herstellung von Glas haben sich über die Jahrtausende nicht geändert. Die weitaus größte Menge der industriell hergestellten Gläser machen die Kalknatron-Silikatgläser aus. Wie aus dem Namen hervorgeht, spielen dabei als Bestandteile neben Sand vor allem Natron („Soda") und Kalk eine wesentliche Rolle. Ein typisches Kalknatron-Silikatglas besteht zu 71 bis 75 % aus Sand (SiO_2), zu 12 bis 16 % aus Natron (Na_2O), zu 10 bis 15 % aus Kalk (CaO) und zu einigen Prozenten aus anderen Stoffen, etwa zum Färben (Bundesverband Glasindustrie e. V. 2016). Dies beschreibt die Zusammensetzung eines fertigen Glasgegenstands.

Diese Rohstoffe werden zum sogenannten Gemenge vermischt und bei rund 1700 °C geschmolzen und geläutert. Während der Schmelze entsteht bei Natron und Kalk durch chemische Umwandlungsprozesse ein Schmelzverlust von ca. 20 % bezogen auf die zu produzierende Glasmenge. Für die Produktion von Flaschen und Gläsern werden aus dem flüssigen Glasstrom bei hoher Fließgeschwindigkeit Tropfen geschnitten, die der Formgebung zugeführt werden. Bei der Herstellung von Behälterglas dominiert heute die IS-Maschine (*Individual Section*), in der die Formgebung in einem zweistufigen Prozess erfolgt. Zunächst wird in einer Vorform das sogenannte Külbel hergestellt und anschließend in der Fertigform zum fertigen Produkt ausgeblasen. Danach muss der Glasgegenstand auskühlen, wobei die Abkühlzeit in Abhängigkeit von der Glasart und der Dicke bzw. Stärke des Glases zwischen 30 und 100 min beträgt (Bundesverband Glasindustrie e. V. 2016).

Warum nun dieser Ausflug in die Geschichte und Technik der Glasherstellung? Weil sich daraus sowohl die ökologische als auch die ökonomische Notwendigkeit eines hochwertigen Glasrecyclings ableiten lassen.

Im Jahr 2015 wurden in Deutschland insgesamt etwa 7,4 Mio. Tonnen Glas und Mineralfasern hergestellt. Davon entfielen alleine auf Behälterglas rund 3,9 Mio. Tonnen und auf Flachglas knapp 2,1 Mio. Tonnen (Bundesverband Glasindustrie e. V. 2016). Widmen wir uns also weiter dem Behälterglas.

15.3 Einsatz von Recyclingglas

15.3.1 Nutzen des Einsatzes

Glas lässt sich zu 100 % recyceln. Außerdem kann man Glas beliebig oft einschmelzen und zu neuen Glasverpackungen verarbeiten. Recyceltes – also aufbereitetes – Altglas ist mittlerweile der wichtigste Rohstoff bei der Herstellung von Behälterglas. Glasflaschen und Konservengläser bestehen heute durchschnittlich zu rund 60 % aus Recyclingglas. Markt- und produktionsbedingt variieren die Scherbeneinsatzquoten zwischen 40 % (bei Braunglas) und etwas über 90 % (bei Grünglas).

Aus dem heutigen Einsatz von jährlich rund 2,3 Mio. Tonnen Recyclingglas bei der Produktion von Behälterglas in Deutschland resultieren die folgenden ökologischen und ökonomischen Auswirkungen.

Schonung von natürlichen Rohstoff-Ressourcen

Unter Berücksichtigung des Schmelzverlustes wären zur Produktion von Glas aus dem sogenannten Rohgemenge anstelle von Recyclingglas mehr als 2,7 Mio. Tonnen natürliche Rohstoffe (hauptsächlich Quarzsand, Kalk und Natursoda) nötig.

Dabei sind die Kosten je Tonne Natursoda knapp siebenmal so hoch wie für die beiden anderen Rohstoffe Sand und Kalk. Beim Rohgemenge (ohne Recyclingglas) hat Soda einen Kostenanteil von rund 58 %. Der Einsatz von Recyclingglas schont unter diesem Aspekt nicht nur natürliche Ressourcen, sondern auch Finanzmittel.

Reduzierung von Energieverbrauch und -kosten
Bei der Glasschmelze werden elektrische Energie und Erdgas oder Heizöl – also indirekt oder direkt fossile Energieträger – in erheblichem Umfang eingesetzt. Je 10 % Einsatz von Recyclingglas reduziert sich der Energieverbrauch um 3 % (Bundesverband Glasindustrie e. V. 2016). Aus einem Scherbeneinsatz von 60 % resultiert demnach eine Reduzierung des Energieverbrauchs um 18 %. Auch unter diesem Aspekt werden nicht nur natürliche Ressourcen, sondern auch Finanzmittel geschont. Der Einsatz von Recyclingglas bedeutet daher einen wichtigen Beitrag zur Energiewende.

Reduzierung des CO_2- und NO_X-Ausstoßes
Mit der Verminderung des Energieverbrauchs geht auch eine deutliche Reduzierung des CO_2-Ausstoßes einher. Mit dem Einsatz von Recyclingglas leistet die Glasherstellung einen wichtigen Beitrag zum Klimaschutz. Aufgrund der Regelung in der EU zur kostenfreien Zuteilung der CO_2-Zertifikate für Glashersteller hat diese Reduzierung der Emissionen für sie daher keine direkte monetäre Auswirkung (Bundesverband Glasindustrie e. V. 2009). Finanziell und betrieblich wichtiger bei der Betrachtung von Emissionen ist daher der Ausstoß von NO_X (Stickoxyde). Die Auflagen aus den Betriebsgenehmigungen der Schmelzwannen können entweder nur mit dem Einsatz von Recyclingglas erfüllt werden oder würden sehr große Investitionen erfordern.

Erhöhung der Schmelzeffizienz
Der Einsatz von Recyclingglas erhöht die Effizienz in der Glasschmelze durch eine Steigerung der Durchsatzmenge. So führt beispielsweise ein Anteil von 80 % zu einer Steigerung der Schmelzgutmenge von 30 % im Verhältnis zu einer ausschließlichen Verwendung von Rohgemenge. Dieser Umstand hat direkte monetäre Auswirkungen bei den Produktionskosten.

Fazit
Die Herstellung von Behälterglas ist ein äußerst komplexer Vorgang mit höchsten Ansprüchen an die Qualität der erzeugten Produkte. Dabei spielt die Verwendung von Recyclingglas unter ökologischen und ökonomischen Aspekten eine überaus wichtige Rolle.

15.3.2 Entwicklung des Glasrecyclings

Die Menschen in der Antike kannten wahrscheinlich noch nicht alle der vorgenannten Zusammenhänge. Jedoch waren die Beschaffung und der Transport von Rohstoffen in früheren Jahrhunderten und Jahrtausenden schwieriger und zeitaufwendiger als heute; entsprechend teuer waren damals die Rohstoffe.

Deshalb gingen schon die Römer sparsam mit Ressourcen um: Sie sammelten Scherben von Glasgefäßen und schmolzen sie wieder ein. Im dritten und vierten Jahrhundert war die Wiederverwertung von Glas besonders stark in Britannien verbreitet. Forscher der Universität Sheffield untersuchten mehr als 500 Gefäßproben aus dieser Zeit; die Hälfte enthielt Recyclingglas. Man vermutet sogar, dass der Zerfall des Römischen Reiches Ursache für den Aufschwung des Glasrecyclings im Altertum war, da die Glasmacher nicht mehr genügend Rohstoffe bekamen.

Bei Unterwasser-Ausgrabungen vor der südwesttürkischen Küste wurde ein Schiff aus dem frühen 11. Jahrhundert gefunden, das mit verschiedenen Gütern – darunter drei Tonnen Glasscherben – beladen war. Es war von der syrischen Küste gestartet; die Glasscherben waren vermutlich für eine Glashütte im Schwarzmeerraum oder an der unteren Donau bestimmt.

Auch für den Zeitraum vom Spätmittelalter bis zum 19. Jahrhundert lässt sich aus verschiedensten Quellen ein reger Altglashandel und -einsatz bei der Glasschmelze nachweisen. Seit dem Beginn der Industrialisierung bis in die sechziger Jahre des 20. Jahrhunderts verliert das Glasrecycling im Verhältnis zur produzierten Behälterglasmenge – auch im Kontext des grundsätzlichen Umgangs der Wegwerf-Gesellschaft mit natürlichen Ressourcen zu dieser Zeit – an Bedeutung. Lediglich die sogenannten Eigenscherben (fehlerhafte Produkte) der Glashütten wurden durchgängig eingeschmolzen.

Mit dem Anstieg der Energiekosten und dem aufkeimenden Umweltbewusstsein zu Beginn der siebziger Jahre des 20. Jahrhunderts besannen sich Glasindustrie und Entsorgungswirtschaft alter Tugenden. Schon in den sechziger Jahren wurde in der DDR wegen der Devisen- und Rohstoffknappheit das SERO-System aufgebaut, über das auch Altglas erfasst und den Glashütten zur Verfügung gestellt werden konnte. 1972 initiierte die Behälterglasindustrie in der Bundesrepublik erstmalig die Rückgewinnung von Altglas.

Rohstoffhändler, Entsorgungs- und Logistikunternehmen begannen mit der Glaserfassung bei privaten Haushalten und Getränkeabfüllern (wie Brauereien und Mineralbrunnen) über Haus-zu-Haus-Sammlung und verschiedene Containersysteme. In den Kommunen wurden die ersten Depotcontainer – teilweise wegen ihrer Form auch Glasiglus genannt – aufgestellt.

Das so gesammelte Altglas enthielt – im Vergleich zu den Eigenscherben der Glasindustrie – diverse Störstoffe (Fehlwürfe wie Keramik, Stein und Porzellan, aber auch Metallverschlüsse), die in der Glasschmelze mit zunehmendem Einsatz zu Problemen führten. Schnell entstanden Glasaufbereitungsanlagen, in denen diese Störstoffe mit großem manuellem Aufwand, aber auch mithilfe von Magnetscheidern und ersten optischen Geräten aussortiert wurden. Bereits 1978 wurde das Glasrecycling mit dem Umweltzeichen „Blauer Engel" ausgezeichnet.

Im Verlauf der folgenden Jahre entwickelte sich die Art der Glaserfassung in der Bundesrepublik unter kommunaler Hoheit und unterschiedlichem Einfluss von Recyclingwirtschaft und Glasindustrie regional unterschiedlich. In manchen Gebieten etablierte sich die

Glassammlung als Holsystem in Säcken, Körben oder Müllgefäßen (MGB, Müllgroßbehälter); teilweise wurde Glas auch zusammen mit anderen Wertstoffen in gemischten Wertstofftonnen erfasst. Dabei wurde Mischglas, aber auch schon farbgetrenntes Glas gesammelt. Mehrheitlich setzte sich jedoch das Bringsystem mittels Depotcontainer zur dreifarbigen Erfassung (Weißglas, Grünglas und Braunglas) durch. In verschiedenen Regionen, v. a. in Norddeutschland, wurde wegen eines geringen Braunglasaufkommens – Bier wurde hier vorwiegend in grünen (Einweg-)Flaschen abgefüllt und konsumiert – in der Erfassung nur zwischen weiß und bunt (Grün- und Braunglas vermischt) unterschieden.

Die Menge des verwerteten Glases belief sich in der Bundesrepublik 1991 auf knapp 2,5 Mio. Tonnen. Demgegenüber stand ein Verbrauch von Glasverpackungen in Höhe von gut 4,6 Mio. Tonnen, was eine Verwertungsquote von rund 54 % bedeutete (Gesellschaft für Verpackungsmarktforschung mbH 2015). Mit der Verabschiedung der Verpackungsverordnung im gleichen Jahr wurde u. a. das Recycling von Verkaufsverpackungen (neu) geregelt und intensiviert.

In den Folgejahren wurde die Glaserfassung vor allem durch Verdichtung des Depotcontainernetzes ausgebaut; neue Glasaufbereitungskapazitäten wurden bundesweit geschaffen.

15.4 Glaserfassung

Hochwertiges Glasrecycling beginnt heute mit einer qualifizierten Glaserfassung. Schon dabei werden die Weichen für die spätere Qualität des aufbereiteten Glases hinsichtlich Farbreinheit und Freiheit von Störstoffen gestellt. In der Praxis werden heute unterschiedliche Systeme und Kombinationen von Systemen genutzt. Neben der ökologisch in der Regel nachteiligen gemeinsamen Erfassung von Mischglas wird farbgetrenntes Altglas heute vor allem über ein Netz von mehr als 250.000 Depotcontainern gesammelt.

► **Praxishinweis** Kommunen und Systembetreiber sollten bei der Glaserfassung sowohl die Bürgerfreundlichkeit berücksichtigen als auch die Sammelqualität. Insofern sollte jeweils kritisch überprüft werden, ob die Mischglaserfassung, die Sammlung in Kunststoffsäcken und die Abfuhr als Holsystem gegenüber der farbgetrennten Sammlung im Bringsystem noch Bestand haben können.

15.4.1 Art der Sammlung und Behälter

Mischglas in Säcken und gemischten Wertstofftonnen

Eine Mischglas-Sammlung in Kunststoffsäcken mit Pressmüllfahrzeugen entspricht aus Sicht der Glasaufbereitung nicht mehr den Anforderungen an eine moderne Kreislaufwirtschaft, da durch die Haushalte vermehrt unkontrollierbare Störstoffe in das Sammelglas eingetragen werden und damit bequem Restmüll entsorgt werden kann. Die Qualität der Sammelware ist bei einer Erfassung über farbgetrennte Depotcontainer ungleich höher. Außerdem führt die Erfassung mit Pressmüllfahrzeugen zu einem hohen Bruchglasanteil, der die Aufbereitung unnötig erschwert. Dies gilt auch für die gemeinsame Sammlung von Glas zusammen mit anderen Verkaufsverpackungen in Müllgroßbehältern (MGB). Hinzu kommt, dass während der Sortierung Glasverlust entsteht und das verbleibende Glas mit diversen Fremdstoffen vermengt bleibt.

Mischglas in Körben und MGB

In einigen Städten und Landkreisen wird immer noch Mischglas in Körben oder MGB – aber eben auch mit Pressmüllfahrzeugen – gesammelt. Wertvolleres Weiß- und Braunglas kann hieraus wegen der hohen Bruchquote ebenfalls nicht gewonnen werden. Auch bei dieser Art der Erfassung wird dem Bürger die Entsorgung von Restmüll im Sammelgefäß für Glas (insbesondere bei besonders kleinvolumigen Restabfallgefäßen) leicht gemacht: Es ist einfacher, einen Porzellanteller oder einen Blumentopf in die Glastonne im Vorgarten oder Hinterhof zu werfen, als damit an den etwas weiter entfernten Glas-Depotcontainer heranzutreten.

Depotcontainer für farbgetrennte Sammlung

Im Rahmen der Abstimmungsvereinbarungen mit den Betreibern der Dualen Systeme sind die Kommunen u. a. dazu verpflichtet, ausreichende Stellflächen für Glascontainer in ihren Gebieten zur Verfügung zu stellen. Unter anderem dafür erhalten sie die sogenannten kommunalen Nebenentgelte.

Es kann festgestellt werden, dass Standplätze mehr und mehr „ausgedünnt" werden. Dies führt dazu, dass die Wege zum Glascontainer weiter werden, und birgt die Gefahr, dass Glasverpackungen anderweitig entsorgt und damit nicht über die vorgesehenen Wege verwertet werden, was unweigerlich zu einem Rückgang der Verwertungsquote führt.

Standplätze, die darüber hinaus einer „wilden Müllkippe" gleichen, ziehen diverse Abfälle (bis hin zu Elektroaltgeräten oder gar Altöl) an. Hier liegt es für viele Bürger nahe, diese Abfälle dann doch – soweit sie gerade noch durch die Öffnung passen – direkt in die Glascontainer zu geben.

► **Praxishinweis** Für Kommunen, Systembetreiber und mit der Glaserfassung beauftragte Unternehmen empfiehlt es sich, die Standplätze offen und ansehnlich zu gestalten und für permanente Sauberkeit zu sorgen.

Die aus Sicht der Glasaufbereiter beste Art der Glassammlung ist die farbgetrennte Erfassung von Weiß-, Braun- und Grünglas. Diese Art hat sich in Deutschland weitgehend durchgesetzt. Um eine gute Glassammelqualität zu erreichen, sollten jedoch die folgenden Zusammenhänge beachtet werden.

Hinsichtlich des Werkstoffes für Depotcontainer kann grundsätzlich zwischen Stahlblech- und (Glasfaser-)Kunststoffcontainern unterschieden werden. Dabei sind Ein-,

Zwei- oder Dreikammerbehältnisse im Einsatz. Techniken zur Aufnahme und Entleerung der Container sind vielfältig. Diese technischen Details haben auf den ersten Blick keinen Einfluss auf die Sammelqualität des Glases – sofern die Technik funktioniert.

Dies bedarf allerdings einer regelmäßigen Wartung und Instandsetzung der im Einsatz befindlichen Container. Defekte (oder nicht mehr vorhandene!) Trennwände oder Entleerungsmechanismen führen zu einer Vermischung des farbgetrennt eingeworfenen Glases.

Alle Standplätze müssen mit einem ausreichenden – am farbspezifischen Mengenaufkommen ausgerichteten – Volumen ausgestattet sein. In direkter Wechselbeziehung dazu stehen die Leerungsintervalle der Depotcontainer. Eine Überfüllung einer Farbkammer führt häufig zur Fehl-(Farb-)Befüllung der anderen Kammer(n). Der Mangel an hinreichenden Behälterkapazitäten sowie einer sauberen Farbtrennung bei der Erfassung und dem Transport von Altglas gefährdet die Akzeptanz des Systems und kann damit zur Verschlechterung des Trennverhaltens der Bürger führen. Das farbspezifische Mengenaufkommen kann bedingt durch unterschiedliche Konsum- oder Containerfüllgewohnheiten regional, aber auch innerhalb einer Stadt sehr stark schwanken.

► **Praxishinweis** Eine Kennzeichnung hinsichtlich der Glasfarbe sowie eine Beschriftung bzw. Beklebung mit deutlichen Hinweisen auf die nicht einzuwerfenden Stoffe fehlen heute an vielen Containern oder sind unzureichend und nur noch rudimentär vorhanden. Bei der Beschriftung muss zunehmend auf Mehrsprachigkeit geachtet werden, damit Mitbürgern mit Migrationshintergrund aus Ländern, in denen (Glas-)Recycling noch keinen hohen Stellenwert besitzt, die Gelegenheit zum ordnungsgemäßen Glaseinwurf gegeben wird. Keramik, Stein(-gut) und Porzellan sowie Glühbirnen, Bleikristallglas oder hitzefestes Kochgeschirr verursachen in der Glasschmelze große Probleme und können nur mit hohem Aufwand in der Glasaufbereitung ausgesondert werden.

15.4.2 Sammelfahrzeuge und Durchführung des Transports

Für die Entleerung der Depotcontainer und den Transport des Sammelglases zur Entladestelle werden in der Regel Kranfahrzeuge mit Festaufbauten oder mit Abrollcontainern eingesetzt. Diese verfügen über separate durch Klappwände getrennte Kammern für jede Glasfarbe, sodass die Depotcontainer farbrein entleert werden können. Da die Trennung der Kammern von außen nicht zu erkennen ist, entsteht bei den Bürgern teilweise der Eindruck, dass bei der Containerleerung eine Vermischung der Fraktionen erfolge und die Farbsortierung durch den Verbraucher daher wirkungslos sei.

► **Praxishinweis** Die Information des Bürgers muss das Verständnis für die Abläufe und Methoden der Erfassung, des Transports und der Aufbereitung von Altglas steigern. Diesbezügliche Missverständnisse und sich verbreitende Fehlinformationen sind wesentliche Hemmnisse für eine wirkungsvolle Verbesserung des Trennverhaltens. Die Entleerung der Depotcontainer soll bruchvermeidend durchgeführt werden, indem diese möglichst tief in die vorgesehene Kammer des Aufbaus bzw. des Abrollcontainers abgelassen werden, damit die Fallhöhe des Glases auf ein Minimum reduziert wird.

Zur Vermeidung von Glasbruch und Kontamination ist der direkte Transport des Glases aus der Sammlung zur Aufbereitungsanlage der sinnvollste und wünschenswerteste Weg. Aus Entfernungsgründen und der zunehmenden Einflussnahme Dualer Systeme bei der Steuerung von farbspezifischen Glasströmen findet häufig auch ein gebrochener Transport über Umschlagplätze statt.

Dabei ist ein schonender Umgang mit dem Glas bei der Entladung sowie bei dem Aufschieben und der Wiederverladung mittels Radlader dringend geboten. Der bewusste oder unbewusste Eintrag von Störstoffen (Steine, Erden oder andere Glasarten) ist zu vermeiden.

► **Praxishinweis** Es ist darauf zu achten, dass zum Transport vom Umschlag zur Aufbereitungsanlage ausschließlich Fahrzeuge mit sauberen Ladeflächen von qualifizierten Transporteuren eingesetzt werden.

15.4.3 Öffentlichkeitsarbeit

Die vom Beginn des Dualen Systems bis zum Ende der neunziger Jahre intensive Öffentlichkeitsarbeit wurde seitens der Kommunen – bis auf vereinzelte Hinweise im Abfallkalender – auf nahezu Null zurückgefahren, obwohl auch dies über die kommunalen Nebenentgelte finanziert wird. Mit dem Verpackungsgesetz (2017) sollen die Systembetreiber größere Verantwortung in der Information der Verbraucher übernehmen.

► **Praxishinweis** Um die qualitativ hochwertige Erfassung und das Glasrecycling weiter auszubauen, sollte intensive Öffentlichkeitsarbeit betrieben werden, die sich an aktuellen Gegebenheiten hinsichtlich „neuer" Medien und Bevölkerungsgruppen (Alter und Herkunft) orientiert.

Grundsätzlich hat sich das seit Verabschiedung der Verpackungsverordnung im Jahre 1991 etablierte bzw. ausgebaute System der Glassammlung überwiegend bewährt. Bewertungskriterien bei der Vergabe von Glaserfassungsaufträgen durch duale Systembetreiber unter vorwiegend monetären Gesichtspunkten können allerdings zu einem Kostendruck führen, durch den die notwendige qualifizierte Glassammlung nicht durchgängig zur Zufriedenheit der nachgelagerten Beteiligten des Glasrecyclings gewährleistet ist.

15.4.4 Möglichkeiten zur Optimierung der Glaserfassung

Mit dem Verpackungsgesetz werden die Anforderungen an das Recycling von Altglas deutlich angehoben. Statt des in der Verpackungsverordnung vorgesehenen Anteils der werkstofflichen Verwertung von 75 % der am Dualen System beteiligten Glasverpackungen sieht das Verpackungsgesetz die schrittweise Anhebung der verpflichtenden Recyclingquote auf 90 % vor. Der Anteil der werkstofflichen Verwertung von Verpackungsglas, das über das Duale System eingesammelt wird, liegt seit einigen Jahren bei knapp 89 %. Die Aufbereitung bewegt sich damit bereits am Rande des technisch Möglichen. Eine weitere Steigerung der Recyclingleistung ist daher nur über die Verbesserungen der Rahmenbedingungen für die Sammlung und den Transport von Altglas möglich.

Hinzukommt, dass, anders als bei den sogenannten Leichtverpackungen, die Menge der lizenzierten Verpackungen im Glasbereich höher ist als die tatsächlich gesammelte Menge. Demnach muss die in Verkehr gebrachte bzw. die beim Endverbraucher als Abfall anfallende Menge fast vollständig den Aufbereitungsanlagen zugeführt werden, um die Erreichbarkeit der höheren Recyclingziele überhaupt zu ermöglichen.

Das wirksamste Instrument zur Steigerung der Sammelmenge ist die Verdichtung des Erfassungsnetzes und damit die Verbesserung der Bürgerfreundlichkeit des Systems. Gerade in einigen (groß-)städtischen Gebieten, die bisher eher unterdurchschnittliche Sammelquoten erreichen, würde diese Maßnahme zu erheblichen Steigerungen führen können. Darüber hinaus sind die in diesem Kapitel vorstehend dargelegten Anforderungen an Sammelbehälter und -plätze zur Verbesserung der Qualität des erfassten Materials zu berücksichtigen.

▶ **Praxishinweis** Die Systembetreiber, die betroffenen Kommunen und die vor Ort tätigen Entsorger müssen gemeinsam neue Standplätze für Glascontainer identifizieren. Die einzurichtenden Depotcontainer müssen dann sauber gehalten und die Standplätze bekannt gemacht werden. Die auf diese Weise ermöglichte Steigerung der Sammelmenge ist für die Erreichung der weiterentwickelten Vorgaben aus dem Verpackungsrecht unverzichtbar.

15.5 Glasaufbereitung

15.5.1 Notwendigkeit der Glasaufbereitung

Auch bei optimal durchgeführter Glassammlung werden zusammen mit dem Altglas Stoffe erfasst, die den Glasherstellungsprozess oder die Verwendung der Glasprodukte negativ beeinflussen können. Dies sind zum einen Fehlwürfe wie Keramik, Stein, Porzellan oder Glaskeramik, die einen höheren Schmelzpunkt als Glas haben und zu Einschlüssen im Glas oder zu Produktionsstörungen führen können. Zum anderen handelt es sich um Verpackungshilfsmittel wie Etiketten oder Verschlüsse aus Metall, Kunststoff oder Kork, die aufgrund ihrer Zusammensetzung ungewollte chemische Reaktionen in der Glasschmelze verursachen oder selbst durch Umwandlung Schäden an Produktionsanlagen verursachen können.

Hohe Einsatzquoten von Recyclingglas, dünnwandigere und leichtere Verpackungen, höchste Geschwindigkeiten bei der Abfüllung und ständig steigende Anforderungen an Design und Farbe von Glasverpackungen erfordern, dass der maximal zulässige Gehalt an Fremdstoffen und (in Abhängigkeit von der Glasfarbe) Fehlfarben im Recyclingglas gegen Null geht.

Die Qualitätskriterien für Recyclingglas als Produkt wurden auf europäischer Ebene in der Abfallende-Verordnung erstmalig juristisch festgelegt (Europäische Kommission 2012). Für den Einsatz in der deutschen Glasindustrie gilt das strengere Regelwerk des Bundesverbands Glasindustrie e. V. (BV Glas) bzw. die von den Recyclingverbänden und dem BV Glas entwickelten Standardblätter T 120 und TR 101 (siehe dazu auch BDE/bvse/BV Glas 2013, 2014). Bilaterale Vereinbarungen zwischen Glasrecyclern und Glasherstellern schreiben teilweise noch deutlich höhere Anforderungen fest.

Im Weiteren werden die technischen Abläufe der Glasaufbereitung beschrieben. Wechselnde Eigentumsverhältnisse beim Glas oder die Mengenentwicklung im Verlauf der Jahre, die Mengenstrom-Dokumentation, die Verwiegung oder das Meldewesen werden – wie schon bei der Glaserfassung – auch hier nicht behandelt.

15.5.2 Eingangskontrolle und Lagerung des Sammelglases

Das durch Glassammel- oder andere Fahrzeuge angelieferte Glas wird im Eingangslagerbereich der Glasaufbereitungsanlage auf Farbreinheit, grobe Verunreinigungen und Glasbruch bzw. spezifisches Gewicht hin kontrolliert. Leider wurde die Rückweisungs- und/oder Sanktionierungsmöglichkeit gegenüber den Glaserfassern bei Verstößen durch die Betreiber der Dualen Systeme in den letzten Jahren stark eingeschränkt; Qualitätsspezifikationen für Sammelglas existieren – bis auf eine Regelung zum spezifischen Gewicht – nicht mehr.

Bei der Lagerung des Rohglases wird zwischen den Glasfarben getrennt; innerhalb dieser werden auch unterschiedliche Eingangsqualitäten berücksichtigt. Die Handhabung des Glases während der Lagerung und bei Beschickung der Anlage geschieht schonend und bruchvermeidend.

15.5.3 Vorsortierung

In der Regel wird das farbgetrennt aufgegebene Rohglas mittels Stangensieb einerseits in eine Grob- und andererseits in eine Mittel-/Feinfraktion klassiert. Vor oder nach dieser Klassierung findet eine erste Abscheidung von losen Eisen-(FE-)Metallen durch Magnetscheider statt. Die grobe Fraktion wird manuell vorsortiert. Dabei werden vor allem große Keramik- und Porzellanteile, sonstiger Abfall (z. B. Kunststofftüten und -flaschen) sowie große fehlfarbige Glasteile aussortiert.

Die so bearbeitete Grobfraktion wird mithilfe eines Walzenbrechers definiert gebrochen; u. a. lösen sich damit Verschlüsse von den Flaschenöffnungen. Hiernach wird der gesamte Glasstrom zur Abtrennung der Verschlüsse und Kapseln über weitere Siebe gefördert. Magnet- und Wirbelstromscheider sorgen für die Abscheidung von noch verbliebenen FE- und Nichteisen-(NE-)Metallen (Verschlüsse, Sprengringe, Aluminiumfolien).

15.5.4 Optische Aufbereitung

Nach einer weiteren Klassierung werden vom aufzubereitenden Glas über mehrstufige Prozesse mit optischen Sortiermaschinen sowohl Keramik, Stein und Porzellan als auch die Fehlfarben abgeschieden. Dabei wird der gesamte Glasstrom über hochkomplexe Kamerasysteme detektiert und die auszusortierenden Scherben mittels Luftdüsen ausgeschossen.

Besonderes Augenmerk gilt mittlerweile aber auch hitzebeständigem Glas bzw. Glaskeramik (z. B. Ceran oder Kochgeschirr) und bleihaltigem Glas. Insbesondere hitzebeständiges Glas kann zu Problemen bis hin zu größeren Schäden in der Glasproduktion führen, da dieses nicht aufgeschmolzen ist und beim Schneiden der Tropfen oder in der Formgebung Störungen verursachen kann. Bleihaltiges Glas – und hier besonders Bleikristallglas – kann einen nicht gewollten und ggf. zu hohen Bleigehalt in Glasverpackungen verursachen. In Deutschland ist die Aussortierung von hitzebeständigem und bleihaltigem Glas mittels UV- oder Röntgenfluoreszenztechnik seit 2011 deshalb Standard in der Glasaufbereitung.

Während der Förderung werden an allen vertikalen Übergabestellen mithilfe von Absaugungen lose Leichtstoffe wie Etiketten aus dem Glasstrom entfernt.

15.5.5 Qualitätskontrolle

Aus der Produktion der aufbereiteten Glasscherben werden permanent repräsentative Stichproben entnommen, die im Labor hinsichtlich des Gehaltes an Störstoffen und der Glasfarben- sowie Kornverteilung analysiert werden. Nur so ist gewährleistet, dass der Glasindustrie ein durchgängig hochwertiger Rohstoff für ihre Produktion zur Verfügung gestellt werden kann.

15.6 Entwicklung des Scherbeneinsatzes in der Glasherstellung

Angesichts des großen ökonomischen und ökologischen Potenzials des Glasrecyclings ist die bestmögliche Ausschöpfung der Möglichkeiten zur Steigerung des Scherbeneinsatzes in der Glasherstellung erstrebenswert. In den vergangenen Jahren wurde in Deutschland eine Scherbeneinsatzquote von durchschnittlich deutlich mehr als 60 % realisiert. Der

Stand der Recyclingtechnik ermöglicht bereits heute ein praktisch vollständiges Recycling des anfallenden Altglases. Die weitere Ausweitung des Scherbeneinsatzes kann daher vor allem über eine Verbesserung der Erfassung und die kontinuierliche Steigerung der Qualität des Inputs der Anlagen zur Aufbereitung des Wertstoffes erreicht werden. Die Beschädigung des Altglases bei Erfassung und Transport sowie der Einsatz neuer Materialien oder Methoden in der Produktion von Behälterglas, wie beispielsweise das Inverkehrbringen von Schwarzglas, können die etablierten Aufbereitungs- und Verarbeitungsprozesse allerdings erheblich behindern.

► **Praxishinweis** Beim Inverkehrbringen von Verpackungen aus neuartigen Materialien oder Materialkombinationen müssen diese auf ihre Systemverträglichkeit hin überprüft werden. Sofern sie die Abläufe der Erfassung oder des Recyclings in den Verwertungswegen des Dualen Systems eher behindern als dass sie diesen zuträglich sind, ist auf die diesbezügliche Beteiligung am Dualen System zu verzichten.

Zusätzlich müssen die rechtlichen Rahmenbedingungen geschaffen werden, um die Aufbereitung von Scherben nachhaltig wirtschaftlich gestalten zu können. Einerseits verkaufen die Unternehmen der Recyclingwirtschaft ihre Produkte in der ständigen Konkurrenz zur Neuware auf den internationalen Rohstoffmärkten an Glashütten und sind dabei auf die wirtschaftliche Situation bzw. den Absatz der Glashütten angewiesen. Andererseits sind die Inverkehrbringer von Glasverpackungen über die Produktverantwortung zum Nachweis und damit zur Finanzierung der erforderlichen Sammlung sowie der quotengerechten Verwertung verpflichtet. Je nachdem wie sich die wirtschaftlichen Rahmenbedingungen, darunter die Preise auf den beiden vorgenannten Märkten und die Energiekosten, entwickeln, kann der Einsatz von Scherben für die Glashütten unterschiedlich attraktiv sein, sodass diese ihre Produktion in der Folge stärker oder weniger stark auf Scherben oder Primärrohstoffe ausrichten. Im Sinne der gesamtwirtschaftlichen Effizienz der Verwertung sowie der Ressourcenschonung muss eine hohe Scherbeneinsatzquote sichergestellt werden.

15.7 Zusammenfassung und Ausblick

Glasrecycling hat eine lange Tradition und konnte in Deutschland in der Vergangenheit große Erfolge hinsichtlich Ökologie und Ökonomie vorweisen. Damit diese Erfolge nachhaltig fortgeführt werden können, sind die beteiligten Kreise bestehend aus öffentlichen Institutionen, Kreislauf- und Recyclingwirtschaft sowie der Glasindustrie gefordert, die Rahmenbedingungen weiterhin so zu gestalten, dass hochwertiges Glasrecycling technisch und wirtschaftlich möglich ist und bleibt. Während die Qualität des an den Aufbereitungsanlagen angelieferten Materials in den vergangenen Jahren eher abgenommen hat, werden mit dem Verpackungsgesetz (2017) höhere Anforderungen an das Recycling gestellt. Die Aufbereiter produzieren mit moderner Technik und aufwendigen Prozessen hochwertige Sekundärrohstoffe für den Einsatz in der Glasindustrie. Verbesserungen in der Sammlung zur Steigerung der Material- und Farbreinheit sowie zur Reduzierung von Beschädigungen durch Erfassung und Transport werden für die Bewältigung der anstehenden Herausforderungen unverzichtbar sein.

Literatur

BDE/bvse/BV Glas (2013) Leitlinie TR 101 – Leitlinie zur Beprobung von Glasscherben zum Einsatz in der Behälterglasindustrie

BDE/bvse/BV Glas (2014) Standardblatt T 120 – Leitlinie Qualitätsanforderungen an Glasscherben zum Einsatz in der Behälterglasindustrie

Bundesverband Glasindustrie e. V. (2009) Emissionshandel: Glasindustrie skeptisch. GlasNews 2: 1

Bundesverband Glasindustrie e. V. (2016) http://www.bvglas.de/. Abgerufen 04.01.2017

Europäische Kommission (2012) Verordnung Nr. 1179/2012 der Kommission vom 10.12.2012 mit Kriterien zur Festlegung, wann bestimmte Arten von Bruchglas gemäß der Richtlinie 2008/98/EG des Europäischen Parlaments und des Rates nicht mehr als Abfall anzusehen sind, Amtsblatt der Europäischen Union, Brüssel, Belgien

Faist B (2001) Der Fernhandel des assyrischen Reiches zwischen dem 14. und 11. Jahrhundert v. Chr., Alter Orient und Altes Testament, Bd. 265, Münster

Gesellschaft für Verpackungsmarktforschung mbH (2015) Recycling-Bilanz für Verpackungen – Bezugsjahr 2014, Mainz

Mineralienatlas (2016) https://www.mineralienatlas.de/lexikon/index.php/Glas. Abgerufen 04.01.2017

Verpackungsgesetz (2017) Bundesgesetzblatt Jahrgang 2017 Teil I Nr. 45 S. 2234–2261

16 Altpapier

Andreas Bruckschen und Thorsten Feldt

16.1 Einführung

Die Wachstumsraten sind eindrucksvoll: In den vergangenen 30 Jahren hat sich die globale Papierproduktion mehr als verdoppelt, von 171 Mio. Tonnen (1980) auf 406 Mio. Tonnen (2014) (Verband Deutscher Papierfabriken e. V. 2016). Noch deutlich stärker stieg aber der Anteil von Recyclingpapier, der Anfang der 1970er-Jahre noch bei rund einem Drittel lag. Heute basiert die Hälfte des neu produzierten Papiers auf dem Rohstoff Altpapier. Die Unternehmen der Kreislaufwirtschaft haben für das deutsche Altpapieraufkommen von etwa 15 Mio. Tonnen (Mio. t) in den vergangenen Jahren leistungsfähige Erfassungs- und Aufbereitungsstrukturen entwickelt. Aus einem häufig undefinierten Sammelgemisch, das Feuchte, Verschmutzungen und Störstoffe enthält, stellen die Recyclingunternehmen definierte Qualitäten her. So produzieren sie hochwertige Sekundärrohstoffe zum Einsatz in der Papierindustrie und vermarkten die Mengen in Abhängigkeit von der Lage an den Rohstoffmärkten effizient ins In- und Ausland. Die Papierfabriken sind für ihre Produktionsprozesse auf die Verfügbarkeit und die definierte Qualität dieser Recyclingmaterialien angewiesen.

Der Altpapiermarkt erfüllt inzwischen sämtliche Charakteristika eines globalen Rohstoffmarktes mit internationalen Stoffströmen, Volatilitäten und Hedging-Instrumenten. Altpapier hat seit Ende des letzten Jahrtausends zunehmend an wirtschaftlicher Bedeutung gewonnen. Zum einen hat sich die Anzahl der daran interessierten Wirtschaftsteilnehmer wesentlich erhöht, zum anderen hat sich Altpapier durch die Entwicklung von Recy-

A. Bruckschen (✉)
BDE Bundesverband der Deutschen Entsorgungs-,Wasser- und Rohstoffwirtschaft e.V.
Berlin, Deutschland

T. Feldt
REMONDIS Trade and Sales GmbH
Lünen, Deutschland

P. Kurth et al. (Hrsg.), *Praxishandbuch der Kreislauf- und Rohstoffwirtschaft*,
https://doi.org/10.1007/978-3-658-17045-5_16

clingkreisläufen zu einem bedeutenden Handelsgut mit nachhaltig positivem Marktwert entwickelt. Aber auch gesamtwirtschaftliche Rahmenbedingungen, wie das rasante Wirtschaftswachstum in den asiatischen Schwellenländern, beeinflussen die Altpapiermärkte. Mit zunehmender Rohstoffverknappung gewinnt die Sicherung von Ressourcen – dazu zählt auch Altpapier – weiter an Bedeutung.

Globalisierung und Rohstoffsicherung sind wesentliche Faktoren, die zukünftig den Altpapiermarkt nachhaltig verändern werden. Die private und kommunale Entsorgungswirtschaft sowie Abfallerzeuger und -verwerter sind dabei, sich auf die neuen Gegebenheiten einzustellen. Eine Vielzahl von rechtlich und politisch veränderten Rahmenbedingungen nimmt verstärkt Einfluss auf den Wettbewerb und die Ausgestaltung der Wertschöpfungskette für Altpapier. Themen wie Daseinsvorsorge, Produktverantwortung, Zugriffsrechte, Nachhaltigkeit und „Carbon Footprint" werden die Zukunft des deutschen Altpapiermarktes maßgeblich beeinflussen.

16.2 Entwicklung der Altpapiermärkte

16.2.1 Deutschland

Im Rahmen freiwilliger Holsysteme begann in Deutschland erst seit den 1970er-Jahren eine mengenmäßig bedeutsame Altpapiererfassung. Mit dem Aufbau einer geordneten Abfallwirtschaft auf Basis ordnungspolitischer Regelwerke seit Ende der 80er-Jahre gewinnt mit dem Recycling auch die Erfassung von Altpapier zunehmend an Bedeutung. In diesem Zeitraum ist die Erfassungsmenge von 4,7 Mio. t (1985) auf 15,2 Mio. t (2015) angestiegen (Verband Deutscher Papierfabriken e. V. 2016). Allein in Vorbereitung auf die TASi[1] (Verbot der Deponierung nicht vorbehandelter Abfälle) ab 2003 bis zur verbindlichen Umsetzung durch die Abfallablagerungsverordnung 2005 kam es zu einer signifikanten Erhöhung der erfassten Altpapiermenge um ca. 1,5 Mio. t (Confederation of European Paper Industries 2010).

Das Altpapieraufkommen in Deutschland stammt zu etwa 53 % aus der kommunalen Erfassung und zu 47 % aus dem gewerblichen/industriellen Bereich (Statistisches Bundesamt 2016). Deutschland steht mit seinem Altpapieraufkommen von 15,1 Mio. Tonnen (entspricht 183 kg pro Einwohner [EW] in 2014) im europäischen Vergleich deutlich an der Spitze (Verband Deutscher Papierfabriken e. V. 2016). Weltweit erfassten nur China (48,38 Mio. t), die USA (45,99 Mio. t) und Japan (21,68 Mio. t) absolut höhere Altpapiermengen. Die jährliche Pro-Kopf-Sammelmenge ist jedoch wesentlich geringer als in Deutschland (China: 35 kg/EW, USA: 143 kg/EW und Japan: 171 kg/EW) (Verband Deutscher Papierfabriken e. V. 2016 und UNFPA 2016). Verantwortlich für die im weltweiten Vergleich hohen Pro-Kopf-Werte ist die im Holsystem „Blaue Tonne" organisierte

[1] Technische Anleitung zur Verwertung, Behandlung und sonstigen Entsorgung von Siedlungsabfällen.

Altpapiererfassung in Deutschland (Alwast 2011). Ergänzt um weitere Formen der Erfassung, wie z. B. Depotcontainer und Wertstoffhöfe, lag die Sammelquote in 2014 bei 74 % (Verband Deutscher Papierfabriken e. V. 2016). Nach dem stetigen Anstieg der Altpapiermenge über die Jahre, insbesondere ab 2003, ist nunmehr die direkte Erfassung kaum weiter ausbaubar. Weitere Mengensteigerungen und Qualitätsverbesserungen sind vor allem noch über die Steigerung der Trennschärfe durch den Verbraucher denkbar.

Altpapier wird europaweit nach festgelegten Qualitätsstandards gehandelt. Die Einstufung des erfassten Altpapiers erfolgt nach der überarbeiteten europäischen Standardsortenliste (Stand 2014) mit 95 verschiedenen normierten Qualitäten in fünf Hauptgruppen. Die unteren, qualitativ niedrigeren Sorten, 1.02.00, 1.04.00, 1.04.01, 1.04.02 und 1.11.00, machen dabei ca. 80 % des Gesamtaufkommens aus (Trendresearch 2012). Eine untergeordnete Rolle spielen die mittleren Sorten (6 %), die krafthaltigen Sorten (8,5 %), die besseren Sorten (6 %) sowie die Sondersorten (< 1 %). Die Nachfrage nach den Massensorten der Hauptgruppe 1 erreichte mit 12,89 Mio. t wie der Gesamtaltpapierverbrauch im Jahr 2015 (16,77 Mio. t) den bisherigen Höchstwert (Verband Deutscher Papierfabriken e. V. 2016). Bereits 2010 konnte die deutsche Papierindustrie ihren Altpapierbedarf nicht mehr vollständig aus dem inländischen Markt decken. Wie schon kurzzeitig im Jahr 2008 ist Deutschland seitdem Netto-Importeur von Altpapier.

Der Papierverbrauch und damit auch das Altpapieraufkommen stagniert in Deutschland seit einigen Jahren auf einem hohen Niveau. Andere Erfassungsquellen – Altpapier z. B. aus dem Restabfall zu generieren – sind nur schwer erschließbar (Amec 2011). Nach Expertenschätzungen werden die demografische Entwicklung und das sich ändernde Verbraucherverhalten sowie die zunehmende Nutzung neuer Medien (Smartphones und Tablet-PCs) für Deutschland zu einem um 5 % reduzierten Altpapieraufkommen (Alwast 2011) bis 2020 führen. Damit verbunden wird es eine Verschiebung des Sortenaufkommens und der Sortennachfrage geben. Die Kennzahlen der deutschen Zellstoff- und Papierfabriken belegen diesen Trend. Danach produzierte die Industrie 2015 ca. 14 % (1,4 Mio. t) weniger grafische Papiere als 2010. Die Produktion von Verpackungs-, Hygiene- und Spezialpapieren veränderte sich im gleichen Zeitraum nicht signifikant. Insgesamt erhöhte sich die Gesamtproduktion von Neupapier in 2015 zum Vorjahr um 61.000 t auf 22,6 Mio. t (Verband Deutscher Papierfabriken e. V. 2016). Parallel zu einem sich weiter verstärkenden Nachfragerückgang bei grafischen Papieren wird die Nachfrage nach Verpackungspapieren aufgrund des stetig anwachsenden Internethandels und des Exportwachstums weiter steigen (Arnqvist 2011).

16.2.2 Europa

Vergleicht man die deutsche Entwicklung mit dem europäischen Ausland, so stellt sich hier in Bezug auf die Altpapiermarktentwicklung ein gänzlich anderes Bild dar. In den meisten europäischen Staaten, besonders in Osteuropa, befindet sich die Recyclingwirtschaft erst im Aufbau. Die novellierte EU-Abfallrahmenrichtlinie 2008/98/EG (Europäische Union 2008) sollte auch durch die Vorgabe von Mindesterfassungsquoten (50 % für Altpapier) und die Pflicht zur Getrennterfassung der Materialströme zu einer Erhöhung des Altpapieraufkommens in diesen Staaten führen. Mit dem europäischen Kreislaufwirtschaftspaket, das Überarbeitungen der Abfallrahmenrichtlinie (Europäische Union 2015a) und der Verpackungsrichtlinie (Europäische Union 2015b) beabsichtigt, sollen die Anforderungen an die Verwertung von Altpapier weiter gesteigert werden (75 % bis 2025 und 85 % bis 2030). Zusätzlich beeinflusst der steigende Papierverbrauch in Osteuropa das Altpapieraufkommen positiv.

Nachfolgend sollen beispielhaft einige Marktbesonderheiten in Bezug auf Neupapierproduktion und -bedarf, Altpapiersammlung und Altpapier-Einsatzquoten in ausgewählten Ländern dargestellt werden.

Tschechien kommt in Bezug auf den Absatz von Neupapier eine besondere Rolle zu. Aufgrund der nicht ausreichend ausgebauten Papierindustrie bietet Tschechien für deutsche, polnische und österreichische Papierfabriken einen guten Absatzmarkt für Neupapier. Polen nimmt mittlerweile eine „Mittlerrolle für den internationalen Papierhandel zwischen Mitteleuropa und den östlichen Ländern bis nach Asien" (Trendresearch 2012) ein. In noch weiter östlich gelegenen europäischen Ländern wie Rumänien, Bulgarien und der Ukraine sind es vor allem die niedrigen Produktionskosten für Neupapier, die der Papierindustrie Investitionsanreize bieten. Auf Sicht wird es zu einer Verschiebung der Produktionskapazitäten von West nach Ost kommen.

Die Altpapiersammlung ist in Polen (mit 42 % in 2014) und Tschechien (mit 55 % in 2014) noch unterdurchschnittlich entwickelt (Verband Deutscher Papierfabriken e. V. 2016). In weiter östlich gelegenen Ländern finden sich ebenfalls unausgeschöpfte Potenziale in der Wertschöpfungskette für Altpapier.

Der Einsatz von Altpapier als Rohstoff in der Neupapierproduktion gewinnt zunehmend an Bedeutung. Deutschland, Frankreich, England, Spanien und Italien verzeichnen bereits hohe Altpapiereinsatzquoten. Osteuropa, Indien und China bauen ihre Verarbeitungskapazitäten zunehmend aus, was zu einer eindeutigen Tendenz der Altpapiernachfrage von „alten" zu „neuen" Märkten führt (Arnqvist 2011).

16.2.3 Asien/China

China verarbeitete 2014 mit 76 Mio. t weltweit am meisten Altpapier. Die Nachfrage hat sich zwischen 2005 und 2014 nahezu verdreifacht. Die Ursache für diesen sprunghaften Anstieg liegt vor allem im starken Wirtschaftswachstum Chinas begründet. Damit einhergehend kam es zunächst zu einem deutlichen Anstieg der Altpapierpreise weltweit. Mittlerweile halten sich die Preise aber auf einem moderaten Niveau. China kann sich aufgrund einer stets verbesserten Altpapiersammlung zu immer größer werdenden Teilen aus eigener Kraft mit Altpapier versorgen. Mit der Produktion von Konsumgütern für Amerika und Europa hat China seine Produktionskapazitäten kontinuierlich erweitert. Im gleichen Maße sind die Neupapierproduktionskapazitäten basierend auf Altpapier gewachsen, um so genügend Verpackungsmaterial zum Güterversand vorhalten zu können. Den Bedarf an Altpapier deckt China hauptsächlich in Amerika und Europa als Rückladung in Hochseecontainern. Im Zeitraum von 2000 bis 2010 verzeichnete China eine durchschnittliche jährliche Nachfragesteigerung für Altpapier von 14 % (vgl. Wachstumsrate „Rest der Welt“: 1 %) (Amec 2011). Ca. 94 % aller europäischen Altpapierexporte von ca. 9 Mio. t hatten 2014 Asien als Destination, ca. 7,6 Mio. t davon wurden nach China exportiert (Confederation of European Paper Industries 2015, Baxi 2015).

Mit weiter starkem Wirtschaftswachstum, insbesondere in den Schwellenländern, wird bereits heute ein drastischer Anstieg des weltweiten Neupapierkonsums vorhergesagt. Studien gehen bis 2025 von einer Steigerung um ca. 30 % aus, was ca. 100 Mio. t entspricht. China wird davon mit Abstand den größten Anteil aufweisen. Es ist also abzusehen, dass sich die Nachfrage und somit der Kampf um den Rohstoff Altpapier weiter verschärfen wird. Neben der Neuordnung der Stoffströme in globaler Dimension wird sich auch innerhalb Europas ein Wandel vollziehen. Die Produktionsschwerpunkte der Papierindustrie und somit auch der Nachfragestandort für Altpapier werden sich Richtung Osten verlagern. Bis sich ein neues Gleichgewicht zwischen Angebot und Nachfrage eingestellt hat, wird der Preislevel für Altpapier generell keine Stabilität erlangen können. Aufgrund der dargestellten Marktbedingungen ist vielmehr davon auszugehen, dass die Preise, bedingt durch Angebots- bzw. Nachfragespitzen sowie steigende Spekulation, in naher Zukunft starken Schwankungen ausgesetzt sein werden. Damit verbunden sehen Experten auch Herausforderungen hinsichtlich Sortenverfügbarkeit, Altpapierqualitäten und Reinheit des eingesetzten Rohstoffs auf die Papierindustrie zukommen (Amec 2011).

Durch die generellen Entwicklungen sehen sich die deutsche Papierindustrie und Altpapierwirtschaft am Beginn einer Neuorientierung. Die seit Jahrzehnten bestehende und funktionierende Wertschöpfungskette für Altpapier in Deutschland steht vor einem bedeutenden Wandel. Mit zunehmender Globalisierung und Verknappung von Ressourcen gewinnt Altpapier und dessen Erfassung an Bedeutung für Nachhaltigkeit und eine zukunftsweisende, selbsttragende Kreislauf- und Rohstoffwirtschaft. Mit dem umstrittenen Kreislaufwirtschaftsgesetz (KrWG)[2] wird der ökologische Fortschritt und die wirtschaftliche Effizienz des Papierrecyclings infrage gestellt. Zwar wurde die Heizwertklausel des § 8 Abs. 3 Satz 1, mit der die Abfallverbrennung dem Recycling faktisch gleichgestellt wurde, nach der Evaluation ihrer schädlichen Wirkung richtigerweise im Frühjahr 2017 gestrichen, jedoch behalten die Kommunen über ihre Möglichkeiten zur Einschränkung der gewerblichen Sammlung über den § 17 KrWG weiterhin einen quasi unbeschränkten Zugriff auf den Wertstoff.

[2] Kreislaufwirtschaftsgesetz vom 24.02.2012 (BGBl. I S. 212), zuletzt geändert durch Art. 2 Abs. 9 G v. 20.07.2017 (BGBl. I S. 2808).

16.3 Rahmenbedingungen verändern den Altpapiermarkt

Nicht zuletzt die demografische Entwicklung wird zu einer steigenden Rohstoffnachfrage führen: Nach Schätzungen der Vereinten Nationen ist bis zum Jahr 2050 mit einem Bevölkerungsanstieg von 7,5 Mrd. Menschen heute auf 9,6 Mrd. zu rechnen. Steigender Wohlstand und wachsende Mobilität werden, insbesondere in den bevölkerungsreichen Ländern wie China und Indien, zu einer starken Rohstoffnachfrage führen. Der weltweite Rohstoffverbrauch hat sich in den vergangenen 30 Jahren insgesamt mehr als verdoppelt (Bundesministerium für Umwelt, Naturschutz, Bau und Reaktorsicherheit 2016a) und ist damit deutlich schneller gewachsen als die Weltbevölkerung (1980: 4,4 Mrd.). Damit verbunden wird es zu einer beschleunigten Abnahme vor allem fossiler Energieträger und von Trinkwasserreserven kommen. Umweltbelastungen, Schadstoffemissionen und negative Einflüsse auf das Ökosystem zwingen zum Handeln. Stetige Entwicklungen von Maßnahmen zur Steigerung der Rohstoffeffizienz wirken dem Ressourcenverbrauch entgegen. Im Rahmen der Kreislaufwirtschaft gewinnen Rohstoff- und Ressourcendiskussionen an Bedeutung. Neue ordnungspolitische Regelungen passen sich dieser Entwicklung an und bilden dadurch veränderte Rahmenbedingungen, die letztlich auch Einfluss auf die Wertschöpfungskette haben. Die private Entsorgungswirtschaft leistet schon heute durch stete Weiterentwicklung von technischem Know-how einen qualifizierten Beitrag für den zukünftigen Umdenkungsprozess.

Eine in den vergangenen 19 Jahren um 28 % gestiegene Altpapiereinsatzquote auf 74 % (2014) hat im Rahmen der Papierverarbeitung zu einer wesentlichen Einsparung von Rohstoffen und einer Reduzierung von spezifischen Umweltbelastungen geführt (Verband Deutscher Papierfabriken e. V. 2016). Der Energie- und Wasserverbrauch ist beim Einsatz von Altpapier zur Neupapierproduktion deutlich geringer als bei reiner Frischfasernutzung. Zur Herstellung von 1 kg Recyclingpapier werden 1–3 kWh und 10–20 l Wasser benötigt, bei der Herstellung von 1 kg Frischfaserpapier hingegen 3–6 kWh und 30–100 l Wasser (Umweltinstitut München e. V. 2016).

Durch geordnete Strukturen ist die deutsche Abfallwirtschaft zum Erfolgsmodell für Europa herangereift. Kompetenz, Effizienz, nachhaltige Finanzierungsstrukturen, duale Entsorgungsstrukturen und ein umfassendes Ordnungsrecht bilden dabei wesentliche Eckpfeiler. Aber auch subsidiäre und föderale Strukturen spielen eine wichtige Rolle, ebenso wie starke Verbände. Ob und inwieweit dieses Erfolgsmodell weiter von Bestand sein kann, hängt in entscheidendem Maße von der weiteren Gestaltung des ordnungspolitischen Rahmens ab.

Derzeit werden in Deutschland ca. 40 % der kommunalen Abfallwirtschaft in Eigenregie der öffentlich-rechtlichen Entsorgungsträger (örE) betrieben, ca. 60 % wird an Dritte übertragen. Für Altpapier stellt sich ein vergleichbares Bild dar. Der Zugriff auf Altpapier aus privaten Haushalten (ca. 7,97 Mio. t/a) stammt (Statistisches Bundesamt 2016) aus der Zeit der Sicherstellung einer geordneten Abfallwirtschaft und ist grundsätzlich im Rahmen der kommunalen Hoheit geregelt. Mit steigender Nachfrage nach Altpapier als

Rohstoff und einem damit verbundenen nachhaltig positiven Marktwert sind Diskussionen um das privilegierte Zugriffsrecht der örE auf haushaltsnah erfasstes Altpapier entbrannt.

Bereits mit dem sog. „Altpapier-Urteil“ des Bundesverwaltungsgerichts (BVerwG) vom 18.06.2009 (Schmehl 2009) wurde der direkte Zugriff der privaten Entsorgungswirtschaft auf Altpapier aus privaten Haushalten de facto unmöglich gemacht, mindestens jedoch wesentlich erschwert. Zahlreiche örE haben unter Verweis auf dieses Urteil eine gewerbliche Altpapiersammlung in ihren Gebieten untersagt und private Entsorgungsunternehmen zum Abzug der haushaltsnah aufgestellten Altpapiertonnen gezwungen, um mithilfe eigener Erfassungssysteme bis dahin von gewerblichen Unternehmen erzielte Erlöse auf dem Altpapiermarkt zu vereinnahmen. Gegen das Urteil des BVerwG haben maßgebliche Verbände der Entsorgungswirtschaft Beschwerde bei der EU-Kommission eingelegt. Durch § 17 KrWG wurde der nach dem Urteil noch verbliebene Spielraum einer gewerblichen Sammlung von Altpapier aus privaten Haushalten noch weiter eingeschränkt. Kommunen sollen danach auch dann das Recht haben, gewerbliche Sammlungen zu untersagen, wenn diese private Sammlung für den Bürger deutliche Vorteile bieten würde – z. B. weil sie kostenfrei wäre. Die ursprüngliche Absicht der Bundesregierung, mit dem neuen Gesetz die Rechtsprechung des BVerwG zu korrigieren und gewerbliche Sammlungen getrennt erfasster Haushaltsabfälle zur Verwertung wieder in dem Umfang zu ermöglichen, der vor dem Urteil des BVerwG nach der ganz überwiegenden Rechtsprechung der Oberverwaltungsgerichte zulässig war, ist auf Druck der Kommunen mithilfe des Bundesrates im Gesetzgebungsverfahren nicht realisiert worden. Die Regelungen des KrWG haben in der Folge zu einer massiven Verdrängung privater Unternehmen geführt. Der diesbezügliche Monitoringbericht der Bundesregierung von 2016 (Bundesministerium für Umwelt, Naturschutz, Bau und Reaktorsicherheit 2016b) bildet die dramatischen Veränderungen in der gewerblichen Sammlung nur sehr ausschnitthaft ab. Die Möglichkeiten der unteren Abfallbehörden, gewerbliche Sammlungen mit Verweis auf die Bestimmungen des KrWG zugunsten des örE zu untersagen, sind einfach zu weitreichend und vor allem kaum einzugrenzen oder zu kontrollieren. So werden viele Anzeigen aufgrund der vermuteten oder sogar schon signalisierten Untersagungsabsicht und unter Berücksichtigung drohender Verfahrenskosten teilweise gar nicht mehr vorgebracht bzw. frühzeitig zurückgezogen. Dieses veränderte Anzeigeverhalten schlägt sich in der Statistik allerdings nicht unmittelbar ablesbar nieder. Aufgrund der unklaren Rechtslage haben sich in den vergangenen Jahren auch die Gerichte der verschiedenen Instanzen vielfach mit Fällen der gewerblichen Sammlung beschäftigen müssen.

► **Praxishinweis** Öffentlich-rechtliche Entsorgungsträger werden durch das KrWG nicht grundsätzlich vor der Konkurrenz durch gewerbliche Sammler geschützt. Zudem dürfen keine unverhältnismäßigen Anforderungen an die Dokumentation einer gewerblichen Sammlung gestellt werden. Gewerbliche Sammler sollten ihre Rechte zur Einrichtung und zum Betrieb einer Sammlung eingehend prüfen und vertreten.

Vier Verbände der privaten Entsorgungswirtschaft haben daher nach dem Beschluss des KrWG und anschließend an die oben erwähnte Beschwerde gegen das „Altpapier-Urteil" bei der Kommission auch gegen den § 17 KrWG Beschwerde eingereicht. Ende des Jahres 2016 wurde das Verfahren allerdings eingestellt, da die Kommission in der Ausgestaltung der Regelungen zur Überlassungspflicht keine Beschränkung der Warenverkehrsfreiheit feststellen konnte. Verbleibender Spielraum zur Ausweitung von Altpapiererfassungsmengen aus privaten Haushalten ergibt sich nach dem Kreislaufwirtschaftsgesetz lediglich im Rahmen des § 26 KrWG, der die Erfassung von Altpapier aus freiwilligen Rücknahmesystemen zulässt. Ob es dadurch zu einer Verschiebung innerhalb der Wertschöpfungskette kommt, kann heute nicht abgesehen werden.

Zunehmend bemühen sich auch altpapierverarbeitende Unternehmen um den direkten Zugriff auf Altpapier von den Anfallstellen. Insbesondere von einigen Landesumweltministern wurde in der Diskussion um ein Verpackungs- bzw. Wertstoffgesetz auch die haushaltsnahe Erfassung von Altpapier durch den örE in Eigenregie und damit die Auflösung der Produktverantwortung für PPK-Verpackungen (Papier, Pappe, Kartonagen) zur Diskussion gestellt. Neben den Fragen der Zugriffsrechte auf Altpapier gewinnt allerdings auch der Qualitätsaspekt im Rahmen von Nachhaltigkeitsdiskussionen an Bedeutung. Die für die Herstellung von Neuware erforderliche Qualität von Altpapier erfordert eine Aufbereitung und Qualitätssicherung.

16.4 Qualitätsnormen für Altpapier

Bis zum Jahr 2000 haben nationale Sortenlisten für Altpapier und individuelle Absprachen zwischen Käufer und Verkäufer den Altpapiermarkt gekennzeichnet. Seit 2000 galt erstmals mit Einführung der EN 643 eine EU-weit einheitliche Formulierung von Standards für Altpapier. Im weiteren Zeitablauf verstärkten sich die Bemühungen von Interessensverbänden und Politik, Recycling, Qualität und Produktverantwortung weiter in den Vordergrund zu stellen.

Im Rahmen sich verändernder Märkte, steigenden Umweltbewusstseins, novellierter Gesetzgebung und technischen Fortschritts bei der Papierverarbeitung wurden bis 2013, unter Beteiligung der europäischen Interessensverbände der Entsorgungswirtschaft (FEAD), Altpapierhändler (ERPA) und Papierindustrie (CEPI) sowie der Europäischen Normungsbehörde (CEN)[3], neue Qualitätsstandards für Altpapier erarbeitet. Eine wesentliche Änderung besteht in einer weiteren Detaillierung der Qualitäten, was eine Erhöhung der Sortenanzahl von bisher 67 auf 95 bedeutet. Bei der Überarbeitung blieb der Aufbau der Sortenliste im Kern bestehen und enthält weiterhin fünf Altpapiergruppen. Neuerungen beziehen sich im Wesentlichen auf die Angabe der Gehalte unerwünschter Stoffe

[3] FEAD: *European Federation of Waste Management and Environmental Services*, ERPA: *European Recovered Paper Association*, CEPI: *Confederation of European Paper Industries*; CEN: *European Committee for Standardization*.

sowie papierfremder Bestandteile in Gewichtsprozent. Papiersorten werden nach Zusammensetzung klassifiziert und nicht mehr nach Ursprung (DIN Deutsches Institut für Normung e. V. 2014).

Über die Festlegung maximal zulässiger Störstoff- und Feuchtegehalte der einzelnen Sorten zielt die europäische Altpapiersortenliste auf eine Vereinfachung der Vereinbarung und Umsetzung von Altpapierlieferungen. Die EN 643 ist als europäische Norm allerdings nicht allgemeinverbindlich, sondern nur nach individueller Vereinbarung der Vertragspartner anzuwenden. Aus diesem Grund und aufgrund der sich in einigen Fällen ergebenden Abweichungen von in der Praxis tatsächlich gehandelten Qualitäten ist die Norm im täglichen Geschäft nach wie vor nicht vollständig umgesetzt.

Insbesondere seit der Überarbeitung im Jahr 2013 kommt es in der Praxis teilweise zu unterschiedlichen Einschätzungen der tatsächlichen Qualität von gehandelter Ware. Die Entwicklung allgemein anerkannter Mess- und Prüfverfahren ist daher von großer Bedeutung. Da die Überprüfung von Reklamationen und von beanstandeten Altpapier-Lieferungen bisher nicht nach festgelegten Verfahren erfolgt, bedarf die Verbreitung der EN 643 weiterer Konkretisierungen, deren Erarbeitung u. a. vom CEN durchgeführt und von den nationalen Normungsgremien und der Industrie begleitet wird. Bei dieser Standardsetzung kommt es darauf an, zuverlässige sowie zügig durchzuführende und gleichzeitig auch für kleinere und mittelgroße Betriebe wirtschaftlich anzuwendende Methoden zu entwickeln, mit denen eine kontinuierliche Qualitätssicherung effizient sichergestellt werden kann.

Eine vom BDE Bundesverband der Deutschen Entsorgungs-, Wasser- und Rohstoffwirtschaft e. V. beauftragte wissenschaftliche Studie des Instituts für Wasser – Ressourcen – Umwelt (IWARU) der Fachhochschule Münster zeigt Möglichkeiten auf, wie bei Beachtung der entsprechenden Vorgaben mit vergleichsweise einfacher Technik die Feuchte und der Störstoffgehalt von Altpapier verlässlich bestimmt werden können. Auf dieser Basis reproduzierbarer Prüf- und Messverfahren können Recyclingunternehmen und Papierfabriken bilaterale Vergütungsmodelle für die gehandelten Qualitäten vereinbaren und umsetzen. Das IWARU hat in der Untersuchung über die Austestung und den Vergleich vorhandener Techniken und Methoden unter Laborbedingungen und an realer Ballenware ein verlässliches und gleichzeitig praktikables Verfahren zur Einschätzung der Feuchte und des Störstoffanteils von Altpapier entwickelt. Das Verfahren ist auf alle gängigen Altpapiersorten anwendbar und kann vielfältig zum Einsatz kommen.

► **Praxishinweis** Die Untersuchung des IWARU zeigt, dass verlässliche Prüf- und Messverfahren mit relativ einfacher Messtechnik durchgeführt werden können. Die Nutzung dieser Instrumente gibt auch kleineren Recyclingbetrieben die Möglichkeit, die Qualität ihres Outputs zu kontrollieren und mit den Abnehmern des Materials gemeinsame Bewertungsverfahren zu vereinbaren.

Die Entwicklung und Etablierung von Standards zur Umsetzung der EN 643 kann jedoch nur im Austausch aller beteiligten Akteure erfolgen. Die Entwicklung von beidseitig nachvollziehbaren und vergleichbaren Messverfahren zur Bestimmung des Feuchte- und

Störstoffgehalts ist dabei nur *ein* Baustein zur verbesserten Verständigung zwischen den Akteuren. Darüber hinaus muss die Zusammenarbeit von Recycling- und Papierindustrie weiter intensiviert werden. Denn auch wenn eine gemeinsame Standardisierung von Probenahme und Qualitätsprüfung erreicht ist, kann der Umgang mit den Ergebnissen und der wirtschaftliche Ausgleich von Abweichungen nur durch individuelle Verträge zwischen den Vertragspartnern geregelt werden. Die Hinweise aus der Studie können zudem den Anstoß geben, weitere Maßnahmen der Qualitätssicherung zu ergreifen, um die hohe Qualität der gehandelten Mengen auch bei schwankenden und tendenziell abnehmenden Inputqualitäten aufrechtzuerhalten.

16.5 Altpapierqualität – gestern und heute

Die Qualitätsanforderungen an Altpapier haben im Zeitablauf ständig zugenommen. Dies wird durch verschiedene Maßnahmen bzw. Bemühungen der an der Wertschöpfungskette beteiligten Gruppen in verschiedenster Ausprägung deutlich. Grundsätzlich unterstreichen bzw. bekräftigen die verschiedenen Interessensgruppen der Entsorgungswirtschaft sowie der Papierindustrie in einer Vielzahl von Erklärungen die Notwendigkeit, das Recycling von Altpapier weiter voranzutreiben bzw. funktionierende Strukturen, die zur Qualitätssicherung beitragen, weiterzuentwickeln. Dem Inhalt nach zielen die politischen Kernforderungen zum Papierrecycling auf Freiwilligkeit gegenüber Verordnungen, Getrennterfassung, Vorrang einer stofflichen Nutzung sowie Sicherung von Qualitätsstandards ab.

Sortierverfahren bestimmen nachhaltig die Altpapierqualität. Mit Etablierung der Abfallwirtschaft in Deutschland wurde vor ca. 30 Jahren damit begonnen, mechanische Sortiertechnik einzusetzen, was zu einer Reduzierung der „rein händischen" Sortierung von Altpapier führte. Mit der Einführung des Kreislaufwirtschafts- und Abfallgesetzes Anfang der 90er-Jahre und steigenden Recyclingkapazitäten wurde die Sortiertechnik stetig weiterentwickelt. Im Zeitablauf hat insbesondere die private Entsorgungswirtschaft mit hohen Investitionen in Anlagen und Technik und der Bereitschaft zur Übernahme von Risiko innovative Ideen zur Steigerung der Effizienz in der Altpapiererfassung, Sortierung und Vermarktung umgesetzt. Dass eine Weiterentwicklung der Sortiertechnik notwendig ist, zeigen Untersuchungen der Technischen Universität Darmstadt (Weinert et al. 2010). Heute ergänzen vor allem optische Sortierstufen mechanische Sortierprozesse.

Veränderte Rahmenbedingungen der Altpapierwirtschaft haben unmittelbare Auswirkungen auf die alltägliche Praxis der Altpapiersortierung. Grund dafür sind insbesondere die sich wandelnden Konsumgewohnheiten der Gesellschaft. Der Verbrauch von Zeitungsdruckpapier hat sich in den vergangenen Jahren bereits stark reduziert. Zeitgleich steigt der Verbrauch von Verpackungspapieren enorm an. Diese Trends werden sich fortsetzen und auf diese Weise für eine Verschiebung des Sortenaufkommens und der Sortennachfrage sorgen. Die Papiertechnische Stiftung (PTS) hat ermittelt, dass unter den aktuellen Bedingungen das Verhältnis der grafischen Altpapiere zu den Verpackungsaltpapieren in der Haushaltssammelware auf einen Wert von um die 0,5 sinkt. Dies bedeutet, dass auf eine Tonne grafische Papiere zwei Tonnen Verpackungspapiere kommen. Damit wird es zunehmend zu einer Herausforderung, in der Sortierung von Haushaltssammelware auskömmliche Ausbeuten an hochwertiger Deinkingware, wie grafisches Papier auch bezeichnet wird, zu erzielen. So setzen ein verringerter Umsatz aufgrund einer geringeren Deinking-Menge, höhere variable Kosten durch einen höheren Sortieraufwand sowie höhere Energiekosten, die bei der Verpressung des Mischpapiers und des Wellpappe-haltigen Kaufhausaltpapiers entstehen, die Wirtschaftlichkeit der Sortieranlagen unter Druck (Kappen et al. 2015).

Zusammenfassend bleibt festzuhalten: In den nächsten Jahren sind Konsolidierungen auf dem Markt der Sortieranlagen und der grafischen Produktionskapazitäten zu erwarten. Die Sortiertechnik wird dennoch weiterentwickelt. Erklärtes Ziel der privaten Entsorgungswirtschaft ist es, auch zukünftig mit Know-how und Investitionsbereitschaft ihren Beitrag zur Ressourceneffizienz zu leisten und diese durch Weiterentwicklung der Sortiertechnik nachhaltig zu fördern. Im Bereich der Sortierung grafischer Papiere wird an verfeinerter Sensorsortiertechnik zur Identifikation von speziellen Druckverfahren (Flexodruck etc.) gearbeitet. Dadurch wird ein Ausschleusen von Druckerzeugnissen, die den Deinkingprozess stören bzw. zu nachhaltigen Anlagenschäden führen können, gewährleistet. Mit steigender Sortierintensität kann davon ausgegangen werden, dass die erzeugte Altpapierqualität bezogen auf Störstoffgehalte steigt; die Sortierkosten erhöhen sich dabei jedoch überproportional.

16.6 Ressourcenschonung und Umweltschutz in der Wertschöpfungskette für Altpapier

Deutschland trägt durch eine konsequente klimaschutzorientierte Ausgestaltung der Entsorgungs- und Kreislaufwirtschaft zu einem hohen Maße zur CO_2-Reduzierung bei. Insgesamt hat die Branche in der Zeit von 1990–2006 eine Einsparung von rund 56 Mio. Tonnen CO_2-Äquivalenten realisiert (Dehoust et al. 2010). Altpapier leistet durch die hohe Recyclingquote einen erheblichen Anteil daran.

In einer Steigerung der Sammelquote liegen weitere Umweltschutzpotenziale. Die größte Herausforderung wird es dabei sein, die ca. 2,4 Mio. t Papier, die jedes Jahr noch im deutschen Restmüll landen, nutzbar zu machen. Ziele, bis 2020 ca. 50 % davon direkt einer getrennten Sammlung zuzuführen und damit in ein hochwertiges Recycling zu lenken, bestehen bereits im Rahmen einer im Auftrag des BDE, BMUB (Bundesumweltministeriums) und UBA (Umweltbundesamtes) erstellten Studie zu Klimaschutzpotenzialen der Abfallwirtschaft (Dehoust et al. 2010). Demnach kann die durch das Altpapierrecycling in Deutschland existierende CO_2-Einsparung (5,6 Mio. t CO_2-Äquivalente pro Jahr) um 38 % auf fast 8,2 Mio. t CO_2-Äquivalente pro Jahr erhöht werden. Mit der Optimierung und innovativen Weiterentwicklung von Erfassungssystemen, der Sammellogistik bzw.

der Sortiertechnik arbeitet die Entsorgungswirtschaft ständig an energie- und umweltrelevanten Einsparungspotenzialen.

Auch die Altpapierverarbeitung leistet einen erheblichen Beitrag in Sachen Umwelt- und Klimaschutz. Welche Bedeutung Rückstände bei der Papierproduktion haben und wie diese sich im Zeitablauf verändert haben, zeigt eine Studie des Verbandes Deutscher Papierfabriken e. V. (2011) in Zusammenarbeit mit der Papiertechnischen Stiftung. Hochgerechnet auf die gesamte deutsche Papierindustrie fallen demnach 2010 insgesamt 4,6 Mio. t Rückstände bzw. 184 kg Rückstände pro 1000 kg Neupapier an. Mit steigender Altpapiereinsatzquote steigt auch absolut der spezifische Anteil an Rückständen aus dem Altpapier an der Gesamtrückstandsmenge – dieser beträgt für o. g. Betrachtungszeitraum 120 kg bzw. 12 %. Die Rückstände werden ca. hälftig energetisch und stofflich verwertet. Die Nutzung in eigenen Kraftwerken nimmt aufgrund steigender Primärenergiekosten stetig zu. Damit trägt die Papierindustrie schon heute wesentlich zum Schließen der Recyclingkreisläufe bei und leistet einen nicht unerheblichen Beitrag zum Umwelt- und Klimaschutz.

Mit der Kenntnis über die Herkunft des erfassten Altpapiers lassen sich zudem Rückschlüsse auf mögliche Störstoffe ziehen und der Einsatz in der Papierherstellung steuern. Im Rahmen von Produktverantwortung und Nachhaltigkeitsprojekten und unter Beachtung der dargestellten Initiativen zur Etablierung von Prüf- und Messverfahren werden in der ganzen Wertschöpfungskette zunehmend Qualitäts-Management-Systeme installiert. Diese werden zukünftig immer umfassendere Informationen über die Qualität und Herkunft von Altpapier sowie über spezifische Recyclingprozesse fordern.

Altpapier gewinnt zudem an Bedeutung für alternative Einsatzbereiche, wie z. B. der Einsatz in der Bau-, Dämmstoff- oder Möbelindustrie, und leistet auch in diesen Branchen einen positiven Umweltbeitrag.

Mit dem ständig steigenden Einsatz von Altpapier in der Neupapierproduktion und der zunehmenden Gewinnung der in den Produktionsprozessen eingesetzten Energie aus Biomasse wird die Papierindustrie zukünftig einen verstärkten Beitrag zur Umwelt- und Ressourcenschonung leisten. Innovative Herstellungsverfahren werden zu immer leichteren Verpackungen führen, die insbesondere den Frischfasereinsatz bei der Papierherstellung verringern werden. Papierproduktionen aus kontrolliertem Holzanbau (FSC) gewinnen zunehmend an Bedeutung.

Steigende Transparenz in der Wertschöpfungskette kann zu Marktverschiebungen führen. Zunehmend ist bereits zu beobachten, dass einzelne Marktteilnehmer zueinander in einer neuen Wettbewerbskonstellation auftreten. Am Ende bestimmen aber eindeutig monetäre Größen den Verbleib des Altpapiers.

16.7 Preisbildung für Altpapier

Die Preisbildungsmechanismen für Altpapier sind vielfältig. Ein realer Marktpreis kann nicht systematisch abgeleitet werden. Verschiedene Parameter spielen letztendlich bei der Wertermittlung für die Ressource Altpapier eine Rolle. Neben der Verfügbarkeit des Rohstoffes ist die nationale bzw. internationale Nachfrage ein entscheidendes Kriterium für die Preisbildung. Altpapier ist ein *Commodity* geworden, d. h. eine Massenware.

War noch bis Mitte der 90er-Jahre eine Vermarktung nur über vorgeschaltete Einkaufsorganisationen der Endabnehmer bzw. Großlieferanten in die Papierindustrie möglich, etablierte sich mit der Zeit mehr und mehr eine Direktvermarktung. Gründe hierfür sind in der steigenden Nachfrage nach Altpapier und der zunehmenden Ausweitung globaler Absatzmöglichkeiten zu sehen.

Im Jahr 2003 ist eine Vielzahl kommunaler Altpapierverträge nach einer zehnjährigen Laufzeit ausgelaufen. Hierbei handelte es sich im Wesentlichen um Verträge, die in Anlehnung an die erste Generation der DSD-Verträge (Duales System Deutschland) geschlossen wurden. Danach haben sich die Preise in Ausschreibungen für kommunales Altpapier, bedingt durch eine gestiegene Nachfrage und zunehmenden Wettbewerb, stetig erhöht.

Papierverarbeiter haben zur nachhaltigen Sicherung ihres Altpapierbedarfs damit begonnen, unsortiertes Altpapier aus haushaltsnaher Erfassung direkt lose und in unsortierter Form zu übernehmen. Zum Teil erfassen sie es direkt an der Quelle und treten zudem verstärkt als direkte Wettbewerber der Entsorgungswirtschaft auf. Somit wird zunächst scheinbar eine Vereinfachung der Verwertung erreicht, das Management und der Ausgleich von Qualität und Mengen entfällt dann aber. Einerseits wird eine Qualitätssicherung des Recyclingrohstoffs und die üblicherweise erforderliche Aufbereitung des Sammelgemischs ausgelassen, andererseits wird die effiziente Vermarktung der Ressource und die Abfederung von Mengenschwankungen dadurch verhindert. Ausschreibungen für kommunales Altpapier wurden nach 2003 umgestaltet. Der auszuschreibende Leistungsumfang wurde in Einzellose für Erfassung, Umschlag und Vermarktung aufgeteilt. Das Vorhalten von Erfassungslogistik und kapitalintensiver Sortiertechnik ist dadurch nicht mehr zwingend notwendig. Damit war bzw. ist der Weg frei für losweise Vergaben, die die Wertschöpfungskette der Altpapiererfassung, Behandlung und Verarbeitung zerreißen. Altpapier wurde plötzlich zu einem gefragten Rohstoff mit nachhaltig positivem Marktwert, um dessen Zugriff sich eine steigende Anzahl von Marktteilnehmern bemüht.

Über die jeweilige Ausgestaltung von kommunalen Ausschreibungen können willentlich oder unbewusst Veränderungen in der Bieterstruktur erreicht werden. Teilweise geschieht dies unter dem Vorwand einer Berücksichtigung ökologischer Kriterien bei der Vergabe. Die Eingrenzung der maximalen Entfernung zum Sortierbetrieb sowie zur Papierfabrik kann beispielsweise eine Beschränkung des Wettbewerbs darstellen und für die Vergabestellen damit langwierige und kostenintensive Rügen, Nachprüfungsverfahren oder sogar die Anordnung einer ordnungsgemäßen Wiederholung der Vergabeverfahren erforderlich machen (Kern und Lück 2016). Die intensivierte Wirtschaftstätigkeit von Kommunen und vereinzelte Bestrebungen zur Abschaffung der Produktverantwortung für PPK-Verpackungen sind weitere akute Gefahren für die Unternehmen der privaten Entsorgungswirtschaft.

► **Praxishinweis** Ausschreibungsbedingungen sollten vom Auftraggeber verständlich und in ihren Grundzügen hinreichend bestimmt formuliert werden.

Die Angaben zur Qualität und Menge des zu erfassenden und verwertenden Altpapiers sind beispielsweise in vielen Fällen ungenau. Durch dieses Vorgehen werden den Bietern Risiken auferlegt, die diese bei der Kalkulation berücksichtigen müssen.

Einzelne Marktteilnehmer begannen nach 2003, spekulative Angebote mit hohen Abgabepreisen langfristig für Ausschreibungen zu platzieren, um den Zugriff auf kommunales Altpapier für sich zu sichern. Das führte dazu, dass bisher vom Markt akzeptierte Preispublikationen, wie z. B. die der Fachzeitschrift EUWID, an Marktnähe verloren. 2013 wurden deshalb Erhebungs- und Darstellungsverfahren des EUWID für „Händlerpreise für Altpapier in Deutschland" geändert. Altpapierlieferanten und Papier-/Kartonhersteller melden monatlich frei gehandelte und direkt angelieferte inländische Mengen. Auf dieser Basis werden Preisveränderungen zum Vormonat ermittelt, die dann als absolute Werte durch den EUWID monatlich veröffentlicht werden.

Generell wird die Höhe von Altpapierpreisen sehr stark von der Entwicklung der Wirtschaftsleistung einer Volkswirtschaft bestimmt. Die Altpapiernachfrage steht in direktem Zusammenhang mit der Neupapiernachfrage und stellt somit einen Frühindikator für wirtschaftliche Auf- bzw. Abschwünge dar. Nahezu gleich mit Hoch- bzw. Niedrigpreisphasen für Altpapier verläuft zeitverzögert die Kurve für die Entwicklung des Bruttoinlandsproduktes (BIP). Dieses gilt für alle Volkswirtschaften gleichermaßen.

Exportpreise hängen im Wesentlichen von der Nachfrage in Asien ab. Dabei spielen Devisenkurse ebenso eine Rolle wie die Entwicklung von Seefrachten. Chinesische Papierindustrien sind z. T. mit eigenen Einkaufsbüros in Europa vertreten und bieten den Ankauf von Altpapier in EUR direkt ab Hof an. Sie haben die wesentliche Determinante der Preisfindung, die Logistikkette, sehr gut organisiert und können in diesem Punkt flexibel reagieren. Mit zunehmender Wirtschaftsleistung, vorrangig in den Schwellenländern Asiens, wird bereits heute in einer Vielzahl von Studien ein nachhaltig steigender Preistrend für Altpapier vorhergesagt, wobei ausdrücklich auf die Herausforderung der Logistik verwiesen wird. Die bereits beschriebene Verlagerung von Anfall- und Verarbeitungsstandorten von Altpapier wird nicht parallel verlaufen, sodass im Prozess des Wandels die Logistikkette der wesentliche Treiber von Preisen sein wird. Aufgrund der prognostizierten Nachfrage nach Altpapier, insbesondere in Asien, kann davon ausgegangen werden, dass die Preise für Altpapier in Deutschland zukünftig weiter ansteigen werden (RISI, Inc. 2009).

Nach einer Zeit hoher Volatilität aufgrund zunehmender Globalisierung und Verflechtungen von Rohstoff-, Produktions- und Finanzkennzahlen hat diese mittlerweile wieder abgenommen. Neben den indexgebundenen Preisvereinbarungen werden daher zunehmend individuelle monatliche Vereinbarungen getroffen.

16.8 Ausblick

Der Altpapiermarkt ist heute integraler Bestandteil der weltweiten Ressourcenwirtschaft. In einer globalisierten Welt mit ständig wachsendem Informationsaustausch und Verflechtungen der einzelnen Wirtschaftssektoren entwickeln sich ständig neue Spielregeln. Es gilt nicht nur, diese zu kennen, sondern auch frühzeitig aktiv an ihrer Mitgestaltung mitzuwirken.

Zur Erhaltung der Leistungsfähigkeit des deutschen Erfolgsmodells „Ressourcenwirtschaft" sind klare ordnungspolitische Rahmenbedingungen auf nationaler, europäischer und globaler Ebene notwendig, die für fairen Wettbewerb sorgen. Begriffe wie Daseinsvorsorge gilt es grundlegend zu überarbeiten und eine klare Zuordnung von Zuständigkeiten einzelner Akteure der Wertschöpfungskette zu benennen. Es geht grundsätzlich darum, die positiven Effekte einer arbeitsteiligen, wettbewerblich organisierten Marktwirtschaft zu nutzen. Denn das hat erwiesenermaßen gesamtgesellschaftliche Wohlfahrtsgewinne zur Folge.

Qualität und Logistik sind weitere Schlagworte, die vor dem Hintergrund einer rohstoffarmen Zukunft an Bedeutung gewinnen werden. Die klassische Entsorgungswirtschaft hat sich bereits dramatisch verändert und steht vor weiteren Umbrüchen. Aus reinen Logistikansätzen wie *Supply-Chain* werden zunehmend *Closing-the-loop*-Ideen. Dazu werden Marktteilnehmer sowohl auf horizontaler als auch auf vertikaler Ebene neue Vertragskonstellationen entwickeln, die Alleinstellungsmerkmale in hart umkämpften Märkten sichern.

Ohne Know-how, klare strategische unternehmerische Ausrichtung und Weitblick werden sich nur wenige Marktteilnehmer im Kampf um die Ressource Altpapier behaupten können. Interessensverbände der privaten Entsorgungswirtschaft sind sich dieser Herausforderung bewusst und arbeiten schon heute aktiv an der Gestaltung der ressourcengeprägten Entsorgungswirtschaft von morgen.

Literatur

Alwast H (2011) Deutschland wird Rohstoffland – Historie und Zukunft des Stoffstroms Altpapier. Präsentation vom 19.09.2011

Amec Foster Wheeler (2011) Recovered Paper Supply Outlook 2011

Arnqvist R (2011) Challenging outlook for paper producers – long term secure and stable fibre supply a key issue for survival. Präsentation vom 19.09.2011

Baxi RS (2015) Can Europe Meet the Changing Recovered Paper Demands. Präsentation vom 23.04.2015

Bundesministerium für Umwelt, Naturschutz, Bau und Reaktorsicherheit (2016a) Deutsches Ressourceneffizienzprogramm II, Berlin

Bundesministerium für Umwelt, Naturschutz, Bau und Reaktorsicherheit (2016b) Zweiter Bericht über die Auswirkungen der Regelungen zur Anzeigepflicht gewerblicher und gemeinnütziger Sammlungen gemäß §§ 17 und 18 Kreislaufwirtschaftsgesetz. (Zweiter Monitoring-Bericht) Berlin

Confederation of European Paper Industries (2010) Historic Statistics 1991–2010 European Pulp and Paper Industry. Brüssel

Confederation of European Paper Industries (2015) Key Statistics, European Pulp and Paper Industry. Brüssel

Dehoust G, Schüler D, Vogt R, Giegrich J (2010) Klimaschutzpotenziale der Abfallwirtschaft. Umweltbundesamt, Dessau-Roßlau

DIN Deutsches Institut für Normung e. V. (2014) Papier, Karton und Pappe – Europäische Liste der Altpapier-Standardsorten. Deutsche Fassung EN 643. Beuth Verlag GmbH, Berlin

Europäische Union (2008) Richtlinie 2008/98/EG des europäischen Parlaments und des Rates vom 19.11.2008 über Abfälle und zur Aufhebung bestimmter Richtlinien

Europäische Union (2015a) Vorschlag für eine Richtlinie des europäischen Parlaments und des Rates zur Änderung der Richtlinie 2008/98/EG über Abfälle

Europäische Union (2015b) Vorschlag für eine Richtlinie des Europäischen Parlaments und des Rates zur Änderung der Richtlinie 94/62/EG über Verpackungen und Verpackungsabfälle

Kappen J, Schiefer M, Tempel L, Seidemann C, Hanke A (2015) Altpapiersortierung unter Druck. RECYCLING magazin 03: 16–19

Kern P, Lück DR (2016) Stellungnahme zu dem Handlungsleitfaden „Berücksichtigung ökologischer Aspekte bei der kommunalen Ausschreibung von Altpapierentsorgungsleistungen“. Köhler & Klett Rechtsanwälte, Köln

RISI, Inc. (2009) Outlook for Global Recovered Paper Markets. Bedford

Schmehl A (2009) Auffang- oder Gewährleistungsverantwortung bei privat-öffentlicher Konkurrenz? Das Beispiel des „Altpapierstreits“. NVwZ 20: 1262–1266

Statistisches Bundesamt (2016) Abfallbilanz 2014. Wiesbaden

Trendresearch (2012) Altpapier in Europa bis 2020 – Handlungs- und Strategieoptionen für die Marktteilnehmer. Trendresearch, Bremen

Umweltinstitut München e. V. (2016) www.umweltinstitut.org. Abgerufen 2. Hj. 2016

UNFPA (2016) State of World Population 2016. UNFPA, New York

Verband Deutscher Papierfabriken e. V. (2011) Wochenblatt der Papierfabrikation 11: 869

Verband Deutscher Papierfabriken e. V. (2016) Leistungsbericht Papier 2016, Bonn

Weinert S, Putz HJ, Schabel S (2010) Andere Länder, andere Papiere. RECYCLING magazin 14: 26–29

Kunststoffe

17

Dirk Mellen und Tobias Becker

17.1 Einführung

Die Verarbeitung von Kunststoffen hat in den vergangenen 80 Jahren eine sehr erfolgreiche Entwicklung genommen. Kunststoffe sind in dieser Zeit zu einem Werkstoff avanciert, der uns heute in fast jeder Lebenssituation begegnet, vom Haushalt über den Beruf bis in Sport und Freizeit. Kunststoffe verfügen über herausragende Eigenschaften und große Belastbarkeit. Die Fähigkeit, heute für fast jede denkbare Anwendung einen Kunststoff als maßgeschneiderten Rohstoff zu finden, hat den Siegeszug sehr begünstigt.

Mit so vielen guten Eigenschaften gehen aber häufig auch Nachteile einher. Die heutige Variantenvielfalt macht das Feld der Kunststoffe sehr unübersichtlich und erschwert das Schließen von Stoffkreisläufen. Der Verbrauch von endlichen fossilen Rohstoffen zur Herstellung von Kunststoffen sowie ungelöste Herausforderungen des Recyclings von Kunststoffen tragen zu einer kontroversen Diskussion bei. Das Image von Kunststoffen in der Öffentlichkeit ist daher heute oft geteilt. Daher soll auf den kommenden Seiten die Wertschöpfungskette für Kunststoffe und Produkte aus Kunststoff näher beleuchtet, ein Überblick über das heute Erreichte und aktuelle Trends gegeben sowie ein kleiner Ausblick in die nähere Zukunft gewagt werden.

17.2 Wertschöpfungskette Kunststoffe

Die folgenden Ausführungen beschreiben die einzelnen Stationen der Kunststoffwertschöpfungskette sowie deren Abfolge und Zusammenhänge. Hierfür wird mit einem Überblick über die Kunststoffherstellung und ihre Evolution begonnen, und die verschiedenen

D. Mellen (✉) · T. Becker
ALBA Recycling GmbH
Berlin, Deutschland

P. Kurth et al. (Hrsg.), *Praxishandbuch der Kreislauf- und Rohstoffwirtschaft*,
https://doi.org/10.1007/978-3-658-17045-5_17

Kunststoffarten, deren Eigenschaften und Vertreter werden vorgestellt. Weitergehend werden die Compoundierung der „Standardkunststoffe“ und die Herstellung der dafür notwendigen Kunststoffadditive aufgezeigt. Diese beiden Stationen bilden die Grundlage für den darauffolgenden Einblick in die Kunststoffverarbeitung und die Beschreibung der verschiedenen Anwendungsgebiete dieser Kunststoffe. Abschließend wird mit der Sammlung und der Verwertung auf die letzten Stationen der klassischen Kunststoffwertschöpfungskette eingegangen.

17.2.1 Kunststoffentwicklung, Kunststoffarten und Kunststoffproduktion

Das erste Glied der Kunststoffwertschöpfungskette ist die Kunststoffproduktion. Die Kunststoffproduktion, also die gezielte Umwandlung von in der Umwelt natürlich vorkommenden Stoffen zu anderen (Werk-)Stoffen, begann mit der Herstellung von Cellulose bereits in der ersten Hälfte des 19. Jahrhunderts. Folgend wurden viele verschiedene auf Naturstoffen basierende Kunststoffe entwickelt. Bekannte Beispiele hierfür sind Celluloid, welches aus Holz synthetisiert (Menges et al. 2011, S. 1) und als Ersatz für Elfenbein (PlasticsEurope 2016a) entwickelt wurde, oder auch Kautschuk (Gummi), welches aus dem aus Gummibäumen gewonnenen Latex hergestellt wurde und besonders als Isolationswerkstoff in der Elektroindustrie gefragt war. Zu einem relevanten Wirtschaftszweig wurde die Kunststoffproduktion jedoch erst in den 1930er-Jahren mit der Entdeckung und Markteinführung der synthetischen Thermoplaste, wie z. B. Polyamid 6 (Perlon), Hochdruckpolyethylen (PE-LD) oder Polyamid 6.6 (Nylon). Die großtechnische Produktion dieser Kunststoffe und die Erfindung der katalytisch bewirkten Polymerisation (von Ziegler und Natta) von Polyethylen und Polypropylen führten zu einer bedeutenden Wende (Menges et al. 2011, S. 2; Lechner et al. 2014, S. 592). Grundsätzlich teilt man Kunststoffe in die Kategorien Thermoplaste, thermoplastische Elastomere (TPE, auch Elastoplaste), Elastomere und Duromere. Diese Kategorisierung ist auf die Verarbeitungsbedingungen der Kunststoffe zurückzuführen. Entsprechend weisen die Thermoplaste in einem bestimmten Temperaturbereich die Fähigkeit der Verformbarkeit auf. Diese thermisch gebundene Verformbarkeit ist reversibel und kann somit beliebig oft durch Erhitzen und Abkühlen wiederholt werden. Beispiele für Thermoplaste sind PP, PE, PA, PC, PET, PVC, PS und EPS (PlasticsEurope 2016a).

Elastomere sind elastisch verformbare Kunststoffe, welche die typischen Gummieigenschaften aufweisen. Sie können sich bei Zug- oder Druckbelastung verformen, weichen ohne Belastung allerdings wieder in ihre ursprüngliche Form zurück. Sie sind chemisch leicht vernetzt, dadurch nicht schmelzbar und somit nur schwer wiederverwertbar (Bonnet 2016, S. 60). Klassische Elastomere sind synthetischer Kautschuk und Naturkautschuk (Schröder 2014, S. 4).

Duromere werden noch als Monomere (Einzelmoleküle) in Form gebracht und anschließend durch thermische, chemische oder physikalische Behandlung miteinander vernetzt. So entsteht ein geformter, stark vernetzter Kunststoff, der nach der Aushärtung in seiner Form nicht mehr veränderbar ist und somit auch nicht wiederverwertet werden kann (Bonnet 2016, S. 60). Die wichtigsten Vertreter bei den Duromeren sind Epoxid, PUR, PTFE und PF (PlasticsEurope 2016a).

Die Relevanz der Kunststoffkategorien für die weiteren Abhandlungen ergibt sich aus der jeweiligen Verwertbarkeit und beschränkt sich somit auf die Thermoplaste (einschließlich TPE), die mit ca. 70 % der weltweiten Kunststoffherstellung auch die größte quantitative Bedeutung haben. Besonders relevante Stoffströme für das Recycling aus dieser Kategorie sind PET, PE-HD, PVC, PE-LD, PP und PS. Diesen Thermoplasten ist aus diesem Grund ein eindeutiger Recyclingcode zugeordnet (Lechner et al. 2014, S. 708). Die Kategorie der Thermoplaste lässt noch eine weitere Unterklassifizierung zu. Eine Unterteilung in Standardkunststoffe, technische Kunststoffe und Hochleistungs-/Spezialkunststoffe ist aufgrund der unterschiedlichen qualitativen Level sinnvoll. Standardkunststoffe sind Massenkunststoffe, die leicht, schnell und kostengünstig herzustellen sind. Sie stellen über 50 % des Gesamtkunststoffaufkommens dar. Die technischen Kunststoffe verfügen über eine höhere Maßgenauigkeit und ihr Anteil am Gesamtkunststoffaufkommen beträgt nur noch ungefähr 20 %. Die Hochleistungs-/Spezialkunststoffe weisen eine extreme thermische Stabilität sowie eine hohe chemische Resistenz auf, was zu einem relativ hohen Produktpreis führt (Lechner et al. 2014, S. 593).

Neben den fossilen Rohstoffquellen der Kunststoffproduktion wie Erdöl, Erdgas, Ölschiefer etc. hat sich in den letzten Jahren die Marktpräsenz von sogenannten Biokunststoffen merklich erhöht. Bei der Begrifflichkeit Biokunststoffe wird differenziert zwischen den biologisch nicht abbaubaren und den biologisch abbaubaren Ausgangsstoffen auf Basis fossiler oder nachwachsender Rohstoffe. Kunststoffe aus nachwachsenden Rohstoffen werden aus Getreiden, Kartoffeln, Mais, Zuckerrüben, Zuckerrohr oder biobasierten Ölen hergestellt und können biologisch abbaubar sein, sind es aber nicht zwangsläufig (PlasticsEurope 2016b, S. 4; Detzel et al. 2012, S. 1). Zu den wichtigsten aus nachwachsenden Rohstoffen hergestellten und biologisch abbaubaren Kunststoffen gehören Polyactid (PLA), Polyhydroxyalkanoate (PHA), Polyester sowie stärkebasierte Kunststoffe (Stärkeblends) (Detzel et al. 2012, S. 13). Heute gängige Biokunststoffe sind ihren Eigenschaften entsprechend auch der Kategorie der Thermoplaste zuzuordnen (Endres und Siebert-Raths 2009, S. 2). Bei der Erfassung und Verwertung spielen Biokunststoffe heute noch keine bedeutende Rolle. Ihr Anteil ist noch deutlich zu gering, um wirtschaftlich sinnvolle Verwertungsverfahren für diese Teilströme zu etablieren.

Ab den 1950ern wuchs die Produktion von Kunststoffen kontinuierlich. Während in 1950 lediglich ca. 1,5 Mio. Tonnen (t) produziert wurden, entwickelte sich die Jahresproduktionsmenge weltweit mit einem durchschnittlichen Wachstum von 9 % (Menges et al. 2011, S. 3) auf rund 322 Mio. t im Jahr 2015. Die Gesamtproduktion der Europäischen Union (einschließlich Norwegen und Schweiz) lag 2015 bei 58 Mio. t. Den größten Anteil an dieser Menge haben die Polyolefine PP (19,1 %), PE-LD (17,3 %) und PE-HD (12,1 %). Gemeinsam stellen sie 48,5 % des europäischen Kunststoffbedarfs im Jahr 2015 dar (PlasticsEurope 2016b, S. 12 ff). Das PP ist hierbei mit mehr als 5 %

Wachstum weltweit der seit mehreren Jahren am stärksten wachsende Kunststoff. Denn Polypropylen ist nicht nur durch seine leichte Herstellung und Verarbeitung zu einem Massenkunststoff geworden, sondern er substituiert in der heutigen Zeit durch stetige Erweiterungen der technischen Anwendungsfelder sogar bereits andere Kunststoffe (Menges et al. 2011, S. 3). Die Gesamtproduktion der kunststoffwerkstofflich relevanten Mengen lag im Jahr 2015 in Deutschland bei rund 10,15 Mio. t, wobei über 60 % der Gesamtproduktion auf die Kunststoffe PE-LD/LLD (1,56 Mio. t), PE-HD/MD (1,24 Mio. t.), PP (2 Mio. t) und PVC (1,55 Mio. t) entfielen (Consultic 2016, S. 6).

17.2.2 Compoundierung und Additivierung

Die Compoundierung, also die Vermischung von Standardkunststoffen mit zugesetzten anderen Stoffen, Additive genannt, um die Werkstoffeigenschaften des Kunststoffes zu verändern, ist das zweite Glied der Kunststoffwertschöpfungskette. Durchgeführt werden kann die Compoundierung in verschiedensten Mischeinrichtungen. Für die Herstellung von höchsten Qualitäten ist jedoch die Mischung in der Schmelze notwendig, am gebräuchlichsten sind hier Einschnecken- oder Doppelschneckenextruder (Lechner et al. 2014, S. 596). Je höher die Anforderungen an die Homogenität und Qualität des herzustellenden Compounds bzw. je größer der Massenanteil an zuzusetzenden Additiven, desto wahrscheinlicher ist es, dass ein Zweischneckenextruder genutzt werden muss (Bonnet 2016, S. 185). Während der Compoundierung werden Additive der Kunststoffschmelze zugeführt und mittels Doppelschnecke homogenisiert, um so ein Compound mit den gewünschten Eigenschaften herzustellen. Denn die späteren Kunststoffprodukte und Anwendungen haben zumeist auch unterschiedliche Anforderungen an die Kunststoffe. Je spezieller das Kunststoffprodukt und seine Funktion, desto geringer ist die Chance, dass das benötigte Qualitätsprofil durch eine einfache Variation des Kunststoffsyntheseverfahrens erreicht werden kann. Dadurch wird es nötig, mittels Compoundierung eine physikalische oder auch chemische Modifizierung des Rohkunststoffes zu erwirken, sodass dieser die benötigten Werkstoff-, Gebrauchs- und Verarbeitungseigenschaften erhält (Lechner et al. 2014, S. 594). Die große Vielfalt an Kunststoffprodukt-Zielanwendungs-Kombinationen bedingt eine sehr breite Nachfrage nach Kunststoffen mit sehr differenzierten Anforderungen. Da diese speziellen, nach Maß gefertigten Kunststoffe (Compounds) nicht in großen Massen produziert werden, wird diese Nachfrage in Europa größtenteils von spezialisierten KMUs, kleinen und mittelständischen Unternehmen, gedeckt (PlasticsEurope 2016b, S. 8).

Unterschieden werden die Additive in Verarbeitungsadditive, Gebrauchsadditive und Füllstoffe. Verarbeitungsadditive sind technologische Hilfsstoffe wie z. B. innere/äußere Gleitmittel, Trennmittel, Antiblockmittel oder Stabilisatoren (Lechner et al. 2014, S. 596). Innere Gleitmittel werden beispielweise eingesetzt, um die Fließfähigkeit innerhalb der Kunststoffschmelze zu erhöhen; äußere Gleitmittel hingegen verbinden sich nicht mit dem

Kunststoff und werden deshalb in der Schmelze an die Oberfläche gedrängt (Bonnet 2016, S. 131).

> **Praxishinweis** Durch Gebrauchsadditive werden Kunststoffe gegen bestimmte Einflüsse geschützt. Dies können beispielsweise Wärme oder UV-Strahlung ebenso wie die Belastbarkeit gegen einwirkende Kräfte sein. Füllstoffe wie Talkum oder Kreide werden hingegen als günstiges Substitut zu Kunststoffen verwendet.

17.2.3 Kunststoffverarbeitung und Kunststoffanwendungen

Für Kunststoffe relevante Fertigungsverfahren werden unterschieden in die Kategorien Urformen, Umformen und Fügen. Zu der Kategorie Urformen zählt man die Anwendungen Pressformen, Spritzgießen, Extrudieren, Kalandrieren und Blasformen, von denen die wichtigsten unten folgend kurz genauer beschrieben werden (Bonnet 2016, S. 161). Weitere Urformverfahren, welche aber keine Beachtung finden werden, sind drucklose Verfahren wie z. B. Gießen, Tauchen, Schäumen, Sintern und Beschichten (Lechner et al. 2014, S. 599). Bei der Umformung sind die Fertigungsverfahren Tiefziehen und Biegeumformen relevant und beim Fügen das Schweißen sowie das Kleben. Die Wahl der jeweiligen Verarbeitungsmethode ist sowohl abhängig von der Kunststoffart als auch von der Qualität und dem Eigenschaftsprofil des zu erzeugenden Kunststoffbauteils.

Die kunststoffverarbeitende Industrie in Deutschland hat für die Herstellung von Kunststoffprodukten im Jahr 2015 rund 12,06 Mio. t Kunststoffe weiterverarbeitet. Die am meisten verarbeiteten Kunststoffe waren ähnlich wie bei der Kunststoffproduktion in Deutschland 2015 PP (16,7 %), PE-LD/LLD (14,7 %), PVC (12,9 %) und PE-HD/MD (12,8 %). Das nominelle Wachstum der gesamtdeutschen Kunststoffverarbeitung gegenüber dem Jahr 2013 betrug über alle betrachteten Kunststoffarten 2,6 %. Rückgänge waren nur bei PVC und PS zu verzeichnen (Consultic 2016, S. 5 f).

Betrachtet man die Kunststoffarten und ihre Einsatzfelder genauer, siehe Abb. 17.1, ist zu erkennen, dass die Verpackungen nach wie vor die Kunststoffanwendungen darstellen, die die größten Verarbeitungsmengen binden. Zusammen mit den darauffolgenden Branchen Bau, Automotive und Elektro werden ca. 9 Mio. t und somit 75 % der gesamten 2015 in Deutschland verarbeiteten Kunststoffmenge in diesen vier Branchen umgesetzt (Consultic 2016, S. 9). Der schon beschriebene Zuwachs von 2,6 % zu 2013 ist aus Branchensicht auf eine Steigerung in den Einsatzfeldern Verpackungen, Fahrzeugbau, Möbel und Medizintechnik zurückzuführen, welche den leichten Rückgang in der Baubranche auffangen (Consultic 2016, S. 21). Die Nachfrage der europäischen kunststoffverarbeitenden Industrie lag im Jahr 2015 bei 49 Mio. t (nur Thermoplaste und PUR berücksichtigt; PlasticsEurope 2016b, S. 16). Daraus ergibt sich, dass Deutschland mit den 12,06 Mio. t ca. 24,6 % der gesamteuropäischen Kunststoffnachfrage verarbeitet und an den weltweit

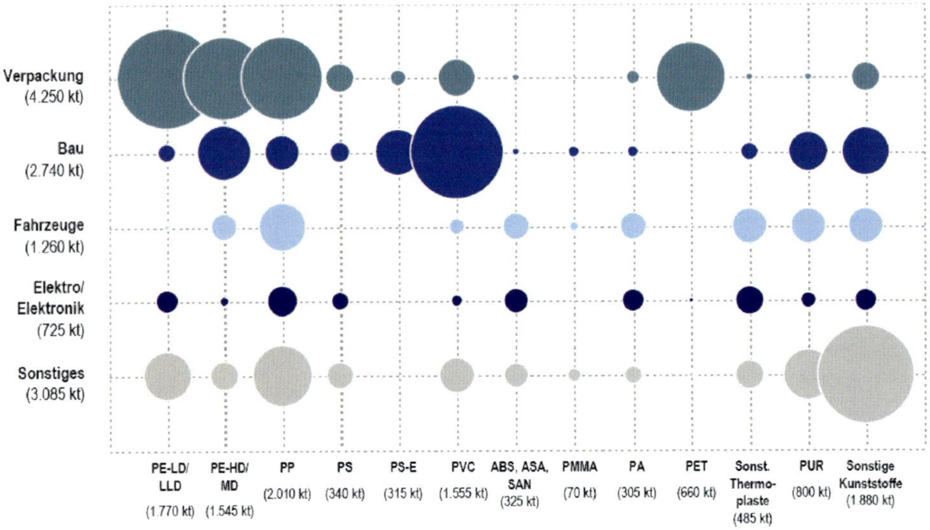

Abb. 17.1 Kunststoffarten und Einsatzfelder. (Consultic 2016, S. 9)

verarbeiteten 269 Mio. t Kunststoffen (auch nur Thermoplaste und PUR berücksichtigt) somit einen Verarbeitungsanteil von rund 4,5 % hat (PlasticsEurope 2016b, S. 13).

17.2.4 Kunststoffverbrauch

Der Kunststoffverbrauch in Deutschland 2015 ergibt sich aus der in Deutschland verarbeiteten Kunststoffmenge abzüglich der Exporte und zuzüglich der Importe von Kunststoffprodukten. In den Branchen Verpackungen (−24 %), Bau (−23 %), Automobil (−32 %), Medizintechnik (−36 %) und Sonstige (−5 %) lag im Jahr 2015 jeweils ein deutlicher Exportüberschuss vor, diese Mengen haben Deutschland verlassen und sind somit vom deutschen Kunststoffverbrauch abzuziehen. In den Branchen Elektro (+8 %), Haushaltswaren, Sport/Spiel/Freizeit (+30 %), Möbel (+21 %) und Landwirtschaft (+11 %) gab es einen Importüberhang, diese Mengen zählen zum deutschen Kunststoffverbrauch. Berücksichtigt man diese Überschüsse ergibt sich für 2015 ein deutscher Kunststoffverbrauch von insgesamt 10,14 Mio. t. Verpackungen sind mit 3,25 Mio. t auch hier die gewichtigste Fraktion, gefolgt von Bau mit 2,1 Mio. t, Automotive 0,86 Mio. t und Elektro mit 0,79 Mio. t. Die sonstigen Fraktionen haben einen Massenanteil von 3,15 Mio. t (Consultic 2016, S. 11 f). Damit stieg der Verbrauch beim Endverbraucher um 4,6 % in den letzten beiden Jahren (Consultic 2016, S. 21). Aufgrund der unterschiedlich langen Lebenszyklen der einzelnen Produkte ergibt sich jedoch eine eklatante Abweichung zwischen Kunststoffverbräuchen eines Jahres und dem Anfall von Kunststoffabfällen desselben Jahres. Während kurzlebige Produkte wie z. B. Verpackungen zu 93 % im selben Jahr anfallen, sind es bei langlebigen Produkten z. B. aus der Baubranche nur ca. 22 %. Auf diese Weise findet zwischen jährlichem Kunststoffverbrauch und jährlichem Kunststoffabfallaufkommen eine zu berücksichtigende Entkopplung statt.

17.2.5 Kunststoffsammlung und Kunststoffverwertung

Kunststoffprodukte erfahren, ebenso wie alle anderen Produkte, ein Ende ihrer Nutzungsphase. An dieser Stelle werden die Produkte in den meisten Nationen per Definition zu Abfällen. Die dann folgende Erfassung dieser Abfälle, die Art ihrer Sammlung sowie die Verfahren ihrer Behandlung und Verwertung unterscheiden sich jedoch sehr deutlich voneinander. Unterschiedliche Stoffströme sind durch Gesetze und Verordnungen unterschiedlich reguliert. Ob es zu einer Beseitigung oder Verwertung von Stoffströmen kommt, hängt dabei von verschiedenen Faktoren ab. Die wesentlichen Faktoren seien hier kurz genannt: Gesetzliche Vorgaben, Möglichkeiten zur Zweit- oder Folgenutzung, Art der Erfassung, Komplexität und Aufwand des Verwertungsprozesses, Marktsituation für Sekundärrohstoffe. Da diese Faktoren in den einzelnen Stoffströmen sehr unterschiedlich sind, ist es sinnvoll, auf diese differenziert einzugehen. Die kommenden Abschnitte geben daher sowohl einen Überblick über die wichtigsten Teilströme von Kunststoffabfällen als auch über die verschiedenen Optionen ihrer Behandlung und Verwertung.

17.3 Kunststoffe in der Kreislaufwirtschaft

Um eine sinnvolle Betrachtung der Sammlung und Verwertung von Kunststoffen durchführen zu können, bedarf es zunächst einer Bewertung des Aufkommens von Kunststoffabfällen. Das Aufkommen von Abfällen wird maßgeblich von zwei Faktoren beeinflusst. Zunächst ist dies die Menge der in bestimmten Produkten verarbeiteten Kunststoffe. Branchen, die eine größere Menge von Kunststoffen verarbeiten, erzeugen zwangsläufig auch größere Mengen an Kunststoffabfällen. Weiterer maßgeblicher Faktor ist, wie in 17.2.4 beschrieben, die zu erwartende Lebensdauer des aus Kunststoff hergestellten Produktes. Kurzlebigen Produkten kommt daher eine andere Bedeutung zu als dies bei langlebigen Produkten der Fall ist. Ebenfalls wichtig zu unterscheiden ist, ob es sich bei Kunststoffabfällen um Abfälle nach Gebrauch handelt oder um Abfälle aus industrieller Fertigung und Verarbeitung. Kunststoffabfälle nach Gebrauch, die auch als Post-Consumer-Abfälle bezeichnet werden, sind deutlich aufwändiger zurück in den Wirtschaftskreislauf zu führen. Dies hängt sowohl mit einem größeren Aufwand bei der Erfassung und Sammlung zusammen als auch mit der durch den Gebrauch einhergehenden Verschmutzung des Produktes. So ist es beispielsweise unvermeidlich, dass eine Kunststoffverpackung durch den Kontakt mit dem verpackten Gut eine Kontamination des Kunststoffes erfährt.

Demgegenüber stehen Kunststoffabfälle aus industrieller Fertigung und Verarbeitung als Post-Industrial-Kunststoffe. Hierbei handelt es sich weitestgehend um Abfälle, die, resultierend aus dem Fertigungsverfahren (Schnittreste, Späne etc.), nicht vermeidbar sind oder als Produkte außerhalb der Fertigungstoleranz liegen und nicht in die Nutzung des Produktes gehen. Diese Abfälle sind an der Fertigung relativ einfach zu erfassen und einer Aufbereitung und einem Einsatz in der Produktion wieder zuzuführen. Dies geschieht heutzutage häufig in einem Inlineprozess, der die Erfassung am Ort der Entstehung in der Fertigung ermöglicht und die Abfälle nach einer Aufbereitung direkt wieder für den Einsatz in der Fertigung zugänglich macht. So erklärt sich auch, dass die Quote der Verwertung von Kunststoffen bei Post-Industrial-Kunststoffabfällen mit deutlich über 90 % auf einem sehr hohen Niveau angekommen ist, während bei Post-Consumer-Kunststoffabfällen nur rund die Hälfte aller anfallenden Mengen einer werkstofflichen Verwertung und damit einem Wiedereinsatz als Rohstoff zugeführt wird.

17.3.1 Relevante Stoffströme

Zur weiteren Erläuterung soll im Folgenden auf einige relevante Stoffströme kurz eingegangen werden.

17.3.1.1 Verpackungen

Verpackungsabfälle stellen heute den relevantesten Mengenstrom bei Kunststoffabfällen aus dem Post-Consumer-Bereich dar. Dies ist einerseits darauf zurückzuführen, dass die Verpackungsindustrie mit Abstand der größte Verbraucher von Kunststoffen ist (vgl. Abb. 17.1). Andererseits treibt die kurze Lebensdauer von wenigen Tagen bis zu einigen Wochen das Aufkommen von Kunststoffabfällen in die Höhe. Somit ist heute mehr als 50 % des Aufkommens von Kunststoffabfällen auf Verpackungen zurückzuführen.

Dies hat den damaligen Bundesumweltminister Prof. Dr. Klaus Töpfer 1990 dazu bewogen, per Verordnung ein System zur Sammlung, Sortierung und Verwertung von gebrauchten Verkaufsverpackungen ins Leben zu rufen. Eine absolute Neuheit stellte die im Rahmen der Verpackungsverordnung erstmals formulierte Produzentenverantwortung dar, die der Industrie als Hersteller von Verpackungen auferlegte, ein System zur haushaltsnahen Erfassung aufzubauen bzw. zu finanzieren. Gestartet als monopolistisches System unter der Marke „Grüner Punkt“ kam es durch Druck der Kartellbehörden in 2003 zu einer Liberalisierung und Öffnung des Marktes. Heute bieten zehn Duale Systeme ihre Dienste am Markt an und übernehmen gegen entsprechende Lizenzentgelte die Pflichten der Sammlung und Verwertung für Hersteller und Handel. Die Verpackungsverordnung wurde seit ihrem Inkrafttreten zum 01.12.1991 insgesamt 7-mal novelliert und wird 2019 durch ein Verpackungsgesetz abgelöst werden. Die Novellen waren notwendig, um den einen oder anderen „Geburtsfehler“ zu beseitigen oder um Anpassungen an aktuelle Entwicklungen oder geänderte Gesetzeslagen durchzuführen.

In 2015 wurden mehr als 2,3 Mio. Tonnen an Verpackungen über den gelben Sack bzw. Wertstofftonnen in Deutschland eingesammelt. Die Verpackungsverordnung schreibt bislang mit 36 % bei den Kunststoffen nur eine geringe Quote vor, die werkstofflich verwertet werden muss, daher wird das Potenzial zur Verwertung von Kunststoffen aus Verpackungsabfällen nur unzureichend ausgeschöpft. Diese Quote wird mit der Umsetzung des Verpackungsgesetzes bis 2022 in zwei Stufen auf 63 % steigen. Mehr hierzu folgt in Abschn. 17.4.4.

Kurze Erwähnung soll eine Besonderheit bei Verpackungen finden. Neben den haushaltsnah eingesammelten Verpackungen gibt es einen weiteren relevanten Teilstrom unter den Verpackungen, die bepfandeten Einweg-Getränkeverpackungen, die von Verbrauchern am Point-of-Sale (POS) zurückgegeben werden. Hierbei handelt es sich maßgeblich um Getränkeflaschen aus PET bzw. Getränkedosen aus Aluminium und Weißblech. Das System der Zwangsbepfandung von Getränkeverpackungen wurde 2003 ins Leben gerufen, um der schrumpfenden Mehrwegquote Rechnung zu tragen. Mit nun mittlerweile 14 Jahren Erfahrung muss man konstatieren, dass die erwünschte Lenkungswirkung ausgeblieben ist, da die Mehrwegquote auch nach der Einführung von Zwangspfand kontinuierlich weiter gesunken ist.

Aus der Sicht der Verwertung von Kunststoffen ist die Bepfandung von Getränkeverpackungen positiv zu beurteilen. Mit Ausnahme eines geringen Schlupfes werden Getränkeflaschen mit einem sehr hohen Anteil beim Handel erfasst und von dort einer werkstofflichen Verwertung und somit einem Wiedereinsatz des Rohstoffes zugeführt. Dies erfolgt heute nach dem aktuellen Stand der Technik in Verfahren, welche die Verwendung in Verpackungen mit Lebensmittelkontakt ermöglichen und somit in Anwendungen wiedereingesetzt werden können, aus denen sie ursprünglich stammen.

17.3.1.2 Bau

Der Bausektor ist nach den Verpackungen mit 20,7 % der zweitgrößte Verbraucher hinter den Verpackungen. Während die Verpackungen aufgrund ihrer Kurzlebigkeit überproportional zum Abfallaufkommen beitragen, ist im Bausektor genau das Gegenteil der Fall. Bauprodukte sind langlebig und ihre Lebensdauer mit bis zu 80 Jahren angegeben. Dies wird umso deutlicher, wenn man sich die wichtigsten Bauprodukte aus Kunststoff näher anschaut. Hierzu zählen beispielhaft: Kunststofffenster, Kunststoffrohre, Dach- und Dichtungsbahnen, Folien zur Bauwerksabdichtung, Profile (Schalungszubehör im Betonbau), Dämmstoffe zur Isolierung. Es verwundert also nicht, dass Bauprodukte aus Kunststoff mit 9,1 % nur unterdurchschnittlich zum Abfallaufkommen beitragen. Es sollte dennoch nicht unerwähnt bleiben, dass die kunststoffverarbeitende Industrie Post-Industrial-Abfälle aus dem Baubereich in einem sehr hohen Maß werkstofflich recycelt und auch Post-Consumer-Abfälle der werkstofflichen Verwertung zuführt, soweit sie heute zurückgebaut und separiert werden können.

17.3.1.3 Automobilsektor

Die Automobilindustrie hat in Deutschland große Tradition und aufgrund ihrer Größe und der Zahl der produzierten Fahrzeuge auch einen entsprechenden Rohstoffverbrauch. Neben klassischen metallischen Werkstoffen wie Stahl oder Aluminium haben auch Kunststoffe im Automobil stark an Bedeutung gewonnen. Der Automobilsektor, d. h. Fahrzeughersteller und ihre Zulieferer, stellen damit die drittgrößte Gruppe an Kunststoffverbrauchern dar, mit etwa 8,5 % der Gesamtmenge in Deutschland.

Kunststoffe im Automobil tragen deutlich zum Leichtbau bei und reduzieren somit den Kraftstoffverbrauch von Fahrzeugen. Darüber hinaus bieten Kunststoffe durch ihre Flexibilität in der Formgebung hohe Freiheiten bei der Gestaltung von Automobilteilen, was nicht nur für Designaspekte wichtig ist, sondern auch die Umsetzung von Strukturen ermöglicht, die sicherheitsrelevant oder aerodynamisch optimiert sind.

Im Jahr 2015 wurden allein in Deutschland rund 3 Mio. PKW neu zugelassen. Trotz entsprechend großer Verarbeitungsmenge von Kunststoffen trägt auch der Automotive-Sektor nur unterdurchschnittlich zum Abfallaufkommen bei. Auch hier liegt eine hohe Quote der Verwertung von Post-Industrial-Abfällen vor. An den Post-Consumer-Abfällen machen Kunststoffe aus dem Automobilbereich nur 4,4 % des Aufkommens aus. Hier ist allerdings nicht die überdurchschnittliche Lebensdauer der ausschlaggebende Faktor. Im Vergleich zu den rund 3 Mio. zugelassenen Neufahrzeugen finden jährlich nur etwa 500.000 Fahrzeuge den Weg in deutsche Schredder- oder Verwerterbetriebe. Dies ist vorrangig auf den Umstand zurückzuführen, dass Autos am Ende ihrer Nutzungsphase in Deutschland noch eine Folgeverwendung im Ausland erfahren und somit weitestgehend exportiert werden.

17.3.1.4 Elektro

Eine weitere, sehr relevante Branche für die Verarbeitung von Kunststoffen stellt die Elektro- und Elektronikindustrie dar. Mit rund 7,7 % Anteil am Gesamtverbrauch von Kunststoffen in Deutschland liegt die Menge nur unwesentlich unter der des Sektors Automotive. Die Spanne von Produkten im Bereich Elektro und Elektronik reicht sehr weit. Produkte wie Kabel und Installationsprodukte sowie Haushaltsgeräte zeichnen sich durch eine höhere Lebensdauer aus. Demgegenüber stehen Produkte aus der Unterhaltungsindustrie, Kommunikation und IT, deren Lebenszyklen sich durch hohe Entwicklungsgeschwindigkeiten in den vergangenen Jahren stark verkürzt haben. Diese Bandbreite bedingt, dass Post-Consumer-Abfälle aus dem Bereich Elektro und Elektronik mit 5,6 % auch nur unterdurchschnittlich zum Abfallaufkommen beitragen.

Der Bereich Elektro und Elektronik wird ebenso wie der der Verpackungen durch Gesetze und Verordnungen reguliert, welche die Produzentenverantwortung in den Mittelpunkt stellen. So gibt es heute ein durch die Hersteller und Importeure getragenes Elektroaltgeräteregister (EAR), welches die Rücknahme und Verwertung regelt und finanziert. Verbraucher in Deutschland haben heute die Möglichkeit, beim Kauf von neuen Geräten oder bei Bedarf Altgeräte an den Handel zurückzugeben oder diese zu einem Wertstoffhof zu bringen, der sie für den Verbraucher kostenfrei entgegennimmt. An den Stellen der Erfassung erfolgt auch die Sortierung in unterschiedliche Gruppen und dann deren Zuführung zur Verwertung. Im Bereich der Kunststoffe gibt es noch Potenzial bei den einer Verwertung zugeführten Geräte. Die Tatsache, dass viele Kunststoffe durch chemische Wirkstoffe additiviert sind, um z. B. deren Entflammbarkeit oder deren Leitfähigkeit zu verändern, schafft eine Hürde für die Verwertung von Kunststoffen aus Elektroaltgeräten.

Eine Behandlung von Kunststoffen, die beispielsweise mit bromierten Flammschutzmitteln ausgerüstet sind, ist heute technisch möglich, erhöht aber den finanziellen Aufwand für die Verwertung soweit, dass diese häufig wirtschaftlich uninteressant wird.

17.3.1.5 Weitere Branchen der Kunststoffverarbeitung

Der Bereich Sonstiges erfasst alle Kunststoffe, deren Verarbeitung anderen Bereichen als den oben Genannten zuzurechnen ist. In der Summe sind dies rund 31 % der Gesamtmenge an verarbeiteten Kunststoffen und damit eine relativ große Menge. Diese Menge verteilt sich auf viele verschiedene Anwendungsbereiche. Die wichtigsten seien hier kurz genannt: Haushaltsprodukte, Landwirtschaft, Spielzeug, Sport- und Freizeitartikel, Textil und Bekleidung. Mit 12,5 % Anteil an der Gesamtmenge tragen auch diese nur unterdurchschnittlich zum Aufkommen von Post-Consumer-Abfällen bei. Aus Gründen der Praktikabilität soll an dieser Stelle auf eine weitere Differenzierung und vertiefende Darstellung verzichtet werden.

17.3.2 Entwicklung und Stand des Recyclings von Kunststoffen

Das Recycling von Kunststoffen ist grundsätzlich so alt wie deren Erzeugung und Verarbeitung. Schon der Wunsch, Verschwendung zu vermeiden, hat in den 50er-Jahren dazu geführt, Abfälle soweit wie möglich zu verwerten. Im besten Fall funktionierte dies auf sehr kurzen und einfachen Wegen und hat zu Wiedereinsatz in dem gleichen Produkt geführt. Die Weitergabe von Abfällen, die nicht wieder eingesetzt werden konnten, an andere Verarbeiter oder an Verwerter, die das Material soweit behandelt haben, dass es in der Verarbeitung wieder genutzt werden konnte, hat sich also sehr frühzeitig etabliert. Soweit sich die prozessbedingten Verunreinigungen in bestimmten Grenzen gehalten haben, konnte aufgrund der Erfassung am Ort der Entstehung schon frühzeitig eine hohe Quote zur Verwertung von Post-Industrial-Abfällen erreicht werden. Für den Großteil der Post-Consumer-Abfälle stellte sich dies aber als schwierig dar, da eine getrennte Erfassung mit hohem Aufwand verbunden war und durch die Phase der Nutzung oder eine Vermischung mit anderen Abfällen, insbesondere im Verpackungsbereich, auch Kontamination erfolgte, welche nur mit erhöhtem Aufwand wieder reduziert werden kann.

Die Verwertung von Post-Consumer-Abfällen bei Kunststoffen erfolgt aufgrund des erhöhten Aufwands nur für die Teilströme, in denen eine gesetzliche Vorgabe zur Verwertung existiert oder der Prozess der Verwertung sich wirtschaftlich trägt. Dies ist immer dann der Fall, wenn die Erlöse für Rezyklate (so nennt man aufbereitete Kunststoffe, die als Sekundärrohstoff zum Einsatz kommen) den Aufwand der Erfassung und des Verwertungsprozesses übersteigen. Damit erklärt sich, warum für die Verwertung von Post-Industrial-Abfällen hohe Verwertungsquoten realisiert werden, während die Quoten der Verwertung von Post-Consumer-Abfällen deutlich hinter den Möglichkeiten zurückbleiben. Auch im Vergleich zu anderen Rohstoffgruppen, wie z. B. Metall, Glas und Papier, könnte die Quote zur Verwertung deutlich höher ausfallen. Welche Verfahren der Verwertung angewandt werden und welche Technologien dabei zum Einsatz kommen, soll im Folgenden näher beleuchtet werden.

17.3.3 Verfahren und Technologien

Grundsätzlich gilt es, bei Kunststoffabfällen zwischen der Beseitigung und der Verwertung zu unterscheiden. Die Beseitigung umfasst dabei die Verbrennung von Abfällen in Müllverbrennungsanlagen (MVA), die keinen Verwerterstatus besitzen, oder die Deponierung von unbehandelten Abfällen, die allerdings in Deutschland seit 2005 aufgrund gesetzlicher Vorgaben verboten ist. Der Consultic-Studie zufolge wird die weit überwiegende Menge mit größer 99 % aller Kunststoffabfälle verwertet (vgl. Consultic 2016, S. 17). Verwertung steht in der Hierarchie der aktuellen Gesetzgebung der Kreislaufwirtschaft auch in höherer Priorität. Grundsätzlich bedeutet Verwertung, einen Nutzen aus den stofflichen Eigenschaften zu ziehen. Folgende Verfahren sind für die Verwertung von Kunststoffabfällen in Deutschland zu unterscheiden.

17.3.3.1 Werkstoffliche Verwertung

Bei der werkstofflichen Verwertung von Kunststoffen steht die Rückgewinnung des Rohstoffes im Vordergrund. Dies bedeutet, dass der Werkstoff in einer Form und Qualität zurückgewonnen wird, in welcher er wieder für die Verarbeitung zu neuen Produkten aus Kunststoff eingesetzt werden kann und darf. Primärkunststoffe auf fossiler Basis werden für die Verarbeitung in aller Regel als Pulver oder Granulat erzeugt, und die Konzepte zur Lagerung, Förderung und Verarbeitung von Kunststoffen in der verarbeitenden Industrie sind hierauf ausgelegt. Aufbereitete Kunststoffe werden heute als Mahlgute, Agglomerate oder Granulate erzeugt, um den Anforderungen der Kunststoffverarbeitung Rechnung zu tragen.

Der Prozess der werkstofflichen Aufbereitung von Kunststoffen zielt somit auf die Herstellung der notwendigen physikalischen Form und der notwendigen Qualität ab. Als Qualität ist hier in erster Linie die Freiheit von Verunreinigungen und Fremdstoffen zu verstehen sowie die Reinheit der eigentlichen Kunststoffart. Die Anforderungen an den Rohstoff werden hierbei primär durch das Produkt definiert. Da die Vielfalt von Produkten aus Kunststoff von einfachen dickwandigen Kunststoffteilen bis zu Präzisionsteilen reicht, ist auch die Bandbreite an erzeugten Qualitäten entsprechend groß. Um den unterschiedlichen Anforderungen gerecht zu werden, unterscheidet sich die eingesetzte Technologie.

► **Praxishinweis** Schritte eines typischen Prozesses zur Aufbereitung von Post-Consumer-Abfällen aus Kunststoff sind Folgende: Sortierung auf Artikelebene, Vorzerkleinerung (Schredder), Metallabscheidung (FE- und NE-Metalle), Nachzerkleinerung (Vermahlung), Wäsche, Sortierung auf Partikelebene (z. B. Dichte-Trennung oder Farbsortierung), Trocknung, Agglomerierung, Granulierung, Compoundierung.

Aus der Kombination von eingesetzter Technologie und der Möglichkeit, durch Hinzufügen chemischer Substanzen und Additive in die chemische Struktur von Kunststoffen einzugreifen,[1] können sogar Abbauprozesse von Kunststoffen (z. B. Degradierung durch UV-Licht) wieder rückgängig gemacht werden. Somit können Rezyklate erzeugt werden, die in ihrer Qualität und Einsatzfähigkeit neuen Kunststoffen nicht nachstehen. Die Limitierung ist hier weder technischer noch chemischer Art, sondern ausschließlich wirtschaftlicher Natur, da der potenziell erzielbare Preis für den Rohstoff den leistbaren Aufwand definiert.

17.3.3.2 Rohstoffliche Verwertung

Bei der rohstofflichen Verwertung zieht man den Nutzen aus Eigenschaften oder Bestandteilen des Kunststoffes. Das in Deutschland am weitesten verbreitete Verfahren zur rohstofflichen Verwertung ist der Einsatz von Kunststoffen als Reduktionsmittel. Bei der Erzeugung von Rohstahl braucht es Kohlenstoff, um den Sauerstoffanteil im Eisenoxid zu reduzieren. Um diese Reduktion als chemische Reaktion zu erzeugen, bringt man Kohlenstoffträger in den Hochofen ein. Der Kohlenstoff bindet je zwei Sauerstoffatome und wird damit zu gasförmigem Kohlendioxid, welches aus der Schmelze entweicht. Historisch hat man als Kohlenstoffträger Stäube aus der Steinkohle oder der Braunkohle genutzt. Mit Einführung der Verpackungsverordnung entstand Anfang der 90er-Jahre schnell der Bedarf, Kunststoffe einer stofflichen Verwertung zuzuführen, wobei die rohstoffliche Verwertung der werkstofflichen zunächst gleichgesetzt war. Zu Hochphasen wurden bis zu 300.000 Tonnen Kunststoffabfälle jährlich zu Reduktionsmitteln verarbeitet. Heute spielt die rohstoffliche Verwertung von Kunststoffen nur noch eine untergeordnete Rolle. Rund 1 % der Kunststoffabfälle (vgl. Consultic 2016, S. 17) werden heute noch rohstofflich verwertet. Dies liegt an den gestiegenen Energiekosten für ein energetisch aufwendiges Verfahren und an der Tatsache, dass die rohstoffliche Verwertung mit der werkstofflichen Verwertung heute nicht mehr im Sinne der Verpackungsverordnung gleichgestellt ist.

17.3.3.3 Energetische Verwertung

Die energetische Verwertung nutzt den Brennwert der Kunststoffe. Durch ihre chemische Zusammensetzung und ihre enge Verwandtschaft zu Kohle und Öl zeichnen sich Kunststoffe durch hohe kalorische Brennwerte aus. Mit über 30.000 kJ/kg stehen sie als Brennstoff zur Feuerung fossilen Alternativen nicht nach. Daher werden Kunststoffabfälle heute in thermischen Prozessen, in denen Dampf, Strom und Wärme erzeugt wird, als entsprechende Brennstoffe genutzt. Die thermische Verwertung von Kunststoffabfällen machte in 2015 mit 53 % mehr als die Hälfte der Verwertung aus und überstieg auch die werkstoffliche Verwertung, welche in 2015 bei rund 46 % lag (vgl. Consultic 2016, S. 17). Die werkstoffliche Verwertung konkurriert gewissermaßen mit der thermischen Verwertung. Neben den sich wirtschaftlich selbst tragenden Strömen werden nur die Mengen zusätzlich werkstofflich verwertet, für die es eine Regulierung im Sinne gesetzlicher Ver-

[1] Vgl. hierzu auch Abschn. 17.2.2 Compoundierung und Additivierung.

ordnungen gibt. Alle weiteren Mengen folgen dem Diktat des Preises. Da die thermische Verwertung von Kunststoffen in Deutschland günstiger ist als die werkstoffliche Verwertung, schlägt das Pendel mengenmäßig zugunsten der thermischen Verwertung aus.

► **Praxishinweis** Häufig liegen Konditionen für die werkstoffliche und energetische Verwertung nah beieinander. Eine gezielte Anfrage für die werkstoffliche Verwertung durch den Abfallerzeuger erhöht die Chance zur werkstofflichen Verwertung und trägt zur Ressourcenschonung bei.

17.4 Weitere Entwicklungen und Ausblick

Es wurde anfänglich bereits ausgeführt, dass das Bild von Kunststoffen in der Öffentlichkeit gespalten ist. Den nachgewiesenen Vorteilen für die guten Materialeigenschaften und die hohe Anpassbarkeit an jegliche Anforderung steht der Vorwurf des Verbrauchs fossiler und somit endlicher Ressourcen gegenüber. Die kleinteilige und stark fragmentierte Wertschöpfungskette von Kunststoffen erschwert eine gezielte und hochwertige Kreislaufwirtschaft, und im Vergleich zu anderen Rohstoffgruppen bleibt ein großes Potenzial zur Ressourceneffizienz ungenutzt. Alle Beteiligten in der Wertschöpfungskette versuchen daher, die Kritikpunkte aufzugreifen und zu einer grundsätzlicheren Betrachtung der gesamten Kette zu kommen. Beispielhaft seien hier die Bemühungen von Erzeugerverbänden genannt, Kunststoffe aus nachwachsenden Rohstoffen und aus anderen Quellen als Rohöl zu erzeugen. Ebenso gibt es eine Reihe von Initiativen, die Verwertung von Kunststoffen zu steigern und die Verschmutzung der Umwelt durch Kunststoffe zu Wasser und zu Lande zu reduzieren. Besondere Bedeutung auf globaler Ebene kommt dem Ansatz der Ellen-Mac-Arthur-Stiftung zu (siehe Abschn. 17.4.2), die erstmalig einen wirklich globalen und vollständigen Ansatz zum Management der Wertschöpfungskette von Kunststoffen macht und hierzu auch namhafte Player aller Ebenen erfolgreich an einem Tisch versammelt hat. Nicht zuletzt sind gesetzliche Vorgaben auf europäischer und nationaler Ebene wichtige Steuerungsinstrumente für Kunststoffe. Aufgrund ihrer Bedeutung für die Zukunft von Kunststoffen sollen diese Aspekte anschließend noch etwas näher beleuchtet werden.

17.4.1 Marine Litter

Marine Litter, *Marine Debris* und Meeresmüll sind alles Synonyme, die dasselbe Problem betiteln: Die immer weiter zunehmende Belastung der Weltmeere mit Abfällen. Die verstärkte Öffentlichkeitsarbeit der internationalen Umweltorganisationen bzgl. der Marine-Litter-Problematik führte in den letzten Jahren zu einem rapiden Zuwachs der gesellschaftlichen Aufmerksamkeit. Aufgrund ihrer Natur ist die Evaluation und Validierung genauer Meeresabfallmassen schwierig. Dies führt dazu, dass die entsprechenden Werte in den verschiedenen Studien eine große Schwankungsbreite aufweisen. Die gemäßigten mittleren Schätzungen gehen davon aus, dass die bereits in den Meeren befindliche Abfallmenge zwischen 100 und 140 Mio. t liegt. Ergänzend haben Stichprobenuntersuchungen ergeben, dass rund zwei Drittel dieser sich in den Meeren befindlichen Abfallmengen Kunststoffe sind (UBA 2016a). Kunststoffe werden aufgrund ihrer langen Haltbarkeit als besonders kritisch eingestuft, denn Plastikprodukte können bis zu 400 Jahre in der Meeresumgebung verbleiben, ohne dass der natürliche Zersetzungsprozess auch nur ihre Form maßgeblich verändert hätte (McKinsey 2015, S. 3). Die Eintragsquellen dieser Abfallströme sind zu ca. 20 % seebasiert und zu ca. 80 % landbasiert. Die seebasierten Einträge ergeben sich größtenteils aus Abfallverklappungen der Schifffahrt und Abfällen aus der Fischereiindustrie wie beispielsweise verloren gegangene oder entsorgte Netze (UBA 2016b). Die landbasierten Einträge bestehen zumeist aus achtlos weggeworfenem, illegal entsorgtem und unzureichend gelagertem Abfall, der über den natürlichen Wasserkreislauf, mittels Regen und Flüsse, ins Meer gespült wird. Die gesamte jährlich neu in die Meere gelangende Menge an Kunststoffen wird auf 8 Mio. t geschätzt (McKinsey 2015, S. 11). Hochrechnungen, abgeleitet aus den bisherigen Wachstumsraten, zufolge wird sich die Masse an Kunststoffen in den Weltmeeren in den nächsten zehn Jahren, bis 2025, auf ca. 250 Mio. t erhöhen (McKinsey 2015, S. 6). Als Hauptverursacher dieser Kunststoffeinträge in die Weltmeere wurden die stark wachsenden Volkswirtschaften im asiatischen und südostasiatischen Raum identifiziert. In diesen Ländern führt das starke Wachstum zu einem stetig steigenden Konsum, der einen stetig steigenden Kunststoffverbrauch bedingt, der wiederum zu einem stetig steigenden Kunststoffabfallaufkommen führt. Dieses Kunststoffabfallaufkommen trifft in diesen Ländern allerdings auf eine unzureichende und oft nur langsam wachsende Abfallentsorgungs- bzw. Kreislaufwirtschaft. So wurde errechnet, dass die Volksrepublik China den mit Abstand größten Kunststoffeintrag in die Meere verantwortet (1,32 bis 3,53 Mio. t pro Jahr) und zusammen mit Indonesien, den Philippinen, Vietnam und Thailand 55 bis 60 % des gesamten jährlichen *Marine Litter* verursacht (Stand 2010; Jambeck et al. 2015, S. 768 f). Als einzig wirklich effektiven und nachhaltigen Lösungsansatz für die Marine-Litter-Problematik wird eine weltweit und ganzheitlich funktionsfähige Erfassung von Abfällen in Kombination mit funktionierenden Kreislaufwirtschaftssystemen gesehen. So würde z. B. die Etablierung von funktionierenden Abfallerfassungs- und Kreislaufwirtschaftssystemen in den fünf oben genannten Ländern den weltweiten Kunststoffeintrag in die Umwelt über die nächsten zehn Jahre um ca. 45 % reduzieren können (McKinsey 2015, S. 9). Mit der Problematik, die sich aus den ca. 70–90 Mio. t bereits im Meer befindlichen Kunststoffen und deren Entsorgung ergibt (berechnet aus ca. 2/3 × 100–140 Mio. t), beschäftigt sich eine Vielzahl von Projekten und Konzepten wie z. B. *The Ocean Cleanup*, *Fishing for Litter* oder das *Marine Debris to Energy Ship Concept*, um nur einige zu nennen. All diese Projekte weisen allerdings Schwächen bzgl. ihrer Wirtschaftlichkeit auf, bzw. würden und werden sich ohne gesetzliche Weichenstellung und/oder eine Teilfinanzierung durch weitere Akteure (NGOs, UNEP etc.) nicht selbst tragen können.

17.4.2 New Plastics Economy

Mit dem 2016 veröffentlichten Bericht „The New Plastics Economy – Rethinking The Future Of Plastics“ (EMF 2016) wurde ein neuer ganzheitlicher Ansatz formuliert mit dem Ziel, die Kunststoffkreislaufwirtschaft, besonders auf den Anwendungsbereich der Verpackungen bezogen, zu revolutionieren. Erstellt wurde der Bericht im Rahmen des Projektes *MainStream*, einer Initiative, die neun globale Industrieunternehmen (u. a. Averda, Philips, SUEZ und Veolia) vereint und gemeinschaftlich von der Ellen-Mac-Arthur-Foundation, dem World Economic Forum und der McKinsey & Company gegründet wurde. Ziel dieses Projekts ist es, die stark fragmentierte und aus vielen verschiedenen Stakeholdern bestehende Kunststoffwertschöpfungskette zusammenzuführen und diese geeint in einen werterhaltenden Kreislauf zu wandeln, der gleichzeitig eine höhere Wirtschaftlichkeit sowie Nachhaltigkeit aufweist. Dies ist kein neues, sondern ein allgemeines Ziel, was bereits durch viele andere Initiativen, Arbeitskreise usw. formuliert wurde. Der Unterschied ist die Herangehensweise an die Problematik. Während vorherige Projekte ihre innovativen Ansätze und Verbesserungen in kleineren Leuchtturmprojekten umgesetzt haben und folgend vor dem Problem der Skalierbarkeit stehen, beginnt das *MainStream*-Projekt großskaliert. Durch die Zusammenführung von global agierenden Stakeholdern vor Projektbeginn wird das Problem mit der Skalierbarkeit als erstes gelöst. So können im Folgenden Innovationen erzeugt bzw. bereits entwickelte Innovationen können integriert und koordiniert werden (EMF 2016, S. 15 ff). Das Dilemma bei dieser bekannten Problematik und den potenziellen Lösungen besteht allerdings nicht nur in der Skalierbarkeit, sondern auch in der, zumindest in Teilen vorhandenen, Gegensätzlichkeit. Die globalen Märkte wirken mit hohem Konkurrenzdruck auf alle Teilnehmer der Kunststoffwertschöpfungskette. Ziel eines jeden nachhaltig agierenden Unternehmens ist es, durch stetige Innovationen neue Produkte oder Dienstleistungen mit Alleinstellungsmerkmalen zu entwickeln oder Bestehende in diesem Sinne weiterzuentwickeln. Die Wertschöpfungskette Kunststoffe ist mit ihren hohen Wachstumsraten (siehe Abschn. 17.2.1) eine der innovativsten Branchen überhaupt. So entstehen im Kunststoffbereich stetig neue innovative Produkte, Produktkombinationen und Produkt-Anwendungs-Kombinationen. Dieser Prozess ist zum einen der Antrieb des gesellschaftlichen und technologischen Fortschritts, zum anderen ist die resultierende Vielfalt das größte Hemmnis für die Kreislaufwirtschaft. Diese ist in Anbetracht des Volumens der Massenströme und dem verhältnismäßig geringen Wert der relevanten Fraktionen, in ihrer aktuellen Form, auf ein hohes Maß an Uniformität angewiesen. Der sozialgesellschaftliche und kreislaufwirtschaftliche Anspruch, dass ein Produkt recyclingfähig sein muss, wirkt somit restriktiv auf die Innovationspotenz einer Branche mit hohem Konkurrenzdruck. Ohne eine maßgebliche Erhöhung der Opportunitätskosten von schlecht recycelbaren Produkten, z. B. durch gesetzliche Vorgaben und/oder positiv/negativ wirkende wirtschaftliche Ausgleichsmechanismen, werden bzw. können die Unternehmen der Kunststoffbranche dieser Einschränkung außerhalb von Nischenmärkten nicht gerecht werden. Allerdings ist auch nach einer erfolgreichen Etablierung solcher Mechanismen deren langfristige Wirksamkeit stark abhängig von dem tatsächlichen Ausmaß der Restriktionen, welche der Anspruch an die gute Recyclingfähigkeit mit sich bringt. Denn beschränkt man das Innovationspotenzial einer Branche zu sehr, gefährdet man ihre Zukunftsfähigkeit.

17.4.3 Ziele der EU28 in Kreislaufwirtschaft und Ressourceneffizienz

Die Europäische Union nimmt mittlerweile in den Verfahren der Gesetzgebung, aber auch in den Lenkungsinstrumenten für Wirtschaft und Umwelt eine sehr zentrale Rolle in Europa ein. Die für Kunststoffe aktuellen Entwicklungen spielen sich vorrangig in den folgenden Bereichen ab, die für die aktuelle politische Arbeit der Europäischen Union hohe Priorität genießen. Dies sind: Klimaschutzziele, Ziele für Nachhaltigkeit und Ressourceneffizienz, das Kreislaufwirtschaftspaket der EU 2017 sowie die Abgrenzung von Stoff- und Abfallrecht. Zuletzt Genanntes hat in den vergangenen zehn Jahren die Anforderungen an Rohstoffe, primär wie sekundär, deutlich erhöht. Verordnungen wie REACH und CLP (Klassifizierung, Etikettierung und Verpackung von Stoffen) stellen erhöhte Anforderungen an die Recycler als Inverkehrbringer von Stoffen. Das Ende der Abfalleigenschaft soll klare Kriterien zur Abgrenzung von Abfall- und Stoffrecht liefern. Das Kreislaufwirtschaftspaket hat die EU in 2015 zurückgezogen mit der Ankündigung, dies durch ein deutlich ambitionierteres Paket zu ersetzen. In 2016 wurde der Prozess zur Abstimmung begonnen, und im März 2017 hat die EU ein Strategiepapier für Kunststoffe in der Kreislaufwirtschaft veröffentlicht, das die Entkopplung des Kunststoffverbrauchs von Primärressourcen und die Verbesserung des Kunststoffrecyclings zum Ziel hat.

► **Praxistipp** Es sind verschiedene Forschungsvorhaben durch Bundesumweltministerium und Umweltbundesamt unterstützt worden, in deren Rahmen auch verschiedene Handreichungen zum Umgang mit REACH und CLP herausgegeben wurden. Diese stehen unter www.uba.de zum Download zur Verfügung.

17.4.4 Verpackungsgesetz

Die Verpackungsverordnung stellt für Kunststoffe das wichtigste Regulativ seit 1990 dar. Trotz zahlreicher Novellen gibt es hier nach wie vor wichtige Kritikpunkte. Man wirft ihr vor, die Potenziale für eine hochwertige Kreislaufwirtschaft bei Kunststoffen nicht auszunutzen. Aufgrund der Gleichbehandlung aller Verpackungen aus Kunststoffen in der Lizenzierung gibt es heute wenig bis keine Anreize zur recyclinggerechten Gestaltung von Kunststoffen, und auch der Einsatz von Rezyklaten wird nur ungenügend unterstützt.

► **Praxistipp** Um die Verwertbarkeit von Kunststoffartikeln und insbesondere von Verpackungen zu bewerten, gibt es verschiedene Tools, die Hilfestellung leisten. Häufig verwendet wird das Tool RECYCLASS (www.recyclass.eu), das vom Verband der europäischen Kunststoffrecycler entwickelt wurde.

Das Verpackungsgesetz soll nun all diese Kritikpunkte aufgreifen und für eine deutliche Verbesserung sorgen. Zentrale Punkte des Gesetzes, welches am 12.07.2017 im Bundesgesetzblatt veröffentlicht wurde, sind die Fortführung der Produzentenverantwortung in privatwirtschaftlicher Verantwortung unter Steuerung einer gemeinsamen Stelle, die Erhöhung der Verwertungsquoten in zwei Stufen bis 2022 und die Differenzierung von Lizenzentgelten nach Verwertbarkeit. Das Verpackungsgesetz wird zum 01.01.2019 in Kraft treten und einen spürbaren Schub für die Verwertung von Kunststoffen leisten.

17.5 Zusammenfassung und Fazit

Die Bedeutung von Kunststoffen für Wirtschaft und Industrie ist groß. Die Ziele, die die kunststoffverarbeitende Industrie verfolgt, wie reduzierter Ressourcenverbrauch, intelligente Gestaltung und Leichtbau, sind aktueller denn je. Damit wird Kunststoff ein Werkstoff der Zukunft sein. Die Entwicklungs- und Konzeptionsstärke Deutschlands öffnet intelligenten Werkstoffen hierzulande weit die Türen. Faserverbundwerkstoffe wie Carbon oder Kevlar stehen für die Serienproduktion erst am Anfang ihrer Entwicklung, haben aber aufgrund ihrer enormen Belastbarkeit bei geringstem Gewicht enormes Potenzial. Entsprechende Akzeptanz und hohes Ansehen in der Öffentlichkeit werden Kunststoffe allerdings nur genießen, falls man die offenen Fragen zu Ressourcenverbrauch, Umweltbelastung und funktionierender Kreislaufwirtschaft befriedigend beantworten kann. Deutschland hat dabei in den vergangenen 30 Jahren Maßstäbe gesetzt und nicht nur in der Erzeugung und Verarbeitung von Kunststoffen eine Spitzenposition im globalen Vergleich eingenommen, sondern auch ein klares Bekenntnis zur Nachhaltigkeit, zum Klimaschutz und zur Ressourceneffizienz abgegeben.

Trotz aller Fortschritte, die wir in Deutschland dabei gemacht haben, sind viele Potenziale ungenutzt geblieben. In der Umsetzung dessen, was möglich ist, sind wir als Gesellschaft und als Staat zu träge. Partikulare Interessen vieler Beteiligter erschweren die Umsetzung von Maßnahmen, die uns unser guter Menschenverstand als zwingend notwendig zeigt. Es bedarf größerer und vor allem gemeinsamer Anstrengungen, die Herausforderungen von Kunststoffen und ihrer Wertschöpfungsketten zu lösen. Einige dieser Herausforderungen sind nur nationenübergreifend mit gemeinsamen und internationalen Standards zu lösen. Insofern sollte ein guter Teil unserer Bemühungen auf das große Ganze gerichtet sein und nicht nur auf das einzelne Detail.

Literatur

Bonnet M (2016) Kunststofftechnik: Grundlagen, Verarbeitung, Werkstoffauswahl und Fallbeispiele, 3. überarbeitete und erweiterte Auflage, Springer Fachmedien, Wiesbaden

Consultic (2016) Produktion, Verarbeitung und Verwertung von Kunststoffen in Deutschland 2015 – Kurzfassung

Detzel A, Kauertz B, Derreza-Greeven C (2012) Untersuchungen der Umweltwirkung von Verpackungen aus biologisch abbaubaren Kunststoffen, UBA-Texte 52/2012

EMF (2016) The New Plastics Economy – Rethinking The Future Of Plastics

Endres HJ, Siebert-Raths A (2009) Technische Biopolymere: Rahmenbedingungen, Marktsituation, Herstellung, Aufbau und Eigenschaften, Carl Hanser Verlag, München

Jambeck JR, Geyer R, Wilcox C, Siegler TR, Perryman M, Andrady A, Narayan R, Lavender Law K (2015) Plastic waste inputs from land into the ocean, Science, Vol. 347, Issue 6223

Lechner MD, Gehrke K, Nordmeier EH (2014) Makromolekulare Chemie: Ein Lehrbuch für Chemiker, Physiker, Materialwissenschaftler und Verfahrenstechniker, 5. Auflage, Springer-Verlag, Berlin Heidelberg

McKinsey (2015) Stemming the Tide: Land-based strategies for a plastic-free ocean

Menges G, Haberstroh E, Michaeli W, Schmachtenberg E (2011): Menges Werkstoffkunde Kunststoffe, 6. Auflage, Carl Hanser Verlag, München

PlasticsEurope (2016a) http://www.plasticseurope.de/das-ist-kunststoff.aspx. Abgerufen 30.01.2017

PlasticsEurope (2016b) Plastics – the Facts 2016, Download unter www.plasticseurope.de. Abgerufen 2. Hj. 2016

Schröder B (2014) Kunststoffe für Ingenieure: Ein Überblick. Springer Fachmedien, Wiesbaden

UBA (2016a) http://www.umweltbundesamt.de/presse/presseinformationen/erster-runder-tisch-gegen-meeresmuell. Abgerufen 30.01.2017

UBA (2016b) http://www.umweltbundesamt.de/service/uba-fragen/tragen-schiffe-zur-verschmutzung-der-meere-muell. Abgerufen 30.01.2017

18 Verpackungsabfälle

Jan Hendrik Kempkes und Andreas Bruckschen

18.1 Einleitung

In der Geschichte der deutschen Entsorgungswirtschaft der letzten Jahrzehnte hat die Umsetzung der Verpackungsverordnung eine besondere Aufmerksamkeit erfahren. Die begrenzten Deponiekapazitäten zu Beginn der 1990er-Jahre erzeugten einen starken Handlungsbedarf. Vor allem das Müllvolumen musste gesenkt werden, um Deponien länger nutzbar zu machen.

Die Verpackungsentsorgung entpuppte sich in zweifacher Hinsicht als bemerkenswert. Zum einen kennzeichnet die Einführung der Verpackungsverordnung erstmals die Implementierung der Produktverantwortung. Es ist also nicht mehr der Staat, der seiner Beseitigungspflicht nachkommt, sondern es sind die Produzenten und Inverkehrbringer, die die Verantwortung für die Verwertung ihrer in den Verkehr gebrachten Produkte übernehmen müssen. Zum anderen dokumentiert die Verpackungsverordnung wie keine andere Gesetzgebung in der deutschen Entsorgungsgeschichte den Paradigmenwechsel, Müll nicht mehr als ein zu beseitigendes Übel anzusehen, sondern Müll auch als eine Ressource zu begreifen, die in den Materialkreislauf zurückgeführt werden muss. Heute beschäftigen uns nicht mehr begrenzte Deponiekapazitäten, die spätestens mit der Technischen Anleitung zur Verwertung, Behandlung und sonstigen Entsorgung von Siedlungsabfällen (TASi) aus dem Jahr 2005 der Vergangenheit angehören. Im Mittelpunkt steht heute vielmehr die Sicherung von Rohstoffen, zu denen auch die teilweise wertvollen Materialien aus den Verpackungen gehören.

J. H. Kempkes (✉)
Interseroh Dienstleistungs GmbH
Köln, Deutschland

A. Bruckschen
BDE Bundesverband der Deutschen Entsorgungs-,Wasser- und Rohstoffwirtschaft e.V.
Berlin, Deutschland

P. Kurth et al. (Hrsg.), *Praxishandbuch der Kreislauf- und Rohstoffwirtschaft*,
https://doi.org/10.1007/978-3-658-17045-5_18

Der folgende Beitrag möchte diese historische Leistung der Verpackungsverordnung über die vielfältigen Novellen kurz nachzeichnen und das ständige Bemühen, die Entsorgung von Verpackungen zu verbessern, kritisch analysieren. Einen wesentlichen Schwerpunkt bilden hierbei das sog. Trittbrettfahrerproblem und die Versuche, diese Problematik in den Griff zu bekommen.

Zentraler Bestandteil dieses Beitrags ist die Darstellung und teilweise Bewertung des Verpackungsgesetzes (2017). Denn nachdem all die Novellierungsbemühungen keinen dauerhaften Erfolg gebracht hatten, sollte nun mit der Vorlage des Verpackungsgesetzes eine Weiterentwicklung des Verpackungsrechts noch in dieser Legislaturperiode gelingen. Dies ist notwendig, da die auch von ordnungspolitischen Argumenten geprägte Debatte die großen Schwierigkeiten einer Ausweitung der Produktverantwortung auf stoffgleiche Nichtverpackungen und damit der Implementierung eines Wertstoffgesetzes offenbar hat werden lassen. Um die strittigsten Komponenten reduziert, konzentriert sich das neue Gesetz, im Folgenden VerpackG genannt, auf die Stabilisierung des privatwirtschaftlichen Systems der Verpackungsentsorgung mit Einführung einer Zentralen Stelle und die zeitlich abgestufte Anhebung der Recyclingvorgaben.

18.2 Entwicklung der Verpackungsverordnung

18.2.1 Eine Verordnung und ihre Novellierungen

Nachdem das Abfallgesetz vom 27.08.1986 bereits die Grundlage für die Produktverantwortung im Abfallrecht gelegt hatte, gelang es mit der Verpackungsverordnung vom 12.06.1991, diese Produktverantwortung im Bereich der Verpackungsverordnung umzusetzen, indem die Entsorgungsverantwortung für die Verpackungen auf die Hersteller und Vertreiber übertragen wurde. Grundgedanke der Verordnung war es, Herstellern und Vertreibern von Verpackungen sog. Rücknahme- und Verwertungspflichten aufzuerlegen. Den betroffenen Unternehmen wurde jedoch gleichzeitig die Möglichkeit eingeräumt, sich von dieser Verpflichtung zu befreien. Eine solche Übertragung entbindet den Inverkehrbringer von Verpackungen allerdings nicht von seiner sog. Primärpflicht. Die Entpflichtung wurde dadurch erreicht, dass sich die entsprechenden Unternehmen an einem dualen System beteiligen, das damit eine Sekundärpflicht übernimmt.

Diese Überlegungen führten damit auch zur Gründung der Der Grüne Punkt Duales System Deutschland Gesellschaft für Abfallvermeidung und Sekundärrohstoffgewinnung mbH (DSD GmbH). Zu Beginn der Verpackungsverordnung war nicht daran gedacht worden, das Systemgeschäft in den Wettbewerb zu stellen, vielmehr wurde die DSD GmbH als gemeinwohlorientierte Selbsthilfeorganisation der Wirtschaft gegründet. Der DSD GmbH kam zum einen die Aufgabe zu, die haushaltsnahe Erfassung beim privaten Endverbraucher sicherzustellen und zum anderen, das Systemgeschäft für den Inverkehrbringer zu betreiben. Zur Erfassung und Verwertung der Verpackungsabfälle schloss die DSD GmbH entsprechende Verträge mit Entsorgern und Verwertern ab, um die in der Verpackungsverordnung definierten Verpflichtungen der haushaltsnahen Erfassung und dem Recycling mit der Erfüllung der Verwertungsquoten zu gewährleisten.

Die Produktverantwortung wurde dann im Kreislaufwirtschafts- und Abfallgesetz vom 27.09.1994 noch stärker verankert, indem diese Stoffgruppe von der Überlassungspflicht gegenüber den öffentlich-rechtlichen Entsorgungsträgern ausgenommen wurde. Dies führte in der Folgezeit zu vielfältigen Privatisierungen. Diese Entwicklung der Förderung der Kreislaufwirtschaft, insbesondere im Bereich der Verpackung, fand seine Fortsetzung auf europäischer Ebene mit Einführung der EU-Richtlinie über Verpackungen und Verpackungsabfälle. In dieser Richtlinie wurden Rahmenbedingungen definiert, nach denen in allen Mitgliedstaaten Rücknahme-, Sammel- und Verwertungssysteme für gebrauchte Verpackungen eingerichtet werden mussten. Die Anforderungen an die Verwertung wurden mit der Präzisierung des Verpackungsbegriffs im Jahr 2004 mit der Richtlinie 2004/12/EG weitergeführt. Die Umsetzung erfolgte mit Erweiterung der EU in den Mitgliedstaaten außerordentlich unterschiedlich, sodass im Jahr 2005 den neu hinzugetretenen Ländern angemessene Übergangsfristen eingeräumt wurden, um entsprechende Sammel- und Verwertungssysteme aufzubauen. Vorreiter dieser Entwicklung in Europa war und ist Deutschland, das seine Verpackungsverordnung von 1991 in zahlreichen Novellierungen weiterentwickelte.

Der Gesetzgeber war im Verlauf der Entwicklung der Verpackungsverordnung ständig bemüht, die Defizite der Verpackungsverordnung zu minimieren. Alle Novellierungsbemühungen drehten sich im Kern um das Problem fairer Wettbewerbsbedingungen. Dies wurde bereits 1993 mit der großen Krise des dualen Systems deutlich. Schon damals ging es um die Begrenzung von sog. Trittbrettfahrern, die spezielle Lücken in der Verordnung dazu genutzt haben, um sich einen Wettbewerbsvorteil zu verschaffen. Alle Novellierungen wurden von intensiven politischen Diskussionen begleitet. Bereits die erste Novelle scheiterte im ersten Anlauf im Bundesrat und konnte erst 1998 verabschiedet werden. Die politischen Auseinandersetzungen erreichten in der dritten Novellierung ihren Höhepunkt als die Pfandthematik im Mittelpunkt stand.

Nach intensiv geführter politischer Diskussion trat zum 01.01.2009 die fünfte Novelle der Verpackungsverordnung in Kraft. Auslöser für eine weitere Novellierung war das nach wie vor nicht gelöste Problem der Trittbrettfahrer. Auch die vierte Novelle hatte nicht verhindern können, dass nach wie vor wesentliche Mengen der entsorgten Verkaufsverpackungen nicht ordnungsgemäß bei einem dualen System lizenziert wurden. Das Ziel der fünften Novelle war es somit, zukünftig alle Verpackungen, die zu privaten Endverbrauchern gelangen, einer Lizensierung über duale Systeme zu unterwerfen, um die Finanzierung der Verpackungsentsorgung abzusichern und Wettbewerbsverzerrungen zu beseitigen. Hierzu gab es ein ganzes Bündel von Maßnahmen. Die wesentlichen Punkte sind

- Beteiligungspflicht für Verkaufsverpackungen an einem dualen System,
- Einschränkung von Branchenlösungen,
- genau definierte Rücknahmemöglichkeit gebrauchter Verpackungen am Point of Sale,

- Abgabe von Vollständigkeitserklärungen auf einer Plattform des Deutschen Industrie- und Handelskammertag e. V. (DIHK),
- Einrichtung einer gemeinsamen Stelle.

Trotz zahlreicher ergänzender Initiativen wie beispielsweise einer Selbstverpflichtung im Rahmen des Zertifikats des Bundesverbands der Deutschen Entsorgungs-, Wasser- und Rohstoffwirtschaft e. V. (BDE-Zertifikat) gelang es nicht, die Probleme in den Griff zu bekommen. Der daraus resultierende Lizenzmengenschwund stellte zunehmend eine Bedrohung der Finanzierung der Verpackungsentsorgung dar. Der Verordnungsgeber reagierte auf diese Entwicklung mit zwei weiteren Novellierungen der Verpackungsverordnung. So trat am 24.07.2014 die sechste Novelle in Kraft, die zum Ziel hatte, die Definition von Verpackung mithilfe einer ergänzenden Beispielliste über Gegenstände, die als Verpackung gelten, weiter zu präzisieren. Der Problematik des Lizenzmengenschwunds galt dann v. a. die siebte Novelle, die zum 01.10.2014 in Kraft trat und sich der Abschaffung der Eigenrücknahme von Verkaufsverpackungen widmete. Darüber hinaus wurde ab dem 01.01.2015 die Teilnahme an Branchenlösungen wesentlich verschärft. Ziel dieser Regelungen war eine Verbesserung der Wettbewerbsbedingungen zwischen den dualen Systemen. Um einen erneuten Missbrauch zu verhindern, sollten Branchenlösungen nur dann ermöglicht werden, wenn hierzu über eine Sachverständigenbescheinigung ein Nachweis geführt wurde, dass branchenbezogene Erfassungsstrukturen eingerichtet worden sind und die Anzahlstellen auch wirklich adressgenau benannt werden können. Darüber hinaus ist es erforderlich, dass über die tatsächlich angelieferten Verpackungsmengen auch ein Mengenstromnachweis für die jeweiligen Anfallstellen dokumentiert werden kann.

18.2.2 Vom Wertstoffgesetz zum Verpackungsgesetz

Parallel zu den letzten Novellierungen der Verpackungsverordnung entwickelten sich intensive Bemühungen, ein Wertstoffgesetz auf den Weg zu bringen, mit dem sich die Hoffnung verband, mit Einführung einer Zentralen Stelle dauerhafte Regelungsmechanismen einzuführen und darüber hinaus auch stoffgleiche Nichtverpackungen zu erfassen und die Recyclingquoten zu erhöhen. Im Verlauf der Debatte um ein mögliches Wertstoffgesetz entstanden zahlreiche Studien nicht nur zum optimalen Zuweisungskatalog von Materialien zur Wertstofftonne, zur Durchführbarkeit einer Erweiterung der Produktverantwortung sowie zur Abschätzung technisch realisierbarer Recyclingvorgaben, sondern auch zur Ausgestaltung der Verantwortlichkeiten von Kommunen und privater Entsorgungswirtschaft. Auf dieser Basis entwickelte dann das Bundesministerium für Umwelt, Naturschutz, Bau und Reaktorsicherheit (BMUB) ein Kooperationsmodell mit einer gemeinsamen Wertstofferfassung und setzte dabei auf individuelle Vereinbarungen zwischen den öffentlich-rechtlichen Entsorgungsträgern und den Systembetreibern vor Ort. Im Juni des Jahres 2015 sprachen sich im Gegensatz dazu die Berichterstatter der Koalitionsfraktionen in einem Eckpunktepapier für das Modell einer privatwirtschaftlichen Systematik mit weitreichenden Einflussmöglichkeiten der Kommunen aus. Der dann vom BMUB auf Basis der Eckpunkte formulierte Arbeitsentwurf für ein Wertstoffgesetz kam der Forderung nach einer vollständigen Kommunalisierung der Organisationsverantwortung für die Erfassung nicht nach. Als sich dann auch im Januar 2016 der Bundesrat in einer Entschließung für die Rekommunalisierung der bisher privatwirtschaftlich organisierten Wertstofferfassung einschließlich einer Abschaffung der dualen Systeme aussprach, war eine Implementierung des Wertstoffgesetzes in weite Ferne gerückt.

In den folgenden Debatten wurde deutlich, welche Folgen eine erhebliche Ausdehnung der Befugnisse der öffentlich-rechtlichen Entsorgungsträger, insbesondere zur Vorgabe der Ausgestaltung der Sammlung, haben würde. Schon bei einer kommunalen Privilegierung hätten die Systeme und die Recyclingunternehmen kaum noch Steuerungsmöglichkeiten zur Erfüllung der ihnen vorgegebenen Recyclingquoten. Darüber hinaus verliert dieser Ansatz die ökonomische Dimension der Leistungserbringung aus den Augen, weil eine Kontrolle der Kosten, die von den Inverkehrbringern und damit letztlich von den Bürgern zu tragen sind, unmöglich wird.

Im Hinblick auf die stellenweise unvereinbaren Ansätze hat sich das BMUB im Frühling des Jahres 2016 zum Verzicht auf die Ausweitung der Produktverantwortung auf stoffgleiche Nichtverpackungen entschlossen. Nach einer zuvor scheinbar end- und ergebnislosen Debatte über die richtige Wahl der Instrumente zur Weiterentwicklung der Verpackungsentsorgung zu einem Wertstoffgesetz, ist die Inkraftsetzung eines Verpackungsgesetzes nun erfolgt. Auch wenn es damit nicht zum vielfach geforderten großen Wurf kommt, der die stoffgleichen Nichtverpackungen und idealerweise auch noch weitere werthaltige Stoffströme einschließt, werden in dem Gesetz wichtige Maßnahmen zur Stabilisierung der privatwirtschaftlichen Verpackungsentsorgung mit einer Anpassung der nicht mehr zeitgemäßen ökologischen Vorgaben für diesen Stoffstrom ergriffen.

Die weitere Verbreitung der gemeinsamen Wertstofferfassung wird derweil auf freiwilliger Basis den Kommunen und der privaten Entsorgungswirtschaft vor Ort überlassen. In vielen Gebieten wurden zwischenzeitlich die Planungen und Pilotprojekte in der Erwartung eines bundeseinheitlichen Wertstoffgesetzes aufgeschoben oder abgebrochen. Es ist davon auszugehen, dass die vor Ort tätigen Akteure diesbezüglich jetzt wieder aktiv werden und in naher Zukunft mehr als die heute knapp 12–15 Millionen angeschlossenen Bürger von den Vorteilen einer gemeinsamen Wertstofferfassung profitieren können.

18.3 Das Systemgeschäft im VerpackG

Zentrales Element der Verpackungsgesetzgebung ist, wie schon in der Verpackungsverordnung, das sog. Systemgeschäft (Pauly und Kempkes 2013). Der Verordnungs- bzw. nun der Gesetzgeber hat die regulativen Grundlagen geschaffen, um im Rahmen der Produktverantwortung eine haushaltsnahe Erfassung von Verpackungen flächendeckend im Verantwortungsbereich der privaten Wirtschaft sicherzustellen. Hierzu bedient er sich Vorgaben, nach denen Systeme[1] ein entsprechendes Erfassungssystem zu errichten und aufrechtzuerhalten haben. Hersteller haben sich mit ihren systembeteiligungspflichtigen Verpackungen gem. § 7 Abs. 1 VerpackG an den Systemen zu beteiligen und in Wahrnehmung der Produktverantwortung die flächendeckende Entsorgung zu finanzieren. Nachfolgend sollen zumindest kursorisch ausgewählte Regelungen des VerpackG zum Systemgeschäft dargestellt werden.

18.3.1 Systembeteiligungspflichtige Verpackungen

Gemäß § 3 Abs. 8 VerpackG sind systembeteiligungspflichtige Verpackungen mit Ware befüllte Verkaufs- und Umverpackungen, die nach Gebrauch typischerweise beim privaten Endverbraucher als Abfall anfallen.

Verpackungen sind grundsätzlich aus beliebigen Materialien hergestellte Erzeugnisse zur Aufnahme, zum Schutz, zur Handhabung, zur Lieferung oder zur Darbietung von Waren, die vom Rohstoff bis zum Verarbeitungserzeugnis reichen können und vom Hersteller an den Vertreiber oder Endverbraucher weitergegeben werden.[2] Anlage 1 zum VerpackG ergänzt diese Kriterien und erläutert sie anhand von Beispielen.

Werden diese typischerweise dem Endverbraucher als Verkaufseinheit aus Ware und Verpackung angeboten, handelt es sich nach der Begriffsdefinition in § 3 Abs. 1 Nr. 1 VerpackG um Verkaufsverpackungen. Ähnlich wie bisher gelten nach § 3 Abs. 1 Nr. 1a VerpackG als Verkaufsverpackungen auch Verpackungen, die erst beim Letztvertreiber befüllt werden, um die Übergabe von Waren an den Endverbraucher zu ermöglichen oder zu unterstützen (Serviceverpackungen).[3] Daneben beschreibt § 3 Abs. 1 Nr. 1b VerpackG Versandverpackungen als Verkaufsverpackungen, die zwar ebenfalls erst beim Letztvertreiber befüllt werden, jedoch dazu dienen, den Versand von Waren an den Endverbraucher zu ermöglichen oder zu unterstützen. Mithin handelt es sich bei Serviceverpackungen und Versandverpackungen jeweils um besondere Arten von Verkaufsverpackungen, zwischen denen im Weiteren jedoch zu differenzieren ist.[4]

Um Umverpackungen handelt es sich, wenn sie eine bestimmte Anzahl von Verkaufseinheiten aus Ware und Verpackungen enthalten und typischerweise dem Endverbraucher zusammen mit den Verkaufseinheiten angeboten werden oder zur Bestückung der Verkaufsregale dienen.[5]

Systembeteiligungspflichtig schließlich sind die beiden genannten Verpackungsarten dann, wenn sie nach Gebrauch typischerweise beim privaten Endverbraucher als Abfall

[1] Vgl. § 3 Abs. 16 VerpackG.
[2] § 3 Abs. 1 VerpackG.
[3] Siehe auch Anlage 1 zum VerpackG, Nr. 2; vgl. zu § 3 Abs. 1 Nr. 2 VerpackV: Flanderka und Stroetmann 2015, § 3 Rn. 21 ff.
[4] Vgl. BT-Drucksache 18/11274, S. 82.
[5] § 3 Abs. 1 Nr. 2 VerpackG.

anfallen.[6] Hiermit bedient sich der Gesetzgeber im Rahmen der Definition der Systembeteiligungspflicht des Anfallstellenprinzips bzw. der Frage, wo eine Verkaufsverpackung letztlich zur Entsorgung gelangt. Er unterstellt dabei, dass grundsätzlich jede Verpackung früher oder später einmal als Abfall anfallen werde und stellt in der Begründung klar, dass eine zwischenzeitliche, auch längerfristige Weiterverwendung durch den privaten Endverbraucher, z. B. von Marmeladengläsern, Keksdosen usw., nicht von der Systembeteiligungspflicht befreit.[7] Maßgebliche Anfallstelle ist weiterhin der private Endverbraucher, also private Haushaltungen und diesen vergleichbare Anfallstellen.[8]

Bleibt es damit insoweit einerseits bei der Anfallstellenbetrachtung (Flanderka und Stroetmann 2015, § 6 Rn. 13 ff), hat der Gesetzgeber in seiner Begründung nunmehr explizit darauf hingewiesen, dass bei der Auslegung des Begriffs typischerweise auf die allgemeine Verkehrsanschauung abzustellen sei: Es habe eine Ex-ante-Betrachtung bezüglich der späteren Anfallstellen zu erfolgen.[9] Komme man bei dieser Einschätzung zu dem Ergebnis, dass die konkreten Verpackungen mehrheitlich bei privaten Endverbrauchern anfallen werden, so seien diese Verpackungen auch dann vollumfänglich bei Systemen anzumelden, wenn einzelne Verpackungen später tatsächlich an anderen Anfallstellen zur Entsorgung gelangen; eine Aufspaltung einer identischen Verpackung in eine systembeteiligungspflichtige und eine gewerbliche Menge ist nach dem Willen des Gesetzgebers nicht zulässig.[10]

► **Praxishinweis** Der Gesetzgeber hält auch im VerpackG zunächst an den grundsätzlichen Kriterien für die Bestimmung einer Systembeteiligungspflicht fest, bemüht sich jedoch in seiner Begründung, Hinweise und Klarstellungen zur Bestimmung des Umfangs der Beteiligungspflicht zu geben. Verpflichtete nach VerpackG sollten die Begründung nutzen und die Ermittlung ihrer Systembeteiligungspflichtigen Verpackungen daran ausrichten.

18.3.2 Adressat der Systembeteiligungspflicht

Adressat der Systembeteiligungspflicht sowie der damit korrespondierenden Pflichten ist der Hersteller von systembeteiligungspflichtigen Verpackungen.[11] Dies ist nach § 3 Abs. 14 VerpackG derjenige Vertreiber, der Verpackungen erstmals gewerbsmäßig in Verkehr bringt oder Verpackungen gewerbsmäßig in den Geltungsbereich des VerpackG einführt.

Inverkehrbringen ist jede entgeltliche oder unentgeltliche Abgabe an Dritte im Geltungsbereich des VerpackG, mit dem Ziel des Vertriebs, des Verbrauchs oder der Verwen-

[6] Vgl. § 3 Abs. 8 VerpackG.
[7] Vgl. BT-Drucksache 18/11274, S. 84.
[8] § 3 Abs. 11 VerpackG.
[9] Vgl. BT-Drucksache 18/11274, S. 83f.
[10] Vgl. BT-Drucksache 18/11274, S. 83.
[11] § 7 Abs. 1 VerpackG.

dung.[12] Entscheidend bleibt somit weiterhin, wer erstmals eine Verkaufseinheit aus Ware und Verpackung herstellt und diese Einheit an einen Dritten abgibt. Nicht als Inverkehrbringen gilt nach § 3 Abs. 9 S. 2 VerpackG allerdings die Abgabe von im Auftrag eines Dritten befüllten Verpackungen an diesen Dritten, wenn die Verpackung ausschließlich mit dem Namen oder der Marke des Dritten oder beidem gekennzeichnet ist. Hierdurch greift der Gesetzgeber die grundlegende Entscheidung des BVerwG vom 30.09.2015[13] zu sog. Handelsmarken auf und schafft nunmehr eine entsprechende gesetzliche Regelung. Dadurch, dass der Gesetzgeber explizit auf der Ebene des Inverkehrbringens ansetzt, wird insbesondere auch klar, dass es nicht etwa zu einer geteilten Systembeteiligungspflicht kommt. Vielmehr ist in einem solchen Fall nicht der Abfüller, sondern ausschließlich der nachfolgende Hersteller als Adressat anzusehen.

Eine befreiende Pflichtenübertragung eines Adressaten auf eine vor- oder nachgelagerte Handelsstufe ist auch im VerpackG grundsätzlich nicht vorgesehen (Pauly 2008, S. 46, 48; Rummler und Seitel 2008, S. 129, 131; Flanderka und Stroetmann, § 6 Rn. 8). Lediglich für Serviceverpackungen statuiert das VerpackG in § 7 Abs. 2 nach wie vor eine Ausnahme dahingehend, dass ein Hersteller von systembeteiligungspflichtigen Serviceverpackungen von den Vorvertreibern dieser Serviceverpackungen verlangen kann, dass sie sich hinsichtlich der von ihnen gelieferten unbefüllten Serviceverpackungen an einem oder mehreren Systemen beteiligen. So muss beispielsweise auch weiterhin der Kioskbetreiber, der seine Waren erst an der Verkaufsstelle verpackt, diese Verpackungen nicht zwingend an einem System beteiligen, sondern kann z. B. vom Lieferanten der Serviceverpackung die Übernahme der Beteiligungspflicht verlangen. Diese Sonderregelung betrifft zweifelsfrei ausschließlich Serviceverpackungen und gilt nicht für vergleichbare Versandverpackungen. Dem liegt die gesetzgeberische Überlegung zugrunde, dass im Versandhandel viele große Direktvertreiber existieren und hier eine Vorverlagerung der Systembeteiligungspflicht von dem Abfüller auf den Hersteller der Versandverpackung nur schwer zu rechtfertigen wäre.[14] Explizit geregelt ist auch, dass mit Übertragung der Systembeteiligungspflicht zugleich die weiteren Herstellerpflichten auf den verpflichteten Vorvertreiber übergehen und dass der ursprünglich verpflichtete Hersteller von demjenigen Vorvertreiber, auf den die Systembeteiligungspflicht übergeht, eine Bestätigung über die erfolgte Systembeteiligung verlangen kann.[15]

► **Praxishinweis** Nach dem VerpackG ist zwischen Versandverpackungen und Serviceverpackungen zu differenzieren. Der Einsatz sog. vorlizenzierter Versandverpackungen ist danach nicht zulässig.

[12] § 3 Abs. 9 VerpackG.
[13] BVerwG, Urteil vom 30.09.2015 – 7 C 11.14.
[14] Vgl. BT-Drucksache 18/11274, S. 81f.
[15] § 7 Abs. 2 S. 2, 3 VerpackG.

18.3.3 Branchenlösungen und andere Ausnahmen

Vermutlich ist es nicht zuletzt den Diskussionen unter der VerpackV über Reichweite der Systembeteiligungspflicht bzw. mögliche Ausnahmen und deren Folgen geschuldet, dass der Gesetzgeber versucht, hier stärker regulierend einzugreifen und so Eindeutigkeit zu schaffen.

Zuletzt mit der siebten Novelle der VerpackV hatte der Verordnungsgeber die Anforderungen an sog. Branchenlösungen signifikant erhöht. Die Verschärfungen haben zu einer erheblichen Abnahme von eingerichteten Branchenlösungen und entsprechender Branchenmengen geführt. Entsprechend behält der Gesetzgeber in § 8 VerpackG die Möglichkeit zur Schaffung von Branchenlösungen unter eng regulierten Voraussetzungen bei.

Als weiteren Sondertatbestand hat der Gesetzgeber in § 7 Abs. 3 VerpackG einen gesetzlichen Erstattungsanspruch aufgenommen. Danach kann ein Hersteller die von ihm für die Systembeteiligung geleisteten Entgelte von den betreffenden Systemen zurückverlangen, soweit in Verkehr gebrachte systembeteiligungspflichtige Verpackungen wegen Beschädigung oder Unverkäuflichkeit nicht an den Endverbraucher abgegeben wurden und er die Verpackungen zurückgenommen und einer Verwertung nach § 16 Abs. 5 VerpackG zugeführt hat. Bereits in der Begründung zu § 6 VerpackV finden sich Ausführungen, wonach schon unter der VerpackV Abzüge von der Systembeteiligungspflicht geltend gemacht werden können, soweit Waren in Verkaufsverpackungen, z. B. wegen Ablaufs des Mindesthaltbarkeitsdatums, nicht an den privaten Endverbraucher abgegeben wurden und deren Rücklauf im Einzelnen dokumentiert wird.[16] Allerdings wurde in weiten Teilen der Literatur daraus gefolgert, dass in einem solchen Fall bereits keine Systembeteiligungspflicht besteht (Flanderka und Stroetmann 2015, § 6 Rn. 15; Schmehl 2013, § 6 VerpackV Rn. 8), wohingegen vereinzelt als Rechtsfolge Entgeltanrechnungen und -abzüge angeführt wurden (Roder 2009, § 6 Rn. 8). Der Gesetzgeber hat sich nun augenscheinlich dafür entschieden, eine Erstattungslösung zu etablieren. Dies erscheint auf den ersten Blick fragwürdig und wenig nachvollziehbar: Zum einen sorgt der Abzug für nicht an den Endverbraucher abgegebene Verkaufsverpackungen anhaltend für Diskussion und wird aus Wettbewerbssicht kritisch betrachtet (Cantner et al. 2011, S. 83, 140; Di Fabio 2014).[17] Zum anderen erinnert die Regelung verheerend an die Erstattungslogik bei sog. Eigenrücknahmen, die aufgrund des Missbrauchspotenzials mit der siebten Novelle der VerpackV gerade abgeschafft wurde.[18] Allerdings schafft der Gesetzgeber zumindest eine gesetzlich verbindliche Grundlage und flankiert den neuerlich geschaffenen Erstattungsanspruch durch verschiedene Sicherheitsmechanismen. Ausdrücklich geregelt ist, dass Rücknahme und anschließende Verwertung entsprechend den Anforderungen des § 16 Abs. 5 VerpackG in jedem Einzelfall in nachprüfbarer Form zu dokumentieren sind. Als Minimum nennt der Gesetzgeber hierfür schriftliche Rücknahme- und Transportbe-

[16] Vgl. BT-Drs. 16/7954, S. 20.
[17] http://www.europaticker.de/2014_doku/140217_ALBA_VerpackV.pdf, S. 42.
[18] BR-Drucksache 244/14, S. 4.

lege sowie entsprechende Verwertungsnachweise.[19] Schließlich erhält die Zentrale Stelle dezidierte Überwachungsmöglichkeiten. So ist jede erfolgte Rücknahme der Zentralen Stelle gemäß § 10 Abs. 1 S. 2 VerpackG unverzüglich zu melden. Rücknahmen sind in der Vollständigkeitserklärung gemäß § 11 Abs. 2 S. 1 Nr. 5 VerpackG nebst der ordnungsgemäßen Verwertung[20] darzulegen und auf Verlangen der Zentralen Stelle durch Vorlage von Dokumenten im Einzelfall[21] nachzuweisen. Auch die Systeme haben gemäß § 20 Abs. 1 VerpackG entsprechende Angaben zu den wegen Beschädigung oder Unverkäuflichkeit nachträglich abgemeldeten Verpackungen zu machen. Die Zentrale Stelle soll dadurch mögliche Fehlentwicklungen frühzeitig erkennen und untersuchen können.[22] Ferner stellt der Gesetzgeber in seiner Begründung nochmals ausdrücklich klar, dass die genannten Erstattungsgründe abschließend und jeweils eng auszulegen sind und dass Gutachten über pauschale Mengenabzüge wegen Beschädigung oder Unverkäuflichkeit nicht als Nachweis zugelassen sind.[23]

Schließlich nimmt der Gesetzgeber in § 12 VerpackG bestimmte Verpackungen grundsätzlich vom Anwendungsbereich des zweiten Abschnitts des VerpackG und mithin der Systembeteiligungspflicht aus. Danach gilt dieser nicht für

1. Mehrwegverpackungen;
2. Einweggetränkeverpackungen, die nach § 31 VerpackG der Pfandpflicht unterliegen;
3. systembeteiligungspflichtige Verpackungen, die nachweislich nicht im Geltungsbereich dieses Gesetzes an den Endverbraucher abgegeben werden und
4. für Verkaufsverpackungen schadstoffhaltiger Füllgüter.

Auch insoweit ändert sich die materielle Rechtslage wenig. Bemerkenswert ist jedoch, dass der Gesetzgeber hinsichtlich der systembeteiligungspflichtigen Verpackungen, die nicht im Geltungsbereich dieses Gesetzes an den Endverbraucher abgegeben werden, ausdrücklich einen entsprechenden Nachweis verlangt. Nach dem Willen des Gesetzgebers muss sich bereits zum Zeitpunkt des erstmaligen Inverkehrbringens etwa aus den äußeren Umständen, z. B. aus der Gestaltung der Verpackungen oder den Begleitdokumenten, eindeutig ergeben, dass die betreffenden Verpackungen ausschließlich für den Export bestimmt sind.[24] Ferner muss eine Systembeteiligung unverzüglich nachgeholt werden, sollten eigentlich systembeteiligungspflichtige Verpackungen entgegen ihrer ursprünglichen Bestimmung doch im Geltungsbereich des VerpackG an den Endverbraucher abgegeben werden.

▶ **Praxishinweis** Die Anwendung von Ausnahmen von der grundsätzlichen Systembeteiligungspflicht dürfte unter dem VerpackG künftig noch restriktiver ge-

[19] BT-Drucksache 18/11274, S. 89.
[20] § 11 Abs. 2 S. 1 Nr. 7 VerpackG.
[21] § 11 Abs. 3 S. 3 VerpackG.
[22] BT-Drucksache 18/11274, S. 105.
[23] BT-Drucksache 18/11274, S. 88f.
[24] BT-Drucksache 18/11274, S. 95.

handhabt werden. Eine Anwendung sollte genau geprüft und gegebenenfalls entsprechend der jeweiligen Anforderungen dokumentiert werden.

18.3.4 Korrespondierende Herstellerpflichten (Registrierung, Datenmeldungen und Vollständigkeitserklärung)

Die Weiterentwicklung der VerpackV hin zum VerpackG bezweckt neben der Schaffung hoher ökologischer Standards die Gewährleistung eines funktionierenden Wettbewerbs zwischen den dualen Systemen und die Sicherstellung rechtskonformen Verhaltens aller betroffenen Marktteilnehmer.[25] Die hierzu als Instrument eingerichtete Zentrale Stelle dient insoweit insbesondere als Registrierungs- und Standardisierungsstelle. Entsprechend schafft das VerpackG verschiedene neue, mit der Systembeteiligungspflicht korrespondierende Verpflichtungen zur Registrierung wie zur Angabe von Daten.

Gemäß § 9 Abs. 1 VerpackG sind Hersteller nach § 7 Abs. 1 S. 1 VerpackG zunächst verpflichtet, sich vor dem Inverkehrbringen von systembeteiligungspflichtigen Verpackungen bei der Zentralen Stelle unter Angabe der in Abs. 2 genannten Daten registrieren zu lassen. Zudem sind Änderungen von Registrierungsdaten sowie die dauerhafte Aufgabe der Herstellertätigkeit der Zentralen Stelle unverzüglich mitzuteilen. Die Zentrale Stelle veröffentlicht die entsprechenden Angaben mit der jeweiligen Registrierungsnummer und dem Registrierungsdatum im Internet.[26]

Nach § 7 Abs. 1 S. 2 VerpackG sind den Systembetreibern im Rahmen der Systembeteiligungspflicht die Registrierungsnummer sowie die Materialart und die Masse der zu beteiligenden Verpackungen anzugeben. Die Systeme haben ihrerseits den Herstellern eine erfolgte Beteiligung, auch bei Einschaltung eines Dritten im Sinne des § 33 VerpackG, jeweils unverzüglich schriftlich oder elektronisch zu bestätigen.[27] Der Gesetzgeber führt in seiner diesbezüglichen Begründung aus, dass durch Satz 2 deutlich werde, dass die gesetzliche Pflicht zur Bestimmung der Verpackungsart und Beteiligungsmenge beim Hersteller liegt.[28] Soweit ein System die vom Hersteller gemeldeten Verpackungen für nicht systembeteiligungspflichtig halte, habe es den Hersteller (spätestens im Rahmen der Bestätigung nach Satz 3) auf diesen Umstand hinzuweisen. Eigenständige Umdefinitionen und Mengenreduzierungen durch die Systeme ohne entsprechende Mitteilung an den Hersteller seien insofern unzulässig.[29] Diese Hinweise in der Begründung sind so verwunderlich wie leider gerechtfertigt. Auch bereits nach der VerpackV ist allein der nach § 6 Abs. 1 VerpackV Verpflichtete dazu berufen, über diejenigen bzw. seine Mengen zu befinden, die er an einem System zu beteiligen hat. Die jüngeren Vollzugsaktivitäten verschiedener Bundesländer zeigen aber, dass dies anscheinend nicht immer eingehalten

[25] BT-Drucksache 18/11274, S. 50f.
[26] § 9 Abs. 4 VerpackG.
[27] § 7 Abs. 1 S. 3 VerpackG.
[28] BT-Drucksache 18/11274, S. 87.
[29] BT-Drucksache 18/11274, S. 87.

wird.[30] Für Hersteller und Vertreiber ist dies angesichts der auch nach der VerpackV möglichen Rechtsfolgen insbesondere dann mehr als misslich, wenn sie insofern noch nicht einmal Transparenz über die eigentlich von ihnen beauftragten bzw. systembeteiligten Mengen haben und behördliche Kontrollen zu einem bösen Erwachen führen.

► **Praxishinweis** Verpflichtete Hersteller sollten stets aktiv im Blick haben, welche ihrer Verpackungsarten bzw. -mengen zweifelsfrei ordnungsgemäß an einem System beteiligt werden.

Vermittels der Bestätigung der Systeme nach § 7 Abs. 1 S. 3 VerpackG soll der Hersteller daher in die Lage versetzt werden, die korrekte Umsetzung seiner Anmeldung durch die Systeme zu kontrollieren.[31] Es soll insbesondere verhindert werden, dass Systeme die als systembeteiligungspflichtig angemeldete Verpackungen eigenständig z. B. in Transportverpackungen oder gewerbliche Verkaufsverpackungen umdefinieren, ohne dass der Hersteller als der gesetzlich Verpflichtete hiervon etwas erfährt.[32] Um keine Umgehung über sog. Dritte zu ermöglichen, stellt der zweite Halbsatz von Satz 3 zudem klar, dass die Systembeteiligungsbestätigung dem Hersteller auch erteilt werden muss, wenn mit der Systembeteiligung ein Dritter, z. B. ein Makler, beauftragt ist.[33]

Hersteller im Sinne des § 7 Abs. 1 S. 1 VerpackG sind sodann verpflichtet, die im Rahmen einer Systembeteiligung getätigten Angaben zu den Verpackungen unverzüglich auch der Zentralen Stelle unter Nennung mindestens der folgenden Daten zu übermitteln:

1. Registrierungsnummer;
2. Materialart und Masse der beteiligten Verpackungen;
3. Name des Systems, bei dem die Systembeteiligung vorgenommen wurde;
4. Zeitraum, für den die Systembeteiligung vorgenommen wurde.[34]

Nach § 11 VerpackG schließlich lebt die bisherige Vollständigkeitserklärung wieder auf. Danach haben Hersteller gemäß § 7 Abs. 1 S. 1 VerpackG jährlich bis zum 15. Mai eine Erklärung über sämtliche von ihnen im vorangegangenen Kalenderjahr erstmals in Verkehr gebrachten Verkaufs- und Umverpackungen nach den Vorgaben des Absatzes 3 zu hinterlegen. Die Vollständigkeitserklärung ist durch einen registrierten Sachverständigen oder durch einen gemäß § 27 Abs. 2 VerpackG registrierten Wirtschaftsprüfer, Steuerberater oder vereidigten Buchprüfer zu prüfen und zu bestätigen. Wie bislang auch befreit der Gesetzgeber diejenigen Hersteller von der Verpflichtung zur Hinterlegung einer Vollständigkeitserklärung, die im vorangegangenen Kalenderjahr systembeteiligungspflichtige Verpackungen der Materialarten Glas von weniger als 80.000 kg, Papier, Pappe und

[30] EUWID Recycling und Entsorgung, 48.2016, S. 1 f; 49.2016, S. 3.
[31] BT-Drucksache 18/11274, S. 87.
[32] BT-Drucksache 18/11274, S. 87.
[33] BT-Drucksache 18/11274, S. 87.
[34] § 10 VerpackG.

Karton von weniger als 50.000 kg sowie der übrigen in § 16 Abs. 2 VerpackG genannten Materialarten von weniger als 30.000 kg erstmals in Verkehr gebracht haben. Die Zentrale Stelle oder die zuständigen Landesbehörden können jedoch auch bei Unterschreiten der Schwellenwerte jederzeit verlangen, dass eine Vollständigkeitserklärung gemäß den Vorgaben der Absätze 1–3 zu hinterlegen ist.

► **Praxishinweis** Auch nach dem VerpackG sollte bei Unterschreiten der Schwellenwerte stets berücksichtigt werden, dass die Hinterlegung einer Vollständigkeitserklärung im Einzelfall verlangt werden kann.

Grundsätzlich können sich die Verpflichteten nach § 33 VerpackG zur Erfüllung ihrer Pflichten Dritter bedienen. Davon ausgenommen sind jedoch die Meldungen nach §§ 9,10 VerpackG. Ausweislich der Begründung sollen diese Erklärungen höchstpersönlich abzugeben sein, damit die Verpflichteten sich über die Bedeutung ihrer gesetzlichen Pflichten bewusst werden.

18.3.5 Meldepflichten der dualen Systeme

Korrespondierend mit den zuvor dargestellten umfangreichen Herstellerpflichten zur Registrierung, zur Vornahme von Datenmeldungen und zur Abgabe einer Vollständigkeitserklärung statuiert § 20 VerpackG umfangreiche Meldepflichten der Systeme: Die Systeme sind zunächst verpflichtet, Informationen über die bei ihnen vorgenommenen oder erwarteten Beteiligungen nach § 7 Abs. 1 S. 1 VerpackG und über eventuelle Abzüge von Verpackungsmengen aufgrund von Entgelterstattungen nach § 7 Abs. 3 VerpackG an die Zentrale Stelle zu melden. Die Meldungen haben jeweils aufgeschlüsselt nach Materialart und Masse der Verpackungen sowie zugeordnet nach Herstellern unter Angabe der jeweiligen Registrierungsnummer zu erfolgen. Die für das folgende Quartal erwartete Masse an beteiligten Verpackungen sind bis zum 15. Kalendertag des letzten Monats des jeweils laufenden Quartals (Zwischenmeldung) und die Masse der für das vorangegangene Kalenderjahr tatsächlich beteiligten Verpackungen bis zum 1. Juni eines jeden Jahres (Jahresmeldung) an die Zentrale Stelle zu melden.[35]

Durch die jeweiligen fein aufeinander abgestimmten Meldepflichten der Hersteller und der Systeme erhält die Zentrale Stelle die Möglichkeit, die Mengenmeldungen miteinander zu vergleichen, eventuelle Abweichungen aufzudecken und insoweit weitere Ermittlungen aufzunehmen. Die Mengenmeldungen der Systeme sind zudem die Grundlage der durch die von der Zentralen Stelle nach § 26 Abs. 1 Nr. 14 und 15 VerpackG vorzunehmende Marktanteilsberechnung.[36] Entsprechend ihrer diesbezüglichen wirtschaftlichen Bedeutung sind die Mengenmeldungen der Systeme gemäß § 20 Abs. 2 VerpackG der Zentralen Stelle in einer von einem Systemprüfer geprüften und bestätigten Fassung zu

[35] § 20 Abs. 1 VerpackG.
[36] BT-Drucksache 18/11274, S. 105.

übermitteln.[37] Zudem kann die Zentrale Stelle bei Vorliegen von Anhaltspunkten für eine Unrichtigkeit oder Unvollständigkeit der übermittelten Meldungen von den betroffenen Systemen die Übermittlung weiterer für die Prüfung im Einzelfall erforderlicher Unterlagen verlangen oder gegebenenfalls im Einzelfall vorübergehend einen abweichenden Meldezeitraum bezüglich der Zwischenmeldungen bestimmen. Sofern ein System keine Zwischen- oder Jahresmeldung übermittelt oder tatsächliche Anhaltspunkte für eine Unrichtigkeit oder Unvollständigkeit einer Meldung nicht zur Überzeugung der Zentralen Stelle ausgeräumt werden können, ist die Zentrale Stelle nach § 20 Abs. 2 S. 5 VerpackG befugt, die Menge der beteiligten Verpackungen des betroffenen Systems auf Grundlage der ihr vorliegenden Informationen zu schätzen. Der Gesetzgeber begründet diese Schätzungsbefugnis damit, dass sie erforderlich sei, damit die Zentrale Stelle trotz der fehlenden oder unrichtigen Mengenangaben eine realitätsnahe Marktanteilsberechnung durchführen kann.[38]

Mag die vom Gesetzgeber gewählte Systematik der gegeneinander laufenden Meldungen an die Zentrale Stelle verbunden mit den entsprechenden hoheitlichen Aufklärungs- und Schätzungsbefugnissen dem ein oder anderen Stakeholder zu weitgehend erscheinen, so nährt sie die Hoffnung, dass dadurch künftig eine verursachergerechte Kostenaufteilung gewährleistet und ein funktionierender Wettbewerb sichergestellt wird.

18.3.6 Ökologische Gestaltung von Beteiligungsentgelten

Der Gesetzgeber hat in § 21 VerpackG ein neues umweltpolitisches (Anreiz-)Instrument im Bereich der Verpackungsentsorgung geschaffen. Nach § 21 Abs. 1 VerpackG sind Systeme verpflichtet, im Rahmen der Bemessung der Beteiligungsentgelte Anreize zu schaffen, um bei der Herstellung von systembeteiligungspflichtigen Verpackungen die Verwendung von Materialien und Materialkombinationen, die unter Berücksichtigung der Praxis der Sortierung und Verwertung zu einem möglichst hohen Prozentsatz recycelt werden können, und die Verwendung von Recyclaten sowie von nachwachsenden Rohstoffen zu fördern.

Jedes System hat der Zentralen Stelle und dem Umweltbundesamt gemäß § 21 Abs. 2 VerpackG jährlich bis zum 1. Juni zu berichten, wie es die Vorgaben nach Absatz 1 bei der Bemessung der Beteiligungsentgelte umgesetzt hat. Die Zentrale Stelle überprüft die Berichte der Systeme auf Plausibilität. Sofern sich aus der Prüfung keine Beanstandungen ergeben, erteilt die Zentrale Stelle im Einvernehmen mit dem Umweltbundesamt dem jeweiligen System die Erlaubnis, den Bericht zu veröffentlichen. Diese Berichtspflicht stellt einen wichtigen Bestandteil des geschaffenen Anreizinstruments dar. Die Berichte sollen nach der Vorstellung des Gesetzgebers einerseits die Systeme nutzen können,

[37] BT-Drucksache 18/11274, S. 105.
[38] BT-Drucksache 18/11274, S. 106.

um einen hohen ökologischen Standard zu dokumentieren.[39] Andererseits könnten systembeteiligungspflichtige Hersteller die Berichte ihrerseits bei der Entscheidung über die Systembeteiligung nutzen und gegenüber ihren Kunden werblich nutzen.

Der Ansatz zur ökologischen Gestaltung der Beteiligungsentgelte ist so interessant wie in der Umsetzungspraxis schwer greifbar. Im Rahmen der Umsetzung werden neben der praktischen Handhabung sicherlich vielfältige rechtliche Fragestellungen, wie beispielsweise des Wettbewerbs- und Kartellrechts zu berücksichtigen sein. Sollten sich die gesetzgeberischen Ansätze allerdings effektiv von den beteiligten Kreisen umsetzen lassen, so steht zu erwarten, dass das Anreizmodell wertvolle Impulse zum Ausbau des Kunststoffrecyclings in Deutschland liefern kann.

► **Praxishinweis** Für sämtliche Beteiligten bietet das neu vorgesehene Anreizinstrument Chancen, ein umweltfreundliches und verantwortungsbewusstes Handeln zu belegen und dies auch geschäftlich zu nutzen.

18.3.7 Wiederverwendungs- bzw. Recyclingquoten

Wie die VerpackV statuiert das VerpackG Wiederverwendungs- bzw. Recyclingvorgaben durch die Vorgabe verbindlicher Quoten. Entsprechend der gesetzgeberischen Intention einer Aktualisierung und Ausweitung der mit dem VerpackG verbundenen ökologischen Ziele hat der Gesetzgeber in § 16 Abs. 2 VerpackG deutlich höhere Wiederverwendungs- bzw. Recyclingquoten aufgestellt. Die Einhaltung der Verwertungsanforderungen haben die Systeme im Rahmen des sog. Mengenstromnachweises gemäß § 17 Abs. 1 VerpackG einmal jährlich nachzuweisen. Der Mengenstromnachweis ist durch einen registrierten Sachverständigen zu prüfen und zu bestätigen und künftig der Zentralen Stelle bis zum 1. Juni des jeweils folgenden Kalenderjahres vorzulegen.[40] Die dem Mengenstromnachweis zugrunde liegenden Entsorgungsnachweise müssen zudem zumindest den Auftraggeber, das beauftragte Entsorgungsunternehmen sowie die Masse der entsorgten Abfälle unter Angabe des Abfallschlüssels und der Abfallbezeichnung nach der Anlage zur Abfallverzeichnis-Verordnung enthalten.[41]

Als Grundlage der neuen Quoten verweist der Gesetzgeber auf die Erfahrungen aus der Umsetzung der Verpackungsverordnung, Erkenntnisse aus Studien zur Weiterentwicklung der Verpackungsverordnung und entsprechenden Schlussfolgerungen des Umweltbundesamts.[42] Bei Kunststoffverpackungen trage die erhöhte Quote für eine werkstoffliche Verwertung von insgesamt 58,5 % der Erkenntnis Rechnung, dass eine werkstoffliche Verwertung sowohl unter dem Aspekt der Ressourcenschonung als auch der Energieeffizienz einer energetischen Verwertung vorzuziehen sei und dass der Stand der Technik eine

[39] BT-Drucksache 18/11274, S. 107f.
[40] § 17 Abs. 2, 3 VerpackG.
[41] BT-Drucksache 18/11781, S. 3.
[42] BT-Drucksache 18/11274, S. 100.

deutlich effizientere Sortierung als im Jahr der Festlegung der bisher in der Verpackungsverordnung geforderten Quote ermögliche.[43]

Die Frage der Quotenausgestaltung ist ein ebenfalls im Vorfeld viel diskutierter Punkt der Neuregelung der Verpackungsentsorgung. Die Stimmungen hierzu gingen von zu hoch bis hin zu zu wenig ambitioniert. Die nun vorgesehene Erhöhung der Quoten stellt die beteiligten Wirtschaftskreise zwar vor anspruchsvolle Herausforderungen. Diese werden jedoch letztlich durch einen Strauß an verschiedenen Maßnahmen, wie beispielsweise die Ertüchtigung von technischen Anlagen aber auch die vorstehend beschriebene Öffentlichkeitsarbeit, zu erreichen sein. Die Bundesregierung hat zudem die Möglichkeit, innerhalb von drei Jahren nach dem 1. Januar 2022 die Verwertungsergebnisse mit dem Ziel einer weiteren Erhöhung der materialspezifischen Verwertungsquoten in Abs. 2 S. 1 und 2 und der Recyclingquote in Abs. 4 S. 1 zu prüfen.[44]

18.3.8 Abstimmung mit den öffentlich-rechtlichen Entsorgungsträgern

Ein weiterer wesentlicher Bereich des Systemgeschäfts, der in der Vergangenheit immer wieder zu Diskussionen und Auseinandersetzungen geführt hat, ist der Bereich der sog. Abstimmung zwischen den Systemen und den öffentlich-rechtlichen Entsorgungsträgern. Die Fragestellungen ergaben sich im Wesentlichen aus den jeweiligen Zuständigkeitsbereichen bzw. der Frage, welche Vorgaben ein öffentlich-rechtlicher Entsorgungsträger im Bereich der Abstimmung für den Systembetrieb machen konnte und wie weitreichend die in der VerpackV normierten unterschiedlichen Mitbenutzungsansprüche zu verstehen waren. Besonders im Bereich der gemeinsamen Erfassung von Papier, Pappe, Kartonagen (PPK) sowie im Rahmen der Debatte um die Einführung von Wertstofftonnen unter der VerpackV wurde intensiv die Diskussion um die Frage des Umfangs der in § 6 Abs. 4 S. 5 VerpackV festgelegten Mitbenutzungsansprüche geführt (Pauly und Kempkes 2013, Rn. 37 ff, 41 ff). Die Diskussionen zu § 6 Abs. 4 S. 5 VerpackV kamen auf verpackungsverordnungsrechtlicher Ebene jedenfalls durch eine Entscheidung des BVerwG vom 26.03.2015 zum Erliegen.[45] Danach verstößt § 6 Abs. 4 S. 5 VerpackV gegen das rechtsstaatliche Gebot hinreichender Bestimmtheit von Normen und ist daher unwirksam. Angesicht der mannigfaltigen Kompetenzstreitigkeiten und Diskussionen ist es zunächst grundsätzlich begrüßenswert, dass der Gesetzgeber diesen Bereich in § 22 VerpackG vollständig neu geregelt hat.

Nach wie vor ist nach § 22 VerpackG die Sammlung nach § 14 Abs. 1 VerpackG auf die vorhandenen Sammelstrukturen der öffentlich-rechtlichen Entsorgungsträger, in deren Gebiet sie eingerichtet wird, abzustimmen, wobei die Belange des öffentlich-rechtlichen Entsorgungsträgers besonders zu berücksichtigen sind. Neu und im Rahmen des

[43] BT-Drucksache 18/11274, S. 100.
[44] § 16 Abs. 7 VerpackG.
[45] BVerwG, Urteil vom 26.03.2015 – 7 C 17.12.

Gesetzgebungsverfahrens – wie nicht anders zu erwarten – viel diskutiert ist, dass der öffentlich-rechtliche Entsorgungsträger nun verbindliche Rahmenvorgaben nach § 22 Abs. 2 VerpackG machen kann, die im Rahmen der Abstimmung zwingend zu beachten sind. Gemäß Abs. 2 kann ein öffentlich-rechtlicher Entsorgungsträger durch einen schriftlichen Verwaltungsakt gegenüber den Systemen festlegen, wie die nach § 14 Abs. 1 VerpackG durchzuführende Sammlung der restentleerten Kunststoff-, Metall- und Verbundverpackungen bei privaten Haushaltungen hinsichtlich

1. der Art des Sammelsystems (entweder Holsystem, Bringsystem oder Kombination aus beiden Sammelsystemen),
2. der Art und Größe der Sammelbehälter (sofern es sich um Standardsammelbehälter handelt) sowie
3. der Häufigkeit und des Zeitraums der Behälterleerungen auszugestalten ist.

Durch den Beschluss des Bundestags vom 30.03.2017 wurde das ursprünglich vorgesehene Erforderlichkeitskriterium, wonach entsprechende Rahmenvorgabe für die Sicherstellung einer möglichst effektiven und umweltverträglichen Erfassung der Abfälle aus privaten Haushaltungen zwingend hätten erforderlich sein müssen, durch ein schlichtes Geeignetheitsgebot ersetzt.[46] Nach § 22 Abs. 2 VerpackG müssen entsprechende Vorgaben nunmehr nur noch geeignet sein, eine möglichst effektive und umweltverträgliche Erfassung der Abfälle aus privaten Haushaltungen sicherzustellen und dürfen nicht technisch unmöglich oder wirtschaftlich unzumutbar sein. Rechtsdogmatisch dürfte sich an dieser Stelle die sicherlich noch im Rahmen gerichtlicher Verfahren zu klärende Frage nach der Einhaltung des verfassungsrechtlich gebotenen Verhältnismäßigkeitsprinzips stellen.

Zudem dürfen die Rahmenvorgaben nicht über den Entsorgungsstandard hinausgehen, den ein öffentlich-rechtlicher Entsorgungsträger der in seiner Verantwortung durchzuführenden Sammlung der gemischten Siedlungsabfälle aus privaten Haushaltungen zugrunde legt. Ob diese Regelungen geeignet sind, im Rahmen des grundsätzlich intendierten kooperativen Abstimmungsansatzes einen angemessenen Interessenausgleich zwischen den öffentlich-rechtlichen Entsorgungsträgern und den Systemen herzustellen oder ob sich Befürchtungen zu einer weitreichenden Einflussnahme der kommunalen Seite nebst etwaigen rechtlichen Auseinandersetzungen bewahrheiten, bleibt abzuwarten. Sollten jedoch auch hier die Parteien in der Praxis mit Vernunft und Augenmaß miteinander verfahren, sollte es gut möglich sein, zu einer für alle Parteien befriedigenden Herangehensweise zu gelangen.

Im Weiteren enthält § 22 VerpackG insbesondere Vorgaben zu den jeweiligen Mitbenutzungsansprüchen und -möglichkeiten der jeweiligen Erfassungssysteme. Der Gesetzgeber hat insbesondere die Kritik des BVerwG aufgegriffen und die entsprechenden Regelungen klarer ausgestaltet.[47] So haben sich die jeweiligen Parteien nun bei der Be-

[46] BT-Drucksache 18/11781, S. 3.
[47] BT-Drucksache 18/11274, S. 111f.

messung der Entgelte an den in § 9 des Bundesgebührengesetzes festgelegten Grundsätzen zu orientieren. Die gelebte Praxis des Zusammenwirkens in dafür geeigneten Bereichen wie beispielsweise der gemeinsamen Erfassung von PPK kann danach im Wesentlichen unter dem Verpackungsgesetz fortgesetzt werden.

Angesichts der Historie des Entwurfs des Verpackungsgesetzes ist schließlich im Rahmen der Vorgaben der Abstimmung hervorzuheben, dass nach § 22 Abs. 5 VerpackG öffentlich-rechtliche Entsorgungsträger und Systeme hinsichtlich sog. stoffgleicher Nichtverpackungen aus Kunstoffen oder Metallen, die bei privaten Endverbrauchern anfallen, vereinbaren können, dass Nichtverpackungsabfälle gemeinsam mit den stoffgleichen Verpackungsabfällen durch eine einheitliche Wertstoffsammlung erfasst werden. Die Einzelheiten der Durchführung der einheitlichen Wertstoffsammlung können der öffentlich-rechtliche Entsorgungsträger und die Systeme im Rahmen ihrer jeweiligen Entsorgungsverantwortung näher ausgestalten. Damit gibt der Gesetzgeber nunmehr – entgegen seiner ursprünglichen Absicht – lediglich noch einen groben gesetzlichen Rahmen vor. Der Status quo der gesetzlichen Entsorgungszuständigkeiten und -pflichten bleibt erhalten, bereits etablierte gemeinsame Modelle können grundsätzlich fortgeführt und in weiteren Gebieten aufgegriffen werden. Im Einzelfall kann sich allerdings auch bei den bereits gelebten Modellen noch Anpassungsbedarf ergeben, da § 22 Abs. 5 S. 4 VerpackG nun ausdrücklich gesetzlich klarstellt, dass weder Altgeräte im Sinne des Elektro- und Elektronikgerätegesetzes noch Altbatterien im Sinne des Batteriegesetzes in eine einheitliche Wertstoffsammlung aufgenommen werden dürfen. Zu erwägen ist, ob in solchen Fällen § 35 Abs. 3 S. 3 VerpackG greift, wonach in Gebieten, in denen zum 1. Januar 2019 bereits eine einheitliche Wertstoffsammlung auf Grundlage einer freiwilligen Vereinbarung zwischen den Systemen und dem öffentlich-rechtlichen Entsorgungstträger durchgeführt wird, diese im gegenseitigen Einvernehmen festgesetzt werden kann.

18.3.9 Vergabe von Sammelleistungen

Zum Bereich der besonderen Vorgaben für den Systembetrieb gehören schließlich die Vorgaben zur Vergabe der Sammelleistungen durch die Systeme. Zum einen handelt es sich bei den Systemen nicht um öffentliche Auftraggeber im Sinne von § 99 des Gesetzes gegen Wettbewerbsbeschränkungen, zum anderen haben die Systeme durch die Systematik des Zusammenwirkens nach der VerpackV bzw. künftig dem VerpackG nach Ansicht des Gesetzgebers eine monopolartige Stellung im Teilbereich der Verpackungsentsorgung erlangt.[48] Aus diesem Grund gibt der Gesetzgeber in § 23 VerpackG ein verpflichtendes Ausschreibungsverfahren vor und möchte die Systeme dabei möglichst eng an diejenigen Vorschriften binden, denen auch öffentliche Auftraggeber mit einer vergleichbaren Monopolstellung unterworfen sind.[49] Soweit daher § 23 VerpackG nicht ausdrücklich etwas

[48] BT-Drucksache 18/11274, S. 117.
[49] BT-Drucksache 18/11274, S. 117.

anderes regelt, bringt der Gesetzgeber über Abs. 11 die §§ 121–126, 128, 132 Abs. 1–4 und § 133 des Gesetzes gegen Wettbewerbsbeschränkungen sowie die §§ 5–7, 29 Abs. 1, §§ 31–34, 36, 43–47, 48 Abs. 1, 2 und 4–8, §§ 49, 53 Abs. 7–9, §§ 56, 57, 60 Abs. 1–3, §§ 61 und 63 der Vergabeverordnung vom 12.04.2016 (BGBl. I S. 624), entsprechend zur Anwendung.

Die Systeme haben die nach § 14 Abs. 1 VerpackG zu erbringenden Sammelleistungen unter Beachtung der Abstimmungsvereinbarungen nach § 22 Abs. 1 VerpackG und der Rahmenvorgaben nach § 22 Abs. 2 VerpackG im Wettbewerb im Wege transparenter und diskriminierungsfreier Ausschreibungsverfahren zu vergeben (§ 23 Abs. 1 VerpackG). Hierzu beauftragen die Systeme nach § 23 Abs. 2 VerpackG ein einzelnes System mit der eigenverantwortlichen Durchführung des Ausschreibungsverfahrens für ein bestimmtes Sammelgebiet (Ausschreibungsführer). Dabei soll der Ausschreibungsführer in diesem Gebiet die Hauptkostenverantwortung für die Sammlung übernehmen. Die weiteren Systeme können anschließend für ihren Anteil mit dem erfolgreichen Bieter individuelle Mitbenutzungsverträge schließen. Die folgenden Abs. 2–7 enthalten die weiteren wesentlichen bzw. zwingenden Anforderungen an das Vergabeverfahren.

Der § 23 Abs. 8 und 9 VerpackG statuieren zudem einen gesetzliche Bieterschutz: Nach Abs. 8 kann jedes Unternehmen, das ein Interesse an einem Sammelauftrag hat und eine Verletzung in seinen Rechten durch Nichtbeachtung der Bestimmungen über das Ausschreibungsverfahren geltend macht, die Ausschreibung und die Zuschlagsentscheidung durch ein Schiedsgericht nach den weiteren in § 23 Abs. 8 und 9 VerpackG enthaltenen Vorgaben prüfen lassen.

18.3.10 Zentrale Stelle

Die Zentrale Stelle soll in Form einer Beleihung einer privatrechtlichen Organisation in der Rechtsform einer Stiftung eingerichtet werden. Der Stiftungszweck wird in § 24 Abs. 3 VerpackG festgelegt und beschränkt die Stiftung auf ihre definierten Aufgaben. Eine Kontrolle der Zentralen Stelle soll über das Umweltbundesamt als Rechts- und Fachaufsicht sichergestellt werden. Die Organisation der Stiftung erfolgt über zahlreiche Gremien, zu denen v. a. das Kuratorium, ein Verwaltungsrat und ein Beirat gehören. Darüber hinaus soll es zahlreiche Expertenkreise geben, die die Stiftung beraten sollen. Dem Kuratorium obliegt dabei v. a. die Einsetzung des Vorstands und die Genehmigung des Wirtschaftsplans.

Die Finanzierung der Zentralen Stelle soll indirekt über Hersteller und Vertreiber sichergestellt werden. Grundlage der Finanzierung ist ein Vertrag, der in § 26 Abs. 2 S. 2 Nr. 3 und 4 VerpackG geregelt wird. Danach trifft die Zentrale Stelle Finanzierungsvereinbarungen mit den System- und Branchenlösungen.

Der § 26 VerpackG beinhaltet eine sehr umfängliche und ausführliche Aufgabenbeschreibung. Die zentrale Aufgabenstellung liegt demnach im Bereich der Einrichtung eines Registers und einer Datenbank als Handlungsgrundlage der Zentralen Stelle. Darüber hinaus soll sie sich um die Marktanteilsberechnung kümmern, die Setzung von Standards sowie die Kontrolle von Branchenlösungen sicherstellen und die Registrierung von Sachverständigen einführen. Auch soll die Zentrale Stelle die Standards für die Recyclingfähigkeit von Verpackungen setzen.

Gesellschafter der Zentralen Stelle sind vier Verbände, die die wesentlichen Gruppierungen von Herstellern und Vertreibern von Verkaufs- und Umverpackungen vertreten. Diese sind die Bundesvereinigung der Deutschen Ernährungsindustrie e. V. für die Ernährungswirtschaft, der Markenverband für die Markenwirtschaft wesentlicher Wirtschaftszweige, der Handelsverband Deutschland für Importverpackungen sowie Vertreiber und Hersteller von Eigenmarken und schließlich die Industrievereinigung Kunststoffverpackungen e. V. für die Hersteller von Kunststoffverpackungen.

Über die Notwendigkeit der Einrichtung einer Zentralen Stelle besteht bei allen beteiligten Kreisen weitgehende Einigkeit. Die Zentrale Stelle kann die ihr zugedachte Wirkung aber nur dann entfalten, wenn bei der Kontrolle der ordnungsgemäßen Lizenzierung die Möglichkeiten wirkungsvoller Sanktionen auch vollumfänglich ausgeschöpft werden können. Von daher darf es keine Interessenskollisionen geben und die Festlegungen über die Trägerschaft sowie die genaue Abgrenzung der ihr übertragenen Zuständigkeiten muss wohlüberlegt sein. Darüber hinaus wird trotz der Vielzahl an Aufgaben darauf zu achten sein, nur eine schlanke Organisation der Zentralen Stelle aufzubauen. Des Weiteren ist die vollständige Abbildung der Wertschöpfungskette im Kuratorium der Zentralen Stelle wichtige Voraussetzung für eine erfolgreiche Umsetzung der vorgegebenen Ziele.

18.4 Fazit und Ausblick

Nach dem Scheitern des Wertstoffgesetzes war das Verpackungsgesetz der kleinste gemeinsame Nenner, der in der politischen Debatte erreicht werden konnte. Nachdem alle parlamentarischen Hürden genommen werden konnten, kann nun diese wichtige Reform zur Anpassung der ökologischen Vorgaben und zur Verbesserung des privatwirtschaftlichen Systems der Verpackungsentsorgung zu einem erfolgreichen Ende geführt werden.

Durch die Fokussierung der Debatte auf ordnungspolitische Fragen ist die Weiterentwicklung der Rohstoffwirtschaft zuletzt etwas aus dem Blick geraten. Mit Inkraftsetzung des Verpackungsgesetzes sollten die fachlichen Fragen des Recyclings wieder in den Vordergrund rücken. Die angesetzte Steigerung der Recyclingvorgaben ist ambitioniert und kann nur gelingen, wenn investitionsfreundliche Rahmenbedingungen geschaffen werden und die Akteure der unterschiedlichen Wertschöpfungsstufen zusammenwirken, um Technik und Prozesse optimal aufeinander abzustimmen.

Literatur

Cantner J, Gerstmayr B, Pitschke T, Kreibe S (2011) Evaluierung der Verpackungsverordnung. Umweltbundesamt, Dessau

Di Fabio U (2014) Staatliche Gewährleistungsverantwortung für Systeme gesellschaftlicher Selbstregulierung. Rechtsgutachten

Flanderka F, Stroetmann C (2015) Verpackungsverordnung. rehm Verlag, Heidelberg

Pauly M (2008) Das neue Verpackungsrecht. AbfallR 7.2: 11

Pauly M, Kempkes JH (2013) Rechtsfragen des Systemgeschäfts. In: Kurth/Oexle (Hrsg.) Handbuch der Kreislauf- und Rohstoffwirtschaft, Kap. 10

Roder M (2009) Die Verpackungsverordnung. Boorberg, Berlin

Rummler T, Seitel J (2008) Rahmenbedingungen der Verpackungsentsorgung nach der 5. Novelle der Verpackungsverordnung, AbfallR 7.3: 11

Schmehl (2013) Gemeinschaftskommentar zum Kreislaufwirtschaftsgesetz. Carl Heymanns, Köln

Verpackungsgesetz (2017) Gesetz zur Fortentwicklung der haushaltsnahen Getrennterfassung von wertstoffhaltigen Abfällen (VerpackG) vom 5. Juli 2017. BGBl. I S. 2234

Bioabfälle 19

Annette Ochs und Aloys Oechtering

19.1 Einführung

Seit mehr als 25 Jahren werden in Deutschland organische Abfälle aus Haushalten getrennt erfasst und verwertet. Die Mengen sind seit erstmaliger Einführung der Biotonne stetig angestiegen und haben heute annähernd 10 Mio. t im Jahr erreicht, die nahezu vollständig in Kompostierungs- und Vergärungsanlagen verwertet werden.[1] In der Fachwelt werden diese Abfälle häufig als Bio- und Grüngut bezeichnet, um deren Werthaltigkeit besser beschreiben zu können. Zum Bio- und Grüngut gehören im Wesentlichen die Inhalte der Biotonne, d. h. Nahrungs- und Küchenabfälle, sowie die Garten- und Parkabfälle. Seit dem 01.01.2015 gilt für diese überlassungspflichtigen Bioabfälle aus Haushalten die gesetzliche Pflicht, flächendeckend getrennt erfasst zu werden. Der Vollzug ist Ländersache und so wird die gesetzliche Vorgabe sehr unterschiedlich verfolgt und umgesetzt (Krause et al. 2015, S. 142 ff). Der Beitrag stellt die wesentlichen gesetzlichen Rahmenbedingungen vor, die bei der Verwertung organischer Abfälle aus Haushalten eine Rolle spielen und geht auf Herausforderungen ein, die von den öffentlich-rechtlichen Entsorgungsträgern (örE) genauso wie von den Anlagenbetreibern zu lösen sind. Ein Blick in die Anlagentechnik und die Absatzmärkte zeigt, was heutiger Stand der Technik ist und wohin sich die Bioabfallbranche in Zukunft entwickeln wird.

[1] Statistisches Bundesamt, Abfallbilanz 2015, erschienen am 27.02.2017.

A. Ochs (✉)
BDE Bundesverband der Deutschen Entsorgungs-,Wasser- und Rohstoffwirtschaft e.V.
Berlin, Deutschland

A. Oechtering
RETERRA Service GmbH
Erftstadt, Deutschland

P. Kurth et al. (Hrsg.), *Praxishandbuch der Kreislauf- und Rohstoffwirtschaft*,
https://doi.org/10.1007/978-3-658-17045-5_19

19.2 Wesentliche gesetzliche Vorgaben

Bei der Verwertung organischer Abfälle aus Haushalten sind zahlreiche gesetzliche Vorgaben zu berücksichtigen. Diese betreffen im Wesentlichen das Abfall-, das Dünge-, das Wasser- und das Immissionsschutzrecht sowie in Teilen auch das Recht der Erneuerbaren Energien. Auf die Regelungen, die vornehmlich die stoffliche Verwertung betreffen, geht vorliegendes Kapitel ein und schließt mit einem Ausblick auf ein anstehendes Vorhaben aus Europa, durch das Kriterien zum Ende der Abfalleigenschaft von Kompost und Gärprodukten festgelegt werden könnten.

19.2.1 Abfallrecht: Kreislaufwirtschaftsgesetz und Bioabfallverordnung

Seit 1998 wird die Behandlung und Verwertung von Bioabfällen in der Bioabfallverordnung (BioAbfV) geregelt.[2] Diese bedurfte einer grundlegenden Überarbeitung, die 2012 in Kraft trat. Änderungen betrafen insbesondere die Hygieneanforderungen, die Zulassungen für Inputmaterialien und die Meldepflichten. Beispielsweise gibt es nun eine Behandlungs- und Untersuchungspflicht für Grünabfälle sowie neu eine Liste von Abfällen, die einer behördlichen Zustimmung zur Verwertung bedürfen. Darunter fallen in erster Linie produktionsspezifische Schlämme; die klassischen Biotonneninhalte und Grünabfälle gehören nicht dazu. Weiterhin muss die Nachverfolgbarkeit der Bioabfälle nun chargenweise möglich sein und bei einer Überschreitung der Schwermetallgrenzwerte müssen die Untersuchungsergebnisse unverzüglich an die zuständige Behörde weitergeleitet werden. Die Änderungen im Einzelnen führen Leifert und Ochs (2013) auf.

Die Ermächtigungsgrundlage zur BioAbfV gibt das Kreislaufwirtschaftsgesetz (KrWG).[3] Darin sind eine Verwertungspflicht festgeschrieben – soweit technisch möglich und wirtschaftlich zumutbar – sowie Vorgaben zur Rangfolge und Hochwertigkeit der Verwertung enthalten (§§ 7, 8 KrWG). Zur Erfüllung dieser Anforderungen sind Bioabfälle, die einer Überlassungspflicht nach § 17 Abs. 1 unterliegen, spätestens ab dem 01.01.2015 getrennt zu sammeln. Verantwortlich für die Umsetzung der Getrenntsammelpflicht gemäß § 11 Absatz 1 KrWG sind die örE. In einem rechtlichen Argumentationspapier[4] ist das Bundesumweltministerium (BMUB) der Frage zur Reichweite und zu den Grenzen dieser Pflicht nachgegangen. Trotz dieser sehr eindeutigen Darlegungen wird die Umsetzung der Vorgabe von den örE und von der Kommunalaufsicht, die bei Verstoß hiergegen

[2] BioAbfV in der Fassung der Bekanntmachung vom 04.04.2013 (BGBl. I S. 658), die zuletzt durch Art. 5 der Verordnung vom 05.12.2013 (BGBl. I S. 4043) geändert worden ist.

[3] KrWG vom 24.02.2012 (BGBl. I S. 212), das zuletzt durch Art. 4 des Gesetzes vom 04.04.2016 (BGBl. I S. 569) geändert worden ist.

[4] Pflicht zur getrennten Sammlung von Bioabfällen und ihre Grenzen. Rechtliches Argumentationspapier zu § 11 Abs. 1 KrWG. 19.01.2015. http://www.bmub.bund.de/fileadmin/Daten_BMU/Download_PDF/Abfallwirtschaft/bioabfall_rechtl_argumentationspapier_bf.pdf. Zugegriffen: 20. Dezember 2016.

vorgehen müsste, unterschiedlich ernstgenommen. Damit gibt es auch noch zwei Jahre nach der Frist unverändert Kommunen in Deutschland, die über deutliche Potenziale verfügen, ihre organischen Abfälle aus den Haushalten getrennt zu erfassen und einer Kreislaufwirtschaft zuzuführen (Krause et al. 2015, S. 142 ff).

19.2.2 Düngerecht: Düngemittelverordnung und Düngeverordnung

Komposte und Gärprodukte, hergestellt aus getrennt erfassten organischen Abfällen aus Haushalten, die als organischer Dünger oder als Bodenhilfsstoff in Verkehr gebracht werden, unterliegen dem Düngerecht. Den Rahmen gibt das Düngegesetz vor, die konkreten Regelungsinhalte sind in der Düngemittelverordnung (DüMV) und in der Düngeverordnung (DüV) gegeben.

Die DüMV[5] definiert einzelne Düngemitteltypen, u. a. zulässige Ausgangsstoffe und Mindestnährstoffgehalte, sie stellt Anforderungen an die Seuchen- und Phytohygiene sowie an maximal zulässige Schadstoffgehalte und gibt Kennzeichnungsvorgaben. Mit Inkrafttreten des KrWG am 01.06.2012 hat das Düngerecht, in dem Fall die DüMV, eine Vorrangstellung gegenüber dem Abfallrecht eingenommen für solche Anforderungen, mit denen über das Düngerecht eine ordnungsgemäße und schadlose Verwertung von Bioabfällen und Klärschlämmen gewährleistet ist.[6] Hier bestand eine Übergangsregelung bis zum 31.12.2014. Für die Bioabfälle hatte dies eine Ausweitung der notwendigen Messparameter zur Folge, da Arsen, $Chrom^{VI}$, Thallium, perfluorierte Tenside sowie Dioxine und chlorierte Kohlenwasserstoffe (PCB) aus Gründen mangelnder Relevanz im Ausgangsstoff bisher nicht gemessen werden mussten.[7] Für Dioxine/PCB gibt es zudem Anwendungsbeschränkungen und Kennzeichnungsvorgaben. Neu in der DüMV ist zudem, dass ab dem Jahr 2018 phosphathaltige Düngemittel entsprechend gekennzeichnet werden müssen.[8] Bioabfälle sind davon i. d. R. jedoch nicht betroffen. Betroffen sind sie von einer Änderung, die seit dem 01.01.2017 gilt mit Bezug auf den zulässigen Anteil an Fremdbestandteilen. Geändert hat sich die Vorgabe zu den Kunststoffen, die nun differenziert werden zwischen plastisch nicht verformbaren Kunststoffen, z. B. Schraubverschlüsse, und den sonstigen nicht abgebauten Kunststoffen. Der Grenzwert insgesamt wurde nicht verschärft, die Summe bleibt bei maximal 0,5 % der Trockenmasse (TM), allerdings müssen die sonstigen nicht abgebauten Kunststoffe über 2 mm, das sind v. a. die Folien, einen eigenen Grenzwert von 0,1 % der TM einhalten. Die plastisch nicht verformbaren Kunststoffe dürfen gemeinsam mit Altpapier, Karton, Glas und Metallen 0,4 %

[5] DüMV vom 05.12.2012 (BGBl. I S. 2482), die zuletzt durch Art. 3 der Verordnung vom 26.05.2017 (BGBl. I S. 1305) geändert worden ist.
[6] § 11 Abs. 2 S. 3 KrWG.
[7] Anlage 2 Tab. 1.4 DüMV i. V. m. § 4 Abs. 3 BioAbfV.
[8] Anlage 2 Tab. 10 Nr. 10.1.8 Spalte 2 Nr. 1 DüMV i. V. m. § 10 Abs. 2 DüMV.

der TM nicht überschreiten.[9] Diese Regelungen dienen einer langfristigen Sicherung der Nutzung qualitativ hochwertiger Komposte als Bodenverbesserer.

Die DüV ist ein wesentlicher Teil des deutschen Aktionsprogramms zur Umsetzung der EG-Nitratrichtlinie (91/676/EWG) und sie regelt die gute fachliche Praxis beim Düngen, insbesondere was die Aufbringung von Stickstoff und Phosphat auf landwirtschaftlich genutzte Flächen betrifft. Seit mehreren Jahren wird über eine Novelle der DüV diskutiert, einerseits, weil die Verordnung ohnehin in vierjährigen Abständen überprüft und gegebenenfalls weiterentwickelt werden muss, andererseits, weil das deutsche Grundwasser in einigen Regionen zu hohe Nitratgehalte aufweist und deshalb dringend Handlungsbedarf angezeigt ist. Der wesentliche Nitrateintrag ist durch intensive Viehhaltung bedingt. Speziell hierzu fordert die EG-Nitratrichtlinie konkrete Handlungen von den Mitgliedstaaten. Die DüV, die am 01. Juni im Bundesgesetzblatt verkündet wurde und in Kraft getreten ist[10], begrenzt allerdings die Anwendung aller organischen Düngemittel, obwohl z. B. Kompost hier nicht zwingend beregelt werden muss. Die zu einer Anpassung fehlenden Ergebnisse und Beschlüsse hatten die Europäische Kommission in der Zwischenzeit dazu veranlasst, eine Klage[11] gegen Deutschland einzureichen wegen Nichtumsetzung der Nitratrichtlinie.

Für die organische Düngung, auch die Komposte und Gärprodukte aus getrennt erfasstem Bio- und Grüngut aus Haushalten, sieht die DüV einige Neuregelungen vor. Beispielsweise fallen sie, anders als vom EU-Recht gefordert, nun ebenfalls unter die Aufbringungsobergrenze von 170 kg Stickstoff pro Hektar und Jahr. Weiterhin gibt es eine Verschärfung bei den Sperrzeiten. Während diese nach geltendem Recht nur für Düngemittel mit wesentlichem Gehalt an verfügbarem Stickstoff besteht, werden sie nun unabhängig von der Verfügbarkeit des Stickstoffs bewertet. Das geht v. a. zulasten der Komposte, deren Stickstoff weitestgehend nicht verfügbar ist.

Die Kompostwirtschaft kann mit den neuen Vorgaben nicht zufrieden sein. Zukünftig wird es daher zunehmend wichtig, dass Politik und Gesellschaft den Boden- und Klimaschutz sowie die Ressourcenschonung neu bewerten und Düngemittel aus der Kreislaufwirtschaft weniger benachteiligen.

19.2.3 Entwicklungen auf europäischer Ebene

Für die Bioabfallbranche sind auf europäischer Ebene derzeit zwei Regelungsvorhaben von besonderer Relevanz: Die Beschreibung der besten verfügbaren Technik (BVT), notwendig geworden durch die Aufnahme dieser Anlagen, die getrennt erfasste organische

[9] §§ 3, 4 Abs. 1 Nr 4 DüMV i. V. m. § 10 Abs. 6 DüMV.
[10] BGBl. Jahrgang 2017 Teil I Nr. 32 S. 1305.
[11] Klage C-543/16, Registernummer 1034391, eingereicht von der Europäischen Kommission am 27.10.2016.

Abfälle behandeln, in den Anwendungsbereich der Industrieemissionsrichtlinie (IED)[12], sowie die Novelle der europäischen Düngemittelverordnung. Aufgrund des in diesem Kapitel vorgenommenen Fokus auf die Regelungen zur stofflichen Verwertung, wird allein zum Düngerecht ausgeführt.

Die Überlegung, das Düngerecht europaweit zu harmonisieren und gleichzeitig die bestehende Düngemittelverordnung[13] auf organische Dünger auszuweiten, gibt es schon seit geraumer Zeit. Nachdem eine Studie zu möglichen Handlungsoptionen („policy options") beauftragt und die Ergebnisse veröffentlicht wurden, hat die Europäische Kommission im Jahr 2012 insgesamt vier Arbeitsgruppen eingerichtet, in denen Experten konkrete inhaltliche Regelungsvorschläge erarbeitet haben. Am 17.03.2016 hat die Europäische Kommission dann einen Verordnungsvorschlag vorgelegt mit Vorschriften für die Bereitstellung von Düngeprodukten mit CE-Kennzeichnung.[14] Dieser ermöglicht es u. a. dem verarbeiteten Bio- und Grüngut, zu einem frei auf dem gemeinsamen Binnenmarkt handelbaren Düngeprodukt mit CE-Kennzeichnung zu werden. Die Europäische Kommission schlägt damit erstmals rechtlich verbindliche Kriterien für das Ende der Abfalleigenschaft von Bioabfällen im Kontext des europäischen Düngerechts vor (Oehlmann 2016, S. 214). Seitens der Unternehmen, die Komposte und Gärprodukte aus organischen Abfällen herstellen, wird dieser Vorschlag vom Grundsatz her unterstützt, auch wenn Fragen im Detail noch zu beantworten sind. Es ist damit zu rechnen, dass die politische Diskussion im Jahr 2017 wieder an Fahrt aufnehmen wird, wobei derzeit nicht prognostiziert werden kann, bis wann das Verfahren einen Abschluss finden wird.

19.3 Technik der Kompostierung und Vergärung

Mit Beginn der Bioabfallbehandlung in den 1980er-Jahren gab es verschiedenste technische Verfahren zur Behandlung organischer Abfälle. Die einfache Form der Mietenkompostierung ist zahlenmäßig immer noch die am meisten genutzte Verfahrenstechnik in deutschen Kompostierungsanlagen. Je nach Inputmenge und Standort der Anlagen ist es jedoch notwendig, den biologisch basierten Rotteprozess technisch zu unterstützen. In den verschiedenen Entwicklungsperioden gab es im Markt diverse Verfahren wie z. B. Containerkompostierung, Rottetrommeln, Brikollare-Verfahren sowie Rühr- oder Schaufelumsetzer, die auch heute noch in bestehenden Behandlungsanlagen benutzt werden.

[12] Richtlinie 2010/75/EU des Europäischen Parlaments und des Europäischen Rats vom 24.11.2010 über Industrieemissionen (integrierte Vermeidung und Verminderung der Umweltverschmutzung), Amtsblatt der Europäischen Union, L 334/17, 53. Jahrgang, 17.12.2010; s. Anhang I Nr. 5.3.a), i) und 5.3.b), i).

[13] Verordnung (EG) Nr. 2003/2003 des Europäischen Parlaments und des Europäischen Rats vom 13.10.2003 über Düngemittel, Amtsblatt der Europäischen Union, L 304, 46. Jahrgang, 21.11.2003, S. 1–194.

[14] KOM (2016) 157 final, https://ec.europa.eu/transparency/regdoc/rep/1/2016/DE/1-2016-157-DE-F1-1.PDF, Zugegriffen: 12. September 2017.

In der jüngeren Vergangenheit haben sich bei dem Ausbau bestehender Anlagen oder bei Neuanlagen Verfahren wie z. B. vollständig geschlossene Rottetunnel, Zeilenkompostierung oder mit Membranen abgedeckte Mieten durchgesetzt. Insgesamt geht auch die Entwicklung von Bioabfallbehandlungsanlagen zu immer größeren Einheiten mit höheren Durchsatzmengen. Gründe hierfür sind weiter steigende Anforderungen im Emissionsschutz, bei der Ablufterfassung und eine kompaktere Bauweise zur intensiveren Nutzung der Grundstücksflächen. Die bereits an anderer Stelle genannten gesetzlichen Vorgaben und die Entwicklungen auf europäischer Ebene (BVT) sowie die Akzeptanz in der Gesellschaft tragen dazu bei, dass kleinere Anlagen geschlossen werden und Anlagen, die technische Standards angemessen erfüllen können, sich größenmäßig weiterentwickeln.

Aktuell geht die technische Entwicklung der Anlagen häufig zum Bau von Biogasanlagen oder, ergänzend zu bestehenden Kompostierungsanlagen, zu Teilstromvergärungsanlagen. In diesen Anlagen werden die höher energetischen Anteile des Bioabfalls, i. d. R. die Nass- und Küchenabfälle, in Biogasanlagen genutzt und die im Prozess entstehenden Gärreste dann wieder im Kompostierungsbereich zur notwendigen Aerobisierung und Stabilisierung mit eingesetzt.

Bei den Vergärungsverfahren haben sich nach anfänglicher Vielfalt an Verfahrenstechniken Behandlungsverfahren durchgesetzt, die mit möglichst geringem Einsatz von zusätzlichen Flüssigkeiten auskommen. Hier werden heute überwiegend Techniken genutzt, die Feststoffgehalte von mehr als 20 % der Trockensubstanz zulassen. Vorrangig werden hierbei Verfahren genutzt, die die zu behandelnde Biomasse mit Pumpen und Rührwerken (Pfropfenstromverfahren) oder als Feststoffe in einstufigen garagenförmigen Fermentern behandeln.

Als problematisch hat sich in den vergangenen Jahren bei der Verwertung von Bioabfällen in Vergärungsanlagen die Verwertung von Flüssiggärresten erwiesen. Insbesondere der hohe Mineralanteil im Bioabfall verursacht in der notwendigen Verfahrenstechnik Probleme. Einerseits verursachen die Mineralanteile im Flüssigkeitsstrom einen hohen Verschleiß, andererseits entsteht durch die Sedimentation ein zusätzlicher Aufwand bei der Lagerung und der Entleerung der Behälter und Transportfahrzeuge.

Tendenziell ist bereits heute deutlich zu erkennen, dass sich Kombinationsanlagen aus Kompostierung und Vergärung zukünftig stärker entwickeln werden – zum einen, um sich bei der Biogasproduktion auf die wirklich energiehaltigen Abfälle zu konzentrieren, zum anderen, um die entstehenden Gärreste und den darin enthaltenen Wasseranteil (50–80 %) im Rotteprozess der Kompostierungsanlage zu reduzieren.

Insgesamt ist vor dem Hintergrund der Getrenntsammelpflicht von einem weiteren Ausbau der Behandlungsanlagen, insbesondere der Vergärungskapazitäten, auszugehen (Kern und Raussen 2014).

19.4 Umsetzung der Getrenntsammelpflicht

19.4.1 Sachstand

Trotz der seit 2015 geltenden Getrenntsammelpflicht (s. Abschn. 19.2.1) wird diese Vorgabe in zahlreichen örE nicht oder nur unzureichend umgesetzt. Krause et al. (2015, S. 145) hatten 57–69 Landkreise identifiziert, in denen aller Voraussicht nach rechtzeitig keine Biotonne angeboten wird. Nach Richter et al. (2016, S. 530) gab es Anfang 2016 noch bei 14 % der örE kein Angebot zur getrennten Bioguterfassung. Diese Zahl entspricht in etwa dem Best-case-Szenario von Krause et al. (2015) und belegt, dass auch im ersten Jahr der Umsetzungspflicht nur wenige Landkreise/örE die Einführung einer getrennten Bioguterfassung realisiert haben. Hinzu kommen die örE, die die Biotonne nur teilweise eingeführt haben oder solche, bei denen zwar das grundsätzliche Angebot besteht, dieses jedoch bei Weitem nicht flächendeckend genutzt wird. Dabei sind es v. a. die Nahrungs- und Küchenabfälle, die noch über ein hohes Erfassungspotenzial verfügen, energetisch hoch interessant sind, und derzeit vornehmlich im Restabfall entsorgt werden. Zuvor genannte Forschergruppen sehen das Potenzial dieser Abfälle zwischen 42,3 und 45 kg pro Einwohner und Jahr. Insgesamt liegt das Potenzial an Nahrungs- und Küchenabfällen bei rund 80 kg pro Einwohner und Jahr; maximal ein Fünftel davon wird derzeit über die Biotonne getrennt erfasst (Krause et al. 2015, S. 132 f; Richter et al. 2016, S. 532). Interessanterweise besteht auch bei Biotonnennutzern noch rund ein Drittel des Restabfalls aus nativ-organischen Bestandteilen, zumeist Nahrungs- und Küchenabfälle (Kern und Siepenkothen 2014, S. 356–360). Der Restabfall könnte damit mindestens um weitere 1–2 Mio. t Organik jährlich entlastet werden (entspricht etwa 15–20 kg pro Einwohner und Jahr von den potenziell bis zu 45 kg) und insgesamt gibt es, je nach Anschlussgrad der Biotonne, ein noch erfassbares Potenzial von 2 bis 5 Mio. t Organik.

Die mangelnde Umsetzung der Getrenntsammlungspflicht ist überwiegend bei den örE zu erkennen, die über umfangreiche eigene Restabfallbehandlungskapazitäten verfügen (Verbrennungsanlagen oder mechanisch-biologische Abfallanlagen) oder aber langfristige vertragliche Verpflichtungen zur Anlieferung an diese Anlagen eingegangen sind. Organische Abfälle, die aufbereitet und in den Kreislauf zurückgeführt werden, würden dort Kapazitäten freimachen, die – so zumindest der aktuelle Nachfragemarkt – ideal auch für Abfallimporte genutzt werden können, auch wenn es durchaus Landesministerien gibt, die für das Autarkie- und Näheprinzip werben und eine entstehungsnahe Beseitigung der Abfälle anstreben, d. h. den Import ablehnen.[15]

[15] Landtag von Sachsen-Anhalt, Drucksache 7/665 vom 24.11.2016.

19.4.2 Rolle und Aufgabe der öffentlichen Hand

Der Vollzug des KrWG obliegt den Ländern. Damit sind in erster Linie die Landesministerien in der Pflicht, über Landesabfallgesetze das Bundesrecht zu ergänzen oder zu konkretisieren. In den Landesabfallgesetzen werden beispielsweise auch die entsorgungspflichtigen Körperschaften bestimmt und die im Abfallbereich zuständigen Behörden. Die Sammlung und Aufbereitung von haushaltsnah anfallenden Abfällen wird auf kommunaler Ebene in Form von Satzungen festgelegt. So enthalten Abfallsatzungen beispielsweise Regelungen zum Anschluss- und Benutzungszwang. Gebühren für die Inanspruchnahme der Abfallentsorgung werden auf Grundlage von kommunalen Abfallgebührensatzungen erhoben.[16]

Wie in Abschn. 19.2.1 dargelegt, ist die Getrenntsammlungspflicht an die Kommunen bzw. die örE adressiert. Kommunen, die entgegen § 11 Abs. 1 KrWG keine flächendeckende Getrenntsammlung von überlassungspflichtigen Bioabfällen eingeführt haben, verstoßen gegen geltendes Recht. Dennoch gibt es nur sehr eingeschränkte Möglichkeiten, gegen diesen Rechtsverstoß vorzugehen. Denn § 11 Abs. 1 KrWG begründet keine eigenen Rechte von Privatpersonen oder Entsorgungsunternehmen, sodass diesen die Klagebefugnis für eine verwaltungsgerichtliche Klage fehlt. Die Umsetzung der Getrenntsammelpflicht kann jedoch uneingeschränkt durch die Kommunalaufsichtsbehörden geprüft werden, die auch über die erforderlichen Mittel verfügen, um die Einhaltung der gesetzlichen Vorgaben durch die öffentlich-rechtlichen Entsorgungsträger zu erzwingen. Ein Rechtsanspruch von Privatpersonen oder Entsorgungsunternehmen auf ein Tätigwerden der Kommunalaufsicht besteht nicht (Oexle und Lammers 2014).

Den Autoren ist kein Fall bekannt, bei dem die Kommunalaufsicht hinsichtlich einer nicht umgesetzten Getrenntsammelpflicht aktiv geworden ist. Die Kommunalaufsicht obliegt den Bundesländern. Es ist daher völlig unverständlich, dass sich der Bund und die Länder nicht konsequenter für die Umsetzung ihrer politischen Beschlüsse einsetzen und diese auch kontrollieren. Aus dem Forschungsvorhaben „Verpflichtende Umsetzung der Getrenntsammlung von Bioabfällen“ (Krause et al. 2015) hat das BMUB u. a. folgende, an die öffentliche Hand adressierte Handlungsempfehlungen abgeleitet. Die fachlichen Schlussfolgerungen[17] insgesamt können von den Internetseiten des BMUB heruntergeladen werden:

1. Die öffentlich-rechtlichen Entsorgungsträger (örE) haben ein flächendeckendes Angebot für die Getrenntsammlung von Küchen- und Gartenabfällen zum Zweck der

[16] https://www.umweltbundesamt.de/themen/abfall-ressourcen/abfallwirtschaft/abfallrecht. Zugegriffen: 20. Dezember 2016.

[17] Fachliche Schlussfolgerungen aus dem Forschungs- und Entwicklungsvorhaben zur Getrenntsammlung von Bioabfällen. 03.04.2014, aktualisiert 07.05.2015. http://www.bmub.bund.de/fileadmin/Daten_BMU/Download_PDF/Abfallwirtschaft/bioabfall_forschungsvorhaben_schlussfolgerungen_bf.pdf. Zugegriffen: 2. Halbjahr 2016.

hochwertigen Verwertung zu schaffen. Teilgebiete dürfen nicht aus dem Sammelsystem ausgenommen werden.
2. Der Anschluss- und Benutzungszwang ist für die Bioabfallsammlung von allen örE satzungsgemäß zu verankern und konsequent umzusetzen.
3. Dies bietet dem örE auch eine Handhabe für die Kontrolle einer fachgerechten Eigenverwertung als einzigem Befreiungstatbestand von der grundsätzlichen Pflicht zur Nutzung der Getrenntsammelsysteme.
4. Um Missbrauch vorzubeugen und eine fachgerechte Eigenverwertung zu garantieren, sind durch den örE Mindestanforderungen an den Befreiungstatbestand festzulegen.
5. Der umweltschädigenden Beseitigung von Gartenabfällen durch illegale Entsorgung und Verbrennung ist durch nutzerfreundliche Grüngutsammlung und Verbrennungsverbot zu begegnen.

Auch Richter et al. (2016) empfehlen grundsätzlich einen Anschluss- und Benutzungszwang an eine kostenlose Biotonne mit einer freiwilligen Grünguterfassung im Bring- oder Holsystem. Dies sollte kombiniert werden mit einem Identsystem beim Restmüll. Als Sammelrhythmus für die Biotonne sei im Sommer eine wöchentliche, im Winter eine zweiwöchentliche Abfuhr angezeigt.[18]

19.4.3 Handlungsmöglichkeiten für den privaten Dienstleister

Auf Bioabfälle, die einer Überlassungspflicht unterliegen, kann der private Dienstleister als Beauftragter Dritter für die Sammlung oder Behandlung zugreifen. Eine gewerbliche Sammlung von getrennt gesammelten Bioabfällen ist grundsätzlich jedoch zulässig, wie ein Gutachten, das im Jahr 2014 im Auftrag des BDE Bundesverband der Deutschen Entsorgungs-, Wasser- und Rohstoffwirtschaft e. V. erstellt wurde, ergeben hat (Oexle und Lammers 2014a). Die gewerbliche Sammlung organischer Abfälle aus Haushalten wird in einigen Regionen in Deutschland auch erfolgreich praktiziert, beispielsweise im Freistaat Sachsen. Die Hintergründe hierfür sind unterschiedlich. Ein klassischer Fall ist, dass in der Vergangenheit eine kommunale Sammlung bestand, die, nach Rückzug der Kommune, von einem privaten Dienstleister fortgeführt wurde. Der private Anbieter geht dann einzelvertragliche Verhältnisse mit dem Abfallerzeuger (dem Bürger) ein, wobei dies für den Bürger nur dann attraktiv ist, wenn sich die Bioabfallsammlung kostengünstiger darstellt als die Restabfallentsorgung.

► **Praxishinweis** Der private Dienstleister kann beispielweise die Kommunen verstärkt auf die positiven Effekte der Getrenntsammlung hinweisen. Aufgrund einer Mengenreduzierung bei der Restabfallmenge können deutliche wirtschaftliche Vorteile für Kommunen und Bürger festgestellt werden (Reinsch 2016).

[18] EUWID Recycling und Entsorgung 44.2016, S. 3.

Durch das BDE-Gutachten wurde gleichzeitig deutlich, dass die in der Praxis derzeit übliche Zuordnung der getrennt erfassten Bioabfälle aus Haushalten (Biotonneninhalte) zum Abfallschlüssel 20 03 01 („gemischte Siedlungsabfälle") im Widerspruch zu Wortlaut und Systematik des Europäischen Abfallverzeichnisses steht. Soweit diese Zuordnung in nationalen Rechtsvorschriften, namentlich der Bioabfallverordnung, vorausgesetzt werde, seien die Regelungen europarechtswidrig und für die Zuordnung von solchen Bioabfällen nicht maßgeblich. Bioabfälle, die getrennt erfasst werden, fielen als getrennt gesammelte Fraktion in die Gruppe 20 01 des Abfallverzeichnisses. Solange es keinen eigenen, allgemeinen Abfallschlüssel für getrennt erfasste Bioabfälle gebe, müssten sie daher dem Abfallschlüssel 20 01 99 (sonstige Fraktionen a. n. g.) zugeordnet werden. Aus rechtspolitischen Gründen sei die Aufnahme eines eigenen Abfallschlüssels für getrennt gesammelte Bioabfälle dringend erforderlich. Das Fehlen eines solchen Schlüssels im derzeit geltenden Abfallverzeichnis werde der Bedeutung, die dieser Abfallfraktion im heutigen nationalen und europäischen Abfallrecht eingeräumt wird, nicht gerecht; es sei deshalb wertungswidersprüchlich und nicht mehr zeitgemäß. Zudem erschwert das Fehlen eines solchen Abfallschlüssels die statistische Erfassung der Bioabfallentsorgung und führt zu Rechtsunsicherheiten für die betroffenen Dienstleister.

19.5 Notwendigkeit zur sortenreinen Erfassung

19.5.1 Problemlage

Betreiber von Bioabfallbehandlungsanlagen, die Komposte und Gärprodukte herstellen, sind zunehmend mit dem Problem eines steigenden Fremdstoffanteils in den Anlieferungen konfrontiert. Das betrifft Anlieferungen sowohl aus bestehenden Sammelgebieten, als auch aus solchen, die durch die Getrenntsammelpflicht neu hinzugekommen sind. Im Ergebnis reichen die Maßnahmen an der Anlage selbst z. T. nicht mehr aus, um die hohen Qualitäten an organischen Düngemitteln herzustellen, die für eine hochwertige Verwertung und Kreislaufführung erforderlich sind. Durch die Ausschreibungen selbst müssen teilweise so hohe Mengen an Fremdstoffen toleriert werden, dass von keiner ausreichenden Basis für eine hochwertige Verwertung mehr gesprochen werden kann. Beispielsweise kann laut einer Ausschreibung im Saarland „der dem Auftragnehmer überlassene Bioabfall [. . .] 15 Gew.-% Störstoffe (± 3 %) enthalten." In anderen Ausschreibungen weist der Auftraggeber jegliche Gewähr für die Qualität der angelieferten Abfälle von sich. Dabei ist es immer das Zusammenspiel aller Akteure (Bürger, örE, Berater/Planer, Sammler, Anlagenbetreiber), sich gemeinschaftlich für eine hochwertige Verwertung zu engagieren und passende Maßnahmen dafür zu ergreifen. Im Rahmen eines Forschungsvorhabens (Kranert et al. 2016) wurde sich dieser Thematik angenommen, es wurden Einflussgrößen auf die Qualität der Bioguterfassung identifiziert und Handlungsempfehlungen abgeleitet, auf die Abschn. 19.5.3 näher eingeht.

19.5.2 Biologisch abbaubare Kunststoffe

Bei der Fremdstoffproblematik werden Folien als besonders relevant eingestuft. Vorhanden sind diese insbesondere dadurch, dass der Bürger die organischen Abfälle in teils verknotete Kunststofftüten verpackt, bevor er sie in die Biotonne gibt. Anlagentechnisch, v. a. bei der Vergärung, können sie zu Problemen führen (z. B. an der Schnecke oder sie schwimmen im Fermenter auf) und nicht zuletzt beeinträchtigen sie die Qualität der Komposte und Gärprodukte. Teil des Folienproblems sind auch die biologisch abbaubaren Kunststoffe, die in den Behandlungsprozessen nicht zwingend einem vollständigen Abbau unterliegen und die aufgrund der Anlagenaufbereitungstechnik mit einem zusätzlichen Aufwand, der herkömmlichen Folien gleichzusetzen ist, aussortiert werden.

Zunächst muss klargestellt werden, dass biologisch abbaubare Kunststoffe nicht zwingend vollständig aus nachwachsenden Rohstoffen bestehen. Je nach Anwendungsfall werden petrochemische Komponenten sowie weitere Hilfs- und Zusatzstoffe genutzt, was von den Herstellern nicht zwingend offengelegt wird (Beier 2009). Kunststoffe, die ausschließlich auf der Basis nachwachsender Rohstoffe oder von Naturstoffen erzeugt werden, werden als biobasiert bezeichnet. Biokunststoff ist ein weiterer Oberbegriff und umfasst Kunststoffe, die sowohl abbaubar, als auch biologisch nicht abbaubar sind. Sie können aus nachwachsenden oder aus fossilen Rohstoffen hergestellt sein. Der Test, mit dem die biologische Abbaubarkeit nachgewiesen wird (DIN EN 13432), gibt eine Kompostierungszeit von zehn Wochen vor und es müssen mehr als 90 % des Produkts unter bestimmten Milieubedingungen abgebaut sein. Da in der Praxis z. T. kürzere Rottezeiten üblich sind und auch keine Laborbedingungen herrschen, besteht die Gefahr, dass am Ende des Prozesses Fremdstoffe im Kompost vorhanden sind. Hinzu kommt, dass kein Nutzen für die Kompostierung besteht, da keine wertgebenden Bestandteile wie Nährstoffe oder Humus verbleiben. Von daher rät das Umweltbundesamt von einer Entsorgung von biologisch abbaubaren Kunststoffen über die Biotonne ab und es stuft die Hausgartenkompostierung als gänzlich ungeeignet für diese Stoffe ein. Einen Test für die anaerobe Abbaubarkeit gibt es derzeit noch nicht. Angesichts dessen, dass zunehmend kombiniert verwertet werden soll, d. h. zunächst energetisch (anaerob) und dann aerob, ist der Einsatz von abbaubaren Kunststoffen noch kritischer zu sehen. Die Kompostverbände VHE – Verband der Humus- und Erdenwirtschaft e. V. und Bundesgütegemeinschaft Kompost e. V. (BGK), gestützt auf zahlreichen auch negativen Erfahrungen der Anlagenbetreiber und angesichts der Qualitätssicherung, sehen den Einsatz von biologisch abbaubaren Kunststoffen sehr kritisch und lehnen eine grundsätzliche Entsorgung über die Biotonne ab.[19,20] Hierbei ist auch die Erwartungshaltung der Kompostanwender zu berücksichtigen. Diese

[19] VHE-Position zur Verwertung von biologisch abbaubaren Werkstoffen (BAW) einschließlich BAW-Sammeltüten über die Biotonne vom 26.02.2014.

[20] BGK-Standpunkt „Kompostierung von Biokunststoffen ist ein Irrweg" vom 21.03.2014. Download unter: http://www.kompost.de/fileadmin/docs/Archiv/Thema_Position/5.4.1_Position-BAW_2014_final.pdf.

gehen i. d. R. davon aus, Produkte aus nativ organischen Rohstoffen zu erhalten ohne die Zugabe anderer abbaubarer Gegenstände.

▶ **Praxishinweis** Biotonnennutzer sollten sich bei ihrem örE erkundigen, ob in der Behandlungsanlage biologisch abbaubare Kunststoffe, die als Beutel im Vorsortiergefäß genutzt werden können, vollständig abgebaut werden und ihre Verwendung daher empfohlen werden kann.

19.5.3 Handlungsempfehlungen

Bereits bei der Abfallsammlung, die durch den örE oder einen Beauftragten Dritten erfolgt, sollten Stichprobenkontrollen durchgeführt werden. Durch Verwarnungen und Nichtleerung im Fall von wiederholt starker Verunreinigung wird das Trennverhalten beeinflusst und so Fehlwürfen an der Quelle direkt entgegengewirkt (Kranert et al. 2016, S. 58).

Insgesamt sind Information und Klarheit für den Bürger die wichtigste Voraussetzung, um Fremdeinträge zu reduzieren. Insbesondere müssen Inputstoffe für die Biotonne klar definiert sein und Hinweise darauf den Bürgern zur Verfügung gestellt werden; in diesem Zusammenhang gilt es auch, eine enge Abstimmung mit der Behandlungsanlage vorzunehmen. Ein besseres Trennverhalten wird weiter dadurch unterstützt, dass dem Bürger bewusst ist, zu welchem Zweck und mit welchem Ziel organische Abfälle sauber getrennt werden müssen. Dieses hat eine gute Öffentlichkeitsarbeit zu übernehmen. Bei jeglicher Form der Öffentlichkeitsarbeit ist zu berücksichtigen, dass Maßnahmen konsequent und kontinuierlich durchgeführt werden, da die Biogutqualität im zeitlichen Abstand zur Kampagne abnimmt. Bestimmte Personengruppen, z. B. Hausmeister oder Hausverwalter in Großwohnanlagen oder Kinder, können als Multiplikator eine wichtige Rolle spielen. Auch müssen unterschiedliche Personengruppen erreicht werden können (Stichwort Sprache; Kranert et al. 2016, S. 59, 61).

Das Sammelsystem muss zudem nutzerfreundlich sein. Themen wie Geruch und Hygiene/Ungeziefer werden als Hemmnisse bzw. Störfaktoren benannt, denen entsprechend begegnet werden muss. Dazu können technische Lösungen zur Verfügung gestellt werden, beispielsweise Filterdeckel auf Biotonnen oder aber bestimmte Beutel oder Kleinsammelgefäße. Weise (2016) hat beispielsweise gute Erfahrung gemacht mit einem Starterpaket bestehend aus einem Vorsortiergefäß, einer Probepackung Sammelbeutel (in dem Fall aus Papier), Infoflyern und einem Aufkleber mit dem Titel „Was darf rein".

Weiteren Einfluss nehmen die Behältergröße und die Abfuhrhäufigkeit. In Oberursel (Weise 2016) wurden zunächst gleiche Volumina für Rest- und Biomüll zur Verfügung gestellt – die Einheitsgebühr richtete sich nach der Größe des Restabfallbehälters und nur das Biozusatzvolumen war gebührenpflichtig; Eigenkompostierer, auf Antrag war Eigenkompostierung zulässig, haben einen Abschlag auf die Einheitsgebühr erhalten – mit dem Ergebnis, dass die Verkleinerung des Restmüllbehälters zu keiner Überfüllung oder

Verdichtung geführt hat, sondern zu einer Verlagerung ehemals im Restmüll befindlicher Materialien in andere Erfassungssysteme. Hier konnte also über den Bioabfall hinaus eine Verbesserung der Getrenntsammlung auch für andere Abfallströme erreicht werden.

Laut des Forschungsvorhabens der Entsorgergemeinschaft der Deutschen Entsorgungswirtschaft e. V. (Kranert et al. 2016) sollten die Gebühren verursachergerecht gestaltet werden und die spezifischen Gebühren für das Biotonnenvolumen deutlich unter denen für den Restabfall liegen. Außerdem könne die Eigenkompostierung die Biotonne zwar sinnvoll ergänzen, nicht aber ersetzen, weshalb ein Gebührenabschlag hierfür nicht empfohlen werden könne.

Um qualitativ hochwertige Komposte und Gärprodukte zu erzeugen, ist eine sortenreine Erfassung von Bio- und Grüngut zwingend erforderlich. Regelungen zur sortenreinen Erfassung sollten bereits bei der Ausschreibung berücksichtigt werden. Nach Kranert et al. (2016, S. 61) ist eine Zielgröße von unter 1 Gew.-% im Jahresdurchschnitt anzustreben.

> **Praxishinweis** Der BDE empfiehlt, folgende Formulierungen in die Verträge zur Bio- und Grünguterfassung sowie -verwertung aufzunehmen:[21]
> „Bio- und Grüngut sind einer hochwertigen Verwertung zuzuführen. Eine hochwertige stoffliche Verwertung ist nur möglich, wenn die erzeugten Düngemittel frei von Fremdstoffen sind. Fremdstoffe sind Verunreinigungen wie Glas, Metalle und Kunststoffe.
> Um qualitativ hochwertige Komposte und Gärprodukte zu erzeugen, sind Bio- und Grüngut sortenrein getrennt zu erfassen. Der Fremdstoffanteil soll 1 Gew.-% in der Einzelanlieferung nicht überschreiten (Klasse A).
> Wenn mehr als 1 Gew.-% an Fremdstoffen enthalten ist, entsteht ein Mehraufwand für die Abtrennung der Fremdstoffe und ihre Entsorgung (Klasse B). In diesen Fällen greift der zwischen Auftraggeber (AG) und Auftragnehmer (AN) vereinbarte erhöhte Behandlungspreis. Die vom AN durchgeführte Fremdstoffanalytik ist zu dokumentieren und dem AG auf Verlangen vorzulegen.
> Bei Fremdstoffgehalten von mehr als 3 Gew.-% kann eine negative Auswirkung auf die Qualität der Endprodukte nicht mehr ausgeschlossen werden (Klasse C). In diesen Fällen ist es möglich, die betreffende Einzelanlieferung abzuweisen und die Entsorgungskosten als Restabfall dem Abfallerzeuger (dem AG) in Rechnung zu stellen. Eine Dokumentation der Anlieferung und der Analytik ist erforderlich.
> Der AG überprüft alle zwei Jahre seine Maßnahmen, die zur Sicherstellung einer hohen Bio- und Grüngutqualität notwendig sind. Bei Ergebnissen, die eine Einstufung in die Klasse C ergeben, wird der AG sofort Maßnahmen ergreifen. Maßnahmen können die Erstellung und Verteilung von Informationsmaterial sein oder das Durchführen gezielter Kontrollen und Sanktionen beim Bürger.
> Die Festlegung von Maßnahmen findet in enger Abstimmung mit dem AN statt; die Kosten für diese Maßnahmen trägt der Abfallerzeuger (AG)."

[21] http://bde.de/assets/public/Dokumente/BioBehandlung/Formulierungsvorschlag-Fremdstoffe-2016.pdf.

Zur Notwendigkeit einer sortenreinen Bioguterfassung führt auch ein Standpunktepapier der BGK vom 31.05.2016 weiter aus.[22]

An der Anlage selbst ist wichtig, dass es nachprüfbare Kriterien für die Fremdstoffgehalte im angelieferten Bioabfall gibt und klare Regelungen für die Rückweisung bzw. Behandlung verunreinigter Chargen. Dazu gehört auch ein enger Austausch mit dem örE. Der Betrieb selber sollte hinsichtlich der Fremdstoffe über ein internes Qualitätsmanagementsystem verfügen, um rechtzeig qualitätssichernde Maßnahmen ergreifen zu können. Zur Berücksichtigung der wichtigsten Punkte zählen: Kontrolle jeder einzelnen Anlieferung, Effizienz der Vorsortierung, Funktionalität Siebschnitt, (ungewollte) Zerkleinerung der Fremdstoffe.

19.6 Produkteinsatz

Ziel der gesamten Aufbereitung ist die Herstellung marktfähiger Produkte: Zum einen von Produkten, die aus dem laufenden Verwertungsprozess gewonnen werden können, wie z. B. Biogas (daraus dann Strom und Wärme); zum anderen Produkte aus der Endaufbereitung, die überwiegend als organisches Düngemittel vermarktet werden können.

Das Erneuerbare-Energien-Gesetz (EEG) fördert seit 1991, damals noch als Stromeinspeisungsgesetz, die Einspeisung von Strom aus erneuerbaren Quellen. Seit dem Jahr 2000 gibt es konkrete Förderbeträge für die Herstellung von Strom aus Bioabfällen. Mit der Neufassung des EEG im Jahr 2012 wurden diese Förderungen angehoben bis zu einem Fördersatz von 16 Cent pro Kilowattstunde. Abhängig von der Größe der Anlage und der möglichen Zu- und Abschläge bezüglich Anlagengröße und Vermarktungsart sind weitere Regelungen zu beachten. Mit der zuletzt vorgenommenen Novellierung des Gesetzes wurde allerdings eine rückläufige Förderung für Strom aus Biomasse festgelegt. Gleichzeitig ist der Investitionsaufwand durch immer neue Auflagen weiter gestiegen, z. B. das Vorhalten doppelter Blockheizkraftwerkkapazität. Dieses hat zur Folge, dass voraussichtlich in Zukunft mehr Biogas zu Biomethan aufbereitet werden wird, um dieses Gas als Ersatz für Erdgas zu nutzen. Hierbei kann der Vermarkter von Biogas z. B. eine Kostenerstattung für vermiedene Netzentgelte nach § 20 GasNEV (Verordnung über die Entgelte für den Zugang zu Gasversorgungsnetzen) beantragen. Desweiteren bietet dieser Vermarktungsweg den Vorteil, das Erdgasnetz als Gasspeicher zu nutzen. Damit hat der Biogasproduzent sämtliche Nutzungsarten, wie sie für Erdgas bekannt sind, erschlossen. Vorrangig werden Nutzungen wie z. B. Beimischung zu Kraftstoffen in Erdgasfahrzeugen oder der Einsatz in Blockheizkraftwerken und Heizungsanlagen gewählt.

Die Endprodukte der stofflichen Aufbereitung sind Gärprodukte (fest und flüssig), Komposte und holzige Brennstoffe. Letztere werden, abhängig von der Struktur der Ausgangsrohstoffe, auch gezielt und direkt zur Wärme- und Energieproduktion hergestellt.

---

[22] http://www.kompost.de/fileadmin/user_upload/Dateien/HUK-Dateien/6_2016/5.4.6_Position_Sortenreinheit_von_Bioabfaellen_gewaehrleisten.pdf.

Insbesondere aus Grünabfällen lassen sich bis zu 40 % der Rohstoffe als feste Brennstoffe aus Biomasse in Biomassekraftwerken zur Energie- oder Wärmeproduktion nutzen.

Der weitaus größte Anteil der hergestellten Produkte fällt in den Bereich Kompost. Mengenmäßig der größte Teil der produzierten Komposte wird als Bodenverbesserungs- und Düngemittel in der Landwirtschaft eingesetzt (Abb. 19.1). Je nach Bodenart und Wasserversorgung dient Kompost als Grunddünger zur Lieferung aller essenziellen Nährstoffe. Auch die Steigerung des Dauerhumusgehalts ist für viele Anwender der Grund, Kompost einzusetzen. Zudem dient dieser Effekt auch der Verbesserung der Wasserhaltefähigkeit von Böden.

Im Landschaftsbau und bei der Rekultivierung wird Kompost zur Auffrischung der Böden und der Versorgung mit organischer Substanz genutzt.

Viele Kleingärtner kennen Kompost aus der Nutzung im Hobbygarten. Hier ist der bodenverbessernde Effekt und die Fütterung von Bodenlebewesen ein wichtiger Grund für die natürliche Art der Düngung.

Zunehmend wichtig für den Absatz von Kompost ist die Erdenindustrie. Hier werden für die Herstellung von Blumenerden und Kultursubstraten immer mehr Komposte eingesetzt. Dieser Trend wird insbesondere durch die Steigerung von torffreien Erden ausgelöst.

Mit der Nutzung von Kompost als Bodenverbesserer leistet diese Art der Düngung einen erheblichen Beitrag zur Verbesserung der CO_2-Bilanz. Der eingelagerte Kohlenstoff zersetzt sich nur langsam oder wird als Dauerhumus gespeichert. Im englischen Sprach-

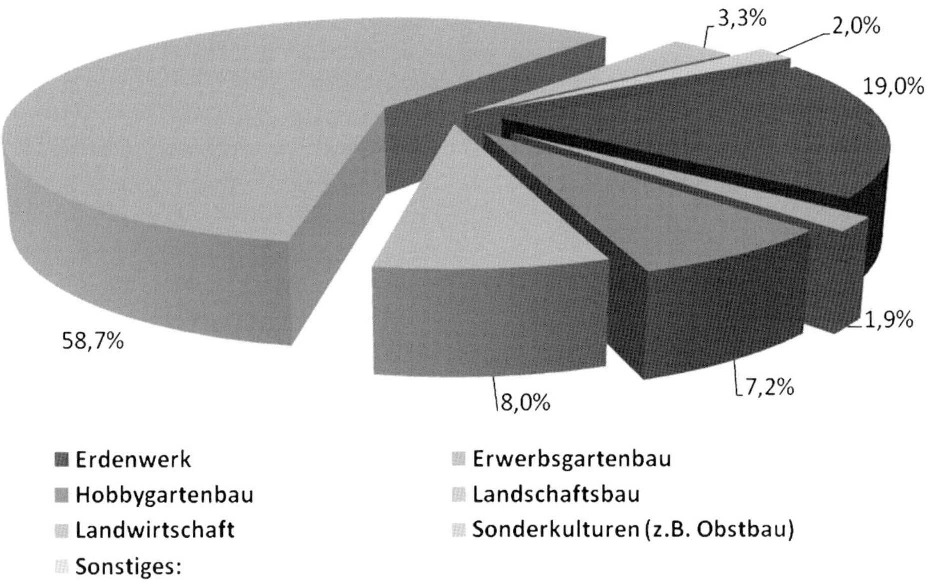

Abb. 19.1 Absatzwege gütegesicherter Komposte 2016. (BGK 2017, https://www.kompost.de/fileadmin/user_upload/Dateien/Zahlen/Markt_Kompost_2016.pdf. Zugegriffen: 18. April 2017)

gebrauch wird dieser Bodenverbesserer daher auch als „carbon earth" deklariert. Dieser Effekt wurde in der Vergangenheit in der umweltpolitischen Diskussion noch viel zu wenig beleuchtet.

Literatur

Beier W (2009) Biologisch abbaubare Kunststoffe. UBA-Hintergrundpapier

Kern M, Raussen T (2014) Biogas-Atlas 2014/15, Anlagenhandbuch der Vergärung biogener Abfälle in Deutschland und Europa. Druckhaus Göttingen

Kern M, Siepenkothen J (2014) Bioabfallpotenzial im Hausmüll – Modellbetrachtung zur Steigerung der Erfassung von Bioabfällen aus dem Hausmüll. Müll und Abfall 07/14, S 356–360

Kranert M, Böhme L, Fritzsche A, Gottschall R (2016) Einflussgrößen auf die separate Bioguterfassung unter besonderer Berücksichtigung der Qualität. EdDE-Dokumentation Nr. 18

Krause P, Oetjen-Dehne R, Dehne I, Dehnen D, Erchinger H (2015) Verpflichtende Umsetzung der Getrenntsammlung von Bioabfällen. Texte 84/2014, Umweltbundesamt

Leifert I, Ochs A (2013) Die neue Bioabfallverordnung. In: Kurth P, Oexle A (Hrsg), Handbuch der Kreislauf- und Rohstoffwirtschaft. Carl Heymanns Verlag, Köln, S 221–244

Oehlmann C (2016) Europäische Kreislaufwirtschaft mit Abfallende? Die zukünftige Rolle von Bioabfällen im europäischen Abfall- und Düngemittelrecht. AbfallR 5/2016, S 214–222

Oexle A, Lammers T (2014) Rechtsfragen der Kontrolle und des Rechtsschutzes bei Verletzung der Pflicht zur getrennten Sammlung von Bioabfällen nach § 11 KrWG. Unveröffentlicht

Oexle A, Lammers T (2014a) Rechtsfragen der Zulässigkeit einer gewerblichen Sammlung von Bioabfällen. AbfallR 5/2014, S 225–229

Reinsch M (2016) Ein Jahr nach Einführung. Biotonne: Nicht geliebt, doch genutzt. 27.02.2016. www.op-online.de. Zugegriffen: 27.02.2016

Richter F, Siepenkothen J, Wagner J, Raussen T, Kern M (2016) Nahrungs- und Küchenabfälle effizient erfassen und stofflich-energetisch verwerten. Müll und Abfall 10/16, S 530–537

Weise M (2016) Einführung der Pflicht-Biotonne Oberursel. Auswirkungen auf die Stoffströme. Müll und Abfall 11/16, S 575–580

Klärschlamm 20

Anne Nikodem, Matthias Staub und Laurent Hequet

20.1 Stand der Klärschlammentsorgung in Deutschland

Abwasser enthält partikuläre und gelöste Inhaltstoffe, die im Rahmen der verschiedenen Stufen der Abwasserreinigung auf Kläranlagen vom Wasser getrennt werden. Dabei wurden im Jahr 2015 in Deutschland mehr als 1,8 Mio. t Klärschlammtrockenmasse (TM) von öffentlichen Abwasserbehandlungsanlagen entsorgt (Abb. 20.1; DESTATIS 2016). Im Jahr 1998 waren es noch etwa 2,2 Mio. t TM. Seitdem ging die Menge des jährlich zu entsorgenden Klärschlamms aufgrund weitergehender anaerober Behandlung des Klärschlamms auf Kläranlagen leicht zurück (Umweltbundesamt 2013). Klärschlamm ist die größte Schadstoffsenke auf den Kläranlagen und beinhaltet neben Wasser organische sowie anorganische Nähr- und Schadstoffe. Bedeutende Nährstoffe sind z. B. Phosphor (P) sowie Stickstoff (N). Klärschlamm enthält jedoch auch Schwermetalle wie z. B. Cadmium (Cd), Quecksilber (Hg) oder Kupfer (Cu; Staub et al. 2014, S. 21 ff).

Aufgrund der zu erwartenden politischen Veränderungen im Bereich der Klärschlammentsorgung, die wir auch als Klärschlammwende bezeichnen können, hat die stoffliche Verwertung von Klärschlamm in der Landwirtschaft oder im Landschaftsbau in den vergangenen Jahren abgenommen. Die Deponierung von Klärschlamm ist seit dem 01.01.2005 untersagt. Deswegen hat dieser Weg bereits seit Jahren keine Bedeutung mehr. Lediglich die thermische Verwertung von Klärschlamm hat in Deutschland kontinuierlich zugenommen und betraf 2015 etwa 64 % des gesamten Klärschlammaufkommens.

A. Nikodem · L. Hequet
Veolia Deutschland GmbH
Leipzig, Deutschland

M. Staub (✉)
TVF Waste Solutions GmbH
Leipzig, Deutschland

P. Kurth et al. (Hrsg.), *Praxishandbuch der Kreislauf- und Rohstoffwirtschaft*,
https://doi.org/10.1007/978-3-658-17045-5_20

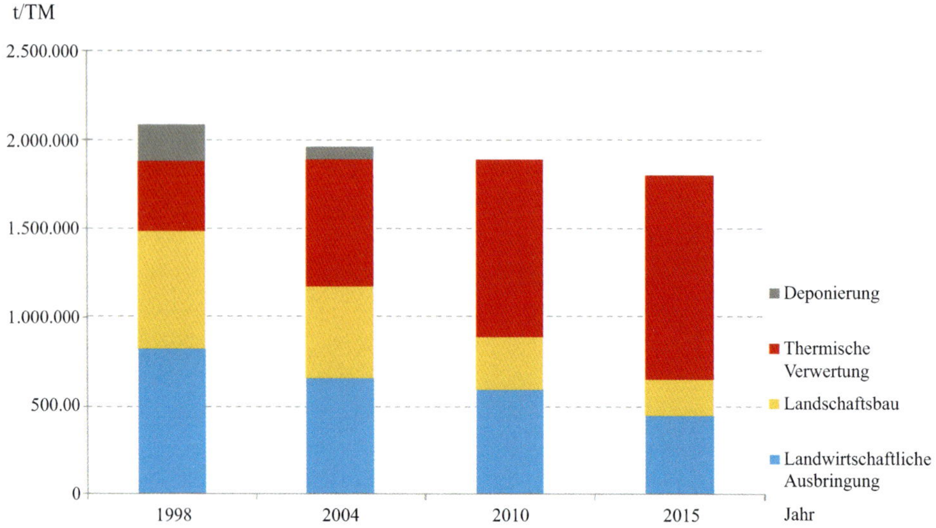

Abb. 20.1 Entwicklung der Klärschlammentsorgung in Deutschland. (DESTATIS 2016)

Trotz des bundesweiten Trends sind die Kontraste zwischen den deutschen Bundesländern bei der Klärschlammverwertung immer noch groß. Bevölkerungsreiche Länder sowie Länder mit vielen thermischen Entsorgungsanlagen bevorzugen die thermische Entsorgung – z. B. Berlin und Hamburg, aber auch Baden-Württemberg oder Nordrhein-Westfalen. Der Norden und der Osten Deutschlands bevorzugen die landwirtschaftliche Ausbringung, mit Ausnahme von Sachsen und Thüringen, die einen hohen Anteil an landschaftsbaulicher Entsorgung haben, bedingt durch den hohen Bedarf für die Rekultivierung von Flächen.

Perspektivisch wird die Verwertung des Klärschlamms für alle Kläranlagen ab einer Ausbaugröße von 50.000 Einwohnerwerten (EW) in absehbarer Zeit ausschließlich in thermischen Anlagen erfolgen, verbunden mit einer Rückgewinnung des enthaltenen Phosphors (s. Abschn. 20.2.1.2.5). Heute wird bereits 64 % der gesamten Klärschlammmenge in Deutschland verbrannt (DESTATIS 2016). Welcher Anteil an Klärschlamm es zukünftig werden wird, lässt sich nur schätzen, denn auch Kläranlagen mit kleineren Ausbaugrößen können aufgrund von hohen Schadstoffkonzentrationen gezwungen sein, ihren Klärschlamm thermisch zu verwerten. Infolge der Energiepolitik ist durch die starke Einschränkung der Mitverbrennung von Klärschlamm in Kohlekraftwerken davon auszugehen, dass mindestens fünf bis zehn neue Klärschlammmonoverbrennungsanlagen in den nächsten 10–15 Jahren im Bundesgebiet errichtet werden sollen. Dies stellt eine große Herausforderung für Politik, Kommunen und die Wirtschaft dar (Six 2016).

20.2 Rechtliche Rahmenbedingungen der Klärschlammentsorgung

Rechtliche Rahmenbedingungen der Klärschlammentsorgung enthalten insbesondere die Klärschlammverordnung, die Düngemittelverordnung und die Düngeverordnung, die durch zahlreiche Novellen zukünftig neu geregelt werden sollen. Parallel dazu wird die Klärschlammentsorgung durch energierechtliche und europarechtliche Rahmenbedingungen beeinflusst.

20.2.1 Klärschlammverordnung

20.2.1.1 Aktueller Sachstand der Novellierung

Der Referentenentwurf der Verordnung zur Neuordnung der Klärschlammverwertung, der auch die Novellierung der Klärschlammverordnung (AbfKlärV-E)[1] enthält, datiert vom 27.08.2015. Nach Anhörung der Bundesländer und Verbände hat das Bundesministerium für Umwelt, Naturschutz, Bau und Reaktorsicherheit (BMUB) den ressortabgestimmten Entwurf am 26.09.2016 an die EU-Kommission zur Notifizierung übermittelt (BMUB 2016), die ohne Änderungen erfolgt ist.[2] Nachdem das Bundeskabinett und der Bundestag die Novelle bereits verabschiedet haben, wird erwartet, dass der Bundesrat über die Verordnung in seiner Sitzung am 12. Mai 2017 abschließend berät (vgl. Bundesratsdrucksache 255/17).

20.2.1.2 Erwartete gesetzliche Änderungen

Die Novellierung der AbfKlärV enthält neben einem erweiterten Anwendungsbereich im Hinblick auf den Landschaftsbau, der Ausweitung der Untersuchungspflichten, der Verschärfung der Grenzwerte und der Aufbringungsbeschränkungen auch Anforderungen an die Qualitätssicherung und, als zentrale Regelung, Vorgaben zur Phosphorrückgewinnung.

20.2.1.2.1 Ausweitung der Untersuchungspflichten

Bezogen auf den Klärschlamm sind nunmehr auch ein Grenzwert für Benzo(a)pyren (B[a]P) zu beachten und der Eisengehalt (allerdings ohne Grenzwert) zu bestimmen. Für die Summe organischer Halogenverbindungen als adsorbierte organisch gebundene Halogene (AOX) und polychlorierte Biphenyle (PCB) sind verschärfte Grenzwerte einzuhalten. Für den Höchstgehalt an Kupfer ist der Grenzwert in Anlage 1 Abschn. 4.1 Nr. 4.1.1 Spalte 6 Abs. 2 der Düngemittelverordnung (DüMV) zu beachten. Die zuständige Be-

[1] Im Folgenden beziehen sich beim Zitieren der Vorschriften die Artikel auf die Verordnung zur Neuordnung der Klärschlammverwertung und die Paragrafen auf die AbfKlärV-E.

[2] BDE 2016: Der BDE Bundesverband der Deutschen Entsorgungs-, Wasser- und Rohstoffwirtschaft e. V. hält den zur Notifizierung vorgelegten Entwurf für europarechtswidrig. Es läge ein Verstoß gegen die europäische Abfallhierarchie (stoffliche Verwertung geht der Verbrennung vor) und gegen die EU-Klärschlammrichtlinie, welche die Verwendung von Klärschlamm in der Landwirtschaft regelt, vor.

hörde kann den Klärschlammerzeuger, den Gemischhersteller und den Komposthersteller zur Prüfung der Einhaltung der Grenzwerte zu einer Rückstellprobe und deren Aufbewahrung von fünf Jahren verpflichten. Die Messung des Klärschlamms erfolgt i. d. R. je angefangene 250 t TM, höchstens jedoch einmal monatlich. Bei Klärschlammgemisch und Klärschlammkompost sind die Untersuchungen je angefangene 500 t TM durchzuführen. Bei Anlagen, bei denen jährlich 750 t TM oder weniger anfallen, ist eine Untersuchung alle drei Monate durchführen zu lassen. Die Anforderung bezüglich der Messung organischer Schadstoffe bleibt unverändert zur geltenden AbfKlärV.[3]

Bezogen auf den Boden sind die Vorsorgewerte für Metalle und PCB_6 bzw. B(a)P der Bundes-Bodenschutz- und Altlastenverordnung (BBodSchV), Anhang 2, einzuhalten. Diese Parameter, mit Ausnahme bezüglich der Bodenart Ton, wurden dabei allesamt verschärft. Zudem hat der Klärschlammerzeuger vor der erstmaligen Auf- oder Einbringung des Klärschlamms die Bodenart zu bestimmen. Bezüglich der Messung gelten die Regelungen der AbfKlärV weiterhin fort. In Anlage 1, Tab. 1 der AbfklärV-E, ist nunmehr eine eigene Regelung zu Analysemethode bezüglich der Parameter PCB und B(a)P enthalten.[4]

20.2.1.2.2 Verschärfung der Aufbringungsbeschränkungen

Vermischungsverbot: Die Abgabe und das Aufbringen von Klärschlamm, der mit Klärschlämmen aus Abwasserbehandlungsanlagen vermischt worden ist, ist nur zulässig, wenn es sich um Klärschlämme aus Abwasserbehandlungsanlagen desselben Klärschlammerzeugers handelt und die Klärschlämme die Anforderungen bezüglich der Grenzwerte und der Seuchen- und Phytohygiene einhalten. Bei Qualitätssicherung ist eine Vermischung von Klärschlämmen aus Abwasserbehandlungsanlagen unterschiedlicher Klärschlammerzeuger unter erleichterten Voraussetzungen zulässig. Wichtig ist der Umstand, dass auch eine Verbändestruktur ein Klärschlammerzeuger in diesem Sinn sein kann.[5]

Das Aufbringen von Klärschlamm auf oder in einen Boden mit Nutzung als Grünland, Mais, Zuckerrüben oder Hopfen wurde verschärft. Bei der Aufbringung des Klärschlamms auf Flächen zum Anbau von Feldgemüse muss zwischen dem letzten Auf- oder Einbringen und dem nächsten Anbau von Feldgemüse ein zeitlicher Abstand von mindestens 24 Monaten eingehalten werden.[6]

20.2.1.2.3 Qualitätssicherung

Bei der Abgabe von qualitätsgesichertem Klärschlamm (Qualitätssicherung im Sinn von § 12 Kreislaufwirtschaftsgesetz) gelten im Hinblick auf die Anforderungen gewisse Erleichterungen, die in Art. 1 § 31 AbfKlärV-E geregelt sind.

[3] Art. 1 §§ 5 Abs. 1, 5 Abs. 3, 8, 9 und Anlage 1 AbfKlärV-E.
[4] Art. 1 §§ 4 Abs. 1, 7 AbfKlärV-E.
[5] Art. 1 §§ 8, 11, 15 Abs. 3, 31 Abs. 1 Ziffer 7 AbfKlärV-E.
[6] Art. 1 § 15 Abs. 5 AbfKlärV-E.

20.2.1.2.4 Berichtspflichten

Bis zum 31.12.2023 müssen alle Klärschlammerzeuger, die im Kalenderjahr 2023 eine Abwasserbehandlungsanlage betreiben, der nach Landesrecht jeweils zuständigen Behörde einen Bericht über die geplanten und eingeleiteten Maßnahmen zur Sicherstellung der durchzuführenden Phosphorrückgewinnung[7] vorlegen. Im Jahr 2023 ist der Klärschlamm zudem auf den Phosphorgehalt nach den Bestimmungen von Art. 1 § 32 AbfKlärV-E zu untersuchen. Bei erstmaliger Inbetriebnahme nach dem 31.12.2023 ist der Bericht spätestens sechs Monate nach der Betriebsaufnahme der Abwasserbehandlungsanlage vorzulegen. Dies gilt analog für die Untersuchung der Proben.[8]

20.2.1.2.5 Phosphorrückgewinnung

Als zentrales Element sind in der AbfKlärV-E weitgehende Regelungen zur Phosphorrückgewinnung aus Klärschlämmen vorgesehen. Klärschlammerzeuger müssen den Klärschlamm, sobald dieser einen Phosphorgehalt von 20 g oder mehr je kg TM aufweist, unmittelbar einer Phosphorrückgewinnung (Alternative 1) oder einer thermischen Vorbehandlung zuführen (Mono- oder Mitverbrennung; Alternative 2). Die Zuführung zu einer solchen thermischen Vorbehandlung ist nicht erforderlich, wenn der Phosphorgehalt unter 20 g je kg TM liegt.

Alternative 1. Die Phosphorrückgewinnung aus dem Klärschlamm erfolgt nach Art. 5 § 3a AbfKlärV-E. Bei der Phosphorrückgewinnung ist ein Verfahren zu wählen, das den nach Art. 5 § 3c AbfKlärV-E gemessenen Phosphorgehalt um mindestens 50 % und auf weniger als 20 g je kg TM gewährleistet. Wenn bei Klärschlamm mit einem Phosphorgehalt von mehr als 40 g je kg TM ein Rückgewinnungsverfahren zur Reduzierung auf weniger als 20 g je kg TM nicht geeignet ist, muss nur die 50-Prozent-Grenze erreicht werden. Eine Vermischung des Klärschlamms mit anderen Klärschlämmen ist zulässig, sofern der jeweils zugemischte Klärschlamm einen Phosphorgehalt von 20 g oder mehr je kg TM aufweist. Handelt es sich dabei um Klärschlämme aus Abwasserbehandlungsanlagen unterschiedlicher Klärschlammerzeuger, darf die Vermischung erst nach Abschluss eines Vertrags zwischen den beteiligten Klärschlammerzeugern erfolgen. Im Vertrag ist insbesondere ein Klärschlammerzeuger zu benennen, dem die verantwortliche Durchführung der Phosphorrückgewinnung obliegt. Die Beibehaltung der kumulativen Anforderung bezüglich der 50 % und der 20 g je kg TM wird derzeit noch intensiv diskutiert.

Alternative 2. Im Rahmen der thermischen Vorbehandlung (Mitverbrennung) ist die Verbrennungsanlage kohlegefeuert zu betreiben. Die eingesetzte Kohle darf zu einem Aschegehalt von weniger als 2,5 % bezogen auf den Rohzustand der Kohle im Jahresmittel führen. Die thermische Vorbehandlung kann auch eine Monoverbrennung sein. Die

[7] Ausgehend von einem Inkrafttreten der Verordnung zur Neuordnung der Klärschlammverwertung im Jahr 2017 besteht die Phosphorrückgewinnungspflicht für Abwasserbehandlungsanlagen mit einer genehmigten Ausbaugröße von mehr als 100.000 EW ab 01.01.2029 bzw. von mehr als 50.000 EW ab 01.01.2032 (so Art. 8 Abs. 3 und 4 Verordnung zur Neuordnung der Klärschlammverwertung).

[8] Art. 4 § 3a Abs. 1 und 2 AbfKlärV-E.

Phosphorrückgewinnung aus der Asche oder den kohlenstoffhaltigen Rückständen nach der Vorbehandlung erfolgt dann nach Art. 5 § 3b AbfKlärV-E. Es ist ein Verfahren anzuwenden, durch das mindestens 80 % des Phosphorgehalts der Verbrennungsasche oder des kohlenstoffhaltigen Rückstands zurückgewonnen werden. Vor der Phosphorrückgewinnung bzw. der stofflichen Verwertung ist die Lagerung der Klärschlammverbrennungsasche und des kohlenstoffhaltigen Rückstands in einem Langzeitlager zulässig, sofern eine Vermischung mit anderen Abfällen, Stoffen oder Materialien und ein oberflächiger Abfluss der Klärschlammverbrennungsasche und des kohlenstoffhaltigen Rückstands ausgeschlossen sind und die Möglichkeit einer späteren Phosphorrückgewinnung gewährleistet bleibt.

Es bestehen folgende Ausnahmen von der vorgenannten Pflicht zur Phosphorrückgewinnung: Weitere zwölf Jahre, d. h. bis zum 31.12.2028 (s. zudem Fn 7), können Klärschlammerzeuger, die eine Abwasserbehandlungsanlage mit einer genehmigten Ausbaugröße von bis zu 100.000 EW betreiben, den anfallenden Klärschlamm nach Teil 2 (Anforderungen an die Verwertung von Klärschlamm, Klärschlammgemisch und Klärschlammkompost auf und in Böden) und Teil 3 der AbfKlärV-E (Anforderungen an die regelmäßige Qualitätssicherung) noch auf oder in Böden verwerten. Die Verwertung auf oder in Böden nach den Vorschriften von Teil 2 und 3 der AbfKlärV-E ist auch möglich bei Abwasserbehandlungsanlagen mit einer genehmigten Ausbaugröße von bis zu 100.000 EW, wenn eine abschließende Behandlung des Klärschlamms in einer anderen Abwasserbehandlungsanlage des gleichen Betreibers erfolgt und die klärschlammaufnehmende Abwasserbehandlungsanlage eine genehmigte Ausbaugröße von bis zu 100.000 EW hat. Das heißt, eine bodenbezogene Verwertung von Klärschlämmen aus Abwasserbehandlungsanlagen mit einer genehmigten Ausbaugröße von bis zu 100.000 EW ist nach Ablauf von zwölf Jahren nicht mehr zulässig. Entsprechendes gilt für 15 Jahre, das heißt bis zum 31.12.2031 (s. zudem Fn 7) bezüglich der Abwasserbehandlungsanlagen mit einer genehmigten Ausbaugröße von bis zu 50.000 EW.

20.2.1.2.6 Untersuchungs- und Nachweispflichten

Der Klärschlammerzeuger hat je angefangene 500 t Klärschlamm-TM, höchstens jedoch in Abständen von sechs Monaten, den erzeugten Klärschlamm auf den Phosphorgehalt zu untersuchen. Bei thermischer Vorbehandlung ist nach einer Erstuntersuchung keine erneute Untersuchung erforderlich. Die Ergebnisse sind innerhalb von vier Wochen der zuständigen Behörde vorzulegen.[9]

Im Rahmen der Phosphorrückgewinnung müssen der Klärschlammerzeuger und der Betreiber von Verbrennungsanlagen einen Nachweis führen, insbesondere über das Ergebnis der durchgeführten Phosphorrückgewinnung. Die Nachweise sind an die nach Landesrecht zuständige Behörde zu übermitteln. Klärschlammerzeuger, Betreiber der Klärschlammverbrennungsanlage im Sinn von Art. 1 § 2 Abs. 11a AbfKlärV-E und Betreiber der Klärschlammmitverbrennungsanlage im Sinn von Art. 1 § 2 Abs. 11b AbfKlärV-E

[9] Art. 5 § 3c AbfKlärV-E.

müssen die Nachweise jeweils zehn Jahre ab dem Zeitpunkt der abgeschlossenen Phosphorrückgewinnung bzw. der stofflichen Verwertung aufbewahren. Der Klärschlammerzeuger führt die Nachweise insgesamt zu einem Register zusammen.

Im Rahmen der bodenbezogenen Verwertung sind folgende neue Nachweise erforderlich: die Angabe der Klärschlammmenge, die bei Maßnahmen des Landschaftsbaus auf- oder eingebracht worden ist, und die Klärschlammmenge, die einer Qualitätssicherung unterzogen worden ist. Die Angaben im Rahmen der Registerpflicht zur bodenbezogenen Verwertung sind bis zum 15. März des Folgejahres (bisher der 31. März) elektronisch der für die Fläche zuständigen Behörde zu übermitteln.

20.2.2 Düngemittelverordnung

20.2.2.1 Aktuell geltende Düngemittelverordnung

Nach der aktuell gültigen Düngemittelverordnung (DüMV) vom 05.12.2012 unterliegen ab 01.01.2018 phosphathaltige Düngemittel einer Kennzeichnungspflicht, wonach der Gehalt an Gesamtphosphat, wasserlöslichem Phosphat und neutral-ammoniumcitratlöslichem Phosphat angegeben werden müssen, wenn jeweils ein Gehalt von einem Prozent erreicht wird. Ab dem 01.01.2017 gilt unverändert das Verbot für den Einsatz synthetischer Polymere. Das heißt, synthetische Polymere dürfen ab dem 01.01.2017 nur verwendet werden, soweit sämtliche Bestandteile und das Endprodukt sich um mindestens 20 % in zwei Jahren abbauen.[10]

20.2.2.2 Aktueller Sachstand der Novellierung

Die vom Bundeslandwirtschaftsministerium (BMEL) eingebrachte Zweite Verordnung zur Änderung der Düngemittelverordnung vom 06. September 2016 (DüMV-E) ist am 21. April 2017 in Kraft getreten.[11]

20.2.2.3 Erwartete gesetzliche Änderungen

Die Novelle der Düngemittelverordnung sieht vor, dass Produkte und Materialien, die synthetische Polymere oder Polymere auf Basis von Chitin oder Stärke enthalten, ab dem 01.01.2019 nur noch verwendet werden dürfen, soweit sämtliche Bestandteile und das Endprodukt sich zu mindestens 20 % innerhalb von zwei Jahren abbauen (BMEL 2016, Art. 1 § 20 Abs. 4 DüMV-E). Das heißt, der Einsatz von Polymeren ist weiterhin möglich, wenn deren Abbau nachgewiesen ist und gleichzeitig wird, verlängert um zwei weitere Jahre, kein Nachweis erforderlich. Bis 31.12.2018 dürfen synthetische Polymere wieder uneingeschränkt eingesetzt werden.

Ebenfalls ab dem 01.01.2019 muss die Kennzeichnung bezüglich der Anwendungsvorgabe entsprechend der neuen Regelung ergänzt werden. Für synthetische Polymere,

---

[10] § 10 Abs. 4, Anlage 2 Tab. 7 Zeile 7.4.7 und Tab. 8 Zeilen 8.1.3 und 8.2.9 DüMV.

[11] Vgl. Bundesdrucksache 128/17 sowie 128/17 (B).

die sich entsprechend Art. 1 § 10 Abs. 4 DüMV-E abbauen, gibt es keine zusätzlichen Kennzeichnungspflichten.

Für Produkte und Materialien, die synthetische Polymere enthalten, deren vorgenannter Abbau nicht nachgewiesen ist, gilt eine Frachtenregelung. Die aufgebrachte Menge an synthetischen Polymeren darf auf derselben Fläche 45 kg Wirksubstanz je Hektar innerhalb von drei Jahren nicht überschreiten. Die höchstzulässige Aufwandmenge ist im Rahmen der Kennzeichnung anzugeben.

Da aus Sicht des Ministeriums weiterhin Unwägbarkeiten bestehen, überprüft es bis zum 31.12.2019 unter Berücksichtigung der neusten wissenschaftlichen Erkenntnisse die Angemessenheit der Anforderungen an synthetische Polymere und passt diese erforderlichenfalls an (BMEL 2016, Art. 1 § 9a DüMV-E).

20.2.3 Düngeverordnung

20.2.3.1 Aktuell geltende Düngeverordnung

In der aktuell geltenden Düngeverordnung (DüV) vom 10.01.2006 bezieht sich die Ausbringungsobergrenze für Stickstoff in Höhe von 170 kg Gesamtstickstoff pro Hektar und Jahr nur auf Wirtschaftsdünger tierischer Herkunft. Außerdem dürfen Düngemittel mit wesentlichem Gehalt an verfügbarem Stickstoff zu folgenden Zeiten nicht aufgebracht werden: auf Ackerland vom 1. November bis 31. Januar; auf Grünland vom 15. November bis 31. Januar.

20.2.3.2 Aktueller Sachstand der Novellierung

Hintergrund von Art. 1 des Entwurfs einer Verordnung zur Neuordnung der guten fachlichen Praxis beim Düngen, der die Novellierung der Düngeverordnung regelt, ist die Vorgabe im Rahmen der EG-Nitratrichtlinie, dass Deutschland die betreffenden Rechtsgrundlagen, dazu gehört auch die DüV, im Abstand von vier Jahren auf ihre Wirksamkeit zu prüfen und weiterzuentwickeln hat. Der Bundesrat hat in seiner Sitzung vom 31. März 2017 dem DüV-E mit Änderungen zugestimmt. Die Verordnung kann somit am Tage nach ihrer Verkündigung in Kraft treten. Bis zum Redaktionsschluss ist keine Verkündung erfolgt.[12]

20.2.3.3 Erwartete gesetzliche Änderungen

Die Ausbringungsobergrenze für Stickstoff und Phosphat wird ausgeweitet.

Bezüglich Stickstoff bezieht sich die Ausbringungsobergrenze von 170 kg Gesamtstickstoff pro Hektar und Jahr nunmehr auf alle organischen und organisch-mineralischen Düngemittel, beispielsweise Gärreste. Damit muss neben dem tierischen Anteil auch der im Gärrest aus pflanzlicher Biomasse enthaltene Stickstoff vollständig angerechnet werden.[13]

[12] Vgl. Bundesratsdrucksache 148/17 sowie 148/17(B); https://www.bmel.de/DE/Landwirtschaft/Pflanzenbau/Ackerbau/_Texte/Duengepaket_Novelle.html. Zugegriffen: 10. April 2017.

[13] § 6 Abs. 3 DüV-E.

Für Stickstoff und Phosphat werden die Kontrollwerte abgesenkt. Bei Stickstoff wird der Kontrollwert im Durchschnitt der letzten drei Düngejahre ermittelt. Sobald die Düngejahre 2018 bis 2020 (und später) gemittelt werden können, darf Stickstoff keine 50 kg je Hektar und Jahr überschreiten. Bei Phosphat darf der Kontrollwert ab Mittelung der Düngejahre 2018 bis 2023 (und später) keine 10 kg je Hektar und Jahr überschreiten.[14]

Düngemittel mit wesentlichem Gehalt an Stickstoff dürfen auf Ackerland zwischen der Ernte der letzten Hauptfrucht bis zum 31. Januar bzw. auf Grünland und auf Ackerland mit mehrjährigem Feldfutterbau bei einer Aussaat bis zum 15. Mai in der Zeit vom 1. November bis zum Ablauf des 31. Januar nicht aufgebracht werden.[15] In § 6 Abs. 8 DüV-E sind diesbezüglich wiederum Ausnahmen geregelt. Diese betreffen beispielsweise feste Gärrückstände und Komposte.

20.2.4 Sonstige Änderungen

Angedacht ist auch eine Neufassung der Verordnung über Anlagen zum Umgang mit wassergefährdenden Stoffen auf Bundesebene, die die entsprechenden Verordnungen auf Landesebene ablösen soll. Des Weiteren wird auch das Düngegesetz geändert. Beide sollen als Paket zusammen mit der DüV in Kraft treten. In der Deponieverordnung ändern sich zudem die Vorschriften zur Aschelagerung.

20.2.5 Fazit zu den neuen Rahmenbedingungen in Deutschland

Die stoffliche Klärschlammverwertung wird massiv eingeschränkt und daher stark rückläufig sein. Die Novellierung der DüV wird zu einer Einschränkung der organischen Düngung im Herbst führen. Damit einher geht die stärkere Nutzung thermischer Entsorgungswege, verbunden mit entsprechenden Kostensteigerungen. Die Pflicht zur Phosphorrückgewinnung wird zur neuen Herausforderung. Diese Umstände führen dazu, dass neue Entsorgungskonzepte zur Absicherung der Entsorgungssicherheit dringend notwendig sind.

20.2.6 Weitere rechtliche Rahmenbedingungen mit Effekt auf die Klärschlammentsorgung

20.2.6.1 Registrierungspflicht nach der REACH-Verordnung

Alle Stoffe und Verbindungen über eine Jahresmenge von 100 t (bzw. ab dem 01.01.2018 über eine Jahresmenge von einer Tonne), die nach Europa importiert, hier produziert oder

---

[14] § 9 Abs. 3 DüV-E. Ein Überschreiten der Kontrollwerte ist eine Ordnungswidrigkeit nach § 14 Abs. 1 Nr. 9 DüV-E.

[15] § 6 Abs. 7 DüV-E. Die Aufbringung innerhalb der Sperrfrist ist eine Ordnungswidrigkeit, § 14 Abs. 2 Nr. 1 DüV-E.

gehandelt werden, müssen bei der Europäischen Chemikalienagentur registriert sein. Werden Stoffe in der EU durch ein Verfahren zurückgewonnen, so sind auch die gewonnenen Stoffe, wenn diese mit dem Ausgangsstoff stofflich nicht identisch sind, von dieser Registrierungspflicht erfasst. Bei thermischen Recyclingprozessen, wie beispielsweise der Phosphorrückgewinnung aus Klärschlamm, findet i. d. R. eine chemische Stoffumwandlung statt, die im Fall der Überschreitung der relevanten Jahresmenge zur Registrierungspflicht des umgewandelten Produktes führt.

20.2.6.2 Regelungen des Erneuerbare-Energien-Gesetzes

Um den Energiegehalt des Klärschlamms zu nutzen, wird häufig durch Faulung zuerst Klärgas aus dem zu entsorgenden Klärschlamm gewonnen. Seit dem 01.01.2016 gilt die verpflichtende Direktvermarktung auch für die Stromerzeugung aus Klärgas für Anlagen ab einer installierten elektrischen Leistung von 100 kW. Bei Überschreitung dieser installierten elektrischen Leistung hat dies für den jeweiligen Anlagenbetreiber zur Folge, dass er den in der Anlage erzeugten Strom an der Börse vermarkten bzw. diesen über einen Direktvermarkter vermarkten lassen muss.

Mit dem Erneuerbare-Energien-Gesetz (EEG) 2017 werden weitere Pflichten für Erneuerbare-Energie-Anlagen (EE-Anlagen) eingeführt. Neben der schon verpflichtenden Direktvermarktung zur Erlangung von EEG-Vergütung für erzeugten und eingespeisten Strom müssen neu zu errichtende EE-Anlagen von mehr als 150 kW (Biomasse) vorab an Ausschreibungen teilnehmen, mit denen der zu zahlende Vergütungssatz festgelegt wird. Gemäß dem EEG 2017 werden Stromerzeugungsanlagen, die Strom aus Klärgas erzeugen, nicht an den dann vorgeschriebenen Ausschreibungen zur Erlangung einer EEG-Vergütung teilnehmen müssen, hier werden die Vergütungssätze gemäß § 41 EEG 2017 unter Beachtung der Vorgaben der Direktvermarktung gezahlt.

20.2.6.3 Stromsteuer

Nach § 9 Abs. 1 Stromsteuergesetz ist Strom aus erneuerbaren Energieträgern von der Stromsteuer befreit, wenn dieser aus einem ausschließlich mit Strom aus erneuerbaren Energieträgern gespeisten Netz oder einer entsprechenden Leitung entnommen wird.[16] Bei Strom, der aus Klärgas erzeugt wird, handelt es sich derzeit noch um Strom aus erneuerbaren Energieträgern, sodass der aus Klärgas gewonnene Strom steuerbefreit ist. Aus der Verbrennung von Klärschlamm gewonnener und verbrauchter Strom ist aufgrund der Änderung von § 1b Verordnung zur Durchführung des Stromsteuergesetzes zum 01.08.2013 nicht mehr stromsteuerbefreit.[17] Aufgrund des eingefügten Verweises auf die Biomasseverordnung handelt es sich bei den in § 3 Biomasseverordnung genannten Stoffen wie

[16] Stromsteuergesetz vom 24.03.1999 (BGBl. I S. 378; 2000 I, S. 147), zuletzt geändert durch Art. 19 Abs. 13 des Gesetzes vom 23.12.2016 (BGBl. I S. 3234).

[17] Fassung vom 31.05.2000 (BGBl. I S. 794), zuletzt geändert durch Art. 3 der Verordnung vom 04.05.2016 (BGBl. I S. 1158).

Klärschlamm (Ziffer 7) nicht (mehr) um Biomasse und damit um einen erneuerbaren Energieträger im Sinn des Stromsteuergesetzes.[18]

20.2.6.4 Klärschlammverbrennung und Emissionshandel

Das Treibhausgas-Emissionshandelsgesetz (TEHG) regelt insbesondere, unter welchen Umständen Unternehmen zum Betreiben von Anlagen, die hohe Kohlendioxidemissionen aufweisen, Emissionsrechte vorhalten müssen.[19] Abfallverbrennungsanlagen unterliegen nicht dem Anwendungsbereich des TEHG und sind somit von der Emissionshandelspflicht ausgenommen, wenn sie zum einen als Abfallverbrennungsanlage gemäß Nr. 8.1 oder Nr. 8.2. des Anhangs zur 4. Bundes-Immissionsschutzverordnung genehmigungsbedürftig sind und zum anderen überwiegend Abfälle einsetzen, die nach der Abfallverzeichnisverordnung entweder als gefährlich gekennzeichnet oder Siedlungsabfälle sind.

20.3 Wie bereitet man sich auf die veränderten Rahmenbedingungen vor?

20.3.1 Erfassen, Vorbeugen und an der Quelle agieren

20.3.1.1 Erfassung aller Stoffströme und Überwachung der Analysen

Praxishinweis Der erste Schritt hin zu einer effizienten und zukunftsorientierten Klärschlammentsorgung ist eine sorgfältige Erfassung und Dokumentation der Klärschlammmengen und -qualitäten über einen längeren Zeitraum. Dies ermöglicht die Erkennung von langfristigen Qualitätsschwankungen und die Ermittlung von Handlungsbedarf in Vorbereitung etwa auf die Verschärfung von Grenzwerten. Durch die langfristige Archivierung der Analysen kann erkannt werden, bei welchen Werten eine verdächtige Erhöhung festzustellen ist. Eine geogene Belastung z. B. erfordert keinen Eingriff, eine Veränderung durch die Ansiedlung eines neuen Indirekteinleiters schon. Durch diese Überwachung kann frühzeitig erkannt werden, welche Anlagen möglicherweise durch eine Verschärfung von Grenzwerten den Entsorgungsweg umstellen müssen, wie es z. B. Ende 2014 infolge der Verschärfung der Düngemittelverordnung zum 01.01.2015 der Fall war.

Veolia betreibt bundesweit zahlreiche Kläranlagen mit einem Aufkommen von etwa 13.000 t TM an Klärschlamm. Dieser wird größtenteils thermisch, aber der auf kleineren Anlagen anfallende Klärschlamm wird z. T. immer noch stofflich verwertet. Um den

[18] Fassung vom 21.06.2001 (BGBl. I S. 1234), zuletzt geändert durch Art. 8 des Gesetzes vom 13.10.2016 (BGBl. I S. 2258).

[19] Fassung vom 21.07.2011, zuletzt geändert durch Art. 4 Abs. 27 des Gesetzes vom 18.07.2016 (BGBl. I S. 1666).

Überblick über die verschiedenen Klärschlammqualitäten zu behalten und die Auswirkungen der gesetzlichen Veränderungen vorherzusehen, wurde seit 2014 ein globales Klärschlammkataster eingeführt: QualiSchlamm. Jede Kläranlage wird i. d. R. halbjährlich über die Klärschlammmenge und die aktuelle Analyse erfasst. Eine Übersicht ermöglicht es, auf einen Blick zu erfassen, welche Grenzwerte mit welcher Häufigkeit nahezu erreicht oder welche gar überschritten wurden. Je nachdem, ob der Trend andauert oder nur vorübergehend ist, werden weitere Untersuchungsmaßnahmen eingeleitet oder es wird als konsekutiver Ansatz der Entsorgungsweg geändert.

20.3.1.2 Beeinflussung der Klärschlammqualität durch Indirekteinleiterüberwachung

In manchen Fällen sind kurzfristige Veränderungen der Qualität von Klärschlamm, die im Rahmen von regelmäßigen Eigenkontrollen oder Stichproben festgestellt werden, auf veränderte Praktiken bei der Indirekteinleitung zurückzuführen. Bekannte Beispiele hierfür sind Veränderungen bei Verfahren von industriellen Einleitern oder die fehlerhafte Abscheidung von besonderen Problemstoffen.

> **Praxishinweis** Durch Ermittlung des Indirekteinleiters und letztendlich einen Dialog mit diesem kann die Klärschlammqualität verbessert werden.

Veolia hat 2013 an einem Standort über eine regelmäßige Kontrollanalyse eine erhöhte Konzentration von Dioxinen festgestellt. Die geplante landwirtschaftliche Ausbringung des Klärschlamms wurde somit unverzüglich untersagt und der Klärschlamm musste zeitweilig entwässert und thermisch entsorgt werden. Im Auftrag der Abwasserbeseitigungspflichtigen bot Veolia an, den Indirekteinleiter zu ermitteln, um die offenbar industrielle Verunreinigung zu stoppen. Im Abwassernetz wurden etwa 30 Aufwuchsträger eingesetzt. Auf diesen Aufwuchsträgern formt sich innerhalb weniger Tage ein Biofilm, der gewisse Schwermetalle und z. B. Dioxine konzentriert. Somit kann Schritt für Schritt der Abschnitt des Kanalnetzes ermittelt werden, woher die nicht konforme Indirekteinleitung erfolgt ist. In diesem Fall wurde eine Textilfirma ermittelt, die ihren Prozess auf einen neuen Farbstoff umgestellt hatte. Nach Konfrontation mit den Ergebnissen erklärte sich die Firma bereit, das Verfahren umzustellen und musste auch für die Mehrkosten der alternativen Entsorgung aufkommen. Seit Ende 2013 wird diese Kläranlage durchgehend wieder landwirtschaftlich entsorgt.

20.3.2 Mengenreduzierung und flexible Verwertungskonzepte

20.3.2.1 Verringerung der Klärschlammmengen auf Kläranlagen und zusätzliche Energieausbeute durch Faulung

Durch eine Faulung des Klärschlamms lässt sich Primär- und Überschussschlamm sicher stabilisieren und zusätzlich das Volumen reduzieren. Dabei werden organische Bestandteile des Klärschlamms durch Bakterien unter anaeroben Bedingungen in Biogas – eine

Tab. 20.1 Energieautarke Kläranlagen durch verbesserte Biogasgewinnung mit Kovergärung

Kläranlage	Einwohnerwert (EW)	Gesamtstromverbrauch (GWh pro Jahr)	Steigerung der Biogasgewinnung (%)
Braunschweig	275.000	13	53
Schönebeck/Elbe	90.000	1,45	35

Gasmischung mit i. d. R. über 60 % Methan – umgewandelt, wobei sich das Klärschlammvolumen um etwa 30 % reduziert. Dieser Effekt war in der Vergangenheit primär der Grund, warum auf vielen Kläranlagen schon vor langer Zeit Faultürme errichtet wurden.

Das dabei produzierte Biogas ist aber gleichzeitig eine regenerative Energiequelle, deren Nutzung zunehmend im Mittelpunkt der Überlegungen steht. Das Klärgas kann für eine kombinierte Produktion von Wärme und Strom (Kraft-Wärme-Kopplung) in Blockheizkraftwerken verwendet werden. Über die Stromproduktion kann zunächst die Eigenversorgung der Anlage verbessert bzw. sogar komplett sichergestellt werden. Die bei der Stromproduktion erzeugte Wärme wird zunächst zur Beheizung des Faulturms benötigt. Die erzeugte Gas- und damit auch Strom- und Wärmemenge lässt sich jedoch durch eine Kovergärung des Klärschlamms zusammen mit weiteren organischen Substanzen wie Fette, Speiseabfälle, landwirtschaftliche und andere flüssige oder feste Abfälle steigern. Dadurch kann dann die Kläranlage sogar zum Energieproduzenten werden und netto zusätzlich Strom ins öffentliche Netz einspeisen. Die damit gleichzeitig gesteigerte Wärmeproduktion kann z. B. zur Beheizung von Betriebs- und umliegenden Gebäuden oder zur Trocknung von Klärschlämmen genutzt werden. Auch eine direkte Einspeisung von Biogas nach einer Aufbereitung in das Gasnetz oder die Nutzung des Biogases für Gasfahrzeuge ist eine denkbare, sinnvolle Variante. Die Tab. 20.1 gibt zwei Beispiele, wie mit Kovergärung so viel zusätzliches Gas gewonnen werden kann, dass die Kläranlagen energieautark werden, d. h. auf keine externe Energiezulieferung mehr angewiesen sind.

20.3.2.2 Alternative Klärschlammverwertung durch thermische Oxidation – Das Veolia-Verfahren Athos™

Athos™ steht für „Advanced thermal oxidation system" und beschreibt einen Prozess, in dem eingedickter Klärschlamm bei Temperaturen von etwa 250 °C und Drücken von 54 bar zu einem sandähnlichen Material, Technosand, biologisch abbaubarem Abwasser und sauberem Abgas verarbeitet wird. Der Prozess hat eine Verweilzeit von etwa einer Stunde im Oxidationsreaktor und läuft mit Wärmerückführung autotherm ab.

Unter Zugabe von reinem Sauerstoff und Durchmischung im Reaktor werden organische Anteile größtenteils zu Fettsäuren und Kohlendioxid und anorganische Anteile zu einem mineralischen Komplex oxidiert. Der mineralische Komplex besteht u. a. aus Phosphaten, Karbonaten und Siliziumdioxid. Er stabilisiert zudem nachhaltig Schwermetalle und bildet nach der Entwässerung den inerten Technosand. Dieser wird in bestehenden Anlagen im Straßen- und Kanalbau sowie für weitere Ersatzbaustoffe genutzt und hat etwa 1–2 % des anfänglichen nassen Klärschlammvolumens. Ein vergleichbarer Einsatz in Deutschland ist in Abhängigkeit von der Klärschlammqualität denkbar.

Das Abwasser von Athos™ wird mit 15 % chemischem Sauerstoffbedarf (CSB) des Klärschlamms in die Kläranlage zurückgeführt. Das Abgas ist frei von Staub, Stickoxiden, Schwefeldioxid, Chlorwasserstoff, Dioxinen, Furanen etc. und hat geringere Kohlendioxidemissionen als Verbrennungsprozesse. Es wird lediglich zur Elimination von Kohlenmonoxid und anderen organischen Anteilen einer weiteren Oxidationsstufe zugeführt. Athos™ kann dank anpassbarer Prozessparameter alle Arten von Klärschlämmen verarbeiten und ist wirtschaftlich besonders attraktiv für Kläranlagen mit Kapazitäten ab 70.000 EW. Zudem wird Klärschlamm nur in angedickter Form benötigt, nicht entwässert oder getrocknet. Die Abb. 20.2 zeigt den prinzipiellen Verfahrensablauf.

In den vergangenen 20 Jahren wurden in Frankreich, Italien und Belgien sechs Athos™-Anlagen in Betrieb genommen, darunter auf der Kläranlage in Brüssel-Nord. Sie hat eine Kapazität von 1,1 Mio. EW und eine Klärschlammbehandlung, die seit 2006 in Betrieb ist. Hier wird der Klärschlamm zunächst in einer thermischen Hydrolyse und Faulung behandelt und gelangt anschließend in den Athos™-Prozess, der mit zwei kompletten Anlagen parallel bei 8000 Betriebsstunden pro Jahr läuft. Der Technosand wird am Ende des Prozesses über Filterpressen entwässert, wobei ein chemischer Aufschluss zur Abtrennung von Phosphor möglich ist. Kombiniert mit dem unter Abschn. 20.3.3.1 folgenden Struvia™-Verfahren kann die in der AbfKlärV geforderte Rückgewinnung von 50 % des Phosphors erreicht werden. Einige technische Daten fasst Tab. 20.2 zusammen.

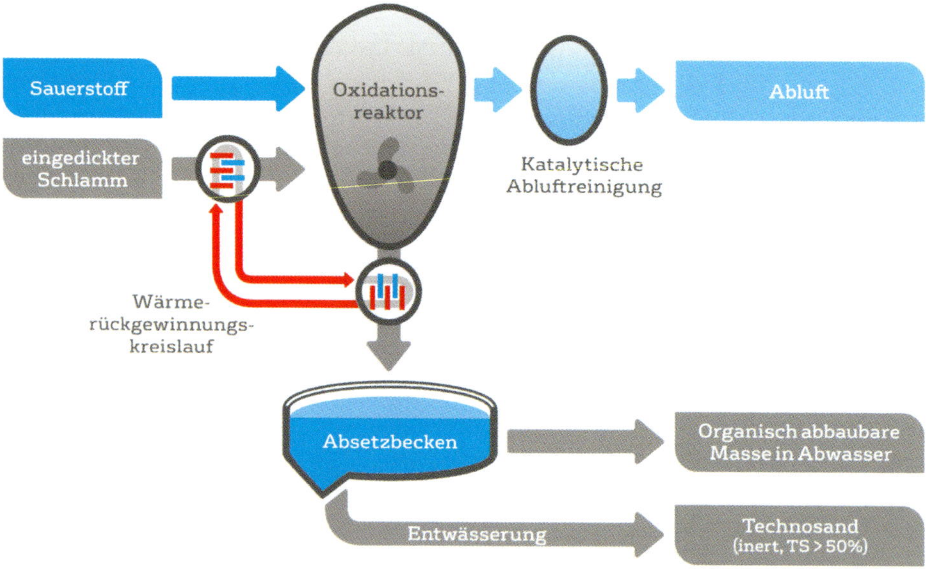

Abb. 20.2 Prozessschema der thermischen Oxidation Athos™

Tab. 20.2 Klärschlammverwertung durch thermische Oxidation Athos™ im Klärwerk Brüssel

Klärschlamm-Input Athos™	Menge (t Trockenmasse/a)	15.000
	Durchfluss (m^3/h)	24
	Trockensubstanz (%)	7,7
Technosand-Output Athos™	Menge (t Trockenmasse/a)	Etwa 5000
	Trockensubstanz (%)	90–95

20.3.3 Konsekutive Ansätze zur Energie- und Rohstoffrückgewinnung

20.3.3.1 Phosphorrecycling mit dem Struvia™-Verfahren

Struvia™ ist ein patentiertes Verfahren, um ein phosphat- und ammoniumhaltiges Produkt aus dem Zentrat der Klärschlammentwässerung herzustellen. Dieses Produkt wird als Struvit bezeichnet. Der wesentliche Unterschied zu anderen bekannten Struvit-Verfahren besteht darin, dass Struvia™ eine sehr kompakte Bauweise hat und eine hohe Ausbeute von Magnesium-Ammoniumphosphat (MAP) ermöglicht.

Der Prozess beginnt mit einer Belüftung, um Kohlendioxid zu entfernen und den pH-Wert zu erhöhen. Im Struvia™-Reaktor wird anschließend Magnesium als $MgCl_2$ oder MgO und bei Bedarf NaOH, um den pH-Wert zu optimieren, hinzugegeben. Bei Übersättigung der Lösung entstehen Struvitkristalle (MAP, $MgNH_4PO_3 \times 6H_2O$). Wichtig ist, dass der pH-Wert zwischen 7,5 und 9 sowie die Temperatur zwischen 10 und 40 °C gehalten werden, da sonst keine Kristallisation auftritt. Der Struvia™-Reaktor basiert auf der Technologie eines Turbomix™-Reaktors. Dieser mit einem Rührer und Wirbelbrechern ausgestattete Behälter sorgt für eine optimale Durchmischung und dafür, dass die Kristalle suspendiert bleiben. Zudem wird durch eine Lamellenpackung im oberen Bereich des Reaktors eine zusätzliche Trennstufe in Form eines weiteren Behälters vermieden, das heißt Kristallisation und Trennung der Phasen erfolgen in einem Behälter. Die hydraulische Verweilzeit im Reaktor beträgt eine Stunde, wobei die Kristalle im Reaktor zurückgehalten werden und quasikontinuierlich abgeleitet werden. Das minimale Alter der Kristalle beträgt drei Tage. Die in den Prozess eintretende Flüssigkeit sollte P-PO_4-Konzentrationen zwischen 60 und 400 mg P-PO_4/l sowie weniger als 1000 mg/l gelöste Feststoffe enthalten. Im Anschluss an den Reaktor folgt eine Entwässerung, die häufig in Big Bags stattfindet. Das Abwasser des Prozesses wird der Kläranlage zurückgeführt.

Struvit besteht aus homogenen, sandartigen Kristallen und weist nur minimale Belastungen durch Schwermetalle und Keime auf. Zudem ist es direkt als Dünger geeignet, auch ohne weitere Verarbeitung. Es wird in Form von 200–500 µm großen Pellets verkauft. Mögliche Marktrouten gehen z. B. über landwirtschaftlich spezialisierte Düngemittelhersteller. Die Düngewirksamkeit des MAP ist vergleichbar mit der vom Tripelsuperphosphat (Meyer und Steinmetz 2013).

Eine mobile Struvia™-Pilotanlage mit einer Phosphorausbeute von 90 bis 95 % bezogen auf das Zentrat wurde bereits in Braunschweig getestet. Die erste industrielle Struvia™-Anlage wurde 2016 in Betrieb genommen und steht auf der kommunalen Kläranla-

Tab. 20.3 Prozessgrößen der Struvia™-Anlage in Helsingør

Durchsatz Zentrat (m^3/d)	60
PO_4-Konzentration (mg P/l)	250
Struvitproduktion (kg/d)	110
Phosphorausbeute (% P im Zentrat)	~90
Phosphorausbeute (% P im Zulauf)	~35

ge in Helsingør, Dänemark (72.000 EW). Im gesamten Anlagenaufbau sind Behälter für NaOH und $MgCl_2$, ein Reaktor und drei Big Bags zur Entwässerung sowie der Rohrleitungsbau und die Prozessleittechnik vorhanden. Der Reaktor ist 2,7 m hoch und hat einen Durchmesser von 1,4 m. Einige Prozessgrößen sind in Tab. 20.3 zusammengefasst.

20.3.3.2 Autarke Verbrennung mit Energierückgewinnung

Im Rahmen der Novellierung der AbfKlärV wird der Neubau von Monoverbrennungen in Deutschland stark ansteigen. Es wird ein Bedarf von 10 bis 15 neuen Anlagen prognostiziert (Six 2016). Um die Auswirkung auf die Umwelt und die Kosten für den Gebührenzahler zu minimieren, wird eine autarke Verbrennung angestrebt, die nicht auf konventionelle Energieträger angewiesen ist.

Vor der Verbrennung wird Klärschlamm entwässert bzw. auch getrocknet. Verbrannt wird entsprechend entwässerter Klärschlamm mit Trockensubstanzgehalten von 20 bis 30 %, teilgetrockneter mit über 30 % oder getrockneter Klärschlamm ab etwa 60 %. Welcher Trockensubstanzgehalt für eine autarke Verbrennung notwendig ist, hängt von der Organik im Schlamm und der Anlagengröße ab. Bei einer sehr hohen Organik kann bereits entwässerter Schlamm autark verbrannt werden. In der Regel muss der Schlamm dazu zumindest teilgetrocknet werden. Häufige Verfahren zur Klärschlammverbrennung sind die Wirbelschicht- und die Rostfeuerung. Die Biocon™-Anlage in Stettin-Pomorzany (Polen) zeigt eine autarke Verbrennung mit Energierückgewinnung am Beispiel einer Rostfeuerung.

Die Kläranlage in Stettin-Pomorzany verfügt über eine Kapazität von 420.000 EW. Sie ist mit einem BioCon™-Trockner und nachgeschalteter Energy-Recovery-System(ERS)-Rostfeuerung mit Vorschubrost ausgestattet (Abb. 20.3). Es fallen jährlich etwa 30.000 t entwässerte Schlämme an, wobei zusätzlich auch getrockneter Schlamm von einer anderen Anlage des Betreibers angenommen wird. Die Trocknung erfolgt mithilfe von zwei BioCon™-Trocknungslinien mit einer Kapazität von je 3,5 t/h. Der entwässerte Schlamm wird von etwa 20 % auf etwa 90 % TM vollgetrocknet. Nach der Trocknung wird der Schlamm zunächst auf 30 bis 40 °C abgekühlt, um das Selbstentzündungsrisiko zu minimieren und anschließend in Silos zwischengelagert. Die Monoverbrennung erfolgt ebenfalls über zwei Linien mit je 500 kg/h Trockenschlammkapazität bei einer Temperatur von 1000 bis 1200 °C. Im Anschluss findet eine trockene Rauchgasreinigung statt.

Die Abwärme der Verbrennung wird mithilfe eines Abwärmekessels in Dampf umgewandelt und zur Trocknung sowie für weitere Wärmesenken der Kläranlage, wie z. B. der

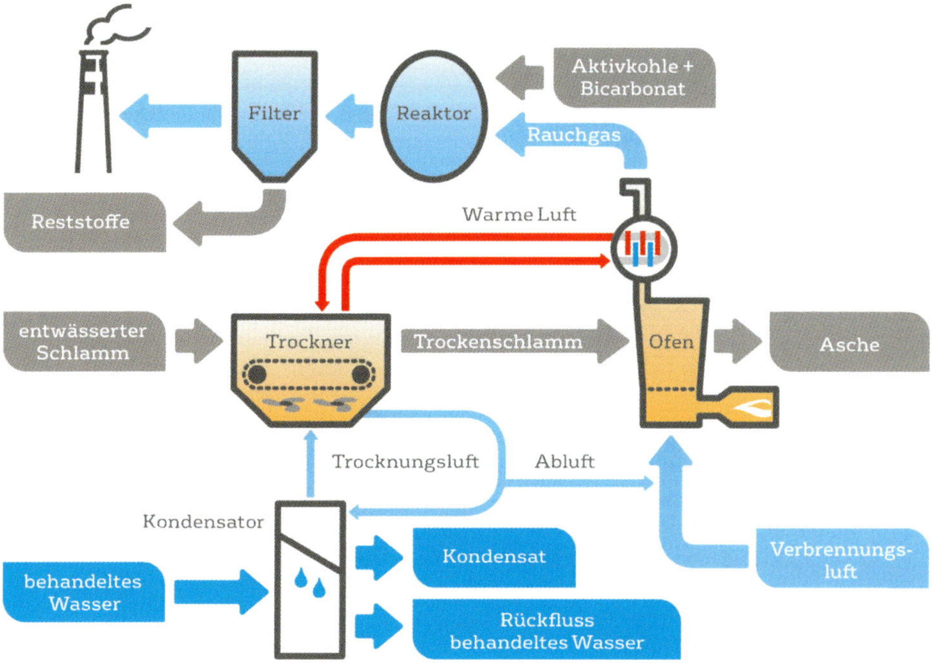

Abb. 20.3 Prozessschema der Klärschlammmonoverbrennung BioCon™ Energy Recovery System

Faulung, verwendet. Die Zusammensetzung des Klärschlamms ist nicht konstant, weswegen eine Ölstützfeuerung benötigt wird, um zu starke Schwankungen des Brennwerts auszugleichen. Der gesamte Prozess inklusive der Trocknung ist autotherm.

20.4 Empfehlungen für eine nachhaltige und wirtschaftlich vertretbare Klärschlammentsorgung in Deutschland

Die sog. Klärschlammwende hat sich in Deutschland bereits stark bemerkbar gemacht. Das ambitionierte Ziel, die Schadstoffe aus dem Klärschlamm zu beseitigen bzw. zu entsorgen und die wertvollen Rohstoffe zu nutzen, bedeutet in der Praxis eine große Umstellung für die knapp 10.000 Kläranlagen in Deutschland. Die Folgen sind Verunsicherung bei den Betreibern und Kostensteigerungen bei der Klärschlammentsorgung. Der Fahrplan der Klärschlammwende wird zunehmend klar und somit gibt es passende Strategien, die die Abwasserwirtschaft heute bereits anwenden kann.

> **Praxishinweis** Die Ansätze für ein Vorgehen in der Praxis sollten
>
> - auf Ganzheitlichkeit beruhen. Damit ist gemeint, dass eine Veränderung an der einen Stelle immer vermeiden muss, dass an anderer Stelle ein Nachteil entsteht. Phosphorrückgewinnungsverfahren sollten z. B. nicht nur daran gemessen werden, welchen Rückgewinnungsgrad sie ermöglichen, sondern auch welchen Energie- und Betriebsstoffeinsatz sie benötigen – im Sinn einer Lebenszyklusanalyse.
> - Flexibilität ermöglichen. Sogenannte No-regret-Strategien sind gefragt, die unabhängig der Veränderungen in der Gesetzgebung immer einen Vorteil bringen. Ein Beispiel hierfür sind Maßnahmen, die die Klärschlammmengen reduzieren, wie beispielsweise eine verbesserte Entwässerung auf der Kläranlage.
> - möglichst langfristig durchdacht sein. Dazu gehört auch, eine langfristige Planung der Klärschlammentsorgung durchzuführen und gegebenenfalls langfristige Ausschreibungen vorzusehen. Nur so können z. B. kurzfristige Preissteigerungen vermieden und längerfristige Investitionen in Trocknungs- und Verwertungsanlagen gesichert werden.

Die in diesem Buchbeitrag benannten Praxisbeispiele zeigen, dass unter diesen Ansätzen konkrete Maßnahmen eingeleitet werden können, die mit der Klärschlammwende konform und meist mit überschaubaren, kalkulierbaren Kosten verbunden sind.

Literatur

BDE (2016) Pressemitteilung. BDE: Entwurf der Klärschlammverordnung verstößt gegen EU-Recht. http://www.bde.de/presse/newsletter-archiv/showNL?nl=2565. Zugegriffen: 13. Dezember 2016

BMEL (2016) Notifizierter Entwurf der zweiten Verordnung zur Änderung der Düngemittelverordnung. http://ec.europa.eu/growth/tools-databases/tris/de/search/?trisaction=search.detailyear=2016num=605. Zugegriffen: 19. Januar 2017

BMUB (2016) Notifizierter Entwurf der Verordnung zur Neuordnung der Klärschlammverwertung. http://ec.europa.eu/growth/tools-databases/tris/de/search/?trisaction=search.detailyear=2016num=514. Zugegriffen: 19. Januar 2017

DESTATIS (2016) Pressemitteilung 446/16

Meyer C, Steinmetz H (2013) Phosphorrückgewinnung mit dem „Stuttgarter Verfahren". wwt 3:24–27

Six (2016) Aktueller Sachstand und zukünftige Herausforderungen zur thermischen Klärschlammbehandlung. Vortrag DWA-Tagung Landesverband Nord, 13./14. September 2016

Staub M et al. (2014) Chancen für nachhaltige Klärschlammverwertung. wwt 10:21–23

Umweltbundesamt (2013) Klärschlammentsorgung in der Bundesrepublik Deutschland. https://www.umweltbundesamt.de/publikationen/klaerschlammentsorgung-in-bundesrepublik. Zugegriffen: 12. Dezember 2016

Altholz

21

Simon Obert

21.1 Einführung

Altholz ist die abfallwirtschaftliche Bezeichnung für Holzabfälle. In Deutschland fallen jährlich rund 8,1 Mio. t Altholz an (Mantau et al. 2012).

Altholz wird gesammelt, aufbereitet und der stofflichen oder der energetischen Verwertung zugeführt. Hierzu stellt die Altholzverordnung (AltholzV) den rechtlichen Rahmen. Die Verordnung wurde im Jahr 2002 erlassen und trat zum 01.03.2003 in Kraft.[1] Die AltholzV ist seither das wichtigste Regelwerk der Altholzbranche und grundlegend für das Altholzrecycling und die Verwertung von Abfallhölzern in Deutschland. Unter dem Begriff Altholz sammeln sich Holzabfälle in Form von Gebraucht- oder Industrieresthölzer. Gebrauchthölzer sind aus der Nutzung gegangene Erzeugnisse aus Holz, Holzwerkstoffen oder Verbundstoffen (z. B. entsorgtes Holzmobiliar, Verpackungshölzer, Abbruchholz oder Bahnschwellen). Industrieresthölzer sind in Betrieben der Holzbe- und -verarbeitung anfallende Holzreste, einschließlich der in Betrieben der Holzwerkstoffindustrie anfallenden Holzwerkstoffreste sowie anfallende Verbundstoffe mit überwiegendem Holzanteil (mehr als 50 Masse-%).[2]

[1] AltholzV vom 15.08.2002 (BGBl. I S. 3302), zuletzt geändert durch Art. 6 vom 02.12.2016 (BGBl. I S. 2770).

[2] § 2 Abs. 2 AltholzV.

S. Obert (✉)
BAV Bundesverband der Altholzaufbereiter und -verwerter e.V.
Berlin, Deutschland

P. Kurth et al. (Hrsg.), *Praxishandbuch der Kreislauf- und Rohstoffwirtschaft*,
https://doi.org/10.1007/978-3-658-17045-5_21

21.2 Altholzmarkt

Bis 2002 wurde von den Abfallerzeugern für die Entsorgung von Altholz i. d. R. Geld bezahlt. Ab Mitte 2002 stieg der Bedarf an Altholz in Deutschland an. Grund war die Errichtung einer Vielzahl von Biomasseheizkraftwerken, die zu einem erheblichen Teil ausschließlich mit Altholz befeuert wurden. Grundlage für diesen Bauboom war das Erneuerbare-Energien-Gesetz (EEG), das den Betreibern solcher Anlagen eine 20-jährige Preis- und Abnahmegarantie für den erzeugten Strom bot. Die Altholzerzeuger konnten infolge der wachsenden Nachfrage Altholzabfälle i. d. R. kostenfrei an den Sammelstellen abliefern. Die Aufbereiter wurden für ihre Tätigkeit nicht mehr von den Abfallerzeugern, sondern von den Endverwertern vergütet. In diesen Jahren bezahlten die stofflichen und energetischen Anlagen für ihre Verwertungsleistung.

Seit 2015/2016 erfolgte eine Rückkehr zur Marktlage vor 2002. Ein deutlicher Altholzüberhang bestimmte den Markt. Bis auf Ausnahmen in der stofflichen Verwertung verlangen die Endverwerter wieder einen Preis für ihre Verwertungsleistung. Die Aufbereiter erheben in der Folge eine Gebühr für die Altholzanlieferung. Abfallerzeuger müssen für die Entsorgung von Holzabfällen wieder einen Preis entrichten.

Diese Entwicklung ist v. a. für die energetischen Verwerter von essenzieller Bedeutung, da diese nach dem Auslaufen der EEG-Förderung auf einen deutlichen Zuzahlungspreis für das Altholz als Brennstoff in einer Größenordnung von 40 bis 60 €/t angewiesen sind, um einen wirtschaftlichen Betrieb der Kraftwerke zu ermöglichen, falls die Energieerzeugungspreise für die Produktion von elektrischem Strom und Wärme auf dem heutigen niedrigen Niveau verharren.

21.2.1 Einflussgrößen

Die Einflussgrößen auf den Altholzmarkt sind vielfältig. Eine wichtige Größe ist das konjunkturelle Wachstum. Der wachsende Konsum und die verstärkten bauwirtschaftlichen Aktivitäten der vergangenen Jahre führen derzeit zu höheren Altholzmengen. Ebenfalls trägt die zunehmende Sortierung von Abfallgemischen zu steigenden Aufkommen bei. Verstärkt wird dieser Trend durch die regional hohen Kontingente an Altholz aus der kommunalen Sperrmüllabfuhr, vereinzelt aber auch durch das Altholz aus Hochwasserschäden.

In 2016 hatten drei milde Winter in Folge das Angebot an Altholz deutlich erhöht. Gleichzeitig kam es bei einigen energetischen Verwertern, den Hauptabnehmern des Altholzes (etwa 6,0–6,5 Mio. t pro Jahr), zu längeren Revisionszeiten. Ebenfalls bringen Altholzimporte aus der EU (z. B. aus Großbritannien oder Holland) weitere Mengen nach Deutschland. Hier bestehen z. T. längerfristige Verträge, die zur Abnahme verpflichten. Es fließen jedoch auch Altholzmengen aus Deutschland in Nachbarländer ab (z. B. nach Österreich oder in die Tschechische Republik; BAV Marktbericht 2016).

21.2.2 Altholzpreise

Das Statistische Bundesamt (Destatis) veröffentlicht derzeit keinen Preisindex für Altholz. Der BAV – Bundesverband der Altholzaufbereiter und -verwerter e. V. sammelt mit Blick auf kartellrechtliche Bestimmungen keine Daten. Alternativ bietet die Erhebung des Fachmagazins Europäischer Wirtschaftsdienst EUWID einen guten Marktüberblick.

► **Praxishinweis** Das Fachmagazin Europäischer Wirtschaftsdienst (EUWID) veröffentlicht pro Quartal eine Erhebung zu Altholzpreisen und Details mit Rückblick auf den entsprechenden Zeitraum des Vorjahres. Mithilfe der Befragung der Marktteilnehmer werden Preisspannen ermittelt, die nach Altholzqualitäten, Aufbereitungstiefe und Regionen differenziert dargestellt werden (EUWID Recycling und Entsorgung 2016).

21.3 Altholzkategorien

Je nach vorheriger Nutzung der Abfallhölzer befinden sich diese im naturbelassenen Zustand oder sie wurden beschichtet, lackiert oder mit Holzschutzmitteln versehen. Seit dem Deponieverbot für Abfallhölzer im Jahr 2005 (BMUB 2005) werden diese ausschließlich stofflich oder energetisch verwertet.

Mit Blick auf die weitere Verwendung wird Altholz in der AltholzV nach § 2 Abs. 4 vier Altholzkategorien zugeordnet:

Altholzkategorie A I:
Hierunter fällt naturbelassenes oder lediglich mechanisch bearbeitetes Altholz, das bei seiner Verwendung nicht mehr als unerheblich mit holzfremden Stoffen verunreinigt wurde.

Altholzkategorie A II:
Hierzu zählt verleimtes, gestrichenes, beschichtetes, lackiertes oder anderweitig behandeltes Altholz ohne halogenorganische Verbindungen in der Beschichtung und ohne Holzschutzmittel.

Altholzkategorie A III:
Umfasst Altholz mit halogenorganischen Verbindungen in der Beschichtung ohne Holzschutzmittel.

Altholzkategorie A IV:
Beinhaltet jegliches mit Holzschutzmitteln behandeltes Altholz, wie beispielsweise Bahnschwellen, Leitungsmasten, Hopfenstangen, Rebpfähle, sowie sonstiges Altholz, das aufgrund seiner Schadstoffbelastung nicht den Altholzkategorien A I, A II oder A III zugeordnet werden kann, ausgenommen PCB-Altholz.

PCB-Altholz:
Altholz, das mit Mitteln behandelt wurde, die polychlorierte Biphenyle (PCB) enthalten (insbesondere Dämm- und Schallschutzplatten); muss im Sinn der PCB/polychlorierte Terphenyle(PCT)-Abfallverordnung und nach deren Vorschriften entsorgt werden.[3]

► **Praxishinweis** Althölzer der Kategorie A IV sowie PCB-Altholz[4] sind gefährliche Abfälle und unterliegen der Register- und Nachweispflicht nach der Nachweisverordnung (NachwV). Sie dürfen gewerbsmäßig nur mit einer Transportgenehmigung nach der Transportgenehmigungsverordnung (TgV) befördert werden.[5] Das elektronische Nachweisverfahren ist seit dem 01.02.2011 in der NachwV für alle Abfallerzeuger, Abfallbeförderer und Abfallentsorger verpflichtend geregelt.[6] Es bestimmt die Nachweisführung für die gefährlichen Abfälle in Deutschland.

21.3.1 Sortimente

Zur Vereinfachung der Zuordnung in die einzelnen Qualitätsstufen beschreibt die AltholzV gängige Altholzsortimente und weist diesen den bereits beschriebenen Altholzkategorien zu. Bei der Zuordnung sind Sortiment und Herkunft des Altholzes zu beachten. Erfolgt eine Einstufung entgegen der Regelvermutung der Sortimente, dann ist dies in Ausnahmefällen zulässig. Die Änderung der Einstufung muss begründet und dokumentiert werden.

Die Zuordnung der Altholzsortimente zu Altholzkategorien und Abfallschlüssel ist unter Anhang III der AltholzV dargestellt.

21.3.2 Abfallschlüssel

Die Abfallverzeichnis-Verordnung (AVV)[7] aus dem Jahr 2001 weist den einzelnen Altholzsortimenten entsprechende Abfallschlüssel zu. Die Vorordnung regelt auch die Zuordnung in gefährliche und nicht gefährliche Abfälle im Bereich des Altholzes:

[3] PCB/PCT-Abfallverordnung vom 26.06.2000 (BGBl. I S. 932), zuletzt geändert durch Art. 5 Abs. 21 G vom 24.02.2012 (BGBl. I S. 212).
[4] Aufgrund des PCB-Verbots (Verbot der Herstellung von PCB Ende der 1970er-Jahre in den USA und in der EU in den 1980er-Jahren) kommen PCB-Hölzer in der Praxis kaum noch vor.
[5] TgV vom 10.09.1996 (BGBl. I S. 1411), zuletzt geändert am 21.06.2002 (BGBl. I S. 2208).
[6] NachwV vom 20.10.2006 (BGBl. I S. 2298), zuletzt geändert durch Art. 7 V vom 02.12.2016 (BGBl. I S. 2770).
[7] AVV vom 10.12.2001 (BGBl. I S. 3379), zuletzt geändert durch Art. 2 V vom 22.12.2016 (BGBl. I S. 3103).

- Nicht gefährliche Abfälle: Althölzer der Kategorien A I–A III
- Gefährliche Abfälle: Althölzer der Kategorie A IV

Beispiele für Altholzsortimente und deren zugehörige Abfallschlüssel:

- Möbel/Sperrmüll
  - Möbel, naturbelassenes Holz: A I; AVV 200138
  - Möbel, ohne halogenorganische Verbindungen in der Beschichtung: A II; AVV 200138
  - Möbel, mit halogenorganischen Verbindungen in der Beschichtung: A III; AVV 200138
  - Altholz aus Sperrmüll (Mischsortiment): A III; AVV 200138
- Verpackungen
  - Paletten
    - Paletten aus Vollholz, wie z. B. Europaletten, Industriepaletten aus Vollholz: A I; AVV 150103
    - Paletten aus Holzwerkstoffen: A II; AVV 150103
    - Sonstige Paletten mit Verbundmaterialien: A III; AVV 150103
  - Transportkisten
    - Transportkisten, Verschläge aus Vollholz: A I; AVV 150103
    - Obst-, Gemüse- und Zierpflanzkisten sowie ähnliche Kisten aus Vollholz: A I; AVV 150103
    - Transportkisten aus Holzwerkstoffen: A II; AVV 150103
    - Munitionskisten: A IV; AVV 170204*
  - Kabeltrommeln
    - Kabeltrommeln aus Vollholz: Hergestellt nach 1989; A I; AVV 150103
    - Kabeltrommeln aus Vollholz: Herstellung vor 1989; A IV; AVV 170204*
- Altholz aus der Holzbe- und -verarbeitung
  - Verschnitt, Abschnitte, Späne von Holzwerkstoffen und sonstigem behandeltem Holz: ohne schädliche Verunreinigungen; A II; AVV 030105
- Altholz aus dem Baubereich
  - Baustellensortimente
    - aus naturbelassenem Vollholz: A I; AVV 170201
    - aus Holzwerkstoffen, Schalhölzer, behandeltes Vollholz: ohne schädliche Verunreinigungen; A II; AVV 170201
  - Altholz aus Abbruch und Rückbau
    - Dielen, Fehlböden, Bretterschalungen aus dem Innenausbau: ohne schädliche Verunreinigungen; A II; AVV 170201
    - Türblätter und Zargen von Innentüren: ohne schädliche Verunreinigungen; A II; AVV 170201
    - Profilbretter für Raumausstattung, Deckenpaneele, Zierbalken usw.: ohne schädliche Verunreinigungen; A II; AVV 170201

  - Bauspanplatten: A II; AVV 170201
  - Konstruktionshölzer für tragende Teile: A IV; AVV 170204*
  - Holzfachwerk, Dachsparren und Dachlatten: A IV; AVV 170204*
  - Fenster, Fensterstöcke, Außentüren: A IV; AVV 170204*
  - Imprägnierte Bauhölzer aus dem Außenbereich: A IV; AVV 170204*
  - Bau- und Abbruchholz mit schädlichen Verunreinigungen: A IV; AVV 170204*
- Imprägniertes Altholz aus dem Außenbereich
  - Bahnschwellen: A IV; AVV 170204*
  - Leitungsmasten: A IV; AVV 170204*
  - Sortimente aus dem Garten- und Landschaftsbau, imprägnierte Gartenmöbel: A IV; AVV 170204*
  - Sortimente aus der Landwirtschaft: A IV; AVV 170204*
  - Feinfraktion aus der Aufbereitung von Altholz zu Holzwerkstoffen: A IV; AVV 170204*
- Sonstige
  - Altholz aus industrieller Anwendung: z. B. Industriefußböden, Kühltürme; A IV; AVV 170204*
  - Altholz aus dem Wasserbau: A IV; AVV 170204*
  - Altholz von abgewrackten Schiffen und Waggons: A IV; AVV 170204*
  - Altholz aus Schadensfällen: z. B. Brandholz; A IV; AVV 170204*
  - Holzhackschnitzel, Holzspäne: A IV; AVV 170204*

Alle mit * gekennzeichneten Fraktionen unterliegen der Nachweispflicht und können nur mit gültigem und den dazugehörigen Begleitpapieren angeliefert werden (s. Praxishinweis Abschn. 21.3).

► **Praxishinweis** Mit Bildern und weiteren Hintergrundinformationen hinterlegt, bietet der BAV-Altholzleitfaden 2012 hierzu einen praxisbezogenen ergänzenden Überblick.

21.4 Altholzaufkommen

In Deutschland fallen nach der letzten Erhebung aus dem Jahr 2010 rund 8,1 Mio. t Altholz pro Jahr an (Mantau et al. 2012). 2017 wird eine neue Marktabfrage folgen. Der Bundesverband der Altholzaufbereiter und -verwerter e.V. geht von einem gestiegenen Altholzaufkommen in Deutschland aus (BAV 2016). Altholz gelangt häuptsächlich aus den Bereichen Bau- und Abbruch, Verpackungshölzer, Siedlungsabfälle und Abfälle der Holzverarbeitung auf den Markt. Der vorwiegende Teil des Altholzes wird separat gesammelt und entsorgt.

Verteilung des Aufkommens auf die Altholzkategorien (Schätzung aus 2010):

A I 10–20 %
A II 65–67 %
A III 2 %
A IV 10–15 %

Bis zum 01.06.2005 konnte Altholz deponiert werden. Danach trat die Abfallablagerungsverordnung Technische Anleitung Siedlungsabfall (TASi) flächendeckend in Kraft. Die Ablagerungsverordnung verbietet die Deponierung von unbehandelten Abfällen aus Haushalten und Gewerben. Hierdurch wurde u. a. auch die Entsorgung von Altholz aus Siedlungsabfällen auf Deponien beendet. Ziele der Verordnung sind die Vermeidung von Umweltschäden aus der Ablagerung unvorbehandelter Siedlungsabfälle sowie die nachhaltige Verwertung der Abfälle (BMUB 2006, S. 1).

21.5 Altholznutzung

Altholz wird stofflich oder energetisch genutzt. Beide Verwertungsarten werden vom Gesetzgeber als hochwertig angesehen und anerkannt, da sie im Sinn der Kaskadennutzung Abfallholz einer weiteren Verwertung (stofflich/energetisch) zuführen.

21.5.1 Altholzaufbereitung

Um Altholz stofflich und energetisch verwenden zu können, bedarf es im Regelfall einer vorherigen Aufarbeitung des Materials. Dieses Verfahren wird als Aufbereitung bezeichnet.

Der Betreiber einer Altholzbehandlungsanlage muss nach den Vorgaben der AltholzV sicherstellen, dass bei der vorgesehenen Verwertung nur die hierfür zugelassenen Altholzkategorien eingesetzt werden. Das eingesetzte Altholz muss von Störstoffen entfrachtet und von PCB-Altholz befreit sein.

Durch eine Sichtkontrolle und eine Sortierung ist das Altholz den für den vorgesehenen Verwertungsweg zugelassenen Altholzkategorien zuzuordnen. Bei Verdacht auf Teerölbehandlung (Bahnschwellen, Jägerzäune, Hopfenmasten etc.) muss das Altholz der Altholzkategorie A IV zugeordnet werden. Bei der Zuordnung sind Sortiment und Herkunft des Altholzes (s. Abschn. 21.3.1) zu beachten.

Nach der Eingangskontrolle wird das Altholz im weiteren Verlauf zerkleinert und von Störstoffen getrennt. Störstoffe sind auszusortieren. Dies erfolgt i. d. R. per Überbandmagneten und Nichteisen-Metallabscheider, teils ergänzend auch per Handsortierung. Künftig könnten neue Detektionsverfahren die Sortierung weiter verbessern (Meinlschmidt et al. 2013).

Lässt sich Altholz nicht eindeutig einer Altholzkategorie zuordnen, ist es in eine höhere Altholzkategorie zuzuordnen. Diese Zuordnung erfolgt durch hierfür geschultes Personal, das über die erforderliche Sachkunde verfügen muss. Die Sachkunde erfordert nach der AltholzV eine betriebliche Einarbeitung auf der Grundlage eines Einarbeitungsplans.

Aussortiertes Altholz und Störstoffe, für deren weitere Entsorgung die Anlage nicht zugelassen ist, sind unverzüglich gesondert bereitzustellen und einer zulässigen Entsorgung zuzuführen.

Strenge Voraussetzungen gelten nach der AltholzV auch für die zur Herstellung von Holzwerkstoffen eingesetzten Holzhackschnitzel. Diese müssen Schadstoffgrenzwerte nach Anhang II der AltholzV einhalten, ansonsten dürfen sie nicht eingesetzt werden. Die Einhaltung der Grenzwerte ist regelmäßig, mindestens aber nach einem Durchlauf von 500 t, nachzuweisen. Hierzu werden Proben entnommen, die im Labor analytisch untersucht werden. Vierteljährlich ist zusätzlich eine Fremdüberwachung vorgeschrieben.

In welchem Umfang Aufbereitungsanlagen einer immissionsschutzrechtlichen Genehmigung bedürfen, regelt die Bundes-Immissionsschutzverordnung.

21.5.2 Stoffliche Verwertung

In Deutschland werden 20–25 % des Altholzes stofflich genutzt. Dies entspricht einer Menge von 1,5 bis 2,0 Mio. t Altholz pro Jahr. Die Einhaltung der in der Altholzverordnung definierten Grenzwerte ist entscheidend für die Möglichkeit der späteren stofflichen Verwertung. Die AltholzV beschränkt die einsetzbaren Althölzer deshalb auf die schadstofffreien Altholzkategorien A I und A II. Nach einer Vorbehandlung dürfen auch Althölzer der Klasse A III eingesetzt werden. Diese müssen jedoch zuvor im Rahmen der Aufbereitung weitgehend von Lackierungen und Beschichtungen befreit werden (Anhang I AltholzV).

► **Praxishinweis** Auch polyvinylchlorid-beschichtete Möbel können stofflich verwertet werden, wenn die PVC-Beschichtung weitestgehend entfernt wird. Früher wurden v. a. Küchenmöbel mit Folienbeschichtungen und Kantenumleimern mit halogenorganischen Verbindungen versehen. Heute sind diese nicht mehr handelsüblich. Es findet sich zwar auch heute noch eine geringe Menge PVC-haltiger Anteile im Altholz, jedoch ist dieser stark abnehmend und insgesamt kaum noch relevant.

Weitere stoffliche Verwertungswege nach der Altholzverordnung sind die Gewinnung von Synthesegas zur chemischen Nutzung oder die Herstellung von Aktiv- bzw. Industrieholzkohle. Diese Verfahren haben derzeit in der Praxis jedoch keine große Bedeutung.

21.5.3 Energetische Verwertung

Rund 75–80 % des Altholzes in der Bundesrepublik fließen in die energetische Verwertung. Dies entspricht etwa 6,0–6,5 Mio. t Altholz pro Jahr. In Deutschland sind rund 80 Altholzkraftwerke am Markt.

Für die energetische Aufbereitung gelten nach der AltholzV keine Grenzwerte. Die energetische Verwertung von Altholz wird jedoch ergänzend durch das Bundes-Immissionsschutzgesetz (BImSchG) geregelt.

In immissionsschutzrechtlich nicht genehmigungsbedürftigen Kleinfeuerungsanlagen ist nur schadstofffreies Altholz der Kategorien A I und A II zulässig. Zu berücksichtigen ist jedoch, dass Altholz der Kategorie A II nur in Feuerungsanlagen mit einer Nennwärmeleistung von mindestens 30 kW und nur in Betrieben der Holzbe- oder -verarbeitung eingesetzt werden darf (§ 5 Abs. 2 1. BImSchV).

Ist Altholz holzschutzmittelbehandelt, mit halogenorganischen Verbindungen versehen oder mit Schwermetallen imprägniert, so darf es ausschließlich in Anlagen energetisch verwertet werden, die die Anforderungen der 17. BImSchV erfüllen.

Anlagenbetreiber unterliegen zudem individuellen behördliche Bestimmungen (z. B. Beschränkungen des Einsatzes der Altholzkategorie IV).

21.5.4 Vorbereitung der Post-EEG-Zeit

In Deutschland sind rund 80 Altholzkraftwerke am Markt. Diese erhalten mehrheitlich eine Förderung im Rahmen des EEG. Die Pionieranlagen erhielten bereits seit dem Jahr 2000 die erste EEG-Vergütung. Die 20-jährige Förderdauer endet bei diesen Anlagen mehrheitlich ab Ende 2020 bis Ende 2026. Ab 2027 haben fast alle Anlagen das EEG-Regime verlassen. Im Anschluss müssen sich die Anlagen am Markt beweisen. Die Einnahmen, die heute noch durch die EEG-Vergütung gesichert sind, müssen dann durch den für die Entsorgung von Altholz zu erzielenden Marktpreis generiert werden. Der derzeit über den Markt erzielbare Altholzpreis könnte die Kosten der Kraftwerke nicht decken.

Der BAV setzt sich für das Marktintegrationsmodell für Altholzkraftwerke (MIMA) ein, das das EEG-Förderende flankiert und die Altholzkraftwerke v. a. in den entscheidenden Jahren des zeitversetzten Förderaustritts der einzelnen Anlagen vor möglichen Marktverwerfungen schützen möchte. Die Übergangsförderung in diesen sechs Jahren soll jährlich im Betrag sinken, um so den Markt langsam auf den Wechsel vorzubereiten.

Ohne eine Absicherung des Anlagenbestands ist zu befürchten, dass ein Wegfallen von Entsorgungskapazitäten droht. Dies würde gravierende Folgen für die Entsorgung des jährlich anfallenden Altholzes haben. Müllverbrennungs- und Ersatzbrennstoffanlagen können aufgrund der schon vorhandenen Auslastung diese Entsorgungslücke nicht schließen. Auch ein Blick auf die Kosten zeigt, dass die Müllverbrennungsanlagen bei Preisen von mehr als 100 €/t im Jahr 2016 keine wirkliche Alternative sein können.

Das Bundeswirtschaftsministerium (BMWi) bezifferte die Umsetzung des Marktintegrationsmodells für Altholzanlagen auf rund 1 Mrd. € für die sechsjährige Austrittsphase. Die theoretische Entsorgung in Müllverbrennungsanlagen würde mit rund 4,5 Mrd. € zu Buche schlagen, dies ergeben BAV-Berechnungen, die die Kosten einer alternativen Altholzentsorgung bewertet haben (Stellungnahme BAV Marktintegrationsmodell vom 06.06.2016). Hierdurch könnten laut BAV-Angaben Mehrkosten für die Altholzentsorgung von bis zu 3,5 Mrd. € entstehen.

Das vorgeschlagene Marktintegrationsmodell fand in der EEG-Novellierung 2016 keine Berücksichtigung. Die kommende Änderung des EEG nach der Bundestagswahl 2017 eröffnet hierfür jedoch eine neue Möglichkeit.

21.6 Ausblick

Altholz trägt bereits heute dazu bei, Kohlendioxidäquivalente in deutlichem Umfang einzusparen. Altholz wird auch künftig nachhaltig und klimafreundlich in der stofflichen und energetischen Verwertung zum Einsatz kommen und weiter an Bedeutung gewinnen (Öko-Institut e. V. 2010).

Die kommenden Jahre werden durch neue Detektionsverfahren zu einer weiteren Verbesserung der Altholzqualitäten in der Altholzaufbereitung und zu einem noch effizienteren Einsatz der Altholzverwertung führen. Kritisch werden die EEG-Ausstiegsjahre zwischen Ende 2020 bis Ende 2026 für den Anlagenbestand sein. Hier könnten Marktverwerfungen und ein Entsorgungsengpass durch ausscheidende energetische Verwertungsanlagen drohen.

Literatur

BAV (2012) Altholzleitfaden, 7. Auflage. www.altholzverband.de. Zugegriffen: 2. Hj. 2016

BAV (2016) Altholzmarkt in Deutschland. www.altholzverband.de. Zugegriffen: 2. Hj. 2016

BMUB (2005) Siedlungsabfallentsorgung 2005 Stand – Handlungsbedarf – Perspektiven. S 1–2. http://www.bmub.bund.de/fileadmin/bmu-import/files/pdfs/allgemein/application/pdf/bericht_siedlungsabfallentsorgung_2005.pdf. Zugegriffen: 25. Januar 2017

BMUB (2006) Siedlungsabfallentsorgung in Deutschland. Ein Jahr TASi – ab 1. Juni 2005 keine Deponierung unvorbehandelter Abfälle mehr

EUWID Recycling und Entsorgung (2016). Altholzmarkt weiterhin sehr angespannt, 02.11.2016, www.euwid-recycling.de. Zugegriffen: 25. Januar 2017

Mantau U, Weimar H, Kloock T (2012) Holzrohstoffmonitoring – Altholz im Entsorgungsmarkt, Aufkommens- und Vertriebsstruktur. Abschlussbericht. Universität Hamburg

Meinlschmidt P, Berthold D, Briesemeister R (2013) Neue Wege der Sortierung und Wiederverwertung von Altholz. Recycling und Rohstoffe. Berliner Recycling- und Rohstoffkonferenz, 6. S 153–176. TK-Verlag, Neuruppin

Öko-Institut e. V. (2010) Klimaschutzpotenziale der Abfallwirtschaft – Am Beispiel von Siedlungsabfällen und Altholz. S 120. https://www.ifeu.de/projekt/klimaschutzbeitrag-der-abfallwirtschaft-deutschland-eu/. Zugegriffen: 30. Januar 2017

Elektroaltgeräte

22

Matthias Heinen und Hans-Bernhard Rhein

22.1 Einführung

Die qualitativ hochwertige Erfassung und Behandlung von Elektro- und Elektronikaltgeräten ist von großer umwelt- und industriepolitischer Bedeutung. Durch eine am Stand der Technik orientierte, qualitätsgesicherte Schadstoffentfrachtung möglichst aller in Deutschland als Abfall anfallenden Altgeräte kann die Gefährdung der menschlichen Gesundheit abgewendet, ein unkontrolliertes Eindringen von Schadstoffen in die Umwelt verhindert und damit ein aktiver Beitrag zum Klimaschutz geleistet werden. Die Rückgewinnung von Wertstoffen reduziert einerseits den Bedarf für Umwelteingriffe zur Gewinnung von Primärrohstoffen und ist in einem rohstoffarmen, aber industrieintensiven Land wie Deutschland ein unverzichtbares Element zur Rohstoffversorgung der verarbeitenden Betriebe und zur wirksamen Steigerung der Ressourceneffizienz.

Mit weitergehenden Anforderungen an den Betrieb von Erstbehandlungsanlagen und die darin durchgeführten Verfahren zur Schadstoffentfrachtung und Wertstoffrückgewinnung sollen für alle Beteiligten ambitionierte und vollzugstaugliche Anforderungen formuliert werden, sodass ein fairer Wettbewerb möglich ist. Entscheidend wird sein, dass sich die Anforderungen dabei auf Zielvorgaben konzentrieren, um die Weiterentwicklung der Behandlungstechnik, die für das Recycling sich stetig weiterentwickelnder Elektrogeräte unverzichtbar ist, und den Einsatz innovativer Recyclingverfahren nicht zu behindern.

M. Heinen (✉)
BDE Bundesverband der Deutschen Entsorgungs-,Wasser- und Rohstoffwirtschaft e.V.
Berlin, Deutschland

H.-B. Rhein
Umweltkanzlei Dr. Rhein Beratungs- und Prüfgesellschaft mbH
Sarstedt, Deutschland

P. Kurth et al. (Hrsg.), *Praxishandbuch der Kreislauf- und Rohstoffwirtschaft*,
https://doi.org/10.1007/978-3-658-17045-5_22

22.2 Rechtsgrundlagen

22.2.1 Elektro- und Elektronikgerätegesetz (ElektroG)

Die Sammlung und Behandlung von Elektroaltgeräten wird in Deutschland über das Elektro- und Elektronikgerätegesetz (ElektroG)[1] geregelt. Darin sind im Wesentlichen die Pflichten der Inverkehrbringer zur Wahrnehmung der Produktverantwortung, der Kommunen zur Umsetzung der Sammlung und der Entsorgungswirtschaft zur ordnungsgemäßen Durchführung der Behandlung festgeschrieben. Mit der Inkraftsetzung des novellierten ElektroG am 24.10.2015 hat die Bundesregierung die Überarbeitung der europäischen Waste-of-Electrical-and-Electronic-Equipment (WEEE)-Richtlinie in deutsches Recht umgesetzt. Vordringliche Ziele der Novellierung sind die Harmonisierung der geltenden Vorgaben zur Erfassung und Behandlung von Elektroaltgeräten sowie eine Anhebung der ökologischen Vorgaben der Sammlung und Behandlung. Zur Festlegung weitergehender Anforderungen in einer Verordnung ist die Bundesregierung über den § 24 Ziffer 2 ElektroG ermächtigt (s. Abschn. 22.2.3).

Mit der Neufassung des ElektroG wurden auch eine Reihe von Veränderungen vorgenommen, die sich mittelbar oder unmittelbar auf die Verfahren der Erstbehandlung bzw. Behandlung auswirken.[2] Dies umfasst die Ergänzung des Anwendungsbereichs um Photovoltaikmodule (PV-Module) und Leuchten aus privaten Haushalten, die Einführung einer Entnahmemöglichkeit für Batterien und Lampen an der Sammelstelle sowie die Ausweitung der Melde- und Mitteilungspflichten der betroffenen Akteure. Zudem ergeben sich mehrere Neuerungen für die Eigenvermarktung durch die öffentlich-rechtlichen Entsorgungsträger (örE). Große Aufmerksamkeit ist der neuen Rücknahmepflicht von Elektro- und Elektronikaltgeräten (EAG) zugekommen, die alle Vertreiber mit einer Verkaufsfläche für Elektro- und Elektronikgeräte von mindestens 400 m^2 betrifft. Außerdem bedeuten die Bestimmungen der Novelle auch eine Stärkung der Erstbehandlung. Dies umfasst auch eine Anzeigepflicht für Betreiber von Erstbehandlungsanlagen (EBA) und v. a. die Anhebung der Erfassungsziele sowie der Verwertungs- und Recyclingquoten und damit die Erhöhung der Ressourceneffizienz als neu formuliertes Ziel.

Die bereits im ersten ElektroG von 2005 gesetzten Prämissen eines nachhaltigen Recyclings durch Schadstoffausschleusung und Verwertung von Wertstoffen werden zunehmend sowohl durch die notwendige Erhöhung der Ressourceneffizienz als auch die rasante Entwicklung der Gerätetechnik getrieben; dies alles vor dem Hintergrund auch globalisier-

[1] ElektroG vom 20.10.2015 (BGBl. I S. 1739).

[2] Erstbehandlung umfasst nach § 3 Nr. 24 ElektroG die erste Behandlung von Altgeräten, bei der die Altgeräte zur Wiederverwendung vorbereitet oder von Schadstoffen entfrachtet und Wertstoffe aus den Altgeräten separiert werden, einschließlich hierauf bezogener Vorbereitungshandlungen. Behandlung (ugs. Folgebehandlung) umfasst nach § 3 Nr. 23 ElektroG Tätigkeiten, die nach der Übergabe von Altgeräten an eine Anlage zur Entfrachtung von Schadstoffen, zur Demontage, zum Schreddern, zur Verwertung oder zur Vorbereitung der Beseitigung durchgeführt werden, sowie sonstige Tätigkeiten, die der Verwertung oder Beseitigung der Altgeräte dienen.

ter Entsorgungsmärkte. Die sich schnell verändernden Rahmenbedingungen stellen nicht nur den Gesetzgeber vor das Problem einer zeitnahen und angemessenen Regelwerksetzung, sondern insbesondere die Entsorgungswirtschaft, die bereits in neue Technologien investieren muss, bevor die alten Anlagen abgeschrieben sind.

► **Praxisbeispiel** Kathodenstrahlbildschirmgeräte (CRT, „cathode ray tube") werden im Konsum mit extremem Tempo durch Flachbildschirme abgelöst, fallen aber nach wie vor in großer Zahl zur Entsorgung an. Zunächst konnten z. B. die bleihaltigen Bildschirmgläser noch in der Produktion von Bildschirmglas eingesetzt, also stofflich verwertet werden. Inzwischen wurde die Produktion von CRT für Fernseher und Monitore nahezu eingestellt. Eine kostenintensive Beseitigung ist mangels alternativer Verwertungswege die Folge. Parallel entwickelten sich die CRT-Monitore und CRT-TV-Geräte zum Exportschlager. Ganze Fahrzeugladungen treten als Gebrauchtgeräte deklariert den Weg nach Afrika an, versprechen die Ablenkeinheiten und Platinen doch einen Gewinn, wenn die Umweltanforderungen außer Acht gelassen werden. Bei Exporten von Gebrauchtgeräten oder EAG als Abfall versucht der Gesetzgeber mit „Mindestanforderungen an die Verbringung von gebrauchten Elektro- und Elektronikgeräten, bei denen es sich möglicherweise um Altgeräte handelt" (Anlage 6 zu § 23 Abs. 1 ElektroG) gegenzusteuern. Bis zur Novelle des ElektroG war die Sammelgruppe 3 auch noch bei den örE beliebt und wurde gerne optiert, d. h. in eigener Regie vermarktet, enthielt sie doch neben den Bildschirmgeräten auch die werthaltigen Geräte für Telekommunikation und Informationstechnologie (IT). Seit diese Gerätekategorien mit dem ElektroG 2015 der Sammelgruppe 5 für Haushaltskleingeräte zugeordnet wurden, ist die Optierung der Sammelgruppe 3 deutlich zurückgegangen.[3] Die empfohlene Trennung von Flachbildschirmen und CRT in dieser Sammelgruppe wird eine genaue Beobachtung der Verwertungswege erfordern. Ohne ein geeignetes Meldesystem der Gerätemengen und Verfolgen der Geräte- und Recyclingströme (Monitoring) besteht die Gefahr, dass ganze Sammelgruppen an den vorhandenen hochwertig arbeitenden Erstbehandlungsanlagen vorbei geschleust werden, ähnliche Erscheinungen werden offenbar bereits bei Sammelgruppe 5 beobachtet.

22.2.2 LAGA-Mitteilung 31A und B

Zur Konkretisierung der sich aus dem überarbeiteten ElektroG ergebenden Anforderungen wurde bereits Anfang 2016 mit der Überarbeitung der gültigen LAGA-Mitteilung M31 begonnen. Die „Anforderungen an die Entsorgung von Elektro- und Elektronikaltgeräten" (LAGA-M31A 2017) wurde Ende März 2017 von der LAGA verabschiedet. Ein Entwurf der LAGA-Mitteilung 31B (LAGA-M31B-Entwurf 2017) zu den „Technische(n)

[3] Nach einer eigenen, von der Umweltkanzlei Rhein im Jahr 2016 durchgeführten Untersuchung der örE in Schleswig-Holstein nahm die Optierung der Sammelgruppe 3 gegenüber 2015 um etwa 40 % ab.

Anforderungen an die Behandlung und Verwertung von Elektro- und Elektronikaltgeräten" ist im April 2017 in die Anhörung gestartet. Zusammengenommen umfassen beide Vollzugshilfen etwa 270 Seiten. Die LAGA-Mitteilung M31 war schon zum ursprünglichen ElektroG eine umfangreiche und praxisnahe Annäherung an den Stand der Technik. Entscheidend für den Erfolg der Vollzugshilfe wird auch sein, dass die Vorgaben im Hinblick auf technische Weiterentwicklungen und die betriebliche Prozessoptimierung in der Form von Zielen definiert werden und nicht starr den Einsatz festgelegter Aggregate oder Prozesse erfordern.

22.2.3 Entwicklung einer Behandlungsverordnung

Auf Grundlage der Verordnungsermächtigung des § 24 Ziffer 2 ElektroG entwickelt das Umweltbundesamt (UBA) im Auftrag des Bundesumweltministeriums (BMUB) Empfehlungen für eine Verordnung zur Festlegung weitergehender Anforderungen an die Behandlung von Altgeräten. Parallel zu den Regelungsaktivitäten der Bundesländer besteht daher beim UBA seit 2016 ein Arbeitskreis mit mehreren EAG-fraktionsspezifischen Arbeitsgruppen. Die Arbeitsgruppen befinden sich zur Zeit im Status einer Bestandsaufnahme hinsichtlich des Schadstoff- und Wertstoffgehalts der EAG und dem Stand der Verfahrenstechnik. Im Rahmen einer UBA-Dokumentation wurden „Informationen zur Schadstoff- und Ressourcenrelevanz von Werkstoffen und Bauteilen von EAG" zusammengetragen (Fact-Sheets 2016). Der Arbeitskreis im UBA hat inzwischen einen Vorschlag konkreter Behandlungsschritte und -ziele erarbeitet. Zudem liegen bislang unveröffentlichte Protokolle der Arbeitsgruppen vor, die den Stand der Verfahrenstechnik wiedergeben (AG-Protokolle 2016). Laut Aussagen des UBA soll die Behandlungsverordnung etwa einen Zeithorizont von fünf bis sechs Jahren erfassen. Bei dem Verfahren ist derzeit noch nicht absehbar, ob es gelingen wird, die Anforderungen an die Behandlung auch im Hinblick auf die fortschreitende Veränderung der Zusammensetzung und Beschaffenheit von Elektroaltgeräten zielführend und angemessen auszugestalten. Veränderungen im Anlageninput erfordern auch eine Weiterentwicklung der Prozesse und der Technik. Diese sollte durch die Anforderungen nach Möglichkeit nicht im Vorhinein beschränkt werden.

22.2.4 CEN-Normen

Der LAGA-M31B-Entwurf nimmt u. a. Bezug auf die Formulierung von Qualitätszielen anstelle konkreter Verfahrensvorgaben für die Altgerätebehandlung. Damit wird im Kern der Regelungsansatz der CENELEC-Normung des Europäischen Komitees für Elektrotechnische Normung (CLC) aufgegriffen. Im Rahmen eines Mandats der Europäischen Kommission wird dort die Normenreihe 50625 „Collection, logistics & treatment requirements for WEEE" erarbeitet, die sowohl Europäische Normen (EN), Technische Spezifikationen (TS) und Technische Berichte (TB) enthält. Anders als bei harmonisierten Normen, die im Amtsblatt der EU veröffentlicht werden, impliziert deren Einhaltung nicht automatisch eine Konformitätsvermutung mit der WEEE-Richtlinie. Ohne Bezugnahme auf die Normen in Durchführungsrechtsakten der EU besitzen diese empfehlenden Charakter. Von CENELEC verabschiedete Dokumente sollen unverändert in das DIN-Regelwerk übernommen werden. Aktuell existieren bereits folgende Normen:

- DIN EN 50625-1: 2014-09. Allgemeine Behandlungsanforderungen
- DIN EN 50625-2-1: 2015-04. Behandlungsanforderungen für Lampen
- DIN EN 50625-2-2: 2016-01. Behandlungsanforderungen für CRT/Flachbildschirme
- DIN CLC/TS 50625-3-1: 2016-04. Spezifikation Schadstoffentfrachtung, allgemein
- DIN CLC/TS 50625-3-2: 2017-01. Spezifikation Schadstoffentfrachtung Lampen

Im Lauf des Jahres 2017 soll die Normenreihe durch zwei weitere Teile (flüchtige Fluorkohlenwasserstoffe bzw. flüchtige Kohlenwasserstoffe, PV-Module) und fünf technische Spezifikationen ergänzt werden. Die Normenreihe enthält v. a. Monitoringanforderungen bzw. Hinweise zur Erstellung von Massenbilanzen und Methoden zur Schadstoffüberwachung mithilfe sog. Zielwert-, Massenbilanz- oder Analysemethoden. Zielwert- und Massenbilanzmethoden basieren auf der Untersuchung von Testchargen und legen Massenanteile für schadstoffhaltige Bauteile fest (Kondensatoren, Batterien etc.). Die Analysemethode bezieht sich auf repräsentative Proben nach vorgeschriebenen Probenahmeverfahren und begrenzt Schadstoffgehalte (polychlorierte Biphenyle [PCB], Cadmium, Quecksilber, Brom etc.).

Die Qualitätsziele der Schadstoffgehalte werden sich im Spannungsfeld zwischen zulässigen Schadstoffgehalten bei Neugeräten aufgrund der Richtlinie Directive on the restriction of the use of certain hazardous substances in electrical and electronic equipment (RoHS als gängige Abkürzung für die Richtlinie 2011/65/EU des Europäischen Parlaments und des Rats vom 08.06.2011 zur Beschränkung der Verwendung bestimmter gefährlicher Stoffe in Elektro- und Elektronikgeräten) bzw. nach der Verordnung 1907/2006 der EG zur Bewertung und Beschränkung chemischer Stoffe (REACH) den technischen Grenzen einer Schadstoffentfrachtung auch im Rahmen bestehender europäischer Mittelwerte und den Kriterien für eine Einstufung als gefährlicher Abfall bewegen müssen. Letztgenannte Kriterien zur Einstufung gefährlicher Abfälle sind bereits in der gültigen LAGA-M31 enthalten und sollen fortentwickelt werden. Es wird sich zeigen, inwieweit die Normen in künftigen Verträgen der Hersteller mit den Entsorgern Berücksichtigung finden und damit einen europäischen Mindeststandard setzen können.

22.3 Sammlung und Transport von Elektroaltgeräten

Zur Stärkung des qualitativ hochwertigen Elektrorecyclings in Deutschland und als Grundlage für wirkungsvolle Vorgaben für die Behandlung muss gewährleistet sein, dass möglichst alle in Deutschland gesammelten Altgeräte unversehrt den Weg in eine zertifizierte Behandlungsanlage finden und sich den Betreibern von Anlagen damit eine verlässliche Kalkulationsgrundlage für Investitionen in Aufbereitungstechnik und -prozesse bietet. Die Erfassung von Altgeräten ist integrativer Bestandteil der Wertschöpfungskette des Elektrorecyclings. Der Erfolg der Schadstoffentfrachtung und Wertstoffrückgewinnung hängt entscheidend davon ab, ob eine schonende Erfassung sichergestellt werden kann. Die Qualitätssicherung der Erfassung an Sammelstellen oder über Sperrmüllsammlungen und anderen Holsystemen ist daher unverzichtbare Vorbedingung für die Behandlung von Altgeräten. Unzureichende Schulung, Sensibilität gegenüber Schadstofffreisetzungen und den Folgen einer Gerätebeschädigung für die Wertstofferfassung im nachfolgenden Recycling sowie ein Mangel an fachqualifiziertem Personal und detaillierten Betriebsanweisungen sind neben vereinzelten baulichen und Ausstattungsmängeln die Hauptursache für eine unsachgemäße Erfassung der EAG (vgl. u. a. Rhein und Leiser 2014). Dies verhindert einerseits, dass alle Altgeräte über die Sammlung einer hochwertigen Behandlung zugeführt werden, und führt andererseits dazu, dass Altgeräte bei der Sammlung und dem Transport Beraubungen, Beschädigungen und Zerstörungen erfahren. Im Verhältnis zur Masse der in Verkehr gebrachten Neuware sind die Sammelmengen weiterhin sehr niedrig. Die insbesondere im ländlichen Raum nicht immer bürgerfreundliche räumliche und zeitliche Verfügbarkeit von kommunalen Rücknahmestellen verhindert, dass wirklich alle Geräte zurückgegeben werden. Die Umleitung von zurückgenommenen Geräten aus dem System, beispielsweise in den Export, oder die Zuführung zu minderwertigen Behandlungsverfahren führen dazu, dass nicht größere Mengen als ordnungsgemäß verwertet gemeldet werden.

► **Praxishinweis** Der verstärkte Einsatz fachkundigen und sachgemäß eingewiesenen Personals an den Rücknahmestellen erhöht den Verbraucherkomfort der Annahme und kann somit nicht nur die Steigerung der Sammelmenge, sondern auch eine Verringerung von Beschädigungen und Zerstörungen an EAG erreichen.

Bisher erfolgt an den kommunalen Sammelstellen keine Qualitätssicherung oder Auditierung, wie sie beispielsweise in Erstbehandlungsanlagen seit Jahren verpflichtend durchgeführt werden. Durchgeführt von unabhängigen Sachverständigen könnten so die grundsätzlichen Anforderungen, z. B. auf Basis der LAGA-M31 geprüft und bestätigt werden. Über eine einheitliche Überprüfung könnte u. a. sichergestellt werden, dass alle zugelassenen Sammelstellen über die baulichen und personellen Voraussetzungen verfügen, um die erforderlichen Behälter auf angemessen befestigten Flächen witterungsgeschützt aufzustellen und die Altgeräte durch qualifiziertes Fachpersonal sachgemäß erfassen zu können.

22.4 Verfahrensziele der Behandlung

Aufgrund § 20 Abs. 1 ElektroG sind Altgeräte „vor der Durchführung weiterer Verwertungs- oder Beseitigungsmaßnahmen einer Erstbehandlung zuzuführen. Vor der Erstbehandlung ist zu prüfen, ob das Altgerät oder einzelne Bauteile einer Vorbereitung zur

Wiederverwendung zugeführt werden können. Diese Prüfung ist durchzuführen, soweit sie technisch möglich und wirtschaftlich zumutbar ist." Gerade vor dem Hintergrund des letzten Satzes stellt sich die Frage, inwieweit für derartige Geräte bzw. Bauteile überhaupt eine Nachfrage besteht. Es ist schon heute festzustellen, dass aufgrund der hohen Dynamik ganzer Technologien bestimmte Gebrauchtgeräte, also Geräte, die noch nicht als EAG zu Abfall geworden sind, keine nennenswerte Abnahme mehr finden; dies gilt erst recht für entsorgte Altgeräte, wie Video- oder Kassettenrekorder. Ein aktuelles Förderprojekt der EU untersucht zur Zeit anhand von Big-Data-Analysen die Nachfragemärkte von Gebrauchtgeräten (EU-Projekt Cities Cooperation for Circular Economy [FORCE] 2014–2020). Auch kann das Vorhandensein von früher verwendeten Schadstoffen oder Energieverbräuchen die Wiederverwendung ökologisch und ökonomisch infrage stellen.

Im Sinn der mehrstufigen Abfallhierarchie des Kreislaufwirtschaftsgesetzes (KrWG) ist dennoch der Wiederverwendung von EAG bzw. deren Bauteilen gegenüber dem Recycling Vorrang einzuräumen. Konsequenterweise legen das ElektroG und die LAGA-M31A den Akzent der Erstbehandlung auf den Eingangsprozess einer Vorbereitung zur Wiederverwendung (VzW). Dabei ist die Tendenz erkennbar, angesichts von Reparaturcafés, Secondhandläden und Sozialbetrieben zur Gerätedemontage, die Entscheidung zur Vorbereitung einer Wiederverwendung, die das Reinigen, Prüfen und Reparieren von EAG umfasst, bereits an die Sammelstellen vorzuverlegen. Aufgrund der ElektroG-Novelle gilt bei der Erfassung der EAG zudem die zerstörungsfreie Entnahme von Lampen sowie von Altbatterien bzw. Altakkumulatoren, die nicht vom Altgerät umschlossen sind, nicht mehr als Erstbehandlung (vgl. § 3 Nr. 24 ElektroG). In der Praxis wird die Unterscheidung zwischen Gebrauchtgerät und Altgerät als Abfall sowie zwischen zulässigen und unzulässigen Eingriffen am Gerät immer komplexer: Bedingt die Vorbereitung zur Wiederverwendung nicht auch bei Reparatur einen Geräteeingriff? Der Gesetzgeber hat die VzW konsequenterweise als Erstbehandlung eingestuft. Da die Erstbehandlung aufgrund § 21 Abs. 1 ElektroG ausschließlich durch zertifizierte Erstbehandlungsanlagen durchgeführt werden darf (zur Bedeutung des sog. Monitorings, d. h. der Nachverfolgbarkeit der Materialströme s. Gallenkemper et al. 2008; Hornberger et al. 2012; Rhein et al. 2008a, 2008b; USV e. V. 2015), gilt dies auch für die VzW. Die LAGA-M31A lässt daher eine getrennte Zertifizierung von Anlagen zur Vorbereitung der Wiederverwendung (EBA-VzW) und zur Schadstoffentfrachtung und Wertstofferfassung (EBA-SW) zu. Damit besteht die Möglichkeit, dass sich Sammelstellen für alle oder einzelne Sammelgruppen als EBA-VzW zertifizieren lassen.

Nach § 20 Abs. 2 ElektroG haben die Erstbehandlung und weitere Behandlungstätigkeiten nach dem Stand der Technik im Sinn von § 3 Abs. 28 KrWG zu erfolgen. „Bei der Erstbehandlung sind mindestens alle Flüssigkeiten zu entfernen und die Anforderungen an die selektive Behandlung nach Anlage 4 zu erfüllen. Andere Behandlungstechniken [...] können nach Aufnahme in Anhang VII der Richtlinie 2012/19/EU [...] ergänzend zu den Anforderungen nach Anlage 4 angewandt werden."

Auch hierbei eröffnet die LAGA-M31A die Möglichkeit, die Erstbehandlung im Fall, dass die Schadstoffentfrachtung besondere Anlagentechnik erfordert, als Unteraufträge an andere Anlagenstandorte zu vergeben. Die Verantwortung für das Monitoring verbleibt

Tab. 22.1 Verwertungsziele

Gerätekategorie		Anteil Verwertung (%)	Anteil Recycling (%)	Sammelgruppe (SG)
Nummer	Bezeichnung			
1	Haushaltsgroßgeräte	80	70	1
1	Kühlgeräte, Ölradiator			2
10	Ausgabegeräte			1
3	Informationstechnologie- und Telekommunikationsgeräte	75	65	5
3	Monitore			3
4	Unterhaltungselektronikgeräte, TV-Geräte			5, 3
4	Photovoltaikmodule			6
2	Haushaltskleingeräte	70	50	5
5	Beleuchtungskörper			4, 5
5	Gasentladungslampen		80	4
6	Elektrische Werkzeuge		50	5
7	Spielzeuggeräte			5
7	Sport- und Freizeitgeräte			5
8	Medizinische Geräte			5
9	Überwachungs- und Kontrollinstrumente			5

bei der ursprünglichen Erstbehandlungsanlage. Hierbei wurde v. a. an Verfahren der Bildschirmgerätezerlegung, der Kühlgerätetrockenlegung und -entgasung, der Zerlegung von asbesthaltigen Geräten in Schwarzbereichen nach der Technischen Regel für Gefahrstoffe (TRGS) 519 etc. gedacht.

Die Verwertungsziele ergeben sich aufgrund § 22 Abs. 1 ElektroG wie folgt (Tab. 22.1). Zur besseren Orientierung sind die Sammelgruppen angegeben, denen die Gerätekategorien noch bis 2018 zugeordnet werden.

Die Berechnung der Verwertungsquoten erfolgt als Quotient aus dem Gerätegewicht der Altgeräte, die nach ordnungsgemäßer Erstbehandlung der Verwertungsanlage zugeführt werden, und dem Gewicht aller getrennt erfassten Altgeräte dieser Gerätekategorie. Bei der Berechnung bleiben vorbereitende Tätigkeiten einschließlich Sortierung und Lagerung vor der Verwertung unberücksichtigt. Künftig werden hierbei also auch die qualitativen Ziele, d. h. beispielsweise die Effizienz der Schadstoffentfrachtung, zu berücksichtigen sein.

22.5 Stand der Technik bei der Erstbehandlung

Anlage 4 ElektroG bestimmt die selektive Behandlung von Werkstoffen und Bauteilen von Altgeräten. Unter Ziffer 1, Buchstaben a–o sind die Stoffe, Gemische und Bauteile benannt, die gemäß § 15 Abs. 2 KrWG zu beseitigen oder zu verwerten sind. Dabei ist sicherzustellen, dass schadstoffhaltige Bauteile oder Stoffe nicht zerstört werden und Schadstoffe nicht in die zu verwertenden Materialströme eingetragen werden.

In der Anlage 4 wird keine Festlegung getroffen, ob die selektive Behandlung manuell oder maschinell zu erfolgen hat. Es werden aber in Anlage 4 einzelne Anforderungen festgelegt, die nachfolgend auszugsweise wiedergegeben werden:

- Batterien und Akkumulatoren sind so zu entfernen, dass sie nicht beschädigt werden und nach der Entfernung identifizierbar sind.[4]
- Bauteile, die radioaktive Stoffe enthalten, sind gemäß Anlage 4, Ziffer 2 ElektroG zu behandeln.
- Bei Kathodenstrahlröhren ist die fluoreszierende Schicht zu entfernen.
- Bildröhren sind vorrangig in Schirm- und Konusglas zu trennen.
- Bei Gasentladungslampen ist das Quecksilber zu entfernen.
- Aus Geräten, die z. B. in Schäumen oder Kühlkreisläufen Gase enthalten, die ozonabbauend oder ein Erderwärmungspotenzial (GWP) über 15 haben, sind diese Gase zu entfernen und zu behandeln; ozonabbauende Gase sind entsprechend Art. 22 der Verordnung (EG) Nr. 1005/2009 zu behandeln. Gleiches gilt für Fluorchlorkohlenwasserstoffe (FCKW), teilhalogenierte Fluorchlorkohlenwasserstoffe (H-FCKW), teilhalogenierte Fluorkohlenwasserstoffe (HFKW) und Kohlenwasserstoffe (KW).

In der Praxis kommt es immer wieder zu Verständnisschwierigkeiten bei der Verwendung der nicht synonymen Begriffe Gefahrstoff bzw. gefährlicher Stoff (Begriff aus dem Chemikalien- und Arbeitsschutzrecht), Gefahrgut (Begriff aus dem Transportrecht), Schadstoff (Begriff aus dem Produktrecht und teilweise dem Abfallrecht) und gefährliche Stoffe (Begriff aus der Klassifizierung von Abfällen aufgrund der Abfallverzeichnisverordnung [AVV]). Das ElektroG bedient sich der Definition „gefährlicher Stoffe oder Gemische“ unter Bezug auf Art. 3 der Verordnung (EG) Nr. 1272/2008 in ihrer jeweils gültigen Fassung (vgl. § 3 Nr. 26 ElektroG), bedient sich aber gleichwohl Begriffen wie „schadstoffhaltige Bauteile und Stoffe“.

Im Folgenden soll auf Grundlage der Daten und Erkenntnisse aus

- Fact-Sheets 2016,
- bisherigen Ergebnisprotokollen der Arbeitsgruppen Leiterplatten, Bildschirmgeräte, PV-Module, Kunststoffe beim UBA (AG-Protokolle 2016),
- LAGA-M31A und
- LAGA-M31B-Entwurf

die aktuelle Verfahrenstechnik für einzelne exemplarische Schadstoffe bzw. Gerätearten oder Bauteile beschrieben werden.

[4] Die Zuführung zum Batterierecycling aufgrund des Batteriegesetzes erfordert die Differenzierbarkeit in Primärzellen (Batterien) und Sekundärzellen (Akkumulatoren) sowie nach chemischen Systemen.

22.5.1 Leiterplatten

Aus getrennt gesammelten Altgeräten sind Leiterplatten (LP) bei einer Fläche > 10 cm^2 zu entfernen, aus Mobiltelefonen grundsätzlich. Ihr Vorkommen konzentriert sich auf die Sammelgruppen 1, 3 und 5.

LP sind ökologisch und ökonomisch relevant hinsichtlich

- Schadstoffen (PCB- u. Elektrolytkondensatoren, Batterien, Bleilote, Flüssigkristall(LCD)-Anzeigen, Quecksilber, Flammschutzmittel etc.) und
- ressourcenrelevanten Stoffen (Edel- und Sondermetalle).

Dabei ist für beide Stoffgruppen eine starke Abhängigkeit vom Anwendungsbereich und Alter erkennbar: Neuere LP-Generationen weisen nicht nur geringere Schadstoffgehalte (PCB-Verbot, bleifreie Lote), sondern auch geringere Edelmetallgehalte und damit geringere Wertschöpfung auf. Auch ressourcenrelevante Metalle wie Tantal befinden sich in Kondensatoren nur noch zu Bruchteilen der Gehalte gegenüber alten Bauteilen. Teilweise werden neue LP-Generationen, die über Buntfärbung erkennbar sind, in eigene LP-Fraktionen mit geringerem Marktwert sortiert.

Im Allgemeinen erzielen LP aus älteren Geräten der elektronischen Datenverarbeitung (EDV) bzw. Telekommunikation die beste Wertschöpfung und lassen auch eine manuelle Entnahme und Entstückung einschließlich Schadstoffentfrachtung von Subbauteilen wirtschaftlich betreiben. Erstbehandler erzeugen zwischen 2 und 15 LP-Qualitätsklassen, von denen einige aber nur eine geringe Massenrelevanz von unter 1 % aufweisen.

Grundsätzlich unterscheiden sich in der Erstbehandlung zwei Verfahrenswege:

1. **Manuelle Zerlegung und Sortierung** in Batterien, relevante Kondensatoren, LCD, Quecksilberbauteile, teilweise auch Kühlkörper und Eisenrahmenträger
   Nachteile: Erfolgt häufig nur für Geräte der Informations- und Kommunikationstechnik (IKT), nicht für Haushaltskleingeräte; keine Erfassung von Tantalkondensatoren oder Neodymmagneten aufgrund fehlender Absatzmärkte; geringe Schadstoffverschleppung
   Vorteil: geringer Goldverlust (zusammen mit Kupferwert bestimmende Komponente)
2. **Maschinell-mechanische Zerlegung** in Kombination mit teilweise manueller Entstückung/Sortierung (Batterien, Kondensatoren); teilweise Vermarktung von LP-Stücken, Bauteilen mit LP nach Vorzerkleinerung und von Stäuben aus der maschinellen Zerkleinerung
   Nachteile: Gefahr durch Schadstoffverschleppung, Beschränkung auf Verwertung der werthaltigen Komponenten, geringere Edelmetallausbeuten, jedoch Verbesserung durch Nachsortierung möglich und Verwertung der anfallenden Stäube
   Vorteile: Hohe Durchsätze; bei entsprechender Spezifikation aus Vorzerlegung gezielte maschinelle Zerkleinerung unter Vermeidung der Zerstörung schadstoffhaltiger Bauteile wie Batterien und Kondensatoren

Perspektivisch wird die Erstbehandlung der LP davon abhängen, inwieweit die Wertschöpfung aus der Verwertung durch chemische und metallurgische Verfahren (Kupferhütten) auf Restfraktionen wie Stäube, die Eisenfraktion von Teilen größer 30 mm oder durch die Folgebehandlung von Kunststoffen bzw. verbleibende Nichteisenmetallfraktionen und Nichteisenmetallgemische erhöht werden kann. Die TS 50625-5 soll im Rahmen der CENELEC-Normung konkrete Vorgaben für die Verwertung durch chemische und mettallurgische Prozesse formulieren. Der Vollzug der Abfallbehörden wird gefordert sein, für die Verwertung der Restfraktionen einheitliche Kriterien, z. B. über Abfallschlüssel, zu formulieren und über Genehmigungen umzusetzen und zu kontrollieren. Weiterhin ist auch das Produktdesign entscheidend inwieweit die Entnahme der LP technisch überhaupt möglich und sinnvoll ist, da durch den Einsatz von Verklebungen und kompakte Bauweisen die Entnahme deutlich erschwert wird. Hier muss schon beim Produktdesign die Recyclingfähigkeit berücksichtigt werden.

> **Praxishinweis** Festplatten und Speicherbausteine auf Leiterplatten sind die wesentlichen Bauteile, die gespeicherte Daten enthalten. Ihre sichere Entfernung bzw. Zerstörung durch Löschen bzw. Überschreiben oder durch die Zerstörung des Bauteils ist für Kunden ein Aspekt zunehmender Bedeutung bei der EAG-Erstbehandlung. Anlagenbetreiber können die sichere Datenvernichtung z. B. über entsprechende Zertifizierungen nach DIN 66399 anbieten und den Kunden so einen Mehrwert bieten.

22.5.2 Bildschirmgeräte

Bildschirmgeräte werden über die Sammelgruppe 3 erfasst, in der überwiegend Monitore und TV-Geräte erfasst werden. Dabei wird nach LAGA-M31A die Trennung der CRT-Geräte (Kathodenstrahlröhren) und Flachbildschirme derzeit nur empfohlen, obwohl die Zerstörung, gerade der Flachbildschirme mit quecksilberhaltiger Hintergrundbeleuchtung, bei gemischter Containererfassung offensichtlich ist.

Die entsprechenden Fact-Sheets benennen die zu separierenden Schadstoffe und schadstoffhaltigen Bauteile aus getrennt gesammelten Altgeräten, hier Bildschirmgeräte.

Hierbei ist zunächst zu differenzieren:

1. Die Separierung und getrennte Behandlung von CRT (Kathodenstrahlröhren), wobei die fluoreszierende Beschichtung zu entfernen ist und das Bildschirmglas bevorzugt in Schirm- und Konusglas zu separieren ist;
2. bei Flachbildschirmen die Entfernung von LCD-Anzeigen mit einer Fläche größer 100 cm^2 oder mit quecksilberhaltiger Hintergrundbeleuchtung, wobei derartige LCD auch in den Geräten der Sammelgruppen 1 und 5 vorkommen können.

Zu weiteren Schadstoffen und schadstoffhaltigen Komponenten wird auf deren gesonderte Darstellung verwiesen, insbesondere

- Kunststoffe mit/ohne Flammschutzmittel,
- Leiterplatten und
- Kondensatoren.

Damit haben die Bildschirmgeräte eine hohe Schadstoff- und Ressourcenrelevanz.

Bei der derzeitigen Behandlung von Bildschirmgeräten dürfen die *Plasmabildschirme* nicht unerwähnt bleiben. In der ersten Dekade dieses Jahrtausends stellten sie eine relevante Alternative bei großen Flachbildschirmfernsehgeräten gegenüber den LCD dar. Ihre Produktion wurde gegenwärtig aber nahezu vollständig eingestellt. Bei der Erstbehandlung ist in jedem Fall durch Sortierung eine getrennte Behandlung gegenüber den LCD-Geräten erforderlich. Ihr hoher Glasanteil mit Bleioxidanteilen des Glases bzw. der Verbundkomponenten im unteren einstelligen Prozentbereich erfordert eine getrennte Behandlung gegenüber den LCD (z. B. Acrylglasscheiben). Auch können Plasmazellen bei älteren Bautypen Quecksilber enthalten.

Die *LCD-Displays* wiederum sind durch eine Vielfalt technologischer Entwicklungen geprägt, z. B. durch Verwendung quecksilberfreier Leuchtdioden (LED) für die Hintergrundbeleuchtung oder neuerdings der tatsächliche Ersatz der LCD durch die Farberzeugung über organische Stoffkomponenten wie bei organischen LED (OLED). Die Behandlung der LCD ist bislang durch die Verwendung der quecksilberhaltigen Hintergrundbeleuchtung (bis zu 40 dünne Gasentladungsröhrchen je nach Bildschirmgröße, „cold cathode fluorescent lamp" [CCFL]) bestimmt, die vor einer weiteren mechanischen Behandlung entsprechend Anlage 4 ElektroG grundsätzlich zu entfernen sind. Während die manuelle Demontage die Ausstattung der Arbeitsplätze mit gezielter Luftabsaugung über Aktivkohlefilter erfordert, zeigen neuere Entwicklungen verfahrenstechnische Möglichkeiten der weitgehend maschinellen Entfrachtung, bei denen die Zerlegeprozesse teilweise automatisiert werden. Dabei werden seitlich angebrachte CCFL entweder zerstört und der Glasbruch bei entsprechender Luftfiltertechnik abgesaugt oder bruchfrei aus automatisch abgetrennten Geräterandbruchstücken manuell entfernt. Flächige Hintergrundbeleuchtung wird demgegenüber aus maschinell freigelegten Flachbildschirmen und nicht zerstörungsfrei manuell entfernt. Die Sortierung und Vorbehandlung setzt eine zerstörungsfreie Sammlung und Anlieferung der Bildschirmgeräte voraus.

Verfahren, die von einer vollständigen Zerstörung (Schredder) des Bildschirmgeräts ausgehen, sind derzeit aufgrund der WEEE-Richtlinie und des ElektroG nicht genehmigungsfähig, werden aber, v. a. außerhalb der EU, unter Vorgabe von Quecksilbergrenzwerten zum Teil praktiziert.

CRT-Bildschirmgeräte (Kathodenstrahlröhren) werden für die breite Anwendung nicht mehr hergestellt. Ihre Erstbehandlung ist gekennzeichnet durch die Entfernung des Kunststoffgehäuses und der werthaltigen Eisen- und Nichteisenmetallbauteile sowie die Entfernung der LP und anderer schadstoffhaltiger Bauteile. Die Behandlung des CRT-Glases erfolgt oftmals durch spezielle Behandlungsanlagen unter Entfernung des Leuchtpulvers.

Das im Zuge der Erstbehandlung getrennte und gereinigte Schirmglas kann teilweise in der Glasindustrie verwertet werden, während bleihaltiges Konusglas vereinzelt z. B. in

Bleihütten verarbeitet werden kann; ein Wiedereinsatz in der Produktion ist wegen deren weitgehender Einstellung nicht mehr möglich. Für die schwermetallhaltigen Leuchtstoffe bestehen derzeit keine Verwertungsmöglichkeiten, obwohl ressourcenrelevante Sondermetalle wie Yttrium oder Europium enthalten sind. Auch ein beträchtlicher Anteil des Glases wird deponiert, da die Nachfrage der Glas- und Bleihütten deutlich geringer ist als das Angebot an entsprechenden Altglasqualitäten. Diese Tatsache gefährdet auch die Erreichbarkeit der Verwertungsquoten in der Gruppe 3.

Grundsätzlich ist bei den Bildschirmgeräten ein besonders hoher technischer Wandel und damit eine Veränderung der Massenströme an EAG zu berücksichtigen. Die seit 2014 bestehende Möglichkeit zur Kennzeichnung quecksilberfreier Geräte kann künftig eine bessere Sortierbarkeit ermöglichen und damit eine adäquate Behandlung. Da die Kennzeichnung auf freiwilliger Basis und erst zum Ende des Technologiewechsels erfolgt, ist die Praxisrelevanz bisher schwierig zu bewerten. Frühzeitige verbindliche Vorgaben wären hilfreicher gewesen. Die Verwertungswege der Metalle, Kunststoffe oder schadstoffbefreiten Bauteile entsprechen denen vergleichbarer Fraktionen aus anderen EAG.

22.5.3 Photovoltaikmodule

PV-Module sind mit der Novelle des ElektroG erstmals in den Geltungsbereich des Gesetzes und damit in die Systematik der Produktverantwortung aufgenommen worden. Sie werden in der neu geschaffenen Sammelgruppe 6 erfasst. Aufgrund der erwarteten Einsatzdauer von 25 bis 30 Jahren und der Tatsache, dass PV-Module erst seit den 1990er-Jahren in größerem Umfang hergestellt und eingesetzt wurden, werden auch nach Inkrafttreten des novellierten ElektroG zunächst nur verhältnismäßig geringe Mengen an PV-Modulen aus privaten Haushalten erfasst. In den kommenden Jahren ist diesbezüglich mit Mengensteigerungen zu rechnen. Im Gegensatz zu den Elektroaltgeräten der „alten" Sammelgruppen, macht bei PV-Modulen der Werkstoff Glas den allergrößten Masseanteil aus. Daneben werden v. a. Eisen, Aluminium, Kunststoffe, Silizium, Silber und einige weitere Metalle verbaut. Die Bestandteile sind also grundsätzlich fast vollständig recycelbar. Auch wenn in der Anlage 4 des ElektroG keine spezifischen Anforderungen an die Schadstoffentfrachtung und Wertstoffrückgewinnung bei PV-Modulen formuliert werden, ist eine Behandlung auf den etablierten Verwertungswegen für Elektroaltgeräte aber nicht ohne Weiteres möglich.

Für die Behandlung von PV-Modulen sind grundsätzlich zwei Modultypen zu unterscheiden:

- kristalline und amorphe siliziumbasierte Paneele und
- nichtsiliziumbasierte Dünnschichtmodule.

Erstere werden nach der Demontage der (Aluminium-)Rahmen, der Kabel und des elektrischen Verbindungselements, der sog. Blackbox, mechanisch zerkleinert. Die resultierende Glasfraktion genügt wegen der Einträge von Plastikfolie, Silizium und anderen Metallen in aller Regel nicht den hohen Anforderungen der Flachglas- oder Behälterglasindustrie. Das Material wird daher v. a. für die Produktion von Glaswolle oder Schaumglas genutzt. Der Verbund aus Glas, Halbleitermaterial und Folien wäre über feines Zermahlen grundsätzlich auf eine hohe Reinheit auftrennbar. Dieses Verfahren ist wegen des enormen Energieaufwands aktuell aber nicht wirtschaftlich darstellbar. Besonders zur Behandlung von Dünnschichtmodulen kommen auch andere Verfahren zum Einsatz. Diese umfassen chemische Prozesse, dabei v. a. den Einsatz von Lösungsmitteln, z. T. unter Wärmeeinfluss, und den Einsatz von spezieller Strahlung. So lassen sich die Materialschichten voneinander trennen und die Fraktionen einem Recycling zuführen.

In der schon weit entwickelten CENELEC-Norm EN 50625-2-4 zu Erfassung, Transport und Behandlung von PV-Modulen liegt der Fokus v. a. auf der Entfrachtung der Module von den Schadstoffen Blei, Cadmium und Selen. Für diese Stoffe werden dabei folgende Grenzwerte definiert:

- siliziumbasierte Paneele: 1 ppm Cadmium; 1 ppm Selen; 100 ppm (Löt-)Blei
- nichtsiliziumbasierte Paneele: 10 ppm Cadmium; 10 ppm Selen; 100 ppm Blei

Die für die Behandlung verantwortlichen Hersteller beschäftigen sich teilweise bereits mit der Entwicklung von Behandlungslösungen. Für die Etablierung effektiver und effizienter Verfahren wird unverzichtbar sein, dass sie ihre Kenntnis der Zusammensetzung und Konstruktion der unterschiedlichen Typen, kristalline Module und Dünnschichtmodule, auch im Hinblick auf die technische Weiterentwicklung noch sehr viel stärker in den Prozess einbringen. Für eine den Schutz der Gesundheit und Umwelt berücksichtigende Schadstoffentfrachtung ist es elementar, dass die Erfassung und der Transport bruch- und kurzschlusssicher durchgeführt werden. Bisher konnte noch kein Behältersystem in der Praxis etabliert werden, das den Anforderungen umfänglich entspricht. Insbesondere bei der Behandlung von PV-Modulen bedeuten die Transportkosten einen größeren Aufwand als die Kosten der eigentlichen Behandlung.

22.5.4 Kunststoffe

Verschiedene Arten von Kunststoffen finden in Elektro- und Elektronikgeräten hauptsächlich als Träger- und Gehäusematerialien eine breite Anwendung. Aufgrund der Mengenrelevanz sieht das UBA v. a. folgende Aspekte als relevant an:

- das Recycling von Kunststoffen v. a. aus Acrylnitril-Butadien-Styrol (ABS), Polypropylen (PP) und Polystyrol (PS) auch unter dem Aspekt von Füllstoffen und Additiven und
- die Schadstoffbelastung mit bromierten Flammschutzmitteln (FSM) und Schwermetallen entsprechend RoHS.

Daneben sind noch Polycarbonat (PC) und Polyamid (PA) als hochwertige Kunststoffanteile in EAG zu nennen. Schwierigkeiten bereiten insbesondere die Erkennbarkeit der Kunststoffarten und Schadstoffgehalte mit der Folge, dass häufig Gemische (Mischkunststoffe) erzeugt werden, die zudem unabhängig von Schadstoffgehalten oftmals als nicht gefährlicher Abfall deklariert werden und wieder in den Stoffkreislauf gelangen. Erschwert wird eine Separierung auch durch die Vielzahl von Verbundmaterialien und die Einbindung der Schadstoffe in die Kunststoffmatrix. Letzteres führt teilweise zu der irrigen Annahme, die Schadstoffe seien dadurch ja gebunden und für die Umwelt nur geringfügig freisetzbar und weniger gefährlich. Die ubiquitäre Verbreitung von feinsten Kunststoffpartikeln und die Verwendung schadstoffbelasteter Recyclate belegen das Gegenteil.

Die verfügbaren Technologien im Rahmen der Erst- und Folgebehandlung von EAG beschränken sich derzeit auf

- das Erkennen von Kunststoffarten und Schadstoffen anhand von Erfahrungswerten, z. B. FSM-freie PS-Kunststofffraktionen aus Kühlgeräten, bromierte FSM in Gehäusekunststoffen zum Schutz vor Wärmequellen etc.;
- das Erkennen von Kunststoffarten oder von Brom/Halogenen, Schwermetallen über Analytik mithilfe von Nahinfrarot (NIR), Röntgenanalytik (XRT, EDXA etc.);
- das Trennen vorzugsweise zerkleinerter Verbundfraktionen über Dichte (Schwimm-Sink-Verfahren) oder Elektrostatik;
- das Aufschließen von K-Fraktionen durch Tieftemperaturaufschluss und Elutionsverfahren, z. B. CreaSolv®-Verfahren.

Verfahrenstechnisch wird das EAG-Material gegenwärtig nach grober Vorsortierung vorzerkleinert und die Kunststoffarten durch NIR-Technik abgetrennt. Die Möglichkeiten zur Kunststofftrennung und Aufbereitung aus EAG werden bislang insbesondere deshalb als eingeschränkt angesehen, weil die Recyclate gegenüber Neuware sich nicht hinreichend durchsetzen können. Dabei spielen eine Reihe von Faktoren wie Schadstofffreiheit und gleichbleibende Qualität und Menge (Verfügbarkeit) sowie der Ölpreis eine entscheidende Rolle. Ohne verbindliche Recyclatquoten für Neuprodukte ist hier kaum eine Änderung zu erwarten. Andererseits zeigen andere Märkte, in denen bereits frühzeitig Einsatzgebiete und Rücknahmen der Kunststoffverwendungen in Produkten durch die Hersteller aufeinander abgestimmt wurden, deutliche Verbesserungen beim Recyclateinsatz (z. B. PP aus Waschmaschinen)[5].

Die zukünftig zu erfüllenden Recyclingquoten erfordern insbesondere aufgrund der Massenrelevanz eine Veränderung der Aufbereitungstechnologien bei Kunststoffen. Der Erzeugung vermarktungsfähiger Kunststoffe stehen ein hoher Anteil schwarzer Kunststoffe (Gehalt an Rußen mit kanzerogenen polyzyklischen aromatischen Kohlenwasserstoffen [PAK]), eine Vielzahl von Additiven und Anhaftungen (u. a. Gummi, Klebstoffe) und die begrenzte Mischbarkeit der Kunststoffarten untereinander entgegen.

[5] Persönliche Information aus Gesprächen mit Vertreter eines japanischen Herstellers.

Bei einer entsprechenden Vorbehandlung (z. B. Trocken-Nass-Aufbereitung, Holzabtrennung, Separierung von LP, elektrostatische Trennverfahren, Abtrennung von Elastomeren aus PS/ABS) lassen sich nach Informationen der Entsorgungswirtschaft derzeit in der Erstbehandlung v. a. folgende mengenrelevante Vermarktungsprodukte (teilweise zur weiteren Aufbereitung) erzeugen:

- PS-Kunststofffraktion aus Kühlschränken;
- TV- und Monitorrückwände gemischt bromfrei und bromhaltig;
- Mischkunststoffe aus IT-, UE- und Kleingeräten;
- PS/ABS-Gemische nach Vortrennung;
- Polypropylen (PP).

Der Hauptanfall von Kunststoffen in der nichtmetallischen Restfraktion NMRF (nach Eisen-/Nichteisenabscheidung) hängt in seiner weiteren Verwertbarkeit unmittelbar vom Störstoffanteil einschließlich bromierter Anteile ab.

Zusammenfassend wird die Verwertung von Kunststoffen aus EAG mittelfristig von der Entwicklung kontinuierlicher Detektionsverfahren (Kunststoffarten, Schadstoffe) und der Nachfrage nach Recyclaten (Mahlgut, Regranulate) bestimmt werden.

► **Praxishinweis** Perspektivisch sollte geprüft werden, inwieweit die Amortisation von Aufbereitungsanlagen durch die Zusammenführung von Kunststoffströmen aus unterschiedlichen Herkunftsbereichen (EAG-Aufbereitung, Altfahrzeugbehandlung, Bauabfälle, Wertstofftonne) grundsätzlich ermöglicht bzw. verbessert werden kann. Bislang liegen hierzu nur unzureichende Kenntnisse über die Vergleichbarkeit einzelner Kunststoffe hinsichtlich ihrer Recyclingtechnologien vor.

22.5.5 Batterien und Akkumulatoren

Soweit Batterien und Akkumulatoren (wieder aufladbare Batterien) nicht bereits wie in § 4 ElektroG vorgesehen aufgrund des Gerätedesigns vom Endverbraucher leicht entnommen werden können und auch vor der Sammlung von EAG entfernt wurden, sind diese spätestens bei der Erstbehandlung aus getrennt gesammelten EAG zu entfernen. Aufgrund der chemischen Systeme werden unterschieden: Nickel-Metallhydrid-Batterien und Akkus, Nickel-Cadmium-Batterien, Zink-Kohle-Batterien, Alkali-Mangan-Batterien und bleihaltige Batterien sowie Lithium(Li)-Knopfzellen und Li-Ionen-Batterien und Akkus. In Großgeräten der Sammelgruppen 1 und 2 sowie bei Bildschirmgeräten der Sammelgruppe 3 handelt es sich vorzugsweise um sog. Pufferbatterien (Knopfzellen) z. B. für Displays oder auf LP. Häufig sind Batterien auch in Niedervoltfunktionselementen wie Piezozündungen anzutreffen.

Demgegenüber sind massenrelevante Batterie- und Akkuverwendungen kennzeichnend für (kabellose) Geräte der Sammelgruppe 5 wie Laptops, Handys, Taschenrechner,

Spielgeräte, Werkzeuge oder Küchengeräte. Besonders leistungsstarke Geräte weisen dabei zunehmend die für ihre Selbstentzündbarkeit charakteristischen Li-Zellen auf. Die Obsoleszenz derartiger Geräte und die hohe Energiedichte bereiten diesen Geräteverwendungen zunehmend in den letzten Jahren ein logistisches Problem bei der Sammlung und eine Gefahr bei der maschinellen Aufarbeitung. Hierzu sei in diesem Handbuch auf das spezielle Kapitel verwiesen. Die Erfassung und Verwertung von Gerätealtbatterien erfolgt entsprechend dem Batteriegesetz (BattG) anhand einer getrennten Sammlung oder als Fraktion aus der Erstbehandlung von EAG.

Die Ressourcenrelevanz ergibt sich aus den enthaltenen Metallen Kobalt, Nickel, Mangan und Zink. Die Schadstoffrelevanz bestimmt sich v. a. aus der Toxizität des enthaltenen Quecksilbers oder Cadmiums und deren Wassergefährdung, während Li-Verbindungen insbesondere durch die Brandgefahr charakterisiert sind.

Der Geräteanteil zu etwa 50 % in Innenlage mit teilweiser Verschraubung verbaute Batterieanteil erfordert laut den Fact-Sheets (2016) aufgrund aktueller Forschungsergebnisse eine (manuelle) Demontagezeit von über 10 s. Dies bedingt ein weitgehendes Umschwenken auf maschinelle Verfahren. Unter den maschinellen Verfahren kommen zum einen Hammermühlen/Querstromzerspaner zum Einsatz (durch den Verzicht von Schneidtechniken werden grobe Zerstörungen und Schadstofffreisetzungen vermieden), zum anderen werden Schreddertechniken eingesetzt, die eine Vorsortierung der Gerätegrößen und entsprechende Schreddereinstellung erfordern, um die Zerstörung der Batterien zu minimieren und eine Identifizierbarkeit zu erhalten.

In beiden Verfahrensweisen werden die Batterien aus den Bruchstücken manuell entfernt bzw. aussortiert. Voraussetzung beider Verfahrensweisen ist die Vorsortierung der Geräte in solche, bei denen eine manuelle Entfernung aus leicht zugänglichen Batterien (angeclipst, Batteriefächer etc.) erfolgen kann und solche, die in Innenlage verbaut, verklebt oder verschraubt sind.

22.5.6 Ausgewählte Schadstoffe

Anlage 4 ElektroG zählt zu den vorgenannten noch eine Reihe weiterer Schadstoffe bzw. schadstoffhaltiger Bauteile auf wie Tonerkartuschen, FCKW, externe elektrische Leitungen, Bauteile mit radioaktiven Stoffen oder cadmium-/selenhaltige Fotoleitertrommeln und PCB-Kondensatoren, auf die in diesem Rahmen nicht weiter eingegangen werden kann.

Zu den hier noch betrachteten ausgewählten Schadstoffen zählen insbesondere solche, die ein hohes Kontaminationspotenzial gegenüber allen anderen Gerätebauteilen besitzen. Hierzu zählen u. a.

- Asbest und feuerfeste Keramikfasern (KMF) und
- quecksilberhaltige Bestandteile.

Asbest und KMF wurden v. a. in Nachtspeicherheizgeräten verwendet, dort v. a. als Trägerplatten aus Asbestzement oder als Bestandteil von Speicherbausteinen sowie in der gefährlicheren schwach gebunden Form von z. B. Isolierhülsen der elektrischen Steuerung. Die Geräte sind aufgrund der Freisetzungsgefahr aus insbesondere schwachgebundenen Verwendungen und von asbesthaltigen Staubansammlungen staubdicht beim Ausbau der Geräte zu verpacken. In der Regel sollten Geräte nach einem Baujahr 1993 (Asbestverbot in Deutschland) kein Asbest mehr enthalten. Bei einer Nutzungsdauer von schätzungsweise 30 Jahren ist aber noch regelmäßig mit dem Anfall entsprechender Geräte zu rechnen.

Bei Haushaltskleingeräten wurde zwar bereits seit den 1980er-Jahren auf Asbest verzichtet, ihre Verwendung war aber bis dato v. a. als Wärmeisolation üblich: Haartrockner, Toaster, Bügeleisen, Heizdecken, Projektoren, Schweiß- und Lötgeräte und ähnliches (Sammelgruppe 5).

Auch in Haushaltsgroßgeräten (Backöfen, Herde, Kochplatten, Wäschetrockner der Sammelgruppe 1) und bei Ölradiatoren (Sammelgruppe 2) waren Asbestverwendungen in Form schwach gebundener Asbestdichtungen und Gewebe üblich. Während die Demontage von Nachtspeicherheizungen und Haushaltsgroßgeräten eine Demontage in sog. Schwarzbereichen nach TRGS 519 erforderlich macht und wirtschaftlich vertretbar ist, legen die Kleingeräte eher als Ganzes eine schadlose Beseitigung nahe. Die Problematik ist auch hier wie bei den schadstoffhaltigen Kunststoffen die Erkennbarkeit. Andererseits führt ein Nichterkennen insbesondere bei der Zerlegung oder mechanischen Zerkleinerung zu einer hohen Freisetzung und Kontamination des gesamten Umfelds.

Eine Identifizierung ist nur über teilweise vorhandene Gerätetypenlisten der Hersteller (Nachtspeichergeräte) und aufwendige Staubanalysen mit energiedispersiver Röntgenanalyse (EDXA-Technik) sicher möglich. Das gleichartige Erscheinungsbild asbestfreier Dichtschnüre, -pappen oder Faserzementplatten erschwert zudem eine Unterscheidung. Bei verdächtigen Verwendungen oder hitzeschutzrelevanten Geräten, zumal älterer Bauart, sollte deshalb von Asbestverwendung ausgegangen und entsprechend separiert und an entsprechende Folgebehandlungsanlagen übergeben werden.

KMF werden zur Hochtemperaturisolation nach wie vor in ähnlichen Verwendungen wie Asbest eingesetzt. Betroffen sind v. a. Haushaltsgroßgeräte wie Herde, Elektrogrills, Boiler, Heizgeräte (Sammelgruppe 1), aber auch Toaster, Kaffeemaschinen oder Werkzeuge. Bei der Zerkleinerung können wie bei Asbest kritische lungengängige Fasergrößen freigesetzt werden. Eine Behandlung hat deshalb ebenfalls in speziellen Anlagen nach TRGS 521 durch Fachpersonal zu erfolgen.

Alle Asbest- oder KMF-haltigen EAG müssen bereits unter den Bedingungen einer Demontage die Anforderungen an Anlagen nach TRGS 519 bzw. 521 erfüllen. Eine mechanische Zerkleinerung oder Wiederverwendung asbesthaltiger Geräte ist verboten. Nach der Entfernung der asbesthaltigen Bestandteile ist eine Restfaserbindung durch entsprechende Bindemittel zwingend. Damit kommen prinzipiell nur anschließende Verwertungen unter thermischen Bedingungen (Stahlwerke, Schmelzöfen) infrage.

Quecksilberhaltige Bauteile kommen in allen Sammelgruppen 1–5 vor. Während ihre Verwendung in Bauteilen wie Schaltern, Relais, Thermostaten und Kontaktthermometern deutlich auch in der EAG-Entsorgung rückläufig ist, da einerseits die Beschränkung von Quecksilber in homogenen Werkstoffen auf 0,1 % begrenzt wurde (RoHS) und andererseits genügend technische Alternativen existieren, ist der Anteil in Gasentladungs- oder Speziallampen noch mengenrelevant bei der Entsorgung.

Die manuelle Entnahme quecksilberhaltiger Bauteile ist Stand der Technik. Zu größeren Freisetzungen kann es besonders im Rahmen der Zerstörung von Schaltern kommen, die bei älteren Geräten aus mit metallischem Quecksilber gefüllten Glasbehältern bestehen. Später wurden Kunststoff- oder Metallgehäuse verwendet, die aber nur schwer als quecksilberhaltig erkennbar sind. Wenngleich Gasentladungslampen z. B. bei der Hintergrundbeleuchtung von Flachbildschirmen nur 2,5–3,0 mg Quecksilber pro Stück enthalten, können quecksilberhaltige Stäube bei Bruch (schon im Zuge der Sammlung) freigesetzt werden, die den zulässigen Arbeitsplatzgrenzwert von 0,02 mg Quecksilber/m^3 leicht überschreiten. Bruch ist deshalb getrennt in staubdichten Behältern zu erfassen, da ansonsten eine Kontamination ganzer Gerätechargen erfolgen kann.

In der Erstbehandlung hat die manuelle Entnahme von quecksilberhaltigen Bauteilen deshalb an gesicherten Arbeitsplätzen (sog. Quecksilbertische zum Auffangen metallischen Quecksilbers) mit wirksamer Luftabsaugung zu erfolgen.

Für Gasentladungslampen erfolgt die Entfernung der Leuchtstoffe und Quecksilberdämpfe in speziellen Anlagen und die Erstbehandlung beschränkt sich auf das Entfernen der Lampen, s. auch unter Bildschirmgeräte und Flüssigkristallanzeigen. Bei der Verwertung des Altglases ist ein Maximalanteil von 5 mg Quecksilber/kg zulässig.

Gerade die vorgenannten vielfachen Verwendungen von Asbest, KMF und Quecksilber in verschiedenartigen Elektro- und Elektronikgeräten älterer Baujahre lassen eine maschinelle Zerkleinerung ohne manuelle Vorbehandlung zur Entfernung der schadstoffhaltigen Bauteile unter keinen Umständen zu.

22.6 Fazit und Ausblick

Zur Aufrechterhaltung eines hohen Niveaus bei der Schadstoffentfrachtung und Wertstofferfassung durch Erst- und Folgebehandlungsanlagen in Deutschland sind sowohl die dynamische Entwicklung der Zusammensetzung von Elektronik- und Elektrogeräten zu beachten, als auch die Verfahrenstechnik der Entsorgung entsprechend anzupassen. Dabei wird die Schaffung gleicher rechtlicher Rahmenbedingungen ebenso wichtig sein wie die Kontrolle ihrer Einhaltung, z. B. anhand von Qualitätszielen. Der derzeitige Stand der Sammlung weist dabei ebenso ein hohes Verbesserungspotenzial auf wie die Verfahrenstechnik der (Erst-)Behandlung. Während die Schadstoffentfrachtung in ihrem bisherigen Umfang rückläufig sein wird, ist die Fokussierung auf die Ressourcenrelevanz weiter zunehmend. Die ressourcenrelevante Wertschöpfung wird sich nur dann auf entsprechende Verwertungstechniken auswirken, wenn eine Investitionssicherheit für entsprechende Anlagentechnik absehbar ist und Absatzmärkte für die aufbereiteten Produkte vorhanden sind oder entwickelt werden können. Eine entscheidende Rolle kommt bei der nachhaltigen Entwicklung den Herstellern zu. Angefangen bei einer verbesserten Information über die Zusammensetzung von EAG und Demontagehinweise sollte der Gesetzgeber seine Anstrengungen für eine Produktverantwortung verstärken, um der zunehmenden Verwendung von Verbundwerkstoffen, verklebten und schwer zugänglichen Bauteilen sowie anderen Konstruktionen, die ein späteres Recycling erschweren, entgegenzutreten.

Literatur

AG-Protokolle (2016) Protokolle aus den UBA-Arbeitsgruppen des AK Behandlungsverordnung. unveröffentlicht

Fact-Sheets (2016) Information zur Schadstoff- und Ressourcenrelevanz von Werkstoffen und Bauteilen von EAG. UBA-Dokumentation 05/2016

Gallenkemper B, Breer J, Böning T (2008) Stoffstrommanagement nach ElektroG. Praxishilfe Erstbehandlung nach ElektroG. Umweltbundesamt Dessau-Roßlau

Hornberger M, Schneider R, Dully S (2012) Zertifizierung und Monitoring ElektroG – Harmonisierung und Weiterbildung. Texte 05/2012, Umweltbundesamt, Dessau-Roßlau

LAGA-M31A (2017) Mitteilung der Bund/Länder-Arbeitsgemeinschaft Abfall „Umsetzung des Elektro- und Elektronikgerätegesetzes; Anforderungen an die Entsorgung von Elektro- und Elektronikaltgeräten“ vom 23.01.2017, von der LAGA verabschiedet

LAGA-M31B-Entwurf (2017) Entwurf der Mitteilung der Bund/Länder-Arbeitsgemeinschaft Abfall „Technische Anforderungen an die Behandlung und Verwertung von Elektro- und Elektronikaltgeräten“ vom 15.03.2017 (Anhörungsversion)

Rhein HB, Leiser J (2014) Überprüfung von Sammelstellen für Elektro- und Elektroniksammelstellen in Baden-Württemberg. LUBW Landesanstalt für Umwelt, Messungen und Naturschutz Baden-Württemberg (Hrsg.), Karlsruhe

Rhein HB, Meyer T, Bilitewski B (2008a) Rechtliche und fachliche Grundlagen zum ElektroG, Teil 1: Anforderungen an die Zertifizierung der Erstbehandler nach ElektroG. Im Auftrag des Umweltbundesamtes. Texte 12/2008. Dessau-Roßlau

Rhein HB, Meyer T, Bilitewski B (2008b) Rechtliche und fachliche Grundlagen zum ElektroG, Teil 2: Anforderungen an die Dokumentation beim Erstbehandler und die Meldevorgänge zum Erstbehandler für das Monitoring der Quoten. UBA-Texte 13/2008. Dessau-Roßlau

USV e.V. (Hrsg.) (2015) USV-Eckpunkte EBA-Zertifizierung – Stellungnahme des USV e. V. im Rahmen der Anhörung beteiligter Kreise zum Arbeitsentwurf einer Zweiten Verordnung zur Fortentwicklung einer abfallrechtlichen Überwachung. Sarstedt

Lithiumbatterien 23

Sandra Giern

23.1 Die Lithiumbatterie – Baustein des digitalen Zeitalters oder Gefahrenquelle?

Das Schlagwort E-Mobilität sorgt für einen massiven Anstieg von Lithiumbatterien im täglichen Gebrauch. Fast schon Standard ist die Verwendung von Lithiumakkumulatoren in Laptops, Tablets, Smartphones, Bohrschraubern, Digitalkameras oder Handys. Die Mengenentwicklung wird aber noch beschleunigt durch die Elektrifizierung der Fortbewegung mit E-Bikes, Rollern, aber auch im Fahrzeugbereich, denn moderne Technik ist mobil und benötigt immer leistungsfähigere Energiespeicher; ein Grund dafür, warum Lithiumakkus mittlerweile den Markt für wieder aufladbare Batterien dominieren. Sie haben im Lauf der letzten Jahre konkurrierende elektrochemische Speicher wie Nickel-Cadmium oder Nickel-Metallhydrid verdrängt.

Die Lithiumbatterien zeichnen sich durch ihre hohe Energiedichte, geringe Selbstentladungsrate, geringe Temperaturempfindlichkeit und hohe Zellspannung aus. Zudem sind die wieder aufladbaren Lithiumakkus wegen des geringen Memory-Effekts (Spannungsverlust) attraktiv. Weiterhin ist Lithium das leichteste feste Element, das, obwohl es ein Metall ist, auf Wasser schwimmt; im Vergleich zu Bleiakkumulatoren der ideale Rohstoff für wesentlich leichtere und leistungsfähigere Energiezellen. Dies ist ein Vorteil, von dem gerade die Elektromobilität profitiert.

Die Kehrseite der Medaille weist die Selbstentzündbarkeit der Lithiumbatterien auf. So wurden private Unfälle durch explodierende Batterien in Elektrozigaretten oder brennende Handys in der Hosentasche öffentlich. Meist entstehen Gefahren durch einen unsachgemäßen Umgang, z. B. innere Kurzschlüsse durch mechanische oder thermische Belastung oder im Fall der Akkumulatoren durch Überladung.

S. Giern (✉)
BDE Bundesverband der Deutschen Entsorgungs-, Wasser- und Rohstoffwirtschaft e.V.
Berlin, Deutschland

P. Kurth et al. (Hrsg.), *Praxishandbuch der Kreislauf- und Rohstoffwirtschaft*,
https://doi.org/10.1007/978-3-658-17045-5_23

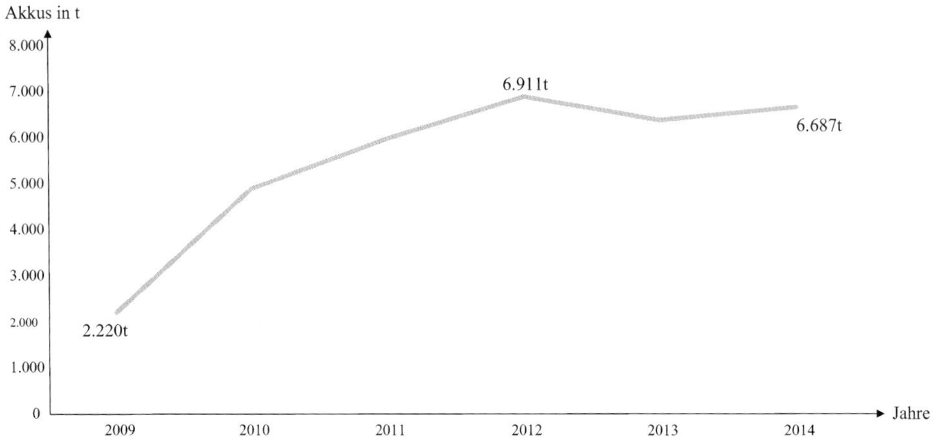

Abb. 23.1 Masse der in Verkehr gebrachten Lithium-Ionen-Akkus (Li-Ion) in Deutschland (s. Fußnote 1)

Mit den steigenden Konsumzahlen (s. dazu auch die Mengenentwicklung in Abb. 23.1) steigen auch die jährlichen Abfallzahlen, denn auch Lithiumbatterien halten nicht ewig. Hersteller legen die Lebensdauer ihrer Energiespeicher je nach Anwendung unterschiedlich fest, aber nach spätestens 10–15 Jahren ist auch die letzte Batterie am Ende ihrer Lebenszeit angekommen. Darüber hinaus werden schnell veraltende Technologien frühzeitig ausgetauscht. Erfahrungswerten und vorsichtigen Schätzungen nach wird die von 2013 bis zum Jahr 2020 zum Recycling verfügbare Menge von gebrauchten Lithiumbatterien weltweit um das Zehnfache zunehmen. Nach Angaben des Umweltbundesamts (UBA) betrug die Rücklaufrate von Lithiumbatterien im Jahr 2014 lediglich 15,2 %[1]. In den kommenden Jahren werden jedoch immer größere Mengen an den Sammelstellen der Entsorgungsdienstleister anfallen und einer Verwertung zuzuführen sein.

Lithium ist ein äußerst reaktionsfreudiges und leicht brennbares Metall. Mit steigendem Aufkommen wird auch das Gefährdungspotenzial zunehmen. Es ist also Vorsicht geboten. Kommt es zum Kurzschluss, beispielsweise weil die Separatorfolie zwischen den einzelnen Schichten des Akkus durch unsachgemäßen Umgang zerstört wurde, droht ein Brand. Die im Akku gebundene chemische Energie wird unkontrolliert und beschleunigt als thermische Energie abgegeben, bis auch das Lithium brennt. Ein solcher Metallbrand ist nur sehr schwer zu löschen – schon gar nicht mit Wasser, denn Lithium entwickelt bei der Reaktion mit Wasser sehr viel Wärme. Als Reaktionsprodukte entstehen ätzende Lithiumlauge (LiOH) und leicht brennbarer Wasserstoff (H_2). Zudem ist ein Lithiumbrand ein sich selbst verstärkender Prozess, da das Metall den zum Brennen benötigten Sauerstoff

[1] Erfolgskontrollberichte der Rücknahmesysteme für Gerätealtbatterien 2014; nachzulesen unter https://www.umweltbundesamt.de/daten/abfall-kreislaufwirtschaft/entsorgung-verwertung-ausgewaehlter-abfallarten/altbatterien. Zugegriffen: 4. Januar 2017.

selbst erzeugt. Deshalb können auch Löschversuche mit speziellen Metallbrandlöschern der Klasse D erfolglos bleiben. Vor diesem Hintergrund müssen Sammlung und Transport gebrauchter Batterien sowie auch gebrauchter Elektroaltgeräte, die Lithiumbatterien enthalten, so erfolgen, dass die hochenergetischen Batterien nicht beschädigt werden können.

23.2 Umgang mit gebrauchten Lithiumbatterien rechtssicher gestalten – Regelungslücken schließen

Lithiumbatterien und -akkus sind als gefährliche Güter eingestuft. Ihr Transport unterliegt grundsätzlich den Anforderungen des Europäischen Übereinkommens über die internationale Beförderung gefährlicher Güter auf der Straße (ADR – *Accord européen relatif au transport international des marchandises Dangereuses par Route*).

Das ADR verlangt einen sorgsamen Umgang bei Sammlung und Transport gefährlicher Güter, darauf sollte bereits an den Annahme- und Übergabestellen für Lithiumbatterien und Elektroaltgeräten, die Lithiumzellen enthalten, geachtet werden.

Die nachfolgenden Ausführungen sollen eine praxistaugliche Handlungsgrundlage für Sammler und Beförderer von Batterien und Elektroaltgeräten darstellen.

Unabhängig davon wären klarstellende und praxistaugliche Regelungen in den rechtlichen Grundlagen für Batterien und Elektrogeräte dringend notwendig. Der Gesetzgeber hätte damit die Chance, den sich verändernden Rahmenbedingungen durch den vermehrten Einsatz von Lithium als Energiespeicher Rechnung zu tragen. Die Sammlung und der Transport von Lithiumbatterien ließen sich durch klarstellende Formulierungen im Gesetz praktikabler gestalten. Beispielsweise sollte eine einfache und einheitliche Kennzeichnung von Geräten mit hochenergetischen Akkus durch die Hersteller angestrebt werden. Schon beim Kauf und später bei der Entsorgung sollten die Verbraucher zudem auf die korrekte Handhabung der betroffenen Geräte und Akkus hingewiesen werden.

23.3 Anforderungen an Sammlung, Verpackung und Transport gebrauchter Lithiumbatterien und -zellen gemäß ADR

Bis dato gelten diverse Vorschriften für die Sammlung, die Verpackungseinheiten und den Transport von gebrauchten Lithiumzellen und -batterien. Hierbei wird nach deren Zustand, sowie deren Einzel- und zu transportierendem Gesamtgewicht unterschieden; weiterhin ist relevant, ob sie lose oder in einem Elektroaltgerät verbaut anfallen.

Die nachfolgenden Ausführungen beziehen sich auf folgende rechtliche Grundlagen in den aktuellen Fassungen:

- ADR 2017[2] ab 01.01.2017
  - Zu beachten sind hier insbesondere die Vorschriften zu
    - UN 3090 Lithium-Metall-Batterien
    - UN 3091 Lithium-Metall-Batterien in Ausrüstungen oder Lithium-Metall-Batterien mit Ausrüstungen verpackt
    - UN 3480 Lithium-Ionen-Batterien
    - UN 3481 Lithium-Ionen-Batterien in Ausrüstungen oder Lithium-Ionen-Batterien mit Ausrüstungen verpackt
  - Sondervorschriften
    - SV 188
    - SV 376
    - SV 377
  - Zusätzliche Regelung
    - Multilaterale Vereinbarung Nr. 303 (M 303)[3] mit Vorgriff auf das ADR 2019. Durch die Vereinbarung können die Regelungen in Deutschland sowie den ADR-Staaten, die die Vereinbarung gegenzeichnen, angewendet werden.
  - Verpackungsanweisungen
    - P 908
    - P 909
    - LP 903
    - LP 904
- Gesetz zur Neuordnung des Gesetzes über das Inverkehrbringen, die Rücknahme und die umweltverträgliche Entsorgung von Elektro- und Elektronikgeräten (Elektro- und Elektronikgerätegesetz – ElektroG)[4] vom 20.10.2015
  - Zu beachten sind hier insbesondere die Vorschriften zu
    - § 2 Abs. 3 Satz 3 – Verweis auf Anwendung des Gefahrgutbeförderungsgesetzes
    - § 3 Nr. 24 – zerstörungsfreie Entnahme von Altbatterien und Altakkumulatoren, die nicht vom Altgerät umschlossen sind; entspricht keiner Erstbehandlung
    - § 14 Abs. 1 – getrennte Erfassung batteriebetriebener Altgeräte in Sammelgruppe 5
    - § 14 Abs. 3 – Abholmenge batteriebetriebener Geräte mindestens fünf Kubikmeter zur Meldung bei der Stiftung Elektro-Altgeräte Register (EAR)

[2] Amtsblatt der Europäischen Union vom 22.12.2016, C 480/3.
[3] Multilaterale Vereinbarung M 303 vom 16.11.2016. https://www.unece.org/fileadmin/DAM/trans/danger/multi/agree.wpf/M303g.pdf. Zugegriffen: 4 Januar 2017. Die für das ADR zuständige Behörde der Bundesrepublik Deutschland ist das Bundesministerium für Verkehr und digitale Infrastruktur.
[4] Elektro- und Elektronikgerätegesetz vom 20.10.2015 (BGBl. I S. 1739).

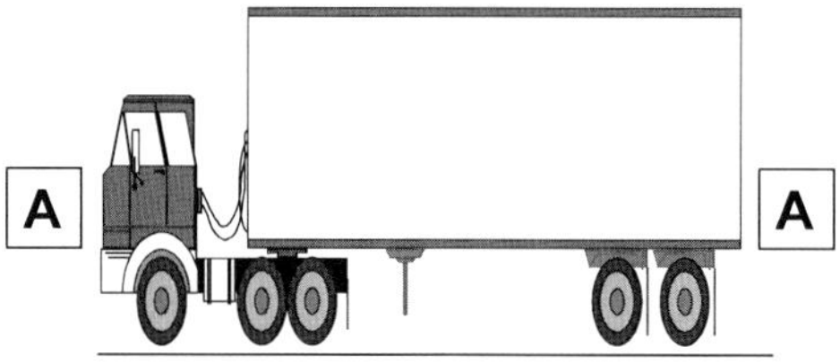

Abb. 23.2 Abfallrechtliche Kennzeichnung beim Transport von Altbatterien

- Gesetz über das Inverkehrbringen, die Rücknahme und die umweltverträgliche Entsorgung von Batterien und Akkumulatoren (Batteriegesetz – BattG) aktualisierte Fassung[5] vom 20.11.2015
  - Zu beachten sind hier insbesondere die Vorschriften zu
    - § 3 Nr. 17 – Definition Endnutzer
    - § 11 – Pflichten des Endnutzers
    - § 13 Abs. 1 – Mitwirken der öffentlich-rechtlichen Entsorgungsträger

23.3.1 Abfallrechtliche Kennzeichnungspflicht beim Transport von Altbatterien

Sammler und Beförderer müssen die Fahrzeuge, mit denen Abfälle in Ausübung ihrer Tätigkeit auf öffentlichen Straßen befördert werden, vor Antritt der Fahrt mit Warntafeln – den sog. A-Schildern – versehen. Die Warntafeln müssen vorn und hinten während der Beförderung außen am Fahrzeug deutlich sichtbar angebracht sein (Abb. 23.2). Bei Zügen muss die hintere Tafel an der Rückseite des Anhängers angebracht sein.[6]

23.3.2 Gefahrgutrechtliche Kennzeichnungspflicht beim Transport von Altbatterien

Wenn die Mengengrenze zur Nutzung der Freistellungsregelungen bei Verladung von Versandstücken von 333 kg Lithiumbatterien in der Beförderungseinheit überschritten wird, ist die Beförderungseinheit neben dem A-Schild mit einer unbeschrifteten orangefarbenen Warntafel zu kennzeichnen (Abb. 23.3).

[5] Batteriegesetz vom 25.06.2009 (BGBl. I S. 1582), das zuletzt durch Art. 1 des Gesetzes vom 20.11.2015 (BGBl. I S. 2071) geändert worden ist.
[6] § 55 Kreislaufwirtschaftsgesetz vom 24.02.2012 (BGBl. I S. 212), das zuletzt durch Art. 4 des Gesetzes vom 04.04.2016 (BGBl. I S. 569) geändert worden ist.

A-Schild:
(wie oben) + neutrale orangefarbene Warntafel

A-Schild:
(wie oben) + neutrale orangefarbene Warntafel

Abb. 23.3 Gefahrgutrechtliche Kennzeichnung beim Transport von Altbatterien

23.4 Kategorisierung gebrauchter Lithiumzellen und -batterien gemäß ADR

Für die Sammlung und den Transport von gebrauchten Lithiumzellen und -batterien gemäß ADR werden die nachfolgend in Tab. 23.1 gelisteten Kategorisierungen und Begriffe angewandt.

Tab. 23.1 Gruppierung gebrauchter Lithiumbatterien gemäß ADR

Zustand/ Gewicht	Verpackung/Transport	Bemerkungen	ADR 2017, Vorschrift
Unbeschädigt $\leq$ 500 g pro Zelle	Systemrücknahmekarton oder UN-zugelassene Verpackung; bis maximal 333 kg Lithiumbatterien in Beförderungseinheit Freistellung vom ADR[b] (optional: UN 3090/UN 3480, Gefahrzettel Muster 9 A)	Gemischt mit anderen Batterien (z. B. bei Anwendung Gemeinsames-Rücknahmesystem (GRS) maximal 1,2 % Volumenanteil) in der Verpackung; füllungsfreien Raum in der Verpackung ausfüllen	SV 188 SV 377 SV 636 P 909[a] LP 903
Unbeschädigt > 500 g pro Zelle	UN-zugelassene Verpackung; Mengen Beförderungseinheit[b]; UN 3090/UN 3480, Gefahrzettel Muster 9 A	Nicht als Gemisch sammeln, jede Batterie muss einzeln gegen Kurzschluss gesichert sein	SV 377 P 909[a] LP 903
Beschädigt $\leq$ 500 g pro Zelle	Transport gemäß SV 636; (optional: UN 3090/UN 3480, Gefahrzettel Muster 9 A)	Empfehlung aus Sicherheitsgründen: Verfüllung beschädigter Zellen mit Inertmaterial (z. B. trockener Sand), keine Zusammenpackung mit Batteriegemisch, unbeschädigt, für Transport Einzelfestlegung (gemäß SV 376) *nicht* erforderlich	SV 636 P 909

Tab. 23.1 (Fortsetzung)

Zustand/ Gewicht	Verpackung/Transport	Bemerkungen	ADR 2017, Vorschrift
Beschädigt > 500 g pro Zelle	**Transportverbot!** Zur Aufbewahrung separate Verpackung, gegen Kurzschluss gesichert in Inertmaterial (z. B. trockenen Sand) einbetten	Einzelfestlegung (gemäß SV 376) der zuständigen Behörde erforderlich (Bundesanstalt für Materialforschung und -prüfung)	SV 376 P 908 LP 904
Unbeschädigt als Stützbatterie in Geräten/ Ausrüstungen fest eingebaut	Unterliegen nicht dem ADR	Keine Verpackung notwendig, wenn NUR Stützbatterien in Geräten verbaut und Gerät ausreichend Schutz bietet	SV 636b SV 376 M 303 (1a)
Unbeschädigt als Hauptenergiequelle in Geräten/ Ausrüstungen fest eingebaut	Verpackung gemäß P 909 (z. B. Kiste, Fass, Intermediate-Bulk-Container (IBC)); M 303 (1b) (z. B. Big-Bag; stabiler, allseitig umschlossener Behälter)[b] Kennzeichnung mit „LITHIUMBATTERIEN ZUR ENTSORGUNG“ oder „LITHIUMBATTERIEN ZUM RECYCLING“	Großgeräte sind unverpackt, einzeln oder als Ladungseinheit im Container transportierbar. Statt Einzelkennzeichnung der Geräte kann alternativ die Kennzeichnung auf der Oberfläche von Fahrzeugen oder Containern angebracht werden	SV 188 P 909[a] LP 903 M 303

[a] Bis 30 kg Bruttomasse keine geprüfte Verpackung erforderlich
[b] Zur Nutzung der Freistellungsregelungen bei Verladung von Versandstücken Mengengrenze beachten (maximal 333 kg Lithiumbatterien in der Beförderungseinheit)

23.5 Umgang mit Batterien und Verpackungsarten

23.5.1 Umgang mit unbeschädigten Batterien ≤ 500 g

Herkömmliche Batterien sind z. B. Zink-Kohle- (ZnC), Zn-Luft-, Aluminium-Mangan- (AlMn), Nickel-Cadmium- (NiCd) und Nickel-Metallhydrid (NiMH)-Batterien. Diese Monochargen oder Gemische von Batterien können an entsprechenden Sammelstellen im Handel oder an Annahmestellen der Abfallwirtschaft in den entsprechenden Sammelbehältnissen entsorgt werden. Diesen Batteriegemischen dürfen in geringen Mengen auch Lithiumbatterien mit einem Gewicht bis 500 g zugefügt werden. Der maximal tolerierbare Anteil der Lithiumsysteme darf 333 kg je Beförderungseinheit nicht überschreiten, dies ist durch ein Qualitätssicherungssystem sicherzustellen. In diesem Fall sind keine besonderen Maßnahmen zur separaten Erfassung von Hochenergiebatterien erforderlich.

Abb. 23.4 Verpackung für unbeschädigte Batterien ≤ 500 g

Erfassung und Transport erfolgen in entsprechend zugelassenen Verpackungen, die mit der Aufschrift „LITHIUMBATTERIEN ZUM RECYCLING" zu kennzeichnen sind (Abb. 23.4). Der Gefahrzettel Muster 9 A darf angebracht werden. Bis 30 kg Bruttomasse müssen die Verpackungen nicht bauartgeprüft sein (s. dazu auch Tab. 23.1).

Wird zusätzlich eine Umverpackung, z. B. Folie, zur besseren Handhabung verwendet, muss der Aufdruck „UMVERPACKUNG" angebracht werden. Die UN-Nummern und der Gefahrenzettel müssen wiederholt an der Umverpackung angebracht werden. Generell gilt, dass die zusätzliche Kennzeichnung dann entfallen kann, wenn Gefahrzettel und Beschriftungen von außen klar lesbar bleiben.

▶ **Praxishinweis** Um nicht die weitergehenden Anforderungen des ADR erfüllen zu müssen, darf der maximal tolerierbare Anteil der Lithiumsysteme 333 kg je Beförderungseinheit nicht überschreiten. Demnach sind Transporte von Batteriegemischen mit einem geringen Anteil von Lithiumbatterien z. B. getrennt von der Beförderung von unbeschädigten Lithiumbatterien größer 500 g Gewicht durchzuführen.

23.5.2 Umgang mit unbeschädigten Batterien > 500 g

Für unbeschädigte Lithiumbatterien mit einem Gewicht größer 500 g ist die Sammlung nur in Monochargen erlaubt. Um Kurzschlüsse zu vermeiden, müssen die Pole der Lithiumbatterien oder -zellen isoliert und lose Kabel und Kabelenden abgeklebt werden. Des Weiteren ist es wichtig, dass diese Batterien so verpackt im Transportbehältnis eingebracht werden, dass eine Bewegung der einzelnen Batterien im Behälter vermieden wird. Es ist nicht erlaubt, dass in den Behältnissen Materialien enthalten sind, die die Batterien

Abb. 23.5 Verpackung für unbeschädigte Batterien > 500 g

beschädigen können. Verwendetes Polstermaterial darf nicht leitfähig und nicht brennbar sein.

Erfassung und Transport erfolgen in entsprechend zugelassenen Verpackungen, die mit den UN-Nummern UN 3090/UN 3480 und dem Gefahrzettel Muster 9 A zu kennzeichnen sind. Ein Beispiel dafür gibt Abb. 23.5.

Gemäß dem ADR sind die Sondervorschrift SV 377 sowie die Verpackungsanweisungen P 909 und LP 903 anzuwenden.

23.5.3 Umgang mit beschädigten Batterien ≤ 500 g

Batterien oder Zellen, bei denen festgestellt wurde, dass sie beschädigt oder defekt sind, müssen gemäß der Sondervorschrift SV 636 ADR verpackt und transportiert werden. Wie dies aussehen kann, zeigt Abb. 23.6.

► **Praxishinweis** Bei der Sammlung sollten die beschädigten Batterien mit entsprechendem Inertmaterial in das Transportbehältnis eingebracht werden, d. h. es ist ausnahmslos Polstermaterial zu verwenden, das nicht leitfähig und nicht brennbar ist. Für die Verfüllung sollte ausschließlich trockener Sand oder Vermiculite verwendet werden. Weiterhin wird empfohlen, dass keine gemeinsame Erfassung mit unbeschädigten Batterien kleiner 500 g erfolgt.

Abb. 23.6 Beschädigte Batterien ≤ 500 g (© aquatarkus/Fotolia)

23.5.4 Umgang mit beschädigten Batterien > 500 g

Als beschädigt oder defekt werden Batterien oder Zellen bezeichnet, die nicht gemäß dem UN-38.3-Test als geprüfter Typ deklariert werden können. Hierzu zählen:

- Zellen oder Batterien, die aus Sicherheitsgründen als defekt identifiziert worden sind;
- ausgelaufene oder entgaste Zellen oder Batterien;
- Zellen oder Batterien, die vor der Beförderung nicht diagnostiziert werden können oder
- Zellen oder Batterien, die eine äußerliche oder mechanische Beschädigung erlitten haben.

Wenn diese Eigenschaften auftreten, gelten die Batterien oder Zellen unter normalen Beförderungsbedingungen als eingeschränkt transportsicher. Für den Transport dieser Batterien mit einem Gewicht größer 500 g bedarf es einer Einzelfestlegung der zuständigen Behörde in Deutschland, der Bundesanstalt für Materialforschung und -prüfung (BAM), gemäß der Sondervorschrift SV 376. Bis eine entsprechende Transportgenehmigung durch die zuständige Behörde erteilt wird, muss die Aufbewahrung in einer separaten Verpackung erfolgen. Eine Sicherung gegen Kurzschluss in dieser Verpackung muss durch Einbettung in Inertmaterial (z. B. trockener Sand; Vermiculite) erfolgen (Abb. 23.7).

In der täglichen Praxis hat sich gezeigt, dass aufgrund von Unsicherheiten sehr viele vermeintlich beschädigte Batterien gemäß der Sondervorschrift SV 376 verpackt und transportiert werden. Relevant ist jedoch, dass beschädigte Zellen und Batterien unter normalen Beförderungsbedingungen zu einer

Abb. 23.7 Füllungsfreie Räume mit nicht leitfähigem, nicht brennbarem Inertmaterial auffüllen

- schnellen Zerlegung,
- gefährlichen Reaktion,
- Flammenbildung,
- gefährlichen Wärmeentwicklung oder
- einem gefährlichen Ausstoß giftiger, ätzender oder entzündbarer Gase oder Dämpfe

neigen müssen, um unter den von der zuständigen Behörde festgelegten Bedingungen befördert zu werden.

Es ist sinnvoll, im Vorfeld vom Abfallerzeuger oder bestellten Sachverständigen eine Begutachtung und entsprechende Beurteilung der Zellen oder Batterien vorzunehmen. Kann diese Beurteilung nicht durchgeführt werden oder fällt diese negativ aus, muss der Transport gemäß der Einzelfestlegung durch die BAM erfolgen.

23.5.5 Ablaufschema zur Einordnung von Zellen oder Batterien

Die in Abschn. 23.4 und 23.5.1–23.5.4 beschriebenen Sachverhalte können mit folgendem Ablaufschema zusammengefasst werden (Abb. 23.8)

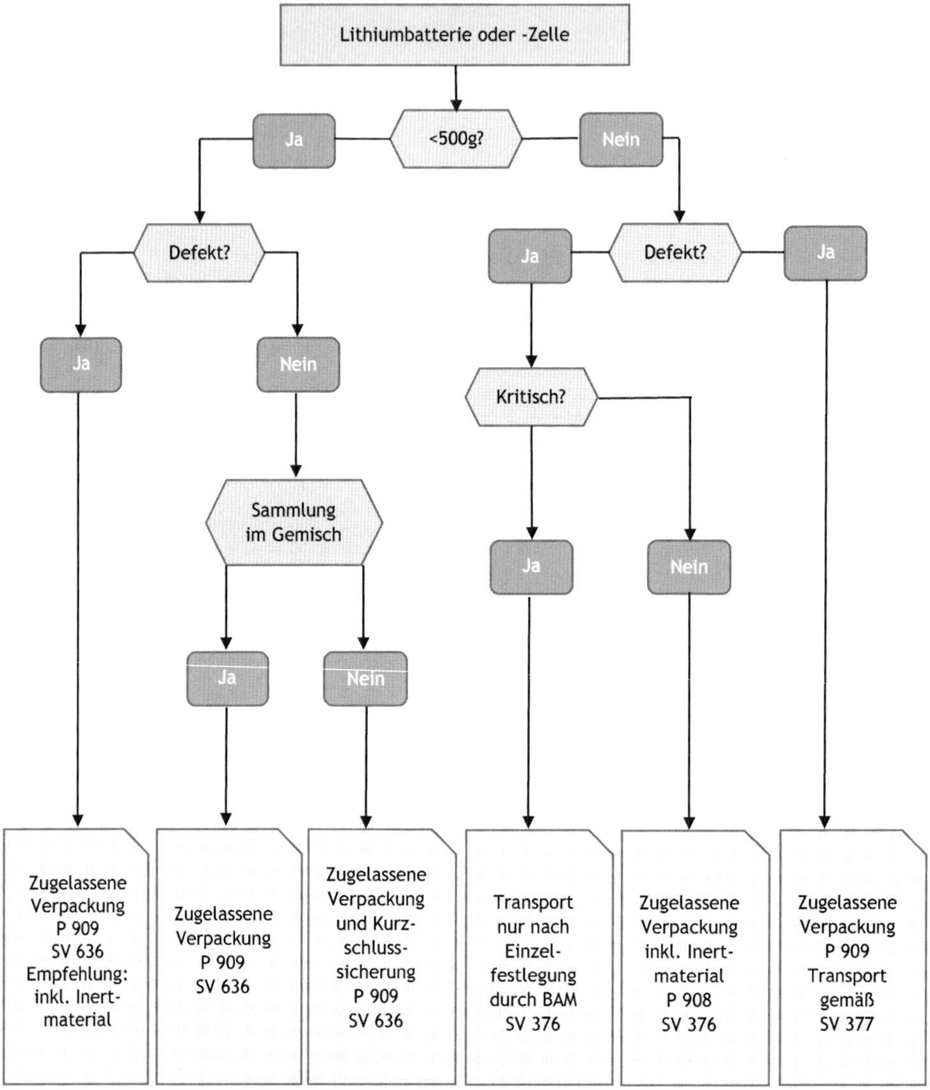

Abb. 23.8 Ablaufschema zur Einordnung von Zellen oder Batterien

23.5.6 Batterien in Elektroaltgeräten

Die frühere Praxis, Elektroaltgeräte (EAG), die Lithiumbatterien oder -zellen enthalten, in handelsüblichen Containern oder Gitterboxen in loser Schüttung zu sammeln, widerspricht den Regelungen des ADR, denn von Geräten mit Lithiumbatterien, die durch unsachgemäßen Umgang beschädigt werden können, geht eine erhöhte Brandgefahr aus.

Bereits an den Annahmestellen muss darauf geachtet werden, ob EAG Lithium enthalten, um sie gegebenenfalls in ADR-konformen Behältern zu erfassen. Dabei regelt das ADR, wann ein Transportbehälter für EAG mit Lithiumbatterien als ADR-konform anzusehen ist und legt eine „widerstandsfähige Außenverpackung, die aus einem geeigneten Werkstoff und einer geeigneten Festigkeit und Auslegung hergestellt ist" als Mindeststandard fest.

Gemäß § 14 Abs. 1 ElektroG hat die Erfassung batteriebetriebener Altgeräte innerhalb der Sammelgruppe 5 getrennt zu erfolgen. Die Verpackungsanweisung P 909 des ADR sowie die multilaterale Vereinbarung M 303 erklären weitergehend, dass die Erfassung akkubetriebener Geräte in separaten ADR-konformen Behältern erfolgen muss, dabei müssen die Lithiumzellen und -batterien von den Geräten ausreichend geschützt werden. Weiterhin ist der Transport in den Verpackungen nur möglich, wenn eine Verdichtung oder Umschüttung nicht erfolgt, da dies zur Beschädigung der enthaltenen Batterien führen kann. Eine Kennzeichnung der einzelnen Geräte in den Verpackungen ist nicht notwendig. Die Vorschriften schreiben eine Verpackung vor, die so hergestellt und verschlossen sein muss, dass ein Verlust von Ladegut während der Beförderung verhindert wird. Damit wäre z. B. der Einsatz von Gitterboxen lediglich mit einem Inliner (z. B. Foliensack oder Big-Bag) möglich. Ein Container ist keine Verpackung gemäß den ADR-Anforderungen. Er bildet lediglich eine Lade- und Transporthilfe, in die Verpackungen oder unverpackte Geräte eingestapelt und transportiert werden können.

Zum Transport unverpackter Geräte ist Folgendes zu beachten: stapelfähige EAG dürfen auf Grundlage der Verpackungsanweisung P 909 unverpackt oder auf Paletten transportiert werden. Hier ist das formschlüssige Einstapeln in Großcontainern möglich, wenn die Ladung ausreichend gesichert ist und somit ein Feststehen der Geräte auch während des Transports gewährleistet ist. Die Geräte dürfen durch das Stapeln bzw. durch die angelegte Ladungssicherung nicht beschädigt oder verdichtet werden. Wenn sich auf dem Transport eingestapelte Geräte zu einer losen Schüttung formieren, handelt es sich nicht mehr um einen ADR-konformen Transport.

Gemäß der neuen multilateralen Vereinbarung M 303 bedarf es nicht mehr der Kennzeichnung jedes einzelnen Versandstücks in einem Container, also jedes EAG, das sich nicht in einer Verpackung befindet. Die Kennzeichnung „LITHIUMBATTERIEN ZUR ENTSORGUNG" oder „LITHIUMBATTERIEN ZUM RECYCLING" kann nun alternativ auf der äußeren Oberfläche der Fahrzeuge oder der Container angebracht werden.

Wenn sichergestellt werden kann, dass keine Lithiumbatterien bzw. -akkus in den erfassten EAG enthalten sind, müssen die ADR-Anforderungen nicht erfüllt werden und der Transport in handelsüblichen Containern oder Gitterboxen ist durchführbar. Weiterhin zu berücksichtigen ist, dass durch die neue multilaterale Vereinbarung M 303 Geräte von den Anforderungen des ADR ausgenommen sind, wenn ausschließlich Lithiumstützbatterien verbaut sind und keine Batterien enthalten sind, die als Hauptenergiequelle dienen. Zusätzlich muss sichergestellt sein, dass durch die Geräte in denen die Stützbatterie ent-

Abb. 23.9 Stützbatterie Typ CR 2032, 3 V auf PC-Platine

Abb. 23.10 Stützbatterie Typ CR 2032, 3 V auf PC-Platine (Nahaufnahme)

halten ist, diese auch während des Transports ausreichend vor Beschädigungen geschützt werden.

Die Abb. 23.9 und 23.10 zeigen eine Stützbatterie, die auf der Hauptplatine eines PC fest eingebettet ist. Die Batterie entspricht dem Typ CR 2032, 3 Volt (V).

Gemäß § 3 Nr. 24 ElektroG ist die zerstörungsfreie Entnahme von Altbatterien und Altakkumulatoren, die nicht vom Altgerät umschlossen sind, an der Anfallstelle erlaubt und entspricht keiner Erstbehandlung.

▶ **Praxishinweis** Eine Separierung von EAG und Akku an der Annahme durch den Bürger oder das Annahmepersonal ist nicht zielführend. Bleibt der Akku im Gerät fest verbaut, sind die Pole weiterhin geschützt und eine zusätzliche Kurzschlusssicherung ist nicht notwendig.

Die Aufstellung von Depotcontainern zur Sammlung von Elektrokleingeräten und der entsprechende Weitertransport müssen ebenfalls den Anforderungen der neuen multilateralen Vereinbarung M 303 entsprechen, da nicht ausgeschlossen werden kann, dass in die Depotcontainer entsprechend lithiumhaltige Geräte eingeworfen werden. Der alleinige Hinweis auf Depotcontainern „Kein Einwurf von Geräten, die Lithiumbatterien bzw. -akkus enthalten" reicht nicht aus. Die Erfassung im Depotcontainer ist möglich, wenn der Behälter über Polstermaterial als Aufprallschutz verfügt. Die Leerung der Depotcontainer hat durch einen Behälterwechsel zu erfolgen.

Nichteisenmetalle 24

Ralf Schmitz

24.1 Einführung

Der Handel mit Nichteisen(NE)-Metallen und ihr Recycling haben eine lange Tradition. Bereits in der Frühgeschichte der Menschheit waren die vielfältigen Eigenschaften und Verwendungsmöglichkeiten von NE-Metallen und die Vorteile einer unbegrenzt wiederholbaren Nutzung bekannt. Kupfer spielt beispielsweise seit rund 9000 Jahren eine wichtige Rolle. Früh wurde entdeckt, dass durch Recycling ein erneuter Gebrauch des Metalls möglich wurde. Schon in der Bibel heißt es, man solle Schwerter zu Pflugscharen machen. Die Wiederverwendung von Metallen ist seit Jahrtausenden ein nicht endender Kreislauf.

Das Recycling von Metallen hatte auch in der deutschen Politik lange Zeit einen hohen Stellenwert. In der Kaiserzeit gab es eine Rohstoffabteilung innerhalb der Reichsregierung und noch unter Bundeskanzler Schmidt wurde eine aktive Rohstoffpolitik betrieben. Bis Mitte der 1980er-Jahre bestanden in der Europäischen Gemeinschaft für viele NE-Metallschrotte und -Rückstände mengenmäßige Exportbeschränkungen. Die letzten Beschränkungen wurden erst Ende 1989 aufgehoben. Im gleichen Jahr verabschiedete man sich in Europa von dem bis dahin üblichen Begriff Sekundärrohstoff und unterwarf Schrott als Abfall zur Verwertung einem neu geschaffenen Abfallregime. In den Folgejahren wurde auch das NE-Metall-Referat im Bundeswirtschaftsministerium aufgelöst. Die NE-Metallrecyclingwirtschaft wurde Teil der neuen Kreislaufwirtschaft und fand in der politischen Diskussion kaum mehr Beachtung. Erst unter den Bundeskanzlern Schröder und Merkel befasste sich die Politik wieder ernsthaft mit Rohstoffpolitik und räumte auch der NE-Metallwirtschaft wieder eine wichtige Rolle ein.

R. Schmitz (✉)
Verband Deutscher Metallhändler e. V.
Berlin, Deutschland

P. Kurth et al. (Hrsg.), *Praxishandbuch der Kreislauf- und Rohstoffwirtschaft*,
https://doi.org/10.1007/978-3-658-17045-5_24

NE-Metalle sind, vereinfacht ausgedrückt, alle Metalle außer Eisen. Beispielhaft seien hier Aluminium, Blei, Kupfer, Nickel, Zink und Zinn genannt. Diese Metalle lassen sich auch unter dem Oberbegriff Basis- oder Industriemetalle zusammenfassen. Hinzu kommen die sog. Nebenmetalle und Seltenen Erden.

24.2 Struktur des Metallhandels

Der Metallhandel hat sich früh organisiert. Der wichtigste Metallhandelsplatz der Welt, die Londoner Metallbörse (LME), wurde bereits 1877 gegründet; ihre Wurzeln reichen sogar bis in das Jahr 1571 zurück. Die deutschen Metallhändler organisierten sich bereits 1907 im heutigen Verband Deutscher Metallhändler e. V. (VDM; www.vdm.berlin). Der Metallhandel basiert im Wesentlichen auf vier Säulen, nämlich dem Neumetallhandel, dem Altmetallhandel, dem Nebenmetallhandel und dem Handel mit NE-Metallhalbzeugen.

24.2.1 Neumetallhandel

Neumetalle sind Metalle, die durch den Einsatz primärer oder sekundärer Rohstoffe erzeugt werden. Sie werden in handelsüblichen Formen angeboten, beispielsweise in Form von Kathoden, Masseln oder Blöcken. Die mengenmäßig größte Rolle im Neumetallhandel spielen die sog. Basis- oder Industriemetalle Aluminium, Kupfer, Nickel, Zink und Zinn. Der Bedarf an diesen Metallen steigt stetig; konjunkturelle Schwächephasen verursachen lediglich einen vorübergehenden Marktrückgang, verändern den Trend aber letztlich nicht. Die Preisbildung erfolgt an der LME. Ein wichtiger Zweig des Neumetallhandels ist der Handel mit Nebenmetallen und Ferrolegierungen. Diese werden, bis auf Kobalt und Molybdän, nicht an der LME gehandelt und unterliegen eigenen Preismechanismen.

24.2.2 Altmetallhandel

Der Begriff Altmetallhandel ist aus der Mode gekommen. Heute wird von der NE-Metallrecyclingwirtschaft gesprochen. Sie deckt die gesamte Bandbreite des Recyclings ab, von der Sammlung über die Sortierung, Aufbereitung bis hin zur Verwertung. Eine große Rolle spielt dabei der Handel, denn Altmetalle sind ein wichtiger Rohstoff und ein Wirtschaftsgut mit hohem Wert.

Die Erfassung und Sammlung erfolgte bisher meist durch kleinere Unternehmen. Dies konnten Schrotthändler vor Ort sein, private Sammler, Handwerker oder Abbruchunternehmen. Mittlerweile haben auch die Kommunen das Geschäft mit dem Schrott entdeckt. Unter dem abfallrechtlichen Schlagwort kommunale Überlassungspflichten ist zwischen kommunaler und privater Entsorgungswirtschaft ein Streit um das Geschäft mit dem Rohstoff Schrott entbrannt, jedenfalls soweit dieser aus privaten Haushalten stammt. Klar ist aber auch: Solange der Schrott kein Abfall ist, finden auf ihn das Abfallrecht und damit die kommunalen Überlassungspflichten[1] keine Anwendung. Damit ist der Abfallbegriff für die Frage, nach welchen Regeln auf dem Markt für NE-Metalle gespielt wird, von zentraler Bedeutung.

Durch das am 01.06.2012 in Kraft getretene Kreislaufwirtschaftsgesetz (KrWG) sind die Überlassungspflichten zugunsten der kommunalen Entsorgungswirtschaft stark ausgedehnt worden. Die gewerbliche Sammlung von Schrotten aus privaten Haushalten kann danach von kommunaler Seite weitgehend untersagt werden. Das ist, weil ökologische Argumente in diesem Zusammenhang erkennbar keine Rolle spielen, nicht nur rechtspolitisch bedenklich. Es wird sich zeigen, ob die diesbezüglichen Regelungen in § 17 KrWG mit den höherrangigen unionsrechtlichen und verfassungsrechtlichen Vorgaben vereinbar sind. Zwischenzeitlich wurden zahlreiche gewerbliche Sammlungen untersagt, wobei der Altmetallsektor weniger betroffen war als Papier- oder Altkleidersammlungen. Erfreulicherweise waren Klagen gegen diese Unterlassungsverfügungen meist erfolgreich, die Kommunen wurden deutlich in ihre Schranken verwiesen. Hinzu kommt, dass die in der Zwischenzeit stark rückläufigen Rohstoffpreise das Interesse der Kommunen an diesem Wirtschaftssektor stark verringert haben. Keine gewerbliche Sammlung ist es, wenn Metallhandelsbetriebe Schrott auf ihrem Gelände ankaufen (Beckmann und Wübbenhorst 2012, S. 8, 10). In diesem Fall handelt es sich vielmehr um ein reguläres Handelsgeschäft, bei dem es sogar zweifelhaft ist, ob das Abfallrecht überhaupt Anwendung findet. Abfall setzt zwingend einen Entledigungswillen voraus.[2] Kein Entledigungswille liegt vor, wenn der Besitzer seinen Schrott im Hinblick auf einen beabsichtigten Verkauf gezielt aussortiert und dann einem Metall- oder Schrotthändler zum Kauf anbietet. Stellt er dagegen den Schrott zum Sperrmüll, dürfte ein Entledigungswille vorliegen und die Abfalleigenschaft zu bejahen sein.

Der NE-Metallgroßhandel bezieht sein Material i. d. R. von Vorlieferanten oder industriellen Entfallstellen. Zentrale Akteure des NE-Metallgroßhandels sind Händler, Makler und die Betreiber von Recyclingbetrieben. Händler ist dabei jede Person, die gewerbsmäßig oder im Rahmen wirtschaftlicher Unternehmen, d. h. aus Anlass einer anderweitigen gewerblichen oder wirtschaftlichen Tätigkeit, die nicht auf das Handeln mit Abfällen gerichtet ist, oder öffentlicher Einrichtungen in eigener Verantwortung Abfälle erwirbt und weiterveräußert; die Erlangung der tatsächlichen Sachherrschaft über die Abfälle ist hierfür nicht erforderlich.[3] Besondere Bedeutung kommt dabei dem Streckenhandel zu. Der Streckenhändler kauft den Schrott und verkauft ihn dann an seine Kunden weiter, ohne das Material selbst physisch in Besitz zu nehmen, also jemals die tatsächliche Sachherrschaft über die Schrotte zu erlangen.

[1] § 17 KrWG.
[2] § 3 Abs. 1 KrWG.
[3] § 3 Abs. 12 KrWG.

> **Praxisbeispiel** Streckenhändler S kauft 50 t Kupferschrott bei einer Entfallstelle E in Köln und verkauft das Material an das Halbzeugwerk H in München. Die Container mit dem Kupferschrott lässt S bei E abholen und direkt zu H liefern.

Im Gegensatz zum Händler ist Makler jede Person, die gewerbsmäßig oder im Rahmen wirtschaftlicher Unternehmen, d. h. aus Anlass einer anderweitigen gewerblichen oder wirtschaftlichen Tätigkeit, die nicht auf das Makeln von Abfällen gerichtet ist, oder öffentlicher Einrichtungen für die Bewirtschaftung von Abfällen für Dritte sorgt; auch hier ist die Erlangung der tatsächlichen Sachherrschaft über die Abfälle nicht erforderlich.[4] Recyclingbetriebe verfügen über einen eigenen Platz und meist auch über die erforderliche Technik für die Behandlung und Aufbereitung, insbesondere das Recycling sowie eine Annahmestelle für private Kleinanlieferer. Die wichtigsten Abnehmer dieser Betriebe sind – neben den Händlern – Hütten, Schmelzwerke und die Halbzeugindustrie in Deutschland, Europa und anderen Teilen der Welt.

24.2.3 Nebenmetallhandel

Der Begriff täuscht: Nebenmetalle spielen seit Jahren keine Nebenrolle mehr; sie sind längst in die erste Liga aufgestiegen und werden deshalb oft auch als Strategische Metalle oder Technologiemetalle bezeichnet. Die Palette der Nebenmetalle beginnt bei Antimon und endet bei Zirconium. Besonders gefragt sind derzeit Gallium, Indium und Tantal, die in modernen Hightechprodukten unverzichtbar sind. Kein Handy, kein iPad und kein Auto würde heute mehr ohne diese Metalle funktionieren.

Eine Untergruppe bilden die sog. Seltenen Erden, die ebenfalls fester Bestandteil vieler elektronischer Produkte sind. Zu den Seltenen Erden gehören beispielsweise Lanthan, Neodym oder Scandium.

24.2.4 Handel mit NE-Metallhalbzeugen

NE-Metallhalbzeuge sind Zwischenprodukte, die aus Metallen hergestellt werden. Beispielhaft seien Bleche, Rohre, Stangen oder Profile genannt. Diese Zwischenprodukte werden im Regelfall zu Endprodukten weiterverarbeitet. So werden aus Blechen Büromöbel, aus Profilen Fenster. Im Gegensatz zu den metallischen Rohstoffen sind Halbzeuge meist klar durch Normen definiert und verfügen über exakte Produktbezeichnungen (Warennummern etc.). Die Interessen des NE-Metallhalbzeughandels werden durch den Wirtschaftsverband Großhandel Metallhalbzeug e. V. (WGM) vertreten.

[4] § 3 Abs. 13 KrWG.

24.3 Die NE-Metallrecyclingwirtschaft

Metalle sind Rohstoffe. Ungeachtet der juristischen Einordnung in verschiedene Rechtsbereiche (Abfallrecht, Stoffrecht, Produktrecht) bleibt es zentrales Ziel der NE-Metallrecyclingwirtschaft, den Sekundärrohstoff Schrott in höchster Qualität zur Wiederverwendung dem Wirtschaftskreislauf zur Verfügung zu stellen. Aufgabe des Großhandels ist es, Schrotte in großen Partien für die Abnehmer verfügbar zu machen. Nach dem Ankauf der Ware erfolgt deshalb i. d. R. eine Verwertung. Sie beginnt meist mit einer Sortierung, beispielsweise gemäß den Klassifizierungen des Metallhandels (UKM 1988/2002, siehe VDM 2012) oder nach den Vorgaben der Abnehmer. Oft sind weitere Behandlungsschritte erforderlich, um den Anforderungen der Kunden gerecht zu werden.

24.3.1 Schrottdefinition

Bei Schrotten wird zwischen Altschrotten, Neuschrotten und metallhaltigen Rückständen unterschieden. Ganz allgemein lässt sich Schrott wie folgt definieren: Schrotte sind Erzeugnisse, Abfälle und Rückstände aus Metallen oder deren Legierungen, die ihren ursprünglichen Gebrauchswert als Produktions- oder Konsumtionsmittel verloren haben, die jedoch aufgrund ihres Metallinhalts, gegebenenfalls nach entsprechender Aufbereitung, erneut als sekundärer Metallrohstoff eingesetzt werden können. Schrott sind metallische Gegenstände, die „bei der Erzeugung und Verarbeitung von Metallen und am Ende des Gebrauchs der aus Metallen hergestellten Anlagen, Maschinen, Gebrauchsgegenstände, Verpackungen usw. anfallen". Maßgeblich für die Bezeichnung Schrott ist nicht die physische Beschaffenheit, sondern das Vorhandensein metallischer Elemente. Bei Materialien aus metallischen und nichtmetallischen Elementen (z. B. Aluminiumverbundfolien) kommt es für die Einstufung als Schrott nicht maßgeblich auf den prozentualen Anteil an, sondern auch auf den materiellen Wert (Schmitz 2012, S. 32). Der Begriff Schrott definiert eine Materialgruppe. Er ist juristisch neutral und sagt nichts darüber aus, ob Schrott dem Abfall- oder dem Produktrecht unterliegt. Diese Abgrenzung ist, wie bei anderen Materialien auch, aufgrund der insoweit maßgeblichen Rechtsnormen zu treffen (VDM 2012, S. 2).

- **Neuschrotte** sind i. d. R. Produktionsabfälle, also metallisches Material, das bei der Be- und Verarbeitung von Metallen und Erzeugnissen anfällt. Beispielhaft seien Späne sowie Stanz-, Blech- und Profilschrott genannt. Neuschrotte, die bei der Produktion anfallen und im eigenen Werk wieder eingesetzt werden, heißen Kreislaufschrotte. Auch nicht genutzte Erzeugnisse können Neuschrott sein.

- **Altschrotte** sind gebrauchte, nicht mehr verwendbare Metallteile. Das können beispielsweise Rohre, Stangen, Batterien, Altkabel, Elektro- und Elektronikschrott oder alte Teile aus Haushalt oder Abbruch sein.

- **Metallhaltige Rückstände** sind beispielsweise Aschen, Krätzen, Schlacken, Schlämme und Stäube, die Gehalte aufbereitbarer Metalle oder deren Legierungen, z. T. in gebundener Form, aufweisen (Schmitz 2012, S. 33).

24.3.2 Usancen und Klassifizierungen des Metallhandels

Die Erarbeitung branchenüblicher Usancen und Klassifizierungen (UKM) war ein Grund für den Zusammenschluss der NE-Metallhändler im Verband Deutscher Metallhändler e. V. im Jahr 1907. Im Lauf der Jahre wurden die Usancen und Klassifizierungen immer wieder überarbeitet und mit der Industrie abgestimmt (Schmitz 2015, S. 390 ff).

Unter Usancen werden die in einer Branche üblichen Handelsregeln verstanden. Die für den Metallhandel maßgeblichen Usancen wurden zuletzt 2002 dem Markt angepasst. Usancen dürfen nicht mit Allgemeinen Geschäftsbedingungen (AGB) verwechselt werden. Während AGB lediglich einen Teil der individuellen Vertragsgestaltung darstellen, beschreiben Usancen einen branchenweiten Grundkonsens.

Die Klassifizierungen für NE-Metallschrott beschreiben die in der Branche üblichen Qualitäten. Die aktuelle Fassung stammt aus dem Jahr 1988, die Klassifizierungen für NE-Metallgranulate aus dem Jahr 2000. Sie geben keine Auskunft darüber, ob es sich bei der beschriebenen Qualität um ein Produkt oder um Abfall handelt. Diese Einordnung ist allein aufgrund der geltenden Gesetze (z. B. dem KrWG oder der EU-Verordnung Nr. 333/2011) zu treffen. Allerdings können die Klassifizierungen u. U. eine Vorgabe der Industrie im Sinn des Anhangs II Ziffer 1.1 der Verordnung 333/2011 sein (VDM 2012, S. 2). Die UKM haben in Europa große Bedeutung, im internationalen Handel spielen eher die Spezifikationen des Institute of Scrap Recycling Industries (ISRI; www.isri.org) eine Rolle.

- **Praxisbeispiel** Eine typische Klassifizierung: Aluminiumprofilschrott (Alter). Aluminiumprofilschrott Al Mg Si 0,5 – frei von jeglichen Fremdbestandteilen, jedoch einschließlich eloxiertem Material.

24.3.3 Qualitätsmanagement und Entsorgungsfachbetrieb

Die NE-Metallrecyclingwirtschaft hat bereits Anfang der 1990er-Jahre ein eigenes Musterqualitätsmanagementsystem auf der Basis von DIN EN ISO 9000 ff. entwickelt. Heute verfügen die meisten Unternehmen der Branche über ein international anerkanntes Qualitätsmanagementsystem (QMS). Darüber hinaus haben zahlreiche Betriebe ein Umweltmanagementsystem eingeführt. Die Bilanz ist positiv: Die Managementsysteme haben nicht nur zu einer Qualitätssteigerung beigetragen, sondern auch betriebsinterne Abläufe optimiert. Letztlich spart beides Kosten. Im globalen Metallhandel ist ein QMS heute unverzichtbarer Standard.

Im Jahr 1994 wurde – mit Inkrafttreten des alten Kreislaufwirtschafts- und Abfallgesetzes – in Deutschland der Entsorgungsfachbetrieb eingeführt. Noch im gleichen Jahr haben die Fachverbände Bundesvereinigung Deutscher Stahlrecycling- und Entsorgungsunternehmen e. V. (BDSV) und VDM reagiert und eine eigene Entsorgergemeinschaft zur Zertifizierung von Entsorgungsfachbetrieben gegründet. Zwar kann eine Zertifizierung zum Entsorgungsfachbetrieb auch durch Technische Überwachungsorganisationen im Weg eines Überwachungsvertrags erfolgen; allerdings war sich die Branche schnell einig, dass der Weg über eine Entsorgergemeinschaft vorzuziehen ist. Die branchenbezogene Entsorgergemeinschaft der Deutschen Stahl- und NE-Metallrecyclingwirtschaft e. V. (ESN) ist heute mit über 400 zertifizierten Standorten eine anerkannte Größe in der Branche. Die staatlich anerkannten Prüfkriterien der ESN entsprechen den von der Europäischen Vereinigung der Gemeinschaften zur Zertifizierung von Entsorgungsfachbetrieben e. V. (EVGE) formulierten europäischen Vorgaben und genießen deshalb auch außerhalb Deutschlands Anerkennung. Im Rahmen des Audits können branchenspezifische Besonderheiten – wie z. B. die Überprüfung von Schrott auf radioaktive Belastungen – mit abgeprüft werden. Hierzu gehört seit 2016 auch die Zertifizierung eines Risikomanagementsystems beim Ankauf von Metallschrott nach EVGE-Kriterien. Das System gibt den Unternehmen Vorgaben an die Hand, worauf beim Ankauf von Metallschrott zu achten ist. Das System soll den Handel einerseits vor dem Ankauf gestohlener Ware schützen und andererseits steuerrechtlich erforderliche Nachweispflichten sicherstellen.

24.3.4 Überprüfung von Schrott auf radioaktive Belastungen

Gemäß den Klassifizierungen für NE-Metallschrott ist radioaktiv kontaminiertes Material von jeglicher Lieferung ausgeschlossen (VDM 2012, S. 12). Die Überprüfung obliegt den Unternehmen in eigener Verantwortung. Vorgaben zur praktischen Umsetzung dieser Verpflichtung gibt die VDI-Richtlinie 4085 mit dem Titel Überwachung von Eisen- und Nichteisenschrott auf radioaktive Bestandteile.

Aus heutiger Sicht ist anzumerken, dass stationäre Messanlagen im NE-Metallhandel nicht grundsätzlich erforderlich sind. Die Erfahrung hat gezeigt, dass Handmessgeräte gerade bei NE-Metallschrotten Vorzüge haben können. Zu empfehlen ist, im Rahmen der Zertifizierung (Qualitätsmanagement, Entsorgungsfachbetrieb) auch bestehende Kontrollmechanismen prüfen zu lassen.[5]

24.3.5 Abfall oder Produkt?

Bis Ende der 1980er-Jahre galten Schrotte als Sekundärrohstoffe, politisch war das Bundeswirtschaftsministerium zuständig. Mit Inkrafttreten des Kreislaufwirtschafts-

[5] Möglich über die Entsorgergemeinschaft ESN (www.esn-info.de).

und Abfallgesetzes im Jahr 1994 wurde Schrott juristisch Abfall zur Verwertung, die politische Zuständigkeit wanderte zum Bundesumweltministerium. Die NE-Metallrecyclingwirtschaft hat sich lange gegen die Behandlung von Schrott als Abfall gewehrt. In der Europäischen Union kam es ab 2011 im Rahmen einer neuen Rohstoffpolitik zu einem Umdenkungsprozess, in dessen Folge eine Reihe von Verordnungen erlassen wurden, die das Ende der Abfalleigenschaft von Schrotten regeln. Die erste Verordnung dieser Art ist die EU-Verordnung Nr. 333/2011 vom 31.03.2011 mit Kriterien zur Festlegung, wann bestimmte Arten von Eisen- und Aluminiumschrott nicht mehr als Abfall anzusehen sind. Es folgte die Verordnung (EU) Nr. 715/2013 vom 25.07.2013 für das Abfallende bestimmter Arten von Kupferschrott. Erfüllt ein Schrott die Voraussetzungen einer Abfallende-Verordnung, endet seine Abfalleigenschaft mit der Folge, dass das abfallrechtliche Regelungsregime für ihn nicht mehr beachtlich ist.

Parallel zu dieser Entwicklung hat sich in den letzten 20 Jahren die Anwendung der abfallrechtlichen Vorschriften in der Branche eingespielt, auch wenn diese an vielen Stellen für NE-Metalle keinen Sinn ergeben. Die Recyclingunternehmen sind heute meist auch zertifizierte Entsorgungsfachbetriebe. Zudem ist am 01.06.2007 das neue EU-Stoffrecht in Gestalt der EU-Verordnung Nr. 1907/2006 (REACH-Verordnung) in Kraft getreten, das zur Anwendung kommt, sobald Stoffe, Gemische oder Erzeugnisse – hierzu zählen auch Metalle – in der EU hergestellt oder in die EU importiert werden. Grundsätzlich keine Anwendung findet die REACH-Verordnung indes auf Abfälle. Das bestimmt Art. 2 Abs. 2 dieser Verordnung. Verlieren die Abfälle indes ihre Abfalleigenschaft, weil sie die Voraussetzungen der für sie maßgeblichen Abfallende-Verordnung erfüllen, greift grundsätzlich die REACH-Verordnung mit ihren Anforderungen.

Die EU-Verordnung Nr. 333/2011 stellt hohe Anforderungen an das Ende der Abfalleigenschaft. So ist bei Aluminiumschrott eine maximale Verunreinigung von 5 % gestattet, alternativ muss die Metallausbeute bei mindestens 90 % liegen. Folglich können nur wirklich hochwertige Qualitäten das Abfallregime verlassen; die Masse der Schrotte wird daher auch weiterhin dem Abfallrecht unterliegen. Letztlich hat heute jedes Recyclingunternehmen die Wahl, ob es die Anforderungen der Abfallende-Verordnung erfüllen möchte oder nicht. Ein Wechsel in den Produktbereich dürfte nur dann Sinn machen, wenn reale Vorteile auf dem Markt zu erwarten sind. Konsequenz: Es ist möglich, dass ein und dieselbe Qualität sowohl als Abfall als auch als Produkt gehandelt wird.

► **Praxisbeispiel** Die Recycler A und B stellen völlig identisches, hochwertiges Aluminiumgranulat her. A erfüllt in seinem Betrieb alle Anforderungen der EU-Verordnung Nr. 333/2011 und dokumentiert dies – wie in der Verordnung vorgeschrieben – in seiner Konformitätserklärung. B verzichtet auf die Anwendung der neuen Abfallende-Verordnung, z. B. indem er keine entsprechende Konformitätserklärung erstellt. Das von A produzierte Granulat hat das Abfallregime verlassen und unterliegt jetzt der REACH-Verordnung. Das von B produzierte Granulat verbleibt im Abfallrecht. Da beide Granulate qualitativ identisch sind, ist auch der Materialwert identisch. Fraglich ist, ob A für sein Produkt einen höheren Preis erzielen kann, ob ihm also die Nichtabfalleigenschaft von einem Abnehmer extra vergütet wird.

24.3.6 Klimarelevanz des Metallrecyclings

Die Frage nach der Klimarelevanz ist heute Messlatte jedes ökologischen oder ökonomischen Handels. Hier kann sich das Metallrecycling sehen lassen.

Metalle werden nicht verbraucht, sondern gebraucht. Sie stehen nach jedem Kreislauf für eine erneute Nutzung zur Verfügung und verlieren im Recycling nicht an Qualität. Damit können sie erneuerbaren Rohstoffen gleichgestellt werden. Die Recyclingquoten liegen heute produktbezogen zwischen 80 und nahezu 100 % – mit steigender Tendenz. Mit dieser hohen Recyclingintensität und mit seiner Recyclingeffizienz ist Deutschland in der Metallgewinnung aus Recyclingrohstoffen international führend. Wer Altmetalle recycelt, spart Energie. So sind für die Herstellung einer Tonne Aluminium aus Sekundärrohstoffen nur rund 5 % der Energiemenge nötig, die zur Erzeugung des Metalls aus Bauxit eingesetzt werden muss.

Ein Anfang 2011 vorgelegtes Gutachten (Fraunhofer UMSICHT 2011) kommt in Bezug auf Aluminiumrecycling zu folgendem Ergebnis: Mit über 10 t pro Tonne recyceltem Material werden mehr als 85 % CO_2 gegenüber der Herstellung aus Primäraluminium eingespart. Nach einer Untersuchung des Umweltbundesamts in Wien können die Treibhausemissionen, die bei der Produktion einer Tonne neuer Aluminiumprodukte entstehen, durch den Einsatz von zurückgewonnen Altstoffen sogar um bis zu 97 % reduziert werden (Frischenschlager et al. 2010). Bei Kupfer können im Vergleich zur Primärproduktion laut Umweltbundesamt Wien rund 85 % der Emissionen eingespart werden. Die Energiebilanzen der anderen Metalle sind ähnlich positiv.

24.4 Markt

Der Metallmarkt ist international. Es ist Aufgabe des Metallhandels, die Metalle weltweit zu beschaffen und sie dort zur Verfügung zu stellen, wo sie gebraucht werden. Der Bedarf an Metallen steigt stetig, konjunkturelle Schwächephasen verursachen lediglich Nachfragedellen, verändern den Trend aber letztlich nicht. Bei einer Betrachtung des Markts ist zwischen Neu- und Altmetallen sowie Nebenmetallen und Seltenen Erden zu unterscheiden.

24.4.1 Die Londoner Metallbörse

Die LME hat eine lange Tradition. Gegründet wurde die damalige London Metal Exchange von Händlern und Maklern. Der global agierende Metallhandel benötigte dringend feste Handelsregeln und Güteklassen für die gehandelten Metalle. Der Industrie war daran gelegen, Preise – beispielsweise zur Lieferung in drei Monaten – fixieren zu können. Im Jahr 1869 beschlossen die Metallhändler einen eigenen Treff- und Handelspunkt einzurichten. Viele Jahre traf man sich im Londoner Jerusalem Coffee House oder später in den Räumen der Royal Exchange. Die London Metal Exchange Company wurde 1876 gegründet; im Januar 1877 fand dann im Lombard Court die erste Zusammenkunft unter der Schirmherrschaft der LME statt (Gibson-Jarvie 1978, S. 11 ff). Heute hat die LME im Wesentlichen drei Kernfunktionen, nämlich die Preisfindung, die Preissicherung und die Lieferung.

24.4.1.1 Preisfindung

An der LME werden täglich die international akzeptierten Referenzpreise gebildet, die weltweit bei Produzenten, Händlern und Verbrauchern in ihren physischen Verträgen angewandt werden. Es werden allerdings nicht alle NE-Metalle an der LME gehandelt, sondern in erster Linie die sog. Basis- oder Industriemetalle: Aluminium und Aluminiumlegierungen, Blei, Kupfer, Nickel, Zink und Zinn. Die LME versucht immer wieder neue Kontrakte zu etablieren, wie Kobalt, Molybdän oder Stahl bzw. Stahlschrott. Die Erfolge dieser neuen Kontrakte waren bisher allerdings bescheiden. Ob sich der neue Stahlschrottkontrakt durchsetzt, wird abzuwarten sein. Das Bedürfnis zur Risikoabsicherung ist jedenfalls auch bei Stahl spürbarer als noch vor wenigen Jahren. Inzwischen denkt die LME auch darüber nach, Gold, Silber und Palladium zu handeln.

An der LME kann heute 24 Stunden täglich gehandelt werden, um dem weltweiten Bedarf gerecht zu werden. Von besonderer Bedeutung ist aber immer noch der traditionelle Ringhandel, der börsentäglich im Ring der LME in der Londoner Leadenhall Street stattfindet. Dort wird der Settlementpreis fixiert, also der offizielle tägliche Referenzpreis für jedes Metall. Er ist die Preisbasis für einen sehr großen Teil der direkt zwischen Produzenten und Konsumenten abgeschlossenen Verträge (Gibson-Jarvie 1978, S. 158). Es gibt LME-Notierungen für direkte Lieferungen (Prompt, Kassa) oder für in der Zukunft liegende Lieferungen (Termin). Bei den Terminkontrakten spielen die Dreimonatsnotierungen die größte Rolle. Historisch gesehen war dies die Zeit, die eine Schiffsladung etwa benötigte, um vom Produzentenland nach England zu gelangen (Thompson 1998, S. 95).

Die LME ist das unbestrittene, weltweite Zentrum des Metallhandels. Andere Metallbörsen, wie die Nymex/Comex in New York, die Zinnbörse in Kuala Lumpur oder die Kupferbörse in Shanghai spielen dagegen eine untergeordnete Rolle. Allerdings hat die Akzeptanz der LME in den letzten Jahren deutlich verloren, nicht zuletzt wegen einer unklugen Gebührenpolitik. Nicht wenige Metallhändler beobachten deshalb die Entwicklung der LME, die sich seit 2012 im Eigentum der Hong Kong Exchanges and Clearing Limited (HKEx) befindet, kritisch.

Die Preisbildung hat sich in den letzten Jahren spürbar gewandelt. Während in früheren Zeiten Angebot und Nachfrage maßgeblich waren, spielen heute eher die Empfindsamkeiten der internationalen Finanzmärkte eine Rolle. Vor 100 Jahren diente die LME fast ausschließlich der Absicherung von fundamentalen Geschäften, sie war Diener der Industrie und des Metallhandels. Heute schätzen Fachleute, dass weniger als 10 % aller LME-Geschäfte noch einen physischen Hintergrund haben, der Rest des Umsatzes ist Spekulation. Das erklärt auch, warum die Metallpreise in den letzten Jahren auf der einen Seite so stark angestiegen sind und sich auf der anderen Seite so volatil verhalten.

Praxisbeispiel Preisentwicklung: Noch vor zehn Jahren kostete eine Tonne Kupfer unter 1700 Dollar, 2010 wurde zeitweise die Marke von 10.000 Dollar überschritten. Anfang 2012 lagen die Kupfernotierungen an der LME bei rund 7670 Dollar, Ende Oktober 2016 bei nur noch 4840 Dollar. Nach der Wahl von Donald Trump zum US-Präsidenten stiegen die Kupfernotierungen über Nacht um mehrere hundert Dollar an, am 10.11.2016 lagen sie bei 5634 Dollar.

24.4.1.2 Preissicherung, Hedging

Gerade die große Volatilität auf den Metallmärkten macht es notwendig, Handelsgeschäfte an der Börse abzusichern. Durch das Hedging kann in jeder Phase von Produktion, Verarbeitung, Handel und Verbrauch von Metallen durch Termingeschäfte eine Sicherung vor Preisrisiken vorgenommen werden. Wesentlich ist, dass ein Einkauf physischer Ware mit Fixierung des Preises an einem feststehenden zukünftigen Termin jederzeit mit einem Deckungsverkauf der gleichen Menge zum selben Fälligkeitstag kombiniert werden kann und umgekehrt (Gibson-Jarvie 1978, S. 133). Ein umsichtiger Metallhändler wird sein Büro nicht verlassen, bevor er alle am Tag getätigten Geschäfte an der LME durch Hedging abgesichert hat. Nur dadurch sichert er sich vor Kursverlusten ab. Auf der anderen Seiten verzichtet er durch das Hedging aber auch auf einen möglichen Kursgewinn. Kurz: Der Metallhändler lebt nicht von der Spekulation, sondern von der Marge (Gewinnspanne, Differenz zwischen Einkaufs- und Verkaufspreis).

Praxisbeispiel Ein Metallhändler kauft zur Lieferung in drei Monaten 100 t Kupferschrott. Dieses Geschäft wird er absichern, indem er zum Stichtag eine entsprechende Menge Kupfer an der LME verkauft. Was sich einfach anhört, ist in Wahrheit komplexer. Natürlich ist der Schrottpreis nicht mit dem Preis für an der LME gehandelte Grade-A-Kupferkathoden identisch, natürlich gibt es Gebühren, Abschläge etc. Der sichere Umgang mit der Börse will gelernt sein.

24.4.1.3 Lieferung

Die LME verfügt über von ihr lizenzierte Lagerhäuser, in denen die gehandelten Metalle auch physisch aus- und eingelagert werden können. Dieses Instrument unterscheidet die LME grundlegend von anderen Börsen. Die physische Erfüllung von Kontrakten macht allerdings – neben dem Futures-Trading – nur noch einen kleinen Teil der LME-Umsätze aus. Die LME hat genau definiert, welche Metalle in welcher Qualität über die LME gehandelt und in die Lagerhäuser eingeliefert werden können (zum komplexen Thema Metallbörsen s. Schmitz 2015, S. 249–371).

Die handelstäglich von der LME veröffentlichten Lagerhausbestände geben einen Überblick darüber, welche Metallmengen in den lizenzierten Lagerhäusern der LME eingelagert sind. Hieraus lassen sich aber nur unzureichend Schlüsse über die wahre Verfügbarkeit von Metallen ableiten. Zum einen gibt es oftmals außerhalb dieser lizenzierten Lagerhäuser noch weitere Vorräte, die nicht offiziell erfasst werden. Zum anderen sind viele Bestände in den LME-Lagerhäusern schon in festen Händen und stehen deshalb dem Markt nicht wirklich zur Verfügung.

► **Hintergrund** Mitte November 2016 lagen die Bestände in den lizenzierten Lagerhäusern der LME bei 262.050 t Kupfer, 3155 t Zinn, 188.100 t Blei, 446.250 t Zink, 2.160.475 t Aluminium, 13.680 t Aluminiumlegierungen und 365.358 t Nickel.

24.4.2 Schrottmärkte

Die Preisentwicklung der Sekundärmetalle orientiert sich in erster Linie an den in London notierten Neumetallpreisen. In Abhängigkeit von der jeweiligen Schrottqualität hat jeder Metallhändler eine persönliche Berechnungsformel, wie er seinen aktuellen Schrottpreis in Relation zu den LME-Notierungen setzt. Neben der LME-Notierung gibt es für Schrotte zahlreiche weitere preisbildende Faktoren. Zu nennen sind hier u. a. die qualitative Zusammensetzung der gelieferten Partie, die sich aus der allgemeinen Marktsituation ergebenden Auf- und Abschläge, die Verfügbarkeit des Materials auf der einen und die Nachfrage des Metalls auf der anderen Seite. Auch das jeweilige Verhältnis zwischen dem Euro und dem Dollar sind wichtig, denn in London werden alle Metalle auf Dollarbasis notiert. Allerdings gilt die früher übliche Formel, wonach Angebot und Nachfrage den Preis bestimmen, heute nur noch sehr eingeschränkt. Zu groß ist die Abhängigkeit der Schrottpreise von den LME-Notierungen, die wiederum von den Finanzmärkten getrieben sind.

Für den Handel sind hohe Metallpreise nicht immer zum Vorteil, denn der Handel lebt von der Marge, nicht von der Spekulation. Wenn die Preise steigen, kann er zwar einen höheren Verkaufspreis verlangen, muss aber selbst auch höhere Einkaufspreise kalkulieren. Die Marge ändert sich kaum. Auf der anderen Seite steigen die Kosten. Als vor einigen Jahren die Metallpreise stark anstiegen, zogen auch die Prämien für Kreditversicherungen kräftig an. Wer auf die Zusammenarbeit mit Banken angewiesen ist, muss bei hohen Preisen deutlich höhere Beträge finanzieren als bei einem niedrigen Preisniveau. Die Verbraucher müssen ebenfalls mehr Geld für Metalle zahlen, können aber oft die gestiegenen Rohstoffpreise nicht im Endprodukt weitergeben.

Der VDM erstellt wöchentlich zusammen mit der WirtschaftsVereinigung Metalle e. V. (WVM) eine Metallpreisübersicht für seine Mitglieder. Diese hat letztlich aber nur statistischen Wert, denn sie bildet nur den ermittelten Preis zu seinem festen Stichtag – i. d. R. Mittwoch – ab. Zum Zeitpunkt der Veröffentlichung – i. d. R. am folgenden Donnerstag – können die Preise wieder ganz anders aussehen. Grund hierfür ist die oben beschriebene starke Abhängigkeit der Schrottpreise zu den LME-Notierungen in London. Der Handel an der LME ist 24 Stunden am Tag aktiv, die Notierungen ändern sich kontinuierlich. Eine Reihe von Dienstleistern bietet heute den Empfang der LME-Daten in Echtzeit an. Vergleicht man die Statistik der LME-Notierungen mit der vom VDM ermittelten Altmetallstatistik, wird deutlich, dass die Schrottpreise in der Tendenz der LME-Notierung folgen.

Praxisbeispiel Vergleich der Preise für Kupfer Grade A (LME, Kassa) und Blanker Kupferdrahtschrott (Kabul), jeweils zum Jahresanfang pro Tonne in Euro:

	2009	2010	2011	15.11.2016
Kupfer Grade A	2060–2100	5100–5150	7220–7320	5145–5147
Blanker Kupferdrahtschrott	1850–2050	4600–4900	6800–6900	4800–4910

24.4.3 Strategische Sondermetalle

Für Nebenmetalle und Seltene Erden gibt es keine Börse, lediglich Kobalt und Molybdän werden seit einigen Jahren mit mäßigem Erfolg an der LME notiert. Ansonsten gilt hier noch, dass Angebot und Nachfrage den Markt bestimmen. Das Kapital des Händlers ist sein Marktwissen („Wer braucht was?" – „Wo kann ich was zu welchem Preis beschaffen?"). In den Jahren 2012 und 2013 sind die Preise sprunghaft angestiegen, in Einzelfällen bis zu 500 % in einem Jahr. In den Jahren 2015 und 2016 setzte dann wieder ein massiver Preisverfall ein. Zuverlässige Preisübersichten gibt es aber kaum, die in Zeitschriften abgedruckten Preise sind kritisch zu hinterfragen. Fast alle strategischen Sondermetalle müssen importiert werden, obwohl sie fast überall in der Erdkruste vorkommen. Der Abbau aber ist teuer, China gilt deshalb als wichtigste Lieferantenquelle. Hauptabnehmer ist die Elektro- und Elektronikindustrie, in jedem Smartphone oder Tablett befinden sich zahlreiche strategische Sondermetalle.

Literatur

Beckmann M, Wübbenhorst HJC (2012) Rechtliche Rahmenbedingungen für gewerbliche und gemeinnützige Sammlungen nach dem neuen KrWG. DVBL Deutsches Verwaltungsblatt: S 1403–1413

Fraunhofer UMSICHT (2011) Recycling für den Klimaschutz. Ergebnisse der Fraunhofer UMSICHT-Studie zur CO_2-Einsparung durch Recycling – eine Untersuchung für die ALBA Group. https://www.alba.info/fileadmin/alba/pressemappe/recycling_fuer_den_klimaschutz/Recycling_fuer_den_Klimaschutz.pdf. Zugegriffen: 4. Januar 2017

Frischenschlager H, Karigl B, Lampert C, Pölz W, Schindler I, Tesar M, Wiesenberger H, Winter B (2010) Klimarelevanz ausgewählter Recycling-Prozesse in Österreich. Endbericht des Lebensministeriums. http://www.umweltbundesamt.at/fileadmin/site/publikationen/REP0303.pdf. Zugegriffen: 4. Januar 2017

Gibson-Jarvie R (1978) Die Londoner Metallbörse. Knapp Verlag, Frankfurt

Schmitz R (2012) Umweltrechtliche Rahmenbedingungen der Stahl- und NE-Metall-Recycling-Wirtschaft. Schmitz R (Hrsg.), Giesel Verlag

Schmitz R (2015) Taschenbuch des Metallhandels. Schmitz R (Hrsg), 12. Aufl., Giesel Verlag

Thompson S (1998) The London Metal Exchange. METALL Fachzeitschrift für Metallurgie Nr. 3:95–99

VDM (2012) Usancen und Klassifizierungen des Metallhandels. UKM 2002/1988 – Neudruck 2012. http://www.vdm.berlin/resources/04_Presse/04_Broschueren/2012_Usancen%20des%20Metallhandels_WEB.pdf. Zugegriffen: 4. Januar 2017

Gewerbeabfall

25

Jens Loschwitz

25.1 Einführung

Die Novelle der Gewerbeabfallverordnung (nachfolgend: GewAbfV 2017[1]) legt einen klaren Fokus auf den Abfallerzeuger. Der Abfallerzeuger ist der entscheidende Steuermann für seine Abfälle. Die GewAbfV 2017 fordert eine sehr umfassende Getrennthaltung von Abfallströmen aus Gewerbebetrieben und übernimmt damit gute Erfahrungen des Gesetzgebers mit der Getrennthaltung von Abfällen aus Privathaushalten. Schon heute machen die getrennt gesammelten Gewerbeabfälle mehr als das Dreifache der in Gewerbebetrieben anfallenden Abfallgemische aus.

Die Novelle war nötig, um der vom EU-Gesetzgeber geforderten fünfstufigen Abfallhierarchie auch untergesetzlich Geltung zu verschaffen. Die gesetzlichen Vorgaben des Kreislaufwirtschaftsgesetzes (KrWG) gelten für alle Arten von Abfällen, die in privaten Haushaltungen und anderen Herkunftsbereichen anfallen – insbesondere auch in privaten und öffentlichen Einrichtungen, Industrie und Gewerbe oder bei Dienstleistungen.

Die fünfstufige Abfallhierarchie bedarf der Konkretisierung für einzelne Abfallströme durch untergesetzliche Regelungen. Die vorangehende und zu Redaktionsschluss noch geltende Gewerbeabfallverordnung vom 19.06.2002 (nachfolgend GewAbfV 2002) basiert auf der Grundlage des Kreislaufwirtschafts- und Abfallgesetzes vom 27.09.1994 und

[1] Stand: Zweiter Durchgang Deutscher Bundestag (gemäß § 67 KrWG muss der Deutsche Bundestag der Verordnung zustimmen) am 30.03.2017, ohne Debatte (finaler Verordnungstext: BT-Drs. 18/11294; Veröffentlichung im BGBl stand noch aus). Beratungsverlauf Deutscher Bundestag: letzte Beschlussempfehlung BT-Drs. 18/11773; vorangehender erster Durchgang im Deutschen Bundestag im Dezember 2016: BT-Drs. 18/10345; BT-Drs. 18/10656 (Beschlussempfehlung); BT-Plenarprotokoll 18/209 (TOP 21).

J. Loschwitz (✉)
BDE Bundesverband der Deutschen Entsorgungs-,Wasser- und Rohstoffwirtschaft e.V.
Berlin, Deutschland

P. Kurth et al. (Hrsg.), *Praxishandbuch der Kreislauf- und Rohstoffwirtschaft*,
https://doi.org/10.1007/978-3-658-17045-5_25

kennt die fünfstufige Abfallhierarchie nicht. Ein wesentliches Ziel der GewAbfV 2002 war es, die Ablagerung unvorbehandelter, gemischter, gewerblicher Siedlungsabfälle auf Deponien zu beenden. Weiteres gesetzgeberisches Handeln machte diesen Ansatz obsolet: Aufgrund der Regelungen der Technischen Anleitung Siedlungsabfall (TASi), einer früheren allgemeinen Verwaltungsvorschrift zum Abfallgesetz, war seit dem 01.06.2005 das Ablagern unvorbehandelter Abfälle in Deutschland verboten.

Letztlich regelt die GewAbfV 2017 „nur" den Eingang in die Behandlungstechnologien der Entsorgungswirtschaft. Recycling ist aber kein Selbstzweck. Die Absteuerung aus den Anlagen muss dem Markt überlassen werden. Der Ausgang, d. h. insbesondere der Einsatz von Recyclaten, also z. B. der Einsatz von Ersatzbaustoffen, wird vom Markt bestimmt. Die Recyclingwirtschaft konkurriert mit (Primär-)Produkten, die auf diesem Markt gehandelt werden. Hier kommt der öffentlichen Hand eine Vorreiterrolle zu. Leider wird in der Praxis noch zu häufig Primärrohstoffen (auch aus Unkenntnis) der Vorzug vor Sekundärrohstoffen gegeben.

Die GewAbfV 2002 galt zuletzt als Papiertiger. Vollzugsdefizite bei der Kontrolle der Einhaltung der Regelungen ließen sie letztlich ins Leere laufen. Auch über den Erfolg der GewAbfV 2017 entscheidet am Ende des Tages der Vollzug. Eine effiziente Überwachung des Vollzugs könnte beispielsweise bei der Kontrolle der Eingangsströme bei energetischen Verwertungsanlagen ansetzen, wo mit dem geringsten Aufwand die Umgehung der Vorbehandlungspflicht festgestellt werden kann.

Der Beitrag gibt einen Überblick über die GewAbfV 2017 und richtet sich an gewerbliche Abfallerzeuger und Entsorgungsunternehmen. Die einzelnen Anforderungen an Vorbehandlungsanlagen sind nicht Gegenstand dieser Abhandlung.

25.2 Anwendungsbereich und Rechtsgrundlage

25.2.1 Sachlicher Anwendungsbereich

Die GewAbfV 2017 gilt für die Bewirtschaftung, insbesondere die Erfassung, die Vorbehandlung, die Vorbereitung zur Wiederverwendung, das Recycling und die sonstige Verwertung von gewerblichen Siedlungsabfällen einerseits und von bestimmten Bau- und Abbruchabfällen andererseits.[2] Sie orientiert sich damit an der GewAbfV 2002.

Bewirtschaftung ist entsprechend der Definition des § 3 Abs. 14 KrWG umfassend zu verstehen. Die Begründung zur GewAbfV 2017 nennt insbesondere die Erfassung, die Vorbehandlung, die Vorbereitung zur Wiederverwendung gemäß § 3 Abs. 24 KrWG, das Recycling gemäß § 3 Abs. 25 KrWG und die sonstige Verwertung.[3] Der Begriff *Erfassung* ist als Oberbegriff zur Sammlung und Beförderung von Abfällen zu verstehen.

[2] § 1 Abs. 1 GewAbfV 2017.

[3] Allgemein zum Verwertungsbegriff: § 3 Abs. 23 KrWG.

> **Praxishinweis** Die GewAbfV 2017 gilt nicht für Abfälle, die dem Elektro- und Elektronikgerätegesetz oder dem Batteriegesetz unterliegen.

Die GewAbfV 2017 gilt nicht für Abfälle, die einem öffentlich-rechtlichen Entsorgungsträger (örE) im Rahmen der Überlassungspflichten[4] überlassen worden sind. Trotzdem bleibt der örE verpflichtet, solche (Rest-)Abfälle vorrangig ordnungsgemäß, schadlos und hochwertig zu verwerten.[5]

> **Praxishinweis** Wenn die Kommune selbst Abfallerzeuger ist, gilt die GewAbfV 2017 uneingeschränkt.

25.2.2 Gewerbliche Siedlungsabfälle

25.2.2.1 Begriff

Siedlungsabfälle sind Haushaltsabfälle und ähnliche gewerbliche und industrielle Abfälle (vgl. Überschrift zu Kap. 20 der Anlage der Abfallverzeichnis-Verordnung [AVV][6]). Maßgeblich für die Einstufung als gewerbliche Siedlungsabfälle ist die Herkunft. Zu den gewerblichen Siedlungsabfällen zählen zum einen Siedlungsabfälle aus anderen Herkunftsbereichen als privaten Haushaltungen, die in Kap. 20 enthalten sind, insbesondere gewerbliche und industrielle Abfälle, wie z. B. Abfälle mit den Schlüsselnummern 20 01 und 20 02.[7] Weiterhin gehören ausweislich der Begründung zur GewAbfV 2017 hierzu auch Abfälle aus privaten und öffentlichen Einrichtungen, wie z. B. Abfälle – einschließlich Sperrmüll – aus Büros oder Arztpraxen, Verwaltungsgebäuden, Schulen, Kindergärten, Kliniken, Pflegeheimen, Kasernen oder Strafvollzugsanstalten. Voraussetzung ist allerdings, dass diese Abfälle denen aus privaten Haushaltungen hinsichtlich ihrer Beschaffenheit (Konsistenz) und Zusammensetzung ähnlich sind.

Zu den gewerblichen Siedlungsabfällen zählen auch weitere gewerbliche und industrielle Abfälle, die nicht in Kap. 20 der Anlage der AVV aufgeführt sind, die aber nach Art, Zusammensetzung, Schadstoffgehalt und Reaktionsverhalten mit Abfällen aus privaten Haushaltungen vergleichbar sind.[8]

> **Praxishinweis** Die GewAbfV 2017 erfasst auch produktionsspezifische Abfälle. Darunter fallen Kunststoffabfälle aus verschiedenen Herkunftsbereichen, Rinden, Kork, Holzabfälle aus der Holzbearbeitung und -verarbeitung, Abfälle

[4] § 17 Abs. 1 Satz 2 und 3 KrWG.
[5] § 20 Abs. 1 Satz 2 in Verbindung mit § 7 KrWG.
[6] Abfallverzeichnis-Verordnung vom 10.12.2001 (BGBl. I S. 3379), die zuletzt durch Art. 2 der Verordnung vom 22.12.2016 (BGBl. I S. 3103) geändert worden ist.
[7] § 2 Ziffer 1 lit. a GewAbfV 2017.
[8] § 2 Ziffer 1 lit. b GewAbfV 2017 – vgl. dazu Beschluss Deutscher Bundesrat vom 10.02.2017 (BR Drs. 2/17[B], Anlage A1: Die bloße Möglichkeit einer gemeinsamen Entsorgung mit Siedlungsabfällen reicht nicht).

aus unbehandelten oder verarbeiteten Textilfasern sowie nicht entsprechend der Verpackungsverordnung (§ 7 VerpackV) zurückgenommene Verpackungen. Auch weitere produktionsspezifische Abfälle aus anderen Herkunftsbereichen, die unter verschiedenen Abfallschlüsseln in der Anlage der AVV enthalten sind, gehören dazu, z. B. Lederabfälle, Metallabfälle, einschließlich Späne aus der Metallbearbeitung und -verarbeitung, Werkstattabfälle, mineralölhaltige Putzlappen, Farbeimer oder nicht infektiöse Abfälle des Kap. 18 der Anlage zur AVV.

25.2.2.2 Abgrenzung zu Abfällen aus privaten Haushaltungen

Gewerbliche Siedlungsabfälle sind zu unterscheiden von Abfällen, die in privaten Haushalten im Rahmen der privaten Lebensführung anfallen. Ausweislich der Verordnung gehören dazu insbesondere Wohnungen und zugehörige Grundstücks- oder Gebäudeteile sowie andere vergleichbare Anfallorte, wie Wohnheime oder Einrichtungen des betreuten Wohnens.[9] Darunter fallen auch Schrebergärten, Wochenendhäuser und Garagen.

► **Praxishinweis** Abfälle aus der Sphäre gewerblich veranlasster Nutzungen wie etwa Büros von Freiberuflern, Arztpraxen oder gewerbliche Beherbergungen mit wechselnden Gästen, wie Zimmervermietungen des Hotel- und Gaststättengewerbes sind gewerbliche Siedlungsabfälle. Das gilt auch für Abfälle aus Einrichtungen des betreuten Wohnens, die als Pflegeheime anzusehen sind. Mit fortschreitender Digitalisierung (Stichwort Industrie 4.0) wird auch längeres Wohnen in häuslicher Umgebung bei gleichzeitiger engmaschiger Pflege möglich werden. Solche dezentralen Pflegeeinheiten ermöglichen den betroffenen Bewohnern den Verbleib in gewohnten Strukturen. Auch Abfälle aus diesen dezentral betreuten Wohnformen wird man bei hinreichender Intensität des Pflegebedarfs der jeweiligen Abfallerzeuger als gewerbliche Abfälle qualifizieren müssen. Maßgeblich ist bei solchen dezentralen Wohnformen, ob den darin lebenden, betreuten Bewohnern noch eine selbstbestimmte Lebensgestaltung möglich ist.

Bei Abfällen aus Renovierungs- und Reparaturarbeiten, wie etwa dem Austausch einer Heizungsanlage oder von Wasser-, Abwasser- oder Stromleitungen eines Privathauses, ist zu unterscheiden, ob sie vom Eigentümer selbst vorgenommen werden oder er mit der Ausführung z. B. einen Handwerker beauftragt hat.

► **Praxishinweis** Handelt es sich um eine in Auftrag gegebene Dienstleistung ist in aller Regel das ausführende Unternehmen Abfallerzeuger, sodass es sich um gewerbliche Abfälle handelt; werden die Arbeiten durch den Eigentümer selbst oder durch Familienangehörige oder Bekannte durchgeführt, handelt es sich i. d. R. um Abfälle aus privaten Haushaltungen.

[9] § 2 Ziffer 2 GewAbfV 2017.

> **Praxishinweis** Vereinzelte Fehlwürfe führen nicht per se zu einem Verstoß gegen die Getrenntsammlungspflicht. Allerdings sollte eine Fehlwurfquote von 5 Masse-% i. d. R. nicht überschritten werden. Die Toleranzschwelle kann bei einigen Stoffströmen niedriger sein (z. B. bei Bioabfällen).[18]

25.3.3 Ausnahmen von der Getrennthaltungspflicht

Die Pflicht zur Getrennthaltung kann stoffstrombezogen entfallen. Sie entfällt gemäß der GewAbfV 2017 immer dann, soweit die getrennte Sammlung der jeweiligen Abfallfraktion technisch nicht möglich oder wirtschaftlich nicht zumutbar ist.[19]

> **Praxishinweis** Die technische Unmöglichkeit oder die wirtschaftliche Unzumutbarkeit der getrennten Sammlung einer Abfallfraktion führt nicht zum Entfallen der Getrenntsammlungspflicht für alle Fraktionen.

Technisch nicht möglich ist die getrennte Sammlung insbesondere dann, wenn für eine Aufstellung der Abfallbehälter für die getrennte Sammlung nicht genug Platz zur Verfügung steht.

> **Praxishinweis** Eine technische Unmöglichkeit kann sich aus sehr beengten bzw. gänzlich fehlenden räumlichen Verhältnissen zur Aufstellung von Sammelbehältern ergeben. In diesen Fällen sind aber auch Alternativen zu prüfen (gestaffelter Abfallanfall, Einsatz von Bringsystemen etc.). Eine technische Unmöglichkeit kann auch aus hygienischen Anforderungen an die Sammlung des Abfalls resultieren (z. B. Rattenbefall oder Fruchtfliegenentwicklung). Eine technische Unmöglichkeit ist erst gegeben, wenn alle durchführbaren Varianten zur Erfüllung der Pflicht ausscheiden.

Die getrennte Sammlung ist dann wirtschaftlich nicht zumutbar, wenn die Kosten für die getrennte Sammlung außer Verhältnis zu den Kosten für eine gemischte Sammlung und eine anschließende Vorbehandlung stehen. Auf Betreiben des Deutschen Bundesrats ist in § 3 Abs. 2 Satz 3 GewAbfV 2017 das Regelbeispiel einer hohen Verschmutzung gestrichen worden. Die Sorge war, dass durch dieses Beispiel für Abfallerzeuger der Anreiz erhöht werden könnte, Abfällen entgegen den Zielsetzungen der Verordnung „einen zu hohen Verschmutzungsgrad lediglich zu unterstellen oder einzelne Abfallfraktionen gar gezielt zu verschmutzen, um sie anschließend unter Bezugnahme auf § 4 Abs. 4 als Gemisch einer energetischen Verwertung zuzuführen“[20]. Letztlich kann eine hohe Verschmutzung aber auch nach der von der Bundesregierung aufgegriffenen Streichung des

[18] BT-Drs. 18/10345, S. 76.
[19] § 3 Abs. 2 Satz 1 GewAbfV 2017.
[20] Beschluss Deutscher Bundesrat vom 10.02.2017 (BR Drs. 2/17(B), Anlage A4).

Regelbeispiels hohe Verschmutzung in der Bewertung zu einer wirtschaftlichen Unzumutbarkeit der getrennten Sammlung einer Abfallfraktion führen (z. B. blutverschmierte Folien aus der Tierkörperbeseitigung). Es kommt auf die Betrachtung des Einzelfalls an.

► **Praxishinweis** Es reicht nicht aus, dass die Kosten der getrennten Sammlung die Kosten für eine gemeinsame Erfassung übersteigen. Vielmehr müssen die Mehrkosten für die getrennte Sammlung außer Verhältnis zu den Kosten für eine gemeinsame Erfassung stehen. Ein wichtiges Indiz für die Unzumutbarkeit ist laut Begründung der GewAbfV 2017, ob die Mehrkosten branchenüblich sind oder stark hiervon abweichen.[21] Auch ein Vergleich mit den Getrenntsammlungspflichten von privaten Haushaltungen, die durch Satzungen der örE bestimmt werden, kann als Maßstab herangezogen werden.

Die getrennte Sammlung ist auch dann wirtschaftlich nicht zumutbar, wenn die Kosten für die getrennte Sammlung aufgrund einer sehr geringen Menge der jeweiligen Abfallfraktion außer Verhältnis zu den Kosten für eine gemischte Sammlung und eine anschließende Vorbehandlung stehen.

► **Geringe Abfallmenge** Die Massen der Einzelfraktionen müssen deutlich unterhalb des Werts von 50 kg pro Woche liegen.[22]

Auch wenn keine Angebote zur Entsorgung der getrennten Fraktionen auf dem Markt verfügbar sind, kann die wirtschaftliche Unzumutbarkeit gegeben sein.

Generell sind die unbestimmten Rechtsbegriffe technisch nicht möglich und wirtschaftlich nicht zumutbar eng auszulegen. Das, was den Bürgern im Rahmen ihrer privaten Lebensführung zugemutet wird, ist erst recht für Gewerbebetriebe als zumutbar anzusehen. Eine getrennte Sammlung hat damit eindeutig den Vorrang und eine Abweichung ist nur in dem eng begrenzten Rahmen möglich (abschließender Tatbestand).

► **Praxishinweis** Die Darlegungs- und Beweislast für das Vorliegen von Sachverhalten, die technische Unmöglichkeit oder wirtschaftliche Unzumutbarkeit begründen, liegen bei dem Abfallerzeuger oder -besitzer, der sich auf die Ausnahmemöglichkeit berufen will.

25.4 Vorbehandlungspflicht für Gemische

25.4.1 Gemische sind einer Vorbehandlungsanlage zuzuführen

Für verbleibende Gemische statuiert die GewAbfV 2017 eine grundsätzliche Vorbehandlungspflicht von gewerblichen Siedlungsabfällen. Solche Gemische sind unverzüglich einer Vorbehandlungsanlage zuzuführen.

[21] BT-Drs. 18/10345, S. 78.
[22] Begründung zur GewAbfV 2017 in BT-Drs. 18/10345, S. 79.

▶ **Praxishinweis** *Unverzüglich* heißt nicht *sofort*, sondern *ohne schuldhaftes Zögern* (§ 121 Abs. 1 Bürgerliches Gesetzbuch [BGB]). Dem Erzeuger oder Besitzer wird auf jeden Fall ein angemessener Überlegungs- und Planungszeitraum zugestanden und damit ein weiterer Ermessensspielraum eingeräumt. Rein spekulative Motive rechtfertigen aber kein Abwarten.

Damit ist die unmittelbare Zuführung zu einer energetischen Verwertung (wie sie unter dem Regime der GewAbfV 2002 als gleichrangige Alternative zulässig war) künftig die Ausnahme. Sie ist nur noch unter den Voraussetzungen der fehlenden technischen Möglichkeit oder wirtschaftlichen Zumutbarkeit zulässig.

▶ **Praxishinweis** Die Zuführung zu einer Vorbehandlungsanlage muss nicht direkt erfolgen. Sie kann auch über genehmigte Umschlaganlagen oder Zwischenlager erfolgen. Allerdings darf diese Zwischenlagerung nicht zur Umgehung der Anforderungen nach der Gewerbeabfallverordnung führen.

25.4.2 Befreiung von der Vorbehandlungspflicht

Ausnahmsweise kann die Verpflichtung zur Vorbehandlung entfallen. Die Pflicht zur Vorbehandlung entfällt, soweit die Behandlung der Gemische in einer Vorbehandlungsanlage technisch nicht möglich oder wirtschaftlich nicht zumutbar ist.

Die Behandlung ist dann wirtschaftlich nicht zumutbar, wenn die Kosten für die Behandlung der Gemische und die anschließende Verwertung der Abfälle außer Verhältnis zu den Kosten für eine Verwertung stehen, die keine Vorbehandlung erfordert.

▶ **Praxishinweis** Es reicht nicht aus, dass die Kosten für eine Vorbehandlung die Kosten für die energetische Verwertung übersteigen. Dies hat der Gesetzgeber bereits durch die Normierung der Pflicht zur Vorbehandlung berücksichtigt. Vielmehr kommt es auf ein erhebliches Missverhältnis der Kosten für beide Varianten an. In den Kostenvergleich sind auch die jeweiligen Transportkosten einzubeziehen.

Die technische Unmöglichkeit oder die wirtschaftliche Unzumutbarkeit der Zuführung eines Gemischs führen nicht zum Entfallen der Zuführungspflicht für alle Gemische des Erzeugers oder Besitzers.[23]

[23] BT-Drs. 18/10345, S. 84.

25.4.3 Sonderfall: Erreichen der Getrenntsammlungsquote

Die Pflicht zur Vorbehandlung entfällt auch, wenn die Getrenntsammlungsquote im vorangegangenen Kalenderjahr mindestens 90 Masse-% betragen hat.[24] Dies bedarf nach dem Entwurf der Feststellung durch einen vereidigten Sachverständigen. Angesichts der geringen Zahl an Sachverständigen und der hohen Zahl an Abfallerzeugern stößt diese Regelung auf deutliche Kritik.

Mit der Regelung wird dem Umstand Rechnung getragen, dass in Betrieben mit sehr hohen Getrenntsammlungsquoten die übrigbleibenden Gemische kaum noch verwertbare Bestandteile enthalten und somit für eine Sortierung in einer Vorbehandlungsanlage kaum geeignet sein dürften. Die Freistellung von der Pflicht zur Vorbehandlung bietet gleichzeitig einen Anreiz für stärkere Bemühungen, eine möglichst weitgehende Getrenntsammlung zu realisieren.

► **Praxishinweis** Abfallerzeuger, die keinen internen Abfallberater haben, sollten sich von ihrem Entsorger oder einem Sachverständigen im Rahmen der Abfallberatung Hinweise geben lassen, wie sie die Getrennthaltung an den jeweiligen Anfallstellen optimieren können.

25.4.4 Rechtsfolge der Befreiung von der Vorbehandlungspflicht

Entfällt ausnahmsweise die Pflicht zur Vorbehandlung, so haben Erzeuger und Besitzer die Gemische von anderen Abfällen getrennt zu halten und unverzüglich vorrangig einer ordnungsgemäßen, schadlosen und hochwertigen sonstigen, insbesondere energetischen Verwertung zuzuführen.

In diesen Gemischen dürfen zum einen Abfälle aus der humanmedizinischen oder tierärztlichen Versorgung und Forschung gemäß Kap. 18 der Anlage der AVV nicht enthalten sein und zum anderen Bioabfälle, Glas, Metalle und mineralische Abfälle nur enthalten sein, soweit sie die hochwertige sonstige – insbesondere energetische – Verwertung nicht beeinträchtigen oder verhindern.[25] Die Praxis wird zeigen, inwieweit diese Regelung vor Ort durch den örE missbraucht wird.

Als Folge der Abfallhierarchie handelt es sich bei diesen Gemischen nicht um Abfälle zur Beseitigung (AZB), sondern um Abfälle zur Verwertung (AZV). Bei diesen AZV handelt es sich um Abfallgemische, die für das stoffliche Recycling nicht geeignet sind. Solche AZV-Gemische müssen von den anderen Abfällen (den getrennt erfassten Ab-

[24] § 4 Abs. 3 Satz 3 und § 2 Ziffer 6 GewAbfV 2017.

[25] § 4 Abs. 4 Satz 2 GewAbfV 2017; die Empfehlung des Bundesratsausschusses für Umwelt, Naturschutz und Reaktorsicherheit, wonach Bioabfälle, Glas, Metalle und mineralische Abfälle in diesen Gemischen überhaupt nicht enthalten sein dürfen, hat der Deutsche Bundesrat nicht aufgegriffen. Eine solche pauschale Regelung wäre mit der fünfstufigen Abfallhierarchie auch nicht vereinbar.

fallfraktionen sowie den für die Zuführung zu einer Vorbehandlungsanlage bestimmten Gemischen) getrennt gehalten werden.

Als hochwertige energetische Verwertungsanlagen nennt die Begründung zur GewAbfV 2017 namentlich Industriefeuerungsanlagen zur Mitverbrennung, Ersatzbrennstoffkraftwerke und Anlagen zur Verbrennung von Siedlungsabfällen mit R1-Werten (Fußnote zum Verfahren R 1 in der Anlage 2 KrWG) oberhalb von 0,6. Dabei kann auch die Energieausbeute, die Klimarelevanz sowie die stoffliche Nutzung von Ersatzbrennstoffbestandteilen (z. B. in Zementwerken) zur Beurteilung der Hochwertigkeit einer energetischen Verwertung herangezogen werden.

25.5 Dokumentationspflichten

Erzeugern und Besitzern von gewerblichen Siedlungsabfällen obliegen eine Reihe von Dokumentationspflichten.

25.5.1 Dokumentation Getrennthaltung

Erzeuger und Besitzer haben die Erfüllung der Getrennthaltungsvorgaben oder das Vorliegen von Ausnahmen zu dokumentieren. Die GewAbfV 2017 setzt einen groben Rahmen, wie diese Dokumentation vorzunehmen ist:

- für die getrennte Sammlung durch Lagepläne, Lichtbilder, Praxisbelege, wie Liefer- oder Wiegescheine oder ähnliche Dokumente;
- für die Zuführung der getrennt gesammelten Abfälle zur Vorbereitung zur Wiederverwendung oder zum Recycling durch eine Erklärung desjenigen, der die Abfälle übernimmt, wobei die Erklärung dessen Namen und Anschrift sowie die Masse und den beabsichtigten Verbleib des Abfalls zu enthalten hat, und
- für das Abweichen von der Pflicht zur getrennten Sammlung durch eine Darlegung der technischen Unmöglichkeit oder der wirtschaftlichen Unzumutbarkeit.

Die Dokumentation ist auf Verlangen der zuständigen Behörde vorzulegen.

Die jeweiligen Dokumentationspflichten sind unabhängig von den Nachweis- und Registerpflichten der §§ 49 und 50 KrWG, die nur für Erzeuger und Besitzer von gefährlichen Abfällen gelten.

► **Praxishinweis** Der Erzeuger oder Besitzer der Abfälle muss mithilfe der Dokumentation sowohl die Erfüllung der Pflicht zur getrennten Sammlung als auch die Pflicht zur Zuführung der getrennt gesammelten Abfälle zu einer Vorbereitung zur Wiederverwendung oder zum Recycling als auch die Gründe des Abweichens hiervon nachweisen. Die Dokumentation ist obligatorisch.

Die Dokumentation erfolgt i. d. R einmalig, sofern sich die örtlichen Gegebenheiten und die sonstigen Rahmenbedingungen (z. B. Änderung der Abfallzusammensetzung, Wechsel des Verwertungswegs) nicht verändern. Die Dokumentation ist bei wesentlichen Änderungen bei der Erfassung der anfallenden Abfälle und der sonstigen Rahmenbedingungen zeitnah zu aktualisieren.

► **Praxishinweis** Es werden keine zwingenden Vorgaben über das *Wie* der Dokumentation gemacht. In der Praxis empfiehlt es sich, Art und Umfang der Dokumentation gemeinsam mit dem jeweiligen Entsorgungsdienstleister abzustimmen. Letztlich muss das Ziel ein optimiertes Entsorgungskonzept sein, das bestmöglich die Recyclinganforderungen der GewAbfV 2017 umsetzt.

25.5.2 Bestätigung durch Vorbehandlungsanlage

Erzeuger und Besitzer haben sich bei der erstmaligen Übergabe der Gemische von dem Betreiber der Vorbehandlungsanlage bestätigen zu lassen, dass die Anlage die Anforderungen[26] erfüllt.[27] Beauftragt ein Erzeuger oder Besitzer einen Dritten mit der Beförderung der Gemische, so ist dieser verpflichtet, die Bestätigung einzuholen. Der Beförderer teilt dem Erzeuger oder Besitzer unverzüglich nach dem Erhalt der Bestätigung mit, ob die Anlage die Anforderungen erfüllt.

► **Praxishinweis** Die Kenntnisnahme der entsprechenden Dokumente in Textform (§ 126b BGB) durch die Abfallerzeuger ist ausreichend.

25.5.3 Dokumentation der Befreiung von der Vorbehandlungspflicht

Erzeuger und Besitzer haben die Erfüllung der Pflicht zur Vorbehandlung zu dokumentieren. Ebenso ist das Vorliegen von Ausnahmetatbeständen zu dokumentieren.[28] Eine Abweichung ist nur möglich bei Vorliegen bestimmter Voraussetzungen.[29] Die Dokumentation kann – mit Ausnahme der Dokumentation der Getrenntsammlungsquote – beispielsweise durch Lagepläne oder Lichtbilder, Praxisbelege, wie Liefer- oder Wiegescheine, Entsorgungsverträge oder Nachweise desjenigen, der die zuzuführenden Abfälle übernimmt, erfolgen. Die Dokumentation ist auf Verlangen der zuständigen Behörde vorzulegen.

[26] Zu technischen Anforderungen § 6 Abs. 1 in Verbindung mit der Anlage zur GewAbfV 2017 und zur Sortierquote § 6 Abs. 3 in Verbindung mit § 2 Ziffer 7 GewAbfV 2017.
[27] § 4 Abs. 2 GewAbfV 2017.
[28] § 4 Abs. 5 GewAbfV 2017.
[29] § 4 Abs. 3 GewAbfV 2017.

25.5.4 Sonderfall: Dokumentation der Getrennthaltungsquote

Das Erreichen der Getrenntsammlungsquote ist vom Erzeuger jeweils bis zum 31. März des Folgejahres darzulegen. Hierzu hat er einen durch einen zugelassenen Sachverständigen geprüften Nachweis zu erstellen. Der Nachweis ist der zuständigen Behörde auf Verlangen vorzulegen. Diese Beschränkung auf die wenigen Sachverständigen hat aus der Praxis massive Kritik erfahren. Es wurde angeregt, die Getrenntsammlungsquote alternativ auch durch einen Entsorgungsfachbetrieb (Efb) feststellen zu lassen (Kurth 2016, S. 445). Der Vorteil des Efb läge in seiner großen Expertise im Hinblick auf die Zusammensetzung der Abfälle des Erzeugers wie auch der Situation vor Ort. Entsorgungsunternehmen sind längst nicht mehr nur Müllkutscher, sondern sie sind regelmäßig auch als externe Abfallberater tätig. Es entspricht gerade der Lebenswirklichkeit, dass ein Abfallerzeuger sich zunächst an die von ihm beauftragten Entsorger wendet, um sein Abfallmanagement zu verbessern. Häufig wollen Unternehmen aus eigenem Antrieb die Recyclingfähigkeit ihrer eigenen Abfälle verbessern.

25.6 Gemeinsame Erfassung und Entsorgung von Kleinmengen

Erzeuger und Besitzer von gewerblichen Siedlungsabfällen können diese gemeinsam mit den auf dem jeweiligen Grundstück anfallenden Abfällen aus privaten Haushaltungen in den dafür vorgesehenen Abfallbehältern erfassen und im Rahmen der für die privaten Haushaltungen vorgesehenen Entsorgungswege einer Verwertung oder einer Beseitigung zuführen, wenn ihnen aufgrund der geringen Menge der angefallenen gewerblichen Siedlungsabfälle eine Erfüllung der Pflichten der Getrenntsammlung und Vorbehandlung wirtschaftlich nicht zumutbar ist (s. auch Abschn. 25.3.3 zur Ausnahme von der Getrennthaltungspflicht). Dies ist häufig der Fall, wenn die gewerbliche Tätigkeit im eigenen Haushalt ausgeübt wird (z. B. Start in die Selbstständigkeit). Allerdings müssen die anfallenden Haushaltsabfälle lediglich auf demselben Grundstück, nicht aber beim selben Erzeuger anfallen. Es ist also auch ausreichend, wenn es sich um ein zu Wohn- und Gewerbezwecken gemischt genutztes Grundstück handelt.

▶ **Praxishinweis** Die geringe Menge kann durch Satzungsrecht bestimmt werden. Die Gesamtmenge der angefallenen gewerblichen Siedlungsabfälle darf aber nicht wesentlich über die bei Privathaushalten üblicherweise anfallende Gesamtmenge an Abfällen hinausgehen. Wenn das Tatbestandsmerkmal der geringen Menge erfüllt ist, wird die wirtschaftliche Unzumutbarkeit im Sinn der Vorschrift indiziert. Generell empfiehlt es sich, kommunale Satzungen kritisch zu beleuchten. Die Sekundärrohstoffwirtschaft ist von nationaler Bedeutung. Kommunen können die bundesland- wie auch nationalstaatenübergreifende Bedeutung der Sekundärrohstoffwirtschaft schlechterdings überblicken. Gleichwohl haben – selbst etwaige rechtswidrige – Satzungen unmittelbare Auswirkungen auf die Recyclingwirtschaft.

Bei gemeinsamer Erfassung entfällt die Pflicht zur Benutzung einer zusätzlichen Pflichtrestmülltonne nach § 7 Abs. 2 GewAbfV 2017. Überlassungspflichten werden durch die Regelung zur gemeinsamen Erfassung und Entsorgung von Kleinmengen (§ 5 GewAbfV 2017) nicht begründet. Diese richten sich allein nach § 17 Abs. 1 Satz 2 KrWG.

25.7 Pflichtrestmülltonne

Die GewAbfV 2017 enthält weiterhin eine Regelung zum Umgang mit etwaigen verbleibenden AZB.[30] Schon bisher ist diese Regelung seitens der örE häufig überstrapaziert worden. In der Verordnungsbegründung dazu, warum Gewerbebetriebe für AZB Restabfallbehälter der Kommunen im angemessenen Umfang nutzen müssen, heißt es so auch wörtlich: „Diese von der Rechtsprechung (vgl. BVerwG, Urteil vom 17.02.2005 – 7 C 25/03) im Kern bestätigte Pflicht wurde von den Kommunen stringent, im Hinblick auf den Adressatenkreis und das Mindestvolumen zum Teil allerdings auch überbordend, durchgesetzt."[31]

Zwar ist es richtig, dass Erzeuger und Besitzer von gewerblichen Siedlungsabfällen, die nicht verwertet werden, diese dem zuständigen örE nach Maßgabe des § 17 Abs. 1 Satz 2 KrWG zu überlassen haben. Bei richtiger Anwendung der Abfallhierarchie stellt sich aber die Frage, ob vor Ort überhaupt noch in nennenswertem Umfang AZB anfallen.

Bei seriöser Betrachtung ist der Anwendungsbereich der Pflichtrestmülltonne gering. Tatsächlich handelt es sich bei AZB regelmäßig nur um Abfälle wie Zigarettenkippen oder Kehrreste.[32] Hierzu wird man auch feuchte Wischtücher zählen müssen, deren häufig vorkommende Beseitigung über die Toilette in der Kanalisation zu Problemen führen kann. Der ursprüngliche Sinn und Zweck der Pflichtrestmülltonne gemäß der GewAbfV 2002 – die Vermeidung sog. Scheinverwertungen – ist im Hinblick auf den Gesamtstoffstrom aber schon lange weggefallen. Für eine Mengensicherung für den örE fehlt es indes an einer Ermächtigungsgrundlage im KrWG.

Trotzdem hält die GewAbfV 2017 daran fest, dass Erzeuger und Besitzer für die Überlassung Abfallbehälter des örE oder eines von ihm beauftragten Dritten in angemessenem Umfang zu nutzen haben. Weiterhin gilt, dass sich die Pflichtrestmülltonne nach den näheren Festlegungen des örE bestimmt und mindestens aber ein Behälter zu nutzen ist. Die Pflicht zur Aufstellung mindestens eines Behälters beruht auf der widerleglichen Vermutung, dass bei allen Erzeugern und Besitzern gewerblicher Siedlungsabfälle auch Abfälle zur Beseitigung anfallen.

[30] § 7 GewAbfV 2017.

[31] BT-Drs. 18/10345, S. 28.

[32] Vgl. zu Sozial- und Büromüll auch Urteil des VG Köln vom 18.11.2014, Az. 14 K 6786/12, Rn. 61.

▶ **Praxishinweis** Erzeuger und Besitzer gewerblicher Siedlungsabfälle können sich gegen (überdimensionierte) Pflichtrestmülltonnen wehren. Eine Pflichtrestmülltonne ist entbehrlich, wenn der Abfallerzeuger nachweist, dass bei ihm keine AZB anfallen. Dies gilt entsprechend bei überdimensionierten Pflichtrestmülltonnen, bei denen Abfallerzeuger i. d. R. erfolgreich ein geringeres Volumen (entsprechend der tatsächlich verbleibenden etwaigen AZB) durchsetzen können. Es handelt sich also um eine widerlegliche Vermutung. Die Widerlegung der Vermutung setzt den Nachweis voraus, dass unter Einhaltung des neuen Pflichtenregimes alle anfallenden Abfälle (bzw. bei überdimensionierten Pflichtrestmülltonnen der umstrittene Teil) auf Dauer einer Verwertung zugeführt werden und (insoweit) keine Abfallfraktion übrig bleibt, die zu beseitigen wäre. Die Beweislast liegt beim Abfallerzeuger. Der Nachweis, dass der angefallene Abfall nicht beseitigt, sondern verwertet wird, muss spätestens zu dem Zeitpunkt erbracht sein, zu dem der Abfall von dem Betriebsgrundstück entfernt wird. Dabei reicht es nicht aus, dass der Abfall einem Dritten zwecks Durchführung weiterer Vorbehandlungen, etwa in Sortieranlagen, übergeben wird. Vielmehr muss bereits bei dem Überlassen des Abfalls hinreichend sichergestellt sein, dass diese Vorbereitungshandlungen in einen Verwertungsvorgang münden und der überlassene Abfall – also im Hauptergebnis andere Materialien – stofflich oder energetisch ersetzt, mithin eine Substitutionswirkung erfüllt.[33]

Allgemein ist darauf hinzuweisen, dass die GewAbfV 2017 nicht als Vehikel für einen Zugriff der örE auf verwertbare und damit eindeutig nicht überlassungspflichtige Stoffströme missbraucht werden darf. Unzulässige Vorgaben zu überdimensionierten Pflichtrestmülltonnen entziehen der Kreislaufwirtschaft regelmäßig verwertungsfähige Abfälle in beträchtlichen Mengen, in dem diese beseitigt werden.

25.8 Ordnungswidrigkeiten

Die Gewerbebetriebe sollten die Novelle der GewAbfV nicht auf die leichte Schulter nehmen. Zwar war die vorangehende GewAbfV 2002 zuletzt in der Tat ein Papiertiger. Dies ist für die GewAbfV 2017 nicht zu erwarten. Anders als die GewAbfV 2002 ist die Novelle in ihrer Konzeption leicht verständlich. Der Verordnungsgeber hat zudem die konsequente Stärkung des Konzepts der Getrennthaltung und Vorbehandlung mit dem Ordnungswidrigkeitenrecht verknüpft. Die GewAbfV 2017 umfasst deshalb einen umfangreichen Katalog mit Ordnungswidrigkeiten. Sanktioniert wird u. a. der Verstoß ge-

[33] Beschluss des OVG Rheinland-Pfalz vom 08.01.2014, Az. 8 B 11193/13, Rn. 11 mit weiteren Nachweisen zur Rechtsprechung.

gen das Getrenntsammlungsgebot[34] und der Verstoß gegen die Vorbehandlungspflicht[35]. Ebenso ist u. a. der Verstoß gegen die Dokumentationspflichten strafbewehrt.[36]

Literatur

Jarass H, Petersen F (2014) Kreislaufwirtschaftsgesetz: KrWG. C. H. Beck, München

Kopp-Assenmacher S (2015) KrWG Kreislaufwirtschaftsgesetz. ESV, Berlin

Kurth P (2016) Von Welterschöpfung und Gewerbeabfällen. Müll und Abfall 9:445

[34] § 13 Abs. 1 Ziffer 1 GewAbf 2017.
[35] § 13 Abs. 1 Ziffer 2 GewAbfV 2017.
[36] U. a. § 13 Abs. 2 Ziffer 1 GewAbfV 2017.

Mineralische Bauabfälle 26

Jasmin Klöckner und Berthold Heuser

26.1 Einführung

Mineralische Bauabfälle bilden den mengenmäßig größten Anteil an den jährlich insgesamt anfallenden mineralischen Abfällen in Deutschland.[1] Ihrer ordnungsgemäßen und schadlosen Entsorgung kommt schon deshalb eine besondere Bedeutung zu. Zugleich bilden sie eine potenzielle sekundäre Rohstoffquelle zur Substitution von Primärrohstoffen, was im Sinn der Schonung von Rohstoff- und Energiereserven sowie schwindendem Deponieraum aktuell von großem öffentlichen Interesse ist. Zielsetzungen zur effizienten Ressourcenschonung und das Bestreben nach einer geschlossenen Kreislaufwirtschaft finden sich bereits in zahlreichen politischen Leitlinien und Programmen sowohl auf europäischer Ebene als auch auf Bundesebene.[2]

Der Aufbereitung und dem Recycling von mineralischen Bauabfällen kommt vor diesem Hintergrund ein hoher Stellenwert zu.

[1] Zu den mineralischen Abfällen zählen weiter Hochofen- und Stahlwerksschlacken sowie Aschen und Schlacken aus der Müllverbrennung.

[2] Beispielsweise Aktionsplan der EU für die Kreislaufwirtschaft, KOM(2015) 614 endgültig; Deutsches Ressourceneffizienzprogramm (ProgRess I 2012 und ProgRess II 2016).

J. Klöckner (✉)
Bundesvereinigung Recycling-Baustoffe e.V.
Duisburg, Deutschland

B. Heuser
REMEX Mineralstoff GmbH
Düsseldorf, Deutschland

P. Kurth et al. (Hrsg.), *Praxishandbuch der Kreislauf- und Rohstoffwirtschaft*,
https://doi.org/10.1007/978-3-658-17045-5_26

26.2 Herkunft, Aufkommen, Arten

Mineralische Bauabfälle fallen insbesondere im Rahmen von Bautätigkeiten wie Umbau-, Sanierungs-, Renovierungs- und Abbruchmaßnahmen von Gebäuden und anderen technischen Bauwerken an. Ihre Menge beläuft sich dabei auf jährlich durchschnittlich 205,3 Mio. t.

Detaillierte Statistiken zu mineralischen Bauabfällen veröffentlicht die seit dem Jahr 1995 bestehende Initiative Kreislaufwirtschaft Bau[3] (2017) mit ihren Berichten zum Aufkommen und zum Verbleib mineralischer Bauabfälle in einem Zwei-Jahres-Turnus.[4]

Zu den mineralischen Bauabfällen zählen – ohne Berücksichtigung gefährlicher Abfälle – im Wesentlichen die Abfallmassenströme Bauschutt, Straßenaufbruch, Baustellenabfälle (mineralischer Anteil), Bauabfälle auf Gipsbasis sowie Boden und Steine (einschließlich Baggergut und Gleisschotter).

Sie lassen sich nach Maßgabe der Abfallverzeichnis-Verordnung (AVV)[5] über die Abfallschlüsselnummern des Kap. 17 in die in Tab. 26.1 aufgeführten Abfallfraktionen untergliedern.

► **Praxishinweis** Die AVV regelt in Umsetzung von EU-Recht die Bezeichnung von Abfällen und ihre Einstufung als gefährlich oder ungefährlich. Bedingt durch Änderungen auf EU-Ebene[6] wurde die AVV in 2016 novelliert.
Für Bau- und Abbruchabfälle des Kap. 17 hatte dies eine Neuerung in der Abfallbezeichnung für den Abfallschlüssel 17 01 03 zur Folge: Unter den Abfallschlüssel 17 01 03 fallen künftig nur noch die Abfallfraktionen Fliesen und Keramik – Die Abfallfraktion Ziegel wurde hierausgestrichen und ist nunmehr ausschließlich über den Abfallschlüssel 17 01 02 erfasst. Gemische aus Beton, Ziegeln, Fliesen und Keramik sind weiterhin dem Abfallschlüssel 17 01 07 zuzuordnen.

[3] Derzeitige Träger der Initiative: Bundesverband Baustoffe-Steine und Erden e. V. (bbs), BDE Bundesverband der Deutschen Entsorgungs-, Wasser- und Rohstoffwirtschaft e. V., Bundesvereinigung Recycling-Baustoffe e. V. (BRB), Bundesgütegemeinschaft Recycling-Baustoffe e. V. (BGRB), Hauptverband der Deutschen Bauindustrie e. V. (HDB), Zentralverband des Deutschen Baugewerbes e. V. (ZDB).

[4] Sämtliche Monitoringberichte stehen im Internet zum Download zur Verfügung: http://kreislaufwirtschaft-bau.de/ (Zuletzt: Monitoringbericht 2014, veröffentlicht am 03.04.2017).

[5] Abfallverzeichnis-Verordnung vom 10.12.2001 (BGBl. I S. 3379), zuletzt geändert durch Art. 1 V vom 04.03.2016 (BGBl. I S. 382).

[6] Beschluss der Kommission vom 18.12.2014 zur Änderung der Entscheidung 2000/532/EG über ein Abfallverzeichnis gemäß der Richtlinie 2008/98/EG des Europäischen Parlaments und des Rats (2014/955/EU), EU ABl. L 370, S. 44, vom 30.12.2014.

Tab. 26.1 Mineralische – ungefährliche – Bauabfälle – Abfallarten gemäß AVV

Abfallart		Abfallschlüssel
Bauschutt	Beton	17 01 01
	Ziegel	17 01 02
	Fliesen und Keramik	17 01 03
	Gemische aus Beton, Ziegel, Fliesen und Keramik mit Ausnahme derjenigen, die unter 17 01 06* fallen	17 01 07
Straßenaufbruch	Bitumengemische mit Ausnahme derjenigen, die unter 17 03 01* fallen	17 03 02
Boden und Steine	Boden und Steine mit Ausnahme derjenigen, die unter 17 05 03* fallen	17 05 04
	Baggergut mit Ausnahme desjenigen, das unter 17 05 05* fällt	17 05 06
	Gleisschotter mit Ausnahme desjenigen, das unter 17 05 07* fällt	17 05 08
Bauabfälle auf Gipsbasis	Bauabfälle auf Gipsbasis, mit Ausnahme derjenigen, die unter 17 08 01* fallen	17 08 02
Baustellenabfälle	Wie Holz, Glas, Kunststoffe, Metalle, Dämmmaterial	Verschiedene
	Gemischte Bau- und Abbruchabfälle mit Ausnahme derjenigen, die unter 17 09 01*, 17 09 02* und 17 09 03* fallen	17 09 04

Abfallarten im Abfallverzeichnis, deren Abfallschlüssel mit einem Sternchen (*) versehen sind, sind gefährlich im Sinn des § 48 Kreislaufwirtschaftsgesetz (KrWG) (§ 3 Abs. 1 AVV)

26.3 Rechtliche Grundlagen

Der Umgang mit mineralischen Bauabfällen beruht auf einem komplexen Regelungssystem, das sich aus einer Vielzahl von gesetzlichen und untergesetzlichen Regelungen zusammensetzt.

26.3.1 Basis: Das (heutige) Kreislaufwirtschaftsgesetz

Die Regelungen des KrWG bilden die rechtliche Basis; hierbei vorangestellt insbesondere die fünfstufige Abfallhierarchie in § 6 KrWG. Sie ist das wesentliche Leitprinzip des abfallrechtlichen Regimes und gibt eine grundsätzliche Rangfolge für den Umgang mit mineralischen Bauabfällen – d. h. von Maßnahmen zur Abfallvermeidung und Abfallbewirtschaftung – vor. Danach sind Abfälle in dieser Reihenfolge vorrangig zu vermeiden, der Vorbereitung zur Wiederverwendung, dem Recycling, der sonstigen Verwertung (insbesondere der energetischen Verwertung oder der Verfüllung) und schließlich der Beseitigung zuzuführen.

Im KrWG werden darüber hinaus abfallrechtliche zentrale Rechtsbegriffe definiert sowie maßgebende Grundsätze und Pflichten aufgestellt.

Hierzu gehört insbesondere die abfallrechtliche grundsätzliche Pflichtenzuweisung nach § 7 Abs. 2 und § 15 Abs. 1 KrWG. Sie richtet sich an Erzeuger und Besitzer von Abfällen (sog. Verursacherprinzip; Frische 2013, § 7 KrWG, Rn. 22) und legt die Einhaltung und Erfüllung der abfallrechtlichen Vorgaben in ihre gleichrangige Verantwortung (Beckmann 2016, § 7 KrWG, Rn. 24; Frische 2013, § 7 KrWG, Rn. 27), die auch bei einer Übertragung bestimmter Pflichten auf Dritte solange bestehen bleibt, bis die maßgebliche Entsorgung endgültig und ordnungsgemäß abgeschlossen ist.[7]

► **Praxishinweis** Die im Rahmen der Pflichtenzuweisung von der Rechtsprechung bislang entwickelten Bewertungsmaßstäbe zur Feststellung der erforderlichen Abfallerzeuger- und Abfallbesitzereigenschaft werden für den Baubereich, speziell bei der Festlegung abfallrechtlicher Verantwortlichkeiten von Grundstückeigentümern, Bauherren, Bauunternehmen, in der Literatur z. T. kontrovers behandelt (ausführlich hierzu: Frenz 2015, S. 603–620).
Grundsätzlich aber gilt: Der Bauherr trägt die Gesamtverantwortung einer Rückbaumaßnahme, aufgeteilt in eine Planungs-, Überwachungs- und Entsorgungsverantwortung. Werden Planer eingeschaltet, fallen Aufgaben wie beispielsweise die Bestandsaufnahme oder die Erfassung der Gefährdung durch Schadstoffe in ihren Verantwortungsbereich. Die Verantwortungsbereiche des Bauunternehmens umfassen insbesondere die Vorbereitung des Rückbauvorhabens und die Durchführung der Abbrucharbeiten. Ungeachtet dessen bleibt der Bauherr für die ordnungsgemäße Entsorgung (mit)verantwortlich (ausführlich zu dieser Thematik s. Mettke und Meetz 2015, S. 550–558).

26.3.2 Die Gewerbeabfallverordnung

Die gesetzlichen Grundsatzvorgaben des KrWG werden durch eine Reihe weiterer Gesetze und Rechtsverordnungen ergänzt und konkretisiert. Eine für den Umgang mit mineralischen Bauabfällen wichtige Regelung stellt die Gewerbeabfallverordnung (GewAbfV) dar.[8] Sie konkretisiert u. a. die Verwertung und Beseitigung von bestimmten Bau- und Abbruchabfällen, indem sie für Abfallerzeuger und Abfallbesitzer insbesondere Regelungen zur Getrennthaltung bereits auf der Anfallstelle festlegt.

[7] Vgl. hierzu § 22 KrWG.

[8] Gewerbeabfallverordnung vom 19.06.2002 (BGBl. I S. 1938), zuletzt geändert durch Art. 4 V vom 02.12.2016 (BGBl. I S. 2770).

▶ **Praxishinweis** Die GewAbfV aus dem Jahr 2003 wurde aktuell novelliert. Nachdem das Bundeskabinett die Novelle der GewAbfV am 22.02.2017 beschlossen hatte, hat am 31.03.2017 auch der Bundestag zugestimmt. Die GewAbfV tritt am 01.08.2017 in Kraft. In der novellierten GewAbfV werden die Regelungen zur Getrennthaltung an der Anfallstelle weiter ausgebaut, indem sie als Pflicht (echtes Regel-Ausnahme-Verhältnis) statuiert und um weitere Abfallfraktionen erweitert werden (s. Abschn. 26.5.1).

26.4 Recycling – Verwertung – Beseitigung

26.4.1 Vorrang der stofflichen und hochwertigen Verwertung

Der § 6 KrWG sowie § 7 Abs. 2 Satz 2 KrWG normieren den grundsätzlichen Vorrang der Verwertung gegenüber der Beseitigung.

Die vorrangige Verwertung erfährt, infolge der Einführung der fünfstufigen Abfallhierarchie, eine weitergehende Einstufung, mit der zwei Formen der stofflichen Verwertung gesondert herausgestellt werden: Die Vorbereitung zur Wiederverwendung sowie das Recycling und ihr grundsätzlicher Vorrang vor der sonstigen Verwertung (Frische 2013, § 6 KrWG, Rn. 6).

Daran anknüpfend setzt § 8 Abs. 1 Satz 3 KrWG für die stoffliche Verwertung die weitere Maßgabe, dass eine nach Art und Beschaffenheit des Abfalls entsprechende hochwertige Verwertung anzustreben ist (Beckmann 2016, § 7 KrWG, Rn. 31). Zielsetzung ist hierbei die Wiederverwendung des Abfalls möglichst weitgehend, entsprechend seiner ursprünglichen Zwecksetzung, zur Substitution eines sonst verwendeten Primärrohstoffs (Beckmann 2016, § 8 KrWG, Rn. 15).

▶ **Praxisbeispiel** Für den Bereich der mineralischen Bauabfälle werden die vorgenannten Grundsätze beispielsweise erfüllt, wenn aus ihnen im Rahmen technischer Aufbereitungsprozesse definierte Gesteinskörnungen (Recyclingbaustoffe) hergestellt werden, die geeignet sind, durch ihren Einsatz in technisch hochwertigen Baumaßnahmen, primäre Baustoffe zu ersetzen.
In Abgrenzung hierzu ist die vielfach praktizierte reine Verfüllung von Gruben und Brüchen als sonstige Verwertung per Gesetz eine nur nachrangige Verwertungsform.

26.4.2 Förderung des Recyclings und der stofflichen Verwertung

Vorhandene Steuerungselemente, mit Zielsetzung der Förderung von Recycling und stofflicher Verwertung, sind zum einen rechtlich festgelegte Verwertungspflichten[9] sowie einzuhaltende Recycling- und Verwertungsquoten[10].

Diese werden ergänzt durch rechtliche Gebote zum vorrangigen Einsatz von Sekundärmaterialien aus den Vorgaben des KrWG sowie den Abfallgesetzen der Länder.[11]

Auch im Rahmen öffentlicher Ausschreibungsverfahren dienen konkrete vergaberechtliche Maßgaben der Sicherstellung einer ressourceneffizienten, das Recycling fördernden Auftragsvergabe.[12]

26.5 Recyclingbaustoffe

Werden mineralische Bauabfälle in einer mobilen oder stationären Aufbereitungsanlage zu definierten Gesteinskörungen aufbereitet, handelt es sich um sog. Recyclingbaustoffe (RC-Baustoffe).

26.5.1 Qualitätsgrundstein: selektiver Rückbau

Maßgeblich für die Qualität und damit für die konkreten Verwendungsmöglichkeiten von RC-Baustoffen ist – neben der Art und Intensität der Aufbereitung – insbesondere die Zusammensetzung des an die Aufbereitungsanlage angelieferten Materials (sog. Inputmaterial).

Den Grundstein für die Qualität des Inputmaterials bildet hierbei das eingesetzte Abbruchverfahren. Heute steht fest, dass ein kontrollierter und selektiver Rückbauprozess von Gebäuden bzw. baulichen Anlagen und eine möglichst sortenreine Erfassung und Getrennthaltung auf der Baustelle für ein hochwertiges Recycling mineralischer Bauabfälle unbedingt notwendig sind.

Insbesondere Schadstoffe mindern die Qualität des RC-Materials. Damit diese frühzeitig ausgeschleust werden, ist es bei Abbruchmaßnahmen im Rahmen eines kontrollierten Rückbaus daher unbedingt notwendig, dass schadstoffhaltige Materialien (Asbest, konta-

[9] Vgl. beispielsweise § 7 Abs. 2 KrWG und § 8 GewAbfV.

[10] Beispielsweise die Recycling- und Verwertungsquote von mindestens 70 % ab 2020 für nicht gefährliche Bau- und Abbruchabfälle (ohne Abfallfraktionen mit Abfallschlüssel 17 05 04), in § 14 Abs. 3 KrWG.

[11] Vgl. insoweit beispielsweise § 45 Abs. 1 Nr. 1c KrWG oder § 2 Abs. 1 Nr. 2 Landesabfallgesetz NRW.

[12] Vgl. insoweit beispielsweise auch § 11 Abs. 2 Rechtsvergabeordnung Tariftreue- und Vergabegesetz NRW: Der öffentliche Auftraggeber muss Recyclingbaustoffe gleichberechtigt in die Bauplanungsphase mit einbeziehen.

minierte Bausubstanz etc.) vor dem Abbruch eines Gebäudes aus dem Bauwerk ausgebaut werden.

Zur Ermöglichung einer hochwertigen Verwertung sind weiter die mineralischen Bauabfälle von den nicht mineralischen Bauabfällen (z. B. Altholz) sowie von gipshaltigen/sulfathaltigen Bauabfällen (beispielsweise Porenbeton, Anhydritestrich, Gipskartonplatten) zu trennen (Mettke und Meetz 2015, S. 550, 556).

Darüber hinaus sollten die mineralischen Rückbaustoffe bereits auf der Baustelle möglichst sortenrein gewonnen werden. Sortenrein gewonnene mineralische Abfallfraktionen wie z. B. Beton, Ziegel und Kalksandstein, bituminöser Straßenaufbruch usw. können so sortenrein oder als RC-Gemisch mit definierten Anteilen und damit zu hochwertigeren Gesteinskörnungen aufbereitet werden.

Praxishinweis Zur grundsätzlichen Verantwortlichkeit und Pflichtenverteilung der am Rückbauprozess beteiligten Akteure, s. die Ausführungen unter Abschn. 26.3.1 mit weitergehenden Literaturhinweisen.
Zur Förderung des selektiven Rückbaus bieten verschiedene Bundesländer bereits Informationsbroschüren für die Praxis an. Sie dienen Bauherren, Bauleitern, Abbruchunternehmen, Ingenieurbüros und sonstigen Planern als Leitfaden für eine ordnungsgemäße Abfalleinstufung, Beprobung, Trennung, Verwertung und Beseitigung von Bauabfällen.[13]

Mit der Zielsetzung, die Chancen für ein höherwertiges Recycling getrennter Abfallströme zu fördern und für mineralische Bau- und Abbruchabfälle weitere Einsatzbereiche und Verwertungsmärkte zu erschließen, wurde kürzlich auch die geltende GewAbfV aus dem Jahr 2003 novelliert. Maßnahmen der Überarbeitung sind insbesondere der verstärkte Ausbau der Getrennthaltung durch Einführung einer grundsätzlichen Getrennthaltungspflicht für Abfallerzeuger und Abfallbesitzer (Statuierung eines echten Regel-Ausnahme-Verhältnisses)[14] und die Erweiterung der Pflicht um weitere zusätzliche Abfallfraktionen[15]. Erstmals einbezogen wird auch der selektive Rückbau als Mittel zur Förderung hochwertigen Recyclings (Wendenburg 2016, S. 15 ff).

[13] Vgl. beispielsweise Ministerium für Ländliche Entwicklung, Umwelt und Landwirtschaft (MLUL) Brandenburg, Brandenburger Leitfaden für den Rückbau von Gebäuden vom 13.01.2015; Landesanstalt für Umwelt, Messungen und Naturschutz Baden-Württemberg (LUBW), Abbruchplanung – Eine Handlungshilfe für Bauherren, 3. Auflage, April 2008; Regierungspräsidium (RP) Darmstadt, RP Gießen, RP Kassel, Hessisches Ministerium für Umwelt, Klimaschutz, Landwirtschaft und Verbraucherschutz (HMUKLV), Merkblatt Entsorgung von Bauabfällen, Stand: 10.12.2015; Bayerisches Landesamt für Umwelt (Hrsg.), Arbeitshilfe Kontrollierter Rückbau: Kontaminierte Bausubstanz-Erkundung, Bewertung, Entsorgung, Augsburg, 2003.

[14] Gemäß § 8 GewAbfV-Entwurf (Stand: Kabinettsbeschluss vom 22.02.2017) ist die Getrennthaltung eine einzuhaltende und zu dokumentierende Pflicht, die ausnahmsweise nur dann entfällt, soweit die Getrennthaltung technisch nicht möglich oder wirtschaftlich unzumutbar ist.

[15] Neben den bisher getrennt zu haltenden Abfallfraktionen, kommen künftig neu hinzu: Holz (Abfallschlüssel 17 02 01), Dämmmaterial (Abfallschlüssel 17 06 04), Bitumengemische (Abfallschlüssel 17 03 02) und Baustoffe auf Gipsbasis (Abfallschlüssel 17 08 02).

▶ **Praxishinweis** Während in der GewAbfV von 2003 auch das Gemisch des Abfallschlüssels 17 01 07 Beton, Ziegel, Fliesen und Keramik zur Getrenntsammlung zugelassen ist, sieht die novellierte Verordnung die grundsätzliche Pflicht zur getrennten Sammlung der einzelnen Abfallfraktionen vor. Eine Ausnahme besteht nur bei wirtschaftlicher Unzumutbarkeit und technischer Unmöglichkeit, d. h. dann ist eine Erfassung als Gemisch mit dem Abfallschlüssel 17 01 07 zulässig.
Auszug aus der Begründung zum GewAbfV-Entwurf, Stand: Kabinettsfassung vom 16.11.2016: „Die derzeitige Regelung führte in der Praxis dazu, dass beim Abbruch vielfach Gemische erzeugt wurden, mit der Folge, dass der gesamte Stoffstrom nicht hochwertig verwertet werden konnte. So führt bspw. ein hoher Anteil an Mauerziegeln, Kalksandsteinen und ähnliches (über 30 %) dazu, dass sich die bauphysikalischen Eigenschaften des RC-Baustoffs verschlechtern und es für bestimmte Einsatzzwecke (bspw. Oberbau von Straßen – Frostschutzschichten oder Schottertragschichten) nicht verwendet werden kann."

26.5.2 Aufbereitungstechnik

Neben der Zusammensetzung des Inputmaterials – maßgebend bestimmt durch die angewandte Verfahrensweise im Rahmen des Abbruchs – entscheidet über die Qualität und damit über die Hochrangigkeit der Verwertungsmöglichkeiten von RC-Baustoffen die Art der eingesetzten Aufbereitungstechnik.

Im Rahmen der Aufbereitung können Zusammensetzung und damit definierte physikalische Eigenschaften der herzustellenden Gesteinskörnung die für die konkrete Verwendung maßgeblich sind, in gewissem Umfang beeinflusst werden, beispielsweise durch eine gezielte, genau definierte Mischung/Zugabe bestimmter (sortenreiner) Abfallfraktionen (z. B. Ziegelanteil in RC-Baustoffen).

▶ **Praxishinweis** Nicht zu verwechseln mit dem sog. Vermischungs- und Verdünnungsverbot für gefährliche Abfälle nach § 9 Abs. 2 KrWG in Verbindung mit § 8 Abs. 1 Satz 3 GewAbfV-Entwurf, wonach die Vermischung einschließlich der Verdünnung gefährlicher Abfälle mit anderen Kategorien von gefährlichen Abfällen oder mit anderen Abfällen, Stoffen oder Materialien grundsätzlich unzulässig ist.[16]

Heutiger Stand der Aufbereitungstechnik ist die mechanische/maschinelle Aufbereitung mineralischer Bauabfälle in mobilen und stationären Aufbereitungsanlagen.[17]

---

[16] Ausnahme: Die Vermischung erfolgt in einer abfall- oder immissionsschutzrechtlich hierfür zugelassenen Anlage, die Anforderungen an eine ordnungsgemäße und schadlose Verwertung sind eingehalten und das Vermischungsverfahren entspricht dem Stand der Technik.

[17] Laut Monitoringbericht 2014 erfolgte im Jahr 2014 die Aufbereitung etwa zur Hälfte in stationären und in mobilen Anlagen.

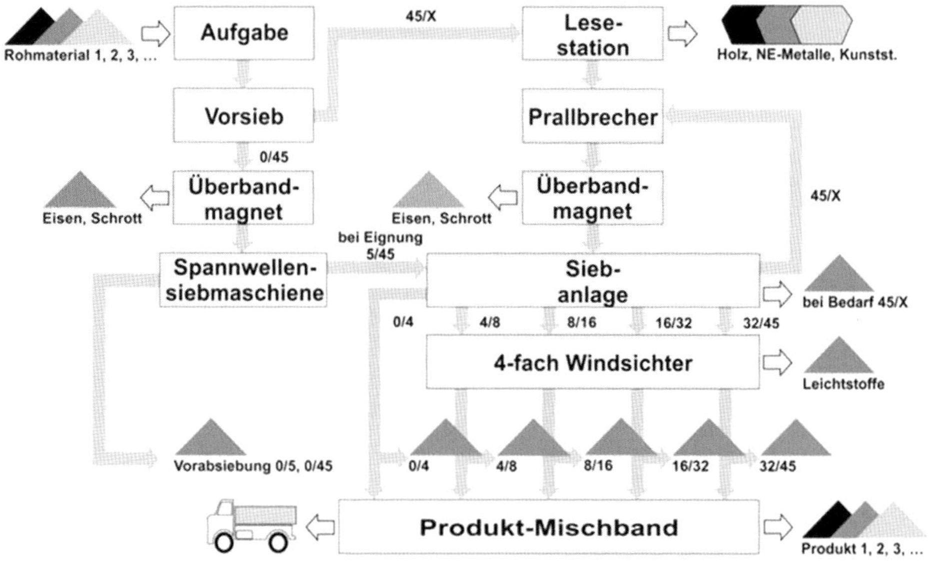

Abb. 26.1 Fließbild Aufbereitungstechnik (Klöckner und Kurkowski 2016)

Im Rahmen des Aufbereitungsprozesses werden – je nach Technikstand – verschiedene Aggregate eingesetzt. Bei der einfachsten Aufbereitung erfolgt lediglich eine Zerkleinerung durch einen Prall- oder Backenbrecher. Je mehr Aggregate zum Einsatz kommen, desto höher ist die Qualität der RC-Baustoffe (Röth 2015, S. 559, 560). Ein Beispiel einer Aufbereitungsanlage gibt Abb. 26.1.

26.5.3 Hauptanwendungsbereich: Straßen- und Erdbau

Der Hauptanwendungsbereich von RC-Baustoffen liegt nach wie vor im Straßen- und Erdbau, die sich in nachfolgende Anwendungen weiter unterteilen lassen (Onkelbach 2016, S. 21).

Straßenoberbau: Schottertragschicht (STS), Frostschutzschicht (FSS), hydraulische gebundene Tragschicht (HGT)

Erdbau: Straßenunterbau (ungebunden), Straßenunterbau (gebunden/Bodenverfestigung), Damm/Aufschüttungen/Hinterfüllungen, Lärmschutzwall

An welcher Stelle im Straßenbau RC-Baustoffe hauptsächlich angewendet werden, zeigt Abb. 26.2.

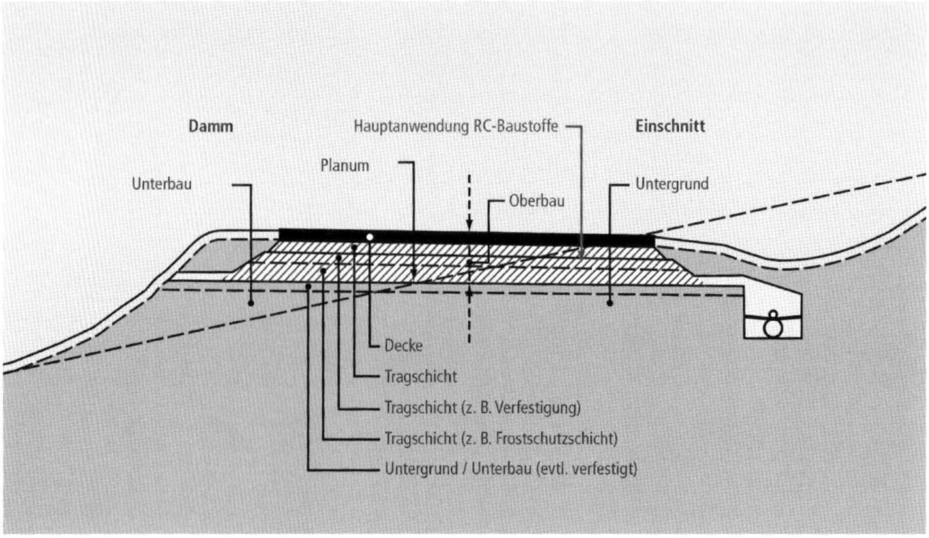

Abb. 26.2 Straßenaufbau (Onkelbach 2016)

26.5.3.1 Bautechnische Anforderungen

RC-Baustoffe müssen die für das jeweilige Anwendungsgebiet geltenden bautechnischen Qualitätsanforderungen[18] erfüllen, die für alle Gesteinskörnungen (natürliche und künstliche) im Straßen- und Erdbau relevant sind.

Die maßgebenden Regelwerke (beispielsweise Richtlinien, technische Lieferbedingungen), werden von der Forschungsgesellschaft für Straßen- und Verkehrswesen (FGSV) verfasst. Sie erhalten ihre Verbindlichkeit durch Einführung durch die Verkehrsministerien der Länder (Hillmann 2016, S. 99,100). Im Rahmen privater Baumaßnahmen werden sie i. d. R. entsprechend vertraglich einbezogen (Schmidmeyer 2014, S. 105, 108). Die Abb. 26.3 fasst die Regelwerke zusammen.

► **Praxishinweis** Die Regelwerke werden in gewissen Abständen fortgeschrieben. Gegebenenfalls ist also eine neuere Fassung zugrunde zu legen (Bezugsquelle: FGSV Verlag, Köln).

26.5.3.2 Umweltrechtliche Anforderungen

Beim Einsatz von RC-Baustoffen im Straßen- und Erdbau sind zusätzlich zu den bautechnischen Anforderungen auch Umweltvorschriften einzuhalten. Dies folgt aus dem Grundsatz des KrWG (§ 7 Abs. 3 KrWG), wonach die Verwertung schadlos und ordnungsgemäß zu erfolgen hat. Hierfür maßgebend sind die Grundsätze des vorsorgenden Grundwasser- und Bodenschutzes (§ 5 Wasserhaushaltsgesetz [WHG] und § 7 Bundes-

[18] Im Straßen- und Erdbau unterscheidet man nach einzuhaltenden stofflichen, geometrischen und physikalischen Eigenschaften.

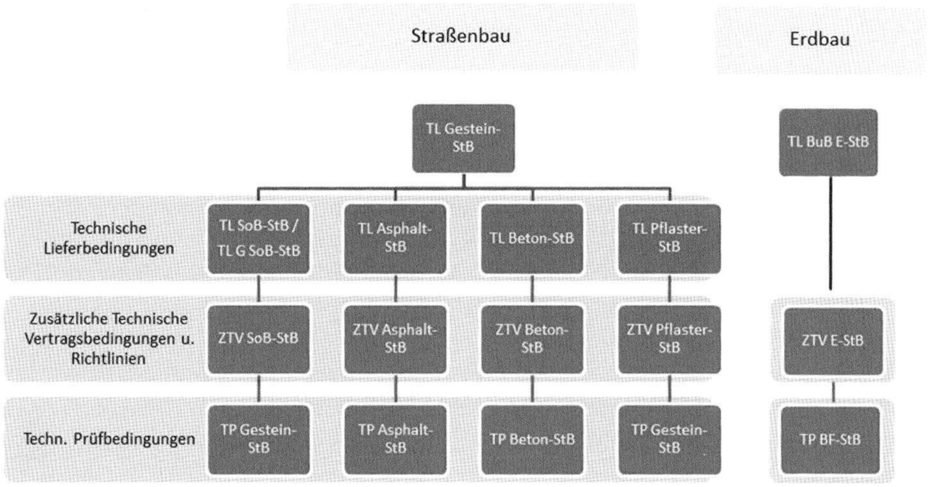

Abb. 26.3 Regelwerke im Straßen- und Erdbau

Bodenschutzgesetz [BBodSchG]), nach denen der Einsatz keine nachteiligen Veränderungen der Grundwassereigenschaften (§ 5 WHG) und schädlichen Bodenbeeinträchtigungen (§ 7 BBodSchG) befürchten lassen darf (Bertram 2015, S. 23, 25).

Weitergehende gesetzliche Anforderungen und Maßstäbe, die den erforderlichen Grundwasser- und Bodenschutz weiter konkretisieren, gibt es auf Bundesebene aktuell nicht. Diese ist zurzeit noch mit der sog. Mantelverordnung des Bundesministeriums für Umwelt, Naturschutz, Bau und Reaktorsicherheit (BMUB) – insbesondere der darin enthaltenen Ersatzbaustoffverordnung (EBV)[19] – in Arbeit.

Aktuell erfolgt die Bewertung der umweltgerechten Verwertung mineralischer Abfälle in technischen Bauwerken anhand länderspezifischer Regelungen ohne Gesetzescharakter.

► **Praxishinweis** In vielen Bundesländern findet die Mitteilung M20 der Länderarbeitsgemeinschaft Abfall (LAGA) „Anforderungen an die stoffliche Verwertung von mineralischen Reststoffen/Abfällen" mit ihren differenzierten Zuordnungswerten (Z0–Z2) und Einbauklassen Anwendung (LAGA-M20 2004).

[19] Verordnung über Anforderungen an den Einbau von mineralischen Ersatzbaustoffen in technische Bauwerke (Ersatzbaustoffverordnung – ErsatzbaustoffV), Art. 1 MantelV, Stand: 27.03.2017 BMUB-Referentenentwurf.

Einige Bundesländer haben konkretisierende Vorgaben auch durch eigene veröffentlichte Erlasse und Hinweise getroffen: Baden-Württemberg[20], Nordrhein-Westfalen[21] und Bayern[22].
Die bautechnischen Anforderungen und die Umweltanforderungen müssen immer kumulativ erfüllt sein. Bei der Bewertung der Zulässigkeit einer konkreten Verwertungsmaßnahme kann sich beispielsweise ergeben, dass ein RC-Baustoff zwar unter Umweltaspekten für die in Rede stehende Baumaßnahme geeignet ist, aber nicht die erforderlichen bautechnischen Anforderungen erfüllt. Eine Zusammenfassung der sowohl unter umweltrechtlichen und bautechnischen Anforderungen möglichen Anwendungsgebiete von RC-Baustoffen gibt Onkelbach (2016).

26.5.3.3 Gütesicherung/Überwachung/Dokumentation (Qualitätssicherung)

RC-Baustoffe, die im Straßen- und Erdbau eingesetzt werden, sind nach Maßgabe der Technischen Regeln zwingend einer regelmäßigen Güterüberwachung zu unterziehen. Sie dient der Sicherstellung, dass in der Aufbereitungsanlage Materialqualitäten hergestellt werden, die nach Maßgabe der Technischen Regeln verwertet werden können.

Die Güteüberwachung umfasst neben der Prüfung der technischen Eignung zusätzlich den Nachweis der stofflichen und wasserwirtschaftlichen Eigenschaften. Sie besteht aus Eignungsnachweis (EN), werkseigener Produktionskontrolle (WPK) und Fremdüberwachung (FÜ). Eine Übersicht zur Systematik gibt Abb. 26.4.

[20] Vorläufige Hinweise zum Einsatz von Baustoffrecyclingmaterial des Ministeriums für Umwelt und Verkehr Baden-Württemberg (UVM) vom 13.04.2004, Az.: 25-8982.31/37 einschließlich Anlage, in Verbindung mit Erlass vom 10.08.2004, Az.: 25-8982.31/37 und dem Vermerk vom 12.10.2004, Az.: 258982.31/37, zuletzt verlängert durch Erlass vom 10.12.2103, Az.: 25-8982.31/103 behalten bis zum Inkrafttreten der EBV, längstens jedoch bis 31.12.2017 ihre Gültigkeit.

[21] Anforderungen an den Einsatz von mineralischen Stoffen aus Bautätigkeiten (RC-Baustoffe) im Straßen- und Erdbau, gemäß Runderlass des Ministeriums für Umwelt und Naturschutz, Landwirtschaft und Verbraucherschutz und des Ministeriums für Wirtschaft und Mittelstand, Energie und Verkehr vom 09.10.2001, Ministerialblatt NRW, S. 1494 vom 03.12.2001; Güteüberwachung von mineralischen Stoffen im Straßen- und Erdbau, gemäß Runderlass des Ministeriums für Wirtschaft und Mittelstand, Energie und Verkehr und des Ministeriums für Umwelt und Naturschutz, Landwirtschaft und Verbraucherschutz vom 09.10.2011, Ministerialblatt NRW, S. 1528 vom 03.12.2001.

[22] Leitfaden Anforderungen an die Verwertung von RC-Baustoffen in technischen Bauwerken vom 15.06.2005, eingeführt vom Bayerischen Staatsministerium für Umwelt und Verbraucherschutz (StMUV) am 09.12.2005, zuletzt verlängert mit Schreiben StMUV vom 26.01.2016, Gz. 78b-U8754.2-2014/35-49, bis zum Inkrafttreten bundeseinheitlicher Regelungen, längstens jedoch bis zum 31.12.2017.

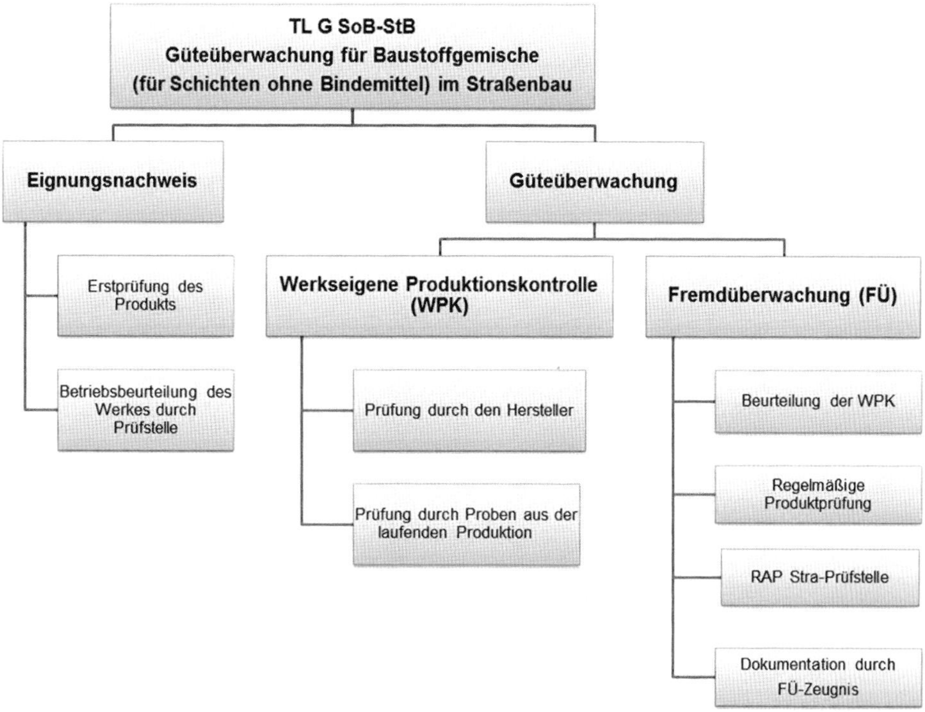

Abb. 26.4 System der Güteüberwachung für Baustoffgemische (ohne Bindemittel) im Straßenbau nach TL G SoB-StB

26.6 Herausforderungen und Perspektiven bei der stofflichen Verwertung von mineralischen Bauabfällen

Schon heute ist die Aufbereitung mineralischer Bau- und Abbruchabfälle und der Einsatz von RC-Baustoffen in den Massenanwendungen des Erd- und Straßenbaus fester Bestandteil einer inzwischen etablierten Kreislaufwirtschaft.

Der gesetzlich bestehende Grundsatz einer hierbei möglichst hochrangigen Verwertung wird insbesondere mit dem Recycling von Straßenaufbruch schon sehr erfolgreich umgesetzt, wie die hohe Recyclingquote von 93,7 % belegt.

Auch Bauschutt wird heute bereits zu einem Großteil (77,9 %) in Aufbereitungsanlagen zu RC-Baustoffen aufbereitet und durch den Einsatz im Straßen- und Erdbau stofflich verwertet.[23]

Dennoch verbleiben alte und folgen neue Herausforderungen im Rahmen der stofflichen Kreislaufführungen von mineralischen Bauabfällen.

[23] Wobei sich der Markt im Allgemeinen auf möglichst sortenreine Materialien konzentriert.

RC-Baustoffe werden oftmals noch als günstiges Substitut in untergeordnete Erdbaumaßnahmen eingesetzt, obwohl der heutige Stand der Aufbereitungstechnik eine qualitativ hochwertige Produktion für höherwertigere Einsatzbereiche wie dem Straßenoberbau ohne Schwierigkeiten zulässt (Knappe 2014, S. 457, 461 f).

Auch gelangen noch immer Bauschuttmassen (insbesondere heterogener Bauschutt mit hohen Anteilen an Mörtel, Putz, Ziegel oder Kalksandstein, beim Rückbau anfallendes Bodenmaterial und gemischte Bau- und Abbruchabfälle) an Recyclinganlagen vorbei direkt in die kostengünstige, nachrangige sonstige Verwertung (Rekultivierung und Verfüllung von Steinbrüchen und Gruben) oder in die Beseitigung (Schmidmeyer 2014, S. 105, 111). Der hier bestehende Optimierungsbedarf für das Recycling wird sich insbesondere mit Inkrafttreten der geplanten BBodSchV (als Art. 2 MantelV) und den darin festgelegten strengeren Maßstäben für die Verfüllung zwingend weiter verschärfen und neue zentrale Aufgabenstellungen nach sich ziehen.

Gleiches gilt im Hinblick auf die Zusammensetzung von zukünftig anfallendem Bauschutt. Neben der Prognose eines Anstiegs gipshaltiger Anteile sind aufgrund der Vielfalt an Bauprodukten vermehrt auch Abfälle in Form neuer Werkstoffe und komplexer Verbundstoffe zu erwarten, mit der Folge der notwendigen Errichtung und des Ausbaus entsprechender Aufbereitungstechniken (Knappe 2014, S. 457, 464).

Eine langfristig erfolgreiche Abfallverwertung lässt sich damit nur über ein Qualitätsrecycling erreichen, das unter Erschließung neuer Verwertungswege und der Optimierung von Recyclingtechniken eine hochwertige Verwertung ermöglicht.

Grundlegend wichtig ist hierzu nach wie vor die Anwendung eines selektiven Rückbauverfahrens, bei dem bereits an der Abbruchstelle möglichst sortenreine Abfallfraktionen gewonnen und Schadstoffe frühzeitig ausgeschleust werden.

Eine Perspektive bieten die neuen Regelungen der novellierten GewAbfV (s. Abschn. 26.5.1), die allerdings nur dann auch zielführend sind, wenn sie – anders als bei der GewAbfV aus dem Jahr 2003 – von allen Beteiligten stringent umgesetzt werden, den erforderlichen konsequenten Vollzug der Behörde im Rahmen ihrer Überwachung mit eingeschlossen.

Ungeachtet des selektiven Rückbaus erfordert die Herstellung qualitativ hochwertiger RC-Baustoffe weiter auch technisch anspruchsvolle und neue Verfahrenstechniken. Diese sind – wie der selektive Rückbau auch – allerdings mit zusätzlichen Kosten verbunden.

Ein Anreiz zur Qualitätssteigerung kann letztlich nur über entsprechende Absatzmärkte geschaffen werden. Entsprechende Betriebskosten sind wirtschaftlich nur abgesichert, wenn RC-Baustoffe nicht nur in kostengünstigeren und untergeordneten Baumaßnahmen eingesetzt werden.

Hier kommt der öffentlichen Hand – staatliche Straßenbauverwaltungen, Landesbauverwaltungen, Kommunen – als Hauptauftraggeber im Straßen- und Wegebau, eine besondere Schlüsselrolle zu. Doch steht diese RC-Baustoffen in Teilen zurückhaltend bis ablehnend gegenüber. Öffentliche Ausschreibungsverfahren im Baubereich beschränken sich häufig alternativlos auf Primärbaustoffe, obwohl RC-Baustoffe einsetzbar wären.

Ursache hierfür ist zum einen ihre Konkurrenz zu ausreichend vorhandenen Primärrohstoffen. Niedrige Rohstoffpreise haben zur Folge, dass hochwertige RC-Baustoffe preislich nicht immer günstiger als Natursteinprodukte angeboten werden können. Hinzu kommt ihr abfallrechtlicher „Makel" und damit verbunden die zusätzlich zu gewährleistende Umweltverträglichkeit, für die es seit Jahren an einer bundeseinheitlichen und rechtssicheren gesetzlichen Regelung mangelt.

► **Praxishinweis** Mit der Zielsetzung, die Akzeptanz und den Einsatz von RC-Baustoffen im Straßen- und Erdbau weiter voranzubringen, indem bestehende Unsicherheiten zu den maßgeblichen Umweltanforderungen bei den Beteiligten durch praxisgerechte Fachinformationen ausgeräumt werden, bieten verschiedene Bundesländer bereits hilfreiche Leitfäden an (so beispielsweise NRW[24], Baden-Württemberg[25] und Bayern[26]).

Mit Fertigstellung und Inkrafttreten der geplanten EBV könnte es zukünftig bundeseinheitliche Vorgaben für die umweltgerechte Herstellung und den Einsatz von RC-Baustoffen (sowie weiteren Sekundärbaustoffen) in technischen Bauwerken geben. Daneben sieht sie die Möglichkeit vor, dass RC-Baustoffe bester Qualität (RC 1) zukünftig das Ende der Abfalleigenschaft erreichen können, sofern die weiteren Voraussetzungen des § 5 KrWG erfüllt sind. Sie ist damit ein notwendiger Ansatz, um hochwertige, gütegesicherte RC-Baustoffe gegenüber Primärrohstoffen grundsätzlich konkurrenzfähiger zu machen.

Doch selbst bei allen Bemühungen um ein ambitioniertes Stoffstrommanagement, gute Aufbereitungstechniken und Akzeptanz von Sekundärbaustoffen, findet die Verwertung von mineralischen Abfällen ihre Grenzen dort, wo die Beseitigung den Schutz von Mensch und Umwelt besser gewährleistet. Auch in Zukunft wird es mineralische Abfälle geben, die aufgrund fehlender bauphysikalischer Eigenschaften oder aufgrund ihrer Schadstoffgehalte, nicht vollständig verwertet werden können. Und auch die Bestrebungen zur Schließung von Subkreisläufen und zum Ausbau neuer Verfahrenstechniken sind nicht immer ökologisch und wirtschaftlich sinnvoll.

Wenngleich im Sinn der Abfallhierarchie nur das letzte Mittel der Wahl, so sind Deponien als Schadstoffsenke für eine nachhaltige Abfallwirtschaft auch in Zukunft unentbehr-

[24] Produktion und Verwendung von güteüberwachten Recycling-Baustoffen im Straßen- und Erdbau in Nordrhein-Westfalen – Leitfaden für öffentliche Verwaltungen, RC-Baustoff-Produzenten und Bauherren, Stand: 10/2015, Verband der Bau- und Rohstoffindustrie e. V. (vero), Bundesvereinigung Recycling-Baustoffe e. V. (BRB), Bundesgütegemeinschaft Recycling-Baustoffe e. V. (BGRB), Straßen- und Tiefbau-Verband NRW (Hrsg.) in Zusammenarbeit mit: Ministerium für Bauen, Wohnen, Stadtentwicklung und Verkehr (MBWSV) NRW, Ministerium für Klimaschutz, Umwelt, Landwirtschaft, Natur- und Verbraucherschutz (MKULNV) NRW, Landesbetrieb Straßenbau NRW, Landkreistag NRW, Städtetag NRW und Städte- und Gemeindebund NRW.

[25] Der Einsatz von Recyclingbaustoffen – Informationsbroschüre für Verwaltung und Planer im Straßenbau, Stand: 08/2013, Heidelberg, Ministerium für Umwelt, Klimaschutz und Energiewirtschaft Baden-Württemberg (Hrsg.).

[26] Richtlinien für die Anwendung und Güteüberwachung von mineralischen Ersatzbaustoffen in Bayern, Stand: 05/2015, München, Baustoff Recycling Bayern e. V. (Hrsg.).

lich. Länder und Kommunen müssen auch zukünftig ihrer Aufgabe als öffentlich-rechtliche Entsorgungsträger gerecht werden, indem sie flächendeckend Deponiekapazitäten sichern und bereitstellen bzw. Vorhaben von privaten Trägern entsprechend unterstützen (Bertram 2014, S. 129, 141).

Literatur

Beckmann M (2016) In: Landmann/Rohmer, Umweltrecht Band II, Loseblatt-Kommentar, Stand 01.09.2016

Bertram HU (2014) Kreislaufwirtschaft ohne Deponien? In: Mineralische Nebenprodukte und Abfälle, Neuruppin, S. 129–142

Bertram HU (2015) Anmerkungen zur Ersatzbaustoffverordnung. In: Mineralische Nebenprodukte und Abfälle 2, Neuruppin, S. 23–53

Frenz W (2015) Verantwortlichkeit für Abfälle im Baubereich. In: Mineralische Nebenprodukte und Abfälle 2, Neuruppin, S. 603–620

Frische T (2013) In: Schmehl (Hrsg.) Gemeinschaftskommentar zum KrWG, Carl Heymanns Verlag

Hillmann R (2016) Straßenbau im Spannungsfeld von Kreislaufwirtschaft und Umweltschutz. In: Straße und Autobahn 2:99–104

Klöckner J, Kurkowski H (2016) Hochwertig Bauen mit Baustoff-Recyclingprodukten in Deutschland? Chancen und Risiken des Baustoff-Recyclings, Vortrag Erste „Tiroler Bautage“, Igls

Knappe F (2014) Einsatz von Recycling-Baustoffen. In: Mineralische Nebenprodukte und Abfälle, Neuruppin, S. 457–464

Kreislaufwirtschaft Bau (2017) Mineralische Bauabfälle, Monitoring 2014

LAGA-M20 (2004) Anforderungen an die stoffliche Verwertung von mineralischen Reststoffen/Abfällen – Technische Regeln, Stand: 06.11.2003, Erich Schmidt Verlag, Berlin

Mettke A, Meetz M (2015) Brandenburger Leitfaden für den Rückbau von Gebäuden In: Müll und Abfall 10:550–558

Onkelbach A (2016) Handbuch Ersatzbaustoffe – Grundlagen für den Einsatz im Straßen- und Erdbau, Düsseldorf, Download über www.remex-solutions.de

Röth D (2015) Einsatzpotentiale von mineralischen Baustoffen in Theorie und Praxis. In: Müll und Abfall 10: 559–563

Schmidmeyer S (2014) Markt für mineralische Recycling-Baustoffe. In: Mineralische Nebenprodukte und Abfälle, Neuruppin, S. 105–116

Wendenburg H (2016) Weiterentwicklung der Kreislaufwirtschaft in Deutschland aus Sicht des Bundesumweltministeriums. In: Bio- und Sekundärrohstoffverwertung XI, Witzenhausen, S. 15–26

27 Abfallwirtschaft – steuerliche Konsequenzen der Energieströme

Sabine Tirrel, Ralf Reuter und Isabelle Yoon

27.1 Einleitung

Die Stromsteuer wurde im Zug der *Ökologischen Steuerreform* eingeführt. Mit der Stromsteuer verfolgte der Gesetzgeber finanz- und umweltpolitische Interessen. Zum einen sollte die Stromsteuer die Lohnnebenkosten reduzieren und zum anderen einen sparsamen Umgang mit Strom bezwecken.[1] In Deutschland sieht man sich jedoch seit einigen Jahren mit steigenden Endkundenpreisen für Strom aufgrund einer zunehmenden Belastung durch Steuern und Abgaben konfrontiert. Als treibender Kostenfaktor fungieren insbesondere die Erneuerbare-Energien-Gesetz(EEG)-Umlage und die Stromsteuer, die für nicht privilegierte Letztverbraucher mittlerweile über die Hälfte des Strompreises ausmachen.

Die Stromsteuer ist eine Verbrauchsteuer, d. h. die Steuer ist abhängig vom jeweiligen Verbrauch und unabhängig von der allgemeinen Preisentwicklung. Besondere Praxisrelevanz kommen daher den weitreichenden Privilegierungstatbeständen des Stromsteuergesetzes (StromStG) zu. Zu nennen sind hierbei insbesondere die Steuererleichterungen für Unternehmen des Produzierenden Gewerbes (UdPG). Die Stromsteuer wird für UdPG ermäßigt, um die im internationalen Vergleich hohe Stromsteuerbelastung in Deutschland auszugleichen.

[1] BT-Drs. 14/40, S. 1.

S. Tirrel (✉)
EEW Energy from Waste GmbH
Helmstedt, Deutschland

R. Reuter
PricewaterhouseCoopers AG Wirtschaftsprüfungsgesellschaft
Düsseldorf, Deutschland

I. Yoon
PricewaterhouseCoopers Legal AG Rechtsanwaltsgesellschaft
Frankfurt am Main, Deutschland

P. Kurth et al. (Hrsg.), *Praxishandbuch der Kreislauf- und Rohstoffwirtschaft*,
https://doi.org/10.1007/978-3-658-17045-5_27

Entsprechende Begünstigungen finden sich auch im Energiesteuergesetz (EnergieStG) für den Einsatz von sonstigen Energieerzeugnissen.

Von über 600.000 ermäßigungsberechtigten UdPG nimmt jedoch nur ein Bruchteil dieser Unternehmen die Ermäßigung in Anspruch.

In Abschn. 27.2 werden zunächst die stromsteuerlichen Entlastungsmöglichkeiten für die UdPG dargestellt. Der sich daran anschließende Abschn. 27.3 widmet sich den Voraussetzungen für die stromsteuerliche Anerkennung als UdPG, wobei der Fokus auf die Abfallwirtschaft gelegt wird. Zuletzt sollen im Abschn. 27.4 zum Vergleich bzw. zur Abgrenzung die Abfallwirtschaftsunternehmen als Antragsberechtigte im Sinn des EEG veranschaulicht werden.

27.2 Stromsteuerliche Entlastungsmöglichkeiten für Unternehmen des Produzierenden Gewerbes

Das deutsche Stromsteuergesetz[2] sieht speziell für UdPG zwei Möglichkeiten der Stromsteuerentlastung vor, zum einen die teilweise Entlastung nach § 9b StromStG und zum anderen den Spitzenausgleich gemäß § 10 StromStG (vergleichbare Regelungen finden sich in § 54 und 55 EnergieStG).

27.2.1 Teilweise Stromsteuerentlastung nach § 9b StromStG

Auf Antrag wird Unternehmen für zum Regelsteuersatz (20,50 €/MWh) versteuerten Strom nach Maßgabe des § 9b StromStG eine teilweise Steuerentlastung (5,13 €/MWh) gewährt. Die Steuerbegünstigung beläuft sich damit auf etwa 25 %. Ausreichend ist, dass die Energie durch ein UdPG zu betrieblichen Zwecken entnommen bzw. verheizt worden ist. Eine Entlastung ist erst möglich, soweit der Entlastungsbetrag im Kalenderjahr den Sockelbetrag von 250 € übersteigt.

Entlastungsberechtigt ist derjenige, der den Strom entnommen hat. Auch sind strenge Fristen (grundsätzlich bis zum 31.12. des Folgejahres) zu beachten. Dem Hauptzollamt ist neben dem Entlastungsantrag auf amtlichem Vordruck[3] auch eine Beschreibung der wirtschaftlichen Tätigkeiten[4] zur statistischen Einordnung des Unternehmens als UdPG im maßgebenden Zeitraum vorzulegen.

---

[2] Stromsteuergesetz vom 24.03.1999 (BGBl. I S. 378; 2000 I S. 147), zuletzt geändert durch Art. 19 Abs. 13 G vom 23.12.2016 (BGBl. I S. 3234).

[3] Formular 1453 Antrag auf Steuerentlastung nach § 9b StromStG, Download unter http://www.zoll.de/DE/Fachthemen/Steuern/Verbrauchsteuern/Strom/Steuerbeguenstigung/Steuerentlastungen/Steuerentlastung-nach-Par-9b-StromStG/steuerentlastung-nach-par-9b-stromstg_node.html [Stand: Januar 2017].

[4] Formular 1402 Beschreibung der wirtschaftlichen Tätigkeiten, Download unter http://www.zoll.de/DE/Fachthemen/Steuern/Verbrauchsteuern/Strom/Steuerbeguenstigung/Steuerentlastungen/Steuerentlastung-nach-Par-9b-StromStG/steuerentlastung-nach-par-9b-stromstg_node.html

27.2.2 Weiterer Spitzenausgleich gemäß § 10 StromStG

Darüber hinaus wird die Stromsteuer nach § 10 Abs. 1 StromStG auf Antrag weiter erlassen, wenn Strom durch ein UdPG zu betrieblichen Zwecken entnommen bzw. verwendet worden ist und das Unternehmen ein Energie- oder Umweltmanagementsystem vorhält.

Der Spitzenausgleich mindert die Steuerbelastung in Abhängigkeit von der Höhe der zu zahlenden Rentenversicherungsbeiträge um bis zu 90 %.

Auch hier gilt, wie schon bei § 9b StromStG, dass nur derjenige entlastungsberechtigt ist, der den Strom entnommen bzw. die Energieerzeugnisse verwendet hat.

Unternehmen, die diese Steuerentlastung in Anspruch nehmen möchten, müssen nachweisen, dass sie im Antragsjahr ein Energiemanagementsystem, Umweltmanagementsystem oder – als kleine und mittlere Unternehmen – ein alternatives System zur Verbesserung der Energieeffizienz betreiben oder betrieben haben.[5]

► **Praxishinweis** Wie dieser Nachweis im Einzelnen zu führen ist und wer ihn ausstellt, ist in der Spitzenausgleich-Effizienzsystemverordnung (SpaEfV[6]) geregelt. Unter dem Begriff des Energiemanagementsystems fallen im Stromsteuerrecht Systeme, die den Anforderungen der DIN EN ISO 50001, Ausgabe Dezember 2011 entsprechen. Anerkannt werden können daneben auch Umweltmanagementsysteme, die den Anforderungen der Verordnung (EG) Nr. 1221/2009 des Europäischen Parlaments und des Rats vom 25.11.2009 (Eco-Management-and-Audit-Scheme[EMAS]-Verordnung) in der jeweils geltenden Fassung entsprechen.

Statt eines Energie- oder Umweltmanagementsystems kann auch ein alternatives System zur Energieeffizienzverbesserung eingeführt bzw. betrieben werden. Dies gilt allerdings nur für kleine und mittlere Unternehmen (KMU). Damit es für die Gewährung der Steuerentlastung anerkannt werden kann, muss es sich entweder um ein Energieaudit entsprechend den Anforderungen der DIN EN 16247-1, das mit einem Energieauditbericht nach Anlage 1 der SpaEfV abschließt, handeln oder um ein alternatives System nach Anlage 2 der SpaEfV.

KMU sind Unternehmen im Sinn der Empfehlung der EU-Kommission vom 06.05.2003 betreffend die Definition der Kleinstunternehmen sowie der kleinen und mittleren Unternehmen (2003/361/EG, ABl. L 124 vom 20.05.2003, sog. KMU-Empfehlung).

► **Praxishinweis** Der Nachweis über den Betrieb eines Energiemanagement-, Umweltmanagement- oder alternativen Systems zur Verbesserung der Energieeffizienz ist zudem nach amtlich vorgeschriebenem Vordruck zu führen.

[Stand: Januar 2017]. Die ausgeführten Tätigkeiten sollten so präzise und verständlich wie möglich beschrieben und alle relevanten Unterlagen als Anlage beigefügt werden.

[5] Vgl. § 10 Abs. 3 StromStG.

[6] Spitzenausgleich-Effizienzsystemverordnung vom 31.07.2013 (BGBl. I S. 2858), zuletzt geändert durch Art. 1 V vom 31.10.2014 (BGBl. I S. 1656).

Ausschließlich die in § 10 Abs. 7 StromStG genannten Stellen sind befugt, einen Nachweis auszustellen oder zu bestätigen.

Wichtig ist, dass die Voraussetzungen für die Ausstellung des Nachweises durch eine der hierzu befugten Stelle im Unternehmen spätestens bis zum Ablauf des Antragsjahres erfüllt sein müssen. Das Antragsjahr ist das Jahr, für das die Steuerentlastung beantragt wird. Das bedeutet z. B., dass etwaige Vorortprüfungen bis Ende des Antragsjahres vollständig durchgeführt worden sein müssen. Testate, die nach § 4 Abs. 1 und 2 SpaEfV Voraussetzung für die Ausstellung des Nachweises sind, müssen ebenfalls spätestens bis zum Ablauf des Antragsjahres ausgestellt worden sein. Auch sämtliche Unterlagen, die nach § 4 Abs. 3 SpaEfV Voraussetzung für die Ausstellung eines Nachweises für ein alternatives System zur Verbesserung der Energieeffizienz sind, müssen der ausstellenden Stelle spätestens bis zum 31. Dezember des Antragsjahres vorliegen.

Der Entlastungsantrag – ebenfalls auf amtlichem Vordruck – ist dann zusammen mit den vorgenannten Nachweisen über den Betrieb eines Energiemanagementsystems, Umweltmanagementsystems oder – bei KMU – alternativen Systems, die von einer Konformitätsbewertungsstelle, einem Umweltgutachter, einer Umweltgutachterorganisation oder einer EMAS-Registrierungsstelle auf amtlichem Vordruck ausgestellt worden sind, einzureichen. Daneben sind dem Antrag das Formular zur Beschreibung der wirtschaftlichen Tätigkeit als Nachweis des Status des Unternehmens und gegebenenfalls eine Selbsterklärung für die Abgabe von Nutzenergie vorzulegen.

KMU, die ein alternatives System zur Energieeinsparung betreiben, das den Anforderungen gemäß § 3 SpaEfV entspricht, müssen zusätzlich noch eine Selbsterklärung nach amtlich vorgeschriebenem Vordruck abgeben, mit dem das jeweilige Unternehmen erklärt, dass es unter die Definition eines KMU fällt.

► **Praxishinweis** Der Entlastungsantrag mit den gesamten Antragsunterlagen muss schließlich spätestens bis zum 31. Dezember des Kalenderjahres, das auf das Antragsjahr folgt, beim zuständigen Hauptzollamt eingehen. Da es sich hierbei um eine gesetzliche Ausschlussfrist handelt, sind keine Fristverlängerungen oder Anträge auf Wiedereinsetzung in den vorigen Stand möglich.

27.3 Voraussetzungen für die Anerkennung als Unternehmen des Produzierenden Gewerbes

Die benannten stromsteuerrechtlichen Entlastungsvorschriften setzen die Eigenschaft als UdPG voraus. Dies wird in § 2 Nr. 3 StromStG legaldefiniert.

Als Unternehmen wird in diesem Zusammenhang nach § 2 Nr. 4 StromStG zunächst die kleinste rechtlich selbstständige Einheit angesehen sowie kommunale Eigenbetriebe, die auf Grundlage der Eigenbetriebsgesetze oder Eigenbetriebsverordnungen der Länder geführt werden. Es wird folglich auf das gesamte Unternehmen als rechtliche Einheit abgestellt, nicht auf einzelne Betriebsstätten, in denen tatsächlich produziert wird.

Rechtliche Einheiten in diesem Sinn sind z. B. Einzelunternehmer, aber auch bestimmte nicht rechtsfähige Personenvereinigungen (z. B. oHG, KG) sowie juristische Personen (z. B. GmbH, AG). Ist ein Unternehmen dem Produzierenden Gewerbe zuzurechnen, sind daher sämtliche Mengen an Strom, die in diesem Unternehmen zu betrieblichen Zwecken verbraucht werden, entlastungsfähig, d. h. nicht nur die beim Produktionsprozess im engeren Sinn verbrauchten Strommengen. Auch bei Mischunternehmen, die nicht nur begünstigte Tätigkeiten verrichten, besitzt dies Bedeutung.

27.3.1 Maßgeblichkeit der Klassifikation der Wirtschaftszweige 2003

Der § 2 Nr. 3 StromStG definiert UdPG unter Bezugnahme auf die Klassifikation der Wirtschaftszweige. Dies ist gemäß § 2 Nr. 2a StromStG die vom Statistischen Bundesamt herausgegebene Klassifikation der Wirtschaftszweige des Jahres 2003 (WZ 2003).

Bei der Verweisung in § 2 Nr. 3 StromStG handelt es sich um eine statische Gesetzesverweisung, weil in § 2 Nr. 2a StromStG ausdrücklich auf die WZ 2003 Bezug genommen wird.[7] Sie stellt sich als eine vom Gesetzgeber vorgenommene Typisierung dar, die unter verfassungsrechtlichen Gesichtspunkten nicht zu beanstanden ist.[8]

Für eine Anwendbarkeit der neuen WZ 2008 wäre folglich eine entsprechende Gesetzesänderung notwendig. Der § 2 Nr. 2a StromStG müsste ausdrücklich auf die WZ 2008 verweisen.

Die Klassifikation der WZ 2003 gliedert sich in 17 Abschnitte. Einzelne Abschnitte gliedern sich wiederum in Unterabschnitte. Daneben gibt es noch Abteilungen, Gruppen, Klassen und Unterklassen, die durch zwei- bis vierstellige Zahlen ausgedrückt werden. Als WZ-Nr. wird hier grundsätzlich die vierstellige Klasse bezeichnet. Zu den UdPG gehören nach § 2 Nr. 3 StromStG Unternehmen, die folgenden Abschnitten zuzuordnen sind:

- C (Bergbau und Gewinnung von Steinen und Erden),
- D (Verarbeitendes Gewerbe),
- E (Energie- und Wasserversorgung) oder
- F (Baugewerbe).

Zusätzlich werden als UdPG in § 2 Nr. 3 StromStG noch gesondert die anerkannten Werkstätten für behinderte Menschen im Sinn des § 136 Sozialgesetzbuch IX aufgeführt, sofern sie überwiegend eine wirtschaftliche Tätigkeit ausüben, die den vorgenannten Abschnitten der Klassifikation der Wirtschaftszweige zuzurechnen ist.

[7] Vgl. Bundesfinanzhof (BFH), Beschluss vom 16.06.2005, VII R 10/03, ZfZ 2005, S. 418; Finanzgericht (FG) Düsseldorf, Urteil vom 20.04.2011, 4 K 3932/10 VSt. Die Klassifikation der WZ 2003 ist auf den Webseiten des Statistischen Bundesamts unter www.statistikportal.de abrufbar.

[8] Vgl. BFH, Urteil vom 24.08.2004, VII R 23/03, ZfZ 2005, S. 88; FG Düsseldorf, Urteil vom 20.04.2011, 4 K 3932/10 VSt.

Nach der WZ 2003 gehören derartige Einrichtungen zum Abschnitt N „Gesundheits- und Sozialwesen" und damit prinzipiell nicht zum Produzierenden Gewerbe. Sie werden durch diese Regelung den Unternehmen des Produzierenden Gewerbes jedoch gleichgestellt (Soyk 2013, S. 419 f).

Die Aufzählung der UdPG in § 2 Nr. 3 StromStG ist abschließend.

Über die Zuordnung zu den jeweiligen Wirtschaftszweigen entscheidet das örtlich zuständige Hauptzollamt.[9] Damit ist das für die Erlaubniserteilung gemäß § 9 Abs. 4 StromStG zuständige Hauptzollamt gemeint. Den Hauptzollämtern steht bei der Einordnung der Unternehmen eine eigene Prüfungskompetenz zu. Eine Bindung an die von den Statistikbehörden vorgenommene Einordnung besteht daher nicht[10], was in der Praxis zu Rechtsunsicherheiten zulasten der Unternehmen führt. Es ist allerdings anzumerken, dass die Zuordnungsentscheidungen der Statistikbehörden und die der Hauptzollämter in der Praxis eine sehr hohe Übereinstimmung aufweisen.

Um den Hauptzollämtern eine an der Klassifikation der Wirtschaftszweige orientierte Zuordnung zu ermöglichen, sind die Antragsteller verpflichtet, den Schwerpunkt ihrer wirtschaftlichen Tätigkeit auf einem amtlichem Vordruck darzustellen. Für die Zuordnung eines Unternehmens sind die Verhältnisse des der Antragstellung vorausgegangenen Kalenderjahres maßgebend.[11] Allerdings kann auch das laufende Kalenderjahr maßgebender Zeitraum sein, wenn das Unternehmen das wählt oder wenn es seine dem Produzierenden Gewerbe zuzuordnenden Tätigkeiten im vorhergehenden Kalenderjahr eingestellt und bis zu dessen Ende nicht wieder aufgenommen hat.[12]

► **Praxishinweis** Schwierigkeiten bei der Zuordnung ergeben sich in der Praxis in Fällen, in denen Unternehmen mehrere wirtschaftliche Tätigkeiten, also neben stromsteuerlich begünstigten auch sonstige Tätigkeiten, ausüben. Bei solchen Mischbetrieben erfolgt die Einordnung nach dem Schwerpunkt aller wirtschaftlichen Tätigkeiten, § 15 Abs. 4 Satz 1 StromStV. Hierbei wird nicht auf den absoluten Schwerpunkt (über 50 % der Tätigkeiten), sondern auf einen relativen Schwerpunkt abgestellt. Maßgeblich ist, ob der prozentual größte Anteil des jeweiligen Kriteriums auf einen bestimmten Bereich entfällt. Die Unternehmen können dabei zwischen vier Arten der Schwerpunktbestimmung wählen.

Der Schwerpunkt kann bestimmt werden nach

- dem Verhältnis von Bruttowertschöpfung zu Faktorkosten[13]: Maßgeblich ist die Tätigkeit, in deren Bereich im maßgebenden Zeitraum der größte Anteil der Bruttowertschöpfung zu Herstellungspreisen im Sinn der Vorbemerkungen zur Klassifikation der Wirtschaftszweige entfiel;

[9] § 15 Abs. 1 Satz 1 StromStV.
[10] BFH, Urteil vom 28.10.2008, VII R 38/07.
[11] § 15 Abs. 3 Satz 1 StromStV.
[12] § 15 Abs. 3 Satz 2 und 3 StromStV.
[13] Diese Methode der Schwerpunktbestimmung kommt in der Praxis kaum zur Anwendung.

- der Wertschöpfung: Maßgeblich ist die Tätigkeit, in deren Bereich im maßgebenden Zeitraum der größte Anteil der Wertschöpfung erzielt wurde;
- den eingesetzten Arbeitskräften: Maßgeblich ist die Tätigkeit, in deren Bereich im maßgebenden Zeitraum im Durchschnitt die meisten Personen tätig waren;
- dem höchsten steuerbaren Umsatz: Maßgeblich ist die Tätigkeit, in deren Bereich im maßgebenden Zeitraum der höchste steuerbare Umsatz im Sinn von § 1 Abs. 1 Nr. 1 des Umsatzsteuergesetzes erzielt wurde.

Das betreffende Unternehmen kann grundsätzlich selbst entscheiden, welche Art der Schwerpunktbestimmung es zugrunde legt. Ist die Wahl des Unternehmens jedoch offensichtlich nicht geeignet, um den Kern der wirtschaftlichen Tätigkeit zu ermitteln, kann das Hauptzollamt die Wahl zurückweisen.[14]

In der Praxis wählen die Antragsteller zumeist die Schwerpunktbestimmung anhand des Umsatzes oder der Anzahl der für die Tätigkeiten verwendeten Arbeitnehmer (Stein und Thoms 2016, S. 281f).

27.3.2 Einordnung in die Abschnitte C, D, E, F der Klassifikation der Wirtschaftszweige 2003

Abschnitt C „Bergbau und Gewinnung von Steinen und Erde": Dazu gehören Unternehmen, die natürlich vorkommende mineralische Rohstoffe gewinnen. Zusätzlich erfasst sind auch Tätigkeiten, die für Transport und Absatz mineralischer Erzeugnisse erforderlich sind, z. B. Zerkleinern, Mahlen, Waschen, Sortieren etc. Hierher gehören Kohlenbergbau, Torfgewinnung, Gewinnung von Erdöl und Erdgas (energetische Rohstoffe, Unterabschnitt CA) sowie Erzbergbau, Gewinnung von Steinen und Erden, sonstiger Bergbau (nichtenergetische Rohstoffe, Unterabschnitt CB).

Abschnitt D „Verarbeitendes Gewerbe": Dieser Abschnitt dürfte für das Stromsteuerrecht am bedeutsamsten sein. Das Verarbeitende Gewerbe umfasst die mechanische, physikalische oder chemische Umwandlung von Stoffen oder Teilen in Waren. Es handelt sich bei diesen Stoffen i. d. R. um Roh- oder Grundstoffe aus Land-, Forst- oder Fischwirtschaft, Bergbau etc. Der Abschnitt D gliedert sich in einige Unterabschnitte, zu denen u. a. auch das Recycling (Unterabschnitt DN) gehört. Recycling bedeutet das Sammeln von sortierten und unsortierten Altmaterialien und Reststoffen sowie deren Aufbereitung für die weitere Verarbeitung.

Abschnitt E „Energie- und Wasserversorgung": In diesem Abschnitt werden Unternehmen der Elektrizitätsversorgung (Erzeugung und Verteilung von Elektrizität) und der Gas-, Fernwärme- und Wasserversorgung erfasst, die damit ebenfalls zum Produzierenden Gewerbe gehören.

[14] § 15 Abs. 4 Satz 3 StromStV.

Abschnitt F „Baugewerbe“: Neben Hoch- und Tiefbauunternehmen (z. B. Straßenbau) zählen zum begünstigten Baugewerbe auch handwerklich ausgerichtete Unternehmen wie Dachdeckereien, Zimmereien und Bautischlereien (WZ-Nr. 45.22, 45.42), Elektroinstallationen in Gebäuden (WZ-Nr. 45.31), Klempnereien und Heizungsbauunternehmen (WZ-Nr. 45.33), Fliesenleger etc. (WZ-Nr. 45.43), das Maler- und Lackierergewerbe (WZ-Nr. 45.44; ausgenommen sind Kfz-Lackierereien des Abschnitts G, WZ-Nr. 50.20) sowie Glasereien (WZ-Nr. 45.44). Zum Baugewerbe - und damit ebenfalls zum Produzierenden Gewerbe gehört aber auch die Vermietung von Baumaschinen und -geräten mit Bedienungspersonal (WZ-Nr. 45.50). Die Vermietung von Baumaschinen und -geräten ohne Bedienungspersonal ist hingegen im Abschnitt K (WZ-Nr. 71.32) erfasst (Soyk 2013, S. 422–424).

27.3.2.1 Negativbeispiele für Unternehmen des Produzierenden Gewerbes

Abfallentsorgung: Diese umfasst die Sammlung und Behandlung von Abfällen mit dem Ziel der Entsorgung und nicht zur Weiterverwendung in einem industriellen Fertigungsprozess sowie sonstige Tätigkeiten wie Straßenreinigung, Schneebeseitigung usw.

Klassifikation: WZ 2003 Abschnitt O „Erbringung von sonstigen öffentlichen und persönlichen Dienstleistungen“, Unterklasse OA 90 „Abwasser- und Abfallbeseitigung und sonstige Entsorgung“.

Abfallhandel: Insbesondere ist hier der Großhandel mit Altmaterialien und Reststoffen zu nennen. Darunter versteht man den Großhandel mit Schrott und sonstigen Altmaterialien und Reststoffen für die Rückgewinnung, einschließlich Sammeln, Sortieren, Trennen, Zerlegen von Gebrauchtwaren, wie z. B. Kraftwagen, Datenverarbeitungsgeräte, Fernseh- und anderen Geräte, zur Gewinnung wieder verwertbarer Teile, Verpacken und Neuverpacken, Lagern und Ausliefern, jedoch ohne eigentliches Weiterverarbeitungsverfahren. Dabei haben die angekauften und verkauften Altmaterialien einen Restwert.

Klassifikation: WZ 2003 Abschnitt G „Handel; Instandhaltung und Reparatur von Kraftfahrzeugen und Gebrauchsgütern“, Unterklasse 51.57 „Großhandel mit Altmaterialien und Reststoffen“.

27.3.2.2 Positivbeispiele für Unternehmen des Produzierenden Gewerbes

Metallverarbeitung zu Sekundärrohstoffen: Verarbeitung von Nichteisenmetall-, Eisen- und Stahlschrott sowie von gebrauchten und ungebrauchten Nichteisenmetall-, Eisen- und Stahlerzeugnissen zu Sekundärrohstoffen. Sekundärrohstoffe sind Rohstoffe, die durch Aufarbeitung (Recycling) aus entsorgtem Material gewonnen werden. Sie dienen als Ausgangsstoffe für neue Produkte und unterscheiden sich dadurch vom primären (aus der Natur gewonnenen) Rohstoff.

Klassifikation: WZ 2003 Abschnitt D „Verarbeitendes Gewerbe“, Unterklasse DN 37.10.1 „Recycling von Altmaterialien und Reststoffen aus Eisen oder Stahl“ und Unterklasse DN 37.10.2 „Recycling von Altmaterialien und Reststoffen aus Nichteisenmetallen“.

Beispiele sind

- mechanisches Zerkleinern (Shreddern) von Nichteisenmetallschrott sowie Eisen- und Stahlschrott, wie gebrauchte Autos, Waschmaschinen, Fahrräder usw. mit anschließender Sortierung bzw. Trennung;
- Zusammenpressen großer Nichteisenmetall- sowie Eisen- und Stahlteile bzw. -erzeugnisse, wie z. B. Eisenbahnwaggons;
- Schiffsabwrackung.

(Alt-)Papierproduktion: Gemeint ist hier sowohl die Herstellung von gebleichter, halbgebleichter oder ungebleichter Papiermasse durch mechanische, chemische (auflösende oder nicht auflösende) oder halbchemische Aufbereitung von Papiermasse als auch das Entfernen von Druckfarben sowie Herstellung von Holzschliff aus Altpapier.

Klassifikation: WZ 2003 Abschnitt D „Verarbeitendes Gewerbe", Unterklasse DE 21.11.0 „Herstellung von Holz- und Zellstoff".

27.3.2.3 Sonderfälle im Bereich der Unternehmen des Produzierenden Gewerbes

27.3.2.3.1 Recycling

Die wirtschaftlichen Tätigkeiten der Abfallwirtschaftsunternehmen sind vielfältig. Für die richtige Zuordnung nach der WZ 2003 ist oft eine Abgrenzung zwischen dem stromsteuerbegünstigten Recycling und den nicht begünstigten wirtschaftlichen Tätigkeiten des Abfallhandels und der Abfallbeseitigung maßgeblich. In der Praxis fällt die Unterscheidung nicht immer leicht.

Abfallentsorgung: Was unter Abfallentsorgung im Sinn der WZ 2003 zu verstehen ist, wurde bereits in den Negativbeispielen zu UdPG erläutert (vgl. Abschn. 27.3.2.1). Maßgebliches Abgrenzungskriterium ist das Ziel der Entsorgung.

Abfallhandel: Was unter Abfallhandel im Sinn der WZ 2003 zu verstehen ist, wurde ebenso schon in den Negativbeispielen zu UdPG dargelegt. Dass der bloße Handel – auch verbunden mit einem geringen Maß an Sammlung, Sortierung und Selektierung, gegebenenfalls Verpackung, Reinigung und sonstiger Behandlung – nicht unter den Begriff Produzierendes Gewerbe fällt, ergibt sich bereits aus dessen Wortlaut. Hierfür wäre nämlich ein industrieller Verarbeitungs- bzw. Transformationsprozess erforderlich.

Recycling: Das Recycling dagegen umfasst gemäß der WZ 2003 Abschnitt D, Unterklasse DN 37 die Verarbeitung von Altmaterialien und Reststoffen und anderen gebrauchten oder ungebrauchten Artikeln zu Sekundärrohstoffen. Hierfür ist ein stoffspezifischer mechanischer oder chemischer Verarbeitungsprozess erforderlich. Kennzeichnend hierfür ist, dass der Input aus sortierten oder unsortierten Altmaterialien und Reststoffen besteht, der normalerweise ungeeignet für die weitere direkte Verwendung in einem industriellen Verarbeitungsprozess ist, während der Output für den direkten Einsatz in einem industriellen Verarbeitungsprozess aufbereitet wird. Das Recycling im Sinn der WZ 2003 umfasst nicht

- die Herstellung von neuen Endprodukten aus (selbst oder nicht selbst hergestellten) Sekundärrohstoffen;
- den Großhandel mit Altmaterialien und Reststoffen einschließlich Sammeln, Sortieren, Trennen, Zerlegen von Gebrauchtwaren, z. B. Autos, zur Gewinnung wieder verwertbarer Teile, (Wieder-)Verpacken, Lagerung und Lieferung, aber ohne dass ein tatsächlicher Verarbeitungsprozess erfolgt (s. o.);
- den Groß- und Einzelhandel mit Gebrauchtwaren (s. o.);
- die Abfallaufbereitung nicht zum Zweck der Wiederverwendung in einem industriellen Herstellungsprozess, sondern zum Zweck der Entsorgung (s. o.).

In der Abfallwirtschaft dürften die für den Input erforderlichen Voraussetzungen i. d. R. vorliegen. Die Bezeichnungen Altmaterialien und Rohstoffe sind weit gefasst und beinhalten sämtliche Arten von Abfällen. Probleme ergeben sich in der Praxis jedoch bei den Voraussetzungen „Erfordernis eines Verarbeitungsprozesses" und „Sekundärrohstoff als Output".

Erfordernis eines Verarbeitungsprozesses

Die zwingende Voraussetzung des Vorliegens eines Verarbeitungsprozesses dient der Abgrenzung von Recycling und Abfallentsorgung. Für eine objektive Zuordnung kann sich die Finanzverwaltung nicht an einem subjektiven Kriterium (Ziel der Entsorgung) orientieren. Nur dann, wenn ein stoffspezifischer Verarbeitungsprozess vorliegt, werden Abfälle nicht der bloßen Abfallbeseitigung zugeführt, sondern verwertet.

Bereits der Wortlaut der WZ 2003 setzt einen stoffspezifischen mechanischen, biologischen oder chemischen Verarbeitungsprozess voraus. Dieser kann sich dadurch auszeichnen, dass für die weitere direkte Verwendung in einem industriellen Verarbeitungsprozess ungeeignete Altmaterialien selektiert und zum direkten Einsatz in einem industriellen Verarbeitungsprozess aufbereitet werden.

Die finanzgerichtliche Rechtsprechung fordert darüber hinaus, dass Abfälle in ihrer stofflichen Zusammensetzung verändert bzw. verarbeitet werden. Das Verwertungsverfahren müsse zu einer *nicht unerheblichen Veränderung* der stofflichen Zusammensetzung der Abfälle führen.[15] Ein bloßes Trennen und Sortieren von angelieferten Rohstoffen oder Abfällen könne grundsätzlich hierfür nicht genügen.[16] Eine Ausnahme bestehe allerdings dann bei besonders aufwendigen, mehrstufigen Sortierungs- und Zerkleinerungsprozessen, da darin bereits der stoffspezifische Verarbeitungsprozess zu sehen ist, sofern die Endprodukte schließlich unmittelbar in industriellen Verarbeitungsprozessen eingesetzt werden können.

[15] BFH, Urteil vom 24.01.2006, VII R 44/04.

[16] FG Düsseldorf, Urteil vom 05.05.2010, 4 K 2894/09 VSt; FG Hamburg, Urteil vom 08.07.2010, 4 K 5/10.

▶ **Praxishinweis** Die Grenze zur stoffspezifischen Verarbeitung ist nicht klar definiert und muss einzelfallbezogen ermittelt werden. Im Antragsverfahren auf Stromsteuerentlastung muss das betreffende Unternehmen auch eine Beschreibung seiner wirtschaftlichen Tätigkeiten vorlegen. In diesem Rahmen müsste es dann substanziiert darlegen, dass es sich bei der betriebseigenen Produktion um einen stoffspezifischen Verarbeitungsprozess handelt. In der Abfallwirtschaft kann dies etwa ein aufwendiges biologisches oder chemisches Verfahren zur Verwertung bzw. Veredelung von Abfällen sein (z. B. Rotte- oder Kompostierungsprozess, Vergärungs- oder Fermentationsprozess, Hydrolyse). Dabei kann insbesondere verarbeitungsspezifisches Einwirken auf Rohmaterialien und Abfälle, z. B. durch Einleiten von Wärme oder Entzug von Wasser, berücksichtigt werden.
Ein fundierter Vortrag zum Verwertungsprozess und zur Frage, warum dieser der Gruppe Recycling zuzuordnen ist, ist in der Praxis wichtiger als eine Argumentation mit juristischen Grundlagen (Dietlein 2011).

In der Regel werden bei der Verwertung von Abfällen folgende Produktionsschritte zu erwähnen sein: Aufbereitung, mechanische Sortierung und Zerkleinerung der Materialien, spezifischer Verwertungsprozess, Aufspaltung in verschiedene energetische Fraktionen (z. B. mineralisch, metallisch), Festigung, Verpackung (z. B. Pressen zu Pellets). Für die Tatbestandvoraussetzung „Verarbeitungsprozess" ist allerdings bloß der Verwertungsprozess selbst maßgeblich, auch wenn dieser wohl nicht ohne vorausgehende Schritte vollzogen werden kann. Letztlich muss sich der Output des Verwertungsprozesses zum direkten Einsatz in einem industriellen Verarbeitungsprozess eignen.

Sekundärrohstoff als Output

Die Definition von Recycling in der WZ 2003 erfordert überdies, dass der Output des Verarbeitungsprozesses einen Sekundärrohstoff darstellt. Sekundärrohstoffe sind Rohstoffe, die durch Auf- bzw. Verarbeitung aus Abfällen gewonnen werden und als Ausgangsstoffe für neue Produkte dienen. Sie substituieren damit Rohstoffe und werden zum wiederholten Male genutzt.

Bei der Subsumtion von Produkten der Abfallwirtschaft unter Sekundärrohstoffe wurde in der Rechtsprechung[17] rechtskräftig entschieden und Folgendes ausgeführt: „Nach der Systematik der WZ 2003 sowie dem Sinn und Zweck der Regelung können Sekundärrohstoffe in diesem Sinne nur solche sein, die in einem industriellen Prozess zur Herstellung neuer Produkte verwandt werden. [. . .] Zur Herstellung neuer Produkte werden aber nur solche Materialien verwandt, aus denen Produkte hergestellt werden, die also Bestandteil der neuen Produkte werden. Energieträger, die benötigt werden, um die für den Verarbeitungsprozess erforderliche Energie zu gewinnen, werden nicht in einem Verarbeitungsprozess verwandt."

[17] FG Hamburg, Urteil vom 08.07.2010, 4 K 5/10.

Von besonderer Bedeutung für die Abfallwirtschaft ist hier die Abgrenzung der sog. Ersatzbrennstoffe von Sekundärrohstoffen. Sekundärrohstoffe seien eng zu verstehen in dem Sinn, dass sie unmittelbar als Rohstoffe in Waren umgewandelt werden müssten, wie beispielsweise bei recyceltem Papier. Diese Voraussetzung ist nach Auffassung der Rechtsprechung bei der Herstellung von Ersatzbrennstoffen nicht gegeben.

In diesem Zusammenhang wurde höchstrichterlich entschieden, dass ein Unternehmen, dessen Tätigkeitsschwerpunkt im Sammeltransport von Müll sowie der Herstellung von Ersatzbrennstoffen aus Kunststoffen und der Altholzaufbereitung für die thermische Verwertung in einem Kraftwerk liegt, kein Unternehmen ist, das gemäß der Klasse 37.20 WZ 2003 Recycling betreibt, sondern ein Unternehmen, das der Klasse 90.02 WZ 2003 „Abfallbeseitigung" zuzuordnen ist, sodass die Gewährung einer Stromsteuerbegünstigung nicht in Betracht kommt.[18]

Darüber hinaus wurde höchstrichterlich beschlossen, dass ein Unternehmen, das aus Abfällen (Haus- und Gewerbemüll) Trockenstabilat herstellt, um es als Ersatzbrennstoff zu vermarkten, in die Klasse 90.02 „Abfallbeseitigung" der Klassifikation der Wirtschaftszweige 2003 einzuordnen ist, sodass kein begünstigtes Unternehmen i. S. d. Stromsteuergesetzes vorliegt.[19]

Schließlich wurde jüngst finanzgerichtlich entschieden, dass die Aufarbeitung von Altöl (Ölabfälle) in einem chemischen und physikalischen Prozess mit dem Ziel der Gewinnung eines mit schwerem Heizöl vergleichbaren Recyclingöls, das in der Industrie als Energieträger anstelle von aus Primärrohstoffen gewonnenen Brennstoffen verwendet wird, nicht dem Produzierenden Gewerbe i. S. d. Stromsteuergesetzes zuzurechnen ist.[20] Es handelt sich weder um Mineralölverarbeitung i. S. d. Abschnitts D, Unterabschnitt DF, Klasse 23, noch um Recycling i. S. d. Abschnitts D, Unterabschnitt DN, Klasse 37 der Klassifikation der Wirtschaftszweige 2003.

Letzten Endes ist auch keine Stromsteuerbegünstigung für die Umwandlung von Klärschlamm in Klärschlammmehl, das als Sekundärbrennstoff in Kraftwerken verwendet wird, einschlägig.[21]

Holzpelletproduktion

Fraglich ist, ob die vorangegangene Argumentation, die von der Rechtsprechung seitens der Herstellung von Ersatzbrennstoffen bemüht wird, auch für die Herstellung von Holzpellets gilt. Als Holzpellets werden stäbchenförmige Pellets mit Durchmessern von weniger als 25 mm bezeichnet, die vollständig oder überwiegend aus Holz oder Sägenebenprodukten hergestellt werden. Holzpellets werden v. a. als Brennstoff genutzt. Vertretbar erscheint hier, diese Produktion dem Abschnitt D der WZ 2003 „Verarbeitendes

[18] BFH, Urteil vom 16.04.2013, VII R 25/11.
[19] BFH, Beschluss vom 14.11.2013, VII B 170/13 (NV).
[20] FG Hamburg, Urteil vom 07.11.2014, 4 K 95/14.
[21] FG Hamburg, Urteil vom 23.03.2015, 4 K 90/13.

Gewerbe“, Unterklasse DD 20.10.0 „Säge-, Hobel- und Holzimprägnierwerke“ zuzuordnen.

Das Urteil des Bundesfinanzhofs (BFH) vom 16.04.2013 (VII R 25/11) betraf zwar ein Unternehmen, dessen Tätigkeitsschwerpunkt im Sammeltransport von Müll sowie der Herstellung von Ersatzbrennstoffen aus Kunststoffen und der Altholzaufbereitung für die thermische Verwertung in einem Kraftwerk lag, es handelte sich aber nicht um ein Unternehmen, das Holzpellets herstellt.

Die vom klagenden Ersatzbrennstoffproduzenten vorgenommene Einordnung in Unterabschnitt DN, Abteilung 37, Gruppe 37.2 „Recycling von nicht metallischen Altmaterialien und Reststoffen“ wird durch das Urteil verneint, da die Annahme eines Recyclings voraussetze, dass das hergestellte Erzeugnis dazu bestimmt sei, in einem industriellen Herstellungsprozess dahingehend weiter verwendet zu werden, dass es in einem neuen Produkt aufgehe bzw. zu dessen Bestandteil werde. Bestehe die bestimmungsgemäße Verwendung des erzeugten Produkts hingegen ausschließlich in einer thermischen und eliminierenden Nutzung, liege kein Recycling vor.

Die Holzpellets würden unstreitig nicht in einem sich anschließenden industriellen Herstellungsprozess weiter verwendet, sondern ihre Nutzung erschöpfe sich in der Verwendung zur Erzeugung thermischer Energie. In diesem Fall käme eine Einordnung in die Abteilung 37 des Abschnitts D der WZ 2003 nicht in Betracht.

Gleichwohl ist zu erkennen, dass weder die Ausgangsstoffe noch das Endprodukt Holzpellet als Abfall im eigentlichen Sinn bezeichnet werden könnten. Oft wird auch frisches, unbehandeltes Material verwendet, sodass eine Einordnung unter die Tätigkeiten der Abfallbeseitigung sowie unter Recycling ausscheidet. Vielmehr ist hier u. E. von einer holzverarbeitenden Tätigkeit auszugehen, die dann wiederum eindeutig Verarbeitendes Gewerbe ist. Diese Zuordnung wird auch von der für Klassifikationen zuständigen Stelle im Statistischen Bundesamt so gesehen und bestätigt.

27.3.2.3.2 Tierkörperbeseitigung

Die thermische Beseitigung von Tierkörpern und -teilen gehört zwar zur WZ 2003, Abschnitt O, Unterklasse 90.02.5 „sonstige Abfallbeseitigung“, gemäß der Zollverwaltung ist ein Tierkörperbeseitigungsunternehmen dennoch regelmäßig im Schwerpunkt ein UdPG, da die Tierfette in den meisten Fällen als Ausgangsstoffe für einen industriellen Herstellungsprozess (z. B. zur Herstellung von Biodiesel) eingesetzt werden.

27.3.2.3.3 Abwasserentsorgung

Auch Abwasserentsorgungsunternehmen können aufgrund eines Urteils des Finanzgerichts Düsseldorf vom 21.01.2015 (4 K 1956/13 VSt) unter bestimmten Voraussetzungen die für UdPG geltenden stromsteuerlichen Erstattungsansprüche beanspruchen.

Zwar sind Betriebe, die ausschließlich oder schwerpunktmäßig in der Abwasserentsorgung tätig sind, dem Abschnitt O „Erbringung von sonstigen öffentlichen und persönlichen Dienstleistungen“ der WZ 2003 zuzuordnen und damit nicht als UdPG anzusehen, das Finanzgericht ist jedoch der Argumentation des Klägers gefolgt, wonach dieser aufgrund seiner Bautätigkeiten (Errichtung und Instandhaltung des Abwassernetzes und der Kläranlagen) als UdPG (Bauwesen, Abschnitt F der WZ 2003) zu qualifizieren ist.

Gerade Abwasserentsorgungsunternehmen, die typischerweise in beträchtlichem Umfang Bauaktivitäten im Zusammenhang mit ihrem Kanalnetz und ihren Kläranlagen und damit in ihr Anlagevermögen entfalten und die Kosten hierfür über Gebühren und Beiträge an die Abwassereinleiter weiterberechnen, haben nun die Chance, den Schwerpunkt ihrer Tätigkeit im Bauwesen zu begründen und dadurch auch die Begünstigungen für UdPG in Anspruch zu nehmen.

Die Tatsache, dass die Bautätigkeiten nicht von eigenen Mitarbeitern des Klägers, sondern ganz überwiegend von Dritten durchgeführt wurden, war ebenso wenig entscheidend, wie die Tatsache, dass die Arbeiten nur zu eigenen Zwecken des Klägers (Kläranlagenbau, Kanalbau, Bau von Pumpen) erfolgten.

Zwar hat die Finanzverwaltung durch die Einführung des § 15 Abs. 9 StromStV die Einordnung als Baugewerbe ab dem 01.08.2013 erschwert, wenn die Bauarbeiten von Subunternehmen durchgeführt werden. Es bestehen allerdings berechtigte Zweifel an der Vereinbarkeit des § 15 Abs. 9 StromStV mit höherrangigem Recht. Der Anspruch auf Entlastung als UdPG ergibt sich nach dem Urteil des Finanzgerichts Düsseldorf unmittelbar aus dem Gesetz (in Verbindung mit der WZ 2003) und kann daher wohl nicht durch die Rechtsverordnung eingeschränkt werden.[22]

27.3.2.3.4 Müllverbrennung

Grundsätzlich sind Betreiber von Müllverbrennungsanlagen dem Abschnitt O „Erbringung von sonstigen öffentlichen und persönlichen Dienstleistungen“, Unterklasse OA 90.02.2 „Thermische Abfallbeseitigung“ der WZ 2003 zuzuordnen. Sie sind daher grundsätzlich Entsorger und somit kein UdPG. Jedoch kann es in der Praxis durchaus Fälle geben, in denen Müllverbrennungsunternehmen in den Abschnitt E „Energie- und Wasserversorgung“, Unterklasse 40.1 „Elektrizitätsversorgung“ bzw. 40.3 „Wärmeversorgung“ der WZ 2003 eingestuft werden können, was sie zu UdPG macht. Beispielsweise ist dies der Fall, wenn der Schwerpunkt der Unternehmenserlöse im Bereich der Energieversorgung liegen (Stromlieferung und die in der Praxis relevantere Wärmelieferung in Form von Dampf).[23]

[22] Vgl. zu dieser Frage das anhängige Verfahren vor dem Finanzgericht Düsseldorf, 4 K 2266/16.

[23] Darüber hinaus können speziell bei den Betreibern von Müllverbrennungsanlagen mit angeschlossener Stromerzeugung auch andere Begünstigungen einschlägig sein, die unabhängig vom Status des UdPG greifen. Beispielsweise kann eine Energiesteuerentlastung nach §§ 53, 53a, b EnergieStG oder eine Befreiung nach § 9 Abs. 1 Nr. 2 StromStG für den Stromeinsatz zur Stromerzeugung in Betracht kommen. Letzteres kann auch vorliegen, wenn der Betreiber einer Müllverbrennungsanlage Klärschlamm trocknet (vgl. Urteil des FG Düsseldorf vom 21.09.2005, Az. 4 K 2253/04, in dem eine Befreiung ab einem Trockenstoffgehalt von 28 % bejaht wird).

27.4 Unternehmen der Abfallwirtschaft als Antragsberechtigte im Sinn des EEG

Im EEG[24], das auf die Klassifikation der Wirtschaftszweige 2008 (WZ 2008) verweist, werden stromkostenintensive Branchen begünstigt. Hierunter fallen auch Unternehmen der Abfallwirtschaft, wenn diese in die Unterklasse 38.32 „Rückgewinnung sortierter Werkstoffe" der WZ 2008 eingeordnet werden können. Solche Unternehmen sind nach § 64 Abs. 1 in Verbindung mit Anlage 4 EEG ausdrücklich berechtigt, einen Antrag auf Begrenzung der EEG-Umlage zu stellen.

Die Unterklasse 38.32 umfasst die Verarbeitung von metallischen und nicht metallischen Altmaterialien, Reststoffen und Erzeugnissen zu Sekundärrohstoffen (i. d. R. unter Einsatz eines mechanischen oder chemischen Umwandlungsverfahrens). Eingeschlossen ist die Materialrückgewinnung aus Abfallströmen durch Aussortieren von Wertstoffen aus Strömen nicht gefährlichen Abfalls (d. h. aus dem Müll) oder durch Sortierung von vermischten Wertstoffen (z. B. Papier, Kunststoffe, leere Getränkedosen und Metalle) in bestimmte Kategorien.

Als Beispiele für begünstigte Verarbeitungsprozesse zur Gewinnung von Sekundärrohstoffen sind zu nennen:

- mechanisches Zerkleinern von Metallschrott;
- Schreddern von metallischen Altmaterialien;
- mechanische Behandlungsmethoden wie Schneiden oder Pressen;
- Sortieren und Pressen von Kunststoffen (zur Gewinnung von Sekundärrohstoffen für die Herstellung eines Produkts);
- Verarbeitung von Kunststoff- und Gummiabfällen zu Granulaten;
- Zerkleinern, Reinigen und Sortieren von Glas sowie
- Zerkleinern, Reinigen und Sortieren von anderen Altmaterialien und Reststoffen zur Gewinnung von Sekundärrohstoffen.

Die Unterklasse 38.3 „Rückgewinnung" der WZ 2008 ist weiterhin zu anderen Tätigkeiten der Abfallentsorgung des Abschnitts E der WZ 2008 abzugrenzen, namentlich zu der Sammlung von Abfällen nach Unterklasse 38.1 und zu der Abfallbehandlung und -beseitigung nach Unterklasse 38.2.

Übt ein Unternehmen mehrere wirtschaftliche Tätigkeiten aus, wovon mindestens eine nicht nach dem EEG begünstigt ist, muss auch hier eine Schwerpunktermittlung vorgenommen werden. Nach der hier maßgeblichen WZ 2008 ist für die Einordnung des Unternehmens die Haupttätigkeit maßgeblich.

Die Haupttätigkeit ist jene Tätigkeit, die den größten Beitrag zur Wertschöpfung des Unternehmens beiträgt. Bei den übrigen Tätigkeiten handelt es sich um Nebentätigkeiten

[24] Gesetz für den Ausbau erneuerbarer Energien (EEG 2017) vom 21.07.2014 (BGBl. I S. 1066), zuletzt geändert durch Art. 2 G zur Änderung der Bestimmungen zur Stromerzeugung aus Kraft-Wärme-Kopplung und zur Eigenversorgung vom 22.12.2016 (BGBl. I S. 3106).

(Tätigkeiten mit einem geringen Wertschöpfungsbeitrag). Tätigkeiten, die lediglich dazu dienen, Haupt- oder Nebentätigkeiten zu fördern, sind Hilfstätigkeiten und für die Einordnung eines Unternehmens unbeachtlich.

Für den Fall, dass keine Wertschöpfung im Hinblick auf die einzelnen Tätigkeiten des Unternehmens berechnet werden kann, sieht die WZ 2008 vergleichbar der Regelung in der Stromsteuer-Durchführungsverordnung Ersatzkriterien vor (beispielsweise Verkaufswert, Umsatz, Lohn- und Gehaltssummen, Zahl der Mitarbeiter, Arbeitszeiten der Mitarbeiter). Durch Zuhilfenahme dieser Ersatzkriterien soll eine bestmögliche Annäherung an die Wertschöpfungsmethode erzielt werden.

► **Praxishinweis** Der Antrag auf Begrenzung der EEG-Umlage ist beim Bundesamt für Wirtschaft und Ausfuhrkontrolle (BAFA) zu stellen. Weitere Informationen in diesem Zusammenhang, wie beispielsweise das elektronische Formular und welche Nachweise erbracht werden müssen, sind der Website der BAFA[25] zu entnehmen. Der Antrag ist grundsätzlich jeweils zum 30. Juni eines Jahres für das darauf folgende Kalenderjahr zu stellen. Bei neu gegründeten Unternehmen endet die Antragsfrist am 30. September für das folgende Kalenderjahr.

Schlussbemerkung

Abschließend ist festzuhalten, dass sich der Trend der steigenden Stromkosten wegen indirekter Abgaben auf den Strompreis in der Zukunft fortsetzen wird.

Des Weiteren ist anzumerken, dass es auf EU-Ebene immer wieder neue Entwicklungen und Änderungen im Bereich des Energie- und Stromsteuerrechts geben wird und sich die Materie folglich stetig im Wandel befindet.

Daher ist es für Unternehmen der Abfallwirtschaft umso wichtiger über den aktuellen Stand und über die für sie infrage kommenden strom- und energiesteuerlichen Entlastungsmöglichkeiten informiert zu sein, nicht zuletzt auch um Kosten zu sparen.

Literatur

Dietlein G (2011) Die Abfallwirtschaft im Stromsteuerrecht – Aktuelle Fragen zur Zuordnung als „Unternehmen des Produzierenden Gewerbes". AbfallR 2:95–99

Soyk S (2013) Energie- und Stromsteuerrecht, 3. Aufl., Carl Heymanns Verlag, Köln

Stein RM, Thoms A (2016) Energiesteuern in der Praxis, 3. Aufl., Bundesanzeiger Verlag, Köln

[25] http://www.bafa.de/DE/Energie/Besondere_Ausgleichsregelung/besondere_ausgleichsregelung_node.html. Zugegriffen: 30. Januar 2017.

Teil III
Technik, Logistik, Anlagen

Anforderungen für den Aufbau von Abfallwirtschaftssystemen

28

Wolfgang Pfaff-Simoneit

28.1 Vorbemerkung

Die Abfallwirtschaft in Deutschland ist ein weitestgehend wohlgeordnetes System mit klaren Zielen und Rechtsgrundlagen, definierten Zuständigkeiten, qualifizierten Institutionen, Entsorgungsträgern und Dienstleistern, geregelten Planungs- und Zulassungsverfahren, praxisgerechten Ausbildungsgängen sowie einem gesicherten Instrumentarium zur Deckung von Investitionen und der laufenden Kosten der Verwertung und Entsorgung. Ein Blick über die Landesgrenzen hinweg offenbart, dass dies in vielen Ländern selbst innerhalb Europas nicht selbstverständlich ist. Abfallwirtschaft ist aus Sicht der Entscheidungsträger vielfach eine vermeintlich rein kommunale Aufgabe. Maßnahmen auf staatlicher Ebene umfassen daher allenfalls die Verabschiedung von – überwiegend unzulänglichen und/oder wenig sachgerechten – rechtlichen Regelungen und das Delegieren von Zuständigkeiten und Aufgaben an die Kommunen. Die Kommunen sind jedoch nicht nur mit den operativen Aufgaben bereits überfordert, sie haben auch weder das Mandat noch die Möglichkeiten zum Aufbau der sektoralen Rahmenbedingungen.

Für Investoren, Entsorgungsunternehmen und Institutionen, die ein längerfristiges Engagement in der Abfallwirtschaft in einem Land planen, ist es bei der Identifizierung von Maßnahmen und der Erschließung neuer Märkte von entscheidender Bedeutung, eine realistische Einschätzung zum Entwicklungsstand der Abfallwirtschaft, seinen Akteuren und den Umfeldbedingungen zu erhalten. Der angewandte technische Standard der Entsorgung allein liefert kein hinreichendes Bild für eine Beurteilung. Unabdingbar sind die Kenntnis der Elemente eines Abfallwirtschaftssystems und das Verständnis für deren Funktion und Zusammenwirken.

W. Pfaff-Simoneit (✉)
Freie Hansestadt Hamburg Bezirksamt Altona
Hamburg, Deutschland

P. Kurth et al. (Hrsg.), *Praxishandbuch der Kreislauf- und Rohstoffwirtschaft*,
https://doi.org/10.1007/978-3-658-17045-5_28

Dieser Buchbeitrag befasst sich vorwiegend mit den auf staatlicher, d. h. der regulierenden, Ebene zu etablierenden Rahmenbedingungen der Abfallwirtschaft, ohne die das System Abfallwirtschaft nicht nachhaltig ist und weiterentwickelt werden kann. Er richtet sich an Investoren und Entsorgungsunternehmen, die Aktivitäten in anderen Ländern planen sowie an staatliche Institutionen, die andere Staaten beim Aufbau ihrer Abfallwirtschaftssysteme unterstützen wollen. Der Beitrag gibt Hilfestellung bei der Analyse und Bewertung der Rahmenbedingungen, um Fehleinschätzungen zu vermeiden, Risiken zu minimieren und den Unterstützungsbedarf zu identifizieren. Darüber hinaus werden Anregungen gegeben, auf welche Weise Investoren und Dienstleister gegebenenfalls zur Weiterentwicklung der Umfeldbedingungen beitragen können, etwa durch Beteiligung an Arbeitsgruppen, Qualifizierung von Personal auch außerhalb ihrer Kernaktivitäten oder Unterstützung der Öffentlichkeitsarbeit. Die Möglichkeiten privater Unternehmen sind jedoch begrenzt, wollen sie sich nicht dem Vorwurf der Beeinflussung von staatlichen Institutionen zur Erlangung von Wettbewerbsvorteilen aussetzen. Zur Vermeidung von Interessenkonflikten ist es daher unumgänglich, dass die Staaten durch neutrale öffentliche Institutionen und Behörden beim Aufbau ihrer Kapazitäten unterstützt werden.

► **Praxistipp** Der angewandte technische Standard der Entsorgung allein liefert kein hinreichendes Bild für die Beurteilung des Entwicklungsstands der Abfallwirtschaft. Die Kenntnis der politischen und gesellschaftlichen sowie der regulativen, institutionellen und finanziellen Rahmenbedingungen ist für Unternehmen, die Engagements in einem anderen Land planen, unabdingbar.

28.2 Elemente des Abfallwirtschaftssystems

Abfallwirtschaftssysteme erfordern neben den technischen Komponenten des Entsorgungssystems klare Rahmenbedingungen und Zielsetzungen, qualifizierte Entsorgungsträger, Fach- und Vollzugsbehörden, Forschung und Entwicklung, Aus- und Fortbildung, einen qualifizierten und leistungsfähigen Privatsektor (Consulting, Bauwirtschaft, Betreiber, Entsorgungsunternehmen), eine informierte Öffentlichkeit und Beteiligungsmöglichkeiten für die Akteure. Einen systematischen Ansatz zum Aufbau von Abfallwirtschaftssystemen hat Pfaff-Simoneit (2013) vorgeschlagen.

Die Systemelemente der Abfallwirtschaft umfassen

- das Zielsystem sowie die Strategien und Pläne zur Umsetzung,
- das Rechtssystem einschließlich der Konkretisierung in Verordnungen und Verwaltungsvorschriften, Normen und Standards,
- die Organisation der Abfallwirtschaft/des institutionellen Systems,
- das Finanzierungssystem zur Deckung der Investitionen und der operativen Kosten,
- das Planungssystem mit Regelungen und Instrumenten zur Planung, Zulassung und Überwachung von Entsorgungsprozessen und Anlagen,

- die Anlageninfrastruktur mit den wesentlichen Komponenten Sammel- und Logistiksysteme, Aufbereitungs- und Verwertungsanlagen sowie Anlagen zur Behandlung und Ablagerung von Abfällen,
- die technische Ausbildung, Forschung und Entwicklung.

Selbst in Europa sind diese zentralen Systemelemente in vielen Ländern nur rudimentär oder gar nicht vorhanden. Vielfach konzentrieren sich die Entscheidungsträger und die Fördermittelgeber auf die Realisierung der technischen Infrastruktur, während die Umfeldbedingungen („enabling environment") nicht adäquat mit entwickelt werden. Sollen Abfallwirtschaftssysteme nachhaltig sein, müssen diese Systemelemente systematisch und koordiniert aufgebaut werden. Dies erfolgt idealerweise in einem mehrstufigen Entwicklungsprozess.

Im Folgenden werden die Elemente des Abfallwirtschaftssystems, die das Umfeld des Sektors bestimmen, diskutiert und Hinweise zu den Anforderungen zu deren Entwicklung gegeben.

► **Praxistipp** Ein möglichst umfassender Überblick über die vorhandenen Systemelemente und ihre Ausprägung vermeidet Fehleinschätzungen und -erwartungen. Ein entwickeltes Umfeld an Regulierungen, kompetenten Institutionen, zuverlässigen Finanzierungssystemen, Zulieferern, Umweltbewusstsein u. a. m. ist nur in wenigen Ländern gegeben.

28.3 Abfallwirtschaftliche Planung

Planung bedeutet die gedankliche Vorwegnahme von Handlungsschritten, die zur Erreichung eines Ziels unter Berücksichtigung der zur Verfügung stehenden Mittel erforderlich erscheinen, einschließlich der Maßnahmen zur Steuerung und Erfolgskontrolle. Planung erfolgt in mehreren Phasen und umfasst die Schritte

- Zieldefinition,
- Strategieentwicklung sowie
- Umsetzungs- oder operative Planung.

Im Verlauf des Planungs- und Entwicklungsprozesses ergeben sich Kenntnis- und Erfahrungszuwächse, Rahmenbedingungen oder auch Ziele können sich verändern, die eine Anpassung der Planung erforderlich machen. Planung ist somit ein kontinuierlicher Prozess, der der regelmäßigen Überprüfung und Aktualisierung bedarf.

Übertragen auf den Abfallsektor kann in Anlehnung an EU (2008a) der Aufbau eines Abfallwirtschaftssystems in folgende Kernentwicklungsprozesse gegliedert werden:

- Formulierung einer nationalen Abfallpolitik,
- Sektorstrategie und Umsetzungsplan,
- Abfallwirtschaftsplan,
- Rahmensetzung und Regulierung,
- Planung von Anlagen und Maßnahmen/Abfallwirtschaftskonzepten,
- Implementierung von Anlagen und Maßnahmen,
- Betrieb der Anlagen sowie
- Monitoring und Berichterstattung.

Die Zieldefinition erfolgt im Rahmen der Formulierung einer Abfallpolitik. Die Sektorstrategie setzt einen übergreifenden Handlungsrahmen und definiert die Maßnahmen zur Umsetzung, die einzusetzenden Ressourcen – v. a. Personal und Budgets – und die Maßnahmen zur Steuerung und Erfolgskontrolle. Die operative oder Umsetzungsplanung erfolgt in Abfallwirtschaftsplänen, die die Sektorstrategie im jeweils betrachteten Raum detaillieren und die konkreten Maßnahmen, Ressourcen, Zuständigkeiten und die zeitliche Abfolge festlegen.

Die Formulierung einer Abfallpolitik, die Sektorstrategie und die Abfallwirtschaftspläne sind Planungsschritte, die auf staatlicher bzw. regulatorischer Ebene erfolgen. Die Planung, Implementierung und der Betrieb von Anlagen erfolgen auf der operativen Ebene bzw. auf Ebene der Entsorgungspflichtigen. Je nach Erfordernis werden diese durch Abfallwirtschaftskonzepte der Entsorgungspflichtigen, also operativ tätigen Institutionen vorbereitet. Monitoring und Berichterstattung sind Aufgaben sowohl der operativen wie der überwachenden/kontrollierenden Institutionen. Sie bilden die Grundlage für die Steuerung und Erfolgskontrolle und damit für die Überprüfung und Aktualisierung der Planung.

Die Elemente des Abfallwirtschaftssystems werden mit jedem Prozessschritt weiter konkretisiert und operationalisiert. Das Engagement von Investoren und Entsorgungsunternehmen setzt i. d. R. erst bei der Planung von Anlagen und Maßnahmen ein. Die Analyse des Planungsstands, der politischen Fundierung der Abfallwirtschaft sowie der Regulierung und der dafür zuständigen Institutionen sind jedoch unabdingbare Voraussetzungen, wenn ein Unternehmen ein längerfristiges Engagement in einem Land in Erwägung zieht. Im Folgenden werden daher diese Aspekte diskutiert.

28.3.1 Nationale Abfallpolitik

Zentrale Grundlage für die erfolgreiche Implementierung von nachhaltigen Abfallwirtschaftssystemen ist eine klare politische Entscheidung und Zielvorgabe auf nationaler und/oder – in großen Staaten – auf bundesstaatlicher Ebene. Regierung und Parlament sollten verbindlich das Ziel verfolgen, die Abfallwirtschaft zu ordnen und nachhaltig zu entwickeln. Die angestrebten Ziele sollten umrissen, tentative Fristen für die Umsetzung genannt und der Wille zur Bereitstellung der erforderlichen Mittel erklärt werden.

Ein klares politisches Bekenntnis ist das entscheidende Signal für den nachhaltigen Aufbau des Abfallwirtschaftssystems nach innen und nach außen. Es gibt den Akteuren im Sektor und potenziellen Investoren, Lieferanten und Dienstleistern Orientierung und Perspektive. Nur wenn diese das Vertrauen haben können, dass die Regierung eines Landes ernsthaft gewillt ist, den Abfallsektor nachhaltig aufzubauen, werden sie bereit sein, sich langfristig zu engagieren und Kapazitäten, Niederlassungen, Vertriebs- und Servicenetze aufzubauen. Die klugen Köpfe eines Landes für die strategische Entwicklung und Steuerung wird man für die Abfallwirtschaft nur gewinnen können, wenn der Sektor eine berufliche Perspektive und interessante Entwicklungsmöglichkeiten bietet. Eine klare politische Entscheidung erweckt das Interesse für internationale Unterstützung durch Fördermittelgeber und den Privatsektor. Dieser wird sich in einem Land im stärkeren Maß nur dann engagieren, wenn er Vertrauen in die Ernsthaftigkeit zum Aufbau des Sektors, in eine sachgerechte Regulierung und in die Solidität der Kostendeckung und Finanzierung haben kann.

Die Grundsatzentscheidung zum nachhaltigen Aufbau der Abfallwirtschaft sollte die Ziele und grundlegenden programmatischen Festlegungen zu den o. g. Systemelementen umfassen. Mindestens sollten grundsätzliche programmatische Aussagen zu folgenden Themenbereichen getroffen werden:

- Zielvorgabe, innerhalb eines festzusetzenden Zeitraums sukzessive ein funktionsfähiges Abfallwirtschaftssystem landesweit zu realisieren,
- Beachtung von Mindeststandards zum Schutz der Gesundheit, der Umwelt, des Klimas und zur Berücksichtigung sozialer Aspekte,
- anzuwendende Grundsätze und Prinzipien[1] sowie internationale Vereinbarungen[2],
- Auf-/Ausbau von Institutionen, Fachbehörden und Entsorgungsträgern,
- Auf-/Ausbau der beruflichen Aus- und Fortbildung,
- Förderung von Forschung und Entwicklung,
- Grundsätze der Finanzierung und Kostendeckung.

Darüber hinaus ist es je nach sachlicher Erfordernis und politischer Schwerpunktsetzung wünschenswert, wenn weitere Ziele und Grundsätze definiert werden. Im Hinblick auf die globalen Herausforderungen Rohstoffverknappung und Klimawandel sind dies v. a. Zielaussagen zur Sekundärrohstoffgewinnung, biologischen und energetischen Verwertung, zum Klimaschutz und – soweit relevant – zur Vermeidung des Mülleintrags in

[1] Vor allem Aussagen zu Zielhierarchie, Verursacherprinzip, Vorsorgeprinzip, Produkthaftung, Entsorgungssicherheit, Subsidiaritätsprinzip, Kostendeckung; es ist nicht zwingend, dass diese Prinzipien allesamt und von Beginn an angewandt werden, jedoch sollten die Grundsätze der Abfallwirtschaftspolitik klar benannt werden.

[2] Vor allem Basler Konvention über die Kontrolle der grenzüberschreitenden Transporte gefährlicher Abfälle und ihrer Entsorgung; Rotterdam-Konvention über den internationalen Handel mit gefährlichen Chemikalien und Pestiziden; Stockholm-Konvention (POP-Konvention) zur Vermeidung der Freisetzung von schwer abbaubaren organischen Verbindungen; Kyoto-Protokoll zur Reduzierung von klimaschädlichen Treibhausgasen.

die Meere. Mit Blick auf die gesellschaftliche Entwicklung sollten Aussagen zur Beteiligung der Zivilgesellschaft sowie zu sozialen Aspekten enthalten sein, hier v. a. hinsichtlich der zumutbaren Kostenbelastungen für ärmere Bevölkerungsschichten sowie – soweit relevant – zur Einbeziehung des informellen Sektors.

▶ **Praxistipp** Nicht nur die Rahmenbedingungen und Planungen in einer ins Auge gefassten Kommune oder Region sind für Investoren und Entsorgungsunternehmen von Bedeutung. Sie sollten auch überprüfen, inwieweit die dort geplanten Maßnahmen durch übergeordnete Zielsetzungen und Planungen fundiert sind und ob die Strategien und Pläne des Landes erwarten lassen, dass ein funktionierendes Umfeld für die Entwicklung der Abfallwirtschaft entstehen kann.

28.3.2 Sektorstrategie und Umsetzungsplan

Die grundsätzlichen Aussagen der nationalen Abfallpolitik finden ihre Konkretisierung und Operationalisierung in einer Sektorstrategie und räumlich konkretisierenden Plänen zur Umsetzung. In der Sektorstrategie legt die Regierung die vorgesehenen Maßnahmen und die Mittel für die Entwicklung der Abfallwirtschaft im Land dar. Neben der grundsätzlichen Zusage der vorgesehenen finanziellen Mittel umfasst dies insbesondere Aussagen und Festlegungen zur Steuerung der Prozesse, Einrichtung von Arbeitsgruppen und Beratungsgremien und zu beteiligende Akteure.

Die Sektorstrategie bildet das grundlegende Dokument zur Implementierung der Abfallwirtschaft und sollte folgende Themen umfassen:

- Darstellung der strategisch-inhaltlichen Ziele – insbesondere Vorrang der Vermeidung vor der Verwertung und umweltgerechten Entsorgung,
- Grundlagendaten und Ausgangssituation,
- Struktur der rechtlichen Regelungen sowie Mechanismen der (Weiter-)Entwicklung,
- Organisation der Abfallwirtschaft wie
  - Aufgaben/Rolle der Abfallerzeuger,
  - Entsorgungsträger,
  - Aufgaben/Zuständigkeiten der verschiedenen Ressorts und Verwaltungsebenen,
  - Zuständigkeiten für verschiedene Abfallarten,
  - Rolle der Privatwirtschaft,
  - Beteiligung des informellen Sektors[3],

[3] Der informelle Sektor spielt v. a. in Entwicklungs- und Schwellenländern eine bedeutende Rolle in der Erfassung und Verwertung von Abfällen. Es handelt sich hierbei um Menschen, die ihren Lebensunterhalt außerhalb formeller Beschäftigungsverhältnisse durch Sammlung, Sortierung, Aufbereitung und Verwertung von Abfällen sowie durch Dienstleistungen wie Reinigung von Straßen und Anlagen bestreiten (GIZ 2011).

- administrative Zuständigkeiten für
  - Entwicklung der Rechtsgrundlagen und technischen Standards,
  - Planung und Bau von Entsorgungsanlagen,
  - Identifizierung und Auswahl von Standorten,
  - Überwachung und Vollzug der Regelungen,
  - Monitoring der Implementierung und Berichterstattung,
  - Fortschreibung der Strategie,
- Maßnahmen für den Aufbau und die Stärkung von Institutionen und zum Kapazitätsaufbau,
- Aufbau der beruflichen Aus- und Fortbildung sowie von Forschungs- und Entwicklungskapazitäten,
- Ziele, Strategien, Zuständigkeiten zur Sicherung/Sanierung von Müllkippen und Altstandorten,
- orientierende Investitionskostenschätzung und Finanzplanung,
- Instrumente zur Finanzierung der laufenden Kosten,
- Grundsätze der Mitwirkung von Akteuren und Vertretern der Zivilgesellschaft,
- Maßnahmen der Öffentlichkeitsbeteiligung und Umweltbewusstseinsbildung.

Die erforderlichen Schritte zur Umsetzung, die Fristen und die erforderlichen Ressourcen zur Umsetzung der auf nationaler Ebene erforderlichen Maßnahmen werden in einem Umsetzungsplan festgelegt. Dieser umfasst folgende Elemente:

- Programm und Zeitplan für die Erarbeitung der Rechtsgrundlagen sowie von technischen und Umweltstandards,
- Zeitplan für die Planung und Implementierung der erforderlichen Anlagen/Priorisierung der Anlagenplanungen,
- überschlägige Mittelbedarfsschätzung, Investitionsplan und Finanzierungsplan,
- Programm und Zeitplan für den Auf-/Ausbau von Institutionen[4] einschließlich Personalrekrutierung und -qualifizierung,
- Programm für den Auf-/Ausbau der beruflichen Aus- und Fortbildung und von Forschungsinstitutionen.

Die verschiedenen Elemente der Strategieentwicklung hängen eng zusammen. Vor allem die besonders kostenwirksamen Elemente der Rahmenplanung – Art der Anlagen und Ausbau-/Umsetzungsplanung – sowie die anzustrebenden Standards bedürfen der sorgfältigen Abstimmung mit den finanziellen Rahmenbedingungen. Dies erfordert eine iterative Entwicklung der Strategie (Abb. 28.1). Dazu bietet sich die Einrichtung einer interministeriellen Steuerungsgruppe unter Federführung des für die Abfallwirtschaft zuständigen Ministeriums an, die den Prozess koordiniert.

[4] Einschließlich erforderlicher Ausstattung wie Mess- und Laboreinrichtungen, Kommunikations-, Informationsverarbeitungssysteme, Logistik etc.

Die Strategie bedarf der kontinuierlichen Weiterentwicklung entsprechend der in der Praxis gesammelten Erfahrungen. Dazu berichten die für Genehmigung, Überwachung und Vollzug der Rechtsvorschriften zuständigen Behörden sowie die Entsorgungsträger im Rahmen ihrer Monitoring- und Berichterstattungspflichten regelmäßig an die für die Strategieentwicklung zuständige Institution respektive an die politischen Gremien. Auf Grundlage der Berichte ist zu beraten, ob Modifikationen an der Strategie, an den Standards oder an den Ausbauzielen vorzunehmen sind.

► **Praxistipp** Nicht selten bestehen v. a. in Entwicklungs- und Schwellenländern überzogene Vorstellungen und Erwartungen an Investoren und private Entsorgungsunternehmen. Analysieren Sie, ob das Land ernsthafte und realistische Vorstellungen zur Entwicklung der Abfallwirtschaft und den – v. a. auch finanziellen – Erfordernissen hat.

28.3.3 Nationale und regionale Abfallwirtschaftsplanung

Die nationale und – bei großen Staaten – regionale Abfallwirtschaftsplanung ist sowohl im Rahmen der Strategieentwicklung als auch im Hinblick auf planerische Vorgaben für die Umsetzung von hoher Bedeutung. Die Pläne dienen als Leitlinie für die strategische Ausrichtung der Abfallwirtschaft ebenso wie für die Realisierung von zentralen Entsorgungsanlagen und die Etablierung von Trägern. Sie bilden die entscheidende Grundlage bei der Konzeption wirtschaftlicher Anlagengrößen.

Im Abfallwirtschaftsplan werden grundlegende Aussagen zur landesweiten räumlichen Organisation der Abfallwirtschaft formuliert. Der Staat muss seine Vorstellungen zur Organisation der Entsorgungsräume aus übergeordneter Sicht in Abstimmung mit den für die operativen Aufgaben zuständigen Institutionen entwickeln. Eine fortschrittliche Abfallwirtschaft erfordert kostenoptimale Lösungen und leistungsfähige, kompetente Entsorgungsträger. Aufgrund der Kostendegression bei zunehmender Anlagengröße sind die Entsorgungsgebiete ausreichend groß zu konzipieren und geeignete Trägerstrukturen zu entwickeln. Die Planung muss das gesamte Land abdecken – entweder in Form eines nationalen Abfallwirtschaftsplans oder in Form sich ergänzender regionaler Abfallwirtschaftspläne[5]. Dabei gilt es, weiße Flecken, d. h. unversorgte oder unwirtschaftlich zu betreibende Entsorgungsgebiete zu vermeiden. Die Pläne dienen als Leitlinie für die Realisierung von zentralen Entsorgungsanlagen und für die Etablierung von Trägern.

Die zentralen, d. h. überörtlich genutzten Entsorgungs- und Verwertungsanlagen stellen die bedeutendsten Investitionen beim Aufbau eines Abfallwirtschaftssystems dar und bilden neben den bestehenden administrativen Strukturen in einem Land die zentrale Determinante für die Gestaltung der Einzugs- respektive Projektgebiete und damit für die Trägerorganisation. Die räumlichen und organisatorischen Strukturen des Abfallwirt-

[5] Regionale Abfallwirtschaftspläne bieten sich v. a. bei großen Ländern und entsprechenden Verwaltungsstrukturen an, z. B. für Bundesländer, Provinzen oder Gouvernorate.

schaftssystems sind soweit möglich unter Berücksichtigung der wirtschaftlichen Untergrenzen der infrage kommenden Anlagentypen zu entwickeln. Aus wirtschaftlichen Gründen sollte das Einzugsgebiet einer geordneten Deponie etwa 300.000 Einwohner nicht unterschreiten. Bei thermischen Behandlungsanlagen sind Einzugsbereiche von nicht unter 1 Mio. Einwohner anzustreben. Die Gestaltung einer technologisch hochwertigen, effizienten Abfallwirtschaft darf demzufolge nicht allein von bestehenden Verwaltungsstrukturen oder Gewohnheiten abhängen. Die Bedeutung der Transportentfernungen auf die Wirtschaftlichkeit des Entsorgungssystems wird vielfach überschätzt. Sofern ein ausreichendes Straßennetz vorhanden ist, ist es i. d. R. kostengünstiger, Abfälle auch über größere Entfernungen zu transportieren, als zentrale Anlagen zu klein zu dimensionieren.

Die geeignete Trägerform und ihre Gestaltung sind unter Berücksichtigung der Verwaltungsstrukturen des Landes und der gewählten Aufgabenteilung zu wählen. Zumeist liegt die Zuständigkeit für die Abfallwirtschaft bei den Kommunen. Kleine und mittlere Kommunen sind jedoch mit Planung, Bau und Betrieb von Entsorgungsanlagen i. d. R. organisatorisch und finanziell überfordert. Übergemeindliche Verwaltungsebenen wie die Landkreise in Deutschland gibt es in vielen Ländern nicht. Für die überörtlich zu nutzenden, zentralen Entsorgungsanlagen sind daher organisatorische Lösungen zu finden, die auch den Bedürfnissen der kleineren Kommunen gerecht werden, etwa in Form von Kommunalverbänden. In kleinen Staaten können auch nationale, in größeren Staaten bundesstaatliche Träger[6] eine sinnvolle Lösung darstellen.

Bei Anlagen zur Erzeugung von Energie aus Abfällen leisten die Erlöse aus der energetischen Verwertung von Abfällen einen bedeutenden Beitrag zur Kostendeckung. Die Absatz- und Verwertungsmöglichkeiten für die gewonnene Energie bzw. eine möglichst hohe Energienutzungsquote sind entscheidend für die Wirtschaftlichkeit der Anlagen. Die Energienutzungsquote hängt entscheidend von den Möglichkeiten der Nutzung der Abwärme ab. Die Standortwahl für Waste-to-Energy-Anlagen wird stärker von den Nutzungs- und Absatzmöglichkeiten für die erzeugte Wärme beeinflusst als von der verkehrstechnischen Erreichbarkeit der Anlagen.

► **Praxistipp** Der geplante Einzugsbereich einer Entsorgungsanlage sollte auch unter Berücksichtigung künftiger Entwicklungen, insbesondere dem Ausbau der Abfallverwertung, ausreichend groß für einen wirtschaftlichen Betrieb sein. Bei der Auswahl der Technologie und der Auslegung der Anlagen sollten solche wahrscheinlichen Entwicklungen berücksichtigt werden.

[6] In Deutschland sind für die Sonderabfallentsorgung zumeist bundesstaatliche Trägermodelle etabliert.

28.4 Rahmensetzung und Regulierung

Ein klarer Rechts-, Finanzierungs- und Planungsrahmen bildet die Grundlage für die Realisierung und den Betrieb von Anlagen respektive für die Umsetzung abfallwirtschaftlicher Maßnahmen. Die Rahmensetzung und der Vollzug werden von landesspezifischen Faktoren beeinflusst, die die jeweiligen Einstellungen und Kulturen eines Landes spiegeln (IMPEL 2003):

- Das politische Umfeld und die Zielsetzungen bilden den Rahmen für das Aufgabenverständnis und sind entscheidend für die Bereitstellung der Ressourcen.
- Das – nationale und internationale – regulatorische Umfeld, einschließlich der Genehmigungsverfahren und der gegebenenfalls strafrechtlichen Verfolgung von Verstößen, bilden den Rechtsrahmen.
- Der Zustand der Umwelt und internationale, nationale und regionale Verpflichtungen hierzu formen wichtige Leitlinien für die zu setzenden Prioritäten.
- Die Rahmensetzung soll Umwelt-, soziale und ökonomische Aspekte der nachhaltigen Entwicklung berücksichtigen.
- Die ökonomischen Rahmenbedingungen und der technische Entwicklungsstand haben Einfluss darauf, auf welche Weise internationale Vereinbarungen in nationale Regelungen übernommen werden können.
- Soziale und kulturelle Faktoren und Traditionen, das öffentliche Umweltbewusstsein und Einstellungen beeinflussen die Arbeitsweise der für den Vollzug zuständigen Institutionen und die Verfügbarkeit von qualifiziertem Personal.

Diese Faktoren konkretisieren das Verständnis der German RETech Partnership (2015), wonach die Entwicklung der Abfallwirtschaft im engen Zusammenhang mit der Entwicklung in den Bereichen Politik, Markt, Gesellschaft und Finanzierung steht.

28.4.1 Rechtsgrundlagen

Die Organisation für wirtschaftliche Zusammenarbeit und Entwicklung (OECD) empfiehlt ihren Mitgliedern, ein regulatorisches Instrumentarium für den Abfallsektor zu entwickeln, das die Verpflichtungen der Abfallerzeuger und der am Entsorgungsprozess Beteiligten regelt (OECD 2007). Ziel ist es, innerhalb eines überschaubaren Zeitraums im gesamten Land gleiche rechtliche Rahmenbedingungen und Entsorgungsstandards zu schaffen und diese auch durchzusetzen. Der Rechtsrahmen muss Regelungen enthalten zu

- Zielen, Grundsätzen und Prinzipien: Hierzu zählen im EU-Abfallrecht die Abfallhierarchie – Vorrang der Vermeidung und Verminderung vor der Verwertung und umweltverträglichen Beseitigung, Entsorgungsautarkie, Näheprinzip, Produktverantwortung (EU 2008c);

- Begriffsdefinitionen und Abgrenzungen der Regelungsbereiche: Dies betrifft insbesondere Abfallbegriff, Abfallartenkatalog und Kategorisierung der Abfälle nach Regelungsbereichen und gegebenenfalls unterschiedlichen Ressortzuständigkeiten[7];
- Anforderungen an die Vermeidung, Verwertung und Entsorgung: Hierzu zählen insbesondere Getrennthaltungspflichten, Vermischungsverbote, organisatorische und technische Anforderungen an Anlagen und Geräte, Anforderungen an die Lagerung, Verpackung, Transport, Umweltschutzanforderungen wie Emissionsgrenzwerte, technische Standards für Behandlungsanlagen etc.;
- Aufgaben, Verpflichtungen und Verantwortlichkeiten der Abfallerzeuger und beteiligten Akteure: z. B. Überlassungs-, Andienungspflichten für Abfallerzeuger, Berichts- und Dokumentationspflichten etc.;
- Organisation und Zuständigkeiten für Planung, Durchführung, Zulassung/Genehmigung, Überwachung und Vollzug;
- Import und Export von Abfällen.

Das rechtliche Regelwerk sollte klar, überschaubar, transparent, verständlich und den Rahmenbedingungen und Möglichkeiten in einem Land angepasst und angemessen sein. Es besteht sinnvollerweise aus einem vom höchsten gesetzgebenden Organ zu verabschiedenden Rahmengesetz, das durch Verordnungen, Richtlinien, Regelwerke und Handreichungen konkretisiert wird, die von dem zuständigen Ministerium nach einem im Rahmengesetz festgelegten Verfahren erlassen werden können. Für die Umsetzung durch die Akteure bedarf es solcher Instrumente wie Genehmigungen, Lizenzen, Erlaubnisse und Standards, für deren Überwachung und Durchsetzung Fachbehörden als Vollzugsorgane auf einer den Rahmenbedingungen des Landes angepassten Verwaltungsebene zuständig sein sollten.

Die Querbezüge zu anderen Umwelt- und relevanten Rechtsbereichen, insbesondere zum Wasserrecht, Luftreinhaltungs-/Immissionsschutzrecht, Naturschutzrecht, Bodenschutzrecht, Chemikalien-/Gefahrstoffrecht, allgemeinem Umweltrecht, z. B. Umweltverträglichkeitsprüfung und Raumordnungs-, Bau- und Planungsrecht, sollten sorgfältig abgestimmt sein, um rechtliche Unklarheiten, Widersprüche und überhöhten Verwaltungsaufwand zu vermeiden.

► **Praxistipp** Unternehmen, die Engagements in anderen Ländern planen, sollten die relevanten rechtlichen Regelungen insbesondere bezüglich Zulassung, Genehmigung und Überwachung von Anlagen und Dienstleistungen sorgfältig analysieren. Sofern Regelungsdefizite bestehen, sollten Vereinbarungen nicht nur mit dem Vertragspartner, sondern auch mit den Zulassungs- und Überwachungsbehörden, insbesondere bezüglich Zuordnungswerten, Emissionswerten, Informationspflichten etc. getroffen werden, um eine größere Rechtssicher-

[7] Insbesondere für spezielle Abfallarten wie Abfälle aus dem Gesundheitswesen, Minen- und Bergbauabfälle, Schiffs-/Hafenabfälle u. a. m.

heit zu erzielen. Dabei sollten nicht nur die im Land geltenden Mindestanforderungen erfüllt, sondern eine gute fachliche Praxis angewandt werden.

28.4.2 Vollzug der rechtlichen Regelungen

Die rechtlichen Regelungen können ihre Wirkung nur entfalten, wenn ihre Beachtung auch kontrolliert und durchgesetzt wird. Der sog. Vollzug[8] der Rechtsvorschriften ist v. a. im Hinblick auf die Beteiligung des Privatsektors von erheblicher Bedeutung. Es gilt, ein „level playing field", d. h. gleiche Rahmen- und Wettbewerbsbedingungen sowohl für die Abfallerzeuger wie für die im Entsorgungsmarkt agierenden Unternehmen zu schaffen. Seriös agierende Unternehmen können nicht dauerhaft am Markt erfolgreich sein, wenn Wettbewerber Kostenvorteile infolge niedrigerer einzuhaltender Standards haben. Dies gilt sowohl für Entsorgungsunternehmen als auch für Unternehmen als Erzeuger von Abfällen. Für alle müssen perspektivisch gleiche Rahmenbedingungen geschaffen und durchgesetzt werden, um Wettbewerbsverzerrungen zu vermeiden. Die Vollzugsaufgaben umfassen

- Genehmigung/Zulassung von Anlagen,
- Überwachung von Bau und Betrieb,
- Monitoring und Berichterstattung.

Während die Genehmigung respektive Zulassung von Anlagen die Grenzen der Betätigung vor dem Bau und Betrieb einer Anlage regelt, ist es Aufgabe der Überwachung, die Einhaltung der Auflagen bei Bau und Betrieb zu überprüfen und durchzusetzen.

► **Praxistipp** Ein kooperativer und konstruktiver Umgang mit den staatlichen Vollzugsinstitutionen nutzt beiden Seiten und unterstützt den beschleunigten Aufbau der erforderlichen Kapazitäten. Idealerweise wird der Kapazitätsaufbau bei den staatlichen Institutionen durch neutrale öffentliche Institutionen aus Staaten mit entwickelten Abfallwirtschaftssystemen unterstützt.

28.4.2.1 Genehmigung/Zulassung von Anlagen

Die Genehmigung respektive Zulassung und die Überwachung (s. u.) des Baus und Betriebs sowohl von Entsorgungsanlagen als auch von umweltbelastenden Produktionsanlagen stellen zentrale Aufgaben der Vollzugsbehörden dar. Die materiellen Regelungen wie auch die Genehmigungsverfahren sollten klar und transparent sein und in gleicher Weise im gesamten Land angewandt werden. Die Anforderungen sollten für die Antragsteller erkennbar und erfüllbar sein. Zentrale Aspekte der Genehmigung sind (Ecotec 2001):

[8] Der englische Begriff „enforcement" ist hier verständlicher.

- Art der Genehmigungen (Betriebserlaubnisse, Emissionsgrenzwerte etc.),
- Dauer/Fristen der Genehmigung,
- integrierte Genehmigungen oder sektor-/medienbezogene Genehmigungen,
- Trennung oder gemeinsame Zuständigkeit für Genehmigung und Überwachung.

Eine besondere Herausforderung stellt die Abstimmung mit anderen relevanten Regelungsbereichen dar, insbesondere Boden- und Gewässerschutz, Luftreinhaltung, Lärmschutz, aber auch Arbeitssicherheit. Die Integrated-pollution-prevention-control(IPPC)-Richtlinie der EU (2008/1/EG) zur „Integrierten Vermeidung und Verminderung der Umweltverschmutzung" (EU 2008b) verlangt von Betreibern umweltbelastender Anlagen ein integriertes Konzept zur Vermeidung und Verminderung der Emissionen in Luft, Wasser und Boden sowie abfallwirtschaftliche Maßnahmen. Damit wird zwar eine aufwendigere, aber auch effizientere Vorgehensweise bei Umweltproblemen ermöglicht. Es ist zu prüfen, ob die Zuständigkeiten bei einer oder mehreren Institutionen liegen. Liegen sie in einer Hand, verringert dies den Koordinationsaufwand und trägt dazu bei, Umweltschutz- und Arbeitssicherheitsaspekte integriert mit zu überprüfen.

Die Anforderungen an die Genehmigungsunterlagen sind in jedem Land sehr unterschiedlich. In Nicht-EU-Ländern kann es durchaus sein, dass keinerlei Regelungen für Abfallentsorgungsanlagen vorliegen, sodass für Investoren erhebliche Rechtsunsicherheiten bestehen. Hier gilt es, über entsprechende sachgerechte Vereinbarungen die Investition gegenüber nachträglichen kostensteigernden zusätzlichen Auflagen abzusichern. Das Netzwerk der Europäischen Union für die Anwendung und Durchsetzung des Umweltrechts (IMPEL; http://www.impel.eu) hat Empfehlungen und Musterbeispiele für abfallwirtschaftliche Zulassungsauflagen und -anforderungen unter besonderer Berücksichtigung der Vermeidung und Verwertung von Abfällen veröffentlicht. Diese können Orientierung und sachgerechte Grundlage für eine privatrechtliche Vereinbarung sein, solange keine allgemeinverbindlichen Regelungen in einem Land bestehen.

28.4.2.2 Überwachung

Die Überwachung der Rechtsvorschriften und Genehmigungsauflagen ist ein elementarer Bestandteil der Aufgaben der staatlichen Umweltverwaltung. Der Entwicklungsstand des Abfallwirtschaftssystems misst sich insbesondere daran, inwieweit die hierfür erforderlichen Kapazitäten vorhanden sind bzw. deren Aufbau geplant ist, eine solide Finanzierung für diese Aufgaben sichergestellt ist und die für den Vollzug zuständigen Institutionen mit den notwendigen Instrumenten und Vollmachten ausgestattet sind.

IMPEL (2007) hat Mindestanforderungen für die Organisation und Durchführung der Überwachung formuliert sowie Ziele, Parameter und Indikatoren für die Messung und Beurteilung der Qualität der Umweltüberwachung vorgeschlagen. Die Überwachungsbehörden selbst müssen für den Vollzug über ein rechtlich verankertes, gestuftes Instrumentarium verfügen, um die Beachtung der umweltrechtlichen Regelungen durchzusetzen und gegen Verstöße vorzugehen. Diese können eingeteilt werden in (AECEN 2007):

- präventiv wirkende administrative Maßnahmen wie Verpflichtungen zum Führen von Registern, Abgabe von Erklärungen, regelmäßige Inspektionen;
- Auflagen, Verwarnungen, Geldbußen, Pfändungen, Entzug von Genehmigungen und Erlaubnissen bis hin zu Betriebsschließungen zur Ahndung von Verstößen und Ordnungswidrigkeiten;
- strafrechtliche Instrumente wie Geld- und Gefängnisstrafen für besonders schwere Verstöße und Wiederholungsfälle, die gerichtlich zu klären sind.

Die Behörden sollten über Pläne für die Überwachung verfügen, die das gesamte Land und alle Anlagen umfassen. Als Grundlage sollte ein Register der zu überwachenden Anlagen vorhanden sein, das in Abstimmung mit den für die Zulassung von Industrie- und Abfallentsorgungsanlagen zuständigen Behörden regelmäßig fortgeschrieben werden muss. Die Häufigkeit und der Umfang der Kontrollen ist in Abhängigkeit der potenziellen Umweltgefährdung und Arbeitssicherheitsrisiken der Betriebe, der Schutzerfordernisse und Sensibilität der lokalen Umwelt und der Feststellungen während vorangegangener Kontrollmaßnahmen festzulegen.

Die Überwachungspläne sind strategische Dokumente, aus denen sich die Anforderungen an die personelle und gerätetechnische Ausstattung der Überwachungsinstitution/en ableiten. Diese müssen über die erforderliche technische Ausstattung für Probenahme, Konservierung und Rückstellung von Proben, Messung und Analyse oder über gesicherte finanzielle Ressourcen verfügen, um diese Aufgaben von Dritten durchführen lassen zu können. Die erforderliche Ausstattung hängt von der Art und Anzahl der zu überwachenden Betriebe und Anlagen, den zu überwachenden Schadstoffen, der vorhandenen Ausstattung sowie dem Ausmaß und der Zuverlässigkeit vorhandener Eigenüberwachungsmaßnahmen ab. Für die Durchführung der Überwachungsmaßnahmen ist ein ausreichendes jährliches Budget für die Deckung der Betriebskosten (Verbrauchsmittel, Eichung der Messgeräte, Büro- und Verwaltungskosten, Reisekosten etc.) und für Ersatzbeschaffungen vorzusehen.

Neben der Kontrolle der Genehmigungsauflagen liefern die Überwachungsmaßnahmen Hinweise für weitere Aufgaben und Zwecke, u. a. Daten für Emissions- und Abfallkataster, Informationen über im Land angewandte fortschrittliche Technologien, Hinweise für die Weiterentwicklung der Regulierungsinstrumente, anzustrebende bzw. im Land erreichbare Standards, Aktualisierung oder Anpassung von Genehmigungsauflagen etc. Darüber hinaus liefern sie Erkenntnisse für die Verbesserung der Organisation und Durchführung künftiger Inspektionen und der Überwachungsstrategie, v. a. hinsichtlich Häufigkeit, Art – d. h. Routine- oder Überraschungsinspektionen, Intensität und Zielrichtung der Kontrollen. Für die Durchführung müssen klare Regeln und Vorgehensweisen vorhanden sein. Es sind vollständige und klare Berichte über die durchgeführten Maßnahmen anzufertigen. Die Ergebnisse sind zu dokumentieren.

Bei gut organisierten und verantwortungsvollen Unternehmen kann die Überwachung reduziert und verstärkt auf Eigenkontrolle gesetzt werden[9]. Insbesondere Unternehmen mit einem anerkannten Umweltmanagementsystem, z. B. EMAS oder ISO 14001, kommen für eine Eigenüberwachung infrage. Die Eigenüberwachung verbessert die Kenntnisse der Unternehmen über die betriebsinternen Materialflüsse und erhebt die umweltfreundliche und ressourcenschonende Produktion zur dauerhaften Managementaufgabe (IMPEL 2005). Die Vorteile liegen in geringeren Kosten der Überwachung und der Nutzung der Kenntnisse der Betreiber über die Produktionsprozesse. Darüber hinaus kann auf diese Weise die Verantwortung der Unternehmen für die Kontrolle ihrer Emissionen gestärkt werden. Die Vollzugsbehörden prüfen dabei die vom Unternehmen getroffenen Vorkehrungen für die Eigenüberwachung und führen nur stichprobenartig Kontrollen durch. Dabei können sie sich bei Bedarf auf die Unterstützung durch externe Sachverständige stützen, die für diese Tätigkeit lizensiert sein sollten. Entscheidend ist, dass die Zuständigkeiten und Aufgaben in Überwachungsprogrammen, Funktionsplänen, Genehmigungen, rechtlichen Regelungen und anderen relevanten Dokumenten klar geregelt sind (Ecotec 2001).

► **Praxistipp** Unternehmen, die Aktivitäten in Ländern planen, in denen die o. g. Voraussetzungen für eine geordnete Überwachung nicht oder nicht in ausreichendem Maß gegeben sind, können in Erwägung ziehen, die Qualifizierung von Überwachungspersonal zu fördern, etwa in Form von Betriebspraktika von Mitarbeitern der Vollzugsbehörden, Durchführung von Schulungen, Bereitstellung von Mess- und Laboreinrichtungen, musterhaften Eigenüberwachungsmaßnahmen u. a. m. Solange dies in neutraler Form und nicht in der Absicht erfolgt, die Aufsichtsbehörden zu eigenen Gunsten zu beeinflussen, stellt dies keinen Interessenkonflikt dar.

28.4.2.3 Monitoring und Berichterstattung

Die Fortschreibung von Politiken, Programmen und Plänen erfordert belastbare Daten und Informationen zu Arten, Mengen und Eigenschaften von Abfällen und vorhandenen Entsorgungspraktiken und -anlagen einerseits sowie zu den Umwelt- und Klimawirkungen dieser Aktivitäten andererseits. Die Daten dienen ferner der Information der Öffentlichkeit.

Die Abfallstatistiken werden teilweise von den Fachbehörden oder von statistischen Ämtern erfasst und verarbeitet. Das Monitoring und die Berichterstattung der Umweltsituation und der Abgleich mit Umweltqualitätsnormen, dies betrifft v. a. Luft- und Gewässerqualitätswerte einschließlich Grundwasser, ist Bestandteil des allgemeinen Umweltmonitorings. Die relevanten Akteure, insbesondere Entsorgungsträger und Betreiber von Verwertungs- und Entsorgungsanlagen, müssen zur Erfassung von Daten und zur regelmäßigen Berichterstattung verpflichtet werden. Darüber hinaus sollten größere und besonders

[9] Die Industrieüberwachung ist in erster Linie eine Aufgabe im Rahmen der Sonderabfallüberwachung, die jedoch auch Aufgaben im Rahmen der Siedlungsabfallwirtschaft wahrzunehmen hat.

abfallintensive Betriebe und Branchen verpflichtet werden, betriebliche Abfallwirtschaftskonzepte und regelmäßige Abfallbilanzen zu erstellen. Damit können Vermeidungs- und Verwertungspotenziale, Schwachstellen der Abfallentsorgung sowie Möglichkeiten zur Kosteneinsparung erkannt und genutzt werden. Abfallwirtschaftskonzepte enthalten im Vergleich zu Abfallbilanzen zusätzlich eine Planungskomponente zur Entwicklung der Abfallmengen, zu Minimierungsmaßnahmen und zur Sicherstellung der schadlosen und umweltverträglichen Entsorgung von Abfällen.

▶ **Praxistipp** Unternehmen, die Aktivitäten in Ländern mit nicht vorhandenen oder unvollständigen Regelungen zum Monitoring und zur Berichterstattung planen, können durch freiwillige Bereitstellung der Informationen und Berichte zum Aufbau von Know-how und Best Practices beitragen.

28.4.3 Wechselwirkungen zwischen Rahmensetzung, Vollzug und Monitoring

Die Umweltüberwachung ist ein unverzichtbarer Baustein der Regulierung. Rechtsrahmensetzung und Vollzug stehen in unmittelbarer Wechselwirkung zueinander. Die Interdependenzen zwischen dem aus den politisch-fachlichen Zielen abgeleiteten Rechtsrahmen, dem Vollzug und den in der Praxis gemachten Erfahrungen sind in Abb. 28.1 dargestellt. Rahmensetzung und Vollzugsaufgaben bilden zunächst jeweils eigenständige Regelkreise. Sie sind über den regelmäßigen Abgleich der Ziele mit den Erkenntnissen aus dem Monitoring miteinander verbunden. Sofern aufgrund der Erfahrungen in der Praxis Anpassungen oder Weiterentwicklungen der Ziele und der rechtlichen Regelungen vorgenommen werden (müssen), hat dies Auswirkungen auf die Genehmigungspraxis und die Überwa-

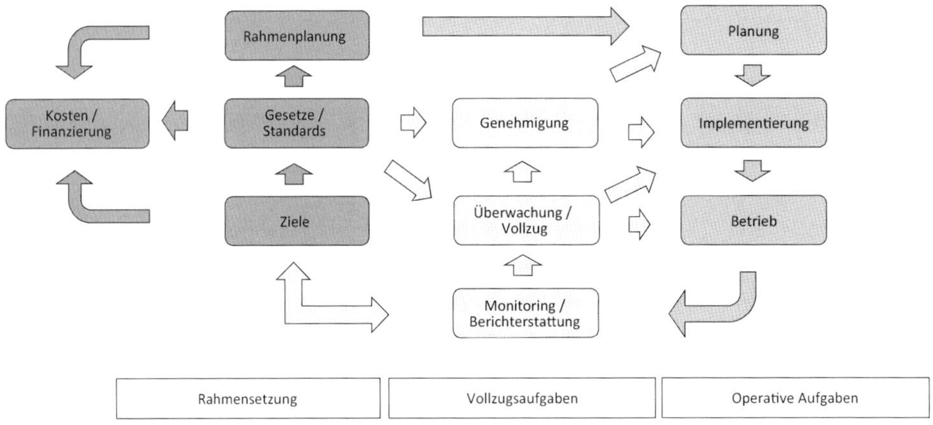

Abb. 28.1 Interdependenzen zwischen Rahmensetzung, Vollzug und Monitoring. (Erweiterte eigene Darstellung auf der Grundlage von IMPEL 1999)

chung. Die Rahmensetzung stellt somit einen fortlaufenden Prozess dar. Die Impulse für die Weiterentwicklung des rechtlichen Regelwerks müssen aus den für die Überwachung und den Vollzug zuständigen Institutionen kommen.

28.5 Finanzierung und Kostendeckung

Abfälle enthalten zwar in nennenswertem Maß verwertbare Stoffe und es kann Energie daraus erzeugt werden, die Kosten eines Entsorgungssystems lassen sich jedoch nicht allein aus den Erlösen für Wertstoffe und Energie decken. Beim Aufbau von Abfallwirtschaftssystemen müssen daher frühzeitig Überlegungen angestellt werden, auf welche Weise die Differenz zwischen Kosten und Erlösen gedeckt werden sollen. Ohne eine glaubwürdige Politik zur Kostendeckung und Anwendung geeigneter Instrumente ist keine finanzielle Nachhaltigkeit zur Sicherstellung einer geregelten Abfall- und Kreislaufwirtschaft gegeben.

Ausgaben entstehen insbesondere für

- Finanzierung von Investitionen für Abfallentsorgungsanlagen,
- Sammlung und Transport der Abfälle sowie Betrieb der Verwertungs- und Entsorgungsanlagen,
- Verwaltung einschließlich Überwachung und Vollzug,
- Aus- und Fortbildung sowie Forschung und Entwicklung.

Für die Finanzierung von Investitionen sowie für den Aufbau von Institutionen und die Qualifizierung von Personal stehen auf der Grundlage internationaler Vereinbarungen

- Mittel aus der bi- und multilateralen Finanzierungen von Entwicklungszusammenarbeit/Official Development Aid (EZ/ODA)

zur Verfügung.

Diese kommen jedoch nur dem öffentlichen Sektor zugute. Für die Finanzierung von Anlageninvestitionen und Gerät kommt auch

- der Einsatz von Privatkapital und
- kommerzielle Finanzierung

infrage. Allerdings werden privates Kapital und kommerzielle Kredite für Investitionen in weniger entwickelten Ländern nur zu mobilisieren sein, wenn die Investoren Vertrauen in die Fähigkeit und Willigkeit der Vertragspartner haben, ihren finanziellen Verpflichtungen aus einem Vertrag nachzukommen. Private Unternehmen werden sich nur dann engagieren, wenn sie Vertrauen in die Solidität der Kostendeckung und Finanzierung haben können.

Mehr als 70 % der Gesamtkosten von Entsorgungssystemen sind laufende Kosten (Opex). Die Kapitalkosten (Capex) für die Anschaffung von Ausrüstung und Technik sowie den Bau der Entsorgungsanlagen sind demgegenüber trotz der hohen Investitionen deutlich geringer. Verwaltungskosten einschließlich Überwachung und Vollzug sowie Ausgaben für die Aus- und Weiterbildung von Fachkräften fallen zwar im Gesamtsystem kaum ins Gewicht, trotzdem wird diesen Systemelementen in vielen Ländern viel zu wenig bis gar keine Aufmerksamkeit gewidmet. Insbesondere bei der Qualifizierung von Fachkräften können und müssen Unternehmen sich engagieren, wollen sie dauerhaft erfolgreich in einem Land tätig sein.

Die wesentlichen Kostenfaktoren sind insbesondere die geregelte Sammlung der Abfälle und Wertstoffe sowie der Betrieb der Anlagen. Hierfür müssen dauerhaft gesichert Einnahmen erzielt werden. Eine Kostendeckung allein über Nutzergebühren ist oft aus praktischen Gründen, in Entwicklungsländern zudem v. a. aus sozialen Gründen nicht möglich.

Die Erhebung von nutzerbezogenen Gebühren für die öffentliche Dienstleistung Abfallentsorgung ist in entwickelten Ländern die am weitesten verbreitete Form der Kostendeckung. Diesem Instrument sind jedoch in vielen Ländern Grenzen gesetzt aufgrund administrativer und rechtlicher Rahmenbedingungen sowie technischer Umsetzungsmöglichkeiten. Die Erhebung von kostendeckenden Nutzergebühren ist den Kommunen in vielen Ländern rechtlich nicht gestattet. Für die Umsetzung administrativ aufwendiger verursachergerechter Gebühren fehlen vielfach die erforderlichen personellen Kapazitäten und die verwaltungstechnische Ausstattung. Zudem fehlen meist auch die elementaren technischen Voraussetzungen, d. h. genormte, den jeweiligen Gebührenschuldnern individuell zugeordnete Sammelbehälter, ohne die zumindest ein volumenbezogener Tarif nicht durchführbar ist. Allenfalls bei gewerblichen Abfallerzeugern, die eine bedarfsgerechte Abfuhr erhalten, sind mengenproportionale Gebühren möglich. Auch Sacksysteme, bei denen die Gebühr im Verkaufspreis der Müllsäcke enthalten ist, ermöglichen eine mengenbezogene Veranlagung. Jedoch ist der Einsatz dieser Systeme aufgrund der im Vergleich zu Abfallbehältern höheren Behälterkosten[10] und des erhöhten Materialverbrauchs sorgfältig abzuwägen.

► **Praxishinweis** Unternehmen, die Aktivitäten in anderen Ländern planen, sollten sorgfältig analysieren, ob in dem Land ein funktionierendes, zuverlässiges Kostendeckungsregime auf der Grundlage gesetzlicher Regelungen besteht, das die Gewähr bietet, dass ausreichende finanzielle Mittel zur Deckung der Kosten der erbrachten Leistungen dauerhaft und zuverlässig bereitstehen.

Neben Nutzergebühren bestehen andere geeignete Instrumente bzw. Quellen zur Deckung v. a. der Kosten der operativen Aufgaben:

[10] Kosten des Sammelgefäßes bezogen auf die entsorgte Abfallmenge.

- zweckgebundene oder verhaltenslenkende Abgaben, z. B.
  - Umweltabgaben, Tourismusabgaben,
  - Deponieabgaben,
  - Produktabgaben,
- spezielle Formen wie Einspeisetarife für aus Abfällen erzeugte Energie, Verwertungsprämien, Vergütungen für Treibhausgasminderung,
- Finanzierung aus dem allgemeinen Steueraufkommen,
- Produzentenverantwortung,
- Subventionen.

Eine indirekte Form der Kostendeckung ist die \textit{Produktverantwortung}, bei der die Zuständigkeit der Entsorgung für die Produkte auf die Hersteller und/oder Händler übertragen werden. Diese können sie auf eigens für diesen Zweck gegründete Organisationen gegen Zahlung von Entgelten übertragen. Insbesondere Abgaben auf abfallintensive Produkte, wie z. B. Verpackungen, können erheblich – in Tunesien bis zu 80 % – zur Deckung der laufenden Kosten beitragen. Der geeignete Instrumentenmix ist durch einen politischen Entscheidungsprozess rechtlich festzulegen[11]. Die erforderlichen Beiträge müssen auf Grundlage einer realistischen Kostenschätzung abgestimmt werden.

Bei der Wahl des Gebührensystems und der Erhebungsmethode sind insbesondere folgende Faktoren zu berücksichtigen (EU 2008a):

- ökonomische Situation im Entsorgungsgebiet/objektive Zahlungsfähigkeit,
- Akzeptanz von Abfallgebühren/subjektive Zahlungswilligkeit,
- Zumutbarkeit von Gebühren insbesondere für ärmere Bevölkerungsschichten,
- Kapazitäten und Leistungsfähigkeit der Verwaltung.

Die Möglichkeiten der Quersubventionierung durch zahlungskräftigere Abfallerzeuger sollten sorgfältig evaluiert werden. So können z. B. Tourismuseinrichtungen, Gewerbebetriebe, Gebiete mit einkommensstärkeren Bewohnern einen überproportionalen Beitrag leisten, sofern dies rechtlich zulässig ist. Auch Befreiungen oder Entlastungen für sozial schwächer gestellte Personengruppen können erwogen werden.

Auch wenn der Kostendeckungsbeitrag begrenzt ist, ist es ratsam, Gebühren für abfallwirtschaftliche Dienstleistungen einzuführen. Sie haben eine wichtige Funktion als Instrument der Verhaltensbeeinflussung und machen den Abfallerzeugern bewusst, dass die öffentliche Dienstleistung Abfallmanagement Kosten verursacht. Auf diese Weise trägt sie zur Entwicklung des Umwelt- und Abfallbewusstseins in der Bevölkerung bei. Dazu müssen bei den Entsorgungsträgern die technisch-administrativen Voraussetzungen für das Gebührenmanagement geschaffen werden. Es kann durchaus sachgerecht sein, Abfallgebühren zusammen mit anderen Gebühren für öffentliche Dienstleistungen in Form eines

[11] Detaillierte Empfehlungen für die Eignung und die Einführung von Finanzierungs- und Kostendeckungsinstrumenten enthält EEA (2006).

Aufschlags zu erheben[12], weil der Aufbau einer eigenen Gebührenverwaltung zeit-, personal- und kostenaufwendig ist. Bei der Abwägung sind die Einnahmesicherheit und eine hohe Hebeeffizienz insbesondere während der Aufbauphase eines Abfallwirtschaftssystems höher zu gewichten als die Anwendung des Verursacherprinzips. Das System kann in der Folge weiter in Richtung eines stärker verursacherbezogenen und kostengerechten Gebühr entwickelt werden, sobald das Sammelsystem etabliert und akzeptiert ist.

Bei der Implementierung von Abfallgebühren ist es ratsam, behutsam vorzugehen. Gegenüber Bürgern und gewerblichen Abfallerzeugern muss die Gebühr begründet und ein angemessener Entsorgungsservice geboten werden. Die Zahlungsbereitschaft wächst i. d. R., wenn der Gebührenzahlung eine zuverlässige Entsorgungsdienstleistung gegenübersteht. Die Gebührenhöhe sollte stufenweise angehoben, die Gebührenkalkulation offengelegt und erläutert werden. Zugleich müssen Sanktionsmöglichkeiten gegenüber säumigen Zahlern zulässig und effizient nutzbar sein.

28.6 Institutionelles System

Der Aufbau von leistungsfähigen Institutionen bildet eine Schlüsselaufgabe bei der Implementierung von nachhaltigen Abfallwirtschaftssystemen. Die Asian Development Bank sieht in der institutionellen Schwäche das größte Hindernis für die Um- und Durchsetzung einer umwelt- und ressourcenschonenden Abfallpolitik (ADB 2007). Ohne ausreichende institutionelle Kapazitäten und rechtlich fundierte Kompetenzen laufen alle Anstrengungen leicht ins Leere aufgrund von politischer Einflussnahme, Korruption und Missmanagement.

Das AECEN hat Grundsätze zur Berücksichtigung und Durchsetzung von Umweltaspekten erarbeitet und Prinzipien für die Arbeit der Umweltverwaltung formuliert (AECEN 2007):

- Die Umweltbehörden sind per Gesetz zu bestimmen und mit einem klaren Mandat, Aufgaben, Zuständigkeiten und Vollmachten sowie den erforderlichen personellen, technischen, finanziellen und logistischen Ressourcen auszustatten. Sie sollten autonom ohne politische oder private Beeinflussung agieren können und allein den gesetzlichen Regelungen unterworfen sein.
- Die Institutionen müssen über eine klare Struktur mit eindeutiger Zuordnung der Zuständigkeiten auf den verschiedenen Ebenen (national, regional, lokal) verfügen. Funktionale Zuständigkeiten und Aufgaben sollten von der jeweils untersten Ebene wahrgenommen werden, auf der eine sachgerechte und effiziente Durchführung der jeweiligen Aufgaben möglich ist (Subsidiaritätsprinzip). Während die operativen und vollziehenden Aufgaben von den dezentralen, örtlichen und regionalen Einheiten erfüllt werden,

[12] Z. B. als Aufschlag auf die Strom- oder Wasserrechnung. In der Türkei dürfen die Kommunen die Abfallgebühren zusammen als Aufschlag zur Wasser- und Abwassergebühr festlegen und gemeinsam einziehen.

hat die nationale Ebene – je nach Größe und Struktur eines Landes – vorwiegend steuernde und koordinierende Aufgaben zu erfüllen sowie Handlungsrichtlinien vorzugeben.

Beim Aufbau der institutionellen Struktur sind operative Aufgaben organisatorisch klar von regulatorischen und Vollzugsaufgaben zu trennen. Während die operativen Aufgaben den Kommunen, eigenständigen Institutionen, Verwaltungsebenen oder auch den Abfallerzeugern selbst[13] übertragen werden, hat die staatliche Umwelt-/Abfallwirtschaftsverwaltung[14], einschließlich ihrer regionalen Vertretungen, Handlungsrichtlinien vorzugeben und die Regulierung und den Vollzug der Regelungen wahrzunehmen (EU 2008a).

Es ist nicht erforderlich, die Institutionen aufgebaut zu haben, bevor Entsorgungsanlagen realisiert werden. Im Gegenteil, der Kapazitätsaufbau ist zielführender, wenn er parallel zur Planung und Realisierung der Entsorgungsinfrastruktur erfolgt und das zu qualifizierende Personal und die beteiligten Akteure am konkreten Objekt Erfahrungen sammeln können. So ist es gefordert, sich unmittelbar mit den Auswirkungen der Entscheidungen auseinanderzusetzen. Dies lässt erwarten, dass Standards und Auflagen in angepasster Weise gesetzt werden, anstelle Normen aus entwickelten Ländern weitgehend unkritisch zu übernehmen.

Für die Implementierung des Abfallwirtschaftssystems und den Vollzug der rechtlichen Regelungen müssen die Institutionen ausreichend mit Personal, technischer Ausrüstung und rechtlich abgesicherten Vollmachten ausgestattet sein (EU 2008a). Die Bereitstellung ausreichender Bearbeitungskapazitäten ist Grundvoraussetzung für die sachgerechte Erfüllung der Aufgaben und eigenständige Weiterentwicklung des Systems. Dazu ist die Rekrutierung und Qualifizierung von Personal erforderlich und es sind Verfahren für den Vollzug zu etablieren.

Nachfolgend werden die Anforderungen an die Etablierung von technischen Fachbehörden, Entsorgungsträgern sowie Vollzugsinstitutionen diskutiert.

28.6.1 Nationale Umwelt-/Abfallbehörde

Der Aufbau und die Weiterentwicklung eines Abfallwirtschaftssystems erfordert die Entwicklung von Fachkompetenz im Land, um an die örtlichen Rahmenbedingungen angepasste Lösungen zunehmend eigenständig und konsistent entwickeln zu können. Ecotec (2001) weist darauf hin, dass paradoxerweise die Dezentralisierung von Zuständigkeiten und Kompetenzen eine starke Zentralregierung erfordert. Ansonsten besteht die Gefahr, dass die lokal und regional zuständigen Institutionen unterschiedliche Regelungen und

[13] Dies gilt z. B. häufig für produktionsspezifische Abfälle.

[14] Staatliche Verwaltung meint hier den Unterschied zur kommunalen (Selbst-)Verwaltung oder der Verwaltung privater Organisationen. Gegenüber privaten Unternehmen können hoheitliche Aufgaben auch auf die kommunale Ebene verlagert werden, die diese jedoch organisatorisch von den Selbstverwaltungsaufgaben trennen muss.

Verfahren entwickeln, die den einheitlichen Vollzug der rechtlichen Regelungen in einem Land unterminieren können. Die Einrichtung einer nationalen Umwelt- oder Abfallbehörde oder zumindest einer technischen Fachabteilung im zuständigen Ministerium dient folgenden Aufgaben:

- fachliche Unterstützung und Beratung der Regierung bei der (Weiter-)Entwicklung der Rechtsgrundlagen und Begleitung der Gesetzgebungsverfahren,
- Entwicklung und Festsetzung von Umweltnormen und technischen Standards,
- Entwicklung von Verfahren für die Zulassung von Anlagen,
- Entwicklung von Instrumenten und Verfahren für die Umsetzung und den Vollzug,
- fachliche Unterstützung und Beratung der Vollzugsbehörden,
- Entwicklung von Strategien und Plänen auf nationaler Ebene respektive Veranlassung von Strategien und Plänen auf regionaler und lokaler Ebene und deren Prüfung,
- Entwicklung von Kriterien und Verfahren für die Auswahl von Standorten für zentrale Entsorgungsanlagen,
- Entwicklung von Programmen zur Sicherung oder Sanierung von Müllkippen und Altstandorten,
- Entwicklung und Bereitstellung von Fachexpertise für die Überwachung und das Monitoring von Anlagen und abfallwirtschaftlichen Tätigkeiten,
- allgemeine Information der Öffentlichkeit und Umwelterziehung,
- Datenerfassung und -analyse sowie Berichterstattung.

Darüber hinaus sind, je nach Größe eines Landes, kompetente und mit ausreichender Kapazität ausgestattete Institutionen auf der mittleren/regionalen Ebene in Form von Repräsentanzen der technischen Fachbehörden und Umweltbehörden erforderlich, die ein landespezifisches technisches Regelwerk (weiter-)entwickeln und Kommunen, Vollzugsbehörden, Entsorgungsträger sowie die privaten Akteure fachlich beraten können.

28.6.2 Entsorgungsträger

Der Aufbau einer fortschrittlichen Abfallwirtschaft erfordert kostenoptimale Lösungen und leistungsfähige, kompetente Entsorgungsträger. Aufgrund der Kostendegression bei zunehmender Anlagengröße sind ausreichend groß konzipierte Einzugsbereiche vorzusehen, für die geeignete Trägerstrukturen auf Grundlage einer landesweiten Rahmenplanung (s. o.) zu entwickeln sind. Die entscheidende Determinante für die Organisation von Entsorgungsträgern bildet neben den bestehenden administrativen Strukturen das vorgesehene Setup der zentralen Anlagen der Restabfallentsorgung und die Gestaltung der Einzugsgebiete. Sie stellen die bedeutendsten Investitionen beim Aufbau eines Abfallwirtschaftssystems dar.

Vielfach werden die Zuständigkeiten für die Abfallwirtschaft ohne Diskussion der Konsequenzen und Alternativen den Kommunen übertragen. Dies ist zwar für die Abfalleinsammlung sachgerecht, bei zentralen Entsorgungsanlagen ist allerdings sorgfältig abzuwägen, wer geeignete Träger sein können. Während der kommunale Ansatz in sehr großen Städten (größer als 0,5–1,0 Mio. Einwohner) eine tragfähige Lösung darstellt, hat er in Klein- und Mittelstädten zumeist unwirtschaftliche Lösungen zur Folge.

► **Praxishinweis** Unternehmen, die Aktivitäten in anderen Ländern planen, sollten sorgfältig prüfen, ob ihr potenzieller Vertragspartner auch längerfristig unter Berücksichtigung der Verwaltungsstrukturen im Land ein geeigneter und leistungsfähiger Entsorgungsträger sein kann.

Soweit möglich, sollten übergemeindliche Träger an bestehende Strukturen oder Organisationen anknüpfen, um vorhandene Ressourcen und Verfahren zu nutzen. Die geeignete Trägerform und ihre Gestaltung sind unter Berücksichtigung der Verwaltungsstrukturen des Landes und der vorgesehenen Aufgabenteilung zu wählen. Eine allgemeine Empfehlung zur Organisation der Entsorgungsträger kann nicht gegeben werden. Dort, wo keine geeigneten übergemeindlichen Verwaltungsebenen[15] vorhanden sind oder die Übernahme operativer Zuständigkeit nicht mit den sonstigen Aufgaben kompatibel ist[16], müssen eigene Lösungen gefunden werden. Infrage kommen insbesondere

- vorhandene Selbstverwaltungsvereinigungen (z. B. Tourismusverbände, Regionalfördergesellschaften, Wasser-/Abwasserverbände, öffentliche Energieversorger o. ä.),
- Zweckverbände,
- Kooperationsvereinbarungen benachbarter Kommunen,
- Servicevereinbarungen (zwischen einer großen Kommune, die die Zuständigkeit für die zentralen Anlagen übernimmt, und den kleineren Nachbargemeinden).

Dabei können durchaus regional unterschiedliche Modelle in einem Land umgesetzt werden. Zur Identifizierung regional angepasster Lösungen bietet sich die Durchführung von Regionalforen unter Beteiligung der relevanten Akteure an.

Ein möglicher geeigneter Ansatz kann auch in der Einrichtung staatlicher Träger liegen, wie dies für zahlreiche Bereiche der technischen Infrastruktur, insbesondere Energie-, Wasser-, Abwasserversorgung, v. a. in nordafrikanischen Ländern der Fall ist. Im Abfallsektor wurden in Tunesien gute Erfahrungen mit dieser Form der Trägerorganisation gemacht (Pfaff-Simoneit 2008b). Insbesondere beim angestrebten schnellen Aufbau der Entsorgungsinfrastruktur bietet sie erhebliche Vorteile. Im Unterschied zu kommunalen Trägern, deren Mitarbeiter im Verlauf ihres Berufslebens die Planung, Realisierung und Inbetriebnahme nur weniger Anlagen begleiten, kann bei einem staatlichen Träger das dabei erworbene Know-how mehrfach angewandt werden, was vor dem Hintergrund der

[15] Landkreise existieren in den meisten Staatsformen nicht oder haben rein koordinierende Aufgaben.

[16] Vor allem regionale Vertretungen der staatlichen Verwaltung, die Überwachungs- und Vollzugsaufgaben haben.

eingeschränkten Verfügbarkeit von Fachkräften in Entwicklungsländern von großem Vorteil ist.

28.6.3 Genehmigungs-, Überwachungs- und Vollzugsorgane

Für die Genehmigung von Anlagen und Überwachung und Durchsetzung des rechtlichen Regelwerks sowie der Genehmigungsauflagen sind geeignete Strukturen und Mechanismen erforderlich. In Abhängigkeit der Größe eines Landes und seiner Verwaltungsstrukturen sowie der Komplexität der Aufgabe bedarf es kompetenter und ausreichend ausgestatteter Institutionen auf nationaler und regionaler Ebene. Die Überwachung kann durch Behörden oder geeignete, hierzu autorisierte Institutionen wahrgenommen werden (OECD 2007). Dafür müssen ausreichende Ressourcen bereitgestellt und das Personal qualifiziert werden. Inwieweit die Genehmigung von Anlagen und deren Überwachung einer oder verschiedenen Behörden zugeordnet werden, bedarf der sorgfältigen Abwägung unter Berücksichtigung der gegebenen Verwaltungsstrukturen und Gepflogenheiten sowie der Zweckmäßigkeit. IMPEL (2005) sieht sowohl Vor- und Nachteile bei beiden Organisationsformen. Unter Berücksichtigung der meist schwachen Ausstattung und knappen Personalressourcen der staatlichen Umweltverwaltung dürfte jedoch die Zusammenfassung aller Aufgaben in einer Institution für Länder, deren Verwaltung sich noch im Aufbau befindet, angemessener sein.

Die abfallwirtschaftlichen Aspekte bilden einen Teil der hoheitlichen Regulierungs- und Vollzugsaufgaben, die auch in anderen Fachgebieten[17] zu leisten sind und von anderen Ressorts wahrgenommen werden. Daher empfiehlt es sich i. d. R. nicht, für den Vollzug abfallwirtschaftlicher Regelungen eine eigene institutionelle Struktur aufzubauen. Vielmehr sind sie in die Aufgaben der verschiedenen Ressorts zu integrieren. Für die Zuordnung der Überwachungs- und Vollzugsaufgaben zu den jeweiligen Ressorts empfiehlt sich eine Differenzierung nach Herkunftsbereichen der Abfälle, jedoch sollten die Grundsätze und Richtlinien für die Abfallwirtschaft von einer verantwortlichen Institution, i. d. R. dem Umweltministerium bzw. der nationalen Fachbehörde, vorgegeben und die Maßnahmen der Ressorts von diesem koordiniert werden. Dabei sind i. d. R. zu unterscheiden:

- Siedlungsabfälle (gegebenenfalls Aufgabe der Kommunalaufsicht),
- Industrieabfälle einschließlich gefährlicher Abfälle (gegebenenfalls Industrieüberwachung),
- Bau- und Abbruchabfälle (gegebenenfalls Bauaufsichtsbehörden),
- landwirtschaftliche Abfälle (gegebenenfalls Landwirtschaftsbehörde),
- Bergbauabfälle (gegebenenfalls Bergaufsicht),
- Kraftwerksaschen und -schlacken (gegebenenfalls Energiebehörde),

[17] Beispielsweise ist die Überwachung der Entsorgung gefährlicher Abfälle Bestandteil der Industrieüberwachung, die neben den umweltrelevanten Themen der Luftreinhaltung und des Gewässerschutzes auch Aspekte der Arbeitssicherheit und des betrieblichen Gesundheitsschutzes umfasst.

- Klärschlämme (gegebenenfalls Kommunalaufsicht respektive Industrieüberwachung),
- Abfälle aus dem Gesundheitswesen (gegebenenfalls Gesundheitsaufsicht),
- Tierkadaver,
- Abfälle, die wegen der Art oder Menge einer eigenen Entsorgungslösung bedürfen (z. B Minen- und Bergbauabfälle, Abfälle (Phosphorgips) aus der Phosphatindustrie).

Dort wo der Aufbau von eigenen Überwachungskapazitäten (noch) nicht möglich oder gewollt ist, kann diese Aufgabe privaten Institutionen übertragen werden[18]. Diese Lösung ist i. d. R. kostengünstiger als die Vorhaltung von Personal und Ausstattung durch die staatlichen Überwachungsbehörden selbst. Voraussetzung ist, dass klare und zuverlässige Regelungen für die Durchführung, Prüfung und Honorierung dieser Leistungen bestehen.

28.7 Berufliche Bildung, Forschung und Entwicklung

Neben den unmittelbar mit abfallwirtschaftlichen Aufgaben befassten Institutionen bildet die Einrichtung oder Stärkung von Fakultäten für die wissenschaftlich-technische Ausbildung und für die Durchführung von Forschungs- und Entwicklungsvorhaben sowie die Einrichtung von Berufsbildungsgängen für operativ tätiges Personal eine wichtige Komponente im Rahmen des institutionellen Aufbaus zur Sicherung der Nachhaltigkeit und langfristig eigenständigen Entwicklung des Sektors.

Qualifiziertes Personal für den Aufbau von Abfallwirtschaftssystemen und die kompetente Wahrnehmung der verschiedenen Aufgaben ist in vielen Ländern auf den Arbeitsmärkten kaum verfügbar, das notwendige Wissen nicht vorhanden. Es ist daher von zentraler Bedeutung, im Rahmen des Aufbaus von Abfallwirtschaftssystemen Maßnahmen zur Ausbildung von Fachkräften vorzusehen und hierfür ausreichende finanzielle Ressourcen bereitzustellen.

Nassour (2005) weist darauf hin, dass „Know-how [...] nicht durch eine Ausschreibung oder Erwerb einer neuen Technologie erworben werden kann. Es muss in den Köpfen durch laufende Tätigkeiten wachsen [...] und ständig aktualisiert werden“. Die Abfallwirtschaft benötigt – ebenso wie andere ingenieurwissenschaftliche und technische Disziplinen auch – wissenschaftliche und praktische Grundlagen, die nur durch eigene Forschungsvorhaben und Projekte im Land selbst vermittelt werden können. Ohne Entwicklung eigener technologischer und organisatorischer Kompetenz droht ein doppelter Teufelskreis: Der verbreitete Mangel an moderner Infrastruktur und technischer Ausrüstung behindert die Entfaltung eigener Forschungspotenziale und beeinträchtigt die Ausbildung wegen mangelnder Praxisrelevanz und Problemorientierung (BMZ 2009). Dies führt zu einem „brain drain“, der wiederum den Aufbau von Kompetenz und For-

[18] In Deutschland wird z. B. die KFZ-Überwachung von privaten Organisationen wahrgenommen.

schungs- und Entwicklungskapazitäten erschwert und zur Zurückhaltung von Investoren führt, fortschrittlichere Technologien einzusetzen (Richter et al. 2000).

Zur Steigerung der Attraktivität und Motivation der Beschäftigten gehört auch und insbesondere eine adäquate Bezahlung. Die Löhne und Gehälter müssen so gestaltet sein, dass eine Tätigkeit in der Abfallwirtschaft auch für Fachkräfte mit hohem Bildungsgrad attraktiv ist und sie dauerhaft gehalten und motiviert werden können. Zu geringe Gehaltszahlungen machen zudem anfälliger für Korruption. Insbesondere bei den Genehmigungs- und Überwachungs-/Vollzugsbehörden kann dies die ernsthafte Umsetzung einer rechtskonformen, nachhaltigen Abfallwirtschaft gefährden.

Nachfolgend wird auf die beiden wichtigsten Bereiche der Know-how-Entwicklung,

- Forschung und Entwicklung sowie
- berufliche Aus- und Fortbildung,

eingegangen. Neben den abfalltechnischen Fachkräften sind für den Aufbau eines nachhaltigen Abfallwirtschaftssystems weitere wissenschaftlich ausgebildete Fachkräfte erforderlich, v. a. Ökonomen, Juristen, Chemiker, Ingenieure anderer Disziplinen, Geologen, Biologen etc. In vielen Ländern sind diese Fachkräfte zwar verfügbar, es kann jedoch erforderlich sein, diesen ergänzende fachspezifische abfallwirtschaftliche Qualifikationen zu vermitteln.

28.7.1 Forschung, Entwicklung und wissenschaftliche Ausbildung

Für die Entwicklung eigener technologischer Kompetenz ist die Einrichtung bzw. Stärkung von Forschungsinstitutionen bzw. Fakultäten erforderlich. Universitäten bieten Zugang zu internationalem Wissen, was eine entscheidende Voraussetzung für Dauerhaftigkeit und Nachhaltigkeit technisch-ökonomischer Entwicklung bildet (Richter et al. 2000). Ohne qualifizierte Kräfte können effiziente demokratische Regierungs- und Verwaltungsarbeit, moderne Infrastruktur, Bildungswesen und Forschung nicht aufrechterhalten werden. Wasmuth (2004) sieht die entwicklungspolitische Bedeutung des Aufbaus von Forschungs-, Entwicklungs- und Ausbildungskapazitäten v. a. im Hinblick auf

- die Qualifizierung von Fach- und Führungskräften in den Partnerländern,
- die Beratung von Entscheidungsträgern sowie der entsprechenden Institutionen,
- die zunehmend wichtige Rolle von regionalen multidisziplinären Wissensnetzwerken im Kontext der Globalisierung.

Die Hochschulen sind in vielen Ländern oft nur unzureichend in der Lage, eigene wissenschaftliche Forschung zu betreiben oder Wissen aus dem internationalen Raum auf den lokalen Bedarf anzuwenden. Dies lässt sich in vielen Fällen auf Kapazitätsengpässe und mangelnde finanzielle Ausstattung von Hochschulen zurückführen. Selbst motivierte Wissenschaftler sind aufgrund der großen Studierendenzahlen meist fast ausschließlich in der Lehre und kaum in der Forschung beschäftigt (BMZ 2009).

Die Maßnahmen zum Aufbau von Forschungs- und Entwicklungskapazitäten in der Abfallwirtschaft sollten in die Strategie zum Aufbau der Abfallwirtschaft eingebunden sein und insbesondere beinhalten:

- Curricula-, Praktika- und Programmentwicklung,
- Auf- und Ausbau von Hochschuleinrichtungen einschließlich technisch-infrastruktureller Ausstattung (Laboratorien, Werkstätten, Bibliotheken etc.),
- Entwicklung regionaler Technologietransferzentren,
- Förderung der Kooperation zwischen Hochschulen und Industrie,
- Aufbau von nationalen und internationalen Netzwerken von Hochschulen und Forschungseinrichtungen,
- Entwicklung von gemeinsamen Studiengängen und Forschungskooperationen zwischen Institutionen in den Partner- und Industrieländern,
- Förderung des nationalen, regionalen und internationalen technisch-wissenschaftlichen Austauschs.

► **Praxishinweis** Die abfallwirtschaftlichen Institute der deutschen Hochschulen haben in den letzten Jahren ihre Aktivitäten in bemerkenswerter Weise internationalisiert. Sie unterhalten intensive Beziehungen zu Hochschulen aus weniger entwickelten Ländern, führen Kurse, Austauschprogramme, Gastaufenthalte durch und unterstützen beim Aufbau von Studiengängen der Abfallwirtschaft[19] oder Umwelttechnik[20]. Bestehende Kooperationen können wertvolle Hinweise bei der Identifizierung von geeigneten Zielländern für Investoren, Entsorgungsunternehmen und öffentlichen Institutionen liefern.

28.7.2 Berufliche Aus- und Fortbildung

Der Aufbau eines fortschrittlichen Abfallwirtschaftssystems erfordert qualifizierte Beschäftigte, die die höherwertigen Anlagen bedienen und instand halten können. Diese Fachkräfte müssen zunehmend in den Entwicklungsländern selbst ausgebildet werden, um eine dauerhaft eigenständige Entwicklung des Sektors zu erreichen.

Die Strukturen für ein Ausbildungskonzept in der Abfallwirtschaft und im Recycling und didaktische Konzepte wurden im Rahmen eines europäischen Projekts entwickelt.

[19] Zum Beispiel in Costa Rica (Universität Stuttgart), Thailand, Vietnam (Bauhaus-Universität Weimar), Vietnam (TU Dresden), Kuba (TU Hamburg-Harburg; DAAD 2004).
[20] Zum Beispiel China (Universität Rostock, TU Cottbus).

Das sog. Kernberufsprofil für Beschäftigte im Sektor[21] kann nach Blings und Spöttl (2003) in drei zentrale Arbeitsprozesse gegliedert werden:

a) Sammlung, Lagerung, Sortierung, Aufbereitung,
b) Verwertung und Aufbereitung von verschiedenen Materialien und
c) Instandsetzung und Anpassung der Anlagen.

Das Aufgabenspektrum der Gruppe a reicht über alle Stufen der Entsorgungs- und Behandlungskette und erfordert v. a. Materialkenntnisse. In diesem Bereich müssen zwar zumeist nur schnell erlernbare einfachere Aufgaben bewältigt werden, mit zunehmender Professionalisierung der Unternehmen sind jedoch Tätigkeiten in unterschiedlichen Sparten erforderlich, die eine höhere Flexibilität der Beschäftigten und vielfältige Materialkenntnisse erfordern. An Gruppenleiter, Vorarbeiter und Betriebsleiter werden erhöhte kognitive Ansprüche gestellt.

Tätigkeiten der Gruppen b und c verlangen ein höheres Bildungs-und Qualifikationsniveau. Der Betrieb von Kompostierungs- und Vergärungsanlagen, komplexeren Sortieranlagen und thermischen Abfallbehandlungs- respektive Verwertungsanlagen erfordert anspruchsvollere Fähigkeiten. Die Mitarbeiter müssen die Anlagen in den prinzipiellen Funktionsweisen und Prozessen verstehen und in der Lage sein, Störungen zu erkennen, deren Ursachen zu analysieren und zu beseitigen. Je stärker Anlagen automatisiert und je komplexer die ablaufenden Prozesse sind, umso stärker ist der Anlagenfahrer gefordert. Dies setzt eine technische Grundausbildung und Spezialisierung auf die jeweiligen Anlagentypen und Verfahren sowie Erfahrung mit den Anlagen voraus. Die Entwicklung dieses Know-hows erfordert Engagement und ein höheres Bildungs- bzw. intellektuelles Niveau.

Die Vielfalt und Heterogenität der Aufgaben und Tätigkeiten in der Abfallwirtschaft machen es schwierig, eine einheitliche Ausbildung für das operativ tätige Personal zu konzipieren. Blings, Spöttl und Windelband (2001) plädieren daher für ein Ausbildungskonzept, das anstelle einer themen- und technologieorientierten Ausrichtung von Qualifizierungsmaßnahmen die Geschäfts- und Arbeitsprozesse in den Mittelpunkt stellt. Die auszubildenden Fachkräfte sollen in die Lage versetzt werden, zunehmend die gesamten betrieblichen Organisationsstrukturen zu übersehen, zu reflektieren und mitzugestalten. Die Lerninhalte gliedern sich in die Lernbereiche Überblickswissen, Zusammenhangswissen von Anlagen und Systemen, Detail- und Funktionswissen und fachsystematisches Vertiefungswissen.

[21] Dort wurde die Bezeichnung Eco-Recycler geprägt (Blings und Spöttl 2003). In Deutschland besteht bereits seit 2002 der Ausbildungsberuf Fachkraft für Kreislauf- und Abfallwirtschaft (Bundesagentur für Arbeit o. J.).

Angepasste Ausbildungskonzepte für einzelne Länder sind unter Berücksichtigung

- der bestehenden Strukturen und Einrichtungen der Berufsbildung,
- der schulischen Qualifikationen und Kenntnisse der Auszubildenden und
- der voraussichtlichen Arbeitsmarkterfordernisse

von Berufsbildungsexperten zu entwickeln.

► **Praxishinweis** Unternehmen und Institutionen, die sich in Ländern ohne sachgerechtes Berufsbildungssystem engagieren wollen, können durch die Qualifizierung von lokalem Personal einen wichtigen Beitrag zum Aufbau der Abfallwirtschaft leisten.

28.8 Partizipation, Kommunikation, Konsultation

Die Entwicklung und Implementierung des Abfallwirtschaftssystems erfordert die Einbeziehung von und Abstimmung mit zahlreichen Akteuren und die Koordinierung vielfältiger Aktivitäten. Fortschrittliche Abfallwirtschaft/Kreislaufwirtschaft gelingt nur in der Interaktion zahlreicher Akteure und durch Mitwirkung der Bevölkerung und sonstigen Abfallerzeuger. Der Erfolg hängt entscheidend von der Organisation und der Zusammenarbeit zwischen privaten Haushalten, Gemeinden, Gewerbetrieben, Wertstoffsammlern, Entsorgungsunternehmen, Behörden u. a. ab (Schübeler et al. 1996). Bereits frühzeitig sind die Grundsätze und Prinzipien der Partizipation und Konsultation festzulegen. Die Berücksichtigung der unterschiedlichen Interessen und Erfahrungen ist hinsichtlich Umsetzbarkeit und Praktikabilität der vorgesehenen Regelungen von hoher Bedeutung. Dies gilt v. a. bei der Konzipierung der Rechtsgrundlagen und technischen Standards (EU 2008a). Kooperative Ansätze sind innovativer, da sie die Mitwirkungsbereitschaft, Kreativität und Eigenverantwortung der Akteure fördern.

Die Mitwirkung der Abfallerzeuger und Akteure muss durch Öffentlichkeitsarbeit, Aufklärung und Anreize gefördert werden, um mit der Zeit Einstellungs- und Verhaltensänderungen zu erreichen und zur Mitwirkung bei der Vermeidung, Verminderung und Verwertung zu motivieren. Dazu sind Kommunikations- und Öffentlichkeitsarbeitsstrategien sowohl von den staatlichen Akteuren als auch den Entsorgungsträgern zu entwickeln und umzusetzen. Es sind frühzeitig Konzepte und Strategien zu entwickeln, die eng mit den konkreten Umsetzungsschritten abgestimmt werden müssen. Die Maßnahmen können z. B. umfassen:

- Öffentlichkeitsarbeit, Beratung und Information zur Abfallwirtschaft und zu allgemeinen Umweltthemen,
- Auszeichnungen, freiwillige Vereinbarungen und andere Instrumente, die die Mitwirkung der Betreiber von Anlagen verbessern,

- Benchmarking und Veröffentlichung guter Praxisbeispiele,
- Beteiligung der Öffentlichkeit und der betroffenen Akteure bei der Erstellung von Plänen und der Zulassung von Anlagen auf der Grundlage klarer Verfahrensregeln.

Während die Wirtschaft meist Interessenvertretungen hat, sind die Vertreter der Zivilgesellschaft und der informelle Sektor häufig nicht organisiert. Eine wichtige Aufgabe im Rahmen des Aufbaus von Abfallwirtschaftssystemen besteht daher in der Unterstützung des Aufbaus von legitimierten Interessenverbänden. Diese Aufgaben werden im Rahmen der Entwicklungszusammenarbeit meist von Parteienstiftungen, kirchlichen Organisationen, Gewerkschaften, Umweltverbänden und anderen Nichtregierungsorganisationen wahrgenommen, weitestgehend unabhängig von anderen Entwicklungszusammenarbeitmaßnahmen.

Es darf nicht verkannt werden, dass partizipative Ansätze und kooperative Strukturen dem Grundverständnis autoritärer Staaten und den Interessen ihrer Eliten zuwider laufen. Die Aufgabe des Befehl-Gehorsam-Kontrolle-Führungsprinzips und die kritische Beobachtung ihrer Aktivitäten durch gesellschaftliche Kräfte wird von diesen als Bedrohung ihrer Führungsrolle gewertet. In welchem Maß die formelle Beteiligung der Zivilgesellschaft zur Bedingung für die Unterstützung eines Landes beim Aufbau eines Abfallwirtschaftssystems gemacht werden kann und soll, bedarf der Abwägung im Einzelfall.

► **Praxishinweis** Unternehmen und Institutionen können durch vorbildliche Öffentlichkeitsarbeit und die aktive Einbeziehung und Unterstützung von Interessenvertretungen der Zivilgesellschaft und des informellen Sektors einen wichtigen Beitrag zum Aufbau der Abfallwirtschaft leisten.

28.9 Ausblick

In vielen Ländern selbst innerhalb Europas, v. a. aber in Entwicklungs- und Schwellenländern, sind die Abfallwirtschaftssysteme erheblich unterentwickelt. Die sich verschärfenden globalen Herausforderungen, v. a. Klimawandel und Ressourcenverknappung sowie das in jüngerer Zeit zunehmend in den Fokus rückende Megaproblem der Vermüllung der Meere, lassen erwarten, dass die Nachfrage nach abfallwirtschaftlichen Anlagen und Dienstleistungen auch aus solchen Ländern merklich ansteigen wird. Während die Erwartungen an die Privatwirtschaft häufig weit überzogen sind, sind die Rahmenbedingungen für privatwirtschaftliches Engagement in diesen Ländern meist wenig förderlich. Unternehmen, die Engagements in solchen Ländern in Erwägung ziehen, sollten sich sorgfältig mit den Rahmenbedingungen auseinandersetzen. Es reicht bei Weitem nicht aus, die „richtige" Technologie auszuwählen. Für die German RETech Partnership stellt die Technik zwar das Leitmotiv dar, sie sieht jedoch die Entwicklung der Abfallwirtschaft im engen

Zusammenhang mit der Entwicklung in den Bereichen Politik, Markt, Gesellschaft und Finanzierung (RETech 2017).

Private Unternehmen können in nennenswertem Maß Beiträge zur Entwicklung der Abfallwirtschaft leisten. Es wäre jedoch vermessen anzunehmen, dass durch privatwirtschaftliches Engagement allein nachhaltige Abfallwirtschaftssysteme entwickelt werden können. Im Interesse eines sukzessiven und zielgerichteten Aufbaus ist es wünschenswert und erforderlich, dass privatwirtschaftliches Engagement flankiert und unterstützt wird durch Maßnahmen staatlicher Institutionen – etwa in Form von „twinning" zur Entwicklung des Rechtsrahmens, durch Universitäten und Berufsbildungseinrichtungen sowie insbesondere durch die Entwicklungszusammenarbeit. Künftige Förderansätze sollten dabei weniger auf die Unterstützung von Einzelprojekten zielen, sondern – parallel zum Aufbau der Infrastruktur – einen System- oder sektoralen Ansatz zur Entwicklung förderlicher Rahmenbedingungen verfolgen (Pfaff-Simoneit 2013). Dazu bieten sich Länderpartnerschaften an, für die auf deutscher Seite sowohl der Bund als auch die Bundesländer mit ihren Institutionen als Partner fungieren können.

► **Praxistipp** Mit der German RETech Partnership steht eine Allianz namhafter deutscher Unternehmen und Institutionen aus dem Bereich der Kreislaufwirtschaft mit Unterstützung der Bundesregierung als Ansprechpartner bereit. Sie bietet eine Plattform und Marke, die Länder beim Aufbau einer Kreislaufwirtschaft unterstützen möchte (RETech 2016).

Literatur

ADB (Hrsg.) (2007) Towards Resource-Efficient Economies in Asia and the Pacific – Highlights. Manila/Philippines und Kanagawa/Japan

AECEN (2007) Principles and Practices for Improving Environmental Compliance and Enforcement in Asia, November 2006; http://www.aecen.org/. Abgerufen 2. Hj. 2016

Blings J, Spöttl G, Windelband L (2001) Aufgabenwandel im Recyclingsektor – Konsequenzen für die Qualifizierung. In: Berufsbildung in Wissenschaft und Praxis BWP 1/2001, S. 40–43. http://www.bibb.eu/veroeffentlichungen/en/publication/show/id/565. Abgerufen 2. Hj. 2016

Blings J, Spöttl G (2003) Eco-Recycler – ein europäisches Kernberufsprofil für die Kreislauf- und Abfallwirtschaft. Impuls-Reihe, Heft 9, Nationale Agentur für Bildung in Europa beim BIBB (Hrsg.) Flensburg

Bundesagentur für Arbeit (o. J.) Fachkraft Kreislauf- und Abfallwirtschaft, Berufsinformationen, http://berufenet.arbeitsagentur.de/berufe. Abgerufen am 26.07.2010

BMZ (2009) Wissen für Entwicklung: Hochschulbildung und Wissenschaft in der deutschen Entwicklungspolitik. Positionspapier des BMZ; BMZ SPEZIAL 161, Bonn Mai 2009, http://www.bmz.de/de/service/infothek/fach/spezial/spezial161pdf.pdf. Abgerufen 2. Hj. 2016

DAAD (2004) Deutscher Akademischer Austauschdienst: Fachbezogene Partnerschaften mit Hochschulen in Entwicklungsländern, Projekte 2000 bis 2007, http://www.daad.de/de/download/entwicklung/hsp-kat_dt.pdf. Abgerufen 2. Hj. 2016

Ecotec (2001) Administrative Capacity for Implementation and Enforcement of EU Environmental Policy in the 13 Candidate Countries. Ecotec Research and Consulting in association with Institute of European Environmental Policy, London (IEEP London), Finnish Environment Institute (FEI) and experts from across the Candidate Countries. Brüssel 2001. http://ec.europa.eu/environment/archives/enlarg/pdf/administrative_capacity.pdf. Abgerufen 2. Hj. 2016

EEA (2006) Using the market for cost-effective environmental policy – Market-based instruments in Europe. EEA Report No. 1/2006. http://www.eea.europa.eu/publications/eea_report_2006_1. Abgerufen 2. Hj. 2016

EU (2008a) Handbook for Implementation of EU Environmental Legislation. Regional Environmental Center/Umweltbundesamt GmbH (Hrsg.), Dezember 2008. http://ec.europa.eu/environment/enlarg/handbook/handbook.htm. Abgerufen 2. Hj. 2016

EU (2008b) Richtlinie 2008/1/EG des Europäischen Parlaments und des Rats vom 15. Januar 2008 über die integrierte Vermeidung und Verminderung der Umweltverschmutzung (IVU-Richtlinie). http://eur-lex.europa.eu. Abgerufen 2. Hj. 2016

EU (2008c) Richtlinie 2008/1/EG des Europäischen Parlaments und des Rats vom 19. November 2008 über Abfälle und zur Aufhebung bestimmter Richtlinien (Abfallrahmenrichtlinie). Amtsblatt der Europäischen Gemeinschaften 22.11.2008. http://eur-lex.europa.eu. Abgerufen 2. Hj. 2016

GIZ (2011) Recovering Resources, Creating Opportunities – Integrating the Informal Sector into Solid Waste Management. Eschborn

IMPEL (1999) European Union Network for the Implementation and Enforcement of Environmental Law: IMPEL Reference Book for Environmental Inspection; http://europa.eu.int/comm/environment/impel

IMPEL (2003) Management Reference Book for Environmental Inspectorates. http://europa.eu.int/comm/environment/impel. Abgerufen 2. Hj. 2016

IMPEL (2005) Waste-related Conditions in Environmental Permits. Final Report 31.1.2005. http://europa.eu.int/comm/environment/impel. Benchmarking on Quality Parameters for Environmental Inspectorates. Workshop Copenhagen 8./9. September 2005. http://europa.eu.int/comm/environment/impel. Abgerufen 2. Hj. 2016

IMPEL (2007) IMPEL input for the further development of the Recommendation on minimum criteria for environmental inspections (RMCEI). Draft Final Report October 2007. http://europa.eu.int/comm/environment/impel. Abgerufen 2. Hj. 2016

Nassour (2005) Ansätze zur Reform der Abfallwirtschaft in Entwicklungsländern. Habilitationsschrift, Universität Rostock

OECD (2007) Guidance Manual for the Implementation of the OECD Recommendation C(2004)100 on Environmentally Sound Management (ESM) of Waste. 30. Okt. 2007. www.oecd.org/dataoecd/23/31/39559085.pdf. Abgerufen 2. Hj. 2016

Pfaff-Simoneit (2008) Pfaff-Simoneit: Erfolgsfaktoren Tunesien. Präsentation RETech Berlin, Oktober 2008. http://www.retech-Germany.net/themen/exportinitiative_retech/veranstaltungsdokumentationen/dok/158.php. Abgerufen 2. Hj. 2016

Pfaff-Simoneit (2013) Entwicklung eines sektoralen Ansatzes zum Aufbau von nachhaltigen Abfallwirtschaftssystemen in Entwicklungsländern vor dem Hintergrund von Klimawandel und Ressourcenverknappung. Dissertation, Schriftenreihe Umweltingenieurwesen Agrar- und Umweltwissenschaftliche Fakultät, Universität Rostock, ISBN 978-3-86009-203-3

RETech (2016) Eine moderne Abfallwirtschaft – Ziele und Wege. http://www.retech-germany.net/fileadmin/retech/dokumente/publikationen/VDMA_Moderne_Abfallwirtschaft_Deutsch.pdf. Abgerufen 2. Hj. 2016

RETech (2017) German RETech Partnership – Recycling & Waste Management made in Germany. http://www.retech-germany.net/arbeitskreise/ak-hausmuell/. Abgerufen 2. Hj. 2016

von Richter W, Seel H, Stahr H (2000) Rolle der Hochschulen als Schlüssel für eine nachhaltige Entwicklung. GTZ, Arbeitsfeld 4316: Bildung, Wissenschaft, Jugend. http://www.gtz.de/de/dokumente/de-hochschule-nachhaltige-entwicklung-2000.pdf. Abgerufen 2. Hj. 2016

Schübeler P, Wehrle K, Christen J (1996) Conceptual Framework for Municipal Solid Waste Management in Low-Income Countries. UNDP/UNCHS (Habitat)/World Bank/SDC Collaborative Programme on Municipal Solid Waste Management in Low-Income Countries. SKAT, St. Gallen

Wasmuth W (2004) Die strategische Bedeutung von Hochschule und Wissenschaft im Rahmen der Internationalen Zusammenarbeit aus Sicht der GTZ. http://www.gtz.de/de/themen/soziale-entwicklung/bildung/12545.htm. Abgerufen 2. Hj. 2016

Informationstechnologie in der Abfallwirtschaft

29

Ralf Gruner

29.1 Einleitung

Viele der heute etablierten Systemanbieter für Branchensysteme der Entsorgungswirtschaft wurden in den 1990er-Jahren gegründet. In einer Zeit, als zunehmend der PC die Registerkarte abzulösen begann, erkannte auch die Entsorgungswirtschaft den Nutzen dieser Systeme.

Heute, 25 Jahre später, unterscheidet sich der Umfang eingesetzter Branchensysteme von Betrieb zu Betrieb beträchtlich. Eine nicht unerhebliche Anzahl von Betrieben nutzt noch immer die als meist verbreitetes Branchensystem bekannte Anwendung Microsoft Excel, während andere Betriebe moderne Möglichkeiten der Systemunterstützung bis hin zur Fahrernavigation und automatisierten Tourenplanung nutzen.

Weiterhin, mit wenigen Ausnahmen, sind die Funktionen der Buchhaltung meist über eine Schnittstelle integriert, aber anbieterseitig streng getrennt. Zwar gab es in der Vergangenheit Versuche großer Enterprise-resource-planning(ERP)-Systemanbieter, im Entsorgungsmarkt Fuß zu fassen, doch nutzen nur wenige große Entsorger diese Systeme. Derzeit ist vielmehr eine Rückbesinnung auf klassische Branchensystemanbieter wahrzunehmen.

Im Jahr 2017 sind moderne Branchensysteme der Entsorgungswirtschaft durch eine verstärkte Vernetzung mit mobilen Anwendungen und Online-Services gekennzeichnet. Der bislang notwendige Erfassungsaufwand in den Betrieben wird auf operativ tätige Mitarbeiter und Kunden verlagert, und das bei gleichzeitiger Zunahme des Komforts und Services für diese Gruppen. Ebenso gewinnen das Stoffstrommanagement und die Controllinganwendungen in der heutigen Zeit zunehmend an Bedeutung.

R. Gruner (✉)
TIM Consult GmbH
Mannheim/Hof, Deutschland

P. Kurth et al. (Hrsg.), *Praxishandbuch der Kreislauf- und Rohstoffwirtschaft*,
https://doi.org/10.1007/978-3-658-17045-5_29

29.2 IT-Unterstützung in der Entsorgungswirtschaft

Entsorgungsbetriebe unterliegen laufenden Veränderungen. Der Gesetzgeber, v. a. aber die Kunden und Wettbewerber, zwingen Entsorger, sich laufend zu optimieren und zu verändern. Dem Einsatz moderner IT-Unterstützung kommt dabei besondere Beachtung zu. In den folgenden Abschnitten werden aktuelle Möglichkeiten und Grenzen moderner entsorgungswirtschaftlicher Systeme aufgezeigt und ein möglicher Weg zur Modernisierung der Systeme beschrieben.

Grundsätzlich bestehen inzwischen sehr umfassende Unterstützungsmöglichkeiten für Entsorgungsbetriebe durch Branchensysteme (im Folgenden als Systeme bezeichnet). Dabei entscheidet die Wahl des Systemanbieters darüber, welche Möglichkeiten tatsächlich genutzt werden können. Zwar versprechen viele Anbieter, bestehende Systeme über Schnittstellen zu ergänzen, doch entstehen dabei nicht selten Defizite im Zusammenspiel. Vorwiegend ist es nur bei Systemanbietern möglich, die bereits kooperierend zusammenarbeiten, eine tiefe Integration von Spezialsysteme von Drittanbietern (wie z. B. automatisierte Tourenplanung, mobile/telematische Anwendungen) zu realisieren.

29.2.1 Vertriebsunterstützung

Dreh- und Angelpunkt in den meisten privaten Entsorgungsbetrieben stellt der Vertrieb dar. Er ist dafür verantwortlich, für eine optimale Auslastung zu sorgen und dabei möglichst hohe Preise zu erzielen. Die Kenntnis der Kunden ist hierbei sehr wichtig. Entsprechend entscheidend ist die Unterstützung des Vertriebs durch IT-Systeme.

IT-Systeme unterstützen den gesamten Vertriebsprozess von der Angebotserstellung bis zur Faktura. Die systemabhängigen Möglichkeiten unterscheiden sich von Anbieter zu Anbieter beträchtlich. Insbesondere im Bereich des Customer-Relationship-Management (CRM) bieten derzeit nur wenige Anbieter Lösungen an, die über Minimumanforderungen hinausgehen. Doch auch Standardlösungen, wie E-Mail- und MS-Word-Integration, stellen für nicht wenige Anbieter bereits eine Hürde dar – zumindest dann, wenn der Anspruch des Nutzers über ein einfaches Ansteuern von Funktionen hinausgeht.

Weitreichende Möglichkeiten werden dagegen im Bereich unterschiedlicher Preislisten angeboten. Standardpreislisten und Kundenpreislisten bis hin zu standortbezogenen Kundenpreislisten und Preisen, die indexabhängig laufend verändert ermittelt werden, sind zumeist realisierbar.

29.2.2 Operativer Betrieb

Eine IT-Unterstützung des operativen Betriebs erfolgt sowohl bei planerisch vorbereitenden Prozessen als auch bei der Leistungsausführung. Da die Bearbeitung überwiegend durch unterschiedliche Personen im Betrieb erfolgt (Kundenservice, Vertrieb, Disposition, operativer Mitarbeiter) kommt der Workflowunterstützung eine besondere Bedeutung zu. Im Idealfall unterstützt das System von der Auftragsanlage bis zur elektronischen Rückmeldung den gesamten Prozess umfassend.

29.2.2.1 Tourenplanung

Die Unterstützung der Tourenplanung stellt ein wesentliches Modul vieler IT-Systeme in der Entsorgungswirtschaft dar. Zunehmend wird dabei eine grafisch basierte Planungsunterstützung in Form einer Karte angeboten. Die Möglichkeit, diese Karte nicht nur zur Visualisierung, sondern auch zur interaktiven Planung zu nutzen, bieten jedoch nur einzelne Anbieter an. Auch besteht für den Nutzer kaum eine Wahl des Kartenmaterials. Aufgrund integrierter Rechenlogiken, die Informationen aus der Karte benötigen, ist fast immer das vorgegebene Kartenmaterial des Systemanbieters zu nutzen. Möglichkeiten zur vorübergehenden Ergänzung der Karte (z. B. Informationen über Neubaugebiete) werden dabei fast immer zur Verfügung gestellt.

Bei allen Möglichkeiten der IT-Unterstützung ist zu diskutieren, welcher Bedarf wirklich besteht. Unsere Erfahrungen zeigen, dass kleine und mittlere Betriebe bzw. Städte sehr gut mit einfachen Planungsunterstützungen auskommen. Damit die Planungsunterstützung umfassend erfolgen kann, ist eine gute Datenbasis mit einer Vielzahl logistischer Informationen eine wesentliche Voraussetzung. Im Bereich der Abfallwirtschaft sind dies Informationen zum Standort (z. B. Erschwernisse bei der Abfuhr, genaue Behälterstandorte) und im Bereich der Straßenreinigung Informationen zu Reinigungsobjekten (z. B. Kehrmeter, Reinigungsklasse, Papierkörbe), die zu pflegen und zu bewerten sind. Zudem sind logistische Vorgaben (z. B. Zuladung, Geschwindigkeiten) notwendig, um umfassend von möglichen Planungsunterstützungen profitieren zu können.

29.2.2.1.1 Tourenplanung Container/Sperrabfall

Eine für viele Betriebe sinnvolle Unterstützung stellen Tourenplanungsfunktionen im Bereich Containerdienst und Sperrabfallsammlung dar. Neben der Visualisierung in einer Karte ist dabei fast immer auch eine automatisierte Reihenfolgeplanung möglich, die dem Disponenten Planungsaufwand abnimmt und logistische Optimierungen ermöglicht.

Sofern entsprechende Informationen gepflegt sind, können die Systeme bei der Sperrabfallsammlung auch den Füllgrad der Fahrzeuge errechnen und Zwischenentladungen einplanen. Der Planer kann auf diese Weise den Gesamtzeitbedarf der Tour und damit die Tourauslastung genau planen und optimieren.

Containerdienste können systemunterstützt optimale Reihenfolgen, passend zu den benötigten Containertypen, planen und dabei Fahrzeiten vom System ermitteln lassen. Zudem unterstützen die Systeme bei der Wahl des passenden Fahrzeugtyps.

29.2.2.1.2 Tourenplanung Sammlung

Die Tourenplanung der klassischen Behältersammlung ist aufgrund der Anfallpunkte deutlich komplexer als im Bereich Containerdienst/Sperrabfall. Zwar bieten einige wenige Anbieter Automatismen zur Tourenplanung an, doch scheitern diese in der Praxis häufig an lokalen Restriktionen (z. B. Befahrbarkeit von Fußgängerzonen, Berufsverkehr), deren Erfassung im System zu komplex wäre. In der Praxis bedeutet dies, dass automatisch ermittelte Touren teils umfassend nachbearbeitet werden müssen, um praxistauglich genutzt werden zu können. Für kleine und mittlere Entsorger, deren Tourenplaner gut mit der Region vertraut sind, reichen einfachere Tourenplanungssysteme i. d. R. aus.

29.2.2.2 Disposition und Tageseinsatzplanung

Tägliche Arbeit der Disponenten ist die Zuordnung von Ressourcen (i. d. R. Fahrzeuge und Personal) zu Touren und einzelnen Aufträgen, die Übergabe von Auftragspapieren, die Lösung von Ad-hoc-Aufträgen, Störungen und Reklamationen sowie die Rückerfassung erledigter Aufträge (Leistungsscheine).

IT-Systeme können diese Arbeit erheblich unterstützen. Voraussetzung ist, dass die Systeme möglichst umfassend genutzt und ergänzende Systeme (z. B. Zeiterfassung) über Schnittstellen verbunden sind.

Die Erfassung von Urlaub oder Krankheit des Personals und Fahrzeugausfall unterstützt das System durch die Ermittlung von nicht ausreichend mit Ressourcen besetzten Touren. Die Zuordnung der Mitarbeiter und Fahrzeuge kann auf Monitoren visualisiert werden und beispielsweise in Sozialräume des Personals übertragen werden.

Die Zuordnung von Ressourcen bildet die Basis einer korrekten Verrechnung im Rahmen der Finanzbuchhaltung und kann bei der Erfassung von Zeiten auch zur Ermittlung der Lohngrundlage dienen.

29.2.2.3 Telematik und mobile Lösungen

Der Einsatz von Telematik und mobilen Lösungen hält zunehmend auch in der Entsorgungsbranche Einzug (Abb. 29.1). Während im Winterdienst und auch im Bereich der Identtechnik (Behälterleerungserfassung) der Einsatz von Telematik schon seit längerer Zeit üblich ist, ist der Einsatz von mobilen Lösungen im Bereich Containerdienst, Sperrabfall oder Straßenreinigung noch relativ neu und nur teilweise verbreitet.

29.2.2.3.1 Auftragsbearbeitung/Leistungserfassung

Mobile Lösungen bieten dem Betrieb im Bereich der Auftragsbearbeitung einen erheblichen Mehrwert. Durch die Erfassung der Leistung durch operative Mitarbeiter auf einem mobilen Gerät (anstatt papierhaft auf dem Leistungsschein) entfällt der Erfassungsaufwand im Betrieb. Nicht selten ist derzeit noch ein Mitarbeiter mit der papierhaften Erfassung für mehrere Stunden täglich beschäftigt. Dabei können mobil nicht nur Aufträge quittiert werden, es können auch weitere Informationen (z. B. Tonnagen bei der Entladung) direkt erfasst werden, ohne dass Schnittstellen zu anderen Systemen oder Datenübernahmen von Fremdfirmen notwendig sind.

29.2.2.3.2 Reklamationsunterstützung

Mit dem Einsatz mobiler Lösungen kann sowohl Reklamationen vorgebeugt werden als auch die Reklamationsbearbeitung verbessert werden. So können Fehlbefüllungen von

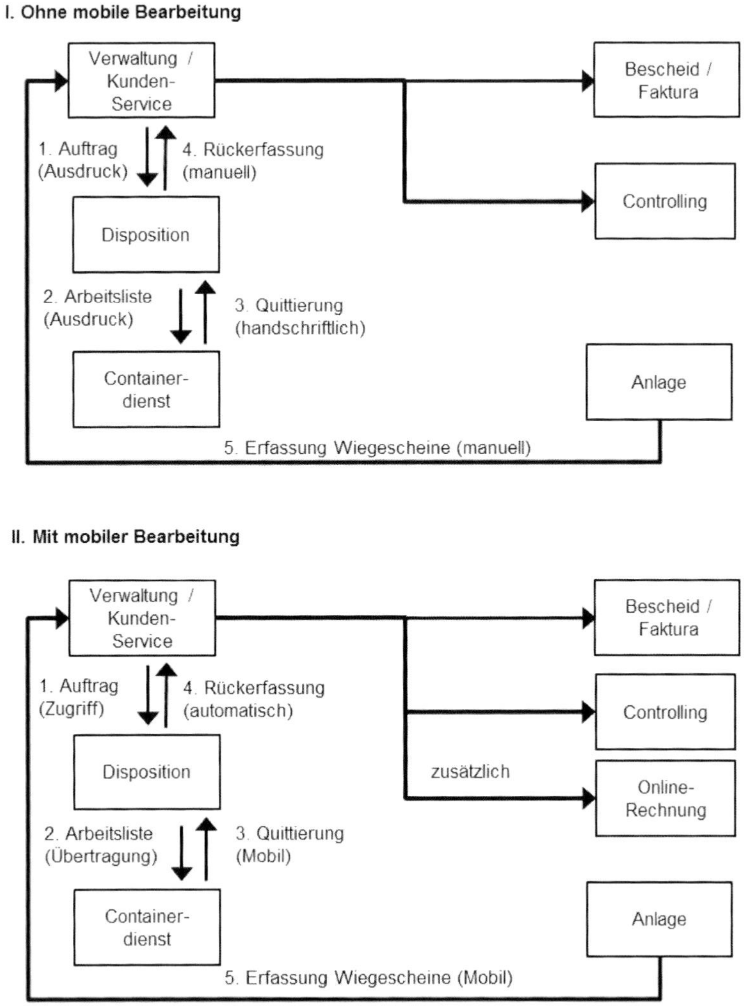

Abb. 29.1 Mehrwert durch Einsatz mobiler Bearbeitung

Containern direkt mit der Kamera des mobilen Geräts fotografiert werden. Gleiches gilt für Übermengen oder nicht akzeptierte Abfälle bei der Sperrabfallsammlung. Durch die Fotodokumentation und die direkte Zuordnung zum Auftrag/Kunden ist es dem Kundenservice unmittelbar möglich, Kundenreklamationen zu beantworten, ohne Rücksprache mit der Fahrzeugbesatzung halten zu müssen.

29.2.2.3.3 Navigationsfunktion

Mobile Lösungen ermöglichen es, durch Navigationsfunktionen auch tourfremde Fahrer einzusetzen. Während bei Einzelaufträgen (Containerdienst, Sperrabfall) die klassische

Navigationsfunktion genutzt werden kann, wird bei Touren mit vielen Wegpunkten (Behältersammlung) i. d. R. das Abfahren zuvor aufgezeichneter Touren angewendet. Dabei besteht die Möglichkeit, die Sammeltour des Stammfahrers einmalig oder wiederkehrend aufzuzeichnen und als Grundlage für die Navigation zu nutzen. Eine Nachbearbeitung dieser Touren sowie eine Ergänzung um Hinweise, die dem Fahrer an festgelegten Orten gegeben werden (z. B. Rückwärtsfahrt ja/nein bei einer Sackgasse), ist bei vielen Anbietern möglich.

In der Praxis erweist sich die Navigationsfunktion im Behältersammlungsbereich teilweise als noch nicht ausgereift und zudem kostspielig. Besonders bei unerwarteten Straßensperrungen und Ad-hoc-Problemen bieten manche Anwendungen keine praxistaugliche Lösung. Neuere Anwendungen haben hierfür eine Lösung geschaffen, beispielsweise mit dem sog. Pac-Man-Verfahren[1].

29.2.2.3.4 Weitere mobile Anwendungen

Neben der Auftragsbearbeitung und Navigation sind der mobilen Bearbeitung kaum Grenzen gesetzt. Alle bislang papierhaft dokumentierten Vorgänge können prinzipiell auch mobil-digital abgebildet werden. So gibt es u. a. bereits folgende Anwendungen:

- Qualitätsmanagement in der Straßenreinigung
- Abfallkontrolleur
- Unfallverhütungsvorschrift(UVV)-Prüfung
- Betriebstagebuch
- Digitaler Laufzettel (s. auch Abschn. 29.2.4.3)
- Deponiekataster (s. auch Abschn. 29.2.4.6)
- Kassenlösung für Wertstoffhof

29.2.2.3.5 Technische Umsetzung

Bis vor Kurzem waren überwiegend noch gerätetypabhängige Anwendungen notwendig, die entsprechend hochpreisige, industrietaugliche Geräte voraussetzten und nur eingeschränkt für unterschiedliche Anwendungen geeignet waren.

Aktuell geht der Trend hin zu herstellerunabhängigen Geräten auf Google-Android- oder Apple-iOS-Basis. Es stehen dadurch eine Vielzahl von günstigen Endgeräten zur Verfügung, auf denen parallel Anwendungen von mehreren Systemen genutzt werden können.

Zur Umsetzung klassischer Telematikfunktionen, d. h. von Anwendungen, die Fahrzeuginformationen (z. B. Besen an/aus, Räumschild unten/oben) benötigen, ist eine oft noch aufwendigere technische Anbindung mit speziellen Endgeräten notwendig. Allerdings geht auch hier der Trend hin zu herstellerunabhängigen Geräten.

[1] Pac-Man-Verfahren bedeutet, dass, angelehnt an das Computerspiel Pac-Man, sukzessive die abgefahrene Route als erledigt markiert wird und der Fahrer nur die noch zu befahrenden Straßen als offenen Auftrag markiert sieht und gezielt anfahren kann. In diesem Fall steht weniger die Navigation, als vielmehr die Übersicht über noch zu befahrende Straßen im Fokus. Eine einzuhaltende Reihenfolge ist dabei nicht zwingend vorgesehen.

Neben den Informationen zu technischen Anbauten sind auch Informationen der Flotten-Management-Schnittstelle (FMS) interessant. Über die FMS können Informationen zum Fahrverhalten gewonnen werden, die entweder nur der Fahrer zur Optimierung seines Verhaltens erhält oder auch die Fuhrparkleitung zur Auswertung des Gesamtfahrverhaltens.

► **Praxishinweis** FMS ist standardmäßig bei Neufahrzeugen (LKW) enthalten. Die Ausgestaltung, d. h. der Umfang der Datengewinnung, ist jedoch bereits bei Beschaffung festzulegen, da der Standard meist nur geringe Daten umfasst.

29.2.2.4 Online-Möglichkeiten

Da das Internet inzwischen fast alle Lebenslagen begleitet, wird auch die Entsorgungswirtschaft zunehmend durch die Internetnutzung beeinflusst. Voraussetzung für umfangreiche Online-Möglichkeiten ist ein umfassendes entsorgungswirtschaftliches IT-System, das Inhalte wie den Abfallkalender unterstützt und die Eingabe von Aufträgen und Informationen übernimmt.

29.2.2.4.1 Kundenperspektive

Der Kunde erhält heutzutage seine Rechnungen über Online-Portale, bestellt sonntags im Internet und informiert sich über Leistungen auf Webseiten. Diese Erwartungshaltung der ständigen Verfügbarkeit von Informationen und Services betrifft auch Entsorgungsbetriebe. Fast jeder Betrieb nutzt inzwischen die Möglichkeit, Öffnungszeiten, Kontaktmöglichkeiten und Leistungsangebote auf einer Webseite darzustellen.

Ein umfassendes Angebot in Form eines Online-Portals bieten hingegen deutlich weniger Entsorger. Das Bestellen von Containern, das Anfragen von Angeboten oder die Veranlassung von Leerungen sind nur ein paar Beispiele für Möglichkeiten, die viele Systeme im Standard unterstützen und die zur Differenzierung vom Wettbewerber beitragen können.

Ergänzt man offen zugängliche Angebote auch noch um passwortgeschützte Bereiche, ist es möglich, dem Kunden personalisierte Informationen wie Rechnungen, Wiegescheine etc. zur Verfügung zu stellen. Dies reduziert den Aufwand zur Bearbeitung von Rückfragen und schafft gleichzeitig einen hohen Nutzen für den Kunden.

29.2.2.4.2 Lieferantenperspektive

Insbesondere für große Entsorger kann der Einsatz eines Online-Portals auch zur Abwicklung von Lieferantenaufträgen (z. B. Ferntransport) interessant sein. Auf diese Weise können Lieferscheine und weitere Begleitpapiere online zur Verfügung gestellt werden. Auch die Integration von Frachteinkaufsbörsen kann eine Möglichkeit darstellen, die für große Anlagenbetreiber von Interesse sein kann.

29.2.2.4.3 Mitarbeiterperspektive
Online-Möglichkeiten bedeuten neben dem Internetangebot für Kunden und Lieferanten auch Möglichkeiten, Mitarbeitern einfache Zugänge zu betrieblichen Informationen zu bieten. Gerade im Außendienst kann es erforderlich sein, vor dem Kundentermin noch einige Information zum Kunden zu bekommen. Einige IT-Systemanbieter für die Entsorgungswirtschaft bieten dem Nutzer die Möglichkeit, komprimiert Informationen, z. B. über eine Smartphone-App, zur Verfügung zu stellen. Insbesondere für kleine und mittlere Betriebe ist der Betrieb eines aufwendigen CRM-Systems zu kostspielig, sodass dieser Weg der Informationsbereitstellung eine Alternative darstellen kann.

29.2.2.5 Faktura und Finanzbuchhaltung
Mit wenigen Ausnahmen (v. a. SAP, Microsoft Dynamics Nav) bilden entsorgungswirtschaftliche IT-Systeme den Betrieb von der Angebotserstellung bis zur Faktura ab. Die Finanzbuchhaltung ist i. d. R. davon getrennt und wird von anderen Anbietern bezogen.

29.2.2.5.1 Möglichkeiten der Faktura
Viele kleine und mittlere Entsorger bilden ihre Faktura über das entsorgungswirtschaftliche IT-System ab. Es ist dabei nicht nur möglich, originär entsorgungswirtschaftliche Leistungen abzubilden, sondern alle Arten von Faktura über dieses System zu realisieren.

Voraussetzung hierfür ist eine möglichst bidirektionale Schnittstelle zum Finanzbuchhaltungssystem. Über diese Schnittstelle werden neben den klassischen offenen Posten mit Kontierungsinformationen auch Informationen zur Kostenrechnung mit übergeben.

Es ist bei den meisten Systemen möglich, verschiedene Arten von Fakturaläufen zu generieren, z. B. nach Kundennummernkreise, nach Postleitzahl oder nach Leistungszeitraum. Größtenteils ist es auch möglich, das Layout der Rechnung (Inhalt) kundenindividuell festzulegen (z. B. Aufführen von Einzelverwiegungen, Sortierung nach Anfallstellen, Sammelrechnung).

29.2.2.5.2 Möglichkeiten der Finanzbuchhaltung
Wie bereits angeführt, wird die Finanzbuchhaltung meist von Drittanbietern bezogen und ist über eine Schnittstelle anzubinden. Es sollte dabei auf eine möglichst hohe Integration geachtet werden. Bidirektionale Schnittstellen, also Schnittstellen, bei denen auch Informationen der Finanzbuchhaltung in das entsorgungswirtschaftliche System fließen, sind zu diesem Zweck meist Standard. Mahnstufen sollten mindestens übernommen werden, um entscheiden zu können, welche Kunden nicht mehr oder nur noch gegen Barzahlung angenommen werden.

► **Praxishinweis** Eine hochintegrierte Schnittstelle zur Finanzbuchhaltung stellt, wie viele komplexe Schnittstellen, oftmals ein Problem dar. Bei der Systembeschaffung sollte daher stets die Erfahrung des Anbieters mit bestehenden Systemen geprüft werden.

29.2.3 Spezialanforderungen kommunaler Entsorger

Kommunale Entsorger haben oft deutlich andere Anforderungen an ein IT-System als gewerbliche Entsorger. Vertriebliche Aspekte sind i. d. R. nicht vorhanden, dafür sind häufig komplexe Satzungen abzubilden. Auch die Kundenanzahl ist bei kommunalen Entsorgern meist deutlich höher. Bei Landkreisen kommt der Zusammenarbeit mit Kommunen vielfach besondere Bedeutung zu und nicht selten sind neben entsorgungswirtschaftlichen Aufgaben auch noch weitere Sparten (z. B. Grünflächen, Straßenunterhalt) im Betrieb integriert.

29.2.3.1 Abbildung von Satzungsanforderungen

Betrachtet man kommunale Satzungen, so gibt es wahrscheinlich bundesweit kaum eine Satzung einer Kommune, die identisch ist mit der Satzung einer anderen Kommune. Die auf kommunale Entsorger spezialisierten Systemanbieter haben sich genau darauf eingestellt und sind in der Lage, diese hohen Anforderungen meist ohne Probleme umzusetzen. Auch für Zweckverbände, die teilweise mehrere Satzungen unterschiedlicher Mitgliedskommunen in einem System abbilden müssen, konnten passende Anbieter identifiziert werden.

29.2.3.2 Kundenservice und Bürgerkommunikation

Der Kundenservice im kommunalen Bereich ist meist komplex und geprägt von unterschiedlichen Aufgaben. Fragen der Nutzer zum Bescheid oder zur nächsten Leerung, Sperrabfallanmeldungen, Fragen zur Öffnungszeit des Wertstoffhofs, Fragen zu Gebühren, Bestellung neuer Behälter sind nur eine kleine Auswahl kommunaler Aufgaben. Neben der Komplexität unterscheiden sich kommunale Entsorger vorwiegend auch durch die Anzahl der Kunden (alle Bürger der jeweiligen Region) und damit durch unterschiedliche Kontaktaufkommen mit gewerblichen Entsorgern.

Die Anbindung der Telefonanlage durch eine Computer-Telephony-Integration(CTI)-Schnittstelle ermöglicht bei einem Anruf durch den Kunden den automatischen Abruf von Informationen zu diesem Kunden bei übermittelter Rufnummer und spart damit dem Servicemitarbeiter die Zeit für die Kundensuche. Eine Funktion, die inzwischen überwiegend Standard ist.

Einige (wenige) Systemanbieter haben besonderen Wert auf eine schnelle Gesamtübersicht über Informationen zum Kunden gelegt und bieten eine zentrale Kundenübersicht, die mit einem Blick wesentliche Informationen zum Kunden darstellt und von der aus der Servicemitarbeiter mit wenigen Klicks schnell detaillierte Auskunfts- und Bearbeitungsmöglichkeiten erhält.

Online erwartet der Kunde v. a. Angebote wie Abfallkalender, Sperrabfallanmeldung, Abfallberatung und Gebühreninformationen. Manche kommunale Entsorger bieten darüber hinaus auch noch weitere Angebote, beispielsweise eine Übersicht über in Anspruch genommene Leerungen, Bescheideinsicht oder die Möglichkeit, eine Behälterveränderung zu beantragen. Um dem Kunden diese Informationen und Möglichkeiten zu bieten, ist teilweise ein zugangsgeschützter Bereich erforderlich.

29.2.3.3 Berücksichtigung weiterer Sparten

IT-Systeme für kommunale Entsorger bieten neben Lösungen für die Abfallwirtschaft oft auch noch Module für die Straßenreinigung und den Winterdienst an. Einige Anbieter ermöglichen darüber hinaus auch die Abbildung von weiteren Sparten wie dem Grünflächenunterhalt oder der Klärgrubenreinigung. Da es sich meistens um vergleichbare Abläufe handelt, ist eine individuelle Anpassungsprogrammierung häufig möglich, da nur die Begrifflichkeit umgestellt werden muss. Spezialaufgaben, die eine besondere Katasterführung oder ähnliches benötigen, sind dagegen fast immer nur durch weitere Spezialsysteme abbildbar.

Sinnvoll ist vielfach ein spartenübergreifendes Reklamationsmanagement. Oft existiert nur ein zentraler Kundenservice, der alle Reklamationen entgegen nimmt. Einige Anbieter entsorgungswirtschaftlicher IT-Systeme bieten ein workflowgesteuertes Reklamationswesen an, das auch für andere Sparten genutzt werden kann.

29.2.4 IT-Unterstützung für Entsorgungsanlagen

Entsorgungsanlagen haben häufig deutlich andere Anforderungen an IT-Systeme als primär logistisch tätige Entsorgungsbetriebe. Entsprechend erheblich können sich auch die benötigten Systeme unterscheiden. Den Themen Stoffstromabbildung, Lagerverwaltung und elektronisches Abfallnachweisverfahren (eANV) kommt hier eine besondere Bedeutung zu.

29.2.4.1 Vertriebsunterstützung und Stoffstrommanagement

Die Vertriebsunterstützung für Entsorgungsanlagen ist vergleichbar mit der für primär logistisch tätige private Entsorgungsbetriebe. In der Regel sind die Anforderungen an die Abfallartendifferenzierung jedoch stärker ausgeprägt. Die offiziellen Abfallschlüsselnummern können bei allen in diesem Bereich tätigen IT-Systemanbietern sehr weitgehend differenziert werden. Problematisch ist bei einigen Anbietern eine alphanummerische Stoffbezeichnung, also die Kombination der internen Abfallstoffnummer aus Buchstaben und Zahlen.

Wesentlich für den Vertrieb von Anlagen ist die Kenntnis der aktuellen Bestandsmengen. Bunkerfüllstände, Lagermengen etc. können bei den meisten Systemen umfassend abgebildet werden. Teilweise ist auch eine grafische Darstellung möglich. Nur selten hingegen ist im Standard eine vorausschauende Berechnung der Lagerbestände auf Basis bereits akquirierter Mengen und Erfahrungen der Vergangenheit verfügbar. Anforderungen in aktuellen Projekten lassen jedoch erwarten, dass auch hier zukünftig verstärkt Lösungen verfügbar sein werden.

29.2.4.2 Waage

Die Anbindung der Waage ist eine der ersten Anwendungen der IT in der Entsorgungswirtschaft. Trotz mehrerer Jahrzehnte hat sich in der eigentlichen Waagemaske nur wenig verändert. Auch Automatikverwiegungen haben sich bereits seit vielen Jahren etabliert.

Vergleichsweise neu ist bei der Automatikverwiegung die Identifikation des Fahrzeugs durch Nummernschilderkennung. Diese Technologie kann insbesondere bei größeren Anlagen deutliche Vorteile bieten. Es können sowohl Fahrzeuge verwogen werden, deren Abfallart bekannt ist und die regelmäßig anliefern (insbesondere kommunale Sammelfahrzeuge), als auch Anlieferer, die für die Automatikverwiegung spontan freigeschaltet werden. Auf diese Weise kann die Automatikverwiegung über Nummernschilderkennung auch als eine vertriebsunterstützende Methode gesehen werden, da sie Premiumkunden verkürzte Wartezeiten bieten kann.

29.2.4.3 Digitaler Laufzettel

Bislang ist es fast überall üblich, dass der Anliefernde bei der Eingangsverwiegung einen papierhaften Laufzettel erhält, der vom Mitarbeiter an der Anlieferstelle gegebenenfalls zu ergänzen und zu unterschreiben ist. Durch zunehmende Digitalisierung ersetzt jedoch das Tablet oder Smartphone den Laufzettel. Mit diesem ruft der Mitarbeiter der Anlage in seinem mobilen Gerät den gerade Anliefernden aus der Hofliste auf und erhält so alle notwendigen Informationen, um die Auswiegung freizugeben oder Veränderungen vorzunehmen. Der digitale Laufzettel beschleunigt die Waage und reduziert den Papierverbrauch damit erheblich.

► **Praxishinweis** Der digitale Laufzettel erfordert eine hohe Systemintegration. Eine Einführung auf der Anlage ist nur bei entsprechend vorhandenem IT-System sinnvoll!

29.2.4.4 Digitale Unterschrift

Die Archivierung der Wiegescheine füllt viele Keller. Während jeder Paketdienst und bereits Supermärkte und Kaufhäuser Zahlvorgänge über Unterschriftenpads quittieren lassen, erfolgt bei Entsorgungsanlagen überwiegend noch die papierhafte Dokumentation.

Die Unterschrift per digitalem Unterschriftenpad ist bei aktuellen IT-System-Neubeschaffungen eine Standardforderung. Der Speicherbedarf, der anfangs oft noch ein Problem darstellte, ist inzwischen optimiert worden und auch die Geräte sind preisgünstig und für den Einsatz geeignet verfügbar.

Untätig war hier bislang der Gesetzgeber, sodass zum Einsatz der Geräte noch immer eine Ausnahmegenehmigung der Behörde (i. d. R. die Bezirksregierung) notwendig ist. Diese wird nach unserer Erfahrung aber ganz überwiegend erteilt.

29.2.4.5 Elektronisches Abfallnachweisverfahren

Die Anforderungen des eANV sind in moderne IT-Systeme der Entsorgungswirtschaft komplett integriert. Teilweise bieten die Systemanbieter umfassende Prüfroutinen und damit einen hohen Komfort für den Nutzer an. Dabei ist betriebsindividuell genau zu prüfen, ob das Aufkommen an eANV-Scheinen entsprechend hoch ist, sodass eine Systemintegration wirtschaftlich sinnvoll begründet werden kann.

29.2.4.6 Deponiekataster

Das Deponiekataster muss insbesondere bei höheren Deponieklassen sehr genau geführt werden. Spezielle Anwendungen hierfür wurden bereits vor über 20 Jahren entwickelt. Dennoch wird das Kataster bislang meist papierhaft oder in einfachen Standardprogrammen (z. B. Microsoft Excel) geführt.

Während die Führung des Katasters von diversen IT-Systemanbietern bereits angeboten wird, ist die mobile Unterstützung bislang kaum im Einsatz. Dabei ist es durchaus vorstellbar, dass die Koordinatenerfassung unterstützt von mobilen Geräten mit eingebauten GPS-Empfängern erfolgen kann.

29.2.5 Unterstützung des Controlling

Wirtschaftlicher Erfolg erfordert Kenntnis über Kosten und Leistung des Betriebs. Alle uns bekannten Anbieter ermöglichen umfassende Auswertungsmöglichkeiten der Daten, teilweise durch integrierte Berichtsgeneratoren, teilweise durch Zugriff mit sog. Business-Intelligence(BI)-Anwendungen (zur Analyse von Daten in elektronischer Form). Fast immer können auch Auswertungen generiert werden, die in MS Excel exportiert und dort weiter bearbeitet werden können.

Unabhängig von Umfang und Güte der Auswertungsmöglichkeiten gilt: Eine Auswertung ist nur von vorhandenen Daten möglich. Eine möglichst umfassende Systemnutzung mit so wenigen Schnittstellen wie notwendig ist daher für die meisten Betriebe der optimale Weg, das Controlling sinnvoll zu unterstützen. Auftragsdaten, Daten zu Personal- und Fahrzeugdisposition oder Wiegedaten – nur wenn diese elektronisch verfügbar sind, kann ein aussagefähiges Controlling aufgebaut werden.

Der Einsatz von BI-Tools setzt umfassende Kenntnis sowohl des Datenmodells als auch der BI-Anwendung voraus. Er ist daher meist nur für größere Entsorger interessant. Für kleine und mittlere Entsorger sind die systemintegrierten Auswertungsmöglichkeiten oftmals ausreichend.

Einzelne Anbieter haben Kooperationen mit BI-Tool-Anbietern geschlossen und bieten vorkonfigurierte, hochintegrierte Managementinformationssysteme (MIS) an. Aufgrund der Kosten ist diese Lösung häufig nur für größere Unternehmen sinnvoll.

29.3 Anbieter

Der Entsorgungsmarkt ist von vielen, überwiegend eher kleinen IT-Systemanbietern geprägt. Mittelständische Systemanbieter mit mehr als 30 Mitarbeitern (bezogen auf die Branche der Entsorgungswirtschaft) sind die Ausnahme. Viele der Anbieter haben sich auf einzelne Bereiche spezialisiert – so gibt es Anbieter, die überwiegend Anlagen abbilden, Anbieter, die überwiegend oder ausschließlich gewerbliche Entsorger unterstützen, und auch Anbieter, die überwiegend kommunale Anforderungen abbilden. Es gibt aber auch einige Generalisten, die für nahezu jeden Entsorgungsbetrieb Systeme anbieten.

Den jeweils richtigen Anbieter zu finden, ist somit für jeden Entsorgungsbetrieb eine individuelle Aufgabe, denn je nach Anforderung (z. B. Schwerpunkt bei mobilen Lösungen, Schwerpunkt Waage und Stoffstrom, Schwerpunkt vertrieblich makelnd) können unterschiedliche Anbieter infrage kommen.

Im Hinblick auf die zu erwartende Weiterentwicklung des eigenen Systems und die Zufriedenheit mit dem Anbieter sind Anzahl und Qualität der Referenzen sowie die wirtschaftliche Gesundheit des Anbieters nicht zu vernachlässigende Aspekte. Gerade in den vergangenen Jahren entstanden viele Anbieter mit Angeboten v. a. im Bereich der Telematik und der mobilen Lösungen, deren Zukunft angesichts zunehmend integrierter Lösungen zumindest kritisch bewertet werden muss.

29.4 Beschaffungsverfahren

Bei der Vielzahl möglicher Anbieter kommt dem Beschaffungsverfahren eine besondere Gewichtung zu. Im Folgenden möchten wir Vorgehen aufzeigen, die sich in der Praxis bewährt haben (Tab. 29.1).

29.4.1 Systemstrategie

Entsorgungswirtschaftliche Branchensysteme sind stets Teil einer meist umfassenden IT-Landschaft. Mindestens Office-Programme, ein E-Mail-Programm oder Finanzbuchhaltungssystem sind bereits vorhanden. Oft zählen auch weitere Anwendungen für Zeiterfassung, Telematik etc. dazu.

Vor Beginn der eigentlichen Beschaffung sollte daher stets die Erarbeitung einer Systemstrategie stehen. Diese legt die grundsätzliche Leistungsanforderung an das entsorgungswirtschaftliche System fest und definiert Schnittstellen. Da die Systemnutzung meist

Tab. 29.1 Beschaffungsvorgehen

Software- und Telematikstrategie	Beschaffungsverfahren	Implementierung und Prozessanpassung
Systemmöglichkeiten Systemgrenzen Sinnvolle Schnittstellen Mögliche Anbieter Voraussichtliche Kosten	Vorgehensfestlegung Leistungsbeschreibung Vertragliche Unterlagen Auswahlverfahren Anbieterbewertung	Projektmanagement Altdatenaufbereitung Optimierung der Abläufe Change-Management Ausführungsüberwachung

zehn Jahre und mehr beträgt, sind sowohl die gegenwärtigen als auch die zukünftigen Anforderungen zu berücksichtigen. Es sollte versucht werden, nahe am Standard verfügbarer Systeme zu bleiben. Individuelle Anforderungen sind meist kostenintensiv und können sogar das Scheitern der Beschaffung bedeuten.

Im Rahmen der Systemstrategie ist zu prüfen:

- Welche Leistungsanforderungen bestehen?
- Welche vorhandenen Systeme sollten beibehalten werden?
- Welche vorhandenen Systeme sollten vom neuen System abgelöst werden?
- Welche Anbieter gibt es?
- Welche Kosten sind zu erwarten?
- Welcher Zeitplan ist realistisch?

Die Prüfung sollte dabei Alternativszenarien berücksichtigen.

29.4.2 Beschaffungsvorgehen bei privaten Entsorgern

Die Beschaffung bei kleinen und mittleren privaten Entsorgern kann pragmatisch und mit vergleichsweise geringem Aufwand erfolgen. Die Systemanforderungen sind in einer Detaillierung zu beschreiben, die dem Anbieter die Abbildung der Anforderungen in seinem System zulässt.

Mit auf Grundlage der Systemstrategie vorausgewählten Anbietern erfolgt die Diskussion und gegebenenfalls Detaillierung der Anforderungen in einer Leistungsbeschreibung. Die Erstellung eines über die Leistungsbeschreibung hinausgehenden detaillierten Pflichtenhefts ist i. d. R. nicht notwendig. Unsere Erfahrung ist, dass erfahrene Anbieter zutreffend in der Lage sind, verbindliche Angebote zu erstellen.

Die Beschaffung bei größeren Entsorgern oder Entsorgern mit komplexen Anforderungen erfordert stets die Einbindung verschiedener Fachabteilungen und Interessengruppen. Zur Sicherstellung der Akzeptanz des zukünftigen Systems sollte die Erarbeitung der Leistungsbeschreibung unter Einbeziehung möglichst vieler zukünftiger Anwender erfolgen.

29.4.3 Beschaffungsvorgehen bei kommunalen Entsorgern

Die Anforderungen im kommunalen Bereich ergeben sich aus dem Vergaberecht. Meist ist die Durchführung einer europaweiten Ausschreibung erforderlich. Die Leistungsbeschreibung ist hier verbindlich zu formulieren, muss aber dennoch dem potenziellen Anbieter die Möglichkeit eröffnen, sein System innerhalb der formulierten Vorgaben abzubilden.

Ein offenes Verfahren mit mehrstufigem Wertungsverfahren ist fast immer geeignet, den idealen Anbieter zu finden und auszuwählen. Die Durchführung nicht offener Verfahren, des Verhandlungsverfahrens oder des wettbewerblichen Dialogs ist ganz überwiegend nicht zulässig, ausgenommen es handelt sich um sehr komplexe Anforderungen bzw. Anforderungen, die bislang noch nicht realisiert wurden. In mehreren Dutzend von TIM CONSULT begleiteten öffentlichen Beschaffungsverfahren von Branchensystemen für die Entsorgungswirtschaft konnte ausnahmslos mit dem offenen Verfahren der geeignete Anbieter gefunden werden. Dieses Verfahren kann mit vergleichsweise geringem Aufwand durchgeführt werden und benötigt im Vorfeld i. d. R. auch keinen Teilnahmewettbewerb.

► **Praxishinweis** Der Kenntnis der Anbieter, insbesondere deren Systemdetails, kommt bei der öffentlichen Beschaffung eine hohe Bedeutung zu. Für eine erfolgreiche Auswahl und Einführung ist es zwingend notwendig, die Möglichkeiten der Systeme und die Eignung der Anbieter zu kennen.

29.5 Ausblick und Entwicklungen

Die Megatrends im Bereich der Softwareunterstützung von Entsorgungsbetrieben sind das Cloud-Computing[2] und die Mobilisierung der Anwendungen.

Ob der Umzug vom eigenen Server in die virtuelle Cloud eine sinnvolle Neuerung darstellt, darf dabei kritisch diskutiert werden. Kaum eine Woche vergeht, in der nicht vom Hacken von Massendaten berichtet wird. Hochkritisch ist es zu bewerten, wenn wettbewerblich oder datenschutzrechtlich sensible Daten ebenfalls einem Hackerangriff zum Opfer fallen.

Die Loslösung der Anwendung vom starren PC hin zu mobilen Geräten stellt hingegen in vielen Fällen eine sinnvolle Ergänzung dar. Die Weiterentwicklung und Verbreitung mobiler Anwendungen wird einen wesentlichen Trend in den nächsten Jahren darstellen.

[2] Cloud-Computing bedeutet, dass Anwendungen bei anderen Anbietern installiert sind und vom Anwender über das Internet aufgerufen werden.

Planung von Abfallbehandlungsanlagen 30

Hans-Dieter Huber und Ewa Harlacz

30.1 Einführung in die Abfallbehandlungsplanung

Die Planung von Abfallbehandlungsanlagen steht heute im Zeichen der Globalisierung. Für die Behandlung und Entsorgung verschiedener Abfallströme stehen unterschiedliche Technologien und Behandlungsanlagen zur Verfügung. Unter den Begriff Abfallbehandlung fallen alle Verfahren, bei denen Abfälle entweder verwertet oder entsorgt werden. Bei abfallwirtschaftlichen Anlagen handelt es sich i. d. R. um relativ große und komplexe Projekte, die sich über längere Zeit hinziehen. Um solche Projekte wirtschaftlich abwickeln zu können, bedarf es einer gezielten Vorgehensweise. Diese wird nicht nur in Zusammenhang mit der Errichtung von Gebäuden und Anlagen als Planung bezeichnet.

Die allgemeine praktische Erfahrung zeigt, dass Aufwendungen, die in eine präzise Planung investiert werden, sich überproportional im Erfolg eines Projekts widerspiegeln. Das gilt selbstverständlich auch für die Planung abfallwirtschaftlicher Anlagen, insbesondere da es sich hierbei nahezu ausschließlich um individuelle, nicht standardisierte Anlagen mit spezifischen Randbedingungen handelt.

Unter Planung versteht man die systematische Vorgehensweise zur Verwirklichung eines Ziels (Reichert 1979, S. 514; Aggteleky und Bajna 1992, S. 5; Baumgarten 1993). Vielfältige Überlegungen, Untersuchungen und Analysen sollen diesen Prozess reibungslos gestalten. Hinsichtlich der Wirtschaftlichkeit eines Projekts kommt gerade den ersten Phasen der Planung ganz besondere Bedeutung zu. Nicht nur die Festlegung der Projektziele, sondern auch die konzeptionelle Planung, in der die Verfahren zur Abfallbehandlung festgelegt werden, haben einen hohen Einfluss auf die Projektkosten. Das gilt nicht nur im

Grundlage dieses Kapitels ist eine Veröffentlichung von H.D. Huber (2017).

H.-D. Huber (✉) · E. Harlacz
TBF+Partner AG
Böblingen, Deutschland

P. Kurth et al. (Hrsg.), *Praxishandbuch der Kreislauf- und Rohstoffwirtschaft*,
https://doi.org/10.1007/978-3-658-17045-5_30

Hinblick auf die Investitionskosten, sondern v. a. auf die letztendlich relevanten Behandlungs- bzw. Entsorgungskosten.

Die Zeiträume der Planung von Abfallbehandlungsanlagen werden in kurzfristige Planung bis zu vier Jahren, in mittelfristige Planung zwischen vier und acht Jahren und langfristige Planung von mehr als acht Jahren eingeteilt (Thomé-Kozmiensky 1985, S. 57).

30.2 Planung

Die grundsätzliche Vorgehensweise bei der Planung von Gebäuden, Anlagen, Infrastruktureinrichtungen etc. ist u. a. in der Verordnung über die Honorare für Architekten- und Ingenieurleistungen (HOAI)[1] dargestellt. Dort sind die üblicherweise zu erbringenden Leistungen beschrieben und Regelungen zu derer Honorierung festgelegt. Im Gegensatz zu früheren Versionen sind in der aktuellen Fassung der HOAI (Stand 2013) die projektbegleitenden Tätigkeiten, die unter dem Begriff Projektsteuerung zusammengefasst waren, nicht mehr enthalten (Locher et al. 2014, Einleitung, Rn 398 ff).

Der in der HOAI beschriebene Planungsablauf basiert auf einer soliden Ermittlung der Planungsgrundlagen und Randbedingungen und impliziert eine stufenweise Planung vom Groben zum Feinen. Diese prinzipielle Vorgehensweise hat sich als sinnvoll erwiesen und entspricht der gängigen Praxis. Für die tatsächliche Umsetzung werden in der HOAI teilweise unterschiedliche Wege beschrieben, die nachfolgend dargestellt werden.

Praxishinweis

Die HOAI unterteilt die vom Planer zu erbringenden Leistungen grundsätzlich in folgende Planungsphasen (Claus 2000, S. 34 ff):

1. Grundlagenermittlung
2. Vorplanung
3. Entwurfsplanung
4. Genehmigungsplanung
5. Ausführungsplanung
6. Vorbereitung der Vergabe
7. Mitwirkung bei der Vergabe
8. Objektüberwachung (Bauleitung/Bauüberwachung)
9. Objektbetreuung und Dokumentation

Bevor jedoch die eigentliche Planung beginnt, sind i. d. R. beim späteren Bauherrn schon eine Reihe von Untersuchungen und Entscheidungen erforderlich, die der Bauherr

[1] Verordnung über die Honorare für Architekten- und Ingenieurleistungen (HOAI) vom 10.07.2013, BGBl. I S. 2276.

entweder allein oder unter Einbeziehung einer Projektsteuerung vorbereitet und durchführt. In dieser auch als Projektentwicklung bezeichneten Phase werden die Projektziele festgelegt und es wird ein Projektprogramm entwickelt. Hierbei wird auch die prinzipielle Projektstruktur erarbeitet, um festzustellen, welche Planungsleistungen und Gutachten benötigt werden und welche sonstigen fachlich Beteiligten zu involvieren sind. In einer ersten Stufe erfolgt dann die Beauftragung der Planungsleistungen.

Gutachter und sonstige Projektbeteiligte werden i. d. R. nach Bedarf unter Mitwirkung des Planers mit einbezogen. Diese Zuarbeit des Planers gehört zu den Leistungen der Grundlagenermittlung (Claus 2000, S. 35; Locher et al. 2014, § 34 Rn 157). Weitere wichtige Leistungen dieser Phase sind die Klärung der Aufgabenstellung und die Ermittlung bzw. Zusammenstellung von vorgegebenen Randbedingungen, von die Aufgabe beeinflussenden Planungsabsichten, von vorhandenen Unterlagen sowie das Bewerten dieser Unterlagen. Auf dieser Basis sind die notwendigen Vorarbeiten wie Baugrunduntersuchungen, Vermessungsleistungen oder Vorbelastungsmessungen im Zusammenhang mit dem Immissionsschutz darzulegen. Die Leistungen und Ergebnisse der Grundlagenermittlung werden sinnvollerweise in einem Bericht zusammengefasst und dokumentiert.

Da es sich bei der Planung von abfallwirtschaftlichen Anlagen wie vorstehend beschrieben normalerweise um komplexe Projekte handelt, kommt nicht nur der Planung als solcher, sondern zur Sicherung der Projektqualität auch der Planung der Planung große Bedeutung zu. So sollte bereits in dieser Phase der Planungsablauf sorgfältig festgelegt werden.

Als Instrument der Qualitätssicherung sollte frühzeitig ein projektbezogenes Qualitätsmanagementsystem entwickelt und in einem Projekthandbuch dokumentiert werden. Hierzu gehören insbesondere die Definition der Projektziele, die Projektbeschreibung, die Projektorganisation, die Regelung von Arbeitsabläufen, die Kosten- und Terminüberwachung, die technische Qualitätsüberwachung, die Überwachung der Arbeitssicherheit sowie die Regelungen zur Kommunikation und Dokumentation.

30.3 Spezifische Vorgehensweisen bei der Planung von Abfallbehandlungsanlagen

In der Regel wird bei der Planung und Ausschreibung der meisten Bauwerke eine Abwicklung gewählt, wie sie den Grundleistungsbildern der HOAI zugrunde liegt. Dabei wird nach der Grundlagenermittlung in der Vorplanungsphase zunächst eine Variantenuntersuchung durchgeführt, um die insgesamt wirtschaftlichste Lösung für das Bauvorhaben zu finden. In der anschließenden Entwurfsplanungsphase erfolgt die vertiefte planerische Ausarbeitung der gewählten Variante, die die Grundlage für die einzureichenden Genehmigungsunterlagen bildet.

Nach Einreichung der Genehmigungsunterlagen findet dann die Ausführungsplanungs- und die Ausschreibungsphase statt.

Die Ausschreibung von Bauwerken wird im Regelfall als Ausschreibung mit Leistungsbeschreibungen in Form von Leistungsverzeichnissen auf der Basis der detaillierten Ausführungsplanung, häufig aufgeteilt in zahlreiche Einzelgewerke, durchgeführt. Die Ausschreibung kann alternativ hierzu aber auch als Leistungsbeschreibung mit Leistungsprogramm (funktionale Ausschreibung) erfolgen. Eine funktionale Ausschreibung kann ihrerseits sowohl insgesamt als Generalunternehmerausschreibung oder aber aufgeteilt in mehrere Lose durchgeführt werden (Fleck 2007, S. 111). Der Hauptvorteil einer Generalunternehmerabwicklung liegt im deutlich geringeren Kostenrisiko des Bauherrn, insbesondere aus dem Schnittstellenrisiko sowie in den geringeren Projektvorlaufkosten bis zur Vergabe. Vorteilhaft ist auch der geringe Koordinationsaufwand aufseiten des Bauherrn. Nachteilig sind die deutlich höheren Kosten insgesamt sowie der relativ geringe Einfluss auf die Ausführung im Detail, insbesondere in Verbindung mit einer funktionalen Ausschreibung.

Die Planung von Deponien verläuft i. d. R. nach dem klassischen Planungsablauf, wobei die Ausschreibung der Bauleistungen mit Leistungsbeschreibungen in Form von Leistungsverzeichnissen erfolgt. Eine funktionale Ausschreibung gibt es allenfalls in Teilbereichen wie bei der Deponiegasnutzung oder Sickerwasserbehandlung.

Für Abfallbehandlungsanlagen können grundsätzlich alle beschriebenen Vorgehensweisen infrage kommen (Abb. 30.1). Komplexere Anlagen mit aufwendiger Verfahrenstechnik führen aber häufig zu der Variante, zumindest die Verfahrenstechnik in einem oder in wenigen Losen funktional auszuschreiben, um anbieterspezifisch differenzierte technische Lösungen zu ermöglichen. In diesem Fall kann die Genehmigungsplanung auch erst nach Festlegung des verfahrenstechnischen Konzeptes durchgeführt werden, um Tekturen zu vermeiden.

Wird nicht die Gesamtanlage als ein Los ausgeschrieben, sollten die anderen Gewerke sinnvollerweise erst nach definitiver Festlegung der Verfahrenstechnik ausgeschrieben werden, um Nachträge bei den anderen Gewerken aufgrund von lieferantenspezifischen Besonderheiten zu vermeiden. Diese anderen Gewerke können dann entweder nach durchgeführter Ausführungsplanung mit Leistungsbeschreibung als Leistungsverzeichnis oder als Leistungsbeschreibung mit Leistungsprogramm (funktional) in einem oder mehreren Losen bzw. Gewerken ausgeschrieben werden.

Normalerweise entscheidet der Bauherr vor der Ausschreibung, welche prinzipielle technische Lösung angeboten werden soll, also z. B. mechanisch-biologische Behandlung oder thermische Behandlung. Es besteht aber auch die Möglichkeit, die generelle Konzeption einem Wettbewerb zu unterziehen. In diesem Fall kann eine komplett technikoffene Ausschreibung durchgeführt werden, wobei die Auswahl des technischen Abfallbehandlungsverfahrens dann überwiegend vom Markt bestimmt wird.

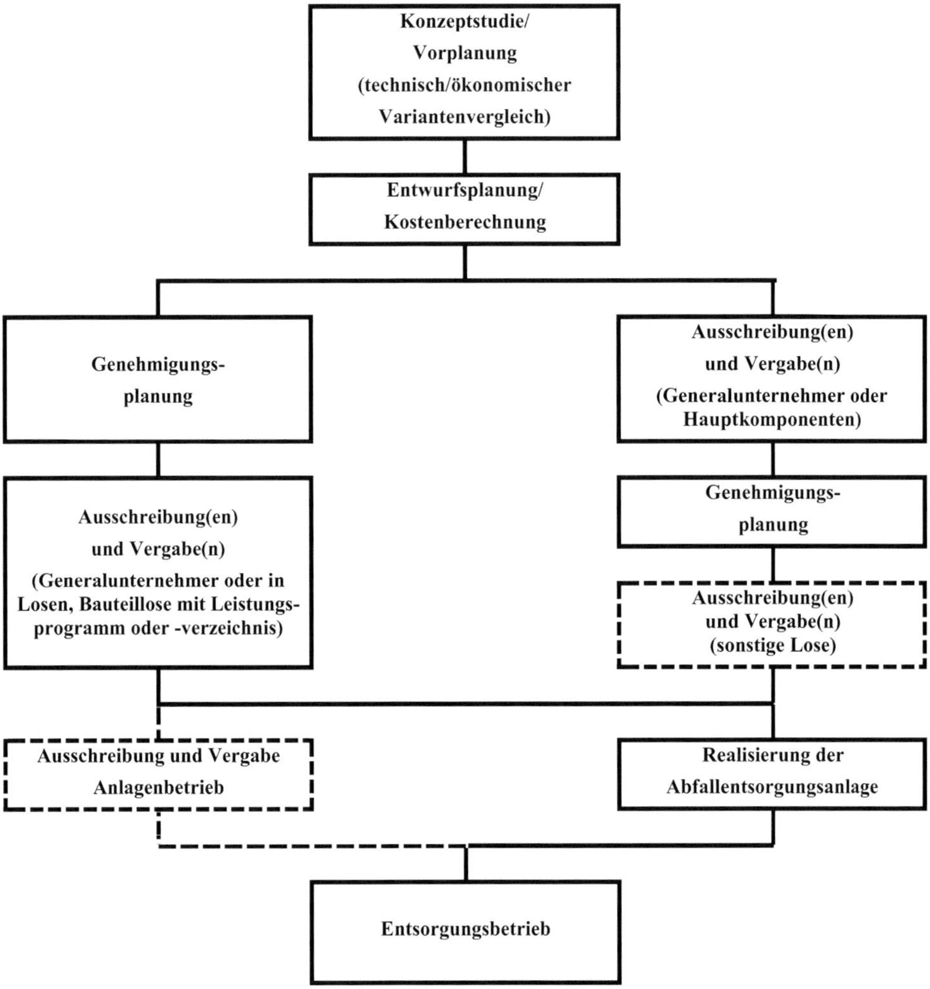

Abb. 30.1 Ablaufalternativen bei Planung und Ausschreibung

30.4 Konzeptionelle Planung

30.4.1 Allgemeines

Die Abwicklung der konzeptionellen Planung ist in den Leistungsphasen 2 (Vorplanung) sowie 3 (Entwurfsplanung) der HOAI für die jeweiligen Fachplanungen, wie z. B. zu den Ingenieurbauwerken im Teil 3 Abschn. 3 der HOAI, im Wesentlichen beschrieben.

30.4.2 Vorplanung

In der Vorplanungsphase wird auf der Basis der Ergebnisse der Grundlagenermittlung zunächst eine Analyse der Grundlagen durchgeführt (Claus 2000, S. 22 ff). Weiter werden die Zielvorstellungen des Bauherrn auf die vorhandenen Randbedingungen abgestimmt, amtliche Karten ausgewertet und fachliche Zusammenhänge geklärt. Vorteilhaft ist auch bereits in dieser Phase eine erste Einbeziehung von Behörden, die bei der Genehmigung und Beurteilung des Vorhabens später mitwirken werden. In dieser Phase kann es auch bereits sinnvoll sein, betroffene Bürger fachgerecht über das geplante Vorhaben zu informieren.

Für das Projekt werden im Zuge der Vorplanung insbesondere die verschiedenen Lösungsmöglichkeiten der Planungsaufgabe untersucht. Ziel ist hierbei v. a., die insgesamt wirtschaftlichste Lösung des Bauvorhabens zu finden. Bei der Planung von Abfallbehandlungsanlagen wird hierbei häufig ein technisch/wirtschaftlicher Vergleich durchgeführt, gegebenenfalls unter Einbeziehung anderer wichtiger Entscheidungsmerkmale wie z. B. ökologischer Auswirkungen. Für die Beurteilung der Varianten sind nicht nur die Investitionskosten maßgeblich, sondern insbesondere die Jahres- bzw. spezifischen Kosten. Diese werden unter Berücksichtigung von Kapitalkosten, Personalkosten, Betriebskosten für Wartung, Reparatur und Verschleiß sowie Betriebsmitteln und Entsorgungskosten für Reststoffe ermittelt. Soweit zusätzliche nicht monetär bewertbare Entscheidungsmerkmale mit einfließen, können diese in Form einer Nutzwertanalyse oder aber einer verbalargumentativen Bewertung einbezogen werden.

Im Rahmen der Vorplanung wird die Bestvariante zeichnerisch in Plänen im Maßstab 1:200 dargestellt. Hinzu kommen Blockschaltbilder sowie einfache Verfahrensschemata. Die Planunterlagen werden ergänzt durch einen Erläuterungsbericht. Sollte ein Raumordnungsverfahren für den geplanten Standort erforderlich werden, haben die Vorplanungsunterlagen normalerweise die hierfür erforderliche Bearbeitungstiefe.

Bestandteil der Vorplanung ist auch eine Kostenschätzung, die einen Genauigkeitsgrad von mindestens +/−30 % aufweisen sollte.

30.4.3 Entwurfsplanung

Die Entwurfsplanung umfasst die weitergehende System- und Integrationsplanung unter Erarbeitung der endgültigen Lösung der Planungsaufgabe auf der Basis der in der Vorplanung ermittelten Lösung (Huber 1994, S. 772 ff). Hierbei enthalten ist auch die Ermittlung der wesentlichen Bauphasen insbesondere im Hinblick auf die Aufrechterhaltung des Betriebs bei bestehenden Anlagen.

Spätestens in dieser Phase müssen die Behörden in die Planungen mit einbezogen werden.

Das bisherige Planungskonzept wird durchgearbeitet und weiter konkretisiert, die notwendigen fachspezifischen Berechnungen werden durchgeführt. Die zeichnerische Darstellung erfolgt normalerweise im Maßstab 1:100, bei größeren Gebäuden wird aus Gründen der Praktikabilität teilweise auch der Maßstab 1:200 verwendet, jedoch mit entsprechender Bearbeitungstiefe. Grundfließbilder mit Massenströmen sowie vertieft ausgearbeitete Verfahrensschemata ergänzen die Planunterlagen. Beschreibungen und Berechnungen werden in einem Erläuterungsbericht zusammengefasst.

In dieser Leistungsphase werden darüber hinaus Termin- sowie Kosten- und Finanzierungspläne für das Projekt erarbeitet.

Wesentlicher Bestandteil ist auch die Kostenberechnung mit einer Genauigkeit von mindestens +/−15 %. Auf Basis der Kostenberechnung muss der Bauherr die Entscheidung treffen, ob ein Genehmigungsantrag gestellt wird bzw. ob ein Ausschreibungsverfahren begonnen wird. Zur Kostenkontrolle wird ein Vergleich mit der Kostenschätzung aus der Vorplanungsphase durchgeführt.

30.5 Genehmigungsplanung und Genehmigungsverfahren

30.5.1 Grundlagen des Genehmigungsverfahrens

Bei der Genehmigung von Abfallbehandlungsanlagen ist zu unterscheiden zwischen Anlagen zur Ablagerung (Deponien) und Anlagen zur Behandlung und Lagerung. Während nach dem Kreislaufwirtschaftsgesetz (KrWG)[2] für Deponien i. d. R. ein Planfeststellungsverfahren durchzuführen ist, werden thermische, biologische und mechanische Abfallbehandlungsanlagen in einem Genehmigungsverfahren nach Bundes-Immissionsschutzgesetz (BImSchG)[3] genehmigt. Ein wesentlicher Unterschied zwischen beiden Verfahren ist hierbei, dass bei einem Genehmigungsverfahren nach BImSchG ein Anspruch des Antragstellers auf Genehmigung besteht, beim Planfeststellungsverfahren nach KrWG jedoch nicht.

Das BImSchG regelt die Rahmenbedingungen für den Immissionsschutz. Art, Ablauf und Inhalt des Genehmigungsverfahrens sind in Verordnungen zum BImSchG geregelt, der Verordnung über genehmigungsbedürftige Anlagen (4. BImSchV)[4] sowie der Verordnung über das Genehmigungsverfahren (9. BImSchV)[5]. Im Genehmigungsverfahren nach

[2] Gesetz zur Förderung der Kreislaufwirtschaft und Sicherung der umweltverträglichen Bewirtschaftung von Abfällen (KrWG) vom 24.02.2012 (BGBl. I S. 212), in Kraft getreten am 01.06.2012, zuletzt geändert durch Art. 4 G vom 04.04.2016 I.

[3] Gesetz zum Schutz vor schädlichen Umwelteinwirkungen durch Luftverunreinigungen, Geräusche, Erschütterungen und ähnliche Vorgänge (BImSchG) in der Fassung der Bekanntmachung vom 26.09.2002 (BGBl. I S. 3830), zuletzt geändert durch Gesetz vom 30.11.2016 (BGBl. I S. 2749).

[4] Vierte Verordnung zur Durchführung des BImSchG (Verordnung über genehmigungsbedürftige Anlagen – 4. BImSchV) vom 02.05.2013 (BGBl. I S. 973, 3756).

[5] Neunte Verordnung zur Durchführung des BImSchG (Verordnung über das Genehmigungsverfahren – 9. BImSchV) in der Fassung der Bekanntmachung vom 29.05.1992 (BGBl. I S. 1001), zuletzt durch Art. 3 der Verordnung vom 02.05.2013 (BGBl. I S. 973).

Bundes-Immissionsschutzgesetz werden mit Ausnahme der wasserrechtlichen Verfahren sämtliche erforderlichen Genehmigungen gebündelt behandelt, also z. B. auch die baurechtliche Genehmigung. Genehmigungen zur Wasserentnahme, Wassereinleitung oder auch Wasserhaltung während der Bauzeit sind in getrennten Genehmigungsverfahren nach dem Wasserhaushaltsgesetz (WHG)[6] zu beantragen.

Bei der Genehmigung von Abfallbehandlungsanlagen ist auch das Gesetz über die Umweltverträglichkeitsprüfung (UVPG)[7] zu beachten. Dort sind die Erfordernis, die Art, der Umfang sowie der Inhalt der Umweltverträglichkeitsprüfung in Abhängigkeit insbesondere von Art und Größe der Abfallentsorgungsanlage festgelegt.

Weitere wichtige Grundlagen sind darüber hinaus Regelwerke, die sich mit den zulässigen Emissionen bzw. Immissionen sowie der Art deren Bestimmung etc. befassen. Für thermische Abfallbehandlungsanlagen ist hier insbesondere die Verordnung über die Verbrennung und Mitverbrennung von Abfällen (17. BImSchV)[8] relevant, für biologische bzw. biologisch-mechanische Anlagen die Verordnung über Anlagen zur biologischen Behandlung von Abfällen (30. BImSchV)[9]. Für Abfallbehandlungsanlagen weitere, wichtige Regelwerke sind in diesem Zusammenhang die europäische Richtlinie über die integrierte Vermeidung und Verminderung der Umweltverschmutzung (IVU-Richtlinie)[10] mit den daraus resultierenden Beste-Verfügbare-Technik(BVT)-Merkblättern[11], die Verwaltungsvorschriften zum BImSchG Technische Anleitung zur Reinhaltung der Luft (TA Luft)[12] sowie Technische Anleitung zum Schutz gegen Lärm (TA Lärm)[13], außerdem gegebenenfalls die Verordnung über Deponien und Langzeitlager (Deponieverordnung [DepV])[14].

[6] Gesetz zur Ordnung des Wasserhaushalts (WHG), Art. 1 des Gesetzes vom 31.07.2009 (BGBl. I S. 2585), in Kraft getreten am 07.08.2009 bzw. 01.03.2010, zuletzt geändert durch Gesetz vom 04.08.2016 (BGBl. I S. 1972).

[7] Gesetz über die Umweltverträglichkeitsprüfung (UVPG) in der Fassung der Bekanntmachung vom 24.02.2010 (BGBl. I S. 94), zuletzt geändert durch Art. 2 des Gesetzes vom 30.11.2016 (BGBl. I S. 2749).

[8] Siebzehnte Verordnung zur Durchführung des BImSchG (Verordnung über die Verbrennung und die Mitverbrennung von Abfällen – 17. BImSchV) vom 02.05.2013 (BGBl. I S. 1021, 1044, 3754).

[9] Dreißigste Verordnung zur Durchführung des BImSchG (Verordnung über Anlagen zur biologischen Behandlung von Abfällen – 30. BImSchV) vom 20.02.2001 (BGBl. I S. 317), zuletzt geändert durch Art. 3 der Verordnung vom 27.04.2009 (BGBl. I S. 900).

[10] Richtlinie 2008/1/EG des Europäischen Parlaments und des Rats vom 15.01.2008 über die integrierte Vermeidung und Verminderung der Umweltverschmutzung, Amtsblatt Nr. L 24 vom 29.01.2008, S. 8–29.

[11] BVT-Merkblättern http://www.umweltbundesamt.de/sites/default/files/medien/419/dokumente/bvt_abfallbehandlung_vv.pdf. Zugegriffen 10. November 2014.

[12] Erste Allgemeine Verwaltungsvorschrift zum BImSchG (TA Luft) vom 24.07.2002, GMBl., S. 511.

[13] Sechste Allgemeine Verwaltungsvorschrift zum BImSchG (TA Lärm) vom 26.08.1998, GMBl., S. 503.

[14] Verordnung über Deponien und Langzeitlager (DepV) vom 27.04.2009 (BGBl. I S. 900), zuletzt geändert durch Art. 2 Abs. 23 G vom 20.7.2017 (BGBI. I S. 2808).

Relativ neu sind die VDI-Richtlinien 7000 „Frühe Öffentlichkeitsbeteiligung bei Industrie- und Infrastrukturprojekten“[15] sowie 7001 „Kommunikation und Öffentlichkeitsbeteiligung bei Planung und Bau von Infrastrukturprojekten“[16].

Selbstverständlich sind neben den o. g. noch eine Vielzahl weiterer gesetzlicher Regelungen zu beachten, deren Aufzählung den Rahmen an dieser Stelle sprengen würde.

30.5.2 Genehmigungsunterlagen

Die Genehmigungsunterlagen (Huber 1994, S. 774 ff; Claus 2000, S. 73) bestehen i. d. R. aus Antragsformularen, einem Erläuterungsbericht, einer Vielzahl von Formblättern, Übersichtsplänen, Emissionsquellenplänen, einer Kurzbeschreibung, einer Umweltverträglichkeitsuntersuchung, zahlreichen Gutachten sowie den in der Phase Entwurfsplanung erarbeiteten Unterlagen wie Lagepläne, Aufstellungspläne (Grundrisse und Schnitte), Ansichten, Entwässerungspläne, Fließbilder, Schemata und dergleichen.

Praxishinweis

Im Wesentlichen lässt sich Inhalt und Aufbau eines Genehmigungsantrags am nachfolgenden Beispiel für eine thermische Abfallbehandlungsanlage aufzeigen:

1. Allgemeines
2. Antrag
3. Kurzbeschreibung
4. Standort und Umgebung
5. Bauvorlagen/Grundstücksentwässerung
6. Natur- und Landschaftsschutz
7. Betriebsbeschreibung
8. Stoffe/Zubereitungen
9. Abfallvermeidung, -verwertung, -beseitigung
10. Umgang mit wassergefährdenden Stoffen
11. Luftreinhaltung
12. Sparsame und effiziente Energieverwertung
13. Schutz vor Lärm und Erschütterungen

[15] VDI-Richtlinie (VDI 7000) Frühe Öffentlichkeitsbeteiligung bei Industrie- und Infrastrukturprojekten. https://www.vdi.de/wirtschaft-politik/fruehe-oeffentlichkeitsbeteiligung/ziele-inhalte/. Zugegriffen 02. April 2017.

[16] VDI-Richtlinie (VDI 7001) Kommunikation und Öffentlichkeitsbeteiligung bei Planung und Bau von Infrastrukturprojekten. http://www.vdi.de/technik/fachthemen/bauen-und-gebaeudetechnik/fachbereiche/bautechnik/richtlinien/richtlinienreihe-vdi-7001-kommunikation-und-oeffentlichkeitsbeteiligung-bei-planung-und-bau-von-infrastrukturprojekten. Zugegriffen 02. April 2017.

14. Anlagensicherheit
15. Brandschutz
16. Arbeitsschutz
17. Umweltverträglichkeitsuntersuchung
18. Maßnahmen im Fall der Betriebseinstellung

Ergänzt werden die Genehmigungsunterlagen durch Gutachten z. B. zu den Themen:

- Vorbelastungen (Luftinhaltsstoffe, Staubniederschlag, meteorologische Daten, Bodenbelastung, Schadstoffaufnahme durch Pflanzen, Lärm, Geruch, Grundwasser)
- Kaminhöhenbestimmung
- Immissionsprognosen (Luftinhaltsstoffe, Staubniederschlag, Lärm, Geruch)
- Ermittlung der Gesamtbelastung
- Sicherheitstechnische Betrachtung
- Baugrunduntersuchung
- Eventuell Altlastenerkundung
- Eventuell humantoxikologisches Gutachten

30.5.3 Ablauf des Genehmigungsverfahrens

Wie vorstehend ausgeführt sollten die von der Planung Betroffenen, zumindest aber die relevanten Behörden, bereits frühzeitig in die Planung eingebunden werden. Häufig wird bereits in der Vorplanungsphase ein sog. Scoping-Termin abgehalten, an dem nicht nur die Genehmigungsbehörde und die relevanten Fachbehörden teilnehmen, sondern zu dem auch betroffene Bürger, Firmen, Verbände etc. eingeladen werden. Die Durchführung eines Scoping-Termins ist jedoch nicht vorgeschrieben und kann auch durch ein oder mehrere Behördengespräche ersetzt werden.

Nach Fertigstellung der Genehmigungsunterlagen wird der Genehmigungsantrag eingereicht. Hierbei kann es sinnvoll sein, der Behörde zunächst einen Entwurf zur Vorabstimmung zu übermitteln.

Im ersten Schritt erfolgt die Vollständigkeitsprüfung durch die Genehmigungsbehörde (Claus 2000, S. 71). Sind die Unterlagen vollständig, macht die Genehmigungsbehörde das Vorhaben, soweit gesetzlich vorgeschrieben bzw. von der Behörde als notwendig erachtet, öffentlich bekannt und legt die Unterlagen unter Einhaltung der erforderlichen Fristen öffentlich aus. Die eventuell Betroffenen können die ausgelegten Unterlagen einsehen und schriftlich Einwendungen bei der Behörde vorbringen. Nach Auswertung der fristgerecht eingegangenen Einwendungen beraumt die Genehmigungsbehörde einen Erörterungstermin an, an dem das Vorhaben sowie die Einwendungen unter Teilnahme von Antragsteller, Behörden und Einwendern erörtert werden. Dieser Termin ist i. d. R. öffentlich. Normalerweise werden dem Antragsteller mit dem Genehmigungsbescheid zahlreiche Nebenbestimmungen auferlegt, wobei neben fachlichen Beurteilungen durch Fachbehörden oder neutrale Gutachter auch die Erkenntnisse aus dem Erörterungstermin mit einfließen.

Um die Realisierung des Vorhabens zu beschleunigen, besteht die Möglichkeit, Teilerrichtungsgenehmigungen zu beantragen. Die Genehmigungsbehörde kann diese erteilen, wenn die Erteilung der Genehmigung zu erwarten ist und, sofern sich der Antragsteller verpflichtet, die vorab errichteten Teile zurückzubauen, falls die Genehmigung insgesamt doch nicht erteilt wird.

Bei komplexeren Anlagen werden häufig Teilbereiche der Genehmigung nachgereicht, wie z. B. die prüffähige statische Berechnung oder bei thermischen Anlagen die Unterlagen gemäß Betriebssicherheitsverordnung (BetrSichV)[17] zum Dampfkessel etc.

Bei größeren Projekten ist außerdem damit zu rechnen, dass Klagen gegen Genehmigungen erhoben werden.

30.6 Ausschreibung und Vergabe

30.6.1 Ausschreibungsverfahren

Während private Betreiber bzw. Bauherren von Abfallbehandlungsanlagen bei der Angebotseinholung und Vergabe frei agieren können, unterliegen kommunale Bauherren dem strengen EU-Vergaberecht. Das gilt i. d. R. auch für gemischtwirtschaftliche Bauherren mit Public-Private-Partnership (PPP)-Modellen, insbesondere soweit die kommunalen Partner mit über 50 % beteiligt sind.

Das EU-Vergaberecht ist in Deutschland in der Vergabeverordnung (VgV)[18] sowie in Bezug auf Bauvorhaben in der Vergabe- und Vertragsordnung für Bauleistungen Teil A (VOB/A)[19] geregelt. Liegen Bauvorhaben in ihrem Gesamtinvestitionsvolumen über dem Schwellenwert, müssen zumindest ihre wesentlichsten Lose europaweit ausgeschrieben

[17] Verordnung über Sicherheit und Gesundheitsschutz bei der Verwendung von Arbeitsmitteln vom 03.02.2015 (BGBl. I S. 49), zuletzt geändert durch Artikel 147 des Gesetzes vom 29.03.2017 (BGBl. I S. 626).

[18] Verordnung über die Vergabe öffentlicher Aufträge, in der Fassung der Bekanntmachung vom 12.04.2016 (BGBl. I S. 624), zuletzt geändert durch Artikel 8 des Gesetzes vom 18.07.2017 (BGBl. I S. 2745).

[19] Vergabe- und Vertragsordnung für Bauleistungen Teil A (Allgemeine Bestimmungen für die Vergabe von Bauleistungen) Fassung 2016, Bekanntmachung vom 07.01.2016 (BAnz AT 19.01.2016 B3).

werden. Die Schwellenwerte werden von der Kommission der Europäischen Union (EU) jeweils angepasst (zuletzt 5.225.000 €)[20].

Generell möglich sind als Vergabeverfahren:

- Offenes Verfahren
- Nichtoffenes Verfahren mit öffentlicher Vergabebekanntmachung
- Verhandlungsverfahren mit oder ohne öffentlicher Vergabebekanntmachung
- Wettbewerblicher Dialog mit oder ohne öffentlicher Vergabebekanntmachung

Das offene Verfahren stellt den Regelfall dar, die anderen Verfahren dürfen nur in definierten Ausnahmefällen zur Anwendung kommen. Als eine dieser Ausnahmen wird häufig die funktionale Ausschreibung eingestuft, da der planerische Aufwand, der bei der Angebotserstellung entsteht, nicht zu vielen Bietern zugemutet werden sollte.

Während das offene Verfahren in einem Schritt abläuft, bei dem die Eignungsprüfung der Bieter nach Angebotsabgabe im Rahmen der Angebotsprüfung erfolgt, laufen die anderen Verfahren in mehreren Stufen ab. Auf der Basis der Vergabebekanntmachung bewerben sich in diesem Fall potenzielle Bieter um die Teilnahme am Wettbewerb. Nach Feststellung der Eignung werden die geeigneten Bieter zur Abgabe von Angeboten aufgefordert, es sei denn, dass sich zu viele Bewerber als geeignet erwiesen haben. In diesem Fall wird der Bieterkreis nach vorab festgelegten Kriterien eingeschränkt.

Bei komplexeren verfahrenstechnischen Losen von Abfallbehandlungsanlagen war bisher das nichtoffene Verfahren mit öffentlicher Vergabebekanntmachung (Teilnahmewettbewerb) der Regelfall. Bei diesem Verfahren sind Verhandlungen mit den Bietern stark eingeschränkt. Aktuell kommen bei komplexen Anlagen bzw. Losen jedoch immer häufiger das Verhandlungsverfahren bzw. der relativ neue wettbewerbliche Dialog, jeweils mit öffentlicher Vergabebekanntmachung, zum Tragen. Diese Verfahren lassen mehr gestalterischen Spielraum, ihre Anwendung ist vergaberechtlich jedoch nicht unumstritten.

Abweichungen von den Regelfällen sind zu begründen und in der Vergabeakte zu dokumentieren. Hierzu gehört auch der Verzicht auf eine Vergabe unterteilt nach Gewerken bzw. Losen sowie die Durchführung als funktionale Ausschreibung(en).

30.6.2 Aufbau und Inhalt der Verdingungsunterlagen

Die Verdingungs- oder auch Ausschreibungsunterlagen bestehen aus den Ausschreibungsbedingungen, den Vertragsbedingungen, der Leistungsbeschreibung sowie gegebenenfalls Beilagen.

[20] Delegierte Verordnung (EU) 2015/2170 der Kommission vom 24.11.2015 zur Änderung der Richtlinie 2014/24/EU des Europäischen Parlaments und des Rats im Hinblick auf die Schwellenwerte für Auftragsvergabeverfahren, Amtsblatt Nr. L 307 vom 25.11.2015, S. 5f.

In den Ausschreibungsbedingungen werden Ablauf und Bedingungen des Vergabeverfahrens geregelt wie Termin und Ort der Angebotsabgabe, Kriterien zur Teilnahme sowie zur Angebotswertung, Auflistung der mit dem Angebot abzugebenden Unterlagen etc.

Die Vertragsbedingungen enthalten die werkvertraglichen Regelungen zur späteren Abwicklung, z. B. bezüglich Terminen, Haftung, Versicherung, Kündigung, Garantien und Gewährleistungen bzw. vereinbarte Beschaffenheiten, Leistungsänderungen inklusive Preisanpassung, Verjährungsfristen, Rechnungsstellung und Zahlungsverkehr, gegebenenfalls Preisgleitungsformeln.

Die Leistungsbeschreibung kann wie vorstehend ausgeführt in Form eines Leistungsverzeichnisses oder bei funktionaler Ausschreibung in Form eines Leistungsprogramms erstellt werden. Ein Leistungsverzeichnis beinhaltet konkrete Beschreibungen jeder einzelnen auszuführenden Lieferung und Leistung mit Massenangaben, wie z. B. Kubikmeter Beton einer bestimmten Qualität oder Meter Rohrleitung eines bestimmten Durchmessers aus einem bestimmten Material. Hierbei wird auch der Einzelpreis pro Einheit abgefragt, da die spätere Abrechnung der Baumaßnahme normalerweise nach tatsächlich verbrauchten Materialien bzw. Leistungen auf der Basis von Aufmaß, Wiegescheinen und dergleichen erfolgt. Bei funktionaler Ausschreibung werden Ziele formuliert, wobei zusätzlich auch Qualität und Menge für bestimmte Teile vorgegeben werden können, wie z. B. sieben Steckdosen eines bestimmten Standards im Raum X. Das Angebot enthält bei dieser Vorgehensweise Pauschalpreise für größere Leistungspakete, nach denen auch die spätere Abrechnung erfolgt.

30.6.3 Angebotsauswertung

Im Zuge der Angebotsauswertung sind die Angebote sowie gegebenenfalls Nebenangebote oder Änderungsvorschläge zu prüfen. Am Anfang steht die formelle Prüfung, ob die Angebote überhaupt gewertet werden können oder dürfen. Dann erfolgt die rechnerische Prüfung, um festzustellen, ob die Einzelpreise zum angegebenen Gesamtergebnis führen.

Bei funktionalen Ausschreibungen sowie bei Nebenangeboten oder Änderungsvorschlägen kann eine teilweise sehr aufwendige technische Prüfung erforderlich werden. In besonderen Fällen kann auch eine Prüfung von Abweichungen zum Vertragsteil notwendig sein. Je nach Vergabeverfahren werden Bietergespräche zur Aufklärung über den Angebotsinhalt bzw. Verhandlungen durchgeführt.

Das komplette Vergabeverfahren ist in einer Vergabeakte zu dokumentieren, wozu auch der i. d. R. vom Planer erstellte Auswertungsbericht gehört. Dieser beinhaltet insbesondere Angaben und Informationen zum Ablauf des Wettbewerbs sowie gegebenenfalls zum Teilnahmewettbewerb, zu den Anforderungen und zum Versand der Verdingungsunterlagen, zur Angebotseröffnung (Submission), zur Nichtabgabe von Angeboten sowie zu den Bieteranhörungen. Wichtig sind auch die Angaben zur Wertung der Angebote, Nebenangebote sowie Änderungsvorschläge.

▶ **Praxishinweis** In die Wertung von Angeboten über die Errichtung von Abfallbehandlungsanlagen fließen z. B. ein:

- Lieferumfang/Schnittstellen
- Technik/Verfahren/Referenzen
- Subunternehmer/Fabrikate/Hersteller
- Termine/Fristen
- Preise/Betriebs- bzw. Jahreskosten
- Beschaffenheitsvereinbarungen und -werte (früher Garantien und Gewährleistungen)

Teil der Planerleistungen dieser Phase ist aber auch die Kostenkontrolle, wobei die Angebotspreise mit den vorangehenden Kostenermittlungen verglichen werden. Der Auswertungsbericht beinhaltet darüber hinaus auch die Benennung des Bestbieters und damit den Vergabevorschlag für den Bauherrn.

30.7 Ausführungsplanung

Die Ausführungsplanung (Huber 1994, S. 780) stellt bei normalen Gebäuden die detaillierteste Stufe der Planung dar, die die Ausführenden auf der Baustelle in die Lage versetzt, das Bauwerk zu errichten. Die Pläne werden i. d. R. im Maßstab 1:50 erstellt, für einzelne Details sind größere Maßstäbe bis 1:5 keine Ausnahme. Neben den sog. Werkplänen der Architekten oder planenden Ingenieure werden vom Tragwerksplaner ergänzend spezielle Pläne erstellt, z. B. Schal- und Bewehrungspläne für Betonbauteile oder auch Stahlbaupläne. Teilweise können Detailpläne insbesondere für Fertigteile auch von den Herstellern erstellt werden.

Auch für die Gebäudeausrüstung und verfahrenstechnische Anlagen wird eine entsprechende Ausführungsplanung, häufig auch als Detail-Engineering bezeichnet, durchgeführt. Neben den Plänen, die das Zusammenwirken mit dem Bauteil sowie die Zusammenführung von vorgefertigten Teilen vor Ort beschreiben, gehören auch die Werkstattpläne sowie Montagepläne zum Detail-Engineering. Werkstatt- und Montagepläne sind i. d. R. Sache des Herstellers. Bei verfahrenstechnischen Anlagen erfolgt die Errichtung teilweise in Form von Fertigung oder Vorfertigung in den Werkstätten der Hersteller einzelner Teile und Aggregate.

Wird die Ausführungsplanung von einem Lieferanten der Verfahrenstechnik oder nach funktionaler Ausschreibung des Bauteils von der Baufirma durchgeführt, ist dem Bauherrn dringend anzuraten, die von diesen erstellten Pläne durch fachlich geeignete Architekten bzw. Ingenieure im Hinblick auf die Übereinstimmung mit der Genehmigung, dem Bauvertrag, den gesetzlichen Vorschriften sowie dem Stand der Technik überprüfen zu lassen. Dies gilt auch für Werkstatt- und Montagepläne. Aller Erfahrung nach ist es äußerst schwierig, falsch gefertigte Teile tatsächlich durch vertragsgemäß ausgeführte Teile zu ersetzen, wenn sie erst einmal gefertigt und auf der Baustelle angeliefert oder gar eingebaut sind. Um noch größeren Schaden, z. B. aus Terminverzug zu vermeiden, ist der Bauherr in diesem Fall häufig gezwungen, Kompromisse einzugehen und die minderwertigen Teile zu akzeptieren. Durch rechtzeitige Prüfung der Ausführungspläne lassen sich diese Probleme deutlich vermindern und die Qualität des Projekts verbessern.

30.8 Überwachung der Realisierung

30.8.1 Allgemeines

Die grundlegenden Aufgaben der Bauüberwachung und Bauleitung durch Architekten bzw. Ingenieure sind ebenfalls in der HOAI beschrieben (Locher et al. 2014, § 34, Rn 213 f). Für Bauvorhaben mit wesentlichen verfahrenstechnischen Teilen wie Abfallbehandlungsanlagen sind zusätzliche Maßnahmen empfehlenswert. Die wichtigsten Tätigkeiten in den einzelnen Phasen der Realisierung sowie der ersten Betriebsjahre sind nachfolgend beschrieben.

30.8.2 Bau- und Montageabwicklung

In dieser Phase sind insbesondere die üblichen HOAI-Leistungen wie die Koordination der Beteiligten, die Planprüfung, das Aufstellen und Überwachen des Terminplans inklusive der Inverzugsetzung ausführender Firmen (bei Bedarf), das Führen eines Bautagebuchs, das Aufmaß von Leistungen, die nach Einheitspreisen abgerechnet werden, sowie die Rechnungsprüfung durchzuführen. Sehr wichtig ist auch die Ausführungsüberwachung zur Übereinstimmung mit den freigegebenen Unterlagen, dem Bauvertrag sowie den Regeln der Technik und Vorschriften. Soweit die Prüfung der letztgenannten Punkte nach funktionaler Ausschreibung bereits im Zuge der Planprüfung durchgeführt wurde, reduziert sich der Leistungsumfang an dieser Stelle deutlich.

Weiterhin finden in dieser Phase auch die Bestellungen der verfahrenstechnischen Lieferanten bei ihren Nachunternehmern statt. Hierbei sollten die Bestellungen analog der Planungen im Hinblick auf vertragskonforme Ausführung sowie daraufhin überprüft werden, ob der Nachunternehmer geeignet ist und z. B. in der freigegebenen Nachunternehmerliste aufgeführt wurde. Erst dann sollte bei positivem Prüfergebnis die Bestellfreigabe durch den Bauherrn erfolgen.

Für wichtige verfahrenstechnische Anlagenkomponenten empfiehlt es sich, stichprobenartige Fertigungskontrollen durchzuführen, um die terminliche Abwicklung und Qualität bereits während der Herstellung zu kontrollieren. Ebenso empfehlenswert ist eine Endkontrolle im Werk vor dem Versand, um fehlerhafte Aggregate noch zurückweisen zu können, bevor sie auf der Baustelle eintreffen.

In der praktischen Abwicklung von Bauvorhaben ergeben sich immer wieder Leistungsänderungen, sei es durch Nebenbestimmungen aus dem Genehmigungsverfahren, aus geänderten Rahmenbedingungen wie z. B. Abweichungen zwischen den stichprobenartigen Baugrunduntersuchungen und den tatsächlichen Verhältnissen oder aus Änderungswünschen des Bauherrn. In diesen Fällen reichen die ausführenden Firmen sog. Nachtragsangebote ein. Diese sind zunächst darauf hin zu überprüfen, ob überhaupt eine Vertragsänderung vorliegt. Liegt eine Vertragsänderung vor, sind die Nachtragsangebote weiter hinsichtlich der technischen Ausführung sowie der Angemessenheit der Preise zu überprüfen. Um eine Preisprüfung mit der erforderlichen Genauigkeit durchführen zu können, sollten bei der Ausschreibung bzw. beim Vertragsschluss schon präzise Vorgehensweisen zur Preisaufschlüsselung und Prüffähigkeit von Nachtragsangeboten festgelegt werden.

30.8.3 Inbetriebnahme und Probebetrieb

Eine sehr wichtige Phase stellt bei Abfallbehandlungsanlagen die Inbetriebnahme sowie der anschließende Probebetrieb dar. Auch diese Phase ist vom Ingenieur zu überwachen. Die Inbetriebnahme sollte gegenüber dem Bau und der Montage der Anlagenteile klar abgegrenzt sein. Deshalb empfiehlt es sich, vor Beginn der Inbetriebnahme einzelner Anlagenkomponenten für diese Bereiche sog. Montageendkontrollen durchzuführen, nach deren erfolgreicher Durchführung die Freigabe zur Inbetriebnahme erfolgt.

Die Inbetriebnahme teilt sich auf in eine Kalt-Inbetriebnahme, in der die wichtigsten Funktionen getestet und Einstellungen vorgenommen werden, ohne dass bereits Abfälle mit behandelt werden. Erst wenn am Ende der Kalt-Inbetriebnahme die prinzipielle Funktion der Anlage nachgewiesen ist, sollte die Freigabe zur Warm-Inbetriebnahme erfolgen. In dieser Phase werden die Aggregate sukzessive mit dem bestimmungsgemäßen Inputmaterial beaufschlagt. Bei thermischen Abfallbehandlungsanlagen beginnt die Warm-Inbetriebnahme-Phase i. d. R. nicht mit den ersten Einbringungen von Abfällen, sondern bereits vorher mit der ersten Zündung der Zünd- und Stützfeuerung, die mit Öl oder Gas betrieben wird.

Erst wenn alle wichtigen Einstellungen durchgeführt sind und die Gesamtanlage unter Praxisbedingungen ihre prinzipielle Tauglichkeit nachgewiesen hat, sollte die Freigabe zum Probebetrieb erfolgen. Der Probebetrieb dient dem Nachweis, dass die Anlage dauerhaft funktionsfähig ist, und findet noch unter der Verantwortung des verfahrenstechnischen Lieferanten, jedoch mit Personal des Bauherrn bzw. Betreibers statt. Er dauert i. d. R. mehrere Wochen, bei Anlagen mit biologischen Prozessen kann er auch mehrere Monate dauern. Soweit möglich und sinnvoll, sind während des Probebetriebs auch die Leistungsnachweise insbesondere hinsichtlich der vereinbarten Beschaffenheiten der Anlage zu überprüfen. Verschiedene Leistungsnachweise können jedoch erst bei einem längerfristigen Betrieb nachgewiesen werden und müssen später erfolgen.

Für Abfallbehandlungsanlagen ist auch sehr wichtig, dass rechtzeitig vor dieser Phase eine ausreichende Schulung des späteren Betriebspersonals erfolgt und die Betriebsanleitung und Dokumentation der Anlage soweit fertiggestellt sind, dass das Personal des Betreibers in der Lage ist, die Anlage bestimmungsgemäß zu betreiben.

30.8.4 Abnahme und Übergabe des Objekts

Die Abnahme eines Bauwerks oder einer Anlage stellt einen sehr entscheidenden Schritt bei der Realisierung eines Bauvorhabens dar. Mit der Abnahme geht das Bauwerk in die Gefahr des Bauherrn über. Juristisch ergibt sich hiermit eine Umkehr der Beweislast. Das bedeutet, dass Fehler vom Bauherrn nachzuweisen sind, was i. d. R. ziemlich schwierig ist. Somit trägt auch der Architekt oder Ingenieur bei der Abnahme eine große Verantwortung.

Die Abnahme erfolgt nach Fertigstellung des Bauwerks, bei Abfallbehandlungsanlagen zusätzlich nach erfolgreichem Probebetrieb sowie dem Nachweis der bis zur Abnahme zu erbringenden Leistungsnachweise. Die Abnahme wird in einer Abnahmeniederschrift dokumentiert, die i. d. R. vom Lieferanten bzw. der Baufirma, dem Bauherrn und dem überwachenden Architekten oder Ingenieur unterzeichnet wird. Die Abnahme kann nur verweigert werden, wenn wesentliche Mängel vorliegen. Sämtliche sonstigen bekannten Mängel werden ebenso wie eventuell noch zu erbringende Leistungsnachweise in der Abnahmeniederschrift dokumentiert und mit Terminen zur Erledigung versehen. Somit sind Abnahmemängel de facto aus der Abnahme zunächst ausgenommen. Die dokumentierten Mängel müssen vom jeweils Verantwortlichen (Lieferant bzw. Baufirma) auf seine Kosten innerhalb der vereinbarten Termine beseitigt werden.

Die Überwachung der Beseitigung der Abnahmemängel sowie deren Dokumentation liegt ebenso beim Architekten bzw. Ingenieur wie die Beantragung und Teilnahme an behördlichen Abnahmen, die Zusammenstellung der Wartungsvorschriften, das Auflisten der Verjährungsfristen sowie die Kostenfeststellung mit Kostenkontrolle.

30.8.5 Begleitung des Anlagenbetriebs

Neben der Überwachung der Beseitigung der Abnahmemängel sowie deren Dokumentation sind auch die während der Vertragsfristen auftretenden Mängel zu erfassen und deren Beseitigung entsprechend zu überwachen.

Sehr wichtig ist es in dieser Phase, dafür Sorge zu tragen, dass von den Lieferanten und Planern die endgültige Dokumentation über die gebaute bzw. gelieferte Anlage mit der erforderlichen Qualität erstellt und zusammengestellt wird.

Da verfahrenstechnische Anlagen wie speziell auch Abfallbehandlungsanlagen ein permanentes Optimierungspotenzial aufweisen, sollten Ingenieure immer bestrebt sein, bei solchen Optimierungen aktiv mitzuwirken, um das daraus erlernte Wissen bei zukünftigen Planungen einbringen zu können.

Literatur

Aggteleky B, Bajna N (1992) Projektplanung. Carl Hanser Verlag, München

Baumgarten H (1993) Skript zur Vorlesung Management der Logistik. TU Berlin, Fachgebiet, Materialflusstechnik und Logistik, Berlin

Claus J (2000) Planung komplexer Abfallbehandlungsanlagen. Veröffentlichte Dissertation im Fachgebiet Abfallwirtschaft, Berlin. http://webdoc.sub.gwdg.de/ebook/diss/2003/tu-berlin/diss/2000/claus_jens.pdf. Zugegriffen: 03. Mai 2017

Fleck E (2007) Generalunternehmer versus Komponentenlieferant. In: Versteyl A, Thomé-Kozmiensky K (Hrsg) Planung und Abfallverbrennungsanlagen und Ersatzbrennstoffkraftwerken. TK Verlag Karl Thomé-Kozmiensky, Neuruppin

Huber H (1994) Anlagenplanung. In: Tabasaran O (Hrsg) Abfallwirtschaft, Abfalltechnik: Siedlungsabfälle. Ernst & Sohn Verlag, Berlin, S 768–785

Huber H (2017) Planung und Realisierung abfallwirtschaftlicher Anlagen. In: Kranert M (Hrsg.) Einführung in die Kreislaufwirtschaft. 5. Aufl., Springer Verlag, Wiesbaden, S 654–671

Locher U, Koeble W, Frik W (2014) Kommentar zur HOAI. 12. Aufl., Werner Verlag, Köln

Reichert O (1979) Systematische Planung von Anlagen der Verfahrenstechnik. Carl Hanser Verlag, München

Thomé-Kozmiensky K (1985) Planung von Abfallbehandlungsanlagen. EF-Verlag für Energie und Umwelttechnik GmbH, Berlin

Demontage von Elektroaltgeräten und Altfahrzeugen

31

Jan Henning Seelig und Martin Faulstich

31.1 Demontage – ein Werkzeug für die Kreislaufwirtschaft

Eine umfassende Kreislaufwirtschaft zielt darauf ab, neben dem Recycling der Massenmaterialien auch solche Materialien aus den Abfallströmen aufzubereiten, die nur in geringen Mengen verwendet werden. Gerade diese sind häufig bedeutende Schlüsselelemente für technologisch anspruchsvolle Anwendungen, wodurch sie gesamtwirtschaftlich betrachtet eine große Bedeutung haben. Die Rückgewinnung derartiger Materialien scheitert in der Praxis teils an mangelndem Wissen über deren Verbleib oder an den geringen Konzentrationen in den etablierten Abfallströmen (Zimmermann und Gößling-Reisemann 2013). Diese sind oftmals das Haupthindernis einer wirtschaftlichen Wiedergewinnung und stehen so der Kreislaufführung entgegen (Graedel et al. 2011).

Ein sehr präsentes Beispiel sind die Technologiemetalle, von denen große Anteile in Elektro(nik)geräten eingesetzt werden – sei es als elektrisches Bauteil oder auch als Flammschutzmittel in den Kunststoffgehäusen. Die Verluste dieser Elemente entstehen an unterschiedlichen Stellen in der End-of-life(EoL)-Phase, angefangen bei der Sammlung. Werden Elektro(nik)altgeräte (EAG) beispielsweise über die Hausmülltonne entsorgt und gelangen in die Abfallverbrennung, so sind die enthaltenen Technologiemetalle zu geringsten Anteilen in den Aschen und Stäuben enthalten und werden dissipativ verteilt (Buchert et al. 2012). Eine weitere Problematik besteht durch die großen Mengen an EAG, die durch illegale Exporte das Land verlassen und nicht für eine hochwertige Wiedergewinnung zur Verfügung stehen (Li et al. 2013).

J. H. Seelig (✉)
CUTEC Forschungszentrum für Rohstoffsicherung und Ressourceneffizienz der Technischen Universität Clausthal
Clausthal-Zellerfeld, Deutschland

M. Faulstich
Technische Universität Clausthal
Clausthal-Zellerfeld, Deutschland

P. Kurth et al. (Hrsg.), *Praxishandbuch der Kreislauf- und Rohstoffwirtschaft*,
https://doi.org/10.1007/978-3-658-17045-5_31

Ordnungsgemäß erfasste, gesondert gesammelte EAG werden in Deutschland einer gezielten Aufbereitung unterzogen. Auch unter Anwendung der gängigen Aufbereitungsmethoden sind je nach Element jedoch mehr oder weniger große Verluste zu verzeichnen. Von einigen Elementen sind prozentuale Verluste aufgrund der Unschärfe der genutzten Trenn- und Sortiertechniken unvermeidbar. Weitere Elemente können in den metallurgischen Aufbereitungsprozessen aufgrund ihrer chemischen und physikalischen Eigenschaften nicht separiert werden (Graedel et al. 2011). Wiederum andere sind auch in der Monofraktion EAG noch in derart geringen Mengen enthalten und zu so geringen Preisen am Weltmarkt erhältlich, dass von vornherein keine Rückgewinnung angestrebt wird.

Die Effizienz der gesamten Recyclingkette eines Elements oder Materials hängt von der Effizienz jedes einzelnen Schritts ab. Unter der Annahme einer Sammelquote von 50 %, einer Effizienz in der Verfahrenskette von der Vorsortierung bis zur Feinseparation von 70 % sowie einer Effizienz in der anschließenden Materialrückgewinnung von 95 % ergibt sich beispielsweise ein resultierender Materialrückgewinnungsgrad von lediglich 33 % bezogen auf das theoretisch zur Verfügung stehende Gesamtpotenzial (Schluep et al. 2009).

Der verstärkte Einsatz der Demontage als Verfahrensschritt in den Recyclingrouten könnte die Verluste hochwertiger Materialien nach Ende der Produktlebensdauer deutlich verringern. Insbesondere die funktionelle Rückgewinnungsrate, die den Anteil des theoretischen Gesamtpotenzials eines Materials angibt, der aufgrund unveränderter chemischer und physikalischer Eigenschaften erneut in die hochwertige Anwendung gelangen kann (Graedel et al. 2011), würde durch die Demontage positiv beeinflusst. Die schonende Auftrennung an konstruktionsbedingten Materialübergängen innerhalb der Produkte erlaubt eine sehr selektive Zerlegung und vermeidet damit Kontaminationen durch Anhaftungen oder Verklumpungen unterschiedlicher Materialien. Beispielsweise wird der Einsatzbereich von Schredderschrotten aus der Altfahrzeugverwertung aufgrund der starken Kontamination mit Kupfer stark eingeschränkt und das Material daher zumeist als Baustahl weiterverwendet. Erwiesenermaßen kann jedoch durch eine tiefgehende Demontage von Altfahrzeugen, mit Entnahme von Kabelbäumen und Elektronik, der Kupferanteil im Schredderschrott halbiert werden (Sander et al. 2017).

Durch Herstellung spezifischer Konzentrate, die daran anschließende Aufbereitungsrouten optimal bedienen, kann die Demontage für bisher unrentable Recyclingansätze Wirtschaftlichkeit erzielen. Sie ist daher ein geeignetes Werkzeug zur anteiligen Vermeidung der Materialgewinnung aus primären Lagerstätten und trägt somit zur Entkopplung zwischen Konsum und den damit einhergehenden Umweltauswirkungen bei.

Die Anwendbarkeit der Demontage beschränkt sich nicht ausschließlich auf EAG. Allgemein sind Produkte mit ausreichend hohem Komplexitätsgrad für eine derartige Verarbeitung geeignet. Darunter fallen als weiteres, sehr materialintensives Beispiel sämtliche Fortbewegungsmittel wie Kraftfahrzeuge, Schiffe, Flugzeuge oder auch Fahrräder.

31.2 Demontage in der Behandlung von Elektro(nik)altgeräten

31.2.1 Beste verfügbare Technik?

Die Abfallkategorie EAG setzt sich aus stark unterschiedlichen Produkten zusammen, die teils mit unterschiedlichen Verfahrensweisen behandelt werden müssen, um eine umweltgerechte Verwertung zu gewährleisten. Die Aufbereitungsunternehmen unterscheiden sich in vielerlei Aspekten, angefangen bei der Unternehmensgröße und dem entsprechenden Einzugsgebiet, über die Spezialisierung auf unterschiedliche Geräteklassen, bis hin zu den eingesetzten Verarbeitungsschritten, um nur einige Beispiele zu nennen. Einen Überblick über die im EAG-Recycling anzuwendenden Behandlungsschritte gibt die Qualitätsgemeinschaft Elektroaltgeräte des Verbandes Deutscher Metallhändler e. V. Demnach besteht die beste verfügbare Technik (BAT) aus den folgend abgebildeten Schritten (Abb. 31.1).

Die Behandlungsschritte können dabei an einem Standort oder auf mehrere verteilt sowie innerhalb eines Unternehmens oder auch von unterschiedlichen Marktteilnehmern durchgeführt werden. Das übergeordnete Ziel ist die Rückgewinnung der werthaltigen Metallanteile aus den EAG.

Nach der Sammlung kommt der Vorsortierung die sehr wichtige Aufgabe einer ersten Aufkonzentrierung der Zielelemente zu. Die Güte der Vorsortierung bestimmt den Erfolg der gesamten Recyclingkette, da diese Fraktionen geeigneter Qualität für die folgenden Behandlungsschritte bereitstellen muss (VDM 2012). Auch das Prüfverfahren der im Kreislaufwirtschaftsgesetz verankerten Vorbereitung zur Wiederverwendung kann in der Stufe der Vorsortierung erfolgen (Chancerel et al. 2011). Diese ist darin folgendermaßen definiert: „Vorbereitung zur Wiederverwendung im Sinne dieses Gesetzes ist jedes

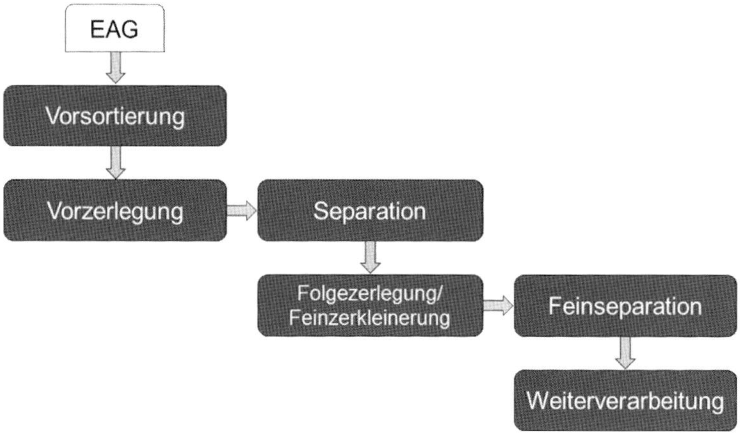

Abb. 31.1 Recycling von Elektro(nik)altgeräten (EAG) nach bester verfügbarer Technik. (Eigene Darstellung)

Verwertungsverfahren der Prüfung, Reinigung oder Reparatur, bei dem Erzeugnisse oder Bestandteile von Erzeugnissen, die zu Abfällen geworden sind, so vorbereitet werden, dass sie ohne weitere Vorbehandlung wieder für denselben Zweck verwendet werden können, für den sie ursprünglich bestimmt waren." (KrWG 2013).

Unter die Bezeichnung EAG fallen Geräte mit stark unterschiedlichem Aufbau, wie z. B. Kühlgeräte, Waschmaschinen, Fernseher, Elektrowerkzeuge oder Beleuchtungskörper. Aus diesem Grund ist eine Vorsortierung sowohl hinsichtlich der stofflichen Zusammensetzung als auch der weiteren Behandlungsmethode notwendig. Zudem werden bei der Vorsortierung Fehlwürfe, wie z. B. Sperrmüll, sowie stark schadstoffhaltige Fraktionen, wie beispielsweise Batterien, aussortiert und den entsprechenden Abfallströmen zugeführt. Je nach Betrieb können in der Vorsortierung verschiedene Kategorien etabliert sein:

- Funktionstüchtige Geräte zur Wiederverwendung
- Röhrenmonitore/-fernseher
- Flüssigkristall(LCD)-/Plasmamonitore und -fernseher
- Kühlgeräte
- Schadstoffhaltige Geräte (z. B. Öle, Quecksilber, Batterien)
- Edelmetallhaltige Geräte
- Geräte mit überwiegend metallischem Anteil
- Geräte mit sortenreinen Kunststoffen
- ...

Im Anschluss an die Vorsortierung erfolgt bei der Vorzerlegung ein erster Materialaufschluss. Das Ziel dabei ist, eine grundlegende Auftrennung der EoL-Produkte für darauffolgende Verfahrensschritte zu erreichen. Die Vorzerlegung wird maschinell zerstörend oder manuell demontierend durchgeführt oder vorwiegend auch durch eine Kombination beider Vorgehensweisen. Dabei wird die Trennung bis auf Ebene von Materialgruppen und Materialverbünden erzielt, wie z. B.

- Gehäusekunststoffe,
- Stähle,
- Aluminium,
- Schadstoffe,
- Platinen,
- Bauelemente.

Bei maschinell zerstörenden Verfahren führt die Erzeugung grober Kornklassen im Aufschluss zu unzureichenden Materialtrennungen in der anschließenden Separation. Dementsprechend sinkt die mögliche Trennschärfe der Sortierung, die technisch bedingt ohnehin keine einhundertprozentige Genauigkeit erreichen kann. Durch das Zusammenspiel dieser Effekte wird eine effektive Konzentration der Zielelemente in spezifische

Fraktionen teilweise verhindert. An dieser Stelle muss ebenfalls eine weitere Problematik beachtet werden: Die für die Rückgewinnung eines Elements optimale Recyclingroute kann für weitere, in den gleichen Produkten enthaltene Elemente suboptimal oder gar hinderlich sein. Ebenso können einzelne Elemente die Rückgewinnung der eigentlichen Zielelemente behindern. Eine nach Berücksichtigung dieser Gesichtspunkte bestmögliche Trennung ist daher bereits in einer möglichst frühen Phase des EAG-Recyclings anzustreben und beeinflusst den Gesamtgrad der Materialrückgewinnung deutlich. Eine vielversprechende Option zur zielgenauen Separation und Alternative zur maschinell zerstörenden Vorbehandlung ist die Demontage von EoL-Produkten.

Bisher existieren in Deutschland etwa 300 Zerlegeeinrichtungen für EAG, die im Jahr 2014 eine Gesamtmasse von etwa 780.000 t inländisch gesammelter EAG verarbeiteten (Statistisches Bundesamt 2016).

31.2.2 Entfrachtung von Schadstoffen

Durch eine Demontage kann neben der Materialrückgewinnung auch die obligatorische Schadstoffentfrachtung effizient erfolgen. Dies ist heute bereits Stand der Technik. Die schadstoffhaltigen Bauteile werden durch Demontage zerstörungs- und emissionsfrei entnommen, woraufhin die übrige Vorzerlegung bisher meist maschinell zerstörend erfolgt (VDM 2012). Ausgewählte schadstoffhaltige Bauteile können ebenfalls durch gezielt eingesetzte mechanische Beanspruchung freigelegt werden (z. B. Kondensatoren oder Batterien). Dies erfordert jedoch die genaue Kenntnis der verfahrenstechnischen Betriebsparameter, um zu tiefe Zerkleinerung und damit Kontamination der schadstofffreien Anteile zu vermeiden. Eine besondere Herausforderung stellt dabei die breite Variation konstruktionstechnischer Details in Aufbau und Fügetechnik der EoL-Produkte dar. Die moderne Produktgestaltung nutzt beispielsweise zum Einbau von Akkumulatoren mit unterschiedlichen Verklebungen, Verschraubungen oder Steckverbindungen eine große Bandbreite von Fügeverfahren, was die automatische Vorzerlegung mit der erwünschten, wohldefinierten Trennschärfe deutlich erschwert. Zusätzlich ist eine gezielte Separation der schadstoffhaltigen Bauteile im Anschluss an die maschinell zerstörende Zerlegung notwendig, die aufgrund der Komplexität der Separationsparameter zumeist durch Handklaubung am Förderband erfolgt. Dieser Aufwand entfällt dementsprechend bei Anwendung einer spezialisiert ausgerichteten Demontage, die bereits sortierte Fraktionen zum Ergebnis hat.

Die Potenziale der Demontage gehen weit über die bereits verbreitet durch Demontage realisierte Schadstoffentfrachtung hinaus. Bei größerer Demontagetiefe können beispielsweise gezielt bestimmte Rückgewinnungsverfahren mit spezialisierten Fraktionen bedient werden. Auch die Wiederverwendung von Bauteilen wird durch Anwendung der Demontage ermöglicht.

31.2.3 Wiederverwendung

Vor der Behandlung gesammelter elektr(on)ischer Geräte ist laut § 11 Abs. 1 des Elektro- und Elektronikgerätegesetzes (ElektroG) sowohl für ganze Geräte als auch einzelne Bauteile die Möglichkeit zur Wiederverwendung zu prüfen, sofern dies technisch möglich und wirtschaftlich zumutbar ist. Die Einhaltung dieser Vorgabe wird durch die Integration eines Prüfverfahrens in den Ablauf der Demontage deutlich begünstigt. Da die Geräte im Demontageprozess ohnehin einzeln behandelt werden, würde dies keinen so großen Mehraufwand verursachen, wie dies bei der Integration der Prüfprozedur in eine maschinell zerstörende Verfahrensweise der Fall wäre. Die verursachten Mehrkosten könnten demnach deutlich geringer gehalten werden. Dies würde die vertiefte Umsetzung der fünfstufigen Abfallhierarchie ermöglichen, nach der die Vorbereitung zur Wiederverwendung dem Recycling vorzuziehen ist.

In der Praxis ist die Vorbereitung zur Wiederverwendung bisher kaum umgesetzt. So wurden regelmäßig weniger als 2 % der gesammelten EAG einem derartigen Verfahren unterzogen (Fabian 2015; Bolland et al. 2010), obwohl sich in einer beispielhaften Untersuchung 5–15 % der gesammelten Elektro(nik)geräte als wiederverwendbar erwiesen (Arbeitskreis Recycling e. V. 2017).

Sowohl die Schadstoffentfrachtung als auch die Prüfung auf Wiederverwendbarkeit werden explizit durch die Mitteilungs- und Informationspflichten der Hersteller in § 13 (6) des ElektroG unterstützt, indem die Hersteller nach Ablauf eines Jahres nach Inverkehrbringen eines jeden Elektro(nik)gerätetyps Informationen über die Wiederverwendung und Behandlung in Form von Handbüchern oder in elektronischer Form zur Verfügung stellen müssen. Zwei wichtige Informationsbereiche müssen abgedeckt sein:

1. in den Elektro- und Elektronikgeräten enthaltene Bauteile und Werkstoffe,
2. Einbauorte gefährlicher Stoffe und Gemische.

Neben der Wiederverwendung vollständiger Geräte ist ebenfalls die Weiterverwendung einzelner Bauteile oder Bauteilgruppen denkbar. Eine Versorgung von Reparaturbetrieben mit diesen voraussichtlich relativ kostengünstigen Ersatzteilen könnte die Lebensdauer verschiedener Geräte deutlich erhöhen, da somit Reparaturen wirtschaftlich interessant werden können.

Um das theoretisch erreichbare Potenzial der Wiederverwendung auszuschöpfen, ist auf eine entsprechende Ausgestaltung der Altgerätesammlung zu achten, die eine unbeschadete Lagerung der erfassten EAG und eine sachgemäße Verbringung zu den entsprechenden Verwertern gewährleistet. Dies ist unter den derzeit vorherrschenden Sammelbedingungen nicht gegeben.

31.3 Demontage von Altfahrzeugen

Hinsichtlich der Demontage sind Altfahrzeuge Produkte, die ähnlich komplex aufgebaut sind wie Elektro(nik)geräte. Beide Produktgruppen bestehen aus einer diversen Materialmischung, die mit einer Vielzahl mechanischer Verbindungen zusammengefügt ist. Durch eine tiefgehende Demontage sind daher deutliche Verbesserungen gegenüber einer maschinell zerstörenden Zerkleinerung der Produkte und anschließende Sortierung zu erzielen.

Das Recycling von Altfahrzeugen wird in Deutschland durch die Altfahrzeugverordnung (AltfahrzeugV) gesetzlich geregelt (AltfahrzeugV 2016), die seit 2002 die auf EU-Ebene geltende Altfahrzeugrichtlinie 2000/53/EG (EU Parlament 2000) auf nationaler Ebene umsetzt. Fahrzeughersteller sowie Importeure sind durch diese verpflichtet, Altfahrzeuge zurückzunehmen und zu diesem Zweck ein entsprechendes Netz aus Rücknahmestellen vorzuhalten, bei dem eine maximale Entfernung von 50 km zum Wohnsitz eines jeden Fahrzeughalters vorgesehen ist. Auch die Besitzer der Fahrzeuge sind durch die AltfahrzeugV dazu verpflichtet, die Altfahrzeuge bei Entledigung ausnahmslos anerkannten Annahmestellen, Rücknahmestellen oder Demontagebetrieben zu überlassen. Dies soll dem illegalen Export entgegenwirken, der auch im Altfahrzeugbereich zu großen Materialverlusten führt (Reuter et al. 2013). Um eine qualitativ hochwertige Verwertung der Altfahrzeuge zu erreichen, existiert ein Zertifizierungssystem für die Verwertungsbetriebe. Das Recycling ist ausschließlich den danach zertifizierten Verwertungsbetrieben gestattet.

► **Praxishinweis** Die Rücknahme der Altfahrzeuge durch die Hersteller ist an einige Bedingungen geknüpft, die in der Praxis beachtet werden müssen, um das Recht auf unentgeltliche Rücknahme wahrnehmen zu können. Laut § 3 AltfahrzeugV entfällt für die Hersteller die kostenlose Rücknahmepflicht, wenn

1. das Altfahrzeug nicht innerhalb der Europäischen Union zugelassen ist oder zuletzt zugelassen war;
2. das Altfahrzeug innerhalb der Europäischen Union vor der Stilllegung weniger als einen Monat zugelassen war;
3. das Altfahrzeug wesentliche Bauteile oder Komponenten, insbesondere Antrieb, Karosserie, Fahrwerk, Katalysator oder elektronische Steuergeräte für Fahrzeugfunktionen, nicht mehr enthält;
4. dem Altfahrzeug Abfälle hinzugefügt wurden;
5. der Fahrzeugbrief oder ein vergleichbares Zulassungsdokument nach der Richtlinie 1999/37/EG des Rats vom 29.04.1999 über Zulassungsdokumente für Fahrzeuge (ABl. L 138 vom 01.06.1999, S. 57), die zuletzt durch die Richtlinie 2006/103/EG (ABl. L 363 vom 20.12.2006, S. 344) geändert worden ist, oder im Zusammenhang mit einem Antrag nach der Richtlinie zur Förderung des Absatzes von Personenkraftwagen vom 20.02.2009 (BAnz, S. 835) eine Kopie des jeweiligen Dokumentes nicht übergeben wird. (AltfahrzeugV 2016)

Im Anhang der AltfahrzeugV sind die vorgeschriebenen Vorgehensweisen für die Vorbehandlung und die Demontage spezifiziert, die vor dem Schreddern der Restkarosse durchgeführt werden müssen. Demontagebetriebe und Schredderbetriebe können dabei unabhängig voneinander bestehen. Laut dem 2016 veröffentlichten Jahresbericht über die Altfahrzeugverwertungsquoten in Deutschland im Jahr 2014 existierten zu diesem Zeitpunkt 1211 Demontagebetriebe für Altfahrzeuge sowie 50 Schredderanlagen.

Nach AltfahrzeugV müssen seit dem 01.01.2015 die Wiederverwendung und Verwertung bei allen Altfahrzeugen eine Quote von zusammen mindestens 95 % des durchschnittlichen Fahrzeuggewichts pro Jahr erreichen. Unterschieden wird in der Richtlinie außerdem zwischen Verwertung und stofflicher Verwertung. Unter stofflicher Verwertung ist ein Recycling mit Rückführung der Materialien in den Nutzungskreislauf zu verstehen, als Verwertung wird auch die energetische Verwertung gezählt, die entsprechende Verluste für den Nutzungskreislauf erzeugt. Wiederverwendung und stoffliche Verwertung müssen zusammengenommen 85 % der Summe der verarbeiteten Fahrzeugleergewichte betragen.

Die Vorbehandlung ist Teil der Demontage und umfasst den vorgeschriebenen sofortigen Ausbau einiger schadstoffhaltiger Teile sowie die Trockenlegung der Altfahrzeuge. Nach dem Eintreffen im Demontagebetrieb müssen unverzüglich die Batterien entnommen, Flüssiggastanks sachgerecht behandelt sowie pyrotechnische Bauteile (z. B. Airbags) demontiert und entsorgt bzw. unschädlich gemacht werden. Bei der anschließenden Trockenlegung werden Kraftstoffe, Kühl-, Brems- und Scheibenwaschflüssigkeiten, Kältemittel sowie Öle aus Motor, Getriebe, Differenzial, Hydraulikkreisläufen und Stoßdämpfern, sofern diese nicht zur Weiterverwendung demontiert werden sollen, abgelassen und getrennt gesammelt. Zusätzlich werden die Ölfilter ausgebaut.

Im Zuge der anschließenden Demontage beziehungsweise Vorbehandlung müssen weitere Stoffe, Materialien und Bauteile, die Schad- oder Störstoffe enthalten, entfernt werden. Dazu zählen Latentwärmespeicher, nicht trockengelegte Stoßdämpfer, asbest- oder quecksilberhaltige Teile, kraftfahrzeugfremde Stoffe sowie Werkstoffe und Bauteile, die sechswertiges Chrom oder Blei enthalten.

Die Demontage wird im Altfahrzeugbereich manuell durchgeführt, was die nötige Flexibilität bietet, um der großen Produktvielfalt sowie den schnellen Modellzyklen am Markt gerecht zu werden. Vor der Übergabe der Restkarosse an einen Schredder- oder sonstigen weiterverarbeitenden Betrieb sind laut AltfahrzeugV zusätzlich die folgenden Bauteile zu demontieren:

- Katalysatoren;
- Reifen;
- Aluminiumfelgen;
- Auswuchtgewichte;
- Scheiben;
- große Kunststoffbauteile, deren Materialien beim oder nach dem Schreddern für eine stoffliche Verwertung nicht ausreichend getrennt werden;
- kupfer-, aluminium- oder magnesiumhaltige Bauteile, deren Metalle beim oder nach dem Schreddern nicht ausreichend getrennt werden.

Demontagebetriebe sind seit dem 01.01.2006 dazu verpflichtet, bezogen auf die Summe der Fahrzeugleergewichte, mindestens 10 Gewichts-% aus diesen Materialien und Bauteilen sowie den Betriebsflüssigkeiten durch Wiederverwendung oder stoffliche Verwertung zu recyceln. Nicht anrechenbar sind dabei metallische Anteile wie Restkarossen oder Ersatzteile und Kraftstoffe. Zusätzlich ist jedoch auch die Verwendung eines möglichst hohen Anteils der Bauteile als Ersatzteile anzustreben, sofern für diese eine Nachfrage am Markt besteht (Regierungspräsidium Kassel 2015; Umweltbundesamt 2016).

Die Fahrzeughersteller sind nach § 9 AltfahrzeugV im Sinne einer erleichterten Zuordnung verpflichtet, bestimmte Kennzeichnungsnormen für Bauteile und Werkstoffe einzuhalten. Zusätzlich müssen die Hersteller den anerkannten Demontagebetrieben Informationen für die Demontage der in Verkehr gebrachten Fahrzeuge zur Verfügung stellen. Zwecks Ermöglichen einer Wiederverwendung von Bauteilen müssen darüber hinaus Informationen zu deren Prüfung und Lagerung bereitgestellt werden.

Im Anschluss an die Schadstoffentfrachtung und Demontage verbleiben die sog. Restkarossen. Diese werden in eine der derzeit 50 Schredderanlagen überführt und dort maschinell zerstörend zerkleinert. In einer anschließenden Sortierung werden je nach Betrieb unterschiedliche Fraktionen erzeugt. Im derzeit innovativsten etablierten Verfahren, dem VW-SICON-Verfahren, wird eine Separation vieler unterschiedlicher Metallfraktionen realisiert (Schmid und Zur-Lage 2014). Dies sind:

- eine Fraktion für Eisenschrott,
- eine Edelstahlfraktion,
- drei Aluminiumfraktionen,
- drei Kupferfraktionen.

Insgesamt werden demnach lediglich einige Massenmetallfraktionen separiert, die das Spektrum in den Altfahrzeugen vorhandener Metalle nicht abbilden. In Form der elektr(on)ischen Komponenten sind in zunehmendem Umfang auch Edel- und Technologiemetalle in den Fahrzeugen verbaut. Im Lauf der vergangenen Modellgenerationswechsel war ein stetiger Anstieg der Gehalte in Fahrzeugen zu verzeichnen (Kohlmeyer et al. 2015), der auch in Zukunft aufgrund der erzielten Ausweitung der Elektromobilität zu erwarten ist. Beispielhaft sind die Nutzung von Kobalt und Lithium in den Batterien, Platin und Ruthenium in Brennstoffzellen oder Neodym und Dysprosium in elektrischen Antrieben zu nennen (Hagelüken und Meskers 2009; Zeller et al. 2016).

Diejenigen Metalle, die in geringen Mengen in den Altfahrzeugen vorliegen, werden in dem heute bestehenden Recyclingsystem i. d. R. nicht zurückgewonnen. Lediglich im Kupferschmelzprozess ist eine Rückgewinnung enthaltener Edelmetalle möglich, jedoch gilt dies nicht für vergleichsweise unedle Metalle, wie etwa die Seltenerdelemente.

Die gesetzlichen Rahmenbedingungen sehen lediglich übergreifende Recyclingquoten vor. Sie zielen auf die Gesamttonnage der recycelten Metalle ab und unterscheiden weder zwischen einzelnen Materialien noch zwischen verschiedenen Qualitäten der Sekundärnutzung. Edel- und Technologiemetalle werden in die Massenmetallfraktionen eingetragen. Ihre Masse trägt somit zu der Gesamttonnage der recycelten Metalle bei. Sie werden jedoch keiner hochwertigen Sekundärnutzung zugeführt, sondern führen im Gegenteil zu eingeschränkten Verwendungsspektren der sekundär erzeugten Massenmetalle (Hagelüken und Meskers 2009). Eine seltene Ausnahme können Legierungselemente bilden, sofern sie in den Fraktionen der Massenmetalle bei einer Sekundärnutzung der selben Funktion dienen.

Eine Ausweitung der Demontageziele auf rohstoffrelevante Komponenten könnte dem Verlust dieser Metalle entgegenwirken. Ein zentraler Aspekt ist die Demontage der Fahrzeugelektr(on)ik, was auch vom Umweltbundesamt als eine noch bestehende Herausforderung aufgefasst wird (Umweltbundesamt 2016). Um ein solch hochwertiges Recycling in die Praxis umzusetzen, sind seitens der Fahrzeughersteller weitere Anstrengungen notwendig. Die Eignung zur Demontage sollte zu einem festen Aspekt in der Entwicklungskette neuer Fahrzeuge etabliert werden.

31.4 Der Best-of-two-Worlds-Ansatz

Illegale Exporte demontagewürdiger Produkte, wie Altfahrzeuge oder EAG, bedingen große Verluste enthaltener Rohstoffe. Zu großen Teilen erfolgt die Verbringung in sog. Entwicklungs- und Schwellenländer. Zusätzliche Verluste an Einsatzmaterial für die inländischen Recyclinganlagen entstehen durch den legalen Export noch funktionstüchtiger EAG. Aus den EU28-Staaten wurden so im Jahr 2012 schätzungsweise etwa 16 % der EAG (inklusive noch funktionstüchtiger Geräte) ins außereuropäische Ausland exportiert, was einer Masse von 1,5 Mio. t entspricht (Huisman et al. 2015).

Diese Praxis hat eine positive und eine negative Seite. Prinzipiell ist die Weiterverwendung der Elektro(nik)geräte und Kraftfahrzeuge zu befürworten, da die somit erreichte Verlängerung der Nutzungsphase eine Verbesserung der Ressourceneffizienz mit sich bringt. Zusätzlich werden defekte Produkte zwecks Ersatzteilgewinnung demontiert, was ebenfalls die durchschnittliche Nutzungsdauer verlängert. Problematisch ist hingegen die Tatsache, dass die Produkte am Ende ihrer Nutzungsphase meist unter sehr umwelt- und gesundheitsschädlichen Bedingungen aufbereitet werden, da in den entsprechenden Staaten oftmals keine Auflagen bestehen, beziehungsweise diese nicht eingehalten werden. Einige der verwendeten Methoden, wie z. B. die Laugung von Leiterplatten, sind darüber hinaus ineffizient hinsichtlich der Wiedergewinnung der Zielelemente (Keller 2006). Zusätzlich werden nicht vermarktbare Fraktionen durch wilde Deponierung zum Umweltproblem (Buchert et al. 2016). Auf der anderen Seite stellt die Verarbeitung der EAG und Kraftfahrzeuge eine wichtige Einnahmequelle für die beteiligten Akteure in den wirtschaftsschwachen Regionen dar. Das vollständige Unterbinden der Exporte hätte demnach negative sozioökonomische Auswirkungen zur Folge.

Eine Möglichkeit, um die Negativeffekte zu bekämpfen und gleichzeitig die Positiveffekte zu erhalten, wird durch den sog. Best-of-two-Worlds-Ansatz aufgezeigt. In dem

Abschlussbericht des Projekts Globale Kreislaufführung strategischer Metalle: Best-of-two-Worlds-Ansatz (Bo2W) wird die Idee zusammenfassend beschrieben:

> Der Kern des Ansatzes basiert auf einem optimierten Recycling durch die Anwendung einer umfassenden und gut angeleiteten manuellen Demontage auf lokaler Ebene in den Entwicklungs- und Schwellenländern in Verbindung mit der anschließenden Behandlung in hocheffizienten Aufbereitungsanlagen auf globaler Ebene (Buchert et al. 2016).

Diese Vorgehensweise hätte die Aufrechterhaltung der verlängerten Nutzung zur Folge und würde auch zur Sicherung von Arbeitsplätzen beitragen, die über Rahmenbedingungen verfügen, die sowohl die individuelle menschliche Gesundheit als auch den Umweltschutz entsprechend beachten und fördern. Da sich in diesem Szenario die Produkte am Ende ihrer Nutzung ohnehin in Ländern mit niedrigem Lohnniveau befinden, bietet sich die Verwertung vor Ort mit dem Ziel einer hochwertigen Materialrückgewinnung an. Über ein faires Vergütungssystem könnten dabei ineffiziente und schädliche Behandlungsmethoden gezielt vermieden werden. Im Bo2W-Bericht steht hierzu:

> Eine umfassende manuelle Demontage führt zwar zu Fraktionen mit hoher Reinheit und Wert (Chancerel 2010; Gmünder 2007; Salhofer et al. 2009), die Realisierbarkeit einer hohen Zerlegungstiefe ist allerdings abhängig von den Lohnkosten. Für viele Entwicklungs- und Schwellenländer ist daher eine umfassende manuelle Vorbehandlung die vielversprechendste Recyclingoption, da hier die Lohnkosten vergleichsweise gering sind und ein hoher Bedarf an fairen Arbeitsmöglichkeiten besteht. [...] Anstelle des Aufbaus von potentiell ineffizienten Metallrefiningkapazitäten, sollten besser die lokalen Behandlungsvorstufen mit der bestehenden High-Tech-Endverarbeitung verbunden werden; auch wenn dies mit längeren Transportwegen der einzelnen Fraktionen einhergeht (Buchert et al. 2016).

Ein zentraler Aspekt der Umsetzung von Recyclingstrukturen nach dem Bo2W-Modell ist die Beachtung bereits bestehender Recyclingstrukturen in allen beteiligten Staaten. Konkurrenzsituationen sollten vermieden werden. Dafür sollten einerseits lokale, nach gutem Standard arbeitende Raffineriestrukturen in den Entwicklungs- und Schwellenländern ausgelastet werden und andererseits etablierte Vorbehandlungsstrukturen in den Industrieländern von den Aktivitäten unbeeinflusst bleiben. Wenn dies gelingt, könnte die Umsetzung arbeitsintensiver Verfahrensschritte, wie der Demontage, in Ländern mit niedrigem Lohnniveau, unter der Voraussetzung der Einhaltung hoher Umwelt- und Sozialstandards, dazu beitragen, die Potenziale der Demontage für ein materialspezifisches Recycling zu bergen. Die Basler Konvention (Basel Convention on the Control of Transboundary Movements of Hazardous Wastes and Their Disposal; Umweltbundesamt 1998) ist das Rahmenwerk, das den grenzüberschreitenden Transport und die Entsorgung gefährlicher Abfälle regelt. Der Einfluss der Bo2W-Aktivitäten auf die Einhaltung der darin festgelegten Bestimmungen muss in besonderem Maß im Vorfeld untersucht und während der Durchführung überwacht werden.

31.5 Erweiterung der Demontageaktivitäten

Für die inländische Demontage von EAG existieren derzeit 300 Demontagebetriebe. Nach welchen Verfahren diese jeweils im Detail vorgehen, ist nicht bekannt (Chancerel et al. 2011), ebenso wie die angestrebte Demontagetiefe. Es ist davon auszugehen, dass zumindest die Schadstoffentfrachtung von EAG hierzulande weitverbreitet durch Demontage erfolgt.

Bisher wird die Demontage vornehmlich manuell durchgeführt. Dies liegt darin begründet, dass, im Gegensatz zu Montageprozessen in der Produktion, eine sehr große Produktvielfalt durch Bereitstellung spezifischer Vorgehensweisen mit entsprechender Werkzeugausstattung bedient werden muss. Bedingt durch relativ hohe Personalkosten können über die obligatorische Schadstoffentfrachtung hinausgehende Demontageprozesse nur dann wirtschaftlich sein, wenn durch die Demontage eine sehr hohe Steigerung der Materialerlöse aus den erzeugten Fraktionen erreicht wird.

Die zukünftige Ausweitung der manuellen Demontageaktivitäten beschränkt sich aus diesem Grund voraussichtlich zunächst auf die Rückgewinnung hochpreisiger Materialien. Aufgrund dieser rein auf Wirtschaftlichkeit basierenden Entscheidungspraxis werden Demontageansätze bisher nicht umgesetzt, die im Hinblick auf eine positive Umweltwirkung oder eine erhöhte Versorgungssicherheit der inländischen Industrie vielversprechend sind.

► **Praxishinweis** Zur Maximierung der erzielbaren Materialerlöse sollte regelmäßig die Prüfung verfügbarer Optionen der Wertsteigerung erfolgen – sowohl hinsichtlich der Behandlung als auch eventueller Synergieeffekte vor Ort.
Ein Beispiel zur Verbesserung der Vorbehandlung vermarktbarer Materialkonzentrate ist in Zeller et al. (2016) in Form der Laugung von Statoren aus Industrieelektromotoren gegeben. Durch Laugung wurde darin die Wiedergewinnung der Kupferwicklungen realisiert, die bei der Aufbereitung von Elektromotoren häufig durch Pyrolyse geschieht. Die Laugung erzeugt ein Kupferkonzentrat mit potenziell höherem Marktwert als pyrolytisch behandeltes Kupfer und kann so die Wirtschaftlichkeit der Demontage verbessern.
Ein Beispiel für die Nutzung von Synergieeffekten wird von Gock et al. (2012) dargestellt. Darin wird eine Qualitätssteigerung verzinkter Stahlschrotte durch Entzinkung erreicht, was den hochwertigen Einsatz der erhaltenen Stahlfraktion in der Gießereiindustrie ermöglicht. Die für den Prozess notwendige Schwefelsäure ist in dem beschriebenen Fall die Prozesssäure einer benachbarten Zinkhütte. Nach deren Beladung mit Zink kann diese in die den Hüttenprozess zur Rückgewinnung des Metalls zurückgeführt werden. Sowohl der Stahl als auch das Zink können auf diesem Weg hochwertig recycelt werden. Eine Analyse derartiger Synergieeffekte kann zur Verbesserung des Absatzes durch Demontage erzeugter Fraktionen führen.

Als wesentliche Einflussfaktoren auf die Wirtschaftlichkeit bleiben den Demontagebetrieben zudem das detaillierte Wissen über die Rentabilität der Demontage spezifischer

EoL-Produkte sowie die Verkürzung der erforderlichen Demontagezeit. Beide Ansätze werden folgend betrachtet.

31.5.1 Informationsverarbeitung

Ein Erfolgsfaktor für Demontageunternehmen ist die Kenntnis über den ökonomischen Nutzen der Demontage eines jeden zu verarbeitenden Produkts. Die dabei zugrunde liegenden Daten sind gleichermaßen auch für die hochwertige Zusammenstellung spezifischer Fraktionen für die anschließende Materialrückgewinnung sowie für die Einschätzung des ökologischen Nutzens essenziell. Neben den reinen Elementgehalten sind zusätzliche Informationen über deren Einbauort, die Demontageschritte, -werkzeuge und aufzubringenden Demontagezeiten von großer Wichtigkeit. Auch im Hinblick auf die Schadstoffentfrachtung sowie die Prüfung auf Wiederverwendbarkeit ist eine fundierte Datenbasis erforderlich.

Um die Wirtschaftlichkeit eines Demontagebetriebs zu sichern, ist die Informationsbereitstellung möglichst einfach und zeitlich effizient zu gestalten und sollte mehrstufig erfolgen. Ein EoL-Produkt sollte zu dessen Recycling nur dann zu einem Demontagebetrieb transportiert werden, wenn die angelegten Kriterien einen Vorteil durch die Demontage versprechen. Die Entscheidungsfindung sollte daher bereits am Ort der Sammlung geschehen. So kann sichergestellt werden, dass keine vermeidbaren Transportaufwendungen entstehen. Die Entscheidung ist dabei von einer Vielzahl von Faktoren abhängig und muss unter Berücksichtigung der bei der Demontage und Aufbereitung der Materialien anfallenden Kosten, der Materialverluste und des Energieaufwands geschehen.

Die zweite Informationsbereitstellung sollte im Demontagebetrieb in der Vorsortierung angesiedelt sein und dient hier der Zuordnung der Geräte zu werkzeugseitig optimiert ausgerüsteten Arbeitsstationen. Ein dritter Informationsabruf dient schließlich dem Erhalt detaillierter Informationen zur Vorgehensweise bei den einzelnen Demontageschritten. Die beschriebene Informationsstruktur ist sowohl für die manuelle als auch für die zukünftig vermehrt zu erwartende maschinelle Demontage gleichermaßen anzuwenden.

Um den EoL-Produkten eindeutig den korrekten Datensatz zuzuordnen, bietet sich eine entsprechende Kennzeichnung an. Die Automobilindustrie gibt mit der seit vielen Jahren etablierten Bauteilkennzeichnung ein gutes Beispiel für die Ausgestaltung eines Kennzeichnungssystems vor. Kennzeichnungssysteme werden in der Automobilindustrie zum Zweck der Qualitätssicherung im Herstellungsprozess lieferkettenübergreifend eingesetzt und erschließen dabei ein großes Effizienz- und Optimierungspotenzial (Wagner 2009). Neben der Anwendung in der Produktionsphase dienen die Kennzeichnungen auch zur Optimierung von Recycling- und Demontageprozessen.

Die bauteilspezifischen Informationen werden dabei neben der Integration in eine Datenbank auch durch Radio-frequency-identification(RFID)-Tags direkt am Bauteil hinterlegt. Laut Verband der Automobilindustrie (VDA) kann das Recycling durch diese Möglichkeit der Materialidentifikation und Hinterlegung von Informationen zur fachgerechten Entsorgung von Fahrzeugteilen und Baugruppen deutlich positiv beeinflusst werden (VDA 2015).

Die Datenbank, das sog. Internationale Materialdatensystem (IMDS), wird unternehmensübergreifend unter Beteiligung vieler Automobilhersteller betrieben und hat sich zum weltweiten Standard entwickelt. Eingeführt wurde es im Jahr 2000 unter Beteiligung der Unternehmen Audi, BMW, Daimler, HPE, Ford, Opel, Porsche, VW und Volvo. Das IMDS umfasst Informationen zu allen Werkstoffen, die bei der Herstellung von Autos verwendet werden und unterstützt die Automobilhersteller bei der Einhaltung aller für sie und ihre Zulieferbetriebe geltenden Verpflichtungen nach nationalen und internationalen Standards, Gesetzen und Regelungen. Die internetbasierte Plattform wird von Hewlett Packard gepflegt und verwaltet (Hewlett Packard Enterprise 2017). Für neue oder funktionell veränderte Bauteile wird eine Erstbemusterung durchgeführt. Ziel ist dabei die Erstellung eines elektronischen Materialdatenblatts, das neben Angaben zum Hersteller des Bauteils auch bauteilspezifische Informationen wie z. B. Gewicht, chemische Zusammensetzung der verwendeten Werkstoffe oder die Mengenanteile der Werkstoffe beinhaltet.

Die Informationen im IMDS sind weltweit allen Unternehmen zugänglich, die sich dem Standard angeschlossen haben. Dazu zählen neben den Automobilherstellern auch mehr als 100.000 Zuliefer- und Demontagebetriebe. IMDS bietet damit ein standardisiertes Format für den Informationsaustausch zu den in den Fahrzeugen verbauten Bauteilen und Materialzusammensetzungen. Das Nutzen gemeinsamer Informationsdatenbanken seitens der Hersteller sowie deren Nutzung durch Demontagebetriebe ist somit grundsätzlich umsetzbar. Hinsichtlich der Zielstellung eines möglichst hochwertigen Wiedereinsatzes der verbauten Materialien besteht jedoch weiterhin Verbesserungsbedarf. Beispielsweise finden die verbauten Stahllegierungen keine Erwähnung, sodass die Vermeidung des Downcyclings der Stahlschrotte durch die Datenbank bisher nicht unterstützt wird.

Die herstellerübergreifende Zusammenarbeit sollte zukünftig weiter ausgebaut und auch für weitere demontagewürdige Produktgruppen implementiert werden. Bei solchen Demontagedatenbanken ist aufgrund vielfältiger Variablen verstärkt auf die Aktualität der enthaltenen Informationen zu achten. Die Vorgehensweise bei der Demontage wird beispielsweise durch folgende Faktoren beeinflusst:

- Fluktuation der erzielbaren Preise für erzeugte Materialkonzentrate,
- Fluktuation von Angebot und Nachfrage für Sekundärrohstoffe,
- Variation der Elementgehalte je nach demontiertem Produktmodell,
- schnell aufeinander folgende Modellzyklen.

Eine Demontagedatenbank muss aus diesem Grund stetig gepflegt werden. Die Informationsverarbeitung ist daher explizit so zu gestalten, dass Rückkopplungen aus den durchgeführten Demontagevorgängen zur Aufrechterhaltung der Aktualität und zur Erweiterung der Inhalte genutzt werden. Erfahrungen aus der Demontagepraxis sind zudem eine wichtige Informationsquelle, um Rückschlüsse über recyclinggerechtes Produktdesign zu liefern. Eine einfache Wiedergewinnung in Produkten enthaltener Rohstoffe ist letztlich im Interesse der Hersteller, da die Bereitstellung sekundärer Rohstoffe wirtschaftlichen Abhängigkeiten entgegenwirkt und zur langfristigen Sicherung der Verfügbarkeiten beiträgt.

31.5.2 Maschinell durchgeführte Demontage

Analog zu Produktionsprozessen sind auch beim Recycling die Personalkosten ein wesentlicher Faktor. Um in den Bereich einer wirtschaftlichen Betriebsweise zu gelangen, ist die Automatisierung der Prozessabläufe ein probates Mittel. Zur maschinellen Demontage bestehen verschiedene Forschungsansätze (Gil Vazquez et al. 2007; Schumacher und Jouaneh 2014; Vongbunyong et al. 2015), die jedoch bisher keine Marktreife erlangt haben. Dies liegt nicht zuletzt in der relativ hohen Spezifität hinsichtlich der demontierbaren Geräte begründet. Je enger die Fokussierung auf eine Produktgruppe ausgelegt ist, desto geringer fällt der verfügbare Umfang der Input-Stoffströme aus. Dies bedingt starke Fluktuationen im Materialeingang eines derart ausgerichteten Demontagebetriebs und führt schnell in die Unwirtschaftlichkeit. Abgesehen von der Produktvielfalt führen auch Variantenvielfalt, nutzungsbedingter Verschleiß sowie die Gebrauchsverfremdungen der zu demontierenden Produkte zu erschwerten Prozessbedingungen (Seliger 2011).

Eine beispielhafte Betrachtung der Wirtschaftlichkeit auf bestimmte EoL-Produkte spezialisierter Demontagebetriebe wurde im Projekt „Demontagefabrik im urbanen Raum – Konzeption und Planung“ durchgeführt (Zeller et al. 2016). Im Rahmen der Projektarbeiten wurde die Demontage von Elektromotoren aus der Industrie, elektrischen Fahrradantrieben und Nabendynamos experimentell untersucht. Manuelle Demontageversuche dienten dabei der Ermittlung von Materialinhalten, erreichbaren Demontagetiefen und den nötigen Demontagezeiten. Die anschließende Wirtschaftlichkeitsbetrachtung ergab, dass unter Anrechnung sämtlicher Materialerlöse die manuellen Demontagezeiten um etwa 84 % gegenüber den experimentell erreichten Werten verringert werden müssten, um kostendeckend zu wirtschaften. Aufgrund des niedrigeren Kostenaufwands für den Einsatz von Robotern wäre demgegenüber für eine automatisierte Demontagefabrik lediglich eine Verringerung der Demontagezeiten um etwa 33 % notwendig, was im Bereich der Machbarkeit liegen sollte.

Es ist die Aufgabe der Forschung und Entwicklung, Demontagestrecken mit einer Flexibilität zu erstellen, die die Verarbeitung eines weiten Produktspektrums ermöglicht und somit eine Lösung für die beschriebenen Herausforderungen bietet. Der aktuelle Stand der Technik, insbesondere in den Bereichen der Sensorik und Computerintelligenz, ermöglicht derartige Entwicklungen. Zudem werden industriell einsetzbare Roboter zunehmend günstiger, was die Anfangsinvestitionen für die Neueinrichtung von maschinellen Demontagebetrieben weiter verringern und das Spektrum wirtschaftlich demontierbarer Produkte ausweiten wird.

Literatur

AltfahrzeugV (2016) Verordnung über die Überlassung, Rücknahme und umweltverträgliche Entsorgung von Altfahrzeugen (Altfahrzeug-Verordnung – AltfahrzeugV). Zuletzt geändert durch Art. 3 V vom 2.12.2016

Arbeitskreis Recycling e. V. (2017) Die Sicherheitstestung von Elektrogeräten zur Wiederverwendung. http://www.recyclingboerse.org/es/lonak/ergebnisse/elektro-sicherheitstestung/. Zugegriffen: 1. Februar 2017

Bolland T, Chancerel P, Rotter S (2010) Stand der Erstbehandlung für Elektro- und Elektronikaltgeräte in Deutschland und Auswirkung auf die Rückgewinnung von Edelmetallen. In: Thomé-Kozmiensky KJ und Goldmann D (Hrsg.) Recycling und Rohstoffe. Band 3. TK Verlag Karl Thomé-Kozmiensky, Neuruppin, S 625–640

Buchert M, Manhart A, Bleher D, Pingel D (2012) Recycling critical raw materials from waste electronic equipment. Öko-Institut e. V. – Institut für angewandte Ökologie Darmstadt

Buchert M, Manhart A, Mehlhart G, Degreif S, Meskers C, Picard M, Weber F, Walgenbach S, Kummer T, Blank R, Allam H, Meinel J, Ahiayibor V (2016) Auf dem Weg zu nachhaltigem Recycling von Elektroschrott und Altfahrzeugen in Entwicklungsländern – „Lessons learned" der Implementierung des Best-of-two-Worlds-Konzeptes in Ghana und Ägypten. Öko-Institut e. V. – Institut für angewandte Ökologie, Freiburg

Chancerel P (2010) Substance flow analysis of the recycling of small waste electrical and electronic equipment. In: Schriftenreihe des Instituts für Technischen Umweltschutz, Band 9, Technische Universität Berlin

Chancerel P, Bolland T, Rotter VS (2011) Status of pre-processing of waste electrical and electronic equipment in Germany and its influence on the recovery of gold. Waste Manag Res 29(3):309–317

EU Parlament – Das Europäische Parlament und der Rat der Europäischen Union (2000) RICHTLINIE 2000/53/EG DES EUROPÄISCHEN PARLAMENTS UND DES RATES vom 18. September 2000 über Altfahrzeuge

Fabian M (2015) Vorbereitung zur Wiederverwendung von Elektroaltgeräten. In: UBA-Fachtagung „Wider die Verschwendung II". https://www.umweltbundesamt.de/sites/default/files/medien/378/dokumente/10_fabian.pdf. Abgerufen: 2. Hj 2016

Gmünder S (2007) Recycling – From Waste to Resource. Assessment of optimal manual dismantling depth of a desktop PC in China based on eco-efficiency calculations. Diplomarbeit. Eidgenössische Technische Hochschule Zürich, http://ewasteguide.info/gmuender_2007_ETHZ-EMPA. Abgerufen: 2. Hj. 2016

Gock E, Vogt V, Schönfelder I, Carlowitz O, Zeller T, Sauter S (2012) Entzinkung von Stahlschrotten. In: Thomé-Kozmiensky KJ, Goldmann D (Hrsg) Recycling und Rohstoffe, Band 5. TK Verlag Karl Thomé-Kozmiensky, Neuruppin, S 393–411

Graedel TE, Allwood J, Birat J-P, Reck, BK, Sibley SF, Sonnemann G, Buchert M, Hagelüken C (2011) Recycling rates of metals – A Status Report, A Report of the Working Group on the Global Metal Flows to the International Resource Panel. UNEP, Paris

Hagelüken C, Meskers C (2009) Technology challenges to recover precious and special metals from complex products. In: R'09 Twin World Congress & World Resources Forum. 14-16 September 2009, Davos/Switzerland

Hewlett Packard Enterprise (2017) IMDS Informationsseiten. https://public.mdsystem.com/de/web/imds-public-pages/home. Zugegriffen: 9. Februar 2017

Huisman J, Botezatu I, Herreras L, Liddane M, Hintsa J, Luda di Cortemiglia V, Leroy P, Vermeersch E, Mohanty S, van den Brink S, Ghenciu B, Dimitrova D, Nash E, Shryane T, Wieting M, Kehoe J, Baldé CP, Magalini F, Zanasi A, Ruini F, Bonzio A (2015) Countering WEEE Illegal Trade (CWIT) Summary Report, Market Assessment, Legal Analysis, Crime Analysis and Recommendations Roadmap. The CWIT Consortium, Lyon, Frankreich

Keller M (2006) Assessment of gold recovery processes in Bangalore, India and evaluation of an alternative recycling path for printed wiring boards – a case study. Diplomarbeit, Eidgenössische Technische Hochschule Zürich, http://www.ewasteguide.info/files/Keller_2006_ETH-Empa.pdf. Abgerufen: 2. Hj. 2017

Kohlmeyer R, Groke M, Sander K (2015) Perspektiven der zunehmenden Fahrzeugelektronik für das Altfahrzeugrecycling. In: Thomé-Kozmiensky KJ, Goldmann D (Hrsg) Recycling und Rohstoffe, Band 8. TK Verlag Karl Thomé-Kozmiensky, Neuruppin, S 183–205

KrWG (2013) Gesetz zur Förderung der Kreislaufwirtschaft und Sicherung der umweltverträglichen Bewirtschaftung von Abfällen (Kreislaufwirtschaftsgesetz – KrWG). Zuletzt geändert durch § 44 Abs. 4 G vom 22.5.2013 I 1324

Li J, Lopez N, Brenda N, Liu L, Zhao N, Yu K, Zheng L (2013) Regional or global WEEE recycling. Where to go? Waste Manag 33(4):923–934

Regierungspräsidium Kassel (2015) Altfahrzeug-Demontage. http://www.rp-kassel.hessen.de/irj/RPKS_Internet?cid=2e874eca72220c770ad0a81698f8dcba. Zugegriffen: 21. April 2015

Reuter MA, Hudson C, van Schaik A, Heiskanen K, Hagelüken C (2013) Metal Recycling: Opportunities, Limits, Infrastructure, A Report of the Working Group on the Global Metal Flows to the International Resource Panel. UNEP Division of Technology, Industry and Economics, Paris

Salhofer S, Spitzbart M, Meskers C, Hagelüken C, Schöps D, Kriegl M, Panowitz G (2009) Vergleich von manueller Demontage und mechanischer Aufbereitung von PCs, Technisches Paper zu den Ergebnissen des Forschungsprojektes. Wien, 2009

Sander K, Kohlmeyer R, Rödig L, Wagner L (2017) Altfahrzeuge – Verwertungsquoten 2015 und Hochwertigkeit der Verwertung. In: Thomé-Kozmiensky KJ, Goldmann D (Hrsg) Recycling und Rohstoffe, Band 10. TK Verlag Karl J. Thomé-Kozmiensky, Neuruppin, S 305–325

Schluep M, Hagelüken C, Kuehr R, Magalini F, Maurer C, Meskers C, Mueller E, Wang F (2009) Recycling – From E-waste to Resources. United Nations Environment Programme & United Nations University, Nairobi

Schmid D, Zur-Lage L (2014) Perspektiven für das Recycling von Altfahrzeugen. In: Thomé-Kozmiensky KJ, Goldmann D (Hrsg) Recycling und Rohstoffe, Band 7. TK Verlag Karl J. Thomé-Kozmiensky, Neuruppin, S 105–126

Schumacher P, Jouaneh M (2014) A force sensing tool for disassembly operations. Robot Comput Integr Manuf 30(2):206–217

Seliger G (2011) Montage und Demontage. In: Grote K-H, Feldhusen J (Hrsg) DUBBEL – Taschenbuch für den Maschinenbau. 23. Aufl., Springer-Verlag, Berlin Heidelberg, S 97–103

Statistisches Bundesamt (2016) Umwelt, Abfallentsorgung 2014. Fachserie 19 Reihe 1. Statistisches Bundesamt, Wiesbaden

Umweltbundesamt (1998) Basler Übereinkommen über die Kontrolle der grenzüberschreitenden Verbringung gefährlicher Abfälle und ihrer Entsorgung vom 22. März 1989 (Übersetzung). Umweltbundesamt, Anlaufstelle Basler Übereinkommen

Umweltbundesamt (2016) Altfahrzeuge. http://www.umweltbundesamt.de/themen/abfall-ressourcen/produktverantwortung-in-der-abfallwirtschaft/altfahrzeuge. Zugegriffen: 17. November 2016

Gil Vazquez P, Pomares Baeza J, Puente Mendez S, Candelas Herias FA, Torres Medina F (2007) Flexible multi-sensorial system for automatic disassembly using cooperative robots. Int J Comput Integr Manuf 20(8):757–772

VDA (2015) VDA-Empfehlung Nr. 5500: Grundlagen zum RFID-Einsatz in der Automobilindustrie. Verband der Automobilindustrie e.V. (VDA), Berlin, April 2015. https://www.vda.de/de/services/Publikationen/grundlagen-f-r-den-rfid-einsatz-in-der-automobilindustrie.html. Zugegriffen: 05. Januar 2017

VDM (2012) Beste Verfügbare Technik. Verband Deutscher Metallhändler – Qualitätsgemeinschaft Elektroaltgeräte, Berlin

Vongbunyong S, Kara S, Pagnucco M (2015) Robotics and Computer-Integrated Manufacturing Learning and revision in cognitive robotics disassembly automation. Robot Comput Integr Manuf 34:79–94

Wagner J (2009) Technische Konzepte zur RFID-gestützten Bauzustandsdokumentation in der Automobilindustrie. Dissertation, Technische Universität München

Zeller T, Birkenfeld S, Keich O, Nawothnig B, Seelig JH (2016) Demontagefabrik im urbanen Raum – Konzeption und Planung, Abschlussbericht. LUBW Landesanstalt für Umwelt, Messungen und Naturschutz Baden-Württemberg, Karlsruhe

Zimmermann T, Gößling-Reisemann S (2013) Critical materials and dissipative losses: A screening study. Sci Total Environ 461–462:774–780

Intelligente Konzepte für Sammelfahrzeuge 32

Johannes F. Kirchhoff

32.1 Einleitung

Wie haben sich die Anforderungen an Sicherheit, Gesundheitsschutz und Wirtschaftlichkeit für Abfallsammelfahrzeuge bis heute entwickelt? Seit einigen Jahren haben die gesetzlichen Auflagen stark zugenommen und damit auch den technologischen Fortschritt maßgeblich mitgestaltet.

Abfallsammelfahrzeuge bestehen im Wesentlichen aus drei Komponenten: Fahrgestell, Aufbau (Fest- oder Wechselaufbau) und Liftersystem. Abgesehen von dem Fahrgestell, das i. d. R. kundenseitig gestellt wird und deshalb vom Aufbauhersteller in seiner Ausführung wenig veränderbar vorgegeben wird, bieten Liftersysteme und Aufbauten großes technologisches Entwicklungspotenzial. Standardmäßig werden die Aufbauten aus Stahlblech gefertigt. Zur Einsparung von Gewicht und demzufolge von Kraftstoff sowie zur Darstellung von ausreichender Nutzlast bei kleineren Fahrzeugen mit geringerem zulässigen Gesamtgewicht werden ebenso Aufbauten aus Leichtbauwerkstoffen, wie beispielsweise hochfeste und wiederverwertbare Aluminiumlegierungen eingesetzt, die eine besondere Korrosionsbeständigkeit aufweisen.

Bei den Aufbauvarianten kann aus verschiedenen Beladungs-, Verdichtungs- und Liftersystemen ausgewählt werden. Je nach Einsatzgebiet und Kapazitätsbedarf stehen Aufbauvolumina bei Mikroaufbauten von 2,5 m^3 bis zu XL-Aufbauten von bis zu 41 m^3 Fassungsvermögen mit entsprechenden Fahrgestellen in 2-, 3-, oder 4-Achsausführung zur Auswahl. Grundsätzlich wird zwischen Hecklader, Seitenlader, Frontlader oder Frontseitenlader unterschieden. Jedes Aufbausystem hat dabei seine individuellen Eigenschaften, die aus dem Bedürfnis des kommunalen oder privaten Entsorgers entstanden sind.

J. F. Kirchhoff (✉)
KIRCHHOFF GmbH & Co. KG
Iserlohn, Deutschland

P. Kurth et al. (Hrsg.), *Praxishandbuch der Kreislauf- und Rohstoffwirtschaft*,
https://doi.org/10.1007/978-3-658-17045-5_32

Abb. 32.1 Querschnitt eines Heckladers ohne Liftersystem. Typ: FAUN VARIOPRESS

Abb. 32.2 Seitenlader für die ober- und unterirdische Müllabfuhr. Typ: FAUN SIDEPRESS FC1100

Bei der Abfallsammlung von Haushalts- oder Biomüll sind Hecklader (Abb. 32.1) die gängigsten Aufbausysteme. Die Liftersysteme zum Heben, Kippen und Entleeren der Müllgefäße sowie die Beladeöffnung befinden sich hierbei am Heck des Fahrzeugs. Je nach Anforderungsprofil des Entsorgers können verschiedene Liftersysteme am Aufbau des Heckladers montiert werden, die entweder für den geschlossenen oder für den offenen Abfuhrbetrieb einsetzbar sind. Für die verschiedenen Müllbehältertypen existieren dazu passende Aufnahmesysteme. Der Behälterhebe- und Entleervorgang erfolgt, abhängig vom Liftersystem, manuell, teil- oder vollautomatisch. Beim Typ Seitenlader ist die Beladeöffnung des Sammelkastens sowie das Liftersystem direkt hinter dem Fahrerhaus angeordnet. Einer der wesentlichen Vorteile hierbei ist der effiziente Ein-Mann-Betrieb (beim Hecklader sind mindestens zwei Müllwerker, ein Fahrer und ein Lader notwendig). Der Aufbautyp Seitenlader ist für Müllgroßbehälter (MGB) in den Dimensionen 60–1100 l bzw. Großcontainer bis 3,2 m^3 geeignet. Je nach Seitenladertyp kann eine ober- wie auch unterirdische Abfuhr (Unterflurbehälter) gewährleistet werden (Abb. 32.2).

Für die Industrie- und Gewerbemüllentsorgung werden neben Heckladern heute vermehrt Frontlader eingesetzt, die Müllgroßcontainer (MGC) in einem Ein-Mann-Betrieb

Abb. 32.3 Front-Seitenlader. Typ: FAUN EASYPRESS

entleeren können. Dabei muss der Fahrer das Fahrerhaus nicht verlassen und kann den Anfahr- bzw. Entleervorgang sicher per Joystick über Kamera- und Monitorsysteme aus der Fahrerkabine steuern. Das Hubgerüst ist dabei direkt hinter dem Fahrerhaus positioniert.

Ein Frontseitenlader ist für Gewerbe- und Haushaltsmüll geeignet und verfügt über einen Beladearm (Abb. 32.3), der seitlich hinter dem Fahrerhaus angebracht ist. Dieser ist mit einem Spezialgelenk ausgestattet, der einen Ausschwenkwinkel von bis zu 33° erreicht und mit seinem Aufnahmebalken eine frontale sowie seitliche Aufnahme ermöglicht.

Mit der Zielsetzung einer ökologiebewussten Reduzierung des Schadstoffausstoßes beim Betrieb der Abfallsammelfahrzeuge wurden in der Vergangenheit innovative Eco-Lösungen marktfähig in der Praxis eingeführt. Diese beinhalten beispielsweise Liftersysteme mit KERS-Hydraulikspeicher oder Batteriesätze für den elektrischen Antrieb des Aufbaus und Lifters sowie den Einsatz eines diesel-elektrischen Hybridantriebs, der die Energie der Bremsvorgänge elektrisch speichert und wieder sinnvoll für das Fahren und Arbeiten im Sammelbetrieb nutzbar macht.

Zur Erhaltung der Gesundheit und zur Optimierung der Arbeitssicherheit wurden verschiedene Systeme entwickelt. Diese beinhalten beispielsweise moderne Filtertechniken zur Reinigung der durch Staub, Gerüche und Schimmelpilze verschmutzten Luft im Arbeitsbereich (Abb. 32.4). Einzigartig weltweit wurde das Rückfahr-Sicherheits-System (RSS) (Abb. 32.5) zum Schutz der Müllwerker bei der Mitfahrt auf Trittbrettern von Abfallsammelfahrzeugen eingeführt.

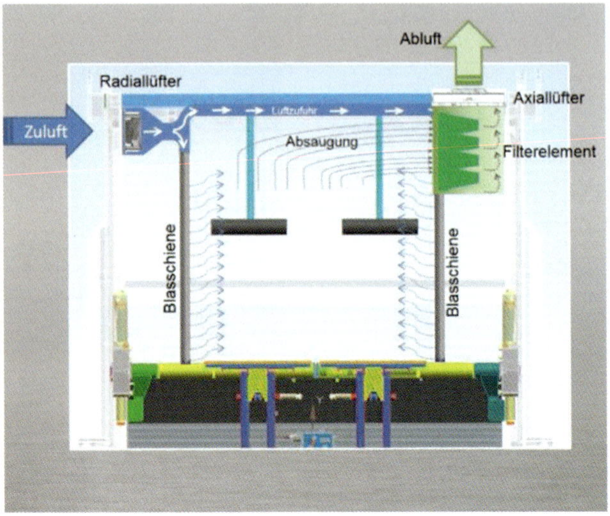

Abb. 32.4 ZOELLER Clean-Option-Filterfunktion zur Reinigung verschmutzter Luft

Abb. 32.5 Rückfahr-Sicherheits-System

32.2 Ladesysteme

Die klassische und überwiegend eingesetzte Form der Ladesysteme für Abfallsammelfahrzeuge ist der Typ Hecklader. Dieser bietet eine Vielzahl an Variationsmöglichkeiten bei den Liftersystemen und bei dem Verdichtungsprinzip. Die Beladeöffnung und das Liftersystem befinden sich am Heck des Fahrzeugs. Der Lifter kann an das Fahrzeug geschraubt oder komplett in das Fahrzeug integriert (teilgeschraubt und komplett verschweißt) wer-

Abb. 32.6 Hecklader mit integriertem Lifter. Typ: ZOELLER MEDIUM X4

den. In neuen Modellen, wie in Abb. 32.6, werden neben dem vollintegrierten Lifter auch die Heckteilöffnungszylinder dachseitig montiert. Durch diese Integration wird insgesamt eine Verlagerung des Schwerpunktes in Richtung Fahrerhaus sowie eine deutliche Verkürzung des Überhanges und Reduzierung des Leergewichtes für eine höhere Nutzlast erreicht.

Grundsätzlich wird bei Heckladern zwischen offener und geschlossener Müllabfuhr unterschieden. Die geschlossene Abfuhr deckt i. d. R. Haushaltsmüll mit 2-Rad- oder 4-Rad-Müllgefäßen ab. Dabei sind die Lifter mit entsprechend großer Einbauhöhe (High-Level) am Fahrzeugheck montiert, um ausreichende Sicherheitsabstände zum Bediener und eine größere Bodenfreiheit sicherzustellen.

Die offene Abfuhr ist für Bündel, Säcke und Sperrmüll geeignet. Dabei weist die Liftereinheit eine geringe Einbauhöhe (Low-Level) bzw. die Beladeöffnung eine geringere Überwurfhöhe zum bequemen Handeinwurf für den Müllwerker auf.

Bei dem Typ Hecklader kann beim Verdichtungsprinzip zwischen hydraulischem Pressplattenwerk oder dem Drehtrommelsystem ausgewählt werden. Ausschlaggebend hierfür ist einerseits die Art der Müllfraktion und andererseits das Anforderungsprofil des Entsorgers.

Zur Erhöhung der Wirtschaftlichkeit und Steigerung des Automatisierungsgrads wurden Ladesysteme entwickelt, die eine Abfallsammlung mit nur einer Person ermöglichen.

Abb. 32.7 Seitenlader für Großbehälter mit Diamondaufnahme bis 3,2 m^3. Typ: ZOELLER SLF-XL

Abb. 32.8 FAUN SIDEPRESS C1100 – 2- und 4-Rad-Gefäße

Das gängigste Ladesystem ist dabei der Seitenlader (Abb. 32.7). Das Liftersystem befindet sich dabei direkt hinter dem Fahrerhaus. Die Steuerung des Entleerungsprozesses erfolgt über einen Joystick durch den Fahrer im Fahrerhaus. Dabei können nahezu alle Abfall- und/oder Wertstoffe abgeführt werden. In einem Typenbeispiel (Abb. 32.8) kann das eingebaute Liftersystem des Seitenladers mit einer Hubkraft von 550 kg sowohl 2- als auch 4-rädrige Müllgroßbehälter bis 1,1 m^3 und neuartige Großgefäße von bis zu 3,2 m^3 entleeren. Optional zur oberirdischen Standardabfuhr besteht die Möglichkeit, unterirdisch positionierte Unterflurbehälter aufzunehmen und zu entleeren.

Mit dem Einsatz eines Front-Seitenladers werden Abfälle und Wertstoffe aus Haushalt und Gewerbe gleichermaßen entsorgt. Mit einer Hubkraft von bis zu 850 kg können sowohl 2- als auch 4-rädrige Müllgroßbehälter und Diamond-Umleerbehälter von bis zu 1,8 m^3 entleert werden.

Der Beladearm, der hinter dem Fahrerhaus seitlich in Höhe des Fahrgestellrahmens mit einem Gelenk verbunden ist, erlaubt einen seitlichen Ausschwenkwinkel von bis zu 33°. Der Beladearm verfügt über einen gelenkgelagerten Aufnahmebalken zur frontalen und seitlichen Behälteraufnahme. Durch diese beiden Gelenke können Behälter in bis zu 3 m Entfernung positionsunabhängig aufgenommen werden. Die Beladeeinrichtung ist modular konstruiert, sodass diese mit einer Kamm-, Diamond oder Klammeraufnahme ausgestattet werden kann.

In Abhängigkeit des gewählten Aufnahmesystems und Behältertyps können bis zu zwei Behälter gleichzeitig seitlich oder frontal vor dem Fahrerhaus im direkten Blickwinkel

Abb. 32.9 Front-Seitenlader mit Diamondaufnahme von gleichzeitig zwei 2-Rad-Gefäßen oder einem 4-Rad-Gefäß. Typ: FAUN EASYPRESS

des Bedieners aufgenommen werden (Abb. 32.9). Nach der Aufnahme der Behälter wird der Beladearm wieder eingeklappt, der Aufnahmebalken frontal vor das Fahrerhaus gestellt und der gesamte Beladearm in einer kreisförmigen Bewegung über das Fahrerhaus zur Behälterentleerung verfahren. Diese drei Bewegungen werden dabei nicht sequenziell nacheinander, sondern parallel in einer vom Fahrer mithilfe eines Joysticks kontrollierten, überlagerten Bewegung durchgeführt. Der Vorteil: Alle Beladevorgänge finden unter Verwendung eines Standardfahrgestells im direkten Sichtfeld des Fahrers/Bedieners statt.

Praxishinweis Innovative Front-/Seitenlader benötigen kein rechtsgelenktes Fahrgestell. Das Wiedereinfädeln in den fließenden Verkehr wird durch den Verzicht auf Rechtslenkerfahrgestelle auch für unerfahrene Bediener sicherer und einfacher. Eine Kontrolle des eigentlichen Beladevorgangs erfolgt durch Kamera und Spiegel, so dass das Verdrehen des Oberkörpers für einen Schulterblick nicht mehr notwendig ist. Dieser ergonomische Vorteil erhöht einerseits die Produktivität, die Sicherheit des gesamten Beladevorgangs und schont andererseits die Gesundheit des Bedieners.

Das Anheben und Verfahren der aufgenommenen Behälter findet weitestgehend vor dem Fahrzeug statt. Auch hier hat der Fahrer jederzeit ausreichenden Sichtkontakt zu den Behältern. Durch dieses frontale Verfahren wird kein seitlicher Raum neben dem Fahrzeug zum Entleeren der Behälter benötigt. In engen Straßenbereichen reduziert sich dadurch die Gefahr der Kollision mit Mauern, Fahrzeugen, Bäumen und anderen seitlichen Hindernissen. Die Verlagerung der Hubbewegung zur Frontseite hin räumt die Gefährdung von Passanten, die sich unter Umständen unkontrolliert im Gefahrenbereich aufhalten können, aus. Die unmittelbare, ungestörte Sicht des Bedieners auf den Arbeitsbereich erlaubt eine schnellere Aufnahme von Behältern, da der Bediener die Position der Behälter ständig einsehen und alle notwendigen Bewegungen des Lifterarms entsprechend steuern kann. Insbesondere die gleichzeitige Aufnahme von zwei Behältern wird dadurch deutlich vereinfacht und beschleunigt. Mit einer Zykluszeit von etwa 10 s ist der gesamte anschließende Entleervorgang ebenfalls sehr schnell und effizient.

Abb. 32.10 Querschnitt eines Frontladers. Typ: FAUN FRONTPRESS

Der Einsatz von Frontladern ist speziell für Abfälle und Wertstoffe aus Industrie und Gewerbe sinnvoll. Das Aufbau- und Liftersystem wurde insbesondere für die Entleerung großvolumiger Container konstruiert. Dabei wird die Aufnahme wie auch die Entleerung i. d. R. per Joystick oder Infrarotfernbedienung gesteuert. Die Entleerung erfolgt nach dem Heben in die hinter dem Fahrerhaus angeordnete Ladeöffnung (Abb. 32.10).

Die Hubvorrichtung wird während des Anfahrens in die Parkposition oberhalb der Windschutzscheibe gefahren und festgestellt. Die Steuerung erfolgt per Joystick oder Infrarotfernbedienung. In einer Ein-Personen-Bedienung kann der Anfahr- und Entleervorgang vom Fahrer aus dem Fahrerhaus gesteuert werden, ohne dass er sich in den Gefahrenbereich vor das Fahrzeug begeben muss.

Die Ladeöffnung befindet sich oben im Sammelkasten direkt hinter dem Fahrerhaus. Die Müllverdichtung findet üblicherweise mit einem hydraulisch angetriebenen Pressschild statt. Zum Abladen wird die Heckklappe nach oben geöffnet und der Abfallinhalt mithilfe des verfahrbaren Pressschildes von vorn nach hinten (draußen) befördert.

Frontlader sind darüber hinaus für ihre wartungsfreundliche, reparaturarme Konstruktion mit geringen Ausfallzeiten bekannt. Die Aufbauten sind flexibel für verschiedene Serienfahrgestelle konstruiert.

32.3 Verdichtungssysteme

Die Müllverdichtung führt bei den Sammelfahrzeugen zu mehr nutzbarem Volumen. In dem folgenden Beispiel wird deutlich, wie viele Müllgefäße zusätzlich geleert werden können, wenn der Müll entsprechend verdichtet wird:

► **Praxisbeispiel** Die in einem Müllgefäß enthaltene Menge Abfall von 120 l wiegt 15 kg, die Dichte beträgt demzufolge 125 g/l (15.000 g/120 l).
Unverdichtet passen in einen großen 4-achsigen Müllwagen 30.000 l (geteilt durch 120 l) etwa 250 Mülltonnen.
Mit einer vierfachen Verdichtung (500 g/l durch 125 g/l) können (250 mal 4) insgesamt 1000 Müllgefäße in den Aufbau entleert werden.

Abb. 32.11 Grafische Darstellung der Verdichtung mithilfe des Pressplattensystems

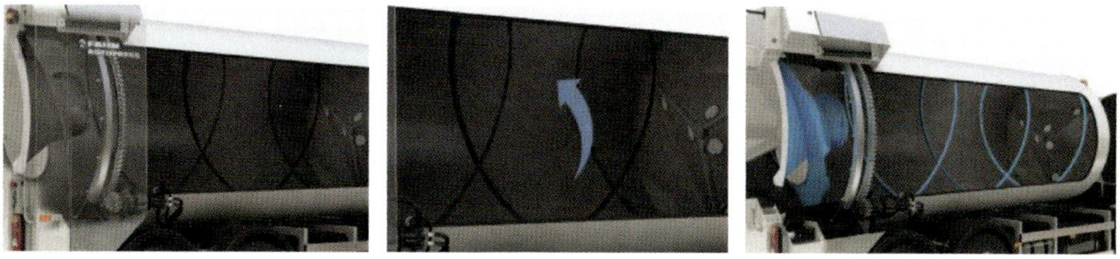

Abb. 32.12 Grafische Darstellung der Verdichtung mithilfe des Drehtrommelprinzips

In der Praxis unterscheidet man bei der Müllverdichtung grundsätzlich zwischen zwei Systemen, die bei der Variante Hecklader eingesetzt werden: Müllverdichtung durch das Pressplattensystem (Abb. 32.11) oder durch das Drehtrommelprinzip (Abb. 32.12).

Bei Front- und Seitenladern mit Wechselaufbauten kommen für die Verdichtung Schneckenverdichter mit zwei gegenläufig angetriebenen Schneckenwendeln oder alternativ ein sog. Pendelpressenverdichter zum Einsatz.

Die Wahl der Verdichtung richtet sich hauptsächlich nach der Art der Müllfraktion und den Einsatzbedingungen des Entsorgers. Bei den Müllfraktionen unterscheidet man zwischen Hausmüll/Restmüll, Biomüll, Papier, Plastik, Leichtverpackungsfraktion, Weißglas und Buntglas sowie zwischen Gewerbe-, Industrie- und Sperrgutabfall.

► **Praxishinweis** Beispielsweise ist bei der Abfuhr von Biomüll die bei der Verdichtung entstehende organische Flüssigkeit zu berücksichtigen, die aus dem Aufbau auslaufen kann. Die optimale Lösung hierfür ist eine Verdichtung mithilfe des Drehtrommelprinzips, da hierbei die Flüssigkeit über die ständige Bewegung des Abfalls innerhalb des Aufbaus im Abfall gehalten wird.

Der Drehtrommelaufbau kann neben einem hydraulischen Antrieb auch durch einen optimierten Antriebsstrang mit einem Elektromotor um die Längsachse gedreht werden. Der Abfall wird kontinuierlich umgewälzt, dabei zerkleinert und durch zwei Schneckengänge nach vorn befördert (Typenbeispiel s. Abb. 32.13). In dem sich verengenden Pressschneckengang werden die Abfälle schließlich verdichtet. Flüssigkeiten werden gleichmäßig verteilt und nicht abgepresst – es tropft nichts und die Geruchsbelästigung wird reduziert. Die stete Umwälzung belüftet die Abfälle und verringert die Bildung anaerober

Abb. 32.13 Drehtrommelaufbau. Typ: FAUN ROTOPRESS

Zonen, die die Quelle von üblen Gerüchen sind. Durch die Änderung der Drehrichtung der Trommel wird die Sammeltrommel entleert. Dabei reinigt sich die Trommel rückstandslos selbst – es gibt keine aufwendige Reinigung an schlecht zugänglichen Stellen, Korrosion wird vermieden und Geruchsnester können gar nicht erst entstehen.

Bei dem Pressplattenprinzip erfolgt die Verdichtung mithilfe eines hydraulischen Pressplattenwerks, das die Abfälle gegen ein druckbeaufschlagtes Ausstoßschild im Sammelkasten verdichtet (Typenbeispiel s. Abb. 32.14). Neue Verdichtungssteuerungssysteme ermöglichen eine fraktionsoptimierte Verdichtung (FOV). Dabei werden Druckeinstellun-

Abb. 32.14 ZOELLER X4 Medium Hecklader

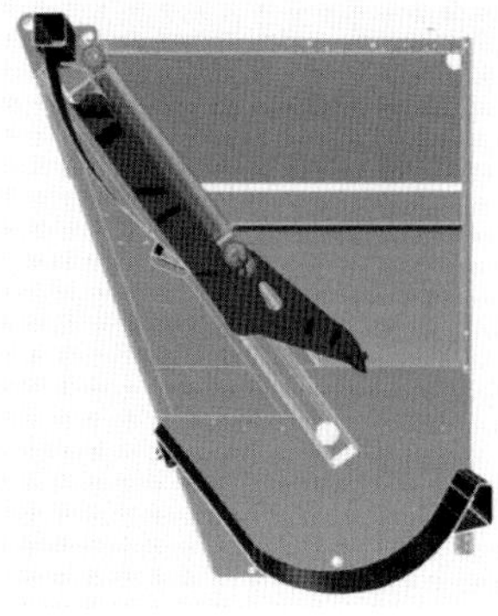

Abb. 32.15 Rollen-Gleitklotzschienenführung

gen abhängig von der ausgewählten Fraktion (Restmüll, Bioabfälle, Papier oder Plastik) optimal voreingestellt.

In dem dazugehörigen Menü Fraktionsvorwahl kann durch die entsprechende Funktionstaste oder mit dem Navigationsrad am Aufbausteuerungsbedienteil die jeweilige Fraktionsart ausgewählt werden. Durch die Fraktionsauswahl wird die optimale Verdichtung vorgegeben. Während des Pressvorgangs wird der aktuelle Verdichtungsdruck vom System permanent überwacht.

Bei Erreichen des optimalen Druckwerts wird das Ausstoßschild aktiv eingefahren, bis der hinterlegte Druckwert wieder unterschritten ist. Dies ermöglicht eine maximale Verdichtung unter Berücksichtigung der jeweiligen Fraktion und das Erreichen der maximalen Zuladung. Die Entladung wird durch das Ausfahren des Ausstoßschilds ermöglicht. Drehtrommel- und Pressplattenverdichtungsprinzip unterscheiden sich auch durch unterschiedliche Höhen der Ladekante. Beim Drehtrommelprinzip wird bevorzugt die behältergebundene Abfuhr mit geschlossenem Lifter eingesetzt. Für eine Handbeladung eignet sich die höhere Ladekante des Drehtrommelfahrzeugs weniger als eine niedrige mögliche Ladekante des Pressplattenhecklader.

Der Verdichtungsvorgang bei Heckladern kann durch zwei unterschiedliche kinematische Bewegungsabläufe durchgeführt werden. Bei Ladewerken mit Rollen- bzw. Gleitklotzschienenführung (Abb. 32.15) wird die Trägerplatte linear in einer Gleitbahn seitlich im Heckteil geführt, während die angeschlossene Pressplatte den Abfall in einer Schwenkbewegung aus der Ladewanne ausräumt und beim Hochfahren gegen die Ausschubwand und das Dach im Sammelkasten verdichtet. Der wesentliche Vorteil liegt in der kostenoptimierten Konstruktion.

Lenkergestützte Ladewerke (Abb. 32.16) führen zur Abfallverdichtung eine kombinierte Bewegung von Träger- und Pressplatte aus und werden dabei über ein seitlich am Heckteil drehbar gelagertes Lenkerelement in einer Kreisbogenbewegung geführt. Durch eine geschickte Auswahl der Kinematik lassen sich über die veränderlichen Hebelverhältnisse in bestimmten Bereichen sehr hohe Verdichtungskräfte erzeugen. Die Bewegungsverdichtungsrichtung wird optimal in Richtung Müllbehälter geführt. Dadurch entstehen weniger

Abb. 32.16 Lenkergestützte Ladewerke

Verlustkräfte gegen das Behälterdach. Je nach Ausführung kann, beispielsweise im Fall des Powerpress, der Lenker außen am Heckteil angebaut werden. Eine Vorverdichtung gegen die senkrecht stehende Presswand ist dabei ebenfalls möglich. Die Drehbewegungen arbeiten insgesamt verschleißärmer, als Linearbewegungen, da definierte Lagerstellen mit Schmierung eingesetzt sind.

32.4 Liftersysteme

Bei den Heckladerfahrzeugen wird grundsätzlich zwischen der offenen und geschlossenen Abfuhr unterschieden. Für eine geschlossene Abfuhr werden hauptsächlich High-Level-Liftersysteme mit entsprechender Einbauhöhe am Fahrzeug montiert, die eine ausreichend hohe Bodenfreiheit aufweisen.

Die geschlossene Abfuhr sorgt mit der passgenauen Öffnung dafür, dass kein Müll und wenig Staub bei der Entleerung austritt (Abb. 32.17) sowie ein automatisierter Durchlauf des Ladewerks erlaubt ist. Mit der Kammaufnahme können sowohl 2-Rad- als auch 4-Rad-MGB entleert werden.

Andere High-Level-Liftertypen verfügen über eine Diamond-Aufnahme zur Entleerung von Müllbehältern mit einer speziellen Aufnahmetasche, die die Müllbehälter im Vergleich zur Kammaufnahme leichter auf der Schüttung aufnimmt und zentriert. Zur Entleerung von 4-Rad-MGB mit Schiebedeckel verfügen die entsprechenden Liftersysteme optional über anschraubbare Deckelöffnerkurven.

Eine geräuscharme und behälterschonende Entleerung der Gefäße erfolgt bei neuen Modellen durch eine Behälterrückhaltung mit parallelogrammbasierter Kinematik,

Abb. 32.17 High-Level-Lifter mit Behälterrückhaltung. Typ: ZOELLER DELTA 2316 PREMIUM

die vor einem unzulässigen Überkippen des Behälters in der Einkippstellung schützt (Abb. 32.18).

Bei den Liftern zum Heben, Kippen und Entleeren der Müllgefäße unterscheidet man zwischen voll-, teilautomatischen sowie manuellen Systemen. Je nach Modellreihe werden die Lifter hydraulisch bzw. elektrisch angetrieben, bei manchen Funktionsbaugruppen wie Klapprutsche und Behälterrückhaltung kommt ebenfalls Pneumatik zum Einsatz.

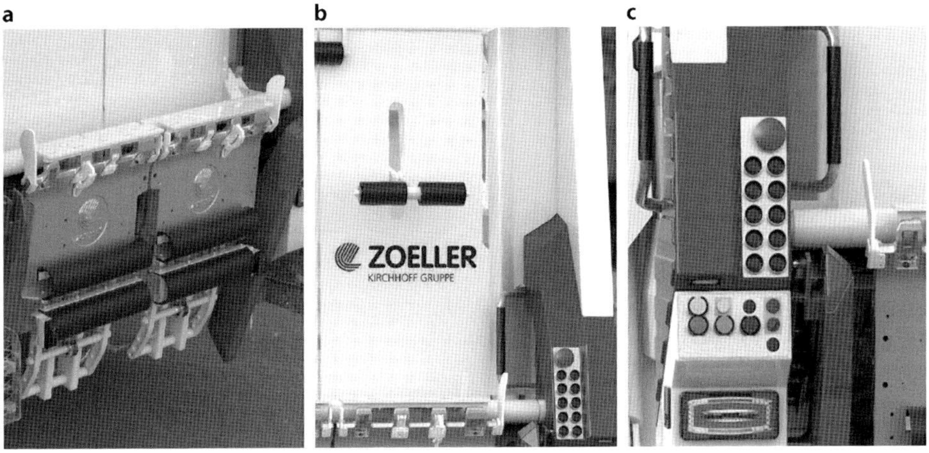

Abb. 32.18 Geteilte Behälteraufnahme (**a**), Behälterrückhaltesystem (**b**), Bedienelemente (**c**)

Abb. 32.19 Elektromotor am Lifter. Typ: ZOELLER 2307 E-DELTA

Abb. 32.20 Sicherheitsbügel zur Arbeitsraumabsicherung am Lifter. Typ: ZOELLER 2301 DELTA

Elektrische Liftersysteme werden i. d. R. mit einer Spannung von 24 V DC versorgt. Dabei werden die Hub-/Kippbewegung über einen Elektromotor mit angeschlossenem Schneckengetriebe ausgeführt (Abb. 32.19). Die Hub- und Senkbewegung erfolgt aktiv und ist gegenüber der Hydraulikvariante deutlich leiser.

Die Sicherung des Arbeitsraums erfolgt bei vollautomatischen Liftersystemen entweder mechanisch über positionsüberwachte Sicherheitsbügel (Abb. 32.20) oder sensorisch

Abb. 32.21 Hecklader mit Low-Level-Lifter. Typ: ZOELLER MAGNUM mit einem 2449 GAMMA offen

über bereichsüberwachende Ultraschallsensoren. Ein sog. Quittungsschalter schützt zusätzlich vor Fehlbedienungen durch falsch positionierte Behälter. Insgesamt können bei Automatik-Liftersystemen Entleerzeiten von 6 s für 2-Rad- bzw. 8 s für 4-Rad-Behälter erzielt werden.

Low-Level-Liftersysteme ermöglichen mit ihrer niedrigen Ladekante eine ergonomische Beladung mit Säcken, Bündeln und Sperrgut (Typenbeispiel s. Abb. 32.21). Die überwiegenden am Markt erhältlichen Low-Level-Liftersysteme decken zudem auch die Entleerung von 2- und 4-Rad-MGB ab. Die Rutsche kann dabei abgeklappt werden und dient damit als Schutzabdeckung der Lifterkomponenten im Sperrmüllbetrieb. Die Bedienung der Liftersysteme erfolgt je nach Modellvariante über Handhebel, Joystick oder Bedientasten. Eine aktive Sicherheitssensorik vermeidet Betriebsstörungen und Fehlbedienungen.

32.5 Innovative Antriebslösungen

Bei den Aufbau- und Liftersystemen gibt es verschiedene Ecosysteme zur Reduktion des Treibstoffverbrauchs, des Feinstaubs, der Stickoxide und der Lärm- sowie CO_2-Emissionen. Mit intelligenten Hydraulikspeichern, Batteriesätzen oder diesel-elektrischen Hybridantrieben für Aufbau und Lifter gibt es bereits in der Praxis bewährte ECO-Technologien. Dabei kann beispielsweise die Lärmentwicklung von üblicherweise 106 dB (A), die der Lautstärke einer laufenden Kettensäge entspricht, auf den Pegel einer normalen Unterhaltung in Zimmerlautstärke reduziert werden.

Mit der Installation eines Hydrospeichers gewinnt man durch den Bremsvorgang Energie. Das Aufladen erfolgt durch eine Hydraulikpumpe. Die gespeicherte Energie kann anschließend für den Betrieb des Lifters verwendet werden. Damit können bis zu 2900 l Kraftstoff eingespart und die CO_2-Emissionen um bis zu 7,9 t pro Jahr und Fahrzeug reduziert werden. Die kinetische Verzögerungsenergie eines herkömmlichen Abfallsammelfahrzeugs wird i. d. R. als Abwärme an die Umwelt abgegeben und geht daher für

Abb. 32.22 Hydrospeicher. Typ: FAUN VARIOPRESS mit HYDROPOWER

den Betrieb des Fahrzeugs verloren. Mit einem Hydrospeicher wird die kinetische Verzögerungsenergie des Fahrzeugs in hydraulische Energie umgewandelt (Abb. 32.22). Die Aufbausteuerung regelt die Bremsenergie, die zum Befüllen des Hydrospeichers genutzt wird. Sobald der Speicher gefüllt ist, wird die aufgeladene Energie genutzt, um den Lifter anzutreiben. Die damit gewonnene Energie kann für mehrere Entleervorgänge ausreichend sein, ohne dass die Motordrehzahl angehoben werden muss. Ein zweiter Druckspeicher mit weniger Volumen kann parallel zum ersten geschaltet werden. Dieser ist allein für das hydraulische Starten des Fahrmotors bestimmt (Tab. 32.1).

Eine weitere Option zur Verringerung des Kraftstoffverbrauchs und zur Senkung von Geräuschemissionen ist der im Plug-in-Verfahren aufzuladende Batteriesatz für den elektrischen Betrieb des Aufbaus und Lifters von Abfallsammelfahrzeugen. Dieses System wird als E-POWER bezeichnet. Bei konventionellen Fahrzeugen liefert der Fahrzeugmotor über die mit dem Nebenantrieb verbundene Hydraulikpumpe die für die Behälterentleerung und anschließende Abfallverdichtung erforderliche Energie. Bei E-POWER-Fahrzeugen liefert ein Batteriepaket, das über Nacht in stromabnahmeschwachen Zeiten geladen werden kann, die Energie für den elektrischen Betrieb des Aufbaus und des Lifters (Typenbeispiel Abb. 32.23).

Tab. 32.1 Vorteile des Hydrospeichers in der Übersicht

Vorteile	
Weniger Kraftstoffverbrauch	Mit dieser Liftertechnologie können bis zu 2900 Liter Kraftstoff eingespart werden
Weniger CO_2-Emissionen	Der Lifter benötigt bis zu 7,9 Tonnen weniger CO_2-Emissionen pro Jahr und Fahrzeug
Kompatibilität	Diese Eco-Option kann an jedem Aufbau- und Liftertyp montiert werden

Abb. 32.23 Hecklader mit E-Power. Typ: FAUN VARIOPRESS mit E-POWER

Ein erweitertes Potenzial zur Kraftstoffeinsparung ergibt sich durch den Einsatz eines E-POWER-Fahrzeugs, wenn der Fahrzeugmotor beim Beladen abgeschaltet wird. Aufgrund des großen elektrischen Energiespeichers kann der Motor zur Weiterfahrt leicht wieder elektrisch gestartet werden.

Ein optimierter Antriebsstrang kommt beispielsweise bei dem FAUN DUALPOWER zum Einsatz. Mit seinem eigenen diesel-elektrischen Stromaggregat bleibt der Fahrzeugmotor im Sammelbetrieb ausgeschaltet. Die Energie der Bremsvorgänge wird bei diesem Fahrzeug elektrisch gespeichert und sinnvoll für das Fahren und Arbeiten beim Sammelbetrieb wieder eingesetzt. Das entlastet nicht nur den Fahrzeugmotor, sondern auch die Umwelt. Statt mit energieintensiven Druckluftbremsen sind die Fahrzeuge mit einem elektrischen Antriebsmotor/-generator ausgestattet, der im Generatorbetrieb für eine Energierückgewinnung und einen geringeren Bremsverschleiß sorgt. In der Kombination mit einem zusätzlichen Dieselgenerator, der in seinem optimalen Verbrauchspunkt konstant betrieben wird, verringert sich der Kraftstoff- und CO_2-Ausstoß um ein Drittel. Da der Fahrzeugmotor im Sammelbetrieb abgestellt und zudem der Generator zusätzlich von einer Schalldämmkapsel umgeben ist, reduziert sich die Lärmbelastung für das Bedienpersonal und die Umwelt (Tab. 32.2).

Tab. 32.2 Übersicht über einen optimierten Antriebsstrang (FAUN-DUALPOWER)

Parameter	Effekt
Weniger Kraftstoffverbrauch	Einsparung von rund einem Drittel der Ausgaben für Dieselkraftstoff im täglichen Betrieb
Weniger CO_2-Emission	33 % weniger Schadstoffausstoß
Geräuscharm	Mit dem leisen Antriebsaggregat ist das Fahrzeug im Betrieb mit 90 dB (A) kaum lauter als ein Redner bei einem Vortrag. Zum Vergleich: Andere Abfallsammelfahrzeuge erzeugen etwa 106 dB(A) – so viel wie eine Kettensäge (für das menschliche Ohr bedeutet eine Steigerung um 15 dB(A) bereits eine Verdreifachung der Lärmwahrnehmung)

Abb. 32.24 Fahrzeug mit Brennstoffzelle. Typ: FAUN-ROTOPRESS

In einer Gemeinschaftsarbeit zwischen der FAUN Umwelttechnik GmbH & Co., der Heliocentris AG sowie der Berliner Stadtreinigung wurde ein Konzept für Abfallsammelfahrzeuge mit Wasserstoffbrennstoffzelle auf Basis des konventionellen elektrischen Aufbauantriebs des ROTOPRESS (Hecklader mithilfe Drehtrommelprinzips) entwickelt. Dabei wurde als Stromerzeuger eine Brennstoffzelle eingesetzt. Der erzeugte Strom wird für den Antrieb des Sammelaufbaus und des Lifters verwendet, während die Fahrten von Sammelstelle zu Sammelstelle über den konventionellen Fahrzeugmotor zurückgelegt werden. Der Vorteil ist, dass während der Beladung des Fahrzeugs emissionsfrei und nahezu geräuschlos gearbeitet wird. Neben einer deutlichen Kraftstoffersparnis und einer einhergehenden CO_2-Minderung ist das Abfallsammelfahrzeug extrem leise.

Im täglichen harten Einsatz eines Abfallsammelfahrzeugs erweist sich der Einsatz einer Brennstoffzelle als robust und unproblematisch (Typenbeispiel s. Abb. 32.24). Dabei kann die Brennstoffzelle den kleinen Dieselgenerator ersetzen.

32.6 Trends und Entwicklungen in der Zukunft

Neben Gewichtseinsparungen durch den Einsatz von Leichtbauwerkstoffen und einer optimalen Gewichtsverteilung der Aufbauten sind auch Entwicklungen in puncto Elektromobiliät ein großes Thema in der Forschung und Entwicklung. Fahrgestellhersteller arbeiten an dem Ziel, elektrische Antriebe serienmäßig im Markt zu etablieren. In Kombination mit elektrisch betriebenen Aufbauten sind hier deutliche Senkungen von Lärm- und Schadstoffemissionen zu erwarten. Der Geräuschpegel ermöglicht in Großstädten die Müllabfuhr während der Nachtzeit, um den morgendlichen Berufsverkehr zu entlasten.

Der Einsatz eines intelligenten Telematiksystems ermöglicht die Gestaltung einer optimalen Entsorgungsplanung. Modular aufgebaut, werden die Daten digital erfasst und in Echtzeit über das Mobilfunknetz in einer geschützten Cloud oder einem abgeriegelten

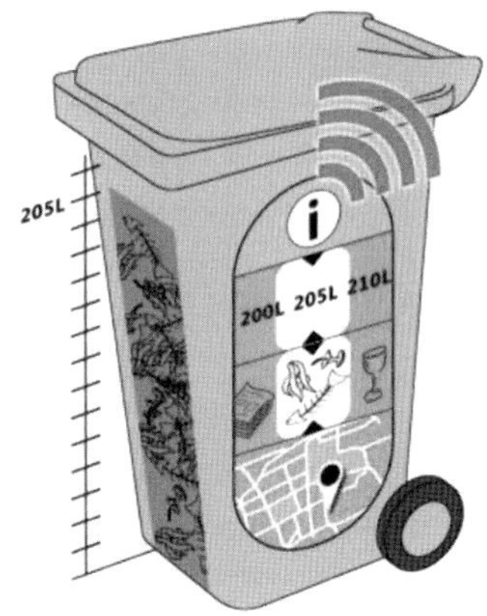

Abb. 32.25 Innovativer und intelligenter Müllbehälter

Server abgespeichert. Die Daten können jederzeit weiterverarbeitet oder ausgewertet werden. Dabei handelt es sich um Tour-, Fahrzeug- und Betriebsdaten. Insbesondere in puncto präventive Instandhaltung können Fehler im Fahrzeug frühzeitig erkannt werden, die später zu kostspieligen Reparaturen führen. Ebenso zeigt das System auftretenden Verschleiß rechtzeitig an, sodass Ausfälle minimiert werden. Eine exakte Tourenplanung mithilfe von GPS ermöglicht die Festlegung der effizientesten Route. Mit integrierten Identsystemen werden behälterbezogene Wiegedaten an das Abrechnungssystem übermittelt, die eine exakte Rechnungsstellung garantieren. Ein integriertes Antikollisionssystem warnt vor Zusammenstößen jeglicher Art und stoppt das Fahrzeug selbständig.

In der Zukunft werden aber auch weitere Themenfelder rund um die intelligente Entsorgungslogistik an Bedeutung gewinnen. Bestandteil dessen sind u. a. innovative Müllbehälter, die ihre Füllstände digital an den Entsorger melden (Abb. 32.25) und damit eine optimale Tourenplanung ermöglichen sowie jederzeit aktuelles Datenmaterial liefern.

Darüber hinaus müssen viele Antworten darauf gefunden werden, wie sich die Entsorgungslogistik in der Zukunft gestaltet und wie sich die Bedürfnisse und Lebensgewohnheiten unserer Gesellschaft verändern. Das sind zukünftige Entwicklungsprojekte, die weit über die eigentliche Konstruktion eines Abfallsammelfahrzeugs hinausgehen, jedoch unmittelbar mit dem Einsatz dieser Fahrzeuge verbunden sind und daher von den Herstellern umgesetzt werden müssen.

Thermische Abfallbehandlung

33

Markus Gleis

33.1 Einführung

Unter dem Begriff thermische Abfallbehandlung werden alle technischen Prozesse und Verfahren zusammengefasst, die mithilfe von technische Einrichtungen und einem deutlich erhöhten Temperaturniveau thermisch induzierte Umsetzungsprozesse des kohlenstoffhaltigen Anteils der Abfälle zum Ziel haben. Als technische Ausführungen werden damit Verbrennungsanlagen, Pyrolyse- und Vergasungsanlagen sowie als besondere technische Ausprägung die Plasmapyrolyseanlagen erfasst. Je nach Oxidationsgrad und Temperaturniveau entstehen dabei unterschiedliche Reaktionsprodukte, die auch zur Charakterisierung und Abgrenzung der thermischen Verfahren untereinander genutzt werden können.

Die Verbrennung ist sowohl im Hinblick auf Anlagenzahl als auch im Zusammenhang mit der installierten Behandlungskapazität das weltweit dominierende Verfahren zur thermischen Behandlung und energetischen Verwertung von Abfällen. In etwa 2200 Anlagen werden weltweit aktuell etwa 255 Mio. Tonnen Abfall pro Jahr behandelt und neben der energetischen Nutzung auch in eine sicher ablagerungsfähige Form überführt, ergänzt durch die Möglichkeit, die im thermischen Prozess entstandenen Aschen und Schlacken einer weiteren stofflichen Nutzung zuzuführen.

Neben der Abfallverbrennung als etabliertes Behandlungsverfahren werden mit der Abfallpyrolyse und der Abfallvergasung weitere thermische Prozesse in unterschiedlichen verfahrenstechnischen Ausprägungen und theoretischen Durchsatzleistungen angeboten. Ein wesentliches Charakteristikum dieser Verfahren ist die im Vergleich zur Abfallverbrennung meist deutlich komplexere Anlagentechnik. Als Vorteile der Verfahren im Vergleich zur Verbrennung geben die jeweiligen Anbieter höhere elektrische Wirkungsgrade

M. Gleis (✉)
Umweltbundesamt
Dessau-Roßlau, Deutschland

P. Kurth et al. (Hrsg.), *Praxishandbuch der Kreislauf- und Rohstoffwirtschaft*,
https://doi.org/10.1007/978-3-658-17045-5_33

und/oder die höhere Wertigkeit der Konversionsprodukte an, z. B. die Erzeugung verglaster und damit schwer auslaugbarer Schlacken oder die Erzeugung von flüssigen oder gasförmigen Energieträgern, die universeller eingesetzt werden könnten. Bei der Betrachtung der Produkte und der energetischen Wirkungsgrade ist eine umfassende Bilanzierung notwendig, da häufig nur entsprechend aufbereitete (z. B. pelletierte) Abfälle oder nur bestimmte Abfallfraktionen (z. B. kontaminierte Althölzer, Altreifen oder Kunststoffabfallfraktionen) eingesetzt werden können.

Die vorhandenen Praxiserfahrungen auf der Basis von großtechnisch ausgeführten Anlagen beziehen sich im Wesentlichen auf Vergasungs- und Pyrolyseverfahren zur thermischen Behandlung von Abfällen. Bei den Hochtemperaturplasmaverfahren, die meist als Plasmavergasung angeboten werden, steht der Nachweis einer Praxistauglichkeit genauso noch aus wie bei der (katalytischen) Direktverölung als einer weiteren alternativen thermochemischen Verfahrensvariante (Abb. 33.1) zur Behandlung bestimmter fester Abfälle, meist in Form von Kunststofffraktionen.

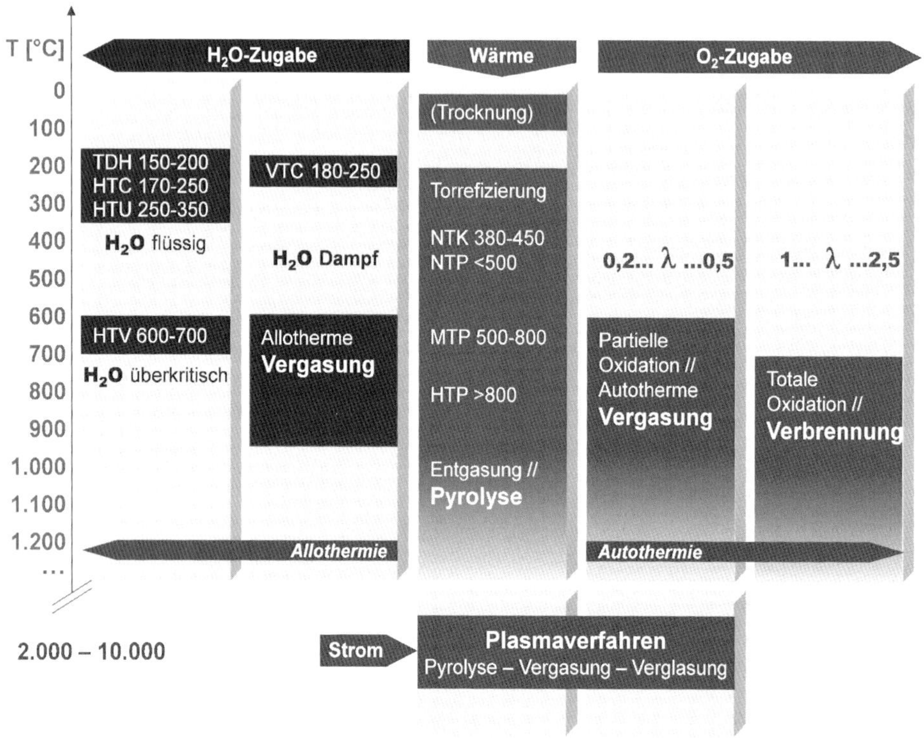

Abb. 33.1 Thermochemische Prozesse im Überblick. *HTC* Hydrothermale Karbonisierung, *HTP* Hochtemperaturpyrolyse, *HTV* Hochtemperaturvergasungsverfahren, *HTU* hydrothermale Verflüssigung, *MTP* Mitteltemperaturpyrolyse, *NTK* Niedertemperaturkonvertierung, *NTP* Niedertemperaturpyrolyse, *TDH* Thermodruckhydrolyse, *VTC* vapothermale Karbonisierung

Während Verfahren der Pyrolyse und der Vergasung in Deutschland aufgrund der gegenüber der Abfallverbrennung deutlich niedrigeren technischen Verfügbarkeit und der wegen des komplexeren technischen Aufbaus höheren Behandlungskosten keine Bedeutung erlangen konnten und als Folge technischer Probleme auch keine entsprechenden Anlagen mehr betrieben werden, sind v. a. in Japan einige dieser Anlagen in Betrieb. Da die dortigen Rahmenbedingungen nur schwer auf europäische oder deutsche Verhältnisse zu übertragen sind, wird nicht weiter auf diese thermischen Verfahren eingegangen.

Darüber hinaus unterscheiden sich die anderen für den Betrieb einer thermischen Abfallbehandlungsanlage notwendigen technischen Voraussetzungen wie Abfallannahme, Lagerung, Aufgabeeinrichtungen und Abgasreinigung nur in einigen Details von den für die Abfallverbrennungsanlagen beschriebenen technischen Lösungen.

Die Verfahrens- und Technologieauswahl orientiert sich bei den gängigen Verbrennungsverfahren im Wesentlichen an Art und Zusammensetzung der hauptsächlich eingesetzten Abfälle.

So sind den Hauptabfallarten, die typischerweise in thermischen Prozessen behandelt werden können (gefährliche Abfälle, heizwertreiche Rückstände aus Abfallaufbereitungsverfahren, entwässerte Klärschlämme oder gemischte Siedlungsabfälle) i. d. R. bestimmte Verbrennungstechnologien zugeordnet, deren Auswahl auf der Basis von Kriterien wie beispielsweise physikalische Konsistenz, problematische Inhaltsstoffe oder Anlieferungszustand der Abfälle geschieht. Der Verbrennungseinrichtung ist i. d. R. ein Dampferzeuger nachgeschaltet, in dem die Wärme der Abgase meist durch einen Wärmeübertrager (Rohrbündel in Verbindung mit Kessel) in eine nutzbare Form umgewandelt wird. Nach Abkühlung gelangen die Abgase in die Abgasreinigungsanlage. Zur Abscheidung von staub- und gasförmigen Abgasbestandteilen werden unterschiedliche Verfahren eingesetzt. Das gereinigte Abgas wird dann über einen Schornstein in die Atmosphäre abgeleitet. Die beim Betrieb anfallenden Rückstände wie Schlacke/Asche, Filterstäube oder Rückstände aus der Abgas- und Abwasserreinigung werden entsprechend den gesetzlichen Vorgaben entsorgt.

33.2 Aufbau einer Abfallverbrennungsanlage

Eine Abfallverbrennungsanlage (Abb. 33.2) als beispielhafte technische Umsetzung einer thermischen Abfallbehandlungsanlage enthält i. d. R. folgende Betriebsteile:

- Wiegeeinrichtung und Eingangskontrolle,
- Übernahmestationen und Zwischenlager für Abfälle und Betriebsstoffe,
- Vorbehandlungs- und Beschickungseinrichtungen,
- Verbrennungssystem,
- Wärmeübertragung zur Energienutzung,
- Abgas- und Abwasserbehandlungsanlagen,

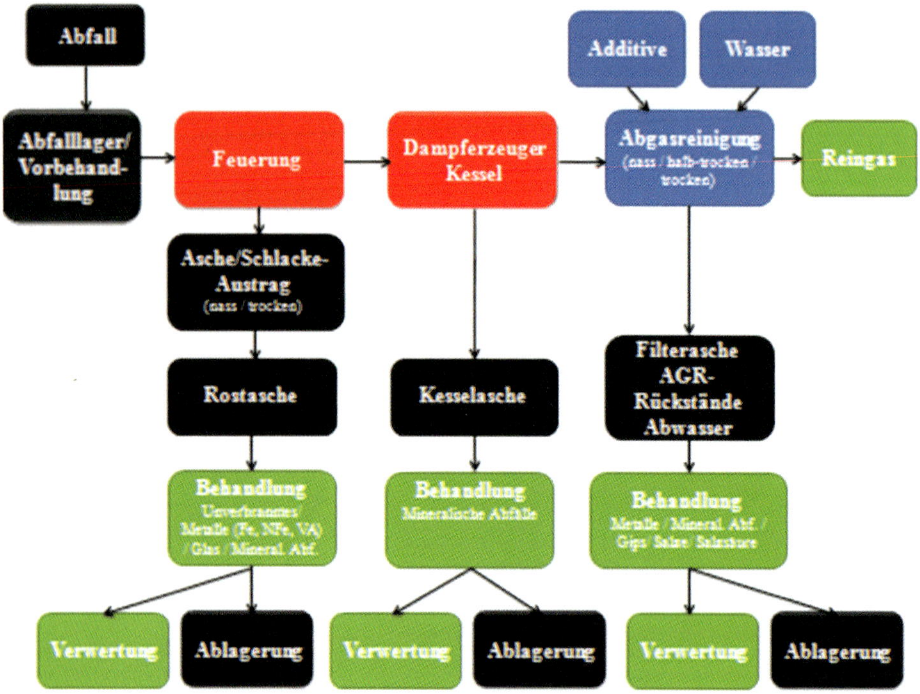

Abb. 33.2 Aufbau einer Abfallverbrennungsanlage und deren Abfall- und Stoffströme. *AGR* Abgasreinigung

- Zwischenlager und Übergabeeinrichtungen für Rückstände aus der thermischen Behandlung,
- Zusatzeinrichtungen.

33.2.1 Abfallannahme

Die Annahme der Abfälle und eine mögliche erste Sichtkontrolle erfolgt üblicherweise im Eingangsbereich der Abfallverbrennungsanlage. Sofern die Anlage keine Privatanlieferung zulässt, werden die Fahrzeuge nach der Eingangskontrolle an die Übernahmestationen geleitet. Hier erfolgt die Übergabe der Abfälle in die betriebseigenen Lagereinrichtungen, die an die angenommenen Abfallarten angepasst sind. In der Mehrzahl der Anlagen werden die Abfälle direkt aus den Lagerbereichen über Beschickungseinrichtungen der Verbrennung zugeführt. Bei der Anlieferung von Sperrmüll oder anderen großteiligen Abfällen sowie besonders hochkalorischen Abfällen ist der eigentlichen Verbrennung häufig noch eine Vorbehandlungseinrichtung vorgeschaltet. Soweit dies direkt nicht möglich oder sinnvoll ist, erfolgt eine Vorbehandlung durch Zerkleinerung, Vermischung etc.

33.2.2 Abfalllagerung

Die Zwischenlagerung von gemischten festen Abfällen wie z. B. Siedlungsabfällen und Ersatzbrennstoffen erfolgt bei Verbrennungsanlagen in Tiefbunkern. Der Bunker dient als Bindeglied zwischen der diskontinuierlichen Anlieferung und der kontinuierlich ablaufenden Verbrennung. Das Volumen des Abfallbunkers und das Bunkermanagement müssen sicherstellen, dass mindestens die typischen anlieferfreien Zeiten an Wochenenden oder Feiertagen überbrückt werden können. Um eine hinsichtlich Zusammensetzung und Heizwert möglichst homogene Abfallmischung für die Verbrennung zu erhalten, hat das Bunkermanagement über den Einsatz der Kraneinrichtungen dafür Sorge zu tragen, dass die unterschiedlich angelieferten Abfallchargen gut vermischt werden. Zur internen Bunkerlogistik gehört ein geregeltes Ein- und Ausstapeln der gelagerten Abfälle, um zu lange Lagerzeiten einzelner Abfallchargen mit der Folge ungewünschter Reaktionen (Gärprozesse, Gasbildung, Selbstentzündung) zu vermeiden. Es ist daher darauf zu achten, dass die Abfallbunker i. d. R. nur unter Teilbefüllung betrieben werden, um die genannten Stapelvorgänge zu ermöglichen.

Der Abfallbunker und eventuelle Vorbehandlungseinrichtungen (z. B. Sperrmüllscheren, Shredder) sind von anderen Anlagenteilen soweit wie möglich brandbeständig abzutrennen, das Tragwerk ist für den Brandfall zu bemessen. Die Entrauchungsanlagen in den Dachflächen sind ausreichend zu dimensionieren (etwa 10 % der Grundfläche). Zur Erkennung von Bränden im Bunker sind organisatorische (Anwesenheit des Kranfahrers) oder technische Maßnahmen (Wärmeerkennungseinrichtungen wie Infrarotkameras) durchzuführen.

Flüssige und pumpfähige pastöse Abfälle, bei denen Feststoffe soweit abgetrennt sind, dass Verstopfungen in den Beschickungseinrichtungen nicht zu erwarten sind, werden in Tanks zwischengelagert. Die Bereitstellung von Tankbehältern hat in ausreichender Zahl und Größe zu erfolgen, um untereinander reaktive flüssige Abfälle und Chemikalien voneinander getrennt zu lagern.

Die Tankeinrichtungen und die sie verbindenden Rohrleitungen sind in Konstruktion, Werkstoffwahl, Brand- und Explosionsschutz den Abfalleigenschaften angepasst. Tanks sind korrosionsfest und mit Möglichkeiten zur Reinigung und Probenahme ausgestattet und verfügen über Dosiereinrichtungen sowie Überwachungs- und Sicherheitseinrichtungen.

33.2.3 Aufbereitungs- und Vorschaltanlagen

Die Siedlungsabfallverbrennungsanlage kommt typischerweise ohne vorgeschaltete Aufbereitungsanlagen aus und übernehmen die Abfälle direkt in den Abfallbunker. Ausnahmen gibt es im Zusammenhang mit dem Einsatz von Sperrmüll. Für die Zerkleinerung dieser Abfallfraktionen kann eine Zerkleinerungseinrichtung (Schere, Shredder) brandschutztechnisch von den anderen Anlagenteilen getrennt im Bunkerbereich eingesetzt werden. Ist zur weiteren sicheren Behandlung der angelieferten Abfälle ein höherer Aufbereitungs-/Zerkleinerungsgrad notwendig, z. B. bei Altholz oder hochkalorischen gefährlichen Abfällen in geschlossenen Gebinden, sind die notwendigen Anlagenteile in separaten Bereichen der Abfallbehandlungsanlage untergebracht und werden auch getrennt von den anderen Anlagenteilen betrieben.

33.2.4 Beschickungseinrichtungen

Der Transport der Brennstoffe von ihrem Bereitstellungslager zum thermischen Behandlungssystem erfolgt durch Aufgabe- und Beschickungssysteme, die so weit wie möglich auf die jeweiligen Brennstoffe abgestimmt sind.

Bei der Rostfeuerung für Siedlungsabfälle wird der Aufgabetrichter mit Schacht eingesetzt, wobei der Abfall im Schacht den Luftabschluss bildet. Die Beschickung des Aufgabetrichters erfolgt meistens durch Krananlagen.

33.2.5 Feuerung und Verbrennungssysteme

Unter Verbrennung versteht man im Allgemeinen die Oxidation der Brennstoffe, hier des Abfalls, mithilfe von (Luft-)Sauerstoff. Betrachtet man die Vorgänge des Verbrennens jedoch näher, so fällt auf, dass sich der Verbrennungsprozess in eine Reihe von z. T. gleichzeitig, z. T. auch in konsequenter Reihenfolge ablaufenden Teilprozessen gliedert.

Um Stoffe oxidieren zu können, muss die stoffspezifische Aktivierungsenergie aufgebracht werden. Dies geschieht durch Wärmezufuhr. Die Wärmezufuhr bewirkt den ersten Prozessschritt, die Trocknung. Das physikalisch gebundene Wasser wird dabei ausgetrieben, es wird verdampft. Dieser Dampf kann sich später, zumeist nach Abschluss der eigentlichen Verbrennung an der chemischen Reaktion der Verbrennungsprodukte beteiligen, z. B. Bildung von Chlorwasserstoff aus dem bei der Verbrennung freigesetzten Chlor. Bis dahin wirkt der Wasserdampf katalytisch und fördert die meisten Verbrennungsvorgänge.

Bei der Zufuhr der Aktivierungsenergie zur Einleitung der Oxidation zerfallen sehr viele Brennstoff- bzw. Abfallbestandteile zu meist gasförmigen Zwischenprodukten. Bei diesem Prozess handelt es sich sowohl um Pyrolyse, das ist die Entgasung (Bildung von Zersetzungsprodukten mit größeren Molekülen), als auch um die Vergasung (Bildung von Kohlenstoffmonoxid und Wasserstoff und ähnlichen Stoffen mit niedrigen Molekülgrößen).

Die unterschiedlichen im Bereich der Abfallverbrennung etablierten Feuerungsarten (Rost, Drehrohr, Wirbelschicht) sollen den jeweils vorwiegenden Abfalleigenschaften Rechnung tragen und eine vollständige Verbrennung bei akzeptablem Anlagenverschleiß ermöglichen.

In der Verbrennungseinrichtung muss ein möglichst vollständiger Ausbrand erreicht werden. Sauerstoffgehalt, Temperatur und Verweilzeit werden in der Nachbrennzone als Leitgrößen für die Ausbrandqualität des Abgases verwendet. Dabei ist die Vermischung als weiterer wesentlicher Parameter zu berücksichtigen. Im Verbrennungsraum und in der Mischzone/Brennkammer sind die Feuerungsparameter durch die Luftzahl festgelegt und können nicht voneinander unabhängig eingestellt werden.

33.2.5.1 Rostfeuerung und Verbrennungsraum

In Verbrennungsanlagen für Siedlungsabfälle werden fast ausschließlich Rostfeuerungen eingesetzt. Rostfeuerungen bestehen im Wesentlichen aus den Komponenten: Beschickungseinrichtung, Verbrennungsrost, Entascher, Verbrennungsluftsystem, Feuerraum, Nachbrennzone und Zusatzbrenner. Diese Komponenten sind in ihrer Auslegung aufeinander abgestimmt.

Verbrennungsroste haben die Aufgabe, den Abfall durch den Feuerraum zu transportieren, dabei zu schüren und die Verbrennungsluft, die von unten durch Luftöffnungen im Rost einströmt (Unterwind, Primärluft), bedarfsgerecht dem Brennstoffbett und die Rostasche dem Entascher zuzuführen.

Die wesentlichen Aufgaben von Verbrennungsrosten für Siedlungsabfälle sind:

- Steuerung der Luftzuführung (Menge und örtliche Verteilung, Rostkühlung),
- Steuerung des Brennstoffmassenstromes,
- Schürung,
- Austrag der Verbrennungsrückstände.

Im Wesentlichen kann man zwischen kontinuierlichen (Wanderrost, Walzenrost) und diskontinuierlichen Förderprinzipien (Schubroste) unterscheiden. Der Wanderrost ist ein klassischer Transportrost, der den Abfall als Brennstoff ähnlich einem Förderband durch den Feuerraum transportiert. Die Walzenroste besitzen für jede Verbrennungsluftzuführung eine eigene Rostwalze und durch die Drehung der Walzen wird der Abfall durch das Feuerungssystem transportiert.

Aufgrund der größeren Flexibilität hinsichtlich der Steuerung der Transportgeschwindigkeit und der Luftsteuerung werden inzwischen überwiegende Schubroste bei der Siedlungsabfallverbrennung eingesetzt. Beim Vorschubrost wird der Brennstoff entweder von gegeneinander beweglichen oder abwechselnd angeordneten beweglichen und unbeweglichen Roststäben durch den Feuerraum transportiert. Die Bewegungsamplitude und z. T. auch die Bewegungsfrequenz der Roststäbe bestimmen die Geschwindigkeit. Die Rostkühlung wird durch die Primärluft realisiert, die durch die Roststäbe geführt wird. Je nach Brennstoffheizwert werden auch wassergekühlte Roststäbe verwendet.

Beim Rückschubrost, der im Vergleich zum Vorschubrost eine größere Steigung besitzt, wird der Brennstoff entgegen der Schwerkraft rückwärts bewegt Die Vorwärtsbewegung entsteht durch das Vorwärtsrollen bzw. Abstürzen des Brennstoffs aufgrund der Schwerkraft. Diese Rostkonstruktion ist besonders gut für gemischte Siedlungsabfälle geeignet. Durch diese charakteristische Bewegung wird der Rostbelag des Rückschubrosts stets in den Verbrennungszonen mit Abfall und in der Ausbrandzone mit Schlacke bzw. gesinterter Asche bedeckt gehalten. Die Rostfläche wird somit ständig vor der thermischen Einstrahlung aus dem Feuerraum geschützt und benötigt daher keine Rostkühlung.

Die geometrische Gestaltung des Feuerraums beeinflusst die Abgaswege und damit die Verweilzeit der Abgase und Abgasteilströme im Temperaturfeld. Man unterscheidet zwischen Gleichstrom-, Mittelstrom und Gegenstromkonzepten (Abb. 33.3), wobei die Bezeichnung von der Richtung der Abgasströmung in Relation zur Abfalltransportrichtung herrührt.

Über die Gestaltung der Feuerraumwände kann das Temperaturfeld in der Feuerung beeinflusst werden. Die Wandung kann dabei sowohl mit oder ohne aktive Kühlung ausgeführt werden. Die verwendeten feuerfesten Materialien müssen so ausgeführt werden, dass sie hinreichend abweisend gegen Verschlackung und erosionsfest sind. Als technische Ausführung kann dies durch keramische oder z. T. metallische Verkleidungen unterschiedlicher Materialqualitäten der Verdampferrohrwände erfolgen.

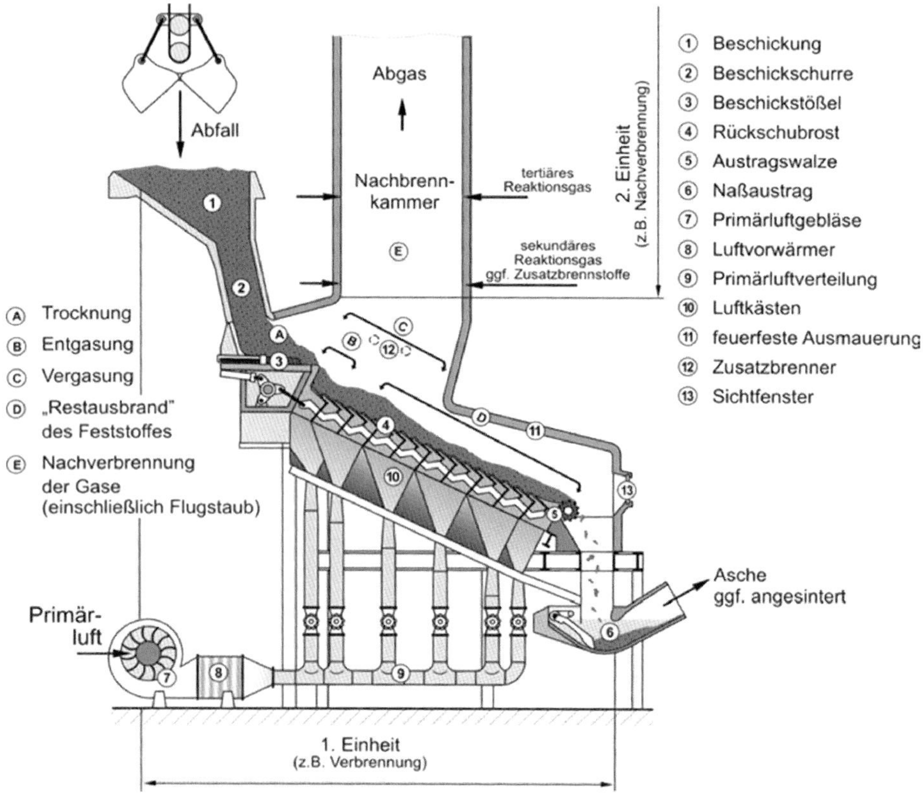

Abb. 33.3 Schematische Darstellung eines Rückschubrosts mit Gegenstromfeuerung

33.2.5.2 Drehrohrfeuerung und Verbrennungsraum

In Abhängigkeit von Abfallkonsistenz und Zusammensetzung der gefährlichen Abfälle können unterschiedliche Verbrennungssysteme zu deren thermischer Behandlung eingesetzt werden. Allerdings ist für den überwiegenden Teil der thermisch zu behandelnden gefährlichen Abfälle (Sonderabfälle) die Drehrohrfeuerung das geeignete Verfahren. Typischerweise besteht dabei die Drehrohrofenanlagen als Verbrennungseinrichtung aus Drehrohrofen und Nachbrennkammer (Abb. 33.4). Es handelt sich dabei um ein sehr robustes System, in dem nahezu jeder Abfall unabhängig von Konsistenz und Zusammensetzung aufgegeben werden kann. So können sowohl feste als auch pastöse und flüssige Abfälle in unterschiedlichen Aufgabeformen verbrannt werden.

Die unterschiedlichen Aufgabevorrichtungen an dem Drehrohr und der Nachbrennkammer berücksichtigen die Heterogenität und Vielfalt der zu verbrennenden gefährlichen Abfälle. Im Drehrohrofen werden die organischen Inhaltsstoffe der Abfälle bei Temperaturen oberhalb von 850 °C verbrannt. Die Verweilzeit für feste Abfälle wird durch die Neigung (1–3°) und Drehzahl (0,1–1,0 U/min) des Drehrohrofens bestimmt. Die Feststoffverweilzeit liegt i. d. R. im Bereich von 0,5–2 h. Am Ende des Verbrennungspro-

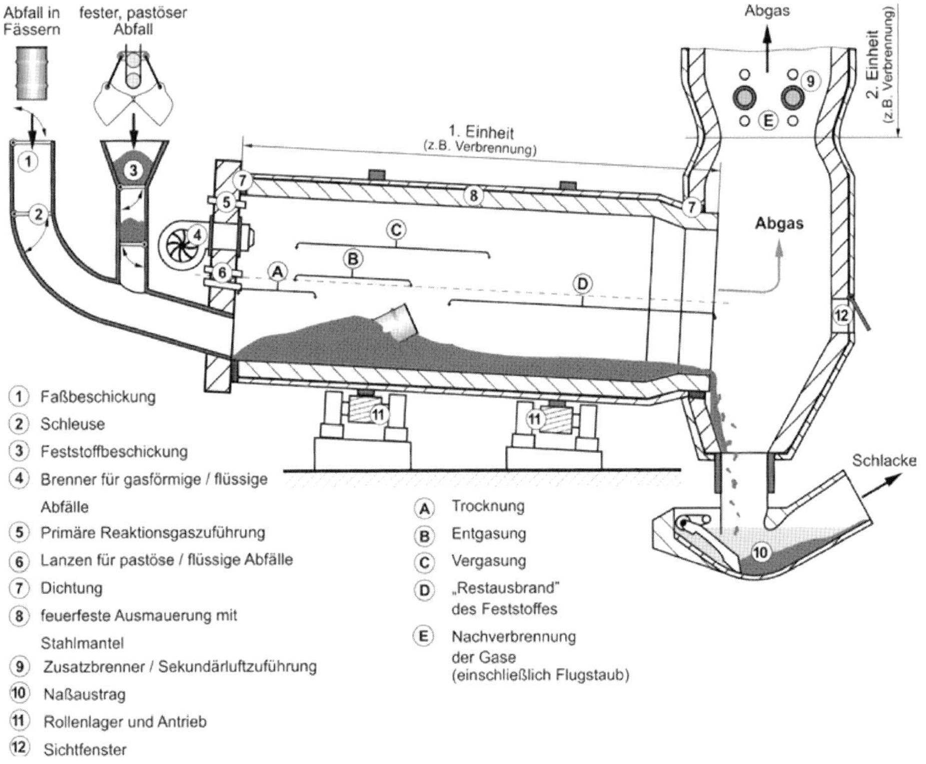

Abb. 33.4 Schematische Darstellung eines Drehrohrofens mit den Reaktionsbereichen

zesses verbleibt eine inerte Schlacke, die je nach Temperaturführung des Drehrohrofens trocken oder schmelzflüssig über einen Nassentschlacker abgezogen wird. Die heißen, z. T. noch unvollständig ausgebrannten Verbrennungsgase gelangen vom Drehrohrofen in die Nachbrennkammer, wo in der anschließenden Nachbrennzone der vollständige Ausbrand der organischen Bestandteile in der Gasphase erfolgt.

Bei der klassischen Drehrohrfeuerung zur thermischen Abfallbehandlung sind die Drehrohre i. d. R. 10–12 m lang und verfügen über einen lichten Innendurchmesser von 3–4 m und werden meist von der Stirnseite des Drehrohrs befeuert.

Die Rohrwandungen und die Stirnwand des Drehrohrofens sind zum Schutz der Stahlkonstruktion und zur Reduzierung von Wärmeverlusten mit feuerfesten Materialien ausgemauert. Diese Feuerfestauskleidungen sind während des Anlagenbetriebs einem starken Verschleiß unterworfen, der sowohl eine Folge der auftretenden mechanische Belastung der Ausmauerung durch harte und stückige Abfälle (z. B. bei Fassaufgabe), der thermischen Beanspruchung durch starke Temperaturschwankungen, der unterschiedlichen Heizwerte und Abfallmengen sowie der chemischen Beanspruchungen in Form von Korrosion durch aggressive Abfallbestandteile wie Chlor oder Fluor sein kann. Die Erzeugung eines sog. Schlackepelzes als eine gleichmäßige, erstarrte Schlackeschicht auf der Feuerfestausmauerung kann diese vor starkem Verschleiß schützen und die Standzeit der Feuerfestausmauerung deutlich verlängern.

33.2.5.3 Wirbelschichtfeuerungen

Der prinzipielle Ansatz der Wirbelschichtverbrennung zeichnet sich dadurch aus, dass sog. Bettmaterial, das sich i. d. R. aus festen Verbrennungsrückständen und Quarzsand zusammensetzt, durch Verbrennungsluftzufuhr über einen Düsenboden in einen fluidisierten Zustand versetzt wird. Innerhalb des so gebildeten Wirbelbetts herrschen homogene Reaktions- und Temperaturbedingungen. Durch die starke Turbulenz erfolgt eine beschleunigte und relativ gleichmäßige Reaktion zwischen den eingebrachten, festen Brennstoffen und der Verbrennungsluft. Durch das über die Verbrennungsreaktion aufgeheizte Bettmaterial erfolgt eine gute Wärmeübertragung und eine Stabilisierung des Temperaturniveaus, was wiederum eine hohe Toleranz gegenüber kurzfristigen Heizwertänderungen des Einsatzmaterials zur Folge hat. Diese Eigenschaften werden insbesondere bei der Verfeuerung niederkalorischer Abfälle wie Klärschlamm genutzt. Die Wärmeübertrager sind den Temperatur- und Strömungsverhältnissen der Wirbelschichtanlagen angepasst, wobei ansonsten herkömmliche Kesselanlagen zur Dampferzeugung und anschließende Strom- oder Fernwärmeerzeugung zur Anwendung kommen. Die nicht brennbaren Bestandteile der Abfälle werden über den Gasweg ausgetragen und in nachfolgenden Filtereinrichtungen, die meist als Zyklone ausgeführt sind, abgeschieden.

Die Wirbelschichtfeuerung bietet die Möglichkeit, durch Zugabe entsprechender Additive primäre Emissionsminderungsmaßnahmen vorzusehen, allerdings ist dabei darauf zu achten, dass sich damit auch die Eigenschaften des Bettmaterials verändern können.

Bauartbedingt wird zwischen der stationären und der zirkulierenden Wirbelschichtfeuerung unterschieden. Bei der stationären Wirbelschichtfeuerung wird das Bettmaterial fluidisiert und dabei nur in Schwebe gehalten. Das Wirbelbett, in dem die Reaktionen zwischen Festbrennstoff und Verbrennungsluft erfolgen, beschränkt sich etwa auf den unteren Bereich des Feuerraums. Bei der zirkulierenden Wirbelschicht erstreckt sich das fluidisierte Wirbelbett über den gesamten Feuerraum. In einem nachgeschalteten Zyklon wird das Bettmaterial wieder in den Feuerraum abgeschieden.

Eine Sonderbauform der stationären Wirbelschicht ist die intern rotierende Wirbelschicht, bei der das von der Höhe stationäre Bett zwei gegenläufig rotierende Wirbel aufweist, um so eine gegenüber der stationären Wirbelschicht noch weiter verbesserte Brenngut- und Wärmeverteilung zu erreichen.

Die Wirbelschichtverbrennungsanlagen eignen sich sowohl für die Verfeuerung biogener Brennstoffe (Waldhackgut, Altholz, Klärschlamm) wie auch für die Verfeuerung von Abfallbrennstoffen (Abfälle aus der Papierindustrie, Ersatzbrennstoffe). Beim Einsatz von nur mechanisch entwässerten Klärschlämmen kann der Klärschlamm bei einem hohen Anteil an brennbarer organischer Substanz und unter Einsatz von Verbrennungsluftvorwärmung auch selbstgängig ohne Zufuhr von weiteren Brennstoffen verbrennen. Häufig muss beim Einsatz von kommunalen Klärschlämmen allerdings Öl oder Gas über Lanzen oder einen vorgeschalteten Brenner als Stützfeuer zugefeuert werden.

33.2.5.4 Sonstige Feuerungen

Bei der Verbrennung von Abfällen dominieren die Feuerungssysteme Rost, Wirbelschicht und Drehrohr, allerdings werden für einige spezielle Abfallarten noch gesonderte Bauformen eingesetzt. Dabei handelt es sich meist um Anlagen zur Monoverbrennung spezieller Abfall-/Brennstofffraktionen. Für teilgetrocknete Schlämme (insbesondere Klär- und Industrieschlämme) werden Etagenöfen und -wirbler eingesetzt. Für die Monoverbrennung von infektiösen Krankenhausabfällen können neben der Mitverbrennung in Sonderabfallverbrennungsanlagen bei kleineren Baugrößen Schwel-/Brennkammern eingesetzt werden, allerdings gibt es in Deutschland dazu keine Anwendungsbeispiele für Anlagen, die direkt an Krankenhäusern oder Kliniken betrieben werden.

33.2.6 Entascher/Entschlacker

Der Entascher lässt sich im prinzipiellen Aufbau als ein langgezogener, wassergefüllter Trog beschreiben, der mit schräg ansteigendem Boden unterhalb des Asche-/Schlackeabwurfs steht und dem Austrag und der Kühlung der im Verbrennungsprozess anfallenden Aschen und Schlacken dient. Er wird häufig auch als Schlackebad bezeichnet und wird bei Drehrohröfen und Rostfeuerungen eingesetzt. Wie aus Abb. 33.3 und 33.4 zu entnehmen ist, dient das anstehende Kühlwasser auch gleichzeitig als Verschluss, der den Feuerraum gegen Luftzutritt von außen absperrt. Die abgekühlte Asche oder Schlacke wird meist von einem getakteten Hydraulikstößel oder einem Kratzband entlang des schrägen Bodens aus dem Entascher gedrückt und abgeworfen. Die bei der Abkühlung der Aschen und Schlacken entstehenden Wasserdampfschwaden werden in den Feuerraum oder Abhitzekessel gesogen.

Neben dem nassen Austrag der Aschen gibt es inzwischen auch technische Lösungen, die anfallenden festen Verbrennungsrückstände auch trocken auszutragen. Hierbei erfolgt die Kühlung der Asche durch Luft, allerdings sind weitere technische Einbauten notwendig, um den Luftabschluss zur Feuerung sicherzustellen und der mit dem trockenen Ascheaustrag verbundenen Staubproblematik beispielweise durch den Einsatz von Zyklonabscheider entgegenzuwirken.

33.2.7 Wärmenutzung und Abgaskühlung

Die bei der thermischen Abfallbehandlung freiwerdende Wärme wird grundsätzlich durch den Betreiber der Anlage oder durch Abgabe an Dritte genutzt. Der Wärmeinhalt der Abgase dient dabei zur Erzeugung von Dampf und dessen Umwandlung zu elektrischem Strom sowie der Erzeugung von Heißwasser. Der Wärmetransport findet über die Wärmetauschflächen der Wandungen und Rohrbündel des Dampf- und Heißwassererzeugers (Kessel) statt. In dem druckdichten System des Kessels erfolgen Umwandlung und Abtransport der Wärmeenergie aus dem Abgas durch Verdampfung des umlaufenden Kesselwassers in den Rohren unter erhöhtem Druck und Ausleitung des Wasserdampfs und von Heißwasser zur weiteren Nutzung.

An die Kesselkonstruktion werden i. d. R. folgende Anforderungen gestellt:

- hohe Betriebssicherheit bei geringem Verschleiß,
- gute Reinigungsmöglichkeiten im Betrieb und bei Revisionen,
- geringe Falschlufteinbrüche (Entaschung, Schauluken),
- sicherer Betrieb bei schwankenden Heizwerten.

Bei der Abfallverbrennung werden als Dampferzeuger vorrangig Naturumlaufsysteme eingesetzt, in Einzelfällen kommen auch Zwangsumlauf- und Zwangsdurchlaufsysteme zur Anwendung. Durch konstruktive Maßnahmen wie einbautenfreie Strahlungszüge (sog. Leerzüge), in denen das Abgas bis unter Erweichungstemperatur der Flugstäube abkühlt, ehe Wärmetauscherflächen eingesetzt werden, soll der Kesselverschmutzung vorgebeugt werden. Die regelmäßige Reinigung der Heizflächen und der ungekühlten Wandbereiche von Ablagerungen und Anbackungen kann dadurch nicht ersetzt werden.

Soweit nicht als Nassdampf unmittelbar abgegeben oder genutzt, wird der Dampf zur sicheren Vermeidung von Kondensation und Tröpfchenbildung in der Turbine in einem weiteren Wärmetauscherpaket im Kessel überhitzt und in einem Turbogenerator zur Erzeugung elektrischen Stroms entspannt. Nach der Turbine wird er zumeist in Luftkühlern kondensiert und als Kesselspeisewasser wieder dem Wasser-Dampf-Kreislauf zugeführt. In der Regel sind Entnahme-Kondensations-Dampfturbinen im Einsatz, bei denen über eine Seitenentnahme Prozessdampf mittlerer Druckstufe ausgeleitet und einer anderweitigen Nutzung zugeführt werden kann (Kraft-Wärme-Kopplung).

33.2.8 Emissionsminderung und Abgasreinigung

Bei der thermischen Abfallbehandlung erfolgt eine Minderung von Emissionen der wichtigsten luftverunreinigenden Stoffe bereits durch die Anpassung der Anlagentechnik und Betriebsweise an die zu behandelnden Abfälle durch die Berücksichtigung von deren Menge und Zusammensetzung sowie durch einen ordnungsgemäßen Bau und Betrieb der Verbrennungsanlagen. Dies gilt sowohl für einen guten Ausbrand der Abgase als auch für eine an die zu erwartenden Rohgasbeladungen angepasste Abgasreinigungstechnik, die in engem Zusammenhang mit den zu behandelnden Abfallarten steht.

33.2.8.1 Minderung partikelförmiger Emissionen

Das Trennprinzip aller Verfahren zur Minderung von Partikeln (Stäuben) beruht darauf, dass durch die Einwirkung äußerer Kräfte eine Relativbewegung induziert wird, die die Partikel von dem Gasstrom trennt. Grundsätzlich unterscheidet man je nach Wirkungsweise die vier in Tab. 33.1 genannten Abscheideprinzipien und die dazu gehörenden Apparate.

Die einfachste und kostengünstigste Form der Staubabscheidung sind Schwerkraftabscheider, in denen durch eine Querschnittserweiterung die Strömungsgeschwindigkeit soweit herabgesetzt wird, dass die schweren und oftmals groben Teilchen entsprechend ihrer Sinkgeschwindigkeit abgeschieden werden können (VDI 3676). Das typische Beispiel für einen Fliehkraftabscheider ist ein Zyklon, dessen Wirkungsweise darauf beruht, dass das partikelhaltige Abgas durch eine geeignete Strömungsführung in eine Drehbewegung versetzt wird und dadurch die Staubpartikel durch die auf sie wirkenden Zentrifugalkräfte radial nach außen auf die Wandungen gedrückt und dort abgeschieden werden.

Im Gegensatz zu den Massen- oder Schwerkraftabscheidern lassen sich mit filternden Abscheidern unabhängig von der Feinheit des Staubs sehr hohe Abscheideleistungen erreichen. Bei filternden Abscheidern wird das zu reinigende Gas durch ein poröses Medium geleitet, in dem die dispergierten Feststoffteilchen aufgrund verschiedener Mechanismen zurückgehalten werden (VDI 3677 Blatt 1). Man unterscheidet bei den filternden Abscheidern zwischen Faserschichtfiltern (Gewebefilter) und Schüttschichtfiltern. Hin-

Tab. 33.1 Verfahrensprinzipien zur Abscheidung von Partikeln und die entsprechenden Apparate

Physikalisches Prinzip	Apparat
Zentrifugal- und Schwerkraft	Zyklon
Filtrierung durch poröse Medien	Gewebefilter
Elektrische Kräfte	Elektrofilter (elektrostatischer Abscheider)
Aufnahme in einer Waschflüssigkeit	Wäscher (Nassabscheider)

ter thermischen Abfallbehandlungsanlagen werden bevorzugt Gewebefilter als Staub- und Sorptionsfilter eingesetzt.

Der Elektrofilter nutzt als Verfahrensprinzip, dass sich Staubpartikel in einem durch eine Sprühelektrode (Draht oder Band) erzeugten starken elektrischen Feld negativ aufladen und dem elektrischen Feld folgend zu der geerdeten sog. Niederschlagselektrode wandern und dort entladen und so abgeschieden werden (VDI 3678 Blatt 1).

Die Wirkungsweise nass arbeitender Abscheider (Nasswäscher) beruht darauf, die im Gasstrom verteilten Partikel mit einer Waschflüssigkeit in Kontakt zu bringen, um sie darin zu binden und das entstehende Staub-Flüssigkeits-Gemisch vom Gas abzutrennen (VDI 3679 Blatt 1). Als Bauformen für Nasswäscher kommen Waschtürme/Füllkörperkolonnen, Venturi-, Rotations-, Strahl- und Wirbelwäscher zum Einsatz.

33.2.8.2 Minderung von Chlorwasserstoff-, Fluorwasserstoff-, Schwefeloxidemissionen

Die Abscheidung gasförmiger Stoffe erfolgt durch Adsorption an einen Feststoff (VDI 3674) oder durch Absorption in einer Flüssigkeit (VDI 3679 Blatt 2). Im Regelfall werden chemische oder physikalische Sorptionsmittel mit dem Abgas in Kontakt gebracht. Je nach Verfahrensführung fallen dann die Umsetzungsprodukte in Form von gelösten oder trockenen Salzen an.

Bei den eingesetzten Verfahren unterscheidet man trockene, konditioniert trockene und nasse Verfahren. Die trockenen und konditioniert trockenen Verfahren bestehen meist aus Reaktionsraum/-strecke einschließlich der Additivzugabe, die gegebenenfalls um eine Konditionierungsstufe ergänzt wird, sowie einem Staubabscheider (E-Filter, Gewebefilter). Nasse Abgasreinigungsverfahren zur Minderung von Chlorwasserstoff-, Fluorwasserstoff- und Schwefeloxidemissionen arbeiten absorptiv mit Wäschern der bereits weiter oben benannten Bauarten.

Der Begriff der quasitrockenen Verfahren wird sehr häufig mit dem sog. Sprühabsorptionsverfahren, in dem Kalkmilch zur Schadgasabscheidung in den Abgasstrom versprüht wird, gleichgesetzt. Da neben dem Sprühabsorptionsverfahren weitere halbtrockene Abgasreinigungsverfahren mit gleichen Abscheidemechanismen existieren, wird im weiteren Verlauf des Texts von konditionierten Trockensorptionsverfahren gesprochen. Im Unterschied zur Abgaswäsche und Sprühsorption finden bei den Trockensorptionsverfahren die chemischen Reaktionen nicht als Gas-Flüssigkeit-Reaktionen, sondern als Gas-Feststoff-Reaktion statt. In letzterem Fall ist die Reaktionsgeschwindigkeit erheblich geringer als bei Gas-Flüssigkeit-Reaktionen, in der sich Ionen bilden können. Als typische Reagenzien bei den Trockensorptionsverfahren kommen Kalkstein ($CaCO_3$), Kalkhydrat ($Ca[OH]_2$) oder Natriumhydrogenkarbonat (Natriumbikarbonat, $NaHCO_3$) zum Einsatz.

33.2.8.3 Minderung der Stickstoffoxidemissionen

Der Einsatz von selektiven katalytischen (SCR) oder selektiven nicht katalytischen (SNCR) Reduktionsverfahren stellt den Stand der Technik bei der Minderung von Stickstoffoxiden in den Abgasen aus Abfallverbrennungsanlagen dar.

Die Anwendung des SNCR-Verfahrens erfolgt i. d. R. direkt oberhalb der Feuerung am Kesselanfang, bei Temperaturen zwischen 850 und 1000 °C. Je nach Feuerungsart und eingesetztem Abfall gibt es ein Temperaturoptimum für die Reaktion, das häufig im Bereich um 950 °C liegt. Die SNCR wird häufig auch in Kombination mit feuerungstechnischen Maßnahmen, wie z. B. der Luftstufung, eingesetzt. Die gängigen Reduktionsmittel sind Ammoniak oder Harnstoff, die im richtigen Temperaturprofil mit Stickstoffmonoxid im Wesentlichen nach den folgenden Reaktionsgleichungen (brutto) ablaufen:

$$4\,NH_3 + 4\,NO + O_2 \rightarrow 4\,N_2 + 6\,H_2O$$

$$(NH_2)2CO + 2\,NO + 1/2\,O_2 \rightarrow 2\,N_2 + CO_2 + 2\,H_2O$$

Die wichtigsten reaktionskinetischen Rahmenbedingungen des SNCR-Verfahrens sind eine optimale Vermischung der Reaktionsmittel mit dem Gasstrom, ein günstiges Temperaturprofil und bei niedrigeren Temperaturen auch eine ausreichende Verweilzeit für den Reaktionsablauf (mindestens 0,5 s).

Das selektiv katalytische (SCR) Verfahren unterscheidet sich vom nicht katalytischen Prozess dadurch, dass die Aktivierungsenergie der Reaktionen durch einen Katalysator herabgesetzt wird und die Reduktionsreaktion daher bei deutlich niedrigeren Temperaturen stattfinden kann. Durch die Entwicklungsarbeiten bei den Katalysatoren konnten in den letzten Jahren die Betriebstemperaturen der Katalysatoren von ursprünglich 300–350 °C in einen Bereich zwischen 180 und 230 °C gesenkt werden. In Abfallverbrennungsanlagen werden beim Einsatz von Standardkatalysatormaterialien wie TiO_2, V_2O_5 und WO_3 Katalysatorstandzeiten von weit über 10.000 h ohne wesentliche Minderung der Aktivität erreicht. Um ein Versalzen der Niedertemperaturkatalysatoren zu verhindern, ist eine regelmäßige Reinigung durch Aufheizen oder Waschen des Katalysators notwendig.

Mit den SNCR-Verfahren können auch bei geringem Ammoniakschlupf von kleiner $5\,mg/m^3$ Emissionswerte unter $150\,mg/m^3$ vor Kamin sicher eingehalten werden. Bei Kombination mit geeigneten feuerungstechnischen Maßnahmen ist eine weitere Reduktion auf Werte unter $100\,mg/m^3$ realistisch.

Beim SCR-Verfahren kann der Katalysator an unterschiedlichen Positionen im Abgaspfad angeordnet werden. Die typische Verschaltung des Katalysators in der Abgasreinigung, die auch bei der überwiegenden Anzahl der Abfallverbrennungsanlagen eingesetzt wird, ist die sog. Tail-end-Schaltung. Bei dieser Form der Platzierung erfolgt bereits vor Eintritt in den Katalysator eine weitgehende Reinigung des Abgases, was den Katalysator vor Verunreinigungen schützt. Ein Nachteil dieser Verschaltung im Low-dust-Bereich ist allerdings der zusätzlich notwendige Energieaufwand, der für die Wiederaufheizung des in den vorherigen Reinigungsstufen abgekühlten Abgases zur Erreichung der optimalen Reaktionstemperatur erforderlich ist. Sofern die notwendige Wärme durch rekuperative und regenerative Abgaswärmeübertrager in das System vor dem Katalysator eingetragen werden kann, muss die für die Reaktion fehlende Wärme mit Erdgasbrennern oder Dampfwärmeübertragern eingebracht werden. Beim Einsatz des Katalysators im energetisch günstigeren High-dust-Bereich setzt man dagegen den Katalysator Verschmutzungen und Katalysatorgiften aus, erspart sich aber die aufwendige Wärmeübertragung.

Wie bereits im Zusammenhang mit der SNCR angesprochen, wurde in den letzten Jahren verstärkt an der baulichen Umsetzung von feuerungstechnischen Maßnahmen zur Minderung von Stickoxiden gearbeitet. Als Maßnahmen kommen beispielsweise die Luftstufung zur Etablierung einer Reduktionszone im Feuerraum, die Abgasrezirkulation zur Temperaturkontrolle und Absenkung des Sauerstoffgehalts oder auch die gezielte Vermischung der Gasphase über dem Rost zur Ausnutzung der intern gebildeten reduzierten Spezies (Ammoniak, Cyanwasserstoff, Kohlenwasserstoffe) für eine In-situ-Reduktion der Stickoxide zum Einsatz.

Als Reaktionsmittel für die Stickstoffoxidminderung werden Harnstoff oder Ammoniak benötigt. Vorteilhaft ist hier die Bereitstellung des für die Reduktion notwendigen Ammoniaks in Form von leichter zu lagerndem Ammoniakwasser, das allerdings aufgrund seiner Fischtoxizität in die Wassergefährdungsklasse 2 eingeordnet ist.

33.2.8.4 Minderung der Emissionen von Kohlenmonoxid und organischem Kohlenstoff

Das Kohlenmonoxid und der organische Kohlenstoff haben als Emissionen auch den Charakter von feuerungsspezifischen Parametern und werden daher vorrangig über die Feuerungsführung beeinflusst. Niedrige Konzentrationen an Kohlenmonoxid und organischen Kohlenstoffverbindungen werden daher durch einen optimalen Ausbrand der Abgase aus der thermischen Umwandlung der Abfälle in der Feuerung und Nachverbrennungskammer erreicht. Eine weitere spezifische Nachbehandlung findet bei der Abfallverbrennung i. d. R. nicht statt.

Bei der Verbrennung von Siedlungsabfällen in der Rostfeuerung haben neben baulichen und feuerungstechnischen Parametern, wie Verbrennungsluftzufuhr und Feuerraumgeometrie, die Sekundärluftzuführung sowie die Gasdurchmischung einen wesentlichen Einfluss auf die Minderung von Kohlenmonoxid, aber auch die Feuchte des Abfalls und die Schütthöhe auf dem Rost sind zu beachten. Bei Verbrennung von gefährlichen Abfällen in Sonderabfallverbrennungsanlagen können kurzfristige Heizwertspitzen bei der Verbrennung von Gebinden durch eine Sauerstoffzehrung sog. Kohlenmonoxidspitzen zur Folge haben.

33.2.8.5 Minderung der Emissionen von organischen Spurenstoffen

Im Zusammenhang mit der Emission von organischen Spurenstoffen und deren Minderung ist zu beachten, dass viele dieser Verbindungen bereits im Abfallbrennstoff enthalten sind oder während des Feststoffabbrands in der pyrolytischen Phase des Prozesses als polychlorierte Biphenyle (PCB), Chlorbenzole, Chlorphenole und polychlorierte Dibenzo-p-dioxine (PCDD) und Dibenzofurane (PCDF) gebildet werden, bevor sie bei hohen Temperaturen (> 800 °C) und Verweilzeiten um zwei Sekunden während des Abgasausbrands praktisch bereits vollständig zerstört werden.

Bei der in den Wärmeübertragern stattfindenden Abkühlung des Abgases können diese chlorierten organischen Verbindungen über metallkatalysierte (Kupfer, Eisen) Chlorierungsreaktionen aus partikulärem Kohlenstoff in chloridhaltigen Flugascheablagerungen im Temperaturbereich von 200–500 °C neu gebildet werden. Dieser als De-novo-Synthese bekannte Mechanismus ist für die PCDD/F-Bildung in Abfallverbrennungsanlagen wesentlich und findet auch in den Elektrofiltern statt.

Durch intensive Forschung- und Entwicklungsvorhaben sind die wesentlichen Bildungsmechanismen von PCDD/PCDF in Abfallverbrennungsanlagen geklärt. Aus der Kenntnis der Bildungsmechanismen ergeben sich auch die nachfolgend beschriebenen Sachverhalte und die damit verbundenen Minderungsmaßnahmen.

Als Primärmaßnahmen zur Minderung der PCDD/F-Emission haben sich ein effizienter Ausbrand des Abgases, insbesondere mit niedrigen Konzentrationen an organisch gebundenem Gesamtkohlenstoff (TOC) in Ascheablagerungen auf dem Abgaspfad bewährt. Weiterhin ist auf eine Reduzierung von Flugascheablagerungen im Temperaturbereich 200–500 °C (effiziente Kesselreinigung) zu achten.

Als Sekundärmaßnahmen zur Minderung der PCDD/F-Emission dienen die Abscheidung der an kohlenstoffhaltige Flugaschen adsorbierten PCDD/F mit Elektro- und Gewebefiltern unter Berücksichtigung und Vermeidung einer katalytischen Neubildung (De-novo-Synthese) bei Filtertemperaturen möglichst unter 200 °C und der katalytische Abbau an SCR-Katalysatoren zur Stickoxidminderung durch katalytische Oxidation auch von gasförmig vorliegenden PCDD/F, wobei eine Abhängigkeit von der aktiven Katalysatorfläche existiert. Weitere Sekundärmaßnahmen sind die katalytische Filtration als eine Kombination eines mikroporösen Membranfilters zur Staubabscheidung mit einem Filterstützgewebe, das mit einem Katalysatormaterial dotiert ist, die Abscheidung nach Adsorption an feindisperser Aktivkohle oder Herdofenkoks, die in das Abgas eingedüst und homogen verteilt werden (Flugstromverfahren) sowie die Adsorption an Festbettschüttungen aus Aktivkohle oder Herdofenkoks (Festbettadsorber) am Ende der Abgasreinigung zur Abscheidung von gasförmigen PCDD/F (sog. Polizeifilter).

Zusammenfassend lässt sich festhalten, dass Abfallverbrennungsanlagen nach dem Stand der Technik i. d. R. über den Abgaspfad und den Pfad der Reststoffe (Rostasche, Stäube aus Dampferzeuger und Entstauber sowie Reststoffe aus der Abgasreinigung) in Summe eine geringere Fracht an PCDD/F emittieren als über den Abfall in die Anlagen gelangt.

33.2.8.6 Minderung der Emissionen von Schwermetallen

Die Schwermetalle, die im Abgas von thermischen Abfallbehandlungsanlagen enthalten sind, haben mit Ausnahme von Quecksilber eine hohe Bindung an die Partikel und können daher über deren Abscheidung sowie in Verbindung mit den bereits beschriebenen Verfahren der trockenen bzw. konditionierten Trockensorption oder durch Abgaswäsche aus dem Abgas entfernt werden. Die Emission der schwer flüchtigen Metalle Chrom, Kobalt, Nickel und Kupfer wird daher durch eine hohe Abscheideeffizienz von Elektro- oder Gewebefilter gemindert. Metalle mit einer höheren Flüchtigkeit sind Cadmium, Arsen und

Blei. Diese Schwermetalle verdampfen bei der Verbrennung zunächst teilweise und kondensieren anschließend bei der Abkühlung des Abgases auf Partikeln. Daher ist hier nicht nur die Partikelabscheideeffizienz, sondern auch die entsprechende Temperatur im Abgas entscheidend für die effektive Emissionsminderung.

Quecksilber ist das einzige Schwermetall, das bei der Verbrennung vollständig verdampft und anschließend nur teilweise auf Partikeln kondensiert. Gasförmig vorliegendes Quecksilber kann durch Adsorption bzw. Chemisorption an Feststoffen oder durch Absorption in einem Nasswäscher aus dem Abgas entfernt werden. Hierbei ist zu beachten, dass Quecksilber in Abgasen in elementarer und oxidierter Form vorliegt. Die oxidierte Form, in Abgasen von thermischen Abfallbehandlungsanlagen überwiegend Quecksilberchlorid ($HgCl_2$), lässt sich generell leichter abscheiden als die elementare Form. Für die Abscheidung von elementarem und oxidiertem Quecksilber eignen sich besonders dotierte Aktivkohlen oder -kokse. Da elementares Quecksilber in Wasser nur eine sehr geringe Löslichkeit aufweist, kann mit Nasswaschverfahren praktisch nur die oxidierte, wasserlösliche Form abgeschieden werden. Der Anteil von oxidiertem Quecksilber im Abgas kann durch gezielte Mitverbrennung halogenhaltiger Substanzen erhöht werden. In der Abgaswäsche kann durch Zugabe eines Oxidationsmittels wie Wasserstoffperoxid oder Natriumhypochlorit die Überführung der elementaren in die oxidierte Quecksilberform erfolgen. Um Rücklösungen in das Abgas zu verhindern, ist die Quecksilberkomplexierung daher eine zwingende Maßnahme, um das Quecksilber im Wäscher zu binden. Eine weitere Möglichkeit ist die Fällung des gelösten Quecksilbers durch Chemikalien wie Sulfid oder Komplexbildnern.

Beim Einsatz des Flugstromverfahrens führt die Reststoffrezirkulation zur besseren Emissionsminderung, da die dem Prozess angebotene Adsorptionsmenge erhöht wird. Durch die größere Verweilzeit bei gleichzeitiger Anwesenheit von Schwefeloxiden ist von einer gewissen Schwefeleigendotierung der kohlenstoffhaltigen Adsorbenzien auszugehen. Muss auf stark erhöhte Quecksilberemissionen in der Spitze reagiert werden, ist eine Dosierung und Vorhaltung von schwefelimprägnierter Aktivkohle/-koks als Sicherheitsmaßnahme möglich. Dies setzt i. d. R. aber den Einsatz einer kontinuierlichen Quecksilbermessung im Rohgas voraus.

33.2.9 Ableitung der Abgase

Ein ungestörter Abtransport der Abgase mit der freien Luftströmung und eine ausreichende Verdünnung der enthaltenen Emissionsparameter sind ein wesentlicher Teil des sicheren Betriebs einer Abfallverbrennungsanlage. Die entsprechend dafür benötigten Schornsteinhöhen sind nach den Anforderungen und Verfahren der Technischen Anleitung Luft (TA Luft) in der jeweils gültigen Fassung zu ermitteln. Die näheren Bestimmungen werden auf der Grundlage eines Schornsteinhöhengutachtens in der Genehmigung festgelegt. Die Abgase werden durch das Saugzuggebläse über den Schornstein in die Atmosphäre abgeleitet. Das Saugzuggebläse ist üblicherweise soweit wie möglich am Ende der Verfahrenskette angeordnet, um alle Komponenten, die Emissionen erzeugen, im Unterdruck betreiben zu können und einen unerwünschten Austritt von Abgas bei Leckagen zu verhindern.

Bei nasser Abgasreinigung werden entsprechende Materialanforderungen an die nassen Abgaskanäle, das Gebläse und den Schornsteinzug gestellt. In der Regel sind dann die Abgase noch so feucht, dass sie als deutlich sichtbare Wasserdampffahne an der Kaminspitze austreten.

33.2.10 Feste prozessspezifische Abfälle aus der thermischen Abfallbehandlung

Bei der Verbrennung von Abfällen fallen neben gasförmigen und partikelförmigen Emissionen folgende feste und flüssige Rückstände an:

- Asche/Schlacke aus dem Feuerraum,
- Asche/Stäube aus dem Kessel und der Abgasreinigung,
- Abwässer,
- Reaktionsprodukte und beladene Adsorbenzien aus der Abgasreinigung,
- verbrauchte Katalysatormasse,
- sonstige Rückstände.

Die Menge und Zusammensetzung der Rückstände hängen sehr stark von der Art und Zusammensetzung der verbrannten Abfälle ab. Als weitere Einflussfaktoren sind die technischen Maßnahmen zur Abgasreinigung, der Effizienzgrad der Emissionsminderung und die damit verbundenen Rückständen zu nennen.

Flüssige Rückstände wie Betriebswässer sollten innerbetrieblich zu Brauchwasser aufbereitet werden. Andere betriebsspezifische Abfälle wie Asche/Schlacke, ausgelesener Eisen- und Nichteisenschrott, Salze aus der Abwasserbehandlung der Abgasreinigung können unter Einhaltung vorgegebener Qualitätskriterien einer Verwertung zugeführt werden.

Grundsätzlich ist die Entstehung von Rückständen aus thermischen Abfallbehandlungsanlagen nicht vermeidbar, da diese mit dem Ziel des Verfahrens hinsichtlich der thermischen Zerstörung aller organischen Abfallbestandteile und Inertisierung der nicht brennbaren Abfallbestandteile verbunden ist.

33.2.10.1 Feste prozessspezifische Abfälle aus der Feuerung

Feste Rückstände aus den Feuerräumen der verschiedenen Verbrennungsprozesse treten bei Temperaturen oberhalb des Erweichungspunkts als Schlacke, sonst als Asche auf. Allgemeinsprachlich werden sie generell als Schlacke bezeichnet. Bei der Verbrennung von Siedlungsabfällen fällt die Asche/Schlacke sowohl am Ende des Rosts als Rostabwurf als auch als Rostdurchfall an. Der Anteil der Asche/Schlacke bezogen auf eine

Tonne verbrannten Abfall liegt im langjährigen Mittel zwischen 200 und 350 kg pro Tonne verbranntem Abfall. Neben einer möglichst geringen Eluierbarkeit der enthaltenen mineralischen Verbindungen ist der Anteil an unverbrannten organischen Bestandteilen möglichst gering zu halten, weil er ein Maß für die angestrebte Zerstörung der organischen Inhaltsstoffe und damit der Güte des Verbrennungsprozesses darstellt. Der organische Anteil in den Aschen/Schlacken aus thermischen Abfallbehandlungsanlagen darf 3 % an TOC oder einen Glühverlust (GV) von 5 % des Trockengewichts nicht überschreiten. Zu beachten ist dabei, dass die Aschen und Schlacken aus Abfallverbrennungsanlagen neben Metallen und Mineralien auch elementaren Kohlenstoff enthalten können.

Die Stäube fallen bei der Abfallverbrennung in den Kesselzügen und in Entstaubungsanlagen an. Sie sind von der Schlacke/Asche aus den Feuerräumen getrennt abzuziehen. Bei einigen Sonderabfallverbrennungsanlagen werden Kesselaschen in den Drehrohrofen zurückgeführt, um sie dort in die Schlacke einzubinden, wobei zu beachten ist, dass die enthaltenen flüchtigen Schwermetallverbindungen wieder verdampfen. Daher wird dann eine Bypass-Lösung im Bereich der Abgasreinigung notwendig, um keine Schwermetallkreislauf aufzufahren.

Die Rückstände aus dem Wärmeübertrager und den Entstaubungsanlagen (Filterstäube) können wegen ihrer Gehalte an löslichen Salzen, mobilisierbaren Schwermetallen und polyhalogenierten aromatischen Kohlenwasserstoffen ohne vorherige Behandlung i. d. R. nur in Untertagedeponien im Salzgestein abgelagert werden. Bei der Verwertung im Bergversatz werden Stäube mit oder ohne Zuschlagstoffe verarbeitet und in dafür zugelassene Salzbergwerke eingebracht.

33.2.10.2 Feste prozessspezifische Abfälle als Reaktionsprodukte und beladene Adsorbenzien aus der Abgasreinigung

Chemische Reaktionsprodukte fallen sowohl bei nassen, quasitrockenen als auch trockenen Abgasreinigungsverfahren an. Die unterschiedlichen Verfahrenskombinationen für die Abgasreinigungsanlagen führen zu unterschiedlichen Mengen und Zusammensetzungen dieser anlagenspezifischen Abfälle.

Der Ablauf von Nasswäschern muss, sofern er nicht durch Sprühtrocknung dem Verbrennungsprozess wieder zugeführt wird, nachbehandelt werden. Dabei werden schwerlösliche Salze mechanisch abgetrennt, wobei auch Schwermetalle durch geeignete chemische Reagenzien in schwerlösliche Verbindungen überführt werden. Als typische Reaktionsprodukte entstehen dabei

- Absetzschlämme aus dem Wäscherkreislauf,
- Schlämme aus der Schwermetallfällung.

Charakteristisch für die Absetzschlämme, die bei Kalkmilchwäschen anfallen, ist deren hoher Anteil an Gips. Aufgrund mangelnder Absatzmöglichkeit an die Gipsindustrie oder nicht ausreichender Qualität kommt meist nur eine Verwertung im bereits angesprochenen

Bergversatz oder als Deponieersatzbaustoff infrage. Kommen beide Optionen nicht zur Anwendung, hat die ordnungsgemäße Ablagerung auf einer Deponie zu erfolgen.

Dies gilt i. d. R. auch für die Schlämme aus der Schwermetallfällung. Möglichkeiten, einzelne Fraktionen gezielt hinsichtlich ihrer Metallgehalte aufzubereiten, werden untersucht und sind von der Marktfähigkeit der entstehenden Produkte und den Kosten des Verfahrens abhängig.

Literatur

Sachverständigengutachten für das Bundesministerium für Umwelt, Naturschutz, Bau und Reaktorsicherheit (2017) Projektnummer 29217 „Sachstand zu den alternativen Verfahren für die thermische Entsorgung von Abfällen“. Schlussbericht. Veröffentlich März 2017

VDI 3460 Blatt 1 (2014) Emissionsminderung – Thermische Abfallbehandlung – Grundlagen. Februar 2014

VDI 3674 (2013) Abgasreinigung durch Adsorption – Prozessgas und Abgasreinigung. 2013-04

VDI 3676 (2011) Massenkraftabscheider. 2011-09

VDI 3677 Blatt 1 (2016) Filternde Abscheider – Oberflächenfilter. 2016-09

VDI 3678 Blatt 1 (2017) Elekrofilter – Prozessgas- und Abgasreinigung. 2017-02

VDI 3679 Blatt 1 (2014) Nassabscheider – Grundlagen, Abgasreinigung von partikelförmigen Stoffen. 2014-07

Mitverbrennung von Sekundärbrennstoffen 34

Sabine Flamme und Sigrid Hams

34.1 Einleitung

Auf europäischer Ebene wird unter festen Sekundärbrennstoffen ein breites Spektrum an für die energetische Verwertung bereitgestellten Fraktionen verstanden, die aus nicht gefährlichen Abfällen hergestellt werden. Dieses reicht dabei von produktionsspezifischen oder gewerblichen Abfällen über Siedlungsabfall bis hin zu Bau- und Abbruchabfall oder auch Altholz (DIN 2012).

Auch auf nationaler Ebene werden Brennstoffe, die aus festen, heizwertreichen, nicht gefährlichen Abfällen hergestellt werden, als Sekundärbrennstoffe (SBS) bezeichnet.

Insgesamt hat sich die Mitverbrennung von Sekundärbrennstoffen in Industriefeuerungsanlagen und Zementwerken als feste Säule einer modernen Kreislaufwirtschaft etabliert, da hier heizwertreiche Stoffe als emissionsarme Energieträger hochwertig verwertet werden können. Durch die Einsparung von Primärbrennstoffen, die Rückgewinnung von Eisen- und Nichteisenmetallen sowie – im Fall der Mitverbrennung in Zementwerken – die stoffliche Verwertung des mineralischen Anteils kann so zum Klima- und Ressourcenschutz beigetragen werden. So wurden allein in der deutschen Zementindustrie im Jahr 2014 durch den Einsatz geeigneter Sekundärbrennstoffe fossile brennstoffspezifische Kohlendioxid(CO_2)-Emissionen von etwa 1,5 Mio. Megagramm (Mg) sowie etwa 2 Mio. Mg Steinkohleeinheiten an fossilen Primärenergieträgern eingespart (Oerter 2017a).

In der Zeit von 2000 bis 2011 hat sich der Sekundärbrennstoffeinsatz z. B. in der Zementindustrie nahezu vervierfacht (Oerter 2012) und ist in den darauffolgenden Jahren auf einem konstant hohen Niveau geblieben. In Kohlekraftwerken ist der Einsatz an Sekundärbrennstoffen auf einem gleichbleibenden, im Vergleich zur Zementindustrie niedrigeren

S. Flamme (✉) · S. Hams
FH Münster – Univ. of Applied Sciences
Münster, Deutschland

P. Kurth et al. (Hrsg.), *Praxishandbuch der Kreislauf- und Rohstoffwirtschaft*,
https://doi.org/10.1007/978-3-658-17045-5_34

Niveau, da der Einsatz an Sekundärbrennstoffen hier von der Feuerungstechnik und dem veränderten Einsatzregime für Kohlekraftwerke abhängt (Thiel 2011).

Im Folgenden werden zunächst die rechtlichen Rahmenbedingungen der Mitverbrennung sowie die Definition von Ersatzbrennstoffen zur genauen Abgrenzung der Sekundärbrennstoffe in Deutschland dargestellt. Anschließend wird die Herstellung von Sekundärbrennstoffen ebenso erläutert wie aktuell verwertete Mengen und das Vorgehen bei der Gütesicherung nach RAL-GZ 724.

34.2 Rechtliche Rahmenbedingungen der Mitverbrennung

Das Kreislaufwirtschaftsgesetz (KrWG; Bundesregierung 2016a) gibt für die einzelnen Maßnahmen der Abfallvermeidung und -bewirtschaftung eine Abfallhierarchie vor (§ 6 Abs. 1 KrWG):

1. Vermeidung;
2. Vorbereitung zur Wiederverwendung;
3. Recycling;
4. sonstige Verwertung, insbesondere energetische Verwertung und Verfüllung;
5. Beseitigung.

Ausgehend von dieser Rangfolge hat diejenige Maßnahme Vorrang, die den Schutz von Mensch und Umwelt bei der Erzeugung und Bewirtschaftung von Abfällen unter Berücksichtigung des Vorsorge- und Nachhaltigkeitsprinzips am besten gewährleistet (§ 6 Abs. 2 KrWG). Dabei sind insbesondere nachfolgende Kriterien zu berücksichtigen:

- zu erwartende Emissionen;
- Maß der Schonung der natürlichen Ressourcen;
- einzusetzende und/oder zu gewinnende Energie;
- Anreicherung von Schadstoffen in Erzeugnissen, in Abfällen zur Verwertung oder in daraus gewonnenen Erzeugnissen.

Die Verbrennung und die Mitverbrennung von Abfällen ist in der 17. Verordnung zur Durchführung des Bundes-Immissionsschutzgesetzes (17. BImSchV) geregelt. Neben den Bedingungen für die Mitverbrennung von Abfällen (§ 7 17. BImSchV) sind hier auch Emissionsgrenzwerte für Abfallmitverbrennungsanlagen geregelt (§ 9 17. BImSchV; Bundesregierung, 2013).

34.3 Ersatzbrennstoffe für die Mitverbrennung

34.3.1 Einteilung der Ersatzbrennstoffe

Nach DIN EN 15359 können für die Herstellung von festen Sekundärbrennstoffen nicht gefährliche Abfälle eingesetzt werden, wobei produktionsspezifischer Abfall, Siedlungsabfall, industrieller Abfall, gewerblicher Abfall, Bau- und Abbruchabfall, Altholz etc. als Input infrage kommen (DIN 2012). Selbst Brennstoff aus Klärschlamm ist im Anwendungsbereich dieser Norm enthalten. Feste Sekundärbrennstoffe sind hiernach eine heterogene Gruppe von Brennstoffen, die einer Spezifikation und Klassifikation bedürfen. Zur Klassifikation der Brennstoffe werden ausgewählte Brennstoffkenngrößen genutzt, die beim Handel sowie zur Information von Genehmigungsbehörden und anderen interessierten Parteien zu verwenden sind. In der aktuellen Fassung der DIN EN 15359 sind dieses die Parameter Heizwert, Chlor und Quecksilber. Für die Spezifikation, d. h. die Dokumentation der Eigenschaften, die einen Sekundärbrennstoff charakterisieren, sind darüber hinaus weitere physikalische und chemische Eigenschaften zu dokumentieren (u. a. Asche-, Wasser-, Schwermetallgehalte; DIN 2012).

Auf nationaler Ebene wird unter dem Begriff „Ersatzbrennstoffe“ ein breites Spektrum verschiedener Brennstoffe, hergestellt aus nicht gefährlichen Siedlungs- und Produktions-

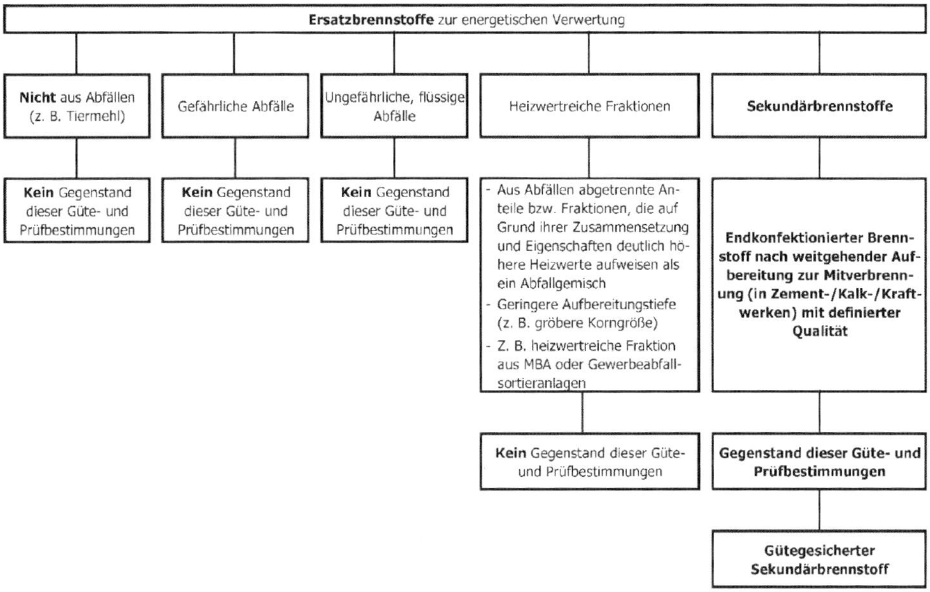

Abb. 34.1 Einteilung der Ersatzbrennstoffe nach RAL-GZ 724. *MBA* Mechanisch-biologische Abfallbehandlungsanlage. (RAL 2012)

abfällen, zusammengefasst. Nach RAL-Gütezeichen Sekundärbrennstoffe (RAL-GZ 724) wird dieser Ersatzbrennstoff unterteilt in

- heizwertreiche Fraktionen (HWFR) für die Monoverbrennung (in Ersatzbrennstoffkraftwerken) und
- Sekundärbrennstoffe (für die Mitverbrennung in Zement- oder Kraftwerken).

Gütegesicherte Sekundärbrennstoffe werden mit der Markenbezeichnung SBS® gekennzeichnet (Abb. 34.1).

Heizwertreiche Fraktionen werden aus Hausmüll- und/oder gewerbeabfallstämmigen Stoffströmen hergestellt und sind durch eine geringere Aufbereitungstiefe, größere Korngrößen und geringere Heizwerte charakterisiert (Tab. 34.1). Da sie in der Monoverbrennung eingesetzt werden, sind sie nicht Gegenstand der weiteren Ausführungen.

Im Folgenden werden ausschließlich Sekundärbrennstoffe für die Mitverbrennung betrachtet, d. h. endkonfektionierte Brennstoffe aus produktionsspezifischen Abfällen bzw. aus heizwertreichen Fraktionen von Siedlungsabfällen nach weitergehender Aufbereitung mit einer definierten Qualität (RAL 2012). Sie werden durch umfassende Aufbereitungsprozesse hergestellt und sind gekennzeichnet durch geringere Korngrößen (maximal 50 mm) sowie höhere Heizwerte (Tab. 34.1).

Tab. 34.1 Definition Ersatzbrennstoffe

	Sekundärbrennstoffe	Heizwertreiche Fraktionen
Abbildung		
Ausgangsmaterial	Heizwertreiche Fraktionen des Siedlungsabfalls oder produktionsspezifische Abfälle	Hausmüll- und/oder gewerbeabfallstämmige Stoffströme
Aufbereitungstiefe	Hoch	Gering
Korngröße	< 30 mm	> 80–500 mm
Heizwertband	Überwiegend > 20 MJ/kg Feststoff	11–15 MJ/kg Feststoff
Verwertung	Mitverbrennung (Zement-, Kraft- oder auch Kalkwerke)	Monoverbrennung (Ersatzbrennstoffkraftwerke)

Nach RAL (2012) werden die Einsatzstoffe zur Herstellung von Sekundärbrennstoffen in fünf verschiedene Gruppen unterteilt:

- Gruppe 1: Holz, Papier, Pappe, Kartonagen
- Gruppe 2: Textilien, Fasern
- Gruppe 3: Kunststoffe
- Gruppe 4: Sonstige Abfälle
- Gruppe 5: Hochkalorische Fraktionen aus gemischt erfassten Siedlungsabfällen

Eine hochwertige und schadlose Verwertung von Sekundärbrennstoffen kann dabei durch Gütesicherung sichergestellt werden (vgl. Abschn. 34.4).

34.3.2 Herstellung von Sekundärbrennstoffen

Bei der Mitverbrennung ersetzen Sekundärbrennstoffe direkt Primärbrennstoffe in einem Produktionsprozess. Aus diesem Grund müssen sie Anforderungen an die physikalische und chemische Beschaffenheit einhalten, dazu zählen

- geringe Schwermetallgehalte,
- gleichbleibender Heizwert,
- niedriger Chlorgehalt,
- definierte Korngröße,
- definierte Schüttdichte,
- geringe Störstoffanteile.

Aus diesen Anforderungen ergeben sich Produktionsschritte zur Herstellung von Sekundärbrennstoff, abhängig davon, ob eher sortenreine produktionsspezifische Abfälle oder Abfallgemische (z. B. heizwertreiche Fraktionen von Siedlungs- und Gewerbeabfällen oder Sortierreste) eingesetzt werden. Im Folgenden sind diese schematisch dargestellt (Abb. 34.2).

- Annahme und Inputkontrolle: In der Regel ist der erste Schritt des Herstellungsprozesses eine Inputkontrolle. Der Anlagenbetreiber dokumentiert für die Inputströme beispielsweise den Abfallschlüssel und die jeweils angelieferte Menge. Darüber hinaus können auch die Dokumentation von spezifischen Herkunftsinformationen sowie chemisch-physikalische Kenngrößen Gegenstand der Inputkontrolle sein.
- Konditionierung und Aufschluss: Vor der Aufgabe des Materials erfolgt die Abtrennung von groben Störstoffen. Das Material wird anschließend zerkleinert und i. d. R. durch eine erste Siebstufe klassiert. Dieser Schritt entfrachtet den Stoffstrom z. B. von Feinmaterial mit einem hohen Mineralikanteil.

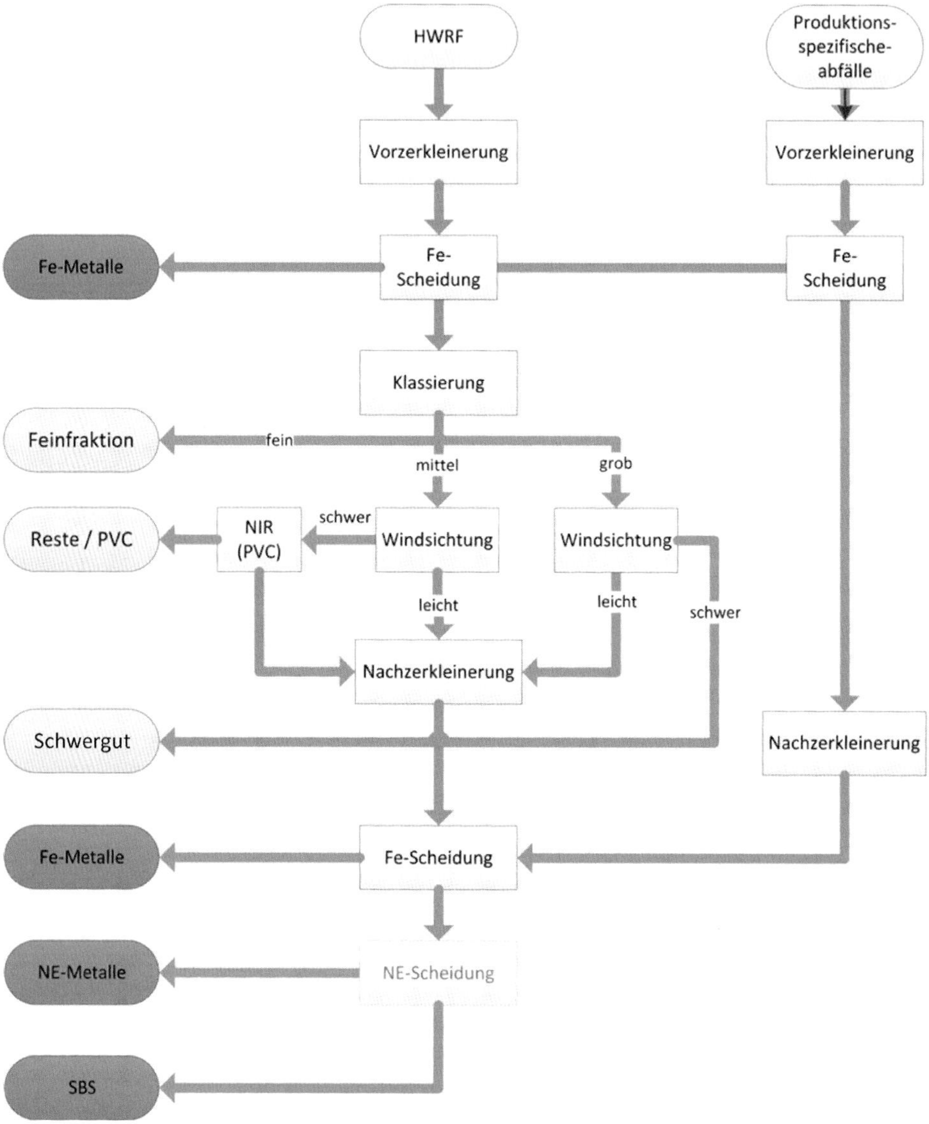

Abb. 34.2 Beispiel für ein Produktionsschema zur Herstellung von Sekundärbrennstoffen. *HWRF* Heizwertreiche Fraktion; *NIR* Nahinfrarottechnologie; *SBS* Sekundärbrennstoffe. (Eigene Darstellung)

- Sortierung: Durch spezielle Sortiertechnologien werden die heizwertreichen Bestandteile in einem Stoffstrom angereichert, um einen definierten Energiegehalt im Brennstoff zu erzielen. Gleichzeitig werden schadstoffhaltige Bestandteile abgetrennt, um eine schadlose Verwertung zu gewährleisten. Durch den Einsatz von Magnet- und Wirbelstromscheidern werden Eisen- und Nichteisenmetalle abgetrennt. Zusätzliche Klassierstufen, wie beispielsweise die Windsichtung, trennen Schwer- und Leichtgut voneinander. Eine Aufteilung in flächige und körperförmige Materialien kann durch weitere Trennaggregate, wie dem ballistischen Separator erfolgen. Optische Sortiertechniken (z. B. Nahinfrarottechnologie) ermöglichen – je nach Sortierziel – eine gezielte Entnahme von sog. Zielfraktionen (Positivsortierung) oder von Störstoffen (z. B. Polyvinylchlorid [PVC], Negativsortierung). Mit der PVC-Abtrennung wird der Chlorgehalt im Stoffstrom reduziert. Aussortierte Stoffe, darunter Mineralik, Metalle und die verbleibende Restfraktion, wie z. B. Schwergut, werden einer stofflichen Verwertung oder sonstigen thermischen Behandlung (Ersatzbrennstoffkraftwerk oder Müllverbrennungsanlage) zugeführt.
- Konfektionierung: Der letzte Schritt im Produktionsprozess besteht i. d. R. aus einer weiteren Zerkleinerungsstufe, um die geforderte Korngröße für den Verwertungsprozess zu erreichen. Darüber hinaus kann der Brennstoff gegebenenfalls pelletiert oder anpelletiert werden. Dies geschieht in einigen Produktionsanlagen zur Optimierung des Transports des Sekundärbrennstoffs bzw. ist für einzelne Verwertungswege für die Brennstoffaufgabe erforderlich.

34.3.3 Entwicklung der Sekundärbrennstoffmengen in der Mitverbrennung

Sekundärbrennstoffe werden im Wesentlichen in der Kalk-, Kraftwerks- und Zementindustrie zur Mitverbrennung eingesetzt. Dabei liegt die insgesamt eingesetzte Sekundärbrennstoffmenge in den letzten Jahren mit um die 3 Mio. Mg pro Jahr auf einem konstant hohen Niveau, insgesamt mit steigender Tendenz (Abb. 34.3).

Die Anteile der eingesetzten Sekundärbrennstoffmenge je Verwertungsweg variiert dabei nur geringfügig (Abb. 34.4). Der Einsatz von Sekundärbrennstoffen in der Kalkindustrie spielt mit Anteilen von maximal einem Prozent in den letzten Jahren nahezu keine Rolle mehr. Im Jahr 2015 betrug die hier zur Mitverbrennung eingesetzte Sekundärbrennstoffmenge lediglich etwa 600 Mg (BDK 2017).

Die Kraftwerksindustrie hat in den letzten Jahren mit etwa 0,8 Mio. Mg pro Jahr einen Anteil von etwa 30 % an der insgesamt in der Mitverbrennung eingesetzten Menge an Sekundärbrennstoffen. Dabei wird mit etwa 0,6 Mio. Mg pro Jahr der überwiegende Anteil in Braunkohlekraftwerken verwertet (Glorius 2014; Glorius 2016; Kappa 2016).

Mit Anteilen von 70 bis 73 % ist die Zementindustrie der Hauptabnehmer von Sekundärbrennstoffen. Dies ist darauf zurückzuführen, dass bei dem sehr energieintensiven Prozess des Zementklinkerbrennens neben den fossilen Brennstoffen in hohem Maß

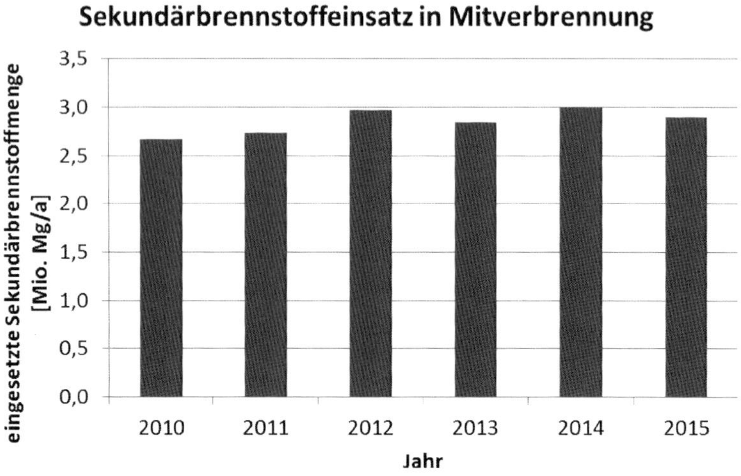

Abb. 34.3 Entwicklung der in der Mitverbrennung eingesetzten Sekundärbrennstoffmengen. (Nach VDZ 2010–2014; Glorius 2014; Glorius 2016; BDK 2017)

alternative Brennstoffe eingesetzt werden. So sind die Substitutionsraten in der Zementindustrie vom Jahr 2000 bis zum Jahr 2015 von etwa 25 % auf über 64 % angestiegen (Abb. 34.5; Oerter 2015; Oerter 2017a).

Neben alternativen Brennstoffen wie Tiermehl oder Altreifen werden hier mit einem Anteil von etwa 80 % an der substituierten Energie überwiegend aufbereitete Fraktionen von Industrie-, Gewerbe- und Siedlungsabfällen eingesetzt (Oerter 2017a). Bei den Zementwerksbetreibern besteht das Interesse, den Sekundärbrennstoffeinsatz auf eine Sub-

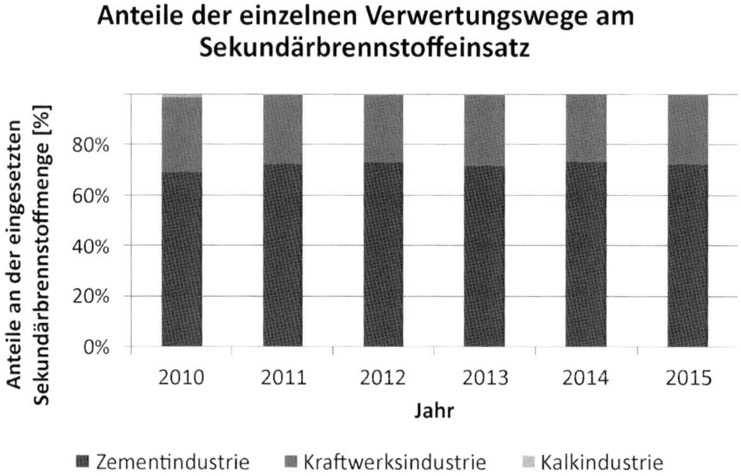

Abb. 34.4 Anteile der Verwertungswege der eingesetzten Sekundärbrennstoffmengen. (Nach VDZ 2010–2014; VDZ 2016)

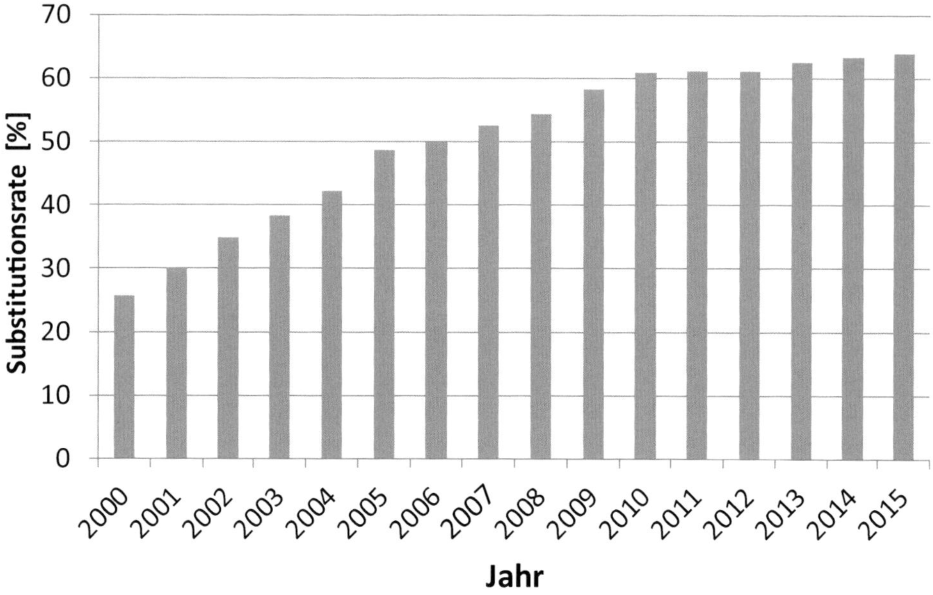

Abb. 34.5 Entwicklung des Sekundärbrennstoffeinsatzes in der deutschen Zementindustrie. (Angepasst nach Oerter 2015, 2017a)

stitutionsrate von bis zu 100 % auszuweiten, da der Klinkerbrennprozess vollständig mit alternativen Brennstoffen betrieben werden kann (Oerter 2015).

Ein entsprechender Anstieg der Substitutionsrate ist nur mit einem auf die Verbrennungstechnik abgestimmten Brennstoff von konstant hoher Qualität zu realisieren. Hierbei hat der Brennstoff Anforderungen an die physikalische bzw. chemische Beschaffenheit sowie an die Begrenzung von Störstoffen zu erfüllen. Auch die Anforderungen, die sich aus der europäischen Industrieemissionsrichtlinie (Europäische Union 2010) und den zugehörigen BVT-Schussfolgerungen an die Mitverbrennung von Sekundärbrennstoffen ergeben, erfordern entsprechende Maßnahmen. Beispielhaft seien hier die Schlussfolgerungen der besten verfügbaren Technik (BVT) für die Zement-, Kalk- und Magnesiumoxidindustrie (Europäische Union 2013) genannt, nach denen eingesetzte Abfälle mithilfe eines Qualitätssicherungssystems auf eine konstante Qualität, physikalische Eigenschaften (Emissionsverhalten, Korngrößenverteilung Heizwert etc.) sowie chemische Eigenschaften (z. B. Chlor, Schwefel, relevante Metalle) zu prüfen sind.

34.4 Qualitätssicherung für Sekundärbrennstoffe

Eine etablierte Qualitätssicherung in Deutschland ist die Gütesicherung der Gütegemeinschaft Sekundärbrennstoffe und Recyclingholz e. V. (BGS e. V.) mit dem RAL-Gütezeichen 724. Sie umfasst eine regelmäßige Probenahme und eine analytische

Abb. 34.6 RAL-Gütezeichen 724 Sekundärbrennstoffe. (BGS e. V. 2016)

Überwachung bei der Herstellung des Sekundärbrennstoffs durch eine Eigen- und Fremdüberwachung, die einer kontinuierlichen Prozesskontrolle gleichkommt. Darüber hinaus gewährleisten festgelegte Schwermetallrichtwerte einen hochwertigen und für Mensch und Umwelt schadlosen Einsatz dieser Brennstoffe als Ersatz für Primärbrennstoffe. Sekundärbrennstoffe können mit diesem Gütezeichen (Abb. 34.6) geführt werden, wenn sie den Anforderungen der Allgemeinen und besonderen Güte- und Prüfbestimmungen für Sekundärbrennstoffe (RAL 2012) genügen und dieses regelmäßig in den Produktionsanlagen nachgewiesen wird. Sie werden dann mit der Markenbezeichnung SBS® gekennzeichnet.

Sekundärbrennstoffhersteller müssen für den Erhalt des Gütezeichens bestimmte Qualitätsanforderungen gewährleisten. Die Abb. 34.7 zeigt die Vorgehensweise bei der Qualitätssicherung nach RAL-GZ 724. In den entsprechenden Güte- und Prüfbestimmungen ist ein detailliertes Qualitätssicherungssystem für die Herstellung von Sekundärbrennstoffen festgelegt, das auf einer Eigenüberwachung durch die Hersteller und auf einer Fremdüberwachung durch unabhängige Gutachter und Prüflabore beruht. Maßgeblich ist, dass die Inputmaterialien den Abfallarten in Anlage 1 der Güte- und Prüfbestimmungen (vgl. auch Abschn. 34.3.1) entsprechen und dass die in Tab. 34.2 aufgeführten Richtwerte von Schwermetallgehalten in den aufbereiteten Brennstoffen eingehalten werden. Die Vorgehensweise für die Probenahme, Probenvorbereitung, Analytik und Bewertung im Rahmen der Gütesicherung ist ebenfalls im Detail festgelegt (BGS e. V. 2012).

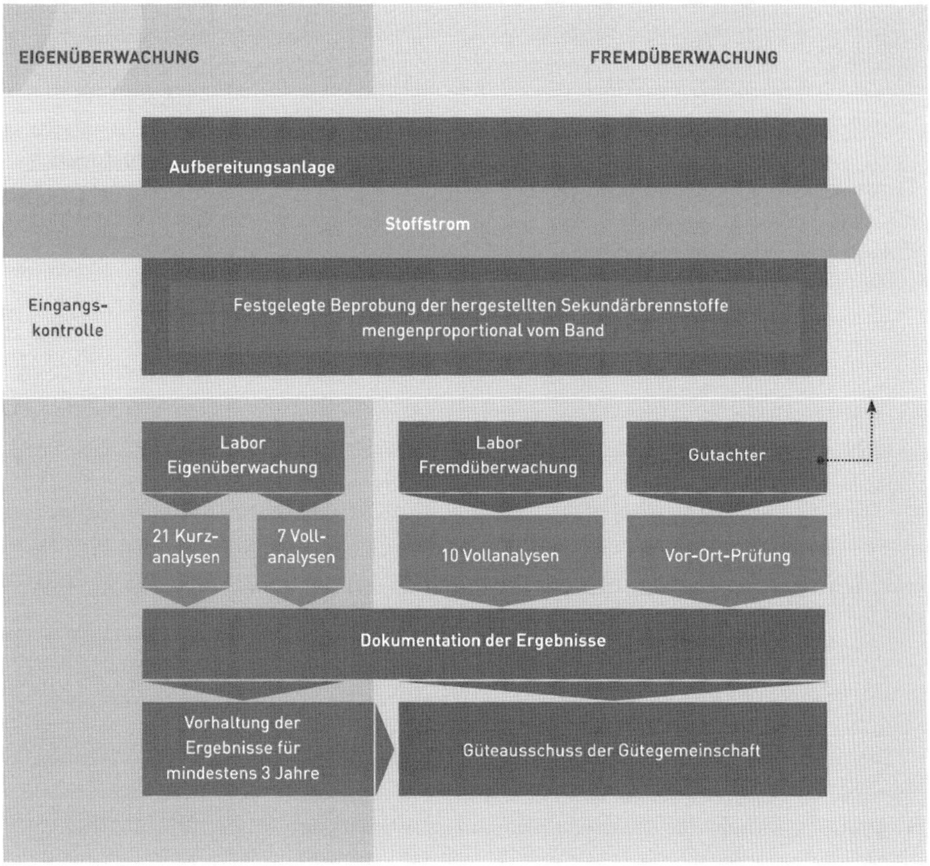

Abb. 34.7 Qualitätssicherung nach RAL-GZ 724 für Sekundärbrennstoffe. (BGS e. V. 2016)

Die Parameter Heizwert, Wassergehalt, Asche- und Chlorgehalt müssen im Rahmen der Gütesicherung ebenfalls analysiert und dokumentiert werden. Für diese Parameter sind keine spezifischen Richtwerte festgelegt, da es sich um verfahrensspezifische Parameter handelt, die vom Verwertungsweg abhängen und bilateral zwischen den Vertragspartnern festgelegt werden. Darüber hinaus ist auch der Kupfergehalt zu analysieren und zu dokumentieren.

► **Praxishinweis** Typische Heizwerte sind z. B. 20 MJ/kg für den Einsatz in der Zementindustrie, > 25 MJ/kg in Kalkwerken und Steinkohlekraftwerken sowie 13–16 MJ/kg für den Einsatz in Braunkohlekraftwerken.

Die Bewertung der Sekundärbrennstoffe findet nicht anhand von Einzelergebnissen statt, sondern auf Grundlage von mindestens zehn Analysewerten und den statistischen

Tab. 34.2 Richtwerte des RAL-GZ 724. (RAL 2012)

Parameter	Einheit	Schwermetallgehalte	
		Medianwerte	80.-Perzentil-Werte
Cadmium	mg/MJ	0,25	0,56
Quecksilber	mg/MJ	0,038	0,075
Thallium	mg/MJ	0,063	0,13
Arsen	mg/MJ	0,31	0,81
Kobalt	mg/MJ	0,38	0,75
Nickel	mg/MJ	5	10
Antimon	mg/MJ	3,1	7,5
Blei	mg/MJ	12	25
Chrom	mg/MJ	7,8	16
Mangan	mg/MJ	16	31
Vanadium	mg/MJ	0,63	1,6
Zinn	mg/MJ	1,9	4,4

Größen Median und 80. Perzentil (bestimmt mit der Vier-von-fünf-Regel). Beide Bewertungsgrößen sind verteilungsunabhängig und robust gegenüber Ausreißern.

Die wachsende Bedeutung der Gütesicherung spiegelt sich in den Mengen der gütegesicherten Sekundärbrennstoffe (SBS®) wider, die sich von 2014 bis Ende 2017 nahezu verdoppeln (Abb. 34.8) werden.

Dieser Anstieg ist v. a. auf die Nachfrage nach qualitätsgesicherten Sekundärbrennstoffen zurückzuführen. Die Führung des Gütezeichens liefert den belegbaren Nachweis einer hohen Brennstoffqualität, der in Genehmigungs- sowie Vertragsfragen und als Bestandteil im Abrechnungsprozess wird.

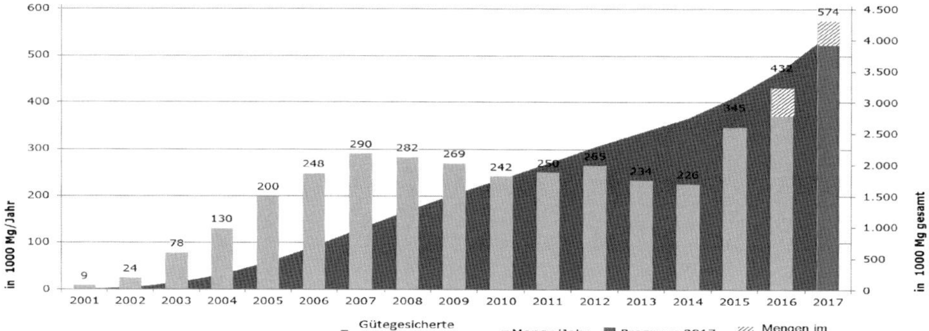

Abb. 34.8 Entwicklung der gütegesicherten Brennstoffmengen. (BGS e. V. 2016, aktualisiert)

34.5 Klima- und Ressourcenschutz durch Mitverbrennung von Sekundärbrennstoffen

Durch den in Sekundärbrennstoffen enthaltenen biogenen Anteil trägt ihr Einsatz in industriellen Feuerungsanlagen zum Klimaschutz bei, da CO_2-Emissionen aus nachwachsenden Rohstoffen als CO_2-neutral eingestuft sind und somit bei der Bilanzierung des Treibhauseffekts nicht angerechnet werden. In der energieeffizienten Sekundärbrennstoffnutzung mit einem hohen Anteil an biogenem Kohlenstoff (zwischen 20 und 75 %) liegt somit ein wichtiger Beitrag zur globalen CO_2-Minderung. Dabei sind die spezifischen CO_2-Kennzahlen, d. h. die CO_2-Einsparung je Masse an eingesetztem Sekundärbrennstoff, u. a. abhängig von den eingesetzten Inputmaterialien, den Aufwendungen für die Aufbereitung und dem Verwertungsweg. Durch die qualifizierte Herstellung von Sekundärbrennstoffen und anschließender Mitverbrennung sind, je nach Randbedingungen, CO_2-Einsparpotenziale im Bereich von 350 bis 1000 kg CO_2-Äquivalente/Mg zu erzielen.

Allein im Bereich der deutschen Zementindustrie wurden im Jahr 2014 durch den Einsatz geeigneter Sekundärbrennstoffe fossile brennstoffspezifische CO_2-Emissionen von etwa 1,5 Mio. Mg vermieden. Gleichzeitig wurden etwa 2 Mio. Mg Steinkohleeinheiten an fossilen Primärenergieträgern eingespart. Zudem werden die Sekundärbrennstoffe bei der Zementherstellung praktisch vollständig verwertet. Reststoffe fallen nicht an, da die mineralischen Bestandteile der Aschen (im Wesentlichen Kalzium, Magnesium, Silizium und Eisen) direkte Bestandteile des Zementklinkers sind. Die somit parallel stattfindende stoffliche Verwertung der mineralischen Anteile der Brennstoffe führt zu einer Einsparung an Primärrohstoffen. Darüber hinaus können allein durch das in den Brennstoffaschen enthaltene Kalzium und Magnesium weitere prozessspezifische CO_2-Emissionen der deutschen Zementwerke von mehr als 100.000 Mg pro Jahr eingespart werden (Oerter 2017b).

34.6 Perspektiven der Mitverbrennung von Sekundärbrennstoffen

Nachfolgende Aspekte können sich zukünftig auf die Entwicklung der Mitverbrennung von Sekundärbrennstoffen auswirken.

- Standardisierung auf internationaler Ebene (ISO): Auf nationaler und europäischer Ebene haben in den letzten Jahren im Bereich der Sekundärbrennstoffe zahlreiche Aktivitäten zur Standardisierung stattgefunden. So wurde sowohl das Verständnis von Sekundärbrennstoffen als auch die zugehörige Untersuchungsmethode vereinheitlicht. Aktuell wird diese Standardisierung auf ISO-Ebene fortgeführt.
- Entwicklungen bei den derzeitigen Abnehmern: Die geplante Beendigung der Kohleverstromung und die Neuausrichtung des Stromsystems werden sich zwangsläufig auch auf die Mitverbrennung in Kohlekraftwerken auswirken. Auf Grundlage des verabschiedeten Gesetzes zur Weiterentwicklung des Strommarkts (Bundesregierung 2016b) sowie der Regelung zur Kapazitätsreserve für Versorgungssicherheit und Klimaschutz

werden von 2016 bis 2019 Braunkohlekraftwerksanlagen mit insgesamt 2,7 GW Nettokapazität für jeweils vier Jahre in eine Sicherheitsbereitschaft, sog. Kapazitätsreserve, überführt. Die jeweiligen Kohlekraftwerke kommen dann nur noch zum Einsatz, wenn trotz freier Preisbildung an der Strombörse kein ausreichendes Angebot existiert, um die Nachfrage zu bedienen. Nach Ablauf dieser vier Jahre in der Sicherheitsbereitschaft sollen die Kohlekraftwerke der Kapazitätsreserve dann endgültig stillgelegt werden. Aufgrund dieser voraussichtlichen schrittweisen Stilllegung von Kraftwerksreserven ist langfristig eine Verringerung bzw. Beendigung der Mitverbrennung in Kohlekraftwerken zu erwarten, sodass für die hier eingesetzten Mengen alternative Verwertungswege zu entwickeln sind. Neben einer gegebenenfalls möglichen vermehrten stofflichen Verwertung von Fraktionen aus dem Industrie-, Gewerbe- und Siedlungsabfall kann auch ein vermehrter Einsatz von Sekundärbrennstoffen in Zementwerken zu einem entsprechenden Ausgleich führen. So werden der hohe Energiebedarf und die hohen Investitionen in Rauchgasreinigungstechnologien zur Senkung der Staub- und Stickoxidemissionen in den letzten Jahren in der Zementindustrie dazu führen, dass der Einsatz an Sekundärbrennstoffen weiter steigen wird. Insgesamt ist dieser Anstieg begrenzt, da ein Ausbau an Kapazitäten nicht zu erwarten ist. Bei den Zementwerksbetreibern besteht das Interesse, den Sekundärbrennstoffeinsatz auf eine Substitutionsrate von bis zu 100 % auszuweiten. Bereits ein Anstieg der durchschnittlichen Substitutionsrate auf 80 % entspräche einer zusätzlichen Sekundärbrennstoffmenge von etwa 1 Mio. Mg an aufbereitetem Material (H_u 20 MJ/kg; Oerter 2015).

- Neue Techniken der Sekundärbrennstoffverwertung: Während sich der Einsatz von Sekundärbrennstoffen als Stand der Technik etabliert hat, sind weitere Techniken zur Verwertung von Ersatzbrennstoffen, wie die Verflüssigung oder die Vergasung im Wesentlichen noch im Versuchs- und Demonstrationsstadium. Ein Beispiel für die Verflüssigung ist die sog. katalytische tribochemische Konversion, in der grundsätzlich auch qualitätsgesicherter Sekundärbrennstoff eingesetzt werden könnte. Ob und wann diese Techniken aber zum Stand der Technik zählen werden, ist zum jetzigen Zeitpunkt noch nicht absehbar.
- Entwicklung der Abfallmengen: Mit dem Kreislaufwirtschaftspaket der Europäischen Union und dem zugehörigen EU-Aktionsplan für die Kreislaufwirtschaft (Europäische Union 2015) sollen Produktkreisläufe zukünftig durch vermehrtes Recycling und Wiederverwendung sowie eine entsprechende Abfallbewirtschaftung geschlossen werden. Hierzu wurden u. a. ambitionierte Recyclingquoten für Haushaltsabfälle (65 %) und Verpackungen (75 %) festgelegt (Europäische Union 2016). Eine hierdurch zu erwartende erhöhte Wertstofferfassung und ein daraus resultierendes verändertes Abfallaufkommen werden sich voraussichtlich auch auf die Sekundärbrennstoffbranche auswirken. Es ist aber darauf hinzuweisen, dass hohe Recyclingquoten und ein hochwertigen Recycling nur zu erreichen sind, wenn die stofflich zu verwertenden Fraktionen auch weitestgehend sortenrein vorliegen. Diese notwendige Sortenreinheit setzt weitergehende und tiefere Aufbereitungsschritte voraus, die wiederum zu einem erhöhten Anfall von nicht stofflich verwertbaren Sortierresten führen werden. Im Sinn

der Abfallhierarchie sind diese einer möglichst hochwertigen energetischen Verwertung – wie sie die Mitverbrennung darstellt – zuzuführen. Auch heute schon werden Sortierreste zu großen Teilen in der Sekundärbrennstoffproduktion eingesetzt.

- Neue Stoffströme: Neben den für die Mitverbrennung etablierten Stoffströmen ist langfristig zu erwarten, dass bislang noch nicht oder erst zukünftig vermehrt anfallende Abfallstoffströme eingesetzt werden. Die Mitverbrennung ist z. B. auch für Abfälle, die langlebige Schadstoffe (POP) enthalten,[1] geeignet, da organische Schadstoffe z. B. im Klinkerbrennprozess sicher zerstört werden.
  Hier sind z. B. Hexabromcyclododecanhaltige Abfälle[2] aus dem Baubereich oder auch Abfallströme aus faserverstärkten Kunststoffen zu nennen. Diese Abfälle fallen heute erst in geringen Mengen an, durch den vermehrten Rücklauf werden die Mengenströme aber entsprechend ansteigen (Faulstich et al. 2016). Der Einsatz dieser Materialien zur Mitverbrennung in der Zementindustrie ist zurzeit Gegenstand aktueller Forschungsaktivitäten.

34.7 Zusammenfassung

Die Mitverbrennung von Sekundärbrennstoffen in industriellen Feuerungsanlagen hat sich als fester Bestandteil einer modernen Kreislaufwirtschaft etabliert, da die hier eingesetzten Stoffe als emissionsarmer Energieträger hochwertig verwertet werden.

Voraussetzung ist, dass die Sekundärbrennstoffe die Anforderungen der Verwertungsprozesse an die physikalische und chemische Beschaffenheit sicher einhalten. Sekundärbrennstoffe, die u. a. durch geringe Korngrößen (< 50 mm) sowie hohe Heizwerte gekennzeichnet sind, werden aus geeigneten nicht gefährlichen Abfällen durch weitergehende Aufbereitung hergestellt, wobei die in der Mitverbrennung eingesetzten Mengen in den letzten Jahren auf einem konstant hohen Niveau von um die 3 Mio. Mg pro Jahr lagen.

Neben einer hochwertigen und schadlosen Verwertung trägt die Mitverbrennung von Sekundärbrennstoffen auch zum Klima- und Ressourcenschutz bei. So wurden allein im Jahr 2014 nur durch den Einsatz von Sekundärbrennstoffen in der deutschen Zementindustrie etwa 1,5 Mio. Mg CO_2 sowie etwa 2,0 Mio. Mg Steinkohleeinheiten an fossilen Primärenergieträgern eingespart (Oerter 2017b).

[1] Langlebige Schadstoffe („persistent organic pollutants“), die sich in Umwelt, Mensch und Tier anreichern und gekennzeichnet sind durch ihr Potenzial für den weiträumigen Transport. Auf Grundlage des sog. Stockholmer Übereinkommens sind POP-haltige Abfälle so zu entsorgen, „dass die darin enthaltenen persistenten organischen Schadstoffe zerstört oder unumkehrbar umgewandelt werden. Sind eine Zerstörung oder unumkehrbare Umwandlung nicht die unter Umweltgesichtspunkten vorzuziehende Möglichkeit, so sind die Abfälle auf andere Weise umweltgerecht zu entsorgen.“ (UBA 2016).

[2] Seit 2016 unter der internationalen Stockholm-Konvention als persistenter organischer Schadstoff (POP) identifiziert, z. B. als Flammschutzmittel für Dämmstoffe aus Polystyrol.

Die Mitverbrennung von Sekundärbrennstoffen wird auch zukünftig und unter den zu erwartenden Änderungen der Rahmenbedingungen (wie z. B. Erhöhung der Recyclingquote, Ausstieg aus der Kohleverstromung) eine Rolle für eine hochwertige Verwertung von Abfallfraktionen spielen, da bei einem hochwertigen Recycling höhere Mengen an Sortierresten anfallen, die einer hochwertigen energetischen Verwertung bedürfen. Darüber hinaus sind neue Abfallströme zu erwarten, für die die Mitverbrennung ebenfalls ein sinnvoller Entsorgungsweg sein kann.

Da eine hochwertige energetische Verwertung durch den Nachweis einer gleichbleibenden und verlässlich guten Qualität (z. B. nach RAL-GZ 724) erleichtert wird, ist neben einem Anstieg der insgesamt eingesetzten Sekundärbrennstoffmengen auch ein weiterer Anstieg an qualitätsgesicherten Sekundärbrennstoffen zu rechnen – auch vor dem Hintergrund, dass die in Zementwerken eingesetzten Sekundärbrennstoffmengen aufgrund der steigenden Substitutionsraten zukünftig gegebenenfalls weiter ansteigen werden. Darüber hinaus könnten sich durch die Weiterentwicklung von Techniken, die sich derzeit noch im Entwicklungs- und Demonstrationsstadium befinden, weitere Absatzwege eröffnen.

Literatur

BDK (2015) Persönliche Mitteilung des Bundesverbandes der deutschen Kalkindustrie e. V. vom 10. Februar 2015

BDK (2017) Persönliche Mitteilung des Bundesverbandes der deutschen Kalkindustrie e. V. vom 23. Januar 2017

BGS e. V. (2012): Probenahme-, Probenaufbereitungs- und Analysenvorschriften. Für Sekundärbrennstoffe im Rahmen des RAL-Gütezeichens 724 „Sekundärbrennstoffe" und RAL-Gütezeichen 727 „Bestimmung des biogenen Anteils in Sekundärbrennstoffen gemäß RAL-GZ 724 und anderen festen Ersatzbrennstoffen", Stand Oktober 2012

BGS e. V. (2016) Sekundärbrennstoffe im Zeichen höchster Qualität. RAL-Gütezeichen 724. Broschüre der Gütegemeinschaft Sekundärbrennstoffe und Recyclingholz

Bundesregierung (2013) Siebzehnte Verordnung zur Durchführung des Bundes-Immissionsschutzgesetzes (Verordnung über die Verbrennung und die Mitverbrennung von Abfällen – 17. BImSchV) vom 2. Mai 2013 (BGBl. I, S. 1021, 1044, 3754)

Bundesregierung (2016a) Gesetz zur Förderung der Kreislaufwirtschaft und Sicherung der umweltverträglichen Bewirtschaftung von Abfällen (Kreislaufwirtschaftsgesetz – KrWG) vom 24. Februar 2012 (BGBl. I, S. 212), das zuletzt durch Art. 4 des Gesetzes vom 4. April 2016 (BGBl. I, S. 569) geändert worden ist

Bundesregierung (2016b) Gesetz zur Weiterentwicklung des Strommarktes (Strommarktgesetz) vom 26. Juli 2016. BGBl. Jahrgang 2016, Teil I Nr. 37, Bonn, 29. Juli 2016

DIN (2012) DIN EN 15359. Feste Sekundärbrennstoffe – Spezifikationen und Klassen; Deutsche Fassung EN 15359:2012-01, Normenausschuss Materialprüfung (NMP) im DIN, Beuth Verlag, 2012

Europäische Union (2010) Richtlinie 2010/75/EU des Europäischen Parlaments und des Rates vom 17. Dezember 2010 über Industrieemissionen (integrierte Vermeidung und Verminderung der Umweltverschmutzung), ABl. EG L 334, S 17–119

Europäische Union (2013) Durchführungsbeschluss der Kommission vom 26. März 2013 über Schlussfolgerung zu den besten verfügbaren Techniken (BVT) gemäß der Richtlinie 2010/75/EU des Europäischen Parlaments und des Rats über Industrieemissionen in Bezug auf die Herstellung von Zement, Kalk und Magnesiumoxid. Bekanntgabe unter Aktenzeichen C(2013) 1728, (2013/163/EU). ABl. EG L 100 vom 09.04.2013, S 1–45

Europäische Union (2015) Mitteilung der Kommission an das Europäische Parlament, den Rat, den Europäischen Wirtschafts- und Sozialausschuss und den Ausschuss der Regionen: Den Kreislauf schließen – Ein Aktionsplan der EU für die Kreislaufwirtschaft. COM(2015) 614 final, Brüssel 02.12.2015. https://ec.europa.eu/transparency/regdoc/rep/1/2015/DE/1-2015-614-DE-F1-1.PDF. Zugegriffen: 10. März 2017

Europäische Union (2016) Review of Waste Policy and Legislation. http://ec.europa.eu/environment/waste/target_review.htm. Zugegriffen: 10. März 2017

Faulstich M, Vodegel S, Fedianina E, Franke M, Degener P, Aigner J, Reh K (2016) Umweltschutzgerechte Verwertung nicht etablierter Stoffströme in Abfallverbrennungsanlagen. UBA-Texte 18/2015; Projektnr. 43834, UBA-FB 002257. Umweltbundesamt (Hrsg.), Dessau-Roßlau, Februar 2016

Glorius T (2014) Persönliche Mitteilung Dr. Glorius, 15. Mai 2014

Glorius T (2016) Persönliche Mitteilung Dr. Glorius, 28. Oktober 2016

Kappa S (2016) Persönliche Mitteilung Herr Kappa, 25. Oktober 2016

Oerter M (2017b) Persönliche Mitteilung Dr. Oerter, 19. März 2017

Oerter M (2012) Umsetzung der IED in der Zementindustrie. Fachlicher Teil der Mitgliederversammlung des BGS e. V., Münster 15. November 2012

Oerter M (2015) Status quo und weitere Verwertungspotenziale in der Zementindustrie. Fachlicher Teil der Mitgliederversammlung des BGS e. V., Münster, 19. November 2015

Oerter M (2017a) Hochwertige Verwertung von Abfällen – Der Beitrag der Zementindustrie zu einer modernen Kreislaufwirtschaft. In: Flamme et al. (2017) 15. Münsteraner Abfallwirtschaftstage. Münsteraner Schriften zur Abfallwirtschaft Band 17, IWARU, Münster, ISBN 978-3-9811142-6-3, 1. Aufl., Februar 2017

RAL (2012) RAL-Gütezeichen Sekundärbrennstoffe. Gütesicherung RAL-GZ 724. Herausgeber: Deutsches Institut für Gütesicherung und Kennzeichnung e. V. RAL, Ausgabe Januar 2012

Thiel S (2011) Trends der Mitverbrennung. Der Emissionshandel und die Entwicklung der Brennstoffpreise beeinflussen den Einsatz von Ersatzbrennstoffen in Kohlekraftwerken. In: ReSource 2/2011, Abfall, Rohstoff, Energie, Fachzeitschrift für nachhaltiges Wirtschaften. S 40–49, Rhombos-Verlag, Mai 2011

UBA (2016): Stockholm Konvention. https://www.umweltbundesamt.de/themen/chemikalien/chemikalien-management/stockholm-konvention. Zugegriffen: 17. März 2017

VDZ (2010–2014) Umweltdaten der deutschen Zementindustrie 2009 bis 2013. Verein deutscher Zementwerke e. V. (Hrsg.), https://www.vdz-online.de/publikationen/umweltdaten/. Zugegriffen am 15. Juli 2015

VDZ (2016) Umweltdaten der deutschen Zementindustrie 2015. Verein Deutscher Zementwerke e. V. (Hrsg.), https://www.vdz-online.de/publikationen/umweltdaten/. Zugegriffen am 23. Januar 2017

Verbrennungsrückstände 35

Peter Quicker

35.1 Einführung

Gegenstand dieses Kapitels sind die Rückstände aus Müllverbrennungsanlagen (MVA) für Siedlungsabfälle[1], ihre Beschaffenheit sowie Optionen zur Behandlung und insbesondere Verwertung. Der Fokus liegt dabei auf den Rostaschen[2] und den daraus abtrennbaren Metallen sowie der verbleibenden Mineralik als massestärkster Fraktion. Aber auch die Flugaschen/-stäube sowie die Rauchgasreinigungsprodukte sind Rückstände des Verbrennungsverfahrens. Daher werden auch diese Stoffströme und hierbei besonders die Möglichkeiten zur Wertstoffrückgewinnung betrachtet.

► **Praxishinweis** Eine optimierte und hochwertige Rückgewinnung von Wertstoffen im Rahmen der Abfallverbrennung, insbesondere im Bereich der Mineralikverwertung (z. B. durch Waschverfahren) und Abgasreinigung (z. B. durch Gips, Salzsäure), ist i. d. R. mit höheren Kosten verbunden. Vor der Umsetzung solcher Ansätze ist daher sorgfältig zu prüfen, ob ein Markt und die notwendige Akzeptanz für die erzeugten Produkte vorhanden sind. Im Idealfall sollten langfristige Verträge abgeschlossen werden.

[1] Die Ausführungen sind auch auf Ersatzbrennstoffkraftwerke mit Rostfeuerung übertragbar, da diese technologisch im Wesentlichen mit MVA identisch sind.

[2] Nach VDI 3460 können die aus dem Feuerraum ausgetragenen Feststoffe entweder als Asche oder Schlacke bezeichnet werden, da die Rückstände teilgesintert sind und somit beide Charakteristika aufweisen (VDI 2014a).

P. Quicker (✉)
RWTH Aachen
Aachen, Deutschland

P. Kurth et al. (Hrsg.), *Praxishandbuch der Kreislauf- und Rohstoffwirtschaft*,
https://doi.org/10.1007/978-3-658-17045-5_35

35.2 Abfallverbrennung

Der grundlegende Aufbau von Siedlungsabfallverbrennungsanlagen ist relativ einheitlich, wobei die größten Unterschiede in der Konfiguration der Abgasreinigung liegen. Abb. 35.1 zeigt beispielhaft die Struktur einer MVA mit Rostfeuerung, nasser Abgasreinigung, Aktivkohlefestbett (Polizeifilter) und Katalysator zur selektiven katalytischen Reduktion (SCR, von Stickoxiden): Die Abfälle – vorwiegend Hausmüll, hausmüllähnliche Gewerbeabfälle, (vorzerkleinerter) Sperrmüll, aber auch Klärschlämme, Sortierreste und Ersatzbrennstoffe aus anderen Abfallbehandlungsanlagen, bestimmte Sonderabfälle, Krankenhausabfälle u. v. m. – werden über Straße oder Schiene angeliefert und in den Tiefbunker der Verbrennungsanlage entladen. Dort wird der Abfall mit einem Greiferkran gemischt, um einen möglichst homogenen Brennstoff zu erzeugen, und mit diesem über einen Trichter der Rostfeuerung zugeführt. Dort verbrennt der organische Anteil des Abfalls bei Temperaturen von etwa 1000 °C, die verbleibenden anorganischen Bestandteile (Mineralik und Metalle mit geringen Mengen Unverbranntem) fallen am Rostende in den Entschlacker. Hier erfolgt die schnelle Abkühlung, meist im Wasserbad. Das entstehende Rauchgas wird durch Wärmeentzug im Kessel abgekühlt und erreicht die Rauchgasreinigung mit einer Temperatur von etwa 180 bis 230 °C. In dieser werden die enthaltenen

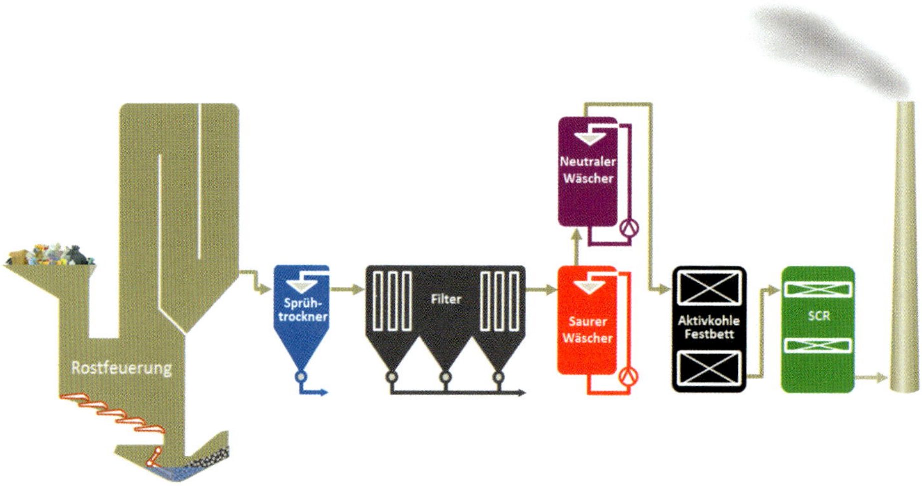

Abb. 35.1 Schema einer typischen Abfallverbrennungsanlage mit nasser Abgasreinigung, Eindampfung der Waschwässer im Sprühtrockner zum abwasserfreien Betrieb, Aktivkohlefestbett als Polizeifilter und Katalysator zur selektiven katalytischen Reduktion (*SCR*) der Stickoxide. (Grafik Peter Quicker)

Tab. 35.1 Hauptkomponenten in den Rückständen von Siedlungsabfallverbrennungsanlagen. (Konfiguration Abgasreinigung: Staubabscheider, Nasswäsche, Abwasserneutralisation mit Kalkmilch, Abwassereindampfung; Angaben in Massen-%; VDI 2014a)

Komponente	Rostasche (Schlacke)	Kesselasche und Rauchgasreinigungsrückstand	Reaktionsprodukt aus der Abwassereindampfung
Al_2O_3	5,7–8,1	5,1–18,0	2,1–3,1
CaO	8,7–21,3	6,5–30,0	29,4–46,0
Fe_2O_3	3,0–14,2	1,6–6,5	1,1–1,3
SiO_2	45,7–60,1	12,5–54,7	5,0–5,1
Chloride	0,2–0,3	6,5–8,2	17,0–32,0 (26–50 % $CaCl_2$)
Sulfate	0,1–2,7	2,0–4,0	4,3–15,0 (18–64 % $CaSO_4$)

Schadstoffe, also Staubpartikel, Sauergase[3], Stickoxide[4], gasförmige Schwermetalle (insbesondere Quecksilber bzw. dessen Salze) sowie organische Verbindungen (polychlorierte Dibenzodioxine und Dibenzofurane [PCCDD/F], polyzyklische aromatische Kohlenwasserstoffe (PAK) etc.) abgeschieden.

Grundsätzlich fallen die Verbrennungsrückstände der MVA also im Entschlacker und im Verlauf des Rauchgaswegs – als Kesselasche und Produkte der Rauchgasreinigung (RGR) – an. Je nach Verfahren, (konditioniert) trocken oder nass (vgl. Abschn. 35.4.1), unterscheiden sich die Produkte der RGR. Nur bei nassen Verfahren ist eine Gewinnung von Wertstoffen aus dem Rauchgas möglich. Häufig wird von dieser Möglichkeit aber kein Gebrauch gemacht, sondern die Waschwässer werden nach Neutralisation in einem Sprühtrockner eingedampft und, wie bei den (konditioniert) trockenen Verfahren üblich, die trockenen Reste (Salze) als Schadstoffkonzentrat abgelagert oder in den Untertageversatz verbracht. Tab. 35.1 zeigt die Hauptkomponenten in den Rückständen von Siedlungsabfallverbrennungsanlagen.

35.3 Rostasche und -schlacke

Die stoffliche Nutzung von Rostaschen/-schlacken hat lange Tradition und ist fast so alt wie die Müllverbrennung selbst. Schon die erste, im Jahr 1896 in Deutschland errichtete MVA (Hamburg Bullerdeich) war mit einem Magneten zur Abtrennung von Eisenmetallen aus der Rostasche ausgerüstet, die für 15 Reichsmark pro Tonne vermarktet wurden (de Fodor 1989). Damals wurden aber nicht nur die Eisenmetalle, sondern auch die mineralischen Anteile der Rostasche verwertet. In Hamburg wurden durch die Vermarktung der Schlacke als Straßenbaustoff zwei Reichsmark pro Kubikmeter erlöst. Auch Materialien für den Hochbau wurden erzeugt. Abb. 35.2 zeigt das Pressen von Ziegeln aus Rostasche

[3] Gase, die bei Kontakt mit Wasser eine Säure bilden, wie Salzsäure (HCl), Schwefelsäure (H_2SO_4) und Flusssäure (HF).

[4] Vorwiegend, zu etwa 95 % Stickstoffmonoxid (NO) sowie Stickstoffdioxid (NO_2).

Abb. 35.2 Pressen von Ziegeln aus MVA-Rostasche (**a**) sowie fertige Ziegel (**b** England, **c** Deutschland). (de Fodor 1989)

sowie mehrere Produktbeispiele. Die Verwertung der mineralischen Schlackebestandteile war gängige Praxis in ganz Europa. Die Stadtverwaltung von Brünn beispielsweise verfügte Anfang des letzten Jahrhunderts, die Asche aus der lokalen MVA als Ersatzbaustoff für die Errichtung öffentlicher Gebäude obligatorisch einzusetzen (Adam et al. 2011, de Fodor 1989).

Die Rostasche kann in MVA entweder mit nass oder trocken betriebenen Entschlackungssystemen aus der Feuerung abgezogen werden (vgl. Abschn. 35.3.1). Die Aufbereitung der Schlacke, die ebenfalls nass oder trocken erfolgen kann, zielt v. a. auf die Rückgewinnung von Eisen und Nichteisenmetallen, aber auch auf die Erzeugung mineralischer Fraktionen, die als Ersatzbaustoff verwertet werden können (vgl. Abschn. 35.3.2).

Der anorganische Anteil im Abfall beträgt etwa 25–35 Ma.-%. Dementsprechend ist die Rostasche der relevanteste Produktmassenstrom, der die MVA verlässt (Thomé-Kozmiensky und Pahl 1994). In Deutschland sind im Jahr 2013 etwa 5,35 Mio. t Rostasche angefallen (Statistisches Bundesamt 2016). Die durchschnittliche Zusammensetzung dieser Aschen kann wie folgt angegeben werden (Martens 2016):

- 45 Massen-% Aschen und Schlacken < 2 mm
- 40 Massen-% Schmelzprodukte als Grobfraktion (Oxide, Silikate)
- 10 Massen-% Durchlaufmaterialien (Bruchstücke von Glas, Keramik, Stein)
- 6 Massen-% Metalle
- 1–2 Massen-% un- oder teilverbrannte Bestandteile

Neuere Studien belegen, dass der durchschnittliche Metallanteil im Restabfall in den letzten 30 Jahren zurückgegangen ist. Analysen, die in den letzten 10–15 Jahren durchgeführt wurden, ergaben Metallgehalte zwischen 1,0 und 3,5 Massen-% (Kuchta und

Enzner 2015). In Gewerbeabfällen und im Sperrmüll wurden Metallgehalte zwischen 3 und 7 Massen-% gefunden (Kuchta und Enzner 2015). Eine für das Jahr 2014 in Deutschland durchgeführte Befragung unter den Betreibern von Schlackeaufbereitungsanlagen, die 4,4 Mio. t und damit 80 % der in Deutschland anfallenden Rostaschemenge abbildete, ergab, dass aus den MVA-Schlacken im Mittel 1,3 Massen-% Nichteisenmetalle und 7,7 Massen-% Eisen zurückgewonnen werden konnten, bei einem Anteil von 0,9 Massen-% an Unverbranntem (Kuchta und Enzner 2015).

Trotz der Abnahme des Metallgehalts werden die Rostaschen nach dem Stand der Technik heute mit hohem Aufwand aufbereitet. Vor allem im letzten Jahrzehnt hat die Technologie zur Metallrückgewinnung aus MVA-Schlacken große Fortschritte gemacht, die Technik wird immer ausgefeilter. Der Trend geht in Richtung der Behandlung kleinerer Korngrößen (inzwischen bis zu 0,25 mm). Außerdem wurden Verfahren entwickelt, die durch Zerstörung der in der Asche enthaltenen Agglomerate zur Freilegung eingebundener Metallpartikel führen und so die Metallausbeuten erhöhen sollen. Diese Behandlung führt natürlich zur Zerkleinerung der mineralischen Fraktion und reduziert somit deren bautechnische Einsatzmöglichkeiten.

Im folgenden Abschnitt wird ein Überblick über die Technologien zur Entschlackung und Schlackeaufbereitung gegeben. Der Stand der Technik wird beschrieben und einige neue interessante Ansätze zur Erhöhung der Metallausbeute, aber auch zur Verbesserung der Qualität der mineralischen Fraktion werden erläutert.

35.3.1 Austrag der Rostasche – Entschlackung

Die Nassentschlackung stellt den Stand der Technik zum Austrag von Rostaschen aus der Feuerung von MVA dar. Die überwiegende Mehrzahl der etwa 2200 Anlagen weltweit (Döring 2014) wird nach diesem System betrieben. In der Schweiz wurden in den letzten Jahren einige MVA auf trockenen Abzug der Rostasche umgerüstet und auch in Japan existieren mehrere MVA mit Trockenentschlackung (Fleck et al. 2013). Dies soll die Qualität und Ausbeute bei der Metallrückgewinnung verbessern. Allerdings gibt es auch abweichende Expertenmeinungen, die davon ausgehen, dass mit nassen Entschlackungsverfahren und angepasster Technik ähnlich gute Ergebnisse erzielt werden können (IGENASS o. J.).

► **Praxishinweis** Die intensiv diskutierte Frage, ob der nasse oder der trockene Austrag von Rostaschen für die nachfolgende Verwertung besser geeignet sei, kann nicht pauschal beantwortet werden. Wichtig ist das Ziel der Aufbereitung. Außerdem sollten Entschlackungs- und Aufbereitungsverfahren aufeinander abgestimmt sein. Steht beispielsweise die Metallrückgewinnung im Fokus, kann eine trockene Entaschung Vorteile bieten. Soll eine hohe Mineralikqualität durch Waschverfahren erreicht werden, wird sinnvollerweise auch die Entschlackung nass betrieben.

35.3.1.1 Nassentschlackung

Nassentschlackung bedeutet, dass die Asche nach erfolgtem Ausbrand am Ende des Rosts direkt in ein Wasserbad fällt (Abb. 35.3). Die eingesetzten Entschlackungssysteme unterscheiden sich in der Art des Abzugs der abgekühlten Schlacke aus dem Wasserbad. Mögliche Konfigurationen sind Plattenband- und Kratzkettenförderer, aber vorwiegend werden Stößelentschlacker eingesetzt. Abb. 35.3a zeigt die schematische Darstellung eines solchen Stößelentschlackers: Der Austragskolben (6) schiebt die Schlacke aus dem Wasserbad in die Austragsschurre (3) und von dort wird die Schlacke in einen Container oder auf ein Förderband (Abb. 35.3b) über ein Stangensieb geführt, um grobstückiges Material abzutrennen, das bei der weiteren Aufbereitung stören würde. Während der Aufenthaltszeit des Materials im Bereich der Abwurfkante (7) erfolgt eine grobe Entwässerung. Der Wasserstand in der Bodenwanne (1) muss zu jeder Zeit die Abschlusswand (9) erreichen, um den luftdichten Abschluss der Feuerung zu gewährleisten.

Das Wasserbad übernimmt zwei wichtige Funktionen: Zum einen wird die Schlacke spontan abgekühlt und zum anderen dichtet das Wasser die Feuerung zur Umgebung hin ab, um das Eindringen von Falschluft zu verhindern und den erwünschten Unterdruck in der Feuerung aufrechtzuerhalten. Weitere Vorteile der Nassentschlackung sind die Minimierung von Staubbildung bei der anschließenden Schlackebehandlung und die Zerstörung versinterter Agglomerate durch die Thermospannungen beim schlagartigen Abkühlen der heißen Schlacke im kalten Wasserbad.

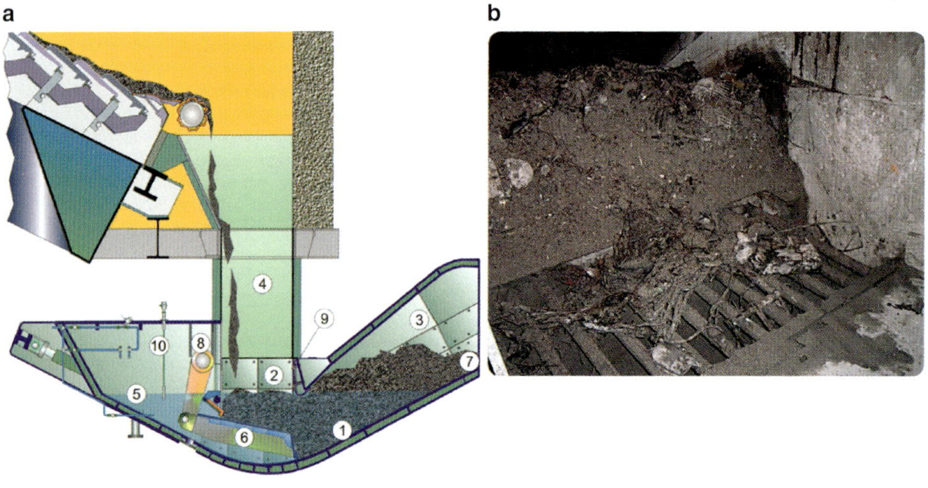

Abb. 35.3 **a** Schema eines nass betriebenen Stößelentschlackers für Müllverbrennungsanlagen. *1* Bodenwanne, *2* Einfallschacht, *3* Austragschurre, *4* Zwischenstutzen, *5* Wasserstand, *6* Austragkolben, *7* Abwurfkante, *8* Antriebswelle, *9* Abschlusswand, *10* elektrisch gesteuerte Füllstandsmessung. (Martin GmbH für Umwelt- und Energietechnik, München). **b** Austritt eines nassbetriebenen Stößelentschlackers. (Foto Peter Quicker)

Durch den Kontakt der Schlacke mit dem Wasser werden Hydratations-, Sulfatisierungs-, Salzbildungs- und -lösungsreaktionen eingeleitet. Diese führen im Endergebnis zur Reduzierung der Löslichkeit der enthaltenen Schwermetalle, zur Verfestigung der Asche (hydraulische Reaktionen) und letztlich zur Einstellung einer ausreichenden Raumbeständigkeit (Reichelt 1996). Um den Abschluss dieser Reaktionen abzuwarten, wurden die nass ausgetragenen Schlacken in der Vergangenheit meist bis zu drei Monate gelagert, bevor die weitere Aufbereitung erfolgte. Allerdings führen die Verfestigungsreaktionen auch dazu, dass die anschließende Aufbereitung, insbesondere die Rückgewinnung der enthaltenen Metalle, die z. T. fest in die Schlackematrix eingebunden werden, erschwert wird. Im Zuge des gesteigerten Interesses an einer optimierten Metallrückgewinnung haben sich die Lagerungszeiträume in den letzten Jahren daher deutlich verkürzt. Die Mehrheit der Betreiber lagert die Rostaschen vor der Aufbereitung zwischen zwei und acht Wochen, in einigen Anlagen werden die Aschen direkt, ganz ohne vorherige Lagerung aufbereitet (Kuchta und Enzner 2015). In diesen Fällen erfolgt die Lagerung zur Einstellung der gewünschten Eigenschaften der Mineralikfraktion erst im Anschluss an die Aufbereitung.

35.3.1.2 Trockenentschlackung

Der Kontakt der Rostaschen mit Wasser führt zu den oben beschriebenen hydraulischen Verfestigungsreaktionen und löst zudem Oxidationsvorgänge an den Metallen aus. Um diese Nachteile zu umgehen, haben inzwischen mehrere MVA auf trockene Entschlackungsverfahren umgestellt. Erste Versuche hierzu wurden bereits in den 1990er-Jahren von den Firmen ABB (DryEx System) und Martin GmbH in Europa durchgeführt. Im Jahr 1996 wurde der Trockenaustrag in der MVA München Nord, 1997 in der Kehrichtverbrennungsanlage[5] (KVA) Buchs in der Schweiz getestet. Auch in Japan gab es hierzu Untersuchungen. Dort sind heute mehrere Anlagen mit Trockenaustrag in Betrieb (Fleck et al. 2013).

In Europa wurden solche Konzepte bisher nur in der Schweiz umgesetzt. Da die Mineralikfraktion der Rostaschen dort nicht als Ersatzbaustoff verwertet werden darf, sondern deponiert werden muss, liegt der Fokus ausschließlich auf der optimierten Metallrückgewinnung. Entsprechend attraktiv erscheinen dort die trockenen Entschlackungsverfahren. In den letzten Jahren haben daher mehrere Verbrennungsanlagen in der Schweiz auf trockene Austragsysteme umgerüstet:

- KEZO[6] in Hinwil (bei Zürich), System der ZAR[7]
- KVA Monthey (Nähe Montreux), System der Martin GmbH
- KVA Zürich Hagenholz, System der Martin GmbH
- KVA Horgen, System Hitachi Zosen Inova
- KVA Zuchwil, Kombination Trocken-/Nassaustrag, System Hitachi Zosen Inova

[5] MVA werden in der Schweiz als Kehrichtverbrennungsanlagen (KVA) bezeichnet.
[6] KEZO: Kehrichtverwertung Züricher Oberland.
[7] ZAR: Stiftung Zentrum für nachhaltige Abfall- und Ressourcennutzung, Hinwil.

Zum Einsatz kamen dabei unterschiedliche Systeme. Das System der Martin GmbH kombiniert einen Stößelentschlacker mit einem Windsichter; das von der Stiftung Zentrum für nachhaltige Abfall- und Ressourcennutzung (ZAR) in Hinwil entwickelte System verwendet anstelle des Entschlackers eine Austragsrinne und das System von Hitachi Zosen Inova verfügt über einen Plattenbandaustrag.

35.3.1.2.1 System der Martin GmbH

Das System der Martin GmbH, das seit 2009 in der Anlage in Monthey in Betrieb ist (Böni 2010), kombiniert den klassischen Stößelentschlacker (Abb. 35.3) mit einer Windsichtung und einer Staubabscheidung. Die Rostasche fällt nach dem Ausbrand am Ende des Rosts in den Stößelentschlacker, der in diesem Fall natürlich ohne Wasserzugabe betrieben wird. Vom Entschlacker wird die Rostasche in einen direkt angeschlossenen Windsichter dosiert, in dem die Schlacke über mehrere vibrierende Stufen transportiert wird. Dort findet eine Klassierung mithilfe eines Luftstroms statt: Die Feinanteile (< 5 mm) werden von der Grobschlacke getrennt und mit dem Luftstrom aus dem Apparat abgeführt. Die Grobschlacke, die in der Anlage in Monthey einen Gehalt an gesamtem organischem Kohlenstoff (TOC) von 0,4–0,5 % aufweist (Fleck et al. 2013), wird mithilfe eines Transportbands in die anschließende Schlackeaufbereitung transportiert. Der Luftstrom mit dem Feinanteil wird einem Zyklon mit einer Trenngrenze von etwa 1 mm zugeführt. Die dort separierte Feinschlacke (etwa 1–5 mm) kann z. B. im Zementwerk verwertet oder einer Deponierung zugeführt werden. Vorher werden im Windsichter mitgerissene, großflächige Bestandteile (z. B. Kronkorken, Dosendeckel etc.) in einer dem Zyklon nachgeschalteten Siebrinne abgetrennt und diese der Grobschlacke zugeschlagen. Der Luftstrom, der den Schlackenstaub (< 1 mm) enthält, wird als Sekundärluft verwendet und die feine Staubfraktion somit wieder in den Feuerraum zurückgeführt. Die Abdichtung des Systems gegenüber der Umgebung erfolgt durch die Einstellung eines Unterdrucks im Windsichter und das Aufstauen der Schlacke im Fallschacht über dem Stößelentschlacker (Fleck et al. 2013; Martin, Koralewska und Wohlleben 2015).

35.3.1.2.2 System der ZAR

Das von der ZAR entwickelte und in der Kehrichtverwertung Züricher Oberland im Jahr 2007/2008 an einer Linie erstmals umgesetzte Trockenentaschungssystem verwendet als Austragsaggregat eine Vibrorinne (Abb. 35.4; Adam et al. 2011; Böni 2010). Die ausgebrannte Rostasche fällt am Rostende durch den Schlackeschacht direkt in die Austragsrinne. Durch den Aufprall werden größere Schlackeagglomerate gebrochen. Der Transport in der Rinne erfolgt durch Vibration. Im Gegenstrom zur Schlacke wird sog. Tertiärluft durch den Kanal der Austragsrinne gefördert (etwa 300 m^3 i.N./h bzw. 500 m^3 i.N./t Abfall; Adam et al. 2011; Lamers 2015). Die Bezeichnung ist der Tatsache geschuldet, dass die Luft nach Durchströmung des Austragskanals über den Schlackeschacht in die Feuerung einströmt und dort einen Teil (etwa 10 %) der Verbrennungsluft substituiert (Wieduwilt et al. 2015). Die Tertiärluft soll dabei mehrere Funktionen übernehmen (Adam et al. 2011; Wieduwilt et al. 2015):

- Die Schlacke wird abgekühlt und die Luft dabei aufgewärmt. Damit wird die sensible Wärme der Rostasche wieder in den Prozess zurückgeführt und geht nicht, wie bei der Nassentschlackung, durch die Abkühlung im Wasserbad (Wasseraufwärmung und -teilverdampfung) verloren.
- Die Luft ermöglicht die Nachoxidation noch unverbrannter Bestandteile in der Rostasche. Hierdurch kann der TOC-Gehalt in der Schlacke auf unter 0,3 % verringert werden (Nassschlacke im optimalen Fall typischerweise >0,75 %). Die dabei freiwerdende Wärme wird durch die Tertiärluft ebenfalls in die Feuerung zurückgeführt.
- Die Tertiärluft übernimmt eine Sichterfunktion, trennt sehr feine Partikel vom Aschestrom und trägt diese in den Feuerraum zurück. Damit wird die anschließende Schlackeaufbereitung entlastet.

Der Tertiärluftstrom wird durch Wehre im Austragskanal (Höhenbegrenzung in Abb. 35.4) reguliert, um den eintretenden Mengenstrom zu begrenzen. Am Ende der Vibrorinne befindet sich ein Siebboden. Hier erfolgt eine Fraktionierung der Schlacke bei 5 mm (Lamers 2015).

Weitere, von den Betreibern genannte Vorteile des Trockenaustrags gegenüber der Nassentschlackung sind die Einsparung von etwa 70–100 l Wasser pro t Abfall, die besseren Schüttgut- und Aufbereitungseigenschaften (keine hydraulischen Verfestigungsreaktionen), die Verhinderung des Eindringens von Wasserdampf in die Feuerung und eine etwa 20 % geringere Gesamtmasse aufgrund des geringen Feuchtegehalts der Trockenschlacke (Adam et al. 2011).

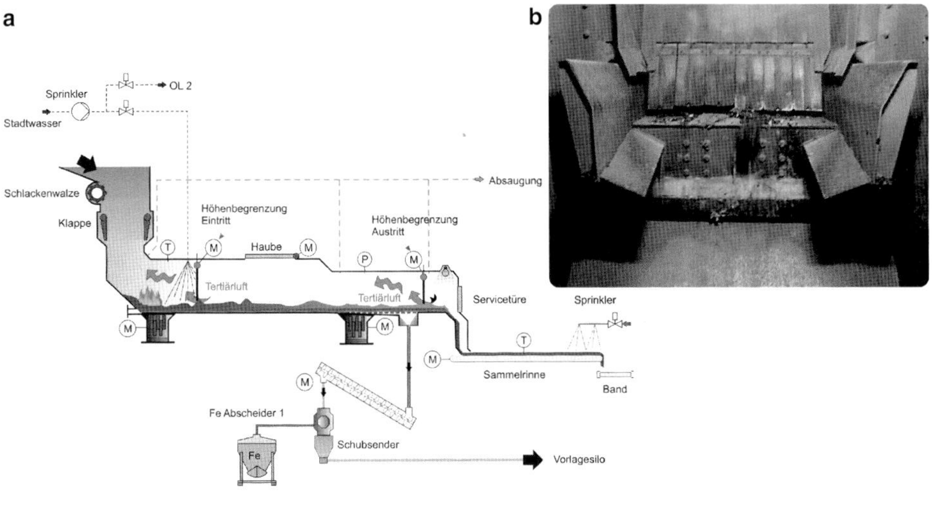

Abb. 35.4 a Schema des trockenen Rostascheaustrags der Müllverbrennungsanlage in Hinwil, Schweiz. (Grafik KEZO; Adam et al. 2011). b Austritt des trockenen Rostaschenaustrags in Hinwil, Blick durch die Servicetür auf das Ende der Vibrationsrinne. (Foto Peter Quicker)

35.3.1.2.3 System Hitachi Zosen Inova

Auch von Hitachi Zosen Inova (HZI) wurde 2015 ein Trockenentaschungssystem an einer MVA in der Schweiz installiert. In der KVA Horgen wurde im Rahmen von Sanierungsmaßnahmen der Ascheaustrag von Nass- auf trockenen Betrieb umgestellt. Ähnlich wie beim System der ZAR fällt die Schlacke auch hier vom Rost in einen Austragskanal, allerdings erfolgt die Förderung in Horgen mit einem Plattenband. Dieses wird indirekt luftgekühlt, sodass keine Falschluft in die Feuerung eindringt. Die Aschetrichter sind zum Plattenband hin mit Zellenradschleusen abgedichtet, das Plattenband ist zur Umgebung mit einem Doppelschiebersystem abgeschottet. Das System wird im Unterdruck betrieben, die abgesaugte Abluft über einen Schlauchfilter gereinigt. Im Vergleich zur Nassentschlackung wird eine Reduktion der Schlackenmasse um 10 % erreicht. Die angegebenen TOC-Werte liegen zwischen 0,30 und 0,35 Massen-% (Eckert 2016).

Ebenfalls von HZI wurde an der Verbrennungsanlage in Zuchwil eine Kombination aus Trocken- und Nassentschlackung umgesetzt. Hierzu wurde die fünfte und letzte Rostzone der Feuerung durch einen Siebrost ersetzt, der einen gezielten Durchfall der Feinfraktion (< 10 mm) ermöglicht. Diese wird unter dem Rost trocken abgezogen und im Anschluss aufbereitet, um das Metallpotenzial in diesem Stoffstrom zu heben. Die groben Anteile der Schlacke fallen nach wie vor am Ende des Rosts in den Nassentschlacker und werden wie bisher behandelt. Der Pilotbetrieb läuft seit August 2015 (Gablinger und Juchli 2016; Hitachi Zosen Inova 2016).

35.3.2 Aufbereitung der Rostaschen

Ziel der Rostaschenaufbereitung ist die quantitative Rückgewinnung der enthaltenen Metallanteile sowie die Erzeugung hochwertiger Ersatzbaustoffe aus den mineralischen Schlackebestandteilen. Nicht immer stehen beide Ziele gleichwertig im Mittelpunkt der Aufbereitungsbemühungen. In den letzten Jahren wurde v. a. die Metallrückgewinnung optimiert, da hierdurch ein wirtschaftlicher Mehrwert für die Aufbereiteter realisiert werden kann. Für die Mineralik, den dominierenden Massenstrom, bleibt oftmals nur die Deponierung.

35.3.2.1 Aufbereitung Nassschlacke

35.3.2.1.1 Aufbereitung Stand der Technik

Die Aufbereitung der in Deutschland ausschließlich nass entschlackten Rostaschen erfolgt sowohl durch die Betreiber der Verbrennungsanlagen als auch durch externe Aufbereitungsunternehmen. Der Stand der Technik ist hierbei die trockene Aufbereitung. Wie bereits angesprochen, liegt der Fokus auf der Metallrückgewinnung. Hierzu werden Magnetscheider und Wirbelstromabscheider eingesetzt. Im Schnitt sind jeweils fünf dieser Apparate pro Aufbereitungsanlage in Deutschland im Einsatz (Kuchta und Enzner 2015). Weiterhin werden Windsichter verwendet, um unverbrannte Bestandteile aus der Asche

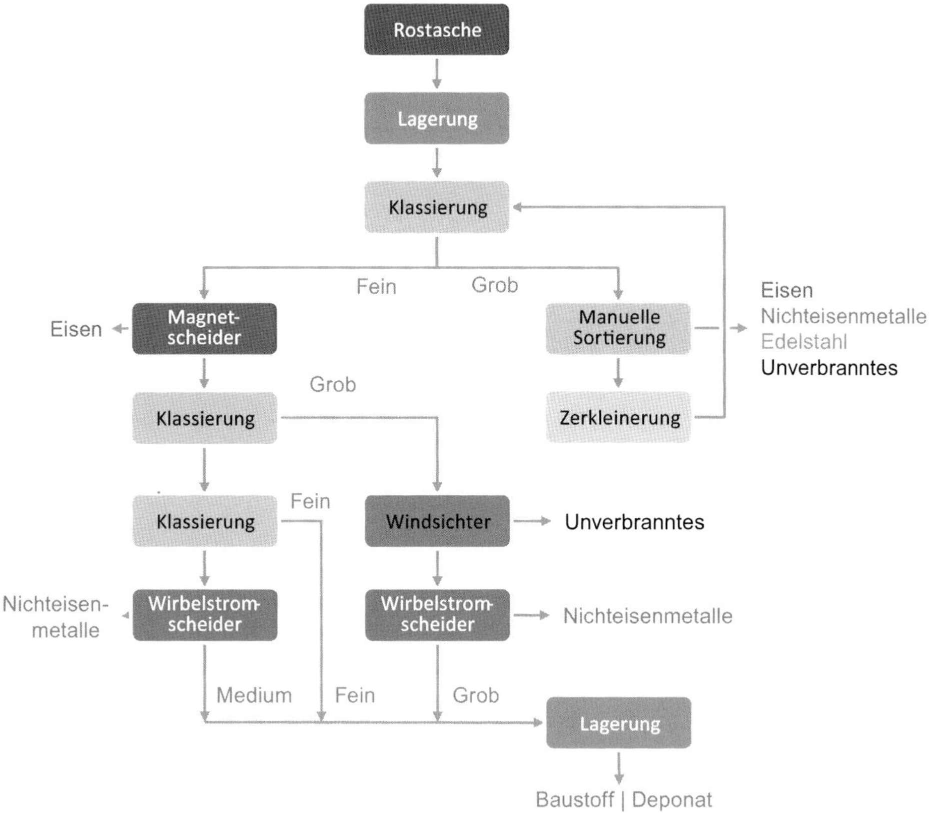

Abb. 35.5 Beispielhaftes Prozessschema für die trockene Aufbereitung von nass entschlackten Rostaschen aus der Müllverbrennung. (In Anlehnung an Bunge 2010, 2016; Deike et al. 2012; Kersting 2013; Lamers 2015; Quicker und Stockschläder 2016; Grafik Peter Quicker)

abzutrennen. Grobe Bestandteile werden manuell sortiert. Kennzeichen der modernen Aufbereitungsverfahren ist eine große Fraktionierungstiefe, da nur bei engen Kornbändern eine effiziente Metallabscheidung möglich ist (Gillner 2011). Die Abb. 35.5 zeigt ein beispielhaftes Prozessschema für eine Rostaschenaufbereitung nach dem Stand der Technik. Weitere Informationen finden sich beispielsweise in Bunge (2016) oder Lechner und Mostbauer (2010).

Einige Anlagen in Deutschland setzen auch nasse Verfahren zur Schlackeaufbereitung ein. Die größte Erfahrung in diesem Bereich besitzt die Firma Scherer und Kohl in Ludwigshafen (Abb. 35.6). Das dort umgesetzte Verfahren besteht aus einer trockenen Voraufbereitung sowie der nassen Feinaufbereitung der Fraktion kleiner 22 mm. Zunächst werden Eisenschrott und Grobgut (>56 mm) abgetrennt. Die groben Mineralikfraktionen werden dann in einer Prallmühle auf eine Korngröße kleiner 22 mm gebracht. Dieser Stoffstrom wird der nassen Aufbereitung zugeführt. Dort werden durch verschiedene Se-

Abb. 35.6 Schlackeaufbereitung der Firma Scherer und Kohl am Standort Ludwigshafen. **a** Aufbereitungsanlage, **b** erzeugte Splittfraktion, **c** Schlammpresskuchen. (Fotos Peter Quicker)

parationsschritte Ersatzbaustoffe mit definierten Korngrößen (2–5, 5–8 und 8–16 mm) und hoher Qualität hergestellt. Neben Eisenschrott und Nichteisenmetallen können somit zusätzlich mehr als 70 % des gesamten Massenstroms in Form mineralischer Produkte verwertet werden. Nur etwa 6–7 % müssen als Schlamm deponiert werden (Thomé-Kozmiensky 2013).

Ein ähnlicher Ansatz wird von der Mitteldeutschen Schlacken Union (MDSU) in einer Anlage in der Nähe von Magdeburg verfolgt. Auch hier schließt sich einer trockenen Voraufbereitung und Zerkleinerung der Mineralik eine nasse Nachaufbereitung der erzeugten Feinfraktion an (MDSU o. J.).

35.3.2.1.2 Optimierung der Metallverwertung

Wie bereits angesprochen, gab es in den letzten Jahren einige Entwicklungen zur Optimierung der Metallausbeute bei der Rostaschenaufbereitung.

Im r^3-Forschungsvorhaben Aufschluss, Trennung und Recycling von ressourcenrelevanten Metallen aus Rückständen thermischer Prozesse mit innovativen Verfahren (ATR) wurden die Möglichkeiten untersucht, mit einem Hochgeschwindigkeitsprallzerkleinerungsverfahren (Firma Tartech) den Aufschluss der Mineralik und damit eine höhere Metallrückgewinnungsquote zu erreichen. Durch die hohen Aufprallgeschwindigkeiten von etwa 800 km/h wird eine weitgehende Zerkleinerung der Mineralik erreicht. Der Korngrößenanteil < 2 mm liegt nach Zerkleinerung bei knapp 50 Massen-%. Diese Kornfraktion wird durch Magnetscheidung, Trocknung, Wirbelstromscheidung und Dichtesortierung weiter aufbereitet (Holm 2014, 2015; Lübben 2015b; Simon und Holm 2013).

An der TU Delft wurde das Advanced-dry-recovery(ADR)-Verfahren entwickelt, das von der Firma Inashco BV angeboten wird. Wesentliches Element des Verfahrens ist ein trockenmechanischer Fraktionierungsschritt. Die kinetische Trennung erfolgt mithilfe einer mit Platten bestückten Trommel. Nach der Fraktionierung wird die Rückgewinnung der Metalle auf konventionellem Weg realisiert. In Versuchen wurde nachgewiesen, dass die Aluminiumrückgewinnung in der Kornklasse 2–8 mm von 37 % (Referenz im Jahr 2005) auf 89 % gesteigert werden konnte. Inzwischen werden an mehreren Standorten bereits rund 2,5 Mio. t an Müllverbrennungsschlacken mit dem Verfahren behandelt (Berkhout und Rem o. J.; van de Weijer o. J.; Vries et al. 2014).

Die Erhöhung der Nichteisenmetallrückgewinnung stand auch im Mittelpunkt des Förderprojekts VeMRec des Bundesministeriums für Bildung und Forschung (BMBF). Im Rahmen des Projekts wurde eine Pilotanlage (5 t/h Durchsatz) zur Aufbereitung des Nichteisenkonzentrats aus einem Wirbelstromabscheider optimiert. Dieser wurde unter Erhöhung des Masseausbringens betrieben, sodass möglichst viel an Nichteisenmetall in das Konzentrat überführt wurde, bei gleichzeitiger Erniedrigung der Metallkonzentration. Das Konzentrat wurde anschließend mithilfe einer Prallmühle zerkleinert, wobei mineralische Anhaftungen an den Metallen entfernt wurden. In einer abschließenden Sensorsortierung (Röntgentransmission) wurde ein Leicht- und ein Schwermetallkonzentrat erzeugt, das direkt in den Prozessen der Aluminium- bzw. Kupfersekundärmetallurgie eingesetzt werden konnte (Rüßmann und Pretz 2015).

35.3.2.1.3 Optimierung der Mineralikverwertung

Neben den erforderlichen bautechnischen Eigenschaften ist das wesentliche Kriterium zur Beurteilung der Eignung mineralischer Reststoffe als Ersatzbaustoffe deren Eluationsverhalten. Nur wenn die Auslaugung giftiger Schwermetalle aus der mineralischen Matrix vorgegebene Grenzwerte nicht übersteigt, können die Aschen als Baustoffe verwendet werden. Im Regelfall sollen die Aschen im Straßen- und Deponiebau verwertet werden. Wie schon vor 100 Jahren werden aktuell aber auch wieder vermehrt Ansätze untersucht, die es erlauben, die Mineralik in höherwertige Bauprodukte zu überführen. So untersucht derzeit beispielsweise die Martin GmbH in Zusammenarbeit mit dem Imperial College London die Erzeugung hochwertiger Glas-/Keramikverbundwerkstoffe auf Basis von trocken ausgetragener Feinschlacke (< 1 mm; Koralewska et al. 2016). In den Niederlanden gibt es Bestrebungen, sog. Abfall-und-Energie-Zentrale(AEC)-Granulat, das aus Müllverbrennungsaschen hergestellt wird, als Betonzuschlagstoff einzusetzen (Creuwels et al. 2016).

Tab. 35.2 zeigt eine Zusammenstellung typischer Eluatwerte für unterschiedliche Rostaschen in Abhängigkeit von Entschlackungsart, Lagerungsdauer und Behandlungsverfahren. Außerdem angegeben sind die im Merkblatt LAGA M20 und im Verwertererlass des Landes Nordrhein-Westfalen angegebenen Grenzwerte für die bautechnische Verwertung solcher Materialien. Rot markierte Werte bedeuten eine Überschreitung zumindest einer der beiden Vorgaben. Dies zeigt klar, dass die Schlackenalterung allein i. d. R. nicht ausreicht, um alle Vorgaben sicher einzuhalten.

Um die Eluatwerte und somit die Umweltverträglichkeit der Schlacken positiv zu beeinflussen, wurden in der Vergangenheit unterschiedliche Behandlungsverfahren erprobt (Thomé-Kozmiensky 2013).

Verfestigungsverfahren nutzen die Zugabe von Bindemitteln, um eine Schadstoffimmobilisierung zu erreichen. Bei Sinter- und Schmelzverfahren erfolgt eine thermische Behandlung, um die Schlacke soweit strukturell zu verändern, dass die Schadstoffe fest eingebunden werden. Ein nachträgliches Schmelzen der Schlacken in einem separaten Ap-

Tab. 35.2 Eluatparameter von Schlacken in Abhängigkeit der Entschlackungsart, des Alterungszustands und der Art der (weitergehenden) Aufbereitung

Alterungszustand		roh				gealtert			aufbereitet		Vorgaben	
Austrag		nass			trocken	nass		trocken	nass	nass	LAGA	NRW
Aufbereitung									S&K	SYN+		
		k. A.	2005	2008	1999	2005	2008	2014	2004		2003	2001
		a	b	a	c	b	a	a,d	e		f	b
Parameter	**Einheit**											
pH-Wert		11,6	11,8	11,9	12,0–12,4	11	10,3	10,3–11,9	k. A.	k. A.	7–13	7–13
Leitfähigkeit	**mS/cm**	5	2,4	6	3,3–4,8	1,5	2,2	0,7–3,4	k. A.	0,27	6	2
DOC	**mg/l**	14	34	26	5–103	16	16	3,5–140	k. A.	k. A.		
Chlorid	**mg/l**	150	150	650	250–284	120	260	68–335	29	22	250	50
Sulfat	**mg/l**	330	220	460	19–122	250	370	95–609	43	k. A.	600	200
Cyanid ges.	**µg/l**	60	5	20	< 10	5	12	k. A.	n. n.	k. A.		
Arsen	**µg/l**	4	10	4,5	< 1	10	13	< 10	1,3	< 10		
Blei	**µg/l**	1500	450	2000	167–1030	12	70	5–286	n. n.	< 10	50	50
Cadmium	**µg/l**	2	k. A.	13	< 0,2-1,5	10	1,3	0,3–1,0	n. n.	< 1	5	5
Chrom ges.	**µg/l**	23	30	25	41–123	43	70	5–14	n. n.	< 10	200	50
Kupfer	**µg/l**	150	450	500	26,4–337	250	200	10–236	n. n.	30	300	
Nickel	**µg/l**	30	10	15	3,3–11,1	10	500	4–8	n. n.	< 20	40	
Quecksilber	**µg/l**	0,6	1,3	0,85	< 2	0,15	0,35	0,1–0,2	n. n.	0,2	1	1
Zink	**µg/l**	250	60	500	106–200	20	90	10–40	n. n.	40	300	300

k. A. keine Angabe; *LAGA* LAGA-Merkblatt M20; *n. n.* nicht nachweisbar, *NRW* Verwertererlass des Bundeslands Nordrhein Westfalen, HMVAI; *S&K* Nassaufbereitung nach dem Verfahren der Firma Scherer & Kohl GmbH & Co. KG, Ludwigshafen; *SYN+* Aufbereitung nach dem SYNCOM-Plus-Verfahren der Firma Martin GmbH, München

[a] Meinfelder und Richers 2008

[b] Ministerium für Umwelt und Naturschutz, Landwirtschaft und Verbraucherschutz und Ministeriums für Wirtschaft und Mittelstand, Energie und Verkehr NRW 2001

[c] Koralewska 1999

[d] Quicker und Stockschläder 2016

[e] Lück 2004

[f] Länderarbeitsgemeinschaft Abfall 2003

parat ist allerdings sehr energieaufwendig. Sinnvoller ist es, den Hauptprozess so auszulegen, dass die Schlacke geschmolzen oder gesintert anfällt. Während die Realisierung einer Schlackeschmelze eine vollständig neue Verfahrensauslegung bedeuten würde (vgl. z. B. Hochtemperaturschmelzverfahren in Japan; Quicker et al. 2017), ist eine (Teil-)Sinterung der Schlacke in klassischen Rostfeuerungen möglich.

Beispiel für einen solchen Prozess ist das von der Martin GmbH entwickelte und in der MVA im österreichischen Arnoldstein umgesetzte SYNCOM-Verfahren (Abb. 35.7). Die für die Sinterung der Schlacke erforderlichen Temperaturen von über 1150 °C werden durch die Anreicherung der primären Verbrennungsluft mit Sauerstoff erreicht (Koralew-

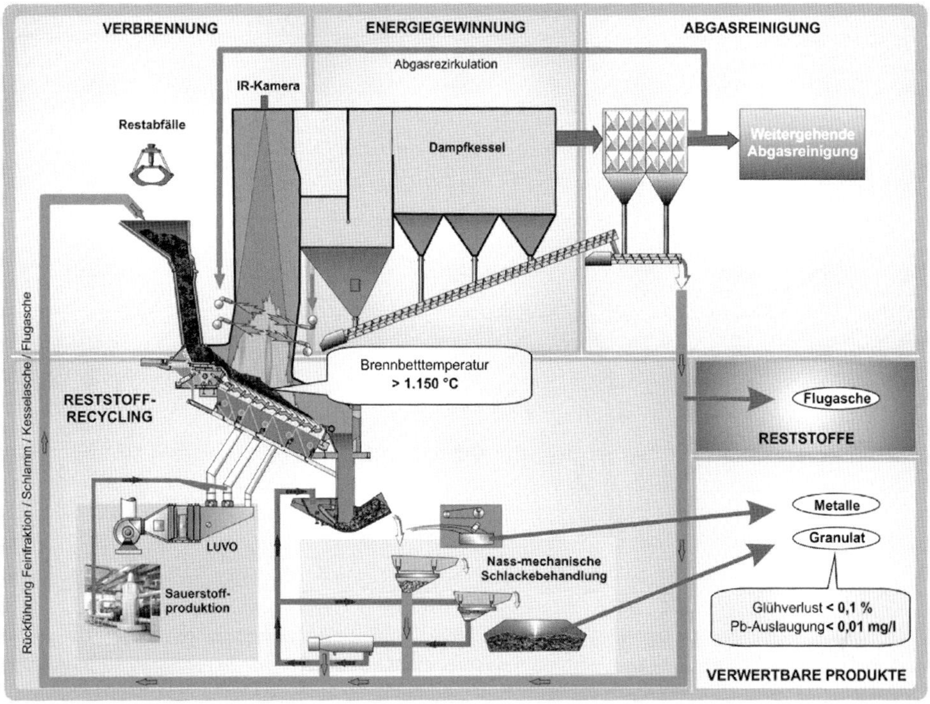

Abb. 35.7 Schema des SYNCOM-Plus-Verfahrens der MARTIN GmbH für Umwelt- und Energietechnik, München, bei dem neben der Schlackesinterung auch eine integrierte Wäsche erfolgt. (Grafik Martin GmbH)

ska 2013). Durch die Sinterung erniedrigt sich der Feinanteil in der Schlacke und die Eluierbarkeit von Schwermetallen und Anionen wird herabgesetzt. Zudem verbessert sich der Ausbrand der Schlacke (Knorr und Hentschel 1999; Koralewska 2013).

Durch die bereits angesprochenen Waschverfahren (vgl. Nassaufbereitung) können leicht lösliche (Schwermetall-)Salze aus der Schlackematrix entfernt werden. In Tab. 35.2, Spalte S&K sind Eluatparameter aufgelistet, die an Schlacken aus der Nassaufbereitung der Firma Scherer & Kohl ermittelt wurden. Es zeigt sich, dass die Schwermetalle durch die Schlackenwäsche fast quantitativ entfernt wurden. Die meisten Eluatwerte liegen unter der Nachweisgrenze.

Wenn keine Nassaufbereitung der Schlacke vorgesehen ist, kann eine Schlackenwäsche auch direkt im Nassentschlacker umgesetzt werden, wenn dieser mit erhöhtem Wasserdurchsatz betrieben wird. Es zeigte sich, dass hierdurch die Chlorid- und Sulfatkonzentrationen im Eluat halbiert werden können (Lübben 2015a). Einen Schritt weiter geht die sog. integrierte Schlackenwäsche. Dabei wird neben den Salzen auch der Feinanteil der Schlacke (< 100 µm) abgetrennt, entwässert und der Feuerung erneut zugegeben, um eine Versinterung zu größeren Agglomeraten zu ermöglichen. Die gewaschene Schlacke zeigt

Abb. 35.8 Feste Produkte aus dem SYNCOM-Plus-Verfahren. Schlamm (**a**) und Feinfraktion (**b**) (< 5 mm) zur Rückführung in den Verbrennungsprozess. Granulat (**c**) zur Verwertung. (Fotos Peter Quicker)

sehr gute Eigenschaften und erfordert keine nachträgliche Alterung (Lübben 2015a). Ein bezüglich der Sinterung optimierter Ansatz ist das SYNCOM-Plus-Verfahren (Abb. 35.7). Dieses Verfahren kombiniert die integrierte Schlackenwäsche mit dem oben beschriebenen SYNCOM-Verfahren. Die bei der Schlackenwäsche anfallende Feinfraktion und der erzeugte Schlamm (vgl. Abb. 35.1 und 35.8) werden in den Bunker zurückgeführt und durchlaufen den Verbrennungsprozess erneut. Durch die hohen Brennbetttemperaturen wird die Agglomeratbildung aus den rückgeführten Feinanteilen unterstützt. Als festes Produkt fällt lediglich ein Granulat mit einer Korngröße größer 2 mm an, das sehr gute Eluatparameter aufweist (Tab. 35.2, Spalte SYN+). Das Verfahren wurde in der MVA in Arnoldstein im großtechnischen Versuch erprobt, ist aktuell aber noch nicht im Dauerbetrieb umgesetzt (Koralewska 2013).

Nachteilig bei allen Nass- und Waschverfahren sind die anfallenden Abwässer, die in jedem Fall behandelt werden müssen.

35.3.2.2 Aufbereitung Trockenschlacke

Die Etablierung neuer trockener Entschlackungsverfahren macht auch angepasste Aufbereitungsverfahren für diese Stoffströme erforderlich. In der Anlage in Monthey, die von nasser auf trockene Entschlackung umgerüstet wurde, wird im Grundsatz die ursprünglich vorhandene und für die Nassentschlackung konzipierte Rostaschenaufbereitung weiterverwendet, lediglich die eingesetzten NE-Abscheider wurden vom Betreiber optimiert (Fleck et al. 2013). Durch Anpassung der Technik wäre allerdings eine Erhöhung der Metallausbeute zu erreichen. Der Betreiber plant dies umzusetzen (Fleck et al. 2013).

An der Verbrennungsanlage der KEZO in Hinwil wurde dagegen eine komplett neu konzipierte Aufbereitungsanlage für die Feinschlacke der Korngröße 0,6–5,0 mm entwickelt und im September 2008 in Betrieb genommen (Adam et al. 2011; Böni 2010). Eingesetzt werden konventionelle, aber auf die Charakteristika der Trockenschlacke angepasste Aufbereitungsaggregate, wie Siebe, Magnetscheider, Wirbelstromscheider und Lufttrenntische. Bis zum Jahr 2012 konnte der Prozess durch Optimierungsmaßnahmen bis auf das Kornspektrum von 0,2 mm ausgeweitet werden. Dabei wurde ein Ausbringen für die Nichteisenmetalle von 90 Massen-% erreicht. Künftig sollen am Standort Hinwil die Trockenschlacken aus allen drei Verbrennungslinien sowie die Aschen der Verbrennungsanlage in Horgen und Hagenholz behandelt werden (Adam et al. 2011; Ardia et al. 2014; Franz 2014).

Die Frage, ob durch die Trockenentschlackung und -aufbereitung höhere Metallausbeuten und bessere Metallqualitäten erzeugt werden können als bei der Aufbereitung von Nassschlacke, wurde im Rahmen eines Umweltforschungsplan-Projekts untersucht (Quicker und Stockschläder 2016). Hierzu wurden an einer Verbrennungslinie des Müllheizkraftwerks (MHKW) Mainz an zwei aufeinanderfolgenden Tagen jeweils rund 10 t Schlacke bei nassem und bei trockenem Betrieb (Stößelentschlacker ohne Wasserfüllung) des Entschlackers gewonnen. Die beiden Stoffströme wurden anschließend nach dem Stand der Technik aufbereitet, wobei auf eine ausreichend tiefe Fraktionierung geachtet wurde (Fraktionen 0–2, 2–4, 4–10, 10–30, 30–80 und > 80 mm). Innerhalb der Fraktionen erfolgte die Metallabscheidung nach dem Stand der Technik mit Überbandmagnet, Trommelmagnet und Wirbelstromabscheider. Es zeigte sich, dass aus der Trockenschlacke insbesondere ein höherer Anteil an Nichteisenmetallen zurückgewonnen werden kann. Außerdem waren die Metallqualitäten im Fall der Trockenentschlackung höher, da es bei der Nassentschlackung zu Anhaftungen und Oxidationsvorgängen an den Metalloberflächen kam (Abb. 35.9 und 35.10).

35.4 Rückstände aus der Rauchgasreinigung

Neben der Rostasche fallen Rückstände bei der Abfallverbrennung auch im Bereich der Abgasreinigung an. Neben festen Stoffen, also den Stäuben, sind auch gasförmige Komponenten im Rauchgas enthalten, die durch die Reinigungsmaßnahmen häufig in eine flüssige oder feste Form überführt werden und somit ebenfalls Rückstände bilden. Tab. 35.3 zeigt die Hauptbestandteile im Rohgas von MVA.

Dominierende Bestandteile des Rauchgases sind Partikel (Staub), Chlorwasserstoff und Schwefeldioxid. Die Rückgewinnung und stoffliche Verwertung von Chlorwasserstoff als Salzsäure und Schwefel in Form von Gips sind grundsätzlich möglich und werden auch praktiziert (vgl. Abschn. 35.4.2 und 35.4.3). Der Staub ist ein Vielstoffgemisch (Tab. 35.4); eine Wertstoffrückgewinnung aus diesem Gemisch ist entsprechend aufwen-

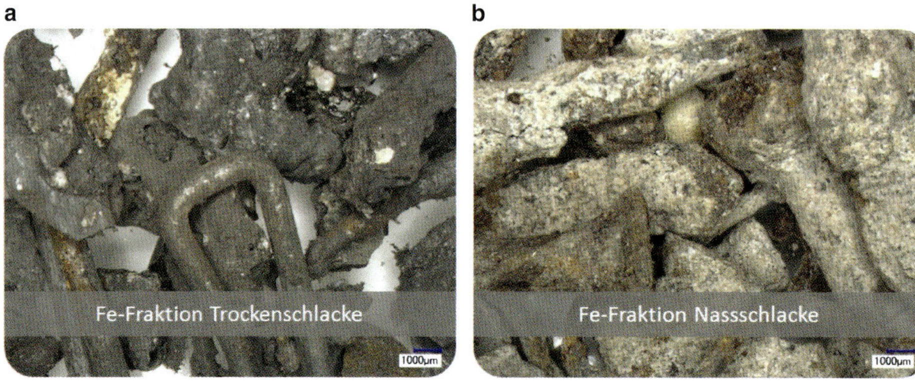

Abb. 35.9 Qualität der Eisenfraktionen aus Trocken- (**a**) und Nassschlacke (**b**) im Vergleich. (Quicker und Stockschläder 2016)

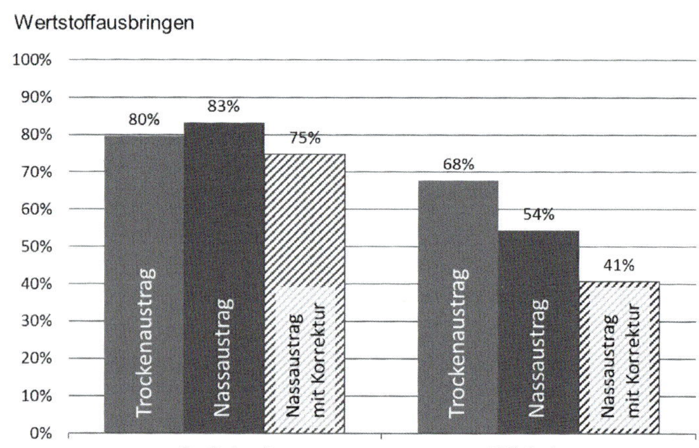

Abb. 35.10 Wertstoffausbringen bei der mechanischen Aufbereitung von Trocken- und Nassschlacke im Vergleich. Aufgrund der schlechteren Produktqualität wurde das Wertstoffausbringen aus der Nassschlacke um einen Korrekturfaktor (Eisen 10 %, Nichteisen 25 %) reduziert, der einen Schuttabzug und den Materialverlust durch Korrosionsvorgänge berücksichtigt. (Quicker und Stockschläder 2016)

Tab. 35.3 Hauptbestandteile im Roh- und Reingas von Müllverbrennungsanlagen. (Tagesmittelwerte)

Komponente	Rohgas (mg/m^3 i.N., 11 % O_2, trocken)	Reingas (mg/m^3 i.N., 11 % O_2, trocken)
Staub	600–5000 (15.000)	0,1–2,0
Gesamtkohlenstoff	10–40	0,1–2,0
Kohlenmonoxid (CO)	2–30[a]	
Chlorwasserstoff (HCl)	400–2000 (5000)	0,02–7
Fluorwasserstoff (HF)	2–30	0,02–0,5
Schwefeldioxid (SO_2)	100–1500	0,1–30
Stickoxide (as NO_2)	200–500	30–190
Quecksilber (Hg)	0,1–1	0,0002–0,01
PCDD/PCDF (ng/m^3 i.N., 11 % O_2, trocken)	3–6 (15)	0,001–0,05

PCCD polychlorierte Dibenzodioxine; *PCDF* polychlorierte Dibenzofurane
[a] Kohlenmonoxid wird in der Abgasreinigung nicht gemindert, daher entsprechen sich Roh- und Reingaswerte.

Tab. 35.4 Elemente im Filterstaub von Schweizer Müllverbrennungsanlagen. (Schlumberger und Bühler 2013)

Komponente	Massenanteil (mg/kg Trockenmasse)			Massenanteil (mg/kg Trockenmasse)	
	Minimum	Maximum		Minimum	Maximum
Aluminium	25.000	45.000	Magnesium	6000	18.000
Antimon	700	5000	Mangan	400	900
Arsen	20	120	Natrium	25.000	70.000
Barium	50	200	Nickel	60	300
Blei	7000	25.000	Phosphor	1000	8000
Cadmium	150	1000	Quecksilber	0	3
Calcium	100.000	250.000	Schwefel	30.000	150.000
Chlor	40.000	150.000	Silber	30	60
Chrom	100	500	Silizium	50.000	100.000
Cobalt	20	100	Titan	2500	5000
Eisen	18.000	55.000	Zink	20.000	120.000
Kalium	30.000	60.000	Zinn	800	3000
Kupfer	1500	5000			

dig und schwierig. Unter den Schwermetallen, die 10–15 Massen-% des Staubs ausmachen, dominiert das Zink mit etwa 50 % Anteil am gesamten Schwermetallgehalt. Entsprechend naheliegend ist die Rückgewinnung dieses Elements aus dem Filterstaub. Eine Pilotanlage zur Zinkrückgewinnung wird in der KVA Solothurn in der Schweiz betrieben (vgl. Abschn. 35.4.4).

35.4.1 Rauchgasreinigungssysteme

Wie bereits einführend erläutert, werden zur Abgasreinigung in MVA eine ganze Reihe unterschiedlicher Verfahren eingesetzt. Abb. 35.11 zeigt eine Übersicht und Einteilung (nach VDI 2014a und VDI 2014b) der gängigen Abgasreinigungsverfahren, die in MVA zum Einsatz kommen. Die Unterscheidung erfolgt hierbei nach der Art der Sauergasabscheidung bzw. nach dem Aggregatzustand des hierfür eingesetzten Ad- oder Absorptionsmittels.

Bei den rein trockenen Verfahren wird das Adsorbens zur Bindung der Sauergase entweder bei hohen Temperaturen in den Feuerraum (Kalkstein [$CaCO_3$] oder Kalkhydrat [$Ca(OH)_2$] beim Trocken-Additiv-Verfahren) oder in das abgekühlte Rauchgas nach Kessel (Natriumbikarbonat [$NaHCO_3$]) eingedüst. Sollen Kalkkomponenten, i. d. R. Kalziumhydroxid, im bereits abgekühlten Rauchgasstrom hinter dem Kessel eingesetzt werden, muss durch entsprechende Konditionierungsmaßnahmen für eine ausreichend hohe Feuchte im Rauchgas und das geeignete Temperaturfenster (i. d. R. etwa 135–145 °C) gesorgt werden (konditioniert trockene Verfahren). Hierzu kann das Absorptionsmittel (Kalkmilch) in Lösung bzw. Suspension in das Rauchgas eingebracht werden. Durch das verdampfende Wasser stellen sich die entsprechenden Bedingungen ein. Größere Flexibilität bietet die separate Wasserzugabe, getrennt vom trockenen Additiv. Höhere Energieeffizienz bietet die rekuperative Gaskühlung. Die gewünschte Feuchte wird in diesem Fall nur durch Absenkung der Temperatur (indirekte Kühlung über Wärmeübertrager) eingestellt.

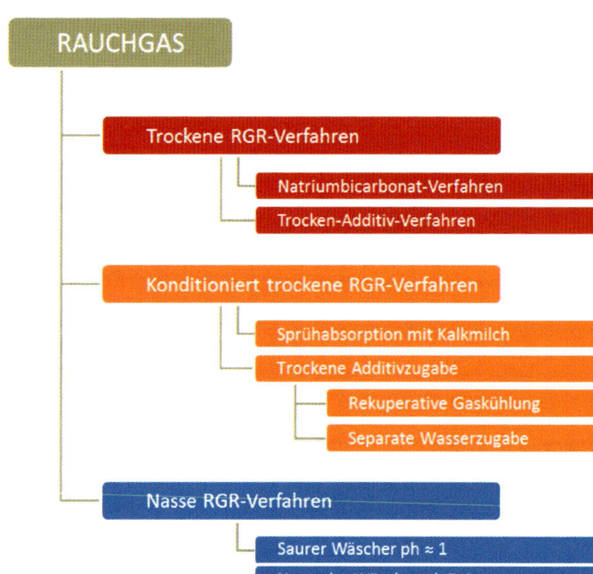

Abb. 35.11 Einteilung von Rauchgasreinigungs(*RGR*)-Systemen für Müllverbrennungsanlagen in Anlehnung an VDI 3460 Emissionsminderung – Thermische Abfallbehandlung. (VDI 2014a; Grafik Peter Quicker)

Sowohl bei den trockenen als auch bei den konditioniert trockenen Abgasreinigungsverfahren fallen die Rauchgasreinigungsprodukte in Mischung mit den Stäuben und den Adsorbenzien an. Somit ist eine Wertstoffrückgewinnung aus dem Rauchgasreinigungsprodukt, zumindest unter den aktuellen Rahmenbedingungen, nicht mehr möglich. Gängige Entsorgungsmethode für diese Stoffströme ist derzeit der untertägige Bergversatz.

Werden Wäscher zur Abscheidung der Sauergase eingesetzt, erfolgt dies i. d. R. zweistufig. In einem ersten Wäscher werden Chlorwasserstoff und Fluorwasserstoff, aber auch Quecksilbersalze bei stark saurem pH-Wert abgeschieden. Die zweite Stufe, die im neutralen Bereich betrieben wird, dient der Abscheidung von Schwefeldioxid. Diese gestufte Abscheidung von Chlorwasserstoff und Schwefeldioxid ist die Grundlage für deren stoffliche Rückgewinnung. In den 1990er-Jahren wurde eine ganze Reihe von MVA mit solchen Nasswäschern ausgestattet, um entsprechende Produkte rückzugewinnen. Allerdings gibt es bis heute Probleme mit der Akzeptanz und daher auch beim Absatz der rückgewonnenen Stoffe. Dementsprechend werden heute viele MVA-Wäschersysteme so betrieben, dass eine Eindampfung der Wäscherabwässer erfolgt und die erzeugten Salze nachfolgend, wie die Produkte aus den trockenen und konditioniert trockenen RGR-Verfahren, untertägig versetzt werden.

Weiterführende Informationen zur Technik der Abgasreinigung in MVA finden sich beispielsweise in Karpf 2016. In den folgenden Abschnitten werden die aktuell technisch umgesetzten Ansätze zur Rückgewinnung von Wertstoffen aus dem Abgas von MVA kurz erläutert.

35.4.2 Herstellung von Salzsäure

Zunächst müssen, in einem ersten Reinigungsschritt, die Partikel aus dem Rohgas nach Kessel entfernt werden, um Ablagerungen und Verblockung in den nachgeschalteten Wäschern zu verhindern. Meist wird hierzu elektrostatische Abscheidung eingesetzt, die Verwendung von Gewebefiltern ist ebenso möglich.

In einem Nasswäscher erfolgt dann die Absorption des im Rauchgas enthaltenen Chlorwasserstoffs in wässriger saurer Lösung. Die Abb. 35.12 zeigt das Schema eines dreistufigen Wäschers zur Chlorwasserstoffabsorption. In der ersten Stufe, der sog. Quenche, werden die verbliebenen Reststäube abgeschieden sowie gasförmige Schwermetallsalze und etwas Chlorwasserstoff absorbiert. Gleichzeitig wird das Rauchgas auf Sättigungstemperatur abgekühlt.

Im Anschluss folgen zwei Abscheidestufen mit Füllkörperschüttung, die beide über einen separaten Kreislauf für die Waschlösung verfügen. Im Gegenstrom erfolgt eine Aufkonzentration von Chlorwasserstoff in den Waschlösungen. Dabei wird eine etwa 15-%ige Rohsalzsäure erzeugt, die in nachgeschalteten Apparaten weiter aufkonzentriert werden kann.

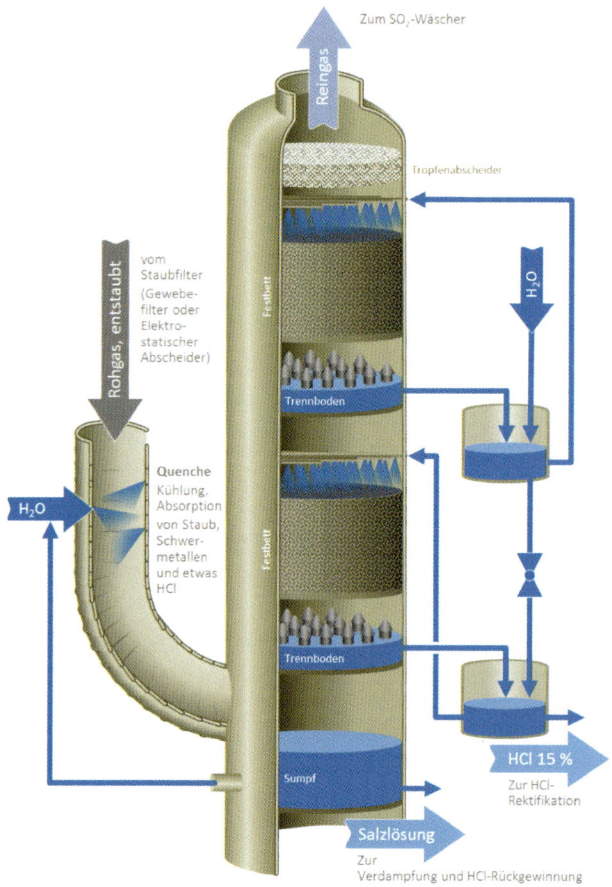

Abb. 35.12 Dreistufiger Nasswäscher zur Absorption von Chlorwasserstoff (HCl) aus dem vorher entstandenen Rauchgas von Müllverbrennungsanlagen. (Nach Sattler 2012; Schönbucher 2002; Grafik Peter Quicker)

Die Salzlösung aus der Quenche-Stufe kann gemeinsam mit den Resten aus der Aufkonzentration der Säure (Rektifikation) eingedampft und entsorgt werden (Sattler 2012; Schönbucher 2002).

35.4.3 Herstellung von Gips

Aufgrund des sauren pH-Werts im Chlorwasserstoffwäscher findet dort keine Absorption der im Rauchgas enthaltenen Schwefeldioxidgase statt. Diese erfolgt in einem zweiten Wäscher, der durch Zugabe von Kalkkomponenten, beispielsweise Kalksteinmehl ($CaCO_3$) oder Kalkhydrat, auf einem neutralen bis leicht basischen pH-Wert gehalten wird. In Abb. 35.13 ist ein solcher Wäscher schematisch wiedergegeben.

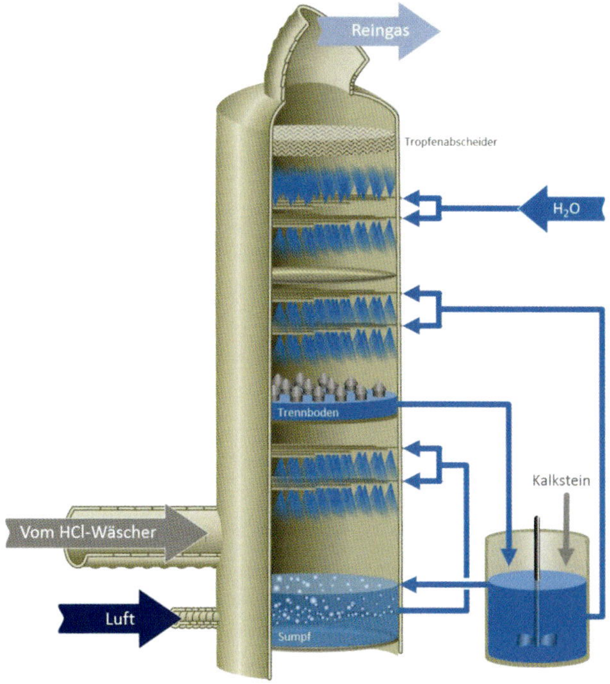

Abb. 35.13 Nasswäscher zur Absorption von Schwefeldioxid (SO_2) aus dem Rauchgas von Müllverbrennungsanlagen nach Entstaubung und Chlorwasserstoff(HCl)-Abscheidung. (Nach Sattler 2012; Schönbucher 2002; Grafik Peter Quicker)

Wird als Neutralisationsmittel Kalziumhydroxid $Ca(OH)_2$ eingesetzt, kommt es im Waschwasser zu folgender Reaktion mit Schwefeldioxid:

$$SO_2 + Ca(OH)_2 \rightarrow CaSO_3 \cdot 1/2\ H_2O + 1/2\ H_2O$$

Das dabei entstehende Sulfit kann sich über eine intermediäre Bildung von Hydrogensulfit und dessen Reaktion mit Sauerstoff, der entweder dem Rauchgas entstammen kann oder durch zusätzliche Oxidationsluft im Wäscher zugegeben wird, zum Wunschprodukt Gips umsetzen:

$$CaSO_3 \cdot 1/2\ H_2O + SO_2 + 1/2\ H_2O \rightarrow Ca(HSO_3)_2$$

$$Ca(HSO_3)_2 + 1/2\ O_2 + H_2O \rightarrow CaSO_4 \cdot 2\ H_2O + SO_2$$

Auch die direkte Oxidation des Kalziumsulfits zu Gips ist möglich:

$$CaSO_3 \cdot 1/2\ H_2O + 1/2\ O_2 + 1{,}5\ H_2O \rightarrow CaSO_4 \cdot 2\ H_2O$$

Auch beim Einsatz von Kalkstein als Absorptionsmittel entsteht zunächst Kalziumsulfit, dass zum Gips weiteroxidiert werden muss. Der entstandene Gips kann aus dem Sumpf durch den Einsatz von Hydrozyklonen abgetrennt werden (Sattler 2012; Schönbucher 2002).

35.4.4 Rückgewinnung von Zink

Bei einer Staubkonzentration im Rohgas einer MVA, zwischen 1 und 5 g/m^3 i.N., (vgl. Tab. 35.3) fallen in einer mittelgroßen MVA jährlich zwischen 1100 und 5500 t Filterstäube an[8], in denen etwa 50–250 t reines Zink enthalten sind. Dieses Potenzial führte dazu, dass in einer großtechnischen Pilotanlage in der KVA Solothurn (Schweiz) ein Verfahren zur Zinkrückgewinnung aus dem Filterstaub im Dauerbetrieb praktiziert wird. Das Prinzipschema des Flugascherecycling(FLUREC)-Prozesses ist in Abb. 35.14 wiedergegeben.

Der Prozess baut auf der sog. Flugaschewäsche (FLUWA) auf, die in der Schweiz schon länger praktiziert wird. Die aus dem Rauchgas abgeschiedenen Filterstäube werden mit prozesseigener Säure aus dem Wäscher versetzt und dabei die im Staub enthaltenen Schwermetalle extrahiert. Gleichzeitig erfolgt eine Neutralisation der Säure durch die alkalischen Bestandteile im Filterstaub. Der schwermetallabgereicherte und entwässerte Filterstaub kann anschließend deponiert werden. Die schwermetallhaltige Extraktionslösung wird mit Kalkmilch gefällt. Der entstehende Hydroxidschlamm wird entwässert und kann aufgrund des hohen Zinkgehalts (> 25 %) in der Zinkverhüttung eingesetzt werden (Thomé-Kozmiensky 2013).

Das FLUREC-Verfahren geht noch einen Schritt weiter: Hier erfolgt eine anlageninterne Aufbereitung des Hydroxidschlamms bis zum metallischen Zink, mit einer Reinheit von über 99,99 %.

Hierzu werden dem schwermetallhaltigen Filtrat aus der Filterstaubextraktion zunächst die Elemente Blei, Cadmium und Kupfer durch Reduktion entzogen und als metallische Feststoffe in einer Kammerfilterpresse abgeschieden. Der entstehende Feststoff (Zementat, Trockenmasse > 60 %) kann aufgrund seines Gehalts von mehr als 50 % Blei direkt an eine Bleihütte abgegeben werden (Schlumberger und Bühler 2013).

Im nächsten Schritt wird das noch in Lösung befindliche Zink durch eine sog. Solventextraktion aus dem Filtrat abgetrennt. Dies erfolgt durch Extraktion mit einem organischen Komplexbildungsmittel. Durch anschließende Reextraktion mit verdünnter Schwefelsäure entsteht eine hochreine Zinksulfatlösung mit Zinkkonzentrationen bis zu 160 g/l. Diese Lösung wird der Zinkelektrolyse zugeführt, bei der durch Anlegen einer Gleichstromspannung metallisches Zink erzeugt wird (Schlumberger und Bühler 2013).

Es ist geplant, beim anstehenden Neubau der Verbrennungsanlage in Solothurn/Hinwil, die Kapazitäten zu Zinkrückgewinnung soweit auszubauen, dass eine zentrale Rückgewinnungsanlage für die ganze Schweiz entsteht. Im Endausbau soll damit eine Substitution der Schweizer Zinkimporte von 30–35 % möglich sein.

[8] Annahmen: MVA-Durchsatz 200.000 t pro Jahr, spezifische Abgasmenge 5500 m^3/t Abfall.

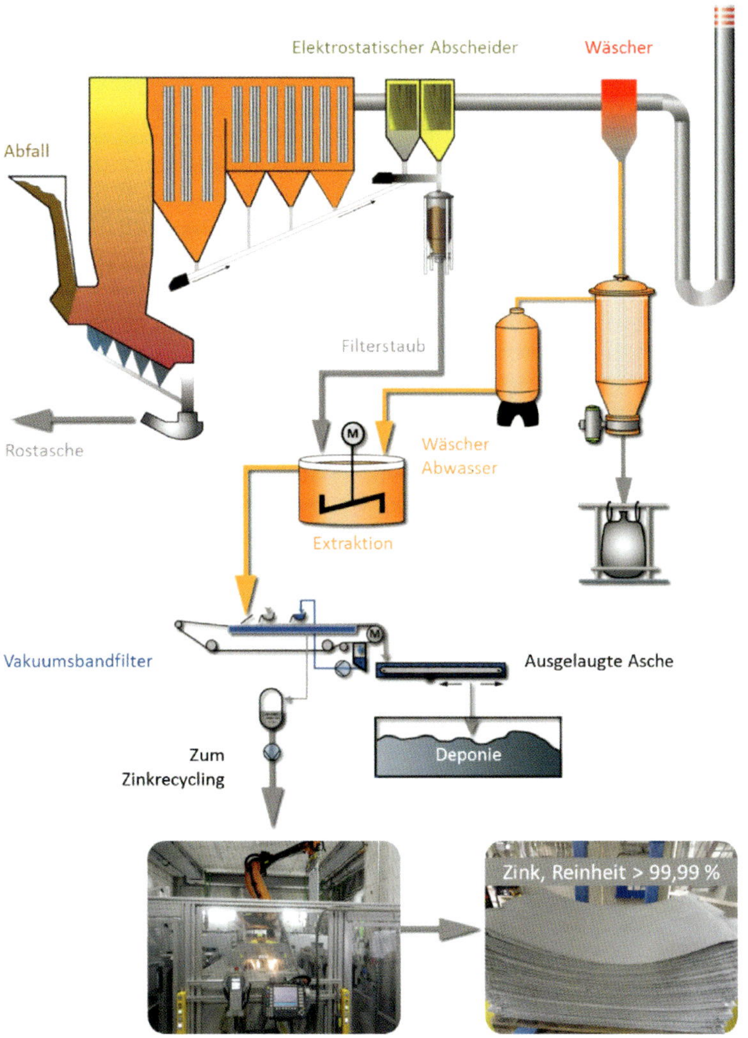

Abb. 35.14 Flugascherecycling(FLUREC)-Prozess zur Rückgewinnung von Zink aus dem Rauchgas von Müllverbrennungsanlagen. (Schlumberger und Bühler 2013; Schlumberger 2014)

35.5 Zusammenfassung und Fazit

Rückstände der Abfallverbrennung fallen als Rostaschen bzw. -schlacken und als Produkte bzw. Reststoffe der Abgasreinigung an.

Die Rückgewinnung von Metallen aus Rostaschen hat eine lange Tradition und v. a. in den letzten Jahren einen sehr hohen technischen Stand erreicht. Auch Nichteisenmetalle werden heutzutage in großem Umfang zurückgewonnen. Zur weiteren Optimierung der

Schlackeaufbereitung, und hierbei insbesondere der Metallrückgewinnung, wurden und werden neue Verfahren entwickelt. Diese betreffen sowohl die Abfallverbrennungsanlage selbst (z. B. Trockenentschlackungsverfahren) als auch nachgeschaltete Aufbereitungsschritte.

Die hochwertige Verwertung der mineralischen Bestandteile, die massenmäßig den überwiegenden Anteil der Rostaschen ausmachen, gestaltet sich dagegen nach wie vor schwierig. In Regionen, in denen mineralische Naturbaustoffe verfügbar und kostengünstig sind, können Ersatzbaustoffe aus Müllverbrennungsaschen kaum konkurrenzfähig sein. In der Schweiz ist eine baustoffliche Nutzung der mineralischen Schlackefraktion sogar gesetzlich untersagt. In den Niederlanden dagegen wird die Nutzung durch den sog. Green Deal, einer Vereinbarung zwischen der holländischen Regierung und der Abfallwirtschaft, die eine weitgehende Nutzung der Rostaschen als Ersatzbaustoffe zum Ziel hat, politisch gefördert.

Auch aus dem Rauchgas von MVA können Wertstoffe zurückgewonnen werden. Neben den traditionellen Optionen zur Salzsäure- und Gipserzeugung haben sich in der Schweiz weitere Ansätze zur Rückgewinnung von Wertstoffen aus dem Abgas von MVA entwickelt. Durch eine saure Wäsche werden die in der Flugasche enthaltenen Metalle, insbesondere Zink und Blei, zurückgewonnen und in den Stoffkreislauf zurückgeführt.

Literatur

Adam F, Böni D, Böni F (2011) Technischer Statusbericht Thermo-Recycling. Stiftung Zentrum für nachhaltige Abfall- und Ressourcennutzung. Hinwil. https://zar-ch.ch/fileadmin/user_upload/Contentdokumente/Oeffentliche_Dokumente/zar_technischerzwischenbericht.pdf. Abgerufen: 2. Hj. 2016

Ardia P, Böni D, Büchi U, Di Lorenzo F, Schlumberger S (2014) Geschäftsbericht/Tätigkeitsbericht 2014. http://zar-ch.ch/fileadmin/user_upload/Contentdokumente/Oeffentliche_Dokumente/ZAR_GB_2014_DE.pdf. Abgerufen: 2. Hj. 2016

Berkhout P, Rem P (o. J.) Separation apparatus

Böni D (2010) Ausbeute aus der Trockenschlacke. VDI Wissensforum Feuerung und Kessel – Beläge und Korrosion in Großfeuerungsanlagen. Frankfurt. https://zar-ch.ch/fileadmin/user_upload/Contentdokumente/Oeffentliche_Dokumente/Ausbeute__aus_Trockenschlacke.pdf. Abgerufen: 2. Hj. 2016

Bunge R (2010) Wertstoffgewinnung aus KVA-Rostasche. In: Schenk K (Hrsg.) KVA-Rückstände in der Schweiz. Bundesamt für Umwelt BAFU, S 170–184

Bunge R (2016) Aufbereitung von Abfallverbrennungsaschen – Eine Übersicht. In: Thomé-Kozmiensky KJ (Hrsg.) Mineralische Nebenprodukte und Abfälle, Band 3. TK Verlag Karl Thomé-Kozmiensky, Neuruppin, S 141–161

Creuwels H, van der Wegen G, Heijnsdijk E, Kappetein J (2016) Aufbereitete Asche aus Abfallverbrennungsanlagen als Zuschlagstoff bei der Herstellung von Betonpflastersteinen. In: Thomé-Kozmiensky KJ (Hrsg.) Mineralische Nebenprodukte und Abfälle, Band 3. TK Verlag Karl Thomé-Kozmiensky, Neuruppin, S 223–232

Deike R, Ebert D, Warnecke R, Vogell M (2012) Recyclingpotenziale bei Rückständen aus der Müllverbrennung. Abschlussbericht (2012). https://www.itad.de/information/studien/20130110DEIKEHdasRecyclingpotentialAbschlussbericht.pdf. Abgerufen: 2. Hj. 2016

Döring M (2014) Der Weltmarkt für Abfallverbrennungsanlagen. In: Thomé-Kozmiensky KJ (Hrsg.) Strategie – Planung – Umweltrecht, Band 8. TK Verlag Karl Thomé-Kozmiensky, Neuruppin, S 141–154

Eckert S (2016) Modernisierung der Ofenlinie 2 der KVA Horgen und Umbau auf Trockenschlackenaustrag. Vortrag Informationsveranstaltung ZAR. 27. Mai 2016. https://zar-ch.ch/fileadmin/user_upload/Contentdokumente/Veranstaltungen/Info_2016/ZARInfo16_Eckert_S_ZAR_Tockenaustrag_KVA_Horgen_HZI.pdf. Abgerufen: 2. Hj. 2016

Fleck E, Langhein E-C, Blatter E (2013) Metallrückgewinnung aus trocken ausgetragenen MVA-Schlacken. In: Thomé-Kozmiensky KJ (Hrsg.) Aschen · Schlacken · Stäube – aus Abfallverbrennung und Metallurgie. TK Verlag Karl Thomé-Kozmiensky, Neuruppin, S 323–339

de Fodor A (1989) Elektrizität aus Kehricht. Budapest (1911). Nachdruck der Originalausgabe. MABEG, Gesellschaft für Abfallwirtschaft und Entsorgung (Hrsg.)

Franz M (2014) KVA – Schlackenaufbereitung in der Schweiz. Von den Anfängen bis heute. http://www.nutecag.ch/home/images/Nutec/downloads/Schlacke.pdf. Abgerufen: 2. Hj. 2016

Gablinger H, Juchli M (2016) KEBAG-Trockenschlackeaustrag für Feinschlacke. Vortrag Informationsveranstaltung ZAR. 27. Mai 2016. https://zar-ch.ch/fileadmin/user_upload/Contentdokumente/Veranstaltungen/Info_2016/ZARInfo16_DrGablinger_H_Juchli_M_Grate_for_Riddlings.pdf. Abgerufen: 2. Hj. 2016

Gillner R (2011) Nichteisenmetallpotential aus Siedlungsabfällen in Deutschland. Dissertation an der RWTH Aachen

Hitachi Zosen Inova (2016) Nass- und Trockenaustrag von Rostasche? HZIs Grate for Riddlings kombiniert beides. Meldung RecyclingPortal 23.11.2016. http://recyclingportal.eu/Archive/27826. Abgerufen: 2. Hj. 2016

Holm O (2014) r^3 Verbundprojekt ATR. Essen

Holm O (2015) r^3 Verbundprojekt ATR. Bonn

IGENASS Interessengemeinschaft Nassaustrag (o. J.) www.igenass.ch. Abgerufen: 2. Hj. 2016

Karpf R (2016) Aktueller Stand der Abgasreinigung bei der thermischen Abfallbehandlung. In: Quicker P, Schnurer H, Zeschmar-Lahl B (Hrsg.) Müll-Handbuch. Erich Schmidt Verlag. Berlin

Kersting D (2013) Aufbereitung und Verwertung von MV-Schlacken. 25. VDI-Fachkonferenz Thermische Abfallbehandlung. VDI-/ITAD-Spezialtag: Aufbereitung und Verwertung von MVA-Schlacken. 9.–11. Oktober 2013, Würzburg

Knorr W, Hentschel B (1999) Rückstände aus der Müllverbrennung. Chancen für eine stoffliche Verwertung von Aschen und Schlacken. Initiativen zum Umweltschutz, Bd. 13. Berlin

Koralewska R (1999) Naßchemische Behandlung von Rostschlacken aus MVA. Dissertation der TU München. Berichte aus Wassergüte- und Abfallwirtschaft, Bd. 151, München

Koralewska R (2013) Verfahren zur Inertisierung von Aschen/Schlacken aus der Rostfeuerung. In: Thomé-Kozmiensky KJ (Hrsg.) Aschen · Schlacken · Stäube – aus Abfallverbrennung und Metallurgie. TK Verlag Karl Thomé-Kozmiensky, Neuruppin

Koralewska R, Cheeseman CR, Bourtsalas A (2016) Keramische Werkstoffe aus trocken ausgetragener Feinfraktion der Rostschlacke. In: Thomé-Kozmiensky KJ, Thiel S (Hrsg.): Waste Management, Vol. 6. TK Verlag Karl Thomé-Kozmiensky, Neuruppin, S 445–456

Kuchta K, Enzner V (2015) Endbericht Metallrückgewinnung aus Rostaschen aus Abfallverbrennungsanlagen – Bewertung der Ressourceneffizienz. Entsorgergemeinschaft der Deutschen Entsorgungswirtschaft e. V. http://www.entsorgergemeinschaft.de/index.php?id=154. Abgerufen: 2. Hj. 2016

Lamers F (2015) Treatment of Bottom Ashes of Waste-to-Energy Installations – State of the Art. In: Thomé-Kozmiensky KJ, Thiel S (Hrsg.) Waste Management, Vol. 5. Waste-to-Energy. TK Verlag Karl Thomé-Kozmiensky, Neuruppin, S 271–292

Länderarbeitsgemeinschaft Abfall (2003) Mitteilung 20 Anforderungen an die stoffliche Verwertung von mineralischen Reststoffen/Abfällen – Technische Regeln

Lechner P, Mostbauer P (2010) Grundlagen für die Verwertung von MV-Rostasche. Teil B: Aufbereitungstechnik und Innovationen. https://www.bmlfuw.gv.at/dam/jcr:3e990e78-f77d-4d52-b9a1-b3b5ffe5630a/BOKU_Grundsatz_Teil_A_Rostasche.pdf. Abgerufen: 2. Hj. 2016

Lübben S (2015a) Verwertung von Abfallverbrennungsasche als Zuschlagsstoff in der Beton-, Asphalt- und Zementindustrie. In: Thomé-Kozmiensky KJ (Hrsg.) Mineralische Nebenprodukte und Abfälle 2. Neuruppin, S 321–335

Lübben S (2015b) Treatment of bottom ash, metal recovery and recycling of minerals. Hamburg

Lück T (2004) Verfahren der Scherer + Kohl GmbH zur weitergehenden Schlackeaufbereitung. In: Thomé-Kozmiensky KJ (Hrsg.) Optimierung der Abfallverbrennung 1. TK Verlag Karl Thomé-Kozmiensky, Neuruppin, S 621–643

Martens H (2016) Recyclingtechnik. Springer Fachmedien. Wiesbaden

Martin JJE, Koralewska R, Wohlleben A (2015) Advanced solutions in combustion-based WtE technologies. Special Thematic Issue: Waste-to-Energy Processes and Technologies 37, S 147–156

MDSU (o. J.) Fortschrittliche Aufbereitungsprozesse verbunden mit hohen Recyclingquoten. Technische Firmenpräsentation

Meinfelder T, Richers U (2008) Entsorgung der Schlacke aus der thermischen Restabfallbehandlung. Wissenschaftliche Berichte, FZKA 7422

Ministerium für Umwelt und Naturschutz, Landwirtschaft und Verbraucherschutz und Ministeriums für Wirtschaft und Mittelstand, Energie und Verkehr NRW (2001) Anforderungen an den Einsatz von mineralischen Stoffen aus industriellen Prozessen im Straßen- und Erdbau. Gem. RdErl

Quicker P, Stockschläder J (2016) Möglichkeiten einer ressourcenschonenden Kreislaufwirtschaft durch weitergehende Gewinnung von Rohstoffen aus festen Verbrennungsrückständen aus der Behandlung von Siedlungsabfällen. Abschlussbericht zum Vorhaben UBA-FB 3713 33 303 des Umweltforschungsplans des Bundesministeriums für Umwelt, Naturschutz, Bau und Reaktorsicherheit

Quicker P, Neuerburg F, Noël Y, Huras A (2017) Sachstand zu den alternativen Verfahren für die thermische Entsorgung von Abfällen. Umweltbundesamt (Hrsg.) TEXTE 17/2017. https://www.umweltbundesamt.de/sites/default/files/medien/1410/publikationen/2017-03-06_texte_17-2017_alternative-thermische-verfahren.pdf. Abgerufen: 2. Hj. 2016

Reichelt J (1996) Mineralogische Aspekte bautechnischer und umweltrelevanter Eigenschaften von Müllverbrennungsschlacken. Dissertation an der TH Karlsruhe. Blaue Reihe, Bd. 47, Karlsruhe

Rüßmann D, Pretz T (2015) Verlustminimiertes Metallrecycling aus Müllverbrennungsaschen durch sensorgestützte Sortierung – VeMRec, TP 6 Aufbereitung: BMBF-Förderprogramm r^3 – Innovative Technologien für Ressourceneffizienz – Strategische Metalle und Mineralien: Urban Mining – Rückgewinnung von Wertstoffen aus anthropogenen Lagern, Gewinnung von

Wertstoffen aus dem Rückbau von Altdeponien und Hüttenhalden sowie aus Verbrennungsrückständen: Schlussbericht zu dem vom BMBF geförderten Verbundprojekt. Laufzeit: 01.05.2012–31.04.2015

Sattler K (2012) Thermische Trennverfahren: Grundlagen, Auslegung, Apparate. John Wiley & Sons. Weinheim

Schlumberger S (2014) KVA-Hydroxidschlamm – Vom Abfall zum Rohstoff. Erfolgreiche Ressourcenstrategie, Informationsveranstaltung der Stiftung Zentrum für nachhaltige Abfall- und Ressourcennutzung ZAR. Solothurn. https://zar-ch.ch/fileadmin/user_upload/Contentdokumente/Veranstaltungen/Info_2014/Dr._Stefan_Schlumberger.pdf. Abgerufen: 2. Hj 2016

Schlumberger S, Bühler J (2013) Metallrückgewinnung aus Filterstäuben der thermischen Abfallbehandlung nach dem FLUREC-Verfahren. In: Thomé-Kozmiensky KJ (Hrsg.) Aschen · Schlacken · Stäube – aus Abfallverbrennung und Metallurgie. TK Verlag Karl Thomé-Kozmiensky, Neuruppin, S. 377–398. http://www.vivis.de/phocadownload/2013_ass/2013_ass_377_398_schlumberger.pdf. Abgerufen: 2. Hj 2016

Schönbucher A (2002) Thermische Verfahrenstechnik: Grundlagen und Berechnungsmethoden für Ausrüstungen und Prozesse. Springer Verlag, Berlin Heidelberg

Simon F-G, Holm O (2013) Aufschluss, Trennung und Rückgewinnung von Metallen aus Rückständen thermischer Prozesse. Verdoppelung der Metallausbeute aus MVA-Rostasche. In: Thomé-Kozmiensky KJ (Hrsg.) Aschen · Schlacken · Stäube – aus Abfallverbrennung und Metallurgie. TK Verlag Karl Thomé-Kozmiensky, Neuruppin

Statistisches Bundesamt (Hrsg.) (2016) Abfallbilanz 2014. Wiesbaden. https://www.destatis.de/DE/Publikationen/Thematisch/UmweltstatistischeErhebungen/Abfallwirtschaft/AbfallbilanzPDF_5321001.pdf?__blob=publicationFile. Abgerufen: 2. Hj 2016

Thomé-Kozmiensky KJ (2013) Möglichkeiten und Grenzen der Verwertung von Sekundärabfällen aus der Abfallverbrennung. In: Thomé-Kozmiensky KJ (Hrsg.) Aschen · Schlacken · Stäube – aus Abfallverbrennung und Metallurgie. TK Verlag Karl Thomé-Kozmiensky, Neuruppin, S 77–278

Thomé-Kozmiensky KJ, Pahl U (Hrsg.) (1994) Thermische Abfallbehandlung. 2. Aufl., Berlin

van de Weijer R (o. J.) Optimisation of bottom ash treatment. Download: http://www.aebamsterdam.nl/media/1323/04-presen-tatie-bodemas.pdf. Abgerufen: 2. Hj 2016

VDI (2014a) VDI 3460 Emission control – Thermal treatment of waste. Beuth Verlag, Düsseldorf

VDI (2014b) VDI 3679/2 Wet separators – Waste gas cleaning by adsorption (scrubbers). Beuth Verlag, Düsseldorf

Vries W de, Rem P, Berkhout M (2014) ADR – a New Method for Dry Classification. In: Thomé-Kozmiensky, KJ, Thiel S (Hrsg.) Waste-to-energy. Waste management, Bd. 4. Neuruppin, S 331–344

Wieduwilt M, Müller R, Luzzatto M, Brison A (2015) Advanced Urban Mining: A Summary of the State of the Art of Metal Recovery out of Dry Bottom Ash. In: Thomé-Kozmiensky KJ, Thiel S (Hrsg.) Waste Management, Vol. 5. Waste-to-Energy. TK Verlag Karl Thomé-Kozmiensky, Neuruppin, S 293–304

Phosphor – der Flaschenhals des Lebens 36

Christian Kabbe und Fabian Kraus

36.1 Phosphor – der Flaschenhals des Lebens

Welche Rolle der Ressource Phosphor für das Leben auf dem Planeten Erde zukommt, wurde bereits im April 1959 hinlänglich von Isaac Asimov in seinem Essay *Life's bottleneck* (Asimov 1959) dargestellt. Auch wenn die Verfügbarkeit eher ökonomisch denn physisch begrenzt ist, ist es die geographische Verteilung der Phosphorreserven auf unserem Planeten, die uns Europäern Unbehagen bereiten kann (De Ridder et al. 2012). Deutschland selbst verfügt über keine eigenen Lagerstätten und ist somit in hohem Maß von Importen abhängig. Im Wirtschaftsjahr 2015/16 wurden knapp 126.000 Mg Phosphor in Form mineralischer Düngemittel in Deutschland abgesetzt. Davon wurden 95 % importiert (IVA 2016). Zudem kann die Datenlage bezüglich der globalen Lagerstätten und Produktionskapazitäten nicht als gesichert angesehen werden, was nicht zuletzt zum Vorschlag führte, einen internationalen Ausschuss zum Monitoring der Lagerstätten und Produktionskapazitäten einzurichten (Wellmer und Scholz 2015; acatech 2017).

Der anthropogene Phosphorgebrauch ist deutlich dissipativ; d. h. der Phosphor verschwindet nicht, wird aber immer weiter über den Globus verteilt und dabei verdünnt. Global beläuft sich die Ressourceneffizienz für Phosphor entlang der Versorgungskette von der Phosphatmine bis hin zum Nahrungsmittelverzehr auf gerade einmal 5 % (Scholz und Wellmer 2015). Davon ausgehend, dass 90 % des als Phosphaterz in Minen abgebauten Phosphors für die Produktion von Nahrungsmitteln eingesetzt werden, wurden im Jahr 2016 von den geschätzten 261 Mio. t abgebauten Phosphaterzes (USGS 2017) etwa

C. Kabbe (✉)
Isle Utilities B.V.
Berlin, Deutschland

F. Kraus
Kompetenzzentrum Wasser Berlin gGmbH
Berlin, Deutschland

P. Kurth et al. (Hrsg.), *Praxishandbuch der Kreislauf- und Rohstoffwirtschaft*,
https://doi.org/10.1007/978-3-658-17045-5_36

235 Mio. t für die Erzeugung von Lebens- und Futtermitteln eingesetzt, von denen global nur etwa 13 Mio. t veredelt in Form von Lebensmitteln auf unsere Teller gelangten. Diese Zahlen verdeutlichen, dass die o. g. Wertschöpfungskette ein enormes Ressourceneffizienzsteigerungspotenzial in sich birgt. Doch was nützt es, nur von Ressourceneffizienz, Kreislaufwirtschaft und Nachhaltigkeit zu reden? Die folgenden Worte von Johann Wolfgang von Goethe „Es ist nicht genug zu wissen, man muss auch anwenden; es ist nicht genug zu wollen, man muss auch tun." sind aktueller denn je.

Ein Ansatzpunkt unter vielen, der die Möglichkeit des tatsächlichen Handelns bietet, ist die Rückgewinnung des Phosphors aus Abfallströmen und die Rückführung in seiner Funktionalität als Nährstoff in die Nahrungskette (Nährstoffrecycling). Im Reigen der Abfallströme enthalten in industrialisierten Staaten v. a. Gülle, Abwasser und Bioabfälle (van Dijk et al. 2016) substanzielle Mengen dieses Nährstoffs, die nicht mehr bzw. nur noch unzureichend genutzt werden. Dieses Kapitel widmet sich speziell der Phosphorrückgewinnung und dem Phosphorrecycling aus dem Abwasserpfad und der Verknüpfung mit Akteuren entlang der Wertschöpfungskette.

36.2 Phosphorrückgewinnung aus dem Abwasserpfad

Nachdem der traditionelle Weg des Nährstoffrecyclings aus dem Abwasserpfad in Form der Klärschlammausbringung in der Landwirtschaft nicht nur hierzulande, sondern auch in anderen Mitgliedstaaten der Europäischen Union kritisch hinterfragt oder in einigen Ländern sogar strikt verboten wurde, gilt es umso mehr, Alternativrouten zu ermöglichen, um den in diesem Stoffstrom enthaltenen Nährstoff Phosphor dennoch in den Nährstoffkreislauf zurückführen zu können (P-REX 2015). Die Abb. 36.1 spiegelt die Klärschlammentsorgung bzw. -verwertung in 29 europäischen Staaten im Zeitraum zwischen 2012 und 2015 wider. Das Spektrum bewegt sich zwischen 100 % Verbrennung (Schweiz, Niederlande) bzw. 100 % stofflicher Verwertung in der Landwirtschaft (Zypern). Die mit diesen Daten erfasste Klärschlammgesamtmenge beläuft sich auf etwa 10 Mio. Gg Trockensubstanz (TS). Es sei darauf hingewiesen, dass die Darstellung nur die in den jeweiligen Ländern tatsächlich entsorgten bzw. verwerteten Klärschlammmengen reflektiert. Nicht ersichtlich ist z. B. die grenzüberschreitende Entsorgung, wie im Fall des Klärschlammexports vom Königreich der Niederlande nach Deutschland (Entkopplung Ort des Anfalls vom Ort der Entsorgung/Verwertung). In Deutschland fielen im Jahr 2015 nach Angaben des Statistischen Bundesamts 1.803.100 Mg TS Klärschlamm auf kommunalen Abwasserbehandlungsanlagen an (DESTATIS 2016). Davon wurden 1.148.700 Mg verbrannt (64 %). Der Anteil der Klärschlammmonoverbrennung in Bezug zur Gesamtmenge betrug 24 %. In der Landwirtschaft wurden 427.700 Mg (24 %) Klärschlamm ausgebracht, was in etwa 12.000 Mg Phosphor entspricht.

In den letzten Jahren wurden zahlreiche Verfahren zur Rückgewinnung von Phosphor aus dem Abwasserpfad entwickelt. Einige, v. a. praxisnahe Lösungen haben es bereits in die industrielle Umsetzung geschafft, viele sind über den Labormaßstab nicht hinausge-

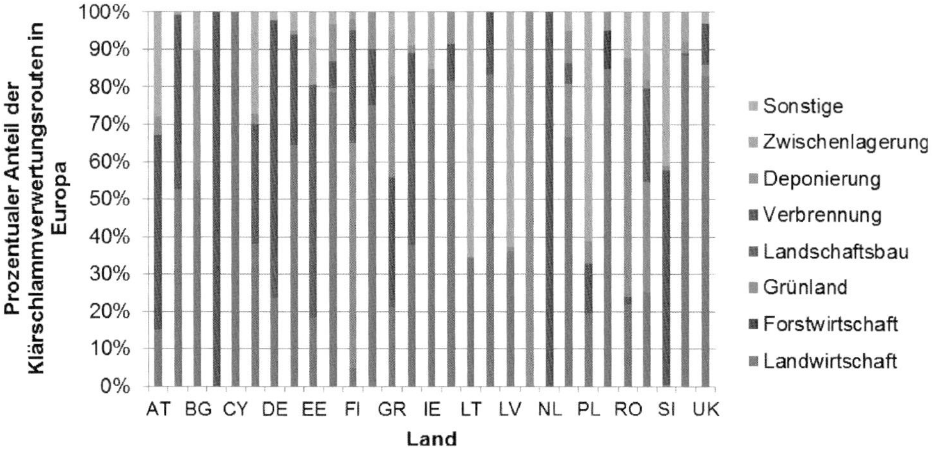

Abb. 36.1 Klärschlammverwertungsrouten in 29 europäischen Staaten basierend auf Daten erhoben zwischen 2012 und 2015. (EurEau 2016; EUROSTAT 2016; DESTATIS 2016)

kommen. Es sei angemerkt, dass es nicht zielführend ist, möglichst viele Verfahren zu entwickeln, sondern vielversprechende praxisnahe Ansätze umzusetzen. Nur Realanlagen und echte Betriebserfahrungen und -probleme ermöglichen es, den Forschungs- und Optimierungsbedarf aufzuzeigen und seriöse Prognosen über Kosten und Nutzen zu geben. Die Tab. 36.1 gibt einen Überblick über bereits realisierte Anlagen bzw. konkret geplante Umsetzungen in Europa. Hervorzuheben ist, dass keine der bereits großtechnisch umgesetzten Anlagen nur zum Zweck der Phosphorrückgewinnung implementiert wurden, sondern anderweitige operative Aspekte den Ausschlag gaben. Die Abb. 36.2 ermöglicht eine Zuordnung bezüglich des verfahrenstechnischen Ansatzes.

Es müssen selbstverständlich auch die Eigenschaften und Verwertungsoptionen für die jeweiligen Recyclate Beachtung finden. Denn was nützt es, Phosphor aus Abfallströmen zurückzugewinnen, wenn die resultierenden Materialien keiner sinnvollen Verwendung zugeführt werden können bzw. dürfen. Der denkbar schlimmste Fall wäre, dass Nährstoffe nach der Rückgewinnung als Abfall entsorgt werden müssen, weil das Material nicht für eine nachfolgende Verwertung zugelassen werden kann oder die Spezifikationen nicht den Wünschen bzw. Anforderungen potenzieller Abnehmer entsprechen. Solch volkswirtschaftlichen Unsinn gilt es zu vermeiden. Daher ist es wichtig, bereits bei der Verfahrensentwicklung neben den potenziellen Anlagenbetreibern auch die potenziellen Abnehmer für die Recyclate einzubeziehen. Nur wenn es gelingt, die Lücke zwischen Rückgewinnung und tatsächlicher nährstofflicher Verwertung zu schließen, wird sich ein substanzielles Nährstoffrecycling umsetzen lassen.

Für die Anwendung im Düngemittelbereich, dem größten Anwendungsgebiet und damit auch Markt für Phosphate, stehen v. a. die Kriterien Düngewirksamkeit (Nährstoff-

Tab. 36.1 Phosphorrückgewinnungsanlagen in Europa. (Kabbe 2013; Schoumans et al. 2015; Kabbe et al. 2015; Walker 2017; Kabbe und Kraus 2017; Tabelle wird kontinuierlich aktualisiert und unter www.p-rex.eu zum Download bereitgestellt)

Prozess	Standort	Jahr der Inbetriebnahme	Recyclat
	Auf der Kläranlage während der Schlammbehandlung		
AirPrex®	MG-Neuwerk (DE), Niersverband Wassmannsdorf (DE), Berliner Wasserbetriebe Echten (NL), Drents Overijsselse Delta Amsterdam-West (NL), Waternet Uelzen (DE), SE Uelzen Salzgitter Nord (DE), ASG Wolfsburg (DE), SE Wolfsburg	2009 2010 2013 2014 2015 2015 2016/17	Struvit
ANPHOS (Colsen)	Odiliapeel (NL), Peka Kroef (potatoe) Kruiningen (NL), Lamb Weston Meijer (potatoe) Bergen op Zoom (NL), Lamb Weston Meijer Budrio (IT), Pizzoli (potatoe) Oosterbierum (NL), Lamb Weston Meijer Den Bosch (NL), Waterschap Aa en Maas	2005 2005 2007/16 2010 2016 2017	Struvit
EloPhos®	Lingen (DE), SE Lingen	2016/17	Struvit
EXTRAPHOS®	MZ-Mombach (DE), Wirtschaftsbetrieb Mainz	2017 (pilot)	DCP
Gifhorn	Gifhorn (DE), ASG	2007	Struvit/CaP
NASKEO	Castres (FR)	2015	Struvit
NuReSys®	Harelbeke (BE), Agristo 2x Niewkuerke (BE), Clarebout Potatoes Waasten (BE), Clarebout Potatoes Geel (BE), Genzyme Leuven (BE), Aquafin Schiphol Airport (NL), Evides Land van Cuijk (NL), Logisticon Apeldoorn (NL), Vallei & Veluwe Braunschweig Steinhof (DE), SE|BS / AVB	2008 2009/12 2012 2014 2013 2014-2015 2015 2016 2018/19	Struvit
PEARL® (OSTARA)	Slough (UK), Thames Water Amersfoort (NL), Vallei & Veluwe Madrid (ES), Canal de Isabel II	2013 2015 2016	Struvit (Crystal Green®)
PHORWater	Calahorra (ES), El Cidacos	2015 (demo)	Struvit
PHOSPAQ™	Olburgen (NL), Waterstromen Lomm (NL), Waterstromen Nottingham (UK), Severn Trent Water Tilburg (NL), Waterchap de Dommel	2006 2008 2014 2016	Struvit
PhosphoGREEN (SUEZ)	Aaby (DK), Aarhus Water Marselisborg (DK), Aarhus Water Herning (DK), Herning Water	2013 2018 2016	Struvit
REPHOS®	Altentreptow (DE), Remondis Aqua (Molkerei)	2006	Struvit
STRUVIA™	Helsingør Southcoast (DK), Forsyning Helsingør	2015	Struvit
Stuttgart	Offenburg (DE), AZV Mobiler Pilot – MSE Mobile Schlammentwässerungs GmbH	2011 (demo) 2015 (pilot)	Struvit (nach Säureaufschluß)
	Nach der Kläranlage (thermische Route)		
EcoPhos	Varna (BG), DecaPhos Dunkerque (FR), EcoPhos	2016 2018/19	H_3PO_4/DCP/ MCP
DüM-Industrie	Verschiedene europ. DüM-Hersteller haben bereits Beimischungen erfolgreich getestet	Getestet u. gewollt	Kommerzielle Mineraldünger
MEPHREC	Nürnberg (DE), SUN	2016 (demo)	P-Schlacke
TetraPhos®	Hamburg (DE), Remondis Aqua, HamburgWasser	2019	H_3PO_4

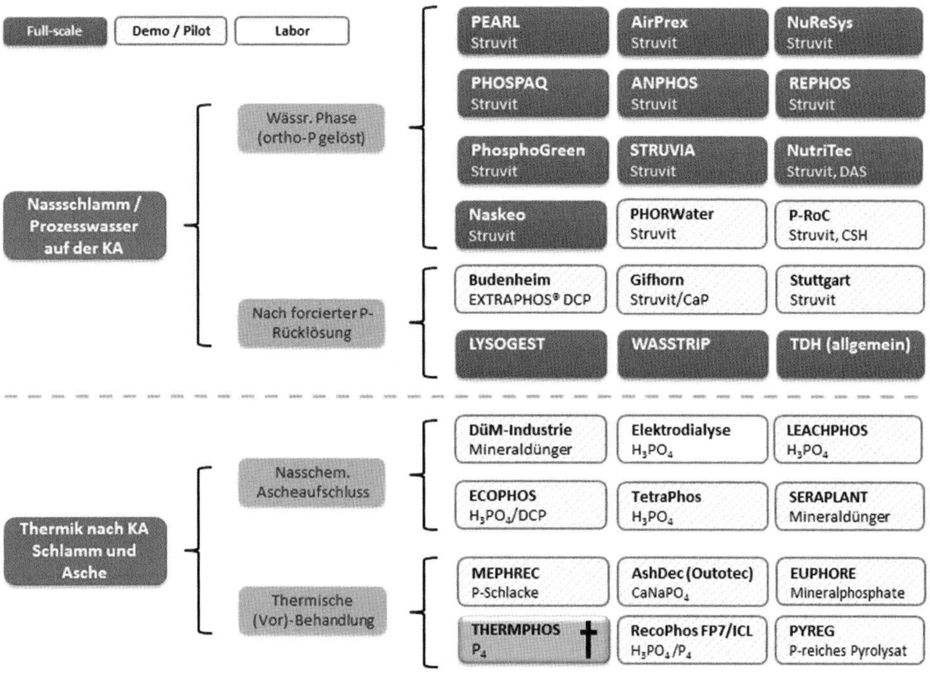

Abb. 36.2 Visible Phosphorrückgewinnungs- und Recyclingverfahren und ihr Stand der Ausgereiftheit. *KA* Kläranlage. (Kabbe et al. 2015)

verfügbarkeit für Pflanzen) sowie Unschädlichkeit für Mensch und Umwelt (keine bzw. geringe Schadstoffbelastungen) im Vordergrund.

Wie in Abb. 36.3 dargestellt kann neben der traditionellen Klärschlammausbringung zwischen zwei prinzipiell alternativen und teilweise komplementären Hauptrouten für die technische Phosphorrückgewinnung mit anschließendem Nährstoffrecycling unterschieden werden. Unberücksichtigt bleiben im Rahmen der nachfolgenden Ausführungen die Rückgewinnungsoptionen in dezentralen Sanitärsystemen.

Ausgehend davon, dass in Kläranlagen mit Phosphatelimination über 90 % des im Zulauf befindlichen Phosphors in den Schlamm überführt und dort in der Festphase konzentriert werden, empfiehlt sich die Rückgewinnung aus dem vom Abwasserhauptstrom abgetrennten Schlamm. Zwar gibt es auch Kläranlagen, bei denen Phosphor in Form des Minerals Struvit ($MgNH_4PO_4 \times 6H_2O$) aus dem Abwasserhauptstrom zurückgewonnen wird, jedoch handelt es sich dabei um industrielle Abwässer (Lebensmittel- und Pharmaindustrie) mit entsprechend hohen ortho-Phosphat- und Ammoniumkonzentrationen (ANPHOS®, NuReSys®, REPHOS®, PHOSPAQ™).

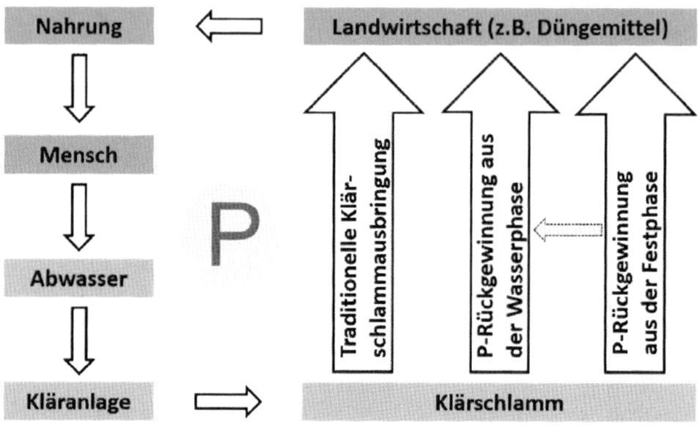

Abb. 36.3 Die drei Säulen des Phosphorrecyclings aus dem Abwasserpfad

36.2.1 Phosphorrückgewinnung aus der wässrigen Phase

Aus der wässrigen Schlammphase kann Phosphor auf Kläranlagen mit biologischer Phosphorelimination (EBPR) i. d. R. nach der Faulung entweder vor der Schlammentwässerung oder nach Entwässerung im Zentrat durch Fällung bzw. kontrollierte Kristallisation zurückgewonnen werden. Einige Konzepte schließen mittlerweile auch phosphorreiches Zentrat aus der Eindickung vor der Faulung in die gezielte Rückgewinnung mit ein (z. B. WASSTRIP®). Da Fällungs- bzw. Kristallisationsprozesse Gleichgewichtsreaktionen sind, bedarf es in diesen Fällen immer Mindestkonzentrationen der beteiligten Ionen, d. h. es müssen ausreichend ortho-Phosphat und Ammonium in der Wasserphase vorliegen und fehlende Reaktionspartner wie im Fall der Magnesiumionen hinzudosiert werden. Für eine effiziente Struvitfällung ist zudem ein erhöhter pH-Wert >8 erforderlich. Die dafür nötige Anhebung des pH-Werts kann durch Kohlendioxidausblasen (Strippung) oder Zugabe von Laugen (Natriumhydroxid) erfolgen. Die in Betrieb befindlichen Struvitanlagen haben i. d. R. ortho-Phosphat-Konzentrationen >100 mg/L. Allgemein wird davon ausgegangen, dass die Mindestkonzentration des gelösten Phosphors für eine Struvitfällung über 50 mg/l betragen sollte. Diese Bedingungen werden zumeist nur von Kläranlagen erfüllt, auf denen der Phosphor biologisch eliminiert wird und eine Faulung des Schlamms stattfindet. Die Mikrokristallbildung beginnt bereits im Faulbehälter, wo der in der Biomasse akkumulierte Phosphor nach biologischem Abbau wieder in gelöster Form in der Wasserphase vorliegt und Ammonium gebildet wird. Eine Rücklösung chemisch an Eisen oder Aluminium gebundenen Phosphors durch Faulung ist vernachlässigbar.

► **Praxishinweis** In der Kläranlage Amersfoort (Niederlande) ist ein leicht abgewandeltes Konzept der WASSTRIP-PEARL-Kombination implementiert worden. Zusätzlich wird Fremdschlamm von nahe gelegenen kleineren Anlagen mitbehandelt. Der Wasstrip-Reaktor wird nicht ausschließlich mit Überschussschlamm beschickt, sondern mit Mischschlamm gespeist. Das Konzept ist außerdem um eine Thermalhydrolyse ergänzt, wodurch u. a. höhere Biogaserträge und ein höherer Entwässerungsgrad erzielt werden. Die Investitionskosten für das Gesamtkonzept betragen 11 Mio. €. Die Amortisierungszeit ist mit 6–7 Jahren angesetzt.

Somit sind das Anwendungs- und Rückgewinnungspotenzial aus dem Schlammwasser mithilfe der klassischen Struvitverfahren erster Generation bezogen auf die Phosphorfracht im Kläranlagenzulauf begrenzt. Derzeit bewegt sich die reale Rückgewinnung, d. h. der Teil des Phosphors, der tatsächlich als Recyclat ausgeschleust bzw. geerntet wird, in den meisten Fällen zwischen 5 und 25 %.

Erfolgt die Struvitfällung direkt nach der Faulung im Nassschlamm vor der Entwässerung wie mit dem von den Berliner Wasserbetrieben entwickelten und unter dem Namen AirPrex® vermarkteten Verfahren, kann die nachfolgende Schlammbehandlung positiv beeinflusst werden. Operative und damit auch monetäre Vorteile stellen sich in diesem Fall als verbesserte Entwässerbarkeit des Schlamms und als geringerer Polymerverbrauch für die Flockung dar. Durch die daraus resultierende verringerte Schlammmenge (die TS kann um mehrere Prozentpunkte höher liegen) sinken die Entsorgungs- und Betriebsmittelkosten. Bei großen Kläranlagen wie Wassmannsdorf (Berliner Wasserbetriebe) oder Mönchengladbach-Neuwerk (Niersverband) kann das zu jährlichen Kosteneinsparungen von mehreren hunderttausend Euro führen (Ewert und Wagenbach 2013; Heinzmann und Lengemann 2013). In allen Fällen führt die Struvitfällung zu einer Reduzierung der Rückbelastung durch ortho-Phosphat und Ammonium im Zentrat und der Verringerung von Instandhaltungskosten, die durch ungewollte Struvitablagerungen in Rohrleitungen und Aggregaten der Schlammbehandlung entstehen.

Eine Option zur Erhöhung der Struvitausbeute ist die Kombination mit einer Hydrolyse vor der Faulung (LD) oder innerhalb einer Faulungskaskade (DLD), angewandt für die Desintegration des Überschussschlamms (Abb. 36.4). Somit lassen sich gleichzeitig Biogasausbeute als auch Struvitausbeute steigern. Die getrennte Behandlung von Primär- und Überschussschlamm bietet ferner den Vorteil, dass der hohe Phosphorgehalt im Überschussschlamm nicht durch den phosphorarmen Primärschlamm verdünnt wird. Somit lässt sich z. B. bei der Umsetzung solcher Konzepte eine Steigerung der Energieeffizienz bei gleichzeitiger Erhöhung der Phosphorrückgewinnungsrate erzielen. Eine Steigerung auf über 20 % Rückgewinnungsrate gilt als gesichert, während Steigerungen über 30, 40 oder gar 50 % zwar angepeilt, jedoch noch nicht erwiesen sind. Bei der Angabe von Rückgewinnungsraten ist unbedingt darauf zu achten, dass diese sich auf die tatsächlich ausgeschleuste Phosphorfracht beziehen. Es genügt nicht, wie bereits vielfach in wissenschaftlichen Publikationen veröffentlicht, den gefällten Phosphor anzugeben, da i. d. R. nur die größeren Kristalle geerntet werden können. Die tatsächlichen Ernteraten liegen jedoch teilweise unter 50 % bezogen auf das gefällte Material.

Generell ist festzustellen, dass einer gezielten Rücklösung des in der Festphase fixierten Phosphors im Prinzip jedes der gängigen Fällungs- und Kristallisationsverfahren nachgeschaltet werden kann. Bei Anwesenheit von ausreichend Ammonium (i. d. R. größer 800 mg NH_4-N pro Liter), bietet sich Struvit als Fällungsprodukt an. Liegt Ammonium nicht in ausreichender Konzentration vor, ermöglicht eine wohldosierte Zugabe von Kalk-

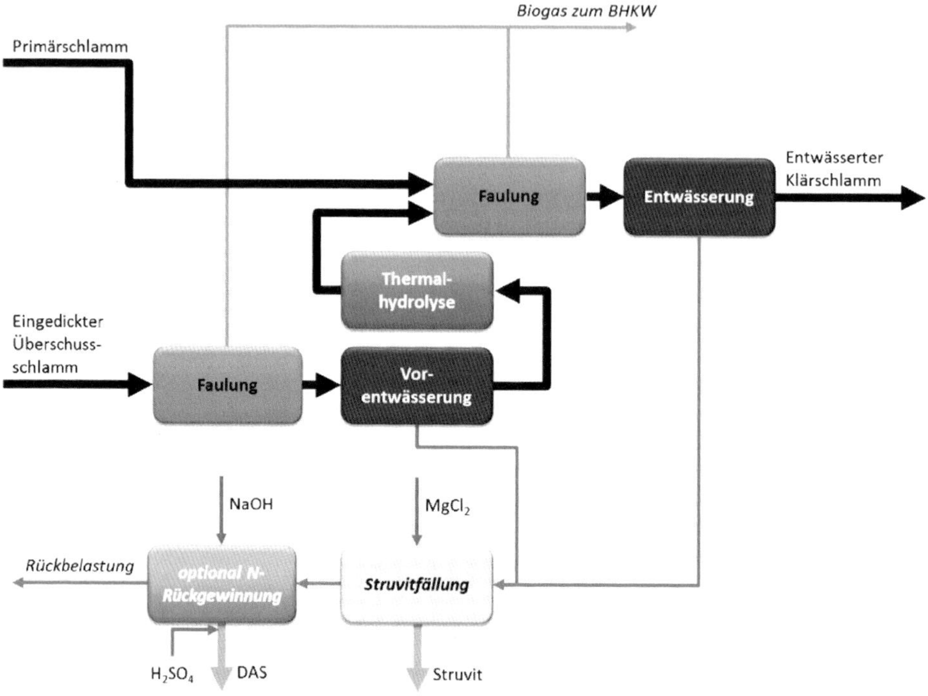

Abb. 36.4 Schematische Darstellung der Kombination von Thermalhydrolyse und Struvitfällung als Digestion-Lysis-Digestion(DLD)-Konfiguration, wie es derzeit auf der Kläranlage Steinhof umgesetzt wird. *BHKW* Blockheizkraftwerk. (Kraus und Kabbe 2016)

milch die Fällung von Dikalziumphosphat (DCP). Eine Überdosierung mit Kalziumionen ist unbedingt zu vermeiden, da man sonst das sehr schwerlösliche Trikalziumphosphat (TCP) erhält.

36.2.2 Phosphorrückgewinnung aus der festen Phase

Die Phosphorrückgewinnung aus der Festphase des Klärschlamms ist bis zum jetzigen Zeitpunkt (mit Ausnahme des Thermphos-Verfahrens zur Herstellung von weißem Phosphor (P_4) bis 2012) großtechnisch nicht umgesetzt worden (Kabbe et al. 2015). Viele Verfahren zielen auf die Rückgewinnung aus Klärschlammasche der Monoverbrennung ab (Ausnahmen sind thermische Schmelz- oder Pyrolyseverfahren wie Mephrec, Kubota oder Pyreg). Einige Verfahren (Stuttgart, Gifhorn, EXTRAPHOS) setzen auch direkt auf der Kläranlage i. d. R. nach der Schlammfaulung an. Diese bedienen sich einer nasschemischen Extraktion des in der Festphase des Schlamms gebundenen Phosphors mit Säuren.

In Deutschland ist es außerdem möglich, Klärschlammaschen direkt als mineralischen Dünger zu vermarkten, sofern sie die Anforderungen der Düngemittelverordnung erfüllen. Allerdings sieht sich diese Verwertungsroute mit einer verbreiteten Skepsis bezüglich der Düngewirksamkeit der Aschen konfrontiert.

Ferner besteht eine praktikable Option, jedoch nur in begrenztem Umfang, in der direkten Verarbeitung von Klärschlammasche als Teilsubstitut (5–10 %) für fossiles Phosphaterz in phosphaterzbasierten Prozessen der konventionellen Phosphordüngemittelproduktion (SSP, TSP; Langeveld 2014; Langeveld und ten Wolde 2013). Jedoch sind die phosphaterzverarbeitenden Düngemittelproduktionskapazitäten in Europa limitiert und SSP als auch TSP machen auch nur einen Bruchteil der in Deutschland abgesetzten phosphorhaltigen Düngemittel aus (IVA 2016).

Die nasschemische Rücklösung des Phosphors im Faulschlamm erfolgt i. d. R. durch starke Mineralsäuren. Dabei hängt die Rücklösungsrate direkt vom pH-Wert ab. Je niedriger der pH-Wert, desto höher die Rücklösungsrate. Bei pH 3 wurden Rücklösungsraten von über 80 % und anschließende Struvitausbeuten von über 60 % erreicht. Leider geschieht dies zum Preis eines hohen Säureverbrauchs für die Rücklösung und einem entsprechenden Laugeneinsatz für die Anhebung des pH-Werts auf über 8 zur Struvitfällung. Um zu verhindern, dass die gleichzeitig in Lösung gebrachten Schwermetalle das Phosphorrecyclat verunreinigen, müssen diese entweder durch Komplexbildung (Stuttgarter Verfahren) oder durch Sulfidfällung (Gifhorn) maskiert bzw. separiert werden. Als praktikabler Kompromiss zeichnet sich die Rücklösung bei einem pH-Wert um 5 ab. Zudem könnte eine separate Rücklösung aus dem Überschlussschlamm den Chemikalienaufwand und das Reaktorvolumen verringern.

Als schonende Alternative zu diesen klassischen Mineralsäureaufschlussverfahren von Klärschlamm zeichnet sich das chemikalienarme EXTRAPHOS®-Verfahren der Firma Budenheim (Abb. 36.5) ab, bei dem lediglich Kohlendioxid unter Druck für die Rücklösung des Phosphors eingesetzt wird. Das für diesen Kohlensäureaufschluss verwandte Kohlendioxid soll prozessintern recycelt werden. Nach Rücklösung und anschließender Fest-Flüssig-Trennung wird ein gut pflanzenverfügbares Phosphat (DCP) aus der wässrigen Phase durch Zugabe von Kalkmilch gefällt. Im Labor- und Technikumsmaßstab wurden bislang Rückgewinnungsraten bis etwa 50 % erzielt. In der großtechnischen Umsetzung werden über 50 % angestrebt. Eine Pilotanlage ging 2017 im Rahmen eines von der deutschen Bundesstiftung Umwelt (DBU) geförderten Projekts auf der Kläranlage Mainz-Mombach in Betrieb.

Es ist allerdings fraglich, ob sich Kläranlagenbetreiber für die Implementierung von Verfahren auf ihren Anlagen entscheiden werden, die ihnen keine operativen Vorteile, dafür aber ein deutliches Mehr an Aufwand bescheren, ohne die Entsorgungssicherheit für den Klärschlamm zu erhöhen. Die sich abzeichnenden rechtlichen Regelungen mit direktem Einfluss auf die Klärschlammverwertung bzw. -entsorgung deuten eindeutig auf eine Favorisierung der Monoverbrennung hin. Sowohl die Ausbringung von Klärschlamm in der Landwirtschaft als auch die Mitverbrennung in Kohlekraftwerken bieten mittelfristig keine Entsorgungssicherheit mehr. Inwieweit die Mitverbrennung in Zementwerken Ka-

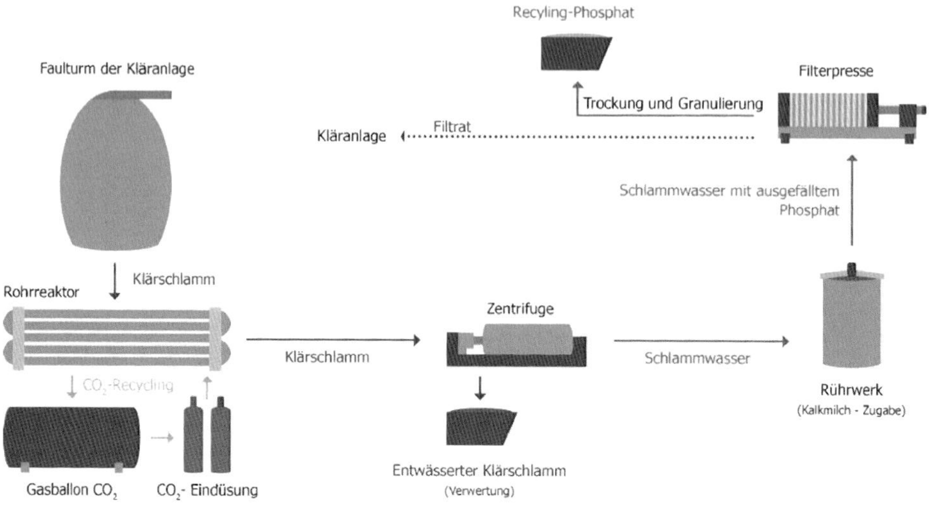

Abb. 36.5 Schematische Darstellung des EXTRAPHOS®-Verfahrens der Firma Budenheim. (© Budenheim)

pazitäten abpuffern kann und wird, ist noch offen. Sowohl die Energiewende als auch die Verschärfung des Düngerechts tragen bereits heute dazu bei, dass immer weniger Klärschlamm auf den beiden zuvor genannten Routen verwertet bzw. entsorgt werden kann. Da die Novelle der Klärschlammverordnung jedoch keine Mindestanforderungen an die Klärschlämme stellt, die in der Monoverbrennung verbrannt werden können, stellt diese Route die sicherste Option in Sachen Planungs- und Entsorgungssicherheit dar.

Wird Klärschlamm in einer Monoverbrennungs- oder Pyrolyseanlage (z. B. Pyreg) einer thermischen Vorbehandlung unterzogen, erhält man Klärschlammaschen oder Pyrokohlen, die als Ausgangsmaterial (Konzentrat) für eine Phosphorrückgewinnung dienen können.

Für Klärschlammaschen gibt es nasschemische Aufschlussverfahren, die den Phosphor, aber auch Schwermetalle rücklösen. Der Vorteil gegenüber dem Säureaufschluss im Nassschlamm auf der Kläranlage direkt liegt im geringeren Chemikalienverbrauch. Während bei Nassschlamm, der hauptsächlich aus Wasser besteht, allein für die pH-Wertabsenkung des Wassers ein großer Teil der Säure verbraucht wird, wirkt die Säure im Fall der Aschen vollständig für die Rücklösung. Aber auch hier müssen die Schwermetalle abgetrennt werden, wenn die Verfahren universell für Klärschlammaschen einsetzbar sein sollen. Als wunder Punkt der Festphasenoptionen ist zu sehen, dass die Wirtschaftlichkeit, wenn sie den Abwasserentsorgern keine direkten operativen Vorteile bringen, komplett vom Erlös für die Produkte und Nebenprodukte abhängt. Dies stellt v. a. in Zeiten niedriger Rohstoffpreise ein sehr hohes betriebswirtschaftliches Risiko dar, das potenzielle Investoren eher abschreckt als anlockt.

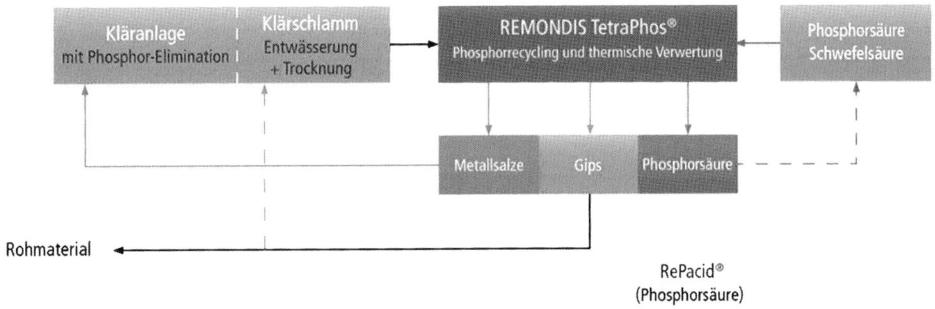

Abb. 36.6 Darstellung der TetraPhos®-Prozesskette von Remondis-Aqua. (© Remondis)

Aussichtsreich erscheint die Rückgewinnung von qualitativ hochwertiger Phosphorsäure und Fällungssalzen aus Klärschlammasche mit dem TetraPhos®- bzw. EcoPhos-Verfahren (Abb. 36.6), wobei die Klärschlammasche mit Säure aufgeschlossen wird, die anschließend über Ionentauscher von Metallen und Verunreinigungen befreit und recycelt bzw. ausgeschleust wird. Die Inbetriebnahme der gegenwärtig im Bau befindlichen großtechnischen Anlage des EcoPhos-Verfahrens (Salzsäureverfahren) in Dunkerque (Frankreich) ist für 2018 geplant. Dort sollen u. a. die Klärschlammaschen (etwa 60.000 Mg pro Jahr) der beiden größten niederländischen Klärschlammmonoverbrenner (SNB und HVC) verarbeitet werden (de Ruijter 2015). HamburgWasser und Remondis-Aqua bereiten derzeit die großtechnische Umsetzung des TetraPhos®-Verfahrens auf der Kläranlage Köhlbrandhöft vor (Rak 2017). Die Inbetriebnahme der dann etwa 20.000 Mg Klärschlammasche zu Phosphorsäure und Fällsalzen aufarbeitenden Anlage ist für 2019 geplant. Beide Verfahren recyceln die Säure zum Aufschluss, was die Betriebskosten entscheidend senkt. Daneben zielen diese Verfahren auf die Herstellung technischer Phosphorsäure und Nebenprodukten (Fällsalze, Gips bzw. Kalziumchlorid) ab. Sofern für alle diese Produkte ausreichende Erlöse generiert werden können, sind diese Anlagen wirtschaftlich!

Letztlich werden sich die Verfahren durchsetzen (können), die unabhängig von der Aschequalität verwertbare Produkte liefern. Ansonsten besteht die Gefahr, dass nur ein Bruchteil der Aschen verwertet werden kann und bestehende Rückgewinnungsanlagen um eine geringe Aschemenge (Premiumasche mit viel Phosphor und niedriger Kontamination) konkurrieren und gleichzeitig die unsauberen Aschen in den einzurichtenden Zwischenlagern verwittern.

Neben den Aufschlussverfahren gibt es auch thermochemische (AshDec, EuPhoRe), metallurgische (Mephrec, Kubota) und biologische Verfahren (P-bac), auf die hier aber nicht detailliert eingegangen werden soll.

Wichtig ist, dass nach dem Rückgewinnungsaufwand Material zur Verfügung steht, das den darin enthaltenen Phosphor verwertbar macht. Wird die direkte Verwertung als Düngemittel angestrebt, müssen Wirksamkeit und Unschädlichkeit direkt gegeben sein. Zudem müssen die Materialien als Düngemittel zugelassen sein. Soll das Material lediglich als Rohmaterial für weitere Veredlungsprozesse dienen, kommt es auf die Spezifikationen der Nachfolgeprozesse an. Hier ist z. B. die Pflanzenverfügbarkeit kein zwingendes Kriterium.

36.3 Marktaspekte und Wertschöpfungsketten

Neben den Prozessen und Anlagen, die speziell auf die Rückgewinnung von Phosphor aus Abfallströmen abzielen, müssen bereits bestehende Infrastrukturen in die Betrachtungen und Strategieentwicklungen stärker einbezogen werden (Kraus et al. 2016), die ohne Neubau von Aufbereitungskapazitäten eine Phosphorrückgewinnung oder im besten Fall ein kurzfristig umsetzbares Nährstoffrecycling ermöglichen. Hier kann der Düngemittelindustrie eine tragende Rolle zukommen. Gerade im Fall der Säureaufschlussverfahren sind die Ähnlichkeiten zwischen den als Rückgewinnungsverfahren entwickelten oder adaptierten und der gängigen Praxis im Düngemittelbereich offensichtlich. Düngemittelhersteller in den Niederlanden, Belgien, Deutschland, Polen und Spanien beschäftigen sich seit geraumer Zeit mit dieser Fragestellung und haben bereits erfolgreiche Teilsubstitutionsversuche durchgeführt (Langeveld und ten Wolde 2013; Langeveld 2014). Wie sich im Dialog mit der Düngemittelindustrie herausstellt, werden der Einsatz von Klärschlammaschen als Teilsubstitut (5–10 %) für Rohphosphat und die Zumischung anderer Nährstoffrecyclate als Option und Chance gesehen, die Düngemittelproduktion in Europa nachhaltiger zu gestalten und v. a. nachhaltig zu sichern. Zudem gibt es auch Möglichkeiten, Klärschlammaschen qualitativ den Erfordernissen der Düngemittelindustrie anzupassen. Wie das von der Bundesanstalt für Materialforschung und -prüfung 2014 abgeschlossene und von BMUB/UBA im Rahmen des UFOPLANs (FKZ 37 11 33 321) finanzierte Klärschlammaschemonitoring (Krüger und Adam 2014) offenbarte, liefern Monoverbrennungsanlagen, die allein kommunale Klärschlämme verbrennen, gute Qualitäten bei hohen Phosphorgehalten.

Wie in Abb. 36.7 ersichtlich, liefern Monoverbrennungsanlagen, die ausschließlich kommunale Schlämme verbrennen, Aschen mit über 6 % Phosphor, i. d. R. über 8 % Phosphor. Anlagen, die ausschließlich industrielle Schlämme verbrennen, liegen bei unter 3 % Phosphor in der Asche.

Das macht deutlich, dass es zweckmäßig ist, die Verbrennungslogistik so umzustellen, dass nur noch kommunale Schlämme in die Monoverbrennung gehen und industrielle Schlämme im Gegenzug in der Mitverbrennung verbrannt werden.

So ließen sich phosphorreiche und gleichzeitig schwermetallarme Aschen generieren, die definitiv geeigneter für ein direktes Phosphorrecycling sind als die phosphorarmen und schwermetallreichen Industrie- bzw. Mischschlämme. Da aber auch Eisen-/Aluminium- als auch Chlorgehalt für einen Einsatz in der Düngemittelproduktion stark limitierend sind, sollte ebenfalls so verbrannt werden, dass eisen-/aluminiumreiche nicht mit eisen-/aluminiumarmen Schlämmen vermischt verbrannt werden. Zudem darf der Anteil

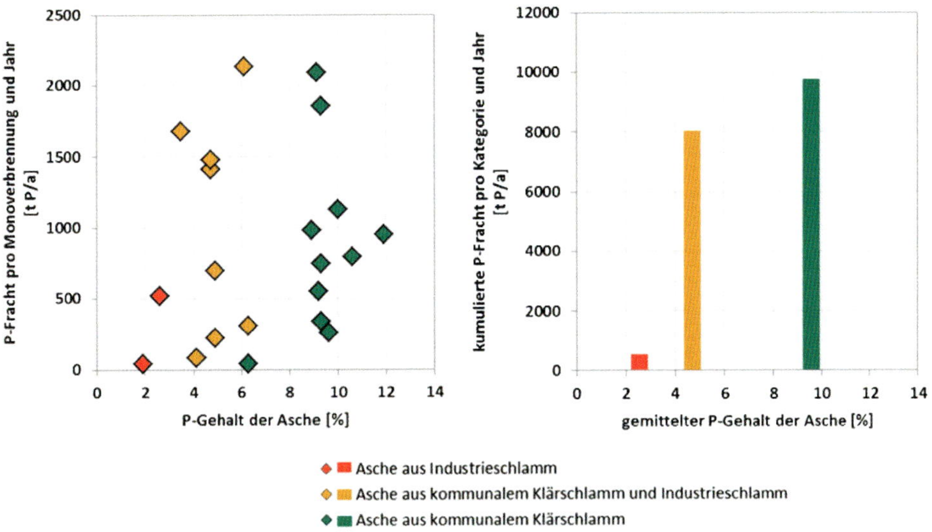

Abb. 36.7 Phosphormengen und -gehalte in den Aschen deutscher Klärschlammmonoverbrennungsanlagen. (Krüger und Adam 2014; Kraus et al. 2016)

der Restorganik nach der Verbrennung 1 Gew.-% nicht überschreiten; es muss also auf ein gutes Verbrennungsregime geachtet werden. Dies sind lediglich logistische Aspekte, die man auf nationaler Ebene mit einem sinnvollen Klärschlammverbrennungsmanagement kurzfristig umsetzen kann, ohne dafür hohe Investitionen in Kauf nehmen zu müssen. Bevor viel Geld in neue Monoverbrennungskapazitäten und Aschezwischenlager investiert wird, die die Rückgewinnung in die Zukunft vertagen, sollte besser das bereits Mögliche aus der bestehenden Infrastruktur herausgeholt werden.

Ebenso wichtig für potenzielle Abnehmer sind Lieferzuverlässigkeit, Mengenverfügbarkeit, stabile Zusammensetzung (Homogenität) und natürlich der Preis. Vorstellungen, Recyclate als Rohstoff für die Düngemittelproduktion zu einem Preis von aufbereitetem Diphosphorpentoxid (P_2O_5) zu verkaufen, sind illusorisch. Letztlich wird dafür nicht mehr bezahlt werden als für das Rohphosphat, das am jeweiligen Produktionsstandort eingesetzt wird. Höhere Preise werden sich nur erzielen lassen, wenn das Material direkt als funktionelle Einmischkomponente oder im besten Fall als fertiger Dünger verwertet werden kann. Das erfordert jedoch neben der Rückgewinnung weitere Veredlungs- bzw. Konfektionierungsschritte, die es bereits in der Düngemittelproduktion mit vielfach größerer Kapazität gibt.

Das Recyclingprodukt Phosphorsäure bietet neben einem höheren Marktwert im Vergleich zu Rohphosphaten bzw. Düngerphosphaten auch ein deutlich breiteres Anwendungsspektrum (Abb. 36.8 rechts). Aber Rückgewinnung und Veredlung sind nur eine Seite der Medaille. Während die Düngemittelindustrie bereits über ein etabliertes Vermarktungs- und Distributionsnetz verfügt und ihre Produkte als solche in Größenordnun-

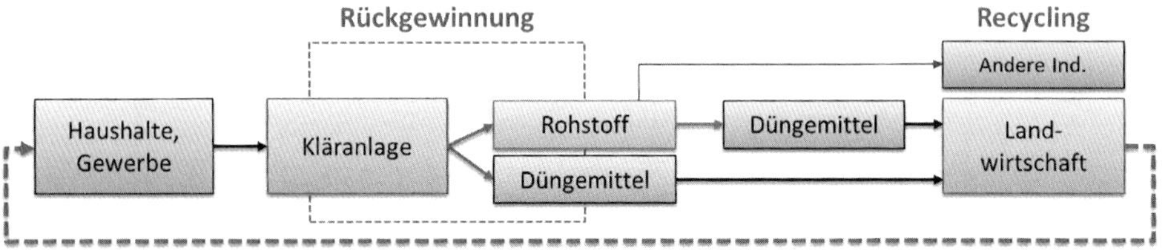

Abb. 36.8 Verknüpfung von Rückgewinnung und Recycling in Wertschöpfungskettenkreisläufen. (ARREAU 2015)

gen verkauft, fehlen den meisten heute in begrenzten Mengen verfügbaren Recyclaten nicht nur die Zulassung als Düngemittel, sondern auch die Bestätigung des Produktstatus. Beides sind Voraussetzungen, um chemische Stoffe oder Stoffgemische in Europa überhaupt als Düngemittel herstellen und handeln zu dürfen. Auf den Punkt gebracht sind der erzielbare Preis, die Qualität und der Marktzugang bzw. die Marktmacht entscheidend für den Erfolg.

Einen Lichtblick stellt die Novellierung der Europäischen Düngemittelverordnung EC 2003/2003 dar, die das ambitionierte Ziel verfolgt, geeigneten Recyclaten die gleichen rechtlichen Chancen einzuräumen wie primären Rohstoffen oder Materialien. Ausgestattet mit einem Mandat der Kommission befasst sich die Arbeitsgruppe STRUBIAS unter Leitung des Joint Research Centre (JRC) in Sevilla explizit mit Qualitätskriterien und End-of-waste-Kriterien (Kriterien zur Bestimmung des Endes der Abfalleigenschaft) für die drei Substanzklassen Struvit, Biokohlen und Aschen.

Im letzten Jahr hat die Expert Group for Technical Advice on Organic Production (EGTOP 2016) Struvit und kalzinierte Phosphate (AshDec Prozess) als alternative mineralische Phosphorquelle für weicherdige Rohphosphate im Ökolandbau empfohlen. Allerdings hat das Generaldirektorat für Landwirtschaft bereits signalisiert, dass eine Aufnahme in den Annex I der einschlägigen Verordnung EC 889/2008 erst nach Aufnahme in die Verordnung für den konventionellen Bereich EC 2003/2003 erfolgt.

Jedoch dürfen bei der Diskussion auch nicht die Endverbraucher bzw. Landwirte vergessen werden. Während erste letztendlich über die Akzeptanz für Recyclate in der Nahrungskette entscheiden (können sollten), sofern sie überhaupt die Möglichkeit haben, zwischen Produkten zu wählen, die z. B. auf mit Klärschlamm gedüngten Flächen produziert wurden oder ob cadmium- und uranreichere Mineralphosphate zum Einsatz kamen. Derzeit hat der Verbraucher keine Chance, diese Aspekte nachzuvollziehen, geschweige denn zu wählen.

Bei den Landwirten kommen neben preislichen Aspekten auch praktische zum Tragen. Sind die Recyclingdünger lagerfähig, mit bereits vorhandenem Equipment auszubringen (Streufähigkeit und Wurfweite) und ausreichend in homogener Qualität verfügbar (Lieferzuverlässigkeit)?

Während alle Düngemittel als Mindestanforderung die rechtlichen Vorgaben erfüllen müssen, entscheiden letztlich die potenziellen Abnehmer über den realen Markterfolg.

36.4 Zusammenfassung und Ausblick

Nachdem die technischen Voraussetzungen für Phosphorrückgewinnung und -recycling hinlänglich entwickelt wurden, ist es nun an der Zeit für die praktische Umsetzung. Im Bereich der Phosphorrückgewinnung aus dem Abwasserpfad zeichnet sich bereits ab, dass die Struvitrückgewinnung auf Kläranlagen mit biologischer Phosphorelimination und Faulung aus betrieblicher Sicht vorteilhaft ist. Weltweit laufen bereits über 40 Anlagen (Kabbe und Kraus 2017), vornehmlich in Europa, Nordamerika und Ostasien. Dieser Weg kann bereits als Stand der Technik angesehen werden. Auch wenn das Phosphorrückgewinnungspotenzial in diesen Fällen begrenzt ist, bieten diese Verfahren sehr gute Kombinationsmöglichkeiten mit anderen Optimierungsansätzen in der Schlammbehandlung von Kläranlagen. Die jüngsten Entwicklungen und Umsetzungen greifen mehr und mehr übergreifende Aspekte wie Energie- und Ressourceneffizienz auf. Sogenannte energieeffiziente Nährstoffrückgewinnungskaskaden, wie sie derzeit auf der Kläranlage Steinhof bei Braunschweig gebaut werden, erlauben ein synergistisches Kohlenstoff-, Stickstoff- und Phosphormanagement: mehr Biogas (Kohlenstoff), mehr Struvit (Phosphor, Stickstoff) und Diammoniumsulfat (Stickstoff) für eine sinnvolle Nutzung.

Um jedoch den Phosphor, der in der festen Phase des Klärschlamms gebunden ist, verfügbar zu machen, ist ein deutlich höherer Aufwand zu betreiben, der nicht unmittelbar mit der Erfüllung der zentralen Aufgabe von Kläranlagen, nämlich der Reinigung bzw. Behandlung von Abwasser verbunden ist.

Da die derzeitigen Preise für Phosphate niedriger sind als die Kosten für die Rückgewinnung und Aufbereitung aus der Festphase des Klärschlamms, können nur verlässliche ordnungspolitische Anreize bzw. Anforderungen den Rahmen für Investitionen in diese Richtung schaffen. Die hierzulande diskutierte Novelle der Klärschlammverordnung kann ein erster Schritt in diese Richtung sein. Es muss aber auch unbedingt darauf geachtet werden, dass nicht nur über Rückgewinnung eines Nährstoffs debattiert wird, sondern auch das tatsächliche Recycling stattfinden kann. Wenn man Abwasserentsorgern das Mandat zur Rückgewinnung auferlegt, muss auch gewährleistet sein, dass sie das zurückgewonnene Material einer sinnvollen Verwertung zuführen können. Nun ist es aber nicht die gesellschaftliche Aufgabe von Kläranlagenbetreibern, z. B. Düngemittel herzustellen und zu vertreiben. Hier muss die Folgekette einbezogen werden. Und wer, wenn nicht die Düngemittelindustrie und der existierende Vertrieb, können das am besten? Eine Beimischungsquote für Recyclingphosphate ist sicher nicht verkehrt, jedoch muss deren Festlegung unter Einbeziehung aller Beteiligten erfolgen, um unrealistische Vorgaben zu vermeiden. Letztlich kann man solche Ziele nur erreichen, wenn alle Akteure der betreffenden Wertschöpfungskette in die Diskussionen zur Umsetzung einbezogen werden.

Um Brücken zu bauen, benötigt man Material. Somit stellen die Struvitrückgewinnung und das begonnene Recycling als Düngemittel einen ersten Schritt dar, der auch für andere Recyclate den Weg zu einer nährstofflichen Verwertung ebnen wird. Erste legislative Hürden können genommen und Akzeptanz für derlei Produkte kann generiert werden. Sogar die Anwendung im Ökolandbau ist denkbar, wo derzeit lediglich weicherdiges Rohphosphat mit seiner fragwürdigen Düngeeffizienz als mineralische Phosphorquelle eingesetzt werden darf. Die Frage, ob die Schließung von lokalen oder regionalen Nährstoffkreisläufen durch Recycling aus ohnehin anfallenden Stoffströmen ökologischer ist als der Import von Nährstoffen, die zuvor in riesigen Tagebauen aus der Erde gerissen wurden, ist leicht zu beantworten. Neben der Listung geeigneter Recyclate im Anhang I der EC 889/2008 ist die Akzeptanz der Ökolandwirte, ihrer Verbände und selbstverständlich der Verbraucher essenzielle Voraussetzung. Akzeptanz und Vertrauen lassen sich am besten durch offenen Dialog und Transparenz entlang der Versorgungskette schaffen. Das von der Deutschen Bundesstiftung Umwelt (DBU) geförderte Projekt Einsatzmöglichkeiten für Nährstoffrecyclate im Ökolandbau (nurec4org) widmet sich diesen Punkten 2017/18.

Volkswirtschaftlich gesehen ist ein integrativer Umsetzungsansatz zu favorisieren, der kurzfristig dazu führt, dass das Maximum an Phosphorrückgewinnung und -recycling mit der bereits vorhandenen Infrastruktur und sinnvollem Stoffstrommanagement erreicht wird. Wie bei der Erstellung der Phosphorrückgewinnungspotenzialstudie für das Land Berlin (Kabbe et al. 2014) festzustellen war, werden Abfallströme zwar hinsichtlich ihrer Schadstoffgehalte überwacht, selten aber deren Wertstoffgehalte erhoben. Das von der Bundesanstalt für Materialforschung und -prüfung (BAM) durchgeführte Klärschlammaschemonitoring (Krüger und Adam 2014) hat Klarheit für diesen Stoffstrom gebracht und sollte in ähnlicher Form auch bei anderen Stoffströmen durchgeführt werden. Leider sind derartige Monitoringkampagnen selten förderfähig und es wird seitens verschiedener Fördermittelgeber lieber die auf Technologie fokussierte innovative Neuerfindung des Rades unterstützt als die bitter nötige Konsolidierung der Stoffstromdaten.

Durch die immer besser werdende Verzahnung der Akteure aus Wissenschaft, Politik und Industrie, wie sie v. a. von den verschiedenen Phosphorplattformen (DPP e. V., www.deutsche-phosphor-plattform.de) und anderen Initiativen vorangetrieben wird, ist zu erwarten, dass der Transfer von Wissen in die Praxis beschleunigt wird. Das Selbstverständnis der Wissenschaft muss in Zukunft über das Wissengenerieren, -verwalten, Publizieren und Mahnen hinausgehen. Erst die Anwendung erworbenen Wissens besitzt die Kraft, Zukunft zu gestalten. Erste Weichenstellungen erfolgen, die Europa tatsächlich zu einer höheren Ressourceneffizienz führen und v. a. Planungssicherheit für Investitionen geben. Die Transformation unserer derzeitigen Wirtschaft hin zu einer tatsächlichen Kreislaufwirtschaft ist eine gesamtgesellschaftliche Mammutaufgabe und wird so manchen Paradigmenwechsel erfordern. Auf politischer Ebene wird v. a. die Art der Zusammenarbeit der verschiedenen Ressorts bestimmen, wie schnell oder wie langsam diese Transformation gelingt. Es nützt letzten Endes gar nichts, immer neue Expertenpanels, Gremien und Think-Tanks aufzusetzen, wenn die wirklichen Visionäre und Macher nicht zusammenfinden. „Think forward, act circular!“

Literatur

Acatech (2017) Rohstoffe für die Energiewende: Wege zu einer sicheren und nachhaltigen Versorgung. Berlin, ISBN 978-3-8047-3664-1

ARREAU (2015) Accelerating Resource Recovery from Water Cycle. European Innovation Partnership for Water (EIP-WATER) Working Group 108. Best practice presentation at International Water Week, Amsterdam

Asimov I (1959) Life's bottleneck. In: The Magazine of Fantasy and Science Fiction. Mercury Press, Inc.

De Ridder M, De Jong S, Polchar J, Lingemann S (2012) Risks and opportunities in the global phosphate rock market: robust strategies in times of uncertainty. The Hague Centre for Strategic Studies (HCSS) Report, The Hague, The Netherlands

de Ruiter R (2015) From Ash to Fertilizer. 2nd European Sustainable Phosphorus Conference. Berlin. 5. März 2015

DESTATIS (2016) 64 % des Klärschlamms wurden 2015 verbrannt, Pressemitteilung 446 vom 12. Dezember. Statistisches Bundesamt, Wiesbaden

EGTOP (2016) Final Report on Organic Fertilizers and Soil Conditioners (II). Expert Group for Technocal Advice on Organic Production. Brüssel, 2. Februar 2016

EurEau (2016) Sewage sludge – situation and trends. Brüssel, 4. Oktober 2016

EUROSTAT (2016) Sewage sludge production and disposal from urban waste water. Last update 15.12.2016. http://ec.europa.eu/eurostat/tgm/refreshTableAction.do?tab=table&pcode=ten00030&language=en. Zugegriffen: 11. Januar 2017

Ewert W, Wagenbach A (2013) Praktische Umsetzung der MAP-Rückgewinnung aus der Flüssigphase. 8. Klärschlammtage. Fulda, 4.–6. Juni 2013

Heinzmann B, Lengemann A (2013) Vom Betriebsproblem zum Berliner Verfahren – Phosphorrückgewinnung als Magnesiumammoniumphosphat in der Kläranlage Wassmannsdorf. 8. Klärschlammtage. Fulda, 4.–6. Juni 2013

IVA (2016) Wichtige Zahlen – Düngemittel – Produktion, Markt, Landwirtschaft – 2015–2016. Industrieverband Agrar e. V., Frankfurt a. M.

Kabbe C (2013) Sustainable sewage sludge management fostering phosphorus recovery, Bluefacts, S 36–41

Kabbe C, Bäger D, Mancke R (2014) Phosphorpotenziale im Land Berlin – Abschlussbericht. Kompetenzzentrum Wasser Berlin gGmbH, Berlin

Kabbe C, Kraus F (2017) P recovery: from evolution to revolution, Fertilizer International 479:4. 37–41. BCInsight Ltd, London

Kabbe C, Remy C, Kraus F (2015) Review of promising methods for phosphorus recovery and recycling from wastewater. Proceedings International Fertiliser Society 763, S 1–29. ISBN 978-0-85310-400-1

Kraus F, Kabbe C (2016) Phosphorrückgewinnung aus Klärschlamm (Praxisbeispiel). In: DWA (Hrsg.) Klärschlamm: Neue Strategien und Techniken. Wasserwirtschaftskurs P/4, Hennef, S 83–97

Kraus F, Kabbe C, Remy C, Lesjean B (2016) Phosphorrecycling aus Klärschlamm in Deutschland – Eine Abschätzung von Kosten und Umweltauswirkungen. KA Korrespondenz Abwasser, Abfall 63(6):528–537

Krüger O, Adam C (2014) Monitoring von Klärschlammmonoverbrennungsaschen hinsichtlich ihrer Zusammensetzung zur Ermittlung ihrer Rohstoffrückgewinnungspotentiale und zur Erstellung von Referenzmaterial für die Überwachungsanalytik, UBA Texte 49/2014. Dessau-Roßlau

Langeveld CP (2014) Phosphate recycling in the mineral fertiliser industry. Abwasser-Phosphor-Dünger-Workshop inklusive Fachgespräch zum UFOPLAN-Projekt Klärschlammaschemonitoring, Berlin, 28.–29. Januar 2014

Langeveld CP, Wolde ten KW (2013) Phosphate recycling in mineral fertiliser production. Proceedings International Fertiliser Society 727, ISBN 978-0-85310-364-6

P-REX (2015) Technical factsheets and deliverables with more details available for download here: www.p-rex.eu

Rak A (2017) Die stoffliche Verwertung von Klärschlammaschen nach dem neuen TetraPhos-Verfahren von Remondis. DPP Vor Ort, Hamburg, 2. März 2014

Scholz RW, Wellmer FW (2015) Losses and use efficiencies along the phosphorus cycle – Part 2: Understanding the concept of efficiency. Resour Conserv Recy 105(B):252–274. DOI:10.1016/j.resconrec.2015.10.003

Schoumans OF, Bouraoui F, Kabbe C, Oenema O, Dijk van KC (2015) Phosphorus management in Europe in a changing world. AMBIO 44:180–192

USGS (2017) Phosphate Rock, U.S. Geological Survey. Mineral Commodities Summaries, Januar 2017, S 124–125. https://minerals.usgs.gov/minerals/pubs/commodity/phosphate_rock/. Abgerufen: 2. Hj. 2016

van Dijk KC, Lesschen JP, Oenema O (2016) Phosphorus flows and balances of the European Union Member States. Sci. Total Environ. 542B:1078–1093

Walker J (2017) Market Map – Beating the burn rate for resource and energy recovery from sludge. Global Water Intelligence Magazine 1:40–47

Wellmer FW, Scholz RW (2015) The Right to Know the Geopotential of Minerals for Ensuring Food Supply Security: The Case of Phosphorus. J Ind Ecol 19(1):3–6. DOI:10.1111/jiec.12230

Deponien

37

Gerhard Rettenberger

37.1 Einleitung

Weltweit wird der überwiegende Teil der anfallenden Abfälle deponiert, aber auch in Europa hat die Ablagerung von Abfällen nach wie vor eine große Bedeutung, allerdings mit einer deutlich rückläufigen Tendenz. So wurden im Jahr 2014 in Bulgarien noch 74 % der kommunalen Abfälle deponiert, in Österreich dagegen nur 4 % (Statista 2016). In Deutschland wird sogar nur noch 1 % der kommunalen Abfälle deponiert. Die Tab. 37.1 verdeutlicht den Rückgang in Deutschland in den letzten Jahren.

In der Zukunft ist mit einem weiteren Rückgang aktiv betriebener Siedlungsabfalldeponien zu rechnen, was aber bis 2013 nur geringfügig eingetreten ist. Insgesamt gab es in Deutschland im Jahr 2014 1131 Deponien, davon 803 der Deponieklasse (DK) 0, 141 der DK I sowie 31 der DK III und DK IV (Statista 2016). Jedoch zeichnet sich derzeit auch in Deutschland ein Bedarf für neue Deponien, insbesondere für inerte Abfälle, ab.

Die Deponietechnik hat weltweit völlig unterschiedliche Aufgaben im Rahmen der Abfallentsorgung zu erfüllen. Geht es in Deutschland überwiegend darum, Deponien für weitestgehend inerte Abfälle zu errichten und zu betreiben bzw. bestehende und noch vor Kurzem betriebene Deponien stillzulegen und stillgelegte Deponien nachzusorgen, zu überwachen und gegebenenfalls zu sanieren, so müssen weltweit Deponien betrieblich weiterentwickelt, bestehende Deponien bautechnisch verbessert und teilweise saniert sowie neue Deponien nach modernen Gesichtspunkten gebaut werden. Damit sind Deponien weltweit technisch völlig unterschiedlich und folgen unterschiedlichen Konzepten; die ingenieurtechnischen Aufgaben im Umgang mit ihnen und die staatlichen Vorgaben sind entsprechend unterschiedlich.

Das vorliegende Kapitel greift zurück auf: Rettenberger (2017).

G. Rettenberger (✉)
Ingenieurgruppe RUK GmbH
Stuttgart, Deutschland

P. Kurth et al. (Hrsg.), *Praxishandbuch der Kreislauf- und Rohstoffwirtschaft*,
https://doi.org/10.1007/978-3-658-17045-5_37

Tab. 37.1 Anzahl der Deponien in Deutschland zwischen 1970 und 2013. (Nach Statista 2016; Umweltbundesamt 2006; Umweltbundesamt)

	Vor 1970	1990	1993	2005	2014
Anzahl der (Hausmüll-)Deponien	85.000	8273	562	162	156
Anzahl in den neuen Bundesländern	3500	7893	292	27	20

Dementsprechend können Deponien in der Praxis mit folgenden Merkmalen vorkommen:

- Das Deponievolumen kann zwischen < 50.000 m^3 und > 20 Mio. m^3 liegen. Die Deponiefläche kann < 1 ha sein, aber auch über 100 ha betragen. Die Deponie kann als Halde geschüttet sein (Haldendeponie), aber auch innerhalb einer ausgebeuteten Grube angelegt sein (Grubendeponie). Die Deponie kann teilweise unter dem Grundwasserspiegel angelegt sein.
- Viele Deponien sind an den Außenböschungen teilweise mit einem Gefälle von 1:1,5 geschüttet, andere sind eher flach. Höhen über 100 m kommen vor, aber auch nur Höhen von 1–2 m. Einige Deponien werden auch während des Betriebs immer wieder zwischenabgedeckt, bei anderen wird hierauf verzichtet. Insbesondere bei der Annahme von Industrieabfällen wird der Abfall vor der Deponierung z. B. mit Zement verfestigt oder verpackt.
- Die Deponie kann verschiedenste Abfallarten inklusive Industrie- und Krankenhausabfälle aufnehmen, aber auch nur ausgewählte, gegebenenfalls vorbehandelte Abfälle.
- Die Deponie kann mit oder ohne Anlagen zur Erfassung von Sickerwasser und Deponiegas ausgestattet sein. Sie kann über Abdichtungs-(Barrieren-)Systeme verfügen.
- An einigen Deponien wird der Abfall lose deponiert, an einigen zuvor zu Ballen gepresst und aufgestapelt (Ballendeponie). Auf vielen Deponien wird der Abfall nach der Anlieferung sofort mit speziellen Maschinen möglichst hoch verdichtet und aufgeschichtet (Verdichtungsdeponie), an anderen Deponien wird er zunächst in Mieten gerottet und erst dann deponiert (Rottedeponie) oder verbleibt als semi-aerobe Deponie.
- An vielen Deponien wird der Abfall vor dem Einbau aussortiert oder vorbehandelt.

Durch diese unterschiedlichen Deponieformen bedingt, ist die allgemeine Definition des Begriffs Deponie vergleichsweise einfach gehalten. Aus der deutschen Deponieverordnung[1] lässt sich die Definition ableiten, dass es sich bei Deponien um Einrichtungen handelt, die über einen Ablagerungsbereich verfügen, in dem Abfälle auf unbegrenzte Zeit abgelagert werden. Nach der Richtlinie des Rats 1999/31/EG vom 26.04.1999[2] über

[1] Verordnung über Deponien und Langzeitlager (Deponieverordnung – DepV), Ausfertigungsdatum 27.04.2009, in Kraft getreten am 16.07.2009, zuletzt geändert am 03.04.2016.

[2] Richtlinie 1999/31/EG des Rats vom 26.04.1999 über Abfalldeponien, Amtsblatt der Europäischen Gemeinschaften vom 16.07.1999, L 182/1–L 182/19.

Abfalldeponien ist die Deponie definiert als Abfallbeseitigungsanlage für die Ablagerung oberhalb und unterhalb der Erdoberfläche für länger als ein Jahr vor der Beseitigung. Damit lässt sich Deponietechnik nur verstehen, wenn man die regionalen und zeitlichen sowie die politischen Bezüge mit berücksichtigt, wobei es überwiegend um folgende Bereiche geht:

- die technische Ausstattung,
- die Annahme der Abfälle,
- den Betrieb,
- die Überwachung,
- die Organisation und
- die Anforderungen an das Betriebspersonal.

Jedoch zeichnet sich auch international eine deutliche Tendenz ab, die in Deutschland bereits vollzogen ist: Deponien werden zunehmend nur noch für mineralische Abfälle genutzt, wodurch sich ein völlig anderes Deponieverhalten ergibt. So wird z. B. die Sickerwasserzusammensetzung nicht mehr mit der früherer Deponien vergleichbar sein, eine Deponiegasentwicklung wird nicht mehr eintreten und der Abfall wird komplett anders in der Deponie eingebaut werden müssen. Damit wird sich die betriebliche Deponietechnik stark verändern. Viele Techniken, die in Deutschland entwickelt wurden, werden somit zukünftig nur noch im Ausland eingesetzt werden. Bei Deponiegas und Sickerwasser werden die entwickelten Techniken in Deutschland nur noch bei alten Deponien bzw. im Rahmen der Deponiestilllegung benötigt werden.

37.2 Deponiekonzepte

Von ungeordnet abgekippten Abfällen können verschiedene Gefahren für die Umwelt ausgehen. So können Niederschläge ungehindert auf den Abfall auftreffen. Damit kommt es zur Pfützenbildung und unkontrollierten, übelriechenden Wasseraustritten, insbesondere aber zu einer Durchsickerung der abgelagerten Abfälle mit Sickerwasserbildung und folgender Grundwasserverschmutzung. Aber auch die Bildung von Deponiegas mit der Folge von Geruchs- und Treibhausgasemissionen (Methan, Lachgas), ein Austrag von Staub, Partikeln und Keimen sowie Brandgasen können Gefahren für die Umwelt darstellen.

Damit diese beschriebenen Effekte nicht oder nur eingeschränkt auftreten, müssen Abfallaufschüttungen systematisch nach einem Konzept gebaut, betrieben und überwacht werden. Folgende Grundkonzepte lassen sich unterscheiden:

Abb. 37.1 Verdichtungsdeponie – Anlieferung und Einbau der Abfälle. (Quelle: Autor)

37.2.1 Verdichtungsdeponie

Bei dieser Deponieform wird der Abfall mit möglichst hoher Dichte schichtweise aufgeschüttet, wodurch er befahrbar wird und zu einer Halde geschüttet werden kann. Um dies zu erreichen, sind spezielle Maschinen (Müllkompaktor) zum Einbau erforderlich. Dieses Deponiekonzept ist das am weitesten verbreitete. Der Vorteil ist ein relativ emissionsarmer Betrieb (Staub, Brand, Geruch). Da im Deponieinnern jedoch kein Sauerstoff auftritt, bilden sich Zersetzungsgase. Aus der Abb. 37.1 wird deutlich, dass der Abfall befahrbar ist, Klärschlamm mit deponiert werden kann (Vordergrund) und der Abfalleinbau mithilfe spezieller Maschinen (Abfallkompaktor) erfolgt. Angemerkt sei, dass diese Art der Ablagerung in Deutschland spätestens seit 2005 nicht mehr erlaubt ist. International ist diese Deponieform Standard, bei semi-aeroben Deponien wird in Japan teilweise Luft zugeführt.

37.2.2 Rottedeponie

Bei dieser Deponieform wird der Abfall vor dem Einbau in einer (Einfach-)Miete auf dem Deponiekörper gerottet/aerob zersetzt. Anschließend wird der Abfall wie bei einer Verdichtungsdeponie eingebaut.

Vorteile dieses Deponiekonzepts sind, dass der Abfall, da er biologisch stabilisiert wurde, nur noch zu geringer Deponiegasbildung führt, das Sickerwasser, zumindest anfänglich, deutlich weniger belastet ist und der Abfall nach dem Einbau eine hohe Dichte aufweist. In Abb. 37.2 ist eine sog. Kaminzugrotte als Vorstufe des nachfolgenden verdichteten Einbaus auf einer Rottedeponie zu sehen. Nachteilig bei Rottedeponien sind oftmals vorhandene Geruchsemissionen sowie der schwer zu kontrollierende Besatz mit Ungeziefer (Schaben, Kakerlaken). Die Rottedeponie war letztendlich das Vorbild für die Entwicklung der mechanisch-biologischen Vorbehandlung (MBA) vor der Deponierung.

Abb. 37.2 Rottedeponie mit Kaminzugrotten. (Quelle: Autor)

37.2.3 Deponie mit mechanisch-biologisch vorbehandelten Abfällen

Bei diesem Deponiekonzept wird nur mechanisch-biologisch vorbehandelter Abfall verdichtet eingebaut. Durch die besonderen Eigenschaften der so vorbehandelten Abfälle unterscheidet sich dieses Deponiekonzept von üblichen Verdichtungsdeponien mit nicht vorbehandelten Siedlungsabfällen erheblich. Der Abfall, der Eigenschaften ähnlich wie ein Kompost hat, lässt sich bei diesem Deponiekonzept deutlich höher verdichten (bis etwa 1,3 bzw. 1,6 Mg/m^3 bezogen auf Frischmasse [FM]), zersetzt sich nur geringfügig (geringe Deponiegasbildung) und weist nach dem Einbau meist eine geringe Wasserdurchlässigkeit auf. Aus Abb. 37.3 ist der Einbaubetrieb bei einer großtechnischen Anwendung zu ersehen.

Abb. 37.3 Einbau der vorbehandelten Abfälle in einer MBA-Deponie. (Quelle: Autor)

Abb. 37.4 Deponie mit verfestigten Abfällen in Big-Bags. (Quelle: Autor)

37.2.4 Deponien mit verfestigten Abfällen

Bei diesem Deponiekonzept wird dem Abfall ein Bindemittel zugegeben, sodass er bessere Festigkeitseigenschaften bekommt. Damit kann ein stabilisierter, wenig wasserdurchlässiger und sich nur noch wenig zersetzender Deponiekörper aufgebaut werden. Für Industrieabfälle ist diese Deponieform insbesondere im Ausland häufig vertreten. Die Abb. 37.4 zeigt eine Deponie, bei der die verfestigten Abfälle zunächst in Big-Bags verfüllt und dann abgelagert werden.

37.2.5 Inertdeponien

Dieses Deponiekonzept ist durch die Art der Abfälle charakterisiert (Abb. 37.5). Diese sind weitestgehend inert, was u. a. auf Bodenaushub und Bauschutt, Aschen, Schlacken (z. B. auch von Müllverbrennungsanlagen), Asbest und sonstige Mineralstoffe oder kontaminierte Böden aus der Altlastensanierung zutrifft. In der Regel treten an solchen Deponien nur noch geringe Emissionen auf. Deponiegase entstehen praktisch nicht. Die Sickerwässer sind nur wenig verunreinigt. Diese Deponieform wird zukünftig in Deutschland dominieren.

(Anmerkung: Daneben kommen noch vereinzelt Ballen-, Reaktor-, Untertage- und Monodeponien neben weiteren Sonderformen (z. B. semi-aerobe Deponie) in der Praxis vor.)

Abb. 37.5 Inertdeponie. (Quelle: Autor)

37.3 Das Verhalten von Verdichtungsdeponien mit Abfällen mit organischen Bestandteilen

Als die Deponieform, die mit Abstand am weitesten verbreitet ist und auch in Deutschland weit überwiegend genutzt wurde, sei hier, was das Verhalten anbelangt, die Verdichtungsdeponie näher dargestellt, da dies bei Stilllegungs- und Nachsorgeprojekten am häufigsten in der Praxis vorkommt.

► **Praxishinweis** Mit den nachfolgenden Ausführungen kann das Verhalten einer Deponie gut charakterisiert und damit prognostiziert werden. Es lassen sich für die verschiedenen Phasen einer Deponie Sickerwassermenge und -zusammensetzung sowie Deponiegasmenge und -zusammensetzung sowie das Setzungsverhalten abschätzen.

Generell gilt, dass die Abfälle bei Deponien den meteorologischen Gegebenheiten ausgesetzt sind, sodass Niederschläge während des Betriebs ungehinderten Zugang zum Deponiekörper haben. Die Gasphase im Deponiekörper steht in unmittelbarem Kontakt zur Atmosphäre. Daher müssen im Wesentlichen die drei folgenden Effekte beachtet werden.

37.3.1 Bildung von Sickerwasser

Durch den ungehinderten Zutritt von Niederschlag in den Deponiekörper wird ein Teil des Wassers durch die Deponie hindurchsickern und an der Deponiebasis austreten. Dieses Wasser wird als Sickerwasser bezeichnet. Es ist dadurch gekennzeichnet, dass es einen Teil der Inhaltsstoffe aus dem Deponiekörper ausgelaugt hat und somit den Untergrund bzw. das Grundwasser belasten kann. Es lässt sich in etwa mit Jauche vergleichen.

Der Sickerwasserabfluss aus einer Deponie lässt sich aus der nachstehenden Wasserhaushaltsgleichung ableiten:

$$N - ET_a - S \pm R - A_B - A_0 \pm W_B + W_K = 0 \qquad (1)$$

N Niederschlag
ET_a aktuelle (tatsächliche) Evapotranspiration
S Speicherung
R Rückhalt
A_B Sickerwasserabfluss an der Deponiebasis
A_0 Oberflächenabfluss
W_B Wasserneubildung/-verbrauch durch biochemische Prozesse
W_K Wasserabgabe infolge von Konsolidationsprozessen

Die mittlere jährliche Sickerwassermenge beträgt in Deutschland bei nicht abgedeckten/abgedichteten Deponien etwa 25 % des jährlichen Niederschlags bei hochverdichtet betriebenen Deponien und etwa 45 % bei schlecht verdichteten Deponien. Nach Sättigung des Deponiekörpers werden Werte um 50–60 % beobachtet. Die Sickerwassermengen zeigen deutliche Schwankungen, die im Tageswert bis zum 3- bis 5-fachen des durchschnittlichen Werts betragen können. Nach Abdichtung sinken die Werte erheblich.

Die Zusammensetzung der Sickerwässer, wie sie an vielen Deponien festgestellt wurde, kann aus Tab. 37.2 entnommen werden. Hinsichtlich der Beschaffenheit des Sickerwassers lassen sich zwei typische Phasen mit deutlich unterschiedlicher Zusammensetzung des Sickerwassers gegeneinander abgrenzen. Dies hängt davon ab, ob sich im Deponiekörper

Tab. 37.2 Zusammensetzung von Sickerwasser aus Siedlungsabfalldeponien. (Tabasaran 1999)

Parameter	Saure Phase		Methanphase	
	Mittel	Bereich	Mittel	Bereich
pH	6,1	4,5–7,5	8	7,5–9,0
BSB_5 (mg/l)	13.000	4000–40.000	180	20–250
CSB (mg/l)	22.000	6000–60.000	3000	500–4500
BSB_5/CSB	0,59		0,06	
Sulfat (mg/l)	1200	70–1750	80	10–420
Kalzium (mg/l)	470	10–2500	60	20–600
Magnesium (mg/l)	780	50–1150	180	40–350
Eisen (mg/l)	25	20–2100	15	3–280
Mangan (mg/l)	5	0,3–65	0,7	0,03–45
Zink (mg/l)	7	0,1–120	0,6	0,03–4,00
Strontium (mg/l)		0,5–15	1	0,3–7,0

BSB Biologischer Sauerstoffbedarf; *CSB* chemischer Sauerstoffbedarf

bereits eine Methanentstehung ausgebildet hat (Methanphase) oder ob sich die Deponie noch überwiegend in der sauren Phase (Vorphase der Methanphase) befindet.

Sofern in einer Deponie überwiegend nur inerte Abfälle deponiert werden, wie dies z. B. bei einer Deponie der Klasse DK I oder DK 0 der Fall ist, liegen völlig andere Verhältnisse vor. Da der Deponiekörper über nahezu kein Speichervermögen verfügt, ist der Sickerwasseranfall deutlich erhöht und wird nahezu in der Größenordnung der Regenspende liegen. Die Sickerwässer haben nahezu keine organische Belastung und sind überwiegend durch anorganische Stoffe wie Sulfat geprägt.

37.3.2 Bildung von Deponiegas

Aufgrund der vorhandenen Feuchtigkeit im Deponiekörper entsteht durch mikrobielle Zersetzung der Abfälle Gas, das überwiegend aus Methan und Kohlenstoffdioxid sowie einer Vielzahl von Spurengasen (z. B. Schwefelwasserstoff und Ammoniak) zusammengesetzt ist. Dieses Gas wird als Deponiegas bezeichnet. Wird Abfall zur Deponie angeliefert, so ist er zunächst noch mit Luftgasen durchsetzt. Nach Deponierung und Verdichtung wird der Sauerstoff in wenigen Stunden durch spontan ablaufende aerobe mikrobielle Vorgänge verbraucht. Fakultative Mikroorganismen, die sowohl mit als auch ohne Sauerstoff leben können, setzen dann den Abbau anaerob fort, sodass bei Verdichtungsdeponien bereits wenige Stunden nach Einbau der anaerobe Abbau beginnt, da die dazu erforder-

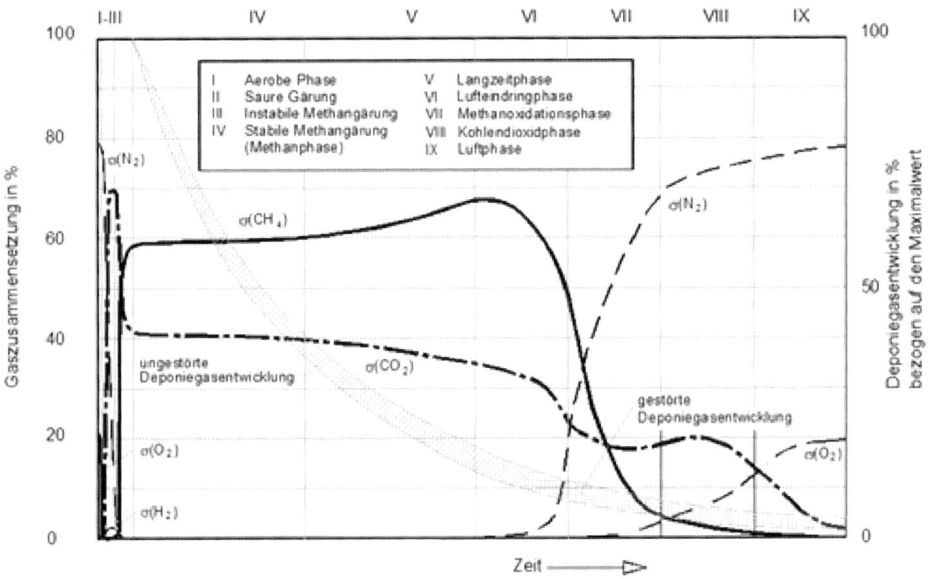

Abb. 37.6 Verlauf der Deponiegaskonzentration im Deponiekörper über die Zeit, qualitativ. (Rettenberger 1996)

lichen Mikroorganismen bereits im Abfall vorhanden sind. Bis eine Methanentwicklung im Deponiekörper einsetzt, ist allerdings ein Zeitraum von ein bis zwei Jahren erforderlich (Rettenberger 2004). Die Entwicklung des Deponiegases führt im Deponiekörper zu charakteristischen neun Phasen, wie sie in Abb. 37.6 dargestellt sind. Danach lassen sich unterscheiden:

- eine zeitliche Phase, in der sich der Deponiekörper mit Deponiegas auffüllt und die noch vorhandenen Luftgase verdrängt werden (kürzeste Phase etwa 1–2 Jahre);
- eine zeitliche Phase, in der der Deponiekörper praktisch vollständig mit Deponiegas aufgefüllt ist und es aufgrund der Deponiegasbildung zu Emissionen über die Oberfläche kommt (längste Phase 1–3 Jahrzehnte);
- eine zeitliche Phase, in der sich der Deponiekörper mit Luftgasen auffüllt, Deponiegas verdrängt wird und keine nennenswerten Emissionen über die Oberfläche stattfinden (Dauer etwa 1–2 Jahrzehnte, auch Schwachgasphase genannt).

37.3.3 Auftreten von Setzungen

Durch die Deponiegasbildung findet eine Umwandlung fester Substanz in gasförmige statt, was zwangsläufig zu Sackungen des Deponiekörpers führt. Ebenso enthält der Deponiekörper auch nach intensiver Verdichtung noch ein gas- und wassergefülltes Porenvolumen von > 40–50 %. Damit können noch auflastbedingte Konsolidationsvorgänge ablaufen. Damit überlagern sich mehrere Prozesse, sodass die Setzungen schwer zu prognostizieren sind. Letztendlich verlaufen sie aber weitgehend parallel zur Deponiegasbildung, nachdem die Setzungen durch Konsolidation abgeschlossen sind.

37.4 Konsequenzen für die Technik einer Deponie

Angesichts der Emissionen, wie sie oben beschrieben wurden, sind technische Maßnahmen erforderlich, um Umweltgefahren zu unterdrücken. Diese Maßnahmen werden nach der Strategie des Multibarrierenkonzepts konzipiert, das derzeit um die Barriere Stabilisierung (Beeinflussung des Deponiekörpers) weiterentwickelt wird.

- 1. Barriere: Abfallbeschaffenheit
- 2. Barriere: Geologie und Hydrologie des Standorts
- 3. Barriere: Deponiebasisabdichtung mit Sickerwassererfassung und -behandlung
- 4. Barriere: Deponiekörper mit prognostizierbarem Verhalten
- 5. Barriere: Oberflächenabdichtung und getrennte Erfassung des Niederschlagswassers

Dabei sind die Barrieren 2, 3 und 5 technische Barrieren (Abb. 37.7). Die Anforderungen daran sind in verschiedenen gesetzlichen Normen beschrieben.

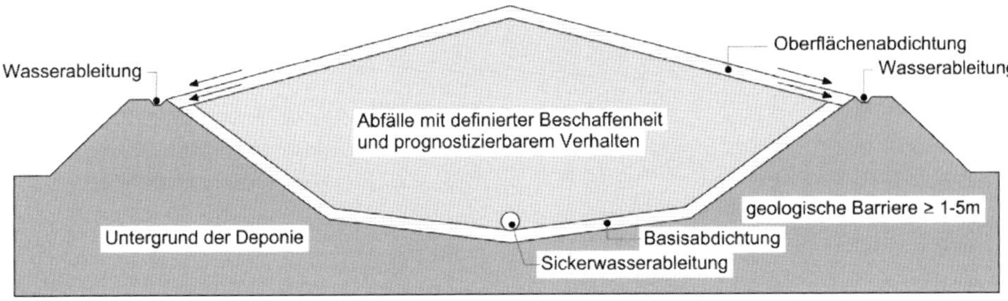

Abb. 37.7 Prinzipskizze des Multibarrierenkonzepts. (Quelle: Autor)

37.5 Anforderungen an die technischen Barrieren

Die nähere Befassung mit der technischen Ausgestaltung des Barrierensystems hat gezeigt, dass dieses mit vergleichsweise großen Aufwendungen verbunden ist, sodass es zweckmäßig erscheint, dieses nicht für alle Abfallarten, die hinsichtlich ihrer Deponierfähigkeit sehr unterschiedlich sein können, in gleicher Weise zu realisieren. Dafür wurden letztendlich unterschiedliche Deponieklassen definiert und für unterschiedliche Abfälle mit unterschiedlichen Anforderungen ausgestaltet. Nach dem Deponierecht in Deutschland werden folgende Klassen unterschieden (verkürzt dargestellt):

- DK 0: Oberirdische Deponie für Inertabfälle
- DK I: Oberirdische Deponie
- DK II: Oberirdische Deponie
- DK III: Oberirdische Deponie für nicht gefährliche Abfälle und gefährliche Abfälle
- DK IV: Untertagedeponie in einem Bergwerk mit eigenständigem Ablagerungsbereich oder einer Kaverne, die völlig im Gestein eingeschlossen ist

Dabei müssen von den zu der entsprechenden Deponie mit der spezifischen Klasse verbrachten Abfällen die jeweiligen Zuordnungswerte eingehalten werden, die für die einzelnen Deponieklassen unterschiedlich sind. Die rechtlichen Anforderungen sind, dass auch langfristig keine schädlichen Sickerwässer das Grund- und Trinkwasser gefährden und die Bildung von Deponiegas verhindert wird. Dies soll dadurch erreicht werden, dass insbesondere die biologisch abbaubaren organischen Bestandteilen im Restabfall und die Eluatbeschaffenheit der Abfälle begrenzt werden.

Hierzu müssen die Zuordnungswerte, d. h. die Anforderungen an die chemische (früher auch mechanische) Beschaffenheit der Abfälle eingehalten werden. Nur unter der Voraussetzung, dass Abfälle diese Zuordnungswerte einhalten, können sie deponiert werden. Die Zuordnungswerte können der Deponieverordnung entnommen werden.

Der Rat der Europäischen Union hat am 26.04.1999 die europäische Deponierichtlinie (Richtlinie 1999/31/EG des Rats über Abfalldeponien) beschlossen, die am 16.07.1999 in Kraft trat. International gesehen stellt die EU-Deponierichtlinie nicht nur den Standard für die Staaten der EU dar, sondern wird auch von vielen Schwellen- und Entwicklungsländern beachtet und angestrebt. Sie hat daher gerade international eine große Bedeutung.

Die EU-Deponierichtlinie enthält 20 Artikel und drei Anhänge:

- Anhang I: Allgemeine Anforderungen für alle Deponiekategorien (Standort, Sickerwasser, Gas, Standsicherheit)
- Anhang II: Abfallannahmekriterien und -verfahren
- Anhang III: Mess- und Überwachungsverfahren während des Betriebs und der Nachsorgephase

Ziel ist, durch Festlegung strenger betriebsbezogener und technischer Anforderungen für Abfalldeponien und Abfälle, Maßnahmen, Verfahren und Leitlinien vorzusehen, mit denen während des gesamten Bestehens der Deponie negative Auswirkungen auf die Umwelt, insbesondere die Verschmutzung von Oberflächenwasser, Grundwasser, Boden und Luft weitestmöglich vermieden oder vermindert werden.

Die Richtlinie unterscheidet drei Deponieklassen:

- Deponie für gefährliche Abfälle,
- Deponie für nicht gefährliche Abfälle und
- Deponie für Inertabfälle.

Abfälle dürfen nur unter Beachtung eines dreistufigen Verfahrens – grundlegende Charakterisierung, Übereinstimmungsuntersuchung, Untersuchung auf der Deponie – angenommen werden. Biologisch abbaubare Abfälle sind in Stufen (Stichtag 16.07.1999) wie folgt zu reduzieren (Bezugsjahr ist im Regelfall das Jahr 1995):

- nach fünf Jahren auf 75 Gew.-% der Gesamtmenge,
- nach acht Jahren auf 50 Gew.-% der Gesamtmenge,
- nach 15 Jahren auf 35 Gew.-% der Gesamtmenge.

Diese Anforderungen bleiben deutlich hinter den Vorgaben des deutschen Deponierechts zurück, nach denen die Ablagerung biologisch abbaubarer Abfälle ab 2005 nicht mehr möglich war, sofern die Abfälle einen Glühverlust von 3 % (DK I) bzw. 5 % (DK II) oder 10 % (DK III) überschritten.

Darüber hinaus ist die Ablagerung von flüssigen Abfällen, von explosiven, korrosiven, brandfördernden oder entzündbaren Abfällen verboten. Das gilt auch für Krankenhausabfälle und ganze Altreifen.

Die Umsetzung in deutsches Recht wurde zusammenfassend durch die Verordnung zur Vereinfachung des Deponierechts umgesetzt, die am 16.07.2009 in Kraft trat und zuletzt am 04.03.2016 geändert wurde. Es handelt sich um eine Artikelverordnung, deren erster Artikel die Verordnung über Deponie und Langzeitlager (Deponieverordnung) enthält. Dabei wurden die tangierten existierenden Rechtsnormen aufgehoben.

Die Deponieverordnung enthält detaillierte technische, betriebliche und organisatorische Anforderungen an die Errichtung, Beschaffenheit, Betrieb und Stilllegung von Deponien und Langzeitlagern sowie deren Nachsorge. Ziel war es, die abzulagernde Menge an Abfällen und deren Schadstoffgehalt auf ein für die Umwelt vertretbares Maß abzusenken. Ökologisch unzulängliche Deponien dürfen seit dem Jahr 2009 nicht mehr betrieben werden.

Die Deponieverordnung enthält in sechs Teilen 28 Paragraphen und sechs Anhänge. Im Einzelnen sind das:

- Teil 1: Allgemeine Bestimmungen
- Teil 2: Errichtung, Betrieb, Stilllegung und Nachsorge von Deponien
- Teil 3: Verwertung von Deponieersatzstoffen
- Teil 4: Sonstige Vorschriften (u. a. Sicherheitsleistungen, Antrag, Anzeige)
- Teil 5: Langzeitlager
- Teil 6: Schlussvorschriften (u. a. Altdeponien in der Ablagerungs- und Stilllegungsphase, Ordnungswidrigkeiten und Übergangsvorschriften)
- Anhang 1: Anforderungen an den Standort, die geologische Barriere, Basis- und Oberflächenabdichtungssysteme von Deponien der Klasse 0 bis III
- Anhang 2: Anforderungen an den Standort, geologische Barriere, Langzeitsicherheitsnachweis und Stilllegungsmaßnahmen von Deponien der Klasse IV im Salzgestein
- Anhang 3: Zulässigkeits- und Zuordnungskriterien
- Anhang 4: Vorgaben zur Beprobung (Probenahme, Probevorbereitung und Untersuchung von Abfällen und Deponieersatzbaustoffen)
- Anhang 5: Information, Dokumentation, Kontrollen, Betrieb
- Anhang 6: Besondere Anforderungen an die zeitweilige Lagerung von metallischen Quecksilberabfällen bei einer Lagerdauer von mehr als einem Jahr in Langzeitlagern

Die zunächst in der am 25.07.2005 erlassenen Deponieverwertungsverordnung geregelte Verwendung von Abfällen als Deponieersatzbaustoffen wurde nunmehr in die Deponieverordnung in die Anlage 3 integriert. Dabei wird die Verwendung

- bei der Vervollständigung oder Verbesserung der geologischen Barriere,
- bei der Errichtung des Basisabdichtungssystems,
- im Deponiekörper,
- bei der Errichtung des Oberflächenabdichtungssystems

geregelt. Insbesondere bei der Stilllegung von Deponien werden in der Praxis große Mengen an Deponieersatzbaustoffen genutzt.

Entsprechend des oben dargestellten Multibarrierenkonzepts werden in den genannten Rechtsnormen verschiedene Anforderungen an die einzelnen Barrieren genannt. Aus Tab. 37.3 sind diese entsprechend der EU-Richtlinie für die geologische Barriere und das Basisabdichtungssystem und aus Tab. 37.4 nach Deponieverordnung zu entnehmen.

Tab. 37.3 Anforderungen an die Basisabdichtung nach EU-Deponie-Richtlinie 1999/31/EG

Deponieklasse	Nicht gefährlich	Gefährlich	Inert
Mineralische Schicht[a]	$k \leq 1{,}0 \cdot 10^{-9}$ m/s Mächtigkeit > 1 m	$k \leq 1{,}0 \cdot 10^{-9}$ m/s Mächtigkeit > 5 m	$k \leq 1{,}0 \cdot 10^{-7}$ m/s Mächtigkeit > 1 m
Künstliche Abdichtungsschicht	Erforderlich	Erforderlich	–
Dränageschicht ≥ 0,5 m	Erforderlich	Erforderlich	–

k Durchlässigkeitsbeiwert (DIN 18130-1)
[a]Die mineralische Schicht muss den genannten Werten gleichwertig sein

Tab. 37.4 Regelaufbau der geologischen Barriere und des Basisabdichtungssystems. (Mod. nach Deponienverordnung, Ausfertigungsdatum 27.04.2009, in Kraft getreten am 16.07.2009, zuletzt geändert am 03.04.2016)

Nr.	Systemkomponente	DK 0	DK I	DK II	DK III
1	Geologische Barriere	$k \leq 1 \cdot 10^{-7}$ m/s $d \geq 1{,}00$ m	$k \leq 1 \cdot 10^{-9}$ m/s $d \geq 1{,}00$ m	$k \leq 1 \cdot 10^{-9}$ m/s $d \geq 1{,}00$ m	$k \leq 1 \cdot 10^{-9}$ m/s $d \geq 5{,}00$ m
2	Erste Abdichtungs-Komponente	Nicht erforderlich	Erforderlich	Erforderlich	Erforderlich
3	Zweite Abdichtungs-Komponente	Nicht erforderlich	Nicht erforderlich	Erforderlich	Erforderlich
4	Mineralische Entwässerungsschicht	$d \geq 0{,}30$ m	$d \geq 0{,}50$ m	$d \geq 0{,}50$ m	$d \geq 0{,}50$ m

DK Deponieklasse; *k* Durchlässigkeitsbeiwert (DIN 18130-1), *d* Dicke

► **Praxishinweis** Im Folgenden werden für Deutschland bzw. Europa die Anforderungen an die technischen Barrieren genannt. Danach lässt sich für unterschiedliche Aufgabenstellungen einfach erkennen, mit welchen Aufwendungen bei den einzelnen Fallgestaltungen zu rechnen ist.

In deutsches Deponierecht wurden die Anforderungen modifiziert übernommen.

Wie aus Tab. 37.4 ersichtlich, kommt der geologischen Barriere eine besondere Bedeutung zu. Sie ist bei allen Deponieklassen erforderlich, insbesondere auch der DK 0, da diese über keine Basisabdichtung verfügt. Die geologische Barriere wird dabei im Wesentlichen durch geologische und hydrogeologische Bedingungen in dem Gebiet unterhalb und in der Umgebung eines Deponiestandorts bestimmt, wobei ein ausreichendes Rückhaltevermögen für Schadstoffe gegeben sein muss.

Die Anforderungen an eine Oberflächenabdichtung sind Tab. 37.5 zu entnehmen.

Tab. 37.5 Regelaufbau des Oberflächenabdichtungssystems. (Mod. nach Deponieverordnung, Ausfertigungsdatum 27.04.2009, in Kraft getreten am 16.07.2009, zuletzt geändert am 03.04.2016)

Nr.	Systemkomponente	DK 0	DK I	DK II	DK III
1	Ausgleichsschicht	Nicht erforderlich	Gegebenenfalls erforderlich	Gegebenenfalls erforderlich	Gegebenenfalls erforderlich
2	Gasdränschicht	Nicht erforderlich	Nicht erforderlich	Gegebenenfalls erforderlich	Gegebenenfalls erforderlich
3	Erste Abdichtungskomponente	Nicht erforderlich	Erforderlich	Erforderlich	Erforderlich
4	Zweite Abdichtungskomponente	Nicht erforderlich	Nicht erforderlich	Erforderlich	Erforderlich
5	Dichtungskontrollsystem	Nicht erforderlich	Nicht erforderlich	Nicht erforderlich	Erforderlich
6	Entwässerungsschicht $d \geq 0{,}30\,\mathrm{m}$, $k \geq 1 \cdot 10^{-3}$ m/s Gefälle > 5 %	Nicht erforderlich	Erforderlich	Erforderlich	Erforderlich
7	Rekultivierungsschicht/technische Funktionsschicht	Erforderlich	Erforderlich	Erforderlich	Erforderlich

DK Deponieklasse

37.6 Technische Ausstattung

Aus Abb. 37.8 können die wesentlichen Elemente, die zur Ausstattung einer Deponie gehören, ersehen werden.

Praxishinweis

Checkliste für die wesentlichen Merkmale einer geordneten Deponie. Die genannten Merkmale sind wesentliche Elemente jeder modernen Deponie.

- Zufahrtsbereich mit Eingangstor und Anbindung an das öffentliche Verkehrsnetz
- Eingangskontrolle sowie Wägebereich
- Interne Verkehrsführung einschließlich Parkplätze im befestigten Bereich sowie dem Deponiekörper (maximale Steigung 8–10 %)
- Bereich für Kleinanlieferer
- Gegebenenfalls Müllumschlags- und Behandlungsanlagen
- Betriebsgebäude mit Einrichtungen für das Betriebspersonal, Büroräume, Labor für Abfall-, Wasser- und Gasanalytik sowie Geräte für die Überwachung im Betrieb
- Werkstatt und Garagen mit Wartungsgrube für die Arbeitsmaschinen

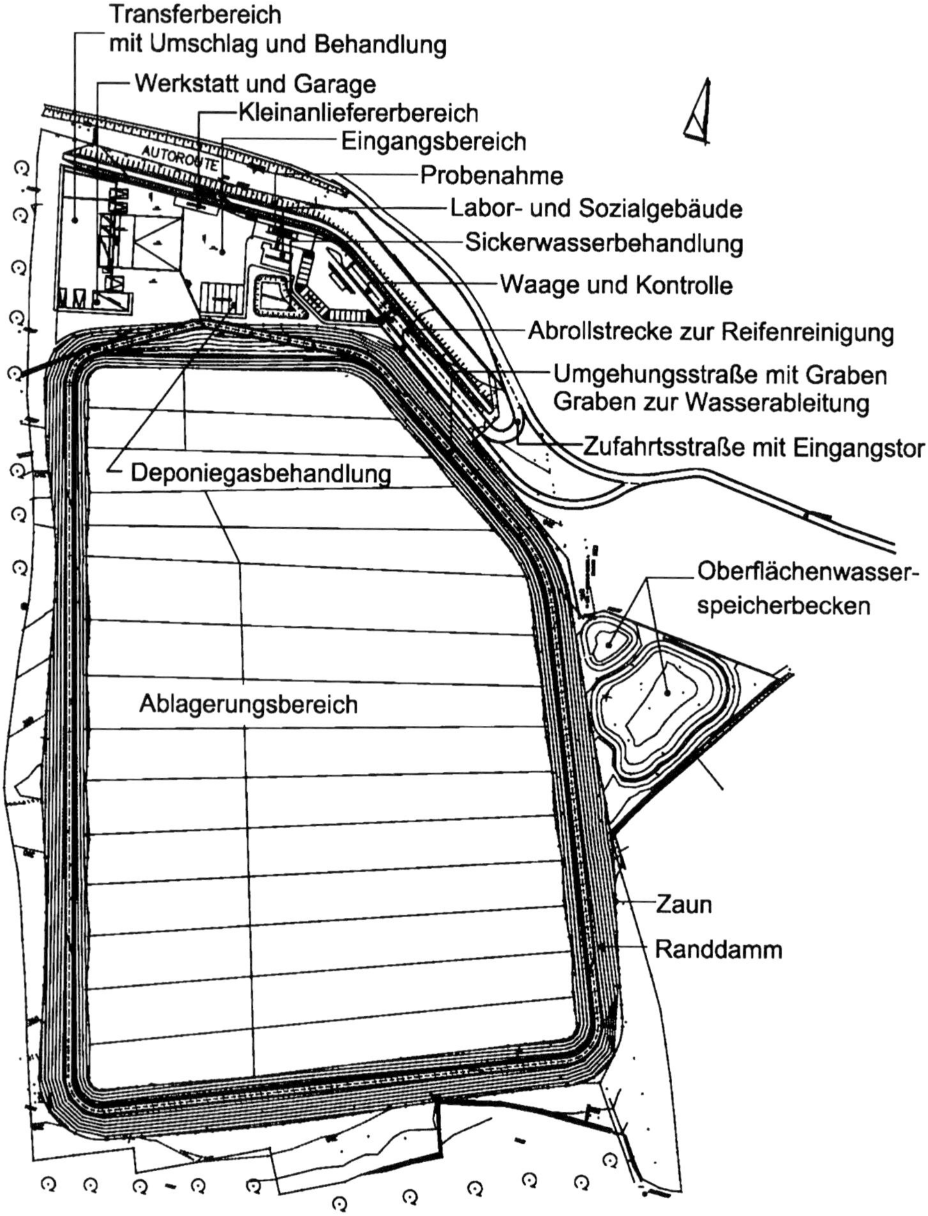

Abb. 37.8 Lageplan einer Abfalldeponie mit den wesentlichen Ausstattungselementen. (Quelle: Ingenieurgruppe RUK GmbH)

- Reifenreinigungsanlagen
- Einrichtungen zur Deponieüberwachung (Grundwasserbrunnen, Gasmigrationspegel) sowie zur Erfassung meteorologischer Daten
- Einrichtungen zur Ableitung des Oberflächenwassers bestehend aus Gräben und Speicherbecken sowie Übergabebauwerke
- Einrichtungen zur Erfassung, Speicherung und Behandlung von Sickerwasser
- Einrichtungen zur Erfassung, Behandlung und Verwertung von Deponiegas
- Umzäunung
- Erfassung der Sickerwässer über flache Sohldränage mit eingelegten Rohrleitungen zur beschleunigten Wasserableitung

Die Anforderungen an die Sohldränage bestehen in einer langen Funktionsdauer und einer Beständigkeit gegen chemische Angriffe. Daher werden praktisch ausschließlich statisch dimensionierte gelochte Rohre aus Polyethylen hoher Dichte eingesetzt.

Ein wichtiger Punkt ist auch die Vermeidung von Verblockungen der Rohröffnungen, was durch Abscheidungen aus dem Sickerwasser, Ausfällungen und biologische Schlämme eintreten kann. Um die Funktionsdauer zu gewährleisten, müssen die Dränageleitungen innerhalb der Deponie kontrollierbar (kamerabefahrbar) und spülbar sein. Damit können die Leitungen eine gewisse Länge nicht überschreiten (etwa 400–500 m bei beidseitiger Befahrungsmöglichkeit), da die Distanz bei der Kamerabefahrung begrenzt ist.

Die Sohldränage besteht daher ausschließlich aus Sammlern ohne jegliche Abzweige, da diese sowohl für die Kamerabefahrung als auch die Spülung störend wären. Diese haben ein Gefälle von mindestens 1 %. Der Sammler sollte einen Durchmesser von mindestens 250 mm haben und an zwei Drittel des Umfangs mit Öffnungen versehen sein. Bei größeren Deponien ist eine hydraulische Dimensionierung erforderlich (Ramke 1991).

Die Abdeckung über dem Rohrscheitel richtet sich nach den statischen Erfordernissen und sollte eine Höhe von 30 cm nicht unterschreiten. Die Dränrohre müssen auf eine Rohrbettung (Abb. 37.9) aufgelegt werden.

Die erfassten Sickerwässer müssen vor der Einleitung in einen Vorfluter oder Abwasserkanal i. d. R. nach den Anforderungen von Anhang 51 der Abwasserverordnung gereinigt werden, wobei heute überwiegend Umkehrosmoseverfahren, biologische Verfahren mit anschließender Adsorptionsstufe (Aktivkohle) und wieder vermehrt Flockung-/Fällungsverfahren zur Anwendung kommen.

Zur Gasentsorgung können grundsätzlich zwei Arten der Entgasung unterschieden werden: passive Entgasung bzw. aktive Entgasung. Bei der passiven Entgasung wird der Eigendruck der Gasphase im Deponiekörper ausgenutzt. Das Deponiegas wird hierdurch aus dem Deponiekörper herausgedrückt und kann so gezielt abgeleitet werden. Bei der aktiven Entgasung wird mithilfe von Gasfördereinrichtungen in der Deponie ein Unterdruck aufgebaut und so das Gas aus der Deponie abgesaugt.

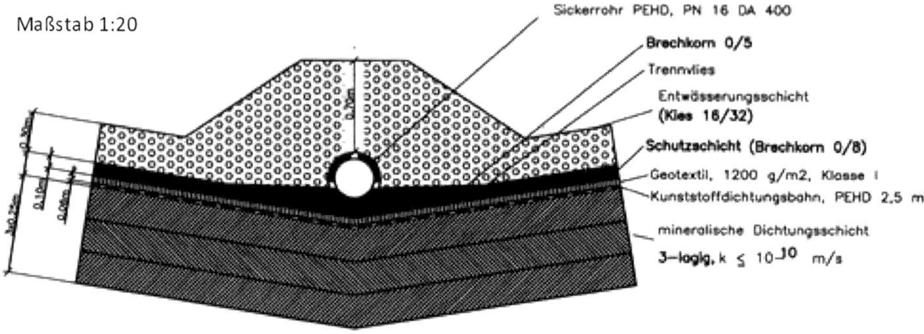

Abb. 37.9 Dränagerohrverlegung an der Deponiebasis, Beispiel. (Quelle: Ingenieurgruppe RUK GmbH)

Die Abb. 37.10 zeigt eine Übersicht eines kompletten Gaserfassungssystems. Wie aus der Abbildung ersichtlich, besteht dieses System aus den Elementen:

- Gaskollektor,
- Gassammelleitung,
- Gassammelstelle,

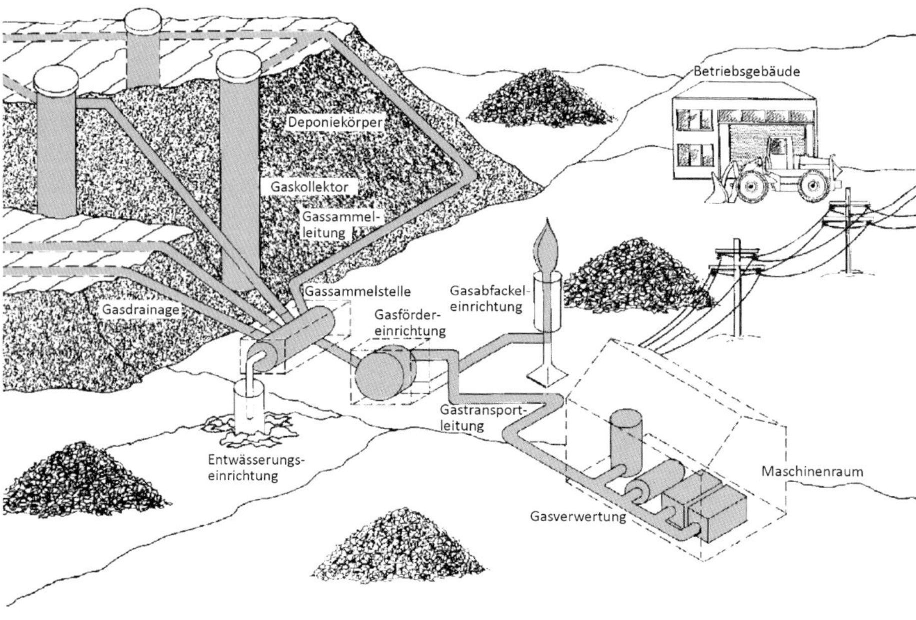

Abb. 37.10 Gaserfassungssystem einer aktiven Entgasung. (Deutsche Gesetzliche Unfallversicherung e. V. 2001)

- Entwässerungseinrichtung (Kondensatabscheidung),
- Gasansaugleitung zwischen Gassammelstelle und Gasfördereinrichtung,
- Gasfördereinrichtung (als Gasfördereinrichtung werden z. B. Radialgebläse, Drehkolben oder Seitenkanalverdichter eingesetzt),
- Aggregathaus zur Aufnahme der Gasfördereinrichtung,
- Gastransportleitung,
- Gasabfackeleinrichtung,
- Maschinenhaus zur Unterbringung von Gasverwertungs- und Gasreinigungsanlagen sowie Schaltwarte und ähnlichen Einrichtungen.

> **Praxishinweis** Mit den nachfolgenden Gleichungen lässt sich für eine Siedlungsabfalldeponie einfach die erwartete Gasmenge berechnen. Sie dient entweder zur Auslegung einer Entgasungsanlage oder als Zielwert für den abzuführenden Deponiegasvolumenstrom.

Der abzuleitende Gasvolumenstrom lässt sich mit nachstehenden Exponentialgleichungen ausdrücken:

$$G_{s,t} = G_e \left(1 - e^{-kt}\right) \tag{2}$$

mit

$G_{s,t}$ bis zur Zeit t gebildete spezifische Deponiegasmenge in m^3 je Mg FM
G_e in langen Zeiträumen bildbares Gasvolumen (m^3 je Mg FM)
k Abbaukonstante pro Jahr; $k = -\ln(0{,}5) / t_{1/2}$
t Zeit (Jahre)

Die Abbaukonstante lässt sich aus der Halbwertszeit unmittelbar berechnen. Einflüsse von Temperatur und Feuchte werden nicht berücksichtigt. Dieses Modell muss noch an die Erfordernisse einer Deponiegasprognoseberechnung angepasst werden. Dazu wurden verschiedene Ansätze publiziert. Eine Übersicht international verwendeter Modelle findet sich in VDI (2017; Rettenberger et al. 2014). Für Grund(Default)-Werte bezüglich Halbwertszeiten und dem Anteil abbaubarer organischer Substanz wird auf die Literatur (VDI 2017) verwiesen.

Von Tabasaran/Rettenberger wurde folgender Modellansatz vorgeschlagen (Rettenberger 1982; Tabasaran 1976; Ehrig 1991):

$$G_{s,t} = 1{,}868 C_{ab} \cdot f_1 \cdot f_2 \cdot f_3 \cdot m_n \cdot \left(1 - e^{-kt}\right) \quad (m^3) \tag{3}$$

mit

f_1 Korrekturfaktor für Kohlenstoffverlust durch aeroben Abbau oder Brand, deponiespezifische Bestimmung
f_2 Korrekturfaktor für verminderte Gasausbeute, etwa 0,4–0,6

f_3 Faktor zur Berücksichtigung der Assimilation: $f_3 = (0{,}014\vartheta + 0{,}28)$, mit ϑ als durchschnittlicher Temperatur im Deponiekörper (°C)
m_n Abfallmasse des Betrachtungsjahrs n in Mg

Das erfasste Gas muss, soweit technisch möglich und wirtschaftlich zumutbar, einer Verwertung zugeführt werden, was in Deutschland auch bei nahezu allen Deponien durchgeführt wird. In den meisten Fällen kommen dabei Gasottomotoren zum Antrieb eines Generators zur Erzeugung elektrischer Energie zum Einsatz. In den letzten Jahren wurden auch Gasturbinen bzw. Stirlingmotoren installiert.

Eine Tendenz bei der Entgasungstechnik ist aktuell durch einen Schwachgasbetrieb bis hin zu einer Belüftung von Deponien gegeben. Damit soll die Methanemission unterbunden werden. Die hierzu erforderlichen Techniken zum thermischen Umgang mit methanschwachen Gasen sind am Markt verfügbar.

37.7 Betrieb von Deponien, Stilllegung und Deponierückbau

Folgende Betriebsbereiche können an einer Deponie unterschieden werden:

- Eingangsbereich mit Abfallregistrierung (Abfallart, Herkunft, Masse) und Abfallkontrolle,
- interner Abfalltransport und Abfalleinbau,
- Erdbau, insbesondere zum Herstellen von betrieblichen Abdeckungen, Außenböschungen, Wegen, temporäre Rekultivierungsschichten,
- Deponiegas- und Sickerwasseranlagen,
- Deponieüberwachung und Labor,
- Deponieleitung.

Grundsätzlich können an der Deponie nur solche Abfälle angenommen werden, die die Zuordnungswerte einhalten. Das dazu erforderliche Annahmeverfahren ist in der Deponieverordnung § 8 ausführlich geregelt. Danach erfolgt die Kontrolle der angelieferten Abfälle im Eingangsbereich im Wesentlichen durch die Registrierung, Verwiegung und visuelle Kontrolle sowie Entnahme von Proben bei einem Teil der Anlieferungen. Insbesondere sind die Abfälle bei Erreichen entsprechender Mengengrenzen zu beproben (Identitätsprüfung), um diese mit der angekündigten Beschaffenheit (Deklarationsprüfung) vergleichen zu können.

Die befestigten Straßen im Deponiebereich müssen regelmäßig gereinigt werden, die nicht befestigten Straßen bis zum Einbaubereich müssen laufend in Stand gesetzt und erweitert werden.

Die Anlieferung des Abfalls zur Einbaustelle erfolgt in der Praxis in zwei Varianten:

- direkte Anlieferung durch die Müllfahrzeuge bis zur Einbaustelle,
- Umladung des Abfalls an einer Umschlagsstation im Deponiebereich und Transport des Abfalls zur Einbaustelle mit deponieeigenen Geräten.

Der Einbau der Abfälle unterscheidet sich in Abhängigkeit der Deponiebetriebsform (Verdichtungsdeponie, Rottedeponie, Inertdeponie) und der Art der Abfälle wie:

- nicht vorbehandelte organikreiche Siedlungsabfälle (in Deutschland nicht mehr zugelassen),
- MBA-Abfälle,
- Inertabfälle,
- verfestigte Abfälle oder zu Ballen gepresste Abfälle.

Beim Einbau unvorbehandelter Siedlungsabfälle wird eine möglichst große Verdichtung angestrebt. Mit zerkleinernd und verdichtend wirkenden Maschinen (Müllkompaktor) lassen sich Dichten zwischen 0,9 und 1,0 Mg/m^3 FM erreichen. Dazu sind Müllkompaktoren mit speziell gestalteten Laufrädern (Stampffüßen) und einem hohen Eigengewicht erforderlich. Diese besitzen ein Gewicht von bis zu 36 Mg. Da Siedlungsabfälle in Deutschland nicht mehr unbehandelt deponiert werden, sind solche Geräte auf deutschen Deponien im Gegensatz zu ausländischen Deponien nicht mehr im Einsatz. Durch den Einbau mit hoher Dichte wird nicht nur das Deponievolumen optimal ausgenutzt, sondern auch die Brandgefahr wesentlich herabgesetzt, Staubemissionen und Papierflug werden vermindert sowie Tiere (Ratten, Hasen, Vögel, etc.) von der Deponie ferngehalten.

Bei Deponien werden über die Zeit Deponiephasen, Zeitpunkte und Zeitabläufe unterschieden. Nach der Bauphase folgt die Ablagerungsphase. Die Ablagerungsphase endet bei Einstellung der Ablagerung, die Stilllegungsphase durch die Feststellung, dass die erforderlichen Maßnahmen (u. a. Oberflächenabdichtung) abgeschlossen sind. Danach schließt sich die Nachsorgephase an. Nachdem in der Stilllegungsphase die bautechnischen Elemente komplett fertiggestellt worden sind und lediglich noch die technischen Einrichtungen weitergeführt werden, dient die Nachsorgephase überwiegend dazu, die Deponie weiterhin zu überwachen und zu kontrollieren sowie die betrieblichen Einrichtungen weiter zu betreiben.

Wenn diese nicht mehr erforderlich sind sowie die Deponie weitestgehend in einen stabilen Zustand übergegangen ist, kann die Behörde den Abschluss der Nachsorge feststellen. Hierzu ist ein entsprechender Antrag bei der Behörde zu stellen. Die abzuprüfenden Kriterien sind in der Deponieverordnung genannt. Da dadurch die Deponie relativ lange ungenutzt ist, d. h. nur Kosten verursacht, aber keine Gebühren mehr erbringt, ist der Gedanke einer Nachnutzung naheliegend. Eine solche Nachnutzung kann in unterschiedlicher Art und Weise erfolgen:

- Integration in die Umgebung (Wald, Naturschutzgebiet, Landwirtschaft), Nutzung als Park, Gelände zur Naherholung, Integration in übergeordnete Freizeitnutzungen wie Nutzung für Wanderwege, Golfplätze und ähnliches, Nutzung als Gelände für stadtnahe Zwecke wie Ansiedlung von Kleingartensiedlungen, Spielplätzen und Ähnlichem
- Nutzung als Gewerbegelände u. a. Anlagen der Abfallwirtschaft, Nutzung als Standorte für Energieerzeugungsanlagen wie Photovoltaikanlagen, Windkraftanlagen, Nutzung für den Anbau von Energiepflanzen

Nach Stilllegung der Deponie stellt sich auch die Frage, ob die Deponie zurückgebaut werden könnte, um die Abfälle zu verwerten und das Grundstück anderweitig zu nutzen (siehe auch nachfolgendes Kap. 38). Insgesamt stellt sich der Deponierückbau jedoch derzeit als nicht wirtschaftlich dar (Kosten etwa 35 €/Mg FM unter Berücksichtigung der Erlöse bei Nachsorgekosten von etwa 10–15 €/Mg FM). Kommen aber weitere Nutzungsmöglichkeiten für die Deponie hinzu, und dies sind zum jetzigen Zeitpunkt v. a. die Nachnutzungsmöglichkeiten für Immobilien, so können sich bereits heute interessante Projekte ergeben, wie dies im Ausland bereits aufgezeigt wurde. Die enorm wachsenden Städte, z. B. in China oder in den arabischen Ländern, werden einen ersten systematischen Deponierückbau erzwingen. In Deutschland ist dies heute eine Frage des spezifischen Projekts und in der Zukunft eine Frage des Erlöses für rückgewonnene Abfallfraktionen. Dazu wird die eine oder andere Deponie saniert, sodass bei einem Deponierückbau diese Kosten eingespart werden können. Auf dieses Argument setzt derzeit v. a. die EU.

Literatur

Deutsche Gesetzliche Unfallversicherung e. V. (2001) DGUV Regel 114-004 Deponien. Berlin

Ehrig HJ (1991) Gasprognose bei Restmülldeponien. In: Trierer Berichte zur Abfallwirtschaft, Band 2, Deponiegasnutzung. Rettenberger G, Stegmann R (Hrsg.) Economica Verlag, Bonn

Ramke HG (1991) Hydraulische Beurteilung und Dimensionierung der Basisentwässerung von Deponien fester Siedlungsabfälle – Wasserhaushalt, hydraulische Kennwerte, Berechnungsverfahren. Dissertation, Mitteilungen aus dem Leichtweißinstitut für Wasserbau, Heft 114, TU Braunschweig

Rettenberger G (1982) Untersuchungen zur Entstehung, Ausbreitung und Ableitung von Zersetzungsgasen in Abfallablagerungen. Bericht im Auftrag des Umweltbundesamts, Texte 12/82, Umweltbundesamt

Rettenberger G (1996) Erkenntnisse aus dem Deponierückbau bezüglich Langzeitverhalten der Deponiegasentwicklung – Empfehlungen für die Entgasung älterer Deponien. In: Rettenberger G (Hrsg.) Deponiegas 1995 – Nutzung und Erfassung. Trierer Berichte zur Abfallwirtschaft, Band 9, Economica Verlag

Rettenberger G (2004) Untersuchungen zur Charakterisierung der Gasphase in Abfallablagerungen. Stuttgarter Berichte zur Abfallwirtschaft, Band 82, Kommissionsverlag Oldenbourg Industrieverlag GmbH, München

Rettenberger, G (2017) Deponie in Einführung in die Abfallwirtschaft, 5. Auflage. von Kranert, M (Hrsg.) Vieweg + Teubner

Rettenberger G, Haubrich E, Schneider R (2014) Überprüfung der Emissionsfaktoren für die Berechnung der Methanemissionen aus Deponien. Studie im Auftrag des Umweltbundesamts, Berlin. www.umweltbundesamt.de. Abgerufen: 2. Hj. 2016

Statista (2016) de.statista.com. Abgerufen: 2.Hj. 2016

Tabasaran O (1976) Überlegungen zum Problem Deponiegas, Müll und Abfall. Heft 7, Erich Schmidt Verlag, Berlin

Tabasaran O (1999) Zeitgemäße Deponietechnik. Erich Schmidt Verlag, Berlin

Umweltbundesamt (2006) Daten zur Umwelt 2005, Erich Schmidt Verlag, Berlin

Umweltbundesamt, www.umweltbundesamt.de. Abgerufen: 2. Hj. 2016

VDI (2017) Richtlinie VDI 3790, Blatt 2 Emissionen von Gasen, Gerüchen und Stäuben aus diffusen Quellen. Deponien

Deponierückbau

38

Michael Krüger, Klaus Fricke, Kai Münnich und Sebastian Wanka

38.1 Einleitung und Zielsetzung

Vor dem Hintergrund knapper werdender Ressourcen kommt anthropogen geschaffenen Lagerstätten wie z. B. Deponien eine wachsende Bedeutung für die zukünftige Ressourcenbereitstellung zu – Abfälle von gestern als Ressourcen von morgen. Der Rückbau deponierter Abfälle wird bzw. wurde weltweit seit über 60 Jahren an etwa 85 Standorten betrieben, vornehmlich mit dem Ziel der Gewinnung von Deponievolumen, der Deponiesanierung, zum Grundwasserschutz und der höherwertigen Nutzung der Deponiefläche. Pioniere in Deutschland waren Standorte in Burghof, Göttingen und Wolfsburg. Erst in der jüngeren Vergangenheit rückte das „landfill mining" im eigentlichen Sinn, nämlich mit dem Ziel der Rückgewinnung von Ressourcen, in den Vordergrund, dem sog. „enhanced landfill mining" (ELFM) nach Jones et al. (2013).

Im Jahr 2012 startete unter der Konsortialführerschaft der Tönsmeier Gruppe im Kreis Minden-Lübbecke ein dreijähriges Forschungs- und Entwicklungsvorhaben zum „enhanced landfill mining", gefördert durch das Bundesministerium für Bildung und Forschung und das Umweltministerium des Landes Nordrhein-Westfalens. Erstmals sollte eine ganzheitliche Betrachtung des „landfill minings" vorgenommen werden. Basis lieferten systematisch durchgeführte großtechnisch angelegte Praxisversuche, die sämtliche Prozessstufen einschlossen, wie Rückbau, Aufbereitung und Sortierung, Produktentwicklung und Wertstoffkonfektionierung, Reststoffbehandlung und rückholbarer Wiedereinbau. Das Vorhaben ist abgeschlossen – Teilergebnisse werden in der vorliegenden Veröffentli-

M. Krüger (✉)
Karl Tönsmeier Entsorgungswirtschaft GmbH & Co. KG
Porta Westfalica, Deutschland

K. Fricke · K. Münnich · S. Wanka
TU Braunschweig
Braunschweig, Deutschland

P. Kurth et al. (Hrsg.), *Praxishandbuch der Kreislauf- und Rohstoffwirtschaft*,
https://doi.org/10.1007/978-3-658-17045-5_38

chung präsentiert. Die Zusammenfassung der Ergebnisse des Forschungsvorhabens ist in Form eines Deponieleitfadens erschienen (Krüger et al. 2016a).

38.2 Charakterisierung des rückgebauten Deponats

Mithilfe von Qualitätskennwerten wird das ausgebaute Deponat bewertet und es werden Rückschlüsse für die erforderliche Aufbereitung und Behandlung, Konfektionierung sowie Entsorgung nichtverwertbarer Reststoffe gezogen. Ausgebaut wurden Materialien aus drei Deponierungsperioden. Schurf 1 (K1) beinhaltet Abfälle aus dem Zeitraum 1989–1994, einer Zeit, in der die Getrenntsammlung mit der Verpackungsverordnung (VerpackV 1991) Kontur annahm. Schurf 2 (K2) enthält Abfälle aus den Jahren 1997–2005. In diesem Zeitraum war die Getrenntsammlung etabliert. Bio- und Grünabfälle wurden flächendeckend erfasst.

38.2.1 Stoffliche Zusammensetzung und Korngrößenverteilung

Die stoffliche Zusammensetzung der Abfälle ist von besonderer Bedeutung, wenn die darin enthaltenen Wertstoffe einer Verwertung zugeführt werden sollen. Die Tab. 38.1 zeigt die prinzipiell verwertbaren Stoffgruppen sowie deren Verwertungsoptionen.

Die stoffliche Zusammensetzung des ausgebauten Deponats der Pohlschen Heide spiegelt die Abb. 38.1 wider. Die überwiegend aus bodenähnlichen Bestandteilen bestehende Feinfraktion < 20 mm nimmt am Gesamtdeponat einen Massenanteil von knapp 50 % ein. Hierbei ist zu berücksichtigen, dass der vergleichsweise hohe Wassergehalt des Feinguts von 30 und 40 % die Siebgüte beeinträchtigt. Feine Partikel und bindige Bodenanteile, aber auch feinkörnige Oberflächenanhaftungen werden nur unzureichend bzw. fehlerhaft

Tab. 38.1 Verwertbare Stoffgruppen aus dem Deponierückbau. (Ergänzt nach Hölzle 2010)

Stoffgruppe	Verwertung
Grobmineralik	Recyclingbaustoff im Straßen- und Wegebau, Deponiebaumaßnahmen
Feinmineralik	Deponiebaumaßnahmen, Recyclingbaustoffe
Gemisch aus Kunststoffen, Textilien, Papier/Pappe/Kartonagen, Gummi, Windeln, Holz etc.	Thermische und/oder energetische Verwertung
Kunststoffe	Stoffliche Verwertung
Reifen	Energetische Verwertung in der Zementindustrie
Metalle	Stoffliche Verwertung
Organik	Biogaserzeugung
Glas	Stoffliche Verwertung

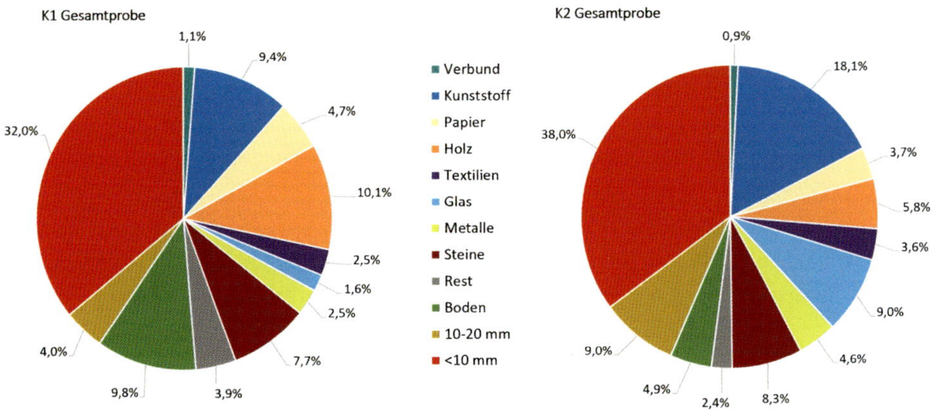

Abb. 38.1 Stoffliche Zusammensetzung des rückgebauten Deponats Pohlsche Heide

abgebildet. Der tatsächliche Anteil feinkörniger Materialien im frischen rückgebauten Deponat fällt somit insgesamt noch höher aus. Nass- und Trockensiebung belegen diesen Sachverhalt (Wanka 2017). Zusammen mit den übrigen Inertstoffen umfassen die mineralischen Komponenten eine Größenordnung von etwa 76 %. Zurückzuführen ist der hohe Feinkorn- und Mineralstoffanteil u. a. auf die während der Deponierung stattgefundenen biologischen Abbauprozesse und der damit zusammenhängenden relativen Aufkonzentration der Mineralik und die mit dem Abbau einhergehende Partikelverkleinerung. Auch die mechanischen Beanspruchungen, denen das Deponieinventar ausgesetzt ist, sowie die Verwendung mineralstoffreicher Materialien zum Wegebau und zu Zwischenabdeckungen sind Ursache der hohen Feinkorn- und Mineralstoffanteile.

Die zweitgrößte Stoffgruppe stellen Kunststoffe dar, gefolgt von Holz. Beide Fraktionen bilden den Hauptteil der heizwertreichen Fraktion, die gemeinsam mit den Fraktionen Papier/Pappe/Kartonage (PPK) und Textilien 28–32 % umfasst. Eine stoffliche Verwertung der Kunststoffe ist aufgrund der Verschmutzung erst nach einer aufwendigen Aufbereitung des Stoffstroms möglich, die i. d. R. wirtschaftlich kaum vertretbar ist.

Der Anteil an Metallen fällt mit Werten von 2,5 % bzw. 4,6 % vergleichsweise hoch aus. Die Qualität der Metalle ist häufig aufgrund der Verschmutzung, der Korrosion, des Kontakts mit Sickerwasser oder Gasen sowie des Verbunds mit anderen Abfallbestandteilen gering, sodass für das Erzielen einer höheren Vergütung eine weitere Aufbereitung des Eisen- und Nichteisenmetallschrotts erforderlich ist.

Abfallfraktionen wie Bioabfälle, PPK und Hygieneartikel sind nur in sehr geringen Mengen wiederfindbar. Zurückzuführen ist dies auf die schon oben genannten biologischen Abbauprozesse während der Deponierung, die einen Großteil der anaerob abbaubaren organischen Abfallfraktionen mineralisieren.

Das rückgebaute Deponat der Pohlschen Heide fällt bezüglich seiner stofflichen Zusammensetzung in den Wertebereich anderer Rückbauprojekte (Vossen und Prent 2011).

Die Abb. 38.2 zeigt zum Vergleich die mittlere Abfallzusammensetzung, wie sie in bereits durchgeführten Rückbauprojekten ermittelt wurde. Ein direkter Vergleich von Daten aus Sortieranalysen mit Literaturwerten ist jedoch schwierig, da es hinsichtlich der Durchführung von Sortieranalysen keine einheitlichen Vorgaben in Bezug auf die zu ermittelnden Stoffgruppen gibt bzw. mit unterschiedlichen Siebschnitten gearbeitet wird (Münnich et al. 2015).

Ein Zusammenhang zwischen dem Alter des Deponats und der stofflichen Zusammensetzung, beispielsweise durch die Auswirkung abfallwirtschaftlicher Maßnahmen, ist schwer herauszuarbeiten. Begründet ist dies v. a. in den stofflichen Veränderungen des Deponats, die während des Deponierungszeitraums stattgefunden haben. Anaerobprozesse bauen Teile der Fraktionen Bioabfälle, PPK und Hygieneartikel ab. Mechanische Beanspruchungen überführen Teile der Glasfraktion in die nicht weiter differenzierte Feinfraktion < 20 mm. Teile der Eisenfraktion unterliegen qualitativen und quantitativen Veränderungen durch korrosive Prozesse.

Zur Ermittlung der Partikelgrößenverteilung des Deponats wurden Siebanalysen und für die jeweiligen Siebfraktionen umfangreiche Stoffanalysen durchgeführt (Abb. 38.3). Die überwiegend aus Mineralstoffen bestehende Feinfraktion < 60 mm nimmt am Gesamtdeponat einen Massenanteil zwischen 60 und 68 % ein. Knapp 50 % stellt die Fraktion < 20 mm. Die heizwertreiche Fraktion, bestehend aus Kunststoffen, Holz, Textilien

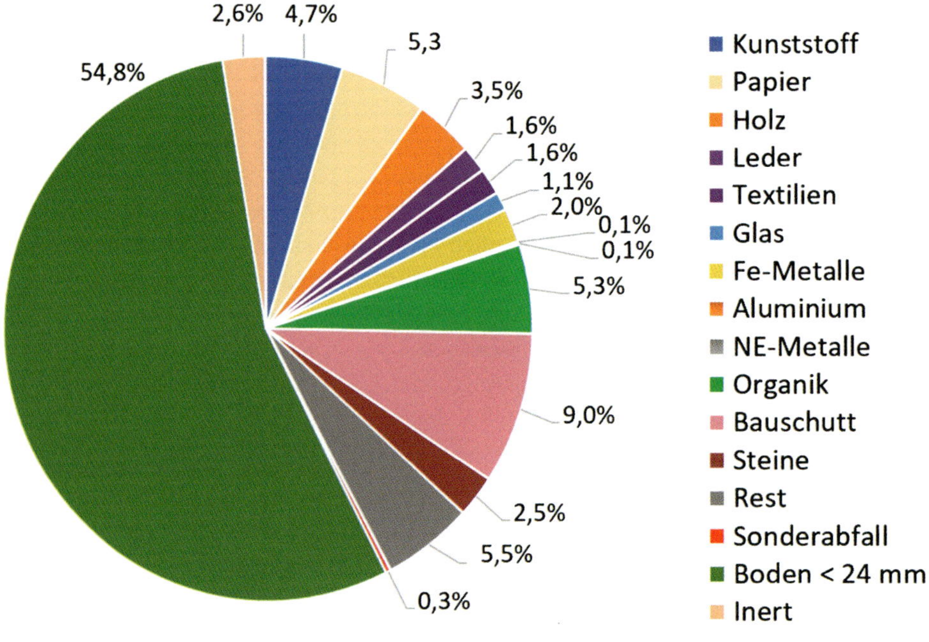

Abb. 38.2 Mittlere stoffliche Zusammensetzung des rückgebauten Deponats aus 60 Rückbauprojekten. *NE* Nichteisen. (Vossen und Prent 2011)

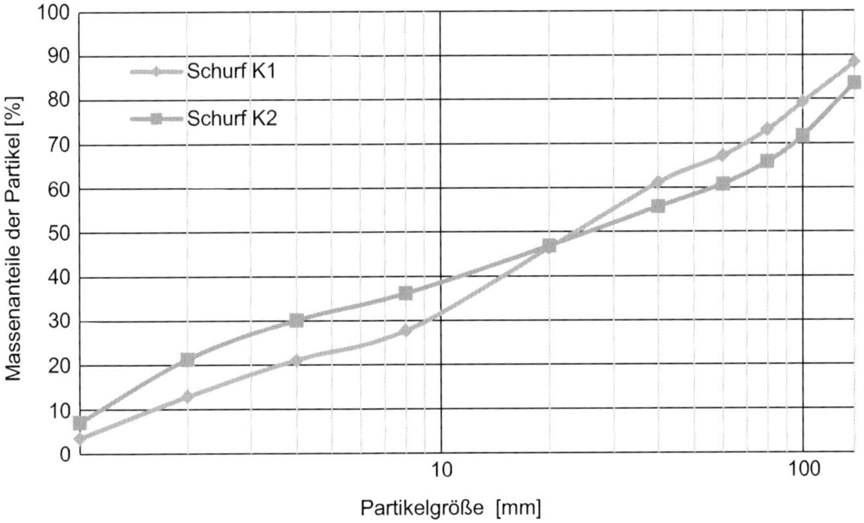

Abb. 38.3 Sieblinien des Deponats < 140 mm des rückgebauten Deponats. *K1* Schurf 1; *K2* Schurf 2

und Papier, findet sich erwartungsgemäß in der Grobfraktion oberhalb 60 mm wieder (Abb. 38.4).

38.2.2 Biologische Aktivität und biologisches Abbaupotenzial

Neben der stofflichen Zusammensetzung wurde die Feinfraktion < 60 mm hinsichtlich der Ablagerungsparameter nach Deponieverordnung (DepV 2016) und weiterer Parameter zur Kennzeichnung der organischen Substanz untersucht. Die Analyseergebnisse sind in

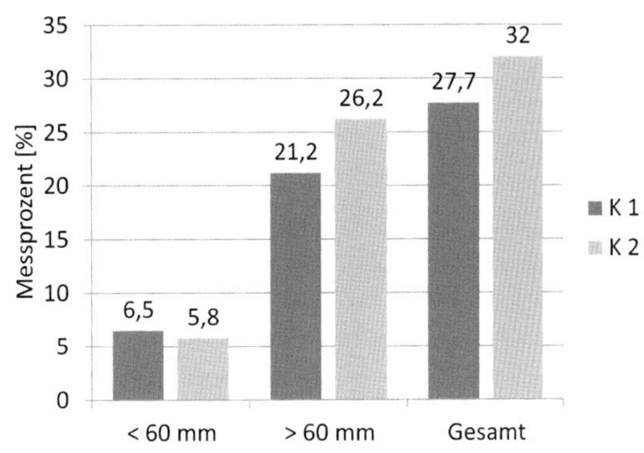

Abb. 38.4 Wiederfindungsraten der heizwertreichen Fraktion in der Fein- und Grobfraktion des rückgebauten Deponats

Tab. 38.2 zusammengefasst und den Grenzwerten der Deponieverordnung gegenübergestellt.

Die Feinfraktion weist eine nur sehr geringe biologische Restaktivität auf. Die Grenzwerte zur Kennzeichnung der biologischen Aktivität wie Gasbildungspotenzial (GB21), Atmungstest (AT4) und gesamter organischer Kohlenstoff (TOC) werden deutlich unterschritten. Gleiches gilt bezüglich der Eluatwerte aus der DepV. Eine biologische Behandlung der Feinfraktion ist vor dem Hintergrund einer möglichen Wiederablagerung auf Deponien nach DK II nicht erforderlich. Die geringe biologische Aktivität des Feinguts deutet auf einen weitestgehend inerten Zustand hin. Bei Halbwertzeiten von im Mittel 7 Jahren (IPCC 2006) für den anaeroben Abbau von Abfällen auf Deponien liegen die gemessenen Werte zur anaeroben Verfügbarkeit aufgrund des langen Deponierungszeitraums von 12 bis 22 Jahren im Erwartungsbereich. Von Wanka (2017) durchgeführte Stoffgruppenanalysen zeigen, dass sich die organische Substanz vorwiegend aus schwer abbaubaren Komponenten wie Hemizellulosen, Zellulosen und Lignin zusammensetzt und somit anaeroben Abbauprozessen nicht zugänglich ist. Auch das Verhältnis von biologischem Sauerstoffbedarf (BSB5) zu chemischem Sauerstoffbedarf (CSB) belegt diesen Sachverhalt. Eine Gewinnung relevanter Biogasmengen durch die Vergärung der Feinfrak-

Tab. 38.2 Biologische Qualitätskennwerte der Feinfraktion < 60 mm und Grenzwerte der Deponieverordnung. (Wanka 2017)

Datum der Probenahme	Schurf	AT4 (mg O_2/g TS)	GB_{21} (Nl/kgTS)	TOC (%)	CSB (mg/l)	DOC (mg/l)	BSB_5 (mg/l)
		Feststoff			Eluat		
26.09.2013	K1	1,44	0,50	11,8	148	37	21,5
	K2	1,00	0,11	9,20	124	31	16
17.10.2013	K1	0,94	0,18	11,2	139	30	10
	K2	0,44	0,24	15,5	102	23	7
31.10.2013	K1	0,66	0,41	19,0	176	48	8
	K2	0,44	0,08	15,2	125	33	8,6
12.11.2013	K1	0,99	–	9,50	114	32	0,9
	K2	0,33	–	5,00	94	25	–
19.11.2013	K1	0,72	–	17,8	112	31	0,2
	K2	0,55	–	10,4	91	17	1,6
12.12.2013	K1	0,49	1,01	15,3	147	38	1,4
	K2	0,29	0,36	14,1	111	22	1,1
Mittelwert	–	0,69	0,36	12,8	123	30,5	6,9
Grenzwert für DK II nach Deponieverordnung, s. Tab. 38.2							
		5	20	18	–	300	–

AT4 Atmungstest; *BSB_5* biologischer Sauerstoffbedarf; *CSB* chemischer Sauerstoffbedarf; *DK* Deponieklasse; *GB_{21}* Gasbildungspotenzial; *DOC* gelöster organischer Kohlenstoff; *TOC* gesamter organischer Kohlenstoff; *TS* Trockensubstanz

tion < 60 mm ist somit nicht gegeben. Ebenso ist eine relevante Massenreduktion durch aerobe Abbauprozesse nicht zu erwarten.

38.3 Rückbau, Aufbereitung, Verwertung und Behandlung

38.3.1 Ausbau

Die Methode des Ausbaus der abgelagerten Abfälle aus dem Deponiekörper ist den standortspezifischen Gegebenheiten anzupassen. Entscheidende Kenngrößen sind u. a. Abfallzusammensetzung und -alter, Deponieform, vorhandene Verkehrswege und Zwischenlagerkapazitäten.

Bereits bei den Voruntersuchungen und der Planung des Rückbaus muss geprüft werden, ob vor dem eigentlichen Rückbau, d. h. dem Abgraben, eine Belüftung der Abfälle erfolgen muss. Das Belüften bewirkt eine Umstellung der im Deponiekörper üblicherweise vorhandenen anaeroben Verhältnisse, sodass die Emissionen an klimarelevanten Gasen und Gerüchen sowie der Aufwand in Bezug auf die zu treffenden Arbeitsschutzmaßnahmen erheblich reduziert werden.

Nach der gegebenenfalls erforderlichen Belüftung eines Deponieabschnitts erfolgt das Abgraben des Deponats. Dabei kann zwischen zwei Abgrabeverfahren unterschieden werden. Bei der Schichtengrabung erfolgt der Abbau flächig von oben nach unten in einer Schichtstärke von etwa 0,5 bis 1,0 m. Das Abtragen der Abfälle kann durch Radlader oder Laderaupe erfolgen, die bei diesem flächenhaften Abtrag eine hohe Leistungsfähigkeit aufweisen. Dieses technisch einfache Verfahren ist sowohl bei Gruben- als auch bei Haldendeponien praktikabel. Nachteil eines großflächigen Abtrags ist die erhöhte Sickerwasserbildung als Folge von Niederschlägen. Bei der Tiefgrabung erfolgt der Abtrag stufenweise von oben nach unten vom Rand der Deponie her. Die Abgrabetiefe beträgt hier etwa 2–3 m, sodass bei Deponien, die noch relevante Gasemissionen beim Aufgraben aufweisen, eine vorherige aktive Belüftung erforderlich ist. Die Standsicherheit der Stufe muss auch bei einem Austritt von Sickerwasser an der Grabeböschung sichergestellt sein. Zu Sickerwasseraustritten kann es als Folge von Regenereignissen bzw. von eingestautem Schichtenwasser kommen. Das Abgraben der Abfälle erfolgt bei diesem Verfahren i. d. R. mit einem Löffelbagger, wobei bei Vorhandensein von großteiligen Abfällen, wie z. B. Kunststofffolien, der Einsatz eines Baggers mit Polypgreifer vorteilhaft sein kann. Dieses Abgrabeverfahren ist bei Haldendeponien, aber auch bei Grubendeponien mit großer Grundfläche anwendbar.

Zum Transport des abgegrabenen Deponats zur weiteren Aufbereitung werden i. d. R. LKW oder Dumper eingesetzt. Es sollte nach Möglichkeit versucht werden, die vorhandenen Deponiestraßen zu nutzen. Je nach örtlicher Situation des Deponierückbaus kann der Transport auch mit Förderbändern vorteilhaft sein, die durch Radlader beschickt werden.

Ein wesentlicher Aspekt beim Rückbau des Deponiekörpers ist der Arbeitsschutz für das eingesetzte Personal. Auch wenn die intensive Phase der Vorerkundung des rückzubauenden Deponiekörpers keine konkreten Hinweise auf kontaminierte Bereiche ergeben hat, kann beim Rückbau nicht ausgeschlossen werden, dass

- trotz vorhergehender Belüftung toxische und/oder explosive Stoffe freigesetzt werden;
- gesundheitsgefährdende Fasern (Asbest), Flüssigkeiten, Stäube angetroffen werden;
- aufgrund der biologischen Umsetzungsprozesse Sporen, Keime oder Pilze freigesetzt werden.

38.3.2 Aufbereitung des Deponates – Vorkonditionierung

Die Aufbereitungstechnologie lässt sich in die Verfahrensstufen Vorkonditionierung, erste Voranreicherung und produktorientierte Stoffstromtrennung einteilen. Die Aufgabenstellung von Vorkonditionierung und Voranreicherung als erste Stufe einer Stofftrennung geht aus Abb. 38.5 hervor (Maul und Pretz 2016).

- Als erste Prozessstufe ist eine Aufschlusszerkleinerung erforderlich. Hauptaugenmerk liegt hier auf dem Aufschluss von Konglomeraten, die Zerkleinerung von Abfallpartikeln sollte nur große Einzelteile mit Kantenlängen > 500 mm betreffen.
- Zum Schutz von Aggregaten sollten schwere Einzelteile, wie z. B. Eisenteile, vor einer weiteren Behandlung entnommen werden. Diese Prozessstufe erfüllt damit allerdings noch nicht das Ziel des maximalen Ausbringens an Eisenschrotten.
- Die Siebklassierung erfüllt die anspruchsvolle Aufgabe, feuchtes Feingut mit einer mittleren Korngröße $d_{50} < 10$ mm aus dem Gemisch zu trennen und den Massenstrom für eine Voranreicherung bzw. nachfolgende produktorientierte Stoffstromtrennung deutlich zu verringern. Die Feingutabtrennung dient weiterhin der Vorkonditionierung von Stoffströmen, die in Folgeprozessen produktorientiert sortiert werden sollen. Diese Prozesse profitieren von einer intensiven oberflächigen Reinigung des Materialgemischs von anhaftenden organischen und mineralischen Verschmutzungen. Daraus erklärt sich für den Prozess der Siebklassierung die Forderung sehr hoher Siebwirkungsgrade bzw. maximierter Prozesseffizienz.
- Die ballistische Separation dient der Aufteilung des bereits auf Schüttdichten von etwa 200 kg/m^3 aufgelockerten Siebüberlaufs in ein Schwergut aus vorwiegend dreidimensionalen Partikeln und in ein Leichtgut, in dem zweidimensionale Abfallbestandteile angereichert werden. Der Prozessschritt kann mit einer Siebklassierung kombiniert werden, um so den Wirkungsgrad der Klassierung insgesamt zu erhöhen.

Die Vorkonditionierung kann sowohl mit mobiler Aufbereitungstechnik direkt am Ort des Rückbaus erfolgen als auch in vorhandenen mechanischen Restabfallbehandlungsanlagen wie mechanisch-biologischen Abfallbehandlungsanlagen, die über die notwendigen Basisprozesse verfügen.

Abb. 38.5 Schema der mechanischen Konditionierung. (Maul und Pretz 2016)

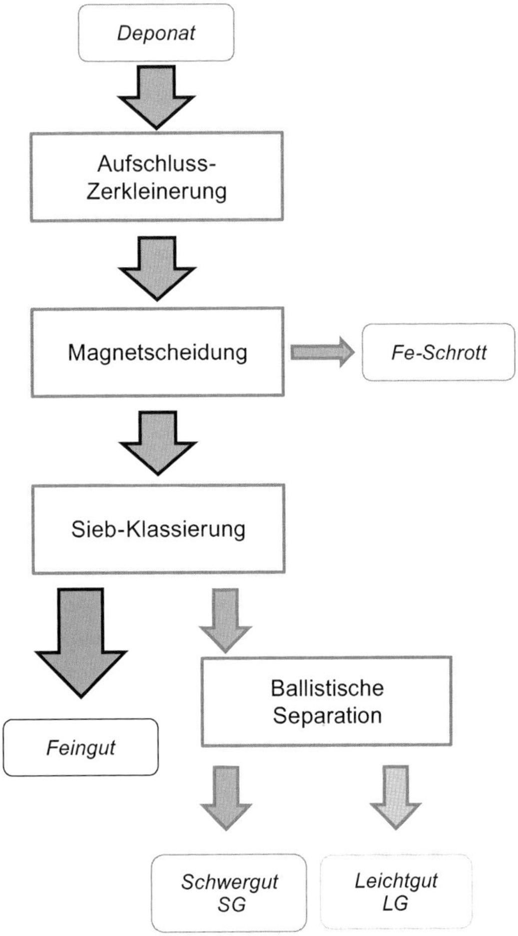

38.3.3 Verwertung und Behandlung der Grobfraktion > 60 mm

38.3.3.1 Thermische Abfallbehandlung in Müllverbrennungsanlagen

Der Einsatz von aufbereitetem Deponat in Müllverbrennungsanlagen (MVA) erscheint grundsätzlich möglich. Im Rahmen eines großtechnischen Versuchs wurde ein Ersatzbrennstoff (EBS) aus Deponat in einer MVA als Monocharge eingesetzt. Es wurde ein Anstieg des Gehalts an Chlorwasserstoff im Rohgas um den Faktor 2,7 sowie ein Schwefeldioxidanstieg um den Faktor 2,2 festgestellt. Die Rauchgasreinigungsanlagen konnten die auftretenden Schadstofffrachten im Rauchgas dennoch sicher abscheiden. Der Additivverbrauch stieg um den Faktor 1,8. Aus den Materialeigenschaften resultierten Schwankungen der Frischdampfproduktion. Basierend auf den Versuchsergebnissen wird die Nutzung von Anlagen mit gut regelbarem Rostsystem, beispielsweise Vorschub- oder Rückschubrost, empfohlen (Rotheut et al. 2016).

38.3.3.2 Ersatzbrennstoffkraftwerke

Die Verbrennung von aufbereiteten Ersatzbrennstoffen in einer Energos-Anlage sowie in einem Ersatzbrennstoffkraftwerk mit Rostfeuerung wurde in großtechnischen Versuchen untersucht. Die Monoverbrennung des Materials in der Rostfeuerung konnte problemlos realisiert werden. Die Frischdampfproduktion war unauffällig. Der Einsatz in der Energos-Anlage wurde nur durch eine Zumischung von EBS aus Frischmüll im Verhältnis 2:1 zum Deponat-EBS erfolgreich realisiert. Für den Einsatz aufbereiteter, deponiestämmiger EBS wird die Nutzung eines EBS-Kraftwerks mit regelbarem Rost (z. B. Vorschubrost) empfohlen. Auch für diese Anwendung wird die Zumischung von Frischmüll im Verhältnis 1:1 empfohlen. Hierdurch kann auch Schadstoffspitzen vorgebeugt werden (Rotheut et al. 2016).

38.3.3.3 Zementwerke

Als grundsätzlich denkbar wird der Einsatz des Materials in Anlagen mit Vorschaltsystem zur Brennstoffbehandlung erachtet. Möglicherweise infrage kommt beispielsweise eine vorgeschaltete Verbrennungs- oder Vergasungskammer im Verbund mit einem Kalzinator (Zementwerke Lägerdorf, Rüdersdorf). Da zu den Anlagen keine konkreten Erfahrungen bezüglich des Einsatzes aufbereiteter Fraktionen aus dem Deponierückbau bestehen, wird die Durchführung großtechnischer Vorversuche mit Materialchargen im Bereich von mindestens 100 bis 200 t empfohlen. Basierend auf den bisherigen Forschungsergebnissen wird vom Einsatz des Materials in Zementwerken, die keine Vorschaltsysteme verwenden und die abfallstämmige Brennstoffe pneumatisch fördern, abgeraten. Die Ergebnisse großtechnischer Versuche haben gezeigt, dass trotz der Einhaltung der geforderten Materialkörnung z. T. große Probleme im Bereich der Materialförderung in Form von Stopfern und Blockaden auftreten können. Zudem haben hohe Chlorwerte zu Problemen geführt, die in weiteren Untersuchungen auf ihre Reproduzierbarkeit hin verifiziert werden müssten (Rotheut et al. 2016).

38.3.3.4 Werkstofflich verwertbare Kunststoffe

Die produktorientierte Stoffstromtrennung von Leichtgut durch ballistische Separatoren mit dem Ziel, werkstofflich verwertbare Kunststofffraktionen zu erzeugen, wurde in Großversuchen in einer Leichtverpackungs(LVP)-Sortieranlage nach Beste Verfügbare Techniken(BVT)-Standard untersucht. Dieser Standard ist durch eine mehrstufige Sortierung von Polymeren und Metallen gekennzeichnet, die ein maximiertes Wertstoffausbringen unter Einhaltung der Anforderungen der Deutschen Gesellschaft für Kreislaufwirtschaft und Rohstoffe mbH (DKR) an die Mindestqualität von Sortierprodukten zulässt (DKR 2012). Die Sortierung von aus Deponat gewonnenem Leichtgut erfolgte ohne Veränderung der Grundparametrierung, jedoch mit Beaufschlagung von nur 50 % der üblichen Stundenkapazität. Unter diesen Umständen waren bestmögliche Sortierergebnisse zu erwarten (Tab. 38.3). Die Ergebnisse der Untersuchungen lassen sich wie folgt zusammenfassen:

- Die im Deponat gebundene Feuchte erschwert die Abtrennung von Feinanteilen durch Siebung erheblich. Kunststoffe aus dem Rückbau weisen auf den Oberflächen vergleichsweise hohe Verschmutzungsgrade bzw. Anhaftungen auf: bis zu 7,5 % auf dreidimensionalen Kunststoffen und bis zu 25 % auf flächigen Kunststoffen.
- Die Qualität der Kunststoffe ist weiterhin aufgrund der langjährigen Kontamination im biologisch aktiven Milieu gemindert, was sich in einer Geruchsbelastung sowie verminderter Elastizität niederschlägt.
- Es lassen sich keine qualitativ definierten Polymermengen entsprechend den DKR-Anforderungen extrahieren. Es sind zusätzliche Aufbereitungsschritte zur weiteren Reinigung erforderlich.
- Aus dem Leichtgut, erzeugt in der Vorkonditionierung, konnten Polymerprodukte in der Größenordnung von 13 bis 64 % generiert werden.
- Werden die Prozesse der Vorkonditionierung und Voranreicherung unter optimierten betrieblichen Bedingungen mit hohen Trennwirkungsgraden geführt, ist eine auf etwa 20–30 % verbesserte Wertstoffausbringung zu erwarten.

38.3.3.5 Stoffliche Verwertung beim Kunststoffaufbereiter

Aus technischer Sicht können für Kunststoffanwendungen nutzbare Regranulate aus Deponaten produziert werden. Mit den festgestellten Eigenschaften erscheint der Einsatz der Regranulate in Extrusions- respektive Spritzgussanwendungen möglich. Die Verwendung der Regranulate ist nur in Einsatzbereichen mit geringen Ansprüchen an die Oberflä-

Tab. 38.3 Erzielbare Qualitäten und Anforderungen der Deutschen Gesellschaft für Kreislaufwirtschaft und Rohstoffe mbH. (DKR, Auszug)

	Polypropylen	Polyethylen	Folien
Reinheit			
Erzielte Reinheit (TönsLM Durchschnitt; %)	89	91	87
DKR-Anforderung (%)	>94	>94	>92
Input Leichtverpackungsortierung (TönsLM Durchschnitt; %)	6	4	17
Stückgrößen			
Stückgrößen (TönsLM Durchschnitt)	Kein Kriterium		40 % >200 mm
DKR-Anforderung	Kein Kriterium		>DIN A4
Masse- und Wertstoffausbringen[a]			
Masseausbringen (TönsLM Durchschnitt; %)	0,8	0,8	1,4
Wertstoffausbringen (TönsLM Durchschnitt, %)	12,4	18,4	7,1

[a]Das Masse- und Wertstoffausbringen bezieht sich auf die Stoffstromtrennung von Leichtgut aus Deponat, wie sie in einer Leichtverpackungsortieranlage durchgeführt werden kann.

chenreinheit zu empfehlen. Der Abschluss einer Liefervereinbarung ist Grundlage für die stoffliche Verwertung der Kunststoffe, d. h. letztlich muss eine genügend große Menge an einheitlichen Materialien aus der Sortierung zur Verfügung stehen, damit ein Kunststoffaufbereiter im großtechnischen Maßstab mit entsprechendem Durchsatz kostengünstig ein Recyclat für eine Anwendung aus Deponaten produzieren kann. Für ein Regranulat können üblicherweise 40 bis maximal 60 % des Neuwareniveaus erlöst werden. Das ist auch für Regranulate aus dem Deponierückbau denkbar. Dem erzielten Erlös aus Regranulaten stehen beim Kunststoffaufbereiter die Betriebskosten für notwendige Zerkleinerungs- und Reinigungsschritte bis hin zur Regranulierung inklusive Schmelzfiltration sowie die zu entsorgenden Abfälle gegenüber. Die Entscheidung darüber, ob Kunststoffe aus Deponien recyclingfähig sind oder nicht, wird im Wesentlichen durch die Wirtschaftlichkeit des Sortier- und Aufbereitungsprozesses bestimmt. Unter den aktuellen Rahmenbedingungen ist ein Recycling der Kunststoffe nicht sinnvoll.

38.3.4 Verwertung und Behandlung der Feinfraktion < 60 mm

Die Feinfraktion < 60 mm mit einem Massenanteil am Gesamtdeponat zwischen 60 und 70 % ist ein stofflich inhomogenes Gemisch mit einem hohen Anteil bodenähnlicher Bestandteile und starken Verschmutzungen der Partikeloberflächen (s. Abschn. 38.2.1). Bei bisherigen Rückbauprojekten wurde die Feinfraktion kaum berücksichtigt und i. d. R. ohne weitere Aufbereitung einer erneuten Deponierung zugeführt. Aufgrund des sehr hohen Massenanteils ist der Feinfraktion eine besondere Bedeutung hinsichtlich der Wertstoffgewinnung oder auch der Schaffung von neuem Deponievolumen beizumessen. Die Feinfraktion stellt infolge ihrer stofflichen und geometrischen Eigenschaften ein trennschwieriges Gemisch dar, das für die Aufbereitung mit konventionellen trockenmechanischen Sortierverfahren weniger geeignet ist. Zum Einsatz ist daher die nassmechanische Aufbereitung mithilfe der Setzbetttechnik im halbtechnischen Maßstab gekommen. Mit dem Einsatz des nassen Aufbereitungsverfahrens sollte auch dem Problem der für das Deponiegut typischen Oberflächenanhaftungen begegnet und damit die Qualität der Austragsgüter gesteigert werden (Abb. 38.6). Deren Integration in das Gesamtverfahren zur Aufbereitung des Deponats mit den entsprechenden Stoffströmen ist in Abb. 38.7 dargestellt. Neben der Gesamtfraktion < 60 mm sind auch die Kornfraktionen < 25 mm und 10–60 mm der nassmechanischen Aufbereitung unterzogen worden. Die besten Trennergebnisse bzw. die besten Produktqualitäten sind mit dem Kornspektrum 10–60 mm erzielbar. Das Gesamtverfahrensschema, dargestellt in Abb. 38.7, ist daher nur für diese Variante ausgeführt.

Folgende verwertbare Produkte und Produktgruppen können mithilfe der nassmechanischen Aufbereitung ausgeschleust werden:

- Leichtgut,
- Mineralik (10–60 mm),

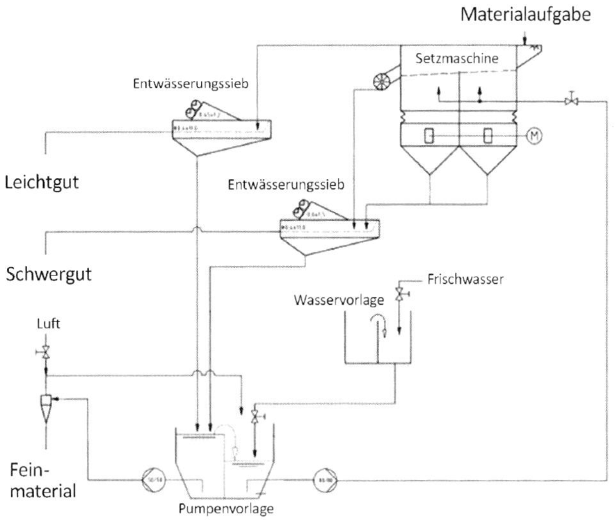

Abb. 38.6 Vereinfachtes Verfahrensfließbild zur nassmechanischen Aufbereitung von Deponat mithilfe der Setzbetttechnik. (Wanka 2017, nach AGS Anlagen + Verfahren GmbH)

- Mineralik (0,63–2,00 mm),
- Metalle und
- Glas.

Optionen zur Aufbereitung und Verwertung der vor der nassen Aufbereitung ausgeschleusten Feinfraktion < 10 mm werden ebenfalls im vorliegenden Abschnitt erläutert.

38.3.4.1 Leichtgut

Der Leichtgutaustrag mit einem Massenanteil von etwa 10 bis 13 % bezogen auf das rückgebaute Deponat setzt sich überwiegend aus heizwertreichen Komponenten wie Kunststoffen, Verbundmaterialien, Textilen, Gummi und Holz zusammen. Charakteristisch für deponiestämmige Kunststoffe sind die Anhaftungen an der Partikeloberfläche. Der Fremdstoffanteil im Leichtgutaustrag in Form von Gestein, Keramik, Glas und Sortierresten beträgt etwa 23 %, wobei dieser mit zunehmender Partikelgröße sinkt. Eine Absenkung ist durch Optimierung der Vorkonditionierung und des Setzprozesses mit einfachen Mitteln möglich (Wanka 2017).

Potenzielle Verwertungs- und Behandlungsformen für den Leichtgutaustrag sind die thermische Behandlung in MVA und die energetische Verwertung in EBS-Kraftwerken (Rostfeuerung) und Zementanlagen (Drehrohröfen). Eine thermische Behandlung in MVA ist grundsätzlich als unproblematischer einzustufen. Zu beachten ist der vergleichsweise hohe Heizwert zwischen 16 und 19 MJ/kg. Bei der energetischen Verwertung in EBS-Kraftwerken (Rostfeuerung) und Drehrohröfen der Zementherstellung sind die erhöhten Chlor- und Schwefelgehalte zu beachten. Beim Einsatz in Drehrohröfen sind besonders die Schwermetallgehalte für Antimon, Cadmium, Blei, Quecksilber und Zinn als kritisch einzustufen. Sie überschreiten z. T. deutlich die Vorgaben aus der RAL-GZ 724 (RAL

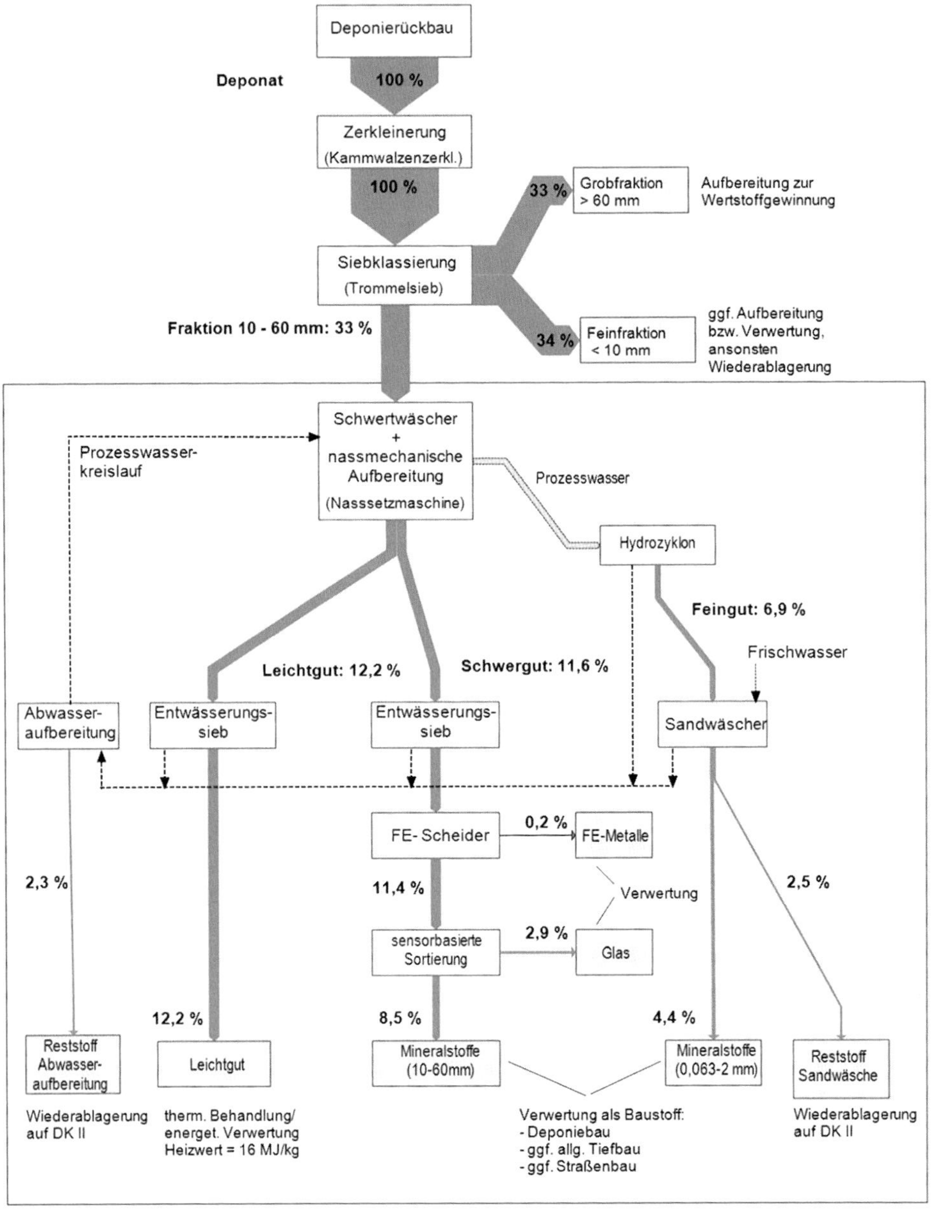

Abb. 38.7 Verfahrensschema zur Aufbereitung des Deponats mit Integration der Nasssetzbetttechnik zur Aufbereitung der Feinfraktion < 60 mm. *DK* Deponieklasse

2012; s. auch Kaartinen et al. 2013; DWA 2012). Die Abtrennung der abwaschbaren Oberflächenanhaftungen führte nicht zu einer Absenkung der oben genannten kritischen Elemente im Leichtgut (Wanka 2017).

38.3.4.2 Mineralstoffe (10–60 mm)

Der höherwertigere Einsatz des Schwerguts, z. B. als Baustoff im Straßenbau, bedingt die Erfüllung umweltrelevanter als auch bautechnischer Anforderungen. Als Mindestanforderungen können dazu die TL-Gestein StB 04, TL-SoB StB 04 und TL BuB E Stb 09 angesehen werden. Die Mineralstoffe 10–60 mm mit einem Massenanteil von 8 bis 10 % weisen insgesamt geringe Schadstoffkonzentrationen auf und entsprechen den Zuordnungskriterien der Klasse Z1.1 bis Z2 nach LAGA M 20 (2012) beziehungsweise den Klassen RC1–RC3 gemäß TL-Gestein (2007), womit ein Einsatz des Schwergutaustrags als Baustoff unter Umweltaspekten möglich ist. Hinsichtlich der bautechnischen Anforderungen stellen der Fremdstoffgehalt, z. B. Kunststoffe, Holz, Textilien, und der Widerstand gegenüber Frostbeanspruchung, bedingt durch die Anwesenheit von Gips und Beton, kritische Parameter dar. Ein direkter Einsatz des Schwergutaustrags im Straßenbau oder im Erdbau des Straßenbaus ist somit ohne weitere Aufbereitung nicht möglich. Eine Reduktion der oben genannten Fremdstoffe ist durch den Einsatz geeigneter Sortiertechnik möglich. So können vorhandene Metalle mithilfe von Eisenscheidern entfernt und gegebenenfalls einer Verwertung zugeführt werden. Glas ist mit sensorbasierter Sortiertechnik abtrennbar; in der Entwicklung sind auch optische Sortierverfahren zur Abtrennung von Gips- und Betonkomponenten. Damit kann der Fremdstoffgehalt in den Mineralfraktionen gesenkt werden. Bei Einhaltung der entsprechenden Kriterien kann das Schwergut als Produkt einer stofflichen Nutzung zugeführt werden.

38.3.4.3 Mineralstoffe (0,63–2 mm)

Feingut < 2 mm, in der Größenordnung von knapp 7 %, entsteht bei der Aufbereitung des Prozesswassers der nassmechanischen Aufbereitung mithilfe eines Hydrozyklons. Die direkte Verwertung des Feingutaustrags im Bereich Straßenbau ist aus qualitativen Gründen nicht möglich. Kritische Parameter sind u. a. der Fremdstoff- und Sulfatgehalt sowie der hohe Feinkornanteil < 0,063 mm. Zur Verbesserung der bautechnischen Eignungen der Feinfraktion ist das Feingut daher einer Sandwäsche unterzogen worden. Hierdurch konnte der Anteil der Kornfraktion < 0,063 mm nach Wanka (2017) von ursprünglich etwa 27 % auf etwa 7 % gesenkt werden. Mit der Abtrennung eines Großteils der Korngrößen < 0,063 mm wurde auch eine signifikante Reduktion der Organik- und Sulfatanteile bewirkt. Die aufbereiteten Mineralstoffe 0,063–2 mm aus dem Prozesswasser erfüllen die Zuordnungskriterien der Klasse Z2 nach LAGA M 20 (2012) bzw. der Klasse RC3 nach TL-Gestein-StB. Bei den bautechnischen Anforderungen nach TL-Gestein sind die Werte für Wasseraufnahme und Widerstand gegen Frostbeanspruchung als kritisch zu beurteilen. Die Sandwäsche ist nach ersten orientierenden Untersuchungen vermutlich für das Erreichen dieser Qualitätsanforderungen geeignet.

38.3.4.4 Feinfraktion < 10 mm

Die Feinfraktion < 10 mm mit einem Mengenanteil von 34 % fällt im Rahmen der Vorkonditionierung des Aufgabeguts vor der nassmechanischen Aufbereitung an. Zur Aufbereitung der Fraktionen < 10 mm sind Nasstrenntische oder Wendelscheider geeignet, die eine Sortierung über Unterschiede in der spezifischen Dichte erreichen, und Siebe sowie Filteranlagen und gegebenenfalls Eindicker zur Entwässerung. Aufbereitungsversuche sind in einer Technikumsanlage der TU Clausthal durchgeführt worden (Breitenstein und Goldmann 2016). Die Stoffströme und Optionen zur Verwertung und Beseitigung zeigt Tab. 38.4. Die Integration einer Eisenscheidung im Stoffstrom Schwergut ist möglich, mengenmäßig jedoch kaum relevant.

Eine Möglichkeit der stofflichen Verwertung stellt der Einsatz der Bodenfraktion als Deponieersatzbaustoff dar. Dabei sind als Deponieersatzbaustoff oder als Ausgangsstoff zur Herstellung von Deponieersatzbaustoffen gemäß Deponieverordnung Teil 3 § 14 (DepV 2016), außer für die Rekultivierungsschicht des Oberflächenabdichtungssystems, ausschließlich mineralische Abfälle zugelassen; weiterhin sind die Zuordnungskriterien nach Deponieverordnung Anhang 3 Nummer 2 einzuhalten.

Der Einsatz der Bodenfraktion als Rekultivierungsschicht ist aufgrund der Chlor- und Sulfat- sowie der Schwermetallgehalte gemäß Deponieverordnung Anhang 3 (DepV 2016) auszuschließen.

Mit Ausnahme der Parameter Glühverlust und Gesamtkohlenstoffgehalt werden von der Feinfraktion < 10 mm die Ablagerungskriterien für die Deponieklasse DK I eingehalten. Gemäß Anhang 3 der Deponieverordnung (2016) sind im Rahmen der Zuordnung von Abfällen zu den jeweiligen Deponieabschnitten oder Deponieklassen Überschreitungen der Parameter Glühverlust und TOC mit Zustimmung der zuständigen Behörde zulässig, wenn die Atmungsaktivität (AT4) unterhalb von 5 mgO_2/g TS oder die Gasbildungsrate (GB_{21}) von 20 Nl/kg TS unterschritten wird. Die Analysen bezüglich der biologischen Aktivität der Bodenfraktion zeigen, dass sowohl die Gasbildungsraten als auch die Atmungsaktivitäten deutlich unterhalb der in der Deponieverordnung genannten Grenzwerte liegen. Eine Ablagerung der Bodenfraktion auf einer DK1-Deponie sollte daher möglich sein (Wanka 2017).

38.3.5 Verwertung

Prinzipiell sind 90 % des ausgebauten Deponaten verwertbar. Lediglich für 10 % gibt es zurzeit keine Verwertungsmöglichkeiten, sodass eine erneute Deponierung erforderlich ist. Diese Aussage gilt hinsichtlich der rechtlichen Rahmenbedingungen, der technischen Möglichkeiten zur Aufbereitung und Konfektionierung sowie der anwendungsbezogenen Produktanforderungen (Tab. 38.4). Nicht berücksichtigt sind Aspekte der Wirtschaftlichkeit und die Marktverfügbarkeit für die erzeugten Produkte; letzteres gilt insbesondere für die mineralischen Produkte.

Tab. 38.4 Stoffströme bei der Aufbereitung des ausgebauten Deponats und Optionen zur Verwertung und Beseitigung

Stoffströme/Kornspektrum	Massenanteil (%)	Verwertung, Behandlung, Beseitigung
Fraktion > 60 mm, gesamt	**33**	
Leichtgut (heizwertreiche Fraktion)	31 1	Thermische Behandlung/energetische Verwertung
Metalle	2	Stoffliche Verwertung
Fraktion 10–60 mm, gesamt	**33**	
Leichtgut (heizwertreiche Fraktion, > 16 MJ/kg)	12	Thermische Behandlung/energetische Verwertung
Schwergut (Mineralstoffe 10–60 mm)	9	Baustoffliche Verwertung
Schwergut (Mineralstoffe 0,063–2 mm)	4	Baustoffliche Verwertung
Reststoffe aus Sandwäsche	5	Deponieklasse I oder II
Glas/Metalle	3	Stoffliche Verwertung
Fraktion < 10 mm, gesamt	**34**	
Schwergut	23	Baustoffliche Verwertung
Leichtgut (heizwertreiche Fraktion, > 12 MJ/kg)	6	Thermische Behandlung/energetische Verwertung
Feinstkorn < 80 µm	5	Deponieklasse I oder II
Summe potenziell verwertbarer Stoffströme	90	
Summe Stoffströme zur Beseitigung	10	

38.4 Zusammenfassung

► **Praxishinweis** Damit ein Deponiebetreiber für sich entscheiden kann, ob ein Deponierückbau für seinen Standort eine vorteilhafte Alternative gegenüber der bereits jetzt gesetzlich geregelten Deponiestilllegung mit Nachsorgeverpflichtung darstellt, ist der rechtliche Status der Deponie zu ermitteln. Es ist zu prüfen, ob eine Gefährdung über die zu erwartenden Nachsorgeverpflichtungen vorliegt. Zudem sind die relevanten Einflussgrößen auf die Schutzgüter und die Wirtschaftlichkeit festzustellen.

Hierbei handelt es sich um Betrachtungen für den jeweiligen Einzelfall. Zur konkreten Entscheidungsfindung ist die Einordnung der eigenen Deponie anhand der Ergebnisse der ökologischen und ökonomischen Sensitivitätsanalysen vorzunehmen. Die Prüfung auf Vorteilhaftigkeit soll mit der Ökologie beginnen, um zunächst ökologisch vorteilhafte Rückbauszenarien zu identifizieren, die anschließend ökonomisch eingeordnet werden können. Abschließend sollte verbal-argumentativ abgewogen werden, welche Alternative insgesamt für die jeweils betrachtete Deponie am besten ist. Eine detaillierte Beschreibung über ökonomische und ökologische Aspekte am Beispiel des Rückbaus am Standort Pohlsche Heide ist dem Leitfaden *Enhanced Landfill Mining* zu entnehmen (Krüger et al. 2016a).

Im Ergebnis des Projekts ergibt sich unter Beachtung der wesentlichen Randbedingungen und Sensitivitäten, dass

- der Deponierückbau technisch machbar ist und prinzipiell bis zu 90 % des ausgebauten Deponats einer Verwertung zugeführt werden kann;
- die Wertstoffrückgewinnung allein nach derzeitigem Stand kein Argument für einen Deponierückbau dargestellt;
- ein Deponierückbau für Deponien in Deutschland, die dem Stand der Technik entsprechen, i. d. R. dann ökonomisch vorteilhaft ist, wenn neues Deponievolumen benötigt wird, die Kosten der Stilllegung und Nachsorge sehr hoch sind sowie Standortvorteile, z. B. freie Aufbereitungskapazitäten und geringe Transportkosten, vorhanden sind;
- ein Deponierückbau immer dann ökologisch vorteilhaft ist, wenn der Weiterbetrieb der Deponie oder die Stilllegungs- und Nachsorgephase mit hohen Methanemissionen verbunden sind und wenn dem Aufwand für den Rückbau eine relevante Ausbeute an Wertstoffen gegenübersteht.

Das Forschungsvorhaben kommt zu dem Ergebnis, dass die Frage nach einem ELFM in der wiederkehrenden Überprüfung des Rückstellungsbedarfs für die Nachsorgeverpflichtung mit verbindlich verankert werden sollte. Entsprechende Bewertungsmodelle wurden entwickelt (Krüger et al. 2016b).

Literatur

Breitenstein B und Goldmann D (2016) Behandlung der Feinfraktion < 60 mm. In: Krüger M, Becker B, Münnich K, Fricke K (Hrsg.) Leitfaden zum Enhanced Landfill Mining. Porta Westfalica

DepV (2016) Verordnung über Deponien und Langzeitlager (Deponieverordnung). Vom 27.04.2009, zuletzt geändert durch Verordnung vom 04.03.2016

DKR (2012) Produktspezifikation 05/2012 Fraktions-Nr. 324. Sortierfraktion: Polypropylen. http://www.gruener-punkt.de/fileadmin/layout/redaktion/Download/DKR/Spezifikationen/deutsch/324_Polypropylen_2012_150316.pdf. Zugegriffen: 30. Mai 2014

DWA (2012) Rückbau von deponierten Abfällen. DWA-Themen T5/2012, Hennef

Hölzle I (2010) Vom Deponierückbau bis zum landfill mining – eine Synthese internationaler Untersuchungen. Österreichische Wasser- und Abfallwirtschaft 62(7–8):155–161

IPCC (2006) IPCC Guidelines for National Greenhouse Gas Inventories. Vol. 5, chap. 3. http://www.ipccnggip.iges.or.jp/public/2006gl/vol5.html. Abgerufen: Oktober 2017

Jones PT, Geysen D, Tielemans Y, Passel S van, Pontikes Y, Blanpain B, Quaghebeur M, Hoekstra N (2013) Enhanced Landfill Mining in view of multiple resource recovery: a critical review. Journal of Cleaner Production 55:45–55

Kaartinen T, Sormunen K, Rintala J (2013) Case study on sampling, processing and characterization of landfilled municipal solid waste in the view of landfill mining. Journal of Cleaner Production 55:56–66

Krüger M, Becker B, Münnich K, Fricke K (Hrsg.) (2016a) Leitfaden zum Enhanced Landfill Mining. Porta Westfalica. http://www.umwelt.nrw.de/fileadmin/redaktion/Broschueren/landfill_mining_leitfaden.pdf. Abgerufen: 2. Hj. 2016

Krüger M, Becker M, Münnich K, Spengler T, Knappe F, Dehoust G (2016b) Entwicklung innovativer Verfahren zur Rückgewinnung ausgewählter Ressourcen aus Siedlungsabfalldeponien. In: Dürkoop A, Brandstetter C P, Gräbe G, Rentsch L. (Hrsg.) Innovative Technologien für Ressourceneffizienz – Strategische Metalle und Mineralien, Ergebnisse der Fördermaßnahme r^3. Fraunhofer Verlag, Stuttgart

LAGA M 20 (2012) Anforderungen an die stoffliche Verwertung von mineralischen Reststoffen/Abfällen. Mitteilungen der Länderarbeitsgemeinschaft Abfall 20. Erich-Schmidt-Verlag, Berlin

Maul A, Pretz T (2016) Vorkonditionierung und Stoffstromtrennung. In: Krüger M, Becker B, Münnich K, Fricke K (Hrsg.) Leitfaden zum Enhanced Landfill Mining. Porta Westfalica

Münnich K, Wanka S, Fricke K (2015) Neue Deponiekapazitäten durch Deponierückbau? In: Wiemer K, Kern M, Raussen T (Hrsg.) Bio- und Sekundärrohstoffverwertung. Stofflich, energetisch. Baeza-Verlag, Witzenhausen

RAL (2012) Gütesicherung Sekundärbrennstoffe RAL-GZ 724. Ausgabe Juni 2001. Beuth Verlag, Berlin

Rotheut M, Quicker P, Breitenstein B, Goldmann D, Krüger M, Maul M, Pretz T (2016) Behandlung der Grobfraktion > 60 mm. In: Krüger M, Becker B, Münnich K, Fricke K (Hrsg.) Leitfaden zum Enhanced Landfill Mining. Porta Westfalica

TL-Gestein-StB 04 (2007) Forschungsgesellschaft für Straßen- und Verkehrswesen. Technische Lieferbedingungen für Gesteinskörnungen im Straßenbau. Ausgabe 2004, Fassung 2007. FGSV-Verlag, Köln

VerpackV (1991) Verordnung über die Vermeidung und Verwertung von Verpackungsabfällen (Verpackungsverordnung). Salzwasser Verlag, Paderborn

Vossen WJ van, Prent OJ (2011) Feasibility Study Sustainable Material and Energy Recovery from Landfills in Europe. Proceedings Sardinia 2011, Thirteenth International Waste Management and Landfill Symposium. Cagliari, Italy

Wanka S (2017) Nassmechanische Aufbereitung der Feinfraktion von Deponat mit dem Ziel der Erzeugung verwertbarer Stoffströme. Dissertation an der Fakultät Architektur, Bauingenieurwesen und Umweltwissenschaften der Technischen Universität Carolo-Wilhelmina zu Braunschweig (im Druck)

Sachverzeichnis

P. Kurth et al. (Hrsg.), *Praxishandbuch der Kreislauf- und Rohstoffwirtschaft*,
https://doi.org/10.1007/978-3-658-17045-5